6月29日，市水务局深化“维护核心、铸就忠诚、担当作为、抓实支部”主题教育实践活动推动会（局办公室供稿）

3月9日，全市水务系统全面从严治党工作会议（局办公室供稿）

7月13日，天津市水务局加强警示教育净化政治生态大会（局办公室供稿）

12月7日，市水务局党委不作为不担当专项巡视整改部署会（局办公室供稿）

重要会议

ZHONG YAO HUI YI

6 月 1 日，市水务局深化改革领导小组会议（局办公室供稿）

3 月 13 日，天津市防汛抗旱工作会议（局办公室供稿）

3 月 27 日，市水务局安全生产工作会议（局办公室供稿）

7月23日，市防指应急会商台风“安比”应对工作（局办公室供稿）

7月20日“安比”强降雨期间排水部门出动移动泵车排水作业（排管处供稿）

7月4日，军地防汛应急演练（局办公室供稿）

6月14日，汛前清障——打捞海河刘庄浮桥附近沉船（海河处　李悦摄）

水生态环境

SHUI SHENG TAI HUAN JING

3 月 22 日，海河保洁作业（局办公室供稿）

8 月 23 日，津河生态修复（局办公室供稿）

10 月 11 日，于桥水库向北大港湿地实施生态补水（于桥处供稿）

8 月 23 日，长泰河保洁作业（局办公室供稿）

6 月 20 日，于桥水库生态修复（局办公室供稿）

5 月 21 日，潮白河里自沽闸控制汛限水位，提闸放水（北三河处　岳健摄）

5 月 13 日，复兴河口泵站泵房混凝土浇筑（建管中心供稿）

7 月 3 日，引滦水源保护于桥水库综合治理污染底泥清除工程施工现场（建管中心　刘华夏摄）

11 月 2 日，新开河地下调蓄池建设现场（局办公室供稿）

11 月 16 日，南水北调王庆坨水库具备蓄水条件（局办公室供稿）

5 月 31 日，海河口泵站施工人员对 3 号防潮闸进行检修（海河处　宁阳摄）

8 月 18 日，大地水准测量——蓟州独乐寺（控沉办供稿）

9 月 14 日，尔王庄水库防冰坎维修（水务集团引滦尔王庄分公司　陈卫清摄）

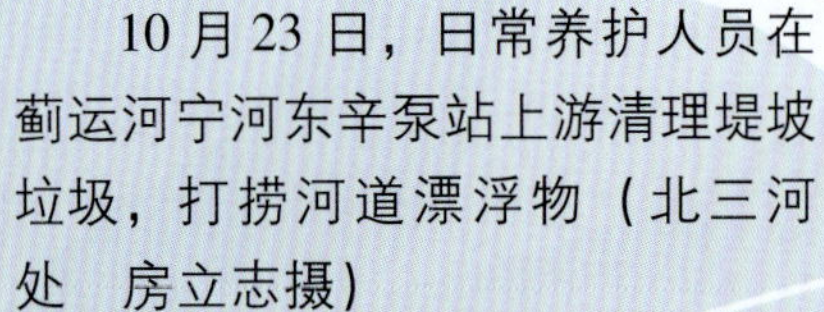

10 月 23 日，日常养护人员在蓟运河宁河东辛泵站上游清理堤坡垃圾，打捞河道漂浮物（北三河处　房立志摄）

3 月 27 日，南河泵站改造工程（蓟州区水务局供稿）

6 月 11 日，高效节水灌溉（宁河区水务局供稿）

8 月 27 日，蓟州区山洪沟治理（局办公室供稿）

7 月 8 日，天津市第十四届运动会开幕式——市水务局方队（信息中心　韩川摄）

11 月 15 日，天津市水务局第五届“水务建管杯”乒乓球比赛（党建办供稿）

6 月 29 日，天津市水务局“勘测设计杯”首届职工羽毛球赛（党建办供稿）

天津水务年鉴

ALMANAC OF TIANJIN WATER AFFAIRS

天津市水务局 编

·北京·

图书在版编目（CIP）数据

天津水务年鉴. 2019年 / 天津市水务局编. -- 北京：中国水利水电出版社，2019.11
ISBN 978-7-5170-8009-1

Ⅰ. ①天… Ⅱ. ①天… Ⅲ. ①城市用水－水资源管理－天津－2019－年鉴 Ⅳ. ①TU991.31-54

中国版本图书馆CIP数据核字(2019)第207790号

策划编辑：王 丽
责任编辑：王晓惠 李潇培

书名	天津水务年鉴（2019年） TIANJIN SHUIWU NIANJIAN（2019 NIAN）
作者	天津市水务局 编
出版发行	中国水利水电出版社 （北京市海淀区玉渊潭南路1号D座 100038） 网址：www.waterpub.com.cn E-mail：sales@waterpub.com.cn 电话：（010）68367658（营销中心）
经售	北京科水图书销售中心（零售） 电话：（010）88383994、63202643、68545874 全国各地新华书店和相关出版物销售网点
排版	中国水利水电出版社微机排版中心
印刷	北京印匠彩色印刷有限公司
规格	210mm×285mm 16开本 33印张 927千字 4插页
版次	2019年11月第1版 2019年11月第1次印刷
印数	001—800册
定价	**300.00**元

《天津水务年鉴》编纂委员会

《天津水务年鉴》编辑人员名单

特约编辑　（按姓氏笔画为序）

马　可(女)	王　杨(女)	王元植(女)	王学美(女)	王学超(女)
王娇怡(女)	王颖慧(女)	韦劲松	叶梦羽(女)	史　丹(女)
邢　荣(女)	成振楠(女)	吕振立	朱邦旭	刘　宁(女)
刘　彬	刘永媛(女)	刘丽敬(女)	孙　智	孙长利
孙瑀璠(女)	杨　军(女)	杨立赏	李　红(女)	李　悦(女)
李　清(女)	李明家	李树鑫	李晓琳(女)	李维荣(女)
肖　翊(女)	肖承华	吴　颖(女)	吴贺楠	吴晓莉(女)
辛长爽(女)	宋福瑜(女)	张　芳(女)	张　岩	张　欣(女)
张　航	张　媛(女)	张凤鑫	陆　阳(女)	罗智能
岳　健	周　震	郑晓萌(女)	赵　燚	赵应明
赵福音(女)	柳　玥(女)	姚　楠(女)	贾　喆(女)	徐　相
郭敏姣(女)	陶　蕾(女)	商　涛	董树龙	程谟思(女)
程德强	焦　娜(女)	鲁潇航(女)	谢　扬(女)	靳　颖(女)
蔡　怡(女)	翟金立			

审　　编　丛　英(女)　艾虹汕(女)　王振杰

摄影编辑　艾虹汕(女)　高　群　王　延

校　　核　艾虹汕(女)　王振杰

编辑说明

一、《天津水务年鉴（2019年）》（简称《年鉴》）是反映天津市水务事业发展的综合性工具书，1997年创刊，逐年出版，内部发行，旨在为现实服务，也为续修水务志积累资料。本卷为第23卷。

二、《年鉴》由天津市水务局主管，编委会主办，编办室负责编纂及日常工作。

三、《年鉴》记述2018年发生的事实，但首次出现的条目为保持历史的连续性和完整性，其内容追溯至事实发端。

四、《年鉴》编写内容采用分类编辑法，共设综述、重要文献、政策法规、水文水资源、水生态环境、城市供水、防汛抗旱、农村水利、规划计划、工程建设与管理、工程管理、引滦工程管理、南水北调工程、科技信息化、财务审计、人力资源及社会保障、综合管理、党建工团、各区水务、大事记、水务统计指标、附录、索引23个栏目，栏目下设分目，分目下设条目记述具体内容。

五、《年鉴》编写采用语体文记述体，中华人民共和国法定计量单位。以记述为主，附图、表及照片穿插其中。机构名称中局属单位用简称。

六、《年鉴》文稿由各单位、各部门提供，实行文责自负，文中部分数据由于测量方法、统计口径、起止时间不同，尚存差异。文稿由特约编辑负责组织汇总或撰写，各单位、各部门领导审核把关，编办室编校，编委会组织评审专家审定。

七、《年鉴》在编纂过程中，得到各级领导、编委会委员和特约编辑及撰稿人的大力支持，在此深表谢意。

八、限于编辑水平，本《年鉴》难免有不足之处，敬请各级领导和广大读者提出宝贵意见，以便改进工作。

编　者

2019年6月

目　　录

水文水资源

水生态环境

城 市 供 水

防 汛 抗 旱

农 村 水 利

规划计划

工程建设与管理

工 程 管 理

引 滦 工 程 管 理

南水北调工程

科技信息化

财务审计

人力资源及社会保障

综合管理

党建工团

各区水务

大 事 记

水 务 统 计

附 录

索 引

综　　述

2018年天津水务发展综述

2018年，市水务局深入学习贯彻习近平新时代中国特色社会主义思想和党的十九大精神，认真贯彻落实习近平总书记治水兴水重要讲话精神和新时期治水方针，按照市委、市政府部署要求，紧紧围绕水资源、水环境、水安全，圆满完成了全年各项目标任务，为全市高质量发展，加快建设“五个现代化天津”提供了坚实的水务保障。

一、城乡供水保障有力

科学调度外调水源。全年安全调引引江水10.33亿立方米、引滦水3.36亿立方米，积极处置应对引滦水二甲基异莰醇超标问题，保障了城市供水安全。基本建成王庆坨水库和武清、宁汉供水工程，增强了供水保障能力。武清区积极组织推动征地拆迁，保证了南水北调配套工程顺利实施。

水源地保护深入推进。市政府批准划定王庆坨水库、北塘水库、杨庄水库、引滦明渠宝坻段饮用水水源保护区，北辰区全面清理拆除引滦暗渠占压建筑物，蓟州区完成于桥水库38条入库沟道治理和177家畜禽养殖场整治。于桥水库入库河口湿地安全稳定运行，于桥水库综合治理全面展开，清除水库污染底泥458万立方米，集中清理库区机动捕鱼船只1178条。

城乡供水水平不断提高。完成144处中心城区老旧小区二次供水设施改造和42.7千米老旧管网改造，启动新一轮农村饮水提质增效工程，宝坻区、静海区率先启动，全市城市供水水质综合合格率保持99%以上，农村供水水质合格率保持80%以上。

二、防汛排水经受考验

成功应对台风强降雨袭击。面对台风“安比”和中心城区50年一遇强降雨袭击，市防指先后启动防洪Ⅳ级、Ⅲ级预警响应和防潮Ⅳ级预警响应，强化京津冀协同作战，实施河道闸站联合调度，昼夜强排市区积水；宁河区稳妥应对蓟运河超保证水位险情，蓟州区严密排查山洪泥石流隐患点位，转移群众1683人。通过全市上下共同努力，安全平稳度过台风强降雨过程，中心城区大部分积水10小时内基本消退，群众生产生活和交通出行未受大的影响。

防汛排水工程加快推进。完成蓟运河、州河等河道治理及永定河泛区安全建设年度任务，提升改造中心城区南门外大街等6处易积水地区排水设施，更新改造国有扬水站5座，修建闸涵泵点16座，完成中小河流重点县12个项目区综合整治。

雨洪水资源得到有效利用。坚持防蓄结合原则，科学调度入境洪水，全年累计拦蓄利用雨洪水15.4亿立方米，汛末全市地表水存蓄总量8.87亿立方米，为河湖生态和农业生产用水提供了有效水源保障。

三、水环境质量明显改善

水污染防治深入推进。全市建成区25条、

121.8 千米黑臭水体全部消除黑臭，公众满意度 98% 以上，顺利通过国家专项督查。消除主城区污水管网空白区 15 平方千米、雨污合流片区 9.12 平方千米，津沽、北仓、张贵庄污水处理厂提标改造全部完成，全市城镇污水集中处理率 93.5%、同比提高 1 个百分点，重要水功能区达标率 30.7%，同比提高 11.5 个百分点。启动污染防治攻坚战，城镇污水处理提质增效、河湖湿地生态用水调度等 7 个专项方案全面实施。

生态修复持续强化。实施中心城区 20 条、163 千米河道生态修复，东丽区开展西河、东河等二级河道水体修复，河道水质进一步改善。启动北大港水库应急补水，累计补水 0.85 亿立方米，北水南调工程开工建设，全年向重要河湖湿地生态补水 10.65 亿立方米。完成京津风沙源治理二期工程，治理水土流失面积 3 平方千米。2018 年全市国考断面水质优良比例 40%，同比提高 5 个百分点；劣 V 类水体比例 25%，同比下降 15 个百分点。

全面“挂长”成效凸显。市委、市政府出台全面落实湖长制实施意见，落实市、区、乡镇（街道）、村四级河长湖长 5884 名，实现所有河湖水域全覆盖；完成市级和各区“一河（湖）一策”方案编制，出台暗查、暗访等制度，倒逼河湖长履职尽责；河湖水环境大排查、大治理、大提升“三大行动”圆满完成，累计排查河湖水域 2 万余处，整改各类水环境问题 4465 处；河湖“清四乱”专项行动全面展开，摸排出的问题全部纳入台账管理，西青、津南等区清理行动成效明显。

四、水资源管理不断加强

最严格水资源管理制度持续深化。严格水资源论证和取水许可管理，制定实施绿化取水许可管理方案，组织开展全市取水许可和计划用水监督检查，全市用水总量 28.4235 亿立方米、同比持平。出台《天津市再生水利用规划》，将再生水管网建设纳入市建委城市基础设施建设计划并实施，再生水年利用量 4.1396 亿立方米。会同市发展改革委、市财政局联合印发《天津市淡化海水利用政策方案》，淡化海水年利用量 4141 万立方米、同比提高 19.8%。开展地下水压采三年攻坚行动，全年压采深层地下水 3105 万立方米。

节水型社会建设深入推进。全市 16 个区全部编制完成县域节水型社会达标建设实施方案，出台我市城市非居民用水超定额累进加价制度实施方案，明确洗浴业执行特种行业水价范围，完成水资源税改革相关工作，开展农业水资源税征收准备。节水型企业单位和居民小区覆盖率分别提高到 49.9% 和 30.7%，全市万元 GDP 用水量降至 14.44 立方米，万元工业增加值用水量控制在 6.64 立方米；新建农业灌溉用水计量设施 2668 台套，新增高效节水灌溉面积 4800 公顷，农田灌溉水有效利用系数提高到 0.708。

五、水务基础工作有效夯实

机构改革稳步推进。厘清了水务、应急、规划和自然资源、生态环境、农业农村等部门职责边界，完成相关职责界定、单位转隶、人员划转和权责清单移交，局“三定”方案获批，生产经营类事业单位改革初见成效，滨海新区单独成立了水务局。全系统各项工作平稳衔接，确保思想不乱、工作不断、队伍不散、干劲不减。

依法行政得到加强。市政府颁布新修订的《天津市取水许可管理规定》，开展“春雷”“清源”等专项执法行动，全年立案查处暗渠违法占压、南运河河道堤防损毁等水事违法案件 26 起、结案 18 起。“一制三化”改革不断深化，工程建设项目联合审批制度基本建立，水务审批全流程监管机制得到落实，行政许可和公共服务事项同比减少 30%，申请材料同比减少 36%，取消办理环节 16 个，承诺办理时间比法定时限平均减少 60% 以上。扎实开展“双万双服”活动，推动创新危化品仓库管理模式，促进了营商环境改善。

规划前期扎实开展。水资源统筹利用与保护规划、再生水利用规划和新一轮农村饮水提质增效工程实施方案获批实施，河道水系连通实施方案编制完成，制定《中心城区防汛排涝补短板三年行动方案》。坚持化解债务和争取资金并重，全力推进涉水民心工程和水务基础设施建设，全年完成水务建设投资44.65亿元。荣获市级科研设计咨询奖项16项，制定了水务信息化三年行动计划，防汛信息化提升项目汛前投入使用。

建管水平不断提高。水务工程质量一次性验收合格率100%，重点工程单元优良率93.9%，在全国水利建设质量工作考核中获得A级、排名第三。深入开展安全生产标准化建设、隐患排查整治和专项治理，水务系统33家工管单位达到水利安全生产标准化二级标准，实现全年无亡人的目标。

工程管理持续强化。建立了河道、水闸、泵站等全覆盖的轨迹化巡查系统，初步完成19条行洪河道蓝线划定，市管行洪河道堤防管理达标率74%、提高1个百分点，市属闸站设施完好率保持94%，堤防宜绿化率达到83%，南运河节制闸、九宣闸、宁车沽闸达到市级水管单位标准。

六、全面从严治党持续深化

着力加强党的政治建设。建立"每日一题、每月一考"学习机制，明确将"四个意识"纳入党委中心组和各类党课必学内容，持续掀起学习贯彻习近平新时代中国特色社会主义思想和党的十九大精神热潮。深化"维护核心、铸就忠诚、担当作为、抓实支部"主题教育实践活动，扎实开展"五好党支部"创建，建立"每日一案、每周一报、每月一感"警示教育机制，严明党的政治纪律和政治规矩。从严开展习近平总书记重要指示批示落实情况"回头看"和中央巡视、市委巡视"回头看"，修订局党委议事决策规则，重大事项均由党组织会议集体讨论决定，上级重要会议文件精神第一时间传达学习，切实把践行"四个意识"、落实"两个维护"体现在全面从严治党和水务工作各方面全过程。加强干部队伍建设，调整处级干部45人次，对11名长期在同一岗位的处级干部进行了轮岗交流，出台加强和改进年轻干部挂职锻炼的实施意见，推选了一批年轻干部到重点工程指挥部、攻坚战指挥部培养锻炼。

着力根除作风顽瘴痼疾。狠抓中央八项规定落实，制定和完善贯彻落实中央八项规定精神实施细则等一批务实管用的制度，规范办公用房、公车管理，坚决清理违规发放津贴补贴，清理规范局属单位"三产"，进一步消除廉政风险点。切实加强监督执纪问责，全年处置问题线索245起，运用"四种形态"226人，其中给予党纪政纪处分23人，持续释放从严执纪的强烈信号。深入开展不作为不担当问题专项治理，紧盯"关键少数"，共查处问题53起，问责处理108人次；从严从实推进专项巡视整改，48项整改任务已完成46项，基本完成2项，问责36人。坚决整治形式主义官僚主义，局领导班子成员多次带队赴各区对接水务工作，主动服务地方经济社会发展；严控公文、会议数量，健全绩效考核、督查督办、明察暗访、定期通报等机制，切实提高行政办公效率。从严从实抓好不作为不担当问题专项巡视、全面从严治党主体责任检查考核反馈问题整改，深入开展扶贫助困、窗口服务、农村水利建设等领域专项检查和扫黑除恶专项斗争，坚决杜绝侵害群众利益的不正之风。

着力涵养良好政治生态。不断深化党内监督，坚决执行驻局纪检监察组参加研究"三重一大"事项会议、重要工作互相通报、党员干部谈心谈话、党风廉政建设监督检查等机制，严格落实述责述廉、谈话函询等党内监督制度，对履行管党治党责任不力的2个处级单位党组织主要负责人予以调整。深入开展巡察"回头看"和机动式巡察，与市委不作为不担当问题专项巡视同步开展专项巡察，着力解决党的领导弱化、党的建设缺失、全面从严治党不力等突出问题。持续净化政治生态，召开加强警示教育净化政治生态大会，坚决肃清黄兴国恶劣影响，反对"圈子文化"和好人主义；开展民主生活会、组织生活会专项检查和整改，全面规范"三会一课"、主题党日等基层组织生活；深入开展选人用人专项检查、干部学历排查、干部个人有关事项核查，对存在选人用人问题的9个单位“一把手”进行问责。培育良好政治文化，制定加强党内政治文化建设的实施意见、意识形态工作责任制实施细则，深入开展精神文明单位创建，深化社会主义核心价值观和家风、诚信教育，培树了以6名“天津好人”为代表的一批先进典型，局机关入选市级文明单位。

（文　静）

重 要 文 献

重 要 文 件

市水务局党委关于印发《天津市水务局党委巡察工作规划（2017—2021年）》的通知

津水党巡〔2018〕15号

局属各党委党组织、机关党委：

为了深入贯彻习近平新时代中国特色社会主义思想和党的十九大精神，落实全面从严治党要求，推动巡察工作向纵深发展，根据《中国共产党章程》《中国共产党巡视工作条例》《中共天津市委贯彻〈中国共产党巡视工作条例〉的实施办法》《中共天津市委关于进一步加强和改进巡察工作的意见》《十一届天津市委巡视工作规划》等党内法规，结合我局实际，制订本规划。经第22次局党委会研究通过，现将《天津市水务局党委巡察工作规划（2017—2021年）》的意见印发给你们，请遵照执行。

附件：天津市水务局党委巡察工作规划（2017—2021年）

中国共产党天津市水务局委员会

2018年8月30日

附件

天津市水务局党委巡察工作规划（2017—2021年）

为了深入贯彻习近平新时代中国特色社会主义思想和党的十九大精神，落实全面从严治党要求，推动巡察工作向纵深发展，根据《中国共产党章程》《中国共产党巡视工作条例》《中共天津市委贯彻〈中国共产党巡视工作条例〉的实施办法》《中共天津市委关于进一步加强和改进巡察工作的意见》《十一届天津市委巡视工作规划》等党内法规，结合我局实际，制订本规划。

一、总体要求

1. 指导思想

坚持以习近平新时代中国特色社会主义思想为指导，全面贯彻党的十九大和十九届二中、三中全会精神和市十一次党代会决策部署，坚决维护习近平总书记核心地位、维护党中央权威和集中统一领导，以习近平总书记对天津工作提出的“三个着力”重要要求为元为纲，增强“四个意识”，坚定“四个自信”，忠诚履行党章赋予的职责，紧紧围绕扎实推进“五位一体”总体布局、“四个全面”战略布局在天津的实施，贯彻落实习近平总书记提出的“节水优先，空间均衡，系统治理，两手发力”的治水方针，坚持党要管党、全面从严治党，聚焦新时代党的建设总要求，坚持和加强党的全面领导，坚持党要管党、全面从严治党，以党的政治建设为统领，贯彻中央和市委关于巡察工作部署要求，坚定不移地深化政治巡察，发现问题、形成震慑，推动改革、促进发展，严肃党内政治生活，净化党内政治生态，把管党治党政治责任落实到基层，厚植党执政的政治基础，推动全面从严治党向纵深发展，促进形成风清气正的良好政治生态。

2. 总体目标

坚持巩固、深化、发展，通过5年努力，使全局各级党组织履行管党治党的主动性和自觉性显著增强，政治生态得到有效净化，全面从严治党取得明显成效，领导核心作用充分发挥；各级党组织和党员干部更加坚定自觉地维护习近平总书记党中央的核心、全党的核心地位，更加坚定自觉维护党中央权威和集中统一领导。使政治巡察进一步深化，定位越来越精准，发现和推动解决问题的能力有较大提高，方式方法行之有效。成果运用更加充分，发挥标本兼治的战略作用。全覆盖质量进一步提高，巡察监督体系进一步完善，监督合力进一步形成，把巡察监督与纪检、组织等党内其他监督有机结合，充分发挥联席会议机制作用，增强监督合力。巡察制度更加科学、更加严密、更加有效，为全面从严治党提供有力支撑。

3. 基本原则

坚持政治为首、捍卫核心。旗帜鲜明讲政治，对党绝对忠诚，牢固树立“四个意识”，自觉在思想上、政治上、行动上同以习近平同志为核心的党中央保持高度一致，贯彻新发展理念，不折不扣贯彻落实党中央、市委决策部署。

坚持统一领导、分级负责。坚持党中央的集中统一领导，在市委和市委巡视工作领导小组的领导下，局党委和党委巡察工作领导小组加强对巡察工作的组织领导，局党委承担巡察主体责任，党委书记是第一责任人，巡察机构负责组织实施，被巡察党组织积极配合巡察组开展工作。

坚持实事求是、依规依纪。牢固树立有重大问题应当发现而没有发现是失职，发现问题没有如实报告是渎职的观念，准确发现问题、客观分析问题、如实报告问题。严格按照《中国共产党巡视工作条例》《中共天津市委贯彻〈中国共产党巡视工作条例〉的实施办法》授权的范围、权限和方式方法开展巡察，以党章党规党纪为尺子，不干预被巡察党组织正常工作，不履行执纪审查职责，提高依规依纪监督水平，实事求是反映巡察情况。

坚持惩前毖后、治病救人。将监督执纪“四种形态”宣介工作贯穿巡察监督全过程，充分运用政策策略、方式方法，使被巡察党组织党员干部明纪明责，使有问题的党员相信组织、依靠组织，主动向组织说明问题。

坚持人民立场、依靠群众。牢固树立以人民为中心的价值取向，践行党的根本宗旨，贯彻党的群众路线，广泛收集职工群众的意见建议，加大党内公开和社会公开力度，重点巡察人民群众反对、痛恨的问题，增强人民群众获得感。

二、重点内容

把坚决维护习近平总书记党中央的核心、全党的核心地位，坚决维护党中央权威和集中统一领导作为根本政治任务，坚持把党的政治建设摆在首位，以“四个意识”为政治标杆，聚焦坚持和加强党的全面领导、新时代党的建设总要求、全面从严治党，紧紧围绕全面推进党的政治建设、思想建设、组织建设、作风建设、纪律建设、制度建设，提纲挈领，抓纲带目，突出关键少数，查找政治偏差，深入查找在落实党的路线、方针、政策和党中央、市委决策部署，局党委工作要求上存在的问题，督促各级党组织不断从政治意识和大局意识上找到差距，真正做到向核心看齐。贴近基层实际，把准政治和业务的关系，从具体业务中分析研判基层党的领导、党的建设、全面从严治党、党风廉政建设和反腐败斗争方面存在的突出问题，特别是剑指发生在职工群众身边的不正之风和腐败问题，着力增强基层党组织的组织力凝聚力战斗力，强化管党治党政治责任，推进党的建设新的伟大工程。

1. 围绕党的政治建设，重点检查坚决维护习近平总书记党中央的核心、全党的核心地位，坚决维护党中央权威和集中统一领导情况。看是否认真贯彻市委维护党中央集中统一领导的规定，在思想上政治上行动上坚决维护习近平总书记党中央的核心、全党的核心地位；是否坚持和加强党的全面领导，紧密结合实际贯彻党的十九大精神，落实中央重大战略决策和市委、局党委重要部署安排；是否存在党的观念淡漠、政治意识缺失、领导推动水务各项事业发展能力不足甚至搞上有政策、下有对策等违反政治纪律、政治规矩的问题；是否认真贯彻党章和新形势下党内政治生活若干准则，坚定理想信念宗旨，严明政治纪律和政治规矩；是否完善和落实民主集中制各项制度，做到“四个服从”，自觉维护党的团结统一；是否存在违反“五个必须”要求、搞“七个有之”的问题；是否存在个人主义、分散主义、自由主义、本位主义、好人主义、宗派主义、圈子文化、码头文化，搞两面派、做两面人，以及肃清黄兴国恶劣影响不彻底、破坏党内政治生态等问题。

2. 围绕党的思想建设，重点检查学习贯彻习近平新时代中国特色社会主义思想情况。看是否把学习宣传贯彻党的十九大精神作为首要政治任务，深入学习领会习近平新时代中国特色社会主义思想，深刻理解把握习近平总书记对天津工作提出的“三个着力”重要要求；是否存在党员理想信念动摇、宗旨意识淡漠；是否扎实推进“两学一做”学习教育常态化制度化，认真开展“不忘初心、牢记使命”主题教育；是否严格落实意识形态工作责任制，是否结合实际落实局党委《关于加强党内政治文化建设的实施意见》，牢牢掌握党对意识形态工作的领导权，旗帜鲜明反对和抵制各种错误观点。

3. 围绕党的组织建设，重点检查选人用人和基层党组织建设情况。看是否坚持党管干部原则，突出政治标准，坚守政治首关，树立正确选人用人导向，匡正选人用人风气；是否严格按党的干部工作原则、程序、纪律办事；是否在动议等环节存在“一把手”说了算等问题；是否存在打招呼、递条子，干预干部选拔任用等问题；是否存在任人唯亲、封官许愿、搞亲亲疏疏等问题；是否存在“带病提拔”、跑官要官、买官卖官、拉票贿选等问题；是否存在基层党组织弱化、虚化、边缘化，以及党组织团结、领导、动员、教育群众能力不足，战斗堡垒作用发挥不充分问题。

4. 围绕党的作风建设，重点检查整治“四风”情况。看是否认真执行中央八项规定精神及其实施细则、市委实施办法以及局党委《关于深入贯彻和严格执行中央八项规定精神实施细则的通知》精神，是否结合实际制定具体落实措施；是否认真落实习近平总书记关于进一步纠正“四风”、加强作风建设重要批示精神，有没有表态多调门高、行动少落实差，以会议贯彻会议、以文件贯彻文件、只作批示不抓落实等重痕迹、轻实效等问题；是否坚持不懈改作风转作风，防止享乐主义、奢靡之风反弹回潮；是否认真落实局党委《深入开展不作为不担当问题专项治理三年行动方案(2018—2020)》的要求，深入开展不作为不担当问题专项治理行动，存在“庸懒散浮拖”“腾挪闪避绕”等问题；是否存在特权思想和特权现象。

5. 围绕党的纪律建设，重点检查党规党纪执行情况。看是否坚持高标准、守底线，严格落实廉洁自律准则、党内监督条例、纪律处分条例、问责条例；是否加强纪律教育，强化纪律执行，以政治纪律和组织纪律为重点，带动廉洁纪律、群众纪律、工作纪律、生活纪律严起来；是否结合实际开展违纪违法案件警示教育，用好反面教材，发现苗头问题及时提醒纠正，做到真管真严、敢管敢严、长管长严；是否坚持惩前毖后、治病救人，运用监督执纪“四种形态”，抓早抓小、防微杜渐。

6. 围绕夺取反腐败斗争压倒性胜利，重点检查领导干部廉洁自律和整治职工群众身边腐败问题情况。看是否认真落实全面从严治党主体责任和监督责任，深入推进党风廉政建设和反腐败斗争。紧盯重点人、重点事、重点问题，着力发现和推动查处党的十八大以来不收敛、不收手，问题线索集中、职工群众反映强烈，现在重要领导岗位、可能还要提拔使用的领导干部；着力发现资金管理、资产处置、资源配置、资本运作和工程项目等方面的重点问题，以及利用行政审批权、行政管理权、行政执法权、干部人事权和资金资产资源分配权等以权谋私的重点问题。深挖违纪问题线索，保持高压态势，强化不敢腐的氛围。着力发现和推动查处职工群众身边的不正之风和腐败问题，特别是脱贫攻坚中的腐败问题、黑恶势力背后的腐败问题、落实惠民政策中的腐败问题，督促被巡察党组织把惩治基层腐败问题牢牢抓在手上，推动全面从严治党在基层见到实效。

7. 加强对巡视巡察整改情况的监督检查。重点监督巡视巡察整改落实情况，看被巡察党组织是否切实担起主体责任，认真贯彻落实市委关于强化巡视整改和局党委关于巡察整改工作的有关部署，以高度的政治责任感狠抓整改落实；对巡视巡察发现的问题是否采取切实可行的措施整改到位；是否对巡察移交的问题线索进行认真处置核查、追责问责，强化警示震慑效果；是否存在“新官不理旧账”等问题。

三、配合做好巡视巡察上下联动监督工作

深入落实中央、市委关于建立巡视巡察上下联动监督网的实施意见，加强组织领导，完善各项措施，积极配合做好相关工作。

1. 建立组织保障体系。局党委将全面加强对巡视巡察上下联动监督工作的组织领导，将巡视巡察上下联动监督工作纳入局党委落实全面从严治党主体责任重要内容，自觉接受市委巡视工作领导小组的领导和工作部署、考核评价，积极推动相关工作落到实处。局巡察工作领导小组按照市委巡视办的统筹协调和要求，负责相关工作的组织实施。局巡察办负责协调落实巡视巡察上下联动监督相关具体工作。局巡察组承担巡视巡察上下联动监督相关任务。

2. 搞好人员选配工作。从局现有巡察人才库中优中选优，建立统配巡人才库，并不断更新完善，定期向市委巡视办报备，落实做好“统配巡、同步巡、协作巡、接力巡”相关工作。

3. 建立联动工作机制。及时向市委巡视工作领导小组报告巡视巡察上下联动监督相关工作情况、相关信息、巡察规划、年度计划、局党委书记听取巡察情况汇报时的讲话、巡察报告等材料。要加强相关数据和台账统计工作，做好巡视巡察上下联动监督的数据管理和动态分析。

四、总体安排

按照中央部署和市委要求，统筹安排常规巡察，深化专项巡察，强化“机动式”巡察，加大“回头看”力度，创新方式方法，扎实推进巡察全覆盖，使巡察节奏更快、效率更高，震慑作用更大，提高全覆盖质量。

从2017年开始，到2021年年底，完成对局属27个处级单位党组织、133个基层党支部的巡察全

覆盖，并从2018年开始适时组织对部分单位开展巡察“回头看”工作。每年安排不少于3轮巡察工作，现场巡察时间每轮不少于20个工作日。根据市委、局党委部署要求，适时对轮次任务及完成任务量进行调整。具体安排如下：

1. 常规巡察任务。2017年完成16家处级单位党组织的巡察。2018—2020年完成剩余处级单位党组织的巡察，实现对处级党组织的巡察全覆盖，其中延伸巡察基层党支部覆盖率不低于80%。

2. 专项巡察任务。根据党中央、市委重大部署、重点工作和重要事项，以及局党委的工作安排，研究确定专项巡察任务，适时对重点领域、重要工作开展专项巡察。

3. “机动式”巡察任务。根据中央、市委和局党委的部署，结合纪检监察、干部人事、财务审计等部门提供的情况，针对重点人、重点事、重点问题，灵活开展“机动式”巡察。

4. 巡察“回头看”任务。从2018年开始，有计划地对被巡察处级党组织开展巡察“回头看”工作。重点监督检查巡察整改情况，对没见底的问题“再见底”，对没发现的问题“再发现”。

结合多种组织形式，推动巡察工作向基层党支部延伸，做到横向到边、纵向到底，2021年年底前实现对基层党支部的“全覆盖”，形成持续震慑，实现巡察监督常态化制度化，净化基层政治生态，密切党群干群关系，厚植党执政的政治基础。

五、强化巡察整改和成果运用

要做好巡察“后半篇文章”，进一步压实责任、完善机制、督查督办、严肃问责，确保巡察成果件件有着落、事事有回音。同时，认真落实市委巡视机构在巡视巡察上下联动监督工作中提出的成果运用相关要求。

1. 推动立行立改。巡察期间，根据干部管理权限，经巡察工作领导小组批准，党委巡察组对被巡察党组织管理干部涉嫌违纪违规问题的具体线索，以及对群众反映强烈、明显违反规定并且能够及时解决的问题，及对违反中央八项规定精神和“四风”方面的问题，向被巡察党组织提出立行立改的处理建议。

2. 提高巡察报告质量。坚持实事求是、客观准确，从政治高度归纳提炼发现的问题，透过现象看本质，剖析根源，明确责任，做到定性准确，定量充分，意见建议具有较强的针对性和操作性。巡察情况报告、领导干部问题线索报告、谈话情况报告反映的问题和问题线索要相互印证、相互支撑，为局党委决策提供有价值的参考依据。针对巡察发现普遍性、倾向性、重大性问题，要本着“扭住政治问题，把握政治本质，追溯政治源头，修复政治生态”的原则，向局党委专题报告，提出标本兼治的对策建议，推动被巡察党组织和相关部门加强监管，完善制度、堵塞漏洞。

3. 严肃巡察反馈。局党委巡察工作领导小组成员参加巡察反馈会议，提出巡察整改意见和要求，增强严肃性、针对性和权威性。完善巡察“两反馈三通报”工作机制，向被巡察党组织主要负责人、领导班子反馈巡察意见；向分管局领导同志、主管部门以及社会通报巡察情况，推动形成自上而下、逐级压实责任、层层推动整改的有效机制。加大党内通报力度，严格严密严肃反馈，指名道姓，亮丑揭短，体现党内监督严于社会监督，充分形成巡察震慑效应。

4. 规范巡察移交。局党委巡察组要坚持把纪律挺在前面，把握“树木”和“森林”的关系，对照监督执纪“四种形态”标准，提出问题线索分类意见。完善巡察移交机制，按照干部管理权限和职责分工，将问题和线索分类移交驻局纪检监察组和局党建办、组织处及有关职能部门，各部门要及时跟进，对巡察移交的问题和问题线索加大处置力度，并于3个月内将办理情况反馈党委巡察办公室。

5. 压实整改责任。被巡察党组织担负巡察整改主体责任，强化“四个意识”，对照巡察反馈意见，开列问题清单、责任清单和任务清单，切实从政治上谋划、部署、推动巡察整改工作，做到即知即改、立行立改、全面整改。党组织主要负责同志是第一责任人，要切实提高政治站位和政治觉悟，主动认领责任，狠抓落实，推动逐一解决问题。以整改成效推动改革、促进发展。巡察反馈会后15日内，被巡察党组织要将巡察整改方案连同整改问题清单、任务清单、责任清单，印发至下一级党组织，同时报送巡察办。被巡察党组织要结合巡察反馈指出的问题和提出的意见建议，召开专题民主生活会，深挖思想根源进行党性分析，明确整改方向。巡察反馈会后2个月内，被巡察党组织要向局党委报送整改情况报告和第一责任人组织整改的履职情况报告。并完善巡察整改公开机制，整改情况在局门户网站及内网公开，接受党内和社会监督。

6. 督查督办。建立巡察整改情况督查督办制度，把督促巡察整改落实作为日常监督的重要内容。把巡察结果作为干部考核评价、选拔任用的重要依据，把被巡察党组织整改情况纳入年度党风廉政建设责任制考核范围。巡察办会同局党委巡察组严格审核整改报告，推动自查自纠、举一反三，强化调研督导、发函督办、现场督查。各部门要根据职能加大整改督查力度，其中局办公室负责督促整改意识形态方面问题；党建办负责督促整改党的建设方面问题；组织处负责督促整改选人用人、不作为不担当以及违反民主集中制方面问题，其他有关部门根据职能负责督促整改本部门管辖领域的问题，各部门要完善成果运用台账管理制度，加强落实情况统计分析，督促被巡察党组织落实整改，各部门将督促整改及成果运用情况报送巡察办。巡察办会同各部门加强整改成效的检查和评估，作出综合评价，报局党委巡察工作领导小组。

7. 严肃问责。对巡察整改不到位，敷衍整改、整改不力、拒不整改的，局党委巡察办公室应及时向局党委巡察工作领导小组报告，督促有关部门严肃追责，公开曝光，追究领导责任，使监督问责常态化、长效化，确保巡察成果落实落地。

六、保障机制

1. 加强组织领导。进一步提高政治站位，坚持把巡察作为履行主体责任的重要内容和手段。进一步完善党委统一领导、巡察工作领导小组具体组织，巡察机构全面实施，有关部门积极配合，被巡察党组织共同参与的领导体制和工作机制，保障巡察工作有力有序有效开展。巡察办、巡察组负责同志参加局有关重要会议，了解重要文件精神。

2. 加强队伍建设。加强政治建设、能力建设、作风建设，把支部建在组上，以扎实的党建成果助推深化政治巡察。严格巡察干部进入标准，健全退出机制，选好配强巡察组组长、副组长。优化巡察组人员结构，建立巡察干部及时选配补充机制，保持巡察干部队伍相对稳定。选派一定数量新提拔的处级干部、拟提拔的优秀年轻干部和后备干部参加巡察工作。进一步完善巡察组组长库、巡察人才库，建立巡察人才库管理办法，强化巡察干部的教育培训，提升巡察干部履职能力。畅通巡察干部培养、晋升、交流渠道，对优秀巡察干部优先提拔使用，切实把巡察岗位作为发现、培养、锻炼干部的重要平台。对不适合从事巡察工作的人员，及时予以调整。对巡察干部年度考核、民主测评和考察，由干部主管部门在巡察机构内组织进行。配强局党委巡察办公室力量，切实履行好统筹协调、指导督导、服务保障职能。健全干部管理机制、内部监督制约机制和考核评价机制，加强作风建设，建设一支让党放心、人民信赖的巡察干部队伍。

3. 增强工作合力。在工作中加强与驻局纪检监察组的沟通。充分发挥巡察工作联席会作用，改进巡察进驻前的有关信息介绍工作，加强巡察中的协作，完善巡察后的成果运用机制，整合资源，形成监督合力，提高巡察监督实效。党建、组织、人事、财务、审计、工程管理、工程稽查及其他有关职能部门要加强对巡察工作的支持、配合。被巡察党组织要自觉接受巡察监督，积极配合巡察组开展工作。

4. 强化宣传教育。局办公室、党建办、巡察办抓好巡察工作宣传。把握节奏，保持力度，多视角、立体化宣传巡察工作成效，形成声势。强化舆论引导，大力宣传巡察工作成果成效、好经验好做法、巡察干部先进典型，牢牢掌握话题设置权、内容主导权、舆论引导权，把握宣传规律，突出宣传重点，创新宣传方式，确保取得政治效果和社会效应。发挥宣传教育功能，引导各级党组织和党员领导干部自觉接受巡察监督，真正担负起全面从严治党政治责任，把纪律规矩入脑入心，凝聚强大的正能量。

市水务局党委关于印发《天津市水务局结对帮扶东棘坨镇艾林村高景村三年规划》的通知

津水党发〔2018〕15 号

局属各单位党组织、局机关党委：

《天津市水务局结对帮扶东棘坨镇艾林村高景村三年规划》已经局党委会议研究同意，现印发给你们，请按照规划要求，认真贯彻落实，以水务之为推动乡村振兴战略在困难村有效落实。

中国共产党天津市水务局委员会
2018 年 4 月 13 日

天津市水务局结对帮扶东棘坨镇艾林村高景村三年规划

一、帮扶任务

深入贯彻习近平总书记关于精准扶贫、精准脱贫的重要指示精神，结合水务特色，把习近平新时代中国特色社会主义思想中治水兴水管水思想体现到帮扶工作中，做到“四帮四助”，即：帮党建、帮产业、帮政策、帮致富；助医、助学、助残、助困，帮助做好产业结构调整，提高致富能力，在帮扶过程中看到帮扶的效果，将被帮扶村打造为水务局党建基地，打造为水务发展实践基地。我们要立下移山志，咬定目标、苦干实干，把帮扶村帮助好、服务好，确保高景村、艾林村同全市人民一道进入高质量小康社会。

二、村情简介

（一）高景村

高景村位于东棘坨镇东部，共有 410 户、1465 口人（男性 765 人，女性 700 人），现有劳动力 500 人。其中低保户 23 家，五保户 1 家，困难家庭占全村家庭总数的 5.8%。

村“两委”干部 6 人，党员 40 名。村集体领办合作社 1 个。全村耕地面积 4500 亩，主要以种植水稻（2500 亩）、棉花（900 亩）、玉米（1000 亩）、陆地蔬菜（100 亩，其中白菜 80 亩，其他菜 20 亩）为主。

2016 年农民人均纯收入 1.74 万元，村集体经营性收入 0 元。

（二）艾林村

艾林村位于东棘坨镇东部，共有 182 户、726 人（男性 382 人，女性 344 人），现有劳动力 434 人。其中低保户 8 家，五保户 4 家，困难家庭占全村家庭总数的 10.7%。

村“两委”干部 4 人，党员 28 名。村集体领办合作社 2 个。全村耕地面积 4850 亩（水稻 2150 亩，棉花 1800 亩，玉米 300 亩，陆地蔬菜 600 亩），建有设施农业园区 1 个（二代日光温室 160 个，主要种植西红柿、黄瓜等品种）。

2016年农民人均可支配收入1.74万元，村集体经营性收入3万元。

三、帮扶目标

做好困难村帮扶工作，是落实习近平总书记关于精准帮扶重要要求的具体体现，要深入学习习近平总书记在打好精准脱贫攻坚战座谈会上的重要讲话精神，认真落实市、区关于脱贫脱困的各项工作要求，围绕帮扶“十项帮扶行动”，以改善农民生产生活条件、培育主导产业、发展壮大集体经济、促进农民收入增加、提高基本社会保障为重点，以加强基层组织建设和乡风文明建设为基础，经过三年帮扶发展，实现帮扶村达到“6413”建设标准，即：困难村村党组织建设科学化水平提升、村集体经济发展水平提升、农民科学文化素质提升、基础设施条件提升、基层治理机制建设水平提升、乡风文明程度提升“六个提升”，低收入困难群众教育资源资质保障、住房安全保障、医疗救助保障、社会兜底保障“四个保障”，村庄生态环境“一个专项治理”，困难村全部建成美丽村庄达标村、村集体经营性收入到20万元、农民人均可支配收入达到全市平均水平“三个目标”。到2020年，确保全村精准脱贫不落一户一人，各项事业全面迈进高质量小康社会。

四、帮扶措施

把习近平新时代中国特色社会主义思想特别是治水兴水管水思想体现到帮扶工作中去，提高政治站位，坚持精准帮扶，举全局之力抓好帮扶村扶贫工作。在扶贫方面要体现精准，实施“四帮四助”工程，把帮扶村帮助好、服务好，确保乡村振兴战略在困难村生动实践。

（一）帮党建

困难村帮扶工作把抓班子带队伍、抓基层打基础作为根本保障，全面加强基层党组织建设。引导村党支部和全体党员深入学习贯彻党的十九大会议精神和习近平新时代中国特色社会主义思想特别是关于精准扶贫、精准脱贫的重要思想和要求，落实天津市第十一次党代会和开展新一轮结对帮扶困难村工作会议精神，提高政治站位，明确职责任务，抓实基层组织建设。

坚持以党建引领基层治理为抓手，加强困难村党组织建设，深化“五好党支部”创建，选优配强村级组织带头人，健全完善以党组织为核心、村民自治和村务监督组织为基础、集体经济组织和农民合作组织为纽带、各种经济社会服务组织为补充的农村基层组织体系，巩固强化农村基层党组织领导核心地位和政治引领功能，到2020年，两个困难村全部达到“五好党支部”创建标准。

1. 严格基层组织生活制度。驻村工作组协助村领导班子推进“两学一做”学习教育常态化制度化，强化村党支部战斗堡垒作用。落实“三会一课”制度，严肃党内政治生活。建立帮扶组与村党支部委员会每月例会制度，把学习党的路线方针政策、重要文件、研究发展建设重点问题与商讨部署工作结合起来。健全完善党员学习制度，有针对性地开展主题党员教育活动。落实民主生活会、民主评议党员制度，严格执行党费收缴使用制度，把党的一切工作落实到支部。协助镇党委做好村级组织换届工作，全面推进村党组织书记与村委会主任“一肩挑”，选优配强村“两委”班子，着力推动班子履职尽责。

2. 加强党员队伍建设，发挥党员先锋模范作用。开展“共产党员户”挂牌活动，强化党员身份，增强党员家庭成员的荣誉感和责任感，发挥党员家庭在加强社会主义核心价值观教育中的示范作用。带领支部全体党员不断强化宗旨意识，扎实加强作风建设，始终做到密切联系群众、真心服务群众，深入田间地头了解群众所需所求所盼，听取意见建议，赢得群众理解和信任，引导村民积极参与村庄建设发展。严格党员发展制度，规范党员发展程序，积极吸纳本村优秀青年入党，增强村级党组织生机和活力。开展优秀党员评比活动。

3. 扎实开展“不忘初心，牢记使命”主题教育实践活动。通过深入学习，用科学理论武装头脑，促进全体党员进一步提高理论水平，提升党性修养，牢固树立“四个意识”、坚定“四个自信”，坚决维护以习近平同志为核心的党中央权威和集中统一领导，牢固树立和自觉践行“四个意识”，深刻领会“四个全面”战略布局，树立贯彻“五位一体”发展理念，增强“四个自信”，学思践悟、学以致用、知行合一，指导村庄建设发展实践。增强作风建设的动力，掌握为民服务的本领，提升服务群众、服务村庄建设发展的能力和水平。

4. 开展村党支部交流学习活动。一是组织村党支部委员和党员代表到桃花寺村、冯家庄村交流学习。二是组织村党支部委员和党员代表到周边生态观光休闲农业旅游村参观学习，考察村庄建设和产业发展，研究艾林村、高景村发展规划。三是安排村党支部委员到水务局党支部示范点交流学习，形成村基层党组织与我局党建交流机制，促进基层组织建设上水平。

（二）帮产业

大力推进产业帮扶，注重造血功能，按照宜工则工、宜农则农、宜商则商的原则，坚持区域统筹、镇村联动，结合东棘坨镇发展总体规划和产业布局，按照“一村一策”的要求，指导高景村、艾林村因地制宜，制定实施经济发展方案。积极沟通协调区农委指导高景村、艾林村加快农业结构调整，推动农业绿色化、科技化、规模化、品牌化、信息化发展，培育龙头企业、合作社等新型经营主体，增加村集体收入，进一步完善利益联结机制，推进农村农业产业化。市帮扶资金补助每村200万元，驻村工作组协助村领导班子制定困难村农业产业调整三年规划任务分解表；协助村领导班子联系沟通区农委、农科院、农学院做好技术帮扶；协助村领导班子联系市商务委做好农批对接、农超对接、农网对接、农展对接、农贸对接，推进产品产销衔接、实施电商帮扶。确保到2020年，村集体经营性收入达到20万元以上。

围绕科学配置水资源、不断改善水环境、严格保障水安全，做好生态文明建设和环境建设，确保“六能”目标在高景村、艾林村生动实践。按照市委要求对农田水利设施修缮，建设沟渠修防渗节水设施；实施高景村饮水提质增效工程，解决饮用水安全问题。我局要在政策要求上，在市区农田水利资金上，优先为困难村列支，两村共需500万元左右。

高景村。

指导高景村调整种植结构，将村南1050亩由种植棉花、玉米改为种植水稻。将村西1100亩一季种植的棉花、玉米地改为两季种植，一季小麦二季玉米。到2020年，确保村集体经营性收入达到20万元以上。

艾林村。

1. 指导艾林村调整农业种植结构，逐渐减少棉花、玉米等低效益种植面积，增加水稻种植面积1060亩，提高经济效益。

2. 继续大力发展设施农业，进行沟渠清理整治，加快推进农田水利设施建设。现艾林村共有温室大棚160个，其中村集体占19个，主要种植黄瓜、西红柿、豆角等蔬菜。在保留现有品种的基础上，增种草莓、毛桃、葡萄等高附加值产品，提高种植收入。在增加蔬菜、水果种类后逐步拓展农业采摘项目，发展观光农业、休闲农业等现代都市型农业。到2020年，确保村集体经营性收入达到20万元以上。

（三）帮政策

1. 积极与有关部门协调，争取资金，充分体现水务“六能”的发展思想特色，加强基础设施建设。市专项帮扶补助资金下列基础设施帮扶款每村150万元，我局要帮助困难村协调市、区有关政策和资金落实。

2. 指导农村加强基层民主管理，健全以村务监督为重点的乡村治理机制，规范村务议事决策规则，认真落实村级重大事务“六步决策法”和“四议两公开”工作法、村账镇代理和村章镇代管、村务公开、财务公开等各项制度。

3. 规范村级集体财务管理，规范报账程序，保证村务、财务公开性，提升基层组织的公信力。

4. 帮助制定村规民约，加强宣传引导。结合村庄发展实际和未来产业发展需要，认真研究制定村规民约，修订完善村民自治章程，加强宣传引导，发挥村务监督委员会职能作用，促进依规办事。

5. 帮助建设村级活动场所（水务局投资）。帮助两个村在2018年6月底前，各建成一处300平方米党建和群众服务基地，同时作为我局基层党组织党建活动基地，动员全局力量，举全局之力开展帮扶救困活动。

（四）帮致富

驻村工作组协助村干部联络人力社保局、区农委、市农学院开展农业实用技术普及培训和职业技能培训，实现培训全覆盖，提高农民就业创业能力。推进村土地流转，推动产业结构升级，提高农户的财产性收入，增加农民外出打工工资收入。使农民人均可支配收入逐年提高，到2020年，农民人均可支配收入达到全市平均水平。

驻村工作组协助村干部联络协调金融工作局相关部门，大力发展帮扶小额信贷，扩大贫困农户贷款覆盖面，以农业主导产业和优势农业产业等为帮扶重点，加大对有条件的贫困农户小额农贷投放力度。

（五）助医

积极联络沟通市卫计委，探索整合相关资源，推进困难村村级卫生室等基础设施建设和村医队伍建设。协助村领导班子组织低收入困难群体签订家庭医生服务协议；协助村领导班子和有关部门完善建档立卡低收入困难农户门诊救助、大病救助等帮扶政策。确保到2020年，高景村、艾林村困难村民群众新农合医保参合率达到100%，低收入困难群体大病保险覆盖面达到100%。

（六）助学

加大内生动力培育力度，切实加强社会主义核心价值观宣传教育，加强传统文化熏陶，将扶贫同扶智、扶志结合起来，注重培育困难群众发展生产和务工经商的基本技能，注重激发困难群众脱贫致富的内在活力，注重提高困难群众自我发展的能力，丰富村民精神生活，开展法制宣传教育，弘扬新风正气。

1. 深化社会主义核心价值观宣传，加强精神文明建设，以培育和践行社会主义核心价值观为根本，围绕建设美丽乡村主题，以乡风民风、人居环境、文化生活“三个美起来”为目标，开展文明村创建活动。

2. 开展图书分类分期募捐活动。依托水务局资源优势，组织开展书籍分类分批募捐活动，组织村内在校学生参与传统经典诵读活动和科技书籍阅读活动。通过村“两委”推荐，利用农闲时间组织互联网应用培训，帮助青壮年劳动力学习使用网络，拓展终身学习渠道，也为农产品网络推介销售打下技术基础。

3. 加强法制教育宣传，开展普法教育活动，加强技防监控。研究制定法制宣传教育方案，引导村民知法懂法、遵法守法、学法用法。

4. 协助村领导班子，联系区农委、区教委相关部门，为高景村、艾林村发展提供技术帮扶，围绕主导产业示范推广新品种、新技术；联系改善中小学办学条件和师资力量，促进城乡义务教育均衡发展。

（七）助残

协助驻村工作组、村领导班子，联系区民政局，实施社会救助兜底保障，对家庭没有劳动力、没有收入来源的低收入困难群体建档立卡，纳入社会救助范围，进行兜底扶持。

（八）助困

驻村工作组协同村领导班子，逐户走访贫困户，制定帮扶方案。强化精准扶贫、精准脱贫，个别弱势群体采取“点球式”，制定“一户一策”帮扶方案。加强兜底政策宣传，使符合政策要求的家庭享受政策支持，鼓励有条件的贫困户就业、创业，在村庄产业发展中率先为贫困户提供就业机会，与单位联系提供一定数量的岗位，帮助他们就业。摸清每一户困难家庭具体情况，登记造册。适时对村里低保户及留守困难农户进行慰问；深入贫困户家中，及时了解实际情况，根据不同情况，为其提供必要的帮助。

五、组织领导

对口帮扶困难村工作，由组织处牵头协调。

党群处负责党建帮扶，农水处会同计划处、财务处负责农田水利帮扶。

规划处、计划处、工管处、清水办等业务部门要根据定点帮扶困难村的情况在业务管理范围内按政策提出帮扶困难村的项目和资金。

建管中心牵头实施好党员活动基地建设。

驻村工作组要制定好“一户一策”方案，将规划实施过程再作细化，细化到每一户、细化到每个人；要指导帮扶资金使用，加强监督，确保专款专用。

全局基层支部和广大党员建立捐资助困机制，到 2020 年，确保全村精准脱贫不落一户一人，各项事业全面迈进高质量小康社会。

全局各项帮扶工作主动接受驻局纪检组监督。

市水务局党委关于印发《深入开展不作为不担当问题专项治理三年行动方案（2018—2020 年）》的通知

津水党发〔2018〕16 号

局属各单位、机关各处室、市南水北调办各处：

《深入开展不作为不担当问题专项治理三年行动方案（2018—2020 年）》已经市水务局党委会议审议通过，现印发给你们，请结合实际认真贯彻落实。

中国共产党天津市水务局委员会

2018 年 4 月 17 日

深入开展不作为不担当问题专项治理三年行动方案（2018—2020 年）

2017 年，按照市委、市政府的部署安排，全局深入开展了不作为不担当问题专项治理，取得了良好效果。为深入贯彻落实党的十九大部署和习近平总书记关于作风建设的重要指示精神，认真落实中央纪委二次全会和市委部署要求，巩固和深化专项治理成果，用全面从严治党的力度治庸治懒治无为，按照市委召开的不作为不担当问题专项治理三年行动部署会议和市委办公厅、市政府办公厅印发《关于深入开展不作为不担当问题专项治理三年行动方案（2018—2020 年）》的通知要求，结合我局实际，就我局从 2018—2020 年深入开展不作为不担当问题专项治理三年行动（以下简称“专项治理三年行动”）制定如下方案。

一、总体要求

（一）指导思想。

全面贯彻党的十九大精神，以习近平新时代中国特色社会主义思想为指导，牢固树立“四个意识”，提高政治站位和政治觉悟，始终围绕贯彻落实党中央和市委、市政府重大决策部署和“五个现代化天津”建设总目标，紧盯不作为不担当的各种老问题和新表现，持续深入开展专项治理，与反对和纠正形式主义、官僚主义结合起来，与作风问题专项治理结合起来，与开展“双万双服促发展”活动、营造企业家创业发展良好环境结合起来，与服务民生、保障民生、促进发展结合起来，对水务系统存在的慵懒散浮拖等问题进行全面治理，激发全局党员干部始终保持积极向上的精神面貌和苦干实干的竞进态势，紧紧围绕局党委确定的实施六项工程、实现“六能”目标发展思路，凝心聚力，真抓实干，全力推动水务事业发展再上新水平，为实现全面建成高质量小康社会，建设社会主义现代化大都市提供坚实水务保障。

（二）基本原则。

坚持政治站位。深刻把握水务作为政治工作、发展工作、民生工作的重大意义，充分认识不作为不担当不仅是作风问题、能力问题，而且是政治问题、党性问题、官德问题，是初心不在、信仰不真、党性不纯的表现，是党和人民事业的大敌，以高度的政治责任感和战斗精神重拳整治。

坚持问题导向。凡是群众反映强烈的问题都要严肃认真对待，凡是侵害群众利益的行为都要坚决纠正。对于宁愿不干事也要保证不出事，宁愿不花钱也要保清廉，宁愿养痈遗患也要保选票，宁愿随波逐流也不挺身而出等问题，紧盯不放、坚决整治。

坚持标本兼治。立足当前，重在治标，以雷霆之势对不作为不担当问题出重拳、下猛药，以严惩突出问题彰显治理实效。着眼长远，着力治本，坚持边纠边治边建，建立健全从源头上根治不作为不担当顽瘴痼疾的长效机制。

坚持齐抓共管。压实“两个责任”，有效整合各部门各单位力量，综合运用组织处理、纪律处分等方式，把保廉政与促勤政统一起来，把惩戒问责与保护激励统一起来，形成强大工作合力。

（三）目标任务。

专项治理三年行动要持续往深里抓、往实里治，一刻也不放松。要抓具体，扭住突出问题，抓一个成一个；要补短板，抓住共性问题，着力从体制机制上破解；要防反弹，在巩固拓展深化上下功夫，实现从量变到质变。通过三年的持续整治，群众反映强烈的突出水务问题得到有效治理，人民群众的满意度明显提升；制约水务事业发展的矛盾问题得到解决，水务服务全市发展的能力进一步增强；党员干部和公职人员“四个意识”不断增强，不作为不担当这一顽瘴痼疾得到有效遏制；治庸治懒治无为的长效机制更加健全，担当作为创新竞进的工作精神在全局蔚然成风，为推进习近平新时代中国特色社会主义思想在水务战线上扎实实践汇聚起强大力量。

二、治理重点

紧紧围绕保障中央和市委决策部署的贯彻落实，把治理的铁腕重拳始终对准削弱党的建设、阻碍改革发展稳定、影响民计民生和水务事业发展等突出问题。

党的建设弱化，坚持以党的政治建设为统领力度不够，维护党的政治纪律和政治规矩不坚决，肃清黄兴国恶劣影响、净化政治生态不深入不彻底，整治圈子文化、好人主义措施不力、效果不明显；

全面从严治党不力，落实中央八项规定精神不到位，顶风违纪问题时有发生，管辖范围内不正之风和腐败问题多发频发；抓班子带队伍宽松软，选人用人风气不正，领导班子和干部队伍中问题比较突出；

贯彻执行中央重大决策部署和市委、市政府部署要求不力，实施重大国家战略、推进京津冀协同发展打折扣、搞变通、做选择，坚持新发展理念、推进高质量发展认识不深刻、理解不透彻、行动不坚决、措施不具体、效果不明显；

形式主义、官僚主义问题突出，以会议落实会议、以文件落实文件，推动工作形式化、表面化、口号化，执行政策简单僵化、不切实际，弄虚作假、政绩观扭曲；

开展“双万双服促发展”活动、落实“天津八条”措施不力，支持实体经济发展、推动重点项目建设不深入，优化营商环境效果不明显；

群众意识淡漠，实施民心工程不扎实，保障群众基本生活、提升群众生活质量、完善社会公共服务、改善城乡生态环境的任务落实不到位，为群众办事“腾挪闪避绕”，群众不满意；

开展扶贫助困工作敷衍应付，基层不正之风和腐败问题治理不力，群众反映强烈的突出问题未得到有效解决；

组织推动落实局党委工作部署不到位，科学配置水资源方面，调水、蓄水、节水等工程推动不力，再生水、淡化海水配置力度不够等；不断改善水环境方面，改善国考断面、重要河道、重要水功能区水质态度不坚决、措施不果断、效果不明显，河长制、湖长制落实不到位等；严格确保水安全方面，防汛排水工程措施和非工程措施推动不力，落实薄弱环节应急抢险措施不实等；

开展扫黑除恶专项斗争旗帜不鲜明、组织不得力、打击不主动、整治不彻底，未取得明显的阶段性成效；

其他不作为、不担当问题。

三、主要措施

（一）坚持严问责、抓关键、压主责、强氛围“四措并举”，掀起“问责风暴”。

始终高悬问责利器，铁腕重拳查处突出问题。坚持敢抓敢管敢问责，在全局上下掀起一场荡涤“庸懒散浮拖”的“问责风暴”。深挖问题线索，从群众信访举报中“起底一批”，从巡察反馈中“筛查一批”，从典型案件中“深挖一批”，从局党委重点工作中“追踪一批”，从明察暗访、专项检查中“发现一批”，对每一件问题线索都紧抓不放、一查到底。对失职失责、造成严重损失或不良影响的，坚决给予党纪政务处分；对爱惜羽毛、回避问题、庸碌无为的，该免职的免职、该调整的调整，坚决作出“下”或“转”的处理。充分运用通报、诫勉、组织处理和组织调整、纪律处分等各种问责方式，突出严肃认真、强化刚性执行、形成威慑之效，切实以问责逼促责任落实，让不干事、不作为的人没有立足之地、容身之位。

紧紧抓住处级单位这个关键，从自查自纠入手强力破解“中温”症结。解决“上热中温下冷”，要害在“中温”。党员干部特别是处级干部要切实转理念改作风勇担责，积极履行好“关键少数”的使命担当，在解决“中温”症结上作表率、见成效。各单位、各部门要以自我革命精神，深入开展自查自纠，紧紧围绕习近平总书记对天津工作提出的“三个着力”重要要求，紧紧围绕市委市政府决策部署，紧紧围绕局党委确定的实施六项工程、实现“六能”目标发展思路，重点查找在科学配置水资源、不断改善水环境、严格确保水安全等方面存在的不作为不担当问题，找准找深，并形成正面清单和负面清单。对查找出的问题该纠正的立即纠正，该整改的马上整改，该处理的坚决处理，该问责的从严问责，加温加压、重病下猛药，决不能“就坡下驴”，要以“滚石上山”的顽强意志，应对新挑战、追求新业绩，率先形成创新担当勇作为的强大气场。

牢牢牵住主体责任“牛鼻子”，坚持一级抓一级，层层压实责任。局属各单位、机关各处室党组织和主要负责同志对专项治理三年行动负主体责任和第一责任人责任。要重点抓“主官”，紧盯局属各单位、机关各处室党组织特别是第一责任人，对存在不作为不担当问题的，坚持“一案双查”，既问直接责任，也问领导责任；对开展专项治理三年行动思想不重视、措施不得力、效果不明显的，追究领导责任；长时间对党员干部“零问责”，但被上级部门发现问题的，从严从重追究“一把手”和有关领导责任。及时对受到问责的各单位、各部门党组织和第一责任人进行通报曝光。通过疾风厉势问责，倒逼各单位、各部门党组织特别是“一把手”敢于斗争、敢于碰硬、敢于揭丑，使“问责风暴”不留死角、不留余地；管好班子、带好队伍，履行好“护林员”“清道夫”职责，进而推动广大党员干部和公职人员练就能担当、勇担当的铁肩膀和宽肩膀。

抓实舆论宣传“主阵地”，形成持续开展专项治理的浓厚氛围。继续以局办公网、公告栏、通报等形式进行定期曝光，对影响恶劣、社会关注度高、具有代表性的及时公开，警示教育广大党员干部，增强震慑效果。强化舆论宣传，使广大党员干部从政治的高度清醒认识不作为不担当问题的本质，充分展示专项治理在推进全面从严治党方面发挥的重要作用，形成良好氛围。加强典型示范引导，宣传报道敢作为、敢担当的先进事迹，推广开展专项治理的好经验、好做法，推动全局形成想作为、敢作为、善作为的良好环境。

（二）坚持排查摸底、督查督办、教育引导、整改落实、激励保护“五管齐下”，巩固有效做法。

深入调研摸底，排查问题线索。把调研摸底作为开展专项治理的重要基础，对本单位本部门存在不作为不担当问题的总体情况、表现形式及成因进行全面分析研究，确保有的放矢开展治理。充分利用互联网、手机客户端、微信等现代科技手段，公开举报方式，为群众提供方便快捷的信访举报途径；健全问题线索共享机制，及时将审计、监督、检查、考核、评估等工作中发现的问题线索移送执纪部门处理；将不作为不担当问题纳入巡察重点内容，深入发现问题，并及时汇总移送执纪部门。

强化督查督办，常态明察暗访。加强对开展专项治理情况的督促检查，重点督查领导重视、谋划部署、组织落实、问题查处、典型曝光、实际效果等情况。与有关部门专项监管结合起来，发挥专业优势，增强督查实效。要强化“倒查追责”，通过明察暗访、督查督办，从发现的不作为不担当问题倒查上级领导推动专项治理不力、不敢担当责任问题，推动局属各单位、机关各处室党组织认真履行全面从严治党主体责任，确保专项治理各项任务落实到位。抓好重点问题线索督办，各单位各部门都要确定一批内容具体、可查性强的问题线索挂牌督办，设立台账、及时跟踪、销号管理。驻局纪检组和局组织处、党群处、人事处、巡察办、审计处等要对问题线索较多但查处不力的单位，进行多轮次、滚动式督办。开展常态化明察暗访，紧盯重点部门、重点单位，针对群众反映强烈的问题，采取不发通知、不打招呼、直奔基层、直插现场的方式，经常性开展查访，发现典型问题及时曝光。

强化教育引导，用好“四种形态”。与“不忘初心、牢记使命”主题教育、“利剑高悬、警钟长鸣”警示教育等相结合，引导广大党员干部和公职人员牢记新时期好干部标准，树立“庸政懒政怠政、为官不为也是腐败”的理念，做到本职工作能尽责、难题面前真负责、出现过失敢担责，对那些只想当官不想干事、只想揽权不想担责、只想出彩不想出力的干部坚决处理。运用好监督执纪“四种形态”，坚持实事求是、宽严相济，把纪律挺在前面，对党员干部不想作为、不愿担当的问题早发现、早提醒、早教育、早纠正，防止小毛病酿成大错误；对能够主动整改的，从轻给予处理。

抓好整改落实，构建长效机制。以钉钉子的精神抓好整改落实，把整改贯穿专项治理全过程。对开展专项治理过程中发现的各类问题，要立行立改、建立台账、定期晾晒，切实做到整改不彻底不松手、落实不到位不罢休。针对专项治理中暴露出的管理漏洞和薄弱环节，要深入分析责任落实、监督管理、制度执行、作风建设等方面的突出问题，进一步建立健全“部门责任法定化、岗位责任具体化、责任层级清晰化、责任链接无缝化”的责任体系；建立健全干部考核、绩效评估、选拔任用以及责任追究制度体系；建立健全全方位、全过程的监督体系，实现监督检查经常化和制度化，形成改进作风、提高效能的长效机制。

健全容错纠错机制，激励保护担当作为。认真贯彻落实市委《关于充分调动干部积极性激励担当作为创新竞进的意见（试行）》，坚持把干部在推进改革中因缺乏经验、先行先试出现的失误和错误，同明知故犯的违纪违法行为区分开来；把上级尚无明确限制的探索性试验中的失误和错误，同上级明令禁止后依然我行我素的违纪违法行为区分开来；把为推动发展的无意过失，同为谋取私利的违纪违法行为区分开来，激励广大干部不忘初心、牢记使命，用制度为干部担当作为、竞进创新保驾护航。要完善正向激励、容错纠错、澄清保护、监督问责机制，不简单以票取人，实现有为者有位、无为者无位、小为者不能大位、平者不能“要”位；科学界错、提前防错、大胆容错、及时纠错，既为敢干者卸下包袱，又能兜住底线；对受到诬告陷害的干部及时澄清正名，为敢担当、有作为的干部撑腰鼓劲；加强对受问责干部的后续管理，防止“一问了之”，大力营造干事创业强大气场。

四、组织领导

（一）加强党的领导。

专项治理三年行动在局党委统一领导下进行，

局属各单位、机关各处室党组织和主要负责同志要将此项工作作为落实全面从严治党主体责任的重要内容，做到守土有责、守土尽责。各单位、各处室党组织主要负责同志是第一责任人，要亲自研究部署，定期听取汇报，及时协调解决工作中遇到的困难和问题，一级抓一级，层层抓落实。局党委专项治理领导小组负责统筹协调，抓好部署指导、组织推动和督促检查等各项工作。孙宝华同志担任组长，张志颇、赵红同志担任副组长，办公室、组织处、人事处、党群处（机关党委）、许可处、审计处、计划处、水政处、安监处、巡察办为成员单位。领导小组日常工作由组织处承担，领导小组下设办公室，办公室主任由组织处处长担任，驻局纪检组和局办公室、组织处、人事处、党群处（机关党委）、许可处、审计处、计划处、水政处、安监处、巡察办等部门有关负责同志为成员。各单位要成立相应工作机构，推动专项治理有序推进、有效开展。

（二）充分发挥职责。

各成员单位要发挥自身优势，认真履行职责，及时沟通联系，形成工作合力。驻局纪检组要强化监督执纪问责，抓好线索梳理、督查督办、执纪问责、通报曝光，对不作为不担当问题发现一起、查处一起、问责一起；组织人事部门要加大问责力度，对只廉不勤、无能力、无业绩的真“下”真“转”，要进一步完善干部考核评价机制；局办公室要在8890服务平台、绩效管理、信访、建议提案办理等工作中发现不作为、不担当问题线索，并做好重点项目督促整改，同时加强舆论引导，加大正反典型宣传力度，形成正向激励、警醒震慑、标本兼治的氛围；巡察办要围绕中央和市委、市政府重大决策部署的贯彻落实，把不作为不担当问题作为督查重点，真督真查，及时发现并督促整改；审计处要在离任审计中，着重查找不作为不担当问题线索；党群处要把不作为不担当问题专项治理工作与局党委开展的“双责双查双促”工作有机结合，及时发现全面从严治党等方面存在的问题并及时整改，做好党员领导干部思想教育工作，不断增强“四个意识”；安监处、许可处、水政处、计划处等业务处室在认真发现问题线索的同时，充分发挥职能作用，着重做好重点领域中存在的不作为不担当问题的监管和查处。

（三）强化督导考核。

将专项治理三年行动纳入全局绩效考核体系，作为对领导班子和领导干部综合考核评价的重要内容，将考核结果作为干部选拔任用、培养教育、监督管理、激励约束的重要依据。将专项治理纳入全面从严治党主体责任检查考核内容，考核成绩优秀的要通报表扬，排名靠后的要予以约谈。

（四）改进工作作风。

力戒形式主义、官僚主义，大兴调查研究之风，走出办公室，深入基层、深入群众、深入实际，到群众反映强烈的地方去，到困难矛盾集中的地方去，到任务最艰巨的地方去，切实提高发现问题、解决问题的能力，打通任务落实的“最后一公里”，确保工作措施务实有效，确保专项治理高质量、高标准深入开展。

市水务局党委印发《关于贯彻落实〈中国共产党党务公开条例（试行）〉的实施细则》的通知

津水党发〔2018〕42号

局属各单位党组织、局机关党委：

《关于贯彻落实〈中国共产党党务公开条例（试行）〉的实施细则》已经局党委会研究通过，现印发给你们，请认真贯彻执行。

中国共产党天津市水务局委员会

2018年8月13日

关于贯彻落实《中国共产党党务公开条例（试行）》的实施细则

第一章　总　　则

第一条　为贯彻落实党的十九大精神，推动全面从严治党向纵深发展，加强和规范党务公开工作，发展党内民主，强化党内监督，使全局广大党员更好了解和参与党内事务，动员组织全局干部职工贯彻落实好党的理论和路线方针政策，提高党的执政能力和领导水平，根据《中国共产党章程》《中国共产党党务公开条例（试行）》和市委《关于贯彻落实〈中国共产党党务公开条例（试行）〉的实施细则》的要求，结合我局实际，制定本实施细则。

第二条　本实施细则所称党务公开，是指全局各级党组织将其实施党的领导活动、加强党的建设工作的有关事务，按规定在党内或者向党外公开。

第三条　党务公开应当遵循以下原则：

（一）坚持正确方向。坚决维护习近平总书记党中央的核心、全党的核心地位，坚决维护以习近平同志为核心的党中央权威和集中统一领导，认真贯彻落实习近平新时代中国特色社会主义思想，牢固树立“四个意识”，坚定“四个自信”，把党务公开放到新时代中国特色社会主义的伟大实践中来谋划和推进，把坚持和加强党的全面领导要求贯彻到党务公开的全过程和各方面。

（二）坚持发扬民主。保障党员民主权利，落实党员知情权、参与权、选举权、监督权，更好调动全局各级党组织和广大党员积极性、主动性、创造性，及时回应党员和群众关切，以公开促落实、促监督、促改进。

（三）坚持积极稳妥。注重党务公开与政务公开等的衔接联动，统筹各层级、各领域党务公开工作，一般先党内后党外，分类实施，务求实效。

（四）坚持依规依法。尊崇党章，依规治党，依法办事，科学规范党务公开的内容、范围、程序和方式，增强严肃性、公信度，不断提升党务公开工作制度化、规范化水平。

第二章　公开的范围和内容

第四条　全局各级党组织贯彻落实党的基本理论、基本路线、基本方略情况，领导水务事业改革发展情况，落实全面从严治党责任、加强党的建设情况，以及党的组织职能、机构等情况，除涉及党和国家秘密不得公开或者依照有关规定不宜公开的事项外，一般应当公开。

加强对权力运行的制约和监督，让人民监督权力，让权力在阳光下运行。

党务公开不得危及政治安全特别是政权安全、制度安全，以及经济安全、军事安全、文化安全、社会安全、国土安全和国民安全等。

第五条　全局各级党组织应当根据党务与党员和群众的关联程度合理确定公开范围：

（一）领导水务事业改革发展、涉及人民群众生产生活的党务，向社会公开；

（二）涉及党的建设重大问题，需要党员普遍知悉和遵守执行的党务，向党内公开；

（三）局党委的党务在全局公开，局属各单位的党务在本单位公开；

（四）涉及特定党的组织、党员和群众切身利益的党务，对特定党的组织、党员和群众公开。

第六条　全局各级党组织应当公开以下内容：

（一）认真学习贯彻习近平新时代中国特色社会主义思想，坚定维护以习近平同志为核心的党中央权威和集中统一领导情况；

（二）学习贯彻党中央、市委和上级组织决策部署情况；

（三）重要决策及执行，工作目标、阶段性工作部署、重点工作任务及落实等情况；

（四）加强思想政治工作、开展党内学习教育、组织党员教育培训、执行“三会一课”制度、开展主题党日等情况；

（五）换届选举、党组织设立及隶属关系调整、发展党员、民主评议、召开组织生活会、奖惩考核、评比表彰、保障党员权利、党费收缴使用管理、党务工作经费使用管理等情况；

（六）干部选拔任用、考核管理和监督等情况；

（七）防止和纠正“四风”现象，联系服务党员和群众，听取、反映和采纳党员群众意见建议，帮助党员和群众解决生产生活实际困难，接待来信来访、排查化解矛盾纠纷等情况；

（八）落实管党治党政治责任，加强党风廉政建设、执行廉洁自律规定和党内监督制度，对党员作出组织处理和纪律处分情况；

（九）党组织加强自身建设情况；

（十）其他应当公开的党务。

第三章　公开的程序和方式

第七条　凡列入党务公开目录的事项，全局各级党组织应当按照以下程序及时主动公开。

（一）制定目录。局党务公开工作领导小组根据本实施细则规定的党务公开内容和范围编制局党务公开目录，并根据职责任务要求动态调整。局党务公开目录应当报党的上一级组织备案，并按照规定在我局党内或者社会公开。

（二）实施公开。列入党务公开目录的事项，应按照规定及时主动公开；暂时不宜公开或不能公开的，报上一级党组织备案。如有目录外需要公开的事项，要制订工作方案，报经所在单位党组织审核同意后进行公开。对依申请公开党内事务，党员可按有关规定向所在单位党组织申请公开相关党内事务。对申请的事项，可以公开的，所在单位党组织应向申请人公开或在一定范围内公开；暂时不宜公开或不能公开的，及时向申请人说明情况。申请事项及办理情况应向上一级党组织备案。

（三）收集反馈。全局各级党组织通过制发文件、召开会议等方式，认真收集党员对党务公开情况的意见和建议，及时做好处理或整改，并将结果向党员反馈。

（四）归档管理。全局各级党组织对党务公开的内容和党员的意见、建议及处理落实情况，及时整理、登记归档，并做好管理利用工作。

第八条　全局各级党组织应当根据党务公开的内容和范围，选择适当的公开方式。

在党内公开的，一般采取召开会议、制发文件、编发简报、公告栏、局办公内网等方式。向社会公开的，一般采取在互联网、局门户网站、微博、微信等方式向社会公开。

第九条　党务公开应当体现时效性，公开时限与公开内容相适应。具有长期性、稳定性的工作长期公开；相对稳定的常规性工作定期公开；动态性、阶段性工作分阶段公开；临时性、应急性工作随时公开。对于重大事项或复杂问题，根据公开反馈的意见进一步完善后，必要时可再次公开。

第十条　党务公开可以与政务公开等方面的载体和平台实现资源共享的，应当统筹使用。

第十一条　全局各级党组织建立健全党务公开的工作机制。

（一）建立保密审查机制，对拟公开的党务是否涉密或者含有敏感信息等不宜公开内容进行审查，提出审查意见。

（二）建立风险评估机制，对党务公开可能引发的政治安全风险、社会稳定风险等进行研判评估，提出防范预案。

（三）建立信息发布机制，选择适宜的信息发布方式和载体，把握好党务公开工作的时度效。

（四）建立政策解读机制，把党务公开的背景和意义、要点和焦点等问题阐释明白、解读清楚。

（五）建立舆论引导机制，及时发声、权威发布，有效引导社会舆论，防止误读误导，避免恶意炒作。

（六）建立舆情分析机制，密切关注舆情发展，做好信息监测反馈，对引发重大舆情的，应当及时报告。

（七）建立应急处置机制，及时采取应急处置对策，澄清事实、引导舆论、化解风险。

第十二条　建立健全党员旁听党委（总支、支部）会议、党的代表大会代表列席党委（总支、支部）会议、党内情况通报反映、党内事务咨询、重大决策征求意见、重大事项社会公示和社会听证等制度，发展和用好党务公开新形式，不断拓展党员和群众参与党务公开的广度和深度。

第四章　监督与追责

第十三条　局党委将党务公开工作情况纳入向市委报告工作或者抓党建工作专题报告的重要内容。

局属各单位党组织将党务公开工作情况纳入向局党委报告工作或者抓党建工作专题报告的重要内容。

第十四条　局党委将党务公开工作情况作为履行全面从严治党政治责任的重要内容，对局属单位党委（总支、支部）及其主要负责人进行考核。

全局各级党组织应当每年向有关党员和干部职工通报党务公开情况，并纳入党员民主评议范围，主动听取群众意见。

第十五条　建立健全局党务公开工作督查机制，将党务公开工作与落实全面从严治党主体责任检查考核、党建工作考核、“双责双查双促”等相结合。督查情况应当在适当范围通报。

第十六条　有下列情形之一的，应当依规依纪追究有关党的组织、党员领导干部和工作人员的责任：

（一）对上级党组织党务公开的部署和要求拒不执行或拖延懈怠的；

（二）未按照规定编制党务公开目录并进行动态调整工作落实不到位的；

（三）未按照规定的内容、范围、程序和方式等实施党务公开，造成不良后果的；

（四）党务公开内容严重失实，造成恶劣影响的；

（五）其他应当追究责任的失职失责情形。

第五章　组织实施

第十七条　在局党委统一领导下，建立健全各负其责的党务公开工作领导体制。局党委成立局党务公开工作领导小组，领导小组组长由局党委主要负责人担任，副组长由分管党务工作的领导担任，成员由办公室（党委办公室）、组织处、党建办、机关党委办公室、巡察办等部门主要负责同志组成，负责全局党务公开的研究部署、统筹安排、协调推动。党务公开领导小组办公室设在局办公室（党委办公室），承担局党务公开的具体工作，负责统筹协调和督促指导全局党务公开工作。

局属各单位党组织依据第十七条，建立健全党务公开工作领导体制。

第十八条　全局各级党组织把党务公开工作列入重要议事日程，担负起本单位党务公开工作的责任。各级党组织主要负责人是实施党务公开的第一责任人，应当及时听取党务公开工作汇报，研究解决工作中的困难和问题，推动党务公开工作有序开展。

第六章　附　　则

第十九条　本实施细则自发布之日起施行。

市水务局党委关于认真学习宣传贯彻《中国共产党纪律处分条例》的实施意见

津水党发〔2018〕53号

局属各单位党组织、局机关党委：

按照《中共天津市委办公厅关于认真学习宣传贯彻〈中国共产党纪律处分条例〉的通知》（津党厅〔2018〕65号）要求，为做好《中国共产党纪律处分条例》（以下简称《条例》）学习宣传贯彻工作，不断把全面从严治党引向深入，现制定实施意见如下：

一、充分认识学习宣传贯彻《条例》的重大意义

加强纪律建设是全面从严治党的治本之策。纪律严明是我们党的优良传统和独特优势。党的十九大将纪律建设纳入新时代党的建设总体布局，在党章中充实完善了纪律建设相关内容。根据新的形势、任务和要求，对《条例》修订完善，充分体现了以习近平同志为核心的党中央用铁的纪律管全党治全党的坚定决心。新修订的《条例》全面贯彻习近平新时代中国特色社会主义思想和党的十九大精神，以党章为根本遵循，将党的纪律建设的理论、实践和制度创新成果，以党规党纪形式固定下来，着力提高纪律建设的政治性、时代性、针对性。严明政治纪律和政治规矩，把坚决维护习近平总书记的核心地位，坚决维护党中央权威和集中统一领导作为出发点和落脚点，将党章和《关于新形势下党内政治生活的若干准则》等党内法规的要求细化、具体化。坚持问题导向，针对管党治党存在的突出问题扎紧笼子，实现制度的与时俱进，使全面从严治党的思路举措更加科学、更加严密、更加有效。学习宣传贯彻好《条例》是全面贯彻习近平新时代中国特色社会主义思想和党的十九大精神的具体行动，是落实新时代党的建设总要求和全面从严治党战略部署的必然要求，是坚持和加强党的全面领导、推进党的纪律建设的重要举措，对于深入推进全面从严治党向纵深发展，加强党的建设、强化党内监督，为扎实推进“五位一体”总体布局和“四个全面”战略布局在天津的实施，加快建设“五个现代化天津”提供坚强的纪律保证，具有重大而深远的意义。全局各级党组织要提高政治站位，强化政治责任，以对党和人民事业高度负责的精神，切实抓好《条例》的学习宣传和贯彻落实，把党的纪律刻印在全体党员特别是党员领导干部的心上。

二、深入推进学习宣传贯彻工作

《条例》是关于党的纪律建设的基础性法规。全局各级党组织要加强统筹安排，把学习宣传《条例》与深入学习贯彻习近平新时代中国特色社会主义思想和党的十九大精神结合起来，作为推进“两学一做”常态化制度化的重要内容，精心安排，认真组织实施。

（一）加强学习培训

把《条例》作为局、处两级领导班子、理论学习中心组学习内容和党员教育培训课程及应知应会内容，使铁的纪律真正转化为党员干部的日常习惯和自觉遵循。要结合实际制订学习计划，组织广大党员干部原原本本学，联系实际学，深入思考学，切实筑牢思想和纪律防线。要丰富学习形式，纳入“每日一题、每周一测、每月一

考”，通过集体学、个人学、交流研讨、考试考核等方式，切实做到横向到边、纵向到底，实现学习全覆盖。

（二）加强宣传教育

要牢牢把握正确的舆论导向，精心组织宣传教育，采取案例讲解、条文解读等方式通过办公网、宣传栏、电子屏等进行宣传。要结合实际，充分发挥正面典型倡导和反面案例警示作用，利用局办公网“选树典型”“以案为鉴”等栏目开展主题宣传，推动纪律教育进机关、进单位、进网络。要将学习《条例》见诸日常、化为经常，在全局常鸣《条例》警钟，高悬《条例》之剑，常诵《条例》之戒，切实推动《条例》入脑入心。要紧紧抓住关键少数，推动各级党员领导干部以身作则、率先垂范，先学一步、学深一步，当标杆、作表率。

（三）加强贯彻落实

全局各级党组织要牢固树立政治意识、大局意识、核心意识、看齐意识，担负起全面从严治党政治责任，找准职责定位、强化责任担当，切实抓好《条例》的贯彻落实。要巩固发展执纪必严、违纪必究常态化效果，下大气力建制度、立规矩、抓落实、重执行，强化日常管理和监督，充分发挥纪律建设标本兼治的利器作用。各级纪检工作部门要认真履行党章赋予的职责，强化监督执纪问责，把执纪和执法贯通起来，坚持纪严于法、纪法协同，让制度“长牙”、纪律“带电”，努力取得全面从严治党更大战略性成果。各级党员领导干部要带头学习、遵守、贯彻《条例》，带头维护《条例》的严肃性和权威性，敢于担当、敢于较真、敢于斗争，确保把党章党规党纪落实到位。广大党员要加强党性修养，做到守纪律、讲规矩，知敬畏、存戒惧，永葆共产党人清正廉洁的政治本色。

三、切实加强组织领导

全局各级党组织要紧密联系工作实际，切实加强对《条例》学习宣传贯彻的组织领导。

（一）从严组织推动

全局学习宣传贯彻《条例》工作在局党委的统一领导下实施，纳入局党委全面从严治党责任清单和任务清单，局党委主要负责同志为第一责任人，亲自部署，列入议事日程，强化督促检查。局领导班子坚持在学习宣传贯彻中走在前列、当好表率，带头学习讨论、带头贯彻落实，把学习宣传贯彻《条例》情况作为民主生活会对照检查的规定内容，认真开展批评和自我批评，切实提高学习效果，引导和带动全局学习宣贯《条例》工作扎实有效开展。

（二）层层落实责任

全局各单位党组织是抓落实的主体，对本单位学习宣传贯彻《条例》工作负总责，要细化目标任务，制订具体方案，明确工作职责，一级一级抓落实。党组织主要负责同志是抓落实的第一责任人，对本单位学习宣传贯彻《条例》工作负首要责任，要统筹安排好抓落实的各项工作。分管负责同志是抓落实的直接责任人，要按照“谁主管谁负责、谁牵头谁协调”的原则，认真履行职责，抓细抓实学习宣传贯彻《条例》工作。

（三）加大督查问责力度

学习宣传贯彻《条例》情况要作为巡察重点内容、全面从严治党主体责任和监督责任检查考核重要内容，加大监督检查力度，对于贯彻执行不力的，批评教育、坚决纠正、督促整改、严肃问责，对典型问题点名道姓通报曝光。要加强对《条例》贯彻实施情况的跟踪了解，注意收集整理、调研分析贯彻过程中的重要情况和问题，加强工作指导。

（四）明确责任分工

全局学习宣传贯彻《条例》具体工作由局党建办牵头，办公室、组织处、巡察办、党校等部门单位密切配合，按照各自职责将《条例》贯彻落实到党的建设各项工作之中。

中国共产党天津市水务局委员会

2018年9月21日

市水务局关于成立全面推进政府职能转变和“放管服”改革领导小组的通知

津水发〔2018〕5号

局属各单位、机关各处室、市调水办各处：

为全面推进政府职能转变和“放管服”改革，加强组织领导，确保各项工作有序开展，经研究，决定成立市水务局全面推进政府职能转变和“放管服”改革领导小组。领导小组组成人员如下：

组　长：张志颇　局党委书记

副组长：张文波　局党委委员、市调水办专职副主任

成　员：局办公室、水政处、规划处、水资源处、工管处、水保处、排监处、许可处、人事处、科信处、农水处、供水处、排管处、基建处、控沉办、水文水资源中心、节水中心、建交中心、质量与安全监督站。

领导小组主要负责统筹、部署、指导、督促、推动全局推进政府职能转变和“放管服”改革工作，研究、协调、解决工作中的重大问题。

领导小组下设办公室，承担领导小组日常工作。办公室设在许可处，办公室主任由许可处处长兼任。

工作任务结束后，领导小组及其办公室自行撤销。

天津市水务局（盖章）

2018年11月7日

领 导 讲 话

市委书记李鸿忠在天津市防汛抗旱工作会议上的讲话

（2018年6月20日）

（根据录音整理）

从本月15日起，我市全面进入汛期。今天的会议，既是动员会，也是部署会。刚才国清同志作了讲话，从思想认识到任务部署，讲得很全面、很清楚、很具体，要认真抓好贯彻落实。市水务局、市气象局、滨海新区、南开区、蓟州区负责同志作了发言，各有侧重，讲得都很好。下面，我再强调几点。

一、时刻保持高度警觉，切实筑牢思想之“堤”

千里之堤溃于蚁穴，思想上的蚁穴是最危险的蚁穴。防汛抗旱是治国安邦的大事，不能有丝毫麻痹大意。党的十八大以来，以习近平同志为核心的党中央对做好防汛抗旱和减灾救灾工作高度重视，习近平总书记多次发表重要讲话、作出重要指示。我们要以习近平新时代中国特色社会主义思想特别是防灾减灾救灾思想为总遵循，充分认清做好防汛抗旱工作的重要意义，充分掌握做好防汛抗旱工作的思想方法和工作方法，以思想上的高度警觉促进行动上的高度自觉。

一要增强大局观念。天津是北京的“政治护城河”，就防汛抗旱来说也是自然意义上的护城河。因为天津地处京冀下游，我们的蓄滞洪区、行洪河道不只是自己的，也是北京、河北的，我们的蓄洪能力强、河道通畅，上游的压力就小。我们必须履行好“护城河”的责任，确保洪水不威胁北京、不威胁雄安新区。从天津自身看，我们现在的城市规模、人口密度、经济体量都是前所未有的，建成区面积达到800多平方千米，关系国计民生的战略资源非常多，一旦发生大的洪涝灾害，就可能造成重大损失，给经济发展和社会稳定带来难以估量的后果。我们要提高政治站位，增强“四个意识”，以高度的政治责任感坚决夺取今年防汛抗旱工作的全面胜利，有力保障京津冀协同发展和我市经济社会发展大局。

二要认清水情与灾情的辩证关系。人们往往认为大水必然造成大灾，小水只会造成小灾，这种认识是片面的。不论水大水小，灾情大小是可以转换的，关键看如何防，防得好可以做到大水小灾，防不好小水也可能造成大灾。我和国清同志都曾在长江流域工作过，我在湖北工作9年，湖北地处长江险段，素有“万里长江险在荆江”之说，同时又是“云梦泽”的所在地，降雨偏多，年年有大水，年年防大汛。2016年，湖北遭遇了特大洪灾，多地降雨量是百年一遇，灾情甚至超过了1998年，但由于防得得当，没有出什么大事，把灾情控制在最低限度。有的省水量相对小得多，但灾情却大得多，归根结底还是重视不够、防得不够。我们要用好水情与灾情的辩证法，以最严密的防范确保最好的效果。

三要立足于防“大”、防“猛”。古语讲，“兵可千日而不用，不可一日而不备。”过去我们在长江防洪时强调，宁可十防九空，不可一日无防、一次无防。历史上海河流域水灾严重，新中国成立前平均一年多一次。新中国成立后，特别是在毛主席号召下开始全面根治海河水系，只是在1963年、1996年发生两次大的洪涝灾害，最近的一次距现在也有20多年了，这很容易产生麻痹的思想意识。我们评估天津的水情，不能仅从降雨量来判断，必须考虑到我市的地理特点。天津地处九河下梢，发源于太行山脉、燕山山脉的许多水系都要从天津入海，这些河流水有多少，天津的水就有多少。根据气象预测，今年年景总体偏差，主汛期海河流域降水较常年同期偏多可能性较大。我们要坚决克服盲目乐观、麻痹松懈思想，坚持底线思维，立足于防“大汛”，时刻做好“狼来了”准备，尽全力备战，牢牢把握防汛抗旱主动权，确保全市安全度汛。

四要树立大系统、全系统的理念。水的治理是典型的系统概念，必须从全局着眼，系统应对、系统组织、系统施策，绝不是哪一段想堵一下就堵一下、想通一下就通一下。海河流域的防汛工作由海河水利委员会统一指挥，我们要坚持“一盘棋”思维，坚决服从海委的调度命令。

二、着力提高防洪能力，切实筑牢防洪能力之“堤”

防汛抗洪，光喊口号、表决心是没有用的，关键要有足够的能力。兵来将挡，水来土掩。要围绕提高防洪能力下工夫，准备好挡水之“将”、掩水之“土”，有力应对“上防洪水、中防沥涝、下防海潮、北防山洪”的多重防汛任务，做到固若金汤。

一是加强组织指挥体系建设。落实市、区、乡镇三级防汛组织体系，分解落实重点部位防汛责任制，完善应急调度机制，构建起一级服从一级的组织指挥网络，确保组织动员有力、指挥决策科学、调兵遣将高效，党政军民齐上阵，万众一心、众志成城战洪水。市防汛抗旱指挥部要发挥牵头抓总作用，加强组织协调，统一指挥全市防汛抗旱工作。各级防汛抗旱指挥部要细化落实责任，组织好度汛准备、预案完善、工程调度、抢险避险等工作。市水务局作为防汛主管部门，要加强对各区、各部门的协调指导。要加强军民联动，密切与驻津部队、武警部队的联系，及时通报汛情，军地共同做好抗洪抢险工作。

二是做实优化方案预案。方案预案是做好防汛抗旱工作的重要基础。《孙子兵法》讲“庙算”，就是强调要加强顶层设计，把各方面情况考虑周全，想清楚仗怎么打。我们讲的预案不是研讨式的，也不是宣传方案，而是作战方案、应对方案，必须务实管用。要做好防大汛、抗大旱、抢大险、救大灾的预案准备，细化专项方案，人员调派、车辆配备、器材跟进都要明细在案，细化细致，严密周全，确保预案在手，临危不乱。要把人力、财力、物力安排好、布局好，一旦出现紧急情况，可以依案施策、有序应对。在制定人员撤离方案时，一定要立足于最坏的、最极端的情况，争分夺秒抢时间，每一秒钟可能就是几十条的生命，撤离时间能定多短就定多短，最大限度确保人民群众生命财产安全。

三是强化物资器材保障。这是挡水之“土”，一定要准备好准备足，宁可备而不用，不可用而无备。现在已经进入汛期，抢险救灾物资和防汛物料储备工作四五月份就应该完成，要抓紧检查备足了没有，还需要什么赶紧补上，增强防汛物资保障能力。我市地势低洼，内部沥涝主要靠排水泵强排入行洪河道，而汛期强降雨往往与沿海强潮遭遇，沥涝外排压力很大。要准备好大排量、大口径的电排水泵，打出充足的富余量，确保一旦出现大量积水能够迅速排出。

四是加强防洪排涝工程管理。俗话说，打扫厅堂准备迎客。洪水来了，既要有疏导，也要准备给它停一停、缓一缓的地方。蓄滞洪区不用是例外，用是必然，要按照这个思路来做好准备，用足、用好。蓄滞洪区本身的功能就是装水的，不能再装项目、村庄，也不能再装设施，如果有，要赶紧搬迁，不能影响蓄滞洪区发挥作用。行洪道也是这样，如果清障不够、阻碍多、高低不平，就要抓紧治理，保证通畅。

五是加强队伍训练演练。抓紧调整充实各级防汛抗旱抢险队伍，组织开展技能培训和实战演练，增强应急处置能力，提升防汛工作战斗力。对泵站、水闸、堤坝等防洪设施和器械设备，该检测的要早做检测，该修护的要早做修护，补弱项、补短板。要在训练演练中磨合好人与设备，熟练掌握操作技法，绝不能等到洪水来了，手忙脚乱、仓促上阵，设备打不开、断电，保证关键时刻不掉链子。

在此强调一点，就是要统筹做好水灾害防治和水生态保护修复，科学安排防洪减灾和蓄水兴利。水是生命之源，是生态文明的核心。昨天韩正副总理到天津视察指导工作，对我市修复保护湿地、建设绿色生态屏障等生态文明建设举措给予充分肯定。虽然今年雨水多，但天津是典型的缺水城市。要科学调度，因势利导，向周边河渠、水库、坑塘洼地存蓄雨洪资源，防蓄结合、以蓄带排、蓄泄兼顾，尽可能多地把水留在天津，既确保防汛排水安全，又充分利用雨洪资源，增加生态水源，进一步推进我市生态建设。

三、坚决落实战时责任制，切实筑牢责任之“堤”

防汛抗旱，也可以讲是防汛抗“战”，因为防汛抗旱关系人民群众生命财产安全，关系改革发展成就巩固，一旦进入汛期就是和平时期的战斗和战争。既然是战时，就要按照军事化要求，进行军事化管理，今天这个动员部署会，部署的是战时任务，履行的是战时责任。战时责任制，就是没有半点弹性，没有商量余地，不能丝毫马虎。一旦启动应急响应机制，就是拉响战斗警报。市防汛抗旱指挥部下达的命令是军令，是严肃的、刚性的，必须按规定时间、分毫不差、一切行动听指挥，不折不扣地执行到位。军令如山，令下必行。地不分南北，人不分老幼，物资不分公私，都要投入到防汛抗旱战斗中，该征用的就要征用。如果这个时候还好人主义、考虑小利益或者推三阻四、不负责任，就要“军法”处置。

今天各区各部门各有关单位主要负责同志都来了，能不能打赢这场硬仗，是对我们动员能力、组织能力、领导能力、执行能力的实际检验。全市各级都要强化主体责任，按照今天会议要求，作出具体安排，确保防洪抢险各项部署迅速落实到位。要做到“四严”：一是严密组织体系，坚持“战区制、主官上”，领导干部要发挥关键少数作用，切实担当担责；二是严格岗位职责，隐患就是事故，事故就要处理，必须严之又严、细之又细，确保万无一失；三是严肃纪律要求，战时不是平时，军中无戏言，必须坚决执行，绝不能讨价还价；四是严厉问责追责，以全面从严治党的力度有责必问、失责必究，绝不含糊，绝不姑息。

同志们，防汛抗旱工作责任重大，任务艰巨。让我们更加紧密地团结在以习近平同志为核心的党中央周围，以对党和人民高度负责的态度，全力以赴、齐心协力，坚决打赢防汛抗旱之战，为维护全市经济社会发展良好局面、全面建成高质量小康社会做出应有的贡献！

市长张国清在天津市防汛抗旱工作会议上的讲话

（2018年6月20日）

（根据录音整理）

今天我们召开全市防汛抗旱工作会议，主要任务是以习近平新时代中国特色社会主义思想为指导，深入学习习近平总书记关于防灾减灾工作的重要指示精神，认真贯彻全国国土绿化、森林防火和防汛抗旱电视电话会议要求，全面部署今年全市防汛抗旱工作，确保安全度汛。一会儿，鸿忠同志还要作讲话、提要求，大家要认真学习领会、抓好贯彻落实。下面，我讲几点意见。

一、客观肯定全市防汛抗旱工作成效，持续巩固工作基础

以习近平同志为核心的党中央高度重视防汛抗旱和防灾减灾工作，习近平总书记多次作出重要指示和要求，为我们做好新时期防汛抗旱减灾工作提供了科学指南和根本遵循。市委、市政府认真落实党中央决策部署，把防汛抗旱工作摆在发展全局的重要位置，鸿忠同志强调，要深刻认识防汛抗旱工作的极端重要性，切实把防灾减灾工作作为衡量领导力、执行力、动员力、凝聚力的重要检验。全市各级各部门坚持以防为主、防抗结合，狠抓组织、预案、队伍、物资、措施“五落实”，各项工作取得明显成效。一是不断加强基础设施建设。持续加大防洪排水工程建设力度，完成独流减河和永定新河南北两大行洪河道治理，城市防洪圈防洪标准基本达到200年一遇。潮白新河、北运河、新开—金钟河、青龙湾减河等重要支流基本完成达标治理，中心城区二级排水河道完成清淤疏浚，一批老旧管网得到更新改造，污水管网和雨水管网普及率分别提高到94.4%和86.3%。2017年，在确保防洪安全的同时，汛末存储雨洪水资源13.1亿立方米，有效改善了河道、湿地水生态环境。二是不断完善防汛责任体系。健全以行政首长负责制为核心的各级防汛责任制，分解落实了19条一级行洪河道、1994千米堤防、28座水库、139千米海堤、13个蓄滞洪区、6788座闸涵泵站的区、乡镇防汛责任制，建立防汛专家组工作机制，全面强化防汛抢险队伍能力建设，覆盖全面、分兵把口、协同作战的防汛体系基本形成。三是不断提高信息化水平。搭建市、区、乡镇三级监测预警平台，实现中央、市、区之间纵向山洪灾害防御信息联通以及防汛、水文、气象、国土部门横向数据共享。建成防汛异地会商视频系统，实现市防办与市区分部、防潮分部以及10个区、5个工程管理单位、重点大型水库的视频会商。四是不断提升应急处置能力。建立联合指挥、信息共享、联查联训、协同抢险工作机制，形成“横向到边、纵向到底”的预案体系。成立了1800人的市级防汛抢险救援队，建立了300人的市防指水上救援抢险突击队。强化防汛排水物资保障，今年新增加物资储备4050万元，物资总额达到2.1亿元。近年来，面对几次大的洪潮袭击和强降雨，我市迅速启动防汛排水防潮应急响应，实施河道、水库、闸站联合调度，部门联动、军民合力、全社会协同作战，实现了人员无伤亡、工程无事故、城区积水及时排除、北系洪水安全下泄，最大限度减少了灾害损失。

二、清醒认识防汛抗旱面临形势，坚决筑牢思想防线

今年的防汛抗旱形势依然严峻，任务更加艰巨，必须高度警觉、未雨绸缪、有效应对。

第一，从天津特殊的地理位置来看，防汛抗旱容不得任何闪失。天津毗邻北京，是首都的门户。当好“政治护城河”，是我们义不容辞的重大政治责任。如果防汛安全出了问题，就会造成不可挽回的影响和损失。我市位于九河下梢，境内地势低洼，遇强降雨极易形成沥涝。同时，东临渤海易受风暴潮袭击，北靠燕山受山洪灾害威胁，行洪排水往往又受潮汐顶托，面临着洪、涝、潮“三碰头”的复杂局面，担负着上防洪水、中防沥涝、下防海潮、北防山洪“四防叠加”的多重任务。我们必须充分认识肩负的政治责任和我市防汛工作特点，切实增强忧患意识、风险意识，把各项工作做得精而又精、细而又细，确保防汛抗旱万无一失。

第二，从气候形势变化来看，防汛抗旱容不得任何松懈。近年来，受全球气候变化和人类活动影响，水旱灾害突发性、反复性和不确定性突出，局地突发强对流天气形成的暴雨洪水等极端事件明显增多，灾害影响日益加剧，防御难度不断加大。从今年汛期气候形势预测分析看，海河流域降水整体偏多，全市降水量总体较常年多了两成左右，部分地区可能出现阶段性强降水和短时沥涝，特别是大清河、子牙河等流域，比往年偏多两到五成，洪涝风险明显增加。我们必须强化底线思维，立足防大汛、抗大旱、抢大险、救大灾，宁可备而不用、不可措手不及，一切工作早谋划、早部署、早行动，牢牢把握防汛抗旱工作主动权。

第三，从我市防灾体系建设实际来看，防汛抗旱容不得任何自满。我市防洪排涝减灾能力与

防大汛的要求相比，还有不小的差距。一方面，城市防洪基础设施还不完善，全市行洪河道仍有40%未完成全面治理，完成治理的骨干河道、水库也未经过大规模洪水考验。13个蓄洪区安全建设滞后，一旦遇到特大洪水，居民撤出转移难度较大。中心城区仍有39处易积水地区，排水设施老化比较严重。新建海堤大部分未达到100年一遇的防潮标准，山洪灾害防御基础也十分薄弱等。另一方面，由于多年未遇大水，一些干部防汛意识淡化，不同程度存在麻痹思想和侥幸心理。防汛预案、抢险队伍没有经过大的实战检验，监测预报预警、防汛物资储备还不能很好适应防大汛的要求。我们必须坚持问题导向，聚焦重点难点，着力解决思想上的突出问题和工作中的薄弱环节，切实做好应对各种极端灾害的思想准备和工作准备。

三、突出重点把握关键，全力以赴打赢防汛抗旱这场硬仗

4月3日召开的全国国土绿化、森林防火和防汛抗旱电视电话会议强调："要抓紧做好各项汛前准备，补充储备防汛抗旱物资，修订完善各类调度方案和应急预案，强化安全监管，有力有序抓好工作落实。"当前我市已进入汛期，汛情就是命令，险情就是战场，我们要迅速进入临战状态，严阵以待、立足于防，全面落实各项防御措施，坚决守住"四个不发生"的底线，标准内洪水不发生决堤、超标准洪水不发生责任事故、中小降雨不发生城市淹泡、大雨不发生长时间积水，确保群众生命财产安全。

第一，加快推进防洪工程，确保基础设施建设到位。完备的水利工程体系是防汛抗旱的重要基础保障。我们要紧紧抓住"七下八上"主汛期到来之前这一关键时期，加快一批防洪排水工程建设，推进蓟运河、州河等骨干河道治理工程，强化永定河泛区等重点区域安全建设。在保证质量的前提下，一切工作往前赶，汛前要完成应急度汛、除险加固任务。要继续推进城市防洪圈建设，加高加固部分河道堤防，加快沿海外围海堤达标改造。要结合海绵城市建设，统筹城市排水管网、排涝泵站、城市河道、调蓄工程，构建系统化排水防涝体系。要细化建成区易积水片区"一处一预案"，加快中心城区合流制地区排水设施雨污分流改造，有效缓解城市内涝。

第二，深入开展隐患排查，确保问题整改到位。牢固树立"隐患就是事故，事故就要处理"的理念，坚持汛期不过检查不停，持续深入开展全方位、多层次、拉网式的隐患排查。要对水库闸站、病险水闸、险工险段、山洪防御、低洼地带等重点部位，以及调水、供水、地铁、立交、电力、通信等重要基础设施，组织专门力量不间断巡查检查，发现隐患第一时间处置。对在建的涉河、涉蓄等工程，要明确责任主体、落实度汛措施、加强巡查防护，把隐患消除在萌芽状态。要完善问题、整改、任务、责任、效果"五个清单"，对排查发现和群众反映强烈的问题进行快速治理、铁腕治理、长效治理，确保汛前整改到位。

第三，做好预案预警和演练，确保应急处置保障到位。要科学制定修订预案，密切跟踪雨情、水情、汛情变化，健全防汛抗旱、防灾避险方案预案体系，确保组织严、责任清、决策快、调度准、物资足。针对河道险工险段、水库下游、蓄滞洪区周边等防汛重点部位以及村庄集镇、旅游景区、大型企业、地下空间等人员密集区，都要制定人员转移疏散预案，预案启动、转移实施、安置救助等各个环节要详细、精准、完善，操作性一定要强。各相关责任人要到现场去勘查、去完善疏散方案，人员怎么组织、车辆怎么调度、疏散路线怎么设计、医疗救护怎么保障等，必须要精心安排、责任到人，撤离时间尽可能缩短再缩短，确保一旦出现险情，受威胁区域的群众能在最短的时间内撤离，能半小时撤离的绝不能拖到一小时。要做到精细化全覆盖预警，完善部门联合会商机制，针对雨水潮情监测情况，充分利用大数据手段，提前预报预警，做好监测预报、信息处理、调度指挥等工作，及时发布雨情汛情。要深入开展实战化培训演练，以巡堤查险、险情处置、移动通信应急保障为主要内容，重点解决应急响应过程中

的协同配合和应急准备等问题。要坚持人防、物防、技防相结合，加强专业化抢险队伍建设，做好防汛物资储备和管理，充分利用先进技术手段，提升应急处置能力，全力保障防汛抢险需要。

第四，强化上下游沟通协作，确保联动联防到位。我市地处海河流域最下游，河道短、水流急，一旦发生险情，上游采洪速度快、水量大，给我们预留的准备时间非常短，这是我市防洪的一个特点，如果不能第一时间作出反应，防汛工作就会非常被动，因此必须要加强上下游的联动防汛，增强防御洪水的主动性。要建立完善雨情汛情实时共享机制，主动加强与国家防总、海河防总和北京、河北等省（直辖市）沟通联系，密切监测防洪信息和动态，第一时间了解上游及周边地区雨情、水情，做到及时预警、提前准备，为防洪指挥调度决策、抗洪抢险救灾、群众转移避险等工作赢得宝贵时间。

要做好上拦下泄，加强与北京、河北的联防联控对接，发挥上游沿线蓄滞洪区的作用，确保超前分流，提升入海河流沿线蓄滞能力，防止海水倒灌。

第五，科学调度水源，确保城乡用水供应到位。我市水资源十分短缺，要坚持防汛抗旱两手抓，科学调度、合理统筹，集约高效利用水源，千方百计满足生产生活用水需求。要加强水资源调度管理，多方协调增加水源，精心实施引江、引滦水源联合调度，加快王庆坨水库和武清、宁汉供水调水工程进度，继续实行最严格的水资源管理制度，严守用水总量、用水效率和水功能区限制纳污“三条红线”。要做好蓄水保水工作，积极发挥水库、二级河道、坑塘洼淀、扬水站的作用，科学利用雨洪资源，以蓄代排，减少排涝压力。要提升抗旱综合能力，大力实施抗旱水源、渠道疏浚、田间配套等工程，推进农田水利基础设施建设，增加农业蓄水，保证农业灌溉。

第六，全面加强河长制管理，确保水生态保护措施落实到位。要进一步完善市、区、乡镇（街道）、村四级河长制组织体系，湖泊、水库、湿地、坑塘等所有水体全面“挂长”，全部纳入河长制管理，实现所有水域条条有人管、段段有人养、管理全覆盖。要全面加强水环境治理，坚持因河施策、因湖施策，水陆统筹、水岸同治，实行“一河一策”，重点对 20 条 163 千米河道进行水生态修复，对 875 平方千米湿地进行升级保护，积极打造大运河生态文化带，建设中心城区及环城四区水系连通工程，实施南北两大水系连通循环工程，今年地表水水质优良比例提高到 40% 以上，劣 V 类水体降低到 35% 以下，真正让水蓄起来、净起来、活起来。

同志们，防汛抗旱工作，责任重于泰山。各区各部门各单位要认真贯彻落实党中央决策部署，按照市委工作要求和鸿忠同志讲话要求，加强组织领导，狠抓责任落实，严肃防汛纪律，强化军民联防，高标准备战、高效率迎战，奋力夺取今年防汛抗旱工作全面胜利，让党中央放心，让全市人民安心！

副市长李树起在 2018 年天津市城市黑臭水体整治环境保护专项行动动员部署会上的讲话

（2018 年 5 月 28 日）

（根据录音整理，未经审阅）

今天，刘薇副司长率领督查组全体同志召开会议，充分体现了对我市水环境综合治理工作的高度重视，也体现了对美丽天津建设的关心和支持。借此机会，我代表市委、市政府，对生态环境部、住房城乡建设部多年来对天津经济社会发展给予的关心、支持和帮助表示衷心的感谢。

一、重点健全三个体系

开展建成区黑臭水体整治专项行动是深入贯彻习近平总书记生态文明思想、全面落实全国生态环境保护大会精神的重要举措，是确保国家水污染防治行动计划各项既定目标任务顺利完成的有力措施，是加快补齐城市环境基础设施短板、推进生态文明建设的具体行动。天津市委、市政府历来高度重视水环境治理工作，鸿忠书记、国清市长明确要求，必须在水环境治理上狠下工夫，统筹解决天津水的问题，把水蓄起来、使水净起来、让水活起来。近年来，按照市委、市政府的统一部署，我市在水环境综合治理上重点健全了三个体系。

一是健全组织推动体系。按照国家全面推行河长制的相关要求，我市成立了由市委书记李鸿忠担任组长的天津市河长制工作领导小组，建立了市、区、乡镇（街道）、村四级河长体系，市长张国清任全市总河长，相关市领导任市级河长，实现了河湖水体“挂长”全覆盖。前段时间，鸿忠书记在市政府督查室明察暗访中发现了问题，比如一些小的坑塘河流没有公示牌，有的公示牌电话联系不上河长或者无人接听等，并在督查报告上作出明确批示，要求全市所有的小河道、小水面全面“挂长”、全覆盖，可以说对这项工作抓得是比较紧的。通过强化制度建设，确保不留黑臭水体，治理长效养管的空白区，最大限度把黑臭水体问题解决在萌芽状态。

二是健全综合治理体系。综合我市黑臭水体治理工作特点，进一步优化了治理思想，通过统筹做好控源截污与生态修复、工程治理与长效养管、水体治理与区域建设三个结合，持续健全源头治理、综合治理和创新治理三个体系，有力保证了建成区各类水体得到及时治理，实现长治久清。

三是健全考核监督体系。结合河长制工作落实，我市组织了专门力量，对全市建成区内水体进行考核督查，及时发现存在问题，进行整改和提升，并将考核结果纳入全市绩效考核体系。特别是今天到会的 7 个相关委局、16 个区的负责同志，黑臭水体治理和水环境改善全部纳入了各区、各部门党政绩效考核，这项工作占的分数比较高，大家的重视程度也越来越高。我市还定期向社会公布黑臭水体名单和整治工作进展，积极受理和反馈群众举报，最大限度拓宽公众参与渠道。通过全市上下的共同努力，截至目前，我市黑臭水体整治工作已经取得了阶段性成效，25 条建成区黑臭水体治理工程已全部顺利完成，公众满意度超过了 90%。

二、全力配合迎检工作

我市在水体治理工作中仍然存在雨污分流改造不彻底、管网建设还有空白区、初期雨水治理力度还需加大、农业面源污染防控不力等问题。为此，天津将以这次生态环境部、住建部开展的督查为契机，全力配合认真做好迎检工作。特别是针对督查组指出的问题，要举一反三、全面整改，从治本上进一步加大力度，认真查找存在不足，及时做好整改提升，提高我市水环境治理、特别是黑臭水体整治工作水平。

一是提高重视程度。要充分认识到此次督查有助于我市进一步落实中央关于水环境治理的各项决策部署，有助于我市进一步认清当前黑臭水体整治过程中存在的差距和不足，有助于我市进一步学习和借鉴兄弟省份的经验和做法，从而推动水环境治理工作再上新水平。因此，我们要配合好此次督查，特别是按照刘薇副司长提出的要求，全力配合做好各方面工作，作为当前一项重点任务全力以赴抓好落实。

二是主动配合工作。要主动配合督查组各项工作，如实汇报情况，对于督查组的问询必须真实详尽地汇报作答，绝不能故意隐瞒或漏报。严格按照现场督查资料清单，全面提供相关材料，全面落实刘薇副司长提出的具体要求，提供本部门、本区域相关工作完整材料，不得有缺项漏项。对于督查组确定的检查点位，要做到现场如实介绍情况、现场自觉查摆问题，绝不能避重就轻、避次就好。各部门、各区一定要从讲政治的高度，从增强“四个意识”的高度，从全面落实习近平总书记“绿水青山就是金山银山”重要指导思想的高度，全面落实刘薇副司长提出的具体要求。

三是狠抓问题整改。对于督查组反馈的问题，各部门、各区要认真听取、虚心接受；对于督查组指出的不足，必须照单全收、限期整改。针对本次督查发现的问题，不仅要第一时间推进解决，更要从制度体系层面加以长效巩固，确保问题不再发生，同时治理时要注意标本结合，更加注重治本。

总之，大家要全力配合、全力以赴做好此次迎检工作，采取坚决有力措施，严格落实督查组提出的整改要求，不断推动全市水环境质量迈上新水平。最后，再次感谢督查组各位领导和专家对天津工作的支持和帮助，祝大家在天津工作期间工作顺利、身体健康。

局党委书记孙宝华在深化“维护核心、铸就忠诚、担当作为、抓实支部”主题教育实践活动推动会上的讲话

（2018 年 6 月 29 日）

今天我们召开市水务局深化“维护核心、铸就忠诚、担当作为、抓实支部”主题教育实践活动推动会，既是建党 97 周年的纪念大会，又是深入推进全面从严治党的大会，既是总结部署深化主题教育实践活动的大会，又是全面推进水务事业加快发展的大会。刚才，文波同志宣读了局党委的表彰决定，局领导对受到表彰的先进集体和优秀个人代表进行了颁奖。特别是永定河处永定新河防潮闸管理所党支部和排管处邓象进同志，受到了市级机关工委的表彰，两位先进代表也做了典型发言，体现了朴实的话语、闪光的行动。邓象进同志的事迹我是第一次听，很受感动，在检修闸涵的过程当中不顾泥臭，毅然决然跳下去，场面可想而知，受到中央表彰的先进人物，引领一代人的王进喜、时传祥也是这样的典范，王进喜在采油过程中只身跳入油井搅拌泥水，时传祥不顾臭气熏天清理粪便，都是全国人民学习的榜样。邓象进同志还创造了“四字操作法”，在工作中把王进喜和时传祥的劳模精神发扬光大，一名几十年党龄的老党员，能够有这种觉悟和行动，非常值得全系统广大党员干部职工学习。永定新河防潮闸管理所党支部，8 年来设施运行完好率 100%，党员干部职工吃在闸上、住在闸上，在防汛抢险第一线坚守 11 天，全体党员发挥模范作用，吃苦在前、享受在后，非常难以做到，也都值得各级党组织和广大共产党员学习。今天召开深化主题教育实践活动推动会，也有很多让人感动的人和事，有几位同志都是带病坚持参加会议，各区的工作千头万绪，非常忙、非常难，各区水务局党政主要负责同志也应邀参加会议，而且在一年来的工作过程中互相配合，服从市局统一指挥调度，在水务事业发展上共同用力，也使我很受感动。我们有了这种精神，有了这种动力，水务工作就不愁干不好。下面，我讲三点意见。

一、以坚定的思想自觉和行动自觉全面深化主题教育实践活动

今年是建党 97 周年。从中共一大会址到南湖红船，从井冈山的星星之火到延安窑洞的灯光，从西柏坡的进京赶考誓言到天安门城楼的红旗飘扬，从真理标准大讨论到全面深化改革开放，我们党从无到有、从小到大，成为 13 亿多人口大国的执政党，彻底结束了旧中国一盘散沙的局面，以强大的组织力、领导力，团结带领全国各族人民万众一心、聚沙成石，夺取了革命、建设、改

革发展各个时期的伟大胜利。回顾97年波澜壮阔的历史进程，最大的启示就是有中国共产党的领导，有思想灯塔的指引，有核心和领袖掌舵，中国人民和中华民族才走上了正确道路、成就了伟大事业，才实现了站起来、富起来、强起来。我们在建党97周年即将到来之际，回顾党的历史、对党走过的历程进行深刻思考，非常有必要，对理解“维护核心、铸就忠诚、担当作为、抓实支部”主题教育实践活动的初心非常有意义，需要我们深入身体力行，要知道为什么维护核心、铸就忠诚。回顾党的历史，有几个时刻不能忘记：遵义会议确立了毛泽东同志当时的指挥地位，从那时起中国的革命才取得一个又一个胜利，建立了新中国，改变了中国人民受欺凌、受压迫的状况；今年是改革开放40周年，40年前的十一届三中全会我们不能忘记，现在回顾当时的历史，会议最大的贡献就是确立了邓小平同志的核心地位、正确对待毛泽东思想，作为马克思主义中国化的思想，使中国人民从吃不饱走上了富裕之路；十八届六中全会确立了习近平总书记的核心地位，党的十九大明确了习近平新时代中国特色社会主义思想是我们党的指导思想，带领着全党全国各族人民从富起来到强起来，三个时代，三个伟人，最重要的特点，都是在历史关头力挽狂澜，这就是领袖的重要性、核心的重要性、掌舵人的重要性。我们理解维护核心、铸就忠诚，就应该对党的历史有深入研究、有切身体会，才能坚定“四个自信”，做好“两个维护”，强化“四个意识”。我们纪念建党97周年，最重要的就是承担好全面从严治党的主体责任，坚持思想建党、组织建党、制度建党紧密结合，更好地发挥我们党的政治优势，始终保持党的先进性和纯洁性，不断增强党的生机与活力，确保各级党组织和党员干部更加紧密地团结在以习近平同志为核心的党中央周围，为实现崇高理想和宏伟目标不懈奋斗。

昨天下午，市委召开了深化“维护核心、铸就忠诚、担当作为、抓实支部”主题教育实践活动座谈会，对持续深化主题教育实践活动进行部署推动。鸿忠书记出席会议并讲话，他强调，一年多来，各级党委（党组）坚持以上率下、示范带动，主题教育实践活动取得明显成效，要进一步提高政治站位，把主题教育实践活动与党中央即将开展的“不忘初心、牢记使命”主题教育紧密结合起来，推进全面从严治党向基层延伸、向纵深发展。要坚持把党的政治建设放在首位，坚决维护习近平总书记党中央的核心、全党的核心地位，坚决维护党中央权威和集中统一领导；要持续深化不作为不担当专项治理，以疾风厉势掀起“问责风暴”，用干事创业的实绩检验主题教育实践活动的成效；要大力实施组织力提升工程，夯实基层基础保障，推动基层党建全面进步全面过硬。

去年以来，全局各级党组织和广大党员，认真贯彻落实中央和市委部署，按照局党委的统一安排，扎实开展“维护核心、铸就忠诚、担当作为、抓实支部”主题教育实践活动，坚持政治挂帅，突出问题导向，注重以上率下，强化分类指导，扎实推进活动开展，为水务事业发展提供了强大动力。

一是突出政治统领，“四个意识”不断增强。我们深入学习贯彻习近平新时代中国特色社会主义思想和党的十九大精神，坚持学深悟透，筑牢思想根基，通过多种形式层层开展宣讲和学习讨论，做到全局党员干部群众全覆盖。出台局党委理论学习中心组学习实施细则，明确将习近平总书记的重要讲话和批示精神、中央重要会议和文件精神、市委重要会议和文件精神纳入学习范围，建立“每日一题、每周一测、每月一考”学习机制，组织全局干部职工不断深化对习近平新时代中国特色社会主义思想的学习和思考，真正做到入脑入心、坚信笃行，始终在思想认识行动上与以习近平同志为核心的党中央保持高度一致。去年以来局党委举办了几次培训班，一是2017年5月举办的扛起全面从严治党的主体责任的培训班，二是2017年12月学习贯彻十九大精神的培训班，三是今年5月深入学习习近平总书记治水兴水十六字方针、贯彻落实十九大精神的培训班，期间也进行了多次层层宣讲和其他系列培训，使我局“两学一做”活动越来越深入，越来越见效。

二是突出问题导向，政治生态持续向好。我们召开了全局学习贯彻党的十九大精神全面净化政治生态座谈会，深入整治圈子文化和好人主义，坚决肃清黄兴国恶劣影响，以钉钉子精神持续深入推进、多措并举修复净化全局政治生态。召开了全局领导干部警示教育大会，建立“每日一案、每周一报、每月一感”工作机制，常态化开展警示教育，以身边的阚兴起案等反面典型为鉴，以案示纪，以案说理，对党员干部进行时时警醒、时时教育。深入开展党委巡察，坚持问题导向，扎紧制度笼子，实现 26 个局属单位巡察全覆盖，突出严格监督、严肃整改、严密规范、严厉问责的“四严”要求，巡察利剑作用得到充分发挥，管党治党长效机制逐步健全。

三是突出担当作为，干事热情愈发高涨。我们疾风厉势开展不作为不担当问题专项治理和作风纪律专项整治，聚焦政治生态“远”的问题、班子建设“软”的问题、队伍建设“怠”的问题、作风建设“慢”的问题、重点工作“躲”的问题，累计查摆问题 300 余个，干部职工精神面貌和工作状态焕然一新。认真贯彻习近平总书记关于进一步纠正“四风”、加强作风建设重要批示精神，持续改进工作作风，局领导班子成员带头深入一线协调解决问题，主动对接服务各区，深化“双责双查双促”活动，实现了全面从严治党和水务重点工作双促进、共提高。

四是突出基层基础，执政根基更加稳固。我们牢固树立党的一切工作到支部的鲜明导向，把党支部建设作为最重要的基本建设，深化以“支部班子好、党员管理好、组织生活好、制度落实好、作用发挥好”为内容的“五好党支部”创建工作，推动思想政治工作落到支部，从严教育管理党员落到支部，群众工作落到支部，使党支部真正成为教育党员的学校、团结群众的核心、攻坚克难的堡垒。集中开展了局属处级单位党组织换届，对局基层党组织设置进行规范调整，高质量召开组织生活会，全局 157 个党支部全部按要求完成组织生活会和民主评议党员工作，进一步增强了基层党支部自我净化、自我完善、自我革新、自我提高的能力。

去年以来，局党委研究提出了实施六项工程、实现“六能”目标的发展思路，制定了全市水资源统筹利用与保护规划并得到市政府批复，围绕规划制定了水系连通、环境治理、水库功能提升等实施方案，实施了调水、蓄水、排水、节水、清水、活水等工程，并与各区深入对接，推进六项工程和“六能”目标在各区层面的推开落实，使水务整体工作有章可循、循序渐进、快速提升。这一规划的制定凝聚了全局上下的心血，既要对过去不合时宜的理念、思路、措施说“不”，又要按照新时代、新担当、新作为的要求高标准完善提升，同时还要在过去好的基础上负重前行。一是水资源配置成效明显，年初以来引江、引滦调水 7.31 亿立方米，其中生态补水 5.35 亿立方米，这是历史性的突破，解决了南部水资源短缺的问题，也解决了全市域内水环境差的问题，饮用水是优质的Ⅰ类、Ⅱ类水，各河道也基本都有生态水保障。今年拦蓄雨洪水 4.98 亿立方米，全市河道蓄水 5.2 亿立方米，农业春播种植面积 306 万亩，灌溉用水全部得到保障。二是水环境改善成效明显，全市所有河湖水域全面“挂长”“四长”统管的组织体系逐步形成，河湖水环境大排查大治理大提升“三大行动”深入推进，今年 5 月，全市国考断面水质优良比例达到 55%、同比提高 15 个百分点，劣Ⅴ类水体比例降至 25%、同比下降 15 个百分点。5 月的数据最能说明问题，1 月、2 月处在封冻期，延续了去年的状况，3 月开始加大治理力度，水环境改善收到了好效果。今年 5 月生态环境部、住建部对建成区黑臭水体治理进行检查，从目前掌握的情况看，我市 25 条黑臭水体基本上全部达标，综合性评价要好于全国其他省市；当然检查组也指出了存在的问题，有的是垃圾问题，有的是漂浮物问题，有的是污水处理厂能力不足问题，有的是管理上还不够顺畅、没有完全到位的问题，但是从整体上看，治理效果是非常好的。三是水安全保障成效明显，中心城区51处积水片减少到了39处，今年正在实施12片改造。信息化建设水平不断提高，防汛指挥系统从上到下，险工险段、山洪泥石流、海潮防御等都纳入了信息化管理，河道巡视巡查实行轨迹化管理，利用大数据、智能化手段推进工作，迈出了新的步伐。在全市防汛抗旱工作会议上，鸿忠书记、国清市长都提出了高标准、严要求，既对水务工作给予充分肯定，同时还寄予厚望、提出了严格要求。水务工作从来没有像现在这样被高度重视，不论是党中央、习近平总书记，还是各级党委政府，包括广大人民群众，都给予高度关注。

在肯定成绩的同时，我们也要清醒地认识到存在的问题和不足。鸿忠书记在昨天召开的座谈会上，指出了主题教育实践活动开展存在的问题，主要是广度深度不平衡、形式主义表面化、学做结合不紧密、党建工作业务工作两张皮等，这些问题在我局的主题教育实践活动中也不同程度存在。我们要认真贯彻落实我市深化主题教育实践活动座谈会精神和鸿忠书记讲话要求，突出问题导向，加强组织领导，坚持政治为本、政治立身，坚持学思践悟、知行合一，持续不断把主题教育实践活动推向深入，确保党组织充分履行职能、党员干部忠诚干净担当。

第一，突出“维护核心”这个灵魂。对于马克思主义政党来说，领导核心至关重要。中国共产党是世界上最大的执政党，拥有8900多万名党员，450多万个基层党组织，维护核心是事关党和人民事业发展的重大问题。党的十八大以来，以习近平同志为核心的党中央，以巨大的政治勇气和强烈的责任担当，统揽“四个伟大”，推动党和国家事业取得历史性成就、发生历史性变革，习近平总书记成为党中央的核心、全党的核心，是党心军心民心所向，是时代的呼唤、历史的选择、人民的意愿，是实践缔造的必然结果。维护习近平总书记党中央的核心、全党的核心地位，维护党中央权威和集中统一领导，是提高党的组织力、领导力、确保我们党高度集中统一的根本保证。必须把“两个维护”作为钢铁纪律，用习近平新时代中国特色社会主义思想武装每一个支部、每一名党员，筑牢思想基石，统一意志行动，形成力量源泉。不论是革命建设时期还是改革开放时期，不论是世界各国还是中国，都有“维护核心”的要求，领袖的地位和领袖的作用越来越重要。在世界的舞台上，比拼第一位的就是领袖，因为领袖是一个党的带头人、掌舵者，是一个国家的带头人、掌舵者。纵观历史，无论是苏联解体还是其他国家的动荡，都是因为领袖的更替、领袖思想的变化，一个国家的发展也是如此，邓小平同志在复出时的重大贡献就是科学正确评价了毛泽东思想，丰富和发展了毛泽东思想。我们维护核心，就是要维护习近平总书记党中央的核心、全党的核心地位，维护习近平新时代中国特色社会主义思想的核心地位，用这一思想武装头脑，深入学习领会和思考，形成思想自觉和行动自觉。要牢固树立“四个意识”，把忠诚爱戴核心、捍卫追随核心融入灵魂、铸入党性，把维护党中央权威和集中统一领导作为最高政治原则，严守党的政治纪律和政治规矩，确保政令畅通、令行禁止。

第二，强化“铸就忠诚”的高度自觉。人总要有精神追求，精神力量是最宝贵的力量，党员对党忠诚要从信仰开始，在心力上下工夫。我们每一名党员作为马克思主义者，必须坚定信仰信念，铸就对核心、对领袖、对党组织的赤诚忠诚，时刻怀有虔诚笃信的赤子之心，时刻从“两个维护”出发，锻造绝对忠诚，汇聚起上下同欲、攻坚克难的磅礴伟力。要深刻认识忠诚是党员干部的首德、大德，是百德之帅，把忠诚于党的信仰、忠诚于党的事业与忠诚于党的领导核心高度统一起来，任何时候任何情况下都做到政治信仰不变、政治立场不移、政治方向不偏，心静如水、坚毅如铁、定力如山。要深刻认识忠诚于党中央、忠诚于总书记必须是绝对的、彻底的，是无条件的、不掺任何杂质的，始终做到一心一意、一以贯之、表里如一，决不能左顾右盼、口是心非、怀有私心杂念。我们要坚定正确的政治意识，深入学习领会习近平新时代中国特色社会主义思想，深刻认识对党忠诚不是抽象的而是具体的，要以身许党、牺牲奉献，以信徒般的虔诚和执着体现真的忠诚，时刻牢记党员身份，始终听从党中央指挥，确保统一意志、统一行动、步调一致，像我们入党时宣誓的那样，随时准备为党和人民牺牲一切，永不叛党。6月26日召开的全市领导干部警示教育大会，与会同志观看了警示教育专题片——《为了政治生态的海晏河清》，10个违纪违法典型案例，都是政治上首先出了问题、思想上首先出了问题，才会出现经济腐败等一系列问题。

第三，营造“担当作为”的浓厚氛围。邓小平同志曾经讲过，世界上的事情都是干出来的，不干，半点马克思主义也没有。习近平总书记多次强调，空谈误国、实干兴邦，号召全党撸起袖子加油干。在革命战争年代，共产党员讲的是抛头颅洒热血，“明知山有虎、偏向虎山行”的大无畏英雄气概，当今的建设时期，就是要讲担当、肯作为，有拼劲、有魄力，关键时刻顶得上去，不达目的誓不罢休。我们深入学习贯彻习近平新时代中国特色社会主义思想和党的十九大精神，不在于轰轰烈烈，而在于扎扎实实，不在于讲得漂亮，而在于干得具体。我们讲维护核心、铸就忠诚，增强“四个意识”，也不是空洞的，不能停留在口号上、口头上，必须落实到行动中，体现在工作中。昨天鸿忠书记也讲到，“维护核心、铸就忠诚”就要靠“担当作为、抓实支部”来检验。各级党员干部一定要在担当作为上带好头、作表率，时时刻刻把工作进展与局党委的部署安排对标对表，与市委、市政府的高标准严要求对标对表，以抓铁有痕、踏石留印的劲头，狠抓工作推动和任务落实，精心抓、细心抓，善始善终、善作善成，以实际行动彰显共产党员的忠诚担当。

第四，形成“抓实支部”的强大合力。党的基层组织是确保党的路线方针政策和决策部署贯彻落实的基础，水务事业加快发展，需要局党委的顶层设计，需要各部门各单位的组织推动，更需要基层支部的扎实落实。我们从一个先进党支部的发言、一名优秀共产党员的发言都能够感受到这个道理，积水排得快不快，河道闸站管理好不好，最终靠的是各个排水所，靠的是每一个像永定新河防潮闸管理所这样的基层集体，靠的是每一名像邓象进同志这样的基层职工。抓实支部，就是要坚持不懈地加强基层党组织建设，夯实党在基层的执政根基，努力使基层党组织成为宣传党的主张、贯彻党的决定、领导基层治理、团结动员群众、推动改革发展的坚强战斗堡垒；就是要学习永定新河防潮闸管理所党支部，如果所有的基层党支部都能够达到这种水平，战斗堡垒作用就得到了充分发挥，就会形成万众一心、无坚不摧的良好局面；就是要紧紧抓住基层组织建设和党员干部队伍中存在的突出问题，以提升组织力为重点，突出党组织的政治功能，坚持不懈抓好党员干部队伍建设，打造政治过硬、思想过硬、组织过硬、作风过硬、本领过硬的队伍。水务系统各级党组织都要扎实抓好基层党建，充分发挥基层党组织的凝聚力战斗力，充分发挥每名党员的先锋模范作用，时刻担当职责使命，为水务事业发展做贡献。

二、以习近平新时代中国特色社会主义思想武装头脑指导实践

习近平新时代中国特色社会主义思想是党的指导思想、国家的指导思想，我们无论是开展水务工作，还是开展“维护核心、铸就忠诚、担当作为、抓实支部”主题教育实践活动，都要以习近平新时代中国特色社会主义思想为引领。水务工作是政治工作、是发展工作、是民生工作，水资源关系人民生存和社会发展，水环境关系人民日益增长的美好生活需要，水安全关系人民群众生命财产安全，这些都是关系发展、关乎民生的大事要事。我们要切实把习近平新时代中国特色社会主义思想贯彻落实到科学配置水资源、不断改善水环境、严格确保水安全的水务工作实际中去，把握住正确的方向，推动水务事业发展沿着正确的道路前进，为全面建成高质量小康社会、加快建设“五个现代化天津”做出应有贡献。

学习贯彻落实习近平新时代中国特色社会主义思想，必须坚持与时俱进，用最新成果武装头脑、提高素质。党的十九大以来，习近平新时代中国特色社会主义思想不断丰富完善，我们要不断加强学习、深刻领会，将学习贯彻落实习近平新时代中国特色社会主义思想引入新阶段。党的十八大以来，习近平总书记提出的一系列重要思想和重要要求要认真学习，党的十九大精神要认真学习，我们已经层层举办了相关学习培训班，下一步要做到入脑入心，用培训班上提出的新思想、新时代、新矛盾、新目标武装头脑。习近平新时代中国特色社会主义思想也是与时俱进的，党的十九大以来，习近平总书记对很多方面工作都提出了重要要求。在防灾、减灾、救灾工作方面，习近平总书记多次作出重要指示，强调防灾、减灾、救灾事关人民生命财产安全，事关社会和谐稳定，要坚持以人民为中心的发展思想，坚持以防为主、防抗救相结合，坚持常态减灾和非常态救灾相统一，从注重灾后救助向注重灾前预防转变，从应对单一灾种向综合减灾转变，从减少灾害损失向减轻灾害风险转变，全面提升全社会抵御自然灾害的综合防范能力。在4月召开的深入推动长江经济带发展座谈会上，习近平总书记强调，新形势下推动长江经济带发展，关键是要正确把握整体推进和重点突破、生态环境保护和经济发展、总体谋划和久久为功、破除旧动能和培育新动能、自我发展和协同发展的关系，必须从中华民族长远利益考虑，把修复长江生态环境摆在压倒性位置，共抓大保护、不搞大开发，探索出一条生态优先、绿色发展新路子。在5月召开的全国生态环境保护大会上，习近平总书记对生态文明建设面临的形势作出了科学判断，强调必须坚持人与自然和谐共生的基本方针、绿水青山就是金山银山的发展理念、良好生态环境是最普惠民生福祉的宗旨精神、山水林田湖草是生命共同体的系统思想、用最严格制度最严密法治保护生态环境的坚定决心、共谋全球生态文明建设的大国担当，推进新时代生态文明建设。5月底习近平总书记主持审议脱贫攻坚三年行动指导意见，强调要清醒认识面临的困难和挑战，切实增强责任感和紧迫感，再接再厉、精准施策，以更有力的行动、更扎实的工作，集中力量攻克贫困的难中之难、坚中之坚，确保坚决打赢这场对如期全面建成小康社会、实现第一个百年奋斗目标具有决定性意义的攻坚战。6月16日中共中央国务院印发的全面加强生态环境保护、坚决打好污染防治攻坚战的意见，明确要求深入贯彻习近平生态文明思想，着力打好碧水保卫战，打好水源地保护、城市黑臭水体治理、长江保护修复、渤海综合治理、农业农村污染治理五个攻坚战，并且明确提出了水环境改善的具体指标要求，到2020年，全国地表水Ⅰ~Ⅲ类水体比例达到70%以上，劣Ⅴ类水体比例控制在5%以内。这些都是新理念、新论断、新要求。

习近平新时代中国特色社会主义思想是一个完整的体系，是一个与时俱进的体系，是一个不断丰富和发展的体系，我们要按照局党委提出的“五带五求”要求抓好学习，提高自身能力、素质和水平。一是增强学习本领。习近平新时代中国特色社会主义思想是当代中国马克思主义理论的最新发展成果，是中国化的鲜活的马克思主义，是每一名领导干部实际工作中的理论指引和操作指南。增强学习本领，就是要重点理解新思想的丰富内涵和精神实质，善于以学增智、以学提能、以学善事，紧密结合水务工作实际，真学真信真用，在学思践悟中融会贯通，在学深学透中坚定笃行，真正做到内化于心、外化于行。二是增强政治领导本领。政治过硬是领导干部安身立命之本，要提升政治领导水平，善于把方向、谋大局，在大是大非面前立场坚定、旗帜鲜明，把党的路线方针政策贯彻到谋划水务工作、解决存在问题的实践之中，在各个方面确保党统揽全局的领导地位不动摇。要提升组织号召力，善于运用群众熟悉的语言和工作方法组织干部群众，使人民群众始终团结在党的旗帜之下。三是增强改革创新本领。创新能力来源于对各种经济社会现象的全面把握，来源于对未来发展趋势的科学判断，来源于治水兴水管水的亲身实践，要始终保持锐意进取的精神状态，用创新的思维、创新的锐气、创新的办法，从思想上、制度上、方法上发现问题、解决问题，既结合实际又创造性地推动工作，把河长制湖长制、事改企、水资源税等涉水改革事项不断推向深入。四是增强科学发展本领。2020年我国要全面建成小康社会，接下来还有基本实现现代化和建成社会主义现代化强国的战略任务，实现这一系列目标的关键就在于科学发展。要在实际工作中贯彻创新、协调、绿色、开放、共享五大发展理念，善用科学的思维，掌握科学的方法，把新发展理念变为新时代的发展实践，让各项水务工作朝着科学的方向推进。五是增强依法执政本领。领导干部要认真学习党纪国法，自觉接受法律纪律约束，在制定政策、推进工作中遵法守法、依法行政。要提高法治思维能力，现在社会公众法治意识不断增强，我们在开展行政许可、水政执法等工作过程中尤其要注意依法执政，做到办事依法、遇事找法、解决问题用法、化解矛盾靠法，避免自由放任、粗暴执法。六是增强群众工作本领。要在新形势下坚持党的群众路线，善于把握社情民意，深入开展调查研究，正确面对群众利益诉求日益多元化的现实，准确把握人民群众对水资源、水环境、水安全方面的期盼，下大决心、大气力解决人民群众最关心的问题，真正做到“不忘初心”。七是增强狠抓落实本领。要打破惯性思维和依赖心理，说实话、谋实事、出实招、求实效，千方百计把市委、市政府和局党委的各项决策部署落到实处。要有强烈的责任意识，不能当“二传手”、做“传声筒”，通过对实际工作的检查、反馈和评估，不断改进工作方法，提高工作实效。八是增强驾驭风险本领。当前我国仍处于社会转型期，各种风险和矛盾的发生不可避免，水务工作也存在一些风险，比如供水运行和水质安全问题、暴雨洪水可能造成的事故、安全稳定存在的隐患等等，必须站在全局的高度，完善风险防控机制，提高处理复杂矛盾的能力，遇事既能挺身而出、敢于处置，又能提前准备好应对之策、妥善处置，牢牢把握工作主动权。“维护核心、铸就忠诚”要靠实际的行动、要靠八个本领的增强，只有本领增强了，才能谈得上“维护核心、铸就忠诚”，否则就只是停留在口头上、停留在表面上，只不过是口头说说、表表决心。

学习贯彻落实习近平新时代中国特色社会主义思想，必须坚持学用结合，将习近平总书记十六字治水方针贯穿水务发展全过程。“节水优先、空间均衡、系统治理、两手发力”是习近平总书记新时期治水兴水重要战略思想的核心要义，是局党委实施六项工程、实现“六能”目标的水务发展思路和规划的科学指南和重要要求，必须不折不扣落实到位。

第一，落实“节水优先”，坚持五水共用，科学配置水资源。先要解决有水的问题，再解决科学配置的问题，统筹调水、蓄水、用水全过程，坚持以水定需、量水而行、因水制宜，从观念、意识、措施等各方面把节水放在优先位置，持续用力落实最严格水资源管理制度，推进水资源科学配置、高效利用和节约保护。天津是水资源短缺的城市，人均水资源占有量不足全国平均水平的1/20，在这种情况下，要先解决有水的问题，在此基础上时时刻刻考虑节水，水源来之不易，不论引滦水还是引江水，都是我们的生命之水。在主动协调外调水方面，既要确保引得进、留得住、用得好，体现节约，还要处理好饮用和生态的关系，将保饮用放在第一位，保饮用就是保生命，任何时候都不能放松，在保饮用的前提下，进而保生态、保生产、保发展。在充分利用雨洪水方面，今年提出雨洪水利用量要达到10亿立方米以上，补水换水过程中也要充分利用好雨洪水资源。

在大力压采地下水方面，既是国家的要求，也是发展的需要，更是生存的需要，必须全力抓好水源转换和地下水压采。在提标利用再生水方面，今年要着力在提标改造上实现突破，污水处理厂提标到位，就有10亿立方米的再生水源，不提标或者不到位，就会产生不达标的污水。在积极发展淡化水方面，要按照现有水平稳步提高，科学技术发展引领水价降低以后，再向充分利用的方向努力。总之，充分利用雨洪水、大力压采地下水、提标利用再生水、积极发展淡化水都是节约用水的表现方式，在主动协调外调水方面也要体现科学配置和节约利用，充分理解和落实“节水优先”。

第二，落实“空间均衡”，坚持四个均衡，严格确保水安全。要认真落实总书记提出的以水定城、以水定产的要求，切实发挥水资源刚性约束作用，既要强化水灾害防御，又要保障水资源均衡配置，努力实现人与自然、人与水的和谐相处。在供需均衡上，要转变用水思路，需要多少供应多少，既要解决供的问题，完善供水工程体系、保障合理用水需求，又要控制需的问题，根据水资源承载能力谋划经济社会发展。在排蓄均衡上，要把防汛安全放在首位，排水、蓄水统筹考虑，在确保安全的前提下做好蓄水工作，做到排多少蓄多少，有力弥补农业生产和生态环境用水缺口。在区域均衡上，要立足水资源北多南少现状，统筹各水系、各区域、上下游，推进北水南调、渠系连通、调水补水等各项工作，把各种水资源协调好、配置好、利用好，既实现水量均衡、又体现水质改善。在要素均衡上，要把握山水林田湖草生命共同体思想，打破条框思维，统筹水土保持、岸线绿化、田间治理和河湖、湿地、坑塘各类水域，深入探索综合治理措施。四个均衡是我们理解习近平总书记“空间均衡”这一思想的实践体会，下一步要认真抓好落实。

第三，落实“系统治理”，坚持五有五抓，不断改善水环境。要切实用好河长制湖长制这一有力抓手，统筹谋划实施水环境治理改善各项任务，确保全市水生态环境质量持续稳定向好。坚持有位置、带着责任抓，落实好巡河、护河、治河、建河、修河各方面工作，巡河要检查问题，护河不乱挖乱倒，治河要清理垃圾，建河要实施工程，修河要恢复生态。坚持有制度、完善机制抓，落实好所有河湖水域全面“挂长”的要求，坚持河长、湖长、湿地长、坑塘长“四长”统管，确保责任落实到人、制度见底到位。坚持有队伍、凝心聚力抓，发挥好河长制中心35人的综合协调沟通作用，推动各区落实10人左右的河长办专职人员，动员全市上下凝心聚力、互相配合，提高工作质量和效率。坚持有抓手、形成体系抓，持续深入推进河湖水环境大排查大治理大提升“三大行动”，强化全覆盖不间断排查、系统化大力度治理、高标准高水平提升，解决存在的突出问题。这次国家黑臭水体检查，标准非常高、要求非常严，检查人员顶烈日冒酷暑，每天徒步行走十几公里甚至几十公里，这种精神值得我们学习，在深入推进“三大行动”时更需要有这种精神。8月份要进行中央环保督察整改“回头看”，从第一轮“回头看”的标准要求看，发现坑塘周边有垃圾，就要拍照留作处理资料，再看旁边是否有河长制公示牌，如果没有就证明河长制没落实，如果有但问题解决不到位，就证明河长制形同虚设。有督察、奖优罚劣抓，全面推行河道巡视巡查轨迹化管理和双向考核，用好排名通报、约谈问责、以奖代补等有力手段，引导督促各区各部门履行好职责。要确保抓到底、抓到位、无盲区，通过考核对落实不到位的约谈问责，信息化建设、轨迹化管理等工作也要跟上，才能实现预期目标，使水环境得到根本性改善。

国家明确到2020年，全国地表水Ⅰ～Ⅲ类水体比例达到70%以上，劣Ⅴ类水体比例控制在5%以内，以目前我市的水环境状况看，上游来水基本都是劣Ⅴ类，国考断面、市考断面与上游河道紧密相连，要解决这一问题，水系连通、北水南调、补水换水、综合治理等工程必须一齐上马。北水南调工程要将引滦水从北部地区通过多条河流调引至南部地区，同时对所经河道补水换水，比如蓟州区的州河、蓟运河，宝坻区的潮白河、青龙湾河，武清区的永定新河、北京排水河、北运河，一直到独流减河以及南四河，如果没有好水，这些河道水源得不到保障，水质也很难改善。在实施好北水南调、渠系连通工程的基础上，再强化综合治理，不断提升优良率、逐步消除劣Ⅴ类，完成国家2020年水环境改善目标才有希望。这些工程实施起来难度很大，涉及投资规模也比较大，我们只有坚定不移地抓下去，才能保证主要河道有水源、有好水，才能保证通过综合治理、补水换水，二级河道、干支斗毛渠也能有水源、有好水，才能保证全市范围都能有水源、有好水。水源地保护、河道管理、河长制实施是党中央和市委、市政府赋予水务部门的光荣责任，治水兴水是水务部门的职责所在，我们必须扎扎实实把这些工程实施好，把水务职责承担好。

第四，落实“两手发力”，坚持“四动”措施，持续激发水务发展活力。要充分发挥政府和市场两方面作用，下大力气推动落实水务改革事项，加大重点领域改革攻坚力度，创新思路破解治水兴水难题，既要把政府该管的事情管严管好，又要充分利用市场手段解决涉水问题。要通过组织推动、规划带动、政策驱动、改革撬动“四动”措施，解决体制机制、资金投入、信息化建设、管理、工程实施等各方面的问题。在组织推动上，要把水资源管理、水环境治理、水安全保障方面的重大事项，争取纳入市级层面予以推动，由全市各区各部门各单位共同抓好落实。在规划带动上，要以规划为龙头，从规划到方案、到计划、到项目、到实施、再到发挥效益，层层衔接、逐级推动，确保规划落地见效。在政策驱动上，要深入研究投融资体制变化和资金匹配政策，落实好“放管服”要求，把确定的政策落实到位，把涉水的事项管理到位。在改革撬动上，要转变思维方式，用好市场化手段，提升信息化水平，理顺涉水管理体制机制，完成好重大改革事项，靠改革强动力、增活力。

三、以全面从严治党的决心和力度推动水务工作上水平

当前水务事业发展面临的难点和难题比较多，有习近平新时代中国特色社会主义思想和治水兴水重要思想为引领，有党中央、国务院和市委、市政府的坚强领导，有全面从严治党的决心和力度，就能够克服难点难题，就能够不断推进水务工作上水平。要从以下四个方面身体力行。

第一，坚定正确的政治方向。旗帜鲜明讲政治是马克思主义政党区别于其他政党的本质特征，党的政治建设是根本性建设，决定党的建设的方向和效果。在我们的建党史上，毛泽东同志提出了思想建党，邓小平同志强调要制度建党，党的十八大以来，习近平总书记反复强调政治建党，维护党的团结和集中统一领导。对于党员领导干部来说，政治立身是首要的，要始终把党的政治建设摆在首位，以党的政治建设为统领，坚定执行党的政治路线，坚定政治立场、政治方向、政治原则、政治道路，坚定对党、对党中央、对习近平总书记绝对忠诚的政治品格，提高政治觉悟和政治能力，永葆共产党人政治本色。要严守政治纪律和政治规矩，始终把政治纪律和政治规矩挺在最前面，作为不可触碰的红线、底线、高压线，懂敬畏、存戒惧、知行止，始终同党中央保持高度一致，绝不能各自为政、各行其是，绝不能有令不行、有禁不止，绝不能口是心非、阳奉阴违。要严肃党内政治生活，严格执行新形势下党内政治生活若干准则，发扬自我革命精神，坚决克服党内政治生活庸俗化、随意化、平淡化，不断增强党内政治生活的政治性、时代性、原则性和战斗性，发挥“大熔炉”“净化器”“金钥匙”作用。要持续净化政治生态，像改造盐碱地一样从深处挖、从根上治，坚持不懈开展警示教育，坚决肃清黄兴国恶劣影响，铲除寄生在党的健康肌体上的隐患，不断巩固和拓展净化政治生态工作成效。要培育党内政治文化，弘扬忠诚老实、公道正派、实事求是、清正廉洁的价值观，深化圈子文化、好人主义专项整治，坚决铲除宗派主义、码头文化的影响，推动形成水务系统正气充盈的党内政治文化。

第二，提高班子组织力、领导力。这个班子指的是局领导班子以及各部门、各单位的领导班子。要着力打造信念坚定、政治可靠的班子，发挥党员领导干部“头雁”作用，严格落实全面从严治党责任，把党建工作摆在与业务工作同等重要的位置，坚持同部署、同检查、同考核、同落实，对党的建设各项工作严抓严管，从严抓好班子、带好队伍，确保各级党组织全面从严治党主体责任履行到位。要着力打造严守党规、依法执政的班子，认真落实民主集中制，严格落实局党委议事决策规则，加强对各单位党组织议事决策的监督检查，确保重大事项由党组织会议集体研究决定，严格规范决策程序，不断提高科学决策、民主决策、依法决策水平，充分体现党对各项工作的全面有效领导。要着力打造敢于担当、善于作为的班子，严格落实习近平总书记提出的“想干事、能干事、敢担当、善作为”要求，在工作中始终保持思想统一、行动统一、步调一致，在执行上时刻与中央和市委、市政府的要求对标对表，不折不扣贯彻执行好党中央、市委市政府决策部署和局党委工作安排，层层压实责任，一贯到底执行，打通各项工作落实的“最后一公里”，坚决杜绝“上热中温下冷”。要着力打造改革创新、活力充沛的班子，选优配强“一把手”和关键岗位领导干部，加大优秀干部培养、选拔和交流力度，放宽招聘、职称、岗位管理及人才培养限制，不断激发干部队伍活力，积极吸纳政治过硬、业务突出、敢想敢干的优秀人才加入领导班子，着力打造一支政治过硬、作风优良、干事成事的水务干部队伍。水务局是一个规模比较大的单位，基层组织多、党员干部职工多，我们要按照打造这四个方面的班子的要求，才能切实抓好各项工作。要围绕水务事业发展，建好班子、选好干部，把政治坚定、担当作为、干事成事、有规矩有能力的干部选拔上来，给干事的干部以舞台，给干成事的干部以褒奖，形成干好事、干成事的良好氛围。

第三，营造担当作为的良好氛围。担当作为是事业发展的关键，必须以有为论位，无为者不能有位、小为者不能大位、平为者不能要位、不为者不能坐位，形成干事创业的强大气场。要深化不作为不担当专项治理，牢固树立“无功便是过”的理念，重拳治理削弱党的建设、影响改革创新、落实重点工作不到位等突出问题，坚持“四严”要求，用好督查督办、考核问责等治理举措，构建从源头上根治不作为不担当问题的长效机制，以铁腕手段让无为者无处遁形。要匡正选人用人导向，进一步明确干部选拔任用标准，突出信念过硬、政治过硬、责任过硬、能力过硬、作风过硬，坚持事上看、事中练，既考察日常工作状态，又考察大事难事时的表现，突出实干实绩实效，使敢于负责、勇于担当、善于作为、实绩突出的干部脱颖而出。要大兴“四个之风”，水务系统各级领导干部都要大兴学习之风，向水务实践学习、向基层和一线学习，不断研究探索破解难题的新方法、新途径；要大兴深入调研之风，深入基层、深入一线，扑下身子实地检查、实地协调、实地推动、实地解决问题，特别针对生态补水、水环境治理等工作，必须现场调查研究，实地检验治理措施和成效，确保治理效果；要大兴亲民之风，牢固树立以人民为中心的思想，时刻对照群众需要检查我们的工作，检验我们的成效；要大兴尚能之风，坚持高标准、严要求，进一步提升精神状态，提高干事创业的能力和效力，担当担责、苦干实干，把各项水务重点工作抓紧抓实抓好。

第四，弘扬水务行业“五种精神”。一要大力弘扬公道正派、夙夜在公的敬业精神，以坐不住的紧迫感、等不起的责任感、慢不得的危机感，持续推进水源地综合治理、蓝藻防控、农村饮水提质增效、二次供水设施改造等民心工程，为群众把好饮水安全关，做好各项涉水工作。二要大力弘扬辛苦我一个、安全千万家的奉献精神，体现在防汛、安全、质量、维稳等方面，防汛方面要坚持雨情就是命令，第一时间上岗到位、昼夜坚守，全力落实好各项应对措施，确保全市安全度汛。安全生产、工程质量、维护稳定等工作，也要肯付出、讲奉献，用我们的辛勤工作保障群众安居乐业。三要大力弘扬人无我有、敢为人先的创新精神，信息化建设、轨迹化管理要体现在水务发展的每项工作中，通过高科技手段、信息化管理来解放人力、提高效率，提升整体工作水平。涉及信息化建设，一方面这段时间投入的资金比较多，市里批复了5000多万元资金；另一方面投入的精力多，最近两个月每周都要研究两次、实地察看两次、演练两次，目的是抓紧推动各项工作上马，跟上时代发展的步伐。我们加强信息化手段应用，对防汛抗旱工作起到了实质性帮助，险工险段、易积水地区，山洪泥石流隐患点位、沿海防潮薄弱环节，入境河道的水量、水质等等，都在视频监控范围内，抓住这些关键点、薄弱点，就等于抓住了源头，同时还要制定措施、跟进落实。涉及轨迹化管理，要实行双向反馈、双向考核，每天管理河道多少人，行程多远、发现什么问题，责任单位何时抵达现场、处理结果怎样，都要在系统上历历在目，才能得出公平、公正、真实的考核分数，同时要拓展到每一条河流、湖泊、水库、坑塘。8月份中央环保督察整改“回头看”进驻我市之前，市河长办和各区要通过河湖水环境大排查大治理大提升“三大行动”，全面推进解决垃圾堆放和水体黑臭等问题，尤其是把小的水面和坑塘作为重点，千万不能存在垃圾或者水体黑臭，否则就会受到追究问责。四要大力弘扬难中有我、舍我其谁的担当精神，以一往无前的锐气、冲锋陷阵的勇气、舍我其谁的担当，迎难而上、主动作为。这段时间市主要领导到各区现场办公，第一项议程是所在区的区委书记汇报工作，第二项议程就是播放暗访片，涉及大气污染防治、企业关停整改、垃圾围河围坑、污水滥排滥放等方面，武清区大黄堡镇党委书记、镇长被撤职降级，就是因为自然保护区内有企业排污。鸿忠书记专门讲到这是一种常态，而且越往后越严，如果天津不处理，中央环保督察组的追究问责会更加严厉，我们必须靠扎实的、有效的、高标准的工作，来推进水务事业发展。五要弘扬抓住不放、一抓到底的务实精神，每项工作都应该抓住不放，一抓到底，强化“五个一”管理，提高政治站位、保持高度一致，严格落实责任、一刻不能放松，不断改进作风、推行一线工作法，坚持高的标准、做到一丝不苟，坚持廉洁高效、做到一尘不染，才能努力干出治水兴水的新气象、新作为、新局面。

同志们，当前正值全市推进高质量发展，推动“五个现代化天津”建设的关键时期，各级领导干部要认真贯彻落实中央和市委决策部署，持续深化“维护核心、铸就忠诚、担当作为、抓实支部”主题教育实践活动，以更加坚定的政治担当、更加昂扬的精神状态、更加扎实的工作作风，全力落实好局党委确定的各项目标任务，推动水务事业发展再上新水平。

局党委书记张志颇在市水务局扫黑除恶专项斗争推进会上的讲话

（2018年11月14日）

同志们：

刚才，我们一起传达学习了市扫黑除恶专项斗争推动会精神，也学习了扫黑除恶督导工作方案和市纪委监委关于深入推进扫黑除恶监督问责的相关部署。水务治安分局新民局长总结了前一阶段水务系统扫黑除恶专项斗争情况，提出了下一步重点任务；长平同志围绕深入推进水务系统扫黑除恶专项斗争、创建“无黑城市、无黑水务”

作了详细部署和安排，特别是关于这次迎接市里督导工作，讲了具体的意见。长平同志和新民局长的意见我都同意，大家一定要认真落实好。我再讲三点意见。

一、充分肯定前一阶段水务扫黑除恶专项斗争取得的成效

刚才，新民局长系统总结了10个月来全系统扫黑除恶的成绩，讲得比较全面。应该说，这10个月来，局党委高度重视扫黑除恶专项斗争，全局上下深入学习贯彻习近平总书记的重要指示精神和党中央、国务院关于开展扫黑除恶专项斗争的精神，认真落实市委、市政府的工作部署，水务局作为市扫黑除恶专项斗争工作领导小组成员单位，按照市扫黑办的工作要求，制定了扫黑除恶专项斗争工作方案，召开了动员部署会，成立了工作领导小组，围绕水务中心工作，建立了五个工作组，依托水务治安分局，组建了局领导小组办公室，扎实推进扫黑除恶专项斗争。尤其是治安分局，做了大量艰苦细致的工作，对全局各单位扫黑除恶专项斗争的情况进行了督促检查，有力推动了全局扫黑除恶专项斗争扎实推进。

10个月以来，全局上下一是从线索入手，开展集中排查，重点围绕水务行业有关强揽工程建设、恶意竞标、征迁问题、违法经营等方面涉黑、涉恶情况进行排查摸底、整理线索，对这些线索开展了深入调查。二是从“治乱”开始，进行水务专项治理，加大对河道非法取土、乱搭乱建、破坏水利设施、非法阻挠水务施工建设等方面问题的治理力度，包括解决王庆坨水库阻工、全面清理于桥水库捕鱼机动船只、专项打击河道水库周边违法行为等等，维护了正常的水事秩序，保护了水生态环境。三是从宣传教育着眼，加强全系统扫黑除恶专项斗争培训、宣传，形成全系统扫黑除恶专项斗争的强大氛围，使扫黑除恶专项斗争更加深入人心。水务的总体形势和全市一样，工作刚开始的时候没有充足的信心，随着不断深入推进，大家的信心越来越足，取得的战果也越来越大，要进一步广泛发动，深挖细找线索。四是从合署办公抓起，利用治安分局这个好的平台，完善制度建设，与治安分局建立专项斗争合署办公工作机制，同时建立周例会、月总结、通报等制度，按照专项方案认真开展各项活动，维护了正常的水事秩序，成绩应该给予充分肯定。

二、深刻领会扫黑除恶专项斗争和创建“无黑城市”的重要意义

创建“无黑城市”目标是我市坚定不移贯彻落实党中央和习近平总书记关于开展扫黑除恶专项斗争部署要求的实际行动，是政治责任，是更高标准，是维护核心的具体行动，我市提出创建“无黑城市”，是紧密结合天津实际、聚焦突出问题的务实之举。鸿忠书记在市推动会上强调，通过三年治理实现“无黑城市”目标，是政治使命、是人民期盼，同时指出黑恶势力绝对不是简单的犯罪团伙，挑战的是共产党的执政基础，直接威胁的是政权安全，天津作为首都的政治“护城河”，职责就是要捍卫总书记的核心地位，捍卫党中央的集中统一领导，所以天津必须履行好政治责任，见黑就扫、坚决打击，不能环着首都出现“黑”，只能做到“红”。鸿忠书记也指出，扫黑除恶是一项民心工程，人民群众最期盼的就是安全，如果黑恶势力横行，人民群众哪来安全感？要通过扫黑除恶，打造好的营商环境、好的生活环境，让群众有获得感。大家一定要从政治责任、从人民群众期盼、从更高标准的要求这个意义上去理解“无黑城市”的目标，只有各个系统、各个地区都做到“无黑”，全市才能实现“无黑”，如果水务做不好，全市就无法实现目标，一定要有政治站位和政治意识。水务局作为市扫黑除恶领导小组成员单位，必须全面贯彻落实好市委、市政府关于向纵深发展、建立“无黑城市”的要求，深入开展水务系统扫黑除恶专项斗争，为全市“无黑城市”的创建贡献水务力量。

三、深入推进扫黑除恶专项斗争，努力建设“无黑水务”

为期三年的扫黑除恶专项斗争刚过去10个月，大家都知道，“行百里者半九十”，对于三年来讲，各项工作只是刚刚开始，还要向纵深推进。全局上下要做好四方面工作：

一是要紧紧围绕市委创建“无黑城市”这个总目标，进一步提高思想认识，提高政治站位，把思想和行动统一到市委的决策部署上来；要从落实政治使命、落实“两个坚决维护”、满足人民群众期盼的高度来建设“无黑水务”；要围绕维护正常水务建设秩序、管理秩序、生产经营秩序，突出这次督导强调的六个方面重点，细化实施意见，落实好各项措施；要把打击锋芒聚焦到干部职工反映强烈的突出问题上，在日常管理、建设过程、工程管理、经营活动中，多听干部职工的意见，从中深挖涉黑涉恶线索。之所以把水务局作为市领导小组的成员单位，就是因为水务局管理着大量的水工程，保护着输水生命线，承担着防汛安全、供水安全的重大责任，在扫黑除恶上绝不能掉以轻心，一定要提高思想认识，积极深挖线索，主动配合公安部门，深入调查处理，突出源头治理，发挥政治优势，坚决打赢扫黑除恶这场硬仗，切实做到扫黑而不是打黑，而且要除恶务尽，斩草除根。

二是要认真落实纵深推进扫黑除恶专项斗争实施意见，切实强化责任意识，狠抓各项任务落实，紧紧围绕“无黑城市”这个目标，紧密结合水务实际，细化研究工作措施，三年行动一定要细，对照市里的标准拿出纵深推进的具体方案。相关单位和部门的主要负责同志是第一责任人，一定要加强思想发动，加强工作统筹，对一些重大问题，一定要亲自过问、亲自组织实施。同时，要加强督促检查，确保能够落实下去，推动下去。分管领导要靠前指挥，具体组织实施，层层压实，按照三个“一律”和三个“不放过”要求，深挖线索的同时，深查关系网、保护伞，配合相关部门，从严从重破网打伞、断财断脉。如果我们不举报、不深挖，那就是纵容，凡是危害水利工程运行、危害供排水安全、危害生产经营的，都不能放过，要按照市委、市政府的要求，以雷霆万钧之力、摧枯拉朽之势，重打、猛打、狠打，绝不能有怜悯之心，害群之马必须得除，要除恶务尽，斩草除根，不留后患，不给翻身的机会。

三是要开展重点领域全面排查，刚才长平同志作了布置，从招标投标、建设施工、房屋场地出租等方面，都要严查，而且还要有“打不尽豺狼不收兵”的决心和意志，不断向纵深推进扫黑除恶专项斗争，把这项工作一抓到底。

四是要认真做好扫黑除恶督导准备，11 月下旬至 12 月中下旬，市里将对全市 16 个区、23 个单位开展为期一个月的进驻式实地督导，我们要认真准备，接受上级的检查，要围绕政治站位、依法严惩、综合治理、深挖彻查、组织建设、组织领导六个方面，认真做好迎检准备，精心准备汇报材料，备齐资料和工作台账，反映我们真实的工作情况。

同志们，建设“无黑水务”，实际是以水务系统“无黑”为“无黑城市”做贡献，责任重大，任务艰巨。全局上下一定要深入学习贯彻习近平总书记关于扫黑除恶专项斗争的重要指示精神，认真落实市委、市政府工作部署，按照市扫黑办的工作安排，扎扎实实做好扫黑除恶工作，不断推进全系统扫黑除恶向纵深发展。

局党委书记张志颇在 2019 年局党委扩大会议上的讲话

（2019 年 1 月 24 日）

同志们：

今天我们召开局党委扩大会议，主要目的是深入学习贯彻习近平新时代中国特色社会主义思想和党的十九大精神，全面落实中央经济工作会议、中央农村工作会议、全国水利工作会议、市委十一届五次全会和市“两会”精神，总结 2018

年水务工作，分析当前面临形势，部署2019年重点任务，动员全市水务系统广大干部职工，不忘初心，牢记使命，砥砺奋进，奋力谱写新时代天津水务发展新篇章，为全市高质量发展、加快建设“五个现代化天津”提供坚实水务保障。下面，我讲四点意见。

一、充分肯定2018年水务工作成绩

2018年，在市委、市政府的正确领导下，全市水务系统各部门各单位广大干部职工，紧紧围绕水资源、水环境、水安全，凝心聚力、攻坚克难、真抓实干，圆满完成了全年各项任务目标。

一是积极处置引滦水质新问题，有力保障了城乡供水安全。去年11月中旬，于桥水库二甲基异莰醇指标急剧上升，远超自来水厂处理能力，武清、宝坻、滨海新区部分区域近300万人供水安全受到严重威胁。市委、市政府高度重视，市政府两次致函水利部申请调增冬季引江供水指标；水利部给予大力支持，部领导专程来津调研，研究解决城市供水问题；南水北调中线建管局全力以赴，保障冬季大流量安全输水，解决了城市供水的难题。我们立即开展应急处置，多次赶赴水利部和南水北调中线建管局汇报沟通，紧急将引滦水源切换为引江水源；同时组织专家研判会商，制定了城市供水应急保障方案，做好了引江突发冰塞减量供水时城市供水的应对准备。城乡供水体系进一步完善，王庆坨水库基本建成，中心城区224处二次供水设施改造完成；武清区全力支持推动南水北调配套工程征地拆迁，北辰区全面清理拆除引滦暗渠占压建筑物，宝坻、静海两区率先启动新一轮农村饮水提质增效工程。全年安全调引引江水10.33亿立方米、引滦水3.36亿立方米，城市供水水质综合合格率保持99%以上，农村供水合格率保持80%以上。

二是成功应对“7·24”台风强降雨，防汛排水经受住严峻考验。2018年7月23—25日，台风“安比”袭击我市，为1984年以来首次正面穿过我市的台风，受其影响全市普降大暴雨，市区24日降雨量达50年一遇，最多时出现77处临时积水，18个地道交通管制，防汛排水压力巨大。面对紧急雨情汛情，鸿忠书记专门与我们视频连线，部署台风强降雨应对工作；国清市长亲临市防办，指挥调度防汛救灾；树起副市长昼夜坐镇，并连夜赶赴一线检查指导防汛排水。市防指先后启动防洪四级、三级预警响应和防潮四级预警响应，并强化京津冀协同作战，与海河防办和北京、河北防办及时沟通会商雨情水情。排水部门和各工管单位按照市防指调度指令，实施河道闸站联合调度，昼夜强排市区积水。各区实行战区制、主官上，市内六区全面排查棚户区、危漏房屋、低洼地带防汛安全隐患，强化里巷街道、居民小区排水措施；宁河区稳妥应对蓟运河超保证水位险情，蓟州区严密排查山洪泥石流隐患点位，转移群众1683人，滨海新区及时落实沿海地区防潮措施。通过全市上下共同努力，安全平稳度过台风强降雨过程，水务系统经受住了考验，市区大部分积水10小时内基本消退，退水时间较2012年和2016年大幅缩短，群众生产生活和交通出行未受大的影响。一年来，防汛排水工程加快推进，完成蓟运河、州河治理年度建设任务，提升改造南门外大街等6处易积水地区排水设施，更新改造5座国有扬水站。坚持防蓄结合，全年累计拦蓄利用雨洪水15.4亿立方米，汛末全市地表水存蓄总量14.13亿立方米，为生态农业用水提供了有效保障。

三是坚持多措并举综合治理，水环境质量得到持续改善。城市建成区25条黑臭水体全部消除，公众满意度98%以上，顺利通过国家专项督查。开工建设北水南调工程，实施中心城区20条河道生态修复和东丽区二级河道水体修复，向海河、蓟运河等河道，北大港、团泊等湖库湿地生态补水10.65亿立方米，全市各区均不同程度受益。津沽、北仓、张贵庄污水处理厂全部完成提标改造，出水水质主要指标达到地表水准Ⅳ类，全市城镇污水集中处理率提高到93.5%，污水处理工作在全国前三季度考核排名中始终保持前三名。市委、市政府出台全面落实湖长制实施意见，落实四级河长湖长 5884 名，所有河湖水域全面“挂长”，河湖水环境大排查大治理大提升“三大行动”圆满完成，“清四乱”专项行动全面展开，西青、津南等区清理行动成效明显。2018 年全市国考断面水体优良比例 40%、同比提高 5 个百分点，劣 V 类水体比例 25%、同比下降 15 个百分点，重要江河湖泊水功能区达标率 30.7%、同比提高 11.5 个百分点。

四是强化非常规水源配置，水资源管理水平不断提升。市政府批复实施《天津市再生水利用规划》，将再生水管网建设纳入城市基础设施建设计划并组织实施，推动工业用水大户、市政园林绿化使用再生水，再生水年利用量 4.3 亿立方米、同比提高 34%。会同市发展改革委、市财政局联合印发《天津市淡化海水利用政策方案》，全力推动北疆电厂淡化海水配置利用，淡化海水年利用量 3900 万立方米、同比提高 12.8%。开展地下水压采三年攻坚行动，全年压采深层地下水 3105 万立方米。预计全市用水总量 30.1 亿立方米、同比增长 4.7%，万元 GDP 用水量降至 15 立方米左右，万元工业增加值用水量控制在 7 立方米左右，农田灌溉水有效利用系数提高到 0.708，我市顺利通过水利部最严格水资源管理制度考核。

五是统筹推进机构改革，水务基础工作进一步夯实。机构改革稳步推进，完成相关职责界定、单位转隶、人员划转和权责清单移交，生产类事业单位改革初见成效；滨海新区单独成立了水务局，各区水务改革也在平稳进行，全系统各项工作平稳衔接，确保了思想不乱、工作不断、队伍不散、干劲不减。依法行政得到加强，报请市政府颁布修订后的《天津市取水许可管理规定》，开展“春雷”“清源”等专项执法行动，严肃查处暗渠违法占压、南运河河道堤防损毁等水事违法案件；“一制三化”改革不断深化，工程建设项目联合审批制度基本建立，水务审批全流程监管机制得到落实。规划前期扎实开展，市政府批复实施水资源统筹利用与保护规划；坚持化解债务和争取资金并重，全力推进涉水民心工程和水务基础设施建设，全年完成水务建设投资 45 亿元。建管水平不断提高，安全生产稳定受控，全年未发生亡人生产安全事故；水务工程质量稳步提升，在国家水利建设质量考核中被评为 A 级，排名全国第三。工程管理持续强化，建立了河道、水闸、泵站等全覆盖的轨迹化巡查系统，初步完成 19 条行洪河道蓝线划定，九宣闸、南运河节制闸、宁车沽闸达到市级水管单位标准。

六是持续深化全面从严治党，为水务事业发展提供了坚强保证。着力加强党的政治建设。建立“每日一题、每月一考”学习机制，明确将“四个意识”纳入党委中心组和各类党课必学内容，持续掀起学习贯彻习近平新时代中国特色社会主义思想和党的十九大精神热潮。深化“维护核心、铸就忠诚、担当作为、抓实支部”主题教育实践活动，扎实开展“五好党支部”创建，建立“每日一案、每周一报、每月一感”警示教育机制，严明党的政治纪律和政治规矩。修订局党委议事决策规则，重大事项均由党组织会议集体讨论决定，上级重要会议文件精神第一时间传达学习，切实把践行“四个意识”、落实“两个维护”体现在全面从严治党和水务工作各方面全过程。加强干部队伍建设，调整处级干部 45 人次，对 11 名长期在同一岗位的处级干部进行了轮岗交流，出台加强和改进年轻干部挂职锻炼的实施意见，选调了一批年轻干部到重点工程指挥部、攻坚战指挥部培养锻炼。

着力根除作风顽瘴痼疾。狠抓中央八项规定精神落实，制定和完善贯彻落实实施细则等一批务实管用的制度，坚决清理规范津贴补贴发放和局属单位“三产”，进一步消除廉政风险点。切实加强监督执纪问责，全年处置问题线索 245 起，运用“四种形态”226 人，其中给予党纪政纪处分 23 人，持续释放从严执纪的强烈信号。深入开展不作为不担当问题专项治理，紧盯“关键少数”，共查处问题 53 起，问责处理 108 人次；从严从实推进不作为不担当专项巡视整改，48 项整改任务已完成 46 项，基本完成 2 项，问责 36 人。坚决整治形式主义官僚主义，局领导班子成员多次带队赴各区对接工作，主动服务地方经济社会发展；严控公文、会议数量，健全绩效考核、督查督办、定期通报等机制，切实提高行政办公效率。从严从实抓好不作为不担当问题专项巡视、全面从严治党主体责任检查考核反馈问题整改，深入开展扶贫助困、窗口服务、农村水利建设等领域专项检查和扫黑除恶专项斗争，坚决杜绝侵害群众利益的不正之风。

着力涵养良好政治生态。不断深化党内监督，坚决执行驻局纪检监察组参加研究“三重一大”事项会议、重要工作互相通报、党员干部谈心谈话、党风廉政建设监督检查等机制，严格落实述责述廉、谈话函询等党内监督制度，对履行管党治党责任不力的2个处级单位党组织主要负责人予以组织调整。深入开展巡察“回头看”和机动式巡察，与市委不作为不担当问题专项巡视同步开展专项巡察，着力解决党的领导弱化、党的建设缺失、全面从严治党不力等突出问题。持续净化政治生态，召开加强警示教育净化政治生态大会，坚决肃清黄兴国恶劣影响，反对“圈子文化”和好人主义；开展民主生活会、组织生活会专项检查和整改，全面规范“三会一课”、主题党日等基层组织生活；深入开展选人用人专项检查、干部学历排查、干部个人有关事项核查，对存在选人用人问题的9个单位“一把手”进行问责。培育良好政治文化，制定加强党内政治文化建设的实施意见、意识形态工作责任制实施细则，深入开展精神文明单位创建，深化社会主义核心价值观和家风、诚信教育，培树了以6名“天津好人”为代表的一批先进典型。

同志们，2018年大事多、要事多、难事多。我们多方协调、积极争取，稳妥处置引滦水质变化突发问题，有力保障了城市供水安全；我们上下联动、昼夜坚守，成功应对7·24台风强降雨袭击，全市安全平稳度过汛期；我们多措并举、综合施策，深入推进水生态环境治理保护，持续改善了城乡水环境面貌；我们加班加点、连续奋战，全力配合专项巡视和督察检查，水务工作得到了市委、市政府的肯定和认可。1月23日，树起副市长专门作出批示，强调指出：2018年，全市水务系统认真贯彻落实市委、市政府决策部署，锐意进取，攻坚克难，在推动城市水源地综合治理、全面推行河长制湖长制等方面做了大量工作，水务各项事业取得了长足进步，为促进全市高质量发展和保障改善民生作出积极贡献。特别是面对城市供水和防汛排水的严峻形势，水务干部职工经受住了考验，打赢了保障防汛供水安全的硬仗，向全系统干部职工表示感谢和问候。2019年，水务工作依然繁重，望同志们坚持以习近平新时代中国特色社会主义思想为指导，牢牢把握“水务工程补短板、水务行业强监管、转变作风提效能”总基调，推动水务事业发展再上新水平，为落实京津冀协同发展战略，加快“五个现代化天津”建设作出更大贡献。

同志们，各项工作成绩的取得，是市委、市政府正确领导的结果，是市有关部门和各区大力支持的结果，是全市水务系统广大干部职工苦干实干的结果。借此机会，我代表局党委和局领导班子全体成员，向大家表示衷心的感谢！

二、正确把握水务工作面临的新形势

推进新时代水务事业发展，必须深刻领会党中央、国务院和市委、市政府对水务工作的新部署新要求，充分认识水务工作面临的压力和挑战，清醒看到存在的问题和不足，审时度势，找准基调，统一思想。

（一）深刻领会中央和市委、市政府对水务工作的高标准严要求。

党的十九大以来，以习近平总书记为核心的党中央对全面建成小康社会作出全面部署、提出明确要求。在防灾、减灾、救灾方面，习近平总书记强调，要坚持以防为主、防抗救相结合，坚持常态减灾和非常态救灾相统一，从注重灾后救助向注重灾前预防转变，从应对单一灾种向综合减灾转变，从减少灾害损失向减轻灾害风险转变，全面提升全社会抵御自然灾害的综合防范能力。

在生态文明建设方面，习近平总书记在全国生态环保大会上指出，必须坚持人与自然和谐共生基本方针、绿水青山就是金山银山的发展理念、良好生态环境是最普惠民生福祉的宗旨精神、山水林田湖草是生命共同体的系统思想、用最严格制度最严密法治保护生态环境的坚定信心、共谋全球生态文明建设的大国担当，推进新时代生态文明建设；中共中央国务院印发全国加强生态环境保护、坚决打好污染防治攻坚战的意见，要求着力打好碧水保卫战，打好水源地保护、城市黑臭水体治理、长江保护修复、渤海综合治理、农业农村污染治理五个攻坚战。在脱贫攻坚方面，习近平总书记强调要集中力量攻克贫困的难中之难、坚中之坚，确保坚决打赢这场对如期全面建成小康社会、实现第一个百年奋斗目标具有决定性意义的攻坚战。在京津冀协同发展方面，前不久，习近平总书记在天津考察工作和在京津冀协同发展座谈会上发表重要讲话，再次强调要坚持绿水青山就是金山银山的理念，强化生态环境联建联防联治，强调加强水资源节约保护和开发利用，保护好密云水库、潘大水库等重要水资源，从根本上解决渤海污染问题，还老百姓清水绿岸。

李克强总理对前不久召开的全国水利工作会议作出批示，要求新的一年要坚持以习近平新时代中国特色社会主义思想为指导，认真落实中央经济工作会议精神，深化水利领域改革创新，加大水利基础设施补短板力度，强化水利行业监管，统筹抓好水旱灾害防御、农村饮水安全和水利扶贫、国家节水行动、河湖管理保护和水生态治理修复等工作，推动水利事业再上新台阶，为建设生态文明、促进经济社会持续健康发展提供有力支撑和保障。

市第十一次党代会明确提出加快建设生态宜居现代化天津的目标，要求坚持保护优先、自然恢复为主，实施山水林田湖生态修复工程，保护好河流湿地，构建蓝绿交织、水城共融的绿色城市。市委十一届五次全会强调，要打好污染防治攻坚战，抓好湿地保护修复，建设好绿色生态屏障，进一步提升城市生态宜居水平；要大力实施乡村振兴战略，改善农村人居环境。为贯彻落实中央决策部署，市委、市政府制定了蓝天、碧水、净土三大保卫战和水源地保护、城市黑臭水体治理、渤海综合治理等五个攻坚战，其中的涉水工作任务也十分繁重。鸿忠书记高度重视水务工作，亲自出席全市防汛工作会议，要求把确保群众生命财产安全摆在首位，“在防的同时做好蓄”；多次深入七里海、两次乘船察看海河，强调要贯彻落实习近平生态文明思想，扎实推进生态环境修复，守护好“京津绿肺”；多次对河长制湖长制工作作出批示，要求所有河湖水域全面“挂长”。国清市长6次主持召开市政府常务会议，研究审议水务相关议题，就加大环保治污力度、加强地下水压采和控制地面沉降、强化污水处理建设监管等提出明确要求；深入于桥水库库区和大运河沿线调研，强调要注重涵养水源、提升水质，加大周边生态环境修复保护力度，强调全面落实河长制湖长制，让水蓄起来、让水动起来、让水净起来。

中央和市委市政府提出的这些新理念、新论断、新要求，是我们开展工作的行动指南和根本遵循。市委不作为不担当问题专项巡视反馈意见指出了我们贯彻落实中央和市委决策部署不到位不见底的问题，我们一定要高度重视，深刻学习领会这些新理念、新论断、新要求，切实融入水务改革发展全过程，从讲政治的高度，不折不扣抓好落实，确保见底见效。

（二）充分认识未来两年水务工作任务繁重、压力巨大。

2019年、2020年是全面建成小康社会、加快建设“五个现代化天津”的关键时期，特别2020年是一个非常重要的时间节点，要全面建成小康社会、实现第一个百年奋斗目标，有很多硬指标必须完成。水务方面的指标包括用水总量、供水合格率、管网漏损率、节水各项指标、国考断面水质、水源地水质、污水处理率等，都是国家和市里下达的硬指标，是必须完成的硬任务，到期必须交卷。其中有的指标，特别是重要江河湖泊水功能区达标率等水环境方面的指标，我们还有很大差距，需要狠下工夫、付出巨大努力才能实现。污染防治攻坚战、扶贫助困攻坚战，都是2018—2020年三年行动计划，说是三年，其实2018年完成的工作量都不大，所有任务基本都集中在今年和明年，要确保明年各项目标如期实现，必须把所有工作往前赶，同时还要补上2018年亏欠的进度，也就是今年要开展大量的工作。我们再看看今年的形势，十分不乐观，一方面是水务工作时间紧、任务重；另一方面，今年市里财政紧张，能够争取来的资金有限，但是工作目标的实现大量要靠工程来保障，如何处理工程建设与资金紧缺之间的矛盾，也是摆在面前的一个大难题。要加快做熟前期工作，具备开工建设条件，争取地债。

另外，还要充分认识当前巡视巡察、专项检查、督察常态化的大趋势。去年先后接受了国家黑臭水体整治专项巡查、市委不作为不担当问题专项巡视、扶贫助困专项巡视、扫黑除恶专项督导等8次大的巡视检查，指出了不少问题，有很多整改任务需要落实，有些整改工作还需要与各区水务局上下联动、整体推进。从整体形势上看，今后巡视巡察将成为常态，今明两年市委肯定要对各局和各区进行常规巡视，不作为不担当专项治理也将进入以问责为主的阶段，在这方面我们也承担着不小的压力。我们一定要对身上承担的职责和任务有清醒的认识，充分认识到今年工作的艰巨性，切实增强危机感、紧迫感和责任感，拿出攻坚克难的干劲和闯劲，以更加饱满的精神迅速进入工作状态，全力以赴攻克工作中的难题，确保既定目标顺利实现。

（三）清醒认识水务工作中存在的问题和不足。

在水资源配置方面，引滦水质出现二甲基异莰醇指标超标的新问题，保持引滦Ⅲ类水标准任务很重；引江、引滦工程尚未完全实现互连互通，双水源保障体系亟待进一步完善，下一个冬季供水周期绝不能出现今年这样的状况，如此脆弱。在水环境治理方面，入境、境内污染依然较重，达标生态水量不足，河湖生态亟待修复，水功能区达标率30.8%，距离2020年61%的目标还有很大差距。在水安全保障方面，市区排水能力和防汛应急能力亟待进一步提升，遇强降雨积水排除时间仍然较长，与老百姓的要求相比还有较大差距。在水政执法方面，违法存量还未消除，违法增量还在增加，比如静海区子牙河十一堡违章建筑问题，楼都建了三层却没发现、没立案，说明工管单位一线工作人员责任心不强、巡河不到位，购买的社会服务也没有发挥作用。在政务服务方面，我局在全面从严治党社会公众评议51个市级部门中排名第37位、低于平均分；历年绩效考核公众评议也不是很好，说明服务意识不强，服务工作没有做到位，仍然把大部分精力放在行政审批的环节上，没有切实转移到事中事后监管、容缺后补上，没有在全社会树立起良好的水务形象。在信息化方面，信息“孤岛”问题仍然没有得到有效解决，建的信息化系统很多，但是没有真正实现互联互通，作用发挥不明显，利用率不高，对工作的支撑作用不强。

在工作作风上，我们也存在一些问题和不足，主要表现在：有些部门开展工作四平八稳、不紧不慢，责任感、紧迫感不强；有些干部工作标准不高、要求不高，不注重实效，造成工作质量不高；有些部门“二传手”问题仍然存在，对工作不推动、不把关，缺乏担当作为意识；有的贯彻落实上级工作安排部署打折扣，没有完全落实到位；有的事业心不强，工作缺乏激情，只求过得去、不求过得硬；有的基础工作不扎实，工作底数不清，需要具体数据时都要现找现算，有时还不准确、前后矛盾等。这些问题，希望大家认真对照，好好想想在自身、在单位有没有这种问题。面对中央和市委市政府越来高的要求，面对老百姓越来越高的期待，面对今后两年繁重的水务工作任务，必须以良好的精神状态、优良的工作作风全身心投入，保持滚石上山、爬坡过坎的劲头，才能完成好各项任务，取得优异的成绩。

（四）准确把握当前和今后一个时期水务发展的总基调。

在全国水利工作会议上，鄂竟平部长重点阐述了当前和今后一个时期水利改革发展的总基调和总任务，总基调就是“水利工程补短板、水利行业强监管”，总任务凝练来说，就是积极践行“节水优先、空间均衡、系统治理、两手发力”的治水方针，把工作重心转到水利工程补短板、水利行业强监管上来。李克强总理专门作出的批示，也强调了水利工程补短板、水利行业强监管，我们必须准确把握其内容和实质，切实贯彻落实到水务各项工作中。

要深刻认识补短板、强监管的必要性和紧迫性。一是破解新老水问题，必须补短板、强监管。解决水旱灾害、水资源短缺的老问题，必须通过“水利工程补短板”，进一步提升供水保障能力和灾害防御能力；解决水生态损害、水环境污染的新问题，必须依靠“水利行业强监管”，调整人的行为、纠正人的错误，促进人与自然和谐发展。二是适应治水主要矛盾变化，必须补短板、强监管。我国治水主要矛盾已从人民群众对除水害兴水利的需求与水利工程能力不足的矛盾，转变为人民群众对水资源水生态水环境的需求与行业监管能力不足的矛盾，从天津水务的发展历程看也是如此，前一对矛盾尚未根本解决而且将长期存在，后一对矛盾已上升为主要矛盾和矛盾的主要方面。三是践行十六字治水方针，必须补短板、强监管。节水优先，既要采取必要的节水工程措施，更要全面加强对水资源取、用、耗、排行为的动态监管，推动用水方式由粗放向节约集约转变；空间均衡，核心就是坚持以水定需，根据可开发利用的水资源量，合理确定经济社会发展结构和规模，以水定人、以水定地、以水定城、以水定产；系统治理，要坚持山水林田湖草是一个生命共同体，把治水与治山治林治田治湖治草结合起来；两手发力，要发挥好政府与市场两只手的作用，协同发力解决水问题。四是推动水务行业健康发展，必须补短板、强监管。目前我们的行业监管与经济社会发展要求相比还有很大差距，监管思想认识不适应、监管制度标准不适应、监管能力手段不适应、监管机构队伍不适应，统一高效的监管体制机制尚未形成。国清市长指出，水务行业在监管当中没有“长牙”，要“长牙”、硬起来。

要全面落实水利工程补短板、水利行业强监管的新部署新要求。关于水利工程补短板，要坚持问题导向，因地制宜补齐水务基础设施的突出短板，对于天津水务来说，重点就是城乡供水、防汛排涝和水生态环境短板，必须坚持高起点规划，科学谋篇布局，加快推动实施，妥善解决好新老水问题。关于水利行业强监管，要搞清楚“监管什么”和“如何监管”，推动行业监管从“整体弱”到“全面强”，下工夫抓好江河湖泊、水资源、水务工程、水土保持、建设行为和行政事务的监管，既要对水务工作进行全链条监管、对涉水行为进行全方位监管，也要集中用力突出抓好重点领域和关键环节监管，还要针对治水主要矛盾变化和工作中的突出问题，因地制宜建立健全完善法制、体制、机制，加强上下联动、信息共享和资源整合，形成齐心协力、同频共振的监管格局。抓好补短板、强监管落实，要处理好“补”与“强”的关系，补短板和强监管互相联系、互相支撑、互相补充，没有必要的工程措施和有效的科技手段，监管就强不起来；没有强有力的监管，补短板的任务也不可能完成。要处理好“上”与“下”的关系，市区两级水务部门直至河道所和基层闸站，都肩负着强监管的责任，需要上下一心、共同努力。需要特别提醒大家注意的是，今年水利部将组建1000人的监督队伍，采取“四不两直”方式，到全国各地开展暗查暗访。去年开展了两次暗查暗访，一次是中小水库安全度汛，一次是农村饮水安全，暗访的情况很不乐观，发现了很多问题。全局各部门各单位包括各区水务局，一定要高度重视，把各方面工作做实做细，确保不出现大的问题。要处理好“标”和“本”的关系，治标就是着眼纠正错误，向非法取水、违规排污、河湖“四乱”等问题宣战，发现一起处理一起；治本就是着眼调整行为，通过严密的制度体系、有力的监管手段，让节约水资源、保护水环境、呵护河湖湿地健康成为自觉行动，既要打赢攻坚战，又要打好持久战，建立起促进人水和谐的长效机制。

三、奋力推动2019年水务工作再上新水平

2019年是新中国成立70周年，是全面建成小康社会关键之年，也是天津跨越负重前行、滚石上山的战略性调整阶段至关重要的一年。做好水务工作的总体要求是：以习近平新时代中国特色社会主义思想为指引，深入学习贯彻党的十九大精神，认真落实习近平总书记治水兴水重要讲话精神、在津考察和京津冀协同发展座谈会重要讲话精神、“节水优先、空间均衡、系统治理、两手发力”新时期治水方针，按照市委市政府推进全市高质量发展、加快建设“五个现代化天津”、全面建成高质量小康社会部署要求，坚持问题导向和目标导向，着力把握“水务工程补短板、水务行业强监管、转变作风提效能”水务工作总基调，坚决打好污染防治、精准脱贫攻坚战，着力补齐城乡供水、防汛排水、水资源管理短板，显著提升水务行业监管服务水平，全力推进水务事业发展取得新进步，为全市经济社会发展提供坚实水务保障。

今年工作要点已经单独印发，目标任务均已明确，各部门各单位要认真贯彻落实局党委安排部署，与市有关部门和各区积极沟通对接，全力以赴抓好落实。下面，我再重点强调五个方面：

第一，坚决打好污染防治攻坚战。水污染防治攻坚战是市委市政府作出的重要决策部署，是对老百姓的郑重承诺。八个攻坚战中，碧水保卫、水源地保护、黑臭水体整治三个攻坚战由我局牵头，其他五个攻坚战也有需要我局配合完成的任务，而且实际完成时间只有今明两年，可以说时间很紧、任务很重。我们必须进一步增强责任感和紧迫感，切实把打好污染防治攻坚战摆在突出位置来抓，确保完成2020年既定目标。

一是全力打好碧水保卫战。继续推进雨污分流和雨污混接改造，建成新开河、先锋河地下调蓄池，加强排水泵站入河口门巡查监管，坚决杜绝排污漏污。加强南四河、独流减河、蓟运河等水质较差河流的污染源分析研究，拿出切实可行的治理方案和举措。推动完成咸阳路、东郊污水处理厂提标改造和扩建工程，全市污水日处理能力达到368.2万吨。严格落实城镇污水处理厂管理办法、排水许可制度和污水处理厂特许经营监管，规范污水处理费征收管理，建立污水处理费分区缴纳管理系统，推动污水处理费征收不达标的武清区、宝坻区年内达到国家标准。完成环外8座低负荷污水处理厂整改任务，强化污水处理和污泥处置监管，推动各区参照中心城区加大对辖区内超标污水厂惩处力度，尤其是滨海新区、武清区，务必要确保污水处理厂出水水质达标，宁河区和蓟州区务必要抓紧解决建制镇污水处理设施运行问题；2019年城市污水集中处理率达到95%，建制镇污水集中处理率达到85%，出水水质主要指标达标率达到90%以上，全市污泥无害化处置率达到90%。

二是全力打好水源地保护攻坚战。构筑于桥水库封闭防线和生态防线，解决水源地一级、二级保护区的违建问题，实施黎河河道底泥清除工程，建设于桥水库环库截污沟道，科学调度、合理控制水库水位，严格落实草藻防控措施，开展水库生态修复。防范于桥水库饮用水源环境风险，做好水库水质及蓝藻监测预警，提高城市供水应急管理能力。

三是全力打好黑臭水体整治攻坚战。完成全市黑臭水体排查摸底，有针对性地制定治理方案，综合实施控源截污、垃圾清理、生态恢复、雨水调蓄等治理措施，加快消除黑臭水体；建立黑臭水体治理长效机制，每半年评估治理效果，公开治理情况。加强中心城区水系循环和海河南北两大水系连通，科学实施生态调水补水，真正让水蓄起来、活起来、清起来。在这里特别强调，建成区25条黑臭水体已经基本消除，今年要完成滨海新区 1 条、北辰区 2 条黑臭水体治理，10 个涉农区将是下一步黑臭水体整治的重点，一定要全面排查、不留死角，逐条逐段制定治理措施，全力以赴推动落实，务必完成好攻坚任务。

四是配合好其他攻坚战任务。完成好蓝天、净土保卫战和柴油货车污染治理、渤海综合治理、农业农村污染治理攻坚战涉水任务，强化施工扬尘管控，监督项目法人落实水务工程大气污染防治网格化管理；全面整治入海污染源，以入海排污口为起点开展市政排水管网布设情况调查，多措并举截污治污，改善入海河流水质。在渤海综合治理工作中，水务部门任务很重，要按照市委、市政府的要求联合生态环境部门共同治理。

五是持续深化河长制湖长制管理。完善河长制考核办法实施细则，将湖长制工作纳入考核，实现同检查、同考核、同问责。严格落实暗查暗访制度，推动各区建立健全暗访抽查机制，强化约谈问责，倒逼各级河湖长履职尽责。督促各级河湖长落实“一河（湖）一策”年度治理任务，深入开展河湖“清四乱”专项行动，集中解决河湖乱占、乱采、乱堆、乱建等突出问题，推动河长制从“有名”到“有实”，还河湖干净整洁空间。探索设立“民间河长”、河湖警长制，营造河湖管护公众参与的浓厚氛围。

第二，坚决打好扶贫助困攻坚战。我国 2020 年要全面建成小康社会，今年是关键之年。大家一定要提高政治站位，从全面建成小康社会、实现第一个百年奋斗目标的战略高度，加快推动困难村的水务扶贫助困工作。对于扶贫助困工作，绝不能像一般的水务工作来对待，市局各部门各单位、各区水务部门要引起高度重视，市区两级共同用力，确保按时圆满完成各项目标。

一是加快困难村农田水利建设。坚持精准发力，积极争取财政资金倾斜，大力推进困难村农田水利设施建设，继续推进国有扬水站更新改造和农用桥闸涵维修改造，治理中小河流重点县 5 个项目区，确保困难村农田水利设施满足基本生产需求。

二是加快推进困难村饮水提质增效工程。坚持两个优先，集中力量解决水质氟超标地区和困难村饮水安全问题，通过水厂建设、村以上配水管网铺设、村内管网改造等工程，到 2022 年提升 2061 个村、202.2 万人的饮水质量；今年要完成蓟州、宝坻、武清、宁河、静海、北辰 6 个区、839 个村建设任务，提升 92.5 万人饮水质量，特别要保障涉及氟改水、困难村帮扶的 267 个村饮水安全达标率达到 100%。

三是深入落实困难村河长制湖长制。各区要建立困难村沟渠坑塘名录及河长名单，摸清坑塘沟渠底数，建立问题台账，发现一处、治理一处，确保困难村沟渠坑塘水体干净，达到美丽村庄建设标准。河长制中心要加大对困难村落实河长制工作的督导检查和暗查暗访，发现问题全部纳入问题清单并反馈区政府，严格督促各区河长履职尽责。

四是全面落实东棘坨镇帮扶工作。帮扶工作相关部门、单位和驻村工作组要认真落实各项帮扶任务，与村班子一起扎实做好帮扶项目调查，积极争取帮扶资金，大力推动东棘坨镇高景、艾林两村农田水利基础设施建设和旱改稻、特色养殖等增收项目，力争 2019 年两村村集体经营性收入达到 10 万元以上，75% 的农民人均可支配收入达到全市平均水平。局属各单位都要认真落实局党委“四帮四助”帮扶方案，联系服务困难群体和“三留守”人员，实现困难户联系服务全覆盖。

第三，着力补齐水务发展短板。当前我市水务工程体系日趋完善，水务建设要坚持问题导向，聚焦京津冀协同发展、打赢脱贫攻坚战、“五个现代化天津”建设等重大战略，加快补齐水务工程和管理方面短板，进一步提高水务保障能力。

一是着力补齐城乡供水短板。抓紧完成王庆坨水库和南水北调配套工程的武清、宁汉供水工程，加快完善引江至尔王庄水库连通工程，适时向北部区域供给引江水；推动实施曹庄泵站增容、津滨水厂扩建、大港油田水厂改建和滨海新区、武清、宝坻、蓟州、宁河水厂建设，完善连通原水管线，进一步提升供水保障能力。深入研究解决于桥水库二甲基异莰醇超标问题的措施，确保城市供水安全。

二是着力补齐防汛排涝短板。抓紧启动中心城区防汛排涝补短板三年行动，汛前完成王串场、西南楼、南市等6处易积水地区改造，推动新建扩建雨水泵站，改造老旧排水管网，全面落实“一处一预案”，保障汛期排水安全，兑现向老百姓作出的承诺。继续实施潮白新河治理、北京排污河清淤蓄水和永定河泛区安全建设，完善局内水旱灾害防御组织指挥体系和管理机制，编制落实专项预案，积极与市应急管理部门沟通对接，加强防汛检查和隐患排查整改，确保全市安全度汛。

三是着力补齐水资源管理短板。坚持以水定人、以水定地、以水定城、以水定产，修订最严格水资源管理制度考核办法，严格水资源论证，加强取水许可管理，切实发挥水资源刚性约束作用。落实《天津市再生水利用规划》，推动建设再生水厂和配套管网，把提标后的再生水用足用好。加快消化淡化海水现状产能，推动落实补贴政策，研究解决价格倒挂难题，进一步提高淡化海水利用量。加强地下水压采和地面沉降控制力度，全力推进地下水压采攻坚行动，开展地下水超采区综合治理，对地面沉降严重的五个中心区，严格控制开采深层地下水。地下水压采是习近平总书记明确提出的重要要求，在京津冀协同发展座谈会上再次作出了强调，我们一定要高度重视，按照市委、市政府要求，与规划和自然资源局一道，联合制定具体措施，全力以赴抓好落实。

第四，着力加强水务行业监管。聚焦当前水务事业发展中的突出问题，不断完善水务监管体系，以强有力的监管手段，推动水务各项工作开展。

一是深化水务政务服务管理。深入开展“一制三化”审批制度改革，完成涉水审批事项清理，推进审批服务标准化建设，全面推行承诺审批制，大胆实施容缺后补；对接连通“政务一网通”平台，优化建设项目联合审批，大力缩短审批时限；提高热线平台和政务服务大厅服务水平，打造良好营商环境。加强事中事后监管，逐项制定完善监管措施，加强对行政相对人的监督检查，落实“双随机、一公开”监管制度。加强社会信用体系建设，制定水务行业失信惩戒相关细则。一方面抓好放权，尤其是向滨海新区放权，基本赋予滨海新区与市级一样的行政权力；另一方面抓好服务，推行以函代证，改善营商环境。

二是深化供排水行业管理。定期对饮用水源、供水水厂出水和用户水龙头水质等饮水安全状况进行检测，推动各区加强二次供水管理，深入开展农村饮水提质增效工程监督检查，依法开展用水市场执法检查。进一步加强城镇污水处理企业监管，对不达标排放的严厉处罚、公开曝光，联合生态环境部门对违规排水等问题开展专项执法检查。这里需要强调的是超期自来水表更换，政府工作报告已经明确提出要求，水务集团也作出了安排，要加快推进更换进度，确保按期完成任务；滨海水业和各区水务部门也要开展全面排查，提前研究制定超期水表更换计划，有力、有序推进实施。

三是深化建设管理。加大对项目法人、监理企业履职尽责情况检查力度，发挥好诚信体系市场刚性约束作用。严格落实“放管服”要求，提高建设项目审批、招投标等工作效率，将建设程序管理职能下放至各区。强化工程质量考核管理，确保工程质量合格率100%，重点工程单元优良率90%以上，加快推进遗留项目验收。

四是深化工程管理。充分发挥河道巡查轨迹化信息系统作用，增强发现问题的能力，切实解决日常巡查不到位的问题。全面开展水利工程设施注册登记，推进狼儿窝闸、潮白新河堤防、海河口泵站等达标创建，做好芦新河泵站国家级水管单位复验考核准备；出台市级水利风景区评定办法和标准，推进九宣闸、二道闸、海河口泵站水利风景区建设。

五是深化安全生产监管。推进安全风险分级管控和安全生产标准化建设，建成安全生产网格化管理信息系统，提高安全生产应急处置能力；坚持管行业必须管安全，落实“隐患就是事故、事故就要处理”理念，强化隐患排查常态治理和出租房屋场地清退，确保全年不发生较大以上安全生产责任事故。

借此机会，向大家传达1月23日全市安全生产工作电视电话会议精神。顺清常务副市长在会上传达了国清市长批示精神，对全市安全生产工作提出了明确要求。国清市长在市应急局报送的全市事故隐患排查治理集中行动情况报告上批示：“主攻方向火力要足，不攻下山头不收兵，隐患就是事故，要扭住不放，不清零不收兵，谁放过追谁的责。执法中的好人主义本身就是最大的隐患，要从根本上消灭这个隐患，否则责任传不到岗、传不到人。2019年要在严格执法上有根本改观，应急局要有硬措施”。会议还向存在问题的16个区、11个市属部门、12个市属国有企业集团下发了责任整改隐患通知书。顺清常务副市长在讲话中指出，事故隐患排查治理集中行动历时20天，全市共检查企事业单位10.8万家，发现隐患9.6万项，完成整改9.3万项，还有3130项没有整改完成。存在问题主要是四个方面：一是思想认识有偏差，仍然存在重生产、轻安全的错误思想，仍然存在安全生产说起来重要、忙起来次要、做起来不要的错误情况，有的单位负责人只挂帅不出征，有的接到市里整改要求后不行动、置之不理；二是设施检修不到位；三是敷衍塞责表面化，以会议落实会议、以文件落实文件，没有真查真罚；四是高枕无忧不作为。顺清常务副市长强调，安全生产责任重于泰山，各区、各部门、各单位一要履职尽责、担当作为，二要限时整改、落实责任，三要精心调度、确保安全，尤其要确保春节和全国“两会”期间安全稳定。水务系统同样面临保运行安全，保施工安全，保办公场所、工地、闸站安全的重要任务，尤其要做好供水排水安全保障，与各区水务局共同努力，把隐患查清楚，整改到位。

第五，着力强化水务发展基础。把握机构改革契机，整合完善全局组织机构，进一步提高工作质量和效率，夯实水务发展基础。

一是强化依法行政。按照“三定”方案做好机关内设机构职责划分、人员调整及局属事业单位调整，完成生产经营类事业单位改革，厘清机关和事业单位的权力边界、责任边界。加快推进《天津市节约用水条例》等重点法规立法进程，主动适应执法权上收趋势，组织开展河湖管理、水源地保护等专项执法行动，严厉打击水事违法行为，减少存量、遏制增量。

二是加强规划前期。认真落实京津冀协同发展战略，按国家要求开展好大清河、大运河等相关水利规划。启动“十四五”规划编制，完成供水规划修编，配合做好南水北调东线二期和一期北延、双城间绿色生态屏障、海河保护利用等重点规划编制。加快推动农村饮水提质增效、中心城区防汛补短板、于桥水库综合治理、南四河水系连通和生态修复、青排渠北丰产河连通以及独流减河倒虹吸等重点项目前期工作。多渠道筹措建设资金，把握住积极的财政政策和宽松的货币政策，用好财政资金、地方政府债券，积极争取社会资金投入，保障水务建设需求。

三是加强科技信息化工作。坚持问题导向，深入开展水源地水质改善、水生态环境治理等方面的重点课题研究，做好海河等重点河湖健康评估，为于桥水库综合治理、湖长制、黑臭水体治理等重点工作提供技术支持。大力开展智慧水务建设，推进信息系统整合应用，加快解决信息“孤岛”问题，提高信息化建设成果应用水平。

四、坚定不移推进全面从严治党

深入贯彻落实党的十九大关于新时代党的建设总要求，坚持和加强党的全面领导，全面推进党的政治建设、思想建设、组织建设、作风建设、纪律建设，把党总揽全局、协调各方落到实处，不断提高各级党组织的凝聚力和战斗力，以全面从严治党的决心和力度，确保全年各项目标任务圆满完成。

（一）坚持以习近平新时代中国特色社会主义思想为指引，不断深化党的政治建设。

深刻领会习近平新时代中国特色社会主义思

想。把学习贯彻习近平新时代中国特色社会主义思想作为长期坚持的重要政治任务，深入开展多种形式的学习研讨，坚持在学思践悟、明辨笃行上下功夫，不断提高全体党员干部的理论素养，切实以新思想武装头脑、指导实践、推动工作。认真贯彻习近平生态文明思想和习近平总书记治水兴水重要讲话精神，准确把握“节水优先、空间均衡、系统治理、两手发力”新时期治水方针，牢固树立全局思维和山水林田湖草系统治理理念，统筹做好水资源、水环境、水安全大文章。

深入推进“两学一做”学习教育常态化制度化。持续深化“维护核心、铸就忠诚、担当作为、抓实支部”主题教育实践活动，在学做结合、知行合一上持续用力，厚植理想信念，强化“四个意识”，坚定“四个自信”，不断激发党员干部不忘初心、牢记使命、维护核心、忠诚担当、创新竞进的强大热情。积极培育和践行社会主义核心价值观，持续深化精神文明创建，落实《天津市全域创建文明城市三年行动计划》，创建水务文明单位。

牢固树立以人民为中心的发展思想。全局上下要以百姓心为心，解决好群众反映强烈的、关系群众切身利益的突出问题，包括供水、排水、水环境方面的突出问题，把为人民谋幸福作为一切工作的出发点和落脚点，在保障和改善民生上贡献水务之为。深入贯彻乡村振兴战略和我市农村人居环境整治三年行动实施方案，认真落实好各项涉水任务，为农业增产、农民增收、农村发展提供水务保障。继续开展水务系统扫黑除恶专项斗争，深入排查水务工程建设、管理等领域存在的黑恶问题，铲除滋生黑恶势力的土壤，对涉黑“关系网”“保护伞”严查到底、绝不姑息。

（二）压实主体责任和监督责任，进一步夯实全面从严治党责任体系。

严格落实全面从严治党主体责任。强化主体责任意识，深入开展“双责双查双促”活动，严格督促全局各级党组织落实民主集中制和“三重一大”制度，推动各部门、各单位“一把手”和班子成员认真履行第一责任人责任和一岗双责，层层建立横向到边、纵向到底的责任体系，着力破解管党治党“宽松软”、主体责任落实不到位、党建工作成效不明显、重业务轻党建等突出问题，切实做到守土有责、守土负责、守土尽责，形成齐抓共管从严治党主体责任落实的工作格局。

加强党的基层组织建设。认真贯彻《中国共产党支部工作条例（试行）》，严格落实基层党组织党建工作责任制，把教育党员、管理党员、监督党员和组织群众、团结群众、服务群众的职责落到实处。加强党支部标准化、规范化建设，强化分类指导，推进党的工作和党的组织有效覆盖，严格执行“三会一课”、民主生活会、领导干部双重组织生活、民主评议党员、谈心谈话等制度，强化基层党支部的战斗堡垒作用。坚持促进党建与抓实业务有机结合，深入开展“五好党支部”建设，打造一批示范标杆党支部，推动全面从严治党向基层延伸、在支部落实。

持续净化政治生态。正确认识政治生态建设的长期性、复杂性，把净化政治生态与不作为不担当问题专项治理、形式主义官僚主义集中整治紧密结合，坚决肃清黄兴国恶劣影响，坚决反对“圈子文化”、好人主义，深挖在理想信念、宗旨意识、责任担当等方面的差距和不足，广泛开展党章党规党纪宣传教育和警示教育，严肃党的政治纪律和政治规矩，积极营造风清气正的政治生态。

深化党风廉政建设。持续保持反腐败高压态势，梳理查摆廉政风险点，未雨绸缪、堵塞漏洞，着力解决选人用人、审批监管、水务工程建设等重点领域和关键环节腐败风险，深入排查工程建设、招标投标、资金监管、维修维护项目等廉政风险点，完善权力运行图，坚决消除廉政隐患。切实加强廉政警示教育，以陈振飞案为鉴为戒为训，配合做好调查，用好反面典型，突出身边人身边事的警示作用，加大对典型案件的通报曝光力度，达到“通报一起、教育一片、警示全局”的良好效果。

严格监督执纪问责。主动接受驻局纪检组监

督，充分发挥各级党组织和纪检部门监督职能，用好监督执纪“四种形态”和问责利器，坚持无禁区、全覆盖、零容忍，动真碰硬问责追责，切实加大曝光力度，倒逼党员干部履职尽责。发挥好巡察利器作用，紧紧围绕落实中央和市委决策部署、专项巡视反馈问题整改开展巡察，主动融入巡视巡察上下联动监督网，深入查找存在的突出问题，推进全面从严治党向纵深发展。

（三）持续改进工作作风，树立水务真抓实干良好形象。

深入开展不作为不担当专项治理。巩固不作为不担当问题专项巡视反馈意见整改成果，紧盯水务工作各领域不作为不担当老问题和新表现，深入落实我局不作为不担当问题专项治理三年行动方案，持续加大对党的建设弱化、贯彻中央和市委、市政府决策部署不力、实施民生工程不扎实、优化营商环境不到位等10个方面问题治理力度，推动治理工作向纵深发展。建立完善有利于担当作为的规章制度，围绕提高政治站位、增强政治意识、强化政治担当，建立健全正向激励和容错免责机制，推动形成担当作为、创新竞进的良好工作氛围。

集中整治形式主义官僚主义。严格落实中央八项规定精神及实施细则，锲而不舍查纠“四风”，着力整治形式主义官僚主义。抓住关键少数，以局处两级机关和领导干部为主要对象，深入查摆在贯彻落实党的路线方针政策、党中央和市委重大决策部署，联系群众、服务群众，履职尽责、服务经济社会发展，学风会风文风及检查调研，重点领域和专项工作等方面存在的形式主义官僚主义突出问题，补充完善整改措施，自觉接受各方面监督。各部门各单位要深入调研排查整改，积极采取问卷调查、公开征集意见等方式，对全局形式主义官僚主义突出问题进行拉网式排查，制定务实管用办法精准施策，坚持边查边改、立行立改、坚持不懈、久久为功。强化监督检查，将形式主义官僚主义纳入局党委巡察重要内容，畅通监督举报渠道，开展常态化明察暗访，落实“倒查追责”，通报曝光典型案例，推动整治形式主义官僚主义向纵深发展。

积极转变工作作风。加强各级领导干部作风建设，定期开展现场办公，就各区、各基层单位亟须解决的难题建立工作台账，逐项督促落实并就相关进展进行追踪。进一步完善绩效管理，切实把上级重要会议文件精神落实、不作为不担当专项治理、扶贫助困、环保督察、扫黑除恶督查反馈意见整改等重点任务纳入绩效管理，加强督促检查，及时掌握工作进度，严格督促任务落实，确保上级决策部署落地生根、见到实效。构建改善工作作风的长效机制，结合机构改革和职能调整，科学设置内设机构，明确职责边界，强化议事协调机构职能，整合并形成水务工作合力，切实提高工作效率。

（四）加强干部队伍建设，打造高素质的水务人才队伍。

狠抓关键少数。一把手要认真履行第一责任人责任，做到重要工作亲自部署、重大问题亲自过问、重要环节亲自协调、重要事项亲自督办。在执行上坚定坚决，不讲条件、不打折扣、不搞变通，不折不扣贯彻执行中央和市委决策部署，不折不扣贯彻落实局党委工作安排，心往一处想、劲往一处使，切实做到政令畅通、执行到位。

坚持正确用人导向。严把选人用人关口，严格执行干部选拔任用程序，坚持凭实绩用干部，以实绩论英雄，注重从工程建设一线、改革创新一线、基层管理一线、脱贫攻坚一线历练、培养干部，为具备工作能力、敢于担当作为、勇于开拓创新的干部提供发展平台。强化干部梯队建设，研究制定领导干部能上能下机制，加大优秀年轻干部培养选拔力度，加强干部交流轮岗、挂职锻炼和教育培训，优化干部年龄结构和专业结构，着力打造一支政治过硬、作风优良、干事成事的水务干部队伍。

坚持创新竞进。发扬斗争精神、奋斗精神、担当精神，练就过硬本领，提升精神动能，把“马上就办”作为工作准则，旗帜鲜明激励保护担当作为，努力营造干事创业的强大气场。坚持严管和厚爱结合、激励和约束并重，完善干部考核评价机制，旗帜鲜明为敢于担当、踏实做事、不谋私利的干部撑腰鼓劲，最大限度调动广大干部的积极性、主动性、创造性。坚持激励、保护、惩治相统一，树立无功就是过、不为就是错的理念，从正向激励和反面警示两方面入手，旗帜鲜明保护担当者，支持干事者，宽容失误者，问责不为者，惩戒违纪者，建立健全完善正向激励机制、容错纠错机制、澄清保护机制、监督问责机制，逼促干部主动担当作为，为水务事业发展贡献力量。

同志们，做好今年水务工作，任务艰巨，责任重大。全局各级领导干部要坚决贯彻落实中央和市委、市政府的决策部署，以强烈的政治担当、昂扬的精神状态、务实的工作作风，不断推动水务事业迈上新水平，为落实京津冀协同发展战略，加快建设“五个现代化天津”，全面建成高质量小康社会做出新的更大贡献，以优异成绩迎接建国70周年。

政策法规

地方性法规

天津市实施《中华人民共和国水法》办法

（1994 年 1 月 26 日天津市第十二届人民代表大会常务委员会第五次会议通过。2006 年 9 月 7 日天津市第十四届人民代表大会常务委员会第三十一次会议修订。根据 2018 年 11 月 21 日天津市第十七届人民代表大会常务委员会第六次会议《关于修改〈天津市消费者权益保护条例〉等四部地方性法规的决定》修正。）

第一条　为合理开发、利用、节约和保护水资源，防治水害，发挥水资源综合效益，实现水资源的可持续利用，促进国民经济和社会发展，依据《中华人民共和国水法》，结合本市实际情况，制定本办法。

第二条　凡在本市行政区域内开发、利用、节约、保护、管理水资源，防治水害，应当遵守《中华人民共和国水法》和本办法。

第三条　市和区人民政府应当将水资源开发、利用、节约和保护工作纳入本行政区域国民经济和社会发展计划，采取有效措施，合理利用水资源，防止地面沉降和水体污染，保护生态环境。

第四条　市水行政主管部门负责全市水资源统一管理和监督工作。

区水行政主管部门按照规定的权限负责本行政区域内水资源管理和监督工作。

市和区其他有关部门按照职责分工，负责水资源开发、利用、节约和保护的有关工作。

第五条　本市鼓励单位和个人投资开发利用海水、再生水、雨（洪）水，并依法保护其合法权益。

第六条　市和区水行政主管部门应当按照国家和本市的有关规定，会同有关部门编制本区域水资源综合规划，报本级人民政府批准，并报上一级水行政主管部门备案。

第七条　防洪、防潮、治涝、供水、灌溉、水力发电、水土保持、控制地面沉降的专业规划，海水、再生水、雨（洪）水开发利用的专业规划，河道、水库、湖泊、滩涂治理及利用河道、渠道排水的专业规划，由市和区水行政主管部门会同有关部门编制，报同级人民政府批准。

渔业、内河航运、水上旅游、水污染防治、地下水普查勘探等专业规划，由市和区人民政府有关部门编制，征求同级水行政主管部门意见后，报同级人民政府批准。

第八条　水资源开发、利用、配置应当遵循

下列原则：

（一）兴利与除害相结合，兼顾上下游、左右岸和有关地区之间的利益，充分发挥水资源的综合效益，服从全市防洪、抗旱总体安排；

（二）优先满足城乡居民生活用水，统筹兼顾工业、农业、生态环境和其他用水需要；

（三）优先开发利用地表水，限制开采地下水，防止地面沉降；

（四）保护生态环境，防止水体污染；

（五）有条件的地区，应当使用海水、再生水和雨（洪）水。

第九条 水工程建设，应当符合水资源综合规划和专业规划。新建、改建、扩建水工程，建设单位应当执行国家和本市有关水利工程建设的管理规定。

第十条 市水利工程建设需要移民的，建设单位应当编制移民安置规划，经依法批准后，由有关区人民政府组织实施。安置移民所需经费列入工程建设投资计划。

第十一条 市水行政主管部门应当会同市生态环境主管部门拟订本市河道、湖泊、水库的水功能区划，报市人民政府批准。经批准的水功能区划应当向社会公告。

水行政主管部门按照水功能区对水质的要求和水体的自然净化能力，核定该水域的纳污能力，并向生态环境主管部门提出该水域的限制排污总量意见。生态环境主管部门根据各排水口门所辖范围的具体情况，核定各排水口门污染物排放量，并通报水行政主管部门。

第十二条 禁止在城市供水河道、水库设置排污（水）口。

在其他河道、水库新建、改建、扩建排污（水）口的，建设单位应当向水行政主管部门提交设置论证报告和符合水利工程规范的设计文件及施工方案，水行政主管部门应当依法予以审查。

第十三条 生态环境主管部门和水行政主管部门应当加强排水口门水质的监督检测，对污染物排放量超过控制指标的，应当责令排水口门管理单位关闭口门、停止排放，并相互通告；发现重大污染水质事故的，应当立即报告人民政府。

排水口门管理单位应当按照核定的污染物排放量控制指标进行管理，并服从水行政主管部门的统一调度。

第十四条 市水行政主管部门应当会同有关部门，根据地面沉降和地下水分布、开采状况定期进行地下水分区评价，划定地下水禁采区、限采区，报市人民政府批准后公布。

第十五条 禁止跨含水组开采地下水。

揭露和穿透含水层的工程，应当采取分层止水和封孔措施，防止渗漏、串层。

第十六条 申请取水的单位和个人（以下简称申请人），应当依法向水行政主管部门提出申请。水行政主管部门应当在法定期限内决定批准或者不批准。决定批准的，应当同时签发取水申请批准文件。

取水申请经审批机关批准，申请人方可兴建取水工程或者设施。取水工程或者设施竣工后，申请人应当按照国务院水行政主管部门的规定，向取水审批机关报送取水工程或者设施试运行情况等相关材料；经验收合格的，由取水审批机关核发取水许可证。

直接利用已有的取水工程或者设施取水的，经取水审批机关审查合格，发给取水许可证。

第十七条 取水的单位和个人应当按照实际取水量和水资源费收费标准缴纳水资源费。

水资源费的收费标准由市价格行政主管部门会同市财政部门、市水行政主管部门拟订，报市人民政府批准。

第十八条 新建、改建、扩建建设项目，需要直接从河道、地下取水的，办理取水许可申请时，应当提交建设项目水资源论证报告；取用公共自来水的，办理用水计划指标时，应当提交建设项目用水报告书。

第十九条 市水行政主管部门应当根据本市地热水、矿泉水储藏情况和水资源状况及用水实际需要，会同市地质矿产行政主管部门确定年度地热水、矿泉水开采区域及限量。市水行政主管部门应当将地热水、矿泉水等地下水资源的使用情况定期向市人民政府报告。

取用已探明的地热水、矿泉水的单位和个人，应当依法向市水行政主管部门办理取水许可证；按照国家有关规定，凭取水许可证向市地质矿产行政主管部门办理采矿许可证，并按照市水行政主管部门确定的开采限量开采。

市水行政主管部门、市地质矿产行政主管部门办理取水许可证、采矿许可证，只收取工本费。

本市严格控制在非地热异常区开采地热水。

第二十条　取用地下水（农村家庭生活和零星散养、圈养畜禽饮用等取用少量浅层地下水的除外）、建设地源热泵工程需要凿井的，应当符合以下条件：

（一）符合水资源开发利用规划；

（二）具有符合凿井技术规范的施工方案；

（三）具有土地使用权证明文件；

（四）凿井施工单位必须具有相应的技术等级。

建设地源热泵工程需要凿井的单位和个人，应当向水行政主管部门提出申请，经批准后方可施工。

第二十一条　利用地源热泵技术取用地下水的，抽灌水时应当保持采灌平衡并按照规定进行监测。

地下水抽出量大于灌入量的，井权人应当采取措施，达到采灌平衡。

第二十二条　达到设计使用年限或者出水量异常、水质恶化的取水井，井权人应当委托有关专业技术单位鉴定。

经鉴定失去使用价值的水井，井权人应当按照水利工程技术规范的要求进行封填。封填时应当通知水行政主管部门派人现场监督。

第二十三条　开采矿藏和建设地下工程需要疏干排水的，采矿单位或者建设单位应当采取措施防止周边地下水水位下降、水源枯竭、水质污染或者地面沉降，并将经有关专家论证后的防治措施方案，报市水行政主管部门备案。

第二十四条　使用水工程供应的水，用水户应当与供水单位签订供用水合同，并缴纳水费。

供水单位应当为用水户安装经检定合格的计量设施，其计量结果作为结算水费的依据。

用水户应当按照供用水合同的约定按时缴纳水费。无正当理由不缴纳水费的，按日加收不超过千分之五的违约金；超过两个交费周期的，供水单位可以依据合同约定报请同级人民政府批准后，采取停水措施。用水户足额补交欠费后，供水单位应当及时恢复供水。

第二十五条　单位和个人向河道、渠道、水库排水需使用排灌站、排水闸涵等排水设施的，应当支付相关费用。具体收费标准由市价格行政主管部门会同市水行政主管部门依法制定。

排灌站、排水闸涵等排水设施用于防洪、排涝等公益性排水的，其运行管理费用的筹集办法，由市人民政府制定。

第二十六条　水工程的管理和保护范围，按照规定的管理权限由市或者区水行政主管部门提出划定方案，报同级人民政府批准。对依法批准的水工程管理范围内的土地，土地行政主管部门应当依法予以确权，并办理土地使用证。

第二十七条　在河道、湖泊、渠道、水库、海挡、输水管线等水工程管理范围内，禁止下列行为：

（一）擅自砍伐防护林木、挖筑池塘；

（二）修建房屋、坟墓或者其他阻碍行洪、危害水工程安全的建（构）筑物；

（三）倾倒、堆放、掩埋工业、建筑废弃物和生活垃圾；

（四）种植阻碍行洪、排涝、输水的林木和高秆作物；

（五）在堤坝垦殖、铲草、放牧；

（六）从事其他影响水工程运行和危害水工程安全的活动。

第二十八条　禁止在河道、渠道、水库中毒鱼、炸鱼、电鱼。

禁止在城市供水水库内从事集约化养殖和餐饮、娱乐、旅游等活动。

禁止在城市供水河道内从事养殖、捕捞作业。

在其他河道、渠道、水库内养殖、捕捞，不得影响行洪、排涝、灌溉，不得污染水体。

第二十九条　在非城市供水河道、渠道、水库等水工程设施及水体从事旅游、航运、体育、餐饮、娱乐等经营性活动的，应当符合水功能区划和防洪、堤岸维护及管理的要求，征得水工程设施管理单位的同意，并交纳一定的设施维护费用。

从事前款活动应当采取措施，防止污染水体和破坏周围环境。

第三十条　水行政主管部门应当按照本市防洪规划、河道（水库）整治规划及河势现状等情况，编制河道采砂取土规划，确定年度采砂、采石、取土控制总量并划定禁采区，规定禁采期。

在本市河道、水库管理范围内采砂、采石、取土的，应当向水行政主管部门申请办理采砂许可证。

申请采砂、采石、取土的，应当符合下列条件：

（一）符合防洪整治规划和水利技术规范等相关规定；

（二）涉及第三人利益的，应当与第三人达成协议；

（三）有相应的设备、专业技术人员。

第三十一条　禁止围垦、填垫水库、湖泊、河道（含故旧河道）、渠道和坑塘洼淀。确需围垦、填垫的，按管理权限经水行政主管部门依法审核后，报同级人民政府批准。

第三十二条　禁止损坏或者毁坏堤防、护岸、防汛、水文监测、水文地质监测等工程设施及附属设备。

建设项目施工可能影响到前款工程设施及附属设备正常使用的，建设单位应当在开工三十日前征得工程设施管理单位同意，并采取相应的补救措施。造成工程设施损坏的，应当承担赔偿责任。

第三十三条　违反本办法规定，在城市供水河道、水库以外新建、改建、扩建排污（水）口未按照审查同意的设计文件和施工方案进行施工的，由水行政主管部门责令改正，并根据情节轻重处一万元以上十万元以下罚款。

第三十四条　违反本办法规定，污染物排放量超过控制指标，排水口门管理单位拒不关闭口门的，由生态环境主管部门或者水行政主管部门，处一万元以上十万元以下罚款。

第三十五条　违反本办法规定，跨含水组开采地下水的，由水行政主管部门责令限期封填，并处二万元以上五万元以下罚款。

违反本办法规定，揭露和穿透含水层的工程未采取分层止水和封孔措施的，由水行政主管部门责令限期采取补救措施；逾期不采取补救措施的，责令封填，并处二万元以上五万元以下罚款。

第三十六条　违反本办法规定，未办理取水许可擅自取水的，由水行政主管部门责令停止违法行为，限期采取补救措施，处五万元以上十万元以下的罚款。

违反本办法规定，未按照批准的取水许可规定条件取水的，由水行政主管部门责令停止违法行为，限期采取补救措施，处二万元以上十万元以下罚款；情节严重的，吊销其取水许可证。

第三十七条　违反本办法规定，未经水行政主管部门批准擅自凿井的，由水行政主管部门责令停止违法行为，限期补办手续；逾期不补办或者补办未被批准的，责令限期封填，并处一万元以上五万元以下罚款。

违反本办法规定，建设凿井工程不符合规定条件的，由水行政主管部门责令限期改正，按照情节轻重，处一万元以上十万元以下罚款。

第三十八条　违反本办法规定，利用地源热泵技术取用地下水不进行监测的，由水行政主管部门责令改正，并可处一千元以上一万元以下罚款。

违反本办法规定，利用地源热泵技术取用地

下水未达到采灌平衡的，由水行政主管部门责令停止使用，采取补救措施，处二万元以上五万元以下罚款。

第三十九条　违反本办法规定，对达到设计使用年限或者出水量异常、水质恶化的取水井未作鉴定的，由水行政主管部门委托有关专业技术单位鉴定，鉴定费用由井权人承担。

违反本办法规定，经鉴定失去使用价值的井未封填或者未按照水利工程技术规范进行封填的，由水行政主管部门责令限期封填或者采取补救措施；逾期不封填或者不采取补救措施的，处一万元以上三万元以下罚款。

第四十条　违反本办法规定，在河道、湖泊、渠道、水库、海挡、输水管线等水工程管理范围内，从事影响水工程运行和危害水工程安全活动的，由水行政主管部门责令停止违法行为，限期恢复原状或者采取补救措施，并处一万元以下罚款；情节严重的，并处一万元以上五万元以下罚款。

法律、法规对前款行为有处罚规定的，从其规定。

第四十一条　违反本办法规定，在城市供水水库、河道以外的水库、河道、渠道内从事养殖、捕捞等活动影响行洪、排涝的，由水行政主管部门责令停止违法行为，恢复原状，没收非法财物，并处一千元以上二万元以下罚款；情节严重的，并处二万元以上十万元以下罚款。

第四十二条　违反本办法规定，在河道、水库管理范围内采砂、采石、取土未办理许可证的，由水行政主管部门责令停止违法行为，没收违法所得和非法采砂机具，并处二万元以上五万元以下罚款；情节严重的，并处五万元以上十万元以下罚款。

违反本办法规定，未按照许可规定的要求采砂、采石、取土的，由水行政主管部门责令停止违法行为，没收违法所得，处二万元以上五万元以下罚款，并吊销采砂许可证。

第四十三条　违反本办法的行为，构成违反治安管理处罚法的，由公安机关依法给予处罚；构成犯罪的，依法追究刑事责任。

第四十四条　各级水行政主管部门和水工程管理单位的工作人员玩忽职守、滥用职权、徇私舞弊的，由其所在单位或者上级主管机关给予行政处分；对国家和人民利益造成重大损失构成犯罪的，由司法机关依法追究其刑事责任。

第四十五条　本办法所称取水工程或者设施，是指闸、坝、渠道、人工河道、虹吸管、水泵、水井以及水电站等。

第四十六条　本市城市供水河道、供水水库，经市人民政府确定后，由市水行政主管部门向社会公布。

第四十七条　本办法自 2006 年 12 月 1 日起施行。

天津市河道管理条例

（1998 年 1 月 7 日天津市第十二届人民代表大会常务委员会第三十九次会议通过。2005 年 3 月 24 日天津市第十四届人民代表大会常务委员会第十九次会议修正。2011 年 7 月 6 日天津市第十五届人民代表大会常务委员会第二十五次会议修订。2012 年 5 月 9 日天津市第十五届人民代表大会常务委员会第三十二次会议修正。根据 2018 年 9 月 29 日天津市第十七届人民代表大会常务委员会第五次会议通过的《天津市人民代表大会常务委员会关于修改部分地方性法规的决定》修正。根据 2018 年 12 月 14 日天津市第十七届人民代表大会常务委员会第七次会议通过的《天津市人民代表大会常务委员会关于修改〈天津市植物保护条例〉等三十二部地方性法规的决定》修正。）

第一章 总 则

第一条 为了加强河道管理，保障防洪、排涝和供水安全，改善城乡水环境和生态，发挥河道的综合效益，根据国家有关法律、法规的规定，结合本市实际情况，制定本条例。

第二条 本条例适用于本市行政区域内河道（包括湖泊、水库、人工水道）的整治、保护、利用和其他相关管理活动。

河道内的航道，同时适用国家和本市有关航道管理的规定。

第三条 本市对河道实行统一规划、综合治理、积极保护、合理利用的原则。

第四条 市和区人民政府应当加强对河道管理工作的领导，并将其纳入国民经济和社会发展规划，所需资金纳入本级财政预算。

河道防汛和清障工作，严格执行各级人民政府行政首长负责制。

第五条 市水行政主管部门是本市河道行政主管部门，对本市河道实施统一监督管理，并负责行洪河道、城市供排水河道和有关水库（以下统称市管河道）的管理。

区水行政主管部门是区河道行政主管部门，在市水行政主管部门的业务指导下，负责本行政区域内市管河道以外河道的管理。

规划和自然资源、生态环境、城市管理、农业农村、文化和旅游、航道等有关管理部门按照各自职责做好相关工作。

第六条 河道的修建、维护、管理实行统一管理、分级负责。

河道的确定和分级管理，由市水行政主管部门提出方案，经市人民政府批准后向社会公布。

第七条 任何单位和个人都有保护河道安全、维护河道水环境和参加防汛抢险的义务；都有劝阻、制止和举报危害河道安全、破坏河道水环境行为的权利。

第二章 河道整治与建设

第八条 河道专业规划由市和区水行政主管部门会同有关部门组织编制，经本级人民政府批准后，纳入本级城乡规划。

其他各类专业规划涉及河道的，应当与河道专业规划相协调。

编制详细规划涉及河道的，应当事先征求水行政主管部门意见。

第九条 河道的整治与建设应当服从流域规划、区域规划和城乡规划，符合国家和本市规定的防洪、排涝、通航、供水标准以及其他有关技术要求。

河道的整治与建设应当满足河道基本功能的要求，实施水环境生态综合整治，以实现河道通畅、水清岸绿的目标。

河道整治与建设应当考虑生态的完整性，注重保护、恢复河道及周边的生态环境和历史人文景观。

河道整治与建设选用的材料应当符合国家标准。

第十条 河道的整治与建设，由水行政主管部门负责组织实施。

水行政主管部门应当根据河道专业规划和河道实际状况，制定河道整治与建设的年度计划；对影响防洪安全、水质和环境景观的河道应当列入当年年度计划，安排整治。

第十一条 水行政主管部门进行河道整治涉及航道的，应当兼顾航运需要，并事先征求航道行政管理部门的意见。

航道行政管理部门进行航道整治，应当符合防洪和供水安全要求，并事先征求水行政主管部门的意见。

第十二条 河道清淤和加固堤防取土等河道整治需要占用的土地，由市和区人民政府按照国家和本市的有关规定调剂解决。

因整治河道增加的土地，属于国家所有，任何单位和个人不得随意占用。

清淤等河道整治的弃土，由水行政主管部门负责管理、使用和处置，主要用于河道整治与建设，免交相关费用。

第三章　河 道 保 护

第十三条　河道管理应当设定管理范围，并根据堤防的重要程度、堤基地质条件等实际情况设定保护范围。

河道管理范围为岸线之间的水域、沙洲、滩地（包括可耕地）、行洪区，堤防护岸、护堤地及河道入海口。

河道保护范围是与河道管理范围相连的堤防安全保护区。

第十四条　水库的管理范围和保护范围，由市和区人民政府另行规定。

第十五条　水库以外其他河道管理范围的护堤地，按照下列规定划定：

（一）海河、永定新河、独流减河、子牙新河、潮白新河为河堤外坡脚以外各三十米；

（二）州河、泃河（含引泃入潮）、还乡河（含故道和分洪道）、蓟运河、青龙湾减河（含引青入潮）、永定河、北运河、金钟河、子牙河、南运河（独流减河以上）、大清河、中亭河（左堤）为河堤外坡脚以外各二十五米；

（三）北京排污河、马厂减河（独流减河以上）、新开河为河堤外坡脚以外各二十米；

（四）市管河道以外的河道为河堤外坡脚以外各十米。

中心城区和滨海新区建成区内的行洪河道不宜设护堤地的，在河道两侧各设不小于十五米宽的防汛抢险通道，视为护堤地。外环河以公路侧、对岸外侧以上河口外缘为准向外延伸十五米，视为护堤地。

第十六条　河道入海口的划定，纵向由挡潮闸起，无挡潮闸的由河道入海口的海岸线起，向海侧延伸至拦门沙的外缘；横向由河道入海口的中心线起，向两侧各延伸一千五百米至四千米。

第十七条　在河道管理范围内禁止下列行为：

（一）损毁堤防、护岸、闸坝、截渗沟等水工程建筑物和防汛设施，损毁测量设施、警示标志、安全监控等附属设施；

（二）占用、封堵防汛抢险通道；

（三）在堤防和护堤地内采砂、采石、取土、挖筑池塘；

（四）设置阻水渔具或者其他障碍物；

（五）倾倒、弃置矿渣、石渣、煤灰、泥土、垃圾等废弃物；

（六）载重量三吨以上的非防汛抢险车辆在未铺设路面的堤顶通行；

（七）非水库管理船只在水库大坝坝前五百米范围内滞留；

（八）水闸、橡胶坝引排水期间，船只和人员在其管理范围内滞留；

（九）在河道内直接利用水体进行实验；

（十）法律、法规禁止的其他行为。

第十八条　在市管河道以外的区界河或者跨区河道管理范围内，修建排水、阻水、引水、蓄水工程以及河道整治工程，应当经有关各方达成一致。

第十九条　水库以外其他河道的保护范围按照下列规定划定：

（一）本条例第十五条第一款第一项规定的河道，为护堤地以外三十米；

（二）本条例第十五条第一款第二项规定的河道，为护堤地以外二十米；

（三）本条例第十五条第一款第三项规定的河道，为护堤地以外十五米。

市管河道以外的河道、中心城区和滨海新区建成区内的行洪河道、外环河不设保护范围。

第二十条　在河道保护范围内，禁止打井、钻探、爆破、挖筑池塘、采石、取土等危害堤防安全的活动。

第二十一条　山区河道易于发生山体滑坡、崩岸、泥石流等灾害的河段，水行政主管部门应当会同地质等管理部门加强监测。

禁止在前款规定河段从事开山、采石、采矿、开荒等危及山体稳定的活动。

第二十二条　禁止擅自填堵河道。

确因建设需要填堵河道的，建设单位应当委

托具有相应资质的水利规划设计单位进行论证，并按照下列权限审批：

（一）市管河道经市水行政主管部门审核同意后，报市人民政府批准；

（二）市管河道以外的河道经所在区水行政主管部门审核同意后，报所在区人民政府批准。

填堵河道需要实施水系调整的，所需费用由建设单位承担。

第二十三条　涉河建设工程、河道整治、提升改造河道景观等建设项目，应当严格按照国家规定的标准设计和施工，不得降低堤防高度和防洪标准。

第二十四条　河道管理范围内已修建的涵闸、泵站、码头和埋设的管道、缆线等设施，设施管理单位应当定期检查和维护，并服从水行政主管部门的安全管理；不符合堤防安全要求的，设施管理单位应当改建或者采取补救措施。

第二十五条　单位和个人对河道的水体、堤防、护岸和其他水工程设施等造成损害或者造成河道淤积的，应当负责修复、清淤或者承担修复、清淤费用。

第二十六条　水行政主管部门应当加强河流的故道、旧堤、原有工程设施的管理。河流的故道、旧堤、原有工程设施，不得填堵、占用或者拆毁；确需填堵、占用、拆除的，应当报市水行政主管部门批准。

第二十七条　护堤护岸林木由河道管理单位组织营造和管理，其他任何单位和个人不得擅自营造和砍伐，不得破坏。

护堤护岸林木抚育和更新性质的采伐，由市水行政主管部门按照市林业行政管理部门的委托审核发放采伐许可证。

城市建成区内行洪河道护堤护岸林木的营造和管理，按照城市园林绿化管理的规定执行。

第二十八条　壅水、阻水严重的桥梁、引道、码头和其他跨河工程设施须依法改建或者拆除的，产权单位或者设施管理单位应当在规定的期限内改建或者拆除。

第二十九条　水行政主管部门应当严格控制在河道上新建、改建、扩建排水口门或者设置临时排水泵点的审批。

向河道排水应当服从防汛统一调度和水行政主管部门的监督管理。排水口门的产权单位或者管理单位应当加强对排水口门的管理，按照国家和本市有关规定排水，不得污染河道水体。

第四章　河道利用

第三十条　河道管理范围内新建、改建、扩建建设项目，建设单位应当按照河道管理权限，将工程建设方案报水行政主管部门审查同意后，按照规定程序履行其他审批手续。

建设项目涉及防洪安全的，报审时应附具洪水影响评价报告。

建设项目性质、规模、地点需要变更的，建设单位应当事先向原审查同意的水行政主管部门重新办理审查手续。

第三十一条　建设项目经批准后，建设单位应当将施工安排告知水行政主管部门，并与水行政主管部门签订确保河道功能正常发挥和保障防洪、供水安全的责任书。

建设单位安排施工时，应当按照规定的位置和界限进行。

建设项目施工期间，水行政主管部门应当派员到现场监督检查，建设单位应予配合。

第三十二条　工程施工影响堤防安全和河道行洪、排灌等功能正常发挥的，建设单位应当采取补救措施或者停止施工。

工程竣工后，建设单位应当将工程竣工报告、质检报告、竣工图报送水行政主管部门；工程施工现场应当按照责任书的要求进行清理，未按照责任书要求清理的，交纳清理费用。

第三十三条　城市、村镇建设和发展不得占用河道管理范围内土地。城市、村镇建设规划的临河界限为河道管理范围的外缘线。城市、村镇建设规划涉及河道管理范围的，应当事先征求水行政主管部门的意见。

本条例施行前占用河道堤防的建筑物，应当

逐步迁出。

第三十四条　河道岸线的利用和建设，应当服从河道专业规划和航道整治规划。规划行政管理部门审批涉及河道岸线开发利用规划，立项审批行政管理部门审批利用河道岸线的建设项目，应当事先征求水行政主管部门的意见。

河道岸线的界限为：有河堤的，以河堤外坡脚为准；无河堤的，以护岸为准；既无河堤又无护岸的，以天然河岸为准。

第三十五条　在河道管理范围内进行下列活动，应当经水行政主管部门同意；依照法律、法规规定还需经其他行政管理部门审批的，应当依法办理有关手续：

（一）在滩地内钻探、开采地下资源、进行考古发掘；

（二）在河道内固定船只、修建水上设施。

从事前款规定的行为，应当按照准许的范围和作业方式进行，并接受水行政主管部门的检查监督。

第三十六条　在河道管理范围内兴建建设项目临时占用或者利用河道、堤防、滩地、闸桥的，应当与水行政主管部门协商一致，并给予适当补偿。

第五章　法 律 责 任

第三十七条　有下列行为之一的，由水行政主管部门责令停止违法行为，采取补救措施，可以处一万元以上三万元以下罚款，有违法所得的，没收违法所得；情节严重的，处三万元以上五万元以下罚款：

（一）占用、封堵防汛抢险通道；

（二）载重量三吨以上的非防汛抢险车辆在未铺设路面的堤顶通行；

（三）在河道内直接利用水体进行实验。

第三十八条　有下列行为之一的，由水行政主管部门责令停止违法行为，采取补救措施，可以处五千元以上五万元以下罚款；造成损坏的，依法承担民事责任；应当给予治安管理处罚的，依照治安管理处罚法的规定处罚；构成犯罪的，依法追究刑事责任。

（一）损毁堤防、护岸、闸坝、截渗沟等水工程建筑物、水工程设施；

（二）在堤防和护堤地内采砂、采石、取土、挖筑池塘；

（三）损毁防汛设施、测量设施、警示标志、安全监控等附属设施；

（四）在河道保护范围内从事打井、钻探、爆破、挖筑池塘、采石、取土等危害堤防安全的活动。

第三十九条　在易于发生山体滑坡、崩岸、泥石流等灾害的山区河道从事开山、采石、采矿、开荒等危及山体稳定活动的，由水行政主管部门责令停止违法行为，没收违法所得，对个人处一千元以上一万元以下罚款，对单位处二万元以上二十万元以下罚款。

第四十条　在河道管理范围内有下列行为之一的，由水行政主管部门责令改正，给予警告，并对个人处二百元以上五百元以下罚款，对单位处一万元以上三万元以下罚款：

（一）设置阻水渔具或者其他障碍物；

（二）非水库管理船只在水库大坝坝前五百米范围内滞留；

（三）水闸、橡胶坝引排水期间，船只和有关人员在其管理范围内滞留。

第四十一条　有下列行为之一的，由水行政主管部门责令限期改正、采取补救措施外，可以并处警告、一万元以上五万元以下罚款、没收违法所得；对有关责任人员，由其所在单位或者上级主管机关给予行政处分；构成犯罪的，依法追究刑事责任：

（一）涉河建设工程、河道整治、提升改造河道景观等建设项目擅自降低堤防高度或者防洪标准；

（二）河道管理范围内已建的涵闸、泵站、码头和埋设的管道、缆线等设施不符合堤防安全要求，拒不改建或者拒不采取补救措施；

（三）未经批准填堵、占用、拆毁河流故道、旧堤、原有工程设施；

（四）未经批准在河道内固定船只、修建水上设施；

（五）未经批准或者未按照水行政主管部门的规定在滩地内钻探、开采地下资源、进行考古发掘。

第四十二条　壅水、阻水严重的桥梁、引道、码头和其他跨河工程设施的产权单位或者管理单位未在规定期限内改建或拆除的，由水行政主管部门责令限期改建或者拆除，逾期不拆除的强行拆除，所需费用由违法单位或者个人承担，并处一万元以上十万元以下罚款。

第四十三条　擅自营造、砍伐或者破坏护堤护岸林木的，由水行政主管部门责令停止违法行为、采取补救措施，可以并处警告、没收违法所得；处一千元以上五千元以下罚款；情节严重的，处五千元以上二万元以下罚款；对有关责任人员，由其所在单位或者上级主管机关给予行政处分；构成犯罪的，依法追究刑事责任。

第四十四条　建设项目性质、规模、地点变更，建设单位未重新办理手续的，由水行政主管部门责令停止违法行为，限期补办有关手续，处一万元以上十万元以下罚款。

建设项目经批准后，建设单位拒绝与水行政主管部门签订安全保障责任书或者未按照责任书要求清理施工现场的，或者工程竣工后，建设单位未将工程竣工报告、质检报告、竣工图报送水行政主管部门的，由水行政主管部门责令限期改正，处一万元以上三万元以下罚款。

第四十五条　未经批准在河道管理范围内修建围堤、阻水渠道、阻水道路的，由水行政主管部门责令停止违法行为、采取补救措施外，可以并处警告、没收非法所得；并处一万元以上三万元以下罚款；情节严重的，处三万元以上十万元以下罚款；对有关责任人员，由其所在单位或者上级主管机关给予行政处分；构成犯罪的，依法追究刑事责任。

第四十六条　在防汛抢险期间，除防汛抢险车辆以外的其他车辆在堤顶通行的，由水行政主管部门责令限期改正，处一千元以上一万元以下罚款；情节严重的，处一万元以上五万元以下罚款。

第四十七条　非管理人员操作河道上的涵闸闸门的，水行政主管部门除责令纠正违法行为、赔偿损失、采取补救措施外，可以并处警告、一千元以上一万元以下罚款；应当给予治安管理处罚的，依照治安管理处罚法的规定处罚；构成犯罪的，依法追究刑事责任。

第四十八条　有下列行为之一的，水行政主管部门除责令其纠正违法行为、采取补救措施外，可以并处警告、没收非法所得；并处一千元以上一万元以下罚款；情节严重的，处一万元以上五万元以下罚款；对有关责任人员，由其所在单位或者上级主管机关给予行政处分；构成犯罪的，依法追究刑事责任：

（一）在堤防、护堤地建房、放牧、开渠、打井、挖窖、葬坟、晒粮、存放物料、开采地下资源、进行考古发掘以及开展集市贸易活动的；

（二）汛期违反防汛指挥部防汛抢险指令的。

第四十九条　水行政主管部门的管理人员滥用职权、玩忽职守、徇私舞弊的，由其所在单位或者上级主管部门给予处分；构成犯罪的，依法追究刑事责任。

第六章　附　　则

第五十条　法律、行政法规对海河流域管理另有规定的，从其规定。

第五十一条　本条例自 2011 年 10 月 1 日起施行。1998 年 1 月 7 日天津市第十二届人民代表大会常务委员会第三十九次会议通过、2005 年 3 月 24 日天津市第十四届人民代表大会常务委员会第十九次会议修正的《天津市河道管理条例》同时废止。

天津市实施《中华人民共和国水土保持法》办法

（1995 年 1 月 18 日天津市第十二届人民代表大会常务委员会第十三次会议通过。根据 2004 年 9 月 14 日天津市第十四届人民代表大会常务委员会第十四次会议关于修改《天津市实施〈中华人民共和国水土保持法〉办法》的决定修正。2013 年 12 月 17 日天津市第十六届人民代表大会常务委员会第六次会议修订通过。根据 2018 年 12 月 14 日天津市第十七届人民代表大会常务委员会第七次会议通过的《天津市人民代表大会常务委员会关于修改〈天津市植物保护条例〉等三十二部地方性法规的决定》修正。）

第一条　为了预防和治理水土流失，保护和合理利用水土资源，减轻水、旱、风沙灾害，改善生态环境，建设宜居城市，保障经济社会可持续发展，根据《中华人民共和国水土保持法》和其他有关法律、法规，结合本市实际情况，制定本办法。

第二条　在本市行政区域内从事水土保持活动，应当遵守本办法。

本办法所称水土保持，是指对自然因素和人为活动造成水土流失所采取的预防和治理措施。

本办法所称水土流失，是指因为自然因素和人为活动造成的水土资源和土地生产能力的破坏和损失，包括土地表层侵蚀及水的损失。

第三条　水土保持工作实行预防为主、保护优先、全面规划、综合治理、因地制宜、突出重点、科学管理、注重效益的方针。

生产建设活动可能造成水土流失的，实行谁建设谁保护、谁造成水土流失谁治理的原则。

第四条　市和区县人民政府应当加强对水土保持工作的统一领导，将水土保持工作纳入本级国民经济和社会发展规划和计划，安排专项资金保障水土保持规划确定的预防、治理、监督、监测等任务的完成。

第五条　市和区县人民政府应当鼓励和支持水土保持科技研究，推广先进的水土保持技术，对在水土保持工作中做出显著成绩的单位和个人给予奖励。

第六条　市水行政主管部门负责全市水土保持工作。

中心城区的水土保持工作，由市水行政主管部门负责。其他区县水行政主管部门按照规定的职责，负责本行政区域内的水土保持工作。

发展改革、财政、规划和自然资源、生态环境、住房建设、农业农村等部门按照各自职责，做好水土流失预防和治理相关工作。

第七条　市水行政主管部门应当每五年开展一次全市水土流失调查并依法公告调查结果。水土流失调查的内容，包括水土流失面积、侵蚀类型、流失程度、分布状况、流失成因及其趋势等。

国家或者本市对水土流失调查有特殊需要时，市水行政主管部门应当按照要求开展调查。

第八条　市水行政主管部门根据水土流失调查结果，拟定水土流失重点预防区和水土流失重点治理区，报市人民政府批准后向社会公布。

市人民政府在水土流失重点预防区和水土流失重点治理区，对区县人民政府实行水土保持目标责任制和考核奖惩制度。

第九条　对防洪安全、水资源安全和生态安全有重大影响的水土流失潜在危险较大区域，应当划定为水土流失重点预防区；生态环境恶化，水旱灾害严重，崩塌、滑坡危险区和泥石流易发区等水土流失严重区域，应当划定为水土流失重点治理区。

第十条　市水行政主管部门应当会同市有关部门编制全市的水土保持规划，报市人民政府批准后向社会公布并组织实施。

区县水行政主管部门应当会同同级有关部门，根据全市水土保持规划编制本区县水土保持规划，报本级人民政府批准后组织实施，并报市水行政主管部门备案。

第十一条　水土保持规划应当与土地利用总体规划、水资源规划、城乡规划和环境保护规划等相协调。

规划组织编制部门，在编制有关基础设施建设、矿产资源开发、城镇建设、公共服务设施建设等方面的规划时，涉及水土流失重点预防区和水土流失重点治理区以及水土保持规划确定的容易发生水土流失的区域时，应当分析论证规划实施对水土资源和生态环境的影响，在规划中提出预防和治理水土流失的对策和措施，并征求同级水行政主管部门意见后报请审批。

第十二条　各级人民政府应当加强农村新能源建设，控制破坏地貌植被的生产建设活动，预防和减轻水土流失。

本市鼓励和支持山地丘陵区以及容易发生水土流失的其他区域的农业生产者，采取保土耕作方法和其他有利于水土保持的措施。

第十三条　水土保持设施的所有权人或者使用权人，应当加强对水土保持设施的管理与维护，落实管护责任，保障其功能正常。禁止任何单位和个人破坏水土保持设施。

乡、镇人民政府应当指导村民委员会制定村规民约，保护水土保持设施，加强生态环境建设。

第十四条　禁止在封山育林区和幼林地放牧。在二十五度以上陡坡地种植果树等经济林的，应当兼顾生态防护效益，根据造林地实际，科学选择树种，合理确定种植规模，采取修建截水沟、水平阶、鱼鳞坑等水土保持措施，防止造成水土流失。

在二十五度以下、五度以上的荒坡地开垦种植农作物，应当采取修建梯田、水平阶等水土保持措施。

第十五条　采伐林木应当采取防止水土流失措施。

在水土流失重点预防区和水土流失重点治理区采伐林木的，采伐方案中应当有水土保持措施，并在采伐后及时更新造林；批准采伐的部门应当将采伐方案抄送同级水行政主管部门。

采伐方案由水行政主管部门和批准采伐的部门共同监督实施。

第十六条　生产建设项目选址、选线应当避让水土流失重点预防区和水土流失重点治理区；无法避让的，生产建设单位应当编制水土保持方案，并在水土保持方案中提高防治标准，优化施工工艺，减少地表扰动和植被损坏范围，有效控制可能造成的水土流失。

水土流失重点预防区和水土流失重点治理区以外，在水土保持规划确定的容易发生水土流失的区域内开办占地面积一公顷或者开挖、填筑土石方总量在一万立方米以上的生产建设项目，生产建设单位应当编制水土保持方案。

第十七条　水土保持方案应当按照基本建设程序报水行政主管部门审批。

中心城区和跨区县行政区域、市级立项或者按规定应当由市水行政主管部门审批的项目，生产建设单位应当将水土保持方案报市水行政主管部门审批。

生产建设单位未编制水土保持方案或者水土保持方案未经水行政主管部门批准的，生产建设项目不得开工建设。

第十八条　生产建设项目中的水土保持设施，应当与主体工程同时设计、同时施工、同时投产使用。

生产建设单位应当按照批准的水土保持方案和有关技术标准，组织开展初步设计或者施工图设计，落实水土流失防治措施和投资概算。水土保持设施的初步设计或者施工图设计，生产建设单位应当向水行政主管部门备案。

生产建设项目竣工验收，应当由水行政主管部门组织进行水土保持设施验收；水土保持设施未经验收或者验收不合格的，生产建设项目不得投产使用。

第十九条　本市对水土流失采取分类治理的措施。

在山地丘陵区，以饮用水水源保护区保护为重点，采取预防保护、自然修复和综合治理措施，配套建设植物过滤带，积极推广沼气，加强清洁小流域建设，依法严格控制化肥和农药的使用，防止和减少水土流失引起的面源污染。

在平原区，以生态措施为主，采取植树、种草、固坡等措施，建设完善蓄排工程，恢复和提高城镇生态系统功能。

第二十条　从事生产建设活动的单位和个人，应当对分层剥离的地表土专门存放，留作恢复表土层、种植植被和复耕时利用；对砂、石、土、废渣等存放地，应当采取拦挡、坡面防护、防洪排导等措施，避免造成水土流失；生产建设活动结束后，应当及时在取土场、开挖面和存放地的裸露土地上植树种草、恢复植被或者复垦。

第二十一条　开办生产建设项目或者从事其他生产建设活动造成水土流失的，应当进行治理。

在水土流失重点预防区和水土流失重点治理区以及水土保持规划确定的容易发生水土流失的区域内开办生产建设项目或者从事其他生产建设活动，损坏水土保持设施、地貌植被，不能恢复原有水土保持功能的，应当缴纳水土保持补偿费，专项用于水土流失预防和治理。

水土保持补偿费征收标准和使用管理按照国家和本市有关规定执行。

第二十二条　生产建设项目在建设过程中发生的水土保持费用，从基本建设投资中列支；在生产过程中发生的水土保持费用，从企业成本费用中列支。

第二十三条　市水行政主管部门应当合理设置水土保持监测站点，建立健全监测信息网络，发挥水土保持监测工作在政府决策、经济社会发展和社会公众服务中的作用。

区县水行政主管部门应当做好本区县水土保持监测工作。

第二十四条　生产建设单位依法应当对生产建设活动造成的水土流失进行监测，并将监测情况定期报当地水行政主管部门。不具备监测条件和能力的，应当按照国家规定委托具备相应水土保持监测资质的机构进行监测。

生产建设单位和承担监测任务的水土保持监测机构，进行水土保持监测活动，应当遵守国家有关技术标准、规范和规程，保证监测质量，其项目负责人和技术负责人应当在监测文件上签字，对监测成果的真实性负责。

第二十五条　在二十五度以下、五度以上的荒坡地开垦种植农作物，未采取水土保持措施的，由水行政主管部门责令限期改正，并处每平方米二元以上十元以下的罚款。

第二十六条　违反本办法规定，在水土流失重点预防区和水土流失重点治理区采伐林木不采取水土保持措施的，由批准采伐的部门、水行政主管部门责令限期改正，采取补救措施；造成水土流失的，由水行政主管部门按照造成水土流失面积处每平方米二元以上十元以下罚款。

第二十七条　违反本办法规定，依法应当编制水土保持方案的生产建设项目，未编制水土保持方案或者水土保持方案未经批准而开工建设的，由水行政主管部门责令限期补办手续；逾期不补办手续的，处五万元以上五十万元以下的罚款；对生产建设单位直接负责的主管人员和其他直接责任人员依法给予处分。

第二十八条　本办法自 2014 年 3 月 1 日起施行。

天津市防洪抗旱条例

（2007 年 9 月 13 日天津市第十四届人民代表大会常务委员会第三十九次会议通过，自 2007 年 12 月 1

日起施行。根据2018年9月29日天津市第十七届人民代表大会常务委员会第五次会议通过的《天津市人民代表大会常务委员会关于修改部分地方性法规的决定》修正。）

第一章 总 则

第一条 为加强和规范防洪抗旱工作，根据《中华人民共和国水法》《中华人民共和国防洪法》和《中华人民共和国防汛条例》等有关法律、法规，结合本市实际，制定本条例。

第二条 在本市行政区域内从事防治洪水、沥涝，防御风暴潮和抗旱的有关活动，适用本条例。

第三条 防洪抗旱工作坚持以人为本、科学防治、全面规划、统筹兼顾、团结协作和局部利益服从全局利益的原则。

第四条 各级人民政府应当加强对防洪抗旱工作的统一领导，组织有关部门、单位，动员社会力量，做好防洪抗旱以及洪、涝、潮、旱灾害后的恢复与救济工作。

市和区人民政府应当将防洪抗旱工程设施建设纳入本行政区域国民经济和社会发展规划，提高城乡防洪抗旱综合减灾能力。

第五条 市水行政主管部门在市人民政府领导下，负责全市防洪抗旱的组织、指导、协调、监督等日常工作。

区水行政主管部门在区人民政府领导下，负责本辖区防洪抗旱的组织、指导、协调、监督等日常工作，业务上受市水行政主管部门的指导。

其他有关部门按照各自职责，做好防洪抗旱的相关工作。

第六条 任何单位和个人都有依法参加防洪抗旱的义务。

市和区人民政府应当对在防洪抗旱工作中做出突出贡献的单位和个人给予表彰奖励。

第二章 灾害防治

第七条 全市防洪规划，由市水行政主管部门依据海河流域综合规划会同有关部门编制，报市人民政府批准，并报国务院水行政主管部门备案。批准后的全市防洪规划纳入城市总体规划。

和平区、河东区、河西区、河北区、南开区、红桥区的防洪规划由市水行政主管部门统一编制。其他区的防洪规划，由本区水行政主管部门依据全市防洪规划会同有关部门编制，报本级人民政府批准，并报市水行政主管部门备案。

第八条 全市除涝、防潮等专业规划，由市水行政主管部门依据全市防洪规划会同有关部门编制，报市人民政府批准。

区除涝专业规划，由区水行政主管部门依据全市除涝规划会同有关部门编制，报本级人民政府批准，并报市水行政主管部门备案。

城市排水规划应当符合全市除涝规划和水污染防治规划。

第九条 建设防洪抗旱工程设施，应当符合全市防洪规划和水资源综合规划。

受洪水、风暴潮威胁的单位兴建自保工程应当符合防洪、防潮、除涝规划要求和设计标准。

第十条 建设防洪抗旱工程设施，应当明确工程管理机构，安排运行管理经费，保证工程设施建成后的正常运行。

第十一条 已投入使用的防洪抗旱工程设施的管理责任人，应当按照有关规定对工程设施进行维护管理，并对工程设施的运行安全负责。

市和区水行政主管部门应当对防洪抗旱工程设施定期组织检查，对不符合防洪（含防潮）标准或者有严重质量缺陷的设施，应当责成管理责任人采取除险加固措施，限期消除危险或者重建。

水库大坝的检查监督按照国家有关法律、法规执行。

第十二条 市国土资源主管部门应当会同相关部门和有关区人民政府对山体滑坡、崩塌和泥石流隐患进行全面调查，划定重点防治区，并设立警示标志，采取预防和治理措施。

第十三条 区人民政府按照国家有关规定提出饮用水水源保护区划定方案，报市人民政府批准后向社会公告。

第十四条　各级人民政府应当加大投入，完善排水设施和污水处理设施，实现雨水、污水分流，达标排放。

第十五条　本市鼓励对雨洪水资源的开发利用。雨洪水收集利用的具体规定和鼓励政策由市人民政府另行制定。

新建、改建、扩建建设项目，应当因地制宜地建设雨水收集利用设施。

第十六条　市和区水行政主管部门应当采取措施，在保证防洪安全的前提下，充分拦蓄、收集雨洪水。

第三章　防汛与抗旱

第十七条　防汛抗旱工作实行各级人民政府行政首长负责制，统一指挥，分级分部门负责。

第十八条　市人民政府设立防汛抗旱指挥机构，负责组织领导全市的防汛抗旱工作。其办事机构设在市水行政主管部门。

区人民政府设立防汛抗旱指挥机构，在市人民政府防汛抗旱指挥机构和本级人民政府的领导下，执行上级防汛抗旱指令，统一指挥本地区的防汛抗旱工作。其办事机构设在区水行政主管部门。和平区、河东区、河西区、河北区、南开区、红桥区的防汛抗旱办事机构的设定，由各区人民政府指定。

市和区防汛抗旱指挥机构及其成员单位的职责分工由本级人民政府确定。

第十九条　本市的汛期起止日期为每年6月15日至9月15日。情况特殊时，市防汛抗旱指挥机构可以决定提前进入或者延长防汛期。

当河流的水情接近保证水位，水库水位接近设计洪水位、海潮超过警戒潮位或者防洪工程发生重大险情时，市或者区防汛抗旱指挥机构可以宣布进入紧急防汛期，并报上一级人民政府防汛抗旱指挥机构。

第二十条　市水行政主管部门应当会同有关区人民政府，根据国家批准的防御洪水方案，结合本市实际情况，编制本市洪水调度方案，报市人民政府批准，并报国家防汛抗旱指挥机构备案。

第二十一条　市和区水行政主管部门应当根据批准后的洪水调度方案、防洪抗旱工程设施和水资源状况，编制防洪预案，报本级人民政府批准，并报上一级水行政主管部门备案。

防洪预案应当根据实际情况变化，适时修改完善。修改后的防洪预案，按原程序报批。

第二十二条　水库和重要闸坝、泵站的管理部门应当根据批准后的洪水调度方案和防洪预案，以及工程设施实际情况，制定调度运用计划，报有管辖权的防汛抗旱指挥机构批准，并报上一级防汛抗旱指挥机构备案。

第二十三条　水库和重要闸坝、泵站等防洪工程设施的管理单位，在执行调度运用计划时，必须服从有管辖权的防汛抗旱指挥机构的统一调度指挥和监督。

第二十四条　市和区防汛抗旱指挥机构各成员单位应当依据防洪预案的要求，按照职责分工，做好相关工作，并及时向本级防汛抗旱指挥机构报告有关情况。

第二十五条　有防洪、防潮任务的单位，应当根据洪水调度方案和防洪预案，制定本单位的防洪、防潮措施，征得所在地的区水行政主管部门同意后，由有管辖权的防汛抗旱指挥机构监督实施。

第二十六条　河道、水库、闸坝、泵站、海堤等工程管理单位，应当按照规定对工程设施进行巡查，发现险情，应立即采取抢护措施，并及时向所在地的区防汛抗旱指挥机构和上级主管部门报告。发生重大险情时，所在地的区防汛抗旱指挥机构应当立即组织抢险。

第二十七条　发生汛情、潮情、旱情紧急情况，市和区防汛抗旱指挥机构应当向有关单位通报。有关单位应当采取相应措施，减少灾害损失。

电视、广播、报纸等新闻媒体应当根据市和区防汛抗旱指挥机构提供的汛情、潮情、旱情，及时向社会发布防汛抗旱信息。

第二十八条　在紧急防汛期或者其他发生汛情、潮情紧急情况时期，市或者区防汛抗旱指挥机构可依照职权采取下列措施：

（一）因抢险需要，调用物资、设备、交通运输工具和人力，取土、占地、砍伐林木；

（二）组织群众安全转移；

（三）紧急处置壅水、阻水严重的桥梁、引道、码头和清除阻碍行洪的障碍物；

（四）依法决定实施陆地和水面交通管制；

（五）其他应急措施。

市或者区防汛抗旱指挥机构采取以上措施，任何单位和个人应当服从统一指挥，不得阻拦。

调用的物资、设备、交通运输工具和人力，事后应当及时返还或者给予适当补偿。取土、占地、砍伐林木的，应当依法向有关部门补办手续。

第二十九条　在汛期或者其他发生紧急汛情、潮情、旱情时期，河道、水库、闸坝、海堤、泵站、码头、排水工程设施等的使用，必须服从市或者区防汛抗旱指挥机构的统一调度和指挥；利用水工程设施和与防汛抗旱有关的水体从事旅游、航运、体育、餐饮、娱乐等活动，必须服从市或者区防汛抗旱指挥机构的统一管理。

禁止任何单位和个人擅自启用防洪抗旱工程设施。

第三十条　市和区水行政主管部门应当会同有关部门根据水资源条件、水工程状况和经济社会发展用水需求，编制抗旱预案，报本级人民政府批准，并报上一级水行政主管部门备案。

第三十一条　在旱情发生时，市和区防汛抗旱指挥机构应当组织有关部门，确定干旱等级，按照抗旱预案，及时采取相应措施。

第三十二条　在旱情紧急情况下，市或者区防汛抗旱指挥机构应当按照优先保障城乡居民基本生活用水的原则，采取以下应急措施：

（一）核减用水计划和供水指标；

（二）暂停洗车、洗浴等服务业用水和高耗水工业用水；

（三）对机关、企事业单位、居民用水实行定时、定点、限量供应；

（四）启动城市应急后备水源；

（五）统一对地表水、地下水、再生水、淡化后海水等水源进行调配；

（六）组织车辆实行人工送水；

（七）临时设置抽水泵站，开挖输水渠道，应急打井，建蓄水池；

（八）必要时封堵有关排水、排污口门，保护水源水质；

（九）其他应急措施。

第三十三条　旱情紧急情况下的跨流域调水预案，由市水行政主管部门编制，经市人民政府同意，报国务院水行政主管部门批准。

本市跨区域的调水预案，由市水行政主管部门会同有关区人民政府制定，报市人民政府批准。

第四章　保障措施

第三十四条　发生灾害后，各级人民政府应当组织有关部门和单位，做好灾区的生活供给、卫生防疫、救灾物资供应、治安管理、学校复课、恢复生产和重建家园等救灾工作以及所管辖地区的水毁工程设施修复工作。

第三十五条　受灾地区的防汛抗旱指挥机构应当及时组织有关部门和单位，对洪、涝、潮、旱灾害造成的损失和影响情况进行核实，提出减灾措施，及时报本级人民政府和上一级防汛抗旱指挥机构。

第三十六条　防洪抗旱经费按照政府投入为主、受益者合理负担的原则筹集。

各级人民政府应当采取措施，提高防洪抗旱投入的总体水平，保证防洪抗旱工程设施建设资金及时到位和配套资金足额落实。

第三十七条　防洪抗旱经费主要用于下列事项：

（一）防洪抗旱工程设施建设、维护和修复；

（二）水文测报、旱情监测、通信预警、生物措施等防洪抗旱非工程设施的建设、维护和修复；

（三）抗洪抢险和水毁工程的修复；

（四）防汛抢险、抗旱物资储备；

（五）防汛机动抢险队伍、抗旱服务组织建设；

（六）防洪抗旱日常工作。

防洪抗旱资金必须专款专用，严格审计监督。

第三十八条　市和区防汛抗旱指挥机构应当按规定储备一定数量的防汛抢险、抗旱物资。

有防洪、防潮自保任务的单位应当储备必要的抢险物料，并接受市和区防汛抗旱指挥机构的监督检查。

第三十九条　市和区人民政府应当建立健全防汛抗洪抢险专业队伍，配备一定数量的专业技术人员、设备、车辆，提高防汛抢险能力。

本市鼓励组建农民用水者协会等抗旱服务组织。各级人民政府对抗旱服务组织应当予以扶持。

第四十条　在汛期或者其他发生紧急汛情、潮情、旱情时期，公安、交通、公路等有关部门应当保障防汛、抗旱指挥和抢险车辆优先通行，免收过桥（路）费。防汛、抗旱指挥和抢险车辆标志由市公安交通管理部门印制，市防汛抗旱指挥机构核发。

第四十一条　市和区防汛抗旱指挥机构应当建立健全防汛抗旱信息系统，提高防汛抗旱预报、预警和指挥决策支持能力。

第五章　法律责任

第四十二条　违反本条例规定，工程管理责任单位对不符合防洪（含防潮）标准或者有严重质量缺陷的防洪抗旱工程设施，未按照水行政主管部门要求采取除险加固措施，按期消除危险的，由水行政主管部门责令限期改正，并处一万元以上五万元以下罚款；逾期不改正的，处五万元以上十万元以下罚款。

第四十三条　违反本条例规定，在汛期或者其他发生紧急汛情、潮情、旱情时期，利用水工程设施和与防汛抗旱有关的水体从事旅游、航运、体育、餐饮、娱乐等活动，不服从统一管理的，由水行政主管部门责令限期改正；逾期不改正的，处一万元以上五万元以下罚款。

第四十四条　违反本条例规定，有下列行为之一的，视情节轻重和危害后果，由其所在单位或者上级主管部门给予行政处分；应当给予治安管理处罚的，依照《中华人民共和国治安管理处罚法》的规定处罚；构成犯罪的，依法追究刑事责任：

（一）拒不执行经批准的调度方案、预案的；

（二）拒不服从防汛抗旱指挥机构统一调度和指挥的；

（三）擅自启用防洪抗旱工程设施的；

（四）截留、挤占、私分和挪用防汛抗旱经费及物资的。

第四十五条　对违反本条例的行为，法律、法规已有处罚规定的，按其规定处罚。

第六章　附　　则

第四十六条　本条例自 2007 年 12 月 1 日起施行。

天津市节约用水条例

（2002 年 12 月 19 日天津市第十三届人民代表大会常务委员会第三十七次会议通过 。根据 2005 年 3 月 24 日天津市第十四届人民代表大会常务委员会第十九次会议通过的《天津市人民代表大会常务委员会关于修改〈天津市节约用水条例〉的决定》修正。2012 年 5 月 9 日天津市第十五届人民代表大会常务委员会第三十二次会议通过的《天津市人民代表大会常务委员会关于修改部分地方性法规的决定》再次修正。根据 2018 年 12 月 14 日天津市第十七届人民代表大会常务委员会第七次会议通过的《天津市人民代表大会常务委员会关于修改〈天津市植物保护条例〉等三十二部地方性法规的决定》修正。）

第一章　总　则

第一条　为加强节约用水管理，科学合理利用水资源，保障社会经济可持续发展，依据有关法律、法规，结合本市实际情况，制定本条例。

第二条　本市实行计划用水、节约用水、科学开源、综合利用的原则，全面提高水的利用率，建设节水型城市。

第三条　本市各级人民政府应当加强对节约用水工作的领导，把节约用水工作纳入国民经济和社会发展计划，建立节约用水责任制，采取措施，推动全社会节约用水工作。

任何单位和个人都有节约用水的义务。

第四条　天津市节约用水办公室（以下简称市节水办公室）统一管理全市的节约用水工作。

区、县节约用水办公室（以下简称区、县节水办公室）负责本行政区域内的节约用水工作。

区、县节水办公室在业务上受市节水办公室指导。

天津经济技术开发区、天津港保税区、天津新技术产业园区管委会指定的管理机构，分别负责本区域内节约用水日常管理工作。

市人民政府其他有关部门按照职责分工，做好节约用水工作。

第五条　鼓励和支持节约用水的科学技术研究，多渠道增加投入，开发、推广、应用节约用水的先进技术。

各级人民政府对在节水工作中做出显著成绩的单位和个人应当给予表彰奖励。

第二章　计 划 用 水

第六条　本市用水实行总量控制和定额管理相结合的制度。

第七条　市节水办公室应当会同有关部门根据当年地表水、地下水、矿泉水、地热水、地下咸水、再生水和淡化后海水的可利用量编制全市年度供水计划，报市人民政府批准。

国家和本市对矿泉水、地热水管理另有规定的，从其规定。

区、县节水办公室应当根据市节水办公室编制的全市年度供水计划，结合本区、县实际情况，编制本区、县年度供水计划，报同级人民政府批准执行。

第八条　行业用水定额由市行业主管部门制定，报市节水办公室和市场监督管理部门审核同意后，由市人民政府公布。

其他无行业主管部门的用水定额由市节水办公室和市场监督管理部门会同有关部门制定，由市人民政府公布。

行业主管部门制定行业用水定额应当根据全国同行业先进标准制定。

第九条　除居民生活用水以外的用水户（以下简称非生活用水户）已经取得用水计划指标的，应当于本年度末根据生产经营需要提出下一年度用水计划指标，经行业主管部门汇总平衡后，按规定时限报节水办公室；无主管部门的直接报节水办公室。节水办公室应当根据供水计划和用水定额，在规定的期限内对非生活用水户提出的用水计划指标予以核定。

第十条　新增非生活用水户用水，应当向节水办公室申请用水计划指标。节水办公室应当根据年度供水计划按照下列条件予以审批：

（一）符合行业用水定额；

（二）具有相应的节水措施。

第十一条　非生活用水户确需增加用水计划指标的，须经节水办公室批准。增加用水计划指标，应当符合下列条件：

（一）生产经营需要；

（二）水的重复利用率、用水单耗达到规定的行业指标；

（三）已达到本条第（二）项规定的行业指标并采取了相应的节水措施。

第十二条　因建筑施工、采暖锅炉、游泳场馆等非生活用水户临时用水的，应当提前三十日向节水办公室提出用水计划指标，经核定后方可用水。

节水办公室应当自收到申请后十五日内予以答复，逾期不答复的视为同意。

第十三条 下列非生活用水户的用水计划指标和计划执行情况由市节水办公室负责核定和考核：

（一）从市管河道、渠道（暗渠）、水库取水的；

（二）从跨区、县引水工程取水的；

（三）从市内六区取用地下水的；

（四）从市内六区以外地区取用地下水的市直属单位、外地驻津单位；

（五）从市内六区以外地区取用地下水，日取水量2000立方米以上的其他单位。

天津经济技术开发区、天津港保税区、天津新技术产业园区的非生活用水户申报的用水计划指标，经管委会汇总平衡后由市节水办公室核定下达，用水计划执行情况由本区管委会负责考核。

区、县节水办公室负责本行政区域内除前两款规定以外的非生活用水户用水计划指标和计划执行情况的核定和考核。

第十四条 从市公共自来水管网取水的非生活用水户，其用水计划指标和计划执行情况，由市和有关区的节水办公室按照职责分工和用水量大小实行分级核定和考核。

第十五条 节水办公室应当将批准的年度用水计划指标和调整后的用水计划指标及时通知有关供水企业。

对未取得用水计划指标的非生活用水户，供水企业不得供水。

第十六条 单位和个人从地下或者河道、水库直接取水的，必须办理取水许可证，并在取水处安装计量设施或者采用市节水办公室规定的其他计量方法。

安装计量设施必须使用经市场监督管理部门检验合格的产品。

第十七条 水资源紧缺时，节水办公室应当制定节水应急方案，经同级人民政府批准，按照保障生活、工农业生产和其他用水的先后顺序对用水户采取限制性用水措施。

第三章 节约用水

第十八条 市节水办公室应当组织有关部门根据全市水资源状况和社会经济发展对水的需求，编制市节约用水规划，报市人民政府批准后组织实施。

区、县节水办公室根据市节约用水规划，结合本地实际情况编制本区、县节约用水规划，经同级人民政府批准后组织实施。

第十九条 用水户在用水过程中，应当采取循环用水、一水多用等节水措施，降低水的消耗量，提高水的重复利用率。

第二十条 非生活用水户应当建立健全计划用水、节约用水管理制度。主要用水户应当按规定进行水量平衡测试，经测试发现不符合节水规定的，应当整改。

第二十一条 水生产企业应当采用先进制水技术，减少制水水量损耗。制水损耗应当达到国家规定的标准。

供水企业应当加强供水管网维护管理，降低管网漏失率。自来水的产销差率应当达到国家规定的标准。

供水企业应当依据注册水表将纳入考核的用水户的用水量，按月报送节水办公室。

第二十二条 新建、扩建、改建的建设项目，应当采用节水型工艺，安装使用节水型设施或器具。为用水量大的建设项目配套的相应节约用水设施应当与主体工程同时设计、同时施工、同时验收，投产使用。

本条例实施前已经安装使用的不符合节水标准的用水器具，产权人应当逐步更换为节水型器具。

第二十三条 禁止生产、销售、使用国家明令淘汰的用水器具。

第二十四条 供水企业、用水单位应当对供水、用水的设施、设备、器具进行维修、保养。发现跑、冒、滴、漏水时，应当及时抢修。

第二十五条 洗浴业、水上娱乐业和游泳场馆应当建有并使用节约用水设施，并办理取用水手续。

第二十六条　以水为原料生产饮料、纯净水等产品的企业应当采取节水措施，提高水的利用率。生产后的尾水必须回收利用，不得直接排放。

第二十七条　城市园林绿化应当选种耐旱型花草树木。

公园、花园、房屋建筑物的成片绿地应当采用穴灌、滴灌、喷灌、微灌等节水灌溉方式进行灌溉，不得大水漫灌。暂时不能采用上述方式进行灌溉的，应当限期改造。

城市管理部门和公共消防栓产权人或管理人应当对绿化、环卫、消防用水设施加强管理，防止水泄漏流失或者取作他用。

第二十八条　建设项目的施工单位应当加强施工用水管理，防止水泄漏流失。

第二十九条　市节水办公室应当会同有关部门根据全市再生水资源总量编制再生水利用规划，经市人民政府批准后，由节水办公室统一监督有关部门实施。

已接通再生水的地区，必须使用再生水。

第三十条　新建宾馆、饭店、公寓、大型文化体育场所和机关、学校用房、民用住宅楼等建筑物在本市利用再生水规划范围内的，应当按规定建设中水管道设施，利用再生水和符合民用标准的生活杂用水。

第三十一条　营业性洗车场（点）应当使用符合国家标准的再生水。禁止使用地下水、自来水冲洗车辆。

取用河道、水库水冲洗车辆的营业性洗车场（点），必须建设循环用水设施。

第三十二条　取用地热水的单位，有条件的应当对地热水进行梯级开发利用，其节约用水方案由市地质矿产行政主管部门报节水办公室备案。

地热水利用后符合回灌标准的必须进行回灌。

第三十三条　有农业的区、县、乡（镇）人民政府，应当根据本市水资源情况指导农业集体经济组织和农户调整农业种植结构。鼓励采用高新技术，发展高效益节水型农业。

第三十四条　农业灌溉和农村生活取用地下水的，征收水资源费。具体征收办法由市人民政府另行制定。

第三十五条　节水办公室应当会同有关部门开展农业节水灌溉试验，推行计量灌溉。

农业用水户应当因地制宜地采取管道输水、渠道防渗、喷灌、微灌等节水灌溉措施。

取用超采区地下水未建设节水工程的，不予办理取水许可。

第三十六条　本市对生产、生活用水按照不同类别和不同水质实行不同收费标准。公共自来水管网使用地表水供水的地区，地下水资源费标准应当逐步高于自来水的收费标准。

第三十七条　本市实行居民生活用水计量收费制，逐步取消生活用水“包费制”。

使用自来水的居民用水户，应当按户安装水表，以户表计量用水量，缴纳水费。对居民生活用水超定额部分实行加价收费，具体收费办法由市人民政府规定。

第三十八条　非生活用水户应当安装用水计量设施，实行计划用水和超计划用水累进加价收费制。超计划部分的用水量，除按计划内收费标准计收水费或者征收水资源费外，还应当收取加价水费或者水资源费。具体办法由市人民政府规定。

连续三个月超计划用水仍不采取措施的，除按上款规定加收水费或者水资源费外，节水办公室可以限制其用水量。

第三十九条　为城市供水的水库周边和河道、渠道沿线的区、县、乡（镇）人民政府应当加强保水护水工作，采取有效措施，防止私自引用水和污染水质。

第四章　鼓励措施

第四十条　市和区、县人民政府应当对农业、农村生活节水项目优先立项，并根据情况给予贷款贴息支持。

第四十一条　本市鼓励单位和个人开展海水

淡化和微咸水利用的开发、研究工作，对节水效益显著的项目，人民政府应当给予贷款贴息支持。

利用再生水的，应当给予价格优惠。具体收费标准由市人民政府另行规定。

第四十二条　兴建农业节水灌溉工程，经市人民政府财政部门会同市节水办公室批准，在节水工程投资未收回前，减免征收水资源费。

第四十三条　超计划加价收取的水费、水资源费，应当专户储存，专项用于实施节水措施、科研培训及节水管理、宣传、奖励方面的开支，不得挪作他用。

第四十四条　本市鼓励有条件的地区和单位兴建蓄水设施，适时拦蓄雨（雪）、洪、沥水，增加有效水源。兴建雨（雪）、洪、沥水拦蓄工程和节水工程、改造节水工艺效益显著的，由各级人民政府给予扶持。其资金可以从水资源费和加价收取的水费中列支。

第五章　法律责任

第四十五条　违反本条例第九条、第十条、第十一条、第十二条第一款、第二十七条第三款规定，未取得用水计划指标用水或者将公共消防设施用水取作他用的，由节水办公室责令限期改正，并可处五千元以下罚款；情节严重的，处五千元以上三万元以下罚款。

违反本条例第十五条第二款规定，向未取得用水计划指标的非生活用水户供水的由节水办公室责令限期改正；逾期不改正的，处五千元以上三万元以下罚款。

第四十六条　违反本条例有下列行为之一的，由节水办公室责令限期改正，并可处一千元以下罚款；情节严重的，处一千元以上二万元以下罚款：

（一）逾期不缴纳超计划用水加价水费、水资源费的；

（二）未按规定进行水量平衡测试或者经测试发现不合格，不及时整改的；

（三）未在取水处安装计量设施或者未采用市节水办公室规定的其他计量方法的；

（四）安装未经市场监督管理部门检验合格的计量设施的；

（五）对绿化、环卫用水设施不及时维修，造成水泄漏流失或取作他用的；

（六）公园、花园、房屋建筑物的成片绿地未采用节水灌溉方式，实行大水漫灌的。

第四十七条　建设项目的节水设施没有建成或者没有达到国家规定的要求，擅自投入使用的，由节水办公室依照《中华人民共和国水法》有关规定处罚。

第四十八条　未按规定对供水设施维修、保养，或者发现跑、冒、滴、漏未及时抢修的，由节水办公室或者建设行政主管部门按职责分工依照国务院有关规定予以处罚。

第四十九条　洗浴业、水上娱乐、游泳场馆取用水未采取节水措施或者未办理取用水许可的，由节水办公室责令限期改正，逾期不改正的处以五百元以上五千元以下罚款；情节严重的，处五千元以上三万元以下罚款。

第五十条　以水为原料生产饮料、纯净水，未采用节水措施或者未将生产后的尾水回收利用的，由节水办公室责令限期整改，逾期不改正的处以一千元以上一万元以下罚款；情节严重的，处一万元以上三万元以下罚款。

第五十一条　营业性洗车场（点）直接使用自来水、地下水冲洗车辆的，由节水办公室责令停止违法行为，暂扣洗车器具，并可处五百元以上五千元以下罚款。

第五十二条　执法人员违反本条例，滥用职权、玩忽职守、徇私舞弊的，由其所在单位或者上级主管机关给予行政处分；构成犯罪的，依法追究刑事责任。

第六章　附　则

第五十三条　本条例自 2003 年 2 月 1 日起施行。

天津市城市供水用水条例

（2006年5月24日天津市第十四届人民代表大会常务委员会第二十八次会议通过。根据2016年3月30日天津市第十六届人民代表大会常务委员会第二十五次会议通过的《天津市人民代表大会常务委员会关于修改部分地方性法规的决定》修正。根据2018年12月14日天津市第十七届人民代表大会常务委员会第七次会议通过的《天津市人民代表大会常务委员会关于修改〈天津市植物保护条例〉等三十二部地方性法规的决定》修正。）

第一章　总　　则

第一条　为了规范城市供水用水活动，保障城市供水用水安全，维护城市供水企业和用水单位、个人的合法权益，根据国家有关法律、法规的规定，结合本市实际情况，制定本条例。

第二条　本条例适用于本市行政区域内城市供水、用水和相关活动。

本市对节约用水、再生水利用另有规定的，从其规定。

第三条　本条例所称城市供水，是指城市供水企业通过城市供水设施向用水单位和个人（以下统称用户）提供生活、生产和其他用水的行为。

本条例所称城市用水，是指用户根据生活、生产等需要使用城市供水的行为。

本条例所称城市供水设施，是指净水配水厂、泵站、取水井、输水配水管网、闸阀、消火栓、结算水表、二次供水设施和其他附属设施。

第四条　市水行政部门主管本市城市供水用水的行政管理工作。

市供水管理部门负责本市城市供水用水的具体行政管理工作。

区、县人民政府按照全市城市供水管理职责分工，负责本辖区内城市供水用水的管理工作。

发展改革、规划、建设、环境保护、卫生、价格、质量技术监督等部门按照各自职责，负责城市供水用水的相关管理工作。

第五条　市人民政府应当将城市供水发展纳入本市城市总体规划以及国民经济和社会发展计划。

市水行政部门应当会同市发展改革、建设等部门，根据本市城市总体规划、国民经济和社会发展计划以及水资源综合规划，编制全市城市供水发展规划。

第六条　本市实行有利于城市供水事业发展的政策，鼓励城市供水用水科学技术研究，推广先进技术，提高城市供水用水的现代化水平。

第七条　鼓励国内外投资者投资建设城市供水设施，从事城市供水经营活动。

第八条　市和区、县人民政府应当组织制定城市供水突发事件应急预案。遇有突发事件发生，应当立即启动应急预案，保证安全稳定供水。

第二章　城市供水设施建设

第九条　在本市进行城市建设开发和旧区改建时，应当按照城市供水发展规划同步建设城市供水设施。新建、改建、扩建水厂和跨区县输水配水管网的，立项主管部门在办理项目立项审查时，应当书面征求市供水管理部门的意见。

第十条　城市供水设施建设，应当由具有相应资质的设计、施工单位承担，并符合国家和本市的相关技术标准和规范。

第十一条　城市供水用水使用的设备、管材和器具，应当符合国家标准、行业标准或者地方标准。

第十二条　地下城市供水设施竣工后，施工单位应当进行竣工测量，建设单位应当将城市供水设施竣工资料及时移交城市建设档案部门。

第十三条 城市供水设施竣工后，建设单位应当按照国家和本市有关规定组织供水企业等相关单位验收。未经验收或者验收不合格的，不得投入使用。

第三章 城市供水经营

第十四条 城市供水企业和自建供水设施对外供水的企业（以下统称供水企业），应当取得市供水管理部门核发的城市供水许可证后，方可供水。

取得城市供水许可证应当符合下列条件：

（一）依法取得法人资格；

（二）有稳定的供水水源；

（三）有符合设计要求的制水和输水配水设施；

（四）有符合国家城市供水水质标准的供水水质检测报告；

（五）有原水水质和供水水质检测能力；

（六）有卫生行政管理部门核发的卫生许可证；

（七）有合格的从业人员；

（八）有保证安全、稳定供水的规章制度；

（九）符合法律、法规规定的其他条件。

自建供水设施的单位向本单位内部提供生活饮用水的，应当符合本条第二款规定的条件，接受市供水管理部门的监督。

供水企业不得擅自停业、歇业。供水企业无法继续经营的，应当对用户用水作出妥善安置，并经市供水管理部门批准后，方可停业、歇业。

第十五条 供水管理部门应当对供水企业的供水水质、安全供应、供水管网压力和服务情况进行监督，并对其运营状况进行评价。

供水企业应当按照供水行业统计的要求，定期向市供水管理部门报送运营状况统计资料。

第十六条 供水企业应当按照本市供水行业服务标准向用户提供供水服务，接受用户监督。

第十七条 供水企业必须按照国家和本市有关规定使用符合标准的净水剂、消毒剂等涉及饮用水卫生安全的产品。

第十八条 供水企业应当按照国家有关规定设置供水管网测压点，做好水压监测，保证城市供水管网的压力符合本市规定的标准。

第十九条 城市供水用水应当按照户表计量结算。供水企业应当安装检定合格的计量结算水表。

第二十条 城市供水价格实行政府定价管理，按照居民生活、生产经营、特种行业等用水用途分类定价。需要调整城市供水价格的，有关部门应当组织听证。市供水管理部门应当及时掌握供水企业经营成本状况，为政府定价提供基础依据。

供水企业应当按照本市价格主管部门确定的水价标准收费，使用统一的收费凭证。

第二十一条 供水企业应当保持不间断供水，不得擅自停水。

供水企业进行工程施工、设备维修需要降压的，应当提前向供水管理部门报告。由于工程施工、设备维修等原因确需停止供水的，应当报供水管理部门批准，并采取供水补救措施。在停止供水二十四小时前，供水企业应当将停止供水时间和范围向社会公告。

发生灾害或者紧急事故不能正常供水的，供水企业应当在抢修的同时通知用户，尽快恢复正常供水，并向供水管理部门报告。

第二十二条 供水企业的水质化验员、净化工、设备检修工等关键岗位人员，应当持证上岗。

直接从事供水作业的人员应当定期进行健康检查，体检合格后方可上岗。

第四章 二次供水

第二十三条 本条例所称二次供水，是指因建筑物高度对水压要求超过本市规定的供水水压标准，将城市供水经过储存、加压后，通过管道供水的方式。

本条例所称二次供水设施，是指为二次供水设置的水箱、水泵、闸阀、气压罐、电控装置、水处理设备、消毒设备、供水管道、泵房等设施。

第二十四条 新建、扩建、改建的建筑物高度对水压要求超过本市规定的供水水压标准时，建设单位应当设置二次供水设施。二次供水设施的设计、施工，应当执行国家和本市的相关标准和规范。

第二十五条　建设二次供水设施的单位在办理建设工程临时用水时，应当与供水企业就二次供水设计方案进行协商。供水企业不得指定设计、施工单位。

二次供水设施竣工后，建设单位应当组织供水企业等有关单位进行验收，并将竣工验收报告向供水管理部门备案。未经验收或者验收不合格的，不得投入使用，供水企业不得供水。

第二十六条　单位用户自行建设的二次供水设施，由单位用户负责管理，也可以委托供水企业进行管理。

新建居民住宅的二次供水设施建成后，由建设单位将产权移交供水企业，由供水企业统一管理。

原有居民住宅的二次供水设施，其产权移交和管理办法由市人民政府另行制定。

第二十七条　二次供水设施应当采取防污染措施，确保城市供水安全。

第二十八条　二次供水设施管理单位应当保证二次供水设施完好，保证水质、水压合格。在设施发生故障时，应当立即进行抢修。

二次供水设施管理单位应当每半年对二次供水设施进行清洗消毒，并委托市供水管理部门指定的专业检测单位进行水质检测，检测结果向相关用户公布。

二次供水水质受到污染时，管理单位应当立即组织清洗消毒，并委托市供水管理部门指定的专业检测单位进行水质检测，检测合格后，方可投入使用。

二次供水设施检修或者清洗消毒需要停水的，管理单位应当提前通知用户。

第二十九条　二次供水设施清洗消毒单位，应当具备清洗消毒条件，并向市供水管理部门备案。

第五章　城市用水

第三十条　供水企业应当与用户签订供用水合同，明确双方权利义务。

第三十一条　用户应当按照合同约定向供水企业交纳水费，不得拖欠和拒付。无正当理由不交纳水费的，按日加收不超过千分之五的违约金；超过两个交费周期，拒不交纳水费的，供水企业可以依据合同约定采取停水措施。用户足额补交欠费后，供水企业应当及时恢复供水。

第三十二条　供水企业应当按照不同用水类别为用户安装结算水表。用户发现结算水表损坏的，应当及时报告供水企业。因用户原因造成结算水表损坏不能计量的，供水企业可以按照前六个月中的最高月用水量估算水费。

第三十三条　用户需要水表分户、移表、增容、变更的，应当到供水企业办理相关手续，并按照有关规定交纳费用，由供水企业负责实施。

第三十四条　工程建设需要临时使用城市供水的，建设单位应当在办理用水计划指标后，与供水企业签订临时用水协议，并按照约定使用。

第三十五条　消防主管部门应当按月统计消防用水量并向供水企业提供，其生活和冲洗车辆用水应当另行安装计量水表，消防用水不得用于其他用途。

第三十六条　非消防特殊需要使用消火栓的，经消防主管部门同意后，向供水企业申请领取城市消火栓使用证和取水计量设施，交纳取水计量设施保证金、使用费和水费，使用指定的消火栓。停止使用消火栓时，使用单位应当及时退还城市消火栓使用证和取水计量设施，供水企业应当按照规定退还取水计量设施保证金。

第三十七条　用户需要安装消防防险设施的，应当向所在区、县消防主管部门申请，经批准后与供水企业签订消防防险用水合同，并按照规定交纳防险准备费。

用户非因消防需要不得开启消防防险设施。发生火灾时，用户自行开启消防防险设施，灭火后应当及时通知供水企业重新铅封。需要试验用户内部消防防险设施的，应当通知供水企业启封。

第三十八条　任何单位和个人不得擅自在城市供水管道上直接装泵加压取水。对水压有特殊要求的，可以采用间接取水加压。

经供水企业同意安装供水管道直接加压设备的，应当符合国家和本市的相关标准和规定。

第三十九条　自建设施供水管网系统不准擅自与城市公共供水管道连接。因特殊情况需要连接的，应当向供水企业提出申请，经供水企业验收合格后，方可连接。

禁止再生水管道、供热管道或者生产用水管网系统与城市供水管网系统直接连接。

第四十条　供水企业因自身责任造成供水管道跑水，给当事人造成直接损失的，应当承担民事责任；但因不可抗力造成供水管道跑水的除外。

第四十一条　禁止任何单位和个人有下列用水行为：

（一）未经供水企业同意，在城市公共供水管网系统上直接取水；

（二）非因消防需要，擅自开启消火栓和消防防险装置；

（三）绕过结算水表接管取水；

（四）拆除、伪造、开启法定或者授权的计量检定机构加封的结算水表或者设施封印；

（五）私装、改装、毁坏结算水表或者干扰结算水表正常计量；

（六）非法充值结算水表磁卡。

第六章　城市供水设施维护

第四十二条　单位用户、新建住宅居民用户负责管理结算水表以内的管道等用水设施；供水企业负责管理结算水表及其以外的供水设施。

原有住宅居民用户负责管理结算水表以内的管道等用水设施；供水企业负责管理建筑物以外的供水设施和结算水表。建筑物以内至结算水表之间的供水设施由产权人负责管理；经改造验收合格后，由产权人将产权和管理移交供水企业，具体办法由市人民政府另行制定。

第四十三条　供水企业应当对其负责管理的城市供水设施定期进行检查维护，并按照规定进行巡检，确保城市供水设施安全运行。

第四十四条　供水企业接到城市公共供水设施跑水、漏水事故报告后，应当立即进行抢修。对影响抢修的其他设施，供水企业可以采取合理的应急措施，并及时通知有关部门。公安、交通、市政等有关部门应当予以配合。

供水企业在抢修或者维修城市供水设施时，应当对现场采取必要的防护措施。工程完成后，应当及时通知相关部门。

第四十五条　供水企业应当根据供水管道材质和使用情况，对老旧、破损严重的供水管道按照计划进行更新改造，并按月向供水管理部门报送统计资料。

第四十六条　建设工程开工前，建设单位应当查明地下城市供水设施情况。施工可能影响供水设施安全的，施工单位应当与供水企业商定保护措施，并签订供水设施保护协议。未与供水企业签订保护协议，危害供水设施安全的，不得施工；已经施工的，应当立即停止施工。

施工单位在施工中造成城市供水设施损坏的，应当及时通知供水企业修复，承担修复费用，赔偿损失；给单位和个人造成损失的，应当承担民事责任。

第四十七条　建设单位因工程建设确需改建、拆除或者迁移城市公共供水设施的，应当与供水企业签订协议，由供水企业组织实施，并向供水管理部门备案。

其他任何单位和个人不得拆除、迁移、改动或者损坏城市公共供水设施和结算水表。

第四十八条　城市供水干线、支线管道和庭院供水管道及其附属设施的地面、地下安全防护范围内，禁止建造建筑物和构筑物、埋设线杆、挖坑取土、种植树木、堆放物品等危害城市供水安全的活动。

在抢修、维修城市公共供水设施时，移动城市公共供水设施安全防护范围内的花灌木、草坪的，由供水企业负责恢复原状，并通知有关单位或者个人。

第四十九条　供水企业或者城市供水设施管理单位在接到用户有关城市供水设施损坏或者漏水通知后，应当及时修复。

居民用户不得将结算水表及其以外的公共供水管道等设施占压和覆盖，对供水企业抄表或者维修、抢修城市供水设施，应当予以配合。

第七章　供水水质监督

第五十条　各级人民政府应当加强对城市供水水源的环境保护，划定城市供水水源保护范围，切实保证城市供水安全。具体办法由市人民政府另行制定。

在城市供水水源保护范围内，禁止一切污染水质的活动。

第五十一条　环境保护部门在城市供水水源水质发生变化时，应当及时通知供水企业；水源水质发生重大污染的，应当立即向市人民政府报告。

第五十二条　城市供水企业的供水水质应当符合国家和本市的相关标准。

第五十三条　供水企业应当按照有关水质标准和技术规范进行水质自检，并将检测结果报告市供水管理部门。

第五十四条　新建、改建、扩建的城市供水管道，在投入使用或者与城市供水管网系统连接前，必须进行清洗消毒，经市供水管理部门指定的水质检测机构检测合格后，方可投入使用。

第五十五条　市供水管理部门负责对供水企业执行国家和本市城市供水水质标准和技术规范的情况进行检查和监督，定期将水质监测结果向社会公布。

第八章　法律责任

第五十六条　建设单位违反本条例，有下列行为之一的，由供水管理部门责令限期改正；逾期不改正的，处以二万元以上十万元以下罚款：

（一）城市供水设施未经验收或者验收不合格投入使用的；

（二）未签订临时用水协议违法用水的；

（三）未按照规定建设二次供水设施的。

第五十七条　供水企业违反本条例，有下列行为之一的，由供水管理部门责令限期改正，并可处以二万元以上十万元以下罚款；情节严重的，由市供水管理部门报经市人民政府批准，责令停业整顿：

（一）未取得城市供水许可证擅自供水的；

（二）供水水质、压力不符合国家和本市规定标准的；

（三）未经批准擅自停止供水或者未履行停水通知义务的；

（四）未按照规定检修城市供水设施或者城市供水设施发生故障后未及时抢修的；

（五）新建、改建、扩建的供水管道，在与城市供水管网系统连接前未清洗消毒的。

第五十八条　二次供水设施管理单位违反本条例，有下列行为之一的，由供水管理部门责令限期改正，予以警告，并可处以三千元以上三万元以下罚款：

（一）二次供水水质不符合国家和本市规定标准的；

（二）未按照规定对二次供水设施进行清洗消毒的；

（三）二次供水设施发生故障不及时维修的；

（四）二次供水设施未采取防污染措施的。

第五十九条　单位和个人违反本条例，有下列行为之一的，由供水管理部门责令限期改正，并可处以三千元以上三万元以下罚款；情节严重的，处以三万元以上十万元以下罚款；构成犯罪的，依法追究刑事责任：

（一）擅自在城市供水干线、支线管道和庭院供水管道及其附属设施的地面、地下安全防护范围内，建造建筑物和构筑物、埋设线杆、挖坑取土、种植树木、堆放物品，危害城市供水安全的；

（二）工程施工造成城市供水管网及其附属设施损坏的；

（三）擅自将自建设施供水管网系统与城市公共供水管网系统连接的；

（四）再生水管道、供热管道或者生产用水管网系统与城市供水管网系统直接连接的；

（五）擅自拆除、迁移、改动或者损坏城市公共供水设施的；

（六）擅自在城市供水管道上安装直接加压设备的。

第六十条　单位和个人违反本条例，有下列行为之一的，由供水管理部门责令改正，补交水费，并可处以三千元以上三万元以下罚款；违反治安管理有关规定的，由公安机关依法予以处罚；构成犯罪的，依法追究刑事责任：

（一）擅自在城市公共供水管网系统上直接取水的；

（二）非因消防需要，擅自开启消火栓和消防防险装置的；

（三）绕过结算水表接管取水的；

（四）改变结算水表正常计量的；

（五）非法充值结算水表磁卡的。

第六十一条　违反治安管理有关规定，妨碍供水管理执法人员依法执行公务或者阻挠供水企业工作人员抢修城市供水设施的，由公安机关依法予以处罚；构成犯罪的，依法追究刑事责任。

第六十二条　供水管理部门的工作人员玩忽职守、滥用职权、徇私舞弊的，由其所在单位或者上级主管部门给予行政处分；构成犯罪的，依法追究刑事责任。

第九章　附　　则

第六十三条　本条例自 2006 年 9 月 1 日起施行。

政　府　规　章

天津市取水许可管理规定

第 8 号

《天津市取水许可管理规定》已于 2018 年 11 月 27 日经市人民政府第 33 次常务会议通过，现予公布，自 2019 年 2 月 1 日起施行。

天津市市长　张国清

2018 年 12 月 24 日

天津市取水许可管理规定

第一章　总　　则

第一条　为加强水资源管理和保护，促进水资源的节约与合理开发利用，推进生态文明建设，根据《中华人民共和国水法》《取水许可和水资源费征收管理条例》等法律法规，结合本市实际，制定本规定。

第二条　凡在本市行政区域内取用水资源的单位和个人以及从事取水许可管理活动的水行政主管部门及其工作人员，应当遵守本规定。

本规定所称取水，是指利用取水工程或者设施直接从江河、湖泊或者地下取用水资源。

第三条　取水许可应当优先满足城乡居民生活用水，统筹兼顾工业、农业、生态与环境和其他用水需要，符合水资源管理相关规划要求，实行多水源优化配置。

第四条　市和区人民政府应当加强本行政区

域内水资源管理工作的领导，严格总量控制，统筹配置水资源，以水定城，以水定产，使区域经济社会发展与水资源承载能力相适应。

第五条　市和区水行政主管部门按照管理权限，负责本行政区域内取水许可制度的组织实施和监督管理。

发展改革、财政、规划和自然资源、税务等部门按照各自职责分工做好相关工作。

第六条　市水行政主管部门负责除属于流域管理机构职责权限以外的下列取水许可管理：

（一）直接从市管河道、渠道、水库等取水的；

（二）在市内六区直接取用地下水的。

区水行政主管部门负责本行政区域内市级权限以外的取水许可管理。

第七条　本市实行取用水总量控制制度，建立取用水总量控制指标体系。

市水行政主管部门应当根据国家下达的取用水总量控制指标确定各区取用水总量控制指标，报市人民政府批准后下达。

各区人民政府应当严格控制本行政区域取用水总量。取用水总量已经达到或者超过控制指标的区，应当暂停新增取用水审批。在地下水超采区，应当严格控制开采地下水，禁止工农业生产及服务业新增取用地下水。

取用水总量控制指标完成情况纳入最严格水资源管理制度考核和河长制考核。

第八条　本市编制国民经济和社会发展规划、城市总体规划、重大建设项目布局规划应当与区域水资源的承载能力相适应，进行规划水资源论证。

第二章　取水许可申请和审批

第九条　取用水资源的单位和个人应当按照国家有关规定申请办理取水许可证。

下列情形不需要申请领取取水许可证：

（一）农村集体经济组织及其成员使用本集体经济组织的水塘、水库中的水的；

（二）家庭生活和零星散养、圈养畜禽饮用等日取水量在10立方米以下的；

（三）为保障矿井等地下工程施工安全和生产安全必须进行临时应急取（排）水的；

（四）为消除对公共安全或者公共利益的危害临时应急取水的；

（五）为农业抗旱和维护生态与环境必须临时应急取水的。

第十条　申请取水的单位或者个人应当向取水审批机关提出申请，并按照国家有关规定提交申请材料。

第十一条　有国家规定不予批准取水情形的，取水审批机关不予批准，并在作出不批准的决定时，书面告知申请取水的单位或者个人不批准的理由和依据。

第十二条　取水申请经取水审批机关批准，申请人方可兴建取水工程或者设施。

第十三条　本市鼓励地下水取水井工程实施监理制度。建设单位可以委托工程监理单位对地下水取水井工程施工进行监理。

第十四条　承揽建设、维修地下水取水井工程的施工单位，应当在其相应技术等级的范围内承揽工程，不得承揽未取得取水申请批准文件的地下水取水井工程。

第十五条　取水工程或者设施竣工后，申请取水的单位或者个人应当按照国家有关规定报送相关材料。取水审批机关应当对取水工程或者设施进行现场核验，出具验收意见；对验收合格的，应当核发取水许可证。

第十六条　取水许可证有效期限一般为5年，最长不超过10年。取水审批机关可以根据水资源配置情况和实际需求确定具体许可期限。

取水许可延续、变更、注销按照国家有关规定执行。

第三章　监 督 管 理

第十七条　取水单位或者个人应当在每年12月31日前，向水行政主管部门报送本年度取用水情况，申请下一年度取用水计划，并按照水行政主管部门核定的用水计划指标取用水。

第十八条　取水单位或者个人应当按照国家法律法规和技术标准要求安装计量设施，并确保正常运行。

禁止私自拆除、更换计量设施，禁止私自变更计量设施位置，不得损坏计量设施。

按照国家要求确定为重点监控用水单位的，应当安装水量在线监控设施，并与水行政主管部门相关管理系统联网。

第十九条　有下列情形之一的，按照日最大取水能力计算取水单位或者个人的取水量：

（一）未办理取水许可证擅自取水的；

（二）未安装计量设施，计量设施不合格或者运行不正常的；

（三）私自拆除、更换计量设施，私自变更计量设施位置，损坏计量设施的。

第二十条　农业取用水无法直接计量的，可以按照取用水用电量折算取水量。

从河道取水用于园林绿化的取水单位或者个人，不具备安装计量设施条件的，可以按照绿化养管面积和绿化用水定额核定取水量。

疏干排水工程不具备安装计量设施条件的，应当按照疏干排水有关规定和技术规范核定排水量。

第二十一条　因地下水压采等原因依法需要封闭，但成井条件好、水质水量有保证的地下水取水井工程，井权人可以封存备用，并做好维护和管理。井权人在封存地下水取水井工程时，应当通知水行政主管部门派人现场监督。

经与井权人协商一致，封存备用的地下水取水井工程可以用于回灌或者监测等公益用途。

第四章　法律责任

第二十二条　水行政主管部门或者其他有关部门及其工作人员，有下列行为之一的，由其所在单位或者上级行政机关责令改正；情节严重的，依法给予处分；构成犯罪的，依法追究刑事责任：

（一）对符合法定条件的取水申请不予受理或者不在法定期限内批准的；

（二）对不符合法定条件的取水申请签发取水申请批准文件或者核发取水许可证的；

（三）违反本规定的审批权限签发取水申请批准文件或者核发取水许可证的；

（四）不履行监督职责，发现违法行为不依法予以查处的；

（五）其他滥用职权、玩忽职守、徇私舞弊的行为。

第二十三条　私自拆除、更换计量设施，私自变更计量设施位置，损坏计量设施的，由水行政主管部门责令限期改正，给予警告；逾期不改正或者情节严重的，处以 1 万元以下的罚款。

第二十四条　违反本规定，法律法规有法律责任规定的，从其规定。

第五章　附　则

第二十五条　本规定自 2019 年 2 月 1 日起施行。《天津市取水许可管理规定》（1998 年市人民政府令第 126 号）同时废止。

天津市水利工程建设管理办法

（2004 年 1 月 9 日天津市人民政府令第 15 号发布，2010 年 11 月 16 日天津市人民政府令第 29 号修正，2015 年 6 月 20 日天津市人民政府令第 20 号修正，2018 年 1 月 9 日天津市人民政府令第 29 号修正。）

第一章　总　则

第一条　为了规范水利工程建设活动，维护水利建设市场秩序，确保水利工程质量与安全，提高投资效益，根据有关法律、法规，结合本市实际情况，制定本办法。

第二条　凡在本市从事水利工程建设活动的单位和个人均应遵守本办法。

第三条　水利工程建设实行分级统一管理。

水行政主管部门是水利工程建设的主管部门。

市水行政主管部门负责全市水利工程建设的监督管理工作，区县水行政主管部门负责其辖区内的水利工程建设监督管理工作。

第四条　市和区县、乡镇人民政府应当加强对水利工程建设的领导，保障水利工程建设顺利进行。

计划、财政、规划、建设、审计、环保、安全生产等各有关部门按照其各自职责做好相关工作。

第五条　水利工程建设应当遵守基本建设程序，并实行项目法人责任制、招标投标制、建设监理制和合同管理制。

第六条　鼓励单位和个人投资兴建水利工程。

水利工程建设提倡采用新技术、新工艺、新设备、新材料，促进科技进步。

第二章　建设程序管理

第七条　水利工程建设基本程序一般分为：项目建议书、可行性研究报告、初步设计、施工准备（含招标设计）、建设实施、生产准备、竣工验收、后评价等阶段。

第八条　水行政主管部门根据国家或者本市有关规定负责水利工程项目建议书、可行性研究报告和初步设计的审查工作。对属于其批准权限内的，应当自收到全部文件资料之日起20个工作日内完成审批工作；不属于其批准权限、需要上报审批的，应当将审查意见及全部材料直接报送上一级项目审批部门审批。

市政府投资、融资建设的水利工程项目，由市水行政主管部门根据其权限审查。

区、县政府投资、融资建设的水利工程项目，由区、县水行政主管部门根据其权限审查。

非政府投资建设的项目，不再实行审批制，按照有关规定实行核准制和备案制管理。

第九条　编制项目建议书应当遵守国家和本市水利工程造价管理的相关规定。

水行政主管部门应当会同有关部门依法制定水利工程定额和费用标准。

第十条　项目建议书经批准后，项目的投资人应当组建水利工程项目法人；不具备组建条件的，可以委托具备条件的项目法人承担水利工程建设。

国家投资的项目应当由水行政主管部门负责组建或者明确项目法人。

第十一条　项目法人负责管理项目建设的全过程。

水利工程建设资金实行投资包干责任制，项目法人应当与水行政主管部门签订资金包干协议。

水利工程建设资金应当专款专用，任何单位和个人不得拖延支付、截留和挪用。

第十二条　承揽水利工程建设项目的勘察、设计、施工、监理、咨询等单位应当具备相应资质。

水利工程勘察、设计、施工单位资质由市建设行政主管部门征得市水行政主管部门审查同意后审批。

承揽水利工程应当签订书面合同。合同可以采用工商行政主管部门和水行政主管部门联合制订的示范文本。

第十三条　工程具备验收条件后，项目法人应当及时组织验收，未经验收，不得交付使用。

工程验收应当遵守水利水电建设工程验收规程，并符合下列要求：

（一）分部工程验收应当有监理单位出具的质量评定；

（二）阶段验收和单位工程验收应当有水利工程质量监督机构出具的工程质量评价意见和水利工程质量检测单位出具的检测结果；

（三）竣工验收应有水利工程质量监督机构出具的工程质量评定报告。

第十四条　项目法人应当自建设工程竣工验收合格之日起15日内将建设工程竣工验收报告报水行政主管部门备案。

项目法人应当按照国家规定建立健全项目档案，并于水利工程竣工验收合格之日起30日内向水行政主管部门移交水利建设工程项目档案。

第十五条　水行政主管部门发现项目法人在

竣工验收过程中有违反国家建设工程质量管理规定行为的，应当责令停止使用，重新组织竣工验收。

第十六条　水利工程建设项目竣工使用两年后，项目法人应当组织专家进行项目后评价，编制项目后评价报告。

项目后评价报告编制完成后应当报送水行政主管部门备案。

第十七条　水利工程实行质量保修制度，在保修期内出现工程质量问题的，施工单位应当承担保修责任。

保修期限由项目法人与施工单位在合同中约定，但最短不得少于一年。

第三章　招标投标管理

第十八条　水行政主管部门负责水利工程招标投标活动的监督管理。

水利工程建设项目的招标工作由招标人负责，任何单位和个人不得以任何方式非法干涉招标投标活动。

水利有形市场应当遵守有关规定，提高服务质量，为水利工程招标投标活动提供服务。

第十九条　必须招标的项目，因下列原因，经水利工程项目审批部门批准，可以不招标：

（一）涉及国家安全、国家秘密的；

（二）属于应急度汛、防汛、抗旱、抢险、救灾等项目，时间紧迫无法组织招标的；

（三）法律、法规规定的其他原因。

第二十条　水利工程建设项目的勘察、设计、施工、监理以及与工程建设有关的重要设备、材料采购依法应当公开招标的，必须公开招标。

必须公开招标的项目，因下列原因，经水利工程项目审批部门批准，属于市人民政府确定的重大建设项目经市人民政府批准，可以邀请招标：

（一）技术复杂、有特殊要求的；

（二）采用新技术、技术规格事先难以确定或者涉及专利权保护的；

（三）受自然资源或环境限制的；

（四）法律、法规、规章规定的其他原因。

第二十一条　符合下列条件的招标人，经水利工程项目审批部门核准，可以自行招标：

（一）具有项目法人资格（或法人资格）；

（二）具有编制招标文件和组织评标的能力；

（三）熟悉和掌握与招标投标有关的法律规定。

不具备自行招标条件的招标人，应当委托具有相应资质的招标代理机构办理招标事宜。招投标代理机构不得在同一项目中同时接受招标人和投标人的委托。

第二十二条　水利工程的招标投标严禁下列行为：

（一）必须招标而未经批准不招标的；

（二）将招标项目化整为零或者以其他任何方式规避招标的；

（三）恶意串标或者弄虚作假骗取中标的；

（四）以不合理条件限制或排斥竞标的；

（五）在中标候选人以外确定中标人的；

（六）评标期间泄漏评标情况或违规评标的；

（七）以不正当手段干扰招标评标工作的；

（八）法律、法规、规章规定的其他违法行为。

第四章　质量安全管理

第二十三条　水行政主管部门应当加强对水利工程质量的监督工作，可以委托水利工程质量监督机构实施质量监督。

第二十四条　项目法人签订水利工程建设合同后，应当向水利工程质量监督机构办理质量监督手续。

经审查符合条件的，水利工程质量监督机构应当自受理之日起 10 个工作日内签发水利工程建设质量监督书。

第二十五条　项目法人应当按照批准的设计文件组织实施，涉及水利工程建设规模、设计标准、建设地点、重要仪器设备和主要结构形式调整等重大设计变更的，项目法人必须报原审批部门批准。

第二十六条　水利工程项目法人与勘察、设

计、施工、监理等单位签订合同时，应当明确质量责任人及其责任。

项目法人不得有下列行为：

（一）任意压缩工期；

（二）明示或者暗示设计、施工单位违反工程建设强制性标准，降低工程质量；

（三）明示或者暗示设计、施工单位使用不合格的建筑材料、建筑构配件、设备、商品混凝土及其制品。

第二十七条 勘察、设计单位应当在其资质许可范围内承揽业务并对勘察、设计的质量负责。

勘察、设计单位不得有下列行为：

（一）以其他勘察、设计单位的名义承揽工程；

（二）准许其他单位或个人以本单位的名义承揽工程；

（三）指定建筑材料、建筑构配件的生产商和供应商；

（四）未按水利工程规程、规范、标准进行工程设计。

第二十八条 施工单位应当在其资质等级许可范围内承揽业务并对施工质量负责。

施工单位不得有下列行为：

（一）未取得资质或者超越资质等级承揽业务；

（二）违法转包或者分包工程；

（三）使用未经检验或者检验不合格的建筑材料、建筑构配件、设备、商品混凝土及其制品；

（四）偷工减料或者不按工程设计图纸、施工技术标准施工；

（五）准许其他单位或者个人以本单位的名义承揽工程。

第二十九条 监理单位应当在其资质等级许可范围内承揽业务并对工程质量承担相应的监理责任。

监理单位不得有下列行为：

（一）与被监理工程的承包单位以及建筑材料、建筑构配件和设备供应单位有隶属关系或者其他利害关系；

（二）转让工程监理业务；

（三）与承包单位串通，为承包单位谋取非法利益；

（四）准许其他单位或者个人以本单位名义承揽工程。

第三十条 施工安全由施工单位负责，施工单位应当遵守下列要求：

（一）在编制施工组织设计时制定相应的安全技术措施；

（二）在施工现场采取维护安全、防范危险、防火等防护措施；

（三）对毗邻的建筑物、构筑物和特殊作业环境可能造成损害的，应当采取安全防护措施；

（四）采取措施控制和处理施工现场的各种粉尘、废气、废水、固体废物以及噪声、振动对环境的污染和危害。

施工单位严禁下列行为：

（一）违章指挥或者违章作业；

（二）不按照安全生产技术标准施工或者生产；

（三）对伤亡事故抢救不力或者隐瞒不报、拖延不报。

第三十一条 水利工程施工过程中发生质量安全事故的，项目法人和施工单位等应当保护现场，采取有效措施抢救人员和财产，防止事故扩大，进行事故调查、处理，并于1小时内向事故发生地所在区人民政府安全生产监督管理部门和水行政主管部门报告。

第五章 法律责任

第三十二条 违反本办法，法律、法规和规章有明确行政处罚规定的，水行政主管部门应当依据其规定予以行政处罚；法律、法规和规章对行政处罚实施主体另有规定的，从其规定。

第三十三条 项目法人和勘察、设计、施工、监理、咨询等单位违反本办法及有关法律、法规、规章的规定，一年内受到3次以上适用简易程序处罚的，水行政主管部门可以予以公示并限制其一年内不得参与本市水利工程建设活动；一年内受到两次以上适用一般程序处罚的，水行政主管部门可以予以公示并限制其两年内不得参与本市水利工程建设活动。

具有工程建设专业执业资格的人员，违反本办法及有关法律、法规、规章的规定，造成水利工程质量安全事故的，水行政主管部门可以限制其一年内不得参与本市水利工程建设活动。

对前两款规定的单位和个人的违法行为，依法应当撤销、吊销其资质、资格许可或者降低其资质等级的，水利行政主管部门应当将其违法事实移送有关资质、资格许可部门，该部门应当依法作出行政处罚。

第三十四条　项目法人及其责任人员违反本办法第十一条第三款规定，截留、挪用建设资金的，水行政主管部门应当责令其改正，予以警告并移送有关部门进行处理；构成犯罪的，依法追究其刑事责任。对政府投资项目，还可以停止资金拨付并调整其资金使用计划。

第三十五条　违反本办法第十条规定，不组建或者未明确项目法人的，水行政主管部门应当责令其改正，予以警告；拒不改正的，停止办理其后续审批程序，对政府投资项目还可以停止资金拨付。

第三十六条　违反本办法第十八条规定，不进行项目后评价的，水行政主管部门应当责令其限期改正；对在项目后评价中发现工程质量问题的，水行政主管应当依法对项目法人及有关责任人员予以处罚。

第三十七条　当事人对水行政主管部门作出的行政处罚不服的，可以依法申请行政复议或者提起行政诉讼，逾期不申请复议、不提起诉讼又不履行行政处罚决定的，水行政主管部门可以申请人民法院强制执行。

第六章　附　　则

第三十八条　本办法所称水利工程建设活动是指防洪、防潮、除涝、供水、灌溉、排水、节水、凿井、水电、滩涂开发及其配套、附属等各类工程的建造（新建、扩建、改建）和安装活动。

本办法所称不合格的建筑材料、建筑构配件、设备、商品混凝土及其制品，是指未取得国家批准的生产许可证和相应资质厂家生产的建筑材料、建筑构配件、设备、商品混凝土及其制品；或者虽已取得生产许可证和相应资质但不符合工程技术要求的建筑材料、建筑构配件、设备、商品混凝土及其制品。

第三十九条　本办法自 2004 年 3 月 1 日起施行。

天津市控制地面沉降管理办法

（2014 年 1 月 3 日天津市人民政府令第 5 号发布，2018 年 1 月 9 日天津市人民政府令第 29 号修正。）

第一章　总　　则

第一条　为有效控制地面沉降，防治地质灾害，保障经济社会可持续发展，根据《地质灾害防治条例》（国务院令第 394 号）等法律、法规规定，结合本市实际情况，制定本办法。

第二条　本办法所称地面沉降，是指由于自然因素或者人类工程活动引发的地下松散岩层固结压缩并导致一定区域范围内地面高程降低的地质现象。

第三条　在本市行政区域内从事地面沉降监测、防治及其管理等控制地面沉降（以下简称控沉）活动，适用本办法。

第四条　本市控沉工作遵循全面规划、区域联动、预防为主、防控结合的原则。

第五条　市和区县人民政府应当加强对控沉工作的领导，将控沉工作纳入本级国民经济和社会发展规划和计划，组织有关部门采取措施做好相关工作。

第六条　市人民政府建立的控沉工作领导机构通过定期召开会议，通报地面沉降控制情况，及时研究解决控沉工作中的重大问题，督促有关部门落实地面沉降的防控责任。

第七条　市水行政主管部门负责本市控沉管理工作，承担市控沉工作领导机构的日常工作，并直接负责市内六区的控沉工作。

区县水行政主管部门依职责负责本行政区域内控沉工作。

发展改革、建设交通、规划、国土房管、财政、农业等部门，应当按照各自职责，做好相关工作。

第八条　市人民政府设立控沉专项资金，主要用于：

（一）市控沉规划确定的地面沉降监测设施建设及维护；

（二）地面沉降监测、勘查；

（三）地面沉降防治、研究；

（四）区县控沉措施补助。

控沉专项资金纳入市财政预算，专款专用，并接受财政、审计部门的监督。

区县人民政府应当将控沉工作所需经费纳入本级财政预算。

第九条　对在控沉工作中作出突出贡献的单位和个人，由市和区县人民政府给予表彰和奖励。

第二章　预　　防

第十条　市水行政主管部门按照国家地质灾害防治总体要求和技术标准，组织编制市控沉规划，经市人民政府批准后纳入市地质灾害防治规划。

第十一条　市水行政主管部门根据市控沉规划，结合区域地面沉降的实际情况，在地面沉降区内划定地面沉降重点控制区和一般控制区，报市人民政府批准后执行。

第十二条　财政出资修建的地面沉降监测设施应当按照市控沉规划的要求修建；非财政出资修建的地面沉降监测设施优先考虑市控沉规划的要求。

地面沉降监测设施的建设应当符合相关标准和技术规范。

第十三条　在地面沉降区内进行下列工程建设，建设单位应当配套建设地面沉降监测设施，工程运行管理单位应当加强地面沉降监测，并采取必要的预防和保护措施，保证工程安全：

（一）高速铁路、地下轨道交通、轻轨等交通工程；

（二）城市供水、排水、供气、输油等大型干线工程；

（三）城市防洪圈、防潮堤等大型水利工程；

（四）高度超过80米的超高层建筑；

（五）地面沉降重点控制区内易引发地面沉降灾害或者受地面沉降灾害影响明显的其他重要建设项目。

第十四条　滨海新区人民政府应当在填海造陆区域建设相应的地面沉降监测设施，加强地面沉降监测，做好控沉工作。

第十五条　地面沉降监测设施的产权单位或者管理单位应当将下列资料报送市水行政主管部门：

（一）地面沉降监测设施的工程技术资料；

（二）填海造陆区域地面沉降监测数据和相关信息；

（三）工程项目配套建设地面沉降监测设施的，工程项目建设和运行期间的地面沉降监测数据和相关信息。

第十六条　市水行政主管部门负责地面沉降监测数据和相关信息的统一管理，定期向各有关部门、区县人民政府通报。

其他任何单位和个人不得发布地面沉降监测数据和相关信息。

第十七条　编制城市总体规划、村庄和集镇规划时，涉及地面沉降区区域范围的，应当对地面沉降区区域范围进行地面沉降灾害危险性评估。

规划主管部门在地面沉降区内编制控制性详

细规划时，应当考虑控沉要求，严格控制容积率。

在地面沉降区内进行工程建设应当按照国家有关规定进行地面沉降灾害危险性评估。

第十八条　从事地面沉降灾害危险性评估的单位应当依法取得相应等级的地质灾害危险性评估资质，市国土资源行政主管部门在颁发资格证后，及时将有关情况通报市水行政主管部门。

具有地质灾害危险性评估资质的单位在从事地面沉降灾害危险性评估时，应当对地面沉降灾害危险性评估结果负责，评估报告应当符合控沉管理要求，不得出具虚假报告或者虚假数据。

第十九条　施工开挖深度超过 5 米的建设项目，需要疏干抽排地下水的，建设单位应当进行水资源论证，并根据论证结果制定地面沉降防治措施。地面沉降防治措施应当报水行政主管部门备案；其中涉及保证安全施工的措施，应当报建设管理部门备案。

建设单位应当优先采用阻断地下水含水层的止水工程设计方案，疏干抽排地下水施工过程中，应当落实备案后的地面沉降防治措施，安装计量设施，控制地下水抽排量。

建设单位应当对施工影响范围区域的地面沉降进行监测，发现异常情况，及时报告水行政主管部门和建设管理部门，在确保施工安全的同时，采取有效措施，防止地面沉降。

第二十条　施工开挖深度超过 5 米的建设项目，建设单位采取止水措施有效阻断地下水含水层并对疏干水进行回收利用的，免缴水资源费；未阻断地下水含水层或者设置减压井的，应当按照有关规定缴纳水资源费。

具有场地和施工安全条件的，建设单位应当在止水工程外侧进行同层回灌，所抽水量回灌部分不缴纳水资源费。

第二十一条　公路、铁路的跨河桥梁、跨河管线等跨河工程及防潮堤、河道堤防等水利工程的建设应当考虑地面沉降影响，预留安全高程。

第二十二条　本市行政区域内开采石油禁止使用地下水驱油。

第三章　治　　理

第二十三条　因工程建设等人为活动引发地面沉降的，由责任单位承担治理责任。责任单位由水行政主管部门会同有关部门根据法律、法规和本办法的规定进行认定。

第二十四条　市水行政主管部门根据地面沉降和地下水分布、开采状况定期进行地下水分区评价，确定本市地下水开采总量和水位控制指标。

地面沉降重点控制区内禁止新增地下水取水项目和新增取水量，现有开采井按照要求逐步封存或者回填。

地面沉降一般控制区内严格限制新增地下水取水项目，现有开采井严格控制新增开采量，并按要求进行减采。

第二十五条　市水行政主管部门会同市国土资源行政主管部门确定本市年度地热水开采区域和总量及水位控制指标。

地面沉降重点控制区内严格控制审批新增新近系热储层地热水开采量，对新近系明化镇组热储层地热水限制开采，对新近系馆陶组热储层地热水实行以灌定采，地热水取水工程取水不得突破开采总量指标。地面沉降一般控制区地热水取水工程取水不得突破水位控制指标，超出指标的应当减少开采量，加强回灌，恢复水位，防止引发地面沉降。

第二十六条　新增地热水取水工程应当全部配套建设同层回灌系统；现有地热水取水工程无回灌系统的，应当补建同层回灌系统。地热水取水工程的回灌应当满足控沉和地热资源管理要求。地下水地源热泵项目应当做到同层回灌，回灌费用由回灌工程产权人承担。

回灌水的水质不劣于源水水质。

第二十七条　地面沉降治理工程的产权单位应当在工程竣工验收后 10 日内将工程竣工资料报水行政主管部门备案。

第四章　监测设施、治理工程保护

第二十八条　地面沉降监测设施的管理和治理工程的维护由产权人负责，管理维护责任人可以委托有关单位负责保管，委托有关单位保管的，应当签订委托保管书，明确保管责任。

第二十九条　禁止下列危害、破坏、降低地面沉降监测设施安全和使用效能的行为：

（一）侵占、损坏、损毁地面沉降监测设施的；

（二）擅自拆除、移动地面沉降监测设施以及使用中的临时性测量标志的；

（三）在地面沉降监测设施占地范围内烧荒、耕作、取土、挖沙或者侵占地面沉降监测设施用地的；

（四）在距地面沉降监测设施50米范围内采石、爆破、射击、架设高压电线的；

（五）在地面沉降监测设施的占地范围内，建设影响地面沉降监测设施使用效能的建筑物的；

（六）在地面沉降监测设施上架设通信设施、设置观望台、搭帐篷、拴牲畜或者设置其他有可能损毁地面沉降监测设施的附着物的；

（七）擅自拆除设有地面沉降监测设施的建筑物或者拆除建筑物上的地面沉降监测设施的；

（八）其他危害、破坏、降低地面沉降监测设施安全和使用效能的。

第三十条　禁止破坏、损毁地面沉降治理工程，不得擅自停止使用回灌井等地面沉降治理工程。

第三十一条　因工程建设需要拆除地面沉降监测设施或者治理工程的，建设单位应当征得监测设施或者治理工程的产权单位或者管理单位同意，并承担迁建的全部费用。

在对地面沉降监测设施或者治理工程实施拆除前，产权单位应当按照市控沉规划的要求重新建设地面沉降监测设施或者治理工程，保证监测数据完整或者治理工程发挥效能。

第五章　法律责任

第三十二条　违反本办法规定，建设单位有下列行为之一的，由水行政主管部门责令限期改正；逾期不改正的，处以5000元以上3万元以下罚款：

（一）未按要求配套建设地面沉降监测设施或者未进行监测的；

（二）需要疏干抽排地下水，未制定地面沉降防治措施的；

（三）疏干抽排地下水施工过程中未落实经备案的地面沉降防治措施的；

（四）疏干抽排地下水施工过程中未按要求对施工影响范围区域的地面沉降进行监测的。

第三十三条　违反本办法规定，地面沉降监测设施的产权单位或者管理单位未按要求报送有关资料的，由市水行政主管部门责令限期报送；逾期不报送的，处以1000元以上5000元以下罚款。

第三十四条　违反本办法规定，从事地面沉降灾害危险性评估的单位出具虚假报告或者虚假数据的，由水行政主管部门处以5000元以上3万元以下罚款；情节严重的，由国土资源行政主管部门依法吊销其资质证书。

第三十五条　违反本办法规定，地热水取水工程未按要求配套建设同层回灌系统或者未进行回灌的，由水行政主管部门或者国土资源行政主管部门责令限期改正；逾期不改正的，由水行政主管部门或者国土资源行政主管部门按照各自职责，根据《地质灾害防治条例》等相关规定进行处罚。

第三十六条　违反本办法规定，危害、破坏、降低地面沉降监测设施安全和使用效能，或者破坏、损毁地面沉降治理工程的，由水行政主管部门责令停止违法行为，限期恢复原状或者采取补救措施，可以处5万元以下罚款。

第三十七条　违反本办法规定，对地面沉降监测设施或者治理工程实施拆除前，产权单位未按要求重新建设地面沉降监测设施或者治理工程的，由水行政主管部门责令限期补建地面沉降监测设施或者治理工程，并处以1万元以上3万元以下罚款。

第六章　附　　则

第三十八条　本办法自2014年2月3日起施行。

政策研究

【概述】 2018年，天津市水务政策研究工作深入学习贯彻习近平新时代中国特色社会主义思想和党的十九大精神，围绕水务改革发展的重点和难点，结合天津水务工作实际，深入开展调查研究，不断丰富和完善治水思路，着力推动水务重点领域改革攻坚，为全市高质量发展、加快建设“五个现代化天津”提供坚实水务保障。

【组织推动】 2018年，局重点调研课题分别由主管局领导作为课题组长、有关处室负责，研究确定了全面从严治党、党务干部队伍现状及建设和水务工程建设管理等11项年度重点调研课题。印发《2018年水务改革工作要点》，确定了水资源税改革、行政许可审批、机构改革等7项重点改革任务，并明确了牵头部门和配合部门；印发《市水务局贯彻落实党的十九大报告重要改革举措分工方案》，确定了实施节能节水行动、加快水污染防治2项牵头任务和深化投融资体制改革、构建市场导向的绿色技术创新体系、强化鼓励绿色生产和绿色消费的政策导向等13项参与任务，并明确了局内牵头单位；印发《贯彻落实天津市2018年全面深化改革任务台账局内分工表》，梳理出涉及市水务局的21项配合任务，并明确了局内责任部门、改革路径和成果形式以及完成时限。组织召开了深化水务改革工作领导小组会和推动会，听取了重点改革任务汇报，并对下一步工作提出明确要求，年度改革任务全部完成。综合有关资料，向水利部改革办、市发展改革委、市商务委报送自查报告和阶段性总结等材料；对市委改革办、市农业农村改革专项小组办公室、市商务委等部门的征求意见稿回复了意见。

【政研成果】 2018年初，印发《市水务局关于进一步加强调查研究工作的通知》，对各部门、各单位的调研工作进行了部署安排，全年共完成调研课题39篇。印发《市水务局党委关于加强调查研究提高调查研究实效的意见》，调查研究工作进一步制度化、规范化。

【水务体制改革】

1. “河长制”“湖长制”改革

深化考核制度，印发河长制考核实施细则，对2017年颁布的《天津市河长制考核办法（试行）》进行了细化实化，提高了可操作性；深化督察督办制度，印发了《天津市河长制湖长制暗查暗访工作制度》，加大了河长制检查工作力度，突破一级查一级的传统做法，实施了跨级查；深化信息通报制度，扩大了河长制情况通报范围，除考核、督查情况通报外增加了暗查暗访情况通报，并调整上报至市领导；深化社会监督制度，出台《天津市河长制湖长制有奖举报管理办法》和《天津市河长制湖长制市级社会义务监督员聘任与管理办法》，充分发挥了社会舆论和群众监督作用，营造河湖管护公众参与的浓厚氛围，有效提升社会监督管理成效。

按照中央《关于在湖泊实施湖长制的指导意见》和市领导批示要求，结合本市实际情况，启动了湖长制建设工作，完成了《天津市关于全面落实湖长制的实施意见》的编制，将109处地表水饮用水源地、重要湿地、水库、建成区开放景观湖纳入湖长制管理。12月26日《天津市关于全面落实湖长制的实施意见》以市委办公厅和市政府办公厅名义印发实施。

2. 水资源税改革

联合市财政局、地税局组织召开了动员会，对水资源税改革相关工作进行了部署。配合市地税局印发了《天津市地方税务局天津市水务局关于做好水资源费档案资料交接工作的通知》，指导各区做好水资源费档案资料交接工作。印发了《天津市水务局水资源税改革试点工作方案》。为做好市管用水户属地管理交接工作，印发了《市水务局关于做好地下水取用水户属地管理工作的通知》。为做好改革前后收费衔接工作，印发了开展取水计量"零点行动"的通知，指导各区做好12月1日零时取水信息确认工作，做好取用水户实际用水量的核准认定工作。联合市地税局等单位出台了企事业单位取用水量核定工作办法，规范工业生活取用水量核定工作。在水资源税征期结束后及时与地税部门沟通，对存在的问题进行核查。开展了农业水资源税征收准备工作，组织开展了农业用水限额、取用水量计量方法研究制定工作，到国网天津电力公司和各有农业的区进行了调研，研究制定纳税人认定原则，制定了农业生产用水纳税人基础信息调查表。

3. 信息化建设机制

结合局党委确定的"六能"目标，制定了水务信息化三年行动计划，落实局党委对信息化工作提高到一个新的层次的要求。行动计划主要围绕以下内容编制：①建设前端数据采集点位，梳理涉及河道洪水信息、城市积水、水环境水生态、水利工程安全运行管理、水利工程建设管理、水资源开发利用、城乡供水、节水、抗旱、水土流失等水务核心业务的数据，按轻重缓急，分年度建设自动采集设施；②整合现有业务系统，原则上一个业务整合成一个系统；③加强现有数据的分析、评价和应用，对现有系统进行分析，对能扩建的系统增加数据分析和评价功能；④进一步提升完善水务业务平台，加大数据收集、整合、共享力度，围绕"六能"目标完善功能，包括防汛信息提升、河长制信息、水环境信息等新增数据，并对数据进行加工，完善平台的应用能力，更加适应水务业务需求；⑤针对业务需求，确定当前急需开发及补充完善的业务系统；六是针对党建等政务需求，梳理确定当前急需开发的信息系统。水务信息化三年行动计划适应支撑新时期水务"六大工程""六能"目标的需要，围绕"一图全面感知、一库互联共享、一键可知全局、一体协同智能"建设目标，基于"水务基础信息全面感知、水务信息资源体系完善、综合服务管理能力提升、重点专项业务能力提升、发展环境保障能力增强"任务，开展政务、业务、保障3方面21个项目建设。

4. 节能节水行动

按照水利部县域节水型社会达标建设要求，开展天津市各区节水型社会达标建设工作，市节水办、市发展改革委、市工业和信息化委、市农委联合发布《关于深化天津市节水型区县建设的通知》，要求各区编制本区达标建设实施方案并报区政府批复实施，市水务局对各区召开了培训会，组织专家对16个区实施方案进行评审。7月23日，市发展改革委、市水务局联合印发《关于建立天津市城镇非居民用水超定额累进加价制度实施方案（试行）的通知》，市水务局对超定额累进加价情况进行了调研，并对超定额累进加价试点工作具体实施方式进行了研究部署。

5. 水污染防治

围绕"水十条"国考断面水质考核目标，推动完成了水污染防治行动方案涉及水务部门的年度计划任务，会同环保部门推动建立京津冀水污染联防联控机制。推进全市河长制各项工作，落实8项任务和12项制度。制定出台《天津市关于全面落实湖长制的实施意见》。完成"一河一档""一河一策"编制工作，建成河长制信息化平台。

（刘伟忠）

水法治建设

【概述】 2018年，市水务局坚持以习近平新时代中国特色社会主义思想为指导，围绕市委、市政府决策部署，真抓实干、稳扎稳打，积极运用法治方式创新强化水行政管理，加强监管、完善措施、服务改革，依法破解水行政管理中的难点问题，法治政府建设稳步推进。

【依法行政】

1. 依法行政考核

完成2017年度依法行政考核工作，在全市依法行政考核中市水务局连续第十年获得优秀等次。在年初全面部署开展2018年依法行政考核工作，研究印发局年度依法行政考核工作责任分解目录，并提出个性化考核指标。按照依法行政工作新形势新要求，及时调整局全面推进依法行政工作和普法领导小组成员单位及职责。贯彻落实《法治政府建设实施纲要（2015—2020年）》和天津市实施意见，对局2017年推进法治政府建设工作进行了全面总结，形成专题报告，分报市政府、水利部和住房城乡建设部。认真总结近两年天津水法治工作先进经验，撰写《抓实水政工作 为依法治水管水提供法治保障》报告，上报水利部。三次召开依法行政领导小组工作会议，全体成员单位集体研究市水务局法治政府建设工作有关问题，推动年度依法行政考核指标、法治政府建设工作要点任务的落实，并在全市水务系统水政工作会议上，全面部署当前和今后一个时期水法治工作重点，及时回应法治政府建设新需求。年底按要求梳理全年水务依法行政各项工作，形成《市水务局关于2018年推进依法行政工作的报告》并上报市政府。

以落实党政主要负责人法治建设第一责任人为契机，抓住关键少数，扩大局党委理论中心学习组法治专题学习范围，4月组织局属各单位党政主要负责人，局机关、市调水办全体处级干部，局机关全体公务员全部参加理论中心学习组宪法专题学习。10月开展局党委理论学习中心组法治专题学习进法庭活动，深入贯彻党中央关于全面依法治国的新理念新思想新战略，提升局领导班子成员法治思维以及依法决策能力和水平。丰富培训思路，多模式推进法治教育。继续以开展旁听庭审、法官说法、以案讲法等多种培训方式推进法治实务教育。于4月、6月分别组织一线执法骨干、局机关和局属单位人事干部赴人民法院旁听庭审，法官现场进行“以案说法”。

2. 政府法律顾问制度

组织局兼职政府法律顾问及其团队进一步发挥法律实务方面的专长，代理以市水务局为被告的行政诉讼案件；为局重大决策出具专项法律意见书2件，为领导决策提供法治参考；参与局有关事项研究8件次；参加《天津市取水许可管理规定》立法专家论证会，提出指导意见和建议，多方位提供了咨询、法律意见、代理等法律服务。强化日常管理力度，坚持顾问工作台账制度，并按季度对法律顾问制度实施情况进行总结分析，查找存在问题，提出下一步工作安排。

3. 行政复议诉讼

按照行政诉讼工作程序和期限要求，妥善处理以市水务局为被告的行政诉讼案件10起（含2017年结转案件3起，2018年新发生案件7起）。着重发挥行政复议“定纷止争、案结事了”作用，办结行政复议案件5起（含2017年结转案件1起），包括复议案件2起和被复议案件3起。复议案件中，积极促成申请人与被申请人达成和解；被复议案件中，主动约见申请人，消除误会、化解矛盾，优化服务。经复议调解，当事人复议申请主动撤回率达到80%。

【水行政立法】

1. 推进重点立法项目的修订

出台政府规章《天津市取水许可管理规定》（以下简称《规定》）。作为2018年市政府立法计划政府规章审议项，及时组织召开了落实政府立法计划推动会，部署推动《规定》修订起草工作。专门成立了立法起草组，全面推进立法进程。按照市政府开门立法的要求，多次组织召开面向管理相对人、基层单位以及多领域专家的立法座谈会、研讨会，广泛听取意见，并通过市政府法律顾问研究论证。《规定》通过局长办公会议审议后，于2018年9月27日报市政府审议。2018年11月27日，《规定》经市政府第33次常务会议通过，2018年12月24日以市政府令第八号公布。

完成政府规章《天津市水利工程建设管理办法》《天津市控制地面沉降管理办法》与“放管服”改革有关条款内容的修正工作，积极配合市政府法制办审议，两规章修订草案已于2018年1月9日公布施行。

完成地方性法规《天津市实施〈中华人民共

和国水法〉办法》《天津市防洪抗旱条例》《天津市河道管理条例》与生态环境保护有关内容的修正工作，配合市人大常委会法工委、市政府法制部门审议，《天津市防洪抗旱条例》《天津市河道管理条例》修订草案于2018年9月29日公布施行，《天津市实施〈中华人民共和国水法〉办法》修订草案于11月21日公布施行。

完成地方性法规《天津市节约用水条例》《天津市城市供水用水条例》《天津市实施〈中华人民共和国水土保持法〉办法》《天津市河道管理条例》，政府规章《天津市控制地面沉降管理办法》与"政务一网通"改革有关条款内容的修正工作，配合市人大常委会、市政府法制部门审议。《天津市节约用水条例》等四部地方性法规修改内容已于2018年12月14日公布施行。

2. 规范性文件管理

2018年，出台局发规范性文件6件，分别为《天津市水资源税征收水量核定工作办法》《天津国投津能发电有限公司海水淡化水进入城市供水管网管理规定》《天津市供水行业执行〈天津市城镇供水服务标准〉评价办法》《天津市水利工程建设项目法人管理规定》《天津市水利工程质量终身责任制实施办法》《天津市水利工程质量管理规定》。对已出台的局发规范性文件按时完成了向市政府法制办备案工作。

3. 立法专项清理

高标准、高质量完成生态环境保护、"政务一网通"改革等10项立法专项清理工作。2018年，开展生态环境保护方面地方性法规、政府规章、市政府规范性文件全面清理、自查三项工作，对8部市水务局起草或者执行的现行地方性法规、6部政府规章、18部市政府规范性文件以及涉及局管理职责的1部环保地方性法规进行了梳理自查，提出46条修改意见，清理情况按要求分别上报3个部门；按照"政务一网通"改革工作要求，做好有关行政许可、公共服务事项、证明事项等涉及的水法规规章3项清理工作，对涉水6部地方性法规、政府规章提出12条修改意见，并上报市政府法制办；按照市政府法制部门部署，开展了产权保护、涉及著名商标制度以及与国务院698号令不一致的地方性法规、政府规章和规范性文件等4专项清理工作，清理结果上报市政府法制办。

（水政处）

【水法制宣传】

1. 主题宣传活动

"世界水日""中国水周"系列宣传活动期间，在河西区雷锋公园举办"大力实施节水行动，共建节水型社会"主题宣传活动启动仪式。

制定《关于进一步加强法制信息报送工作的通知》，明确各单位专职信息员，着力提高法制信息报送质量。

组织开展"12·4"国家宪法日集中宣传活动。举办专题讲座，邀请市委党校张红侠副教授作题为"领会修宪精神 加强宪法实施"的专题辅导报告，局机关、市调水办全体处级干部和局属有关单位分管负责人、水政科科长以及普法讲师团全体成员共计160余人参加。

2. 水务普法

组织全市水务系统10名局级领导和171名处级领导干部参加2018年度领导干部网上学法用法考试工作，全部合格。在全市水务系统开展"深入学习宣传和贯彻实施宪法'六个一'活动"，以局党委理论学习中心组扩大会形式举办一次宪法专题学习，组织各单位开展一次宪法专题学习或主题党日，开展一次"宪法宣誓"活动，举办一次宪法修正案答题，每名干部职工人手一册宪法修正案单行本，每名党员在微信朋友圈转发一次宪法修正案官方解读微信。

完成水利部"七五"普法中期验收工作。对排管处等6个局属单位和东丽区等6个水务局"七五"普法工作开展抽查，完成水利部检查组对市水务局的"七五"普法中期检查迎检工作。

【水行政执法】 2018年，对于桥水库库区机动捕鱼船只进行了为期15天的集中治理，累计出动执法人员1059人次、快艇125船次、车辆105辆次、无人机起飞20余架次，共清理机动船只37条、柴油机47台，并现场查扣3条违法船只。会同节水中心、供水处等单位开展保护水资源专项执法行动，累计出动执法人员百余人次，检查企业、项目、点位270余个，现场处置和立行整改到位101个。会同有关单位严厉打击实施毒鱼、炸鱼、电鱼的违法行为，累计出动执法人员18151余人次，出动执法船只1638船次，执法车辆6893辆次。

对州河、子牙河管理范围内违章建筑案以及宁河区内6起违法建房案等进行查处，对蓟运河管理范围内违章建筑进行查处，该违章建筑210余平方米用于圈养牲畜，严重影响行洪以及污染水体，在多方执法力量共同施压下，当事人自行将其拆除。对市环保督查中发现的占压引滦输水暗渠的3处违法现场进行立案处置，当事人已按照要求完成清理。对暗渠全线进行全面排查，对发现的16处占压联合蓟州区政府开展专项治理行动。

2018年，立案查处水事违法案件26起，结案18起，对违法当事人行政罚款16.1万元。

推动涉刑案件移送工作。2017年7月13日，市水务局水政执法人员在巡查时发现静海县良王庄乡十里堡村村民杨广发在南运河右堤桩号36+120千米处毁损堤防。该行为违反了《中华人民共和国防洪法》，责令其停止违法行为，采取补救措施。水政总队于2017年11月28日立案查处，因该案件中损毁堤防行为涉嫌犯罪，后经天津市水利勘测设计院及南京水利科学研究院对堤防破坏段结构安全影响作出评估，于2018年12月25日将案件移送天津市水务治安分局。

落实重大案件执行后监管和“回头看”工作机制。联合有关单位对汇森地产和玖龙纸业两起重大水事违法案件开展回头看专项执法检查，坚决杜绝违法行为回潮。

周密部署落实扫黑除恶工作。针对工作职责及水事违法案件特点，制定《天津市水政监察总队关于开展扫黑除恶专项斗争的实施方案》和《扫黑除恶工作计划》，把查找和发现黑恶势力犯罪线索同查处水事违法案件有机结合起来，对近年来查办的69起案件进行梳理，积极查找黑恶线索。细化行政案件中涉刑案件的移送程序和移送标准，在与公安机关对接案件过程中，丰富相关工作经验。

全面规范立案审查和执法信息报送工作。强化对各支队上报案件的证据材料和执法程序审核力度，全年累计审查各支队上报申请立案43件。

（水政监察总队）

【水行政执法监督】

1. 执法监督平台

开展执法信息自动预警、主动抽样等平台监督工作。对局执法机构归集到监督平台的执法信息实施在线动态监督，按月通报自动预警处理、主动抽样情况，在线提出执法监督意见31条。全年局执法机构共向市执法监督平台归集执法检查信息9565条，执法案件26件，人均执法量达19.6件；局执法监督机构共抽取执法机构行政执法检查信息1007条，年抽检率已达10.5%。

结合巡查信息抽检、现场执法督查等情况，下达《市水务局行政执法监督通知书》9份，针对部分执法单位案件量少、履职率低等问题，提出整改要求。针对本年度重点监督单位，分批次召开执法监督工作会议，督促有关单位积极履职。

严格规范数据信息归集时效和质量，组织执法机构对执法监督平台各项执法信息实施动态更新维护。完成市水务局321项行政执法职权与148项权责清单行政处罚职权对应统一。组织执法单位对局权责清单中的行政处罚职权进行再次梳理，及时调整执法巡查记录检查内容信息，压实各执法单位行政执法职权。

2. 加强现场督导

组织开展2018年河湖执法专项督查。按照“一督三查两推动”的工作原则，细化考核指标，督查工作组对排管处、大清河处、北三河处、海河处、引滦工管处、于桥处6个市管河湖管理单位和东丽区、宝坻区、宁河区、蓟州区4个区水务局的河湖执法工作情况进行督查，现场反馈督查结果，提出整改要求，并将有关情况报送至水利部。配合海委完成对天津市2018年河湖执法督查工作。

狠抓重大案件法制审核。对局执法机构报请审核的5件重大行政处罚案件进行法制审核，提出法制审核意见，并对部分案件后续执法过程中存在的风险点进行提示，确保局重大案件法条适用准确，执法程序严谨，处罚幅度适当。

推动建立津冀界河联系机制。与河北省水利厅对接建立两省界河河段管理单位联系机制，交换辖区对应管理单位信息目录，推进津冀界河管理与执法部门的联系与配合，促进形成共同发力、齐抓共管的良好局面。

3. 强化能力建设

开展法制审核人员专题培训，结合天津市"三项制度"有关要求和执法监督工作实践，通过培训、交流等方式，强化执法监督人员业务水平；及时总结执法监督工作经验，针对水行政执法监督中发现的问题，完成"水行政执法中存在的问题及对策研究"调研课题；定期对市级水务执法情况进行分析梳理，撰写分析报告4份，供分管领导决策参考。

（水政处）

【水政监察规范化建设】 开展"一处一册"执法手册编写工作。针对局属有关单位所辖范围内多发违法行为，将涉及的执法依据、执法流程、文书制作等分类梳理，形成指导一线执法的工具书。完成海河处、于桥处"一处一册"编写工作。

以案说法。组织基层执法骨干参加蓟州区人民法院公开审理的4起行政诉讼案件，并开展以案说法，强化执法人员依法行政意识和能力。

专题培训。围绕年度工作重点对普法骨干和普法讲师团进行集中培训，培训邀请天津大学王用源副教授作题为《演讲艺术与授课技能讲座》专题辅导报告。围绕涉水法律知识应用和水行政执法案件办理技巧等组织专题讲座，市水务系统各单位水政科长、执法骨干等共计44人参加。围绕创新普法形式以及政务信息编辑写作等内容开展专题培训，市水务系统普法骨干60余人参加。配合水政处对于桥处各基层管理所执法人员进行培训，并现场答疑解惑。深入到滨海新区水务局等9家执法单位开展"一对一、点对点"执法业务专题讲座，累计培训执法人员600余人次。

执法证件管理。安排部署部证审验注册考试工作。对各区水务局持部证人员进行注册前审核，累计审核592人，经审核拟审验注册317人，拟注销证件275个。组织2018年度培训考试以及执法证件申领注册前期有关工作，细化执法证件申领、注册、注销等程序，逐步规范执法人员信息变动备案等工作。

（水政监察总队）

政务服务

【"放管服"与"一制三化"】 推动"一制三化"行政审批制度改革，6月按照市政府《天津市人民政府关于印发"政务一网通"改革方案的通知》的部署，根据市审批办《关于做好"政务一网通"改革有关重点工作的通知》要求，市水务局制定《"政务一网通"改革实施方案》和"政务一网通"改革重点任务分解表，按时间节点督促局各有关单位完成相关工作。

10月，为贯彻落实《中共天津市委办公厅 天津市人民政府办公厅印发〈天津市承诺制标准化智能化审批制度改革实施方案〉的通知》文件精神，专门出台《市水务局关于印发天津市水务局标准化智能化便利化审批制度改革实施细则的通知》文件，进一步深化"一制三化"改革任务，确保颗粒化改革成果落地见效。做好"互联网+政务服务"工作。为推进行政审批系统与其他信息系统互联互通、业务协同和信息共享。按照市审批办和网信办的要求，为"政务一网通"政务信息系统互联互通工作提供数据材料和需求。

持续开展"五减""四办"改革，简化审批流程时限，提高审批效率。按照“五减”改革要求，取消行政许可子项1项，将行政许可事项调整为公共服务事项1项，取消公共服务事项6项，不再列入公共服务事项目录事项3项，现市水务局共保留现行行政许可事项12个，公共服务事项8项，事项同比上年减少了30%；共取消55件申请材料，7件申请材料可以“以函代证”，2件申请材料可实现共享，申请材料减少比例为36%；共取消16个办理环节；所有行政许可事项审批结果形式由批复文件调整为行政许可决定书，简化了事项办理内部流程；所有保留事项的承诺办理时限均在法定时限基础上减少60%以上；实现了可“马上办”事项占比24%，“网上办”事项占比100%，可“一次办”事项占比100%；推出适用信用承诺审批制的事项9个，信用承诺申请材料21个；取消证明材料7个。全部指标达到了市政府改革工作标准要求。

创新项目审批办事方式。遵循“谁申请、谁承诺、谁兑现、谁负责”的原则，推行承诺审批制，进一步缩短投资项目审批整体时限，加快项目落地。实践“产业第一，企业家老大”理念，以解决企业实际具体问题为方向，经与各部门单位多次协商研究，凡天津市行政区域内，除工业等高耗水新建、改建、扩建的建设项目外，其他所有新建、改建、扩建的建设项目申请施工临时用水计划指标仅需填报登记表，不再要求企业编制用水报告书，进一步加快项目落地。推动涉水行政许可事项网上审批，设置网上办理帮办窗口，引导和指导申请人通过网上办理平台申报事项，实现“最多跑一次”审批。在不断完善网上审批流程的基础上，选取申请材料数量少且简单的事项“自来水用水计划指标核定许可”，作为“零跑动”改革试点事项，实现企业群众足不出户办理指标申请。2018年，市水务局推出4项“无人审批”事项（1项行政许可事项、3项公共服务事项），包括“连续停水超过十二小时的行政许可”“改建、拆除或者迁移城市公共供水设施备案”“二次供水设施竣工验收报告备案”“自来水用水指标核定（原考核户）”，编写并报送事项需求说明书，其中“自来水用水指标核定（原考核户）”被作为首批无人审批事项范例，逐步实现审批服务智能化、自助化、无人化。

水资源税改革试点基础工作。贯彻落实《扩大水资源税改革试点实施办法》，扎实推进天津市水资源税改革试点工作，简化既有户绿化取水许可证办理流程。将要件材料中的“水资源论证报告书”简化为“论证报告表”，相关企业可经业务部门核定后，依法办理取水许可证，确保取水企业在改革工作过程中平稳过渡。

落实相对集中许可权改革工作，提升行政审批效率。经第一次局长办公会审议通过，制定出台《市水务局关于进一步加强相对集中许可权改革工作的通知》及13个行政许可事项内部审批流程图，明确了所有行政许可事项由行政许可处实施审批职权和各业务部门在有关审批工作中的技术职能作用，优化和理顺了内部审批流程，构建起局内审、管分离的体制机制。有效解决监督管理不到位、职责交叉分散等问题，规范了审批行为，提升行政审批效率。结合相对集中许可权改革成果，明确技术审查与审批决定的界限，更新局内OA审批系统流程，各相关部门单位互相配合，审批工作全流程环环相扣，避免申请人“两头跑、往返跑”，大幅度提高审批效率，节约办事成本。做好审管衔接，制定《天津市水务局行政许可事项事中事后监管办法》。

建设项目联合审批工作。对接投资项目在线联合审批监管平台，将项目报建审批涉及的所有事项、手续、环节全部纳入平台办理；严格执行联审规程，将涉及的各项审批事项及手续项目在综合窗口“一口进件、一口出件”。梳理、细化涉水建设项目联合审批事项的办事流程、办理条件等，配合市建委制定了工程建设项目审批流程图，编制完成了《天津市水利项目审流程图》，将审批时限压缩至86个工作日，提高联合审批整体效率。针对重点项目，提前服务，主动对接，帮助企业解决困难问题，多次参加市建委、市发展改革委组织的专题协调会议，重点围绕清洁能源、国网电力、通信交通等与民生息息相关的重大建设项目研究协调，帮助企业尽快办理审批手续，促进项目早开工、早投产、早见效。

各区审批工作协同联动。结合本年度行政审批制度改革成果，有针对性地对各区涉水审批工作进行协调和指导，重点介绍市水务局“政务一网通”改革、“一制三化”改革有关精神和工作进展情况，经集中审核后制定的行政许可事项目录、操作规程，公共服务事项目录、办事指南等情况。确保涉水审批改革步调一致，信息标准统一。编制《天津水务审批服务手册（便民服务）》下发各区，内容涵盖了行政许可事项操作规程和公共服务事项办事指南，包括名称、依据、条件、材料、审查标准、程序和时限等60个要素，体现了办事内容、办事环节、办事流程的标准化，为方便企业群众办事、提高审批服务质量提供了重要参考依据。

【行政许可和公共服务审批】 2018年，市水务局共受理审批事项1016件（其中受理行政许可事项473件，受理服务事项543件；受理联合审批事项230件，单办审批事项786件；受理网上申请657件，现场申请359件），做到办结时间比承诺时限提前20%，提前办结率100%，服务满意率100%。

【许可大厅窗口服务】 提高行政审批服务质量，加强工作人员管理，制定《天津市水务局进驻行政许可服务中心工作人员管理规定》，严格落实各项工作制度和工作纪律，建立班前会制度。按照“倾注感情办、尽心竭力办、痛痛快快办”的要求，加强窗口服务人员业务能力建设，落实服务人员20项守则，践行服务承诺，实行首办负责，规范文明用语，全面推行微笑服务，高效办事，为办事群众提供“贴心、暖心、放心”的优质服务，不断提高窗口服务效能。市水务局进驻市行政审批服务中心59号窗口被评为“红旗窗口”。

【热线平台】 2018年，共处理热线事项4237件，其中市便民服务专线分拨件2784件、政民零距离425件、23333638市民来电1028件。解决市民咨询事项1042件，经核实非市水务局事项1863件，解决市民反映的水压水质、井盖破损、污水外溢等相关涉水事项1332件。在热线办理工作中，各承办单位积极承接工单事项，认真解决并及时反馈。针对市民反映较为集中的海泰北道片区污水外溢等6件热点事项，局领导给予具体指示批示，指导推动事项解决。热线办理情况实行月度通报制度，并将各单位办理工作纳入局绩效考核范围。市水务局在市便民服务专线月度考核成绩中均排名靠前，本年度按时接单率达99.8%、按时办结率达99.9%、市民满意率达97.9%。

【权责清单】 按照市委、市政府推行政府工作部门权责清单制度和市编办《关于2018年度依法行政考核目录相关指标考核工作方案》的要求，落实权责清单动态调整工作，厘清职责权限，全面推进依法行政。制定了《市水务局关于2018年权责清单动态调整考核自查工作的通知》，开展2018年权责清单动态调整自查工作，明确责任和牵头处室，要求各单位和部门严格落实责任。市水务局2018年有行政职权238项，包括行政许可15项（含暂不列入3项）、行政处罚147项、行政强制15项、行政征收5项、行政给付1项、行政检查23项、行政确认7项、行政奖励4项、其他类别21项。

厘清行政职权边界，建立局直属事业单位职责清单，深入推进清单管理。进一步建立局直属事业单位职责清单是全面推进治理体系和治理能力现代化的重要举措，是建立不作为不担当问题专项治理长效机制的重要措施，按照市编办《关于进一步加强职责清单制度建设工作的通知》的要求，成立了局职责清单小组，制定了《市水务局关于做好事业单位职责清单目录和信息表填报工作的通知》，按照权责法定、标准一致的原则，编制了职责目录、职责事项表模板，明晰了各个单位职责的名称、法律依据、职责边界、运行流程、运行要件、责任事项和监督方式，经多次沟通协调汇总，确认了全局共有 33 个直属事业单位职责事项 284 条，下发了《市水务局关于公布直属事业单位职责事项信息的通知》，并在局网站上对外公布。

（许可处）

水文水资源

水　　文

【概述】 2018年，全面推进地下水水源转换、地下水压采、水文情报预报、水环境监测与分析工作，实现了年初的各项既定目标，为天津市防汛抗旱、水资源管理工作提供了有效支撑。完成企事业单位转换水量231万立方米，超过年度目标任务31万立方米。完成取水许可变更、延展内部审批流程梳理，明确事中事后监管任务和职责。制定完成了各区取水许可抽检方案。修订了《天津市取水许可管理规定》。完成国家地下水监测工程项目建设；青龙湾减河牛家牌桥水文监测设施建设工程；部分水文站冬季取暖煤改电工程；金钟河水文站站内维修工程；十号口门调节闸水文站闸下水位自记平台改建工程招标工作。

汛前调整完善“水文中心防汛领导小组”“中心防汛水文应急监测队”等组织，建立健全防汛水文测报组织体系，做好防汛检查、分洪口门查勘及防汛演习等工作。全天候监控实时水情业务系统的运行情况，与海委、北京、河北等水文部门及时沟通，为防汛调度决策提供依据。汛期共编发水情简报39期，水情分析预测材料4期，流域、引江、引滦、水库超汛限统计等水情日报表各95期，水情月报4期，汛期综述1期。

完成城市安全供水及藻类、排污口、水功能区、“河长制”、地下水、国考断面等水质监测工作。按上级部门要求对黑臭水体、中心城区藻类、引滦、引江生态调水水质及四大湿地水质开展监测及分析评价。总共出具各类水质简报162期，监测样品5000余个，为上级单位科学决策和重点项目建设提供了技术支撑。

水行政执法工作。巡查各类用水单位140家次，受理举报14起（及时进行查处并反馈举报人），向执法监督平台报送各类巡查登记表140份。

【雨情、水情】

1. 雨情

2018年，天津市年平均降水量为598.3毫米（35个站资料统计），比多年平均575.0毫米（1956—2000年统计）多23.3毫米，比上年511.2毫米多87.1毫米，属平水年份。从各站资料上看，降水时程分布不均匀，汛期（6—9月）平均降水量为500.0毫米（52个站资料统计），比上年的383.2毫米多116.8毫米；地区分布也不均匀，最大年降水量出现在蓟运河水系泃河的罗庄子站945.4毫米，最小年降水量出现在子牙河水系子牙河的坝台站426.3毫米。年度最大日降水量出现在南运河水系南运河的静海站145.0毫米。

全年降水量主要集中在汛期，6—9月降水量占全年降水量的84.0%，年度降水量分布极不均匀。汛期主要有4次强降水过程，分别为7月16—17日，北部山区普降大到暴雨，最大日降水量出现在泃河黄崖关站82.0毫米；7月23—24日，全市普降大到暴雨，最大日降水量出现在南运河静海站 145.0 毫米；8 月 6—7 日，全市普降中到大雨，最大日降水量出现在州河于桥水库站 108.0 毫米；8 月 11—13 日，北部山区普降大到暴雨，最大日降水量出现在泃河黄崖关站 101.5 毫米。

2. 水情

（1）引滦调水。

2018 年引滦调水 3 次，共历时 103 天，按大黑汀水库（入津渠）断面资料统计，共调引滦河水 3.261 亿立方米。

（2）大型水库来蓄水。

于桥水库。2018 年于桥水库年入库径流量为 5.188 亿立方米（不含引滦输水），较上年的 1.727 亿立方米多 3.461 亿立方米。2018 年于桥水库供水主要供给天津市城市用水和盘山电厂用水。其中供给天津市城市用水水量 7.820 亿立方米，供给盘山电厂年供水量 0.2056 亿立方米。2018 年于桥水库（坝上）最高水位 21.26 米，相应蓄水量 4.170 亿立方米，出现在 8 月 22 日；最低水位 16.12 米，相应蓄水量 0.6820 亿立方米，出现在 6 月 30 日；年平均水位为 19.07 米；年度水库蓄水变量 0.4230 亿立方米。

北大港水库。2018 年北大港水库（坝上）最高水位 4.45 米，相应蓄水量 0.6290 亿立方米，出现在 12 月 27 日；最低水位为库干，出现在 1 月 1 日；年度水库蓄水变量 0.6420 亿立方米。

（3）入海水量。

2018 年天津市各主要河道的入海水量 31.57 亿立方米，较上年 16.9 亿立方米多 14.67 亿立方米。

【水文测验】 2018 年度天津市 28 个国家基本水文站中共有 25 处测验断面过水，累计过水天数为 2549 天。受多场强降雨影响，本市潮白河、蓟运河、泃河、永定新河等出现局部洪水过程。

以下是按水系对有过水的各断面过水情况的统计。

1. 滦河水系

引滦隧洞引滦隧洞（进口）站：全年过水 103 天，年径流量 3.261 亿立方米。

2. 潮白河水系

潮白新河黄白桥（闸上）站：全年过水 167 天，年径流量 9.141 亿立方米。

潮白新河宁车沽（闸上）站：全年过水 66 天，年径流量 8.301 亿立方米。最大洪峰流量 1830 立方米每秒，出现在 8 月 16 日。

3. 蓟运河水系

蓟运河九王庄（闸下）站：全年过水 292 天，年径流量 5.818 亿立方米。最大洪峰流量 91.4 立方米每秒，出现在 7 月 25 日。

蓟运河新防潮闸（闸上）站：全年过水 63 天，年径流量 8.560 亿立方米。最大洪峰流量 1130 立方米每秒，出现在 8 月 15 日。

泃河罗庄子站：全年过水 69 天，年径流量 0.9554 亿立方米。最大洪峰流量 215 立方米每秒，出现在 7 月 24 日。

州河于桥水库（泄洪洞）站：全年过水 71 天，年径流量 0.4898 亿立方米。

州河于桥水库（溢洪道）（闸下）站：全年过水 46 天，年径流量 0.3357 亿立方米。

州河于桥水库（电站）站：全年过水 290 天，年径流量 6.994 亿立方米。

淋河林河桥站：全年过水 57 天，年径流量 0.7000 亿立方米。

黎河前毛庄站：全年过水 365 天，年径流量 3.992 亿立方米。最大洪峰流量 128 立方米每秒，出现在 8 月 12 日。

4. 永定新河水系

金钟河金钟河闸（抽水站）站：全年过水 83 天，年径流量 1.407 亿立方米。

新引河屈家店（闸下）站：全年过水 22 天，年径流量-0.1963 亿立方米。

永定新河屈家店（闸上）站：全年过水 117 天，年径流量 1.654 亿立方米。最大洪峰流量 244 立方米每秒，出现在 7 月 24 日。

北京排污河东堤头（闸上）站：全年过水176天，年径流量4.488亿立方米。最大洪峰流量411立方米每秒，出现在7月17日。

分洪道筐儿港（闸下）站：全年过水57天，年径流量0.4278亿立方米。

筐儿港减河筐儿港（节制闸）站：全年过水8天，年径流量0.3237亿立方米。最大洪峰流量300立方米每秒，出现在7月26日。

筐儿港减河筐儿港（倒虹吸）站：全年过水121天，年径流量1.647亿立方米。最大洪峰流量95.7立方米每秒，出现在7月13日。

5. 北运河水系

北运河筐儿港（节制闸）站：全年过水61天，年径流量0.2444亿立方米。

北运河屈家店（引滦涵洞）站：全年过水130天，年径流量2.211亿立方米。

龙凤新河筐儿港（节制闸）站：全年过水8天，年径流量0.0339亿立方米。

6. 海河干流水系

海河二道闸（闸上）站：全年过水30天，年径流量0.9206亿立方米。

海河海河闸（闸上）站：全年过水63天，年径流量2.602亿立方米。

海河海河闸（抽水站）站：全年过水14天，年径流量0.8246亿立方米。

7. 大清河水系

独流减河工农兵闸（闸上）站：全年过水70天，年径流量2.585亿立方米。

8. 南运河水系

全水系各断面全年均未过水。

（冯　峰）

【水质监测】 2018年度完成主要水质监测工作包括对引滦沿线、引江、海河干流、北塘水库、水功能区、“河长制”河道（河段）水体水质每月采样监测；全年对于桥水库和尔王庄水库进行藻类监测及水库、海河的藻类应急加测；对地下水全年2次采样监测；对排污口分上半年、第3季度、第4季度共3次进行采样监测。

1. 地表水质监测

（1）评价参数确定与评价标准。

依据《地表水环境质量标准》（GB 3838—2002）、《地表水资源质量评价技术规程》（SL 395—2007）、《城镇污水处理厂污染物排放标准》（GB 18918—2002）。评价参数为有代表性且能反映水质基本情况的无机、生物、重金属等指标。

（2）各河道水质。

1）引滦沿线及水库。

2018年，引滦沿线上游共监测3次，其中5月引滦沿线上游水质符合Ⅱ类；6月黎河下游水质符合Ⅱ类，隧洞出口和果河桥水质符合Ⅲ类，黎河大桥水质劣于Ⅴ类，沙河水质符合Ⅱ类；7月隧洞出口和黎河大桥水质符合Ⅱ类，果河桥水质符合Ⅲ类，黎河下游水质符合Ⅳ类，沙河桥水质符合Ⅱ类。引滦沿线下游于桥水库至尔王庄水库段，在1月、3月、5月、11月、12月水质基本符合Ⅱ、Ⅲ类水质标准，水质基本良好，其余各月水质超标站点主要为于桥水库、坝上、九王庄、潮白河，超标参数为pH值、总磷、锰、溶解氧。

于桥水库及尔王庄水库藻类监测。依据《地表水环境质量标准》（GB 3838—2002）及《地表水资源质量评价技术规程》（SL 395—2007）选择了透明度、高锰酸盐指数、总磷、总氮、叶绿素、藻类常见/优势种群及藻细胞密度等评价参数，对于桥水库和尔王庄水库进行评价。从营养状态看，尔王庄水库全年基本保持中营养状态，于桥水库除了1—3月维持中营养状态外，其余月份基本为轻度富营养、中度富营养。从藻类常见/优势种群看，1—5月两个水库藻类常见种群多为绿藻和硅藻。于桥水库从6月起，优势种群从绿藻过渡到蓝藻，并一直持续到12月初；尔王庄水库除了6月、7月、8月、9月、11月优势种群为蓝藻外，其余月份优势种群均为硅藻和绿藻。除了1—4月，于桥水库藻细胞密度均大于1000万个每升；除了8月、9月，尔王庄水库藻细胞密度基本小于1000

万个每升。受夏季高温、高湿天气等因素影响，于桥水库水质主要指标升高趋势明显，于桥水库藻细胞密度最大值出现在6月5日于桥水库库北，达到59500万个每升。

2）海河干流。

从三岔口、四新桥、柳林、二道闸（上）、二道闸（下）、唐津高速和海河闸7个监测断面的水质评价结果看：三岔口、四新桥、柳林3个断面水质较好，水质类别大部分符合Ⅱ、Ⅲ类水质标准；其余4个断面水质大部分时间劣于Ⅲ类标准，主要超标参数为高锰酸盐指数、氟化物、化学需氧量、氨氮、总磷、生化需氧量等。

海河干流藻类应急监测。第二、三季度累计监测断面165个，共出具检测报告55份。从藻类常见/优势种群看，各个断面的藻类优势种群多为蓝藻，藻密度最大值出现在7月31日柳林下游两千米，最大值达到139亿万个每升。

3）南水北调天津干渠及北塘水库。

南水北调中线工程及北塘水库水质监测依照《地表水环境质量标准》（GB 3838—2002），参考《地表水环境质量评价办法（试行）》对12个月监测结果进行评价。南水北调天津干渠全年水质均符合Ⅱ类标准，北塘水库水质均符合Ⅱ、Ⅲ类标准，状况良好。

4）水功能区。

天津市主要河道依据《地表水环境质量标准》（GB 3838—2002）和《城镇污水处理厂污染物排放标准》（GB 18918—2002），并以各水质监测断面及《海河流域天津市水功能区划》所划分的水功能区为基本评价单元进行评价，每月对天津市33个国考重点水功能区进行监测，其中双数月对81个水功能区182个断面进行采样监测，涉及4个保护区、22个缓冲区、12个饮用水源区、5个工业用水区、25个农业用水区、1个渔业用水区、9个景观娱乐区、1个过渡区、2个排污控制区。双数月水功能区监测若以高锰酸盐指数（或化学需氧量）和氨氮两项参数为考核指标，达标率分别为：2月33.8%、4月54.5%、6月53.2%、8月50.0%、10月65.8%、12月65.8%。综合全年数据，水功能区主要污染指标为总磷、氨氮、化学需氧量、氟化物等。

（3）“河长制”河道水体水质监测。

根据《天津市河道水生态环境管理实行地方行政领导负责制考核暂行办法》和《天津市河道水生态环境管理实行地方行政领导负责制考核暂行办法实施细则》的有关要求，水环境监测中心承担“河长制”考核工作中的水质考核工作。监测任务包括“河长制”纳管河道、沟渠为75条，考核河段约154个，水质监测断面239个。河道水质断面每月取样监测评价1次，针对总磷、高锰酸盐指数、溶解氧、氨氮4项核心监测指标进行监测，每月及时将考核成绩上报考核办。

2. 地下水水质监测

（1）评价参数确定与评价标准。

依据《地下水质量标准》（GB/T 14848—2017）选择了有代表性且能反映水质基本情况的pH值、氨氮、氯化物、硫酸盐、亚硝酸盐氮、氟化物、总碱度、总硬度、磷酸盐、重金属、有机参数等45个项目作为评价参数。地下水质量标准分5类，地下水水质按Ⅲ类标准评价。

（2）地下水水质。

天津市水环境监测中心对全市12个行政区的地下水样品进行水质监测，其监测结果依据《地下水质量标准》（GB/T 14848—2017）评价，评价结果简述如下：

枯水期：2018年5月9—17日，对86个地下水样品进行水质监测。水质符合Ⅲ类的监测井全市共有20眼，占总监测井数的23.3%。分别为蓟州的李四辛、许家台、大川、中郑、西大峪、古强峪、西龙虎峪水源地和蓟州城关水厂，宝坻的史各庄、黄庄中学、南申中学，武清的窑上和河西务镇派出所，宁河的前棘坨、芦台镇机米厂和任汉，静海的大寨，汉沽的芦前、芦后和高庄。符合Ⅳ类水质的监测井全市共有21眼，占总监测井数的24.4%。分别为蓟州的大康庄水源地，宝坻的牛道口、大白庄、后档村和石化水源地，武清的东赵庄、郭庄、后侯尚、龙泉供水（东）、龙泉供水（西）和城关供水厂，宁河的国仕营、大良、高景和史庄子，静海的独流供水站、沿庄水厂和蔡公庄，津南的白塘口村，滨海新区汉沽的看才造纸厂，滨海新区大港的常流庄。其余45眼井全部符合Ⅴ类，占总监测井数的52.3%。

丰水期：2018年10月15—22日，对83个地下水样品进行水质监测。东丽区的务本一村、静海的独流供水站和李八庄3个样品，检测结果与往年相比差别较大，样品可疑，在此未做统计。

水质符合Ⅱ类的监测井全市共有8眼，占总监测井数的10.0%。分别为蓟州的大川、古强峪，武清的河西务镇派出所，宁河的国仕营、前棘坨（岳龙水源地）、中央储备库、史庄子和任汉。水质符合Ⅲ类的监测井全市共有9眼，占总监测井数的11.2%。分别为蓟州的许家台、西大峪，宝坻的史各庄、八间房村、黄庄中学、南申中学，宁河的高景，滨海新区汉沽的看才造纸厂和高庄。符合Ⅳ类水质的监测井全市共有20眼，占总监测井数的25.0%。分别为蓟州的李四辛、中郑、大康庄水源地、西龙虎峪水源地和蓟州城关水厂，宝坻的牛道口、大白庄、后档村和石化水源地，武清的东赵庄、窑上、后侯尚、龙泉供水（东）、龙泉供水（西）和城关供水厂，宁河的大良，静海的大庄子和大寨，滨海新区汉沽的芦前和芦后。其余43眼井全部符合Ⅴ类，占总监测井数的53.8%。

3. 排污口水质监测

（1）水质监测依据要求。

按照《入河排污口管理技术导则》（SL 532—2011）的要求，对本市主要河流两岸入河排污口（包括涵闸、明渠、暗管、泵站）的数量、具体位置、排放形式、排放量等指标进行汇总、统计和复查，依据《水环境监测规范》（SL 219—2013）对主要污染成分进行现场水质采样并送天津市水环境监测中心实验室进行分析。

1）监测方法。

依据《入河排污口管理技术导则》（SL 532—2011）规定监测。本市入河排污口水量监测部分采用自动采集方式，其余采用人工监测方式；水质检测采用国家或行业分析标准在中心实验室进行。

2）监测项目。

《入河排污口管理技术导则》（SL 532—2011）规定入河排污口的常规监测项目为流量、水温、pH值、化学需氧量、生化需氧量、氨氮、总磷、总氮和挥发性酚共9项。

根据本市的河道水环境状况及检测能力，确定本市入河排污口监测项目共25项，包括水温、pH值、悬浮物、氨氮、化学需氧量（COD）、总砷、总汞、铜、锌、铅、镉、总铬、阴离子洗涤剂、挥发性酚、总磷、总氮、高锰酸钾指数、总有机碳、氰化物、硝基苯、马拉硫磷、甲苯、对位二甲苯、邻位二甲苯和苯乙烯。

水质监测方法，本中心监测分析方法采用国家环保局认定方法，采样频率、采样点依照《污水综合排放标准》（GB 8978—1996）中5.1条款、5.2条款规定方法执行。

（2）排污口调查采样。

2018年排污口调查分上半年、第3季度、第4季度3批次采样。上半年采集入河排污口及入境入海水样101个，其中包含入境断面水样12个、入海断面水样5个；第3季度采集入河排污口及入境入海水样161个，其中包含入境断面水样31个、入海断面水样2个；第4季度采集入河排污口及入境入海水样126个，其中包含入境断面水样12个、入海断面水样3个。全年共计采集388个有效水质样品，获得有效水质监测数据约3104个。

（3）监测资料分析。

通过对2017年的监测资料进行分析、整理与评价，完成《2017年天津市入河排污口调查与评价工作报告》。分析总结如下：

1）入河污水量。

按照《水环境监测规范》（SL 219—2016）的相关规定，2017年重点监测了天津市行政区域内60个入河排污口，入河污水量8.81亿立方米。

按河流分类对入河污水量统计分析，大沽排水河上9个入河排水口入河污水量最多，全年排放3.51亿立方米，占本市入河排污口入河污水量的39.78%；北塘排水河上6个入河排污口入河污水量1.56亿立方米，占本市入河排污口入河污水量的17.71%。此两条河流上15个入河排污口入河污水量5.07亿立方米，占本市入河排污口入河污水量的57.49%，是本市两条主要纳污河流。其中大沽排水河上的津沽污水处理厂是本市入河污水量最多的排污口，全年排放2.01亿立方米，占该河流污水排放总量的57.40%，占本市入河排污口污水排放总量的22.83%；其次是北塘排水河上的东郊污水处理厂排水口，全年入河污水量为1.42亿立方米，占该河流污水排放总量的90.75%，占本市入河排污口污水排放总量的16.07%，是本市两个主要的污水排放口。

2）污染物排放量。

对60个入河排污口，从污染物排放总量分析，23项监测污染指标中，11项属于超标排放，其中5项常规监测项目化学需氧量（COD）、氨氮、总磷、总氮和挥发酚均属超标排放，其中悬浮物超标排放率为26.15%，氨氮超标排放率34.54%，化学需氧量超标排放率9.51%，总汞超标排放率1.10%，重金属铅、镉超标排放率分别为11.25%和12.29%，总铬超标排放率4.68%，阴离子洗涤剂超标排放率0.31%，挥发性酚超标排放率0.13%，总磷超标排放率41.17%；总氮超标排放率29.53%。由此可见，本市入河排污口污染特征主要是磷污染、氮污染和氨氮污染。

3）污染评价。

对60个入河排污口监测结果进行分析与评价，评价结果表明，40.00%以上的入河排污口存在超标排放现象。上半年25个入河排污口超标排放，超标率41.67%；第三季度24个入河排污口超标排放，超标率40.00%；第四季度25个入河排污口超标排放，超标率41.67%。60个入河排污口等标污染负荷99.24亿立方米，达标污染负荷48.01亿立方米，等标污染负荷是入河污水量的11.3倍，达标污染负荷是入河污水量的5.4倍；60个入河排污口上半年23项水质指标总污染指数892.01，第三季度23项水质指标总污染指数913.17，第四季度23项水质指标总污染指数965.17，第三季度入河排污口污染指数均较2016年（三个季度值分别为760.57、1054.72、586.68）有所下降，上半年和第四季度入河排污口污染指数均较2016年有所上升。

（苏洞美）

【水文站网建设】 为了加强水文基础设施建设，改善水文基层测站办公环境，提高测报设施配置标准。2018年完成中心所属分中心、水文测站站房、水文测报设施及其他附属设施的维护及小型维修工程，保证水文测报数据高效、准确传输报送。

8—10月完成金钟河水文站站内维修工程，完成金钟河水文站办公用房外檐及室内粉刷，站内电路改造。

8—12月完成部分水文站冬季取暖煤改电工程，将马圈水文站、工农兵水文站、张头窝水文站及东堤头水文站使用冷暖一体机取代燃煤取暖设施，实施煤改电工程。

9—12月完成青龙湾减河牛家牌水文监测设施建设工程，建设雷达波在线测流系统1套，实现青龙湾减河洪水期流量监测及日常水位监测等，提升青龙湾减河洪水测报能力。

10—12月完成调节闸水文站闸下水位自记平台改造工程，完成改建自记桥、观测室、岛岸结合式水位自记平台，配套的观测水尺1组；恢复自记水位远程传输系统1套。

（单丽敏）

【水文行业管理】

1. 水文业务

根据各分中心提交资料，审定各测验河段水沙特性及水文特征值，协助测站调整、完善测洪及报汛方案，修订完善《天津市基本水文站测洪及报汛方案》，达到监测合理、数据准确。通过实地查勘掌握全市各防汛分洪口门实际情况，结合《天津市防汛分洪口门水文测报技术手册》，调配测验设备，修订完善应急测报方案，使应急水文监测工作易行、高效。

通过技术培训、业务指导、经验交流等形式，加强与引滦沿线各管理处及海河管理处的业务联系，提高全市各主要水文测站水文测报技术，拓展水文业务，增强服务社会能力。

参考水利部水文局《水文测验质量检查评定办法（试行）》，结合天津市水文测验情况，制定《天津市水文测验质量检查评定工作要求》，印发给各分中心、各测站严格执行，通过督导检查和自查，对发现的问题提出整改方案，切实进行整改，确保水文测验成果质量。

完成2017年天津市水文资料复审工作，并参加海河流域水文资料的汇编工作；编制了《2017年度泥沙公报》（天津市部分）。按照《水利部办公厅关于做好2018年度全国水文资料整编工作的通知》和《海委水文局关于做好2018年度海河流域水文资料整汇编工作的通知》要求，围绕水文监测数据“日清月结”的目标，分两个阶段进行2018年水文资料整编复审工作，2019年1月9日前完成，按时按质地参加水文资料流域会审和全国终审。

加强水文站网管理，完成水文站网管理系统基础信息复核工作，完成水文站网和监测预警能力建设需求调查统计表格和防汛抗旱水利提升工程实施方案（非工程措施部分）有关材料的填报工作，完成《2019年重要水功能区入境河道水量自动监测项目实施方案》和《天津市水文自动监测站增设工程申报书》的编制审核工作。

2. 安全度汛

组织学习和贯彻落实国家防总、水利部水文局和市防汛办有关要求，提出要“狠抓责任到人、突出岗位实效”，牢固树立“防大汛、抗大洪”的责任意识，杜绝麻痹思想，认真抓好思想、组织、技术、设施设备等方面工作，全面做好2018年的水文测报工作，成立了天津市水文水资源勘测管理中心防汛领导小组、天津市水文水资源勘测管理中心防汛水文测报突击队，建立健全防汛测报组织体系，实行以行政首长负责制为核心的分级管理责任制、岗位责任制、技术责任制、值班工作责任制等，从组织上做好安全度汛的保障。

汛前督促和指导各测站完善测洪方案及防洪预案，修订天津市水文测报的应急响应规程、防汛分洪口门水文测报预案、防汛分洪口门技术手册等测报技术文件。组织有关技术人员对天津市主要分洪口门及主要测验断面进行了查勘，掌握实际情况，确定分洪口门的位置、功能及测验设施和断面情况，完善技术方案，组织完成部分重要行洪河道水文测验断面预选及大断面测量工作，为应急测验做好准备。组织水文水资源勘测管理中心所属各分中心及测站，开展防汛水文测报准备工作，主要包括测验设施建设、维修及改造，设施设备及观测场地的管理、保养及维护工作等，确保汛期正常运行。

开展分层次、分阶段的防汛准备检查，做好防汛物资清点、储备，防汛设备的维护、保养及软硬件更新等，确保备汛措施到位，落实应急措施，坚持“汛期不过、检查不止”，确保安全度汛。

（王　勇）

【水文业务培训】 结合水文资料复审工作的年度安排的新变化，分别利用在2018年3月进行的“2017年水文资料复审工作”和10月进行的“2018年水文资料第一阶段复审工作”的开展期间，组织技术骨干进行水文监测技术培训，讲解水文测验有关规范和先进的监测技术，打牢基本理论基础，熟练应用整编软件，提高水文职工的业务能力。

主汛期组织测报突击队成员及分中心技术骨干进行野外应急巡测技术等业务技能培训，增强测报队伍的实战能力，提高抗大洪、抢大险的实战经验。

（蔡　旭）

【水文重点工程项目建设】 天津市国家地下水监测工程（水利部分）建设任务为：建设省级监测中心1处，配备硬件设备5台（套），系统软件6套；地下水监测站365个（新建110个，实际钻井总进尺24539米，超设计349米，改建255个）。安装一体化压力式水位（水温）计365台、遥测终端机RTU（含存储和通信模块）365台，附属设施中保护设施365个、水准点179处（变更已批复），标志牌365个，365眼监测井高程引测与坐标测量。同时，在365个监测站中选择有代表性的125个站开展常规水质监测（其中包括建设含五参数水质自动监测4个，五参数以上水质自动监测1个）。工程投资3253万元，全部由中央投资。

该工程于2015年10月施工建设，2018年11月2日通过水利部项目办组织的单项工程完工验收，其中档案验收等级为优良，单项工程质量评价为合格。

通过建设国家地下水监测工程，完善天津市地下水监测网络，实现对全市地下水动态有效监控，为全市地下水资源调查监测评价、地下水资源开发利用管理、最严格水源管理制度考核及地下水污染防治及生态环境建设等方面提供科学依据。

（张一凡）

水资源管理

【概述】 2018年，全市水资源管理工作紧密围绕党的十九大报告提出的“实施国家节水行动”新的战略部署，深入贯彻“节水优先、空间均衡、系统治理、两手发力”的十六字新时期治水方针，以节水型社会建设为核心，以完成中央环保督察问题整改为重点，以实行最严格水资源管理制度考核为抓手，统筹推进了水资源开发、利用、节约、保护的各项工作。落实节水优先，开展了县域节水社会达标建设、出台了城市非居民用水超定额累进加价制度，明确了洗浴业执行特种行业水价范围；深化水资源管理，通过了国家的实行最严格水资源管理制度年度考核，完成了对全市各区的考核，进行了全市取水许可和计划用水监督检查，规范了绿化取水许可管理，修订了《天津市取水许可管理规定》，完成了年度地下水压采任务；大力推进中央环保督察任务整改，淡化海水和非常规水利用率均有所提高，并建立了长效机制，饮用水水源地保护工作稳步推进；探索水资源管理制度改革，完成了非农业水资源税改革工作，开展了农业水资源税征收的准备工作，开展了农业水权确权工作，优化了用水报告书审批。

【水资源开发利用】 2018年，全市平均降水量为581.8毫米，折合降水总量为69.35亿立方米，比上年偏多17.2%，比多年平均值68.53亿立方米（1956—2000年）偏多1.2%，属于平水年。

全年全市水资源总量17.58亿立方米，比常年偏多11.9%，比上年偏多35.1%。其中全市地表水资源量11.76亿立方米，比常年偏多10.4%，比上年偏多33.6%；地下水资源量7.33亿立方米，比常年偏多24.1%，比上年偏多32.3%；地下水与地表水不重复量为5.82亿立方米。全市14座大、中型水库年末蓄水量为7.55亿立方米，比年初蓄水量增加1.29亿立方米。平原淡水区浅层地下水年末存储量比年初增加0.6187亿立方米。

全年全市入境水量38.9亿立方米，比上年增加20.12亿立方米。其中引滦调水量3.2610亿立方米（隧洞入口统计数），引江调水量11.0374亿立方米。天津市出境水量除蓟运河山区泃河流入北京市外，其他均注入渤海。2018年全市出境、入海水量32.59亿立方米，其中泃河出境水量1.02亿立方米，入海水量31.57亿立方米（以上为水资源公报数据）。

【非常规水资源利用】 2018年，编制完成《天津市再生水利用规划》，并已经市政府批复，组织各区按照规划编制本区再生水利用规划或实施方案，并纳入河长制考核内容；会同市建委、城投集团研究制定了天津市2018年再生水管网建设计划并推动实施；推动已具备使用条件的用水大户使用深处理再生水，提高现有深处理再生水厂产能利用率：协调推动天津钢铁集团、梅江公园使用再生水；协调推动海河教育园区再生水管线建设；协调推动贯庄垃圾焚烧发电厂使用再生水管线建设。全年再生水量4.1396亿立方米。

全市已运行再生水厂（深度处理）11座，日处理能力39.9万吨，全年生产再生水5539万吨。加强再生水行业管理，建立《天津市再生水信息管理系统》并投入使用，实现了再生水利用行业管理工作的科技化、信息化；对中心城区已运行的4座再生水厂加大巡视检查力度，确保正常运行和供水安全。

截至2018年，天津市中心城区再生水主干管网建设长862千米，通水管道长382千米。已建成5座再生水厂，日供水能力达到25万吨。津沽再生水厂、东郊再生水厂、咸阳路再生水厂和张贵庄再生水厂已对外供水，日均供水量8.85万吨，执行《城市污水再生利用　城市杂用水水质》(GB/T 18920—2002)、《城市污水再生利用　工业用水水质》(GB/T 19923—2005) 和《城市污水再生利用景观环境用水水质》(GB/T 18921—2002) 3个标准。北辰再生水厂仍未实现对外供水。

津沽再生水厂与津沽污水处理厂相邻，天津市外环南20千米外（津南区大孙庄），规模为7万吨每日，采用“微滤+部分反渗透+臭氧+次氯酸钠消毒”处理工艺。供水区域为西至津涞公路、吴家窑大街、马场道，东至大港和津南区边界，北至海河、南至独流减河，服务面积20000公顷。主要供水范围是梅江及松江地区，水上周边地区，西青大寺地区，津南区的双港镇、海河教育园、八里台镇，王稳庄地区，西青金属工业园等。2018年，供水总量1110.68万立方米。

咸阳路再生水厂位于咸阳路污水处理厂院内西南角，西青区中北镇海泰北道增1号，规模为5万吨每日，采用“混凝沉淀+微滤膜（CMF－S)+部分反渗透+臭氧+液氯消毒”处理工艺。供水区域为外环线以内北起子牙河，南至宾水西道、复康路、吴家窑大街，西起外环线，东至海河及外环线以外5千米范围内，服务面积约为7260公顷。2018年，供水总量833.41万立方米。

东丽再生水厂位于东郊污水处理厂院内，东丽区李明庄村澄州路西，规模为5万吨每日，采用“微滤+部分反渗透+臭氧+液氯消毒”处理工艺。供水区域为外环线以内，北起新开河，南至海河，东自外环线，西至海河及外环线以外5千米范围内，服务面积约为9800公顷。2018年，供水总量384.73万立方米。

北辰再生水厂位于北辰污水处理厂院内东北角，北辰区外环北路28千米处，规模为2万吨每日，采用“微滤膜（CMF）+部分反渗透+臭氧+液氯消毒”处理工艺，规划供水区域为外环线以内，北起外环线，南至子牙河、新开河及外环线以外5千米范围内，服务面积为8330公顷。由于北辰再生水厂外管网还未铺设，未实现对外供水，故采用维护性运行方案，每日联动开机运行制水，保证设备正常运转。

张贵庄再生水厂位于张贵庄污水处理厂院内东南角角，东丽区幺六桥航新路629号，规模为6万吨每日，采用“微滤膜（CMF）+部分RO+臭氧+次氯酸钠消毒”处理工艺，规划供水区域为军粮城热电厂和天钢集团。2018年，供水总量901.64万立方米。

推动北疆电厂淡化海水利用，组织市发展改革委、市财政局、滨海新区政府、水务集团研究北疆电厂淡化海水供自来水厂水量的补贴扶持政策，5月4日、7月4日市政府领导先后两次召开协调会议，专题研究北疆电厂一期淡化海水利用相关政策，并印发《天津国投津能发电有限公司一期淡化海水利用相关政策协调会议纪要》。在此基础上，制定了《天津市淡化海水利用政策方案》，并会同市发展改革委、市财政局联合印发，建立了全市淡化海水利用长效机制。组织编制《天津市淡化海水利用规划》。2018年，天津市海水淡化生产能力 21.6 万立方米。全年实际生产海水淡化水 4141 万立方米，比上年增加 684 万立方米；用于工业 3703 万立方米，比上年增加 706 万立方米；进入城市公共供水管网 438 万立方米，比上年增加 22 万立方米。海水淡化水供滨海新区部分区域生产和生活使用。

2018 年汛期，天津市上游地区来水偏多，市防办在确保天津市防洪安全的前提下，抓住汛期上游地区洪沥水经天津市宣泄入海的有利时机，统筹兼顾、科学调度，抢蓄雨洪水。2018 年汛期共计拦蓄雨洪水资源 7.97 亿立方米，有效改善了城乡水生态环境，为三秋生产和今冬明春工农生产储备了水源。

（水资源处　供水处　排监处　排管处　防汛处）

【最严格水资源管理考核】 2018 年初，对全市 16 个区进行 2017 年度实行最严格水资源管理制度考核，考核结果经市政府审定通报各区，其中西青区、东丽区、武清区、红桥区 4 个区为优秀等级，蓟州区、津南区、北辰区、滨海新区、和平区、河北区 6 个区为良好等级，宝坻区、静海区、宁河区、河西区、南开区、河东区 6 个区为合格等级。按要求，各区政府上报了 2017 年度考核存在问题的整改落实报告。接受了国家考核组对天津市 2017 年度实行最严格水资源管理制度考核，编制完成自查评估报告，接受了国家考核组的现场检查，考核结果为良好等级。完成了水利部开展的 2017 年度水资源管理专项监督检查发现问题整改工作。

【水资源论证】 2018 年全面实行了规划水资源论证制度，批复了《天津京津科技谷总体规划（2009—2020 年）修改》《天津京滨工业园总体规划（2009—2020 年）修改》等 2 项规划的水资源论证；审查市级水资源论证报告 22 个；全市建设项目需进行水资源论证的全部进行了论证。

（水资源处）

【取水许可管理】 2018 年，开展了全市取水许可和计划用水监督检查，从取水许可台账系统中各区随机抽查 5 个用水单位，重点检查取水许可审批情况、计划用水指标核定下达及日常监督管理情况。对各区报送资料认真核查，提出存在问题，作为 2018 年度最严格考核的重要考核依据。

2018 年 12 月 24 日，以天津市政府令（第 8 号）公布《天津市取水许可管理规定》，自 2019 年 2 月 1 日起正式施行，新修订的《天津市取水许可管理规定》有助于天津市强化取水许可管理，提升水资源利用水平。

按照《天津市人民政府关于印发〈天津市水资源税改革试点实施办法〉的通知》及《市水务局关于做好地下水取用水户属地管理工作的通知》文件要求，开展水资源税改革试点工作，天津市地下水取水许可实行属地管理，将原市水务局管理的市属地下水用户（地热水、矿泉水除外）管理权限移交至各有关区管理。市水务局、市地方税务局、市财政局联合印发《天津市水资源税征收水量核定工作办法》，规范水资源税征收水量核定工作。

【地下水资源管理】 市水务局与市规划和自然资源局开展地热资源开发利用联合审批工作，提升地热资源保护和集约节约利用水平，促进地热资源可持续利用和安全利用。2018 年审批地热水取水许可项目 7 个，批准开凿地热井 14 眼。

2018 年按照《天津市地下水水源转换实施方案》，继续推动落实地下水压采工作，全市实际压采深层地下水 3105 万立方米，深层地下水开采量降至 1.5 亿立方米，较 2015 年下降 26%。封停机井 257 眼，其中回填 160 眼，封存备用眼 95 眼，转为监测井 2 眼。加强封停机井管理，印发《市水务局关于加强封存、备用机井管理的通知》，建立水源转换地下水机井封井台账，录入水资源监控信息系统平台。制定了《天津市 2017 年度地下水压采工作考核工作方案》，会同市发改委、市财政局对有关区2017年度地下水压采工作进行检查考核，并将考核结果上报市政府。

（水资源处　水文水资源中心）

【饮用水水源保护】 完成北塘水库、王庆坨水库、杨庄水库、尔王庄水库及引滦明渠（宝坻段）饮用水水源地保护区划定。完成天津市2018年度地表水型城市集中式饮用水水源地环境保护专项行动，对水源地存在问题逐一排查，建立问题清单，按月汇总上报生态环境部和水利部。编制完成《于桥水库综合治理专项工程方案》，实施于桥水库底泥清除，消减库内营养盐，2018年年底，泥清除458万立方米，后期将结合底泥去向改造湖滨带，进行植被栽植。实施于桥水库截污沟，拦截库周边污染源。蓟州区完成于桥水库二级保护区68个村居民生活污水集中收集处理，完成18家规模化养殖场及177家畜禽养殖户整治，完成库区周边38条入库沟道治理，对9家加油站实施防渗漏治理。建成于桥水库入库前置库，充分发挥净化功能，加强前置库工程和封闭管理，完成前置库绿化工程建设，栽植树木13.7万株，绿化面积209.4公顷。加强于桥水库库区生态系统修复及保护，开展增殖放流和水生植物栽植和投放，改善水库水质。强化于桥水库库区常态化管理，加大库区封闭管理力度。坚持联合巡查执法机制，市水务局与蓟州区政府联合开展于桥水库机动船只专项治理行动，共清理机动船只1178条。实施于桥水库38条入库河长制考核。

【农业水权制度改革】 2018年11月，市水务局结合全市农业水价综合改革和水资源税改革试点工作，制定并印发了《天津市水务局关于建立健全农业水权制度的指导意见（试行）》，结合现状农业用水情况，合理确定各区农业用水总量控制指标，明确水权主体，确定农业水权水量。

（水资源处）

节水型社会建设

【概述】 2018年，天津市持续推进节水型社会建设，主要节水指标继续保持全国领先水平，万元GDP用水量降至14.44立方米，万元工业增加值取水量降至6.64立方米。落实《水利部关于开展县域节水型社会达标建设工作的通知》要求，市节水办、市发展改革委、市工业和信息化委、市农委发布了《关于深化天津市节水型区县建设的通知》，全面与水利部标准对接，组织各区制定县域节水型社会达标建设实施方案，发布了《市水务局 市机关事务管理局 市节约用水办公室关于加强全市各区公共机构节水型单位创建工作的通知》和《市水务局 市工业和信息化委关于开展市级重点用水企业水效领跑者评选工作的通知》，开展达标建设实施方案编制工作培训、召开推动会，对实施方案组织专家审查，各区实施方案报区政府印发实施，确保有效指导达标创建。全市创建节水型企业（单位）164个，节水型居民小区187个，覆盖率分别达到了49.9%和30.7%；节水型公共机构11家，覆盖率达100%；3个系统（行业）通过了节水型系统行业复审工作，以海河教育园、西青工业区、北辰科技园3个园区作为典型开展了园区节水型创建前期调研工作。落实国家九部委联合发布的《全民节水行动计划》，市节水办、市发展改革委印发了《天津市关于落实〈全民节水行动计划〉的实施意见》，将具体实施任务分配到市各相关部门。按照《国家发展改革委　住房城乡建设部关于加快建立健全城镇非居民用水超定额累进加价制度的指导意见》，市发展改革委会同市水务局联合印发《关于建立天津市城市非居民用水超定额累进加价制度实施方案（试行）的通知》，为2019年超定额累进加价工作的试行奠定基础。市水务局、市发展改革委、市商务委联合印发《关于明确洗浴业执行特种行业水价范围的通知》，为洗浴业执行特行水价标准收费提供了依据。

（水资源处）

【计划用水】 年初，组织召开 2018 年用水节水计划大会，为全市 72 个系统（行业）和 16 个区下达自来水计划 5 亿立方米，其中市管户计划 1.4 亿立方米，共核定 1951 户，地下水下达计划 0.61 亿立方米，地表水下达 0.52 亿立方米，审批基建临时用水计划审批件 70 件，办结率和及时率均达到 100%。其中对一商和劝华两个系统的部分用水单位试行定额计划管理，并定期向相关用水单位开展现场服务，密切关注定额下达试行情况。全市核定和审批的用水计划在市水务局官网进行公开。

按照窗口单位创建要求，制定了节水中心"三亮三提三比三评三创"活动实施方案，粘贴服务指南，摆出服务承诺桌牌，简化办事环节，提高了服务效率，提升了服务质量。对《已取得用水计划指标的非生活用水户用水计划指标调整工作流程》《超计划用水累进加价收费征收管理工作流程》等相关工作流程进行了修改完善并挂牌上墙。

开展超计划用水户预警工作，全年累计预警 864 户次，有效降低了用水户因跑冒滴漏造成的超量用水问题。

配合市发展改革委起草完成了《关于建立城镇非居民用水超定额累进加价制度的实施方案》，以市发展改革委、市水务局名义正式印发。按照方案要求，开展对机关单位等行业的前期调研，明确超定额累进加价的实行方式和方向，为 2019 年超定额累进加价工作的试行奠定基础。

开展了取水定额制修订基础资料的搜集和整理工作，确定拟制定新增石油和天然气开采业、非金属矿采选业等 15 项工业产品取水定额和 7 项畜牧业和渔业的取水定额产品名录。召集部分区节水办及市管单位部署填报培训工作，对数据填报进行了讲解培训；以电话沟通、下现场调查等方式完成了数据收集、核查等工作。2018 年年底完成了对新增 22 项产品取水定额值的制定和《工业产品取水定额》《城市生活取水定额》共计 288 项取水定额值的先进值、通用值的确定，并已具备报审条件。

【依法节水】 开展立法工作。组织完成了对《天津市水平衡测试管理办法》和《天津市计划用水管理办法》立法征询工作。《天津市水平衡测试管理办法》已上报局有关处室进行法律审核，《天津市计划用水管理办法》已完成系统内征求意见，修订工作正在稳步推进。

加强节水执法工作。组织落实《市水务局关于印发水资源管理专项执法暨清源行动组织实施方案的通知》，针对未办理计划用水指标的自来水市管非生活用水户开展专项执法检查活动。与市水务集团建立联动机制，通过现场告知等管理手段，完成专项执法检查活动 340 余户，立案 10 余户。同时，每月定期对用水户用水情况进行执法检查，截至年底共计执法履职 120 余户。

利用善水园、节水科技馆等节水宣传阵地和 12·4 国家宪法日等重要节日开展特色的节水法制宣传，组织开展法律六进等法制教育工作。

【科技节水】 编制了《节水标准汇编》。充分利用标准化信息网，对国家和地方现行 500 项标准进行了逐一筛查，挑选出与节水相关的最新国标、地标，并结合其他相关标准资料，收集整理了部分国家地方相关节水标准及用水定额共计 70 余项。编制完成了节水标准汇编电子版。该汇编分别从通用标准、用水定额、产品水效、项目节水等 10 大方面，涵盖了国家及天津市最新节水相关标准共计 106 项，为各项节水工作开展提供了标准性技术依据。

编制完成了《节水型产品名录》（第八期），共计 32 家用水产品生产企业纳入第八期名录中。

落实全民节水行动，着手开展宾馆行业调研。通过确定调研内容和调查范围，选定旅游集团下属单位为主要调研目标，完成了对津利华等重点用水单位的现场调研，并以现场填写与调查表报送两种形式，完成了市考核单位调研、分析及调研报告的编写工作。

【节水系列创建】 2018年初，制定节水型企业（单位）和居民小区创建目标任务，召开各区节水工作会议，部署2018年节水型企业（单位）和居民小区创建工作。相关人员多次深入到区，主动提供服务，进行培育指导。全年共创建节水型企业（单位）164家，节水型居民小区187个，覆盖率分别达到49.9%和30.7%，超额完成年初确定的工作任务。

年初两次与市机关事务管理局节能处沟通，确定了未创建节水型单位名单。上半年组织召开了公共机构创建专题培训会，并对具备创建条件的单位进行现场指导。10月25日，天津市人民代表大会常务委员会机关、天津市专用通信局、天津市地质矿产勘查开发局、天津市档案馆4家单位通过评审。截至2018年年底，天津市节水型公共机构共11家，创建覆盖率达100%。

开展园区创建前期调研工作。通过前期摸底，确定了调研方向，以海河教育园、西青工业区、北辰科技园三个园区作为典型，先后开展现场调研6次，并在其基础上制定并下发了调查表。收回13个区共计56个园区的情况调查表，完成了调查情况分析汇总，为后续制定园区创建标准提供了可参考依据。

2018年，完成对各区节水型社会创建实施方案的专家审核，并将各区政府批复的实施方案报局相关处室。

按照年初确定的工作目标，对医药、铁路、卫生三个行业进行复审。通过组织相关系统主管人员召开复查前期筹备会和日常指导、培育，对复审材料、基础指标和上报进度提出了具体要求，并进行了严格审查，确认医药集团、北京铁路局天津能源管理监测站和卫计委评定分数达到90分以上，通过复审，继续保留节水型系统（行业）称号。

【节水文化宣传】 3月22日，配合水政总队在河西区雷锋公园举办了天津市纪念第26届“世界水日”、第31届“中国水周”主题宣传活动，节水中心职工及市民共计100余人参加了活动。活动中，通过组织设立节水咨询台、发放节水宣传资料等方式，使市民了解了天津水资源短缺状况，学习了节水小窍门。同时，“中国水周”期间，节水中心开展“节水宣传进社区、普法宣传进单位”上门服务活动，确保达到广泛发动、群众参与、务实有效的目的。

5月15日，在西青区善水园举行了天津市第27届“全国城市节水宣传周”启动仪式。活动由市节水办、西青区政府主办，市节水中心、西青区水务局承办。西青区副区长，市节水中心、西青区水务局主要负责人及相关工作人员，节水护水志愿者等300余人参加了活动。仪式紧扣节水宣传周主题，强化践行“节水优先”的治水思路，为推动各区节水宣传工作打下了坚实的基础。

发挥节水科技馆的宣传阵地作用，通过丰富“节水课堂”微信公众号内容，扩大节水馆影响力。新增粉丝近5000人，推送涵盖节水法律法规、技术推广、知识普及等内容的文章达60篇，对《水效标识管理办法》和《天津市湿地生态补偿办法》进行了宣贯。同时，积极开展校园合作共建，让节水伴随青少年成长。与天津市河西区纯真小学联合开展了“创建生态文明，共享绿色未来”主题升旗活动，双方结成共建单位。全年累计参观人数达1.5万余人次，游客满意率100%。3月，节水科技馆还做客天津广播电台《我们爱科学之科普基地大访谈》节目，向天津市民介绍了天津节水科技馆相关情况，阐述了国家实施全民节水行动计划和建设节水型社会的意义和进程，号召广大市民要养成节约用水的习惯，共同珍惜水资源、爱护水环境。

【用水监控】 节水中心多次与滨海新区节水办沟通协调2018年度项目建设任务，以市水务局名义向滨海新区水务局下发了《关于请配合安装在线远程流量计的函》，要求滨海新区节水办配合项目建设工作。通过多方协调沟通，全年完成了60块远传水表的安装和APP的开发工作，安装率达到57%，完成了年度确定安装率40%的目标要求。

（焦　娜）

水生态环境

水环境保护

【概述】 2018年，围绕水功能区水质达标、“水十条”国考断面水质改善和消除建成区黑臭水体等指标，稳步推进水功能区与入河排污口监督管理、中心城区河道水体生态修复、建成区黑臭水体治理、水污染事件应急管理、污染防治攻坚战等工作任务。

【水功能区监督管理】 强化水功能区监督管理，贯彻落实通报制度，全市33个重要江河湖泊水功能区全部实现每月监测一次，监测报告按时报送水利部水资源司和海委，评价结果每季度报送各区政府和市环保部门。编制完成天津市《重要江河湖泊水功能区水质达标保障方案》和《省界缓冲区入境污染影响下游水功能区水质达标修正方案》，针对影响水功能区水质不达标的因素，提出诊断分析和“一区一策”达标方案编制大纲。

【入河排污口监督管理】 组织开展全市入河排污口专项排查整治行动，全面摸排1285个入河排污口现状情况，制定整改方案并纳入“一河一策”，排查成果报水利部备案。印发《市水务局关于抓紧办理提标改造污水处理厂入河排污口设置审批的通知》，规范了各区污水处理厂入河排污口的设置审批和后续管理，基本完成全部市管河道入河排污口的批复工作。加强入河排污口监测覆盖范围，开展了规模以上入河排污口及入境、入海水量水质同步监测工作。印发《关于改善河道水环境 加强市管河道取排水管理工作的实施意见》，建立取排水申请报备制度和排水统计制度。组织对水利部入河排污口专项监督检查发现的问题进行整改，推动9个未审批入河排污口的设置单位履行审批程序。

（水保处）

【水生态文明试点建设】 为深入贯彻落实党的十八大关于加强生态文明建设的重要精神，2014年5月，蓟州区被水利部确定为第二批全国水生态文明城市建设试点，试点建设期为2015—2017年，试点建设内容主要包括水源地保护、水污染治理、城乡供排水、农业节水、水土保持、水生态景观、水资源管理和水文化建设等八方面内容。2016年4月，市政府对蓟州区水生态文明城市建设试点实施方案进行批复。2018年8月试点通过水利部组织的技术评估，12月29日，受市政府委托，市水务局组织开展了蓟州区全国水生态文明城市建设试点行政验收工作，蓟州区通过行政验收。

（水资源处）

【中心城区河道水体生态修复】 采取政府购买服务模式实施中心城区一级河道及外环河保洁。对中心城区海河、新开河、津河、月牙河等20条一、二级河道163千米重点河段进行生态修复，运行曝气喷泉288台（套）、生态浮床浮岛

18900 平方米，打捞水生植物 8990 立方米。采取曝气增氧、生态浮床、生物制剂等方式控制蓝藻生长、改善河道水质、恢复河道生态环境，为五一、重大外事活动提供了环境保障。

持续推进河湖健康评估工作，组织开展永定新河健康评估工作，为开展水生态修复工作提供技术支撑。

（水保处　排管处）

【生态环境供水】　2018 年，为保证城市基本用水及“两会”顺利召开，积极向水利部申请增加天津市引江供水指标，随后以《天津市关于申请 2017—2018 年度生态调水量的请示》向水利部申请增加天津市 2017—2018 年度生态调水量。水利部批复增加天津市供水指标 1.37 亿立方米（其中生态指标 0.47 亿立方米），全年总指标达 10.37 亿立方米，保障了生态用水安全。

全年全市累计利用引江、引滦外调水源实施生态补水 9.55 亿立方米，其中向中心城区累计补水 3.50 亿立方米，向独流减河及南部地区累计补水 1.09 亿立方米，向州河、蓟运河累计补水 3.85 亿立方米，向潮白新河和金钟河等河道补水 0.26 亿立方米，向北大港水库生态补水 0.85 亿立方米。

2018 年，四大湿地主要利用雨洪资源和中心城区循环退水实施补水，合计补水 2.55 亿立方米。其中七里海湿地补水 0.40 亿立方米，团泊洼湿地补水 0.15 亿立方米，大黄堡洼湿地补水 0.70 亿立方米，北大港湿地利用两条线路实施补水，共计补水 1.3 亿立方米，一是洪泥河万家码头泵站开车累计补水 0.45 亿立方米，二是利用于桥水库引滦水源经中心城区北运河、子牙河及静海区黑龙港、港团河、青年渠，通过新建大团泊临时泵站累计补水 0.85 亿立方米。

（防汛处）

【建成区黑臭水体治理】　完成全市 25 条、121.8 千米建成区黑臭水体治理工程。在 2018 年上半年生态环境部、住房城乡建设部组织的城市黑臭水体专项督查中，25 条黑臭水体水质监测全部合格，公众满意度均在 98% 以上，被国家认定为基本消除了黑臭，达到了考核要求。12 月底，25 条黑臭水体均已按照住房城乡建设部的相关要求和标准，完成整治效果评估工作；新发现滨海新区下坞泵站干渠 1 条建成区黑臭水体，编制完成整治实施方案。

【水污染事件应急管理】　加强突发水污染事件应急管理。按照水利部要求，每季度报送天津市突发水污染事件的处置情况。联合水利部海委、市生态环境局，再次赴津冀省界专题监督检查中亭河、鲍邱河等河道客水污染情况，并将相关检查情况通报河北省廊坊市，要求其解决污染问题。编制印发《天津市水污染突发事件应急预案市水务局保障方案》。

（水保处）

河（湖）长制管理

【概述】　2018 年，天津市委、市政府高度重视河（湖）长制工作，全面贯彻习近平新时代中国特色社会主义思想和党的十九大精神，牢固树立“生态兴则文明兴，生态衰则文明衰”“绿水青山就是金山银山”的绿色发展理念，认真落实党中央、国务院关于生态文明建设和推行河（湖）长制工作重大决策部署，深入实施河长制，全面推行湖长制，严格贯彻落实加强水资源保护、合理开发利用水资源、加强河湖水域岸线管理保护、加强防洪除涝安全建设、落实水污染防治行动计划、加强水环境治理、加强水生态修复、加强执法监管等八项主要任务；不论水域大小全部“挂长”，进一步强化依法治污、科学治污、生态治污，严格考核监督和责任落实，河（湖）长制工作实现了由见河（湖）长到见行动、见成效的重大转折，全市水生态环境质量持续改善。

【工作方案】 根据《中共中央办公厅、国务院办公厅印发〈关于在湖泊实施湖长制的指导意见〉的通知》精神，结合天津市实际情况，于2018年12月25日，市委办公厅、市政府办公厅印发《天津市关于全面落实湖长制的实施意见》（以下简称《实施意见》）。严格落实中央及市委、市政府要求，结合天津市工作实际，围绕加强湖泊管理保护、改善湖泊生态环境、维护湖泊健康生命，将实施湖长制纳入河长制工作体系，全面建成市、区、乡镇（街道）、村四级湖长体系，建立健全以党政领导负责制为核心的责任体系，推动实现湖泊功能永续利用。根据《实施意见》，2018年制定了市、区、乡镇（街道）三级实施方案，天津市全面实施湖长制，共109处水域纳入湖长制管理，管理级别分别为市级、区级、乡镇（街道）级，其中市级湖长管理湖泊8处，包括古海岸与湿地国家级自然保护区（七里海湿地）、北大港湿地自然保护区、团泊鸟类自然保护区、大黄堡湿地自然保护区等4处重要湿地和于桥水库、尔王庄水库、王庆坨水库、北塘水库等4处地表水饮用水水源地，区级湖长管理湖泊43处，乡镇（街道）级湖长管理湖泊58处。

【组织体系】 《实施意见》提出，建立完成四级湖长体系，市长任总湖长，分管副市长任市级湖长，将湖长制工作纳入河长制组织体系，实现湖长制与河长制同部署、同要求、同落实，全市河（湖）长共5884人。

【制度建设】 2018年，市河长办陆续制定出台了《天津市河长制考核办法（试行）实施细则》《天津市河长制湖长制暗查暗访工作制度》《天津市河长制湖长制有奖举报管理办法》《天津市河长制湖长制市级社会义务监督员聘任与管理办法》，进一步健全完善河（湖）长制制度体系，确保全市水域无论大小都有人管、都管得好。

【一河（湖）一策】 2018年，按照《水利部办公厅关于印发〈“一河（湖）一策”方案编制指南（试行）〉的通知》要求，天津市全面开展市、区、镇（街）三级河湖“一河（湖）一策”方案编制工作。截至2018年年底，43条（座）市管河湖“一河（湖）一策”方案已正式印发实施；233条（座）区管河湖中，10个区106条（座）河湖“一河（湖）一策”方案已正式印发实施。“一河（湖）一策”方案重点针对河湖存在的突出问题，提出可预期、可实现的治理目标，制定具有针对性、可操作性的对策措施，形成问题清单、目标清单、目标分解表、任务清单、措施及责任清单（四单一表），用以指导河湖治理。

【三大行动】 2017年11月15日，市河长办组织召开工作会议，安排部署全市持续深入开展河湖水环境大排查、大治理、大提升三大行动任务。2018年，市河长办持续组织开展三大行动，要求各区全面落实市委、市政府关于全面推行河长制、持续改善水环境决策部署，牢牢抓住中央环境保护督察反馈的问题、群众反映强烈的问题和巡查排查发现的问题，以保护水资源、防治水污染、改善水环境、修复水生态为主要任务，全面发挥市、区、乡镇（街道）、村四级河长职责作用，针对水面堤岸垃圾、违规种植养殖、违法违建事项、入河排污口等问题对全市河湖坑塘进行了排查，治理完成4780处问题，做到了全覆盖排查、系统性治理、全方位提升，显著改善全市水环境质量和面貌。

【清河专项整治行动】 2018年7月，市河长办组织开展了为期一个月的本市河湖坑塘清河专项整治行动，重点解决河湖、坑塘垃圾问题，消除垃圾围河、垃圾围坑、垃圾围坝（闸）现象。各区政府统一组织，区、乡镇（街道）、村自上而下分级部署，村、乡镇（街道）、区自下而上落这清理整治、分级负责。市级、区级河长制办公室实时暗访督促检查。全市共查出问题1750项，已全部整改完成。

此次的清河行动有效地促进各级河长履职尽责，加大河湖清理保洁力度，解决河湖、坑塘垃圾问题，进一步提高河湖、坑塘管护水平，切实推动河长制湖长制工作落到实处、取得实效。

（河长制事物中心）

【“清四乱”专项行动】 为进一步改善水生态环境质量，按照水利部统一部署，天津市自2018年8月开始，在全市范围内组织实施河湖“清四乱”专项行动，全面排查和整治河湖管理范围内乱占、乱采、乱堆、乱建“四乱”突出问题。截至2018年年底，通过专项行动治理，城乡水环境质量明显改善。

为保障此次专项行动顺利完成，市水务局制定了《河湖“清四乱”专项整治行动方案》，出台了《天津市河湖“清四乱”专项行动问题认定及清理整治标准》，积极推动各区开展有关工作。全市各区坚持区级总河（湖）长亲自部署专项行动、亲自协调解决困难点问题、亲自督导查看成效；镇（街）级河（湖）长有效组织，抓好具体落实，确保效果；村级河（湖）长以日常巡河为基础，细致摸排，查找问题，快速解决。在做好水利部要求清整工作的同时，举一反三将摸排范围扩大至全市一、二级河道、水库、海堤，利用无人机、卫星遥感等科技手段加大摸排力度，保证摸排系统全面；清整实，各区严格按照天津市清理整治标准进行清整，不打折扣、不搞变通，同时实行市、区二级核查复验，保证问题整改到位。全市各区积极利用河（湖）长制这一平台，规划、环保、建委、水务、综合执法等部门充分履职，形成了各街镇为清理主体、各委办局协调联动的清理模式。市级建立了分区分河核查清查工作机制，采取“四不两直”方式直奔现场开展督查、抽查，对发现的问题点名通报；各区将专项行动纳入河长制考核，以考核促推动，以考核出成效，全力推进专项行动扎实开展。

（工管处）

【监督检查和考核评估】 全年开展4次督导检查，根据不同阶段工作内容和要求，动态调整每次全面督查内容，有效促进各区河（湖）长制工作扎实推进。在媒体和微信公众号中公布河长信箱和监督电话，24小时受理河道水生态环境监督举报。实施有奖举报，建立了《2018年社会举报台账》。市级社会义务监督员由原来的37名增加到160名，监督范围由中心城区扩大为全市范围。

开展河（湖）长制月度考核工作，并根据考核结果发布河（湖）长制月度考核情况通报12期，完成2018年河（湖）长制年度考核。对河（湖）长制考核中发现严重问题或河（湖）长制工作存在突出问题的区进行挂牌督办，建立了督办问题台账，实施销号管理。市河（湖）长制办公室每周发布工作动态，及时通报帮扶困难村河（湖）长制工作推动情况和各级河长巡河情况。

（河长制事务中心）

污染防治攻坚战

【概述】 2018年，为落实市委、市政府关于全面加强生态环境保护坚决打好污染防治攻坚战的决策部署，加强污染防治工作的领导，市水务局成立了局污染防治攻坚战指挥部（简称局攻坚指挥部），统筹推动污染防治攻坚战工作。组织推动：组织召开市水务局污染防治攻坚战指挥部第一次会议，安排部署污染防治攻坚战工作任务，推动2018年污染防治攻坚战重点工作。组织召开专题会议，编制了七个专项工作方案。分析调度，组织召开了两次调度例会，研究解决方案编制、整改措施等问题。督察督办，强化对重点工作的督办力度，下达督办单，按时综合汇总报送中央环保督查整改调度周月报、年度水污染防治计划周报等报表，保证工作顺利进行。综合协调：协调有关部门、单位，牵头起草报送了2018年水污染防治行动计划自查报告、中央及市环保督察整改工作总结和自查报告，组织编制了污染防治攻坚战、水污染防治行动、中央环保督查整改2019年度工作计划。八大攻坚战涉及市水务局的94项年度工程和工作全部完成。

【机构职责】 2018年10月19日，市水务局成立局污染防治攻坚战指挥部，下设办公室及蓝天保卫组、碧水保卫组、净土保卫组、柴油货车污染治理组、黑臭水体治理组、渤海综合治理组、水源地保护组、农村污染治理组、技术组9个工作组。主要工作职责：贯彻落实市污染防治攻坚战指挥部工作部署，负责中央和市委环境保护督查问题反馈问题整改、水污染防治行动实施计划、关于全面加强生态环境保护坚决打好污染防治攻坚战的实施意见和八个攻坚作战计划的落实，统筹协调存在的问题，明确责任单位督促落实，协调各工作组解决问题并综合相关情况组织指挥工作开展。

（攻坚办）

【蓝天保卫】 对蓝天保卫战的任务进行了分解落实，于2018年11月制定了《蓝天保卫战实施方案》。通过强化水务工程施工扬尘管控和强化工程机械污染防治，达到全市蓝天保卫战总体要求。《蓝天保卫战实施方案》包括水务工程施工扬尘管控和工程机械污染防治两项重点任务，13项具体任务，均为长期坚持。

（基建处）

【碧水保卫】 按照市委、市政府印发的《天津市打好碧水保卫攻坚战三年作战计划》部署要求，细化分解碧水保卫战市水务局局内任务分工，形成38项管理类和24项工程类项目，编制印发了碧水保卫战任务清单。严格按照任务分工，层层落实责任；形成上下联动、分工协作、密切配合的工作格局；坚持举一反三，建立长效机制；定期召开调度会，全面推进各项任务按计划完成。

污染物排放。加快城镇污水处理设施建设和改造，全市建制镇和城市污水处理率分别达到83%和93.5%；加快推进合流制地区雨污分流管网改造和污水管网混接点改造，中心城区和环外地区合流制地区分别减少了8.67平方千米和0.7平方千米。

节约保护水资源。全市用水总量控制在28.42亿立方米；严格控制地下水开采，全年压采深层地下水3105万立方米；加快推动老旧供水管网改造，公共供水管网漏损率控制在11%以内；开展2017年最严格水资源管理制度水功能区水质达标和入河排污口设置审批考核工作，定期监测水功能区水质；推动各区制定了水系连通规划和水源调度方案，海河南、北水系连通的6项工程通过市整改办验收，已初步实现南、北水系连通，全年累计利用引滦引江水源向全市补水9.55亿立方米，利用雨洪资源及循环退水向四大湿地补水2.55亿立方米。

水生态环境健康。完成建成区25条黑臭水体治理，黑臭现象全部消除，经国家专项督察，水质全部合格，公众满意度达98%。

水环境风险控制。强化饮用水水源地保护，实施于桥水库周边污染源治理，推动蓟州区完成二级保护区内64个村生活污水集中收集处理，拆除18家规模化养殖场和177家规模化以下养殖场，治理完成38条入库沟道；加快推进于桥水库综合治理，实施水库底泥清淤工程，清淤底泥458万立方米。

经济结构转型升级。新增高效节水灌溉面积1333.333公顷，并配套灌溉计量设施；加大再生水利用推动力度，全市深处理再生水利用量约5572万立方米；联合有关部门印发了《天津市淡化海水利用政策方案》，建立了全市淡化海水利用长效机制，全市淡化海水利用量约4141万立方米。

（水保处）

【净土保卫】 根据《天津市人民政府关于印发天津市土壤污染防治工作方案的通知》和《天津市人民政府关于印发天津市打好污染防治攻坚战八个作战计划的通知》要求，市水务局牵头承担“加强灌溉水水质管理”工作，通过组织、协调、推动市有关部门及各涉农区积极工作，2018 年年底，完成《天津市土壤污染防治加强灌溉水水质管理实施方案》编制工作。

（农水处）

【柴油货车污染治理】 对柴油货车污染治理攻坚战的任务进行了分解落实，于 2018 年 11 月制定了《柴油货车污染治理攻坚战实施方案》。通过强化非道路移动柴油机械污染防治，达到全市柴油货车污染治理攻坚战的总体要求。《柴油货车污染治理攻坚战实施方案》包括非道路移动柴油机械污染防治一项重点任务，七项具体任务，均为长期坚持。

（基建处）

【黑臭水体治理】 按照市委、市政府印发的《天津市打好城市黑臭水体治理攻坚战三年作战计划》部署要求，2018 年 12 月 13 日会同市生态环境局印发《天津市全市域黑臭水体整治工作方案》，对全市域黑臭水体整治从黑臭水体排查识别、编制整治实施方案、整治工程实施、整治效果评估、落实长效养管机制全流程逐一明确了责任分工，提出了具体工作要求和标准。组织各区对全市域黑臭水体开展全面排查，摸清黑臭原因和环境条件特征，针对性选取控源截污、清淤疏浚、垃圾清运、生态修复等多种措施对黑臭水体进行治理。

【渤海综合治理】 根据市委、市政府《天津市打好渤海综合治理攻坚战三年作战计划》的工作要求，2018 年 12 月制定了《天津市打好渤海综合治理攻坚战三年工作方案》，明确了主要工作目标与任务分工。持续推进全面落实河长制、推进水系连通工程和入海排污口溯源排查、改善入海河流水体水质等工作任务。

（水保处）

【水源地保护】 开展饮用水水源保护区专项整治。①开展地表水型集中式饮用水水源保护区“划、立、治”三项重点任务，编制完成《天津市集中式饮用水水源地环境保护专项行动方案的通知》，完成 2018 年度整治任务；②加快推进农村饮水提质增效工程，组织编制完成《天津市农村饮水提质增效工程实施方案》；③严防地下水污染，2018 年完成了 26 眼取水井封井回填工作任务，并通过验收。实施重点饮用水水源地于桥水库综合治理：①开展于桥水库环库截污一期工程建设，在前置库排水闸布设自动监测设备；②实施水库底泥清除，建设完成前置库并完成前置库绿化工程，完成菹草打捞蓝藻防控工作。保障饮用水安全。完善水质监测网络，公开水质监测信息。开展供水管网更新改造。2018 年改造 42.7 千米老旧供水管网，城镇供水管网漏损率控制在 10% 左右。防范饮用水水源环境风险。落实于桥水库蓝藻水华卫星遥感监测和预测预警模型项目。推动引滦上游水源保护。实施引滦入津上下游横向生态补偿机制，协调推动河北省境内沙河下游段养鱼网箱清除，累计清理沙河网箱 1.1 万余个。完成沿河村庄河滩地和沿岸垃圾清理，签订《沙河朱官屯桥下水环境长效保护框架协议》。

（水资源处）

【农村污染治理】 按照局污染防治攻坚战指挥部办公室统一部署，全面打好农业农村污染治理攻坚战主要任务是督导有关区在 2019 年一季度前完成已排查出的 52 个点位垃圾清整工作，并将非正规垃圾堆放点排查整治工作纳入河长制日常管理。12 月 6 日，局党委书记张志颇主持专题会议对下步工作进行研究部署；12 月 15 日，局领导唐先奇主持召开了攻坚战任务推动会。

（农水处）

控沉管理

【概述】 2018 年，发布《2017 年度天津市地面沉降年报》，印发《天津市控制地面沉降工作领导小组办公室关于天津市各区地面沉降情况的通报》《市控沉工作领导小组办公室关于被约谈区政府控沉问题整改情况的通报》和《天津市地面沉降防治工作方案（2018—2020年）》及任务分工，启动《InSAR监测天津市基坑降水引发局部地面沉降示范工程》项目研究。

成立天津市控制地面沉降工作领导小组，组建天津市控制地面沉降工作领导小组办公室；开展控沉“内部—外部—内部”三步会商；编发各区控沉通报；完成各区控沉工作绩效考核；执行地下水取水项目控制地面沉降预审；与市、区建委建立基坑项目纳管联动机制和信息共享机制，开展深基坑取水许可和地面沉降防治措施备案工作；开展控沉执法巡查工作和控沉宣传工作。

【地面沉降监测】 2018年1月开展控沉“内部—外部—内部”三步会商，5月发布《2017年度天津市地面沉降年报》。7月启动2018年度全市地面沉降监测工作，地面沉降监测点总数为1501个，监测范围覆盖天津市全部地面沉降区。

2018年7月完成2018年度天津市水准监测网络优化和完善工作，在保持原有监测点的基础上，加密布设水准监测点60个，12月完成监测工作。完成天津市水准监测点、地面沉降分层监测标组和GPS连续观测站的日常维护工作，对损坏、遗失及可能受到周围环境影响的监测设施逐一排查。启动《InSAR监测天津市基坑降水引发局部地面沉降示范工程》项目研究。

【市控沉领导小组工作】 根据市委书记李鸿忠、市长张国清在《我市地面沉降成因及存在问题的报告》上的批示，4月8日天津市成立了“天津市控制地面沉降工作领导小组”。随后完成市控沉领导小组办公室的组建，并以市控沉领导小组的名义印发《天津市地面沉降防治工作方案（2018—2020年）》，以市控沉领导小组办公室的名义印发《天津市控制地面沉降工作领导小组办公室关于天津市各区地面沉降情况的通报》《市控沉工作领导小组办公室关于被约谈区政府控沉问题整改情况的通报》和《天津市地面沉降防治工作方案（2018—2020年）》任务分工。

【控沉考核工作】 2018年，地面沉降指标纳入全市绩效考核、河长制考核、最严格水资源管理制度考核及市水务局对各区水务局的考核。全市绩效考核中控沉考核指标分值由0.1分提高至1分，增加“重大工程区平均沉降量”考核指标。8月31日，以市控沉领导小组名义召开2017年度地面沉降严重区约谈会，对武清区、静海区、北辰区、西青区和滨海新区政府分管负责人进行集体约谈。

【控沉预审制度】 依照市、区地下水取水两级控沉预审管理机制，推动各区执行地下水取水控沉预审制度。2018年，共对泰融商业中心项目、创世新城项目等7项市级取水项目进行预审把关，同意取水7项。

【基坑控沉管理】 2017年12月1日起，天津市启动了建设项目疏干排水水资源费改税工作，以此为契机，控沉办与市、区建委建立基坑项目纳管联动机制和信息共享机制，联合市税务局、市住建委组织市内六区26家有关建设单位召开建设项目疏干排水水资源费改税和地面沉降防治措施备案工作会，组织各区审批局和水务局就开展辖区内建设项目疏干排水取水许可和地面沉降防治措施备案管理工作召开工作交流会。

2018年办理基坑取水许可证南开区服装一厂地块定向安置经济适用房项目、天津市农村商业银行股份有限公司天津金融城38号地项目等12个，其中进行建设项目地面沉降防治措施备案11个。

【控沉执法巡查】 2018年，围绕行政执法职权中的六项内容，开展分层监测设施和水准点巡查、地热项目检查、深基坑检查几个方面的执法工作。共计出动执法人员138人次，开展执法工作69次，其中包括分层监测设施和水准点巡查9次，地热项目检查3次，深基坑检查57次。

【控沉宣传】 2018年11月，在河西区友谊路沿线周边布置为期一个月的控沉宣传路名牌，提高社会认知度。结合法制宣传日、防灾减灾宣传日活动开展外部宣传，向全市各区发放宣传品共计5400件。在《天津日报》刊登《关于开展建设项目疏干抽排地下水取水许可和地面沉降防治措施备案专项检查的通告》，加强城市建设过程中的地面沉降防控工作。

（控沉办）

排 水 管 理

【概述】 防汛保障工作。2018年，全面完成设施养护、运行、大中修任务，确保了排水设施安全畅通运行。修订《天津市中心城区防汛排水预案》等5部预案方案，重点完善“一处一预案”，提高了重点区域、部位的应急保障水平和预案的可操作性。组织中心城区防汛应急抢险演习和抢险设备培训，新购置一批防汛物资，提升了防汛应急处置能力和保障水平。坚持“雨情就是命令”，各项措施提前落实到位。在应对“7·24”强降雨过程中，与2016年“7·20”强降雨相比，退水时间缩短了18个小时，确保了市民出行安全。

改善水生态环境质量。完成国家生态环境部、住房城乡建设部城市黑臭水体整治专项督察的迎检工作。制定15条二级河道“一河一策”，建立“一河（湖）一档”。开展河湖“清四乱”专项行动，建立台账清单，逐一销号管理。有效遏制河道蓝藻暴发，提升河道水生态环境和景观效果。实施水环境提升工程和二级河道水循环能力提升工程，二级河道水循环能力和水环境质量明显提升。实施海绵城市解放南路60千米管网调查、内窥监测及长泰河复兴河水环境治理项目，完成海绵城市建设全年任务目标。

提升行业管理水平。加快推进《天津市排水专项规划（2018—2035年）》修编工作，编制了《中心城区防汛排涝补短板三年行动方案》。编制完成市重点工程规划片区、大配套、自行配套项目排水规划方案及排水规划出路确认150余项。强化污水处理行业管理。编制出版《2017年度天津市污水处理公报》。修订《天津市污水处理行业管理工作考核暂行办法（试行）》。对纳入《天津市污水处理行业管理信息系统》的环外89座污水处理厂，按照“新地标”实施水质监督考核，中心城区5座污水处理厂按照临时标准实施水质监督考核，对排放不达标的污水处理厂进行通报约谈、督促整改。实施津沽、张贵庄污水系统7个点位流量监测工作。新增20座污水处理厂的在线监测，实现30个点位在线数据接入。组织召开2018年天津市城镇污水处理厂安全管理培训会，成功举办第二届京津冀排水和污水处理运营管理技术和经验交流会。加强再生水行业管理。建立《天津市再生水信息管理系统》并投入使用，实现了再生水利用行业管理工作的科技化、信息化。对中心城区已运行的4座再生水厂加大巡视检查力度，确保正常运行和供水安全。强化行风建设，认真做好排水热线服务，严格首问负责制，排水问题处理率100%。开展“一制三化”“双万双服”工作，进一步简化审批手续；深入污泥处置、再生水企业，主动上门开展咨询服务，积极为企业排忧解难，优化营商环境。完成“6·8”重大活动、达沃斯论坛、天津国际少儿艺术节及第十四届市运会排水服务保障工作。

【排水规划】 随着海绵城市建设标准的确定和新规范提标的要求，2018年基本完成《天津市排水专项规划修编（2018—2035年）》编制工作，切实提高天津市中心城区排水防涝能力和水平，改善水环境质量，指导海绵城市建设工作；针对天津市中心城区范围内产生的市政掏挖污泥没有统一处理方式问题，完成《天津市市政污泥处理厂工程》项目建议书编制工作。

完成《2018年天津市中心城区合流制片区排查成果》及《天津市中心城区污水处理空白区排查成果》编制工作；编制完成《中心城区防汛排涝补短板三年行动方案》；配合市建委开展《天津市海绵城市建设实施方案》编制工作；完成《天津市中心城区排水防涝综合规划》深化工作。

依据《室外排水设计规范》（2016年版）雨水设计标准的提高，进一步优化、调整排水系统，编制完成重点工程规划片区、大配套、自行配套项目排水规划方案及排水出路确认150余项。完成《咸阳路污水处理厂配套管网工程》污水提升泵站初步设计、咸阳路污水处理厂进水临时切改方案、万辛庄地块污水临时方案等审查工作。

完成市水务局《天津市水务发展“十三五”规划中期评估报告》工作；完成市环保局《天津市“十三五”生态环境保护规划》中期评估工作。按照《天津市贯彻落实中央环保督查反馈意见具体问题整改措施清单》的要求，完成了中心城区、环城四区空白区及合流制地区排查成果现场抽查核验工作；针对和平区、河西区、河东区、河北区提出设施短板等积水问题，组织相关部门制定完成解决方案。

【排水设施工程建设】 2018年，实施二级河道水循环能力提升工程，完成全部投资2030万元，完成水环境提升工程八里台节制闸等3个节点工程，完成投资1399万元（总投资1770万元）；丹江东路、鄱阳路等7座泵站初期雨水治理工程，完成投资2346.74万元（总投资3420，累计全部完成）；三元村泵站改建主体工程，完成投资3531.22万元（总投资5110万元，累计完成4222.72万元）；阎街、四新桥等4座雨水泵站排水出路改造工程，完成全部投资745万元。加快推进中心城区广开四马路等7片合流制地区市管排水设施雨污分流改造工程，完成华新大街、幸福道等10条排水管道改造工程，完成投资11193.51万元（总投资20547万元，累计完成18459.51万元）；积极推动井冈山路、增产道两个泵站改造，完成投资200万元，（总投资6403万元，累计完成1040.8万元）；先锋河调蓄池建设主体工程底板浇筑全部完成，完成投资12925.95万元（总投资29398万元，累计完成14842.94万元）。实施老旧排水管网及泵站改造工程建设，完成37座泵站自动化及34处雨量计改造，完成投资775万元（总投资1919万元，累计完成1875万元）。配合市轨道交通建设，完成地铁4号线曲阜道站、昆俞路站、张贵庄站3处排水切改任务。

【排水设施养护管理】 2018年对3613千米排水管道（其中雨水管道1856千米、污水管道1371千米、合流管道386千米），检查井89630座，雨水井62850座；排水泵站245座（其中雨水泵站118座、污水泵站65座、合流泵站12座、地道泵站45座、换水泵站5座）；排水河道126千米等排水设施进行了养护管理。全年完成疏通管道3878千米，掏挖检查井947428座，掏挖雨水井782571座，维修管道3890米，维修检查井4752座，维修雨水井6509座，水泵电机检修396台，泵站挖池子248座，清除河道垃圾25892立方米。养护完成率100%。

2018年小修养护投资9150万元，其中排水泵站、管道及河道设施养护投资7420万元、泵站运行电费700万元、排水信息调度系统通讯维护费400万元、水质日常监测及监测设备维修购置费460万元、全市污水处理行业管理费170万元。设施大中修项目投资2692万元，其中排水设施应急抢险项目投资808万元、泵站设备更新项目投资800万元、北辰污水处理厂流量监管系统建设项目投资19万元、泵站远程监测点位扩容项目投资100万元、大型进出水管道清淤工程项目投资400万元、外围污水处理厂在线监测数据接入项目投资73万元、南口路泵站出水管道应急抢修工程492万元。城市管理“以奖代补”资金2758万元。中心城区防汛抢险物资设备储备投资3243万元。防汛设备购置项目投资2709万元。2018年所有投资全部100%完成。

【执法管理】 针对违反排水和再生水利用法规，违法连接排水设施等行为，严格按照“三步式”执法程序，做到及时发现，及时纠正，及时管理。对拒不服从管理的，严格按照行政案件查处程序，及时立案进行处罚（处理）。对拒不执行的，依法向人民法院申请强制执行，确保排水设施良好、安全运行。

加大日常排水设施巡视管理。充分发挥好三级巡视网，落实排水服务保障及快速反应机制，确保巡视管理无盲区，发现问题及时纠正、及时解决。完成2018年排管处行政执法人员培训。通过对行政执法人员进行廉政教育、行政执法程序、行政执法文书使用、以案释法、执法监督平台执法系信息分析、执法案件经验交流以及考试等方面的培训，提升排管处执法人员的法律知识和执法经验及执法管理水平。按照局行政执法监督平台升级要求，2018年对排管处行政执法检查记录进行了调整，完成了执法检查内容同权责清单的对应。排管处平台全年共录入行政执法检查信息5687条，其中现场教育整改及复查共127件，立案1起，下发行政处罚决定书2份，责令限期改正决定书2份，结案2起。

【排水服务保障】 2018年6—9月，天津市先后召开“6·8”重大活动——中俄青少年冰球友谊赛、天津市第十四届运动会、天津国际少儿艺术节、2018夏季达沃斯论坛，为确保上述重大活动顺利召开，排管处精心组织、周密安排，有针对性地制订专项排水保障方案、圆满完成排水服务保障任务。

明确任务分工，逐级逐项落实具体工作。成立应急抢险队，明确辖区所所长为抢险队队长，组织精干、骨干人员为抢险队员，确保责任明确，各项工作落实到位，为高效能完成排水保障工作提供组织保障。

制定预案，强化保障能力。先后制定《天津市奥体中心地区排水保障专项方案》《天津体育馆地区排水保障专项方案》《2018天津国际少儿艺术节专项排水保障方案》《2018天津夏季达沃斯论坛专项排水保障方案》等专项排水保障方案，确保应急抢险物资、设备准备充分，为圆满完成2018年重大活动排水保障工作提供制度保障。

加强应急演练，提高处置水平。积极开展排水突发事件排水保障应急演练工作，对排水保障区域现场重点点位进行工作部署，逐项检查落实情况，强调排水保障人员必须进行安全培训，确保自身安全，责任落到实处，同时确保排水保障应急抢险工作的时效性，全力以赴做好重大活动排水保障工作。

加强巡视巡查、确保设施完好。保障期间对重点地区加强巡视、巡查、处置力度。开展针对迎送路线、接待酒店周边、梅江会展中心周边地区市属排水设施及市属二级河道的巡视及河道保洁工作，共计出动巡视人员1122人次，巡视车辆580辆次、累计出动保洁人员630人次，保洁船（车）816船（车）次，共计清理垃圾343.3立方米。

严格按照预案操作规程，协助产权单位解决突发事件。“6·8”重大活动——中俄青少年冰球友谊赛期间，距离正式开赛约一个小时，场馆外重要通道处的天津体育馆产权排水设施出现污水外溢突发事件，组委会和市应急办领导高度重视，立即召开应急处置现场会，同意排水抢险组的抢修方案，在天津体育馆排水系统情况不明的情况下，市水务局排管处驻场抢险人员按照预案相关操作规程果断处置，吸污车连续作业，确保天津体育馆排水系统水位平稳，圆满完成此次排水保障任务。2018夏季达沃斯论坛期间梅江会展中心外宾专用厕所突发反水事故，应达沃斯论坛筹备办委托，市水务局排管处保障人员紧急进驻梅江会展中心核心区，协助梅江会展中心工作人员解决反水事故，得到达沃斯论坛筹备办的高度赞扬。

【污水处理及污泥处置】 2018年，天津市中心城区共有污水处理厂5座，设计污水处理能力170万吨每日。分别为津沽污水处理厂55万吨每日，咸阳路污水处理厂45万吨每日，东郊污水处理厂40万吨每日，北辰污水处理厂10万吨每日，张贵庄污水处理厂20万吨每日。2018年津沽污水处理厂平均处理水量56.89万吨每日，咸阳路污水处理厂平均处理水量46.23万吨每日，东郊污水处理厂平均处理水量40.63万吨每日，北辰污水处理厂平均处理水量10.33万吨每日，张贵庄污水处理厂平均处理水量20.13万吨每日。

截至2018年年底，全市已运行城镇污水处理厂94座，平均日产生污泥约为1729.68吨。全市已建成污泥无害化处置厂12座，污泥处置能力2610吨每日，能够满足污泥处置的需要。

住房城乡建设部通报的2018年各季度全国城镇污水处理设施建设和运行情况中，天津市污水处理设施运营总数45个，处理能力298万立方米每日，第一季度处理量23836.35万立方米，考核总分93.39分，在全国城镇污水处理情况考核中排名第一；第二季度处理量25581万立方米，考核总分93.38分，在全国城镇污水处理情况考核中排名第二；第三季度处理量27662万立方米，考核总分94.08分，在全国城镇污水处理情况考核中排名第二；第四季度处理量26512万立方米，考核总分95.40分，在全国城镇污水处理情况考核中排名第一。

（排管处）

【海绵城市建设】 2018年，市水务局编制印发了《市水务局关于加强我市雨水径流控制与利用工作的通知》《市水务局关于印发〈天津市海绵城市排水设施养护管理及考核标准（试行）〉的通知》，填补全市区域雨水排放管理制度和海绵城市设施运营养管制度的缺项。市水务局积极配合推动海绵城市试点建设，开展解放南路试点片区内排水管网的检测、调查以及复兴河、长泰河河道的水环境综合治理项目。完成解放南路复兴河口泵站建设项目，先锋河、新开河调蓄池工程开工建设，开展了解放南路试点片区地下水监测。

（排监处）

城 市 供 水

原 水 供 水

【概述】 2018 年全市总供水量 28.4235 亿立方米，比上年增加 0.9330 亿立方米。其中地表水源供水 19.4633 亿立方米，占 68.5%，比上年增加 3.4%，包含当地地表水和入境水 7.3234 亿立方米，外调水 12.1399 亿立方米；地下水源供水 4.4065 亿立方米，占 15.5%，比上年减少 4.4%，包含浅层水 2.6853 亿立方米，深层水 1.4972 亿立方米，地热水 0.2240 亿立方米；其他水源供水 4.5537 亿立方米，占 16%，包含污水处理回用量 4.1396 亿立方米（包含深处理的污水回用量 0.5572 亿立方米），海水淡化量 0.4141 亿立方米。

全市总用水量 28.4235 亿立方米。其中生活用水 7.4151 亿立方米，占 26.1%，包含城镇居民生活用水 4.2319 亿立方米，城镇公共用水 2.7021 亿立方米，农村生活用水 0.4811 亿立方米；工业用水 5.4423 亿立方米，占 19.1%；农业用水 10.0011 亿立方米，占 35.2%，包含农田灌溉用水量 8.6612 亿立方米，林果灌溉 0.0549 亿立方米，鱼塘补水 1.0954 亿立方米，牲畜用水量 0.1896 亿立方米；生态环境补水 5.5650 亿立方米，包含城镇环境 0.9785 亿立方米，河湖补水 4.5865 亿立方米，占 19.6%。

2018 年城市建成区总供水量 17.5904 亿立方米，其中地表水供水 11.9343 亿立方米，地下水供水 1.1193 亿立方米，污水处理回用 4.1396 亿立方米，海水淡化供水量 0.3972 亿立方米（以上为水资源公报数据）。

（水资源处）

【城市供水量】 2018 年，全市供水行业完成总供水量 91510.71 万立方米，较上年增加 4919.47 万立方米，增幅 5.68%。按照供水区域划分：主城区供水 54479.41 万立方米，较上年增加 2085 万立方米；滨海新区供水 26196.45 万立方米，较上年增加 969.28 万立方米；新五区供水 10834.85 万立方米，较上年增加 1865.19 万立方米。

（供水处）

【区域供水】 2018 年，滨海水业集团主要业务范围覆盖天津滨海新区及永定新河以北区域，承担着滨海新区全部原水和部分区域自来水的供水任务。原水业务共管理着 10 条总长 610 多千米的输水管线，原水设计供水能力 128 万立方米每日（上年为 409 万立方米每日，包括引江，2018 年数据不含引江），自来水制水能力 58.1 万立方米每日（上年为 53.1 万立方米每日，2018 年水厂扩建）。在保证安全供应引滦原水、引江原水和自来水的同时，积极开发推广粗质水、岳龙高品质饮用水，介入淡化海水、污水处理等业务，不断满足区域用水需求。

滨海水业集团通过安达供水、南港水务和港西输配水中心，向大港街部分区域、古林街部分区域、中塘镇、天津石化工业区、大港经济开发区、大港石化产业园区、南港工业区、太平镇及小王庄镇等区域供水，并积极推动农村供水业务。通过龙达水务公司向汉沽区域供应自来水，向中新生态城应急供应自来水，参与北疆电厂的淡化海水业务，以及开发推广粗质水产品，为汉沽及周边区域的社会经济发展提供多种水源。通过泰达水务公司向中新生态城、滨海环保发展有限公司等区域供应岳龙高品质饮用水。通过宜达水务公司向北辰区大张庄镇、西堤头镇和双街镇部分区域供水。

（入港处）

【城区环境供水】 2018年，针对引滦水源无法保证天津市城市及生态用水的情况，市防办协调水利部、南水北调中线局等部门，增加天津市引江供水指标，天津市再次利用引江水源改善向海河等河道补水的调度措施，改善城市水环境。全年引滦引江累计进行生态补水量为3.55亿立方米，其中引滦环境用水量为0.40亿立方米（屈家店涵洞计量），引江环境用水量为3.15亿立方米。

海河生态补水工作于2018年2月下旬启动。海河实施日循环，通过外调水源（引江、引滦）进行补充，进而改善与之联通的子牙河、北运河、新开河河道水质；外环河通过从海河、子牙河、北运河、新开河等一级河道补水或利用中心城区二级河道循环退水进行放射性改善。全年调度运行直属海河口泵站、耳闸、二道闸、新开河橡胶坝、北运河橡胶坝及外环河等相关泵站。联合排管处、环城四区科学调度外环河沿线海河右堤泵站、北丰产河联通闸、大任庄闸、东西排总闸、先锋河闸，津港运河闸、陈台子闸等相关泵站、水闸，调控外环河水位，进行水体循环。

按照市水务局对水循环工作的统一部署和安排，严格执行防汛抗旱处调度令对中心城区二级河道执行水循环。充分发挥二级河道的排沥和景观功能，加强水体循环的统一指挥管理力度，规范运行调度行为，保证河道景观效果，由排管处调度中心统一调度指挥，各调水泵站全力按指令运行，共取水1.8亿立方米。

2018年二道闸累计向下游泄水0.93亿立方米（含降雨排沥）。中心城区共计从海河取环境水2.10亿立方米，西青区环境用水0.10亿立方米，东丽区环境用水0.03亿立方米，津南区环境用水0.08亿立方米，北辰区环境用水0.08亿立方米。

（防汛处　海河处　排管处）

【引滦调水供水】 2018年7月1日，潘家口水库蓄水17.72亿立方米，较上年同期（13.98亿立方米）偏多27%。2018年潘家口水库入库水量13.6亿立方米，为多年平均的55%，比上年同期（8.6亿立方米）偏多58%，其中汛期（6—9月）入库水量9.91亿立方米，比上年同期（5.4亿立方米）偏多84%。于桥水库全年自产水5.51亿立方米，比上年同期（1.80亿立方米）偏多206%。

为保证天津城市用水安全，市防办根据现状城市用水需求及中心城区、环城四区环境用水情况，积极协调水利部海委引滦工程管理局，增加引滦调水量。2018年3月1—7日，4月9日至7月17日，天津市两次实施年度内引滦调水。2018年度共计引滦调水3.23亿立方米（大黑汀分水闸计量）。2018年6月3—16日实施上关水库、龙门口水库向于桥水库调水0.1284亿立方米。

2018年于桥水库累计向城市供水3.82亿立方米。其中盘山国华电厂0.0864亿立方米、盘山大唐电厂0.1192亿立方米，向独流减河等南部地区河道环境补水1.09亿立方米，向海河环境补水0.40亿立方米，其余引滦取水口受引江向尔王庄地区应急供水影响，引滦水量无法准确划分。于桥水库向蓟运河补水3.98亿立方米。

【南水北调调水供水】 2017年10月，天津市水务局按照《水利部办公厅关于做好南水北调中线一期工程2017—2018年度水量调度计划编制及2016—2017年度水量调度工作总结的通知》要求，编制完成南水北调中线一期工程2017—2018年度天津市调水计划。该年度天津市计划引江调水总量为9.0亿立方米（天津市分水口门计量合计）。

调水过程中，水利部充分考虑天津市的用水困难，先后两次为天津市增加引江调水指标共1.37亿立方米，天津市引江年度调水总指标为10.37亿立方米，基本满足了天津市用水需求。

2017—2018年度天津市累计调引长江水总量10.33亿立方米（流量计未经率定核准），占水利部批复年度计划的99.6%，完成了年度调水计划。其中子牙河北分水口门5.72亿立方米，曹庄分水口门1.7亿立方米，子牙河退水闸2.91亿立方米。

【应急调供水】 为应对引滦水质恶化，天津市于2018年6月13日至10月11日，利用引江向尔王庄水库供水联通工程，实施了引江水源向北部地区供水，扩大引江水源覆盖范围。受于桥水库二甲基异莰醇骤增影响，2018年11月14日紧急实施尔王庄区域由引滦向引江水源的切换，保障了尔王庄水库供水区域供水安全。

（侯亚丽　孙甲岚）

村镇集中供水

【概述】 2018年年底，天津市10个涉农区辖173个乡镇（街道），其中117个乡镇（街道）属村镇，其余56个乡镇（街道）已划入城区范围，农业人口413.5万人。包括城市自来水管网延伸供水在内，全市共有村镇供水工程1840处，其中集中式供水工程1814处，分散式供水工程26处。

【村镇供水量及水质】 2018年，全市村镇供水水量为11914.29万立方米。为提高村镇供水水质，每月按计划开展村镇水质抽检任务，检测指标涉及常规13项指标。全年共抽检263个水样，205个全部合格，水质合格率达到80%以上，不合格指标主要包括氟化物和菌落总数。

（供水处）

【农村饮水提质增效】 2018年，继续实施农村居民饮水提质增效工程。年内启动蓟州区东后子峪水厂、武清区王庆坨引江水厂新建工程。截至12月底，宝坻区东山水厂扩建工程已完工，完成投资3600万元，完成年度投资计划的100%。武清京津科技谷引江水厂（原名王庆坨引江水厂）新建工程已完成前期审批并进场施工，至年底完成投资5000万元。蓟州东后子峪水厂新建工程已办理完成建设项目选址意见书。

2月8日，市水务局专题研究农村饮水提质增效工程规划工作，对下一步工作提出明确要求，3月5日完成编制《天津市农村饮水提质增效工程实施方案》。10月7日，市政府于24次常务会议审议通过并发文批复新一轮农村饮水提质增效工程实施方案。规划总投资46.8亿元，其中市级补助10亿元，解决蓟州、宝坻、武清、宁河、静海和北辰6个区2061个村、202.2万人饮水问题。在新一轮规划批复前，宝坻、静海两区已提前启动实施，2018年批复工程项目估算总投资7.5亿元，解决310个村、31.2万人饮水提质增效工程问题。

（农水处）

【村镇供水基础性工作】 监督检查提质增效工程运营情况。按照《天津市村镇供水用水管理办法》要求，结合市卫计委开展儿童氟斑牙干预项目中期督导工作，对天津市滨海新区、环城四区、宝坻区等农村供水厂的供水设施运行与管理工作进行监督与检查，确保工程管得好、长受益。

开展农村供水年度考核。对各区落实《天津市村镇供水用水管理办法》等情况进行年度考核，起草年度考核意见。不断促进和规范村镇供水运行管理水平。

（供水处）

供水管理

【概述】 2018年，全行业共有供水单位38家，其中获得供水行政许可的公共供水单位33家（通用水务公司合资合作到期，独立法人资格取消），自建设施供水单位2家，淡化海水供水单位3家。33家公共供水单位按经济性质分：国有供水单位29家，中外合资合作经营单位4家。全行业供水设施产水能力429.8万立方米每日；2018年行业净售水量78110.57万立方米，其中居民生活用水量31056.89万立方米，非居民用水量47053.68万立方米。全市供水管网长度20169.68千米。全市用水人口1008万人；供水普及率100%；人均日综合生活用水量113.94升。城镇供水管网基本漏损率为10.10%。

【供水水质监管】 每月组织具有资质的水质监测单位对供水单位出厂水9项和管网水7项指标进行检测，市水务局每月在局门户网站公示供水单位出厂水、管网水水质检测报告。

深入开展行业水质抽检。2018年抽检城市供水水样483个，水质综合合格率为99.1%；抽检村镇供水水样263个，水质合格率达到80%以上。

密切关注原水水质。2018年，引滦引江双水源反复切换，向有关供水单位下发了《关于做好原水切换期间供水安全保障工作的通知》，密切关注供水水质，加强水质监测的频率，科学制定水处理方案，开展业务指导。下半年，引滦水质恶化，南水北调水量不足。面对紧迫形势，积极组织市水务集团开展各项试验、演算，从水质、调度、工程等方面制定了应急供水方案，并及时处理群众反映问题，确保供水水质合格。

【安全供水监管】 及时开展安全检查。在春节、国庆等重要节日期间及“中非北京峰会”“达沃斯论坛”等重要时期，对供水单位进行了多次安全生产和反恐检查，发现问题及时督促整改，确保安全稳定供水。夏季达沃斯论坛期间，特别针对各接待酒店二次供水情况下发了专项通知，联合市公安局经侦二处对各接待酒店二次供水设施及水质安全进行了检查，对水质进行抽样监测，要求其开展二次供水应急演练，保障了二次供水的安全。

增强行业反恐防范能力。对行业各单位加强反恐业务指导，邀请市反恐办有关专家对蓟县自来水管理所等单位开展反恐培训。参与编制反恐指导意见，参加市水务治安分局关于《天津市公共供水行业反恐怖防范指导意见》的编制工作，并组织水务集团等单位做好供水单位部分内容的编制工作。

落实处内安全生产工作职责。处内各部门签订《安全生产责任书》，并制定《工作任务分解表》，层层压实安全工作任务；认真贯彻落实市、局有关安全工作的部署和要求，出台《处开展持续深化隐患大排查大整治专项行动实施方案》等具体工作措施；先后对处内办公用电、消防、业务用车、出租房屋进行了安全检查。

【二次供水管理】 作为行业标准《二次供水工程技术规程》主编单位，2018年，对规程进行系统、科学修订，通过专家审查，修订工作圆满完成。

为保障人民群众生活饮用水安全，推动落实民心工程二次供水设施改造任务，截至2018年9月，80处设施改造任务已全部完成。

按照市远年住房改造工作的整体部署和安排，推动水务集团和各区政府开展中心城区老旧住宅二次供水设施安全整治工作，每月形成专报报主管领导。

2018年，继续加大天津市公共建筑、居民住宅的二次供水水质检测工作，共抽检水样124个。

【供水管理考核】 市水务局组成专家组对天津市相关单位2018年城镇供水规范化管理工作进行了考核，考核范围包括水务集团，滨海新区、蓟州区、宝坻区、宁河区、静海区、武清区水务局及辖区各一个供水单位。专家组对各被考核单位供水服务、供水安全、二次供水监管等方面进行了逐一考核。现场考核后向各单位下发《市水务局关于反馈城镇供水规范化管理》，对考核结果进行通报，并督促按时整改。

【行业服务标准化】 2018年供水行业行政审批和服务事项办结满意率达到100%。热线受理方面，全行业共受理群众诉求75.27万件，热线接通率96%、办结及时率98%、满意率达99.5%。

【供水行业节能降耗】 2018年，推动供水管网改造，降低城镇供水管网漏损率。全年改造老旧供水管网42.7千米，改造任务全部完成。采取多项措施降低管网漏损率，年初对行业管网漏损控制工作进行全面部署；坚持实施月考核、月通报；抓住市水务集团，重点调研推动，密切关注每月漏损率变化；对行业各单位漏损率修正参数情况做季度统计，随时掌握修正情况。年内住房城乡建设部下发文件通报了2017年全国各省市公共供水管网漏损率完成情况，文件第一时间向全行业转发，要求各单位请认真学习研究，并对下一步工作提出明确要求。2018年实际完成管网漏损率14.95%，经修正基本漏损率为10.10%，全年考核任务顺利完成。

（供水处）

防 汛 抗 旱

防 汛

【概述】 2018年，天津市防汛抗旱工作在市委、市政府的领导下，全市上下坚持以人民为中心，超前谋划、精心准备，夯实各项备汛措施；科学调度、昼夜奋战，积极应对汛期三次台风和强降雨。全市没有因汛发生人员伤亡事故，防汛工作取得明显成效。市领导多次做出指示批示，召开会议部署任务，汛期降雨期间，亲赴防汛、排水一线，现场检查防御工作。各区、各部门、各单位按照市防指统一部署，全面落实行政首长负责制，党政一把手、分管负责人亲力亲为，加强组织领导，全面落实防汛责任、预案、队伍、物资和措施，夯实防灾减灾基础。中心城区全年形成有效降雨35次，累计降雨量683.91毫米。其中局部地区10毫米以上降雨27次。主汛期内极端天气明显增多，局部短时突发性强降雨时有发生，且降雨时空也存在分布不均的特点。市区分部充分发挥职能作用，各相关部门、单位相互支援、协同作战，中心城区各排水部门政令畅通，步调一致，圆满完成了安全度汛的任务。

（防汛处　排管处）

【防汛组织】 2018年3月13日，市防办召开全市防汛抗旱工作会议，回顾总结2017年防汛抗旱工作，部署2018年各项任务。会议提出要将完善健全防汛工程、雨洪水资源利用、水系循环、防汛信息化等四大体系作为重点，坚持不懈，努力提升全市防灾减灾水平，从责任落实、工程建设、应急处置、防汛检查、城乡排涝、抗旱供水等方面，对全市防汛抗旱工作任务进行详细部署。6月20日，天津市召开防汛抗旱工作会议，分析当前防汛抗旱面临的形势，全面部署防汛抗旱各项工作任务，动员各方面的力量，确保全市安全度汛。市委书记李鸿忠，市委副书记、市长张国清出席并讲话。

市防指印发《天津市防汛抗旱工作安排意见》。市防指、各区防指和有关单位，根据人事变动调整充实了防汛组织指挥机构，落实以行政首长负责制为核心的市、区、乡镇三级防汛责任制。7月2日，在《天津日报》向全市公布了区级防汛责任人和中型水库大坝安全责任人名单。全市防汛各部门、各区坚持一级抓一级，坚持“战区制、主官上”，逐级推动落实防汛责任和安全度汛措施。

2018年，天津市防汛抗旱指挥部指挥由市长张国清担任，副指挥为副市长孙文魁、李树起（日常工作）、金湘军、天津警备区副司令员吴国志、市政府副秘书长李森阳、穆怀国、水利部海委主任王文生、市水务局党委书记孙宝华。

市防指下设办公室，设在市水务局，办公室主任由孙宝华兼任，常务副主任由梁宝双担任，副主任由市防汛抗旱处处长刘哲担任。

1. 市防指市区分部

指　挥：梁宝双　市水务局副巡视员

副指挥：吴冬粤　市建委总工程师
　　　　郝学华　市交通运输委副主任
　　　　魏　侠　市市容园林委副主任
　　　　杨　光　市公安交管局副局长

市区分部办公室设在市排管处，具体负责市区分部的日常工作，办公室主任由市排管处处长刘爽担任。

2. 市防指农村分部

指　挥：毛科军　市农委副主任
副指挥：唐先奇　市水务局副巡视员

农村分部办公室设在市水务局农水处，具体负责农村分部的日常工作，办公室主任由市水务局农水处处长汪绍盛担任。

3. 市防指防潮分部

指　挥：孙　涛　滨海新区副区长
副指挥：梁宝双　市水务局副巡视员
　　　　李　浩　滨海新区建交局（水务局）局长

防潮分部办公室设在市海堤处，具体负责防潮分部的日常工作。办公室主任由市海堤处处长宋静茹担任，副主任由滨海新区建交局（水务局）防汛抗旱和防潮处处长李士东担任。

【防汛预案】 2018 年，按照市防办下发的《市防办关于做好 2018 年防汛分预案修订工作的通知》，修订《天津市防汛预案》各分预案。强化军地联动，修订军地联合防汛方案。督促落实全市 27 座水库安全度汛行政、技术、巡查“三个责任人”，组织编制完善水库预测预报预警、防汛抢险、大坝安全管理、调度规程“四个方案”。

（尹雅清）

【抢险队伍建设】 2018 年，天津警备区、各区人武部组建了 26 万民兵的防汛抢险队伍。组织驻津部队、武警部队、天津陆军预备役高射炮兵师联合开展防汛地形勘察，详细落实防抢任务，熟悉险工险段地形。落实 19 支市级防汛抢险救援队伍。5 月 18 日、6 月 7 日，两次分别邀请河北省、北京市防汛专家授课，对防汛技术人员进行培训。6 月 10 日国家防办组织开展京津冀大清河防汛演练，天津市设立演练分中心。海河防总、河北省、北京市、天津市防指相互配合、密切合作，圆满完成大清河洪水调度和抗洪抢险演练。7 月 10 日，市防指抢险组在实训基地举办天津市防汛抢险技术培训，共计培训 95 人次，培训范围为市防汛抢险专家 40 人，市防汛抢险应急抢险队伍和各河系（海堤）处技术骨干 55 人，培训内容主要为常见及新型防汛抢险物资及机具使用讲解、抢险方法及防汛物资机具实训演练的培训，并组织防汛抢险专家进行了险工险段的实地踏勘。7 月 23 日，在宝坻区潮白新河左堤、蓟州山区郭家沟水库下游开展抢险队伍集结拉动、险情抢护和群众转移实战演练。

【防汛物资】 2018 年，完成防汛物资增储资金 850 万元。市级防汛物资增储任务经两次政府采购后，防汛物资中标金额 837.12 万元，最终结余资金 12.88 万元，按照市水务局要求上缴市财政。

1. 防汛物资增储

增储物资主要包括：泵站排水辅助设备（500 立方米每小时）6 台、排渍设备（1000 立方米每小时、1500 立方米每小时）6 台和发电机（10 千伏安）14 台等 4 个品种。汛前，新增防汛物资全部验收合格入库，按时完成主要防汛物资品种主汛期前购置任务。汛后，利用结余资金继续购置了 14 台（10 千伏安）发电机。9 月 28 日，第二批防汛物资采购任务完成并验收入库。截至 2018 年年底，天津市市级专项防汛物资储备达到 7228.91 万元。

2. 防汛物资日常管护

物资仓库基础建设。2018 年，投资 200 万元对防汛物资专项储备珠江道仓库进行提升改造，仓库增加了设备检修间，用于物资设备养护工作；架高的室外管道改为地埋，满足物资进出库要求；对库区内年久失修的办公建筑、职工生活区设施进行了维修改造。

防汛物资维护保养。汛前对操舟机进行1次外观检测和防锈维护保养，更换火花塞、齿轮油、放油垫片等损坏零配件，对调运返回仓库的操舟机进行逐台试机和维护保养。汛前对橡皮船逐只做24小时气密试验，逐只做接缝检查并重新涂撒滑石粉。防汛工作应急灯汛前汛后进行维护保养，逐只进行10小时充电，做照射亮度实验。汛前对发电机组更换机滤、空滤、柴滤、水滤、防冻液和电瓶等配件，按照产品说明书进行全面性能维护保养，严格执行汛前汛后试车1次，1次不少于半小时，发现问题及时维修，遇到紧急情况维保企业提供技术人员应急保障。打桩机、空压机等机械进行外观检查和防锈维护保养。照明车逐台做2小时启动运行，做照射亮度实验，进行电路系统和拖车维护保养，进行油路、水路、灯具光源检测，更换机滤、空滤、柴滤、水滤、防冻液和电瓶等配件。对编织袋、土工布、麻袋等物资进行外观检查，聘请第三方劳务公司进行物资搬倒码垛，投放防虫、鼠药等药物，以确保防汛物资的完好率。

信息平台建设。《天津市防汛抗旱物资管理系统项目（一期）》项目于7月27日通过验收，投入使用。

防汛物资管理制度建设。按照天津市防汛抗旱指挥部办公室《市防办关于做好2018年防汛分预案修订工作的通知》的要求，对《天津市防汛物资保障预案》进行了修订，重点对“应急响应”部分进行调整，提高其可操作性。重新修订了《天津市市级专项防汛物资调拨实施管理细则》《机电类防汛物资维修保养实施管理细则》《代管防汛片石实施管理细则》。

物资盘点。按照内控制度要求，汛前、汛后进行两次全面盘点，均按照账账核盘、实物全盘、实物抽盘、总结报告四个阶段进行，保障账卡物相符。汛前盘点于5月底前结束，物资总价值为61490220.60元。汛后盘点于10月底前结束，物资总价值为55855717.04元，比汛前物资减少5634503.56元，造成物资减少的原因是市防办批复报废部分到期及实训基地损耗物资金额大于新增物资金额，其中：①新增储物资8371200.00元；②调出销账物资13733353.26元；③批复报废销账物资272350.30元。年终盘点于12月底前完成，物资总价值为55573085.04元，比汛后减少282632.00元。

3. 代储代管防汛物资管理

代储物资管理。汛前制定了“2018年冻结储备市级防汛物资计划”，4月27日以《市防办关于冻结储备防汛物资的通知》文件将计划下达到所有储备单位。5月28日，市防指物资组在市发展改革委召开了2018年企业代储防汛物资工作会议。各代储企业按计划要求于6月1日前保质保量将物资储备到位。6月4日、5日，由市发展改革委带队，市防指物资组、市防办组成联合检查组对天津市市级代储防汛物资的储备情况进行检查。7月25日、26日市发展改革委副主任、市防指物资组组长杨志耘带领市防指物资组对市级重点代储防汛物资的储备情况再次进行实地检查。

代管物资管理。汛前汛后，对片石储备的8个区9个单位38个点位进行全覆盖、全方位全面彻底检查工作。

4. 防汛物资调拨

2018年，调拨防汛物资19个批次共62个品种，价值14735703.26元。其中7月16日给天津警备区司令部调拨包括冲锋舟、操舟机、橡皮船、打桩机、救生抛投器、围井、麻袋、编织袋、救生衣、救生圈、铁锹、铁镐、钢管、桩木、土工布、铅丝、救生绳等17个品种、42666件、价值1233308.32元物资。7月27日为应对第10号台风“安比”，满足城市排涝需求，紧急调拨给排管处排水设备20台，总计值11420800元。8月1日为武警天津市总队调拨包括铁锹、铁镐、钢管、桩木、应急灯、救生衣、救生圈、铅丝网片、铅丝、麻袋、橡皮船、雨鞋、电缆、救生绳等物资14个品种、24000余件、价值870044.94元。由物资仓库调往市防办、宁河区水务局、建管中心、排管处、海河处等5个单位物资共13个批次、1881

件，价值1211550元。

5. 防汛物资宣传科普

5月18日，在天津市第32届天津市科技周活动上，结合防汛物资管理实际，现场讲解并演示吸水膨胀袋、防汛工作灯、救生衣、救生圈的防汛性能特点及使用方法。6月28日，天津电视台到市水务局物资处杨柳青仓库进行实地采访，仓库负责人、工作人员对全市防汛物资的储备、保养及部分新型防汛物资的性能进行了介绍，采访实况于7月主汛期前在《天津新闻》栏目播出。

（防汛处　物资处）

【防汛措施】 市防办组织各单位、各区深入开展防汛大检查，查找防汛薄弱环节和安全隐患，全面落实整改措施。4月18—25日，市水务局领导分7路深入各河系、各区进行了防汛检查，督促城市防洪、市区排水、农村除涝、山洪灾害防御、风暴潮防御等重点工作落实。7月4—16日，由市防指成员牵头，分6组开展全面深入的防汛隐患排查，确保各项措施落到实处。市防办和市防指三个分部分别开展水库安全、市区排水、农村除涝、山洪灾害和风暴潮防御等重点工作检查，针对重点难点问题下发“一区一单”整改通知，推动落实安保措施。

6月2日，副市长李树起赴南开区、和平区、津南区、滨海新区、东丽区检查防汛排水工作，实地察看了咸阳路泵站、地铁六号线长虹公园站、中国大戏院易积水点、吉盛路排水管道工程、永定新河防潮闸、蓟运河临时泵站、蓟运河闸和金钟河泵站等防汛排水重点部位和在建工程。6月12日，市长张国清带队检查防汛工作，实地察看了海河二道闸、海河口泵站和海河防潮闸设施运行情况，了解全市水利工程布局，听取防汛防潮准备情况。6月20日下午，副市长李树起组织召开会议，深入学习市防汛抗旱工作会议精神以及李鸿忠书记、张国清市长的具体要求，研究部署下一阶段防汛工作。7月13日上午，副市长李树起到市防办主持召开防汛工作会议，分析当前降雨形势，听取防汛措施落实情况汇报，安排部署强降雨防御工作。

7月10日，天津陆军预备役高射炮兵师政委白恒昌、副师长赵会顺、参谋长贾宏率各团主官等人员实地勘察海河口泵站等防洪工程，认真听取了永定河系防汛、海堤基本情况以及存在的重点难点问题、应对措施汇报。7月9—10日，天津警备区政委李军、副司令员吴国志、副政委王天力率警备区机关各办局、武警天津市总队、驻津主要任务部队，相关军事部、人武部等单位主要负责人勘察防汛地形。7月13日，武警天津市总队副司令员杨会经、副政委白宗全率总队机关和任务部队负责人，实地勘察六号水门海堤、中心渔港海堤、海河口海堤、独流减河进洪闸和独流减河左堤14+500、19+300、33+000等重点防汛部位地形。

【防汛应急处置】 全年，启动防洪Ⅲ级预警响应1次，Ⅳ级预警响应4次，分别是7月13日10时启动防洪Ⅳ级预警响应，7月23日17时启动防洪Ⅳ级预警响应，7月24日8时起升级为防洪Ⅲ级预警响应，8月7日10时启动防洪Ⅳ级预警响应，8月13日17时启动防洪Ⅳ级预警响应。

7月23—25日，第10号台风“安比”袭击天津市，为1984年以来首次正面穿过全市的台风，全市普降大暴雨，平均降雨130.8毫米，市区24日降雨量为50年一遇。7月23日市防办启动防洪Ⅳ级预警响应，7月24日8时升级为防洪Ⅲ级预警响应，派出现场工作组指导推动措施落实。市委书记李鸿忠、市长张国清分别作出指示批示。7月24日，市委书记李鸿忠检查调度全市防汛抢险救灾情况，市长张国清到市防指检查防汛抢险救灾工作。副市长李树起坐镇市防办，密切关注雨情水情，召开防汛调度会商会议，指挥防汛排水工作，并亲自实地检查督查防汛排水。市防办、市水务局认真落实市委书记李鸿忠、市长张国清要求，局领导班子成员昼夜指挥，督导检查，1700多名排水职工全员上岗，继续昼夜坚守加快积水，第一时间开启固定泵站254台、架设移动泵车90辆，全力排水。紧急联系北京市调集10台套排水泵车，快速投入排水工作，增加排水能力。25日12时前，除河北区王串场地区外，积水全部排净。

京津冀三省市密切配合、通力合作，共享雨情水情险情信息，统筹流域联合调度，科学应对雨情汛情；海河防总多次派出工作组现场指导强降雨防御，总指挥、河北省省长许勤组织召开流域防汛视频会议，并检查防汛准备工作；北京市防指副指挥、副市长卢彦协调安排10组应急排水作战单元，支援天津市应对“7·24”台风“安比”强降雨。各有关单位及时启动预案，加强应急值守，强化监测预报预警和会商，科学调度防洪工程，加强堤防巡查防守。全市上下反应迅速、应对及时，没有发生人员伤亡事故，最大限度减少灾害损失。

受台风影响，沿海出现4次风暴潮增水，市防指防潮分部启动防潮三级、四级预警响应，每次派出3路工作组巡视检查海堤闸涵口门，滨海新区和沿海单位落实人员疏散和港口、船只、海上作业平台转移避险措施，最大限度降低风暴潮损失。

8月以来，蓟运河沿线遭受强降雨，持续高水位运行，蓟运河闸上8月15日20时出现最高水位3.94米（大沽冻结），超保证水位（3.83米）0.11米。市防办科学研判，合理控制蓟运河闸、潮白新河宁车沽闸、永定新河防潮闸，联合错峰下泄雨沥水；上游蓟州区、宝坻区严格执行调度指令，落实错峰排沥措施，减轻下游防洪压力；下游宁河区启动防汛Ⅱ级预警响应，紧急抢护堤防，滨海新区加强巡堤查险，蓟运河洪水安全平稳下泄。

（尹雅清）

【汛期雨情】 2018年汛期（6月1日至9月15日）海河流域汛期平均降雨量419毫米，与常年同期相比偏少1成，与上年同期相比偏多近1成，降雨主要集中在7月下旬和8月上旬，空间分布上基本呈现北多南少的趋势。与常年同期相比，洵河三河以上、于桥水库以上偏多1.5成左右；滦河潘家口水库以上、还乡河区间、潮白河苏庄以上偏多0~1成；北运河土门楼以上、北三河下游、永定河官厅以下、大清河南支偏少1~2成；大清河北支、清南清北淀东平原、子牙河、南运河四女寺以下偏少2~3成。

汛期，天津市境内平均降雨量475毫米，较上年同期（379.6毫米）偏多2成，较常年同期（400.5毫米）偏多近2成。汛期较大降雨过程包括：

7月23—24日，受台风“安比”影响，天津市境内普降大到暴雨，部分站点降大暴雨，全市平均降雨量130.8毫米，最大降雨出现在宝坻区潮白河泵站231毫米。其中市区降大暴雨，平均雨量205.25毫米，蓟州、宝坻、武清、北辰、西青区降暴雨到大暴雨，平均雨量150毫米左右；其他区降大到暴雨，平均雨量100毫米左右。

8月13—14日，受台风“摩羯”外围影响，天津市东部地区降大到暴雨，局部降大暴雨，其他地区降中到大雨，全市平均雨量49毫米。宁河、东丽为降雨中心，平均雨量90毫米左右，津南、滨海新区、宝坻平均雨量分别为76毫米、56毫米、48毫米，最大降雨出现在宝坻区张头窝站149毫米。

8月18—19日，受台风“温比亚”外围影响，天津市南部地区降中到大雨，局部降暴雨，其他地区降小到中雨，全市平均雨量20毫米。滨海新区、静海为降雨中心，平均雨量分别为52毫米、37毫米，最大降雨出现在北大港水库十号口门调节闸92毫米。

【汛期水情】

1. 水库水情

6月1日，于桥水库水位17.05米，蓄水量1.08亿立方米，比上年同期（2.18亿立方米）少1.1亿立方米，汛末（9月15日，下同）水位21.07米，蓄水量3.99亿立方米，比上年同期（3.88亿立方米）多0.11亿立方米。汛内最高水位为21.26米（8月22日8时）。汛期入库水量5.79亿立方米，汛期水库增蓄2.91亿立方米。

6月1日，潘家口水库蓄水量18.63亿立方米，比上年同期（14.79亿立方米）多3.84亿立方米，汛末蓄水量 19.70 亿立方米，比上年同期（19.21 亿立方米）多蓄 0.49 亿立方米，汛期入库水量 9.91 亿立方米。

2. 引滦输水

大黑汀分水闸 3 月 1—7 日，4 月 9 日至 7 月 17 日提闸向天津供水，汛期内累计放水 1.23 亿立方米；于桥水库汛期累计放水 2.85 亿立方米。

3. 河道及主要闸站水情

2018 年汛期内天津市境内主要行洪河道水势平稳，北系河道有小的洪水过程。

（1）海河干流。

海河干流二道闸 7 月 24 日 12 时 40 分提 8 孔，下泄流量 397 立方米每秒，16 时二道闸上水位 4.15 米，25 日 8 时下泄流量 227 立方米每秒，闸上水位回落至 3.92 米；海河闸赶潮提放，25 日 8 时下泄流量 627 立方米每秒。

海河二道闸闸上最高水位 4.32 米（8 月 12 日 16 时），最低水位 3.69 米（7 月 30 日 16 时）。汛期内，二道闸提闸 13 次，累计放水 0.61 亿立方米；海河闸赶潮提闸 29 次，累计放水 0.89 亿立方米，海河口泵站排水 0.79 亿立方米，合计下泄入海 1.68 亿立方米。

（2）北四河（北运河系、潮白河系、蓟运河系、永定河系）。

受海河流域中上游地区降雨影响，于桥水库以上有洪水过程入库，北运河系、潮白河系部分水文、闸坝控制站发生小的洪水过程，沿途河道各控制闸站相继提闸过水，主要河道水势平稳。主要行洪过程为 7 月 17—18 日、7 月 24—27 日、8 月 8—10 日和 8 月 11—15 日。

7 月 17—18 日洪水过程。潮白河吴村闸 17 日 16 时下泄流量 320 立方米每秒，18 日 8 时下泄流量回落至 225 立方米每秒；青龙湾减河土门楼闸 18 日零时洪峰下泄流量 323 立方米每秒，18 日 8 时下泄流量 226 立方米每秒；潮白新河黄白桥闸 17 日 18 时 24 分下泄流量 867 立方米每秒，18 日 8 时下泄流量 677 立方米每秒；潮白新河宁车沽闸 18 日 8 时下泄流量 431 立方米每秒，永定新河防潮闸 18 日 8 时 20 分提闸，下泄流量 852 立方米每秒。沙河水平口 17 日 21 时洪峰流量 259 立方米每秒，18 日 8 时流量 150 立方米每秒。

7 月 24—27 日洪水过程。潮白河吴村闸 24 日 20 时下泄洪峰流量 222 立方米每秒，25 日 8 时下泄流量 168 立方米每秒；青龙湾减河土门楼闸 24 日 23 时下泄流量 182 立方米每秒，25 日 8 时下泄流量 147 立方米每秒；潮白新河黄白桥闸 24 日 16 时下泄流量 810 立方米每秒，25 日 8 时下泄流量 719 立方米每秒；潮白新河宁车沽闸 24 日 16 时下泄流量 740 立方米每秒，25 日 8 时下泄流量 606 立方米每秒；永定新河防潮闸赶潮提放，25 日 8 时下泄流量 1550 立方米每秒。

沙河水平口站 24 日 21 时 50 分洪峰流量 290 立方米每秒，25 日 8 时流量 287 立方米每秒；淋河桥站 24 日 13 时 50 分洪峰流量 120 立方米每秒，25 日 8 时流量 67.4 立方米每秒；于桥水库 24—26 日入库洪量 0.87 亿立方米。

泃河杨庄截潜 24—26 日入库洪量 0.25 亿立方米，24 日 13 时 35 分洪峰下泄流量 206 立方米每秒，25 日 8 时杨庄截潜水位 179.30 米，下泄流量 130 立方米每秒，8 时 30 分下泄流量 91 立方米每秒，27 日 10 时杨庄截潜水位 179.20 米，出库流量 20 立方米每秒。

泃河罗庄子站 24 日 16 时洪峰流量 215 立方米每秒，25 日 8 时流量 117 立方米每秒，27 日 8 时流量回落至 31.4 立方米每秒。

8 月 8—10 日洪水过程。潮白河系、北运河系：运潮减河北关分洪闸 8 日 13 时洪峰下泄流量 318 立方米每秒，9 日 8 时下泄流量 159 立方米每秒；潮白河吴村闸 8 日 21 时 30 分洪峰下泄流量 280 立方米每秒，9 日 8 时下泄流量 251 立方米每秒；北运河北关拦洪闸 8 日 14 时洪峰下泄流量 118 立方米每秒，凉水河榆林庄闸 8 日 17 时洪峰下泄流量 175 立方米每秒，北运河杨洼闸 9 日 8 时洪峰下泄流量 143 立方米每秒；青龙湾减河土门楼闸 8 日 22 时洪峰下泄流量 241 立方米每秒，9 日 8 立方米下泄流量 156 立方米每秒；潮白新河黄白桥闸9日16时洪峰下泄流量758立方米每秒，10日8时下泄流量325立方米每秒；潮白新河宁车沽闸9日16时洪峰下泄流量672立方米每秒，10日8时下泄流量660立方米每秒。

8月11—15日洪水过程。蓟运河系：黎河前毛庄站12日7时47分流量涨至128立方米每秒，13日16时流量回落至20立方米每秒，14日16时流量回涨至121立方米每秒，15日8时流量52立方米每秒；沙河水平口站13日8时流量涨至225立方米每秒，14日6时流量回落至150立方米每秒，14日13时流量回涨至286立方米每秒，15日8时流量138立方米每秒；淋河淋河桥站14日10时45分洪峰泄量86立方米每秒，15日8时流量42立方米每秒；州河于桥水库16日8时水位20.85米，较11日8时上涨了1.47米；蓟运河张头窝站16日8时水位3.83米，较11日8时上涨了0.92米。

里自沽节制闸闸上最高水位7.20米（9月3日18时），相应蓄水量0.87亿立方米，汛期内提闸过水5.75亿立方米；宁车沽闸上最高水位4.57米（8月18日16时），相应蓄水量0.78亿立方米，汛期内提闸过水6.05亿立方米。

4. 出入境水量

汛期，天津市入境水量17.76亿立方米（含引滦、不含引江），其中潮白河吴村闸过水3.91亿立方米，青龙湾减河土门楼闸过水1.61亿立方米，北运河土门楼闸过水量1.55亿立方米。

汛期，天津市三个防潮闸入海水量合计17.65亿立方米，其中永定新河防潮闸放水14.70亿立方米，海河防潮闸（及海河口泵站）1.68亿立方米，独流减河防潮闸放水1.27亿立方米。

【洪水调度】 2018年“7·24”台风“安比”强降雨期间，全市平均降雨量130.8毫米，市区降大暴雨，平均雨量180.4毫米。市水务局主要负责人昼夜坚守，不间断组织会商分析，领导班子成员分兵把守，组成8个工作组深入各区现场检查推动。天津市防办启动防洪Ⅳ级预警响应，根据雨情汛情及时升级为Ⅲ级；7月24日12时40分，海河二道闸提8孔，下泄流量397立方米每秒，为天津市区预留调蓄空间；海河口泵站7台泵全部开车，全力拉低海河二道闸以下水位；实施跨河系联合调度，多渠道分泄中心城区雨沥水。

8月以来，蓟运河沿线再次遭受强降雨。8月13—14日，天津市东部地区降大到暴雨，宁河、东丽为降雨中心，平均雨量90毫米。河道持续高水位运行，一度超过保证水位。市防办科学研判，合理控制蓟运河闸、潮白新河宁车沽闸、永定新河防潮闸水位，三闸联合错峰下泄雨沥水；上游蓟州区、宝坻区严格执行调度指令，落实错峰排沥措施，减轻下游防洪压力。

（侯亚丽　孙甲岚）

【洪涝灾情】 受上游洪水下泄影响，青龙湾减河、泃河堤防多处出险，致使部分堤段出现滑坡、冲沟及塌陷险情，抢搭子埝4.5千米；中心城区部分排水设施损毁。据不完全统计，受强降雨和台风影响，汛期共造成天津市9个区受灾，转移安置群众1683人，估算经济损失7392万元。

（夏　岢）

【防御风暴潮】 2018年，潮情基本平稳，防潮分部办公室共启动应急响应6次，其中启动Ⅲ级响应2次，Ⅳ级响应4次，全年最高潮位发生在8月17日18时38分，塘沽站潮位5.08米（海图基面），未发生风暴潮灾害损失。

组织建设。经市政府批准同意，调整了防潮分部组织机构，由滨海新区副区长孙涛担任防潮分部指挥，市水务局副巡视员梁宝双、滨海新区建交局局长李浩担任副指挥。

责任制落实。督促指导滨海新区进一步落实以行政首长负责制为核心的各项防潮责任制，海堤全线划分16个防潮责任段：涧河口至六号水门段、六号水门至北疆电厂段、北疆电厂段、北疆电厂至原中心渔港东侧围堤段、原中心渔港东侧围堤至永定新河防潮闸段、永定新河防潮闸至天马拆船厂段、东疆港区段、北疆港区段、天津港客运站围墙与管线队交界处至新港船厂段、新港船厂至轮船闸段、轮船闸至海河闸段、双闸路段、渔船闸至大沽排污河北段、临港经济区段、南港工业区段、南港工业区南围堤至沧浪区入海口段，分属 14 家责任单位：汉沽盐场、寨上街、北疆电厂、中新生态城、滨海中关村科技园、东疆港、天津港集团、塘沽街、新港船厂、渤海石油公司、大沽街、保税区、开发区、古林街，并逐段落实了行政负责人和技术负责人。

预案管理。防潮分部办公室修订完善《防潮分部防潮预案》和《防潮分部应急响应工作规程》。编制下发《防潮分部办公室关于修订完善防潮预案的通知》。督促指导市海洋、气象、交通、水产等成员单位在深入了解防潮形势、工程状况和保障能力的基础上，将预案措施与本单位职责和业务特点较好的结合。

物资储备。滨海新区定点集中储备了冲锋舟、排水泵车、发电机、编织袋、移动照明车等价值 2003 万元的区级防汛抢险物资，全部设备调试保养完毕，随时做好调运准备。同时为功能区、街镇配备了编织袋、铁锹和铅丝等抢险器材。

队伍建设。滨海新区防办按照建设培养一流专业队伍的要求全面建立防潮抢险队伍保障体系，会同区军事部组织落实了随时可以调动执行抢险任务的区级民兵防汛抢险队伍 9000 人，落实了 3 支 115 人的水利技术骨干抢险队伍。制定了军地联合防汛工作方案，明确了军地联动防汛抢险机制，落实了军地联合指挥、信息共享、联查联训、兵力调动程序和内容、抢险队伍行进路线、物资调运方案和培训演练等各项保障措施。

防潮检查。4 月 19 日，副局级巡视员刘长平带队检查滨海新区防潮工作，现场查勘了南港工业区和保税区海滨浴场段防潮工程。7 月 5 日，防潮分部指挥、滨海新区副区长孙涛带队对部分单位就组织、预案、物资和应急处置准备情况进行实地检查，现场查看了东疆港、红星码头、中心渔港三个责任段。7 月 16 日，市防指成员、市商务委副主任刘福强率市防指第五检查组对东丽区、滨海新区防汛工作进行检查，实地查勘了东丽区防汛物资仓库、中河泵站、滨海新区塘沽水利物资仓库、中新生态城外围海挡工程。

（海堤处）

【蓄滞洪区安全建设】 汛前组织各区防办会同各河系管理处完成了蓄滞洪区运用及蓄滞洪区阻水坝埝紧急拆除预案的修订完善工作，完成了天津市 13 个蓄滞洪区居民财产登记复核工作，组织各河系管理处及各区防办对蓄滞洪区运用准备工作进行了专项检查，落实了全市蓄滞洪区的市、区、乡镇及村级的行政、预警、转移、巡查防守等 4 级 4 类责任人。为防汛抗洪做好必要的准备，为全市蓄滞洪区安全运用提供保障。

按照天津市防汛抗旱工作会议要求，编制了蓄滞洪区运用预案修改完善大纲，对全市蓄滞洪区运用预案及阻水坝埝应急拆除预案进行了深度的修改完善，使预案的时效性、可操作性有了较大提高。

印发《市防办关于进一步加强蓄滞洪区管理工作的安排意见》，对天津市蓄滞洪区各项工作进行了全面安排部署，推动建立完善蓄滞洪区管理机制，明确管理任务，落实管理队伍，履行管理职责。汛前组织对蓄滞洪区基本情况进行了核查。重点对蓄滞洪区通讯预警设施、人员转移安置预案、进（退）洪闸启闭、供电设备、防洪工程和安全设施运行等情况进行了自查、抽查和督查。组织推动洪水风险大、运用概率高的蓄滞洪区开展了群众安全转移安置实际演练。

（夏　岢）

【应急度汛工程】 2018 年应急度汛工程共安排 11 项工程，包括：泃河左堤邵庄子闸至嘴头村段防汛通道应急度汛工程、泃河右岸石炮沟段 4+350～5+202 段挡墙护砌应急度汛工程、泃河右岸青年桥下游段 8+470～8+720 段挡墙护砌应急度汛工程、州河左堤 27+092～29+092 段防汛通道应急度汛工程、永定河中泓故道清淤应急度汛工程、马厂减河右堤（27+300~30+706段）防汛通道应急度汛工程、马厂减河左堤（15+800~19+800段）防汛通道应急度汛工程、海河左堤（26+850~29+850段）防汛通道建设应急度汛工程、海河右堤（26+500~30+100段）防汛通道建设应急度汛工程、果河左岸（果河桥上游）防汛通道应急度汛工程、市防指静海仓库维修项目。市防办于2018年2月底之前对全部工程进行了批复，批复概算总投资2600万元。3月1日，市水务局以《关于下达2018年应急度汛工程第一批资金计划的通知》，下达第一批资金计划2000万元；7月2日，市水务局以《关于下达2018年应急度汛工程第二批资金计划的通知》，下达第二批资金计划600万元。

在应急度汛工程项目实施过程中，市防办精心组织，周密安排，严格实行专项管理，各建设单位按照有关要求和程序开展相关工作，严格控制施工进度，没有出现工程质量问题。

在应急度汛工程项目管理上，参照基建项目进行管理。由项目业主委托有资质的设计单位完成初步设计，市防办组织有关部门通过现场查勘、专家论证等形式对项目进行审查后，进行批复。工程在建设过程中接受项目主管部门和质量监督部门的监督。工程竣工后，市防办会同有关部门按照水利工程竣工验收的有关规程和要求对项目进行竣工验收。各项目单位加强了项目资金管理，健全完善应急度汛工程资金的支付规章和核算程序，未发现违规违纪现象。2018年主汛期前，所有工程全部按要求完成，并投入使用。

2018年应急度汛工程共完成堤顶道路硬化21.9271千米，浆砌石护砌1.102千米，河道清淤3.27千米。应急度汛工程的实施，消除了部分堤防隐患，提高了河道防洪能力，减轻了防洪抢险压力，汛期发挥了一定效益。

（邱玉良）

【中心城区防汛排涝】

1. 中心城区雨情

2018年，中心城区累计平均降水量683.91毫米，主汛期累计平均降雨量587.43毫米。中心城区共形成有效降雨35次，其中局部地区10毫米以上降雨27次（10~19.9毫米10次；20~29.9毫米6次；30毫米及以上11次），最大降雨为7月23—24日平均降雨量205.25毫米，最大降雨地区西青凌宾路地区271.9毫米。比上年同期增加了近41%。进入主汛期后，极端天气事件明显增多，局部短时突发性强降雨时有发生，且存在降雨时空分布不均的特点。

2. 防汛准备

落实防汛责任。成立了以市水务局、市建委、市交委、市市容园林委、市公安交管局领导为指挥、副指挥，市内六区、市气象局、市电力公司及排管处为指挥部成员的组织机构，加强了市、区两级指挥部门的沟通配合，强化了市区分部各成员单位的横向联络，深化了与水务相关部门的协调联动。召开市区分部防汛工作会议，传达部署、明确任务、定岗定责，结合各区换届，落实以行政首长负责制为核心的各项防汛抗旱责任制，进一步强化党政同责、责任监督，做到应对有为。加强市区两级防汛抢险队伍建设，排管处成立了12支抢险队和5个防汛督导组，强化24小时防汛值班和领导带班制度。按照惯例从5月开始防汛值班，层层落实防汛责任，遇排水突发事件确保快速反应、有效处理。

防汛排水设施维护。坚持开展汛前百日养护会战，以短途劳动竞赛为抓手，夯实防汛基础。按计划已从2月中旬开始实施18项设施养护、运行、维修任务，重点实施大型管道疏通，保证主干管道通畅，高质量、高效率完成会战养护维修各项任务。重点开展低洼易积水地区设施疏通掏挖；大型管道清淤工程；治理塌管隐患；泵站设备检修和更新改造；市级水管单位达标创建，充分发挥存量设施功能，打牢度汛基础。抓好新接收设施整改，对新接收的八一、大红桥、西纵、桥南4座雨水泵站进行缺陷整改，确保汛期发挥效益；并依托老旧设施改造项目，完成一批单电源泵站改造工作以及泵站初期雨水改造工程。

结合“低洼地区积水严重的问题，立项改造；新建了雨量计、监测摄像头，加强对雨情、险情的实时监测；开展防汛抢险演练，重点对河道防漫溢抢险和居民区自保自救抢险开展演练。市内六区指挥部各项防汛准备工作落实到位，并在防汛工作中充分发挥了作用。

预案管理。组织修订《天津市中心城区防汛排水预案》《市区汛期防汛排水预案》等6部预案、方案。总结经验，查找短板，围绕重点地区、敏感部位，深入排查管辖设施存在问题，找准影响设施能力的薄弱环节，重新修编了《天津市中心城区积水地区防汛排水预案》，制定有针对性的解决方案和应急措施，进一步提高设施排涝能力水平。落实了应急措施、调度措施、管理措施，提升应急处置的针对性、有效性，确保大雨2小时，暴雨5小时积水基本排除。

检查督办，消除防汛隐患。坚持影响防汛问题分析制度，针对在建工程明确任务清单、责任清单、措施清单、整改清单，实施台账销号管理，确定时间表、路线图，推进问题整改，确保隐患及时消除。加大对南大桥、红星桥、古北道、小稍口、中纺前街地道、汾河南道6座在建雨水泵站的推动力度，对列入建委泵站建设计划的项目跟踪督办，争取汛期发挥效益。多次对中心城区防汛责任制落实、排水设施养管情况、防汛预案编制、抢险队伍建设、防汛物资储备管理、应急处置及人员转移安置等措施落实情况进行督导检查。并及时对检查出来的影响防汛问题进行整改。

物资储备。建立防汛物资储备点43处，储备防汛救险车50辆、移动视频车11辆、大型救险机械24辆、防汛发电机组58台、防汛水泵217台、大型移动泵车26辆，应急发电机组，有效提升应急排水能力。各区防办对防汛物资进行了补充，对防汛物资指定专人管理，对高值易耗或不易存放的物资做到进货渠道畅通，做到随用随到。

宣传教育。利用全国防灾减灾日的契机，市内六区防汛办、排管处按照市防指、市水务局统一要求制作防汛小常识宣传手册，并通过电视台、电台、网络媒体、热线等渠道强化宣传内涝防治和相关防汛应急知识，提升市民内涝紧急情况下自救能力，培养市民自觉保护排水设施意识，树立防汛人人有责的观念。

3. 防汛信息系统建设

提升完善防汛调度信息系统，完善泵站远程控制平台，新增11处泵站监控点。完善防汛调度信息系统，实施中心城区积水监测信息系统建设，新建40处电子水尺。新建智能手持汛情视频采集系统并配套40个单兵设备，为科学防汛会商调度提供强有力技术支撑，为防汛调度指挥决策提供科技支撑。同时为加强中心城区防汛信息沟通，确保各类信息上传下达通畅，市区分部将降雨量监测、泵站远程监控、积水视频监测、河道液位监测等防汛指挥调度系统接入市防办，降雨期间市区分部将每小时雨情、积水统计表及时上传，为领导决策提供依据。加强与市区分部成员单位沟通，密切关注雨情，科学调度，通过防汛短信、微信平台、传真及时发布信息。

4. 应对强降雨

汛期中，接到气象部门的预警信息后市区分部立即转发市区分部各成员单位，并启动相应预警响应，要求各单位提前做好应对准备，落实防汛责任，全体防汛上岗人员，随时做好防汛排水和应急抢险准备。要求排水专业部门提前加强常运行泵站开泵，保持泵站低水位运行，腾空管道、根据实际雨情适时降低河道水位，增加管道、河道调蓄空间。及时启动中心城区“一处一预案”，加强重点易积水片、低洼地区、下沉地道等防汛关键点位的值守和巡查，抢险点位的设备提前准备就绪，切实做到组织、人员、预案、物资、责任的落实。接上级调度令后，中心城区雨水泵站全力开车排水，临时泵站全部启用。对排水设施薄弱和重点区域加强巡视，密切关注雨情和积水情况，及时发布预警，发现问题立即处置，杜绝人员伤亡事故。降雨后对全市排水设施全面巡察维修养护，对泵站水损电器设备进行更换，对收水井及收水支管进行清挖疏通，确保排水设备设施安全稳定运行，为下次降雨做好充分准备。

同时市交委、交管部门对全市下沉路段、地道、立交桥、高速匝道逐一排查，对积水地道实施封堵，派专人盯守，杜绝误闯误入造成人身伤亡事故；市交管部门做好警力备勤，落实易积水地区及地道应急疏导预案；各区主要领导亲自指挥抢险工作，对老旧房屋和地下室进行危险源排查，积极落实区域内地道、桥涵、危陋房屋、地下办公室、车库等重要部位的防汛安全。市建交委、城投集团对在建工程采取应急保护措施，并确保所辖未移交泵站及时开车。经过各成员单位及各区防汛主管部门的共同努力，圆满完成了各项防汛保障工作，确保了群众生命财产安全。

7月23—24日，受台风“安比”影响，中心城区普降大暴雨，平均降雨量达到205.25毫米。由于该场降雨强度大，持续时间长，市区临时积水片最多时达到77处，18处地道采取了临时断交措施。在降雨结束后12小时内退水62处，24小时内退水73处，剩余4处积水片也在30小时内退净。与2016年“7·20”强降雨相比，退水时间缩短了18个小时。降雨期间中心城区各相关单位通力协作，加强沟通。在市区分部各成员单位的共同努力下，未出现因降雨造成的人员伤亡和大的财产损失，圆满完成了安全度汛的任务，也得到各级领导和广大市民群众的普遍认可。

（排管处）

【河库闸站防汛责任落实】 落实河道闸站险工险段防汛抢险责任。根据防汛抢险实行地方行政首长负责制的原则，将行洪河道（海堤）和穿堤建筑物险工的防汛抢险责任分解落实到各区、乡镇和河系处等各级责任单位和责任人，明确责任分工，印发了《关于印发2018年行洪河道（海堤）防抢责任分解表的通知》，明确了59处险工、956座闸涵的抢险责任。

（刘玉鑫）

【农村除涝】 2018年汛期，农村分部办公室立足“防大汛、除大涝”，提高政治站位，不断增强紧迫感和责任感，采取有力有效措施，强化农村除涝责任制落实，修订和完善各项预案和应急度汛措施，持续深入开展隐患排查，狠抓落实在建工程度汛安全措施，落实山区水库“三个责任人”（中小水库安全度汛行政责任人、技术责任人、巡查责任人）、“四个预案”（水库预测预报预警方案、水库防汛抢险应急预案、水库大坝安全管理应急预案和水库调度规程）等应急度汛工作，加强农村分部办公室能力建设，指导推动各区扎实开展农村除涝各项工作，安全度过了包括台风“安比”等多次强降雨的考验，保障了农村除涝安全。

（农水处）

抗　旱

【概述】 2018年天津市降雨总体呈现春季降雨偏少、夏季偏多的特点。1月1日至10月31日，全市平均降水量565.4毫米，较常年同期偏多8%，较上年同期507.1毫米偏多11%。天津市春季降水严重偏少，1—3月全市平均累计降水量仅为6.7毫米，较常年同期平均降水量偏少59%，特别是2月无降水，对农业抗旱不利。5月降雨量仅为20.9毫米，较常年同期偏少48%。全年降水主要集中在7、8月，较常年偏多近5成。春季上游来水相应减少，由于麦田普浇冻水，大部分麦田土壤墒情较好。汛中及汛后期，抢抓上游雨洪水下泄时机，科学调度，抢蓄农业水源，汛末农业用水蓄水充足，可保障全市农业有序生产。

【农业旱情】 2018年全市农业没有长时间、大面积严重旱象发生。汛期由于天津市降水频繁，特别是8月降雨较集中，有效缓解了前期墒情不足情况，全市整体土壤墒情得到了明显提升，但局地出现水分过多或渍涝现象。

2018年汛期，天津市上游来水偏多，汛末适时抬高河道水位抢蓄上游尾水。通过一系列调水抢蓄措施，汛末全市地表水存蓄总量8.87亿立方米，为2018年冬明春农业生产抢蓄了水源，为2019年农业增收创造了有利条件。

【农业抗旱】 2018年初，提早拟定下发《关于做好今春抗旱工作的通知》，对各区做好春季抗旱工作进行安排，要求从3月中旬开始，上报辖区内蓄水状况。制定完善春季抗旱预案，指导春季抗旱工作，组织各区完成春灌和夏收工作。密切关注雨水情、土壤墒情、旱情分布及发展趋势，争取外调水源，增加农业蓄水量，适时调整抗旱方案，及时收集并做好抗旱信息统计的上报。加大外调水源力度，统筹安排农业用水，有效应对春季旱情。充分发挥各级抗旱服务组织作用，为春耕生产提供保障。入春以来，组织人员抓住降雨有利时机，及时为白地、麦茬地补墒、造墒，抢播各种作物，保障春季农业生产。

利用全市河网水系发达有利条件，实施跨区、跨河系调水，潮白新河里自沽节制闸累计向下游放水5.75亿立方米，为宁河区、滨海新区等地区增蓄水源。汛后期适时适当抬高河道控制水位拦蓄雨洪水，并要求沿线各区做好二级河道、中小型水库、坑塘洼淀蓄水工作。

【抗旱统计】 每月1日，按时通过国家防汛抗旱指挥系统二期数据汇集平台上报天津市水库蓄水情况。及时收集汇总各区报送的旱情信息，遇重大旱情，及时通过抗旱统计信息系统上报国家防办。

（侯亚丽　孙甲岚）

农 村 水 利

农村水利建设

【概述】 2018年，农村水利工作不断深化改革，实施了中小河流重点县、农村饮水提质增效、国有扬水站更新改造、灌溉计量设施建设等方面的农村水利工程建设，建设节水灌溉面积4800公顷，安装灌溉计量设施2668台（套），更新改造国有扬水站5座、新启动5座，治理中小河流重点县12个项目区，完成宝坻东山水厂扩建工程和武清京津科技谷引江水厂新建工程年度建设任务，治理水土流失面积7.67平方千米。

【农村水利前期工作】 2018年，市水务局多措并举，督促有关各区加强组织领导，做好项目储备，为各项农村水利工程的实施奠定基础。组织召开全市农村水利工程建设推动会，会上对2019年农村水利项目前期工作提出明确要求。组织召开全市农村水利项目前期工作推动会，专题研究部署2019年农村水利项目前期工作。市水务局印发《关于进一步做好2019年农村水利项目申报工作的通知》，督促各区水务局加快农村水利项目前期工作。结合推动工程建设，到现场推动各区加快农村水利项目前期工作。

【农村水利投入】 2018年，天津市农村水利工程项目总投资77589万元，年度任务目标60377万元，实际完成投资61284万元，占年度任务指标的102%。剩余资金结转到2019年。

【扬水站更新改造】 2018年计划更新改造10座农村国有扬水站，其中2017年结转工程包括宝坻区黄白桥泵站、大刘坡泵站，静海区十槐村泵站，东丽区新立泵站共4座泵站；补下市级资金的西青区黄家房子泵站（2017年年底已完工）；2018年新安排工程包括武清区南夹道泵站，宁河区乐善泵站，静海区大庄子泵站、纪庄子泵站，东丽区东河泵站共5座泵站；2018年计划总投资15881万元，年内任务指标为完成投资13129万元。截至2018年年底，实际完成投资13142.9万元，占任务指标的100.1%，其中5座扬水站具备通水条件。

【小型农田水利项目】 2018年，完成小型农田水利投资710.28万元，项目涉及宝坻区，占年度任务目标的100%，主要建设内容包括修建涵闸泵点16座，铺设电缆12.174千米，更换井泵211台套等，工程于2018年3月3日开工，7月底完工。

【中小河流重点县建设工程】 2018年，中小河流重点县建设工程涉及蓟州区、宝坻区、宁河区、西青区等4个区，续建5个项目区，新建7个项目区的建设任务。其中蓟州区4个新建项目区，宝坻区1个新建项目区，宁河区3个续建项目区，西青区2个续建项目区、2个新建项目区。截至2018年年底，宝坻区1个项目区、宁河区3个项目区、西青区4个项目区共8个项目区完工，蓟州区4个项目区完成年度考核指标。完成总投资21697.77万元（其中中央资金6482.75万元，市财政资金7973.45万元，区自筹7241.57万元）。工程的实施，增加项目区内治理河道正常排蓄功能，并有效缓解汛期其他河道排涝压力，见下表。

2018年中小河流治理重点县综合整治试点工程情况表

序号	区县	项目名称	治理长度/千米	批复投资/万元	完成投资/万元	进展情况	备注
1	西青	独流减河截渗沟大寺镇项目区		986.00	986.00	完工	续建
2		独流减河截渗沟王稳庄项目区		958.00	958.00	完工	续建
3		南运河杨柳青镇项目一区	1.700	4434.78	4164.31	完工	新建
4		南运河杨柳青镇项目二区	1.500	5067.03	4804.90	完工	新建
5	宁河	大贾排渠潘庄镇项目区		814.00	814.00	完工	续建
6		江洼口深渠宁河镇项目区		825.00	825.00	完工	续建
7		李老深渠丰台镇项目区		7.00	7.00	完工	续建
8	蓟州	淋河马伸桥镇项目区	5.920	1047.74	818.60	施工	新建
9		关东河孙各庄镇项目一区	4.020	2245.59	1927.30	施工	新建
10		关东河孙各庄镇项目二区	5.420	2323.00	1951.80	施工	新建
11		关东河下营镇项目区	3.980	2015.89	1520.20	施工	新建
12	宝坻	引泃入潮史各庄镇项目区	4.133	2920.66	2920.66	完工	新建
总计			26.673	23644.69	21697.77		

【节水灌溉工程】 2018年度中央农村水利发展资金节水项目计划投资3000万元，新增高效节水灌溉面积1333.333公顷，项目涉及蓟州区和宁河区。截至12月底，实际完成投资4931.31万元，新建节水面积2039.733公顷，其中蓟州区新增高效节水灌溉面积1072.400公顷，宁河区新增高效节水灌溉面积967.333公顷。

2018年市水务局共承担6项高效节水灌溉项目，分别是蓟州区2018年高效节水灌溉项目、蓟州区2018年度节水灌溉改造项目、宁河区丰台镇2018年高效节水灌溉项目、宁河区东棘坨镇2018年高效节水灌溉项目、宁河区廉庄镇2018年高效节水灌溉项目、宁河区七里海镇和芦台镇2018年高效节水灌溉项目。上述项目总投资11120万元，开展节水灌溉工程建设面积4800公顷。截至12月底，实际完成投资11120万元，建设节水灌溉面积4800公顷，如期完成年度工程建设任务。

【一般农村水利建设项目】 2018年，一般农村水利建设项目共计7项，总投资316.534万元，其中灌溉水水质管理实施方案编制20.71万元；蓟州区水力侵蚀动态监测53.6万元；市级水土流失重点防治区动态监测61.96万元；水土保持“天地一体化”监管推广125万元；水土保持公报编制9万元；水土保持管理数据整编38万元；灌溉水利用系数测算分析8.264万元。各项目2018年全部完成。

【小型农田水利维修养护项目】 2018年中央农田水利建设资金天津市静海区小型农田水利工程维修养护项目总投资496.25万元，其中中央投资466.25万元，区自筹30万元。对唐官屯镇、西翟庄镇、中旺镇、蔡公庄镇共计4320公顷基本农田的216眼机井及配套设施进行维修养护，检修泵管12900米、机井缓冲罐144套、电缆23640米、潜水泵19台。截至2018年12月底，项目已全部完工，工程完工后，静海区唐官屯镇、西翟庄镇、中旺镇、蔡公庄镇4个乡镇4320公顷农田水利设施可以正常运转，保证灌溉需求。

（农水处）

农村水利管理

【概述】 2018年3月，市政府办公厅印发《天津市人民政府办公厅印发关于探索建立天津市涉农资金统筹整合长效机制实施方案的通知》（津政办函〔2018〕14号），2018年起农田水利设施建设资金等已统筹整合纳入水务改革发展大专项，实行“大专项+任务清单”管理模式。2018年市财政局通过转移支付下达各区水务改革发展财政资金30351万元，各区统筹使用水务改革发展资金，完成市级下达的任务指标。持续加大全市小型水利工程管理体制改革工作推动力度，将各区小型水利工程管理体制改革进展情况，采取在全市进行统计通报的方式，促进各区改革工作的开展。截至2018年12月31日，天津市涉及小型水利工程管理体制改革的工程产权全部明晰，管护主体和责任全部落实，“两证一书”已发放到小型水利工程产权所有者。

【中小型水库管理】 2018年，天津市有中型水库10座❶，小（1）型水库11座，小（2）型水库3座。中型水库设计蓄水库容总库容2.828亿立方米，小型水库设计蓄水总库容0.548亿立方米。2018年5月依照《水利部办公厅关于进一步加强小型水库安全管理工作的通知》配合局有关部门将中型水库安全责任人名单上报至水利部办公厅；2018年7月根据《水利部办公厅关于印发小型水库安全运行专项稽查整改的通知》，配合局有关部门对小型水库病险问题进行了排查并汇报；2018年10月根据《水利部办公厅关于小型病险水库除险加固工程实施省级评估工作的通知》，组织专家对小型病险水库进行了现场和资料核查并进行了评估。

【大沽排水河管理】 根据《市水务局关于调整大沽排水河管理工作的通知》和《关于大沽排水河管理工作交接会议的纪要》，大沽排水河已划归属地管理。

【国有扬水站管理】 天津市现有农村国有扬水站289座，泵站管理属于公益事业，由各区水务局下属的排灌站或河道所统一负责管理和养护。天津市自2008年启动农村国有扬水站更新改造任务，已列入规划泵站135座（其中包括7座新建泵站），截至2018年年底，已完成更新改造92座。2018年完成宝坻区黄白桥泵站和大刘坡泵站、静海区十槐泵站、东丽区新立泵站等4座泵站更新改造项目，完成投资7335万元，以及西青区黄家房子补下市级资金16万元，共计完成投资7351万元。农村国有扬水站更新改造工程为各区内的工农业生产的稳步发展起到了极大的保障作用。

【农水科技推广】 2018年，主要是加强信息化建设，完善了水土保持信息化管理各项系统建设，协调水科院对《农村水利信息管理系统》的功能进行完善和数据补充更新工作；组织做好农村水利科技项目报奖工作；做好水利学会、水土保持学会等相关任务的组织和开展工作。

【农村水利改革】 2018年开展了2项农村水利改革工作。①推进小型水利工程管理体制改革，天津市涉及小型水利工程管理体制改革的水利工程为30805处，其中小型水库14处，中小河流及其堤防1082处，小型水闸2003处，小型农田水利工程26293处，农村饮水安全工程1413处；截至2018年年底，上述小型水利工程产权已全部明晰，

---

❶ 2018年中型水库“七里海水库”降等处理为湿地。

管护主体和责任已全部落实，产权明晰率以及管护主体和管护责任落实率均达到100%，“两证一书”已全部发放；②农业水价综合改革，为落实国家五部委《关于扎实推进农业水价综合改革的通知》，编制完成2018年灌溉计量建设实施方案，在蓟州、宝坻、武清、宁河、静海等5个区安装灌溉计量设施2668台套，改善灌溉面积4000公顷，为夯实农业水价综合改革计量设施建设打下坚实基础。

【农村水利安全生产】 2018年，开展了农田水利在建工程安全生产专项督查、农田水利工程持续深化安全生产隐患大排查大整治、农田水利工程建筑施工安全专项治理行动、农田水利工程汛期安全生产等督查工作，同时加强2018年元旦、春节、“两会”期间、夏季达沃斯论坛、中秋节、国庆节期间等重大节日、重要时段、敏感时期的农田水利工程安全生产相关工作，维护了农田水利工程安全生产稳定形势。

【农村水利新闻宣传】 2018年，坚持以服务中心、推动农村水利工作为目标，特别是市委市政府和局党委的重要决策部署，以此为出发点，明确信息宣传工作的重点。2018年，共编辑上报信息40条，局水务新闻录用36条，市政府办公厅采用《昨日要情》4条，市委办公厅采用《每日要情》2条，按局办公室统计，截至2018年年底，信息采用得分406分，在局属单位排名第二。农村水利宣传共8条，分别在天津政务网、天津日报、中国水利网、北方网和水信息网上登录，据局办公室统计，截至2018年11月底，市水务局农水处宣传工作得分15分。

（农水处）

水土保持

【概述】 2018年，天津市深入贯彻落实《中华人民共和国水土保持法》和《天津市实施中华人民共和国水土保持法办法》，积极推进京津风沙源治理工程二期工程建设，深入开展水土保持监测和监督管理，强化水土保持宣传教育，建设水源及节水灌溉工程167处，治理山丘区水土流失7.13平方千米。治理平原区沙化土地、盐碱地及坡面水土流失治理面积面积0.535平方千米，全市水土流失治理面积总计7.665平方千米；完成市级审批生产建设项目水土流失方案57项；完成生产建设项目水土保持设施验收备案29项。

【水土流失治理】 水土流失治理项目有京津风沙源治理二期工程（水利项目）和水土保持生态治理工程，2018年度京津风沙源二期治理工程（水利项目）涉及蓟州区、宝坻区两个区县，总投资1015.95万元（中央预算内投资600万元，市级配套资金236.95万元，区县配套资金179万元）；建设水源工程82处，节水灌溉工程85处，水土流失治理面积3平方千米。

水土保持生态治理工程涉及蓟州区、宝坻区、津南区、滨海新区，完成投资848.32万元（市级配套资金812.29万元，区县配套资金36.03万元），完成山丘区水土流失治理面积4.13平方千米，平原区水土流失治理面积0.535平方千米，合计4.665平方千米。

【水土保持监测】 组织开展《天津市水土保持公报（2018年）》的编制工作。按期上报了国家水土保持监测点水土保持监测数据。积极组织开展市级水土流失动态监测，以及2018年生产建设项目水土保持信息化区域监管工作，指导相关区完成生产建设项目监管有关成果整编和上报工作。

【水土保持监督管理】 2018年7月30日，市政府印发《天津市人民政府办公厅关于印发天津市水土保持目标责任考核管理办法（试行）的通知》（简称《办法》）。《办法》以水土保持规划确定的近期中期工作目标为中心，明确要求和建立各区人民政府水土保持目标责任制，以考核涉及的共享业务工作为基础，以扎实落实区政府主体责任为主要目标，在监督管理等工作中，依据天津市的特点，强调水土保持方案的审批和监管有机联合，定指标，促推动，开展相关工作。

2018年市级累计审批水土保持方案57项，组织开展29个项目的水土保持设施验收备案。深入开展水土保持日常执法巡查。2018年累计出动执法人员180人次，出动执法车辆85车次，执法范围覆盖中心城区和全部10个区；对重点大中型工程开展专项执法巡查。组织开展了对天津市地铁4号线、10号线一期、1号线东延至国家会展中心等地铁项目水土保持专项监督检查。配合水利部海委，对部批重点工程开展督察，对10余个大型重点项目进行了现场核查，提出了整改要求，促进水土保持措施保质保量完成，充分发挥水土保持措施效益。

积极推进数据共享建设，开展了全市水土保持监督管理历史数据和水土保持重点工程数据的整编和系统录入工作。依托全国水土保持监督管理系统V4.0，实现生产建设项目水土保持监管信息的部、市、区三级交换与共享。

【水土保持宣传】 2018年3月22日，结合“世界水日”“中国水周”宣传纪念活动，组织开展了纪念《天津市实施〈中华人民共和国水土保持法〉办法》颁布4周年宣传活动；完善教育基地建设，不断加强蓟州黄土梁子科技示范园区教育展示等基础设施建设，发挥水土保持宣传教育平台作用。2018年向中国水利报、水利部网、中国水土保持生态建设网报送水土保持信息并被采纳总计14篇，在市水务局网上编发水土保持信息《水利部水土保持司到我市调研最严格水土保持监管工作》等10篇。

（农水处）

规划计划

规划设计

【概述】 2018年，市水务局以京津冀协同发展和水生态文明建设为重点，围绕“水利工程补短板”开展水务规划设计工作。全年完成了国家有关部委和市委市政府部署综合业务工作7项，组织、配合编制和评估规划30项，推动前期工作31项。设计院安排设计生产任务152项，上一年度结转设计任务96项，合计运行项目248项；其中189项报出成果或取得阶段性进展。积极改进服务方式，新承揽业务138项，完成了77个项目的投标工作。引进人才13名，加强教育培训工作。设计院在工程咨询单位资信评价工作中取得水利水电、市政公用工程、水文地质、工程测量、岩土工程等专业甲级资信，建筑专业乙级资信。开展设计质量自查、质量检查和内部审核工作，在质量、环境、职业健康安全等方面狠抓体系有效运行。

（规划处　设计院）

【规划设计管理工作】 2018年，市水务局规划设计管理工作充分发挥规划的引领作用，体现了规划的带动作用，强化了规划的引领作用，突出了规划的约束作用。继续完善了水务规划体系，统筹规划管理，规划成果显著。按照时间节点坐标和规划蓝图，统筹组织开展各项前期工作，确保项目尽快落地见效。年初制定了三年建设项目前期工作计划，增加了项目储备，设定各阶段和前期手续办理时间节点，加大与市发展改革委、市财政局、市规划和国土资源局、市生态保护局等部门沟通协调力度，加强与相关处室的沟通和配合，严格把关设计质量，确保项目及时批复。积极主动服务项目法人，及时掌握工程进展状态，针对设计变更问题，及时上下沟通联系，保证了工程建设顺利实施，资金计划的执行力度以及后续工程验收的顺利进行。

组织京津冀协同发展工作，完成编制天津市深入推进京津冀协同发展2018年工作要点，按时汇总各项任务进展情况，并报送市京津冀协同办。根据水利部《关于京津冀协同发展近期水利重点任务落实方案的通知》，市水务局制定并印发了《京津冀协同发展近期水利重点任务局内分工方案》。按照水利部办公厅《关于严控北京周边地区水资源开发利用强度、加强涉水生态空间管控的意见》，市水务局编制并印发了《关于〈严控北京周边地区水资源开发利用强度、加强涉水生态空间管控的意见〉的落实方案》，进一步细化分工，夯实责任，确保了任务完成。

根据市委、市政府《关于印发〈天津市湿地自然保护区规划（2017—2025年）〉的通知》，市水务局制定下发《关于抓紧落实〈天津市湿地自然保护区规划（2017—2025年）〉（水务部分）工作任务的通知》，梳理细化了各区湿地保护区补水任务、完成时限、责任分工，并定期督办、汇总、报送工作进展情况。根据市委、市政府《印发〈关于完善主体功能区战略和制度的实施方案〉的通知》，市水务局制定了《贯彻落实完善主体功能区战略和制度实施方案局内分工方案》。根据市政府《批转市发展改革委关于在关键领域和薄弱环节加大补短板工作力度实施方案的通知》，市水务局制定并印发了《关于在关键领域和薄弱环节加大补短板工作力度实施方案工作分解表》，进一步细化分工，夯实责任，按时报送工作进展情况。按照市委、市政府关于协调解决各区涉水事项的要求，积极解决宁河区未来科技城涉及七里海蓄滞洪区调整和北辰区引滦管线占压切改等问题，以及协调海委推进静海蓄滞洪区调整问题。

【主要前期工作】 2018 年，完成组织、配合编制和评估规划 30 项，推动建设项目前期工作 31 项。

1. 规划方案

2018 年，市政府和各区政府批复规划（方案）12 项，其中滨海新区、环城四区及新五区共 10 项水系连通规划；10 月 7 日，市政府批复《天津市农村饮水提质增效工程方案》《天津市再生水利用规划》。

组织推动的 20 项规划得到水利部、市政府的肯定。继续组织推动了天津市排水专项规划、城市节水规划、滨海新区防潮规划等 3 项专业规划编制工作。编制了双城中间绿色生态屏障地区水系规划、大运河天津段文化保护传承利用河道水系治理管护专项实施规划、天津市河道水系连通实施方案、湿地自然保护区生态水源保障规划方案、永定河岸线保护与开发利用规划、天津市防汛抗旱水利提升工程实施方案等 6 项专项规划。完成了天津市水务发展“十三五”规划中期评估报告、京津冀协同发展规划纲要中期评估报告（水务部分）、配合市住建委完成了全国城市市政基础设施建设“十三五”规划实施中期评估工作、配合市环保局完成天津市“十三五”生态环境保护规划中期评估共 4 项评估任务。配合水利部编制了南水北调东线二期规划、海河流域蓄滞洪区布局调整方案、大清河流域综合规划、南水北调东线一期工程北延应急供水实施方案等 4 项规划。完成“城市双修”工作实施意见、配合市发展改革委编制完成《天津市乡村振兴战略规划》和《天津市耕地河湖休养生息实施方案（2016—2030 年）》自查报告。

2. 建设项目

2018 年完成了中小河流治理工程、病险水闸除险加固工程、城市排水工程、农村排涝工程、水系连通工程、水环境与生态修复工程等共 6 类 31 项建设项目前期工作。

中小河流治理工程：天津市中小河流列入《水利部 国家发展改革委 财政部灾后水利薄弱环节建设实施方案》中共 5 条河 8 段，包括州河蓟州区于少屯至南辛庄段、州河蓟州区南辛庄至九王庄段、北京排污河武清区廊良公路至大南宫闸段、北京排污河武清区里老闸至廊良公路段、还乡新河宁河区板桥段、洵河宝坻区三岔口闸至九王庄大桥段、洵河蓟州区桑梓村至打渔庄村段、蓟州区兰泉河右堤堤顶治理共 8 项工程，2018 年初步设计均已批复，满足近三年实施需求。

病险水闸除险加固工程：完成了马营节制闸、杨津庄节制闸、北京排污河防潮闸等 3 座病险水闸加固工程实施方案的审查，待中央资金落实后即可批复。

城市排水工程：组织审批了 2018 年 20 项民心工程之一的中心城区易积水地区改造工程纪念馆地区等六处排水设施改造工程实施方案。

农村排涝工程：组织开展了 10 座泵站前期工作，包括完成了津南区南辛房泵站和盘沽泵站、静海区五堡泵站工程可行性研究报告审批；组织完成了宝坻区东老口（一）、老庄子泵站更新改造工程实施方案审批；组织完成了宝坻区宝芝麻窝、胡各庄、庞家湾、种田营泵站以及静海区团泊洼扬水站安全鉴定报告批复。

水系连通工程：主要包括组织审批了中心城区二级河道水循环能力提升工程实施方案、中心城区及环城四区水系连通工程北丰产河青排渠连通工程、北水南调中线完善工程初步设计报告等 3 项工程。

水环境与生态修复工程：组织开展了6项工程前期工作，包括推动了永定河综合治理与生态修复工程工程前期工作，审批了2018年20项民心工程之一的于桥水库综合治理污染底泥清除工程初步设计报告，审批了引滦水源保护于桥水库综合治理环库截污沟一期工程可研报告和初步设计报告、引滦向北大港水库应急调水工程实施方案、中心城区一级河道雨水泵站新增排水出路工程阎街等4座泵站排水出路改造工程实施方案、引滦宜兴埠水源泵站DN2000出水管线切改工程实施方案。

【重点规划的主要内容】

1. 双城中间绿色生态屏障区水系规划

2018年10月18日，市人民政府第27次常务会议听取了原市规划局《关于双城中间生态屏障区规划建设工作情况的汇报》，会议安排由市水务局负责组织编制《双城中间绿色生态屏障地区水系规划》。2019年2月，编制完成，期间市领导多次听取汇报，基本同意规划内容，下一步将按照程序报批。

（1）基本情况及存在问题。

双城中间绿色生态屏障地区位于中心城区和滨海新区之间，四至范围：东至滨海新区西外环高速、南至独流减河、西至宁静高速公路、北至永定新河。涉及滨海新区、东丽区、津南区、西青区、宁河区五区，现状人口115万人，总面积约736平方千米，其中水面面积195平方千米，占总面积的26%。双城中间绿色生态屏障地区有永定新河、新开河—金钟河、海河、独流减河等一级河道4条、57.9千米，东减河、洪泥河等二级河道22条、271.4千米，乡镇级主要干支渠95条，东丽湖、黄港一库、天嘉湖、官港湖等主要湖库4座、总库容0.71亿立方米。

存在的主要问题：①水资源短缺、生态水源不足；②现状水系存在多处卡口，连通循环不畅；③水环境较差，水生态系统脆弱。

（2）规划目标及思路。

规划目标。到2035年，实现双城中间水系南北互济、连通顺畅、水清岸绿、引调自如的绿色生态水网。通过借助外调水，使大部分河道水质主要指标达到地表水Ⅳ类标准，局部河道水质主要指标达到地表水Ⅲ类标准。

规划思路。统筹调配水资源，完善河道、湖库连通循环体系，充分发挥湖库调蓄净化功能，从水源保障、水系连通、水生态修复三个方面构筑“清水畅流”的绿色生态水网。

（3）生态水源保障分析。

经测算，双城中间绿色生态屏障区生态总需水3.21亿立方米。通过工程措施及水源调配后，可配置水资源量为3.21亿立方米，包括外调水0.62亿立方米，地表水0.62亿立方米，再生水1.39亿立方米，其他水源0.58亿立方米，生态水源保障程度较高。

（4）水系连通规划。

总体布局。结合现有地形、河流走向以及水源分布情况，以一级河道为骨架、二级河道为纽带，构筑多水源保障的“三横（永定新河、海河、独流减河）、一纵（北水南调东线工程）、两片区（海河南北片区）”的河湖连通体系。

水系连通工程规划以海河为界划分为南北两大片区。

1）海河北片区可分为东丽、滨海新区两个连通系统。东丽系统以东减河为主线，通过新开挖河道，连通海河与金钟河。滨海新区系统以中心桥北干渠、红排河和黑潴河为主线，通过河道清淤扩挖、新建穿海河倒虹吸等工程，连通海河与永定新河。

2）海河南片区河道连通条件较好，洪泥河、月牙河等与海河、独流减河等互联互通，具备向天嘉湖、官港湖补水的工程条件，通过建设一些连通工程以及闸站措施实现水系连通。

（5）建设任务及投资匡算。

规划提出了水源工程、水系连通及河道治理工程和建筑物工程三部分共46项工程内容，匡算总投资23.9亿元。

2. 大运河天津段文化保护传承利用河道水系治理管护专项实施规划

规划于2018年6月编制，9月完成初稿，期间局主要领导多次听取汇报，下一步按市政府统一部署推动报批工作。

（1）基本情况。

大运河全长近3200千米，是世界上开凿最早、距离最长、规模最大的运河，历史上在南粮北运、商旅交通、军资调配中发挥了重要作用，2014年列入《世界遗产名录》。天津段大运河北起武清区木厂闸，南至静海区九宣闸，全长182.6千米，涉及北运河长88.6千米，南运河长88.5千米，海河长2.0千米，子牙河长3.5千米。

遵照习近平总书记重要指示批示精神，打造大运河文化带，深入挖掘大运河丰富的历史文化资源，保护好、传承好、利用好大运河，是新时代党中央、国务院作出的一项重大决策部署。按照《大运河文化保护传承利用规划纲要》的通知精神，市水务局从水资源优化配置、防洪排涝保障、岸线保护利用和提升三个方面编制了专项规划。

（2）规划指导思想和目标。

以习近平新时代中国特色社会主义思想为指导，全面贯彻党的十九大和十九届二中、三中全会精神，紧紧围绕统筹推进“五位一体”总体布局和协调推进“四个全面”战略布局，坚持以文化为引领，坚持以人民为中心，共抓大保护，不搞大开发，着力推进河道水系治理与管护，统筹大运河防洪、排涝、航运、供水、生态等功能，改善河道水资源条件、完善防洪排涝保障功能、促进岸线保护和提升，努力把津沽运河建设成为绚丽的文化带、绿色的生态带和绮丽的旅游带，为呈现运河京津盛景、北国江南风景提供有力的水利支撑与保障。

规划目标。2019—2025年，基本实现大运河主要河段正常来水年份有水，适宜河段实现旅游通航；中心城区段达到地表水Ⅳ类标准，其他河段水体基本消除劣Ⅴ类，不黑不臭、水清水净、恢复鱼类生长。基本实现防洪、排涝达标建设。2026—2035年，大运河天津段实现全线有水，生态环境得到根本改善，已通航河段航运效能有效提升；实现防洪、排涝达标建设，水环境质量达到地表水Ⅳ类标准。展望2050年，河道水系畅通，河湖安澜有序，清水长流，水景交融，“千年运河”文化旅游品牌享誉中外。

（3）大运河治理与保护措施。

1）水资源优化配置。

现状大运河水资源短缺，北运河水源主要为上游来水和污水处理厂出水，多年平均来水约1.8亿立方米，南运河尚无可靠水源，非汛期基本干涸。

至2035年，预测北运河需水总量16396万立方米，可供水量12000万立方米，缺水量4396万立方米；南运河需水量为8271万立方米，可供水量1500万立方米，缺水量6771万立方米。

多措并举优化水资源配置，以京津冀协同发展为平台，协调好上下游、干支流关系，对南、北运河全线统一调配水量，统筹实现大运河的生态、防洪、文化、景观、航运等多种功能。

北运河协调上游增加下泄水量，以本地水资源、城镇再生水等为主，以引滦等工程调水为适当补充。当上游调配水量无法满足用水需求时，利用在建的北水南调中线工程即引滦明渠—潮白新河—青龙湾减河—港北连接渠引调北三河系雨洪水或于桥水库水源。

南运河近期可利用独流减河通过闸站经静海六排干（八排干）—青年渠—港团河等渠系进行补水，或利用北运河—海河—子牙河等河道引调雨洪水或引滦水。枯水期可通过南水北调东线北延或应急引黄进行补水，建议加快南水北调东线二期工程建设，统筹水资源配置，逐步恢复河道生态用水，实现南运河正常来水年份河道通水，彻底改善区域水生态环境。

2）防洪排涝保障。

北运河天津段均已达到防洪标准，但筐儿港枢纽—京津塘高速公路桥、振华桥—前进桥以及老米店节制闸—永北汇流口共15.5千米的河段需进行主槽清淤等。南运河天津段虽无行洪任务，河道过流均能满足其排涝要求，但津冀交界—十一堡节制闸段左堤涉及贾口洼蓄滞洪区防洪建设，围堤治理已纳入流域蓄滞洪区建设计划。大运河河道蜿蜒曲折，部分河段不能满足通航转弯半径需求，南运河主槽窄小河底宽仅4~13.5米，结合通航需求应进行裁弯取直和河道扩挖。

加强水污染防治措施。经调查，大运河水质除北运河城区段外水体基本为Ⅴ类和劣Ⅴ类标准，现状两岸村庄密集，河道滩地绝大部分为耕地或基本农田，因此，需加强排污口管理，防止污水进入河道，同时应调整农业产业结构，减少面源污染等。

3）岸线保护利用和提升。

统一规划大运河岸线，加强岸线保护与集约利用，明确水域岸线功能定位，加强河道日常巡视管理，深入推进大运河“清四乱”，力促河长制落地生效。严格涉河审批机制和控制生态红线，守住功能区底线。规范岸线开发利用行为，构建布局合理、功能完善的航运污染防治、应急救助、水上监管等综合服务体系，使运河两岸成为大运河文化生态系统的重要组成部分。

3. 天津市河道水系连通实施方案

方案于2018年3月编制，7月完成。

天津市第十一次党代会提出，大力推进绿色发展，加快建设生态宜居的现代化天津，把“绿色决定生死”理念贯穿于发展各领域全过程，把城市建成人与人、人与自然和谐共处的美丽家园。

天津市水资源短缺，时空分布不均，河道生态流量严重不足，水资源承载能力和调配能力较差，受河道淤堵、缺少必要的控制性闸坝以及卡口节点较多等因素影响，水系循环连通不畅，导致“活水少、污水多”，河道“非汛期纳污，汛期集中排污”现象明显，水环境不断恶化，与生态文明要求的“绿水”差距较大，因此，通过工程措施将河道连通起来，积极推进河湖水系连通，建设流畅的河流、湖泊、湿地连通体系，进一步调配雨洪水资源，改善河道水质恶化状况，改善水生态环境，让碧水长流，对建设美丽天津具有重要的意义。

（1）水系连通存在问题。

经过多年的建设，天津市河湖水系连通骨架基本形成，但还存在河道（段）淤堵、节点工程欠缺、水流不畅、生态水源不足、水环境差等问题。

（2）方案思路及目标。

依托天津市河湖众多、水网发达的优势，在现有的水系循环连通基础上，以问题为导向，充分体现“把水蓄起来，使水活起来，让水净起来”的要求，从水源保障、蓄水增容、水系连通、活水循环等四个方面入手来构筑全市的绿色生态水网。到2022年，通过河渠治理、建设连通控制建筑物等工程措施，打造出构建合理、功能完善、工程优化、保障有力的河湖水系循环连通体系，大区域循环带动小区域循环，小区域循环促进大区域循环，让整个市域水系连通顺畅、引调自如，明显提高水资源统筹调配能力，明显改善区域水生态环境，实现“绿水畅游”的生态城市建设目标。

（3）生态水源保障分析。

生态需水的配置方法针对每一条河流和湿地的现状，分析其可供水量，如果河流汛期水量多，非汛期水量少，则考虑利用河道外洼淀汛期蓄水，非汛期回灌，利用河道自身水量进行调蓄。如果河流汛期及非汛期水量均较少，则考虑外调其他河流富余水量，利用外来水量补水或水系循环等满足河道生态需水量。根据生态用水的供需分析，以及水源、水量分析，天津市水资源缺乏，依据生态水的特点，本次配置主要依靠雨洪水、城市再生水以及充分利用引滦水、适时调引南水北调东线水等方式来解决。

经分析，每年天津市农业、河道生态需水总量29.84亿立方米，可供水量为17.33亿立方米，缺水12.51亿立方米，不足部分需加大引滦调水量或通过东线一期工程北延实施应急调水，中心城区可适当采用引江中线水，远期通过南水北调东线解决。

(4) 河道水系连通方案。

1) 总体布局。

根据天津市地势北高南低、河流以及水源分布特征，以一级河道为骨架，二级河道为纽带，海河南北水系循环为脉络，以行政区水系为单元，依托南北生态空间构局，构筑“两纵一横”的水源保障和“三横、三纵、三区、十一片区”的河湖连通体系。

“两纵一横”的水源保障为引滦、引江东线和引江中线。引滦是天津市的生态保障的主水源。从北部入境，可通过西、中、东3条纵贯南北，覆盖全市。引江东线通水后，重点保障永定新河以南地区的生态用水。未通水时由引滦水保障。引江中线主要以生活生产为主，必要时补充中心城区海河三闸间生态水量不足的问题。“三横、三纵、三区、十一片区”的河湖连通体系中三横为永定新河、海河和独流减河；三纵为北运河—南运河西线、引滦中线、蓟运河—马厂减河东线，纵贯南北；三区以永定新河和独流减河为界，永定新河以北的北区、中区和独流减河以南的南区；十一片区为中心城区、滨海新区、环城四区及蓟州、宝坻、武清、宁河、静海。

方案通过水源保障工程、蓄水工程、水系连通工程以及水系循环工程，提高河湖生态水保障程度，提高水资源调蓄能力，构建连通顺畅、引调自如的河湖连通体系，最终改善河湖生态水环境。调蓄能力方面：通过实施河道扩挖、闸坝改造、黄庄洼、大黄堡等蓄水工程，增加蓄水量，提高河湖蓄水能力。水系连通方面：实施北水南调西线完善工程、马场减河东线、四大湿地补水等水系联通工程，完善南北水系、北三河、南部四河等河道水系联通格局。水系循环方面：将调水线路周边河道循环、南部四河与周边水库循环、四大湿地进水出水循环、断头河渠的治理等纳入实施方案，既要体现水系连通全覆盖，还要在连通过程中实现水体循环。

2) 水源保障工程。

把潘大水库、于桥水库、王庆坨水库、北大港水库作为主要生态水源，确保水源充足，最终形成引滦、引江东线、引江中线、再生水、当地地表水五水源的生态水源保障格局。

潘大水库养鱼网箱已全部清理，继续做好全市境内于桥水库综合治理、积极争取南水北调东线工程向天津市调水，特殊情况下可通过东线一期北延实施应急调水，提高水源保障程度。

3) 蓄水工程。

天津是海河五大水系的汇流处和入海口，境内有蓟运河、潮白河、北运河、永定河、大清河、子牙河、海河干流等19条行洪河道，是海河流域70%洪水的入海通道。境内还有承担灌溉与排水等功能的二级河道109条，大、中、小型水库27座，13处蓄滞洪区，大黄堡洼、黄庄洼等多个湿地遍布其间。天津蓄水工程总蓄水能力26.13亿立方米。根据天津市水资源分布不均和河网密布的特点，规划在保证河道防洪和排涝安全的前提下，利用现有蓄水工程，对水库、一级行洪河道、二级河道、湿地和蓄滞洪区分别进行蓄水增容，建设完善水系连通循环体系，科学合理调度，实现地表水的有效留蓄，提高河湖蓄水能力。

(5) 连通工程体系。

承接南水北调东线水的北大港水库没有治理，承接中线水的王庆坨水库尚未建成，南部地区缺水严重，南北水系连通的“三纵”工程尤为重要，使引滦水覆盖全市域，既能解决水源不足，还能解决水污染问题；通过河道的互联互通，既能提高防洪排涝能力，又能让水动起来，逐步实现“六能”目标。

通过北水南调西线完善工程可将引滦水和雨洪水调入西青、静海、团泊湿地等；通过马厂减河—中心桥排干东纵工程可将引江东线水向东部地区供生态水，或将北部地区雨洪水调入南部地区；通过北三河系连通工程调剂潮白新河、蓟运河等之间的雨洪水，保障七里海湿地、大黄堡洼等生态用水；通过南部地区青静黄等四河连通工程，改善天津市南部地区水资源状况，通过四大湿地补水线路工程，实现水系连通全覆盖，最终形成水系连通、区域循环、资源互补的生态大水网。

（6）水系循环工程。

通过引滦—北运河—南运河西线、引滦中线、蓟运河—马厂减河东线“三纵”贯穿南北水系，南部四河与团泊水库、北大港水库联通循环、通过七里海湿地—海河—独流减河宽河槽海河南北大循环，通过合理调度，实现四大湿地的进出水循环，通过十一片区的局部小循环来保大区域循环，改变一潭死水的局面。

1）南北水系循环系统。

2014年市政府审议通过的《天津市中心城区及环城四区水系连通规划方案》中提出建设的南、北两大水系连通循环系统，现已基本完成。

南部系统为海河—独流减河宽河槽湿地水循环系统，海河以西的二级河道，由海河取水，经市内循环入外环河，经津港运河进入独流减河，经宽河槽湿地净化后再由洪泥河回补海河。该体系主要实施了四项工程，分别为洪泥河生产圈泵站工程、洪泥河万家码头泵站工程、独流减河尾闾改造工程以及独流减河宽河槽湿地改造工程。海河南部水循环体系已基本建成，可实现海河—外环河—津港运河—独流减河—独流减河宽河槽湿地—洪泥河—海河连通循环，覆盖西青、津南、静海、滨海新区南部地区。

北部系统为海河—西七里海湿地水循环系统，海河以东二级河道，由海河取水循环，经金钟河、津唐运河进入七里海湿地，经湿地净化后再由青排渠、北丰产河回补海河。该体系主要实施了两项工程，分别为津唐运河治理工程、北丰产河治理工程，北丰产河未完成沿线截污治理，七里海湿地未完成土地流转，暂不具备回补条件。该体系全部建成后，可实现海河—新开河金钟河—津唐运河—七里海湿地—青排渠—北丰产河—北运河—海河连通循环，覆盖东丽、北辰、宁河地区。

2）工程措施。

开展青排渠—北丰产河工程、大沽净水厂一期工程、重建低水闸泵站工程和新建屈家店泵站。

（7）投资匡算。

水系连通实施方案工程主要分水源工程、蓄水工程、水系连通工程、水系循环工程四大类，投资140亿元。

【重点工程项目设计审批】

1. 潮白新河宝宁交界至乐善橡胶坝段治理工程

本段河道防洪标准50年一遇，设计流量3060立方米每秒。工程主要建设内容包括：加高加固两岸堤防53.74千米，其中左堤26.54千米，右堤27.20千米；改造穿堤建筑物33座；新建和拆除重建堤顶道路42.76千米。

2018年4月，市水务局《关于报批潮白新河宝宁交界至乐善橡胶坝段治理工程可行性研究报告的函》向市发展改革委报送了该工程设计报告及审查意见。7月，市发展改革委《关于批复潮白新河宝宁交界至乐善橡胶坝段治理工程可行性研究报告的通知》批复该项工程，投资5.1亿元。

2. 州河蓟州区于少屯至南辛庄段治理工程

本段河道防洪标准为20年一遇，设计流量150立方米每秒。工程主要建设内容包括：新建左、右堤堤顶道路23.97千米，新建错车平台、上堤路等有关设施。

2018年4月，市水务局《关于州河蓟州区于少屯至南辛庄段治理工程实施方案审查意见的函》向市发展改革委报送了该工程设计报告及审查意见。4月，市发展改革委《关于批复州河蓟州区于少屯至南辛庄段治理工程实施方案的通知》批复该项工程，投资2760万元。

3. 中心城区易积水地区改造工程纪念馆地区等六处排水设施改造工程

工程主要任务为通过新建雨水泵站、雨水管道、收水井、截留沟等措施改造纪念馆地区、南门外大街地区、南市地区、南大道地区、民族中学地区、电视台地区等6处易积水地区排水设施。其中纪念馆地区新建雨水泵站设计流量为0.4立方米每秒，民族中学地区新建雨水泵井设计流量为

0.18 立方米每秒。

2018 年 4 月，市水务局《关于报送中心城区易积水地区改造工程纪念馆地区等六处排水设施改造工程实施方案的函》向市发展改革委报送了该工程设计报告及审查意见。4 月，市发展改革委《关于批复中心城区易积水地区改造工程纪念馆地区等六处排水设施改造工程实施方案的通知》批复该项工程，投资 1095 万元。

4. 宝坻区东老口（一）泵站更新改造工程

为提高宝坻区里自沽排涝小区排水能力，对破损严重的东老口（一）泵站原址原规模拆除重建，设计排水流量 20 立方米每秒。主要工程内容为拆除重建进水闸上游连接段、进水闸、进水池、泵房、出水段挡墙、副厂房等，维修加固出水池、灌溉出水闸、排水出水闸等，安装立式轴流泵 5 台、潜水排污泵 2 台，更新全部机电和金属结构设备。

2018 年 10 月，市水务局《关于报批天津市宝坻区东老口（一）泵站更新改造工程实施方案的函》向市发展改革委报送了该工程设计报告及审查意见。10 月，市发展改革委《关于批复天津市宝坻区东老口（一）泵站更新改造工程实施方案的函》批复该项工程，投资 3060 万元。

5. 北水南调完善工程（中线）

为缓和天津市南部地区水资源短缺现状，改善南部河道生态环境，通过工程措施将北部雨洪水通过潮白新河、引青入潮、青龙湾减河、港北连接渠、北运河、卫河等河道入子牙河，后进入独流减河，线路输水规模为 15 立方米每秒。

为加快前期工作进度，将中线工程分为渠道部分、管道及泵站部分。渠道部分主要建设内容为扩挖整治港北连接渠 15.76 千米，扩挖整治一支渠 2.74 千米，加高两岸局部堤防；新改扩建河道沿线阻水及节制建筑物 39 座，其中，跨河建筑物 17 座，沿河建筑物 22 座。管道及泵站部分主要建设内容为原址拆除扩建青龙湾减河右堤东狼尔窝泵站，设计排水规模 8 立方米每秒，自流输水规模 15 立方米每秒；新建北运河左堤下丰庄泵站，设计输水规模 15 立方米每秒；新建一支渠与下丰庄泵站联通管道 1.759 千米（埋管及顶坑段长 1.721 千米），设计输水规模 15 立方米每秒。

2018 年 7 月，市水务局《关于报批天津市北水南调完善工程（中线）初步设计报告（渠道部分）的函》向市发展改革委报送了该工程设计报告及审查意见。7 月，市发展改革委《关于批复天津市北水南调完善工程（中线）初步设计报告（渠道部分）的通知》批复该部分内容，投资 14250 万元。9 月，市水务局《关于报批天津市北水南调完善工程（中线）初步设计报告（管道及泵站部分）的函》向市发展改革委报送了该工程设计报告及审查意见。9 月，市发展改革委《关于批复天津市北水南调完善工程（中线）初步设计报告（管道及泵站部分）的函》批复该部分内容，投资 16290 万元。

6. 引滦水源保护于桥水库综合治理污染底泥清除工程

根据市委、市政府关于中央环保督查组对于桥水库整改要求的部署和市领导在《于桥水库综合治理方案》上的批示精神，为切实加强天津市饮用水源地保护，全面改善水库水质，有效修复库区生态，结合于桥水库运行调度水位，对低水位期间 17.8 米高程以上干场区域清除污染底泥。清除底泥 477.0 万立方米，改造湖滨带 33.5 千米，栽植植被 1400.7 公顷。

2018 年 3 月，市水务局《关于报批引滦水源保护于桥水库综合治理污染底泥清除工程初步设计报告的函》向市发展改革委报送了该工程设计报告及审查意见。3 月，市发展改革委《关于批复引滦水源保护于桥水库综合治理污染底泥清除工程初步设计报告的通知》批复该项工程，投资 32100 万元。

7. 引滦向北大港水库应急调水工程实施方案

为缓解天津市南部地区缺水局面，确保北大

港水库水源地及湿地等功能正常发挥，同时改善南四河水环境质量，实施引滦向北大港水库应急调水工程。引滦水源经于桥水库调蓄，通过引滦明渠、海河、子牙河、黑龙港河、港团河等河道与沿线八堡泵站、争光泵站、团泊洼泵站等闸站联合调度，向北大港水库应急调水。经充分结合调水线路沿途河道和建筑物现有输水能力，确定应急调水工程设计输水规模为20立方米每秒。工程主要建设内容为原规模维修改造八堡泵站和争光泵站，八堡泵站设计流量21.7立方米每秒，争光泵站设计流量16立方米每秒；新建团泊洼调水泵站，设计流量20立方米每秒；临时封堵八排干、一排干与青年渠平交口；封堵马圈引河、北大港水库沿线口门。

2018年7月，市水务局《关于报送引滦向北大港水库应急调水工程实施方案的函》向市发展改革委报送了该工程设计报告及审查意见。7月，市发展改革委《关于批复引滦向北大港水库应急调水工程实施方案的通知》批复该项工程，投资1900万元。

8. 引滦宜兴埠水源泵站DN2000出水管线切改工程

为做好中央环保督查反馈意见落实整改要求，进一步加强引滦水源保护，保障城市供水安全，需实施宜兴埠水源泵站DN2000出水管线切改工程。工程规模和主要建设内容为原规模切改引滦宜兴埠泵站向新开河水厂输水的DN2000管道，设计日输水量60万立方米；原规模完善向西河泵站输水的DN2600管道，设计日输水量110立方米。

2018年9月，市水务局《关于报送引滦宜兴埠水源泵站DN2000出水管线切改工程实施方案的函》向市发展改革委报送了该工程设计报告及审查意见。9月，市发展改革委《关于批复引滦宜兴埠水源泵站DN2000出水管线切改工程实施方案的函》批复该项工程，投资3820万元。

（规划处）

【水利勘测成果】

1. 地质勘查

2018年累计完成41项工程地质勘查任务。

（1）蓟运河芦台城区（曹庄大桥—小薄桥）段右堤应急除险加固工程，共完成钻孔13个，总进尺190米。

（2）永定河综合治理与生态修复工程（北辰区段）：完成钻孔20个，总进尺370米。

（3）于桥水库清淤工程：完成钻孔105个，总进尺220米。

（4）于桥水库环库截污沟一期工程：完成钻孔48个，总进尺845米。

（5）遵化市沙河水环境综合治理规划：完成钻孔2个，总进尺6米。

（6）北水南调完善工程：完成钻孔83个，总进尺2094米。

（7）中小河流治理洵河、北京排污河治理工程：完成钻孔10个，总进尺150米。

（8）天津市中心城区及环城四区水系连通工程青排渠、北丰产河联通工程：完成钻孔33个，总进尺736米。

（9）津石高速公路（荣乌高速—海滨大道）涉独流减河河道疏浚与防护加固工程：完成钻孔103个，总进尺1348米。

（10）天津市宁河区2019年苗庄镇、板桥镇、丰台镇、岳龙镇小型农田水利工程建设项目：完成钻孔12个，总进尺280米。

（11）新地河水库大坝安全鉴定：完成钻孔14个，总进尺210米。

（12）王庆坨水库工程：完成钻孔4个，总进尺140米。

（13）于桥水库综合治理环库截污沟二期工程：完成钻孔35个，总进尺790米。

（14）于桥水库综合治理环库截污沟三期工程：完成钻孔44个，总进尺924米。

（15）洵河蓟州区桑梓村至打渔庄段治理工程：钻孔83个，总进尺1142米。（借用前期资料）

（16）南四河水系循环工程：完成钻孔 58 个，总进尺 1052 米。

（17）蓟运河李台橡胶坝工程：完成钻孔 22 个，总进尺 335 米。

（18）龙北新河河道湿地工程：完成钻孔 5 个，总进尺 110 米。

（19）北京排污河综合治理工程：完成钻孔 38 个，总进尺 575 米。

（20）独流减河倒虹吸工程：完成钻孔 32 个，总进尺 801 米。

（21）南水北调一期天津干线宁汉供水工程：完成钻孔 25 个，总进尺 594 米。

（22）天津开发区一汽大众基地污水处理外排管网项目：完成钻孔 26 个，总进尺 357 米。

（23）外环河水位提升工程：完成钻孔 8 个，总进尺 185 米。

（24）引滦入津河道遵化市城东工业园区段水污染防治暗涵改造工程：完成钻孔 50 个，总进尺 1061 米。

（25）独流减河低水闸泵站改扩建工程：完成钻孔 13 个，总进尺 309 米。

（26）西青区南运河西营门段治理工程：完成钻孔 17 个，总进尺 251 米。

（27）天狮大学校外配套污水管网工程：完成钻孔 2 个，总进尺 54 米。

（28）天津市武清区河西务镇孝力扬水站拆除重建工程：完成钻孔 6 个，总进尺 160 米。

（29）天津市武清区河西务镇石桥辛庄扬水站拆除重建工程：完成钻孔 9 个，总进尺 205 米。

（30）天津市永定河泛区工程与安全建设二期工程：完成钻孔 5 个，总进尺 100 米。

（31）滨海科技园外排泵站工程及河道工程：完成钻孔 8 个，总进尺 255 米。

（32）新开河调蓄水池工程：完成钻孔 2 个，总进尺 100 米。

（33）独流减河倒虹吸工程：完成钻孔 32 个，总进尺 100 米。

（34）四化河泵站改扩建工程：完成钻孔 3 个，总进尺 105 米。

（35）蓟运河宝坻九王庄大桥至后鲁沽段治理工程：钻孔 53 个，总进尺 1153 米。

（36）北京至天津宝坻特大桥跨越河流工程：钻孔 21 个，总进尺 440 米。（借用前期资料）

（37）武清区 2019 年农用桥闸涵维修改造工程：完成钻孔 42 个，总进尺 984 米。

（38）引滦水源保护于桥水库综合治理黎河污染底泥清除工程：完成钻孔 61 个，总进尺 72 米。

（39）南四河水系循环工程：完成钻孔 30 个，总进尺 760 米。

（40）引滦隧洞管理处管理用房工程：完成钻孔 4 个，总进尺 44 米。

（41）武清供水工程龙凤新河补勘：完成钻孔 2 个，总进尺 50 米。

2. 工程测量

2018 年，累计完成 50 余项工程测量任务。其中 GPS（全球卫星定位系统）点 351 个，四等水准 64.5 千米，RTK（卫星实时测量系统）点 4252 个，1∶2000 地形图 98.6 平方千米，1∶10000 地形图 2.36 平方千米，1∶500 地形图 14.742 平方千米，断面 503.6 千米，口门调查 102 座，地下管线探测 1.5 平方千米，不同坐标系之间的地形图转换 500 幅。其中代表性项目如下：

（1）于桥水库综合治理环库截污沟工程：RTK 点 200 个，断面 56.9 千米。

（2）北水南调完善工程：GPS 点 13 个，RTK 点 162 个，1∶2000 地形图 1.51 平方千米，1∶500 地形图 1.35 平方千米，断面 10.33 千米，地下管线探测 0.4 平方千米。

（3）天津市南水北调中线市内配套工程宁汉供水工程：断面 2.61 千米。

（4）天津市南水北调中线市内配套工程武清供水工程管线工程：RTK 点 3 个，1∶2000 地形图 0.02 平方千米，断面 1 千米。

（5）永定河综合治理与生态修复工程：RTK 点 41 个，1∶2000 地形图 0.6 平方千米，1∶500 地形图 0.17 平方千米，断面 5.9 千米。

（6）蓟运河芦台城区（曹庄大桥—小薄桥）段右堤应急除险加固工程：RTK 点 4 个，1：500 地形图 0.07 平方千米，断面 0.52 千米。

（7）八门城宝宁交界段治理工程：RTK 点 13 个，1：500 地形图 0.02 平方千米，断面 0.46 千米。

（8）于桥水库综合治理环库截污沟一期工程：1：500 地形图 0.7 平方千米，断面 29.3 千米。

（9）天津市宝坻区 2018 年农业综合开发土地治理工程：RTK 点 12 个，1：500 地形图 0.1 平方千米。

（10）天津市南水北调中线市内配套工程宁汉供水工程（宁河及汉沽支线）：GPS 点 4 个，RTK 点 10 个，1：2000 地形图 0.16 平方千米，1：500 地形图 0.02 平方千米，断面 2.2 千米。

（11）中小河流治理泃河、北京排污河防汛道路提升工程：断面 5.8 千米，RTK 点 130 个。

（12）遵化市沙河水环境综合治理规划：RTK 点 10 个，断面 7.76 千米。

（13）容雄管理处大清河倒虹吸运行安全复核：RTK 点 10 个，1：500 地形图 0.3 平方千米。

（14）尔王庄水库调度规程：RTK 点 40 个，1：2000 地形图 13.35 平方千米，断面 7 千米。

（15）南四河治理工程：GPS 点 12 个，RTK 点 266 个，1：2000 地形图 13.6 平方千米，1：500 地形图 0.4 平方千米，断面 13.53 千米，口门调查 54 座。

（16）引滦水源保护于桥水库综合治理环库截污沟二期工程：GPS 点 47 个，RTK 点 393 个，1：500 地形图 0.53 平方千米，断面 41.7 千米。

（17）天津市重点河道入境水体净化一期工程（龙河、龙北新河）：GPS 点 4 个，RTK 点 32 个，1：500 地形图 0.02 平方千米，断面 4.8 千米，口门调查 2 座。

（18）南水北调中线天津干线近期向雄安新区供水初步方案：GPS 点 4 个，RTK 点 33 个，1：500 地形图 1.5 平方千米，断面 1.2 千米。

（19）天津市中心城区及环城四区水系连通工程青排渠、北丰产河连通工程：RTK 点 223 个，1：500 地形图 0.11 平方千米，断面 54.12 千米，口门调查 42 座。

（20）天津市宁河区 2019 年苗庄镇、板桥镇、丰台镇、岳龙镇小型农业水利工程建设项目：RTK 点 60 个，1：500 地形图 0.73 平方千米，断面 3 千米，口门调查 10 座。

（21）北京排污河综合治理工程：GPS 点 12 个，RTK 点 62 个，1：2000 地形图 12.3 平方千米，1：500 地形图 0.61 平方千米，断面 5.85 千米。

（22）武清区 2019 年农用桥闸涵维修改造工程：RTK 点 30 个，1：500 地形图 0.6 平方千米，断面 3.5 千米。

（23）新地河水库大坝安全鉴定：GPS 点 3 个，RTK 点 10 个，断面 49.7 千米。

（24）引滦水源保护于桥水库综合治理环库截污沟三期工程：GPS 点 15 个，RTK 点 380 个，1：500 地形图 0.35 平方千米，断面 25.3 千米。

（25）泃河蓟州区桑梓村至打渔庄村段治理工程：RTK 点 125 个，断面 8.4 千米。

（26）北大港水库应急供水工程：GPS 点 5 个，RTK 点 58 个，1：500 地形图 0.1 平方千米，断面 1.64 千米，口门调查 10 座。

（27）津石高速公路（荣乌高速—海滨大道）涉独流减河河道疏浚与防护加固工程：GPS 点 22 个，RTK 点 243 个，1：2000 地形图 7.92 平方千米，断面 62.3 千米。

（28）天津市北水南调完善工程（北线）：RTK 点 8 个，1：500 地形图 0.48 平方千米，断面 0.9 千米。

（29）独流减河倒虹吸工程：GPS 点 6 个，RTK 点 42 个，1：10000 地形图 2.36 平方千米，1：2000 地形图 1.2 平方千米，1：500 地形图 0.15 平方千米，断面 3 千米。

（30）黎河遵化市钢铁深加工产业园段实施输水暗涵工程：GPS 点 11 个，RTK 点 34 个，1：2000 地形图 21.93 平方千米，断面 7 千米。

（31）天津干线箱涵（XW39+147.5）穿越王果庄土坑段护坡修复设计：RTK 点 4 个，1∶500 地形图 0.1 平方千米。

（32）陈塘泵站工程：GPS 点 3 个，RTK 点 5 个，1∶500 地形图 0.18 平方千米，断面 0.8 千米。

（33）引滦水源保护于桥水库综合治理沟口湿地工程：RTK 点 203 个，断面 51 千米。

（34）天津干线保定市 1 段林庄土坑段护坡修复设计：RTK 点 4 个，1∶500 地形图 0.1 平方千米。

（35）天津开发区一汽大众基地污水处理外排管网项目：GPS 点 10 个，RTK 点 3 个，1∶500 地形图 4.48 平方千米，断面 11.3 千米，地下管线探测 1.1 平方千米。

（36）外环河水位提升工程：RTK 点 9 个，1∶500 地形图 0.1 平方千米，断面 3.9 千米。

（37）引滦水源保护于桥水库综合治理黎河污染底泥清淤工程：GPS 点 33 个，四等水准 49.5 千米，RTK 点 1192 个，断面 146.7 千米。

【规划设计成果】 2018 年，累计完成 189 项规划设计任务。主要内容包括以下几个方面。

1. 供水工程

南水北调市内配套工程滨海新区供水管线井室加高、人孔加高及井室设施维修工程：完成初步设计工作。

天津市宁河区地下水压采水源转换工程（2018 年）：完成初步设计工作。

王庆坨水库工程：完成部分施工图修改工作。

南干线二期应急连通复线工程：完成初步设计及施工图设计工作。

王庆坨水库工程引水箱涵降水影响安全评估：完成安全评估报告编制工作。

北大港湿地生态补水工程设计方案：完成可行性研究报告编制工作。

北水南调完善工程中线工程（渠道、管道及泵站部分）：完成初步设计工作。

中国移动天津公司曹庄数据中心 110 千伏变电站配电系统线路跨越天津市 2 段工程安全评价：完成安全评估报告编制工作。

南水北调中线天津干线近期向雄安新区供水初步方案：完成初步方案报告编制工作。

引滦向北大港水库应急调水工程：完成实施方案及施工图设计工作。

容易线施工通道新区段工程跨越及邻接南水北调天津干渠安全评估研究项目：完成安全评估报告编制工作。

廊坊市新兴产业示范区纵二路南延工程跨越南水北调中线天津干线廊坊市段工程安全影响评价：完成安全评估报告编制工作。

霸州生态公园绿化带、行车道跨越南水北调中线天津干线廊坊市段工程安全影响评价：完成安全评估报告编制工作。

武清供水工程：管线及泵站部分完成施工图设计工作。

宁汉供水工程：管线及泵站部分完成施工图设计工作。

天津市南水北调市内配套工程管理信息系统：完成初步设计工作。

引滦入津河道遵化市城东工业园区段水污染防治暗涵改造工程：完成可行性研究及初步设计编制工作。

2. 河道整治

加快灾后水利薄弱环节建设中小河流治理项目南辛庄至九王庄段治理工程：完成施工图设计工作。

加快灾后水利薄弱环节建设中小河流治理项目于少屯至南辛庄段治理工程：完成施工图设计工作。

蓟县州河综合治理工程（新城段）：完成初步设计工作。

永定河综合治理工程（北辰段）：完成可行性研究报告编制工作。

天津市一级河道防汛道路提升工程：完成初步设计工作。

蓟运河宁河江洼口至刘庄段治理工程：完成可行性研究报告编制工作。

天津市 2018 年小流域综合治理工程：完成实施方案及施工图设计工作。

南运河西营门段治理工程：完成实施方案编制工作。

天津市 2019 年生态清洁小流域治理工程实施方案：完成实施方案及施工图设计工作。

宝坻九王庄大桥至后鲁沽段治理工程：完成初步设计工作。

蓟州区九王庄大桥至庞家场段治理工程：完成可行性研究报告编制工作。

新建北京至天津滨海新区铁路宝坻至滨海新区段河道铺砌工程：完成实施方案编制工作。

天津空港经济区北环河清淤工程：完成实施方案编制工作。

中小河流治理重点县综合整治和水系连通试点天津市宝坻区引泃入潮史各庄镇项目区：完成施工图设计工作。

天津市中心城区及环城四区水系连通工程青排渠、北丰产河连通工程：完成初步设计工作。

蓟运河宝坻八门城至宝宁交界段治理工程：完成施工配合工作。

蓟运河芦台城区（曹庄大桥—小薄桥）段右堤应急除险加固工程：完成初步设计及施工图设计工作。

潮白新河宝宁交界至乐善橡胶坝治理工程：完成初步设计工作。

子牙河左堤西于庄段综合治理工程实施方案：完成实施方案编制工作。

天津市重点河道入境水体净化一期工程（龙河、龙北新河）：完成可行性研究及初步设计工作。

龙北新河河道湿地工程：完成项目建议书编制工作。

外环河水位提升工程：完成实施方案编制工作。

北京新机场项目供油工程津京第二输油管道穿越北京排污河防护工程：完成实施方案编制工作。

南四河水系循环工程：完成可行性研究报告编制工作。

泃河蓟州区桑梓村至打渔庄村段治理工程：完成实施方案编制工作。

加快灾后水利薄弱环节建设中小河流治理项目泃河右堤宝坻区三岔口闸至九门庄大桥段治理工程：完成实施方案编制工作。

加快灾后水利薄弱环节建设中小河流治理项目北京排污河里老闸至廊坊公路段堤顶路面硬化工程：完成实施方案编制工作。

北京排污河综合治理工程：完成可行性研究报告编制工作。

3. 海堤加固工程

滨海新区南部新城项目区海河防洪堤改造工程（03－03 地块）：完成施工图设计工作。

天津鼓浪水镇防潮堤工程：完成施工图设计工作。

旅游区域海堤加固提升工程：完成实施方案编制工作。

中心渔港集疏港道路防潮设计：完成实施方案编制工作。

中新天津生态城芳林路海堤防潮缺口整改措施设计：完成整改报告编制工作。

4. 灌排泵站工程

中心城区水环境提升近期工程月牙河口泵站改扩建工程：完成施工图设计工作。

三元村泵站改扩建工程：完成施工图设计工作。

大张庄泵站更新改造工程：完成初步设计及招标设计编制工作。

天津市南水北调中线市内配套工程宁汉供水工程泵站工程：完成施工图设计工作。

中心城区新建卫津河入外环河泵站工程设计方案：完成可行性研究报告编制工作。

中心城区复兴门泵站改扩建工程设计方案：完成可行性研究报告编制工作。

河西区陈塘泵站工程：完成项目建议书编制工作。

北运河屈家店泵站：完成项目建议书编制工作。

武清区河西务镇石桥孝力扬水站拆除重建工程：完成项目建议书编制工作。

武清区河西务镇石桥辛庄扬水站拆除重建工程：完成项目建议书编制工作。

中心城区四化河泵站改扩建工程设计方案：完成可行性研究报告编制工作。

独流减河滴水闸泵站改造工程：完成项目建议书编制工作。

5. 蓄滞洪区工程

天津市永定河泛区工程与安全建设二期工程：完成施工图设计工作。

天津市东淀和文安洼蓄滞洪区工程与安全建设：完成可行性研究报告报批稿编制工作。

天津市贾口洼蓄滞洪区工程与安全建设：完成可行性研究报告编制工作。

6. 规划成果

编制完成南四河水系循环规划方案。

编制完成天津市主要河道生态保护与修复规划方案。

编制完成于桥水库污染防治综合治理工程规划方案。

编制完成西藏昌都地区防洪规划工作大纲。

编制完成天津市城市供水规划（2016—2035年）初稿。

编制完成天津市地下水超采综合治理行动方案。

编制完成天津津南区再生水利用规划。

编制完成天津市岸线保护和开发利用规划初稿。

编制完成降低海河中下游堤防高程研究报告。

编制完成天津市永定河河湖水域岸线功能分区报告初稿。

编制完成天津市永定河河湖管理范围划定报告初稿。

编制完成天津市永定河岸线保护和开发利用规划初稿。

编制完成天津市第三次水资源调查评价年度阶段工作。

编制完成天津大运河水系治理管护专项规划初稿。

编制完成天津市双城间绿色生态屏障地区水系连通及水系治理规划初稿。

编制完成天津市淡化海水利用规划（2018—2035年）初稿。

编制完成天津市水系循环连通工程规划方案。

编制完成天津市境内大清河流域相关资料收集。

编制完成天津市城镇节水规划工作大纲。

编制完成天津市海河及中心城区北部地区排水工程规划方案初稿。

编制完成天津市农村饮水提质增效工程规划方案（2018—2020年）。

7. 水库治理

于桥水库大坝坝基加固工程：完成施工图设计工作。

于桥水库综合治理环库截污沟一期工程：完成可行性研究、初步设计、招标及施工图设计工作。

于桥水库综合治理环库截污沟二期工程：完成可行性研究报告编制工作。

于桥水库综合治理污染底泥清除工程：完成施工图设计工作。

引滦水源保护于桥水库综合治理入库沟口湿地工程：完成项目建议书编制工作。

引滦水源保护于桥水库综合治理黎河污染底泥清除工程：完成项目建议书编制工作。

于桥水库前置库绿化工程：完成施工图设计工作。

于桥水库挖库取土增容实施方案：完成方案设计编制工作。

8. 其他工程

东丽湖南部污水处理厂（一期）工程入河排

污口：完成施工图设计工作。

大沽河净水厂一期工程：完成初步设计工作。

大沽排水河巨葛庄泵站节制闸及站前闸改造工程：完成可行性研究报告编制工作。

蓟运河李台橡胶坝工程：完成水资源论证、项目建议书及可行性研究报告编制工作。

潮白新河乐善橡胶坝工程：完成初步设计工作。

北运河橡胶坝工程：完成实施方案编制工作。

天津市武清区2019年京津风沙源二期工程水利项目：完成实施方案编制工作。

2017年塘沽海河沿岸排水闸涵维修工程：完成施工图设计工作。

郎五庄分水口流量计机房内管道自动排气系统改造完善工程：完成实施方案及施工图设计工作。

节水中心机电设施改造工程：完成实施方案编制工作。

入开发区供水泵站安防系统工程：完成实施方案设计工作。

天津空港经济区纬十道跨新地河桥梁工程防洪影响评价：完成防洪评价编制工作。

海河口泵站电气盘车装置制作安装工程：完成施工图设计工作。

天津市津南区2018年巨葛庄泵站应急备用电源、站前闸及清污设备更新改造工程：完成施工图设计工作。

一汽大众华北基地污水外排压力管道一期工程：完成实施方案编制工作。

一汽大众基地潮白新河新建雨水排水出口工程：完成防洪评价及实施方案编制工作。

南水北调中线天津干线工程防汛应急仓库：完成施工图设计工作。

蓟运河苗庄改造论证报告：完成论证报告编制工作。

南水北调中线天津干线工程防汛应急仓库：完成实施方案编制工作。

引滦隧洞病害综合治理工程（2019）：完成实施方案编制工作。

引滦隧洞重点病害治理工程2018年实施段（4+800~5+400）：完成施工图设计工作。

邓岑子节制闸（十八米河与小黑河交口）工程：完成施工图设计工作。

盘古涵洞（小黑河）建设工程：完成施工图设计工作。

自流道桥增设清污机工程：完成可行性研究报告编制工作。

东沽泵站自流闸改扩建工程：完成项目建议书编制工作。

容雄管理处大清河倒虹吸运行安全复核：完成安全复核报告编制工作。

盐城市南海未来城水系闸站工程：完成实施方案编制工作。

天津干线穿越津同公路（磨汉港）箱涵部位监测方案：完成监测方案报告编制工作。

天津市宁河区2019年苗庄镇、板桥镇、丰台镇、岳龙镇小型农田水利工程建设项目：完成实施方案编制工作。

天津干线箱涵（XW39+147.5）穿越王果庄土坑段护坡修复设计：完成实施方案及施工图设计工作。

北塘排水倒虹吸津汉公路延长工程：完成实施方案编制工作。

大韩庄垃圾填埋场污水管线工程：完成项目建议书编制工作。

天津市宝坻区2018年度农业综合开发土地治理口东街道1.0万亩高标准农田建设项目：完成可行性研究报告编制及初步设计工作。

天津市宝坻区2018年度农业综合开发土地治理八门城镇1.4万亩高标准农田建设项目：完成可行性研究报告编制及初步设计工作。

天津市宝坻区2018年度农业综合开发土地治理牛家牌镇0.8万亩高标准农田建设项目：完成可行性研究报告编制及初步设计工作。

天津市宝坻区2018年度农业综合开发土地治理尔王庄镇0.6万亩高标准农田建设项目：完成可

行性研究报告编制及初步设计工作。

天津市宝坻区2018年度农业综合开发土地治理林亭口镇0.7万亩高标准农田建设项目：完成可行性研究报告编制及初步设计工作。

天津市蓟州区2018年度京津风沙源治理二期工程水利项目（蓟州区）：完成实施方案、招标及施工图设计工作。

东丽湖东湖、丽湖岸线护砌工程：完成实施方案及施工图设计工作。

宁河区东堤头镇高景、艾林村党建和群众活动基地（天津市水务局帮扶项目）：完成施工图设计工作。

南水北调中线天津干线工程部分场区值守用房方案设计：完成实施方案编制工作。

南水北调天津市分局辖区部分建筑物Logo标志设计：完成设计工作。

武清区2019年农用桥闸涵改造项目：完成实施方案编制工作。

海河两岸外环线至海河二道闸之前段绿化提升改造方案：完成实施方案编制工作。

保定市1段京九铁路西检修闸改造设计：完成实施方案编制工作。

天津干线现地生产用房改造设计：完成实施方案编制工作。

昌都市江达县字曲河城区段防洪堤除险加固工程：完成施工配合工作。

津石高速公路与独流减河左堤路堤共建段水利设施改造工程：完成施工图设计工作。

海河干流左岸于家堡雨水泵站—开启桥段临时度汛方案：完成施工图设计工作。

海河干流左岸新华路立交桥—开启桥段防洪堤改造工程：完成施工图设计工作。

天津茱莉亚学院滨河公园工程（涉河工程）设计：完成实施方案编制工作。

于新桥于家堡侧防洪堤工程：完成实施方案编制工作。

【获奖项目】 2018年，获市、部级各类优秀成果奖项共计16项，分别是：

天津市工程咨询协会颁发的天津市优秀工程咨询成果奖7项：天津市水务发展“十三五”规划、天津市水土保持规划（2016—2030年）获一等奖；外环河综合治理工程可行性研究报告、东丽湖景涟路泵站及排水附属工程项目建议书获二等奖；天津市中心城区及环城四区水系连通工程津唐运河治理工程可行性研究报告、天津市水土流失重点防治区划分方案、引江向尔王庄水库供水联通工程可行性研究报告获三等奖。

天津市勘察设计协会颁发的“海河杯”天津市优秀勘察设计奖6项：海河口泵站工程获市政公用工程水利一等奖；永定新河综合治理工程（0+000~14+500段）获市政公用工程水利二等奖；天津市海挡工程（南港工业区东围堤红旗路以北段）、武清区2016年农用桥闸涵维修改造工程获市政公用工程水利三等奖；永定新河综合治理工程（0+000~14+500段）获工程勘察岩土勘察二等奖；天津陈塘庄热电厂煤改气搬迁工程鸭淀水库取水工程获工程勘察岩土勘察三等奖。

天津市测绘学会颁发的天津市优秀测绘工程奖3项：于桥水库入库河口湿地工程测绘获二等奖；贾口洼蓄滞洪区工程与安全建设工程测绘、蓟运河宝坻九王庄大桥至后鲁沽段治理工程测量获三等奖。

（设计院）

计划统计

【概述】 2018年，计划统计工作紧紧围绕全局中心工作，在偿还前债、保障续建、重点工程新建等前所未有的困难下，积极筹措建设资金，妥善处理政府债务，推动重点工程建设，提高统计数据质量，强化综合协调作用和服务大局意识，推进各项工作再上新水平。2018下达投资计划47.16亿元（含结转11.98亿元），其中水务建设项目投资计划44.32亿元，还贷资金2.84亿元。全年完成投资44.65亿元，其中完成固定资产投资23.83亿元。

【计划管理工作】 开拓创新，加强投资计划管理。以保中央、市委、市政府重要部署项目、保日常、保续建、保急需为原则，以实现“六能”为目标，统筹兼顾化解债务、保障建设、弥补缺口，将计划、资金、任务目标分门别类，科学编制2018年投资建议计划，为全年水务建设铺道路、指方向。简化程序，强化服务。一是由区自行审批的项目，投资计划由各区自行下达后抄送市水务局，精简流程，提高效率。二是牵头对接局内业务主管部门和市财政局，将项目批复文件、计划文件统一收集、建立台账、定期报送，规范了管理，强化了服务。完成2019—2021年项目库滚动更新工作，为以后年度编制建议计划提供了依据。

攻坚克难，努力争取建设资金。在政府债务清理不断深入、资金筹措日益困难的情况下，将化解债务和争取资金齐头并进，最大限度地保障建设资金需求。妥善处理政府债务，完成股权基金回购方变更工作，严格防范新增债务风险。按照市债管办要求，完成政府隐性债务排查和化债方案制定工作。按照还款计划，以重点水务项目补助的形式做好债务的后期偿还工作，2018年，共安排2.84亿元用于偿还债务。在上年完成国开行6.32亿元股权基金回购方变更工作的基础上，2018年又完成了农业发展银行6.09亿元股权基金回购方变更工作。拓宽渠道，多方争取建设资金。深入了解中央政策精神，把握资金投入动向，积极争取中央资金支持。2018年共争取中央资金5.3亿元，超出预期目标1.4亿元。抢抓时机、紧跟中央步调，联合市发展改革委、市财政局等部门从中央预算内、中央水利发展资金、节能减排、山水林田湖草等多渠道、多领域争取2019年中央资金支持。与市财政局、市发展改革委、市林业局等部门反复沟通、多方协调，共争取市级财政资金28亿元，其中地债资金11亿元，为近10年来最高。联合市财政局，督促各区将自筹资金匹配到位，满足建设需求和相关考核要求。科学安排建设资金，保障新增项目需求。在建设资金紧张的情况下，兼顾轻重缓急，科学安排地债资金2.1亿元，保障了红桥区子牙河北堤岸渔民村（郭家菜园段平房）搬迁、北大港水库应急调水等新增市重点任务资金需求。挖掘潜力，从重点水务建设项目中调剂0.27亿元用于新增的防汛移动泵车项目建设。

多措并举，推动投资计划执行。2018年水务建设任务很艰巨，大批项目纳入中央计划执行、民心工程、中央环保督察及市政府督察整改等各类考核。以考核项目为重点，年初部署、年中推动、年底考核，多措并举，全力推动计划执行，确保完成全年任务目标。明确目标，落实责任。印发《2018年水务建设项目责任分工表》，对各项目明确了前期审批、开工等重要时间节点及各季度投资、形象进度完成目标，为顺利开展水务建设指明了方向；建立局领导、主管部门、责任单位三级责任体系，逐级传导压力，分解落实责任。做好部署，加强会商。召开2018年水务工程建设动员会、水务建设中期推动会和3次投资计划执行调度会，部署建设任务，推动建设进展，分析研判存在问题，提早制定可行措施，保障工程顺利实施。跟踪通报，强化考核。提高站位，拓宽视野，对前期审批、计划下达、项目开工、目标完成、形象进度等全方位跟踪统计。在坚持投资计划执行月通报等经验做法的同时，又建立重点工程半月报制度。全年共编发19期《重点水务工程建设项目进展情况简报》和9期《水务建设投资计划执行情况》，通报进展情况，反映存在问题，对责任单位、主管部门完成情况排序，对进展滞后项目报预警、亮红灯，督促各单位加快推动建设进展。完成2018年投资计划执行考核，考核不合格的单位制定了整改措施，有力地促进了计划执行。结合实际，调整目标。根据资金、批复概算、建设任务等调整变化情况，对建设任务目标进行了调整，并倒排工期，按月分解进度目标。

【建设项目投资完成情况】 2018年水务建设完成投资446544万元，按工程类型划分，情况如下。

1. 防洪项目

共8项工程，完成投资32698万元。其中永定河泛区工程与安全建设（二期）完成投资11180万元；州河蓟州区于少屯至南辛庄段治理工程完成投资2575万元；州河蓟州区南辛庄至九王庄段治理工程完成投资2665万元；北京排污河碱东路至大南宫闸段治理工程完成投资2627万元；蓟运河治理工程（宝坻八门城至宝宁交界段）完成投资4000万元；2018年应急度汛工程，实施州河左堤27+092~29+092段堤顶硬化工程等13项工程建设，完成投资2893万元；防汛物资增储完成投资850万元；农村基层防汛预报预警体系建设项目，涉及武清、宝坻、宁河、静海、东丽、津南、西青7个区，完成投资5908万元。

2. 供水项目

共8大项、19项工程，完成投资152063万元。其中南水北调市内配套工程完成投资106348万元，包括：天津市南水北调中线市内配套工程武清供水管线工程（A0+000~A32+880段）完成投资34850万元；天津市南水北调中线市内配套工程武清供水泵站工程完成投资3570万元；天津市南水北调中线市内配套工程武清供水管线工程（A32+880~武清规划水厂段）完成投资2300万元；天津市南水北调中线市内配套工程宁汉供水管线工程（A0+000~A43+850段）完成投资11500万元；天津市南水北调中线市内配套工程宁汉供水泵站工程完成投资3890万元；天津市南水北调中线市内配套工程宁汉供水管线工程（宁河及汉沽支线）完成投资34078万元；王庆坨水库工程完成投资3350万元；南水北调中线市内配套工程管理设施一期工程完成投资12810万元。引滦大修和引滦水源保护项目完成投资37635万元，包括：引滦水源保护于桥水库入库河口湿地工程完成投资400万元；于桥水库放水洞除险加固工程完成投资128万元；引滦水源保护于桥水库综合治理污染底泥清除工程完成投资27600万元；引滦水源保护于桥水库综合治理环库截污沟一期工程完成投资2496万元；引滦向北大港水库应急调水工程完成投资1900万元；于桥水库前置库绿化工程完成投资2497万元；引滦隧洞重点病害治理工程2018年（4+800~5+400段）实施段完成投资825万元；引滦隧洞重点病害治理工程2017年实施段完成投资249万元；于桥水库大坝坝基加固工程完成投资1540万元。引滦维修工程项目完成投资8080万元。供水日常管理项目无完成投资。

3. 农村水利项目

共10大项、31项工程，完成投资60808万元。其中蓟州区农村水利发展资金项目完成投资13136万元，包括：蓟州区灌溉计量设施安装项目完成投资1517万元；蓟州区京津风沙源治理二期工程完成投资656万元；蓟州区中小河流治理重点县综合整治工程完成投资6218万元；蓟州区高效节水灌溉项目完成投资2581万元；蓟州区节水灌溉项目完成投资1471万元；蓟州区水土保持生态治理工程完成投资182万元；农业水价综合改革项目完成投资511万元。宝坻区农村水利发展资金项目完成投资9338万元，包括：2017年宝坻区农村饮水提质增效工程完成投资3600万元；2017年宝坻区黄白桥扬水站更新改造工程完成投资1023万元；2017年宝坻区大刘坡扬水站更新改造工程完成投资724万元；2017年宝坻区中央农村水利发展资金项目完成投资50万元；宝坻区灌溉计量设施安装项目完成投资181万元；小型农田水利建设项目完成投资710万元；京津风沙源治理二期工程完成投资360万元；水土保持生态治理工程完成投资185万元；宝坻区中小河流治理重点县综合整治工程完成投资2505万元。武清区农村水利发展资金项目完成投资6712万元，包括武清区灌溉计量设施安装项目完成投资584万元；南夹道国有扬水站更新改造工程完成投资1128万元；武清区农村饮水提质增效工程完成投资5000万元。宁河区农村水利发展资金项目完成投资10516万元，包括：宁河区中小河流治理重点县综合整治工程完成投资1646万元；宁河区丰台镇2018年高效节水灌溉项目（农业水价综合改革试点工程）完成投资2831万元；宁河区东棘坨镇2018年高效节水灌溉项目完成投资 1550 万元；宁河区七里海镇、芦台镇 2018 年高效节水灌溉项目完成投资 1369 万元；宁河区廉庄镇 2018 年高效节水灌溉项目完成投资 1318 万元；宁河区灌溉计量设施安装完成投资 402 万元；乐善扬水站更新改造工程完成投资 1400 万元。静海区农村水利发展资金项目完成投资 3364 万元，包括：大庄子国有扬水站更新改造工程完成投资 500 万元；纪庄子国有扬水站更新改造工程完成投资 400 万元；静海区灌溉计量设施安装完成投资 340 万元；静海区维修养护项目完成投资 496 万元；十槐村扬水站更新改造工程完成投资 1628 万元。东丽区农村水利发展资金项目完成投资 6324 万元，包括：新立扬水站更新改造工程完成投资 3960 万元；东河国有扬水站更新改造工程完成投资 2364 万元。西青区农村水利发展资金项目完成投资 10929 万元，包括黄家房子泵站更新改造工程完成投资 16 万元；西青区中小河流治理重点县综合整治工程完成投资 10913 万元。津南区农村水利发展资金项目水土保持生态治理工程完成投资 132 万元。滨海新区农村水利发展资金项目水土保持生态治理工程完成投资 349 万元。部门预算项目——天津市灌溉水利用系数测算分析（2018 年），完成投资 8 万元。

4. 水环境治理项目

共 12 大项、27 项工程，完成投资 74812 万元。其中中心城区七片合流制地区市管排水设施雨污分流改造工程完成投资 40233 万元，包括：2016 年二期工程完成投资 4556 万元；2017 年一期工程完成投资 1267 万元；雨污水混接点改造（一期）工程完成投资 290 万元；雨污水混接点改造（二期）工程完成投资 1090 万元；先锋河调蓄池工程完成投资 12926 万元；新开河调蓄池工程完成投资 18236 万元；井冈山路雨污水泵站工程无完成投资；增产道污水泵站工程完成投资 200 万元；2016 年一期工程完成投资 1668 万元。中心城区雨污水混接改造工程——社会产权支管与主干管道混接点改造工程（三期）完成投资 232 万元。2016 年中心城区二级河道清淤及水生态修复工程完成投资 217 万元。中心城区老旧排水管网及泵站改造工程完成投资 1294 万元，包括：泵站供配电系统改造第一批完成投资 519 万元；泵站自动化改造工程完成投资 775 万元。中心城区水环境提升工程完成投资 15943 万元，包括：三元村泵站改建工程完成投资 3532 万元；八里台叠梁闸、南北月牙河疏通、月牙河和北塘河连通 3 项节点工程完成投资 1399 万元；雨水管道残留及初期雨水治理一期工程完成投资 2347 万元；月牙河口泵站改扩建工程完成投资 6193 万元；复兴河口泵站工程完成投资 2472 万元。中心城区一级河道雨水泵站新增排水出路工程阎街等 4 座泵站排水出路改造工程完成投资 745 万元。中心城区二级河道水循环能力提升工完成投资 2055 万元。中心城区易积水地区改造工程纪念馆地区等六处排水设施改造工程完成投资 1095 万元。海绵城市项目完成投资 3251 万元，包括：海绵城市复兴河长泰河生态修复和截污工程解放南路地区排水管网检测项目完成投资 698 万元；海绵城市建设复兴河长泰河生态修复和截污工程解放南路地区长泰河复兴河水环境综合治理项目完成投资 2553 万元。海绵城市建设复兴河长泰河生态修复和截污工程解放南路地区郁江道排水管道维修改造项目无完成投资。天津市北水南调完善工程（中线）渠道部分完成投资 6000 万元。天津市北水南调完善工程（中线）管道及泵站部分完成投资 3000 万元。迎宾湖水质改善工程完成投资 747 万元。

5. 水利工程维修养护项目

共 3 大项、53 项工程，完成投资 11826 万元，其中专项维修加固项目，实施青龙湾右堤 13+400~14+000 段险工防护工程等 34 项工程建设，完成投资 6027 万元；日常维修维护项目，实施北三河处、永定河处、海河处、北大港处、大清河处、海堤处等 6 处工程日常运行维修维护项目，完成投资 4941 万元；其他维修养护项目，实施引滦工程通信站维修维护工程等 13 项工程建设，完成投资 858 万元。

6. 水资源日常管理与保护项目

实施水资源监控能力建设系统运行维护等46项工程建设，完成投资27195万元。

7. 科研及信息化项目

共2大项、36个项目，完成投资5436万元，其中科研项目，实施于桥水库束丝藻水华危害及防控鱼腥藻水华方法研究等3个项目建设，完成投资406万元；信息化项目，实施北大港水库视频监视系统建设等33个项目建设，完成投资5030万元。

8. 排水日常管理项目

共7项工程，完成投资23722万元。其中市管排水设施水毁应急抢险修复项目完成投资3136万元，防汛设备购置项目完成投资2709万元，排水设施养护、运行项目完成投资9184万元，排水设施大中修项目完成投资2200万元，城市管理“以奖代补”资金项目完成投资2758万元，中心城区防汛抢险物资设备储备项目完成投资3243万元，南口路泵站出水管道应急抢修工程完成投资492万元。

9. 其他项目

共6大项、15个项目，完成投资57984万元，其中大中型水库库区及移民安置区后期扶持项目，实施2017年滨海新区大中型水库库区及基础设施项目及蓟州区、宝坻区、滨海新区、西青区库区及移民安置区2017年二期及2018年度基础设施等5项工程建设，完成投资17248万元；前期费项目，实施引滦入津水源保护于桥水库上游分流技术论证项目等6个项目，完成投资479万元；红桥区子牙河北堤岸防洪改造项目（补助资金）完成投资20000万元；永定河公司资本金完成投资15000万元；重点水务建设项目（2018年验收项目）完成投资3481万元；质保金完成投资1776万元。

【中央水利投资】 2018年中央水利建设项目投资计划116179万元，其中中央投资52970万元，市级资金42980万元，区自筹资金20229万元。全年完成投资111640万元，为计划的96.1%。

永定河泛区工程与安全建设（二期），投资计划12000万元（中央预算内投资4000万元、地方政府债券8000万元），完成投资11180万元，为计划的93.2%；2018年京津风沙源治理二期工程，投资计划1016万元（中央预算内投资600万元、市财政专项资金237万元、区自筹资金179万元），完成全部投资；2018年应急度汛工程，投资计划3324万元（中央财政专项资金1324万元、市财政专项资金2000万元），完成投资2893万元，为计划的87%；农村基层防汛预报预警体系建设项目，投资计划5949万元（中央财政专项资金2653万元、区自筹资金3296万元），完成投资5909万元，为计划的99.3%；引滦水源保护于桥水库综合治理污染底泥清除工程，投资计划23205万元（中央财政专项资金5605万元、市财政专项资金17600万元），完成全部投资；引滦水源保护于桥水库综合治理环库截污沟一期工程，投资计划3700万元（全部为中央财政专项资金），完成投资2496万元，为计划的67.5%；中小河流重点县综合整治工程，投资计划18629万元（中央财政专项资金6483万元、市财政专项资金4289万元、区自筹资金7857万元），完成投资17214万元，为计划的92.4%；2018年高效节水灌溉项目，投资计划5412万元（中央财政专项资金3000万元、市财政专项资金2136万元、区自筹资金276万元），完成全部投资；静海区农田水利设施维修养护项目，投资计划496万元（中央财政专项资金466万元，区自筹资金30万元），完成全部投资；西青区河长制河湖管护项目，投资计划9591万元（中央财政专项资金1000万元，区自筹资金8591万元），完成全部投资；蓟州区农业水价综合改革项目，投资计划511万元（全部为中央财政专项资金），完成全部投资；2018年国家水资源监控能力建设二期项目，投资计划760万元（中央财政专项资金218万元，市财政专项资金542万元），完成全部投资；中小河流治理工程，投资计划7400万元（中央财政专项资金3800万元，地方政府债券

3600万元），完成全部投资；海绵城市项目，投资计划3800万元（全部为中央财政专项资金），完成投资3251万元，为计划的85.6%；2018年市管排水设施水毁应急抢险修复项目，投资计划3136万元（中央财政专项资金636万元，市财政专项资金2500万元），完成全部投资；大中型水库库区及移民安置区后期扶持2017年二期及2018年度基础设施项目，投资计划17250万元（中央财政专项资金15174万元、市财政专项资金2076万元），完成投资17170万元，为计划的99.5%。

【水务统计】 统计报表任务圆满完成。在报表任务日益繁重、数据质量要求提高、上报程序日趋严格的情况下，全体统计人员认真履行职责，严格依法统计，主管领导积极协调，严格审核，各单位认真履行填表人、统计负责人、单位负责人签字报出程序，按要求上报统计年报成果报告，签订统计年报数据质量承诺书，对数据进行专家审查。在各部门、各单位的共同努力下，圆满完成了各项统计年报、半年报、季报、月报、旬报任务，全年共报送各类统计报表120余期，数据质量位居全国前列。

水务统计支撑作用更加显著。刊印出版了《2017年水务发展统计公报》和《2017年水务统计资料》，宣传水务改革发展成就。编发18期《重点水务工程建设项目进展情况简报》和9期《水务建设投资计划执行情况》，发挥投资统计在跟踪项目进展、实施监督考核、提出决策参考等方面的重要支撑作用，为领导掌握建设进展、开展调度会商、制定决策提供重要依据，为圆满完成国家及市委、市政府考核任务，推动水务工程顺利实施提供了可靠保障。

依法统计工作进一步加强。《防范和惩治统计造假、弄虚作假督察工作规定》（简称《规定》）出台后，局党委高度重视，理论中心组对《规定》进行了集中学习，局领导班子成员熟知《规定》内容。印发了《市水务局关于深入学习贯彻执行〈防范和惩治统计造假、弄虚作假督察工作规定〉的通知》，对学习掌握并贯彻执行《规定》在全局进行了部署。全局各部门、各单位领导班子成员、统计部门负责人和统计人员深入学习《规定》，并认真做好自查自纠，确保严格落实各项统计法律法规。

统计基础工作进一步夯实。各单位越来越重视统计工作，不断规范统计工作流程，采取有效措施提高统计数据质量；统计人员责任意识普遍提高，履职能力不断增强；各基层单位加强统计归口管理，统计人员队伍保持相对稳定；供水、节水等行业统计报表均按规定报送市统计局备案，数据报送规范有序；加强统计分析，市水务局报送的《不断提升新时期城乡供水统计数据质量》被住房城乡建设部评为优秀统计论文。

根据“十三五”规划执行情况，继续完善全口径水务建设项目指标体系；配合市统计局完成第三次农业普查工作；向住房城乡建设部申报第七批城乡建设资深统计工作者；完成国防动员潜力调查、城乡规划手册、水资源资产负债表、绿色发展评价指标体系等统计数据的报送工作。

（计划处）

工程建设与管理

工程建设项目

【概述】 2018年，全市水务建设项目投资计划44.32亿元，完成投资44.56亿元。以下记载的工程为重点工程，划分标准为投资计划大于1亿元，以及其他类重点工程。以建设项目法人分类，其中水务投资集团作为项目法人的工程有2项，建管中心作为项目法人的工程有10项。

（编办室）

【新开河调蓄池工程】 该工程为跨年度项目。2018年8月20日，市发展改革委、市财政局和市水务局《关于调整部分节能减排财政政策综合示范项目（第五批水环境综合治理）资金的通知》，核减工程投资计划6000万元；9月29日，市水务局《关于调整和下达中心城区广开四马路等7片合流制地区市管排水设施雨污分流改造工程资金计划的通知》，下达工程投资计划2566万元，资金来源为市财政资金。工程于2017年12月12日开工建设，截至2018年年底已完成调蓄池主体支护施工，正在进行主体施工；已完成部分土方开挖及支撑施工，完成五处顶管工作井及两处格栅井部分支护施工。2018年完成土方8.42万立方米，混凝土2.43万立方米，累计完成土方8.57万立方米，混凝土2.43万立方米。2018年完成投资1.82亿元，累计完成工程投资1.92亿元，占总投资（3.69亿元）的52%。

工程参建单位：

项目法人：天津市水务工程建设管理中心

设计单位：上海市城市建设设计研究总院（集团）有限公司

监理单位：天津市泽禹工程建设监理有限公司

施工单位：天津市水利工程有限公司

质量监督单位：天津市水务工程建设质量与安全监督中心站

【中心城区水环境提升近期工程】

1. 复兴河口泵站工程

该工程为跨年度项目。2018年5月23日，市水务局《关于下达中心城区水环境提升近期工程复兴河口泵站等工程2018年投资计划的通知》，下达工程投资投资计划638万元，资金来源为市财政专项资金232万元、市财政预算内投资406万元。工程于2017年11月11日开工建设，截至2018年年底完成全部建设任务。2018年完成土方2.03万立方米、石方0.16万立方米、混凝土0.29万立方米，累计完成土方2.30万立方米、石方0.16万立方米、混凝土0.37万立方米。2018年完成投资2472万元，累计完成投资3080万元，占总投资的100%。

工程参建单位：

项目法人：天津市水务工程建设管理中心

设计单位：中国市政工程华北设计研究总院有限公司

监理单位：天津市金帆工程建设监理有限公司

施工单位：天津振津工程集团有限公司

质量监督单位：天津市水务工程建设质量与安全监督中心站

2. 月牙河口泵站改扩建工程

该工程为跨年度项目。2018 年 8 月 13 日，市水务局《关于下达中心城区水环境提升近期工程月牙河口泵站扩建工程 2018 年投资计划的通知》，下达工程投资投资计划 2954 万元，资金来源为市财政专项资金 2098 万元、市财政预算内投资 856 万元。工程于 2017 年 12 月 20 日开工建设，截至 2018 年年底完成全部建设任务。2018 年完成土方 3.71 万立方米、石方 0.03 万立方米、混凝土 0.88 万立方米，累计完成土方 3.91 万立方米、石方 0.03 万立方米、混凝土 0.90 万立方米。2018 年完成投资 6193 万元，累计完成工程投资 6495 万元，占总投资的 100%。

工程参建单位：

项目法人：天津市水务工程建设管理中心

设计单位：天津市水利勘测设计院

监理单位：天津润泰工程监理有限公司

施工单位：天津市水利工程有限公司

质量监督单位：天津市水务工程建设质量与安全监督中心站

【迎宾湖水质改善工程】 迎宾湖和干俱渠主要依靠卫津河补水，迎宾湖湖面水体流通不畅缺乏循环。根据迎宾湖和干俱渠水质特点，采取适宜的工程措施改善“一湖一渠”水质，增加水体循环流动。

主要建设内容：在联通渠北侧河道内新建净水设备间，在外湖和联通渠相接处设置提升泵点，在联通渠至 U 形渠出水口南侧桥下设置分水堰；对联通渠进行干场清淤，对 U 形渠和东西向渠道采用水下方式进行清淤。

投资及批复：2017 年 3 月 6 日，市发展改革委《关于批复迎宾湖水质改善工程实施方案的函》，批复工程实施方案，核定工程概算总投资 3810 万元。3 月 13 日，市水务局《关于下达迎宾湖水质改善工程 2017 年投资计划的通知》，下达工程投资计划 3063 万元，资金来源为市财政专项资金。2018 年 8 月 24 日，市水务局《关于下达迎宾湖水质改善工程 2018 年投资计划的通知》，下达工程投资计划 700 万元，资金来源为市财政专项资金。

工程进展：工程于 2017 年 3 月 20 日开工建设，3 月底完成全部建设任务，完成土方 1.75 万立方米、石方 0.18 万立方米、混凝土 0.25 万立方米，完成工程投资 3810 万元，占总投资的 100%。

工程参建单位：

项目法人：天津市水务工程建设管理中心

监理单位：天津市金帆工程建设监理有限公司

设计施工总承包单位：天津市水利工程有限公司与天津市水利勘测设计院联合体

质量监督单位：天津市水务工程建设质量与安全监督中心站

【于桥水库大坝坝基加固工程】 于桥水库总库容 15.59 亿立方米，防洪库容 12.62 亿立方米。根据 2012 年南京水科院对于桥水库大坝进行的安全评价工作对于桥水库大坝防渗体不完全的坝段进行除险加固工程。工程实施后，将使坝段形成坝体及坝基完整的防渗体系，解除坝体及坝基渗透安全隐患。

主要建设内容：对于桥水库大坝进行 1030 米混凝土防渗墙以及帷幕灌浆施工。

投资及批复：2017 年 5 月 15 日，市发展改革委《关于批复于桥水库大坝坝基加固工程实施方案的函》，批复工程实施方案，核定工程概算总投资 8000 万元。6 月 8 日，市水务局《关于下达于桥水库大坝坝基加固工程和大坝安全监测系统升级改造工程》，下达工程投资计划 6460 万元，资金来源为市财政专项资金 5480 万元，局自筹 980 万元。2018 年未下达投资计划。

工程进展：工程于 2017 年 7 月 10 日开工建设，2018 年 4 月完成全部建设任务。2018 年完成土方 1.67 万立方米、混凝土 0.71 万立方米，累计完成土方 1.77 万立方米、混凝土 2.28 万立方米。2018 年完成投资 1540 万元，累计完成工程投资 8000 万元，占总投资的 100%。

工程参建单位：

项目法人：天津市水务工程建设管理中心

设计单位：天津市水利勘测设计院

监理单位：天津润泰工程监理有限公司

施工单位：中铁十八局集团有限公司

天津振津工程集团有限公司

质量监督单位：天津市水务工程建设质量与安全监督中心站

【天津市永定河泛区工程与安全建设二期工程】 永定河泛区位于永定河下游，上起河北省梁各庄，下至天津市屈家店闸枢纽。由于永定河泛区工程与安全建设项目多投资规模大，中央投资计划安排不能一步落实到位。因此，永定河泛区工程与安全建设工程共分为两期安排实施，本次工程建设为永定河泛区工程与安全建设二期工程，主要位于天津市北辰区、武清区。

主要建设内容：永定河主槽新龙口以下段行洪能力按 600 立方米每秒标准进行防洪工程建设。清淤扩挖主槽长 13.76 千米，加高右侧小埝长度 18.243 千米，铺设埝顶路 12.79 千米，处理主槽范围内农水建筑物 41 座。新建分区隔埝埝顶防汛道路 37.97 千米，加固不达标隔埝 3.59 千米，改造穿埝涵闸 10 座等。

投资及批复：2016 年 6 月 29 日，市发展改革委《关于批复于天津市永定河泛区工程与安全建设二期工程初步设计报告的函》，批复工程初步设计报告，核定工程概算总投资 25050 万元。2018 年 1 月 31 日，市发展改革委、市水务局《关于下达天津市永定河泛区工程与安全建设（二期）2018 年第一批中央预算内投资计划的通知》，下达工程投资计划 8000 万元，资金来源为中央预算内投资 4000 万元，局筹措 4000 万元。6 月 29 日，市发展改革委、市水务局《关于下达天津市永定河泛区工程与安全建设（二期）2018 年第二批中央预算内投资计划的通知》，下达工程投资计划 4000 万元，资金来源为地方政府债券。

设计变更：2018 年 5 月，天津市水利勘测设计院（设计单位）完成了《天津市永定河泛区工程与安全建设二期工程结合生态修复方案设计变更》。7 月，市发展改革委《关于同意天津市永定河泛区工程与安全建设二期工程结合生态修复方案设计变更的函》批复该项变更。变更内容：对主槽清淤扩挖深度设计变更，在原设计基础上继续深挖 1.5~2.45 米，开挖范围及位置和开口宽度不变，维持原设计；右小埝培厚宽度调整为 5 米、南围埝培厚宽度调整为 5 米；取消分区隔埝泥接碎石路面等四项变更内容，变更项目所需资金由武清区人民政府、北辰区人民政府自筹解决，变更投资为 2400 万元，其中武清区自筹资金 1560 万元，北辰区自筹资金 840 万元。工程概算总投资 25050 万元维持不变。

工程进展：工程于 2018 年 6 月 8 日开工建设，截至 2018 年年底已开展右小埝复堤施工及河道主槽围堰搭设，完成土方 0.7 万立方米，完成投资 1.12 亿元，占总投资（25050 万元）的 45%。

工程参建单位：

项目法人：天津市水务工程建设管理中心

设计单位：天津市水利勘测设计院

监理单位：天津润泰工程监理有限公司

施工单位：天津振津工程集团有限公司

华北水利水电工程集团有限公司

北京金河水务建设集团有限公司

质量监督单位：天津市水务工程建设质量与安全监督中心站

【州河蓟州区治理工程】

1. 于少屯至南辛庄段

州河于少屯至南辛庄段堤防两岸堤顶无硬化路面且路况较差，严重影响防洪抢险和工程的正常管理，因此对州河于少屯至南辛庄段堤顶路面进行治理是十分必要的。州河于少屯至南辛庄段防洪标准20年一遇，设计流量150立方米每秒。

主要建设内容：新建左、右堤堤顶道路23.97千米，新建错车平台、上堤路等有关设施。

投资及批复：2018年4月16日，市发展改革委《关于批复州河蓟州区于少屯至南辛庄段治理工程实施方案的通知》，批复工程实施方案，核定工程概算总投资2760万元。4月26日，市水务局《关于下达中小河流治理工程州河蓟州区南辛庄至九王庄段、于少屯至南辛庄段、北京排污河武清区廊良公路至大南宫闸段2018年投资计划的通知》，下达工程投资计划2460万元，资金来源为中央财政水利发展资金1260万元，2018年新增地方政府债券1200万元。

工程进展：工程于2018年8月29日开工建设，截至2018年年底已完成清基22千米，碎石及碎石屑垫层22千米，混凝土路面浇筑22千米，完成土方4.03万立方米，石方1.62万立方米，混凝土1.42万立方米，完成投资2575万元，占总投资（2760万元）的93%。

工程参建单位：

项目法人：天津市水务工程建设管理中心

设计单位：天津市水利勘测设计院

监理单位：天津市泽禹工程建设监理有限公司

施工单位：天津振津工程集团有限公司

质量监督单位：天津市水务工程建设质量与安全监督中心站

2. 南辛庄至九王庄段

州河南辛庄至九王庄段堤防两岸堤顶无硬化路面且路况较差，严重影响防洪抢险和工程的正常管理，因此对州河南辛庄至九王庄段堤顶路面进行治理是十分必要的。州河南辛庄至九王庄段防洪标准20年一遇，设计流量150立方米每秒。

主要建设内容：新建左、右堤堤顶道路25.85千米，新建错车平台、上堤路等有关设施。

投资及批复：2018年4月16日，市发展改革委《关于批复州河蓟州区南辛庄至九王庄治理工程实施方案的通知》，批复工程实施方案，核定工程概算总投资2820万元。4月26日，市水务局《关于下达中小河流治理工程州河蓟州区南辛庄至九王庄段、于少屯至南辛庄段、北京排污河武清区廊良公路至大南宫闸段2018年投资计划的通知》，下达工程投资计划2460万元，资金来源为中央财政水利发展资金1260万元，2018年新增地方政府债券1200万元。

工程进展：工程于2018年8月29日开工建设，截至2018年年底完成清基25.85千米，碎石及碎石屑垫层25.85千米，混凝土路面25.85千米，完成土方9.03万立方米、石方2.01万立方米、混凝土2万立方米，完成投资2665万元，占总投资（2820万元）的94%。

工程参建单位：

项目法人：天津市水务工程建设管理中心

设计单位：天津市水利勘测设计院

监理单位：天津润泰工程监理有限公司

施工单位：天津市津水建筑工程公司

质量监督单位：天津市水务工程建设质量与安全监督中心站

【北京排污河治理工程（廊良公路至大南宫闸段）】北京排污河廊良公路至大南宫闸段堤防两岸堤顶无硬化路面且路况较差，严重影响防洪抢险和工程的正常管理，因此对北京排污河廊良公路至大南宫闸段堤顶路面进行治理是十分必要的。北京排污河廊良公路至大南宫闸段防洪标准10年一遇，设计流量162~182立方米每秒。

主要建设内容：新建左、右堤堤顶道路17.88千米，复堤3.89千米，新建错车平台、上堤路等有关设施。

投资及批复：2018年4月18日，市发展改革委《关于批复北京排污河武清区廊良公路至大南宫闸治理工程实施方案的通知》，批复工程实施方案，核定工程概算总投资2790万元。4月26日，市水务局《关于下达中小河流治理工程州河蓟州区南辛庄至九王庄段、于少屯至南辛庄段、北京排污河武清区廊良公路至大南宫闸段2018年投资计划的通知》，下达工程投资计划 2480 万元，资金来源为中央财政水利发展资金 1280 万元，2018 年新增地方政府债券 1200 万元。

工程进展：工程于 2018 年 8 月 29 日开工建设，截至 2018 年年底完成清基 17.08 千米，底基层（三七灰土）及基层（二灰碎）15.68 千米，粗粒式及细粒式沥青混凝土铺设 15.68 千米，完成土方 11.03 万立方米、石方 1.97 万立方米、混凝土 0.64 万立方米，完成投资 2627 万元，占总投资（2790 万元）的 94%。

工程参建单位：

项目法人：天津市水务工程建设管理中心

设计单位：黄河勘测规划设计有限公司

监理单位：天津市金帆工程建设监理有限公司

施工单位：北京金河水务建设集团有限公司

质量监督单位：天津市水务工程建设质量与安全监督中心站

【引滦水源保护工程于桥水库综合治理】

1. 污染底泥清除工程

于桥水库富营养化严重，蓝藻频发，水库总氮、总磷超标，富营养化日趋严重，对污染物的截留（自净）能力已趋于饱和。在水库周边进行彻底环境整治及不断推进上游污染治理的形势下，于桥水库面临的水质污染、生态系统失衡的问题极其严重，消减入库营养盐的生态清淤是控制内源污染的主要措施，在于桥水库外源普遍改善条件下，在具有适宜场地条件的情况下，适时开展清淤是必要的。

主要建设内容：利用 2018 年水库低水位调度运行裸露滩地有利时机，对于桥水库裸露滩地 17.8 米高程以上干场区域实施污染底泥清除工程，清除底泥 458.54 万立方米，改造湖滨带 33.5 千米，栽植植被 1400 公顷。

工程投资及批复：2018 年 3 月 23 日，市发展改革委《关于批复引滦水源保护于桥水库综合治理污染底泥清除工程初步设计报告的通知》，批复工程初步设计报告，核定工程概算总投资 32100 万元。3 月 26 日，市水务局《关于下达引滦水源保护于桥水库综合治理污染底泥清除工程 2018 年第一批投资计划的通知》，下达工程投资投资计划 17600 万元，资金来源为市财政专项资金。7 月 23 日，市水务局《关于下达引滦水源保护于桥水库综合治理污染底泥清除工程 2018 年第二批投资计划的通知》，下达工程投资投资计划 5605 万元，资金来源为中央水利发展资金。

工程进展情况：工程于 2018 年 5 月 4 日开工建设，截至 2018 年 6 月底，已完成全部污染底泥清除施工，完成清淤 458.54 万立方米，完成投资 2.76 亿元，占总投资（3.21 亿元）的 86%。

工程参建单位：

项目法人：天津市水务工程建设管理中心

设计单位：天津市水利勘测设计院

监理单位：天津市金帆工程建设监理有限公司

施工单位：天津市水利工程有限公司

天津市津水建筑工程公司

华北水利水电工程集团有限公司

天津振津工程集团有限公司

质量监督单位：天津市水务工程建设质量与安全监督中心站

2. 环库截污沟一期工程

于桥水库作为城市重要供水水源地，事关天津城市供水安全，实施综合治理、改善水质、修复生态迫在眉睫。建设环库截污沟道筑起水库生态防线，隔离周边村庄污染源，结合现状护栏网实现水库全封闭是非常有必要的。截污沟一期工程按照截留处置 5 年一遇第一场降雨标准，截污沟设计流量为 3 立方米每秒。

主要建设内容：修建截污沟 15.5 千米，新建巡视土路或加宽现有道路 18.1 千米，利用现有道路 6 千米，配套建设交通涵桥等建筑物 17 座，补栽乔木、灌木 14.45 万株。

工程投资及批复：2018 年 7 月 30 日，市发展改革委《关于批复引滦水源保护于桥水库综合治理环库截污沟一期工程初步设计报告的通知》，批复工程初步设计报告，核定工程概算总投资 7640

万元。9月17日，市水务局《关于下达引滦水源保护于桥水库综合治理环库截污沟一期工程2018年投资计划的通知》，下达工程投资投资计划3700万元，资金来源为中央财政资金。

工程进展情况：工程于2018年10月25日开工建设，截至2018年年底已完成截污沟开挖0.6千米，完成投资2496万元，占总投资（7640万元）的33%。

工程参建单位：

项目法人：天津市水务工程建设管理中心

设计单位：天津市水利勘测设计院

监理单位：天津市泽禹工程建设监理有限公司

施工单位：天津振津工程集团有限公司
天津市津水建筑工程公司
北京金河水务建设集团有限公司

质量监督单位：天津市水务工程建设质量与安全监督中心站

【天津市北水南调完善工程（中线）】 根据市委、市政府关于做好中央环保督查复查准备的要求和市领导在《水资源统筹利用与保护规划》上的批示精神，为缓和天津市南部地区水资源短缺现状，改善南部河道生态环境，2018年1月10日，市发展改革委下达《关于批复天津市北水南调完善工程（中线）项目建议书的函》，设计输水规模15立方米每秒。

1. 渠道部分

利用港北连接渠、一支渠等河道将引滦原水或北部潮白新河、青龙湾减河雨洪水引调至静海等南部缺水地区，缓解南部地区农业、生态缺水局面。

主要建设内容：扩挖整治港北连接渠15.76千米，扩挖整治一支渠2.74千米，加高两岸局部堤防；新改扩建河道沿线阻水及节制建筑物39座，其中，跨河建筑物17座，沿河建筑物22座。

投资及批复：2018年7月30日，市发展改革委《关于批复天津市北水南调完善工程（中线）初步设计报告（渠道部分）的通知》，批复工程初步设计报告，核定工程概算总投资14250万元。8月3日，市水务局《关于下达天津市北水南调完善工程（中线）渠道部分2018年第一批投资计划的通知》下达工程第一批投资计划1000万元，资金来源为市财政专项资金。8月24日，市水务局《关于下达天津市北水南调完善工程（中线）渠道部分2018年第二批投资计划的通知》下达工程第二批投资计划2105万元，资金来源为2018年地方政府债券。

工程进展：工程于2018年9月30日开工建设，截至2018年年底已拆除桥梁3座，正在重建6座节水闸，完成土方15万立方米，混凝土0.2万立方米，金属结构3吨，完成投资6000万元，占总投资（14250万元）的42%。

工程参建单位：

项目法人：天津市水务工程建设管理中心

设计单位：天津市水利勘测设计院

监理单位：天津市泽禹工程建设监理有限公司

施工单位：北京金河水务建设集团有限公司
天津市水利工程有限公司
天津振津工程集团有限公司
华北水利水电工程集团有限公司

质量监督单位：天津市水务工程建设质量与安全监督中心站

2. 管道及泵站部分

输水沿线管线及泵站规模与设计输水规模15立方米每秒一致，并满足原有排水功能。下丰庄泵站位于北运河左堤侧，下丰庄埋管出口，功能为提高中线输水水位。东狼尔窝泵站位于港北连接渠起点，为排涝泵站，功能为将港北连接渠涝水排入青龙湾减河。

主要建设内容：原址拆除扩建青龙湾减河右堤东狼尔窝泵站，设计排水规模8立方米每秒，自流输水规模15立方米每秒；新建北运河左堤下丰庄泵站，设计输水规模15立方米每秒；新建一支渠与下丰庄泵站联通管道1.759千米（埋管及顶坑段长1.721千米），设计输水规模15立方米每秒。

投资及批复：2018 年 9 月 14 日，市发展改革委《关于批复天津市北水南调完善工程（中线）初步设计报告（管道及泵站部分）的函》，批复工程初步设计报告，核定工程概算总投资 16290 万元。9 月 25 日，市水务局《关于下达天津市北水南调完善工程（中线）管道及泵站部分 2018 年投资计划的通知》，下达工程投资计划 2103 万元，资金来源为市财政专项资金 1203 万元、2018 年地方政府债券 900 万元。

工程进展：工程于 2018 年 11 月 30 日开工建设，截至 2018 年年底已拆除老闸 1 座，正在重建东狼尔窝扬水站和下丰庄泵站，完成土方 5 万立方米，石方 0.08 万立方米，混凝土 0.35 万立方米，金属结构 4.5 吨，完成投资 3000 万元，占总投资（16290 万元）的 18%。

工程参建单位：

项目法人：天津市水务工程建设管理中心

设计单位：天津市水利勘测设计院

监理单位：天津润泰工程监理有限公司

施工单位：天津振津工程集团有限公司
华北水利水电工程集团有限公司
天津市水利工程有限公司

质量监督单位：天津市水务工程建设质量与安全监督中心站

【引滦向北大港水库应急调水工程】 引滦水源经于桥水库调蓄，通过引滦明渠、海河、子牙河、黑龙港河、港团河等河道与沿线八堡泵站、争光泵站、团泊洼泵站等闸站联合调度，向北大港应急调水。充分结合调水线路沿途河道和建筑物现有输水能力，确定应急调水工程设计输水规模为 20 立方米每秒。

主要建设内容：原规模维修改造八堡泵站和争光泵站，八堡泵站设计流量 21.7 立方米每秒，争光泵站设计流量 16 立方米每秒；新建团泊洼调水泵站，设计流量 20 立方米每秒；临时封堵八排干、一排干与青年渠平交口；封堵马圈引河、北大港水库沿线口门。

投资及批复：2018 年 7 月 31 日，市发展改革委《关于对引滦向北大港水库应急调水工程实施方案进行批复》，核定工程概算总投资 1900 万元。8 月 1 日，市水务局《关于下达引滦向北大港水库应急调水工程 2018 年投资计划的通知》，下达引滦向北大港水库应急调水工程投资计划的通知，下达投资计划 1000 万元，资金来源为地方政府债券资金。

工程进展：工程于 2018 年 8 月 25 日开工建设，2018 年 9 月完成全部建设任务，完成土方 0.95 万立方米、石方 0.57 万立方米、混凝土 0.1 万立方米，完成工程投资 1900 万元，占总投资 100%。

工程参建单位：

建管单位：天津市水务工程建设管理中心

设计单位：天津市水利勘测设计院

监理单位：天津市泽禹工程建设监理有限公司

施工单位：天津振津工程集团有限公司

（建管中心）

【南水北调工程市内配套工程建设】 2018 年，南水北调天津市内配套工程在建工程为宁汉供水工程（包含宁汉管线干线工程 A0+000～A43+850 段、宁汉供水支线工程和宁汉泵站工程）、王庆坨水库工程、武清供水工程（包含武清管线工程和武清泵站工程）和天津市南水北调中线市内配套工程管理设施一期工程 4 项。

1. 宁汉供水工程

工程建设内容包括新建供水管线 57.59 千米和改建泵站 2 座。改建的泵站为宁汉供水泵站；新建供水管线工程起点为尔王庄水库东侧改建的宁汉供水泵站，终点分别为宁河水厂（规划新建）和汉沽龙达水厂（规划扩建）。宁汉供水工程干线（A0+000～A43+850 段）设计流量 3 立方米每秒，宁河支线设计流量 2.1 立方米每秒，汉沽支线设计流量 0.9 立方米每秒。

2015 年 11 月 26 日，市发展改革委以《关于批复天津市南水北调中线市内配套工程宁汉供水工程管线工程可行性研究报告的函》批复核定工程估算动态投资 126000 万元。宁汉供水管线工程由干线（A0+000～A43+850 段）和宁河支线及汉沽支线组成，并分别组织施工。

（1）宁汉供水工程管线干线工程（A0+000～A43+850 段）。

该工程起点为尔王庄水库东侧黄花淀泵站（宁汉供水泵站）出水管，终点为芦台经济技术开发区东边界，途经天津市宝坻区、宁河区，全长约 43.85 千米。设计流量 3.0 立方米每秒。

2016 年 2 月 3 日，市南水北调办公室批复初步设计报告，核定工程概算动态总投资 73500 万元。2015 年 12 月 29 日，市南水北调办下达工程 2015 年前期工作投资计划资金 20500 万元。2016 年 8 月 16 日，市南水北调办下达工程 2016 年固定资产投资资金 51500 万元。2017 年 10 月 13 日，市南水北调办下达工程 2017 年固定资产投资计划资金 1500 万元。至此，按批复概算总投资 73500 万元已全部下达。

工程于 2016 年 3 月开工，2018 年 7 月 31 日完工。本年度建设完成 18.3359 千米管道安装，累计完成 43.3359 千米管道安装工作，完成全部建设任务。本年度投资完成 11500 万元，累计完成投资 73500 万元，占工程概算总投资的 100%。

工程参建单位：

项目法人：天津水务投资集团有限公司

建设委托单位：天津水务建设有限公司

设计单位：天津市水利勘测设计院

施工单位：天津市水利工程有限公司
天津利安建工集团有限公司
中铁十八局集团有限公司
天津振津工程集团有限公司
中国电建集团港航建设有限公司
华北水利水电工程集团有限公司
天津市管道工程集团有限公司

质量监督单位：天津市南水北调工程质量与安全监督站

（2）宁汉供水工程管线支线工程。

该工程建设包括宁河支线及汉沽支线供水管线两部分工程，其中宁汉供水宁河支线及汉沽支线工程起始点为干线工程已批复段线路终点，即芦台经济技术开发区东边界，下至新建宁河水厂及现有汉沽龙达水厂。工程建设内容为新建输水管线工程（包括宁河支线 DN1600 输水管道长约 7.9 千米，汉沽支线 DN1200 输水管道长约 2.5 千米），利用宁河北水源地供水管线 14.4 千米等。

2017 年 7 月 25 日，市发展改革委核定工程初步设计概算。7 月 26 日，市南水北调办批复工程初步设计报告，核定工程总投资 27430 万元。9 月 14 日，市南水北调办批复项目征用 14.4 千米宁河北地下水源地管线，批复概算 9805.87 万元并纳入工程概算中。10 月 13 日，市南水北调办下达 2017 年投资计划 8000 万元。2018 年 8 月 10 日，市南水北调办以《关于下达南水北调中线市内配套工程宁汉供水工程管线工程（宁河及汉沽支线）2018 年投资计划的通知》，下达 2018 年投资计划 19430 万元，资金来源为市财政 2018 年新增政府债券。同日，市南水北调办以《关于下达南水北调中线市内配套工程宁汉供水工程管线工程（宁河及汉沽支线）征用 14.4 千米宁河北地下水源地供水管线工程 2018 年投资计划的通知》，下达投资计划 9805.87 万元，资金来源为水投集团筹措。至此，按批复总投资 37235.87 万元已全部下达。

工程于 2017 年 12 月 19 日开工建设，截至 2018 年 12 月 31 日，累计完成管道总长度 9.606 千米，其中 PCCP4.130 千米、钢管 4.884 千米、顶管 0.592 千米；完成龙达水厂回供管 380 米。完成宁河北水源地供水管线购置和移交工作。本年完成投资 34077.87 万元，占本年投资任务指标（35075.87 万元）的 97%（含宁河北水源地供水管线投资 9805.87 万元）；累计完成投资 36237.87 万元，占总投资（37235.87 万元）的 97%（含宁河北水源地供水管线投资 9805.87 万元）。

工程参建单位：

项目法人：天津水务投资集团有限公司

委托单位：天津水务建设有限公司

设计单位：天津市水利勘测设计院

施工单位：新疆兵团水利水电工程集团有限公司
天津市管道工程集团有限公司

质量监督单位：天津市南水北调工程质量与安全监督站

（3）宁汉供水工程泵站工程。

通过改造引滦入塘、引滦入汉两座泵站，新增和更换引滦入塘、引滦入汉两座泵站的机组实现宁汉供水工程供水目标。宁汉供水泵站设计规模3.0立方米每秒（25.8万吨每日）。新建出水钢管与宁汉供水工程管线工程衔接。

2017年5月24日，市发展改革委批复工程可行性研究报告。7月4日，市南水北调办批复工程初步设计报告，核定工程总投资5390万元。8月15日，市南水北调办下达2017年投资计划5390万元。至此，按批复总投资5390万元已全部下达。

工程于2017年11月15日开工建设，截至2018年12月31日，宁汉泵站完成建设任务，具备通水条件；累计完成入塘、入汉泵站屋顶防水施工，水工管道安装、回填和井室施工，入汉泵站机组、电气、金属结构设备改造、机组工艺管道改造和35千伏变电站电气设备改造，入开泵站电气设备改造，入塘泵站机组、电气、金属结构设备和汇流阀室改造；完成院区道路和建筑工程施工。本年完成投资3890万元，累计完成投资5390万元，占工程总投资的100%。

工程参建单位：

项目法人：天津水务投资集团有限公司

委托单位：天津水务建设有限公司

设计单位：天津市水利勘测设计院

施工单位：天津市水利工程有限公司

质量监督单位：天津市南水北调工程质量与安全监督站

2. 王庆坨水库工程

王庆坨水库是天津市南水北调中线“在线”调节和安全备用水库，主要功能是调节天津市引江来水和用水的不均衡性以及在应急情况下的安全用水，提高城市供水的可靠性和安全性。本工程位于天津市武清区王庆坨镇西部，津保高速以北，津同公路以南，九里横堤以西，天津市与河北省交界以东处。距南水北调中线天津干线约800米。王庆坨水库总库容2000万立方米，入库设计流量18立方米每秒，出库设计流量20立方米每秒。

工程投资及批复情况：2008年3月13日，市发展改革委《关于报批天津市南水北调配套工程王庆坨水库工程项目建议书的函》批复了该工程项目建议书；2013年5月，市发展改革委《天津市南水北调中线配套工程王庆坨水库工程可行性研究报告的函》批复了项目的可行性研究报告；2013年11月，市南水北调办《关于天津市南水北调中线配套工程王庆坨水库工程初步设计报告的批复》批复了初步设计报告。工程概算总投资为192435万元，其中征地拆投资136714万元，工程建设投资43830万元，工程期贷款利息及其他费用11891万元。2013年12月18日，市南水北调办以《关于下达南水北调中线市内配套王庆坨水库工程2013年投资计划的通知》下达2013年投资计划80000万元，资金来源为水务投资集团注册资本金16000万元、银团贷款64000万元；2014年2月27日，市南水北调办以《关于下达南水北调中线市内配套王庆坨水库工程2014年投资计划的通知》下达2014年第一批投资计划38100万元，资金来源为水务投资集团自筹的资本金7620万元、银团贷款30480万元；2014年11月4日，市南水北调办以《关于下达南水北调中线市内配套王庆坨水库工程2014年第二批投资计划的通知》下达2014年第二批投资计划25000万元，资金来源为水务投资集团自筹的资本金5000万元、银团贷款20000万元；2015年6月17日，市南水北调办以《关于下达南水北调中线市内配套王庆坨水库工程2015年投资计划的通知》下达2015年投资计划25000万元，资金来源为水务投资集团自筹的资本金5000万元、银团贷款20000万元；2016年6月26日，市南水北调办以《关于下达南水北调中线市内配套王庆坨水库工程2016年投资计划的通知》下达2016年投资计划24335万元，资金来源为水务投资集团自筹的资本金。至此，按批复总投资

192435万元已全部下达。2018年投资计划目标3350万元。

工程进展情况：工程于2016年4月8日开工，截至2018年12月31日，王庆坨水库基本建成（除高速穿越段）。2018年完成围坝填筑100米，泵房水泵泵头及联动轴完成安装；引水箱涵段浇筑完成525米；围坝护坡混凝土板完成6025米；水库管理用房主体全部完成。累计完成围坝填筑6570米；泵站工程主体结构全部完成，泵房水泵泵头及联动轴完成安装；引水箱涵段浇筑完成525米；围坝护坡混凝土板完成6025米；水库管理用房主体全部完成。本年度完成投资3350万元，占本年度投资任务的100%；工程累计完成投资191785万元，占总概算投资（192435万元）的99.66%。

工程参建单位：

项目法人：天津水务投资集团有限公司

代建单位：天津市水务工程建设管理中心
天津水务建设有限公司

设计单位：天津市水利勘测设计院

监理单位：天津市金帆工程建设监理有限公司
天津润泰工程监理有限公司

施工单位：华北水利水电工程集团有限公司
中铁十八局集团有限公司
山东黄河工程集团有限公司
天津市水利工程有限公司
天津振津工程集团有限公司
天津市水利科学研究院

质量监督单位：天津市南水北调工程质量与安全监督站

3. 武清供水工程

武清供水工程作为南水北调中线天津市内配套工程重要组成部分，输水管线工程起点为天津市尔王庄水库南、尔辛庄以北拟建的武清供水泵站，终点为武清规划水厂。有两部分，管线工程和新建泵站工程，其中管线工程分A0+000~A32+880段与A32+880~武清规划水厂段。

（1）武清供水工程管线工程（A0+000~A32+880段）。

该工程新建管线全长约33.26千米，其中输水干线长32.88千米，上马台水厂支线长387米，支线起点在主管线A7+080处，支线段桩号B0+000~B0+387。

2017年5月9日，市南水北调办批复工程初步设计报告，核定概算总投资47800万元。2016年11月18日，市南水北调办下达工程2016年前期工作投资计划资金8000万元。2017年6月6日，市南水北调办下达工程2017年第一批固定资产投资计划资金10000万元。10月13日，市南水北调办下达工程2017年第二批固定资产投资计划资金15000万元。2018年8月10日，市南水北调办《关于下达南水北调中线市内配套工程武清供水工程管线工程（A0+000~A32+880段）2018年固定资产投资计划的通知》，下达投资计划资金14800万元，资金来源为市财政2018年新增政府债券。至此，按批复总投资47800万元已全部下达。

工程于2017年11月24日开工核实，计划完工日期2019年4月30日。截至2018年12月31日，武清管线（A0+000~32+880段）全线管道累计安装完成32793.35米，占总长度（33300米）的99%，其中PCCP管道安装累计完成19657.00米占全长（19657米）的100%；钢管管道安装累计完成10976.60米（11453.6米）占全长的95.8%；球墨铸铁管道安装累计完成2159.75米，占全长（2159.75米）的100%。本年度投资完成34850万元，累计完成投资47350万元，占工程概算总投资的99%。

工程参建单位：

项目法人：天津水务投资集团有限公司

代建单位：天津水务建设有限公司

设计单位：天津市水利勘测设计院

监理单位：天津润泰工程监理有限公司

施工单位：天津振津工程集团有限公司
华北水利水电工程集团有限公司
中铁十八局集团有限公司
天津市水利工程有限公司

天津市管道工程集团有限公司

质量监督单位：天津市南水北调工程质量与安全监督站

（2）武清供水工程管线工程（A32+880~武清规划水厂段）。

该项目新建管线全长约2.16千米，管道管顶覆土一般为2.0米左右，沟渠底管顶覆土一般为1.5米左右。本工程共穿越一级河道1条，主要公路1处。此外，为保证管道正常运行和事故检修等要求沿线分别设置了排气阀和检修阀等设施。

2018年7月6日，市南水北调办《关于天津市南水北调中线市内配套工程武清供水工程管线工程（A32+880~武清规划水厂段）初步设计报告的批复》，批复项目初步设计报告，概算总投资4880万元。8月10日，市南水北调办《关于下达南水北调中线市内配套工程武清供水工程管线工程（A32+880~武清规划水厂段）2018年投资计划的通知》，下达投资计划资金4880万元，资金来源为市财政2018新增地方政府债券。至此，按批复概算总投资4880万元已全部下达。

工程于2018年12月10日开工建设，计划完工日期2019年4月30日。截至2018年12月31日，全线管道累计安装完成247.81米，占总长度（2160米）的11.5%，其中PCCP管道安装累计完成114米，钢管管道安装累计完成133.81米。本年度投资完成2300万元，累计完成投资2300万元，占工程概算总投资的47.1%。

工程参建单位：

项目法人：天津水务投资集团有限公司

代建单位：天津水务建设有限公司

设计单位：天津市水利勘测设计院

监理单位：天津润泰工程监理有限公司

施工单位：华北水利水电工程集团有限公司

质量监督单位：天津市南水北调工程质量与安全监督站

（3）武清供水工程泵站工程。

工程位于宝坻区尔王庄镇尔辛庄村，东至逸仙园泵站，南至引滦明渠，西、北至尔辛庄村。工程近期规模为2.14立方米每秒（18.5万吨每日），远期规模为3.20立方米每秒（27.3万吨每日）。

主要建设内容包括引水闸、引水钢管、吸（进）水池、泵站主副厂房及附属建筑物、出水钢管及相应的水机、电气、金属结构、暖通、给排水、消防、自动化调度与管理系统等。

2017年6月29日，市南水北调办《关于天津市南水北调中线市内配套工程武清供水工程泵站工程初步设计报告的批复》，批复项目初步设计报告，概算总投资4870万元。7月14日，市南水北调办《关于下达南水北调中线市内配套工程武清供水泵站工程2017年投资计划的通知》，下达投资计划资金3000万元，资金来源为水投集团自筹。2018年8月28日，市南水北调办《关于下达南水北调中线市内配套工程武清供水泵站工程2018年投资计划的通知》，下达投资计划资金1870万元，资金来源为水投集团自筹。至此，按批复概算总投资4870万元已全部下达。

工程于2017年10月30日开工建设，完工日期为2018年9月30日。已完成全部工程建设任务。累计完成土方开挖33082立方米，土方填筑25948立方米，水泥搅拌桩围封累计完成1079立方米，钢筋制安累计安装388吨，混凝土浇筑工程累计完成4271.63立方米。完成DN1800钢管安装106米，进水池DN1800柔性防水套管安装2个、DN900刚性防水套管安装4个，泵房DN900柔性防水套管安装4个、DN700柔性防水套管安装4个，清污机已安装完成2套。管理用房砌筑累计完成125平方米，外墙饰面板已铺设920平方米。本年度完成投资1870万元，占本年度投资任务（1870万元）的100%；累计完成投资4870万元，占概算总投资的100%。

工程参建单位：

项目法人：天津水务投资集团有限公司

代建单位：天津水务建设有限公司

设计单位：天津市水利勘测设计院

监理单位：天津润泰工程监理有限公司

施工单位：天津振津工程集团有限公司

监督单位：天津市南水北调工程质量与安全监督站

4. 天津市南水北调中线市内配套工程管理设施一期工程

管理设施一期工程是天津市南水北调中线市内配套工程的重要组成部分，2016 年 9 月 29 日市发展改革委以《市发展改革委关于批复天津市南水北调中线市内配套工程管理设施一期工程实施方案的函》批复本工程实施方案，同意采用购置方式，核定建筑面积控制在 6500 平方米以内，总造价控制在 1.5 亿元以内。天津水务投资集团有限公司（简称水投集团）经过市场调研并与相关部门沟通，最终确定购置津南区双港工业园区内御南创意园 2 号楼（5 层）及解放南路与绍兴道交口海汇名邸（6~10 层半）两处房产作为管理用房。

2017 年 8 月 30 日，天津水务集团有限公司（简称水务集团）下发《关于转下达 2017 年南水北调中线市内配套工程管理设施一期工程投资计划的通知》，下达本工程投资计划 1.5 亿元。2018 年 2 月，市南水北调办下发《关于下达南水北调中线市内配套工程 2018 年度建设任务目标的通知》，要求管理设施一期工程需在 2018 年度完成剩余 12810 万元的投资指标任务。2018 年 10 月 11 日，水务集团以《关于加快推动南水北调中线市内配套工程管理设施一期工程年度投资计划执行的通知》，同意水投集团购置海汇名邸作为南水北调配套工程管理设施。

工程实施：

御南创意园房产购置实施。2018 年 7 月 11 日，水投集团取得御南创意园 2 号楼《不动产权证书》，圆满完成该项房产的购置及取证工作。

海汇名邸房产购置实施。2018 年 11 月 13 日，天津市自来水集团有限公司将海汇名邸 6~10 层拟转让房产在天津市产权交易中心挂牌披露，公开转让。12 月水投集团成功摘牌该房产，最终受让价格为 8504.55 万元，并于 12 月 18 日与自来水集团签订《产权交易合同》，最终于 12 月 29 日取得《产权交易凭证》，完成南水北调管理设施一期投资建设任务。

【蓟运河治理工程（宝坻八门城至宝宁交界段）】 该工程为跨年度工程。2016 年 11 月 11 日，市发展改革委批复工程总投资 13000 万元。12 月 2 日，市水务局、市财政局下达工程 2016 年第一批投资计划金额 3000 万元。2017 年 3 月 10 日，市水务局下达工程 2017 年第一批投资计划金额 6000 万元。2018 年 8 月 6 日，市水务局以《关于下达蓟运河宝坻八门城—宝宁交界段治理工程 2018 年投资计划的通知》下达投资计划 2795 万元，资金来源为地方政府债券。至此，仍差 1205 万元资金未下达。

工程于 2017 年 3 月 30 日开工建设，截至 2018 年 12 月 31 日完成全部建设任务。2018 年度完成土方工程 15.98 万立方米，土方回填工程 1.12 万立方米，水泥搅拌桩防渗墙 6.25 万平方米，混凝土浇筑 1.19 万立方米，钢筋制安 800.8 吨，混凝土框格铺设 1395 立方米，浆砌石工程 6453.4 立方米，沥青路面 4.75 万平方米。累计完成主要工程量为土方工程 47.88 万立方米，土方回填工程 1.96 万立方米，水泥搅拌桩防渗墙 8.23 万平方米，混凝土浇筑 1.81 万立方米，钢筋制安 1196 吨，混凝土框格铺设 1395 立方米，浆砌石工程 7715 立方米，沥青路面 4.75 万平方米。本年完成投资 4000 万元，占本年投资任务指标（4000 万元）的 100%。累计完成投资 13000 万元，占概算总投资的 100%。

工程参建单位：

项目法人：天津水务投资集团有限公司

建管单位：天津水务建设有限公司

设计单位：天津市水利勘测设计院

监理单位：天津润泰工程监理有限公司

施工单位：天津振津工程集团有限公司

天津市水利工程有限公司

天津利安建工集团有限公司

天津市明科远景科技发展有限公司

监督机构：天津市水务工程建设质量与安全监督中心站

（水务集团）

建设管理

【概述】 2018年，市水务局继续夯实水务建设管理工作，深入推进“一制三化”改革，工程建设项目联合审批制度基本建立。紧贴项目建设，着力推动管理下沉、执法下沉，坚持强化牵头推动重点水务工程和抓实建设市场管理“两手发力”，切实维护好建设市场秩序，全力做好水务工程监管、服务和推动工作。

【水务工程建设行业管理】 加强建设程序管理。认真落实水利部开工条件要求，对新开河调蓄池等7项新开工项目实行“两承诺、五交底、一复核”。全年完成项目法人备案12项、开工备案14项。(“两承诺”：廉政承诺、保障农民工工资支付承诺。“五交底”：法人验收计划交底、竣工验收检测交底、扬尘设计交底、视频监控点位确定交底、施工安全生产交底。)

完成2017—2018年度水利建设质量考核工作。牵头成立局质量考核工作领导小组，按照考核标准和细则压实参建各方责任，树立新开河调蓄池、新立泵站扩建工程为样板工程，打造施工现场、质量管理、安全生产、档案管理标准化。联合监督中心站开展了区质量考核模拟检查，盯紧质量考核的关键问题和薄弱环节，牵头做好各项迎检工作。2017—2018年度水利建设质量考核天津市取得全国A级，第三名的好成绩。

做好行业立法管理工作。完成《天津市水利工程建设管理办法》执行评估问卷调查，印发《天津市水利工程建设项目法人管理规定》，《天津市水利工程建设市场主体信用信息管理办法》《天津市水利工程建设市场主体信用信息应用管理办法》《天津水利工程建设市场主体不良行为记录管理办法》已提交局水政处进行法律审核。严格执行公平竞争审查制度，完成了《天津市水务工程质量管理规定》等3件规范性文件的公平竞争审查。从严审批重大设计变更，制定并印发进一步加强水务工程建设项目设计变更事中事后监管的意见。

加大诚信体系约束力度。修订完成建设单位、招标代理单位和检测单位不良行为认定内容及分值。开展咨询类、招标代理类、材料类和设备供应类企业的信用信息申报。加快推动联合惩戒制度，制定水利工程建设领域黑名单目录。完善首次进入市场信用评级，完成50余家市场主体2018年度信用评价市场行为赋分。

规范市场主体行为。深化“放管服”。实行市场清单管理，调整了2018年水务建设市场双随机检查事项库和人员库，依据“两清单一档案”合理规范监管边界。严格执行建设工程质量保证金要求，完成复兴河口泵站和月牙河口泵站清理规范工程建设保证金抽查工作。加大市场主体和项目信息公开力度，制定《市水务局重大建设项目批准和实施领域政府信息公开实施方案》，对先锋河调蓄池等5项重点工程的招投标、工程进展情况及时信息公开。推动落实市水务局规范和加强监理工作的实施意见，对复兴河口泵站、蓟运河治理、先锋河调蓄池工程等重点水务工程开展监理履职专项检查和抽查。完善第三方检测制度，在先锋河调蓄池工程建设中引进天津市质量监督检验站第二十一站市政专项检测项目，对北京排污河廊良公路至大南宫闸段治理工程等7项新开工项目做好竣工验收第三方检测备案。

开展竣工结算造价审核工作。完成竣工结算造价审核单位招标，公布2018年度水务工程结算审核入围单位，制定市管水务工程结算审核工作负面清单，完成狼儿窝分洪闸除险加固、辛撞闸除险加固等11项工程结算审核。

推进重点水务工程最高投标限价评审工作。制定最高投标限价评审流程，编制《天津市水利工程最高投标限价编制示范文本》，完成永定河泛区一期工程南北寺泵站供电工程、引滦水源保护于桥水库综合治理污染底泥清除工程等15项重点水务工程最高投标限价评审工作。

规范招标投标、政府采购。深化巡视整改工作，上半年开展了局属单位非招标采购工作专项检查，随机抽查7个局属单位12个项目，组织局属单位自查200余项。建立局属单位非招标项目登记系统，规范非招标项目采购事中事后监管。深化市委专项巡视整改，开展规范招投标、政府采购专项行动，在各单位自查自纠的基础上，基建处与建交中心、财务处联合，配合市水务局5个督导组对全局27家局属单位开展检查，从2813余项目中随机抽查了212个项目，逐一下发整改通知书。

加强工程质量安全行业管理。配合市安监局、市建委开展在建工程联合督查，联合安监处、监督中心站开展安全度汛、冬春施工、安全生产隐患大排查大整治、施工安全专项行动等专项检查和“四不两直”形式的日常抽查，发现隐患166项，下达整改通知书20份，约谈责任单位2次。加强安全生产网格化最末端责任人管理，组织安全员培训考试，提高现场人员业务水平。创新安全管理方式，设计安全生产监管检查标准化流程图，更新安全生产网格化管理导则，在东丽区新立泵站组织安全生产现场教学，采用“大数据”分析方法，对2017年检查中发现的417项安全生产事故隐患分类统计分析，形成专项分析报告，构建风险管控和隐患排查的双重预防机制。

【项目法人制】 开展了2017年度水务工程建设市场主体信用评价工作，从日常监管情况、合同履约情况评分、不良行为记录得分、附加分4个方面对全市13家项目法人单位进行打分，增强项目法人诚信意识。修订项目法人考核标准，将水利部质量考核任务纳入项目法人考核内容，印发了《2018年度水务工程建设项目法人考核标准》。

【建设监理制】 2018年，全市水利工程严格实行监理制，工程监理率达到100%。截至2018年年底，全市共有8家具备监理资质的企业，具备水利施工监理甲级资质的3家，水利施工监理丙级资质的5家，见下表。

天津市具备监理资质企业统计

序号	单位名称	具备资质
1	天津市泽禹工程建设监理有限公司	施工监理甲级；环保监理、水保监理丙级
2	天津市金帆工程建设监理有限公司	施工监理甲级；环保监理、水保监理乙级
3	天津润泰工程监理有限公司	施工监理甲级
4	天津华水水务工程有限公司	施工监理丙级
5	天津市昊天工程建设监理咨询有限公司	施工监理丙级
6	天津利源工程监理有限公司	施工监理丙级
7	天津水缘工程咨询有限责任公司	施工监理丙级
8	天津华地公用工程建设监理有限公司	施工监理丙级

【合同管理制】 2018年，全市水利工程项目继续加大合同管理力度，规范合同签订，增强参建各方的合同履约意识，将合同履约行为纳入诚信体系。调整优化《天津市水务工程项目法人履职行为检查记录》表，将分包管理作为项目法人履职行为考核检查的重要指标。

（基建处）

【招标投标制】 完善项目应招尽招长效机制。建立招标项目台账管理及招标工作督办制度，根据《2018年水务建设项目投资建议计划表》确定应招标项目台账，严格跟踪管理，定期汇总分析、通报、督办。建立招标人联络机制，从项目源头跟踪招标项目前期进展情况，督促各项目法人按计划完成招标工作。强化过程监管，在招标投标监管中按照计划严格跟踪管理，并根据项目立项批复、招标计划调整情况及时对招标项目台账进行修改完善。2018年，共计187个项目纳入应招标项目台账，对应资金19亿元，全部完成招标工作。

强化项目招标审批服务。落实“放管服”工作要求，为多个项目法人提供项目免于招标相关政策咨询，推进工程建设。全年共完成地面沉降监测项目、2018年汛期水毁设施紧急抢修工程、西园道塌管应急抢修工程、月牙河绿宝石公园亲水台阶塌陷应急抢修工程4个项目免于招标的批复。

加强代理机构、评标专家监管。根据国家“放管服”工作要求，强化事中事后监管，规范代理机构和评标专家行为。针对代理机构服务中的工作人员行为、业务水平、服务态度、工作质量、工作效率等方面制定了相关考核内容和标准，并对评标专家考核标准进行了完善。

建立招投标环节投标人的安全生产保障能力评价体系。结合国家相关法律、法规以及相关行业好的做法，根据水务工程安全生产有关要求，对招标文件中安全生产方面相关条款和评标标准进行完善，以督促投标人重视安全生产管理体系建设，保障安全生产投入，提高安全生产管理能力。

严格按照市水务局行政许可事项“一制三化”改革清单规范审批服务。在水利工程建设项目勘察设计、施工、监理以及与工程建设有关的重要设备、材料采购邀请招标的审批许可工作中，按照市水务局“一制三化”改革取消的行政许可事项申请材料清单，减少了申请材料提交“项目其他文件”的要求；按照市水务局“一制三化”改革行政许可事项“网上办”清单，该审批事项全流程网上办理，实现减材料、减时限、网上办的目标。

优化水务工程建设项目招标程序，提高监管能力和水平。根据国家及天津市电子招标投标的工作要求，完善天津市水务工程电子招标投标平台，招标人通过天津市水务工程招标投标交易平台填写相关信息进行招标公告发布，减少了对市场主体过多的行政审批行为，降低市场主体的市场运行行政成本，进一步激发市场主体活力和创新能力。

【有形市场管理】 2018年，进入天津市水务工程招标投标交易平台（简称平台）进行交易的项目310个，总投资167.55亿元，其中传统水利项目197个、投资76.72亿元；农田水利项目24个、投资26.98亿元；城乡供水项目20个、投资22.52亿元；排水工程项目35个、投资29.74亿元；其他项目34个，投资11.59亿元。

2018年，平台共完成开评标445批次，531个标段，总交易金额42.34亿元，其中勘察设计164个标段、监理78个标段、采购15个标段、施工274个标段，中标价为40.71亿元。全年，平台共受理投标报名3474家次，随机抽取评标专家2486人次。

为落实“政务一网通”“一制三化”改革工作部署，完成了与天津市公共资源交易平台系统接口的对接升级工作，基本实现“平台赋码、信息归集、全程跟踪”。同时，紧跟“大数据”“互联网”的发展趋势，不断完善招标公告、中标公示发布系统和工作流程，信息发布全流程网上操作，一处录入，多处使用，实现了平台与中国招标投标公共服务平台、天津水务有形市场网站、天津市公共资源交易网、天津市公共资源交易平台等系统的数据共享与互联互通。

（建交中心）

【质量与安全监督】 2018年，质量与安全监督站注重质量与安全监督的全过程管理，工程建设质量与安全处于受控状态，全市水务工程建设未发生质量与安全事故。工程一次性验收合格率100%，重点水务工程单元工程优良率93.9%。

监督工作。2018年质量与安全监督站新办理质量监督手续工程项目33项。各项工程开工前，监督人员均按照监督工作要求并结合工程实际情况，制定了监督计划，明确了各工程项目监督检查的内容和重点，对参建单位开展了监督交底，强化监督工作针对性。在各工程项目主体工程开工前和工作时限内，审核确认了项目法人提交的工程项目划分。工程建设过程中，注重对各参建单位质量安全体系和质量安全管理行为的监督检查，及时发现工程建设过程中的质量安全隐患和问题，督促各参建单位及时整改，对违规行为进行查处，并进行通报。对在建工程开展监督飞检。2018年，质量与安全监督站对在建水利工程原材料、中间产品等，委托专业检测机构开展监督飞检20次，形成检测报告158份，对7项工程的实体质量进行了专项检测，检测结果均合格。

加强制度建设，规范监督程序。2018年，质量与安全监督站不断加强质量管理制度建设，组织制定并印发了《天津市水利工程质量终身责任制实施办法》，修订并印发了《天津市水利工程质量管理规定》，为天津市水利工程建设质量管理工作提供制度保障。组织制定并印发了《市水务局关于印发进一步明确水务工程建设质量与安全监督事权划分的通知》，合理划分天津市市、区两级水务工程建设质量与安全监督管理事权，明确了市、区水行政主管部门质量与安全监督责任，为建立健全责任明确、权责一致、上下协调、运转高效的水务工程建设质量与安全监督管理机制打下良好基础。组织编制了《天津市水务工程建设质量与安全监督工作流程（试行）》，规范和明确了监督工作程序与方法，统一了监督工作文件的形式，提高了监督工作效率，提升了监督工作水平。

水利部水利建设质量工作考核。2018年10月10—16日，水利部对天津市2017—2018年度水利建设质量工作进行项目考核。考核组在考核年度在建工程中抽取了新开河调蓄池工程、宝坻区大刘坡泵站工程、滨海新区横沟节制闸工程、滨海新区大港板桥河治理工程、东丽区东河泵站工程共5项工程开展了项目考核。考核组依据考核细则要求，对天津市水利建设质量工作进行了赋分。2018年12月12日，水利部以《关于2017—2018年度水利建设质量工作考核结果的公告》公布了考核结果，天津市取得A级第三名。

全市水利建设质量工作考核。根据水利部和天津市对各区开展水利工程建设质量考核工作的相关要求，2018年上半年，按照水利部新修订的水利建设质量工作考核办法，修订并印发了《天津市水利建设质量工作考核办法》和对各区考核细则。2018年7月2—8日，质量与安全监督站与基建处、建交中心组成考核组，组织对全市10个区的水利质量工作情况进行了全面考核。经综合考评，形成最终考核等级结果，报市水务局审定并公告。考核结果通报给各区水务局，并抄送各区人民政府。2017—2018年度对各区水利工程建设质量工作考核结果为A级的有6个区，分别为东丽区、静海区、武清区、滨海新区、宝坻区、西青区；B级的4个区，分别为北辰区、宁河区、蓟州区、津南区。

标准化工地建设和现场学习观摩。2018年7月，质量与安全监督站按照局领导部署，选取新开河调蓄池工程、复兴河口泵站工程、东丽区新立泵站工程和东河泵站4个工程项目，通过开展现场检查指导，规范施工现场管理和工程资料整编工作，打造标准化工地，以典型引路，树立榜样，推进水利工程标准化建设常态化，提升天津市水利工程建设标准和管理水平。同时，组织召开标准化工地现场观摩会，通过讲解标准化工地建设情况，开展质量控制专项方案现场教学，查阅工程建设整编资料，对市、区水利工程项目法人，区监督站，以及设计、监理、施工等单位90余人进行了全面培训，做到学有标准，赶有榜样。

质量安全培训。2018年3月、6月和12月，质量与安全监督站分别举办了质量监督移动工作平台和数据管理平台的应用培训班、水利部质量工作考核细则培训会议、水利工程建设强制性标准条文和质量安全监督工作培训班。质量与安全监督站结合监督工作实际，讲解了质量安全监督移动工作平台APP使用、水利部质量工作考核细则、质量与安全监督工作流程、水利工程质量检测等方面的内容，并聘请有关专家结合工程实例对水利工程建设标准强制性条文（2016版）进行了宣贯。共培训全市水务工程项目法人、设计单位、监理单位和施工单位有关管理人员，以及各区监督站监督人员300余人次。

对各区监督站开展座谈和业务交流。质量与

安全监督站注重各区监督站的建设工作，结合工程实际对区监督人员进行业务指导交流。结合水利部质量考核工程项日中存在的问题，按照水利部质量工作考核细则对蓟州、宝坻、武清、滨海新区组织建设的6个工程项目开展现场检查和工程资料规范化检查，以检查促提高。通过检查和现场问题反馈，提高各区监督站资料整编规范化意识，促进各区监督工作水平提升。

（质量与安全监督站）

【水利建设工程质量检测】 2018年，不断加强水利工程质量检测制度建设，夯实质量检测工作基础，组织人员研究水利部及有关省市质量检测管理制度，并结合天津市水利工程质量检测工作实际，编制起草《天津市水利工程质量检测管理办法（征求意见稿）》，为天津市水利工程质量检测工作提供制度保障。编制印发了《市水务局关于进一步加强项目法人检测工作的通知》，督促天津市水利工程项目法人做好检测相关工作。强化水利工程质量检测单位监管，对抽取的两家水利甲级检测单位，及全部水利乙级检测单位，开展“双随机、一公开”检查，检查完成后形成检查报告并向社会公告，确保天津市水利工程质量检测工作规范有序开展。组织开展2018年度水利工程质量检测单位乙级资质审批工作，批准了水利工程质量检测乙级资质检测单位一家。

2018年，水科院检测中心按水利部《水利工程质量检测技术规程》（SL 734—2016）和市水务局有关要求，主要承接项目法人单位第三方检测、工程验收委员会竣工检测及监督抽检等工作，其中主要包括迎宾湖水质改善工程、天津市大黄堡洼蓄滞洪区工程与安全建设、于桥水库大坝坝基加固工程、天津市南水北调中线市内配套工程北塘水库完善工程、天津市南水北调室内配套工程宁汉供水工程工程管线工程、赤龙河治理工程、独流减河橡胶坝工程、天津市南水北调室内配套工程王庆坨水库工程施工等，为天津市水利工程建设质量提供强有力的技术支撑。顺利完成了独流减河的河道断面测量工作。按照新的《检验检测机构资质认定能力评价检验检测机构通用要求》（RB/T 214—2017）和《检测和校准实验室能力认可准则》（CNAS - CL 01：2018）重新编写《质量管理手册》《程序文件》《质量记录》等管理文件，开展质量管理手册和程序文件宣贯和培训，取得良好效果。接受了天津市检测机构资质认定环保专项监督检查，参加水泥物理力学、化学，钢筋力学、化学检测能力验证，开展质量体系内部审核活动，提高了检测中心质量管理水平，提高了检测人员检测技能和熟练检测能力，为更好地开展天津市水利工程建设质量第三方检测工作提供坚实的保障。

（质量与安全监督站　水科院）

【大气污染综合治理】 深入开展污染防治攻坚战，制定《蓝天保卫战实施方案》《柴油货车污染治理攻坚战实施方案》，强化水务工程施工扬尘管控和工程机械污染防治。制定2018年水务工程扬尘管控工作要点，编制《天津市水务工程施工扬尘管控标准》，严格落实“六个百分之百”扬尘管控要求，严格实施市管项目安装空气质量监测和扬尘在线监控双设备，建立水务在施工工地扬尘管理清单动态更新的机制。推动北水南调等重点项目做好开工底泥化验，制定底泥处置方案。完成在建水务工程、市管河道及两侧渣土全面清整。推动中心城区和滨海新区核心区施工工地的智能渣土车辆运输全覆盖。建立水务系统非道路移动机械管理台账，解决于桥水库综合治理污染底泥清除工程非道路移动机械排放检测申报问题。全年累计启动重污染天气应急响应7次，开展扬尘管控专项检查112次。

【建设项目检查】 2018年，组织开展项目法人及监理单位履职行为检查质量检测单位“双随机一公开”专项检查等12类在建重点水务工程专项检查共计330项次，累计下发现场整改通知单37份，约谈通知5份，约谈项目法人3次，代建单位1

次，监理单位3次，施工单位2次。推动执法检查纵深发展，实行市场清单管理，调整了2018年水务建设市场双随机检查事项库和人员库，依据“两清单一档案”，合理规范监管边界。

（基建处）

【建设项目稽察】 按照水利部《关于加强地方水利稽察工作的通知》要求，安监处组织编制了《2018年度水务工程建设项目稽察工作实施方案》，通过局稽察领导小组工作会议审议后，印发执行。开展稽察工作，保质保量完成8个工程项目稽察，共稽察出前期设计、建设管理、计划下达与执行、资金管理、质量与安全等35个存在问题，下达整改通知书8份，整改率达到100%，进一步规范了法人、资金、质量、安全管理行为。加强稽察队伍建设，开展稽察专家和人员培训。10月下旬，对天津市水务工程稽察专家、项目法人进行业务培训，聘请水利部稽察办专家进行授课，提高了天津市稽察专家和人员的政治素质和业务水平。

（安监处）

【验收组织管理】 2018年完成验收项目33项（下表），比年计划超额完成3项。为推动验收工作进度，召开市水务局工程竣工验收会议，制定遗留项目验收台账，建立月通报制度，对验收滞后的项目法人下达验收催办单、实施约谈和通报，并纳入项目法人年度考核。全年累计下发验收催办单20余次、约谈项目法人11次。

2018年度水务工程竣工验收项目一览表

序号	项 目 名 称	验收主持单位	验收时间	验收结果
1	2016年引滦入津黎河治理工程	天津市水务局	4月17日	优良
2	引滦入津工程黎河段桥梁维修加固工程（二期）	天津市水务局	4月17日	合格
3	2013年中小河流重点县综合治理和水系连通试点天津市宝坻区黄庄洼退渠黄庄镇治理工程	宝坻区水务局	4月26日	合格
4	2013年中小河流重点县综合治理和水系连通试点天津市宝坻区青龙湾故道大白庄镇治理工程	宝坻区水务局	4月26日	合格
5	2013年中小河流重点县综合治理和水系连通试点天津市宝坻区闫东干渠尔王庄镇治理工程	宝坻区水务局	4月26日	合格
6	引滦明渠环境整治工程	天津市水务局	5月15日	优良
7	武清区凤河西支白古屯项目区	天津市水务局	6月14日	优良
8	武清区凤河西支大王古庄项目区	天津市水务局	6月14日	优良
9	武清区凤河西支高村项目区	天津市水务局	6月14日	优良
10	武清区龙北新河东马圈项目一区	天津市水务局	6月14日	合格
11	武清区龙北新河东马圈项目二区	天津市水务局	6月14日	合格
12	洵河辛撞节制闸除险加固工程	天津市水务局	6月29日	优良
13	青龙湾减河狼儿窝闸除险加固工程	天津市水务局	6月29日	优良
14	洪泥河水环境治理工程	天津市水务局	8月28日	优良
15	魏甸闸除险加固工程	天津市水务局	9月7日	优良
16	大三庄闸除险加固工程	天津市水务局	9月14日	优良

续表

序号	项 目 名 称	验收主持单位	验收时间	验收结果
17	津南区柴庄子泵站更新改造工程	津南区水务局	10月19日	优良
18	清水工程月西河（保利一号桥至节制闸段）清淤截污工程	天津市水务局	11月12日	优良
19	清水工程四化支河清淤工程	天津市水务局	11月12日	优良
20	清水工程中心城区先锋河等5条二级河道截污工程	天津市水务局	11月12日	合格
21	滨海新区大港窦庄子泵站更新改造工程	天津市水务局	11月16日	合格
22	于桥水库溢洪道除险加固工程	天津市水务局	11月20日	合格
23	西青区中引河、总排河大寺镇项目区	西青区水务局	11月27日	优良
24	大沽排水河津南区巨葛庄泵站机电设备更新改造工程	天津市水务局	12月5日	合格
25	2014年中小河流重点县综合治理和水系连通试点天津市宝坻区绣针河牛家牌镇治理工程	宝坻区水务局	12月18日	合格
26	2014年中小河流重点县综合治理和水系连通试点天津市宝坻区箭杆河八门城镇治理工程	宝坻区水务局	12月18日	合格
27	2014年中小河流重点县综合治理和水系连通试点天津市宝坻区箭杆河林亭口镇治理工程	宝坻区水务局	12月18日	合格
28	蓟县渔阳镇桃花寺村河道治理工程	蓟州区水务局	12月20日	合格
29	黄家集泵站更新改造工程	天津市水务局	12月26日	优良
30	宽江（二）泵站更新改造工程	天津市水务局	12月26日	优良
31	小辛马泵站更新改造工程	天津市水务局	12月27日	优良
32	中小河流治理重点县综合整治和水系连通试点天津市蓟县漳河官庄镇项目一区	蓟州区水务局	12月29日	合格
33	2012—2013年天津市中小河流水文监测系统建设	天津市水务局	12月29日	合格

【水利工程管理协会】 2018年3月12日，市财政局同意协会立项清查。3月31日，市水务局批复同意协会立项清查。11月12日，市财政局对协会清查结果及资产初步处置意见予以批复。11月底，完成协会清税工作，并向市社团局行政许可大厅递交事务所清算工作要件，君天会计事务所对协会开展清算审计。12月17日，市民政局准予市水利工程管理协会社会团体注销行政许可。

（基建处）

重大公益性水务工程建设

【概述】 2018年，天津市重大公益性水务工程建设指挥部（简称重水指）按照局党委扩大会议部署，确定了34项市重点建设项目。在日常工作中坚持问题导向，采取一线工作法，及时发现问题、解决问题，积极调动局内外资源和力量，推动协调解决了29个重点水务工程项目，涉及规划、国土、电力、征迁、投资、验收及工程移交等6个方面51个问题。

【机构设置】 重水指成员单位包括规划处、计划处、基建处、水务工程建设质量与安全监督中心站、水务工程建设交易管理中心、排水管理处、水务工程建设管理中心。重水指下设办公室，为常设机构，固定办公地点、固定工作人员、固定岗位职责、固定办公经费，实行实体化、集中式办公。

主要工作职责：协调市政府部门、区政府部门及有关单位加快推进项目的规划、征地、拆迁等工作；协调市级有关部门按总体计划要求加快办理各项行政审批手续；推动工程建设进度，协调解决建设过程中的重大问题；参与项目可研和初设审查工作，提供项目前期的地下空间数据支撑；协调解决项目完工结算和竣工验收工作中的重大问题；参与项目建设中的应急处置工作。

【前期工作】 2018 年，项目前期规划。梳理完成 35 项（包括已完工项目）重点水务工程占压生态红线项目情况，多次赴市规划、环保部门沟通协调解决生态影响报告申报审批手续。组织完成于桥水库综合治理工程、北水南调完善工程（中线）、洪泥河生产圈泵站、万家码头泵站、北塘排水河泵站、海河右提泵站、北塘水库完善工程及蓟运河（宝坻八门城至宝宁交界段）治理生态环境影响论证报告编制、审查、上报，并通过市政府批复。

项目用地。与市国土房管局建立工作例会制度，通过多次专题协商会议，月牙河泵站等 6 个工程土地预审顺利办结，永定河泛区工程与安全建设二期工程、蓟运河（宝坻八门城至宝宁交界段）治理工程、月牙河口泵站、北塘水库完善工程（入新河水厂供水泵站）4 个项目用地报批手续取得重大进展。

项目供电。年初与市电力公司对接 2018 年重点水务工程供电项目，用电点位全部落实。继续推进万家码头泵站、海河右堤泵站、陈台子和小孙庄泵站二路电源送电工作，优化供电方案和送电路由，节省工程投资 800 多万元。

协调违法用地。按照局领导在北塘排水河泵站安全评估和移交问题会议上的指示精神，指挥部积极推动水投集团、排管处等单位开展工作。编制完成北塘排水河泵站防护措施方案，协调东丽区规划局加快解决补办后续规划手续问题。

协调工程项目移交。积极推动生产圈泵站、万家码头泵站等 11 个项目移交工作，其中小孙庄、陈台子、小泊泵站已移交西青区水务局；海河右堤、津港运河泵站已明确运管单位。同时，积极协调市经济技术开发区（南港工业区管委会）接收南港工业区东防潮堤五期工程产权事宜，落实了工程移交和工程运行管理工作。

【项目推进】 重水指每周到工地检查核实工程工期台账和问题台账完成进度，对项目节点进度问题进行预判，对节点滞后的项目发出预警，并与建设单位共同研究解决措施。2018 年，重水指到项目现场检查服务 210 余次；形成简报、专报等报告 80 余份；召开市重点水务工程验收推动会 21 次，协调解决涉及竣工验收重大问题 40 余项；召开市重点水务工程建设项目进度推动会 10 次，解决了 34 个重点项目的 50 余个问题。

每两周召开一次建设进度例会，对于进度滞后以及存在问题的项目，由专人到现场核实推动。期间，总指挥杨玉刚率重水指到项目法人单位调研服务，在水投集团提出了 13 项加快工程建设的具体工作的意见，重水指及时跟进推动，至 2018 年年底已有 5 项意见按要求完成。

对项目进度、扬尘管控、安全生产、法人验收、农民工工资支付等内容进行全面督促推进。针对 34 项市重大公益性水务工程建设重点项目，制定了《项目分工表》《重点水务工程现场检查表》，在推动进度的同时，使工程质量安全双达标。

（重水指）

工 程 管 理

河道闸站管理

【概述】 2018年度，河道工程管理深入贯彻落实局党委扩大会议工作部署，以“目标管理、规范管理、责任管理、优质管理、现代管理”为核心，完成了市管河道堤防管理达标率提高到74%，直属闸站设施设备完好率提高到94%的目标，维修工程汛前全部完工发挥作用，初步完成19条行洪河道蓝线划定，河道工程管理水平取得了显著提升。

（工管处）

【行洪河道工程维修维护】 2018年日常维修养护项目投资合计4585万元，包括：维修养护行洪河道堤防2270.75千米（含海堤），其中重点堤防1048.51千米（含中心城区行洪河道堤防68.82千米、外环河两岸堤坡135.80千米、海堤南港东堤段1.02千米），一般堤防1222.24千米；维修养护市属水闸57座，市属泵站12座；北运河及北洋园、御河园、娱乐园、怡水园等绿地维护90万平方米；结合“达标创建”工作，安排重点闸站亮点和堤防建设8项，完成青龙湾减河右堤津围公路至狼儿窝分洪闸段标准段建设工程，狼儿窝分洪闸设施及周边环境提升工程等，提高河道管理水平。

2018年，天津市共安排行洪河道专项维修工程33项，投资5514万元，完成堤顶道路硬化16.13千米，堤坡护砌4.74千米，水闸安全鉴定6座，宁车沽闸等4座闸站综合维修，外环河泵站及河道管理设施完善，维修工程汛前全部完工发挥作用。

（王墨飞）

【防洪论证审查】 按照《市水务局关于进一步加强相对集中许可权改革工作的通知》的工作要求，经统计，2018年度共完成涉河建设项目审批审查工作65项。

制定了行政许可流程，厘清了各部门的相关工作内容。深化“放管服”改革，对各相关单位的职责进行了梳理，进一步加强行政许可事项事中事后监管力度，印发了《天津市水务局加强行政许可事项事中事后监管办法》，明确了各部门的监管职责。

优化服务工作。落实“双万双服”工作、“1001工程”的要求，对武清区高王路（凤港引渠至天津北京界）工程在海委审批工作存在的问题和各区“煤改燃”“煤改电”及电网建设等重点项目，积极协调相关单位，上门服务沟通，及时解决相关问题。

（李宏强）

【水利工程生态用地保护管理】

1. 涉水永久性保护生态区域管理

按照市政府相关工作要求，编制印发了《涉及河流、水库和湖泊永久性保护生态区域生态环境影响论证报告模板（暂行）》，组织完成了于桥水库综合治理工程等 14 个项目的生态影响论证工作，对 34 个项目的生态影响论证报告提出了反馈意见。

开展 2018 年度永久性保护区域考核工作，根据《市水务局关于调整涉水永久性保护生态区域考核职责的通知》中的职责分工，加强巡视检查工作，完善整理了 2018 年度管理资料。对涉水永久性保护生态区域 88 处疑似点位进行了核查，对各区上报的 2016—2017 年生态保护与修复工程进行了复核，并对各区 2018 年度相关工程的开展情况，进行了生态用地考核。

2. 涉水生态保护红线划定

按照市领导在环保部办公厅《关于请补充修改完善生态保护红线划定方案的函》上的批示，按照“生态保护红线、永久基本农田、城镇开发边界”三条控制线不交叉的工作原则，配合市环保局，完成 8 条河流、9 个水库涉水生态保护红线划定调整，成果已公布。配合市生态环境局进行独流减河涉水生态保护红线的勘界定标工作。

（李宏强）

【堤防管理】 2018 年，基础水利设施的保障率稳步提高，市管河道堤防管理达标率达到 74%。日常维护完成全市共 19 条行洪河道、海堤、城市供水河道的划界上图工作，完成大清河系河道管理界桩埋设；弥补缺项短板，完成城市防洪圈堤防标高监测；开展永定新河、独流减河、海河等河道堤防隐患探测；通过行洪河道无人机航拍，收集了河道、闸站、口门、险工险段等平面信息，建立了河道底档数据库。

（王墨飞）

【闸站管理】 2018 年，安排投资 150 万元对 6 座水闸开展安全鉴定工作，分别为新三孔闸（3 孔，设计流量 86 立方米每秒）、筐儿港节制闸（6 孔，设计流量 65 立方米每秒）、穿北运河倒虹吸（2 孔，设计流量 50 立方米每秒）、洪泥河首闸（建于 1985 年，设计流量 70 立方米每秒）、洪泥河南闸（建于 1970 年，设计流量 20 立方米每秒）、马厂减河腰闸（建于 1977 年，设计流量 26 立方米每秒）。上述 6 座水闸自建成以来均未进行过安全鉴定，根据《水闸安全评价导则》（SL 214—2015）和水利部 2008 年印发的《水闸安全鉴定管理办法》的要求，对 6 座水闸进行全面安全鉴定。

（康燕玲）

【水库管理】 完善了水库登记注册、安全鉴定、降等报废等相关工作，建立水库信息台账。开展了水库大坝安全隐患大检查工作，查找薄弱环节，消除安全隐患，确保水库运行安全。落实水库大坝安全责任。调整完成并向水利部上报了天津市于桥、北大港、团泊三座大型水库大坝安全责任人。修订了中型水库大坝责任名单并进行公布，接受社会监督。同时，明确了水库三个责任人，即安全度汛行政责任人，技术责任人、巡查责任人，指导编制完成了《水库大坝防汛抢险应急预案》《水库大坝安全管理安全应急预案》《水库调度规程》《水库预测预报方案》等相关预案规程，确保水库度汛安全。

（刘玉鑫）

【水利风景区建设】 完成《天津市水利风景区评定管理办法》及相应标准（初稿），组织开展了水利风景区专项检查工作，印发了天津市水利风景区专项检查工作方案，对北运河水利风景区、东丽湖水利风景区进行专项督导检查。水利部景区办对天津市水利风景区工作进行了检查督导。

（李宏强）

【工程管理考核】 2018 年，落实《市管河道工程管理工作标准》，强化局属单位绩效管理考评工作，推行月度考评、季度考核、专项抽查、半年考核、年底考核五种评价方式，突出各项工作的贯彻、推动与落实考核。

月度考核以各单位绩效考评自查自评为主，

对检查出现的问题，督促有关单位和部门进行整改；季度考核由局工管处牵头组成考核专家组，检查各河系处水利工程运行现场、听取汇报和查阅相关印证资料，提出综合考核意见；专项抽查由局工管处负责，对日常管护效果、阶段工作任务以及市局部署的各项工作开展及落实情况进行不定期抽查考核；半年考核由局相关业务主管处室结合各单位半年任务指标完成情况、日常管理工作完成效果、工程运行现场进行综合评定、水环境日常管控情况、水行政工作日常管理情况；年底考核由局相关业务主管处室结合各单位全年任务指标完成情况、日常管理工作完成效果、水工程现场情况等进行综合评定。

【河道巡视巡查】 2018 年，完成升级天津市河道巡视巡查轨迹化管理系统，完善系统电脑端与手机端功能，落实巡查责任段责任人，明确三级巡查体系，将巡查工作落实到人。截至 12 月，利用巡视巡查系统下达任务 12013 件，完成 10299 件，任务完成率 87.7%；下达任务点位 71803 个，完成 63829 个，点位完成率 88.9%；处置上报问题共计 342 个；出动巡查人员 24026 人次。开发完成河道轨迹化监控系统，实现了对巡查人员轨迹化管理。

（姜睿涛）

【绿化工作】 2018 年 9 月，接受了市人大对市水务局《天津市绿化条例》颁布以来的贯彻落实情况的检查。市水务局管理的 19 条一级行洪河道，河道长度 1095 千米，堤防总长度 1994 千米，河道管理范围内宜绿化率达到 83%，沿河建成了北洋园、北运河郊野公园、北辰郊野公园、北三河郊野公园等绿化景观带；市管水库北大港水库、于桥水库管理范围内宜绿化率 100%；市属闸站数量为 70 座，建成了九宣闸新老闸区、里自沽闸区、永定新河防潮闸区、芦新河泵站、新开河左右堤泵站等重点闸站景观绿化节点，形成了“堤绿、水清、站美”的良好河库环境面貌。

2018 年完成了天津市重点绿化造林工程之一于桥水库前置库绿化工程，栽植了垂柳、毛白杨、白蜡、金叶榆、金枝国槐等 13.7 万株，进一步提升前置库工程景观效果和生态功能。

按照天津市绿化委员会办公室下发《关于开展全国绿化模范单位和全国绿化奖章评选工作的通知》要求，于桥处为全国绿化模范单位，引滦工管处宋志谦为全国绿化奖章获得者。

自 2016 年 1 月 1 日，市林业局不再委托市水务局对河道堤防进行林木采伐工作，其职责由市林业局直接委托各区管理。

（王墨飞）

【国家及市级水管单位建设】 深入推进水管单位达标创建工作。修订印发了《天津市水利工程管理考核办法》，抽检了海河二道闸、芦新河泵站、三岔口闸、新开河左右堤泵站国家级、市级水管单位日常管理情况。南运河节制闸、九宣闸、宁车沽闸、涺水道污水泵站通过了市级水管单位达标创建，三岔口闸、永定新河防潮闸完成了市级水管单位复核验收工作。

（姜睿涛）

【永定河管理】

1. 河道闸站工程管理

市级水管单位达标管理。为落实《市管河道工程管理工作标准》新标准，水利部的《水利工程管理考核办法》及市水务局的《水利工程管理市级考核办法》，永定河处于 2018 年初召开闸、站工程管理工作座谈会，部署了年度重点工作任务。为年度闸、站工程管理工作奠定了基础，实现了高起步。始终要求各部门在日常管理中遵照执行相关标准及办法，从组织管理、安全管理、运行管理、经济管理四方面规范开展各项管理工作，实现了将标准融入日常管理工作的目标。年初工作伊始，成立了达标工作组、完善了管理体系，编制了达标创建工作方案，落实了工作内容、岗位责任、节点计划等，对照方案各项工作有序推动。工程方面，实施完成了宁车沽闸综合维修专项工程，同时通过日常维护资金安排实施了宁车沽闸20项一次性工程、永定新河防潮闸10项一次性工程，提升了水闸工程设施运用保障及外观面貌，及时完成闸门及启闭机设备等级评定工作。资料方面，及时完成往年工程管理资料整编归集34卷，对照新标准逐条进行分析解读，做到知标准，懂标准，明确目标责任。处组织工作组人员多次对宁车沽闸、永定新河防潮闸达标工作进展情况进行指导服务，站在终验复验考核的角度查找问题，并提出解决方案。12月20日永定新河防潮闸以933.4分的成绩通过达标复验考核，12月21日宁车沽闸以926分的成绩通过市级水管单位考核验收。

2018年12月，由永定河处工管科、水管科、水政科、办公室、人事科及财务科组成的考核组，对芦新河泵站、永定新河防潮闸、蓟运河闸、金钟河闸、金钟河泵站5个管理单位开展了年度工程管理考核工作。各管理所年度考核结果全部达到了相应考核标准要求，通过年度考核。

河道巡查“网格化”管理。年初编制年度河道堤防巡查方案，明确巡查路线、细化巡查内容、固定巡查人员、确定巡查时间等。同时加大监督管理力度，定期通报巡查情况，保证巡查工作质量和效率。河道巡查继续执行三级管理模式，利用局巡视检查系统，制定系统运行管理制度及流程、建立设备管理台账，明确管理责任。巡查人员按照处下达的任务开展巡查工作，认真填写相关记录，定时上报周报和月报。各管理所及机关科室管理责任人及时处理相关问题，提高了问题处置的效率。为保证各直属所、各区河道巡查人员熟练掌握巡视巡查二期系统，在先期试运行基础上，分别于4月10日、7月6日，组织开展了两次系统培训工作，主管处领导动员，机关业务科室及各级巡查人员共36余人参加了培训。每次培训工作均按照上午集中进行“系统”桌面端、手机巡查员端、手机管理员（领导）端、养护端四个模块的使用演示，对巡视中需要重点检查的各类问题深入讨论；下午在堤防巡查点位现场，进行实地操作演习。通过培训，巡查人员及管理人员全面掌握了新系统的日志填写、问题处置及上报、管理层批示等步骤，实现了巡查系统的顺利升级。直属所巡查人员从4月使用新系统；区级巡查人员7月试运用，8月正式运用新系统。2018年共完成各类巡查158遍次，1070余车次，2000余人次，总巡查里程70000余千米。下达巡查任务2488件，完成巡查任务2362件，完成率94.94%；应巡查点位8552个，完成巡查点位8247个，完成率96.43%；上报问题总数770件，常规处理738件，核查处理32件，已全部处理。共查处各类水事违法行为14起，其中通过水政执法解决了11起，立案结案1起，另外两起案件已立案正在查处过程中。

河道堤防及闸站维修养护项目管理。加强水利工程日常管理，深化“日、周、季”和“一日工作法”的管理模式，落实责任制，编制实施方案，明确工作内容、时间、责任人，解决了管理区、生产用房和设施设备的保洁问题，各项工作管理处通过工程管理考核加强监督检查。各闸、站严格执行巡视巡查制度。日常巡查工作明确了巡查路线、重点点位、检查项目、岗位责任、巡查频次、巡查记录及问题处置等，注重发现问题、立即解决问题，特别是运行期巡查，确保了运行安全。按时完成汛前、汛中、汛后定期全面检查工作，结合发现隐患问题，安排维修养护工程，保证工程安全排除工程隐患。将河道堤防日常维修养护工程、巡视巡查工作及堤防林木病虫害防治工作整合，委托招标代理机构采取竞争性磋商方式确定施工单位，或采取处内比选方式确定施工单位，与各中标的施工单位完成合同签订。

堤防日常维修养护强调工程维护与河道巡查紧密结合，做到发现工程问题及时进行维护，区河道所、管理处有效监督，保障工程质量、投资落实。同时，注重工程资料的收集整理。2018年市水务局批复永定河处河道闸站日常维修养护费用863万元，实施完成重点段堤防维修养护108千米，一般段堤防维修养护199千米；安排闸、站日常维修养护项目83项。各项工程于年底前全部完成完工验收，工程运行保障率达到100%。2018年设定工程管理目标为市管行洪河道堤防管理达标率86%，直属闸站设施完好率98%；处辖闸站总体设备设施完好率达到99.55%，并在7月组织的各闸启闭机与闸门设备管理等级评定结果，各闸均为一、二类工程；2018年11月统计堤防达标长度为282.525千米，达标率为86.45%。永定河处河道堤防、闸站管理实现了2018年预期目标。

专项工程项目管理。2018年共实施完成专项工程7项，总投资1525万元（下表），在工程实施过程中，实施全程监管，组织参建各方单位完成本年度的工程建设内容。通过专项工程的实施，保证了管理设施和河道堤防的正常运行，保障了运行安全和度汛安全。2018年12月，7项专项工程全部完工，除物资处珠江道仓库2018年维修改造项目尚未竣工验收，其他6项均通过竣工验收，可参与评优的项目5项，最终5个项目均评定为优良，单位工程优良率达到100%。

2018年永定河处专项工程统计

序号	项目名称	总投资/万元	施工单位
1	宁车沽闸设施设备综合维修	376	天津振津工程集团有限公司
2	永定新河防潮闸电动葫芦大修及滑触线更新	74	天津市水利工程有限公司
3	永定新河防潮闸启闭机房屋顶维修	280	天津市水利工程有限公司
4	永定河右堤（12+960~15+160段）堤顶损毁路面拆除重建	220	天津市武清区水利建筑工程公司
5	永定河中泓故道清淤应急度汛工程	270	福建兴港建工有限公司
6	永定河处反恐怖防范工程	105	天津星拓科技发展有限公司
7	物资处珠江道仓库2018年维修改造	200	天津振津工程集团有限公司

涉河建设项目管理。2018年汛前永定河处河道管理范围内在建涉河建设项目共两项，其中杨北公路改建工程跨永定新河大桥工程按照市水务局《关于杨北公路（津宁高速公路—武清北辰界）改建工程跨永定新河霍庄大桥工程实施方案及防护设计方案的批复》文件内容及涉河建设项目汛前检查要求，向建设单位下达了《关于限期拆除施工栈桥的通知》，同时要求建设单位编制度汛预案，报市水务局审批；北京新机场项目供油工程津京第二输油管道穿越金钟河、永定新河、淀北蓄滞洪区在汛期实施，加强现场监管，时刻关注工程进展情况和河道水位变化，两项工程均安全度汛。同时，准备杨北公路跨金钟河桥、九园公路跨北运河大桥、九园公路跨永定河泛区增产河大桥3个项目的工程验收，审查天津开发区一汽大众基地污水处理外排管网项目排污口工程、津汉公路改建工程跨永定新河洪水影响评价报告，接洽滨海新区轨道交通Z4线跨永定新河、津汉公路改建工程跨永定新河大桥、第二殡仪馆通行道路跨新开河大桥3个拟建工程项目。

为规范建设项目的管理，严格执行《市水务局涉河建设项目管理规程》，加强现场监督和关键节点验收，项目监督与管理各参与部门严格落实开工前、施工中、竣工后三个阶段的监管工作。为做好工程的安全度汛工作，汛前指导各施工单位编制完成工程度汛方案，组织开展了对在建项目的度汛检查，对存在的问题现场下达整改通知，施工单位均按照要求进行整改。建立涉河建设项目管理台账，根据工程进展随时更新台账。

2. 河道防汛

组织机构。4月12日召开防汛工作推动会，各闸站主任向处领导递交防汛安全责任书，各闸站完成了职工与单位的防汛责任书的签订工作（共签订个人防汛安全责任书74份）；4月中旬发函各区督促完成《防汛责任分解表》以及《堤防责任段防汛检查表》的填报工作，并按要求完成了汇总上报；以防汛成员单位的身份参加了相关区的防汛动员大会，指导各区修订防汛预案，明确了职责任务并建立了沟通联系机制。

防汛预案。各闸站按照模板完成本单位防汛预案的编制，共备案闸站防汛预案7份，经工作组技术负责人审核后批复；4月10日，发函蓄滞洪区所在各区防办，就蓄滞洪区居民财产登记核查与蓄滞洪区运用预案及阻水坝埝紧急拆除预案的修订工作进行督促，并按照要求完成汇总和上报；为落实6月20日市委、市政府防汛抗旱工作会议精神，立足于防“大”、防“猛”，从最不利情况出发、从最难处设计，结合防汛工作实际，对《永定河系防汛预案》进行了完善，并及时上报市防办。

队伍建设。防汛工作组与直属闸站联合开展了强化演练，规范操作流程，提升业务水平；5月14日，开展了全处值班值守业务培训以及防汛汛知识培训，针对加强值班值守期间的业务流程、设备使用方法、相关系统使用以及防汛业务相关知识进行重点培训；5月29日，处水闸、泵站抢险组在芦新河泵站进行了技术培训，提升了日常运行维护水平与实战能力；按照汛前准备工作要求，4个防汛工作组和武清区、北辰区、东丽区、宁河区、滨海新区于汛前完成了上堤认堤认段，签订防汛责任段分解表23份；按照《水上救生救援突击队水务分队制度》，作为牵头部门要求各成员单位完成了强化队伍建设、开展培训演练、加强资产管理等工作，于汛前对水务分队人员信息进行了完善，对防汛物资开展了对账与盘点，通过针对重点、难点、薄弱环节开展了技术研讨、座谈、推演，以培训和考核等手段提升分队人员的能力。

物资保障。各闸站汛前配齐了工具，储备了易损、易耗、采购周期较长的备品备件，备足了发电机油料，其余配件明确了规格型号并与供货单位、生产厂家建立联系机制，保证了紧急供货渠道畅通。

措施管理。3月30日各闸站对2018年防汛准备工作开展情况、存在问题以及下一阶段工作安排等内容完成汇总上报管理处，共自查出问题22项，立即解决6项，其余16项全部落实了整改措施。各级领导开展防汛检查。4月10日、4月11日，处领导带队对直属水闸泵站、河道堤防进行了防汛检查，现场查勘设备设施试运行、备品备件准备等情况，对影响安全度汛的问题要求汛前必须予以解决或采取应急度汛措施，确保防汛安全保证率100%；4月18日，海河防总秘书长、海委副主任翟学军率海河防总防汛抗旱检查组对永定新河防潮闸、蓟运河闸进行检查；4月24日，局领导张文波带领永定河系防汛专家组检查永定河系防汛工作；6月2日，副市长李树起对永定新河防潮闸、蓟运河闸、金钟河泵站进行了检查；7月9—10日，天津警备区政委李军、副司令吴国志、副政委王天立率警备区机关各办局、武警天津市总队、驻津主要任务部队，相关军事部、人武部等单位主要负责同志实地勘察了耳闸、永定新河左堤7+100处分洪口门、屈家店枢纽、蓟运河闸、中新生态城海堤、海河口泵站、独流减河防潮闸、北大港水库防汛地形；7月11日，市防指成员、市教委副主任邢立华率市防指第二检查组对宁河区、武清区进行了防汛工作检查；7月17日，处领导带队对直属水闸泵站、河道堤防进行了汛中检查，对汛前检查中发现问题的整改情况进行核查，共查出问题21项，其中涉及影响闸站运行安全的问题5项，全部落实了解决措施；7月18日，武警天津总队机动支队队长李凯、参谋长邵路率各相关部门对永定河系的永定河大旺村口门、朗园口门，永定新河7+100、22+200、28+082口门等分洪口门及北京排污河71+600~79+200段进行防汛勘察。汛后检查工作，9月13日印发《永定河处（物资处）2018年下汛通知》，各直属水闸、泵站开展汛后检查，对运行中发现的问题及检查发现的问题做好解决方案的编制，做好工程类问题项目库的更新与调整，将整改情况及时上报备案。

防汛响应。按照防汛工作“运行人员到位、调度职责到位、动作执行到位”三到位，全体职工坚守岗位，以“五闸两坝”联合运行为指导，迎接了每一次降雨来水考验。通过科学安排水闸运行时间节点有效排出河系雨洪水，合理调整河道水位提高水闸运行效率，充分利用各河道槽蓄量为重点河道雨洪水下泄提供时间差，最大限度保证各河系防洪安全。同时主动联系上游单位，掌握来水情况，组织蓟运河河口临时泵站、金钟河泵站、芦新河泵站及时开泵运行，全力排出上游两岸的沥涝水，保证各泵站发挥出工程效益。7月中旬，永定河系出现入汛以来首次强降雨天气过程，大部分地区有暴雨，局部大暴雨。为做好强降雨应对工作，永定新河防潮闸根据潮位开展运行，蓟运河闸利用闸下河道低水位的有利契机及时运行水闸，提前降低河道水位。芦新河泵站、金钟河泵站及时组织开车，全力排除上游两岸的沥涝水；为迎接台风“安比”，保证雨洪水的顺利下泄，首先在台风来临前，金钟河泵站提前腾空河道，蓟运河闸、宁车沽闸、永定新河防潮闸提前运行降低河道水位，为迎接降雨预留空间；7月23—24日，永定河系普降暴雨，随着降水增加，各闸水位均高于汛限水位，按照“五闸两坝”联合运行要求，通过主动联系上游各单位掌握来水情况，合理安排水闸运行确保了各河道安全度汛；至27日，金钟河泵站、芦新河泵站全力连续排水70小时，宁车沽闸连续3天提闸20孔敞泄，永定新河防潮闸紧跟两个潮位开展20孔满负荷敞泄，蓟运河闸利用闸下低水位的空隙穿插运行，全力降低河道水位；8月8日，受冷空气和副高外围暖湿气流共同影响，天津市大部地区中雨到大雨，北部部分地区大到暴雨，随着潮白新河上游水量逐渐加大，宁车沽闸、蓟运河闸采取与永定新河防潮闸同步运行的方式下泄雨洪水，10日开始，由于蓟运河洪水下泄困难，联动方式改为永定新河防潮闸运行主要配合蓟运河闸进行，宁车沽闸与蓟运河闸错峰运行，为蓟运河闸泄水创造条件，11日蓟运河闸的瞬时流量达到708立方米每秒，为相同水位情况下该闸瞬时流量统计的最大值；8月13日，受台风“摩羯”影响，潮白新河受入境洪水影响水位持续上涨，同时蓟运河受两岸集中排沥影响水位缓慢上涨，为了保证雨洪水下泄顺畅，采取了宁车沽闸暂停运行为蓟运河闸泄水创造条件的措施，14日21时23分，蓟运河闸敞泄，此时闸上水位2.13米（超警戒水位20厘米），宁车沽闸闭闸后，闸上水位上涨速度最快达到每小时7厘米，最高达到3.13米（超警戒水位81厘米），根据水情安排宁车沽闸运行，该闸瞬时流量达到1443立方米每秒，接近2016年1450立方米每秒的最大值，随着蓟运河上游洪水与两岸各区沥涝水共同作用，15日20时，蓟运河闸闸上水位最高达到2.44米（超保证水位11厘米），按照市防办要求，立即组织全力运行蓟运河河口临时泵站，共运行459台时，累计排水413.1万立方米，最大程度缓解了蓟运河行洪压力。

调度运行。通过提高水闸调度精准性、科学性，在保证防汛安全的基础上做好雨洪水资源的充分利用。科学运行水闸、泵站，提高调度管理水平，及时向各单位发出调度通知并督促检查执行情况，做好文字记录及归档工作，及时反馈执行情况；强化河道取排水管理工作，向沿河各区水务局发函要求落实取水申请和排水备案制度，确保一级河道水质；通过闸站运行控制水位，增加河道槽蓄量，为有效利用生态水源打基础。全年共发出调度通知25份，市管直属水闸、泵站累计泄水39.4893亿立方米，其中永定新河防潮闸运行106次943孔次，泄水21.23亿立方米；蓟运河闸运行80次646孔次，泄水7.89亿立方米；宁车沽闸运行58次388孔次，泄水8.77亿立方米；金钟河泵站运行约4007台时，排水1.39亿立方米；芦新河泵站运行约1556台时，排水1680万立方米；蓟运河河口临时泵站运行约459台时，排水

413 万立方米。通过水闸、泵站的综合调度，全力预降闸上水位，有效确保了北四河系安全度汛，各水闸、泵站未发生安全生产问题。

3. 水政执法

2018 年，联合水务治安分局及各区县有关部门组织现场执法 25 次，全年共查处各类水事违法行为 14 起，对违法行为当事人下达《责令停止水事违法行为通知书》1 份和《履行义务催告书》2 份。立案 1 起，已结案。联合水务治安分局、水政监察总队、北辰河道所、宁河河道所及东丽河道所对新引河、永定新河及金钟河一带的阻水渔具、网具进行了大规模的清理工作。共行动 8 次，累计共出动船只 65 艘次、水上挖掘机 8 台班、执法人员 100 余人次，集中清理拆除非法养鱼网箱 150 余片，大型渔网 30 余组，地笼等网具 80 多个，清理长度约 150 千米。会同水政监察总队、北辰区水务局、北辰区渔政、环保、综合执法等执法部门，对永定新河河道内阻水渔具、无证船只以及河滩地内的乱占行为进行了集中治理。出动执法人员 60 余人，执法车辆 20 余辆，运输车辆 4 辆，其他机械 4 台，集中清理河道内拦河网障 2 处，地笼 20 多组，浮筒 2 处，滩地垃圾杂物 40 立方米，清理面积 5000 平方米，清理距离约 10 千米。查处了北辰区双街镇庞嘴村村民委员会在永定河右岸 24+700 处河道内种植阻碍行洪的林木的行为，并申请水政监察总队立案查处。查处过程中当事人已按要求清理塔松 370 株，现场恢复原状，经工管部门验收合格，于 2018 年 12 月 20 日该案结案。

开展河湖“清四乱”专项活动，编制了永定河处河湖“清四乱”专项整治行动方案，并按照时间节点完成了问题清单的排查和点位登记工作，积极与各区河长办建立联系，完成了 231 处问题的点位确认，为河道“四乱”的清理打下了良好的基础，目前清理工作正在有条不紊的开展之中。

水法制宣传活动。3 月 24 日 10 时在北辰区霍庄子村开展现场集中宣传“世界水日”“中国水周”活动。在宣传现场悬挂了宣传横幅，摆放了讲台，张贴了 2018 年水周水日的宣传画，发放了《天津市河道管理条例》《中华人民共和国水法》及水法制宣传单和宣传手册，播放了以“节约保护水资源，全面落实河长制”为重点内容的广播。在活动开展的过程中，执法人员讲解了关于防汛应急处置过程中的相关事项等水法律知识，解答群众相关问题，并请前来参加活动的群众在宣传画上进行签名。

12 月 4 日，开展宪法日主题宣传活动，处党委理论学习中心组带头专题学习宪法，干部职工参加了此次活动。同时组织开展了“宪法进万家”活动。宪法宣传周期间，围绕日常执法工作实际，在沿河村镇张贴、悬挂了宪法宣传挂图、宣传标语，并制作了宪法读本和宣传资料，免费发放给周边的群众。

4. 河道水环境监督管理

河道水环境排查。按照市水务局下发的《关于开展市管河道环境排查整改工作的通知》的要求，每周对市管河道环境进行巡查排查，上报环境排查周报 24 份。环境排查共出动 720 人次，240 车次，排查总里程 19200 余千米。督促地方做好环境清理工作，现场与北辰区河长办、双街镇政府进行确认，与北辰区河长办联合督促，至 8 月 13 日，永定河泛区北辰区段内 10 个点位、590 立方米的生活垃圾全部清除完毕；经协调督促北辰区相关部门，完成常庄村生活污水储水池建设，长期以来该村生活污水直排永定新河的问题得以解决。

入河口门取排水监督管理。督促天津市创业环保有限公司对北辰污水处理厂排水口门进行审批登记。向滨海新区水务局等相关区水务局发送《关于开展河道取排水工作的函》函件 7 份。在取排水备案管理上，收到相关区排水备案表 31 份，备案排水量 1707 万立方米。8 月 8 日召开管理处取排水口门监督管理会议，要求各所加强口门的日常监督管理和巡视巡查，及时做好问题的发现和处置工作。针对滨海新区取排水备案工作落实缓慢的问题，向滨海新区发函要求明确具体牵头部门，以利于下一步开展工作。

黑臭水体整治专项督查。按照生态环境部以

及住房城乡建设部《关于开展2018年城市黑臭水体整治环境保护专项行动的通知》的要求，开展黑臭水体自查及督查。共下达黑臭水体督查处级方案2份，上报黑臭水体自查日报23份。完成生态环境部以及住房城乡建设部的督查任务。按照市水务局10月23日召开的全市黑臭水体检查工作会议要求，为迎接生态环境部、住房城乡建设部关于开展2018年黑臭水体整治环境保护专项回头看行动，按照市水务局安排对北辰区、武清区、西青区开展了检查，通过4个组分头进行检查，及时做好问题的汇总上报，对重点问题进行跟踪检查，顺利完成了检查任务。

河长制考核。成立了处河长制考核办公室，按照《天津市河（湖）长制考核办法（试行）实施细则》的要求，对所辖范围内纳入河长制考核的涉及五个区县共36条（段），约471千米（其中二级河道12条，175.05千米）河道开展堤岸水面环境、截污治污和河道水质、岸线管理等进行考核，及时进行考核成绩的上报工作。年内完成月度定期考核12次、上报水环境管理考核成绩12份，完成巡查里程近15000千米，出动车辆290车次，出动人员864人次。新的考核细则实施后，通过强化河长制考核内容，考核的公平性、问题的准确性得到增强，各区考核成绩均有所提升。对具体考核人员进行了定期和不定期培训4次，针对重点内容组织考核组学习培训60人次。为统一考核标准，开展了业务专题培训和研讨，提高考核标准的理解和执行能力。按照市河长办的安排，经资料收集整理、初稿编制、内容初审、补充完善等阶段，完成了永定河及金钟河“一河一策”与“一河一档”编制工作并上报河长制事务中心。

新引河输水护水保水工作。2月初群众举报在新开河京山铁路跨河大桥以西100米处，河道内有外水渗漏入新引河的现象，接报后立即组织相关单位到现场进行确认，经核实为外环线铁东路地道雨水泵站向永定新河排水的穿河堤管线泄露，立即责成权属单位天津市公路局直属处采取封闭措施避免问题扩大并组织施工单位开展抢修。自3月15日，引滦向南部地区输水，由于新引河河道水位较常年输水水位高约2米，新引河滩地全部淹没，造成郊野公园滩地杂物随水流堵塞河道、新引河右岸沿河口门普遍漏水、中泓故道拦河闸及永青渠首闸堵塞等问题。组织队伍对新引河河道沿线垃圾杂物进行清除，对中泓故道拦河闸、永青渠首闸的阻塞物进行打捞，动用长臂挖掘机10台班，自卸汽车15台班，人工175工日，驳船8台班；同时对新引河右岸的3座口门进行了封堵，对已经废弃的老北仓扬水站穿堤涵管进行了封堵，确保了输水安全。就新引河水质保护问题和北辰区郊野公园管理单位进行了沟通并向其发送公函，要求其加强郊野公园的管理，避免因绿化管护、设施维护及游客密集对河道水质造成影响。开展水葫芦、水菱角打捞工作，8月1日开始，动用割草船73台班[1]，捞草木驳船166台班，挖掘机10台班，自卸汽车64台班，人工1015工日。加强日常巡查与口门盯守，通过组织加强日常巡查，特别是对口门及坝埝情况加强检查，及时发现并处置问题。针对北辰区降雨，北仓西泵站有可能向新引河排水的隐患，7月14日开始派驻值守人员24小时蹲守，直至9月6日撤场，确保该泵站在几次降雨过程中均未向新引河排水，确保了新引河输水水质安全。

（永定河处）

【海河管理】

1. 水环境保障

（1）河长制管理。

2018年，完成了河长制月度考核工作、“一河一策”实施方案编制工作及“一河一档”台账建立工作。认真落实“三大行动”部署，共排查水环境问题100余个，已解决问题58个，解决了多年积存的河道环境管理难题。扎实开展“清四乱”专项行动，排查出问题点位166个，列入第一批问题清单的32个问题已清理15个。通过行函、座谈、联查等方式建立对外沟通联系机制，推动了第一煤气厂区域污水管道切改入市政管网、河东

[1] 台班：单位工程机械工作8小时是1个台班。

区部队物资仓库区域水质净化设备建设、津南区排污沟渠填埋等工作。

（2）河道环境保洁。

完成了河道日常保洁项目公开招标，对保洁效果、安全生产、文明作业等进行严格监督考核，以考代验。重要节日、迎检及重大活动期间，增派保洁力量，延长作业时间人员，高标准高质量保障河道环境。在河道开化补水期间，加强对水面、冰面活动人员的安全宣传，张贴发放通告 200 余张，同时对死鱼、垃圾等加大打捞力度。河道开化后，对水面枯叶、上浮底泥实施围网打捞，清理效果明显。全年共出动水面及堤岸保洁人员 5.1 万人次，出动打捞船 1.1 万船次，出动各类垃圾车 6100 车次，清理堤岸及水面垃圾 21.9 万立方米，堤防打草近 70 万立方米。

（3）水生态治理。

密切关注水生植物生长态势，抓住最佳时机打捞，全年共打捞水草 1.8 万立方米，菱角近 9000 立方米。在外环河、海河、新开河重要点位布设曝气机、喷泉 58 台，生态浮床、浮岛 7000 余平方米，改善河道水质。根据各河道藻类生长情况，投放蓝藻治理药剂、净水剂等生物制剂 130 余吨。安装微曝气生物膜组件 1260 组，强化脱氮除磷。联合调度二级河道联通闸、泵站对外环河进行水体循环，提起二道闸实施海河补水换水，改善水体水质。

（4）口门管理。

在引滦输水、黑臭水体督查等特殊时期加密巡查，全年封堵口门 33 处。与相关单位建立了备案工作联系机制，加强取排水管理。采取专业人员监测及便携设备紧急监测等手段，开展水质监测 46 次。积极处理水污染事件 95 起。

2. 河道工程管理

利用信息化手段提高巡查效果。规范了巡查系统问题上报程序，在水闸泵站推行了二维码巡检系统，缩短了问题发现到处置的时间。

工程项目管理。局批复的 8 项专项工程（表 1）已全部通过验收，共完成堤顶路面硬化 8083 米，堤防除险加固 650 米，完成投资 1179 万元。48 项日常维修养护工程分批下达（表 2），完成投资 1293 万元。

表 1　　2018 年海河处河道专项维修及应急度汛工程明细

序号	项目名称	建设地点	河道	位置或桩号	长度/米	投资/万元	主要建设内容或工程量
1	子牙河右堤堤顶路面硬化	西青区	子牙河	右堤 10+558～12+041 段	1483	125	C25 混凝土路面 6814 平方米，12% 石灰土 1929 立方米
2	新开河、北运河屈家店段、海河干流西杨场段防护栏安装		新开河、北运河、海河干流	新开河、北运河屈家店、海河左堤西杨场（19+450～19+650 段）		60	安装打入式 B 级波纹板防撞护栏
3	外环河泵站及河道管理设施完善		外环河	全线		43	水尺 24 个，6 座泵站内标志标牌，河道警示牌 150 个
4	海河干流左堤迎水坡护脚维修加固	塘沽区	海河干流	左堤 56+140～56+790 段	650	136	C25 灌砌石护坡 512 立方米，C25 灌砌石平台 546 立方米，C25 灌砌石齿脚 286 立方米，抛石护脚 641 立方米

续表

序号	项目名称	建设地点	河道	位置或桩号	长度/米	投资/万元	主要建设内容或工程量
5	二道闸闸门启门架及电动葫芦附属设施维修	津南区	海河干流	二道闸		18	检修闸门及启门架除锈刷漆206平方米，更换启门架12套；电动葫芦增设防雨设施
6	市管行洪河道蓝线划定		19条市管行洪河道			328	1. 划定范围：蓟运河、州河、泃河、还乡新河、引泃入潮、青龙湾减河、潮白新河、北运河、北京排污河、永定河、永定新河、大清河、独流减河、南运河、马厂减河、子牙河、子牙新河、海河干流和新开河—金钟河共计19条市管行洪河道。 2. 主要内容：资料收集与整理、外坡脚专题数据采集、蓝线划定、外业测绘、内业编辑与整理、图集和挂图制作、河道蓝线信息管理系统开发等
7	海河干流左堤防汛通道建设应急度汛工程	东丽区	海河干流	左堤（26+850~29+850段）	3000	214	对海河干流左堤26+850~29+850段堤顶路进行修整，总长3000米
8	海河干流右堤防汛通道建设应急度汛工程	津南区	海河干流	右堤（26+500~30+100段）	3600	255	对海河干流右堤26+500~30+100段堤顶路进行修整，总长3600米
合计						1179	

表2　2018年海河处河道、水闸、泵站日常养护维修项目明细

序号	项目名称	建设地点	河道	位置或桩号	长度/米	投资/万元	主要建设内容或工程量
1	第一批日常维修养护项目	市内六区、环城四区及滨海新区塘沽	海河干流、新开河、北运河、子牙河、外环河			440	海河处所辖5条河道、3座水闸、7座泵站日常养护维修
2	海河处堤防隐患探测项目	东丽区	海河干流	海河干流左堤桩号30+500~35+500、海河右堤桩号29+400~34+400	10000	50	对海河干流左堤桩号30+500~35+500段和海河右堤桩号29+400~34+400段开展堤防隐患探测工作，两段长共计10千米
3	海河口泵站运行养护项目	滨海新区塘沽	海河干流	海河口泵站		218	海河口泵站年度日常维修养护项目包括日常运行养护、园区安全保卫和保洁、标志标牌制作安装及前池水下探查

续表

序号	项目名称	建设地点	河道	位置或桩号	长度/米	投资/万元	主要建设内容或工程量
4	海河口泵站2018年第二批日常维修养护项目	滨海新区塘沽	海河干流	海河口泵站		382	海河口泵站维修项目包括：液压系统改造、泵站档案室建设、电机竖井线路规范调整、防冰设施增设、网络布设及办公楼泵房视频联通、泵站应急备用水源维修、柴油发电机组购置、液压油更换；以及泵站运行电费、水费
5	第三批日常养护项目	北辰区、西青区	外环河	北仓桥至南运河桥		203	外环河景观围堰维修加固、景观补水及修建临时补水泵站点及闸站电费
合计						1293	

设备设施管理。进一步落实日清扫、周擦拭、季检修，实施了水闸、泵站维修工程、防雷检测、电气预防性试验及试运行操作，开展了垂直位移、水平位移、测压管观测及北运河防沉降观测，完成了洪泥河闸设备等级评定工作。

3. 防汛

切实抓好防汛“五落实”，深入开展防汛检查，发现问题限时整改。组建了防汛应急抢险队。开展了防汛知识培训及闸门操作演练。严格执行调度命令，汛期共启闭闸门58次，累积向下游泄水约6028万立方米；海河口泵站汛期开泵676台时，累积排水约7900万立方米。有效应对台风强降雨，4次启动防汛预警，认真开展险情排查，随时掌握水情、雨情、工情。

4. 水政执法

对河道内设置阻水渔具、滩地违规种植、河道沉船、违规放生等行为开展专项执法行动9次，共清理各类阻水渔具710余具，简易浮排50余个，滩地种植约900米，打捞沉船12艘。

通过悬挂标语横幅、发放宣传材料、现场讲解、深入学校专题讲座等形式加强普法宣传。

配合西于庄郭家菜园拆迁工作，实时查看拆迁过程中的堤防安全情况，对拆迁地区设置阻水渔具行为及时发现及时清理，保障了拆迁工作正常进行。

5. 安全生产

压实安全生产监管职责和主体责任，开展了安全生产标准化及消防安全标准化建设，完善了制度体系、应急预案、消防安全设施。深入开展安全检查，对安全隐患逐项整改销号。

（海河处）

【北三河管理】

1. 河道工程管理

2018年日常维修养护工程管理。指导相关所站执行“八个标准”和《水闸技术管理规程》（SL 75—2014），严格落实“日清扫、周擦拭、季检修”制度。通过政采方式，择优选用日常维修养护队伍，确保日常维修养护工作有效实施；注重基础设施的维护，保持和巩固“两率”；日常维修养护批复投资1222万元，全部按计划完成。具体完成工作量为：实施了9条行洪河道982.257千米堤防、36座水闸的日常维系养护及巡视巡查工作，涉及蓟州区、宝坻区、武清区、宁河区、滨海新区汉沽；实施了小专项项目6项，分别为州河右堤0+500~2+450段堤防维修、处直属段河道闸站重点维修养护、北三河系河道闸站重点维修养护（蓟州段）、北三河系河道闸站重点维修养护

（宝坻段）、北三河系河道闸站重点维修养护（宁河段）、北三河系河道闸站重点维修养护（汉沽段）等重点维修养护；实施了第二批日常养护项目3项，分别为：青龙湾减河右堤津围公路至狼儿窝分洪闸段标准段建设工程、狼儿窝分洪闸设施及周边环境提升工程、北三河处所辖河道航拍项目。以专项工程和基建工程为契机，强化施工过程的管理和监管，落实管理标准，提升“两率”。截至2018年年底，北三河系堤防管理达标率达66.1%，水闸设备设施完好率达89.03%，较2017年分别提升5.9和0.93个百分点，连续5年超目标完成“两率”提升。

专项维修工程管理。实施13项专项工程，总投资2943万元，全部于汛前完工，可参评项目优良率达92%，在应对汛期四次强降雨过程中发挥了工程效益。13项专项工程分别为：青龙湾减河右堤（13+400~14+000段）险工防护（投资361万元），蓟运河左堤京山铁路桥上游段堤顶硬化（投资184万元），蓟运河右堤民会村下游段堤顶路面硬化（投资217万元），北京排污河左堤（70+500~71+000段）维修加固（投资168万元），州河右堤（29+000~31+000段）堤顶硬化（投资219万元），青龙湾减河左堤（25+820~26+320段）护砌（投资239万元），还乡新河右堤（2+000~3+600段）堤顶硬化（投资178万元），新三孔闸等3座水闸安全鉴定（投资70万元），蓟运河左堤南环桥上游段堤顶硬化（投资240万元），泃河左堤邵庄子闸至嘴头村段防汛通道应急度汛工程（投资301万元），泃河右岸石炮沟4+350~5+202段挡墙护砌应急度汛工程（投资419万元），泃河右岸青年桥下游8+470~8+720段挡墙护砌应急度汛工程（投资89万元），州河左堤27+092~29+092段防汛通道应急度汛工程（投资258万元）。在实施过程中，全部工程项目进行了公开招投标，做到应招尽招；充分发挥监理作用，定期召开监理例会；同时落实处领导包河系、部门包工地负责制，在隐蔽工程、关键工序施工时适时旁站监督。强化文明施工管理，施工现场全部设立“七牌一图”，落实扬尘防控六个百分百。

涉河建设项目管理。从服务地方经济社会发展和水务工程建设大局出发，服务关乎民生的“煤改电”“煤改燃”工程，在“减、管、服”方面强化和规范涉河建设项目管理。在“减”字上下工夫。从优、从快、从简办理涉河建设项目的开工手续。在“管”字上下工夫。修订《北三河管理处涉河建设项目管理实施细则》，落实《市水务局加强行政许可事项事中事后监管实施办法》，健全动态跟踪、督促检查、进展报告等机制，坚持一项目一计划制度，每周不少于一次现场检查，把握关键环节和控制节点，及时组织涉河项目开工验线、中间关键节点测量和阶段验收；严格监管涉河建设单位按照审批指标进行施工，同步完善涉河建设项目管理台账。在“服”字上下工夫。强化服务意识，积极为涉河建设项目单位提供技术支持和基础数据，主动进位，跟踪服务，增强企业的优越感和存在感。

河道巡视巡查轨迹管理。强化河道巡查“网格化”，积极落实“发现的了、处置的快、解决的好”的工作思路。修订《北三河管理处河道工程巡视检查管理规定》，先后两次深入现场进行手把手、面对面的专题培训，使一线巡查人员尽快熟练掌握操作要领；各巡查单位和部门全面启用二期系统，及时收集、传输工程管理、口门取排水、“清四乱”以及涉河违建专项整治等相关情况，安排人员每天浏览系统，及时处置上传的信息，按月通报巡查任务完成率和点位完成率。全年共完成巡查任务1804件，完成率93.5%；完成巡查点位6814个，点位完成率96.6%。

市级水管单位达标创建。积极落实验收整改，全力开展三岔口闸市级水管单位复验工作，并于12月15日通过市级水管单位复核验收；主管处领导多次带领技术骨干深入现场，指导狼儿窝闸市级水管单位创建工作，12月26日组织完成初验工作；编发《潮白新河宝坻段市级水管单位达标创建指导方案》，制定了三年达标计划，潮白新河宝坻段创建市级水管单位工作全面启动。通过推进达标创建工作，堤防水闸工程设施面貌明显改善，管理水平显著提高，职工主观能动性显著增强。

绿化管理。实施多层次监管模式，强化绿化管护、病虫害防治；严格并规范树木砍伐审批程序，强化树木砍伐前、砍伐中的监管及栽植中、栽植后的管护；注重河道节点绿化提升，逐步减小绿化空白段，保证河道堤防宜绿化堤段绿化率达到90%以上。全年组织实施病虫害防治3次，办理树木采伐手续51件，采伐树木27790株，更新树木28120株。

工程管理基础工作。修编了《北三河系堤防工程管理细则》《北三河系直管水闸工程技术管理细则》《北三河处维修工程项目管理细则》；组织开展了36座水闸季检修及试运行4次，组织防雷检测33次、电气预防性试验12次，完成新三孔闸、筐儿港节制闸、穿北运河倒虹吸3座水闸安全鉴定，开展水闸安全观测107次，推进闸门启闭机设备质量管理等级评定，完成北运河、北京排污河300余个河道管理界桩的安装，组织编制潮白新河堤防观测方案，开展永久性保护生态区域遥感监测疑似问题现场调查、渣土治理专项行动，补充完善堤防、水闸基础管理台账和“水利工程日常管理信息系统”，编制堤防水闸工作计划、总结模板，组织一对一指导培训，强化河道管理工作的专业性、规范化。完成了北京排污河（狼儿窝退水闸至东堤头防潮闸段）治理工程、青龙湾减河（宝坻武清交界至引青入潮口段）治理工程正式移交工作。

培训工作。组织承办了全市水务系统河道堤防、水闸工程观测技能培训比武，全市70余名业务骨干参加培训，北三河处王旭阳（堤防），安静利、曹健、杨志超（水闸）4名参赛选手分别取得两个专业第一、一个第二和第八的好成绩。多次组织相关部门负责人及业务骨干40余人次参加“大讲堂”活动；组织选拔冯东利、安静利、王旭阳3名业务骨干参加天津市水务系统水工闸门运行工技能培训比武活动，分别获全市第二、第四和第六的好成绩，并且冯东利参加了水利部组织的全国竞赛。主管工程副处长和1名技术骨干分别以《天津市市管河道工程管理工作标准》及《天津市水利工程管理考核办法》为主要内容，先后在市水务局“大讲堂”授课。

督查整改工作。及时落实海委专项督查反馈意见、2016年和2017年水利部水利工程运行管理督查整改排查要求，举一反三，先后组织开展了所辖36座水闸运行情况检查、近1000千米堤防运行情况检查、河道防护工程检查，翔实掌握第一手资料，针对排查出的问题，积极采取措施，制订实施方案，为工程运行安全提供支撑。

2. 防汛度汛

2018年汛期，北三河系平均降雨量605毫米，较去年汛期降雨量472.5毫米偏多28%；较常年汛期降雨量535毫米偏多13%。汛期最大降雨量出现在武清区河北屯镇，7月23日20时至25日7时累计降雨量为240毫米。最大雨量位于宁河区丰台镇8月14日7—8时一小时降雨量110.4毫米。防汛期间，北三河处共启动4次防汛Ⅳ级应急响应，1次防汛Ⅲ级应急响应。期间共派出巡查车辆48车次，巡查人员160人次，编辑发送水雨情简讯30余条。向区防指领导的决策提供可靠汛情信息和技术支撑，充分发挥河系处防汛服务与指导的作用，确保防汛安全。

8月14日7时至15日7时，宁河丰台镇出现大到暴雨，雨量达182.3毫米。致使蓟运河宁河、汉沽段水位迅速上涨，部分堤段出现渗水险情并且随时还可能出现河水漫溢的危险。宁河区政府紧急组织人员抢搭临时子埝加高堤防，北三河处负责技术指导，协调区防办调运防汛物资抢搭子埝、围井。包括蓟运河右堤城区段子埝整修4.5千米；蓟运河左堤董庄泵站西侧搭子埝60米；西关引河前帮村泵站铺设反滤围井；曾口河船沽村至独立村搭子埝200米，加固险段100米。北三河处联合宁河区防办派出5路工作组推动督导各项措施落实，对沿河正在排沥的口门泵站及时上报，禁止向其排水。通过行洪排涝错峰调度措施，蓟运河闸雨前全力下泄，永定新河防潮闸不间断赶潮提放，降低蓟运河泄水通道永定新河水位，同时潮白新河宁车沽闸与蓟运河闸错峰提闸，为蓟运河排水让路。8月17日1时，蓟运河宁河段河道水位开始持续下降，最终将水位控制在汛限水位以下，险情得以解除。

3. 水环境管理

河长制日常考核和督导。按照《天津市河长制考核办法（试行）》和《天津市河长制考核办法（试行）实施细则》等相关规定，在市河长办组织下，每月对北三河系所辖9条一级河道、8条区管河道，共计1100余千米河道堤防实施日常考核。全年共完成考核12次，定期督导4次，出动巡视人员1090余人次，出动巡视车辆350余车次。参与配合相关部门协调处置非汛期排水、涉河违建、违占等40余次，配合市河长制事务中心、局水保处完成抽查、暗访、督导检查及调查核实情况等工作20余次。

“水环境大排查大治理大提升”行动。根据市河长制办公室印发《天津市河湖水环境大排查大治理大提升行动方案》相关要求，衔接去年的“三大行动”，再次开展河道的详细排查，并加强水环境的治理工作。牵头组织对所辖9条河道进行了三轮实地摸查，完成了前期数据信息采集工作；形成了包括市管水闸、沿河口门、堤防护坡、拦河水工设施、涉河违建及行洪安全隐患等方面基础信息的电子台账，共十大类，2730余项内容；协调处置蓟运河宁河区曹庄段违章建房、蓟运河九王庄废品收货站、蓟运河王善庄段违章建房、泃河老高寨停车场、北京排污河河道网箱等30余处侵占河道的违法违规问题。

“一河一策”方案编制和“一河一档”填报。按照市水务局关于组织编制市管河道“一河一策”的有关要求，为进一步完善和加强全市河长制管理，协调组织，明确任务，凝心聚力，尽职担当，结合河务管理工作实际，认真践行“绿水青山就是金山银山”的绿色发展理念，编制完成8条市管河道“一河一策”方案及简本。

按照市水务局办公室下发《关于建立市级河湖“一河（湖）一档”台账的通知》要求，组织技术人员填报“一河（湖）一档”信息统计表，配合市河长制事务中心建立所辖河道信息管理台账。

“清四乱”专项活动。根据《天津市水务局开展河湖‘清四乱’专项整治行动方案》和局专题会议精神的要求，认真组织开展“清四乱”专项工作。在第三季度，完成了“四乱”问题排查和上报工作，共排查问题1435项类。涉及蓟州区511项，宝坻区239项，武清区358项，宁河区276项，滨海新区51项。其中乱建问题781项，乱占问题491项，乱堆问题156项，其他7项。

在“清四乱”专项活动中，北三河处以中央环保督察、扫黑除恶专项治理为契机，结合涉河违建专项整治行动，充分利用河长制，变单线管理为多方协作，多次与区河长办、属地各级政府相关人员开展联合行动，进行问题点位的现场确认，研究探讨“四乱”问题清理方案，联合各区相关部门完成了91处“第一批次”问题和30余处“乱建乱占”问题的清理。

4. 水政执法

执法巡查。认真组织河湖专项执法行动。期间，清理泃河老高寨桥上下游两处水泥制件厂违建厂房1000余平方米及一处大型停车场，蓟运河左堤皇姑庄堤顶违建彩钢房350平方米，蓟运河左堤洛泊汀滩地鱼池9000平方米，蓟运河左堤田庄坨堤外鱼池6000平方米，蓟运河左堤宁河段齐佳沽段坡脚外管理范围内冷库400平方米，蓟运河左堤杨庄村堤外鸡舍800平方米，蓟运河右堤津榆公路桥彩钢加工厂1300平方米，还乡新河左堤滩地鸭棚800平方米；北京排污河左堤大孟庄段蔬菜大棚15000平方米。

立案查处河道管理范围内违章建房。对北京排污河右堤上马台村段河道管理范围内违法建房行为进行了立案；对蓟运河右堤于台子村段河道管理范围6处违章建房案件进行了立案，后经过深入调查、了解历史成因，考虑对其中除于长元之外的5处房屋履行程序不利于当地和谐稳定和人民团结，应当积极与当地政府沟通协调，争取通过工程改造、村镇整体规划来逐步治理沿河村庄、建房等问题，因此建议总队撤案处理。截至2018年年底，于长元猪舍已拆除完毕；对州河左堤西屯村段河道管理范围内违建进行了立案。

涉河违建专项整治。为切实解决河道管理范围内历史遗留的水事违法事件，实现水事违法案件“减存量、扼增量”目标，北三河处开展了涉河违建专项整治大行动。截至2018年年底，完成涉河违建专项整治6期（2017年2期），共计拆除违建102处，包括停车场、水泥制件厂、鱼池、看护房、彩钢房、冷库、畜牧养殖房、蔬菜大棚等；整治活动共下达通告书（告知书）280余份，宣传教育800余人次，出动执法人员1200余人次，执法车辆600余台，共清除违章建筑物25000余平方米，滩地鱼池15000余平方米，召开违建专题整治会议12次，包括安排部署、中期推动，总结会。

全力推动潮白新河钓鱼平台专项清理行动。联合宝坻区水务局、畜牧局、交通局、环保局、周边乡镇政府等部门对钓鱼平台进行了专项清理巡查行动，共清理平台600余个，各种船只2000余艘，出动执法巡查人员2200余人次，出动车辆840余台次。

信访处置。严格按照执法程序做好每一件信访案件的落实工作。责任部门第一时间到达现场核实情况。属于违法行为的，同时做好调查、取证工作，并采取相应处理措施。处置结果及时上报市水务局相关部门，同时反馈给举报人，做到事事有结果，件件有落实、有反馈。全年北三河处接到信访举报15起，全部处理完毕。其中典型案例1起，认真处置国务院第一督查组电话热线受理的蓟州区西屯违法建房案件，经过执法人员多次调查取证上报总队已经立案，2018年3月底，此案当事人杜俊林已经按照市水务局要求的处置方式将院墙退回6米，已施工完毕。5月17日北三河处向市水务局水政监察总队提交此案件的“水事违法案件结案告”。

（北三河处）

【大清河管理】

1. 河道工程管理

日常工作。持续贯彻落实《市管河道管理工作标准和办法》，强化督查—抽查—巡查“三级”责任制管理，依托“河道巡视巡查系统”，推行“轨迹化、网格化”巡查管理，实现巡查河段“全覆盖、无死角、无盲区”。研究制定《大清河（北大港水库）管理处关于加强日常巡查工作的实施方案》，细化问题处置流程。组织开展汛前、汛中、汛后工程设施检查，强化“日清扫、周擦拭、季检修”制度的执行与考核。2018年，加固了堤防，改造了闸站，完善了设施，实现河道堤防管理达标率保持74.9%、闸站设施设备完好率由93.6%提升至94.1%的既定目标。

宣贯“大讲堂”活动。制定了“大讲堂”活动计划，组织开展巡视巡查、涉河项目管理、防汛抢险技术等7项培训，实行处级领导、部门负责人、技术骨干分层级讲课形式，累计培训人员280余人次。

涉河项目监管。严格按照市水务局颁布执行的《市水务局涉河建设项目管理规程》对各项程序进行监管，留存监管记录。汛前做好通知准备工作，安排工作人员对所有在建项目逐一检查，发现问题及时整改，确保了在建工程全部度汛安全。2018年，大清河处累计通过市水务局审批实施监管的涉河项目共9项，包括天津液化天然气（LNG）项目输气干线工程穿越独流减河工程、滨海新区村镇供水管网工程穿越独流减河及马厂减河工程、天津沙井子风电四期35千伏集电线路穿越子牙新河及沙井子行洪道工程、蒙西煤制天然气外输管道一期工程穿越独流减河工程、大港石化公司新建航煤外输管道工程（大港段）穿越独流减河工程、西青区杨柳青新家园（一期）联络线工程跨越东淀（子牙河、中亭堤）工程、天津南港铁路新建独流减河桥、崔唐公路跨马厂减河桥工程、天津吴庄至静海双回500千伏输变电工程，截至2018年12月底，前5项工程已完工。

绿化工作。完成南运河、子牙河、马厂减河、子牙新河共计 6.333 公顷 12103 株树木采伐工作，提升了堤防环境面貌。

市级水管单位达标创建工作。2017 年，启动南运河节制闸、九宣闸枢纽市级水管单位达标创建工作，2018 年持续推进两闸标准化管理，从组织管理、安全管理、运行管理、经济管理四方面入手，将考核标准落实到各项工作中，消除隐患，提质升级，硬件大幅提升、管理逐步规范、环境面貌显著改善、水文化特色突显。2019 年 1 月南运河节制闸、九宣闸枢纽通过市级水管单位考核验收。

2. 防汛工作

防汛措施。起草下发《2018 年大清河（北大港）处防汛工作安排》，建立处防汛组织机构，明确各组织机构责任人及防汛职责；调整了 58 人的大清河处防汛抢险应急救援队；划分河库堤防防汛抢险责任段，分河道落实了处领导、技术负责人、基层所三级防汛责任体系。落实了行洪河道堤防、穿堤闸涵等防洪工程设施防汛抢险责任制，明确区、乡镇、河系处行政责任人和技术责任人。修订完善《2018 年大清河系防洪抢险保障方案》，制定一险工一方案。组织各区开展了大清河系一级行洪河道防汛抢险预案、蓄滞洪区运用预案及阻水坝埝拆除预案修订工作。立足防“大、防、猛”，从最不利情况出发，完善细化防汛预案。

防汛检查。组织开展处防汛自查、联查，针对存在的问题逐项制定整改措施。组织相关区河道所开展了一级行洪河道堤防、穿堤闸涵防汛检查，针对口门情况制定具体措施，落实各区、乡镇、河系处防汛责任制。配合海委、警备区、武警天津总队完成防汛查勘工作。

蓄滞洪区管理。组织各区开展蓄滞洪区检查，并将自查、抽查情况进行汇总，形成了《大清河系蓄滞洪区检查报告》报市防办。汇总完成《大清河系蓄滞洪区运用预案》《大清河系蓄滞洪区基本情况核查报告》《大清河系蓄滞洪区居民财产登记核查表》《大清河处关于落实蓄滞洪区管理机构及队伍情况的报告》。

防汛队伍建设管理。制定了防汛抢险队伍培训计划，汛前组织防汛抢险队员、值班人员及防汛工作人员进行防汛知识培训。开展了河道防汛抢险演练。

应对强降雨和台风。四次启动防洪预警响应，各部门按照《大清河（北大港水库）管理处防洪预警响应规程》要求，人员迅速上岗到位，加强河道巡查，密切关注河道工程设施、水位及排水情况，及时了解上游降雨情况。

3. 应急度汛工程

2018 年大清河处完成应急度汛工程共 2 项，完成工程总投资 482.43 万元。

马厂减河左堤（15+800~19+800 段）防汛通道应急度汛工程。由天津泰来勘测设计有限公司设计，天津市金帆工程建设监理有限公司监理，天津市盛世基建岩土工程有限公司施工。该工程自 2018 年 5 月 2 日开工，6 月 15 日完工，完成工程投资 259.38 万元。主要工程量为：堤顶找平 34970 平方米，二八灰土基层 3960.4 立方米，普通烧结砖 19457 平方米，烧结砖路缘石 8200 米，限行设施 2 套。2018 年 11 月，通过市水务局验收，工程质量优良。

马厂减河右堤（27+300~30+706 段）防汛通道应急度汛工程。由天津泰来勘测设计有限公司设计，天津市金帆工程建设监理有限公司监理，天津市大港水利工程公司施工。该工程自 2018 年 5 月 3 日开工，6 月 11 日完工，完成工程投资 223.05 万元。主要工程量为：堤顶找平 22841 平方米，二八灰土基层 3249 立方米，普通烧结砖 16247 平方米，烧结砖路缘石 6812 米，限行设施 6 套。2018 年 11 月，通过市水务局验收，工程质量优良。

4. 水生态环境管理

2018 年，天津市全面推行河长制，大清河处按照新修订的天津市河长制考核办法及细则要求，细化考核方案，调整考核范围和内容，认真组织开展河长制考核工作。迎接水利部检查督查期间，大清河处开展了河道水环境巡查，累计调查督办

149处问题；深入开展“三大行动”环境大排查，全年累计排查新增问题150处；参加了对津南区、静海区、滨海新区和西青区2018年全面建立河长制督导检查工作。

重新修订了《大清河（北大港）处水质巡查与取排水口门监管制度》，督促相关各区严格落实取排水报备管理规定。对独流减河排水口门加大巡查监管力度，处置了宽河泵站、陈台子泵站、十米河南闸等口门违规排、漏水问题。认真落实取排水备案管理，2018年各河道累计向独流减河排水2.8836亿立方米，其中西青区10548万立方米，静海区18229万立方米，滨海新区59万立方米。

编制独流减河水环境治理工作方案，深入各区调查入河主要污染源及相应治理措施；联系各区口门管理单位，严格口门备案管理；每月参加水质会商会，掌握独流减河入河排水口门水质状况及水功能区、断面水质变化趋势。加强与各区联动，共同推动水环境治理工作。

按市河长办部署安排，组织开展了大清河（北大港）处管辖河湖“一河（湖）一策”方案编制和“一河（湖）一档”台账建设工作，2018年年底编制完成了管辖6条河湖“一河（湖）一策”方案；开展了管辖7条河湖“一河（湖）一档”台账建设填报工作，按时间节点逐步完善并按时报送。

5月，在生态环境部、住房城乡建设部城市黑臭水体整治专项行动期间，对静海、西青和滨海新区三条黑臭水体、直管河库和汇入一级河道的区管河道每日进行排查，累计排查发现96处问题并督促整改。10月，国家黑臭水体专项巡视组检查期间开展了对3条黑臭水体、22条群众举报问题清单的检查和对静海、滨海新区建成区内全部水体的排查，累计排查了136处（次）点位，排查出问题38处，按时完成台账表按时报送任务，并反馈督促各区整改。

5. 独流减河河道确权划界

为加强河道管理，按照市水务局工作安排，自2012年大清河处着手开展了独流减河确权划界工作。为确保河道确权划界工作顺利开展，大清河处克服沿河村镇、企业历史遗留问题多、土地确权划界难度大等问题，积极组织推动，按照确权原则，以第二次集体土地调查成果为基础，积极和市水务局、西青区国土局、静海区国土局、滨海新区国土局、沿河村镇及企业进行沟通协商。历时四年多，先后完成了独流减河118.8平方千米的地籍测绘、地籍调查、现场指界、确权取证登记申请等工作。在各方的共同努力下，于2016年11月圆满完成了独流减河河道确权取证工作。取证工作的完成，不仅标志着独流减河权属规范化管理的开始，也为其他河道的确权划界工作提供了宝贵经验。2019年1月8日独流减河河道确权划界项目通过市水务局项目验收。

6. 日常维修养护工程

2018年大清河处日常维修养护项目共4项，完成工程投资740.55万元。

第一批日常维修养护项目，完成工程投资381.63万元，主要工程量为：河道堤防维护共计487.125千米，水闸维修养护10座，泵站维修养护1座，新、老九宣闸以及南运河节制闸重点维修提升治理等。通过维护河道工程面貌显著改观，保障了堤防、闸站正常运行和安全运用。

第二批日常维修养护项目共2项，完成工程投资64.23万元。独流减河右堤堤防隐患探测项目，于2018年9月25日开工，12月31日完工，完成投资24.82万元，主要工程量为：完成独流减河右堤桩号4+000~6+500段和43+500~46+000段堤防隐患探测工作，两段长共计5千米。大清河处所辖河道航拍项目，于2018年9月21日开工，11月20日完工，完成投资39.41万元，主要工程量为：完成大清河、独流减河、子牙河（含西河）、子牙新河、南运河、马厂减河等6条河道，以及中亭堤航拍工作。

第三批日常维修养护项目共2项，完成工程投资149.69万元。独流减河右堤堤顶路面维修，由天津泰来勘测设计有限公司设计，天津润泰工程监理有限公司监理，中建津泓（天津）建设发展有限公司施工。该工程自2018年10月21日开工，11月15日完工，完成投资132.99万元，主要工程量为：铺设沥青混凝土路面5400平方米。管理界桩安设，由天津泰来勘测设计有限公司设计，天津福润海装饰工程有限公司施工。该工程自2018年10月29日开工，12月20日完工，完成投资16.70万元，主要工程量为：安装管理界桩1192个。

独流减河宽河槽湿地2018年度日常运行维护项目，完成工程投资145万元，主要工程量为：堤埝维护48.004千米，溢流堰维护32座，退水闸维护1座，穿堤闸涵维护5座，码头维护5座，涵洞维护8座；还包括机械设备维护、巡视检查等。

7. 专项工程

2018年大清河处专项维修工程5项，总投资767.49万元，其中第一批专项维修工程4项，完成工程投资462.55万元；第二批专项维修工程1项，完成工程投资304.94万元。

青静黄海口拖淤工程。由天津泰来勘测设计有限公司设计，天津润泰工程监理有限公司监理，天津市大港水利工程公司施工。主要工程量为：拖淤64856.1立方米。该工程自2018年5月6日开工，6月12日完工，完成工程投资49.73万元。11月，通过市水务局验收，工程质量合格。

大清河处洪泥河首闸等水闸安全鉴定。由天津泰来勘测设计有限公司安全鉴定。主要工程量为：对洪泥河首闸、马厂减河腰闸、洪泥河南闸进行水闸安全鉴定工作。本项目尚未进行竣工验收。该工程自2018年5月15日开工，6月11日完工，完成工程投资73.6万元。

南运河右堤交通安全设施完善工程。由天津泰来勘测设计有限公司设计，天津润泰工程监理有限公司监理，天津振津工程集团有限公司施工。主要工程量为：限速标志30套、发光十字路口标志49套、发光丁字路口标志63套、发光慢字标志20套、村名标识标志43套、爆闪灯10套、导向标志105套、发光弯道标志58套、波形钢制护栏4.424千米、更换限高架7套。该工程自2018年5月8日开工，6月19日完工，完成工程投资289.93万元。11月，通过市水务局验收，工程质量合格。

子牙河右堤津文路段防护栏安装工程。由天津泰来勘测设计有限公司设计，天津润泰工程监理有限公司监理，天津市隆立建筑工程有限公司施工。该工程自2018年5月5日开工，6月10日完工，完成工程投资49.29万元。主要工程量为：增设Gr－B－4E防护栏1150米；新建垃圾池10座。11月，通过市水务局验收，工程质量合格。

独流减河等河道堤防高度基础测量及系统建立项目。由天津市测绘院实施。主要工程量为：完成独流减河右堤、海河右堤、永定新河右堤、西部防线（由南遥堤、九里横堤、方官堤、十里横堤、中亭堤、西河右堤组成）等重要防洪干线开展河道堤防高程基础测量及系统建立。该工程自2018年8月11日开工，11月10日完工，完成工程投资304.94万元。

8. 水政执法

2018年，大清河处加大水政执法力度，强化水政执法手段。全年累计巡查发现各类水事违法案件18起，出动巡查车辆659车次，出动巡查人员1662人次。开展独流减河清障专项执法行动，清理河槽长度110余千米、拦河网具3套、鱼铺2处、各类阻水渔具2400余套；开展河湖执法专项行动，迎接海委督察组检查并得到肯定；针对“毒鱼、炸鱼、电鱼”行为开展专项执法行动，加大巡查频次和执法力度，有效遏制水事违法行为。加强重点执法，妥善处理南运河韩家口破堤建房案，邀请南京水科院对该处毁损堤防段进行安全鉴定评估，制定恢复方案，研究下一步恢复工作，并将案件移送水务治安分局追究当事人刑事责任，做好下一步处罚工作，截至2018年年底，已拆除违章建房2间。积极处理历史遗留占压河道问题，独流减河左堤63+000处堤内阻水建筑物、构筑物为滨海新区古林街上古林村村委会几十年来在此承包养殖海产品的经营用房，经过调查交涉，右堤的违章构筑物和鱼铺已全部清理完毕，共计清除集装箱房5处，鱼铺11处，面积达650平方米，清理垃圾120立方米。开展送法进村镇、进校园、进社区法制宣传活动，全年发放宣传品和宣传材料35000余份，受众人数达12万余人。

（大清河处）

【海堤管理】

1. 专项维修工程

2018年海堤维修专项工程为：大神堂东段海堤迎水坡治理、李家河子泵站段海堤抢险通道修复、采油四厂段海堤修复工程。共计3项，总投资516万元。全部完工并通过验收。

大神堂东段海堤迎水坡治理工程，位于北部自然岸线段大神堂村附近，长985米。本次工程主要施工内容包括：对堤身淘刷部位采用均质土回填、压实。C30混凝土灌砌石护坡坡比1：2.5，灌砌石厚0.1米，每2米×2米分一块，下设100毫米厚碎石垫层及土工布。齿脚采用C30素混凝土现浇，齿脚深0.7米，顶宽0.65米。齿脚每隔10米设一道伸缩缝，闭孔泡沫板填缝。主要工程量为：清理淤泥和垃圾4828立方米，土方开挖1986立方米，土方回填1436立方米，灌砌石拆除646立方米，灌砌C30混凝土齿脚551立方米，灌砌C30混凝土护坡1241立方米，灌砌石防浪墙恢复45米，碎石垫层310立方米，土工布3102平方米，闭孔泡沫板180平方米，齿脚抛石2231立方米，灌砌石拆除再利用646立方米，模板4500平方米，采购袋装土1422立方米，重复利用袋装土1243立方米，拆除袋装土544立方米。投资245万元。工程于2018年5月4开工，6月12日完工，12月6日通过竣工验收。

李家河子泵站段海堤抢险通道修复工程，位于北部自然岸线段中心渔港和北疆电厂之间，是连接海堤的重要通道，在海堤巡查和防潮抢险中起着重要的通行作用，工程长度530米，主要包括新建混凝土路面和安装防护设施。对现状路面做清基处理，清基厚度0.3米，新建路面宽度3.5米，铺设0.03米厚12%石灰稳定土垫层，0.02米厚C25混凝土面层；路面横向坡采用双侧放坡，坡比不小于1%，在路边设型路缘石（0.1米×0.3米×0.5米）。对堤肩铺设C25预制混凝土砌块压顶防护，长690米。为方便错车，对有条件的30米长的路面由3.5米加宽至5米。对现状护栏进行拆除，设置新型防护护栏，长48米，高1.2米；经过取水池两侧及河道迎水侧设置防撞波形护栏，长度162米。主要工程量为：现状堤顶路清基650立方米，筑堤土回填101立方米，石灰稳定土垫层602立方米，C25混凝土路面1900平方米，C25路缘石32立方米，聚氯乙烯胶泥0.3立方米，沥青木板39平方米，模板744平方米，铺设C25混凝土预制块36立方米，防护护栏48米，防撞波形护栏162米。投资57万元。工程于2018年4月25开工，5月30日完工，12月6日通过竣工验收。

采油四厂段海堤工程位于天津市滨海新区大港，海滨大道独流减河北收费站东侧，全段长2.96千米。对海堤迎水侧破损处进行拆除重建，恢复到原设计标准，采用C30混凝土灌砌毛石修复，坡比为1：2.5，厚0.4米，下设0.1米厚碎石垫层及土工布，拆除破损的石块二次利用，作为抛石回填至堤脚处并整理。拆除海堤桩号0+000~2+960段背水侧破损段护坡，碾压平整恢复至原设计断面，对现状六角砖重新砌筑，坡比为1：2.0，六角砖厚0.1米，下设0.1米厚粗砂垫层。对海堤桩号0+680~0+720段严重损坏防浪墙依据原设计标准拆除重建。采用C30混凝土灌砌毛石结构，顶宽0.8米、墙高0.9米，基础底宽1.4米、深0.8米，并用C25细石混凝土压顶0.1米。对海堤桩号0+000~0+680段、0+720~2+960段破损防浪墙使用M15水泥砂浆勾缝。对海堤桩号0+000~2+960段背水侧破损路肩拆除重建。采用C30混凝土灌砌毛石，宽度为1米，厚0.4米，下设0.1米碎石垫层，拆除破损的石块二次利用，作为抛石回填并整理。主要工程量为C25混凝土灌砌毛石拆除2056.57立方米，碎石垫层拆除498.5立方米，剔缝1283平方米，六角砖拆除4536平方米，抛石整理13500平方米，素土碾压10140.56平方米，

C30混凝土灌砌毛石2321.62立方米，土工布7373.9平方米，碎石垫层560.15立方米，M15砂浆勾缝2138平方米，堤脚整理6480平方米，六角砖砌筑4536平方米。投资214万元。工程于2018年4月30开工，6月15日完工，12月6日通过竣工验收。

2. 日常维修维护工程

2018年日常维修养护工程分两批，投资157万元。已全部完工并通过验收。

第一批日常维修养护投资91万元，完成海堤维修维护139.62千米，其中重点段长92.626千米，一般段长46.994千米。全年共签订日常养护合同3份，重点完成了小五号至永定新河防潮闸环境治理，白水头段110米压顶修复，高家堡码头、东海路码头和白水头迎水坡段垃圾集中清理，完成日常巡查152发现并解决问题32个，第一批日常养护项目于2018年12月20日完成验收。

第二批日常维修养护项目位于塘沽海滨浴场段。主要完成背水侧桩号100+689~100+784段长95米及101+144~101+264段长120米，总长215米，拆除平台及以上预制混凝土板，修整堤坡至1∶2，重新进行护砌。护砌采用浆砌块石结构，平台段护砌厚度为0.3米，斜坡段护砌厚度为0.4米，斜坡与平台交接位置设浆砌石齿脚。浆砌石砌筑和勾缝采用的水泥砂浆标号为M15。浆砌块石分缝间距10米。浆砌块石下部敷设100毫米厚碎石垫层，最底部设反滤土工布。平台以下外露现状预制板护坡重新铺装，保证平滑整齐。新旧护坡接缝处灌C30素混凝土。对桩号100+593、100+698、101+234、101+462、104+701共5处下海口进行封堵。对桩号104+551~104+851段长300米破损浆砌石压顶进行拆除重建，压顶宽1.0米，厚0.1米。采用C30W4F200混凝土进行浇筑。在治理段海堤迎水侧设置宣传牌和警示牌。主要工程量为土方开挖817立方米，浆砌石护坡735.3立方米，警示宣传牌12套，混凝土压顶30立方米，混凝土路面200平方米。投资66万元。工程于2018年10月11开工，11月5日完工，12月6日通过竣工验收。

3. 巡查工作

积极推动巡视巡查二期系统使用，全年完成日常巡查156次，发现并处置问题30个，任务完成率为100%。针对堤防运行情况，3月开展了定期检查，重新梳理了海堤险工险段。1月21日、4月2日和7月24日风暴潮期间开展了特殊检查。

4. 涉堤建设项目管理

2018年受理涉堤建设项目3项，分别为津汉高速联络线工程海滨高速互通立交桥区绿化工程、北京新机场项目供油工程津京第二输油管道（天津市管段）和蒙西煤制天然气外输管道一期工程（与中石油大港油田分输站联通段），均经市水务局批准建设，其中津汉高速联络线工程海滨高速互通立交桥区绿化工程已完工，其他2项工程在建。2017年结转工程2项，分别为中新天津生态城南堤滨海步道（滨旅陆域段）工程和临港热电厂供热管网工程，中新天津生态城南堤滨海步道（滨旅陆域段）工程仍在建设，临港热电厂供热管网工程已通过竣工验收。汛期，对在建涉堤项目进行了现场督查，落实了防潮责任，确保现场防潮物资准备到位。至2018年年底在建项目为3项。

5. 海堤“清四乱”和环境大清整工作

积极协调滨海新区大沽街、临港经济区、中新生态城等部门，集中治理了海滨浴场高砂岭段环境、劝退了新港船闸海鲜市场非法经营、清理了大神堂村和张家新沟段海堤管理范围遗留的“四乱”问题，海堤周边环境明显改善。

6. 水政执法

完成水政巡查84次，依法查处独流减河北段海堤管理范围内取土、送水路段和海滨浴场段海堤管理范围内建房3起水事违法案件，严格履行执法程序，下达停工令，限期回填或拆除。全年下达3份《责令停止水事违法行为通知书》。

7. 海堤划界确权

开展海堤划界确权调查，调取查阅多方档案，初步判定土地权属，加大外部协调力度，与滨海新区规国局权籍处研究海堤划界确权事宜，编制完成海堤管理与保护范围界桩制作安装方案，推动土地确权划界工作，完善海堤管理依据。

（海堤处）

北大港水库管理

【概述】 2018 年，北大港处严格执行河库管理职责，圆满完成水库调水蓄水任务；着力加强日常管理和考核，提升工程管理水平；加强库区绿化，改善库区面貌；重视日常维修养护，完善水库视频监控系统；认真落实专项工程，开展好防汛度汛各项工作；加大水政执法力度，强化水政执法手段，严肃处置水违法事件；落实安全生产责任，保证了库区安全运行，有效发挥作用。

【日常管理】 持续贯彻落实《市管河道管理工作标准和办法》，依托“河道巡视巡查系统”，推行“轨迹化、网格化”巡查管理，研究制定了《大清河（北大港水库）管理处关于加强日常巡查工作的实施方案》，细化了问题处置流程，强化了责任制管理，做到及时发现快速处理；组织开展了汛前、汛中、汛后检查及试运行工作，强化了“日清扫、周擦拭、季检修”制度的执行与考核；开展了“大讲堂”活动，提高了管护人员的管理意识及素养，显著提升了工程管理水平；完善了观测设施，开展观测工作。在水库围堤共布设堤基堤身测压管共计 96 根；沿水库围堤安装 21 个沉降观测点，并按照要求，开展了沉降、水位、渗流观测工作。

（北大港处）

【水质监测】 水库水质监测依照《国家地表水环境质量标准》（GB 3838—2002），参考《地表水环境质量评价办法（试行）》对 12 个月监测结果进行评价。北大港水库水质均符合Ⅱ、Ⅲ类标准，状况良好。

（水文水资源中心）

【生态补水】 为储备战略水源，确保城市重要水源地北大港水库供水后生态功能正常发挥，兼顾改善天津市南部地区水环境质量，按市防办调令要求，10 月 11 日 8 时，于桥水库开闸放水，引滦向北大港水库调水工作全面启动。老龙湾节制闸于 11 日 16 时关闭，大团泊泵站 13 日 8 时开车运行，马圈进水闸 13 日 9 时 30 分全部提启。

为保障水库调水蓄水工作的顺利进行，北大港处积极协助工程建设单位，确保按时完成主要输水建筑物大团泊临时泵站建设任务。对水库内多座病险闸门进行专门维护、封堵，拆除库区内阻水坝埝。积极联系督促种植户、承包户对库区内苇草和玉米秸秆抓紧清理，防止高秆作物阻水及植物浸水腐烂对水质造成影响。制定北大港处水库应急调水保水护水工作方案、应急抢险方案和破冰方案，明确组织机构和职责。安排值班巡查人员开展输水线路巡查，确保问题及时发现及时处置，保证输水安全。针对冬季输水特点，做好应急抢险准备工作，在马圈闸上游搭建拦冰栅。积极联系静海区防办和大团泊临时泵站运行部门，收集掌握八堡扬水站、争光扬水站和大团泊临时泵站运行情况，建立信息联络报送机制。控制水库内的闸涵运行，视大团泊临时泵站开车和水质情况，做好马圈进水闸提闸入库和底水排除工作。蓄水期间积极协同输水沿线各部门，密切跟踪调水情况，加强水质巡查监测，加大输水河道巡查保水护水工作力度，全力保障水库调水蓄水工作。

大团泊临时泵站自 2018 年 10 月 13 日至 12 月 31 日累计提水 8556 万立方米，向水库调水蓄水 7418.8 万立方米。

【水库绿化工作】 加强对现有树木的管理，将树木养护管理工作纳入到日常工作中，坚持每周巡视检查不少于 2 次；及时对河库闸站、水库围堤等树木进行修剪和病虫害防治，有效控制病虫害，保障树木正常生长。

以“国家储备林基地建设天津市滨海新区北大港水库生态储备林项目”为契机，北大港处积极配合做好水库周边绿化工作，全面提升水库整体环境面貌。该项目计划建设生态储备林总面积704.6万平方米，其中北大港水库生态储备林占563.5万平方米，主要建设内容包括土壤改良工程、排盐工程、苗木种植工程及附属工程等。截至2018年12月底，水库四围堤林木种植工程基本完成。

【水政执法】 2018年，累计巡查发现各类水事违法案件18起，出动巡查车辆659车次，出动巡查人员1662人次。针对“毒鱼、炸鱼、电鱼”行为开展专项执法行动，加大巡查频次和执法力度，有效遏制水事违法行为，加强重点执法。开展送法进村镇、进校园、进社区法制宣传活动，2018年，共计发放宣传品和宣传材料35000余份，受众人数达12万余人。

【日常维修养护】 2018年，完成日常维修工程项目20项，工程总投资298.47万元。完成主要工程量为：堤防维修养护54.511千米；马圈闸等13座闸涵日常维护及姚塘子泵站维修；姚塘子变电站及高低压线路维修养护；管理用房及附属设施日常维护以及绿化养护等。通过维护水库工程面貌显著改观，保障了工程设施正常运行和安全运用。

【专项工程】 2018年，北大港水库完成专项工程4项，工程投资1047.79万元。工程全部完工，已验收2项。

北大港水库10千伏线路（十号口门—东卡口段）维修工程，由天津天怡建筑规划设计有限公司设计，天津中源电力工程监理有限公司监理，天津盛兴达建筑照明工程有限公司施工。该工程自2018年6月2日开工，6月15日完工，完成工程投资108.46万元。主要工程量为：铺设架空导线28.08千米，更换钢筋混凝土电杆138根。11月，通过市水务局验收，工程质量合格。

东南堤（10+500~12+000段）背水坡防护工程，由天津泰来勘测设计有限公司设计，天津润泰工程监理有限公司监理，天津市大港水利工程公司施工。该工程自2018年5月10日开工，6月17日完工，完成工程投资197.99万元。主要工程量为：C20混凝土空心砖护坡砌筑16953平方米，C25混凝土预制护肩砌筑78.6立方米。11月，通过市水务局验收，工程质量优良。

北大港水库35千伏变电站维修改造工程，由天津天怡建筑规划设计有限公司设计，天津中源电力工程监理有限公司监理，天津悦玺丰建筑安装工程有限公司施工。该工程于2018年3月18日开工，8月31日完工，完成工程投资270.72万元，主要工程量为：35千伏高压开关柜4台，10千伏高压开关柜6台，过电压抑制柜2台，直流屏2台，综保屏3台。

洋闸维修及闸区环境提升工程，由黄河勘测规划设计有限公司设计，天津润泰工程监理有限公司监理，天津振津工程集团有限公司施工。该工程于2018年3月30日开工，8月31日完工，完成工程投资470.62万元，主要工程量为：土方开挖3572立方米，土方回填524立方米，花岗岩条石351立方米，闸门更新5扇。

【水库视频监控系统建设】 为加强水库管理，实现重点目标防控，强化水库生态、水体安全及湿地保护，更好地保护鸟类资源，及时掌握入港人员进出情况，北大港处实施了北大港水库视频监控系统建设项目。该项目自2017年6月26日开工，2018年9月20日完工，2018年该项目完成投资326万元，2018年主要工程量为：敷设东卡口至沙井子闸段及马圈引河段光缆17.9千米，建成西卡口—沙井子闸—东卡口段主要入库路口视频监控系统，安装重点闸站、重要进出库口9处27个点位视频监控，同时安装建设卡口广播系统及前端警报设备，达到视频监控与人工巡查有机结合，满足重点目标防控要求；建成水库管理所二级平台，实现对库区视频监控系统智能管理，初步实现工程管理信息化。

【水库防汛】 落实防汛责任制。起草印发《2018年大清河（北大港）处防汛工作安排》，建立处防汛组织机构，明确各组织机构防汛责任人及防汛职责；调整了58人的北大港水库防汛抢险应急救援队。落实水库安全度汛防汛责任人，制作安装了水库防汛责任人公示牌。

修订完善防汛预案。修订《2018年北大港水库防汛抢险应急预案》《北大港水库调度规程》，起草上报了北大港水库关于调度运用计划的请示，提高应急抢险能力。

防汛检查。汛前组织水库所开展防汛自查和处防汛联查，对闸涵、泵站等防洪工程设施进行了全面检查和试运行，对检查出的问题及时落实整改措施；汛后组织开展汛后检查，梳理防汛存在问题并落实整改措施。

防汛队伍建设。制定防汛抢险队伍培训计划，汛前组织防汛抢险队员、值班人员及防汛工作人员进行防汛知识培训。为提高防汛抢险队员实战能力，开展了水库防汛抢险演练。

应对强降雨。按照市防办指令启动北大港处防汛预警响应，加密河道巡查频次，加强防汛值守。

防汛基础工作。制定了《北大港水库安全度汛工作方案》，成立北大港水库安全度汛工作组，编制了《北大港水库预测预报预警方案》，完成了《北大港水库防汛简明手册》。

【安全生产】 2018年，北大港处签订安全生产责任书157份，并严格落实。组织开展冬春火灾防控工作、汛期水务安全大检查活动、危险化学品治理工作、全面开展事故隐患排查治理集中行动等19项专项检查活动，发现隐患51处并完成整改。完成了九宣闸安全生产标准化达标创建工作。开展消防安全综合培训和安全应急处置专项培训、应急疏散演练、安全标准化知识培训等5次培训，累计参训165人次。积极组织参加全国水利安全生产知识网络竞赛。按时填报安全生产网格化管理工作周月报，隐患月报表和事故月报表及水利安全生产信息网上填报。及时清退出租户，责任范围内共有出租户34家，截至2018年年底，已清退租赁户5家，合同期内2家，其余27家均已起诉。

（北大港处）

移 民 安 置

【概述】 2018年在各区和市有关部门的共同努力下，圆满完成水库移民后期扶持工作，水库移民直补资金全部发放到位，年度库区基础设施扶持项目全部实施完成。

天津市涉及水库建设期移民的水库有4座，分别为于桥水库、杨庄水库、尔王庄水库、北大港水库；纳入库区后期扶持范围涉及4个区，为蓟州区、宝坻区、西青区及滨海新区。共有移民迁建村、库区占地村486个，涉及人口43万多人。

【人口扶持】 天津市直补移民资金的发放已步入常态化，移民人口核实到人的采用发放补贴资金扶持方式，核实到村的采用项目扶持方式。截至2017年12月31日，全市核定水库移民人口121370人，其中核实到人的有116370人，每人补贴600元，核实到村的有5000人。人口分布在全市涉农的10个区的153个乡镇街，1206个村内。2018年，发放直补资金共计6982.2万元，其中中央下达天津市后扶资金6612万元，市地方水库资金（0.5厘电价）420万元（余额结转下年）。年内抽样核查，拨付资金已全部到位、按时下发到移民个人账户。

【项目扶持】 2018年，天津市实施2017年度二期及2018年度库区及移民安置区基础设施项目，批复17151万元，其中中央库区基金15174万元，地方水库资金1977万元。

主要建设内容除继续实施村内里巷街道硬化外，农田项目有新打机井49眼；砂石路86.065千米，安装变压器29台，架设低压线33.34千米；

铺设管道 37.677 千米；拆除重建涵桥 3 座，新建涵桥 2 座，新建涵闸 8 座，新建 U 形衬砌渠道 555 米；拆除重建日光温室 11 栋；环境整治 2 处，生产开发项目和劳动力技能培训。截至 2018 年年底，项目已全部完工。

【监测及绩效评估】 按照《水利部办公厅财政部办公厅关于开展 2017 年度中央水库移民扶持基金绩效评价工作的通知》的要求，开展了 2017 年大中型水库移民后期扶持基金绩效评价工作，根据绩效目标，进行了绩效自评，接受了水利部专家组对天津市绩效评价的复核。专家组对天津市的移民工作表示充分的肯定，认为天津市水库移民工作基础扎实，市区两级主管部门较重视，专人负责，专款专用。移民直补资金发放实行动态化管理，因地制宜，具有特色；项目管理参照基建项目，管理较为规范，资金管理严格，保障后扶资金落实到人，改善移民了生产生活，做到移民群体受益。在本次绩效评价工作中，天津市取得了较好等次。

【稽察工作】 市水利建设工程项目稽察领导小组办公室派出了稽察组，对蓟州区于桥和杨庄水库库区和移民安置区 2018 年度基础设施项目开展了稽察，并形成了稽察整改意见，总体情况较好，但也提出了一些需要进行整改的问题，于 2018 年年底完成整改工作。

（孙瑀璠）

引滦工程管理

引滦综合管理

【概述】 2018年，引滦工管处紧紧围绕局党委的工作部署，全面落实从严治党主体责任和监督责任，按照“实施六项工程，实现六能目标”的治水管水思路，突出引滦水源综合治理，着力改善引滦水生态环境质量，保障供水安全。

【调度计量管理】 制定于桥水库低水位运行调度方案，保障于桥水库底泥清淤工程顺利实施。根据供水需要，及时调整调度方式，完成国考断面水体置换应急引水调度，城市供水和州河、蓟运河生态补水、北大港水库补水等调度任务。2018年，引水3.23亿立方米（大黑汀分水闸计量数），向城市供水8.16亿立方米，其中向下游引滦明渠供水3.91亿立方米，向州河蓟运河补水4.04亿立方米，国华大唐电厂取水0.21亿立方米。

定期进行水量计量检测设备巡检维护，逐日逐月统计水量计量数据。按时核定天津市泉州水务有限公司、天津宜达水务有限公司和天津华永房地产开发有限公司取水量，作为征收水资源税的依据。

【供水安全管理】 修订完善供水突发事件应急预案，汛前开展安全隐患排查治理，开展于桥水库淋河、沙河、黎河三条支流水污染调查，编制了《沙河水平口至沙黎河汇流口水环境综合治理规划》，完成沙黎河汇流口段垃圾清理。汛期，对于桥水库流域暴雨产流的情况、入库沟道垃圾汇入情况、前置库运行情况进行现场查看。加强防汛值班和领导带班，做好水情雨情测报预报，加大汛中抽查力度，确保防汛供水安全。

密切关注冰情、水情变化，草藻生长趋势，结合于桥水库2018年实施底泥清淤，保持低水位运行的特殊情况，提前修订了《菹草社会化打捞方案》《蓝藻暴发应急预案》《智能围隔运维方案》。定期开展于桥水库水环境检测、藻类遥感监测、预测预警和会商研讨，采取安装曝气设备、投放水生植物、拦截打捞等措施，降低了于桥水库坝前核心供水区藻密度。打捞菹草27.1万立方米，投放水生植物270万株，安装曝气增氧设备23台（套）。全年草藻监测采集水样1678份，检测数据7987个。全年监测水质数据18408个，供水水质达到地表水Ⅲ类标准。

【维修工程项目管理】 2018年，引滦维修项目严格执行天津市财政预算管理相关规定，按照年初制订的供水维修项目计划，按照日常、专项和大修项目分类，执行立项、审批、采购等相应程序，从项目质量、进度、资金、安全、扬尘等方面强化建设管理，突出过程控制和痕迹管理。实行廉政承诺，强化廉政风险防范，未发生腐败和不廉洁现象。履行项目监管职能，实现了年底完工的任务目标。

全年，局属引滦管理单位共完成供水维修项

目投资 14128.83 万元，其中结转项目 2 项，总投资 528 万元；2018 年安排项目总投资 13600.83 万元，包括大修项目 5110.83 万元、日常维修项目 7204 万元、专项维修项目 1169 万元、信息系统运行维护工程 117 万元。

1. 结转项目

结转项目两个项目，投资 528 万元，已完成投资 528 万元，形象进度 100%。

（1）引滦水源保护于桥水库入库河口湿地工程。

于桥水库入库河口湿地工程作为引滦水源保护工程的重要组成部分，通过河口湿地工程、沟口湿地工程，将水库上游引水和一定规模汛期头场洪水，导入设在库前区域的生态系统进行净化，达到减少营养盐等污染物经河道、沟道进入库区的目的。工程建设地点位于果河上游南北两地块内。该工程批复总投资 55900 万元，截至 2016 年 12 月 2 日，按批复概算总投资 55900 万元已全部下达。2018 年，完成结转投资任务指标 400 万元，累计完成投资 55900 万元，占总投资的 100%。工程于 2015 年 6 月开工，6 月完工。累计完成西侧水库滩地新开挖河道 1.8 千米，交通桥 7 座，闸涵 27 座，新建橡胶坝 1 座，果河封堵堰 1 座，新建湿地围堤，进水渠、排水渠、湿地隔埝等渠系建设，混凝土道路、泥结石道路、管理用房，单元造型以及沉水植物、挺水植物、杨树、柳树、紫穗槐的栽植。完成管理房场区道路、停车场铺砖等施工。南河、漳泗河两座迁建泵站建设。2018 年，完成石方 85 立方米，混凝土浇筑 25 立方米，钢筋制安 10 吨；累计完成清淤 236.5 万立方米，土方开挖 626.5 万立方米，土方回填 595.6 万立方米，石方 53769 立方米，混凝土浇筑 41108 立方米，钢筋制安 2879.5 吨。

（2）于桥水库放水洞除险加固工程。

于桥水库放水洞机电设备自建成已运行 40 余年。2000 年，经水利部水工金属结构质量检验测试中心对该闸门的检测，结论认定应作报废更新处理。但因当时条件限制，未进行更新，仅对闸门进行了简单维护。为保证放水洞闸门能正常使用，保证放水洞正常发挥功能，现进行除险加固。主要建设内容包括放水洞混凝土表面补强及防碳化处理、进口工作闸门及埋件更新和出口工作闸门维修。2017 年 3 月 23 日，市发展改革委以《关于批复于桥水库放水洞除险加固工程实施方案的函》批复核定工程概算总投资 196 万元。3 月 31 日，市水务局以《关于下达于桥水库放水洞除险加固工程投资计划的通知》下达工程投资计划 196 万元。该工程于 2017 年 7 月 10 日开工建设，2018 年年底完成全部建设任务。2018 年完成结转投资 128 万元，累计完成工程投资 196 万元，占总投资的 100%。

2. 2018 年新安排项目

计划总投资 13600.83 万元，已完成投资 13600.83 万元，形象进度 100%。

（1）大修工程。

2018 年大修工程共安排 4 项，计划投资 5110.83 万元，其中已下达投资 2725 万元；未下达投资 2385.83 万元。已完成投资 5110.83 万元，形象进度 100%。

于桥水库前置库绿化，投资 2496.83 万元。2018 年 4 月 9 日，市水务局《关于于桥处于桥水库前置库绿化工程实施方案的批复》批复投资 2496.83 万元。6 月 14 日，市水务局《关于下达于桥处于桥水库前置库绿化工程第一批投资计划的通知》下达第一批投资 1900 万元。剩余 596.83 万元因是市财政补助资金，待工程验收后下达。工程根据于桥水库前置库现状，调整外围堤、五一渠、隔埝和岛屿区乔木，选用景观效果好、植株形态佳的景观树种进行集中绿化，提升前置库绿化效果。工程范围主要为：道路两侧（包括五一渠、主干道、次干道、外围堤及岛屿巡视路）、林地及岛屿（包括北东区、北西区、南库湿地单元区、南库坑塘区）和管理院区（包括前置库管理所和橡胶坝管理所）。绿化布置面积 268.8 公顷，栽植树木合计 137831 株。该工程于 2018 年 6 月 10 日开工建设，7 月 10 日完成全部建设任务。

引滦隧洞重点病害治理工程2018年（4+800~5+400段）实施段，投资825万元。2018年5月21日，市发展改革委《关于批复引滦隧洞重点病害治理工程2018年度（4+800~5+400段）实施方案的函》。6月1日，市水务局《关于下达引滦隧洞重点病害治理工程2018年度（4+800~5+400段）投资计划的通知》下达投资825万元。工程主要对引滦隧洞4+800~5+400洞段的病害进行综合治理，完成治理伸缩缝76条950米，治理裂缝360条1326.6米，治理低强混凝土1463.4平方米，治理脱空段802米，治理底板冲坑麻面1856.2平方米，治理衬砌表面4048平方米。该工程于2018年8月1日开工，12月底完成全部建设任务。

引滦隧洞重点病害治理工程2017年实施段，2017年4月20日，市发展改革委以《关于批复引滦隧洞重点病害治理工程2017年实施段实施方案的函》批复实施方案概算投资1145万元；4月28日，市水务局《关于下达引滦隧洞重点病害治理工程2017年实施段第一批投资计划的通知》下达第一批投资896万元。2018年计划投资249万元，已完成全部建设内容，形象进度100%。该工程于2017年6月20日开工，2017年12月底完成全部建设任务，形象进度100%。工程主要对桩号为3+800~4+800段隧洞补强加固，治理长度1000米，包括裂缝治理、低强混凝土治理、脱空洞段治理、底板冲坑麻面治理及衬砌表面治理等。

于桥水库大坝坝基加固工程，总投资8000万元。2017年5月15日，市发展改革委以《关于批复于桥水库大坝坝基加固工程实施方案的函》批复实施方案概算投资8000万元；6月8日，市水务局以《关于下达于桥水库大坝坝基加固工程和大坝安全监测系统升级改造工程2017年投资计划的通知》下达投资6460万元。2018年计划投资1540万元。工程主要对0+000~0+240、0+370~0+510和1+250~1+900坝段采用混凝土防渗墙进行坝基截渗加固处理；对0+230~0+380坝段、1+800~1+960坝段采用帷幕灌浆进行截渗处理；对0+695~0+705坝段帷幕与混凝土防渗墙衔接段进行补灌处理；大坝马道路面、马道以上2米范围内护坡、绿化及防撞栏进行恢复等。该工程于2017年7月10日开工，2018年4月底完成全部建设任务，形象进度100%。

（2）日常维修项目。

2018年，引滦日常维修维护项目计划投资7204万元，完成投资7204万元。2017年12月9日，市水务局以《关于2018年引滦隧洞日常维修维护项目实施方案的批复》，批复了隧洞处日常维修项目；2017年12月9日，市水务局《关于2018年黎河日常维修维护项目实施方案的批复》，批复了黎河处日常维修项目；市水务局以2017年12月12日《关于2018年于桥水库蒲草收割打捞处置实施方案的批复》、12月12日《关于2018年于桥水库日常维修维护实施方案的批复》、12月15日《关于2018年于桥水库前置库维护实施方案的批复》、12月21日《关于2018年于桥水库库区封闭区口门及设施管理维护实施方案的批复》、2018年1月5日《关于2018年于桥水库蓝藻处置及治理实施方案的批复》文件批复了于桥处5项日常维修项目；2017年12月14日，市水务局以《关于引滦工管处2018年日常维修养护项目的批复》批复了引滦工管处日常维修项目。2018年3月13日，市水务局以《关于下达2018年引滦维修工程投资计划的通知》，下达引滦日常维修维护项目合计7204万元。

（3）专项维修项目。

2018年，引滦沿线专项维修项目投资1169万元，完成投资1169万元（下页表）。3月13日，市水务局以《关于下达2018年引滦维修工程投资计划的通知》，下达引滦专项维修项目合计998万元。4月20日，市水务局以《关于引滦入津水源保护于桥水库上游分流系统技术论证实施方案的批复》，批复引滦入津水源保护于桥水库上游分流系统技术论证项目143万元，其中2018年度安排资金100万元。5月28日，市水务局以《关于下达2018年沙河沿岸垃圾清理项目投资计划的通知》，下达沙河沿岸垃圾清理项目71万元。

2018年引滦专项工程统计表

序号	项目名称	开工、竣工日期	计划投资/万元	完成投资/万元	主要建设内容
一	隧洞处（2项）		145	145	
1	隧洞温度计观测设施更新工程	2018年4月23日至9月15日	77	77	拆除原观测设施，更换埋设温度传感器52只，桥架及电缆敷设21600米，安装集线箱6个等
2	隧洞管理处办公楼北侧墙面及附楼外墙改造工程	2018年4月23日至9月15日	68	68	办公楼GRC造型柱及骨架拆除360.58平方米、真石漆墙面铲除710.35平方米、外运渣土107.09立方米，EPS装饰线安装117.54米，EPS装饰柱38.42米，外墙真石漆710.35平方米；附楼GRC造型柱及骨架拆除172平方米、真石漆墙面铲除603.3平方米、外运渣土77.53立方米，EPS装饰线及扶手线安装389.68米，EPS装饰柱272个
二	黎河处（3项）		228	228	
1	黎河高各庄2号桥（6+745）至杨家庄桥（9+756）左岸绿化工程	2018年3月21日至4月20日	133	133	对高各庄2号桥（6+745）至杨家庄桥（9+756）二马道及以上土质堤坡左岸种植紫刺槐
2	小安乐庄桥上左岸泄洪涵洞改造	2018年4月15日至5月24日	24	24	将原有涵洞及边坡全部拆除、重建，修建一座两孔钢筋混凝土桥板涵洞
3	沙河沿岸垃圾清理项目	2018年6月3日至6月15日	71	71	对沙河朱官屯以下河段沿岸生活垃圾进行清理外运至遵化市黄台垃圾填埋场集中处理。对垃圾集中堆放点采用1立方米挖掘机挖装垃圾，59千瓦推土机推运，人工平整场地，5吨自卸汽车运输至黄台垃圾填埋场。对沿河散状垃圾带采用人工集中清理，5吨自卸汽车运输至黄台垃圾填埋场
三	于桥处（3项）		630	630	
1	于桥处暗渠所及机电运维中心供暖改造	2018年4月3日至5月28日	407	407	电锅炉加相变储热设备购安2套，暗渠所新建箱变400千伏安，机电运维中心新建箱变630千伏安，10千伏交联电缆YJLY 223米×95平方毫米335米，YJV22－4×240+1×120平方毫米250米

续表

序号	项目名称	开工、竣工日期	计划投资/万元	完成投资/万元	主要建设内容
2	于桥水库前置库进口闸清污机建设	2018年4月3日至5月28日	133	133	在前置库4座进口闸闸门前安装4台清污机
3	于桥水库坝北浮箱码头建设	2018年4月3日至5月28日	90	90	扩建浮箱码头共7套。其中6套尺寸为10米×8米（长×宽，下同），1套尺寸为20米×8米
四	引滦工管处（3项）		166	166	
1	引滦工管处新建水井	2018年5月14日至7月11日	34	34	在院区内部原水井附近绿地内新打生活饮用水深井一眼，用于生活用水
2	引滦工管处档案室改造	2018年5月3日至9月5日	32	32	对引滦工管处档案室进行改造，将老式档案柜更换为档案密集柜，解决档案存储能力不足的问题
3	引滦入津水源保护于桥水库上游分流技术论证项目	2018年6月15日至2019年5月31日	100	100	于桥水库上游分流系统技术论证报告主要内容包括基本情况、水文地质、分流系统工程建设必要性、于桥水库水源地保护体系、分流道布置建设方案、效益分析、结论建议等

（4）信息系统运行维护项目。

此项目计划投资117万元，完成投资117万元。2018年6月4日，市水务局以《关于转发〈关于对“市水务局河长制信息管理平台”等13个项目审核意见的函〉的通知》，批复了2018年度引滦入津工程管理信息系统运行维护工程实施方案。

此项目的主要任务是开展基础设施维护和软件及信息资源维护，采取完全外包的服务形式，主要维护方式是开展定期设施设备巡检，适时进行系统升级，根据需要安装补丁程序，完善部分软件功能，发现故障及时处理，更换损坏零部件，确保系统安全稳定运行。

基础设施维护的设施设备分布在引滦沿线，主要包括服务器和相关主要设备维护、网络和信息安全设备维护、网络通信租赁、机房环境维护、音视频系统维护、水量计量设备维护和部分设备更新。全年共开展定期巡检75次，解决故障146台次，运维管理技术培训1次，确保了基础设施设备的正常运行。

软件及信息资源维护包括应用系统维护、系统软件维护、防病毒软件维护。全年共开展定期巡检20次，解决故障59次。对水量计量系统进行功能完善，实现日、月、季、年水量自动统计。对防病毒软件续费，并优化管理方式，由统一管理变为分部管理统一监管，提高了网络安全隐患发现和处置效率。

【工程管理与考核】 印发2018年引滦工程管理考核办法，组织开展了年中及年底集中考核，并不定期进行抽查检查，对隧洞、黎河河道、于桥水库、前置库等工程设施设备运行与管理、水环境管理、安全管理、水政监察、信息化、输水调度管理等情况进行了检查并反馈了问题。结合水污染防治工作成立检查小组，连续多次到隧洞、黎河、于桥水库、引滦明渠等重点部门督查水环境管理情况。8月，邀请电气安全专家，对水务集团市区分公司、尔王庄分公司、潮白河分公司进行了综合督查。督查内容主要结合国家级水管单位标准执行情况、水环境管理及工程运行安全管理情况等。督查小组先后到各分公司泵站、水闸、防汛库房、调度中心、引滦明渠、尔王庄水库等工程现场查看了设施设备管理情况，日常运行记录情况，推动督查水务集团各项管理工作落实到位。

针对各个时期不同特点，组织开展了处内火灾防控、消防安全、两会和重要时期安全保卫、安全生产事故隐患大排查大整治等专项检查活动，全年开展检查24次，112人次。同时，认真履行安委会成员单位职责，相继组织局属引滦沿线各单位开展水务工程建设领域、持续深化隐患大排查大整治、做好汛期水务安全生产、开展暑期建筑施工安全专项整治、进一步加强隐患排查治理和水务行业专项整治、全面开展事故隐患排查治理集中行动等方面的督查检查，截至12月31日，全年开展督查检查54次，214人次。

2018年，第一支队组织各水政大队在引滦沿线开展执法巡查8342次，累计出动车辆7961车次、出动船只219船次、执法巡查人员33763人次。日常巡查发现水事违法行为5583起，当事人自行改正5581起，采取即时强制措施1起，移交遵化市环保部门处理1起；其中河道案43起，水工程案4起，其他5536起。在日常执法的基础上，第一支队组织开展了河湖执法工作、机动船只专项清理工作、“毒鱼、炸鱼、电鱼”专项执法工作、引滦暗渠占压清理专项行动。通过开展一系列的执法检查活动，有效地打击了引滦沿线的水事违法行为，净化了沿线管理环境，提高了执法威慑力，同时也为维护引滦沿线的正常水事管理秩序打下坚实基础。

【水环境建设与管理】 修订完善了《引滦水环境管理考核办法》并下发，组织了局属引滦各处日常水环境常态化保洁和四次水环境集中清理。全年共清理管理范围内污物、杂物10931立方米，出动86222人次，38651车次，1660船次。组织完成了《黎河支流口湿地管护标准》《于桥水库湖滨带湿地管护标准》《于桥水库前置库湿地管护标准和运行维护方案》的修订完善工作，明确了管理标准、管护方案、考核办法等具体管理措施，建立了支流口湿地正常运行的制度保障。

按照市水务局2018年水环境管理工作的安排以及水环境现状，对引滦水环境管理工作进行了全面安排部署，及时督促各有单位按要求做好水环境管理工作，并按时上报相关工作的开展情况。

按照《市水务局落实2018年市水污染防治实施计划工作任务分解表》中的责任分工，推动蓟州区开展于桥水库38条入库沟道的综合治理工作。推动蓟州区制定了入库沟道治理工程年度治理计划、完善了2018年引滦水污染防治工作任务清单。定期组织人员现场调研于桥水库38条入库沟道治理情况。沟道治理工作于9月全部完工，累计完成沟道清理90650米，砌筑浆砌石挡墙4550米，护栏网安装32433米，开工拦沙坝9座，完成9座，截污坝26座，完成26座，完成湿地建设12.5万平方米，坡面绿化3.6万平方米。治理后，对于桥水库水质水环境起到了很大的改善作用。

（引滦工管处）

泵站管理

【概述】 2018年，引滦泵站管理以确保城市供水为中心，以安全管理为重点，加强设备的日常巡视与维修保养常态化管理。坚持执行“日清扫、周擦拭、季检修”，明确职责、落实责任，实行设备挂牌、责任区挂牌、工作人员挂牌。全年泵站自动化系统、监控系统、优化运行系统运行良好，机电设备完好率达到98%以上，输水保证率达到了100%。

各管理单位加强日常管理，潮白新河泵站、尔王庄泵站、大张庄泵站分别按照水利部《水利工程管理考核办法》完成2017年度自检，自检结果合格，并通过水务集团公司组织的年度考核。

2018年，潮白新河泵站全年输水38682万立方米，泵站安全运行977台时；尔王庄泵站全年输送原水45321万立方米，泵站安全运行5786台时；大张庄泵站全年输水35875万立方米，泵站安全运行5434台时。

【潮白河泵站管理】

1. 日常管理常态化

泵站管理所严格按照所内各项规章制度和各项管理办法，认真履行各自的岗位职责，做好自己的本职工作，严格按照设备巡视检查内容进行巡视、检查，做到有缺陷及时发现，及时检修，达到了泵站设备完好率98%以上，确保全年安全输水工作万无一失。

泵站管理所在原有精细化管理的基础上，结合工作实际重新修订了泵站《设备巡视检查制度》《泵站经常、定期、特别检查制度》《泵站设备检修维护工作制度》等23项制度，进一步完善泵站管理制度体系。

2018年，潮白新河泵站机扬输水总量3477.60万立方米，其中机扬入倒虹吸1829.96万立方米，机扬入排涝道1647.64万立方米；开机时间：3月1—17日、5月25—30日、8月28日、10月7—8日、11月14—15日、12月8—10日；开机次数为6次；开机天数为31天。

全年自流输水天数167天，自流输水量35204.972万立方米。

2. 机电设备的维护检修

潮白新河泵站严格按照设备巡视检查内容进行巡视、检查，做到有缺陷及时发现，及时检修，达到了泵站设备完好率98%以上，确保全年安全输水工作万无一失。

1月：对4座水闸及捞草机进行维护保养；对泵站设备设施进行维修保养；所辖破冰防冻设施进行维护检查。

2月：对机房故障排水泵进行维修。

3月：拆除排涝道出口闸及荷花池破冰装置4台；配合正坤建筑队完成电源改造停电工作；拆除自流道曝气装置电源电缆；对捞草机进行清洁保养；对钢绳进行养护；对主机房暖气漏水部位进行维修；对锅炉管道进行维修。

4月：对锅炉管道进行检修；拆除前池捞草机破冰装置；进行泵站电气预防性试验。

5月：对排污泵房进行检修；检修泵站主控室自控系统操作员站及检修泵站主控室工业电视系统。

6月：配合完成污水处理设备更新工作。

7月：安装自流道桥潜水泵；对东排污泵房控制箱故障进行维修；对水塔东侧场区架设潜水泵，电缆沟架设潜水泵；对电缆沟漏水点进行维修；配合做好真空泵回水管路改造工作。

8月：配合做好自流道闸启闭系统更新工程施工接电工作；对3号深井泵进行检修，更换3号深井泵逆止阀；对2号、3号深井泵进行检修；检修排污泵房污水泵。

9月：对主机房联轴层排水廊道照明设施进行改造，对巡视照明系统加装声控装置；查找35千伏变电站A相电压失压故障。

10月：检修3号深井泵；对捞草机两侧路灯进行维修更换；锅炉房照明线路进行改造；对锅炉进行试水、试压等锅炉试运行工作；安装捞草机、前池两侧破冰装置。

11月：安装自流道桥前、排涝道出口闸前破冰装置；对院区路灯进行维修；对3号机组进行解体大修。

12月：对3号机组进行解体大修；安装后池及倒虹吸进口闸破冰装置。

3. 泵站标准化管理

参加水务集团组织的标准化会议，起草了《原水分公司工程运行管理标准》，结合集团公司标准化建设，着力打造了泵站人员管理版块建设、设备操作版块建设、设备维修版块建设、设备巡视版块建设、安全生产版块建设。

人员管理。编制了泵站员工手册，人员管理实现了精细化，推行一日工作流程，编制《员工手册》，实现人脸识别考勤，改建了更衣室，以考勤管理制度和业绩考核制度为抓手，提高了员工的从业能力和执行力。

设备操作。设备操作实现了流程化，一次设备制作了二维码，便于员工了解其技术参数、功能型号，完善了倒闸操作票制度和开停机操作流程。以操作规程和操作票为抓手，提高了员工的规范操作能力。

设备维修。规范了日常维修与设备大修流程，缩短了维修时限。

设备巡视。重新制定巡视路线图与巡视时间，15个关键部位设置了巡视点，采用先进的巡视仪器进行巡视，提升了巡视人员的监视、控制、报告能力。

安全生产。规范了安全生产的例会、督查、检查、培训等制度，提高了员工的安全意识。

此外制作了泵站简介 PPT，泵站管理小视频、宣传展板和画册，更换了上墙图表和制度 30 余处。

4. 员工培训

按照年初制订的培训计划，为提高泵站职工的工作效率和安全操作技能，泵站所先后组织了“电气安全操作案例警示”“泵站自控系统”“高压电工安全知识”“消防安全”“机组解体大修”知识培训。开展“师带徒”活动，提高了徒弟们的理论水平和实际操作能力。

组织人员参加分公司组织的“机电、水闸知识培训”“电气设备与励磁系统知识培训”“消防安全知识培训”“防汛及应急知识培训”“事故急救培训”“职业道德”等知识培训和“防汛演练”“消防演练”等活动。通过本年度的培训学习，泵站管理所全体干部职工的综合素质、业务水平均获一定提高。

【尔王庄泵站管理】

1. 维修项目管理

2018 年 7—10 月，完成暗渠泵站 7 号、8 号、9 号机组大修工程；7—8 月，完成明渠泵站龙门吊更新工程；9—11 月，完成明渠泵站自控系统更新改造工程。

2. 运行维护管理

设备巡视检查。严格落实《引滦尔王庄分公司工程巡视检查管理办法》《缺陷管理制度》相关内容，制定自身实施细则，实行巡视检查的定位、定时和定人管理，确保设备管理无盲点。全年泵站、水闸巡视检查各进行 360 次，发现并处理轻微缺陷共计 80 项，发现处理一般缺陷 80 项。

设备维护保养。严格执行《分公司原水工程设施“日清扫、周擦拭、季检修”实施细则》内容，泵站、水闸各完成日清扫 200 次，周擦拭 25 次，季检修 2 次；完成泵站高低压设备、6 千伏外线电气预防性实验工作；全年完成泵站冷却水管路维修、仪表更新、水闸设施维修、止水、滑轮、钢丝绳更换、4 号井维修等基础设施和机电设备更新维修 160 项；完成设备完好率评定工作，达到 98% 以上。

【大张庄泵站管理】

1. 输水管理

2018 年累计输水 35875. 33 万立方米，共五种输水方式：

方式一：引滦生态补水 24829. 69 万立方米。通过大张庄泵站提升，共计安全输水运行 106 天，输水 16385. 76 万立方米。其中向静海团泊湖补水 6141. 62 万立方米，运行天数 37 天；北大港补水 5137. 08 万立方米，运行天数 34 天；为海河进行生态补水 5107. 06 万立方米，运行天数 35 天。通过暗渠自流补水 8443. 96 万立方米，运行天数 102 天。

方式二：引江向尔王庄上游地区供水 10386. 09 万立方米，分为两个阶段，安全运行 158 天。

方式三：引江逆向输水期间，前池水位超高排水 14. 00 万立方米。

方式四：双水源切换期间，完成应急排水 3

次，排水426.37万立方米。

方式五：水源地所开机向新开河方向送水219.18万立方米。

共计执行上级调度指令50个，引滦、引江、应急排水无缝切换累计5次，泵站开停机操作42次，开机5434小时，进行闸门启闭操作82次，安全输水运行共计264天。

2. 运行管理

泵站管理所全员26人，担负变电站、泵站和11座水闸的安全运行和安全输水，负责泵站设施设备的日常检修维护及水泵机组的大修、技术管理等工作，同时负责分公司院区用电管理工作。所长1人、副所长1人、运行4班值班人员每班3人，检修人员5人，水闸维护6人技术后勤1人。

防汛及应急管理。为保证安全度汛，泵站管理所在泵站后池东侧安装防汛泵2台，在变电站东侧和南侧门口搭建60厘米防汛围堰，在小淀腰闸站点大门搭建50厘米 防汛围堰，院内挖掘20厘米×20厘米排水沟20米，1米×1米×1米集水井1座，并安装2英寸排水泵2台。深入开展汛前、汛中、汛后大检查，加强汛期巡视检查及防汛物资储备管理，开展了防汛演习，确保安全度汛。

设备管理。完成机组联动试验、电气预防性试验、阀门关闭开启试验和闸门定期检查等工作。严格按照规程对泵站和水闸机电设备进行日常维护和定期维护。

安全管理。逐级、逐岗、逐人签订了安全生产责任书。开展安全生产应急演练，组织职工知识答卷、有奖征文、网络知识竞赛、开展安全生产大检查大排查大整治等活动。4月，新上岗运行人员参加了电工操作证取证培训学习并取得上岗证。10月，按照“三级配电，两级保护”原则完成泵站管理所11座水闸安全用电整改。

3. 工程建设与维修

大张庄泵站更新改造工程。工程批复投资3005.28万元。工程主要包括：保持泵站原水工和建筑主体结构不变的基础上，对主、副厂房及前后池进行维修加固、室内外装修，对机电设备、金属结构、暖通及给排水设施进行全面更新改造。泵站输水规模维持30立方米每秒，排涝规模20立方米每秒。改造后能够消除安全隐患，保障设备设施正常运行，确保安全输水。工程于2018年10月30日开工，至12月底仍正在施工中，计划于2019年底前完成建设任务。

（水务集团）

【滨海新区供水泵站管理】 滨海水业泵站运行中心以安全输水为中心，2018年，滨海水业泵站运行中心累计安全运行101433台时（包括东嘴泵站10557台时），安全输水19394.71万立方米。其中入港泵站输水2067.23万立方米，入杨泵站输水2896.36万立方米，入聚酯泵站输水2687.42万立方米，入津滨泵站输水2110.49万立方米，入开发区泵站输水4953.02万立方米，入汉沽区泵站输水1687.63万立方米，入塘沽区泵站输水2992.56万立方米，圆满完成向滨海新区的输水任务。

为确保安全运行，泵站运行中心完成了所有泵站运行机组的日常维护保养，配合滨生源公司完成机组大修；完成了季度设备清扫和所辖泵站、变电站高压电气设备的电气预防性试验；完成了所有泵站真空系统的维修；组织全体员工每个季度进行业务培训和考核；组织职工进行安全教育、落实安全生产责任制，签订安全生产责任书；完成了院区及周边环境整治工作；完成了所有泵站备品配件的采购专项。根据每个项目的不同特点，安排专人负责，做到责任清、任务明、项项有人管，确保了设备完好率达到98%以上，安全输水保证率达到100%。

加强泵站管理，完善各项规章制度。强化岗位意识，做到奖惩分明。不定期地对所辖管线进行巡视检查，遇到供水异常和管网漏损情况，加强巡视检查力度并及时与地方当事人协调相关的理赔工作，同时，加强泵站日常设备管理，强调重点部位、关键环节的巡视检查，切实保证安全供水。完善各类应急预案，做好汛期、冰冻期安全输水保障工作。坚持每月进行两次自查自改工作，逢节假日组织安全生产小组进行安全生产大检查活动，对检查中存在的问题进行了及时的整改，定期组织防汛及反恐培训和演练，确保安全输水。

加大人才培养力度，以年轻职工为突破口，创新培训方式，狠抓人才培养。通过年底组织泵站运行人员进行业务技能竞赛考试等活动，激励先进，树立榜样；通过考核，选拔出一批优秀职工参加业务技能决赛，从而带动全体职工的学习热潮，提高职工的整体素质，在决赛中取得很好的成绩。

泵站运行中心高度重视天津市南水北调中线市内配套工程宁汉供水工程施工建设完成情况，该工程作为南水北调中线天津市内配套工程的重要组成部分，选址于尔王庄水库东南侧引滦高庄户泵站院内，采用对院内原引滦入塘泵站、引滦入汉泵站进行改造的方案实现宁汉供水工程供水。该工程主要包括：引水钢管、主泵房和电气附属用房、管理用房、出水钢管等。新增加更换引滦入塘、引滦入汉两座泵站的机组。截至2018年年底，完成了宁汉泵站改造工程的安全检查及该工程期间的配合工作，做好试运行工作。

（入港处）

明暗渠道管理

【概述】 引滦明渠与州河暗渠出口相连接，始于明渠九王庄渠首闸，止于大张庄泵站前池，总长64.2千米；入津暗渠始于尔王庄水库入津暗渠泵站压力箱出口，止于宜兴埠泵站前池进口闸，全长25.6千米。

2018年，加强辖区内日常巡视检查和专项巡视检查，坚持开展水环境保洁管理，完善共建共享机制，巩固和扩大了环境治理共建共享成果，保证了输水渠道环境质量。同时，加强输水计量管理，加大设施设备维修维护资金投入，消除安全隐患，保证了供水安全。经过不断完善，引滦输水明渠已形成全封闭、全护砌、全绿化的风景一条线。

（水务集团）

【隧洞管理】

1. 隧洞输水

（1）输水计量。

2018年是潘家口水库和大黑汀水库完成网箱养鱼清理、引滦水质好转后调水量较多的年份。隧洞处输水计量以隧洞进口水文站实际计量数为准。在输水计量中，加强与大黑汀水库管理处水文站的协调配合，利用超声波流量计、悬杆测流装置等现代化测流设备，做好输水计量校对工作，提升改造的悬杆测流设备运行定位误差达到了毫米级，输水计量准确精度得以显著提高。本年度输水方式特殊，一直低水位运行，根据水情变化，进行多次实测，确保输水计量准确无误。2018年共计输水2次，第一次输水时间为3月1日至3月7日，输水0.1955亿立方米；第二次输水时间为4月9日至7月17日，输水3.034亿立方米；两次输水共历时103天，累计输水总量3.2295亿立方米（此数据为隧洞进口水文站实际计量数），安全输水保障率100%。

（2）水环境保洁。

进行水环境保护集中清理4次，共历时13天，先后共出动人员140人次，车辆44车次，共清理管辖范围内各种垃圾、杂草89立方米，集中整治了隧洞进口明渠及两侧、2号支洞院区、6号支洞院区、9号支洞院区、15号支洞及出口明渠扩散段的水环境垃圾。日常水环境保护工作持续加强，在隧洞全线管理范围内进行水环境治理和保洁工作，全年累计共清理垃圾461立方米，总用工3378工日，车辆287车次，实现了“管理范围内保洁覆盖面和保洁到位率100%”的目标。巩固扩大共建共享成果，与引滦隧洞进、出口驻地村和明渠两侧住户建立了更加完善的共建共享机制，形成了共同维护引滦水环境的和谐氛围。发挥源头作用，每天现场巡察大黑汀水库水质情况，7月和8月，针对巡察发现水库蓝藻暴发，及时报告引滦工管处和市水务局，并协助督促水库管理处采取治理措施，为市水务局科学制定调水计划提供了科学依据。

2. 隧洞工程运行管理

加大隧洞运行管理力度，利用日常、定期和特殊检查相结合的巡查方式。进行了为期一周的隧洞全面检查；每月定期对隧洞支洞、检查井等附属工程设施进行全面检查，根据通水情况进行通水前后巡视检查和汛前检查，确保了隧洞工程安全运行和安全输水。停水期间定期对隧洞衬体及围岩温度、裂缝、收敛、外水压力进行观测，为工程安全运行和病害治理提供了基础资料。强化洞体内部结构观测，实施了洞内观测设施更新，实现了洞体围岩、衬砌体，洞体空气温度自动观测、自动传输，提高了自动化观测水平。加强工程设施的日常维修保养，认真完成了隧洞处全年日常和专项工程项目管理工作。全力组织实施了引滦隧洞重点病害治理2018年实施段工程，配合水务建管中心完成了2017年隧洞病害综合治理工程单位工程的竣工验收工作。

2018年市水务局隧洞处批复维修项目实施方案，共计10项，完成投资399万元。其中日常维修工程项目共计8项（包括一项引滦渗水补偿费65万元，根据《关于引滦入津隧洞迁西段渗阻水影响沿线居民生产生活等问题的补偿协议》），投资254万元；专项维修工程项目共计2项，投资145万元；大修工程1项，批复资金825万元。

（1）日常维修工程项目。

隧洞维修维护项目，投资65.7万元。按照《市水务局关于2018年引滦隧洞日常维修维护项目实施方案的批复》的要求，每季度或通水后对隧洞底板进行垃圾清理，对隧洞里程桩号进行清洗，年初对各类观测仪器进行检测维修、校验，隧洞衬砌表面钙质清除，隧洞底板破损维修，每月对洞内监测断面及洞线监测站检修维护；对2号、6号、9号、15号支洞混凝土路面进行清扫、垃圾清运，破损修复，对支洞铁门、栏杆、台阶、排风机及照明等设施设备进行维修养护，检查井、通风井墙面粉刷；支洞周边及洞顶矿坑回填，对破损支洞口及护坡等设施进行修复，对洞线界桩、宣传牌进行更换。完成主要工程量：隧洞内部日常维护11.39千米、隧洞排水孔疏通6440孔19.32千米，隧洞支洞维护4座，隧洞外部维护12.3945千米。工程于2018年3月15日开工，12月15日完工。

明渠河道维修维护项目，投资4.70万元。按照《市水务局关于2018年引滦隧洞日常维修维护项目实施方案的批复》的要求，对出口明渠底板破损混凝土进行凿除、修复。进洞铁门、出洞铁艺花饰门进行除锈刷漆。对出口明渠两侧破损防护网、栏杆及时进行拆除、更换，对明渠、河道两侧草坪、乔木、灌木等植物进行修剪、浇水、打药、施肥等维护。完成主要工程量：底板破损混凝土凿除修复12立方米，进洞大门除锈刷漆24.80平方米，出口明渠两侧栏杆更换安装11米、防护网更换安装48平方米，明渠河道两侧草坪树木的日常养护。工程于2018年3月15日开工，12月15日完工。

水闸维修维护项目，投资5.80万元。按照《市水务局关于2018年引滦隧洞日常维修维护项目实施方案的批复》的要求，每周对进口检修闸、出口防洪闸闸室及周边环境进行保洁；年初及汛前对启闭机进行维修维护及机体防腐处理；对电气设备、操作设备等设备日常检查维修，对防雷接地设施进行检查维护，开展防雷检测；每季度对钢丝绳进行1次清洗、上油维护；年初对进、出口闸门进行1次限位调整。完成主要工程量：机体表面防腐处理24平方米，电动设备维护2套，配电设备维护2套，操作设备维护2套，避雷系统维护2套，设备等级评定2次，钢丝绳维护1项，汽油52升，黄油15袋，闸门限位调整，闸室及闸区周边的日常清洁等。工程于2018年3月15日开工，12月15日完工。

水环境保洁项目，投资35万元。按照《市水务局关于2018年引滦隧洞日常维修维护项目实施方案的批复》的要求，对隧洞工程进、出口明渠周边、纪念碑周边及出口公园实施常态化日常保洁及集中整治。雇用保洁人员对进口明渠及进口纪念碑周边进行日常保洁、垃圾集中堆放，每周雇用车辆人员进行垃圾清运，购置工具及劳保用品、及时更换院内破损垃圾桶；雇用保洁人员对9号支洞及烈士纪念碑周边进行日常保洁、垃圾集中堆放，每周雇用车辆人员进行垃圾清运，购置工具及劳保用品、及时更换院内破损垃圾桶；雇用保洁人员对出口明渠及出口公园进行日常保洁、垃圾集中堆放，每周雇佣车辆人员进行垃圾清运，购置工具及劳保用品、及时更换院内破损垃圾桶；与炸糕店村建立共建共享机制，向明渠周边村户定期放发小型垃圾桶及垃圾袋，由专人每天收集明渠周边生活垃圾，每周雇佣车辆人员进行垃圾集中清运，每季度组织人员、车辆开展1次水环境集中整治。完成主要工程量：进、出口明渠保洁1005米，纪念碑保洁2座，出口公园保洁8000平方米，与出口明渠所在炸糕店村共建共享，水环境保洁日期全年。

树木病虫害防治项目，投资5.00万元。按照《市水务局关于2018年引滦隧洞日常维修维护项目实施方案的批复》的要求，处机关补栽法桐3株，白玉兰4株；进口站院外道路两侧补栽金叶槐3株，进口站院内斜坡补栽金叶槐5株；15号支洞院内补栽杨树15株，补栽柏树8株；出口站院内补栽杏树5株，李子树2株；出口明渠及公园补栽垂柳12株；树木补栽完成后及时支撑、浇水、养护。根据病虫害特点，选择针对性的防治药品，采用人工配合打药机对树木打药，全年共计2次。完成主要工程量：管辖范围内2600株树木进行病虫害防治，全年人工打药2次，补栽枯死树木57株。工程于2018年6月1日开工，10月10日竣工。

管理设施维护项目，投资63.93万元。按照《市水务局关于2018年引滦隧洞日常维修维护项目实施方案的批复》的要求，对处机关、站点办公楼及院区房屋防水、门窗、室内装饰、电气线路、防雷设备、采暖设备、绿化设施等办公设施设备进行维修维护。

1）屋面防水维修。拆除、更换雨水管（雨水斗、弯头）45米，9号支洞房屋铺贴SBS改性沥青油毡防水层318平方米；室内外油漆涂刷维护：出口站房屋进行内墙粉刷1378平方米、出口站办公楼廊柱重喷真石漆73平方米，9号支洞房屋内墙粉刷884平方米，处机关警卫室外墙更换真石漆面层128平方米；门窗维修维护：处机关、站点破损门窗整修30扇、更换窗纱18平方米；楼梯地面维修维护：室内破损台阶、地砖修复33.40平方米、踢脚线更换25米；更换破损照明灯具、开关、插座60套；处机关站点办公楼防雷设施检测维护。

2）锅炉维护。对进、出口站2台60千瓦电锅炉的补水泵、循环泵、除污器等设备进行检查维修；对电控柜进行检查维护，损坏部件及时进行更换；对膨胀水箱、锅炉管路、法兰闸阀、排污阀等部件进行维修更换及备品、备件的购置；供暖前开展系统管路除垢、水压试验、仪表校验及供暖系统的调试运行等。

3）机关站点维护。地坪、甬路维修维护：拆除更换院区破损火烧板地坪48平方米，拆除更换院区破损卵石甬路4.50平方米、敷设路牙石9米；卫生洁具整修：拆换破损台盆5套、拆换破损便器7套、拆换各类龙头阀门等共26套；电气照明设施整修：对办公院区各类破损照明灯具共30套进行维修维护，对院区2座箱式变压器进行检查维护；对管理范围内草坪、灌木、花卉、绿篱等各类绿化设施进行日常养护；院墙粉刷：对出口站院墙进行重新粉刷，粉刷面积984.40平方米；纪念碑维修维护：对进口纪念碑8.96平方米破损花坛面砖进行更换，凿除、修复破损混凝土台阶25平方米；消防设备维护：对处机关、站点各类灭火器进行重新充装换粉。

4）水源热泵维护。空调通风系统维护：对风机盘管进行一次全面清理维护，拆换5台破损风机盘管；对回风口（带滤网）进行一次全面的清理维护，拆换损坏回风口20套；对散流器进行一次全面的清理维护，拆换损坏散流器15套；对破损的温控开关、冷凝水盘等及时进行更换；机组运行前对系统进行1次检查、调试。空调通水系统维护：对破损的法兰蝶阀DN125、铜球阀、过滤器Y型DN20、动态平衡电动两通阀DN20等及时进行更换；机组运行前对系统进行1次检测、调试。机房设备维护：运行前对2台机组进行检测维护；对冷凝器、蒸发器、循环泵等设备进行维护清理，对定压设备、水泵、电控柜等进行检测维护等。

5）完成主要工程量。办公房屋维修13506平方米，院区面积维护76098平方米。工程于2018年3月15日开工，12月15日完工。

隧洞处计算机及视频监控设备维护项目，投资8.87万元。按照《市水务局关于2018年引滦隧洞日常维修维护项目实施方案的批复》的要求，每月对机房、配线间及弱电井的环境进行检测；每季度检查空调1次，加氟，更换易耗品、损坏零部件，出现故障及时修复；每季度检测UPS系统1次，更换损坏蓄电池和其他零部件；每半年防雷检测检测1次，对设备进行除尘，逐一检测信息点避雷和接地性能，进行故障隐患处理，更换故障零部件；每月对计算机及网络系统巡视检查1次，及时排除所发现的故障隐患，更换故障零部件；每月对处机关、进口站、出口站及永久支洞口视频监控系统巡视检查2次，对设备进行除尘清理，排除发现的故障隐患，更换故障零部件。完成主要工程量：机房柜式空调维护1台，机房壁挂式空调维护1台，小型UPS电源运行维护3台，防雷系统维护1项，计算机维护15台，打印机维护8台，30兆联通专缆1项，视频监控系统维护1项。工程于2018年3月15日开工，12月15日完工。

渗水补偿费项目，按照《市水务局关于2018年引滦隧洞日常维修维护项目实施方案的批复》的要求，根据《关于引滦入津隧洞迁西段渗阻水影响沿线居民生产生活等问题的补偿协议》，2018年引滦隧洞渗水补偿费用65万元。

（2）专项维修工程项目。

隧洞温度计观测设施更新工程，投资77万元，拆除原观测设施，沿隧洞边墙高度4米的位置安装不锈钢槽式桥架，敷设电缆；将电缆与传感器连接，在进口站、2号支洞、6号支洞、9号支洞、15号支洞等观测断面各埋设10支温度传感器，出口站断面埋设2支温度传感器；将电缆与地表观测站的集线箱连接，对仪器进行测试，确定初始值并与原观测数据对比。完成主要工程量：拆除原观测设施，更换埋设温度传感器52只，桥架安装2220米，电缆敷设17000米，安装集线箱6个等。工程于2018年4月15日开工，9月15日竣工。

隧洞处办公楼北侧墙面及附楼外墙改造工程，投资68万元，完成主要工程量，办公楼GRC造型柱及骨架拆除360.58平方米、真石漆墙面铲除710.35平方米、外运渣土107.09立方米，EPS装饰线安装117.54米，EPS装饰柱38.42米，外墙真石漆710.35平方米；附楼GRC造型柱及骨架拆除172平方米、真石漆墙面铲除603.30平方米、外运渣土77.53立方米，EPS装饰线及扶手线安装389.68米，EPS装饰柱272个，外墙真石漆603.30平方米；搭设双排脚手架1752平方米，垂直运输1项等。工程于2018年4月15日开工，9月15日竣工。

（3）大修工程。

引滦隧洞重点病害治理2018年实施段工程。2018年8月1日开工，12月30日完工，工程项目主要内容是对补强加固桩号4+800~5+400段隧洞进行病害治理，治理长度600米。主要包括伸缩缝治理、裂缝治理、低强混凝土治理、脱空洞段治理、底板冲坑麻面治理及衬砌表面治理等。2018年，完成伸缩缝表面清理285平方米，剔槽950米，高弹性砂浆回填3420千克，遇水膨胀胶条950米，胎基布950米，单组份聚脲760千克，排水孔D50 2128米，排水管D50 334米，排水软管532米。完成边墙及底板裂缝处理693.60米，顶拱裂缝处理（环氧胶泥）633米，超细水泥灌浆69.36米，裂缝化学灌浆（聚氨酯）624.24米，渗水点化学灌浆（聚氨酯）196.25平方米，排水孔D50 1214米，排水管D50 191米，裂缝锚杆0.63吨。完成低强混凝土凿除运10千米30.96立方米，C25W6F150衬砌混凝土30.96立方米，丙乳界面剂123.82立方米，排水孔D50 108米，排水管D50 17米，钢筋0.85吨。完成原混凝土表面钙质清理1491.27平方米，化学灌浆（环氧浆液）1355.70平方米，排水孔D50 1186米，排水管D50 186米。完成顶拱及边墙回填砂浆153.73立方米，顶拱及边墙回填水泥浆271.19立方米，底板回填砂浆226.58立方米，底板回填水泥浆45.32立方米。完成底板混凝土凿除凿毛1856.20平方米，环氧砂浆74.25立方米。衬砌表面处理：衬砌表面清理1938.80平方米，衬砌表面修补找平1938.80平方米，衬砌防碳化涂层4080平方米。完成外部电源工程0.50千米，路由费0.50千米，开闭站建设1座。室外箱式变电站S11－100千伏安10/0.4 1座，室外低压配电控制柜（配45千瓦软启动器）1面。升压器1台，防水工矿灯（150瓦钠灯）25套。接地及防雷系统0.50吨，高压电缆ZRYJV22－8.7/12-3×12020米，低压电缆ZRYJV22－3×35+2×160.40千米，低压电缆ZRYJV22－5×250.05千米，低压电缆ZRYJV22－5×160.30千米，低压电缆ZRYJV－3×101.60千米，控制电缆ZRKVVP－14×1.50.10千米，电缆槽100×500.90千米，电缆附件（支架、电缆头、预埋件）1项。视频监控1项。离心通风机1台。累计完成合同工程量的100%。

3. 隧洞洞线保护

2018年，继续加强洞线巡视巡查，按照要求开展巡视检查。全年共出动执法车辆75车次、225人次、巡查里程929千米。利用安防监控系统开展了全天候不间断电子巡查。开展了洞线占压清理工作，清理占压体积1600立方米，恢复了地表洞线工程原貌。处理水事违法事件8起，有效地保护了洞线安全，确保了隧洞工程安全和输水安全。开展普法和水法宣传活动，“七五”中期普法、水法规宣传“六进”活动，共出动车辆22车次、65人次，召开座谈会2次，与重点企业签订工程及水环境保护承诺书3份。录制“我与宪法”微视频1部，制作展板5块、发放宣传书籍60册、张贴挂图标语等150幅，干部职工参加网上普法答题37人。隧洞处全体干部职工及隧洞工程沿线村庄和企业受教育人数达3000多人，隧洞沿线群众自觉保护国家重点工程自觉性进一步提高。组织开展供水突发事件应急演练。完成隧洞处安全生产标准化二级创建工作，推进了安全生产网格化管理，重点对隧洞工程、机关闸站办公设施、安全度汛等进行了拉网式专项检查18次，安全生产日常监督检查9次，专项检查20次，开展反恐检查、宣传50次，确保反恐重点目标进口闸的绝对安全。开展消防知识培训和消防演练。严格落实了扫黑除恶专项治理工作部署，按市水务局通知要求，对隧洞处辖区涉黑涉恶势力排查10次，并及时向市水务局上报相关工作信息。

（隧洞处）

【黎河管理】

1. 黎河日常维护工程

（1）2018年黎河日常维修维护项目施工。

2018年黎河日常维修维护项目施工，于2017年12月19日在天津市水务工程建设交易管理中心网发布招标公告，2018年1月15日开标，经评标委员会评议，确定天津市水利工程有限公司为第一中标候选人，1月19日向天津市水利工程有限公司发出中标通知书。

2018年黎河日常维修维护项目施工：①黎河河道工程包括黎河河道内外堤坡维护、黎河堤顶道路岁修及维护、黎河跌水坝岁修、黎河河道清淤、黎河支流口治理工程；②黎河河道封闭维护；③黎河树木病虫害防治；④黎河上游尾矿堆绿化养护；⑤黎河管理设施维护。工程于2018年2月1日开工，12月15日完工。

（2）水环境日常保洁。

保洁公司负责对黎河57.6千米输水河道及两岸20米可视范围内进行专业保洁养护，同时对黎河西铺绿化带、大安乐庄绿化带、龙湾绿化带、马各庄绿化带4个沿河生态绿地公园进行专业保洁养护。确保管理范围内水面、岸坡、河床、道路、桥梁、护栏网、警示宣传标志标识等整洁美观、无污染物。龙湾村、马各庄村垃圾进行清理。工程于2018年2月1日开工，12月31日完工。

（3）黎河处基层站所视频监视项目。

工程包括崔家庄河道管理所院区布置：大门入口1台；楼后两角各1台；楼西侧1台；楼前2台；院区南部2台；办公楼入口1台，共计9台。前毛庄水文站院区布置：大门入口1台；楼后两角各1台；楼东西侧各1台；楼前2台；院区南部2台；测验楼入口1台；南入口1台，共计11台。宫里河道管理所院区布置：大门入口1台；办公楼四周各1台；办公楼东院区4台；办公楼西院2台，共计11台。工程于2018年3月30日开工，4月11日完工。

（4）黎河信息系统运行和维护项目。

工程包括河道视频监视运维，对室外彩色摄像头27台，音频功率放大器27台，液晶显示器9台，单模光纤收发器56台等设备进行运行维护，计算机及网络系统运维，PC机及笔记本电脑、交换机、服务器、打印机、复印机等设备进行运行维护。工程于2018年1月1日开工，12月31日完工。

2. 黎河专项维护工程

2018年黎河专项维护工程共2个项目：

（1）黎河高各庄2号桥至杨家庄桥左岸绿化工程。

工程批复投资133万元。此项工程于2017年12月26日在天津市水务工程建设交易管理中心网发布招标公告，2018年1月23日开标，中标单位为天津市水利工程有限公司。工程于2018年3月21日开工，4月20日完工。4月20日通过完工验收。完成投资130.6659万元，工程结余2.3341万元。

（2）小安乐庄桥上左岸泄洪涵洞改造工程。

工程批复投资24万元。工程于2018年3月15日在天津市政府采购网发布招标公告，3月29日开标，中标单位为天津市海拓水利工程有限公司。工程于2018年4月15日开工，5月24日完工。6月1日通过完工验收。完成投资23.9992万元，工程结余0.0008万元。

3. 输水管理

（1）输水计量。

输水初期，加密水位观测次数，掌握完整的输水涨水期水情变化过程，适时增加流量测验，及时修订临时曲线提高输水计量精度。输水过程中，利用水位固态存储系统对水情实施24小时实时监测，采用流速仪法、ADCP实测流量73次，测得水情变化全过程。截至2018年12月31日，全年实现安全输水104天，累计拍发水情电报1246份，累计输水总量3.134亿立方米。

（2）水质监测。

按要求每月两次对5个取水点（隧洞出口、高各庄2号桥、东滩桥、前毛庄桥、果河桥）进行取样化验。为掌握支流水质情况，汛期每次大雨过后都对支流口进行查看、监测分析，评价支流水环境状况。按照《水质检测任务书》的要求，每月5日、20日对监测断面进行日常水质监测及输水水头跟踪化验，并及时做好曲线水质分析工作。全年出动车辆19次、人员57人次、取得水样88个、监测数据440个。各类监测数据的准确掌握，为开展黎河水环境综合治理提供了翔实可靠的基础数据。为满足汛期水质化验需求，汛前新购HR30D监测设备及氯化物分析仪等试剂设备，2018年汛期共采集水样59个，监测数据531组。为掌握黎河水质情况提供了可靠数据。

（3）防汛工作。

汛前修订完善了《防汛预案》，开展了防汛知识培训及演练，确保了安全度汛。2018年1月1日—12月31日，前毛庄水文站总降雨量为790.8毫米，降水日数58天，其中汛期（6—9月）降雨量675.0毫米，降水日数41天。2018年黎河共出现5次洪水过程，其中利用ADCP抢测最大洪峰流量128立方米每秒，最高洪水位27.65米（大沽高程）。第1次洪水出现在7月17日19时38分，最大洪峰流量59.0立方米每秒，7月18日1时实测洪水退水流量35.7立方米每秒。第2次洪水出现在7月24日13时30分，水位开始上涨，起涨水位26.11米；15时25分实测水位涨至26.22米，实测流量18.0立方米每秒；18时15分出现最大洪峰流量23.6立方米每秒；此后水位开始出现下降趋势；7月25日8时6分水位再次起涨，起涨水位26.33米；10时12分实测水位涨至26.51米，实测流量37.9立方米每秒；14时30分出现最大洪峰流量45.9立方米每秒。第3次洪水出现在8月8日6时6分，起涨水位26.06米，7时49分出现最大洪峰流量48.8立方米每秒，9时58分实测退水水位26.49米，实测流量35.5立方米每秒。第4次洪水出现在8月12日5时，6时8分实测水位涨至26.34米，实测流量30.4立方米每秒；7时47分出现最大洪峰流量128立方米每秒；16时查线退水水位降至26.60米，查线流量44.0立方米每秒。第5次洪水出现在8月14日6时30分，8时40分实测水位涨至26.47米，实测流量37.6立方米每秒；14时12分出现第一次洪峰流量111立方米每秒，14时54分水位再次起涨，16时水位涨至27.66米，16时58分实测洪峰水位27.68米，洪峰流量116立方米每秒。15日4时2分实测退水水位降至26.92米，实测流量59.7立方米每秒。

（4）污染源调查。

为准确掌握支流污染详细信息，为黎河周边环境治理提供依据，于2018年5月4—18日开展了沿岸支流污染源调查工作，对主要汇入黎河支流的污染源进行调查，调查重点为主要支流污染源的类型、数量，并与2017年污染源调查的数据进行了分析对比。分析结果为：通过河北省遵化市政府环境大整治行动，黎河河道、支流周边工业厂矿数量及支流沿岸垃圾持续减少；畜牧养殖及生活垃圾依旧是主要污染源。另外，经河北省遵化市政府环境大整治行动后，虽然支流垃圾污染状况得到明显改善，但缺乏后续管理，支流环境污染有反弹迹象。

（5）水环境管理。

按要求每月两次对5个取水点（隧洞出口、高各庄2号桥、东滩桥、前毛庄桥、果河桥）进行取样化验外，为掌握支流水质情况，汛期每次大雨过后都对支流口进行查看、监测分析，评价支流水环境状况。各类监测数据的准确掌握，为开展黎河水环境综合治理提供了翔实可靠的基础数据。按照水质监测要求，水保科及时对输水水头跟踪化验并完成常规断面（炸糕店桥、高各庄2号桥、东滩桥、前毛庄桥、黎河果河桥）的水质监测，全年出动车辆19次、人员57人次、水样88个、监测数据440个。在落实常态化保洁工作中，采用日检查，周抽查、月考核的方式，结合考核座谈会，对发现的问题及存在的难点进行讨论，提出针对性建议，促进了保洁工作高质量地完成。

4. 河道管理

（1）河道管护。

为确保河道水工建筑物的完好，三个基层管理所坚持每日两次巡查河道。输水期间，黎河处主管处领导全部一线带队指挥，充实各部门青年职工到查护水一线，实行24小时不间断巡视，并将巡查范围扩大到沿河支流，截至2018年12月31日，完成日常河道巡视及查护水任务6460余人次，确保了黎河输水期间没有水污染事件发生。

（2）河道保洁。

河道保洁实现常态化、规范化管理。为使保洁机制落到实处，2018年1月通过招标方式与遵化市宏宇劳动服务公司签订了河道保洁合同，制定了考核奖惩办法。考核范围包括黎河57.6千米输水河道以及管理范围内的水域、陆域、绿化及相关的水工建筑物，汇入黎河的主要支流口以上50米范围内支流河道保洁等。实行日检查、周抽查、月考核管理模式，增加每月一次的保洁考核工作现场座谈，开展两次水环境集中整治活动，巩固了保洁效果，黎河管理范围内保洁覆盖面、到位率均达到100%，水环境持续改善。统计全年出动巡查720余次，巡查人员2160余人次，保洁员37126人次，清理垃圾2402立方米。

（3）水政执法。

为有效开展水行政执法工作，加强部门间的

协调配合，黎河处把水务治安分局、地方政府相关部门纳入水环境保护应急工作范畴，2018 年全年共组织召开了“三位一体”工作会议 12 次，开展联合巡查活动 40 余次，出动车辆 52 余车次，出动人员 350 余人次，确保了黎河水环境的安全。在此基础上，联合遵化本地乡镇政府、公安派出所、水务、环保、工商等多个部门，开展了专项整治活动，重点对河道管段范围内电鱼、游泳、洗车、放牧、摆摊设点等行为开展了集中治理行动，黎河输水环境得到进一步改善。全年组织水政巡查 955 人次，及时发现并制止洗衣、电鱼、捕捞水蛭等违法违规水事行为 42 起，有力维护了黎河良好的水事秩序。

（4）水法宣传。

通过“世界水日”“中国水周”“12.4”全国法制宣传日等宣传节点，深入机关、乡村、社区、学校、企业、单位开展水法律法规宣教活动。全年开展水法宣传 32 次，173 人次；印制宣传绶带 40 条；张贴水法律法规及水事保护标语 200 条；散发宣传材料 2100 余份；宣传挂图 80 余张；宣传特刊 60 余份；宣传文具 30 余套、学生书包 30 个、铅笔 30 桶、铅笔刀 30 个，作业本 200 包。张贴河道管理范围禁止行为通告 60 余张，宣传教育周边群众 1000 余人次，让沿岸群众逐步养成自觉保护引滦水的良好习惯，使黎河沿岸的执法环境不断改善。与遵化市广播电视台签约，利用当地有线电视平台，滚动播放保护引滦水源的宣传条目，扩大水政宣传范围；租用遵化市内主要街道电子大屏幕，宣传与当地共建共享工程的成果，加大黎河水源保护工作的影响力。

（黎河处）

【明渠管理】

1. 引滦潮白河明渠管理段

（1）明渠水生态环境建设。

2018 年，按照国家级水管单位标准，加强明渠维护，提高管理水平；根据实际情况对整段明渠维护、整治，并实行了明渠水生态环境常态化管理工作。

实行水环境常态化保洁工作，每日组织人员对明渠沿线水面漂浮物进行打捞，2018 年出动人员 1300 余人次，车辆 190 余车次，汽艇 40 余航次，打捞水草、杂物等 1100 余立方米，有效维护了明渠水环境。

严格按照明渠巡视检查制度进行巡视检查，全年累计巡视 6500 余人次，出动巡视车辆 1600 余车次、巡逻艇 50 余航次，期中夜间巡视 900 余人次，节假日增加巡视 200 人次以上。

加强水质监测力度，2018 年共完成水质隔日检监测 123 次，周检监测 52 次，临时加测 63 次，监视性断面监测 12 次，明渠水体及外水巡查 51 次，共出具水质监测数据 1749 个。

开展水源保护区范围内垃圾点位集中排查清整工作，对辖区引滦明渠沿线临近村庄、商铺、小工厂、小作坊、重点口门附近等点、面污染源进行严密巡查防控，全年累计清除各类垃圾杂物 1000 余立方米，其中清捡堤坡、台田碎石、垃圾、枯枝等 300 余立方米；清理所辖区内及护网外垃圾杂物 600 余立方米；全面清理积水槽内杂物 5 次，清理了一级保护区范围内明渠周边村庄居民倾倒垃圾点、养殖点 9 处。

开展水法宣传，深入引滦明渠沿线临近村庄、学校，通过口头宣讲、发放宣传册、张贴标语、悬挂标幅以及电台、电视台广播等形式进行水法水环境保护宣传，2018 年全年共开展水法规宣传活动 21 次，共出动宣传车辆 21 车次，参加宣传人员 80 余人次，发放宣传材料 5000 份、宣传手册 1700 份，张贴宣传图片 600 张，直接受教育群众 8000 余人次。

（2）明渠管理常态化。

严格按照《天津水务集团有限公司原水工程巡视检查管理办法（试行）》的规定和要求，坚持水闸“日清扫、周擦拭、月检修”的管理制度，对机电设备实行全方位跟踪与检修。对沿线 12 座水闸进行全面维修养护，确保设备完好率达 98% 以上。

（3）明渠堤埝管理。

按照明渠专业管理标准，对 34.2 千米明渠堤埝进行高草清除 5 次，雨后及时平整雨淋沟 5 次，清除集水槽内杂物 5 次。对所辖区内树木进行病虫害防治打药 4 次；完成护网维修 400 余处。自 11 月下旬起，潮白河分公司投入人力 4000 余工日、旋耕犁机械设备 160 余工日，利用月余时间对 34.2 千米明渠两岸沿线堤坡落叶进行集中全面清理，进一步维护明渠水生态安全，消除冬季消防安全隐患。

2. 引滦尔王庄明渠管理段

2018 年，完成明渠辖区及一级保护区日常巡视检查 730 次，专项巡视检查 10 次，二级保护区巡视检查 4 次；完善共建共享机制，与尔王庄、尔辛庄村签订协议书 2 份；全年完成 955 棵树木的补栽工作；完成春尺蠖、美国白蛾和斑衣蜡蝉的防治工作 7 次。

3. 引滦市区明渠管理段（原宜兴埠明渠段）

（1）维护管理。

2018 年引滦市区分公司按照水务集团考核标准，根据实际情况对所辖明渠进行维护管理。本年度对所辖输水明渠巡检 810 余次，人员 1836 人次，车辆 870 余车次。

水环境治理工作。制定全年水环境保护工作方案及落实措施，完善保洁常态化机制。全年常态化保洁结合水环境集中整治，共出日常养护人员 1600 余人次，累计清运堤坡落叶枯枝、杂物、漂浮物 630 余立方米，清扫路面桥面 200 余次，使引滦市区分公司输水明渠水环境得到有效改善。

明渠日常管理工作。日常养护全年清理死树 200 余株，堤坡除草 4 次，共计 350 余万平米、修补护网 200 余片、树木修剪 2 万余株，刷白树木 5 万余株，树木病虫害防治 3 次、堤坡整治 1000 延米、树木补栽 500 余株，此外还完成了输水明渠全段口门铁艺护栏的整体维护加固。

普法宣传教育工作。以“世界水日”“中国水周”为契机，悬挂宣传布标 20 余幅，组织人员走访沿线村庄、学校、企事业单位，出动宣传人员 200 人次，发放宣传单 1200 余份，宣传品 600 余份，提高了沿线村民保水护水意识。

（2）工程建设与维修。

明渠生产桥隐患治理工程。工程投资 612.37 万元。工程内容为依据桥梁安全检测报告，对辖区 5 座引滦明渠生产桥进行隐患治理，完善生产桥桥面雨水收集系统，保证引滦明渠输水安全。工程结束后将消除隐患，保障安全输水。工程于 2018 年 6 月开工，2019 年 1 月完成建设任务。

宜兴埠水源地所水质在线检测仪器移至引黄出口闸工程。工程投资 62.83 万元。工程内容为引黄出口闸处新建 1 座水质检测仪表间，将宜兴埠水源地所 6 套水质在线检测仪表移至新建仪表间，数据远传至引滦市区分公司中心控制室。工程结束后可在引黄出口闸处设置水质检测点同时对引滦明渠向市区输水水质、引滦暗渠输水水质、引江向尔王庄水库逆向输水水质和宜兴埠水源地槽蓄水水质进行检测。工程于 2018 年 6 月 30 日开工，8 月 30 日完工。

（水务集团）

【暗渠管理】

1. 州河暗渠管理

工程巡查。暗渠工程全长 34.14 千米，3 孔（4.3 米×4.3 米）箱涵，沿线设 9 个进人孔、6 个检修闸、1 个调节池（于桥处辖段为 6 号检修闸以上部分），为确保暗渠输水安全，保障工程设施设备完好，完善巡视巡查制度，暗渠管理人员严格执行巡视巡查计划，做好暗渠沿线巡查执法工作。市环境保护督察第十四组提出引滦州河暗渠占压问题，引起高度重视，迅速成立引滦暗渠占压问题专项整改小组和现场工作组，联合水政监察总队、引滦工管处下达《责令停止水事违法行为通知书》，及时完成对金奥通水泥制品有限公司、储源钢材销售、刘瑞召水管构件厂 3 家企业渠顶占压问题清理，同时开展暗渠全线排查。市水务局、蓟州区政府联合召开引滦州河暗渠占压清理工作会议，成立了暗渠占压清理指挥部，制定了《关于清理引滦暗渠占压工作的实施方案》，分宣传动员、自行清理、集中清理3个阶段完成全部暗渠占压清理工作。截至2018年年底，完成引滦州河暗渠管理范围内占压清理的入户宣传及通告的发放工作，发放宣传材料200余份，张贴通告90余份，增设界桩33对，暗渠巡查执法共出动900余车次，2000余人次。

输水调度。2018年，共接收调度指令44次，运行管理人员严格按照输水调度指令和规程操作，控制闸门开度，确保安全输水。冰冻前，做好对前池吹冰设施定时器的改造工作，保障水工建筑物正常运行。同时，做好发电机日常检查记录，及时完成防冻液的更换工作，并确保发电机正常运行。

工程养护。根据《水闸技术管理规程》，定期对闸室、闸门、启闭机、电气及控制设备、钢丝绳、混凝土建筑等设施设备进行检查，完成隐患排查工作。对闸室卫生环境实行“日清扫、周擦拭”，确保环境整洁。汛前，做好备用电源切换调试工作，保障汛期备用电源可随时投入运行，确保安全度汛；汛后，做好防汛物资的清点及备用电源的养护工作。

安全生产。本着“隐患就是事故，事故必须处理”的安全理念，认真落实暗渠安全管理责任，定期对暗渠进口闸、州河节制闸、小沙河排污闸、调节池等水工建筑物、机电设备的运行安全进行检查，对暗渠输水线路及用电安全进行详细排查，及时消除安全隐患，确保安全生产“零”事故。同时，组织暗渠所人员做好暗渠反恐演练及防火演练等工作，旨在提升部门人员的安全责任意识和火灾防控意识，确保暗渠所安全生产工作有序开展。

2. 潮白河暗渠管理

2018年，潮白河分公司坚持自暗渠6号检修闸至暗渠出口闸的巡检管理常态化，按照《引滦工程管理考核标准》，在加强对暗渠、地表建筑、覆土、三桩、宣传牌等设施日常养护、管理的同时，巡视人员每天至少一次对暗渠及6号检修闸进行检查巡视，节假日和汛期加密巡检次数，对发现的隐患问题及时上报、妥善解决。结合水务治安派出所对在暗渠管辖范围内挖沟、取土、堆放物料、非法施工等，严格遵照相关法规及时进行处理，确保了暗渠无占压、无违章建筑，工程设施安全。

3. 引滦尔王庄暗渠管理段

严格执行《渠库巡视检查制度》，对所辖暗渠进行经常、定期和特殊检查，每天至少进行1次巡视检查，对检查中存在的问题及时上报、及时解决；全年完成暗渠季检修工作2次。

4. 引滦市区暗渠管理段（原宜兴埠暗渠段）

本年度对输水暗渠巡检共计460余次，人员1032人次，车辆510余车次。协助北辰区水务局将北辰境内输水暗渠红线区沿线占压建筑物全部进行拆除，并将红线区全部鱼池进行填平。引滦市区分公司落实红线区管理主责，依据输水暗渠现状，制定引滦输水暗渠红线区后续管理方案，并将于2019年初组织实施。同时，为了健全引滦水源管理机制，结合现行法律法规中相关规定，引滦市区分公司积极协调建立引滦水源联合监管机制，与水务集团供水运行管理中心、北辰区水务局、北辰区国土资源分局、北辰区市容和园林委员会、北辰区环境保护局及水源属地四个镇政府共同签署《北辰区引滦水源保护区联合监管机制》。

（于桥处　水务集团）

【宜兴埠水源地管理】 宜兴埠水源地管理所坐落于天津市北辰区宜兴埠镇以东，占地9.333公顷。该水源地于1983年建成投产，设计日输水能力165万立方米。1996年进行二期扩建，设计日输水能力增至275万立方米。总装机容量18820千瓦。宜兴埠水源地有输水泵房2座、出厂流量计3台、35千伏电站1座、10千伏电站13座、调节池2个，化验室1个、水质在线监测站1个、10个班组。原水管网约24.2千米。

宜兴埠水源地管理所现承担引江输水任务，通过原水管网为市区三大水厂输送原水。对原水水质进行检验与监测，为净水厂提供原水水质数据。同时具备随时为全市输送滦河原水的供水功能。

工程建设与维修。水源地所院区消防设施改造工程，投资 18.23 万元，工程内容为在二期泵房出水闸室内安装消防泵 2 台，新建闸井 2 座，改造后能够提高原水管道压力，满足厂区消防用水需求；工程于 2018 年 7 月 5 日开工，9 月 3 日完工。水源地所 DN2000 及 DN2500 原水管道更新复合式空气阀工程，投资 99.95 万元，工程内容为更换 50 个原水管道排气阀，对 6 座井室进行防渗处理，改造后保证原水管网放气设备的正常运行，从而保证安全供水；工程于 2018 年 7 月 22 日开工，9 月 12 日停工。水源地所一、二期泵房、闸室穿墙套管及闸室保险闸维修工程，投资 47.83 万元，工程内容为闸室穿墙套管周边墙体维修 177 平方米，24 台保险闸解体检修，改造后保证了闸室穿墙套管周边墙体的结构安全性及保险闸设备的正常运行；工程于 2018 年 7 月 18 日开工，9 月 3 日停工。项目二和项目三于 2019 年 5 月开始复工，结合引滦宜兴埠水源泵站 DN2000 出水管线切改工程管道停水期间展开施工，项目二于 2019 年 7 月 8 日完工，项目三于 2019 年 6 月 27 日完工。

（水务集团）

供水管道管理

【概述】 2018 年，滨海水业严格按照《引滦输水管道连通操作规程》《引滦输水管道突发性供水安全事故应急处置抢修预案》《引滦输水管线闸阀及连通工程操作管理规定》开展各项工作。完成 15 次管线应急抢修，实施潮白新河治理工程乐善橡胶坝至宁车沽防潮闸段供水管线专项切改工程等 3 项切改工程，切改原水管线 483 米。开展 1 次管道全线闸阀重新编号工作，全年完成 120 余次闸气阀、闸气阀井及标志桩牌的维护维修任务。

【供水管道切改】

实施三项管道专项切改工程：

（1）潮白新河治理工程乐善橡胶坝至宁车沽防潮闸段供水管线专项切改工程。

本工程位于滨海新区于家岭大桥附近，为保障引滦管线供水安全和正常维修维护，配合潮白河治理工程橡胶坝至宁车沽防潮闸段顺利完成，需对拟占压的既有管线进行改造。铺设 DN1200 钢制管道 280 米。此项工程于 2018 年 1 月 18 日进场施工，2 月 2 日竣工。

（2）天津华电军粮城六期 650MW 燃气+350MW 燃煤热电联产项目燃机出线塔区域施工占压入港管线切改工程。

该工程位于东丽区军粮城电厂院内。为保障引滦管线供水安全和正常维修维护，配合华电军粮城六期 650MW 燃气+350MW 燃煤热电联产项目施工，对受影响的引滦管线进行切改。新建军粮城支线长度为 24 米。工程于 2018 年 12 月 15 日进场施工，12 月 17 日竣工。

（3）新建北京至天津滨海新区铁路宝坻至滨海新区段站前工程津滨和入港管线切改工程（阎东干渠段）。

该工程位于宝坻区小宋庄村，为保证引滦管线供水安全和正常维护维修，配合京滨城际铁路项目施工建设，对占压的津滨和入港管线进行切改。将京滨城际铁路项目施工范围内所占压的原供水管线废除，新建 DN1400 津滨管线 84.38 米，DN1200 入港管线 94.96 米。工程于 2018 年 11 月 22 日进场施工，12 月 12 日竣工。

【供水管道保护】 2018 年初，滨海水业与管线沿线 17 个乡镇农业主管部门签订输水管道日常看护管理协议，负责引滦输水管道日常巡视检查工作。3 月 22—28 日是第三十一届“中国水周”，结合工作实际开展了多项宣传活动，制作了宣传横幅、宣传海报、宣传用品等，在滨海水业集团总部大楼、淮淀水利站、武清曹子里水利站等区域进行宣传张贴，邀请水务治安分局驻单位派出所走访2家管线沿线护管单位，讲解水法知识，提升法律意识。全年共计开展引滦管线巡视检查202次，其中水政、公安、工程“三位一体”联合巡视检查48次。发现引滦管线漏水抢修情况15次。

【输水管道维护】 2018年，组织专业队伍，每半年进行一次定期检修，完成对供水管道全面、系统地检查和维护。认真做好各供水管线气阀系统及阀门的检修保养和冬季防冻处理，分别于3月1日至4月1日和10月5日至11月5日对引滦入塘一期、引滦入塘二期、引滦入港、引滦入开发区、引滦入汉、引滦入杨、引滦入聚酯、引滦入开发区备用、引滦入津滨9条原水管线的气阀系统进行保温拆除及安装工作。对供水管道沿途钢管段阴极保护进行全面测试并记录，当阴极保护系统消耗到最低设计值时进行更换，对沿途供水管道上破损的气阀系统及阀门进行维修，安装丢失破损的井盖。并对供水管道沿线埋设的条例宣传牌、标志桩、公里桩、转角桩进行维护，并积极做好备品备件的补充购置。在日常对管线需要维护的情况，发现一处，处理一处，全年围绕维修、维护，重点开展了多项相关工作。

为了完善天津市引滦供水管线闸阀位置及关联情况，工程范围主要包含引滦入塘一期、引滦入塘二期、引滦入港、引滦入开发区、引滦入汉、引滦入杨、引滦入聚酯、引滦入开发区备用、引滦入津滨9条原水管线，共计管线总长度约560千米。于9月底前完成全部管线阀门编号工作。

【输水管道抢修】 引滦入聚酯管线宝坻区小宋庄漏水抢修工程。维修人员采用承插口打内涨圈和外抱箍的形式进行维修，于1月4日22时完成抢修工作。

引滦入津滨管线东大桥处附近漏水抢修工程。漏点为两处，维修人员采用重新安装转换口和漏水人孔焊接处理进行维修，于1月21日6时30分完成抢修工作。

引滦入塘1管线潮白新河于家岭大桥下游漏水抢修工程。维修人员采用安装DN1200内涨圈的形式进行维修，于1月29日20时完成抢修工作。

引滦入聚酯管线宝坻区尔王庄村漏水抢修工程。维修人员采用转换口打内涨圈方法进行维修，于2月1日20时30分完成抢修工作。

引滦入港东北郊热电厂支线金钟河南侧鱼池内漏水抢修工程。维修人员采用钢制外抱箍方式进行维修，于2月2日12时30分完成抢修工作。

引滦入津滨管线宁河区杨建村（北京排污河左岸）漏水抢修工程。维修人员采用转换口打内涨圈方法进行维修，于4月16日20时30分完成抢修工作。

引滦入杨管线入杨泵站下游60米处漏水抢修工程。维修人员采用在管内承插口处安装内涨圈方式修复，于6月27日2时完成抢修工作。

引滦入塘2管线于家岭大桥下游20米处漏水抢修工程。维修人员焊接安装钢制外包箍进行维修，于7月15日20时完成抢修工作。

引滦入港管线三煤气支线天钢集团班车停车场西侧闸井内气阀处漏水抢修工程。维修人员采用对气阀进行更换处理方法进行维修，于11月7日22时30分完成抢修工作。

引滦入港管线津塘公路下游1千米处气阀漏水抢修工程。维修人员采用对气阀进行更换处理方法进行维修，于11月12日18时30分完成抢修工作。

引滦入港管线津南区营盘圈附近管线漏水抢修工程。维修人员采用安装止水槽处理方法进行维修，于11月22日13时30分完成抢修工作。

引滦入港管线津南区八米河上游JZ16闸井内气阀漏水工程。维修人员采用对气阀进行封堵处理方式进行维修，于11月29日19时48分完成抢修工作。

引滦入港管线武宁路下游100米处漏水抢修工程。维修人员采用重新安装转换口、安装短节的形式进行维修，于12月18日15时完成抢修工作。

引滦入港管线大港水厂支线水厂院外漏水抢修工程。维修人员采用安装DN550外抱箍的方法进行维修，于12月23日15时20分完成抢修工作。

引滦入港三煤气支线管线漏水抢修工程。维修人员采用安装止水槽处理进行维修，于12月30日23时13分完成抢修工作。

（入港处）

于桥水库管理

【概述】 2018年，围绕工作目标，加强绩效管理、提升工作效能、促进工作落实，完成城市供水、安全度汛、水环境保护、库区封闭、水污染防治等工作任务。

【蓄水供水】 2018年，于桥水库总入库水量为8.45亿立方米，从大黑汀水库引水3.26亿立方米（未扣损），自产水量5.51亿立方米。总出库水量为8.03亿立方米，全年完成城市供水3.82亿立方米，国华、大唐两电厂用水量0.21亿立方米，向州河补水3.98亿立方米，向下游弃水0.02亿立方米。全年输水平均损失率为2.11%，低于5%的指标。

【水质监测】 按监测任务书要求，开展常规水质监测并及时上报《水质情况简报》；完成了水库草藻生长期间的水质巡视和监测；完成了前置库水质监测；完成了河长制考核对水库周边沟道的水质监测；完成了放水洞、暗渠入口的临时监测，及时为调度决策提供依据。加强水质监测数据分析，上报《水源情况周报》26期、《引滦饮用水水源地水质简报》12期；蓝藻应急响应期间，编写水质会商报告材料18期，水质分析会商决策支持系统、蓝藻水华卫星遥感监测和预测预警模型稳定运行，发布水生植被遥感监测报告16期、蓝藻水华监测预警报告21期、蓝藻水华卫星遥感监测报告22期，为水草打捞、蓝藻防控和应急处置提供了数据支撑和防控依据。

2018年累计采集水样3495份，出具监测结果数据21831个。其中常规监测采集水样803份，出具监测数据5528个；前置库采集样品355份，出具监测数据3153个；水库周边水平口、小沙河、蓟运河三条河道水质监测12次，采集水样36份，出具监测数据324个；降雨期间监测采样15次，采集样品96份，出具监测数据957个；3次引滦调水共采集水样72份，出具监测数据811个；水草生长期间采集样品434份，出具监测数据2111个；全年对库内藻类进行监测，采集样品1244份，出具监测数据5876个；上游潘家口、大黑汀水库采集样品306份，出具监测数据2296个；开展库区周边30条、131.5千米长沟道的河长制考核工作，并加强来水沟道的水质监测及水环境监督，采集样品142份，出具数据731个。

【水政执法】 2018年，水政工作重点围绕于桥水库安全供水、水生态保护开展常态化巡查和执法，重点打击辖区范围内使用机动船只、非法旅游、游泳、垂钓和破坏库区封闭护网设施等行为。全年累计巡查17527次，出动人员23053人次，车辆5059车次，136船次，制止各种水事违法5733起。

联合相关部门进行库区联合执法30次，现场制止水事违法事件63起，有效打击了破坏水环境和管理秩序的行为。其中自7月9日起于桥处配合蓟州区政府，依法拆除于桥水库北岸一级二级保护区内的非住宅经营性鱼馆、鱼池、垂钓园等设施，共拆除渔馆和垂钓园违规经营性设施4处，拆除面积约5000平方米。9月4—6日、10日、12日、13日，于桥处配合蓟州区五百户镇开展库区南岸一级水源保护区内违建拆除建筑垃圾清理工作，共清运出建筑垃圾5310立方米，运输车辆210车次，统计共出动执法车辆121车次，巡查人员251人次。蓟州区和市水务局联合开展了取缔于桥水库机动船只专项执法。库区7个镇56个村1200条渔船中，完成自行拆除机动设备船只1178条，上交柴油机1065台。集中清理行动立案查处水事违法行为3起，累计清理机动船只46条，扣押电瓶2块，操舟机1个，清理渔网73块。

按照年度宣传工作计划安排，组织并完成送法入校园宣传活动、世界水日中国水周法制宣传活动、宪法宣传和“扫黑除恶”专项斗争等宣传工作暑期库区宣传工作；通过发放“致渔民的一封信”“致公职人员的一封信”和在库区周边集市向库区百姓讲解水污染防治条例、于桥水库水源保护知识内容等形式大大拓宽了水源保护宣传覆盖面和受众群体，全年共发放宣传材单 11500 余份，各类法制宣传手册 100 余份、宣传图画 50 余份，法律书籍 50 本，各类通告 100 份，受教育群众达 9000 余人。

【日常维护】 非汛期每日一次、汛期每日两次、强降雨期间加密次数对溢洪道闸、大坝等工程设施设备进行巡视检查，全年共计巡查 512 次。对大坝安全监测系统进行了更新改造，更新了数据采集单元、堰上水位计、孔隙水压力计，新增了光纤测温、GPS 变形监测等设施设备。变形监测方面，溢洪道重置了 29 个垂直位移测点，新增 7 个水平位移测点，大坝重置了 15 个水平位移测点，新增 10 个 GPS 变形测点，废弃 3 个旧有垂直位移测点，并对新老变形测点进行了统一观测。

【维修工程】 2018 年，完成日常、专项、大修、应急度汛及河道专项等 11 项工程项目，总投资 9572.83 万元。具体情况见下表。

2018 年维修工程项目汇总表

序号	工程项目名称	批复投资/万元	主要建设内容	工期
1	于桥水库日常维修维护	1279	于桥水库位于天津市蓟县城东，总库容 15.59 亿立方米，是引滦入津工程十分重要的控制性调节枢纽工程。为保证于桥水库设施、设备正常运行，确保防洪及输水安全，实施 2018 年于桥水库日常维修维护项目，对于桥水库果河堤岸、于桥水库大坝、西龙虎峪水源地、输水破冰设施、水环境设施、库区湖滨带、船只、停船场设备及浮箱码头、库区堆草场、水闸、管理设施等进行维修维护，并做好库区水环境保洁、树木病虫害防治、库区周边防火隔离带设置、水质监测药品及损耗器材购置等工作	2018 年 2 月 13 日至 12 月 31 日
2	于桥水库库区封闭区口门及设施管理维护	1314	为保护库区水环境，加强于桥水库封闭区管理，根据天津市水务局、蓟县人民政府联合下发的《于桥水库库区封闭管理实施意见（暂行）》和 2014 年 5 月 26 日《市水务局蓟县人民政府关于于桥水库库区封闭管理等工作协调会议的纪要》实施于桥水库库区封闭区口门及设施管理维护，确保封闭管理效果。雇用 117 人对 112.3 千米护栏网和 85 个口门进行看护管理。对库区周边 112.3 千米护栏网、22 条沟道入库口 1496 平方米拦污网、54 个视频监控点、1 个监控中心、5 个库区管理所监控分中心等设施设备进行维护	2018 年 2 月 13 日至 12 月 31 日
3	于桥水库蒞草收割打捞处置	822	于桥水库中生长的蒞草具有较强的耐污性，能够吸收底泥和水体中的氮、磷等营养盐，改善底质情况，但是一旦打捞不及时，蒞草腐烂后将有更多的磷释放到水体中，会加剧于桥水库富营养化程度，甚至导致蓝藻暴发。2018 年通过政府购买服务的方式，组织机械人工打捞蒞草草共 27.1 万立方米，有效减少了水体中的营养物质	2018 年 4 月 11 日至 6 月 24 日

续表

序号	工程项目名称	批复投资/万元	主要建设内容	工期
4	于桥水库蓝藻处置及治理	1087	于桥水库由水体富营养化引起的藻类水华已经成为常态并呈发展之势，整个库区水体的营养水平和自然条件均满足蓝藻水华的生长需求。2018 年为防控蓝藻暴发，有效缓解了藻类水华暴发的影响。于桥水库购置投放水葫芦等水生植物 270 万株，完成蓝藻藻浆打捞 3.19 万立方米	2018 年 4 月 8 日至 11 月 11 日
5	于桥水库前置库维护	1505	于桥水库前置库位于于桥水库上游淋河与果河入库河口处，占地 22 平方千米。主要作用是处理上游来水，净化入库水质，减缓水库富营养化。总进水流量为 54 立方米每秒，多年年平均处理水量为 5.82 亿立方米。工程主要建设了林草地 18.93 平方千米、橡胶坝 1 座、果河封堵堰 1 座、管理区及停船场 1 处、交通桥 5 座、闸 21 座、涵 7 座、进出水堰 112 座、堤防 67.28 千米、渠道 24.81 千米、交通道路 136.31 千米、航道 5.8 千米等设施，为保障工程设施设备运行正常，对上述项目进行维护	2018 年 2 月 13 日至 12 月 31 日
6	于桥处暗渠所及机电运维中心供暖改造	407	按照国家相关部门要求，天津市开展淘汰燃煤锅炉专项整治工作，为确保采暖设施环保、安全、高效，保障暗渠所及机电运维中心冬季采暖需要。于桥处暗渠所及机电运维中心将燃煤锅炉更换为电锅炉加相变储热设备各 1 套，暗渠所新建箱变 400 千伏安，机电运维中心新建箱变 630 千伏安	2018 年 4 月 3 日至 5 月 28 日
7	于桥水库前置库进口闸清污机建设	133	于桥水库前置库于 2017 年投入使用，前置库运行过程中，河道垃圾从 4 座进口闸集中进入，堵塞进口闸拦污栅，严重影响正常过水、污染水质，利用人力进行清除，效率较低，仍造成进口闸堵塞。为提高垃圾打捞效率，保护水环境，在前置库 4 座进水闸门前安装回转式清污机 4 台	2018 年 4 月 3 日至 5 月 28 日
8	于桥水库坝北浮箱码头建设	90	为保障水质化验、草藻打捞、水政执法等水上作业任务，满足于桥水库各类作业船只正常有序停放，扩建浮箱码头共 7 套，其中，6 套尺寸为 10 米×8 米（长×宽，下同），1 套尺寸为 20 米×8 米	2018 年 4 月 3 日至 5 月 28 日
9	果河下游右岸防汛道路硬化工程	450	果河下游右岸现状为土路，路面坑洼不平，雨天积水道路泥泞，给日常巡视检查工作造成不便。为保证防汛通道的畅通及日常巡视交通需求，对果河右堤 0+000~6+187.44 段堤顶道路进行路面硬化，将现状道路改造成混凝土路面，全长 6187.44 米，堤顶路等级参照四级道路标准。根据投资计划，2018 年完成 3000 米道路建设任务	2018 年 5 月 4 日至 5 月 28 日
10	果河左岸（果河桥上游）防汛通道应急度汛工程	209	果河左岸现状为碎石路，由于年久失修，碎石严重流失，路面较窄且坑洼不平，存在着干燥天气尘土飞扬、降雨天气泥泞不堪难以通行等问题，给日常巡视巡查管理工作造成不便。为保证防汛通道的畅通及日常交通需求，对果河左堤 0+000~2+921.10 段堤顶道路进行路面硬化，将现状道路改造成混凝土路面，全长 2921.10 米，堤顶路等级参照四级道路标准设计	2018 年 4 月 17 日至 5 月 13 日

续表

序号	工程项目名称	批复投资/万元	主要建设内容	工期
11	于桥水库前置库绿化工程	2496.83	于桥水库前置库位于水库上游淋河与果河入库河口处，占地22平方千米，主要作用是处理引滦来水，净化入库水质，减缓水库富营养化。于桥水库前置库工程经批复现已实施，进出前置库道路、主次干道、院区、部分岛屿裸露荒秃，易导致水土流失和扬尘，影响生态环境。为提升前置库的绿化效果和生态效益，实施于桥水库前置库绿化工程，该工程栽植树木13.8万株，其中乔木13万株，灌木0.8万株，绿化面积209.4公顷	2018年6月7日至6月26日
合计		9792.83		

【水环境治理】

1. 库区保洁

2018年，继续加大水源保护力度，深化库区常态化保洁及考核机制，确保保洁覆盖率达到100%，根据管理范围调整库区各所保洁管理费用和保洁人员指标，并对雇用的保洁人员实行实名制管理；在日常保洁的基础上，结合库区水环境保洁的实际情况，制定了《于桥水库库区水环境集中清理方案》，于3月、6月、9月和12月实施了4次集中清理活动，安排保洁人员、船只和车辆对库区水面、岸边、沟道、湿地的垃圾杂物进行集中清理，确保保洁工作无死角；依据《于桥水库管理处考核管理办法》，严格做到日常清理与监督考核相结合，考核组定期对库区周边保洁情况进行跟踪考核，对不达标的及时要求整改，保持集中清理效果；坚持封闭区保洁常态化、全覆盖，全年出动人员33960人次，车辆639辆次，船只1236艘次，清理库区垃圾、打捞漂浮物3927立方米。库区低水位运行期间，清理废旧渔网、地笼等5100立方米。

2. 河长制考核

2018年，按照天津市河道水生态环境管理领导小组办公室的要求，于桥处完成周边入库30条沟道考核工作。年度考核12次，对水环境较差的沟道及时向属地政府进行反馈，督促其进行整改，并将考核成绩报送至天津市河长制办公室。

3. 草藻防控

（1）蓝藻监测及拦截打捞。

2018年，于桥水库采用降低库水位、并持续进行引水和供水的方式，增强水体的流动置换，抑制了藻类的生长，全年库内未出现大面积藻类聚集情况。同时，加强水质监测和分析会商，全年的藻类水质监测共采集样品1244份、出具监测数据5876个，出具水质会商报告18份，报送《水源情况周报》26期、《引滦饮用水水源地水质简报》12期；在水库浅水区域投放水生植物270万株；启用智能围格、拦藻网和23台曝气增氧设备进行曝气增氧；利用吸藻泵、藻浆罐车等人工打捞藻浆3.19万立方米，排放高藻水623.5万立方米。

（2）菹草打捞。

2018年，于桥水库的低水位运行促使库内菹草生长期提前、长势良好。2018年菹草打捞采用社会化外包模式，在水库深水区域利用割草船和运草船进行收割、打捞、转运和上岸，在浅水区利用渔船配合人工进行打捞，并利用运输车及时将上岸菹草运至封闭区外的指定地点，避免产生二次污染。打捞工作于4月11日开始、6月24日结束，历时75天。打捞期间，每天出动9艘大型割草船、9艘运草船，110艘渔船、220余人，全年累计打捞菹草27.1万立方米。

【库区封闭管理】 2018年，严格落实《于桥水库库区封闭管理实施意见》，及时补充管理内容、完善考核标准，全年完成定期考核12次，不定期抽查3000余次，将发现问题及时向各镇政府反馈并督促整改，并以《工作简报》的形式每月向蓟州区库区办及相关部门汇报库区管理工作。

针对库区周边村落较多、人员密集的情况，根据管理实际不断调整口门和线路，进一步完善封闭管理工作。截至2018年年底，对库区重点地段进行更换金属网片及加固13千米。对重点地段增设视频监控设施，共计55个，同时增设17个重点口门进行24小时值守，严控外来人员及车辆进入库区。根据管理需求完成对库区北岸重点难点部位夏庄子口门的封闭工作。对47个重点口门实施接电取暖，改善口门管理人员工作条件。

按照上级文件要求，对库区周边及州河暗渠所存在污染水源等情况进行排查汇总，形成问题清单，并根据巡查情况，及时更新台账，对重点、难点地段以专报、函等形式上报相关部门，协商解决。

【水库防汛】 2018年，按照全国水库安全度汛视频会议要求，将水库防汛工作纳入蓟州区防汛组织体系，落实水库行政责任人、技术责任人、巡查责任人，层层签订责任书落实防汛责任制；修订完成《于桥水库汛期调度运用计划》《于桥水库调度规程》和《于桥水库防洪抢险预案》，编制完成《于桥水库预测预报预警方案》和《于桥水库前置库调度运用方案》；完成防汛物资增储，并对测验测报设施设备进行了维护；开展了防汛抢险知识培训和"入库洪水应急测流演练""于桥水电公司突发断电应急演练""防洪调度桌面推演"等防汛应急演练；汛前，完成果河左岸防汛通道应急度汛工程，完成果河下游右岸防汛道路硬化工程年度建设任务；开展了汛前、汛中和汛后工程技术检查。强降雨期间，全处科级以上干部和防汛关键岗位人员24小时值守，周密组织防汛检查和工程巡查，认真开展水雨情测报和洪水预报，严密监测上游河道入库流量和来水水质，成功应对强降雨考验。

2018年汛期（6月1日至9月30日）共122天，其中有54天出现降雨过程，于桥水库流域平均降雨总量为757.1毫米。最大一场降雨出现在7月24日，流域平均降雨量为77.3毫米。汛期最高水位为21.26米（8月22日），最低水位为16.12米（6月30日）。汛期共计收发调度指令98条，汛期总入库水量5.95亿立方米，其中本流域自产水量4.84亿立方米，从大黑汀水库引水1.24亿立方米（未扣损）。总出库水量为3.12亿立方米，向天津城市供水0.10亿立方米，国华、大唐两电厂工业用水量0.09亿立方米，向州河补水2.91亿立方米，向下游弃水0.02亿立方米。详见下表。

于桥水库流域水文情况一览表（汛期）

汛期降水量/毫米	最大日降水量/毫米	最大入库流量/立方米每秒	最大出库流量/立方米每秒	最高水位/米	相应蓄水量/亿立方米	最低水位/米	相应蓄水量/亿立方米
757.1	77.3	964	84.5	21.26	4.17	16.12	0.68
6月1日至9月30日	7月24日	8月14日	6月28日	8月22日		6月30日	

注 以上数据为6月1日至9月30日整编数据，水位为大沽基面。

【前置库运维】 于桥水库前置库位于于桥水库上游淋河与果河入库河口处，占地22平方千米，主要作用是处理引滦来水，净化入库水质，减缓水库富营养化。建有林草地、橡胶坝、果河封堵堰、交通桥、闸、涵、进出水堰、堤防、渠道、交通道路、航道等设施。

2018 年，着力规范前置库运行管理和维修管护，充分发挥前置库水体净化功能。制定了《于桥水库前置库运行维护方案》《于桥水库前置库湿地管护标准》等方案标准，充分发挥前置库净化功能。前置库运行期间，净化进水量约 1.25 亿立方米。2018 年，累计完成外围堤护栏网建设 15.5 千米，堤埝道路维护 17 千米，新建混凝土道路 5.5 千米，水闸维护 21 座，安装出水闸闸位计和水位计 2 套，橡胶坝运行 30 次，闸门启闭 90 次，水闸、堤埝等水工建筑物检查 70 余次，工程和封闭管理标准显著提升。新建视频监控摄像头 14 个，做到进出口门、水工设施、重点道路和单元格全覆盖、无死角。巡视检查共出动车辆 1100 余次，人员 3900 余人次，水位观测 900 余次，完成水生植物打捞 4.95 万立方米、苇草收割 471.6 公顷等日常维修管护工作。完成前置库绿化工程建设，累计栽植树木 13.7 万株，绿化面积 3141 亩。前置库生态环境和绿化效果得到明显改善。

【安全生产】 按照“党政同责、一岗双责、齐抓共管”和“管行业必须管安全、管业务必须管安全、管生产经营必须管安全”的要求，充分利用安全生产网格化管理平台，通过“定格、定人、定责”，建立责任到人、职责到位、全面覆盖的安全生产网格化管理体系。及时调整处安全生产委员会成员。定期召开处党委会、处长办公会，每月召开安全生产专题会议，传达贯彻上级安全生产工作精神。研究安全生产目标、教育培训计划，详细部署了今冬明春火灾防控、夏季消防安全、汛期安全、安全隐患大排查大整治等 12 项重点阶段安全生产工作。

切实落实安全生产主体责任。年初制定印发《于桥处 2018 年安全生产工作要点》，提前规划部署全年工作任务，在明确了全年工作计划的同时，逐级细化落实各级安全生产岗位责任制，签订了《处级干部安全生产责任书》《科级干部安全生产责任书》《安全生产工作目标责任书》《社会治安综合治理目标责任书》等 13 项安全生产责任书，共计 348 份，签订率 100%。

2018 年，开展日常、专项安全生产检查活动，处属各部门每周对大坝枢纽、闸涵、堤防、沟道、管理设施、日常专项维护工程、消防设施、用电、燃气、危险化学品及水文水环境监测进行安全自查，全年各部门累计自查 4381 次。安全监督部门全面检查督查各类安全隐患，全年累计督查 66 次，督查部位 386 处。安全检查记录、巡查记录及隐患台账记录真实、规范，实现闭环管理。组织“安全生产月”“119 消防日”安全知识培训教育，开展了火灾应急演练、东山消防应急演练活动。辨识水库危险源，确定危险作业场所及风险等级，对 16 个部门设置安装危险源告知牌和安全应急处置卡共计 196 块。2018 年，于桥水库未发生重大责任事故和人身伤亡事故，工程设施、设备均按设计标准安全运行。

（于桥处）

尔王庄水库管理

【概述】 2018 年，引滦尔王庄分公司高质量完成水源切换工作，科学安排蓄水供水，加强库区水质检测，加大原水稽查力度和水环境保护力度，完成水库维修工程项目，确保了水资源安全和水库运行安全。

【科学调度】 2018 年，严格执行水务集团运管中心调度安排，完成供水水源切换 9 次，全年执行调令 172 次，确保了安全输水。

【蓄水供水】 全年安全输水 4.53 亿立方米，其中引滦输水量为 36759 万立方米，引江输水量 8561.07 万立方米；明渠全年最高水位 0.50 米，最低水位 -0.37 米；水库全年最高水位 5.41 米，最低水位 4.22 米；全年降水量 410.5 毫米，蒸发量 560.3 毫米（3 月 15 日至 11 月 15 日）。

【水质监测】 2018 年，引滦尔王庄分公司对水源监测站点采取每周三、周五、周日进行隔日9项化验，汛期、水库水草生长期加密测次，每周进行20项周检测，每月进行20项月检测，同时对辖区内取水点进行巡视52次，开展污染源巡视排查12次，各类检测数据及时上报；全年对明渠、水库水质进行监测211次，水源切换期间增加水质监测53次；全年水库水质符合国家地表饮用水Ⅲ类标准。

【水草治理】 按照《尔王庄水库水草应急防控工作方案》，引滦尔王庄分公司从组织结构、水质监测、巡视检查、水草探测、水草打捞等方面制定了保障措施，从3月下旬开始，利用远红外超声波探测仪对水库水草进行了4次探测，及时掌握水草生长的高度和密度，同时结合监测结果进行科学分析，2018年尔王庄水库属于少草年。

【原水稽查】 制定了《稽查工作巡视巡查方案》，明确了任务目标、稽查时间及频次和巡视巡查范围，全年出动稽查人员3614人次，1129车次；利用“世界水日”“中国水周”、12·4国家宪法日和中小学寒暑假期等时间节点，深入周边村队开展了形式多样的水法规宣传、危桥警示宣传及野生动物保护宣传等活动6次。

【水环境治理】 持续开展水生态环境治理，水库投放鳙鱼苗8750千克、鲢鱼苗28000千克；按照《水环境保洁常态化管理考核办法》，每周对维护段进行2次抽查，抽查结果与服务费进行挂钩；严格执行明渠、水库环境监管“段长制”，修改完善了《水环境集中清整方案》，明确了责任分工、监管标准和清理周期，全年开展2次集中清整活动，共出动人员160余人次。

【维修工程】 2018年，完成水库半岛基础设施维修，尔王庄水库防冰坎整修工程，尔王庄水库半岛坡面勾缝整修工程，水库大坝自动化监测设备检测，水库大坝自动化监测系统维修工程等维修项目18项。

【日常维护】 加强水工设施的日常维修养护，按照工程管理标准对维护管理及日常保洁工作进行监管考核，并在日常维护管理工作中推行标准化管理，确保工程设施管理的高标准。

【水库防汛】 引滦尔王庄分公司防汛工作已纳入宝坻区防汛管理体系，并明确了水库安全度汛三个责任人；结合实际，引滦尔王庄分公司修订完善了《水库防汛抢险应急预案》等相关预案，并由宝坻区防办进行了批复；开展了汛前、汛中、汛后专项检查5次；联合管道集团公司和天津市闸涵泵站抢险突击队，开展了防汛应急综合演练；2018年度，启动防汛Ⅲ级预警4次，防汛Ⅱ级预警1次；及时对防汛物资进行补充，确保各类物资储备充足。

【安全生产】 按照《水利工程管理考核办法及其考核标准》《土石坝安全监测技术规范》（SL 551—2012）、《水库大坝安全评价导则》（SL 258—2000）和国家级水管单位相关管理要求，引滦尔王庄分公司开展了水库及其附属建筑物建筑物沉降、位移观测工作，及时了解水工设施的运行状况及沉降和位移趋势，同时加强水库渗流观测，共设置23个观测断面和92个测点，每天进行观测1次，随时掌握变化情况，确保工程设施运行安全。

（水务集团）

南水北调工程

工程建设

【概述】 2018年，天津市南水北调配套工程计划投资10.9496亿元，截至2018年12月31日，实际完成投资10.6348亿元，占计划投资的97.1%。王庆坨水库工程基本完成。宁汉供水工程管线和泵站工程全部完成建设任务，宁河及汉沽支线工程进展顺利，完成宁河北地下水源地供水管线收购。武清供水工程中泵站工程全部完成建设任务，管线工程进入收尾，末端段工程启动施工。

水利部先后两次批复天津市2017—2018年引江调水年度调水指标10.37亿立方米。实际完成供水10.33亿立方米，水质常规监测24项指标保持在地表水Ⅱ类标准及以上，确保了城市供水质量安全。引江供水区域覆盖14个行政区，910万市民从中受益，天津市水资源短缺问题得到有效缓解，城市供水保证率大幅提高，一横一纵、引滦引江双水源保障的城市供水新格局愈加完善。

【前期工作】 2018年7月6日，市调水办依据市发展改革委核定的工程概算批复了武清供水管线工程（A32+880至武清规划水厂段）初步设计报告，标志着该段管线工程进入实施阶段。9月13日，市发展改革委批复了工程管理信息系统项目可行性研究报告。5月26日，市调水办批复了西河泵站至凌庄水厂红旗路线DN2200原水管道重建工程安全检测与评估工作大纲，根据安全检测与评估工作成果，水务投资集团有限公司组织设计单位编制完成了工程可行性研究报告。

【投资计划】 2018年年初，天津市南水北调配套工程年度投资计划安排11.0646亿元，主要包括武清供水工程4.187亿元、宁汉供水工程5.0466亿元、王庆坨水库工程0.4亿元、市内配套工程管理设施一期工程1.281亿元、西河泵站至凌庄水厂红旗路线DN2200原水管道工程0.05亿元。2018年中期，根据工程进展情况，调整南水北调配套工程2018年度投资计划为10.9496亿元，较原计划减少了0.115亿元，包括核减王庆坨水库工程0.065亿元、西河泵站至凌庄水厂红旗路线DN2200原水管道工程0.05亿元。

2018年天津市南水北调配套工程实际完成投资10.6348亿元，为年度计划投资的97.1%。其中王庆坨水库工程完成投资0.335亿元，为年度投资的100%，累计完成投资19.18亿元，占总概算投资的99.6%；宁汉供水工程完成投资4.95亿元，为年度投资的98%，累计完成投资11.51亿元，占总概算投资的99.1%；武清供水工程完成投资4.07亿元，为年度投资的95%，累计完成投资5.45亿元，占总概算投资的97%；市内配套工程管理设施一期工程完成投资1.281亿元，为年度投资任务的100%，累计完成投资1.5亿元，占总概算投资的100%。

【资金筹措和使用管理】 2018年，协调市财政局落实天津市南水北调配套工程偿还银团贷款本息4.3503亿元、南水北调配套工程建设资金5亿元，并及时下达资金计划。

制定执行《市调水办内控制度》，不断规范完善市调水办机关财务管理工作。

【建设管理】 2018年安排实施的3项配套工程中，王庆坨水库工程基本完成；宁汉供水工程管线和泵站工程全部完成建设任务，宁河及汉沽支线完成管道安装9.57千米、混凝土套管顶进628米，占总长度的75%，宁河北地下水源地供水管线收购任务圆满完成；武清供水工程泵站全部完成建设任务，管线工程完成管道安装32.78千米，占总长度的98.5%，末端段工程启动施工。截至2018年年底，已完单元工程一次验收合格率为100%，优良率达到90%以上，安全生产和扬尘问题始终处于可控状态。

1. 监督检查

日常检查。共开展质量安全等监督检查逾160项次，对发现的隐患和问题，做到小问题即查即改，大问题下达整改通知书限期整改。重点开展了隐患大排查大整治、建筑施工安全专项治理行动、汛前及汛期安全生产工作专项、扫黑除恶专项斗争等6项检查，均制定了检查实施方案，明确检查范围、检查内容、检查方式和检查要求，并对检查中发现的问题及时督促有关单位整改落实。联合局安监处对王庆坨水库工程项目开展为期4天的稽察，对稽察中发现的质量安全等问题，及时督促项目法人组织整改。

阶段目标。对在建的3项工程每两个月向水务集团和水投集团通报一次工程形象进度，分析原因，督促参建单位在保证质量安全的前提下，采取措施加快进度，全力完成年度建设任务。加大对关键节点的巡视检查和通报力度，督促项目法人和有关参建单位，加强管理，合理调配施工人员和机械等资源，落实责任，确保了武清泵站和上马台段管线工程、宁汉泵站和干线管线工程按计划节点时间完工。

2. 技术支撑

组织专家研究宁汉支线蓟运河故道围堰工程加固措施，并持续检查措施落实情况，确保围堰安全度汛。组织专家对王庆坨水库护砌试验段质量进行咨询评估，确定了护砌施工工艺、控制方法和养护标准，为全面推广提供技术支持。组织专家对王庆坨水库截渗沟试验段干砌石质量进行评估，提出了干砌石质量施工控制要求和建议，为后续施工提供了质量保证。

3. 配套工程验收

组织制订2018年南水北调工程验收工作进度计划，明确2018年验收工作目标和任务，并正式印发项目法人等有关参建单位。全力推动验收工作，明确专人负责，定期分析推动，先后多次召开配套工程验收工作会议，研究解决验收准备过程中存在的各项问题，及时提出解决办法和要求。推动南水北调西干线应急段工程和津滨水厂加压泵站工程顺利通过验收，基本实现了“保二争四”的年度验收目标。

4. 运行工程监督管理

对南水北调配套工程运行管理进行有效监管，实现工程设施设备运行安全，全年安全输送引江水10.33亿立方米，确保了全市供水安全。与水务集团保持安全运行月信息通报制度，及时了解、掌握各运行管理单位工程安全运行、检修及巡查巡视情况。会同水务集团持续推进安全生产隐患排查治理工作，共组织专项运行及安全检查17次，安排专人跟踪督促整改落实到位。督促各运行管理单位，建立健全共计170余人的防汛应急抢险队伍，积极开展应急演练和培训教育，进一步提高了应急处置应变能力。

（调水办）

【征地拆迁】 南水北调工程征迁工作由水投集团（项目法人）委托南水北调征迁中心组织实施，2018年，完成南水北调市内配套各项工程征迁任务。

武清供水泵站工程征迁。工程位于宝坻区，涉及宝坻区尔王庄镇、尔王庄水库管理处、滨海水业逸仙园管理泵站。该工程主要征迁实物量包括：临时占地1.31公顷；拆迁房屋面积310.36平方米；砍伐树木5960株；围墙75.25立方米；铁艺围栏179.96米；草坪854.8平方米；坟墓27丘；污水管道178米；暖气管道164米等。该工程历时2个月完成全部征迁工作。

武清供水管线工程征迁。工程全长32.88千米，其中宝坻区段4.15千米、武清区段28.73千米。该工程征迁主要实物量包括：临时占地162.08公顷；拆迁房屋1495.09平方米；砍伐树木16988株；坟墓177丘；机井14眼；排灌渠道15.4千米；泥结石道路9019.48平方米，沥青路13849.22平方米；2家副业（木材加工厂、苜蓿种植全程机械化示范基地），4家单位等。截至2018年年底，该工程征迁工作已全部完成。

武清供水管线末端工程征迁。全长2.16千米，位于武清区，涉及武清开发区、南蔡镇。该工程主要征迁任务包括：临时占地3.69公顷，其中草地1.87公顷，鱼塘0.61公顷，公园绿地1.21公顷；零星树木51株；排灌渠道1.19千米；泥结石路56.5平方米等。该工程历时4个月完成全部征迁工作。

宁汉供水管线工程征迁。工程全长43.014千米，其中宝坻区段18.314千米、宁河区段24.7千米。该工程征地拆迁任务涉及的主要实物量包括：临时占地260.57公顷；拆迁房屋781.53平方米；砍伐树木13373株；坟墓1155丘；机井21眼等。该工程征迁工作及电力、通信等专项切改工作已全部完成。

宁汉供水支线工程征迁。工程全长13.539千米，位于宁河区，涉及宁河区廉庄镇、大北镇、芦台镇。该工程主要征迁任务包括：临时用地39.96公顷；拆迁房屋面积384.1平方米；农村副业2家（冰窖厂、养猪场）；工业企业1家；砍伐零星树木1866株；占压道路3037平方米；占压排灌渠道2452米；坟墓135丘，机井4眼等。该工程已完成12.054千米征迁工作，剩余1.485千米征迁难点节点正在积极协调推动。

（征迁中心）

运行管理

【概述】 南水北调天津市内配套工程（简称配套工程）肩负着从干线取水后将水送至各大水厂，2017—2018年度实际调水10.33亿立方米，圆满完成调水任务。

截至2018年12月，配套工程主要包括“4线5站1库”，分别为：中心城区供水工程的西干线、西河原水枢纽泵站，负责向中心城区供水；滨海新区供水工程的曹庄泵站、南干线，负责向滨海新区供水；尔王庄水库至津滨水厂供水工程的引滦入津滨管线，负责向环城区域供水；北塘水库完善工程的北塘水库、塘沽水厂供水泵站、开发区水厂供水泵站，负责向滨海新区供水；引江向尔王庄水库供水联通工程的永青渠管线、永青渠泵站，负责向北部地区供水。

【制度建设】 2018年，水务集团结合工作实际，先后制定《天津水务集团有限公司原水工程巡视巡查管理办法》《天津水务集团有限公司原水工程设施设备完好率评定办法》《天津水务集团有限公司原水工程设施设备实施“日清扫、周擦拭、季检修”工作规定》《天津水务集团有限公司生产运行类物资和服务采购管理办法》等，建立和健全制度体系，为工程安全运行提供了制度保障。

【调水供水】 南水北调天津市配套工程共包括天津干线子牙河北分流井至西河原水枢纽泵站输水工程（简称西干线）、尔王庄水库至津滨水厂供水管线工程、滨海新区供水工程、西河原水枢纽泵站至宜兴埠泵站原水管线联通工程、尔王庄水库至宁汉供水管线工程、尔王庄水库至武清供水管线工程，6条供水管线；曹庄供水加压泵站、西河原水枢纽泵站，2座加压供水泵站，王庆坨和北塘

2座调蓄水库工程。截至2018年年底，天津干线子牙河北分流井至西河原水枢纽泵站输水工程、南水北调市内配套二期复线工程、滨海新区供水工程、引江向尔王庄水库应急供水工程（含永青渠泵站）、曹庄供水加压泵站、西河原水枢纽泵站、北塘水库开发区供水泵站、北塘水库塘沽供水泵站等供水管线工程和泵站工程全部建成。

南水北调中线工程从湖北丹江口水库引水，通过中线总干渠，经天津干线向天津市供给长江水。中途在天津市北辰区青光镇的天津干线子牙河北分流井分水，引江水源主要供给四路：①由曹庄泵站、南干线供给滨海新区津滨水厂、塘沽（新河、新村、新区）水厂、开发区水厂；②由西干线、西河泵站供给中心城区芥园、凌庄子、新开河水厂；③由西干线永青渠分水口经永青渠泵站加压，通过引江向尔王庄水库供水联通工程、新引河、引滦明渠反向供给尔王庄引滦沿线各取水泵站以及北辰宜达水厂；④由天津干线子牙河北分流井退水闸向海河进行生态补水。

1. 调水计划

2017—2018年度（2017年11月1日至2018年10月31日），天津市引江调水总量为10.37亿立方米，其中2017年10月31日，水利部《关于印发南水北调中线一期工程2017—2018年度水量调度计划的通知》，批复天津市引江水量为9亿立方米，在调水期间又增加0.9亿立方米（未批复）；2018年4月13日，水利部办公厅《关于做好丹江口水库向中线工程受水区生态补水工作的通知》，批复增加天津市引江生态水量0.47亿立方米。

2. 供水量

2017年11月1日至2018年10月31日，中线建管局向天津市输水量为10.43亿立方米（中线建管局王庆坨连接井流量计表读数）。天津市供水量为10.33亿立方米（各水厂进口流量计表读数），其中引江向新开河、芥园、凌庄子、津滨、塘沽、开发区水厂和北塘水库供水63110万立方米；由永青渠向北部地区供水9583万立方米；向海河补水30572万立方米。

【配套工程】 工程运行。2018年，已建成投入运行的南水北调天津市配套工程包括西干线8.53千米、南干线一期36.195千米、南干线二期37.73千米、西河泵站、曹庄泵站、永青渠泵站及北塘水库完善工程等，担负着向中心城区和滨海新区供居民、工业、生态用水的重要任务，全年安全供水保障率100%。

建管结合。参与协调王庆坨水库日后运行管理相结合的工作。针对王庆坨水库建设，先后从水库工程、泵站工程、水闸工程和管理用房等方面提出调整意见，为水库工程质量及建成后安全运行管理、提高综合效益打下基础，保证工程质量达标、安全运行。

【调度管理】 按照统一调度，分级管理的原则进行供水调度。供水运行管理中心为一级供水调度职能部门，负责水务集团总体供水调度管理工作。水务集团所属引滦、引江原水运行管理单位供水调度职能部门、自来水水厂及管网营销公司（含区域水务公司）供水调度职能部门、淡化海水供水调度职能部门为二级供水调度职能部门，负责所辖业务管理范围内的供水调度管理工作。

制度建设。按照水务集团总体部署，进一步梳理了《天津水务集团有限公司水库水位控制管理规定》《天津水务集团有限公司供水调度水工情管理规定》等制度，并组织各相关单位对制度进行了宣贯；编制了《水务集团供水管网压力监测管理工作指导意见》，规范了管网压力监测设备的管理，有效地提高了城市供水管网压力控制的科学性。

调度流程 。一级供水调度职能部门在接报或发现工水情改变时，结合调度任务分类和工况运行信息，开展内部会商会议，拟定调度指令，经部门负责人、主管领导审签后，下发至二级供水调度职能部门（抄送相关单位）。二级供水调度职能部门执行调度指令，指令执行过程中，联系相关单位，了解上下游水（工）情信息，执行完毕后，将情况上报一级供水调度职能部门。调度指令执行过程中，如出现水（工）情不能满足供水要求或可能发生重大变化，导致调度指令无法实施时，二级供水调度职能部门应及时与一级供水调度职能部门沟通，提出合理化意见或建议，按照一级调度职能部门的授权和指令，做好调度工作；若调度指令由市水务局下达，一级供水调度职能部门还应将信息向其报告。

【项目管理】 2018 年，按照《天津水务集团有限公司维修维护工程项目管理办法（试行）》《天津水务集团有限公司应急抢险工程项目管理办法（试行）》等制度，加强南水北调专项维修维护工程、应急抢险工程等项目技术方案的审批管理，狠抓工程质量监管，强化工程项目验收。全年安排西河泵站调节池清淤工程、西河泵站变频机房空调系统改造工程、曹庄泵站部分反恐设施提升工程等专项工程共 17 项，投入资金约 2680 万元；应急抢险工程共 4 项，投入资金约 357 万元，通过实施维修维护项目，有效保证了设施设备的稳定运行，强化了水质安全。在工程项目实施过程中，进一步加强工程建设进度控制和质量管理，对重点工程项目进行质量飞检，确保工程合格率达到 100%。

【工程监管】 水务集团供水运行管理中心，负责督促各运管单位完善工程运行各项规章制度及安全输水保障措施；督促开展相关应急演练；组织落实工程运行管理各项措施，加强日常维修养护管理。从水工建筑物养护、水环境保洁、林草绿地养护、生产设备维护及非生产配套设备维护等方面督促落实相关设施设备的运行维护，并组织制定日常养护计划，跟进各项目维修养护进度，认真开展质量管理和工程验收工作，确保工程维护质量，做到维修养护记录准确、规范，各类资料齐全，监督和保障配套工程维修养护项目进度和资金审批及时到位，全年共投入日常维修养护资金约 704 万元。在认真落实设备维护保养制度的基础上，坚持抓好各级人员的日常巡检工作，建立隐患排查制度，夯实设备管理基础工作，不但避免了因违规操作造成的设备设施损坏问题，也减少了维修费用和停机时间，降低了设备故障率，设备安全运行等指标得到极大提高。做好生产运行类采购招标管理，组织制定下发《天津水务集团有限公司生产运行类物资和服务采购管理办法（试行）》，规范运管单位生产运行类物资和服务采购工作，对运管单位相关招标采购项目实行备案管理。组织对工程防汛应急物资和备品备件购置情况、设备存储、保养进行检查。督促落实冬季输水及节假日等重要时间节点的安全供水保障措施，组织开展专项监督检查，并及时反馈问题，监督落实整改，确保引江工程运行安全。

【巡视巡查监管】 工程巡视巡查。2018 年，对《天津市水务集团有限公司原水工程巡视巡查管理办法》进行了修订。规范了巡查范围、巡查频次、处置措施和上报流程等相关要求，充分发挥南水北调巡视巡查系统作用，利用手机 GPS 定位系统，保障巡查及时到位，确保第一时间发现并先期处置现场问题，建立问题处置台账，并结合工程运行管理实际，于 2018 年 8 月完成了引江巡视巡查系统的升级，进一步为工程安全运行增加了技术保障措施。与此同时，水环境保洁工作常态化与日常巡查相结合，每天对曹庄泵站调节池、西河泵站调节池、北塘水库的漂浮物进行打捞，不定期组织对管辖范围水环境进行集中清理，确保引江水质安全。

稽查管理。结合《天津水务集团有限公司稽查工作管理规定（试行）》，水务集团各分公司制定了 2018 年稽查工作履职计划，对所辖范围定期巡查，配合相关部门积极开展执法巡查；同时按照《城市供水设施安全隐患大排查工作实施方案》和《关于进一步加强城市供水井盖安全隐患排查整治工作的通知》有关要求，制定了专项排查工作方案，在日常巡查的基础上，重点对所辖输水箱涵、管线进行专项检查，累计排查各类井室、井盖767处，建立了隐患台账，实行销号管理，并已全部落实整改。同时，水务集团各分公司在水政执法巡查期间，重点对输水管线占压问题进行排查摸底，共查出违章占压23处，及时制定清理方案，并协调地方政府和有关部门对违章占压进行清理，目前堆土占压已全部清理完毕，其余部分已落实占压主体，建立有效的联络机制，保障管线设施巡查维护到位，进一步消除安全隐患，保障了城市供水安全。2018年内未出现新增占压。

【调水安全管理】 引江的水量调度年度为每年11月1日至次年10月31日，年度调水计划由水利部批复；引滦的水量调度年度为每年7月1日至次年6月30日，调水计划由海河水利委员会批复。依据水利部和海委批复的引江和引滦调水计划，结合引滦、引江沿线实际用水需求，市水务局制定年度供水联合调度方案，水务集团依据市水务局调度方案编制集团公司的调度方案，并逐月制定引滦、引江逐月调水计划，分别上报市水务局及中线建管局，确保引滦、引江水量调度安全。

集团公司高度重视南水北调工程调水安全工作，运管中心根据南水北调工程运行实际情况和年度调水任务，结合引江、引滦水源各自特点，实行统一调度、集中管理、统筹分配的供水模式。根据尔王庄水库、北塘水库、西河泵站调节池、曹庄调泵站节池、西河预沉池等构筑物的调蓄能力，合理完成引江、引滦双水源调配。

1. 调水安全

调度人员24小时在岗值守，密切关注上游来水情况及沿线各用水户用水情况，为确保调水安全，调度人员根据引江沿线用水情况，及时调整永青渠泵站、曹庄泵站北塘水库方向供水流量，确保全市原水供给平衡。调度人员合理调配各水厂产量，确保供水管网平稳运行。严格各水厂出厂压力上限控制，合理调度各时段水泵机组启闭操作时机，减少因频繁水锤冲击造成管网漏水或因管网压力过高造成供水用户受迫式接水量增大，为供水管网产销差率控制创造条件。通过对集团所属各水厂水量联调联调，最大限度提高供水高峰时段供水管网水压，尽最大努力减少低压片区出现，全年保障全市中心城市供水管网压力应不低于0.20兆帕，近郊地区不低于0.18兆帕的管理标准。

2. 运行安全

加强引江工程设施巡查管理。在原引江工程巡视巡查系统的基础上，补充市区原水管线、引江入尔工程巡视巡查内容，实现引江工程巡视巡查系统使用的全覆盖。实现引江市区分公司及引江市南分公司对引江输水管线运行现状和巡查处置情况的信息共享，保障巡查到位，发现问题及时上报、及时处置。

推进工程运行管理水平提高。运管中心结合工程运行情况，于2018年初制定并下发了《水务集团2018年加强工程运行管理工作实施方案》，明确了目标、分工、责任和具体工作安排。主要从推行设施设备“日清扫、周擦拭、季检修”、推进设施设备完好率评定、开展设施设备集中维护、加强原水稽查管理、推动工程运行管理标准化等方面推进南水北调运行管理水平的提高。并针对具体任务分别细化试用范围、工作内容、工作目标、时间安排、牵头部门和责任部门，确保各项工作落到实处。运管中心结合此项工作开展情况，于8月和10月分别对引江各管理单位进行了专项调研，有效推进工作落实。

（水务集团）

曹庄泵站管理

【概述】 曹庄泵站主要是将干线来水通过泵站加压后输送至津滨水厂和滨海新区，泵站共安装6台机组，设计供水流量12.70立方米每秒，运行方式为4用2备，单泵流量3.18立方米每秒，6台机组均采用变频调速技术，通过调节水泵转速来控制流量。自通水至今累计安全运行81461台时，累计供水6.60亿立方米。2018年，配合南干线检修和应急联通复线工程建设完成两次试通水运行，安全输水保障率达到100%。

【运行管理】 制订了曹庄泵站运行管理细则和泵站运行人员轮岗制度，完善了日常操作规程以及15项运行管理制度，规范了日常运行管理工作。结合市级水管单位达标标准开展了对标管理工作，对自查中发现的问题和缺陷进行了有计划的整改，促进了管理水平的提高。

完成了曹庄泵站运行人员及运行管理的交接工作，自2018年1月1日起解除了与滨海水业签订的委托代管协议，由水务集团直接管理。

运行管理。泵站运行方式为4班3运转。运行人员按照巡视路线每小时对设备的运行情况巡视一次，发现问题及时上报及时处置。检修人员根据《泵站运行管理规程》定期对设备进行维修养护，从而保证了设备的运行完好率达到98%以上。

运行维护。2018年完成专项维修2项、日常维修养护133项；制定了泵站管理日清扫周擦拭季检修的工作方案，明确工作职责与分工，将责任落实到人，确保了清扫养护工作落到实处。

水质保护。截至12月31日，配合水质监测中心对曹庄泵站水质监测26次，引江市区化验室对曹庄泵站监测145次；在加强日常保洁的同时开展了春季水环境集中清理行动，实现了“保洁覆盖率达到100%，保洁到位率100%”；组织开展了曹庄泵站调节池清淤工作和曹庄泵站在线水质监测系统建设。

【安全生产】 制订了2018年安全生产工作计划，明确具体时间、工作目标及工作内容；与全体职工签订了安全生产责任书，将安全生产责任落实到人；开展安全自查，全年完成安全检查42次，发现问题28个，并已全部完成整改。

新增了院区安全广播系统、安保巡更打卡系统以及重要口门金属探测仪，进一步提升泵站自身反恐防范能力；组织职工及安保人员开展了反恐演练和消防知识培训共9次，提高了职工的应急处置能力；完成了两会、中非合作论坛北京峰会、天津夏季达沃斯论坛等重要节点及节假日期间的安全反恐及安全保卫工作；制定了相应的反恐安保检查工作方案，每日开展自查，按时完成各阶段工作。

完善了《曹庄泵站防汛预案》，并调整了各抢险小组人员及职责；对防汛物资、设备设施运行情况等进行认真细致的汛前检查，发现问题及时整改；组织开展防汛演练，通过演练提高了防汛抢险队伍的应急反应能力；汛中对曹庄泵站建筑物的完好情况以及设备运行情况进行了全面自查，并成功应对了7月24日强降雨带来的安全隐患，确保了运行安全。

（水务集团）

西河泵站管理

【概述】 西河原水枢纽泵站（简称西河泵站），位于天津市红桥区子牙河南道与海源道之间，西河桥东侧，原西河水源厂西侧。主要作用是将长江原水输送至天津市中心城区的新开河、芥园、凌庄子三大水厂。

西河泵站泵房内共设置12个泵位，其中新开河水厂5个，芥园水厂3个，凌庄水厂4个。至2018年共安装11台机组，其中3台软启机组、1台直启机组和7台变频机组。西河泵站的设计日输水规模225万立方米、远期日输水规模238万立方米，2018年西河泵站安全供水4.62亿立方米，自供水以来累计供水16.15亿立方米，日平均供水126万立方米。

【运行管理】 巡视检查。为确保设备设施平稳运行，强化运行人员的巡视责任意识，做到横向到边、纵向到底的全覆盖。要求运行人员每两小时到现场巡视一次，检修人员不定期到现场进行巡视检查，做到问题发现及时、处置及时、报告及时。

日常设备养护。编制了泵站维修计划，并严格执行。定期对机电设备进行清扫养护，延长了设备寿命。2018 年完成了机电及自控设备日常维护养护工作共计 350 余项；完成了泵站变配电设备的电气预防性试验和绝缘安全用具的预防性试验工作；完成了泵站变频器的维修保养等工作。

职工业务培训。为提高运行及检修人员的业务能力与技术水平，西河泵站定期开展业务培训工作。2018 年共开展培训工作 15 次，参加 44 人次；脱产培训 2 次，参加 3 人次；低压复试 7 人次，高压复试 28 人次；业务考核 2 次，参加 44 人次；技术比武 1 次，参加 41 人次。

【提质增效】 2018 年持续开展机组匹配工作，比上年输水量增加 1.85 亿立方米，单方费用由 0.035 千瓦时降低到 0.030 千瓦时，节省电量 454787 千瓦时，节省电费约 184 万元。

【安全生产】 安全教育。2018 年共开展安全培训 12 次，其中包括设备操作培训、七氟丙烷培训、微型消防站培训等，同时开展泵站安全生产会议 21 次，对泵站应急预案及集团下发的各类安全生产文件进行学习，为泵站安全输水工作打下了坚实的基础。

应急预案。按照“安全第一，预防为主”的方针，紧密结合西河泵站实际，针对实际运行中可能出现的各种突发事件，完成了应急预案的完善工作，编写了《调节池水质劣化上报预案》。2018 年开展消防演练 1 次，反恐演练 1 次，进一步提高了职工的应急处置能力。

安全检查。2018 年共开展安全检查 60 余次，其中包括 48 次自查、20 次夏季消防检查、1 次汛前检查、1 次汛后检查及冰期检查 1 次，原水巡视检查每日进行一次。对检查中发现的问题积极进行整改，按期复查，跟踪整治，确保整改到位。

（水务集团）

王庆坨水库管理

【概述】 王庆坨水库位于天津市武清区王庆坨镇西部，津保高速以北，津同公路以南，九里横堤以西，天津与河北省交界以东处。王庆坨水库总库容 2000 万立方米，入库设计流量 18 立方米每秒，出库设计流量 20 立方米每秒。水库围坝总长度 6570 米，已完成土方填筑，高程全部达到 14.7 米的设计要求；围坝护砌施工已基本完成；泵站厂房主体建设已完成；供电路由已确定；机电设备正在安装；引水箱涵施工除高速穿越段外已基本完成；退水闸和分水口建设已完成；水库管理用房装修已完成，泵站管理用房正在开展内外檐装修工作。

【水库工程建管】 建管结合人员每天进入施工现场及时掌握工程情况。对初设报告及施工图纸进行研究，查阅规程规范，了解工程总体规划，掌握各种施工工序。主动进位积极参加工程各项会议，与参建单位就施工中遇到的问题及时进行研究、商讨、解决。按时参加重点隐蔽工程验收，对发现问题及时提出整改，并做好资料的收集和整理，为运行管理打好基础。

引江市区分公司向建设管理单位提出合理化建议。其中提出的混凝土建筑物采取防碳化保护、截渗沟两侧外延平台加固等建议，提高了施工质量和增加了设施使用寿命。提出的抬高马道高程、出水口和分水口增加拦污清污设备，为以后运行工作提供安全保障。同时加强与建设单位、设计单位沟通，对影响运行的问题进行了调整，在工程建设中已采纳实施。

王庆坨水库管理范围和保护范围划定按照相关要求委托有资质的设计单位进行划定，初步划定方案已报送至运管中心。蓝线划定工作按照相关要求委托市规划局进行规划确定，目前正在绘制蓝线初稿图。配合武清区水务局编制《天津市王庆坨水库饮用水源地安全达标建设方案》，建立王庆坨水库饮用水水源地安全保障体系。

按照水务集团和引江市区分公司安防内保要求，水库所邀请引江市区分公司专业技术人员针对王庆坨水库管理用房处安防、监控电气布线情况进行现场查看，并提出意见，确保水库建成后安防系统能够正常运行使用。

完善制度预案。按照引江市区分公司总体安排对水库所职能及岗位职责进行修改完善。参加了水务集团组织的水库、箱涵、水闸专业考核标准研讨。对水库管理制度进行梳理完善。按照要求结合实际编制了《水库预测预报预警方案》《水库防汛抢险应急预案》和《水库大坝安全管理应急预案》。配合编制了《水库调度规程》《天津市王庆坨水库“一河（湖）一策”实施方案》，并配合开展水源地污染源调查工作。

【安全生产】 2018 年，组织开展了各类安全生产检查，尤其加强施工现场的安全检查，发现问题及时整改，并对隐患整改情况进行复查。同时，针对安全生产形势和工作重点的不同，加强安全生产的宣传教育工作。

（水务集团）

北塘水库管理

【运行管理】 2018 年，入塘泵站累计输水 0.33 亿立方米，入开泵站累计输水 0.21 亿立方米，水库蓄水量 4095.22 万立方米。泵站运行期间运行人员 24 小时坚守岗位，严格执行各项操作规程，按时进行巡视，认真检查各设备、仪表仪器和各种指示信号等设备的运行状态，发现问题及时维护，确保了运行安全。

结合市级水管单位达标标准开展了对标管理工作，对自查中发现的问题和缺陷进行了有计划的整改，促进了管理水平的提高。

加强了水质管理，独立完成了水质监测 44 次，委托塘沽中法水务有限公司监测 42 次；开展了水质分析预警研究，制定了《北塘水库水质预警工作方案》；针对蓝藻暴发影响水质安全问题采取了布设拦藻网、曝气装置、生态植物种植、放养鱼苗和人工打捞等多种形式进行了预防和治理，确保了水质安全。

配合滨海新区环境局等单位开展了北塘水库水源地划分及保护工作，完善了基础资料和各种警示标牌的设置，实现了水库全封闭管理。

北塘水库蓝线划定工作基础测绘工作已经完成，市规划院已经形成初稿，由市规划院统一提交市水务局向相关部门征求意见。

【安全生产】 2018 年，与全体职工签订了《安全生产岗位责任书》，明确了各岗位的职责范围、安全生产目标、保证措施、安全事故处罚等内容，将安全生产责任制落实到岗到人。

制定了专项预案，定期对安防门禁系统进行检查，保障夏季达沃斯会议、2018 年中非合作论坛等重大会议顺利进行；开展了电气安全隐患大排查等活动，及时更新安全台账，进一步加强职工安全教育；组织开展了消防、反恐、防汛、火灾应急疏散、冬季安全输水等 5 次应急演练，提高职工应急处置能力。

与北塘派出所加强合作，建立联动机制，按照三级反恐单位的要求，严格进出场手续，落实技防、物防、人防措施，严控外来人员进出。

加强了防汛管理，汛前制定了《北塘水库防汛应急预案》《北塘水库大坝安全应急预案》，开展了防汛演练，补充了防汛物资；汛中加强防汛值班和堤防巡视，每天巡视不少于两次，雨后增加徒步巡查一次，发现隐患及时处置，确保了汛期安全。

（水务集团）

科技信息化

水利科学研究与科技推广

【概述】 2018年，市水务局列入计划的科研项目2项，年内结题的科研项目共18项，在已有的成果中，获市级科技进步奖2项，获市水务局科技进步奖8项。

【科技管理工作】 2018围绕水务难点重点问题，组织开展科技攻关。组织开展水库生态修复难点攻关，编制实施方案；组织开展城市河道水环境科学治理难题的攻关；督促《于桥水库前置库水质净化技术研究》等多项重点项目按照计划进度顺利开展。积极主动作为，清理延期科研项目，对全局所有的科研项目进行整理分析，对逾期科研项目开展督查督办，协调解决存在的技术及资金使用问题。强化科技管理，从立项到报奖全覆盖，完成了18项科研项目验收工作，组织局科技进步奖评审，推荐3项成果申报天津市科技进步奖，2项成果获奖。

学习先进技术，推动科技成果应用。多次组织近十个部门和单位调研“三维石墨烯+强化二氧化钛”“底泥原位洗脱技术”和“蓝藻磁捕技术”在全国水环境治理中的应用，促成海河处与雷克公司达成初步协议。开展科技推广工作，组织申报市农委、水利部水利技术示范项目。组织参加天津市第32届科技周活动。

【科研项目】 2018年，市水务局新立科研项目2项（下表）。

2018年市水务局新立科研项目

序号	项目名称	承担单位	简要内容	研究期限	科研经费/万元		
					合同拨款	累计拨款	年度拨款
1	于桥水库束丝藻水华危害及防控鱼腥藻水华方法研究	水科院	通过调查于桥水库的束丝藻的种类和分布，进行束丝藻藻种分离，产毒类型和能力的研究，了解于桥水库蓝藻水华的新特点和动向及其危害性。为于桥水库水质异味物质的去除提供技术支持	2018—2019	110	91	91
2	非开挖管道修复技术在城市排水管道的推广示范	水科院	非开挖地下管道修复技术是指在不开挖或微开挖的情况下对现有缺陷管道进行修复和更新，以保障管道良好运行、延长管道使用寿命的施工技术及其辅助技术	2018—2019	40	20	20

（科技处）

【部市级科研项目】 2018 年，完成部市级科研项目 2 项，新立部市级科研项目 3 项。

1. CDS－GPT 连续偏转分离技术引进、研究与应用

该项目是水利部“948”科研专项经费项目，于 2015 年 4 月启动，2018 年 6 月通过水利部验收。

项目完成的主要工作内容：引进了澳大利亚 CDS－GPT 连续偏转分离技术设备，在对入河污染特征摸底调查的基础上，并对其进行广谱参数实验，通过实验数据得出 CDS－GPT 设备的技术特性及实际应用过程中存在的问题。对初期雨水截污装置 CDS－GPT 进行了建模，完成了模型率定与验证，并对 CDS－GPT 装置进行了模型的优化及改进。完成了初期雨水截污装置 CDS－GPT 示范工程建设，并监测分析了其对实际雨水的处理效果并分析其特征规律。

项目成果关键技术及创新点：①根据天津市入河污染特性，利用仿真数学模型，优化了设备结构及工艺，研制了改进型产品，有效提高了悬浮颗粒物的去除效率；②首先考察了 CDS－GPT 设备在天津市现有排水特征下的实际应用情况，其次考察了 CDS－GPT 设备对实际雨水径流的去除效果，并分析其特征规律；③对设备进行优化和改进，同时参考现有旋流涡流技术设计了更加高效的改进型 CDS－GPT 装置，并对其开展了实验研究；研究了磁絮凝技术与 CDS－GPT 技术的联用情况下对雨水径流中污染物的去除效率；④通过分析 CDS－GPT 装置特点及其对雨水径流污染物去除特性，对 CDS－GPT 技术在现有雨水径流排放特征下的几种应用形式进行了总结，并根据 CDS－GPT 技术的优缺点，将其与其他技术联用以提高污染物去除效果。

成果应用情况：CDS－GPT 技术已经申请相关专利 12 项，并且该技术完成两处示范场建设，其中新开河盐坨桥泵站与仓联庄泵站 CDS－GPT 示范场已经用于处理串接混接雨水泵站排水及地道泵站排水，取得良好的效果。项目成果在天津市西青区、河北区等地得到应用，并在安徽、山东、江西等地得到推广，取得了良好的社会、经济和环境效益，推广应用前景广阔。

2. 海河北系（天津段）河流水质改善集成技术与综合示范研究

该项目为国家水体污染控制与治理科技重大专项下设课题，于 2012 年 1 月启动，2018 年 9 月通过验收。

该项目完成的主要工作内容：立足于海河北系（天津段）的水环境与水生态问题及天津市水污染防治的重点任务，结合“十二五”期间海河流域及天津市相关河道治理与水环境改善规划，以海河北系天津段的沿河点源和非点源污染控制、河道水质改善与保持、湿地生态恢复与功能利用以及基于水量保障的非常规水利用为主要方向，重点开展了北运河下游水质改善技术集成与综合示范、潮白新河大型河流湿地恢复及污染防控技术与示范、蓟运河中上游污染防治技术集成与综合示范、永定新河污染负荷削减与水质改善技术集成与示范、海河北系（天津段）水质改善的管理支撑技术与措施、海河北系（天津段）水质风险评估与水生态修复途径等六项研究内容，依托北运河天津段、潮白新河、蓟运河中上游、永定新河水质改善工程建设，实现了“十二五”海河北系天津段主要水系断面 COD 水质功能达标，氨氮降至 5 毫克每升，DO 恢复至 3 毫克每升以上。

项目成果关键技术及创新点：①以营养盐平衡为核心的农业非点源污染控制成套技术，创新点为针对传统粗放型农业营养元素管理粗放的技术难点，提出以村为管理单位的农业活动统筹管理技术，建立农民“入股有股金、劳动有薪金、土地流转有租金、养老有保险金”的利益分配模式，促进传统粗放型农业面源污染控制；②基于河道-湿地统筹的河流水质改善成套技术，创新点为研发出移动曝气船专用螺旋桨曝气装置和漂浮式曝气装置，专用螺旋桨曝气装置利用船体移动过程中高速运转的螺旋桨将空气切割成微米级的微小气泡，有效延长气泡在水中的停留时间，提高曝气效果，漂浮式曝气装置漂浮式曝气装置采

用模块化组装结构设计，配备可上下调节的微纳米曝气组件，可实现对深层水体和表层底泥的曝气，水资源调度技术和水体强化净化技术在北方滞缓流河网区的大型天然湿地内部进行耦合，建立综合水资源利用和湿地生态恢复的湿地系统运行模式；③滨海平原河流分类分段陆源污染负荷削减分配与管理集成技术，创新点为明确了闸控河道水环境容量变化，确定复杂河网区水环境容量核定技术，构建分级分类控制单元陆源污染负荷分配技术。

成果应用情况：建成了12项示范工程，研究成果与天津市水污染防治行动计划、天津水十条等地方需求紧密结合，成果在天津水环境治理工程、于桥水库保护工程、天津两轮水污染治理三年行动计划中得到推广应用，推动了天津市水环境质量的总体改善，为天津市落实党中央关于“绿水青山就是金山银山”的精神、落实习近平总书记对天津工作提出的“三个着力”重要指示提供技术支撑。

3. 非开挖管道修复技术在城市排水管道的推广示范

该项目为水利部科技推广示范项目，于2018年1月启动，研究期限为2018年1月至2019年12月。

非开挖地下管道修复技术是指在不开挖或微开挖的情况下对现有缺陷管道进行修复和更新，以保障管道良好运行、延长管道使用寿命的施工技术及其辅助技术。其对周围交通、环境影响小，具有较低的社会成本。采用非开挖技术对地下管道进行修复、更新有良好的经济、社会和环境效益。

主要研究内容有：①通过调整橡胶套配方，增加管道修复器耐腐蚀性能。进行了管道修复器橡胶套配方研究，在原有基础上，优化管道修复器橡胶套制作配方，根据各种原材料特性，结合管道修复器工作环境特点，添加管道修复器耐腐蚀材料，从而增加管道修复器使用寿命，间接节约维修成本；②进行管道缺陷检测，调查管道及周围进出水口使用状态，根据录像回放、现场记录，以及规范要求编写管道检测报告。根据检测报告制定相应的管道缺陷维修实施方案，实现点位修复技术与局部整管修复技术相结合；③依托修复工程，完成培训人员60人次；④根据近两年的试验成果及维修记录，总结设备制作及管道修复经验，编写操作、使用手册，编写报告。

4. 于桥水库束丝藻水华危害及防控鱼腥藻水华方法研究

该项目为天津市财政资金项目，于2018年8月启动。本项目通过调查于桥水库的束丝藻的种类和分布，进行束丝藻藻种分离，产毒类型和能力的研究，了解于桥水库蓝藻水华的新特点和动向及其危害性。对鱼腥藻等产生土腥素和二甲基异莰醇异味物质进行异味物质特征规律研究以及土腥素和二甲基异莰醇的去除技术研究和遴选，为于桥水库水质异味物质的去除提供技术支持，同时研究浮游动物和蓝藻之间的相互关系，从生态系统上对于桥水库的蓝藻水华的暴发和去除提供支持。

主要研究内容有：①于桥水库的束丝藻的种类鉴定以及在水库中的分布及动态监测，通过近两年对于桥水库水体采样，结合藻类形态特征观察和DNA分子标记，对束丝藻的种类鉴定以及两年的束丝藻时空分布特点进行调查研究和分析总结；同时对于桥水库的水体蓝藻以及蓝藻毒素的宏基因组进行测定和分析，从分子生态学上解析束丝藻的发生、发展和消亡的过程；②于桥水库的束丝藻毒素生产能力以及有害性评价研究，对于水体中的有毒藻的确认以及藻毒素的来源探索，最重要的证据在于获得产毒藻的培养藻种；在获得培养藻种的基础进一步在实验室内培养，进行产毒种类和产毒能力的测定及相关毒性毒理的研究，并进行有害性评价；在调查束丝藻的生长，生理生态特点的基础上，研究控制束丝藻生长的条件以及对环境因子的调控来制定控制束丝藻生长方法和抑制束丝藻水华暴发策略；③开展鱼腥藻和假鱼腥藻生产异味物质特征规律以及异味物质的去除研究，主要针对鱼腥藻的生产土腥素特征研究，以及对于桥水库异味物质的贡献研究，开展土腥素的去除技术研究；针对假鱼腥藻的生产2甲基异莰醇（2－MIB）特征研究，以及对于桥水库异味物质的贡献研究，开展2甲基异莰醇（2－MIB）的去除技术研究；④于桥浮游动物分离、鉴定和摄食以及蓝藻相互生态作用的研究，从于桥水库鱼腥藻暴发水体采集样品，通过大量形态观察、DNA分子鉴定以及高通量测序等方法对库区的浮游动物进行鉴定，并结合光镜观察、慢速摄影和视频摄影的方法揭示浮游的生活史全程，在此基础上，依据分子信息，建立分子检测方法。结合鱼腥藻等蓝藻水华的发生特点，来探索揭示该浮游动物在于桥水库的分布特征及其与蓝藻消长之间的关系。

5. 天津地区地下水饮用水源地基础环境调查与监测

该项目为国家科技基础资源调查专项专题中的子课题，由市环保局牵头组织调查，于2018年2月启动。本专题开展天津地区地下水饮用水源地水位、水量、水质调查监测，分析水源地所处地质构造、地下水赋存特征及补径排特征等水文地质条件，开展天津地区地下水饮用水源地风险应急对策研究。

主要研究内容有：①天津地区地下水饮用水源地基础地质与水量状况调查，明确基础状况调查的范围，查明天津地区的区域地层岩性结构空间分布，分析主要地下水饮用水源地的含水层性质及地下水赋存条件；结合天津地区地下水系统的补径排条件，分析地下水饮用水源地的补径排特征；查明天津地区地下水饮用水源地的空间分布以及水源地的开采井位置、开采井深度及取水层位、历年开采量等情况，开展不少于两个水文年的地下水水位变化的监测，分析地下水水位的变化规律和水源地开采程度；②天津地区地下水饮用水源地水质状况调查，完成不少于两个水文年的水源地水质监测，分析水源地水质变化规律及特征，并评价水源地的地下水质量状况；③天津地区地下水饮用水源地风险分析与对策研究，对天津地区地下水饮用水源地管理对策进行研究，提出天津地区地下水饮用水源地的污染防治和水质改善对策建议，为地下水饮用水源地风险应急预案提供决策支撑。

（水科院）

【科研项目及获奖成果】

1. 结题科研项目

2018年结题的科研项目共18项（下表）。

2018年市水务局结题科研项目表

序号	项目名称	项目来源	结题形式	起止年限	主持单位
1	科技攻关项目研究与分析	市水务局	验收	2010年6—9月	天津市水利科学研究院
2	天津水务科技创新与评价体系建设	市水务局	验收	2011年7—12月	天津市水利科学研究院
3	王庆坨水库围坝碾压质量实时监控技术应用研究	市水务局	验收	2014年4月至2015年9月	天津市水利科学研究院
4	无性系柳床人工湿地技术在农村生活污水治理中推广应用	市水务局	验收	2013年4月至2015年9月	天津市水利科学研究院
5	移动式液力提闸机推广与应用	市水务局	验收	2014年4月至2015年9月	天津市水利科学研究院
6	太阳能除藻仪改善水质研究及推广	市水务局	验收	2014年6月至2015年5月	天津市水利科学研究院

续表

序号	项 目 名 称	项目来源	结题形式	起止年限	主持单位
7	雨水径流污染物减量技术研究	市水务局	验收	2014 年 4 月至 2016 年 9 月	天津市水利科学研究院
8	天津市典型农田排水小区排涝模数实验研究	市水务局	验收	2014 年 6 月至 2016 年 11 月	天津市水利科学研究院
9	于桥水库前置库底质残留物对水库水质影响及对策研究	市水务局	验收	2015 年 4 月至 2017 年 9 月	天津市水利科学研究院
10	海绵城市下凹式绿地雨水蓄渗与利用关键技术研究	市水务局	验收	2015 年 4 月至 2017 年 3 月	天津市水利科学研究院
11	市政排水管网运行动态模型研究	市水务局	验收	2015 年 4 月至 2017 年 3 月	天津市排水管理处
12	南水北调工程（西河原水枢纽泵站）混凝土裂缝控制技术研究与示范	市水务局	验收	2014 年 4 月至 2015 年 9 月	建交中心
13	基于 GIS 的地下水资源量评价方法研究	市水务局	验收	2014 年 4 月至 2016 年 3 月	水文水资源中心
14	人类活动影响下天津市水文计算与水文预报关键技术研究与应用	市水务局	验收	2015 年 4 月至 2016 年 4 月	水文水资源中心
15	水土污染防治实验室建设	市水务局	验收	2016 年 9 月至 2018 年 9 月	天津市水利科学研究院
16	北大港水库分库工程的生态影响及保护措施研究	市水务局	验收	2014 年 4 月至 2016 年 3 月	北大港管理处
17	海河流域非常规水安全利用模式及关键技术	海委	备案	2010 年 9 月至 2017 年 3 月	天津市水利科学研究院
18	重污染河道综合整治与水质持续保持技术指南	市场监管委	备案	2016 年 5 月至 2018 年 9 月	天津市排水管理处

2. 获奖研究成果

2018 年，已有的研究成果获市科技进步奖 2 项，获市水务局科技进步奖 8 项（下表）。

2018 年度天津市科技进步奖获奖项目表

序号	奖励编号	获奖项目名称	奖励等级	获奖单位	获奖人员
1	2018JB－3－149	地面沉降对天津地区防洪效应影响及风险预判研究	三等奖	天津市水利科学研究院	周志华 杨丽萍 周潮洪 李 振 于 翚 李建柱 李彦涛 刘思清
2	2018JB－3－155	海水淡化水安全利用关键技术及模式研究	三等奖	天津市水利科学研究院	周潮洪 韩 旭 张 凯 朱金亮 赵 鹏 任必穷 占 强 吴 涛

2018 年度天津市水务局科技进步奖获奖成果表

奖励编号	奖励等级	项目名称	获奖单位	获奖人员
J2018－01	一等奖	非开挖地下输水管道修复系统引进、研究与开发应用	天津市水利科学研究院	张 振 袁春波 陆 梅 王松庆 王建波 郝志香 齐 伟 刘 桐 王守春 王云仓

续表

奖励编号	奖励等级	项目名称	获奖单位	获奖人员
J2018－02	一等奖	重污染河道综合整治与水质持续保持技术指南	天津市排水管理处、天津大学	王　雨　赵　欣　苗　茁　吴　卿　田　勇　田一梅　刘　钰　彭　森　回　庆　耿　雪　黄建军
J2018－03	二等奖	管道灌溉新型给水栓示范推广	天津市水利科学研究院	李　娟　杨万龙　刘春来　张艳芬　焦飞宇　陈　韬　万　莹　史庆生　朱士权　李　桐　王　伦
J2018－04	二等奖	于桥水库蓝藻水华遥感监测预测及水质分析关键技术研究	天津市引滦工程于桥水库管理处、天津市水利科学研究院、中国科学院南京地理与湖泊研究所	廉铁辉　秦继辉　黄　毅　段洪涛　孙　静　谢雪涛　吴　昊　罗菊花
J2018－05	二等奖	典型污染物在土壤与潜水中的迁移实验研究	天津市水利科学研究院	刘　瑜　李　银　胡羽成　张　凯　杨　慧　陆　梅　杨春长　罗　莎
J2018－06	三等奖	大黄堡洼蓄滞洪区公（铁）路联合阻水效应研究	天津市防汛抗旱管理处、西安理工大学、天津市水利科学研究院	刘　哲　刘　强　程道君　秦　毅　赵英虎
J2018－07	三等奖	基于 GIS 与遥感的水土流失监测技术应用研究	天津市水利科学研究院	李彦涛　周志华　笪志祥　夏中华　顾晓蓉
J2018－08	三等奖	市政排水管网运行动态模型研究	天津市排水管理处、天津蔚天洲环境科技发展有限公司	果立松　陈　政　王　雨　赵　炜　张　辉

（科技处）

【水利科技成果推广】 2018 年，新立科技推广项目 1 项。非开挖管道修复技术在城市排水管道的推广示范。该项目为水利部科技推广示范项目，于 2018 年 1 月启动。非开挖地下管道修复技术是指在不开挖或微开挖的情况下对现有缺陷管道进行修复和更新，以保障管道良好运行、延长管道使用寿命的施工技术及其辅助技术。其对周围交通、环境影响小，具有较低的社会成本。采用非开挖技术对地下管道进行修复、更新有良好的经济、社会和环境效益。一是通过调整橡胶套配方，增加管道修复器耐腐蚀性能，进行了管道修复器橡胶套配方研究。在原有基础上，优化管道修复器橡胶套制作配方，根据各种原材料特性，结合管道修复器工作环境特点，添加管道修复器耐腐蚀材料，从而增加管道修复器使用寿命，间接节约维修成本。二是进行管道缺陷检测，调查管道及周围进出水口使用状态，根据录像回放、现场记录，以及规范要求编写管道检测报告。根据检测报告制定相应的管道缺陷维修实施方案，实现点位修复技术与局部整管修复技术相结合。三是根据近两年的试验成果及维修记录，总结设备制作及管道修复经验。

（水科院）

【知识产权】 2018 年，获国家知识产权局授权实用新型专利 18 项（下表）。

2018 年度国家授权专利项目表

专利号	专利名称	专利类别	授权日期	专利权人	发明、设计人
ZL201820087851.8	一种新型环保清淤头	实用新型	2018 年 1 月 18 日	天津市水利科学研究院	袁春波 李 振 张 振 刘 桐 吕永进 吕 燕 齐 伟 王松庆 郝志香 王建波 王守春 陆 梅 王云仓
ZL201820099661.8	中小河道淤泥探深仪器	实用新型	2018 年 1 月 18 日	天津市水利科学研究院	贾 翔 刘 斌 齐 伟 张 振 袁春波 王守春 刘 桐 王松庆 郝志香 王建波 陆 梅
ZL2017209217836	一种中空透气防渗护砌砖	实用新型	2018 年 4 月 13 日	天津市水利科学研究院	姜衍祥 王守春 张 振 王建波 廉铁辉 陆 梅 王松庆 赵 莉 袁春波 刘 桐 卢津津 齐 伟 郝志香 王云仓 王守霆
ZL2017207907790	一种远程遥控环保清淤机器人	实用新型	2018 年 4 月 13 日	天津市水利科学研究院	张 振 袁春波 李 振 王松庆 郝志香 齐 伟 王建波 刘 桐 王守春 陆 梅 王云仓 赵莉莉 陈奕铭 卢津津 董建克 张春辉
ZL2017215152907	一种农村小流域污水净化系统	实用新型	2018 年 5 月 11 日	天津市水利科学研究院	常素云 占 强 李保国 任必穷 董立新 吴 涛 许 伟 王松庆 张艳芬
ZL2017213670119	一种土颗粒分析用密度计辅助定位装置	实用新型	2018 年 5 月 15 日	天津市水利勘测设计院	田 伟 王江涛 王希科 李 涛 孟令智
ZL2017212211939	一种连续性高效净化系统	实用新型	2018 年 5 月 29 日	天津市水利科学研究院	常素云 占 强 李保国 任必穷 董立新 许 伟 李 岩 张艳芬
ZL2017203020792	碾压施工监控系统	实用新型	2018 年 6 月 5 日	天津市水利科学研究院	李广智 张 振 王云仓 赵考生 张振军 王守春 袁春波 张 钰 齐 伟 李博超 王建波 丁雪赏 许邵武 许宏达
ZL2017215272277	一种光固化修复装置及应用该装置的地下管道修复系统	实用新型	2018 年 6 月 19 日	天津市水利科学研究院	袁春波 张 振 李广智 刘 桐 齐 伟 王松庆 郝志香 祁 葳 王建波 王守春 陆 梅 王云仓
ZL2017217541386	一种定位滑轨式岩石变角剪切模具	实用新型	2018 年 7 月 3 日	天津市水利勘测设计院	张 晴
ZL201721756152X	一种工程地质勘察压水实验自动检测装置	实用新型	2018 年 7 月 3 日	天津市水利勘测设计院	罗 凯 王江涛 王希科 李 涛 刘文妙
ZL201721215295X	一种结合混凝旋流过滤与多维汇水湿地的净化系统	实用新型	2018 年 7 月 17 日	天津市水利科学研究院	常素云 占 强 任必穷 董立新 吴 涛 许 伟 王松庆 张艳芬

续表

专利号	专利名称	专利类别	授权日期	专利权人	发明、设计人
ZL201510502885X	地下水资源在线监测系统及地下水资源在线监测系统的监测方法	实用新型	2018 年 8 月 7 日	天津市水利科学研究院	刘 瑜 张 凯 李 银 胡羽成
ZL2017217619925	一种切塑限土条用刀	实用新型	2018 年 8 月 17 日	天津市水利勘测设计院	杨泽君 陈慧友
ZL2017217620960	钻孔压水、注水及抽水试验装置	实用新型	2018 年 8 月 17 日	天津市水利勘测设计院	李 涛 屈永强 王江涛 穆 迅 王希科 田 伟 孟令智 魏厚峰
ZL2018203514123	一种无压流向有压流流态转换设施	实用新型	2018 年 11 月 9 日	天津市水利勘测设计院	吴换营 董立红 宁金钢 刘际军 穆 迅 韩县刚
ZL2017203021333	海水淡化水矿化一体化系统	实用新型	2018 年 12 月 25 日	天津市水利科学研究院	韩 旭 周潮洪 张 凯 朱金亮 任必穷 占 强 赵 鹏 刘宏伟
ZL2017203020523	海水淡化水矿化系统	实用新型	2018 年 12 月 25 日	天津市水利科学研究院	占 强 韩 旭 周潮洪 张 凯 朱金亮 赵 鹏 刘宏伟

【专利项目】

1. 一种新型环保清淤头

本实用新型环保清淤头包括壳体和支撑杆，所述壳体上表面固定连接一支撑杆，所述壳体内横向设置一螺杆，所述螺杆上设有叶片，所述叶片沿所述螺杆轴线方向呈螺旋分布，所述壳体左端设置为开口端，且该壳体右端套设一轴承，所述螺杆右端设有一驱动电机，所述支撑杆两侧设有进水泵和吸淤泵，所述支撑杆内置信号电缆，所述信号电缆一端与所述进水泵、所述吸淤泵和所述驱动电机电性连接。

本实用新型的壳体采用圆筒形结构，并且螺杆通过反向旋转运动，促使淤泥沿螺杆向里进入壳体内，从而保证淤泥在水中不发生扩散的情况下进入壳体，对周围水环境没有造成污染，有效保证清淤效果。

本实用新型通过在船体内设置电脑控制台，根据传输过来的实时工况来调节进水泵、吸淤泵以及驱动电机的转速，以达到最优的泥浆出水浓度，同时配合叶片良好的切削性能和破碎能力，从而很好地完成清淤工作，有效提高工作效率。

本实用新型的壳体采用耐磨的铝合金材质，其光滑表面可以在很大程度上减少淤泥对壳体的阻力，从而降低成本，同时节约能源。

2. 中小河道淤泥探深仪器

本实用新型中小河道淤泥探深仪器包括取泥机构和旋转帽头机构，所述旋转帽头机构旋转安装在取泥机构的一端，所述取泥机构由取泥器本体、开在取泥器本体一端外表面上的旋转安装机构和固定安装在取泥器本体内的隔板共同构成的，所述旋转安装机构由开在取泥器本体外表面上的环形凹槽和安装在环形凹槽上端的环形挡环共同构成的，所述旋转帽头机构由其套装在取泥器本体一端处的帽头本体、设置在帽头本体内表面上的环形挡块共同构成的，所述环形挡块安装在环形凹槽内。

本实用新型专利是适用于中小河道的一种测量淤泥深度的仪器，可以方便、快捷、准确的探测水下淤泥层的厚度，且安全、环保，也可为日后的清淤计量工作提供数据支持。

3. 一种中空透气防渗护砌砖

本实用新型提供一种中空透气防渗护砌砖，包括矩形的砖体，砖体的中心位置设置有纵向进气孔，纵向进气孔从所述砖体的第一端延伸至所述砖体的第二端；所述砖体的第一端设置有纵向连接承口，所述砖体的第二端设置有纵向连接插口，所述纵向连接承口与所述纵向连接插口相匹配；所述砖体的第一侧设置有横向连接承口，所述砖体的第二侧设置有横向连接插口，所述横向连接承口与所述横向连接插口相匹配；所述砖体由防渗透气性材料制成。本实用新型的中空透气防渗护砌砖内部设置有纵向进气口，并且由防渗透气性材料制成，使得河道、蓄水池底部的水能够接触到空气，增加河道、蓄水池底部的水中的溶解氧，以达到改善水质的目的。

4. 一种远程遥控环保清淤机器人

本实用新型提供一种远程遥控环保清淤机器人，其特征在于：所述远程遥控环保清淤机器人包括行进组件，所述行进组件组成所述远程遥控环保清淤机器人的底盘，所述行进组件上设置有清淤小车本体；所述清淤小车本体上连接有清淤组件、与所述清淤组件连接的淤泥输送组件、旋转刀组件、监控组件以及控制及驱动组件；所述控制及驱动组件分别与所述行进组件、清淤组件、污泥输送组件、旋转刀组件以及监控组件连接，同时，所述控制及驱动组件通过通信电缆与设置于地面上的地面控制箱连接。

5. 一种农村小流域污水净化系统

本新型公开了一种农村小流域污水净化系统，包括通过管道依次连接的连续偏转分离机构、具有反冲洗功能的涡流沉积分离机构和湿地处理机构；本新型的农村小流域污水净化系统，连续偏转分离很好地解决了农村小流域生活垃圾污染严重的问题，使得生活垃圾得到有效地收集处理；涡流沉积分离大大减轻了湿地的污染负荷，提高了湿地的净化效果，增加了湿地的使用时效；湿地可以充分利用农村土地广、湿地多等现有环境条件，大大减少的该技术的投入；连续偏转分离与涡流沉积分离部分的占地面积小，且该工艺在后期的运行管理上非常简单，大大减少了后期的运行管理投入，在整过工艺过程中无需用到电源，大大降低了运行成本。

6. 一种土颗粒分析用密度计辅助定位装置

本发明是为了克服人为操作密度计引起密度计多次起浮、密度计移动靠近量筒壁等问题之不足而设计的一种用于土颗粒分析中密度计法辅助实验装置。该装置能够将密度计限定在量筒中央位置，并对密度计施以阻尼作用，减弱由于人为操作密度计释放到溶液中造成的起伏震荡。包括固定支座、限位丝、限位丝控制结构组成。进行土颗粒分析密度计法实验时，首先，在所采用量筒开口处安装该辅助实验装置，通过纤维丝控制结构将限位丝置于打开状态；其次，将密度计置于量筒中，通过限位丝控制结构将限位丝置于关闭状态；最后，完成数据读取作业后，通过限位丝控制结构将限位丝置于打开，取出密度计；重复以上操作，完成全部实验。用本发明进行土颗粒分析密度计法实验时，能够有效减弱密度计在溶液中的起伏震荡，有效减少密度计的稳定时间，并且有效将密度计的位置限定在量筒横截面的正中央，使数据的读取能够满足规范要求，结构简单，操作简便。

7. 一种连续性高效净化系统

本实用新型提供了一种连续性高效净化系统及其方法，用于净化污水，包括磁强化絮凝装置和涡流沉积分离装置；磁强化絮凝装置的进水管道设置有磁粉加入口、无机混凝剂加入口和有机絮凝剂加入口；进水管道与涡流沉积分离装置的主体沿周向相切并插入至主体内部，主体内部还设置有导流筒，水在所述外壳和所述导流筒外筒之间形成涡流；导流筒上部设置有出水口，涡流沉积分离后的水体进入导流筒内，从出水口排出；水中的污染物从涡流沉积分离装置下部的排渣口排出，经过磁分离机分离后，磁粉被回收利用。

本实用新型能大幅度去除污水中的悬浮物、油污、漂浮物等物质，同时该工艺方法极大地减少了对土地的占用。

8. 碾压施工监控系统

本实用新型是碾压施工监控系统。在施工区域内按照设计要求划分施工标段，根据设计要求至少设置1个施工标段，每个施工标段内配置施工碾压机，根据设计要求至少配置1台施工碾压机，施工区域内安设RTK基站、施工数据处理机构，在每台施工碾压机上设置车载GPS移动站，RTK基站、车载GPS移动站和GNSS卫星构成定位系统，碾压施工监控系统由定位系统、施工碾压机、车载显示器、车载控制器、施工数据处理机构、运行监控客户端和碾压度检测仪组成。

本实用新型结构简单，设计科学，使用方便，成本低，容易掌握，监测数据准确，传输快捷，设备使用长久耐用，能够进行连续、实时、准确的碾压施工监控以及碾压度检测，对碾压过程和碾压质量达到全面控制。

9. 一种光固化修复装置及应用该装置的地下管道修复系统

本实用新型提供一种光固化修复装置及应用该装置的地下管道修复系统，包括摄像头和装置架，摄像头共轴线插设于装置架的前端，装置架设置为包括头部主体、尾部主体、脚架调节机构、脚架和UV紫外灯主体，头部主体与尾部主体的内腔均设置脚架调节机构，脚架调节机构的输出端连接脚架，UV紫外灯主体固定于头部主体的后端与尾部主体的前端之间；地下管道修复系统包括光固化修复装置、万向连接头、辅助装置架、线缆和外部控制台，光固化修复装置与辅助装置架通过线缆连接外部控制台。本实用新型采用该系统，能够自动进行脚架的径向长度调节，以满足不同管径的良好连续修复需求，从而提高光固化修复效率，且降低人工劳动强度。

10. 一种定位滑轨式岩石变角剪切模具

针对传统岩石变角剪切试验存在不同程度上的结构复杂、部分构件损耗快和变角机理复杂等问题，为保证剪切试样所受加压荷载在轴向上不发生偏移，并能在多个角度下实现快速剪切，通过结构设计和有限元计算出一种新型变角剪切模具。该定位滑轨式变角剪切模具主要由三大部分组成：内夹具、外夹具、水平变位装置。其中内外夹具组成变角装置，水平变位装置和变角装置连接成一个整体，变角装置通过定位滑轮实现岩石的变角剪切，而水平变位装置则通过滚轴排来抵消剪切仪工作时的水平位移。选择定位滑轨的方式实现岩石试样的变角剪切，通过水平定位装置，提高试验的准确性，通过简单的组合的整体结构提高了试验的可操作性，新型变角剪切模具改良了传统模具的缺陷，更适合室内岩石剪切试验的要求，具有定位变角、水平变位、独立整体的特点。

11. 一种工程地质勘察压水实验自动检测装置

本实用新型是提供一种工程地质勘察压水实验自动检测装置。提供如下的技术方案：包括压水试验自动检验装置本体，压水试验自动检验装置本体顶端设有压力表，压力表下方连接内管，内管外部设置外管，内管底部设置送水孔，且送水孔与所述内管连通，送水孔外圈包裹橡皮塞，送水孔与橡皮塞通过固定环固定，外管上部一侧连接送水延伸管，送水延伸管上设置淀量表，淀量表靠近送水延伸管延伸一侧设有送水开关，送水延伸管末端连接水泵，水泵另一端连接水箱，送水延伸管下方支流管连接水箱，且支流管上设有回水开关。有益效果是在内管上直接设置压力表可以实时监测装置启动时收集的数据；通过设置水泵以及淀量表可以针对压水实验装置各试段试验时进行优化；使用开关代替止水栓塞使用起来更加轻便快捷。

12. 一种结合混凝旋流过滤与多维汇水湿地的净化系统

一种结合混凝旋流过滤与多维汇水湿地的净化系统，包括磁强化絮凝，涡流沉积分离以及人工湿地净化；分别对水体进行絮凝反应、污染物沉积分离和人工湿地过滤处理，实现对水体的净化，并且包括对磁粉的回收利用的步骤，实现磁粉的循环利用。

13. 地下水资源在线监测系统及地下水资源在线监测系统的监测方法

本实用新型是地下水资源在线监测系统。地下水资源监测区内设置主控制系统、数据接收装置和在线监测仪，地下水资源监测区内安设多个在线监测仪，至少3个在线监测仪，数据接收装置接收在线监测仪发送的数据信息，传输给主控制系统，主控制系统把接收到的数据信息进行数据处理，并向在线监测仪发出指令，实时监测，在线监测仪由雨水承接器、计量翻斗、控制记录仪、传送装置支撑架、传送装置、测定仪、防护罩、雨水计量装置、数据发送装置和地下水观测井组成，每个地下水观测井上安设1个在线监测仪。本实用新型设计科学，结构合理、紧凑，操作简便，设备可拆卸，拆装简便，便于携带，完成降雨后地下水水位及水质的监测，高效、实时，减少监测误差。

14. 一种切塑限土条用刀

本实用新型提供一种方便使用的切塑限土条用刀。包括多个间隔平行设置的刀片，刀片间的距离相同，刀片固定在刀架板上，刀架板的两侧分别设有固定板，固定板上安装有手柄，刀架板的表面形成有多个气孔。在每两个刀片间形成一个土条的切出空间，每个切出空间的上方有排列的气孔。相对于传统的切土刀，操作省时间，特别是便于每条都达到规范要求，由于有多个刀片，刀片与刀片间的间距相同，多个土条一次切割完成，且每个土条的宽度基本一致，实现均匀。

15. 钻孔压水、注水及抽水试验装置

水文勘察试验是岩土工程和水文水资源试验中的重要组成部分，分析测定岩土层的水资源特性、水文特性、渗透性等是岩土工程勘察和水资源勘察的重要工作。本实用新型装置提供一整套管径统一、管段接口统一、不同功能段可方便组合对接的试验装置。该装置主要由标准管段、栓塞管段、试验管段、管顶辅助段、管底封堵段、潜水泵段等组成；不同的管段进行不同的组合，辅以压力表、流量计、管道阀门、气泵等装置就可以组成钻孔压水试验装置、钻孔注水试验装置以及钻孔抽水试验装置，这种设计很好地解决了现有水文试验装置不统一、安装不方便、操作不便利的实际问题，从实用性上综合统一了三大试验，具有通用性。

16. 一种无压流向有压流流态转换设施

本实用新型一种无压流向有压流流态转换设施，是长距离输水工程中无压流与有压流的转换、过渡衔接的水力控制建筑物，能够实现输水工程中正常运行、工程检修、错孔运行等不同工况下无压流和有压流两种流态间的平稳过渡及下游各孔间流量的自动均衡。它主要由上游连接段、扩散段、斜坡段、池身段和下游连接段组成。本流态转换设施采用新的水力控制理论，巧妙布置均流孔和消除水流面波设施，达到无压流和有压流间自动调节流态、自动均衡流量的目的。流态转换设施是一种新型水力控制建筑物，不需设置机械设备和装置，不需要人为操作，为输水系统中无压流向有压流的转换提供了一种先进、高效、简单、经济、实用的水力控制技术和方法，解决了长距离管涵输水工程中的流态平稳、流量均衡、消散水流掺气的难题。

17. 海水淡化水矿化一体化系统

本实用新型的主要目的在于解决上述海水淡化水的矿化技术中的问题，提供一种海水淡化水矿化一体化系统。

海水淡化水的矿化技术需要引入其他一些方法联合开发、设计新型装置，二氧化碳酸化海水淡化水技术应用到接触式矿化装置中，二氧化碳从以直接酸化海水淡化水改为通过中空纤维膜曝入海水淡化水矿化塔内，缩短海水淡化水在矿化罐中的水力停留时间，提高二氧化碳的利用率与海水淡化水的矿化效率。

本实用新型是海水淡化水矿化一体化系统。结构合理，设计科学，使用方便，制作简单，占地面积小，简化操作运行过程，把膜曝气与矿化有机地结合在一起，解决了传统矿化装置所存在的缺点，提高了海水淡化水的矿化效果，缩短了海水淡化水的矿化时间。通过中空纤维膜曝入矿化室，增加了二氧化碳在矿化室内的反应接触面积，提高了二氧化碳的利用效率；二氧化碳都是以分子态进入矿化室内，分子态的二氧化碳在矿化室得到充分的反应，提高了海水的矿化效果；矿化室内二氧化碳气体得到充分的利用，经过跌宕室提高出水的 pH 值，海水淡化水的安全性进一步提升；矿化室内设置两个矿化室，增加了海水淡化水在矿化室内的行程，提高了海水淡化水的矿化效率。

18. *海水淡化水矿化系统*

本实用新型的主要目的在于解决上述海水淡化水矿化的问题，提供一种海水淡化水矿化系统。

本实用新型把二氧化碳酸化海水淡化水技术应用到接触式矿化装置中，二氧化碳从以直接酸化海水淡化水改为从管道上曝入海水淡化水，在原来的矿化基础上，大幅度缩短海水淡化水在矿化罐中的水力停留时间，提高海水淡化水的矿化效率。

本实用新型是海水淡化水矿化系统及海水淡化水矿化的制作方法。结构合理，设计科学，使用方便，制作简单，解决了传统矿化装置所存在的缺点，提高了海水淡化水的矿化效果，缩短了海水淡化水的矿化时间。在管道中曝入二氧化碳并通过气水混合器，增加二氧化碳在海水淡化水中的溶解，充分的利用了二氧化碳；通过矿化塔能使海水淡化水、二氧化碳与方解石填料充分反应，提高了海水淡化水的矿化效果；在跌宕室经过跌宕使未反应的二氧化碳溶出，提升出水的 pH 值，提高了海水淡化水的安全性。

（水科院　设计院）

科技服务

【国际合作与交流】 严格执行中央和天津市有关外事管理的各项规定，完成了 2018 年度局级及以下人员因公临时出国（境）计划的征集汇总及上报工作，组团出访 2 批次，9 人次，其中 5 人次赴芬兰、德国、荷兰进行水源地水质保护、海绵城市建设等领域的技术交流，4 人次赴德国、瑞典进行城市水环境治理方面的学习交流。出访团组均按规定要求在市水务局办公网进行了 5 个工作日以上的信息公示，完成了出国人员安全保密教育，团组成员在外严格执行八项规定要求，不存在任何违规违纪现象，按时提交了出访报告。

联合国计划开发署率领乌兹别克斯坦代表团一行 10 人来市水务局访问，双方进行技术交流。水资源处、农水处、水科院分别介绍了城市用水分配利用效率及监测、天津市用水者协会及机制、节水灌溉技术及自动化管理等情况。乌兹别克斯坦的水利专家就水资源的分配性质和使用情况，农村灌溉用水的水量、水价和用水方式，农民用水协会的建立、组成、发挥的作用以及经费来源、开支情况等方面提出探讨意见，市水务局有关方面专家结合天津水务具体情况一一进行详细解答，双方就不同自然条件下的水务发展进行了多方面的交流。

继续做好中法海河流域水资源综合管理项目 2018 年度的有关工作；组织人员参加中欧合作平台会议；根据工作要求，完成了全局十八大以来出国（境）团组执行八项规定情况的自查和总结。

（科技处）

【市水利学会活动】 2018 年度共召开学术交流会 4 次，邀请国内知名专家学者围绕水资源、水环境、水生态等主题进行学术讲座与交流。完成了 2018 年度年检及审计工作。

5 月 9 日，在天津世纪酒店举办了科技强水主题报告会，会上南开大学程仁洪教授、市水务局防汛处副处长刘战友分别作题为《政务信息化及若干问题探讨》和《科学调度水资源、助力实现“六能”目标》的报告会。会员单位、业务主管部门领导和技术人员参加了会议。该报告会，服务了天津水务信息化健康发展，提升了天津水务管理水平，助力天津水务“六项工程”和“六能目标”的实现。

5月11日，地下水主题专家报告会在天津市水利科学研究院三楼报告厅举行，邀请了北京师范大学博士生导师滕彦国教授、天津大学博士生导师王铁军教授分别作地下水主题技术讲座，水文中心、控沉办、水科院等相关会员单位参加了报告会。滕彦国教授在报告中介绍了地下水污染风险评价技术与方法，阐释了地下水污染预警和应急处理技术、地下水污染控制和修复技术，展望了地下水污染风险评价技术发展趋势。王铁军教授主讲了多时空尺度土壤水变异规律和影响因素，提出了该研究成果在地下水补给和蒸发计算中的应用。

11月9日，在饮水安全、水与健康越来越受到人们重视的今天，学会邀请了天津市微量元素学会专家孙大泽教授作了“微量元素与供水、饮水”学术报告，相关会员单位技术人员参加了报告会。孙教授指出饮用水中的微量元素的种类，微量元素与人体健康、疾病的关系，报告会拓展了水利科技人员技术领域。

12月26日，在天津水晶宫饭店举办了天津市水利学会2018年学术年会，会上天津大学环境科学与工程学院季民教授、水利部海河水利委员会何杉副总分别作题为《基于城市绿色基础设施建设理念 加快城市河道生态化建设 提升城市生态环境质量》和《海河流域水资源及开发利用》的报告，会上还对26篇优秀论文进行了表彰，并推荐到公开刊物上发表。学会理事、相关会员单位技术人员、论文作者代表参加了年会。

（水科院）

信息化项目建设

【概述】 2018年，落实局党委提升防汛信息化工作要求，天津市水务局信息化重点开展了防汛会商汇报模板、2018年中心城区积水监测系统、2018年移动汛情视频采集系统、局防汛会商室提升和局防汛值班系统等防汛信息化提升项目建设，完成了河长制信息工作平台、天津市国家水资源监控能力建设、天津市重点用水单位水量在线监测系统等项目2018年度建设任务，维护了引滦工程管理、电子政务网络等系统，验收了市水务局办公网U盘安全管理及计算机准入控制、水文分中心信息监视管理系统、防汛网络系统升级改造等项目；组织了2019年度预算项目筛选、申报工作，申报天津市水务局党建纪实监督系统、新旧行政事业科目体系转换、水文自动监测站增设工程等项目。

（科技处）

【审批模式改变】 自2018年以来，项目审批由局科技处审批调整为市网信办审批。

【电子政务信息化建设】

1. 水务安全生产网格化管理信息系统开发

2018年6月4日，市水务局《关于转发〈关于对“市水务局河长制信息管理平台”等13个项目审核意见的函〉的通知》，核定水务安全生产网格化管理信息系统项目投资72万元。同日，市水务局《关于下达“天津市河长制信息管理平台建设项目”等13个项目2018年资金计划的通知》，下达2018年资金计划40万元。建设内容主要包括：建设天津市水务局安监管控指挥中心、智慧化安监门户和互联网+移动政务门户、安全生产工作检查、隐患管理、事故管理等模块，提高水务局安监部门工作效率。2018年完成年度建设任务。

2. 水务局财务管理信息系统升级

2018年6月4日，市水务局下发《关于转发〈市委网信办关于对“市水务局河长制信息管理平台”等13个项目审核意见的函〉的通知》，核定水务局财务管理信息系统升级项目投资63万元。同日，市水务局下发《关于下达“天津市河长制信息管理平台建设项目”等13个项目2018年资金计划的通知》，下达2018年资金计划35万元。建设内容主要包括：升级改造2010年投入使用的水务局财务系统，通过软件升级和更新4台服务器、1套双机热备系统，提升使用效果和水平。2018年完成年度建设任务。

（杨晓云）

【水务业务管理平台建设】

1. 河长制信息管理平台开发

2018年5月29日，市委网信办下达《关于对“市水务局河长制信息管理平台”等13个项目审核意见的函》，核定河长制信息管理平台开发项目投资392万元；6月4日，市水务局《关于转发〈关于对“市水务局河长制信息管理平台”等13个项目审核意见的函〉的通知》《关于下达“天津市河长制信息管理平台建设项目”等13个项目2018年资金计划的通知》下达了项目投资计划，2018年拨付资金230万元。

建设内容主要包括：B/S程序开发、手机APP开发、系统三级等保测评服务、相关软硬件的购置、系统集成等。其中软件开发部分包括的主要模块有巡河管理、问题管理、考核评估、分析统计、信息填报、抽查督导、工作台账等。

项目核心业务功能已基本完成，部分模块已开始试用，完成了对16个区河长办的“河长巡河、问题处理、信息填报、工作台账、通知通告模块”的使用培训，完成了对市河长制事务中心的“河长巡河、问题处理、信息填报、工作台账、督查督办、暗查暗访”等模块的使用培训，完成了对全市160名社会监督员“社会监督评价模块”的使用培训，从2019年1月1日开始全体监督员正式使用该平台进行满意度评价数据的上报。

2. 河长制微信公众平台开发

2017年12月14日，市水务局下达《关于天津市河长制微信公众平台开发实施方案的批复》，核定项目投资18万元；2018年1月29日，市水务局《关于下达局防汛会商室提升等项目投资计划的通知》，下达了项目投资计划18万元。主要建设内容：申请微信公众号；软件功能开发。包括：津沽河长模块、公众参与模块、新闻动态模块、系统管理模块；2018年12月13日，通过竣工验收。

3. 水务防护重点目标基础信息管理系统开发

2018年5月29日，市委网信办下达《关于对“市水务局河长制信息管理平台”等13个项目审核意见的函》，核定水务防护重点目标基础信息管理系统开发项目投资63万元；6月4日市水务局《关于转发〈关于对“市水务局河长制信息管理平台”等13个项目审核意见的函〉的通知》《关于下达“天津市河长制信息管理平台建设项目”等13个项目2018年资金计划的通知》下达了项目投资计划，2018年拨付资金50万元。主要建设内容：全景数据漫游，反恐电子信息档案，实现安全检查和视频点监控功能，后台管理功能及视频链路接入的设计和建设；2018年11月28日，本项目通过初步验收；2018年项目年度建设内容全部完成，已投入试运行。

（张晓严）

【防汛抗旱信息化建设】

1. 天津市水务局防汛会商室提升项目

2017年12月4日，市水务局下达《关于局防汛会商室提升项目初步设计报告的批复》，核定项目概算440万元。2018年1月29日，市水务局《关于下达局防汛会商室提升等项目投资计划的通知》，下达概算投资440万元。建设内容主要包括：购置安装LED大屏幕1套，图像处理器1套，大屏控制主机1台及显示控制系统1套，实现视频高清显示一键式无缝切换，整屏、三屏、多屏等多元化显示方式的功能；购置安装UPS不间断电源1套，实现一小时不间断供电功能；无缝连接会商室原有会议扩声、视频会议、桌面信息点、监控等系统，恢复大屏幕周边墙面，实现防汛会商。项目已完成全部建设内容，2018年6月1日进入试运行。

2. 天津市水务局防汛值班系统

2017年12月4日，市水务局下达《关于天津市水务局防汛值班系统初步设计报告的批复》，核定项目概算156万元。2018年1月29日，市水务局《关于下达局防汛会商室提升等项目投资计划的通知》，下达概算投资156万元。建设内容主要包括：购置安装液晶拼接主显示屏1套，液晶电视辅助显示屏1套，图像处理器1套，控制主机1套等设备，实现汛期气象雷达、卫星云图、河道水位、流域雨量等汛情数据的多元化显示功能。购置安装会议桌1套，16只嵌入式鹅颈会议话筒，1套无线手持话筒，会议系统主机、数字音频处理器、调音台、功率放大器、音箱等设备各1台（套），实现会议扩声功能。购置安装液晶触控升降一体机16台，无纸化办公服务器1台，无纸化办公终端16套，无纸化办公软件1套，实现会议交互功能。购置安装交换机等，进行网络环境及环境建设，集成保障防汛值班系统各功能的无缝连接。项目已完成全部建设内容，2018年6月1日进入试运行。

3. 天津市农村基层防汛预报预警体系项目

天津市农村基层防汛预报预警体系项目是全国加快灾后水利薄弱环节建设项目的重要组成部分，由防汛处主管，武清区、宝坻区、宁河区、静海区、东丽区、津南区、西青区7个区水务局分别负责本区项目建设。2018年，根据市水务局、市财政局6月4日《关于下达天津市农村基层防汛预报预警体系建设项目2018年投资计划的通知》、6月29日《关于下达天津市农村基层防汛预报预警体系建设第二批项目2018年投资计划的通知》、7月27日《关于下达天津市宁河区农村基层防汛预报预警体系建设项目2018年投资计划的通知》文件，核定项目总投资5949.10万元，其中中央资金2653.00万元，地方资金3296.10万元。项目建设包括：洪涝灾害调查评价、自动监测系统、监测预警平台、防汛视频会议系统、预警设施设备、群测群防体系、应急救援保障等建设内容。国家要求项目建设任务一年完成，截至2018年12月31日，各区基本完成建设任务。

（杨晓云　张　芳　赵英虎）

【水资源信息化建设】

1. 国家水资源监控能力建设项目（2016—2018年）

市水务局以2017年1月18日《关于国家水资源监控能力建设项目天津市技术方案（2016—2018年）的批复》文件和2018年3月1日《关于下达国家水资源监控能力建设等项目2018年度投资计划的通知》文件，下达项目建设资金760万元，其中中央资金218万元，地方资金542万元，资金已全部到位。六台走航式声学多普勒流速剖面仪建设任务已在2017年完成。2018年完成武清区5个重要出入断面建设流量监测站，实现武清区灌区的水量在线监测；在武清区水务局建设信息处理站，购置安装服务器、机柜、流量数据接收处理软件等。信息服务系统完成了包括展现形式、后台方法、业务需求等内容的修改完善（部分为新增），共4大模块49个子模块。扩充完善现有数据上传模块的功能，对所有15个子系统中36个模块界面易用性及数据库结构进行优化；并根据实际业务的变化，对6个模块进行了功能调整。根据中央要求，对升级水资源业务管理系统数据库与业务系统到4.0版本，新增新的用水总量上报模块、权限菜单管理、服务调度、跨级交互统计、信息维护模块。

2. 天津市国家水文数据库数据迁移及系统管理软件建设

2018年6月4日，市水务局下达《关于转发〈关于对“市水务局河长制信息管理平台”等13个项目审核意见的函〉的通知》《关于下达“天津市河长制信息管理平台建设项目”等13个项目2018年资金计划的通知》，项目总投资25万元。该项目在原有基础水文数据库3.0库结构的基础上建设4.0版的水文数据库，完成数据迁移工作，建立天津水文资料目录索引库，实现天津水文水资源数据的管理维护、查询分析等功能，为天津基础水文数据管理提供更加高效的工具支撑，整体提升了天津基础水文数据的管理水平，更好满足社会和经济发展对水文基础数据服务提出的新要求。2018 年基本完成项目建设。

（李 莹 李 红）

【排水信息化建设】 开展天津市中心城区积水监测系统工程建设，在 22 处易积水地区和 18 处地道新建电子水尺 40 处和中心平台，为实现重点观测地区内涝状况定量化监测奠定基础。进行移动汛情视频采集系统项目建设，为局、处防汛单位购置视频采集系统 40 台（套），并进行中心平台搭建和通讯光纤升级，为掌握积水状况提供现场图像支持。完成了对新接收的 11 座泵站的信息化改造，实现了泵站运行工况的实时监测。

（排管处）

信息化管理

【概述】 积极与市委网信办沟通，组织建设单位按全市政务整合、数据共享等要求调整设计方案，申请的沿海实时潮位监测系统升级改造、水务安全生产网格化管理信息系统和水务电子政务网络运行维护等 19 个新建和运行维护项目全部通过市委网信办组织的专家审查，并积极推进项目开展建设；对重点用水户在线监测、水资源监控能力等在建项目，加强项目实施中的督导服务，每月定期进行督导统计，积极沟通协调服务项目建设；加强网络信息安全和保密工作，全年向全局各部门各单位发布网络安全预警信息近 50 余条，组织局属各单位开展了防范匿名者黑客组织攻击、防范勒索病毒变种感染、防范“钓鱼邮件”攻击等网络安全自查和保障党的十九届三中全会、全国“两会”、世界智能大会、上合峰会等重要时间节点网络与信息安全专项活动近 20 次，通过了市委网信办和市国家保密局的网络安全、计算机保密专项检查。全年市水务局计算机系统未发现感染勒索病毒，未发生网络安全事件。

（科技处）

【电子政务系统运维与管理】 电子政务网络系统运行维护项目。2018 年，根据市水务局 7 月 18 日《关于转发天津市水利工程质量监督平台等 5 个项目审核意见的通知》、8 月 6 日《关于下达天津市水利工程质量监督平台等 5 个项目投资计划的通知》文件以及 9 月 18 日《关于调整 2018 年水务建设任务目标的通知》文件，核定项目资金 376 万元，完成局电子政务网络系统的运行维护工作。维护内容主要包括：计算机网络、软件、桌面、网络安全、机房等系统及专用线路租用等；业务楼计算机、会议、防汛会商室大屏幕会商、视频会议厅、环境设备维护；程控交换机维护；设备更新及备件；业务楼报告厅设备更新；水务局无线网络升级；组工网连接等。2018 年完成项目全部维护内容，各系统运行良好。

天津市水务业务管理平台运行维护项目。2018 年，根据市水务局 7 月 18 日《关于转发天津市水利工程质量监督平台等 5 个项目审核意见的通知》、8 月 6 日《关于下达天津市水利工程质量监督平台等5 个项目投资计划的通知》文件以及 9 月 18 日《关于调整 2018 年水务建设任务目标的通知》文件，核定项目资金 168 万元，完成天津市水务业务管理平台运行维护工作（含水务业务平台、水环境监管信息系统两部分）。水务业务平台系统主要对水务业务管理平台软件部分、视频监控系统、服务器系统及存储系统、水务业务网、天地图前置服务系统和空调、UPS 及环控系统等六部分内容开展运行维护工作；水环境监管信息系统标段运行维护项目是 12.04 万元。运维内容包括：移动设备流量服务费、软件系统的维护维修，2018 年根据天津市河长制管理新出台的月度考核细则，对水质评分模块进行了功能修改，重新配置了 239 个水质监测断面和部分市级考核河道段数据；完成了服务器、数据库、网站的日常巡检、备份、应急处理等日常维护维修工作。

天津市水务治安分局技防网系统运行维护项目。2018 年，根据市水务局 7 月 18 日《关于转发天津市水利工程质量监督平台等 5 个项目审核意见的通知》、8 月 6 日《关于下达天津市水利工程质量监督平台等5个项目投资计划的通知》、9月18日《关于调整2018年水务建设任务目标的通知》文件，核定项目资金22万元，完成天津市水务治安分局技防网系统的运行维护工作。保障引滦线于桥水库大坝、于桥水库溢洪道闸、永定新河防潮闸、海河耳闸等点位链路正常；保障市水务局与市技防网链路正常。2018年完成项目全部维护内容。

（杨晓云　张晓严）

【工程信息系统运维与管理】　水库移民后期扶持管理信息系统运行维护。2018年7月6日，市委网信办下达《关于对“天津市水利工程质量监督平台”等5个项目审核意见的函》核定项目投资；7月18日，市水务局《关于转发天津市水利工程质量监督平台等5个项目审核意见的通知》；8月6日，市水务局下发《关于下达天津市水利工程质量监督平台等5个项目投资计划的通知》，下达了“水务电子政务网络等6个系统运行维护”项目总投资计划为1040万元，其中水库移民后期扶持管理信息系统运行维护项目是24.7万元。运维内容包括：线路租赁费、移动设备流量服务费、软件系统的维护维修，2018年共整理和录入移民人口数据116370条，并对移民身份逐条进行了校核；收集了移民工程地理信息103条，并完成了在GIS地图上的标绘；整理录入了322条初设批复的移民项目信息；并完成了向国家级系统的数据上传工作，实现了与国家级系统的资源共享。

（张晓严）

【防汛抗旱信息系统运维与管理】

1. 防汛异地会商视频会议系统运行维护项目

2018年，根据市水务局7月18日《关于转发天津市水利工程质量监督平台等5个项目审核意见的通知》、8月6日《关于下达天津市水利工程质量监督平台等5个项目投资计划的通知》、9月18日《关于调整2018年水务建设任务目标的通知》文件，核定项目资金170万元，完成防汛异地会商视频会议系统的运行维护工作（170万元含防汛重点工程视频监控、视频会议系统两部分）。

视频会议系统运行维护内容主要包括：视频会议系统、MCU管理系统、会议扩音系统、传输链路系统的软硬件维护及视频会议现场协调服务。2018年完成项目全部维护内容，保障会议系统故障处置及稳定运行，完善会议协调保障机制，保障全市防汛指挥视频会议的正常召开。

防汛重点工程视频监控系统运行维护部分主要包括里自沽蓄水闸、宁车沽闸、北京排污河防潮闸、秦营闸、永定新河防潮闸、耳闸、金钟河闸、二道闸、蓟运河闸、狼儿窝分洪闸、九王庄节制闸共11个视频监控站点，51个视频监控点位设备的运行维护、机房及附属设备维护、软件及网络维护等。2018年完成项目全部运行维护内容，系统的正常运行为工程管理、防汛调度提供强有力的第一手资料，是防汛相关部门和领导下达决策调度命令、会商的主要参考依据，在汛期工作中发挥重要作用。

2. 防汛一级通讯网及城市防洪信息系统等7个系统运行维护项目

2018年，根据市水务局7月18日《关于转发天津市水利工程质量监督平台等5个项目审核意见的通知》、8月6日《关于下达天津市水利工程质量监督平台等5个项目》、9月18日《关于调整2018年水务建设目标的通知》文件，下达投资计划166万元。防汛一级网等运行维护项目主要内容包括：防汛一级通讯网、城市防洪信息系统通信系统、城市防洪信息系统计算机网络系统、国家防汛抗旱指挥系统、防汛专业网、防汛应急指挥系统、防汛应急通信指挥系统与国家防总联网系统7个系统的运行维护。该运维项目是天津市洪涝灾害信息采集、传输及业务应用系统的基础支撑，是防汛应急通讯的重要保障，是与国家防办、海委、市应急办等单位进行信息传输与视频会商的主要方式。2018年完成项目全部维护内容，各系统运行良好，保证了防汛信息畅通，在汛期工作中发挥重要作用。

3. 市防办信息化系统运行维护项目

2018年6月4日，市水务局下发《关于下达“天津市河长制信息管理平台建设项目”等13个项目2018年资金计划的通知》，核定市防办信息化系统运行维护项目投资 120 万元（包含山洪灾害防治非工程措施运行维护项目 35 万元）。全年市防办强化日常管理，制定和完善日巡检制度，汛前安排专人梳理硬件系统、软件系统和基础环境基本情况，并进行系统性检测，及时更换维修值班系统故障显卡、大神堂潮位监测站水位计等老损设备，采购专业杀毒软件，定期查杀，为汛期市防办信息化系统正常运行提供了保障。汛期加密巡检频次，安排专人每周按时参加防汛视频会商系统点名联合调试，为防汛会商决策提供了有力的技术支撑。汛后重点查问题，补短板，安排好明年系统运行维护工作。

（杨晓云　张立薇　张　芳　赵英虎）

【水资源信息系统运维与管理】 2018 年度水资源监控能力项目运行维护主要包括地表水水位监测站点运行维护、地下水监测站点运行维护、水质自动监测站运行维护、系统平台运行维护、水文巡测和水功能区水质巡测 6 个方面。地表水水位监测运行维护，完成 129 处监测站点，223 个监测断面的基础设施维护、设备仪器巡检维护与备用设备采购。地下水监测站点运行维护完成 435 处监测站点两次定期巡检和日常故障维修，更换子站终端外壳，保障了各监测站点的正常稳定运行。对 42 个单位的 201 处地源热泵水量监测站点进行二次定期巡检和日常故障维修。设备运行正常率达到 95 %以上，保障了各监测站点的正常稳定运行。完成水质自动监测站日常维护工作，有效数据传输率 100%。完成 33 个重要水功能区 35 个监测断面 12 次水质监测评价工作，81 个水功能 182 个监测断面 6 次水质监测评价工作。完成天津市水资源管理系统软件运行维护，包括每天定时检测系统，及时处理系统中出现的错误与异常情况，每周对最新的数据文件进行全备份，每个月将全部项目的部署文件、数据库文件、SVN 文件备份到备份服务器中。每天定时填报《天津市水资源监控能力建设信息管理平台系统维护日志》，每个月完成上月《天津市水资源数据上报工作简报》与本月《维护工作内容》报告。

（李　莹）

【供水信息系统运维与管理】 天津市供水行业监管平台由供水处委托专业公司进行维护。2018 年新增了 7880 条信息，其中城市供水单位出厂水水量水质周报 989 条，供水月报 260 条，管网漏损率修正情况季报 68 条，经济指标年报 19 条，供水设施年报 21 条，水质监测信息 97 条，二次供水设施基本信息 704 条、清洗消毒报告 5497 条，服务热线信息 225 条。系统稳定运行 8760 小时。

（供水处）

【排水信息系统运维与管理】 2018 年，对所有现场监测点巡检，在一、四季度 1 次每季度，二、三季度 1 次每月，保障设施的正常运行。全年抢修 260 余次，抢修范围包括系统中心端平台、监测点现场以及根据需要对监测点的迁建等。

（排管处）

【网络信息安全与保障】 2018 年，市水务局认真贯彻落实中央和市委关于加强网络意识形态工作决策部署，紧密结合水务工作特点，严格落实网络意识形态责任制，强化网络安全保障和舆论监督引导。

传达贯彻中央和市委网络意识形态工作部署。6 月 8 日召开局党委会，传达贯彻全国网络安全和信息化工作会议及市网络安全和信息化工作会议精神，深入学习习近平总书记在全国网络安全和信息化工作会议上的讲话精神以及市委书记李鸿忠加快推动天津网络强市建设的要求，进一步提高贯彻落实的思想认识和行动自觉，正在研究制定水务信息化建设实施方案，对网络安全和信息化工作进行再动员、再部署、再落实，推进网络强市战略在水务系统落地生根。

严格落实网络意识形态工作责任制。制定市水务局党委意识形态工作责任制实施细则，明确将将网络意识形态工作纳入各级党组织重要议事日程，纳入党建工作责任制，列入从严治党责任清单和任务清单，切实与水务工作和党的建设同部署、同落实、同考核。明确各级党组织主要负责人要亲自抓网络意识形态工作，切实承担互联网管理、网络舆情处置、网络阵地建设的领导和组织责任。充分发挥局网络安全和信息化领导小组作用，明确职责任务和工作要求，定期召开领导小组会议，专题研究网络安全维护、舆情监控、新闻宣传等网络意识形态相关工作。年内召开局党委会，听取网络意识形态工作情况，部署相关任务，确保责任落实到位。

加强网络安全防护。组织局属各单位开展了防范匿名者黑客组织攻击、防范勒索病毒变种感染、防范“钓鱼邮件”攻击等网络安全自查，完成了网站跨站脚本漏洞安全整改，完成局机关落实《天津水务计算机使用安全保密规定》情况检查，通过了市委网信办和市国家保密局的网络安全和计算机保密专项检查。切实加强网络安全信息收集、分析、研判，建立网络与信息安全通报机制，及时传达水利部、市公安局等部门发布的系统漏洞、网络攻击、木马病毒传播等情况，2018 年共向局各有关部门发布网络安全预警信息 50 余条。加大应急值守力度，组织各信息系统运维和使用单位建立值班值守制度，明确值班、带班人员的责任，规范值班工作流程，在重要时间节点采取领导带班、专人负责的 7×24 小时值守机制，确保发现问题第一时间采取措施，全年未发生网络安全事件。

加强网络宣传和舆情引导。围绕年初确定的重点工作，明确了学习贯彻习近平新时代中国特色社会主义思想、河湖水环境治理和保护、防汛抗旱减灾、水资源管理和民生水务建设 6 方面宣传重点、43 个选题，全年累计组织宣传报道 36 次，累计在重要媒体刊登（播发）相关报道 350 余篇，各类新闻网站转载 200 余次，取得较好的宣传效果。强化舆情监控和负面舆论引导，年初以来通过多种渠道监控到涉水负面舆情 20 起，主要涉及水压不足、污水跑冒、河面垃圾、河道治理等问题，均向相关业务部门下达了舆论监督事项处理单，督促业务部门及时采取解决措施并向新闻媒体和当事人反馈情况，全年未发生重大网络舆情事件。

加强政务新媒体运行。市水务局官网完成改版，全年共发布信息近 2000 条，政府网站监测通报局网站得分始终保持在 95 分以上，网站运行良好未出现网络安全事故；局政务微信公众号“津水微言”正式上线运行，局政务微博“天津水务”、津云客户端“云上水务局”版块运行正常，全年未出现舆情事故。

网络信息安全检查。根据市国家保密局相关要求 2018 年 6 月，开展了保密检查自查自评工作，检查了局机关各处室非涉密计算机共 122 台，涉密计算机 2 台。对于检查中出现问题的机器，进行了粉碎不合规文件等一系列整改工作，以确保数据的安全。同时对涉密计算机和非涉密计算机台账进行了核对与整理。2018 年 9 月市国家保密局检查中心督查组通过听取汇报、查阅相关材料、询问、现场检查和用计算机检查工具检查等形式，对市水务局保密工作管理情况进行了专项督查。重点检查了与市电子政务内网连接的 1 台涉密计算机，办公室、水资源处、科信处 8 台非涉密计算机，以及水资源处、科信处 2 个邮箱。对存在的问题提出了意见和建议，局保密办、局计算机安全保密工作组结合实际工作进行了及时整改。组织开展了全局性网络安全知识培训，国家网络安全宣传周期间开展了网络安全宣传活动。

网络保密检查。2018 年 5 月进行了水务局门户网站应急演练，提高了突发事件的应对能力。2018 年 6 月，根据市公安局《天津市公安局 2018 年网络安全执法检查工作方案》的要求，对重点领域网络与信息系统进行网络与信息系统安全自查工作，在防病毒、防篡改、防攻击方面等实施了技术措施，采用关闭不必要的端口，在三层网络设备上添加 ACL 访问控制策略等方法，用于防范新型“蠕虫”式勒索病毒等网络攻击。2018 年 10 月，市委网信办来市水务局进行关键信息基础设施网络安全检查，主要针对门户网站进行重点检查。对于检查中提出的部分非涉密计算机未粘贴保密提醒标志等存在问题配合科技处，局保密办完成相应的整改工作。

（局办公室　信息中心）

财 务 审 计

财 务

【概述】 2018 年，按照局党委统一部署，紧紧围绕水务中心工作，积极发挥职能作用，在深化预算管理、强化资金监管、加强国有资产监管以及规范企业管理等方面取得了一定成效，较好地完成了全年工作任务。

【预决算管理】 印发《市水务局关于做好 2019 年部门预算备选项目申报有关工作的通知》和《市水务局关于做好 2019 年部门预算编制工作的通知》，召开预算编制部署会，要求各部门、各单位紧紧围绕局党委提出的“六项工程”和“六能目标”，结合单位职能和事业发展需要，科学合理编制年度预算。编制基本支出预算，坚持全口径编制，将所有收入、支出及结余结转资金等全部编入预算，实现资金全覆盖。合理编制项目支出预算，坚持“部门先行评审论证、再按轻重缓急排序、财政量力安排”的原则，有保有压、突出重点，统筹合理安排项目预算。邀请市财政部门对重点单位、重要项目开展调研，加强沟通协调，积极争取财政支持，努力落实各项资金。

组织 2018—2020 年和 2019—2021 年财政项目支出规划编制。组织各部门、各单位紧紧围绕实施六项工程、实现“六能”目标发展思路，坚持规划先行、尽力而为、量力而行，遵循保基本、守底线、抓关键、补短板原则，完成三年项目支出规划滚动编报，加强年度预算与三年规划衔接，实现跨年度预算平衡和财政可持续发展。

完成市水务局 2017 年部门预算项目支出绩效自评和 2018 年市级部门整体支出绩效目标编制申报工作。组织各部门、各单位按时完成绩效评价各项工作，不断强化“花钱必问效，无效必问责”理念，明确支出责任，硬化预算约束，将绩效管理贯穿预算编制、执行、监督全过程。

按照一个专项目录一个资金办法的要求，编制完成 3 个管理办法，其中出台了《水务工程维修养护项目和资金管理办法》。

积极落实 2018 年财政预算资金。2018 年市水务局落实财政性水务资金 62.9 亿元，其中基本支出 7.8 亿元、项目资金 55.1 亿元，项目资金主要用于重点水务工程建设、引江外调水水费、防汛业务、应急抢险、于桥及北大港水库和引滦隧洞等改造及维修维护、河道维修维护、城市排水设施建设及维修维护、污水处理服务费等。其中引江外调水共落实资金 14.9 亿元（2017 年度南水北调外调水费 4.0 亿元、2018 年引江水费 10.9 亿元），已全部拨付水务集团，由水务集团与中线局完成水费结算工作。

做好 2018 年预算执行任务分解和项目预算批复，着力推动预算执行。为进一步加快项目预算执行和资金支付，最大限度减少年终结余结转，充分发挥财政资金的使用效益，积极采取相关措施。落实主体责任，年初落实预算执行责任单位和责任部门，并将各单位预算执行情况纳入绩效考核；深入基层，帮扶指导。对各单位具体情况逐户梳理、分析，与调研相结合，采取与单位领导、工程管理及财务人员座谈方式实施一对一服务，上门宣贯政策，分析、解答疑难问题。严格通报制度，对全局各单位的预算执行情况进行排名并在局内网上通报，督促各单位加快资金支付。强化督导，联合业务主管处室以督办和约谈的方式督促预算执行不力的单位整改，对支付缓慢的项目逐个分析研究、查找原因并制定解决措施，优化付款程序和管理手段。预算执行缓慢、存量资金数额大、预算执行任务重的单位，由局长带队多次督导，督促其加快预算执行进度，较好地完成全年预算执行序时进度目标任务。

编制完成局本级及下辖30个预算单位2017年部门决算报表，并对决算中反映出的问题进行整理分析。审核、上报全局2017年结余结转资金统计情况报表，清理并上缴财政拨款结余资金1875.5万元、基建项目结余资金5294.2万元，共计7169.7万元。

批复局属单位2018年部门预算和三公预算。编制完成2018年水务局部门预算及“三公”预算的报表和公开信息，经市财政局审核备案，于2018年3月6日在市水务局门户网站上准时公开。

完成2017年水务局部门决算和“三公”决算公开的工作，经市财政局审核后，于2018年8月28日在市水务局门户网站上准时公开。

市水务局2018年部门预算编制工作获市级先进单位二等奖。

【资金监管】 银行账户管理。印发了《关于进一步规范和加强银行账户和资金存放管理的通知》，规范全局的银行账户和资金存放管理。对全局各行政事业单位银行账户情况进行统计、汇总、建立底档，督促局属单位清理不再使用、不规范账户。

离休医药费管理。结合市财政局、老干部局、人社局、卫计委开展的离休干部医药费管理情况自查工作，印发了《市水务局关于进一步加强离休医药费报销管理的通知》，对规范全局离休干部医药费管理工作提出明确要求，各单位要对照离休干部医疗待遇标准做好报销审核工作，并合理安排医疗周转金，及时办理报销手续。

财务检查。开展2017年预算项目财务检查。委托中介机构，对2017年部门预算安排的20个项目开展财务检查，对检查中发现的问题，督促各相关单位及时进行整改落实；协助市财政局对市水务局2017年政府采购情况进行检查；充分发挥局财务信息系统的功能和全市联网审计监督平台作用，对重大财务事项进行跟踪指导，完成与市审计局联网的实时审计财务数据库维护，将全局所有单位的账套纳入到联网实时审计的范围内，实现了联网审计全覆盖。

调研工作。贯彻落实“大兴调研之风”活动，结合调研推动解决实际问题。深入基层单位，以座谈方式对15个单位进行调研，深入了解各单位在预算管理、财务核算、资产管理、内控建设等方面存在的问题，宣贯政策、答疑解惑，有针对性地进行业务指导，提高财务管理水平。

【国有资产】 做好行政事业单位资产核实工作。对上报资产核实事项的16家局属单位及局机关的申报资料逐一审核，对个别工作进度较慢的单位加以督导，指导局属单位依法依规规范有序开展工作。按照资产核实审批权限，对8家单位资产核实事项审核并予以审批，对7家单位资产核实事项审核后上报市财政局，截至2018年年底，市财政局已批复5家。

推进局属事业单位及所属企业产权登记办理工作。印发《市水务局关于进一步推进市水务局所属事业单位及所办企业国有资产产权登记工作的通知》。完成局属事业单位及其所属企业70家产权登记资料上报工作，其中事业单位51家，事业单位所办企业19家，17家已取证（事业单位8家，企业9家）。

按照国有资产管理规定要求，加强资产监管

基础工作，加大对局属单位资产处置审核力度，对各单位国有资产管理进行业务指导，结合实际业务宣贯国有资产管理政策。2018 年完成 13 家单位资产处置审核及批复工作，资产价值合计 2400 万元。

做好撤销单位资产清查的立项、报审、批复等工作，完成南运河管理所、子牙河管理所资产清查批复工作，完成耳闸管理所、水利协会资产清查报告审核上报工作。

做好节水科技园的日常运营和安全管理工作。完成园区租金收缴工作，2018 年收取租金 365 万元；推动 2018 年节水科技园基础设施维修工程建设工作；抓好园区安全生产工作，组织开展春夏季火灾防控、大排查大整治专项检查、一法一条例贯彻自查和安全生产月等活动。

【涉水价费】 完成市水务局 2017 年度行政事业性收费和经营服务性收费年报工作。完成行政事业性收费年报 6 家，2017 年收费金额 8.38 亿元；完成经营服务性收费年检 5 家，2017 年收费金额 870 万元。严格执行行政事业性收费和经营服务性收费月报制度，加强各项收费月度收费数量和收费金额的统计和与上年度有关数据的对比分析。

做好水资源费改税后的欠缴水资源费的清缴和蓟运河取水项目水资源费补交工作。武清开发区自来水厂清缴全部欠费 1679 万元，补交蓟运河取水项目 2017 年水资源费 140 万元。配合市财政局完成各项行政事业性收费的收费依据的梳理工作。

配合市财政局做好非税收入新系统的上线工作，完成市水务局涉水收费的基础资料登记和开票点设立工作，并组织非税收入新系统上线相关业务培训。下发了《市水务局关于加强非税收入征缴管理工作的通知》，确保非税收入征缴工作有序开展。

【内控管理】 举办内控制度培训会，向机关各处室解读局机关内控制度，明确各部门的职责权限，为推动内控制度严格有效执行奠定基础。

结合内控自查工作，组织召开内控制度执行情况座谈会，宣贯内控政策相关要求，听取并采纳了各处室在实际业务办理中发现的内控制度设计、业务流程衔接、加强内控执行指导等方面的意见和建议，进一步完善局机关内控制度，理顺工作管理流程，提高内控制度的规范性、实用性和可操作性。

开展 2017 年度内部控制报告的编制工作。开展内控建设检查工作，在局属各单位对内控建立与实施情况自查的基础上进行抽查。

【企业监督管理】 2017 年 11 月，市水务局开展了新一轮局属事业单位所办企业清理工作。局属 19 家事业单位共有企业 40 家，其中列入清理的 37 家，保留 2 家（天津市津水工程技术开发公司、天津华水水务工程有限公司），待定 1 家（北大港处姚塘子供电站）。2018 年 1 月，印发《市水务局关于加强局属事业单位所办企业国有资产交易管理工作的通知》，对局属事业单位所办企业的产权转让、资产转让和增资行为进一步规范，加强局属事业单位所办企业资产交易行为的管理，明确资产交易行为的程序和流程。

截至 12 月 25 日，纳入清理的 37 家企业中，已清理完成 20 家，其中完成注销 18 家（国强工程队、汉沽挖泥船队、金滦宾馆、广哲公司、雪迪尔公司、汛源公司、惠达公司、开源公司、润泽公司、发达公司、宏达公司、润立公司、万盛达公司、金滦科技、惠津公司、九河建筑、森森公司、津水劳务）；完成公开转让 2 家（节水技术中心、紫川公司）。其他企业清理工作正在开展中。

【基建财务管理】 印发《天津市水务局基本建设项目竣工财务决算管理暂行办法》，明确了基建项目工程结算复审、竣工财务决算审批等事项的职责分工和工作流程，强化了水务基建项目财务管理工作。

召开市级重点水务基建项目工程结算和竣工财务决算审计审批工作启动会，向各市级项目法人单位宣贯解读相关政策文件精神，要求各单位提高认识，贯彻执行好相关政策文件精神，认真落实主体责任，切实履行项目法人职责。做好财务决算有关衔接工作。完成15个水务基建项目竣工财务决算审核，报市财政局审批。

做好基建项目资金管理有关工作。督促各市级法人单位按时报送《天津市水务工程建设项目资金管理情况表》，及时了解项目资金使用情况，掌握工程结算与竣工财务决算工作进展。

【其他财务管理】 对市财政实施新的支出经济分类科目使用指导，在财务信息管理系统中建立新的支出经济分类科目体系。加强政府采购日常管理，对各单位进行业务指导，宣贯政府采购政策，纠正一些单位的认识不清和错误操作等行为，不断提高市水务局政府采购工作管理和操作水平。

组织制定财务信息管理系统软硬件升级维护方案，并经市网信办审核通过。对全局各单位接入市政务外网工作进行摸底和督促，并报市财政局协调联通公司对有问题的单位进行维修。协调局科技处和信息中心对局院内的服务中心、信息中心、宣传中心等单位开通了政务外网。

完成各项报表汇总审核上报工作。完成2017年度国有资产报表、经管资产和自然资源资产年度报告、企业财务会计决算统计报表、财政供养人员信息情况表、内控报告，及水利部地方水利财务报表汇总上报工作。做好三公月报、离休医疗费报表、政府采购统计表等汇总报送工作。

协助人事处完成局机关和调水办的养老保险职业年金的清算和申请资金工作。

组织新政府会计制度与准则解读培训。印发《水务局贯彻实施政府会计准则制度工作实施方案》，组织召开了局属单位政府会计准则制度贯彻实施暨新旧制度转换工作启动会，明确了工作重要意义、时间节点、注意事项和下步操作实施的具体要求。邀请市财政局工作人员对新政府会计制度及准则的修订背景、主要变化详细讲解和阐释，为新旧制度衔接打下良好基础。

组织局系统财务人员职业道德与廉政教育培训。驻局纪检组和财大教授分别从财务廉政风险点和防控措施、财务人员职业道德、堵塞廉政风险点的工作要求和会计职业道德等方面进行专题培训，促进财务人员提高自身的职业素养，恪守职业道德，防范廉政风险，更好履行财务管理工作职责，为水务改革发展服务。

组织全局财务人员参加政府财务报告编制培训班，学习政府部门财务报告编制基础及要求、政府财务报告系统的操作方法，并现场指导编制2017年度政府部门财务报告。

为各预算单位开通国库集中支付系统网上银行和公务卡报销等新业务进行培训，并督促其对针对新业务方面的内控制度进行修订调整和补充完善。

（财务处）

审　计

【概述】 2018年，天津市水务内审机构及内部审计人员共完成审计项目99项，包括局属处级干部经济责任审计1项，专项工程审计1项，竣工决算审计5项，局属单位开展内部审计92项；提出审计建议并被采纳95条。在完成业务工作的基础上，完成了大量审计协调配合工作，同时完成审签经济合同52份。

【经济责任审计】 完成周潮洪任天津市北大港水库管理处处长期间的经济责任审计。审计结果根据工作需要抄送局组织、纪检、财务等相关部门。经济责任审计的顺利开展为保护国有资产的安全完整，加强干部权力监督，促进党风廉政建设，发挥了重要作用。

【民生工程审计】 选取天津市民生工程项目，对天津市中心城区雨污水混接改造工程社会产权支管与主干管道混接点改造工程（一期）实施专项审计，通过对工程管理程序、资金使用和投资效益的审查，促进工程管理部门，对贯彻落实天津市重大政策和措施，保证工程资金投资效益起到了积极作用。

【基本建设工程竣工决算审计】 结合水务局实际情况，修订《天津市水利基本建设项目竣工决算审计暂行办法》，2018 年 5 月 16 日实施。2018 年完成基本建设项目竣工决算审计项目 5 项，并全部做出竣工决算审计报告，下达审计意见书，其中包括完成天津市南水北调市内配套工程尔王庄水库至津滨水厂供水加压泵站工程、2012—2013 年天津市中小河流水文监测系统建设项目、永定新河综合治理工程（0+000~14+500 段）项目、天津市干线分流井至西河泵站输水工程外环线以内应急段工程及金钟河泵站工程。

【外部审计协调】 协调局系统内部相关部门和单位配合国家审计署京津冀特派办完成了天津市黑臭水体治理和农村饮用水相关情况、改革涉企收费和涉企保证金等事项、天津市已建成但未运行的污水处理厂及全市再生水利用量的情况、河长制的建立情况的审计协调配合和资料提供工作。

协调局系统内部相关部门和局属事业单位配合完成天津市审计局对市水务局联网实时审计市级预算单位 2017 年预算执行和其他财政财务收支情况的审计配合工作。完成天津市审计局关于领导干部自然资源资产离任审计的协调配合工作。

【资金监管联席会议】 严格执行《天津市水务局资金监管联席会议制度》，加强驻局纪检组、人事、计划、财务、项目负责、安监、审计等部门联席会议成员的协作配合。按照“谁监管、谁负责”的原则，充分发挥水务资金监管联席会议职能，认真履行水务资金监管责任，切实加强对水务资金的监督管理，并与局相关处室多次研究确定审计报告联席制度有关事宜。

（审计处）

人力资源及社会保障

机 构 人 员

【概述】 2018年，完成2017年机关、市调水办及局属事业单位机构编制实名制年报工作以及2018年各月月报工作，并按市编办要求在全局范围内推广使用天津市机构编制实名制网络系统。加大对科级干部选拔聘用程序的监督管理，完成11家单位38名科级岗位人员选拔聘用审批工作，并按照市委组织部要求在全局范围内推广使用干部记实监督系统（科级版）。

【机构编制】 2018年，天津市水务局共有52个独立法人事业单位通过天津市事业单位法人登记管理办公室年审（检）。

2018年1月24日，市编办印发《关于加强和规范市级部门机关党委办事机构设置的通知》，要求市水务局设立机关党委办公室，承担机关党委和机关纪委日常工作。主要职责为：根据《中国共产党党和国家机关基层党组织工作条例》和《天津市关于贯彻〈中国共产党党和国家机关基层党组织工作条例〉的实施办法》按有关规定执行。所需人员编制从机关现有行政编制内调剂解决。机关党委办公室设主任1名（由机关党委专职副书记兼职）。2018年6月28日，市水务局党委印发《市水务局党委关于设立机关党委办公室的通知》，成立机关党委办公室，并明确具体职责。

2018年2月12日，市编办印发《关于为天津市水务局所属事业单位核拨2017年度军队转业干部事业编制的批复》，为市水务局所属事业单位核拨2017年度军队转业干部事业编制2名，其中市水务局信息管理中心1名、机关服务中心1名。

2018年3月9日，天津市河长制事务中心完成事业单位法人设立登记工作。

2018年3月28日，市编办印发《关于调整天津市水务局财务核算中心等9个事业单位经费形式的通知》，批复天津市水务局财务核算中心、天津市水务局（天津市引滦工程管理局）机关服务中心、天津市水务局宣传中心、天津市水务局信息管理中心、天津市引滦工程通讯站、天津市水务工程建设质量与安全监督中心站（天津市南水北调工程质量与安全监督站）、中共天津市水务局委员会党校、天津市节约用水事务管理中心、天津市北大港水库管理处9个事业单位，经费形式由经费自理调整为财政补助。

【机构改革】

1. 机构改革总体要求及落实

2018年11月7日，市委、市政府印发《天津市机构改革实施方案》，对市水务局职责和机构设置进行调整。具体情况如下：①将水资源调查和确权登记管理有关职责整合进入市规划和自然资源局；②将编制水功能区划、排污口设置管理、流域水环境保护职责整合进入市生态环境局；③将农田水利建设项目管理职责整合进入市农业农村委员会；④将水旱灾害防治等相关职责整合进入市应急管理局；⑤不再保留市南水北调工程建设委员会办公室；⑥市水务局不再保留市引滦工程管理局牌子。

按照上述要求，市水务局相应完成了职责调整以及人员转隶，11 月 30 日分别印发转隶函，具体为：

印发了《市水务局关于职责划转人员转隶工作的函》（津水函〔2018〕401 号），将水资源调查和确权登记管理有关职责和负责控制地面沉降管理工作职责划转给市规划和自然资源局，同时划转职责对应的《权责清单》职权事项共 12 项。其中行政检查 2 项（地面沉降防治措施落实情况的监督检查，地面沉降监测设施拆除、迁建的监督检查）；行政处罚 6 项（对建设单位违反本市控沉规定的处罚、对控沉监测单位未报送资料的处罚、对破坏控沉监测工程设施的处罚、对未按要求重建控沉工程设施的处罚、对地热水取水未按要求回灌的处罚、对从事地面沉降灾害危险性评估的单位出具虚假报告或虚假数据的处罚）；行政奖励 1 项（对在控沉工作中做出突出表现的单位和个人表彰和奖励）；其他类别 3 项（开挖深度超过 5 米的建设项目需要疏干抽排地下水的地面沉降防治措施的备案、地面沉降监测数据和相关信息发布的监管、地面沉降治理工程竣工资料的备案）。

印发了《市水务局关于职责划转人员转隶工作的函》（津水函〔2018〕402 号），将编制并监督实施水功能区划、核定水域纳污能力、提出限制排污总量意见、入河排污口设置管理、协调流域水环境保护职责划转给市生态环境局，同时划转职责对应的《权责清单》职权事项共 4 项。其中行政许可 1 项，即排污口的设置或扩大审批（立项审查）；行政检查 1 项，即入河排污口监督检查；行政处罚 2 项，即对违法排污的处罚、对在饮用水源保护区设置排污口或者擅自在江河湖泊建设排污口的处罚。

印发了《市水务局关于职责划转工作的函》（津水函〔2018〕403 号），将农田水利建设项目管理职责划转至市农业农村委员会。

印发了《市水务局关于职责划转工作的函》（津水函〔2018〕406 号），将指导协调水旱灾害防治职责和市防汛抗旱指挥部的职责划转至市应急管理局。同时划转职责对应的《权责清单》职权事项共 4 项。其中行政检查 2 项（防汛抗旱检查、对防汛抢险物资储备检查）；行政奖励 1 项（对抗洪抢险、抗旱工作中有突出事迹的单位和个人的表彰）；其他类别 1 项（在防汛抗旱紧急情况下征用、调用物资、设备、交通工具和人力，取土占地、砍伐林木、清障，采取分洪、滞洪、抗旱等应急措施）。

自 2018 年 11 月 30 日起，天津市南水北调工程建设委员会办公室印章收回，不再对外行使职责。

收回天津市引滦工程管理局印章，12 月 7 日举行天津市水务局揭牌仪式，同时摘掉天津市引滦工程管理局牌子。

此次改革中，市水务局共有 5 名人员调出市水务局完成人员转隶，分别是：金锐、李焕青和马进龙转隶至市规划和自然资源局；李成、尹平转隶至市生态环境局。

2. 市水务局机关改革

为落实《天津市机构改革实施方案》总体部署，2018 年 12 月 30 日，市委办公厅、市政府办公厅印发《天津市水务局职能配置、内设机构和人员编制规定》，重新核定市水务局主要职责、内设机构和人员编制。文件明确市水务局是市政府组成部门，为正局级。确立了职能转变思路，即市水务局应切实加强水资源合理利用、优化配置和节约保护。坚持节水优先，从增加供给转向更加重视需求管理，严格控制用水总量和提高用水效率。坚持保护优先，加强水资源、水域和水利工程的管理保护，维护河湖健康美丽。坚持统筹兼顾，保障合理用水需求和水资源的可持续利用，为经济社会发展提供水安全保障。

（1）主要职责调整。

改革前，市水务局共承担 17 条主要职责，此次改革将主要职责调整为20条，具体是：

1）贯彻执行国家有关水务工作的法律、法规、规章，研究起草地方性水行政管理法规和政府规章草案，拟订水务发展战略和政策措施，并组织实施。

2）组织编制水务发展规划及有关水务方面的专业规划，拟订水务发展年度计划，并监督实施。参与有关国民经济发展规划、城市规划及重大建设项目的论证工作。

3）负责保障水资源的合理开发利用。负责生活、生产经营和生态环境用水的统筹和保障。组织实施最严格水资源管理制度，实施水资源的统一监督管理，拟订本市水中长期供求规划、水量分配方案并监督实施。负责本市的水资源调度。组织实施取水许可、水资源论证制度，开展水资源有偿使用工作。负责淡化海水的资源配置工作。

4）按规定制定水利工程建设有关制度并组织实施。负责提出水务固定资产投资规模、方向、具体安排建议并组织指导实施，按规定权限审批、核准规划内和年度计划规模内固定资产投资项目，提出水务资金安排建议并负责项目实施的监督管理。

5）负责水资源保护工作。组织编制并实施水资源保护规划。负责饮用水水源地保护有关工作，负责地下水开发利用和地下水资源管理保护。组织指导地下水超采区综合治理。

6）负责节约用水工作。拟订节约用水政策，组织编制节约用水规划并监督实施，组织制定有关标准。组织实施用水总量控制等管理制度，指导和推动节水型社会建设工作。

7）负责水文工作。负责水文水资源监测、市级水文站网建设和管理。对河湖库和地下水实施监测，发布水文水资源信息、情报预报和水资源公报。按规定组织开展水能资源调查评价和水资源承载能力监测预警工作。

8）负责水利设施、水域及其岸线的管理、保护与综合利用。组织水利基础设施网络建设。组织重要河湖及河口的治理、开发和保护。负责河湖水生态保护与修复、河湖生态流量水量管理以及河湖水系连通工作。负责水库移民管理工作。

9）负责水利工程建设和管理，组织、指导和监督水利工程设施的建设和运行管理。负责水利专业建设工程质量和安全监督管理。指导监督水利及城市供排水设施运行管理。组织实施具有控制性的和跨区域的重要水利工程的建设与运行管理。负责南水北调工程初步设计的审批和建设管理工作。

10）负责水土保持工作。拟订水土保持规划并监督实施，组织实施水土流失的综合防治、监测预报并定期公告。负责建设项目水土保持监督管理工作，指导重点水土保持建设项目的实施。

11）指导农村水利工作。组织开展大中型灌排工程建设与改造。指导农村饮水安全工程建设与运行管理工作，指导节水灌溉有关工作。指导农村水利改革创新和社会化服务体系建设。指导农村水能资源开发、小水电改造和水电农村电气化工作。

12）组织指导水政监察和水行政执法，负责水行政执法队伍建设，依法查处涉水违法行政案件。协调部门间和本市区域间的水事纠纷。依法负责水利及城市供排水行业安全生产监督管理工作，组织指导水库、大坝、农村水电站的安全监管。指导水利建设市场的监督管理，组织实施水利工程建设的监督。

13）开展水务科技和对外技术合作交流工作。组织开展水利行业质量监督工作，拟订水利行业的技术标准、规程规范并监督实施。组织水务科学研究和技术推广。

14）负责落实综合防灾减灾规划相关要求，组织编制洪水干旱灾害防治规划和防护标准并组织实施。组织实施防洪论证制度。承担水情旱情监测预警工作。组织编制重要河湖和重要水工程的防御洪水抗御旱灾调度及应急水量调度方案，按程序报批并组织实施。承担防御洪水应急抢险的技术支撑工作。承担台风防御期间重要水工程调度工作。

15）负责城市供水、排水相关管理工作，并承担相应的监管责任。负责城市供水、排水、再生水和污水处理的行业管理工作。指导协调各区供水、排水管理工作。

16）拟订水利、供水、排水行业的经济调节措施。负责供水、排水、污水处理的特许经营管理（不含中心城区新建），负责再生水处理与利用的特许经营管理。

17）负责引滦、南水北调及其他外调水源相关管理工作，负责引滦工程和南水北调工程相关管理工作。负责跨界河流的对外协调工作。

18）负责水务领域人才队伍建设。

19）组织推动水务领域招商引资工作。

20）完成市委、市政府交办的其他事项。

（2）人员编制和领导职数调整。

随着职能划转，市水务局将3名行政编制划给市生态环境局，3名行政编制划给市规划和自然资源局，市编办另外核增5个行政编制，市水务局机关行政编制由117名变为116名。领导职数为：局长1名，副局长3名，处级领导职数23正25副（含总工程师1名，总规划师1名，总经济师1名，督察专员2名，机关党委专职副书记、机关党委办公室主任1名，机关纪委书记1名，工会主席1名）。

（3）内设机构调整。

在编制减少的情况下，为满足大处室设置和事业单位行政职能上收需要，对现有处室进行了整合，并将处室职能进行了调整。

1）为加强党对一切工作的领导，将全局党的工作统一归口机关党委办公室，机关党委办公室除保留原职能外，将原办公室意识形态、党内法规建设、党务公开等职能；原组织处除干部管理以外的职能并入机关党委办公室，改革后机关党委办公室负责机关和直属单位的党群工作。

2）为使内设机构设置总体上与水利部机构职能基本对应，确保上下贯通、执行有力，原规划处职能、计划处职能、科技信息处除外事以外职能合并，成立规计处；原水政处、政研室职能合并，成立政策法规处；将防汛抗旱、防汛排涝、水资源调度职能上收，成立水旱灾害防御处（农村水利处）。

3）为强化职能部门归口协调和统筹管理，做到一类事项原则上由一个部门统筹、一件事情原则上由一个部门负责，设立水资源管理处（市节约用水办公室），承担水资源开发利用管理工作；设立建设与管理处（南水北调建设管理处），承担水利工程建设与管理工作；设立河湖保护处，承担水资源保护、水生态修复工作；保留排水监督处，承担指导全市排水及污水处理行业管理工作。

4）为集中高效，科学设置综合部门，原组织处干部管理职能、人事处职能、科技信息处外事职能合并，成立干部人事处；原财务处、审计处职能及原市南水北调办财务审计相关职能合并，成立财审处；原办公室意识形态、党内法规、党务公开职能划入机关党委办公室，应急职能划入安全监督处；原行政许可处更名为政务服务处，职能不变。

经过整合，市水务局机关设置机构16个，分别是：办公室、规计处、政策法规处、财审处、干部人事处、政务服务处、水资源管理处（市节约用水办公室）、建设与管理处（南水北调建设管理处）、河湖保护处、水旱灾害防御处（农村水利处）、排水监督处、安全监督处、巡察工作办公室、巡察组、机关党委办公室、离退休干部处。

根据局机关总编制数配置，机关内设处室人员编制统一掌握在7人左右，按照上级机关对于处级领导设置的有关规定，处室人数在7人以下的设1~2名，7人及以上设2~3名。根据处级领导干部队伍现状及工作需要采取顶格设置，政务服务处、水旱灾害防御处（农村水利处）、排水监督处、安全监督处、巡察工作办公室、巡察组、离退休干部处7个处室设1正1副，办公室、规计处、政策法规处、财审处、干部人事处、水资源管理处（市节约用水办公室）、建设与管理处（南水北调建设管理处）、河湖保护处、机关党委办公室9个处室设1正2副。

（4）公务员岗位调整。

机构改革后，随着编制和内设机构的调整，工作人员面临岗位调整问题。参考水利部和天津市其他委局做法，市水务局采取个人报名、组织决定的方式进行机关公务员重新调整上岗。上岗的基本原则为：人人有岗，平移上岗，保留待遇，平稳过渡。人人有岗，即在此次重新上岗中，每个人都有相应的工作岗位，不存在机关分流问题；平移上岗，即各处室处级领导的配置，从现任处级领导中产生，其他非领导职务人员重新上岗后其职级保持不变；保留待遇，即处级领导干部重新上岗后，如果未按原职务安排，其原职务工资待遇给予保留；平稳过渡，即在此次改革中按现有人员安排岗位，超编、超职数配置人员通过自然减少人员方法予以过渡。

上岗具体方法是：每个人填报志愿报机构改革领导小组办公室，机构改革领导小组办公室进行汇总整理，将副处长人选由机构改革领导小组商分管局领导提出建议人员，提交局党委研究，将其他人员志愿交给各处处长，各处处长在征求分管局领导意见后提出本处室人员人选，交机构改革领导小组办公室统筹平衡。多个处室同要一人的，第一志愿优先；未被选择的，由组织出面沟通协调，给予妥善安置，确保人人有岗、人人有事做。2019 年 1 月底，市水务局完成机关 114 名处级及以下人员岗位调整工作。

3. 市水务局部分事业单位改革

2018 年 12 月 10 日，市编办印发《关于调整防汛抗旱工作职责涉及有关事业单位机构编制事项的通知》，批复天津市防汛抗旱管理处更名为天津市水利工程运行调度中心，其主要职责调整为承担防汛调度、城市供水调度、水生态调度、应急水量调度等事务性工作。该中心事业编制由 37 名减至 29 名，相应核定处级领导职数 1 正 2 副，其中主任 1 名，副主任 2 名。

按照市编办 2019 年 1 月 11 日印发的《关于市水务局所属事业单位机构编制问题的通知》，市水务局所属天津市控制地面沉降工作办公室划转至市规划和自然资源局，事业编制 20 名，实际人数 19 人；保留 52 个所属事业单位，其中处级事业单位 30 个，科级事业单位 22 个，全局事业编制由 5296 个减为 5268 个；除天津市水利勘测设计院、天津市引滦入港工程管理处 2 个经营类事业单位转企改制外，30 个事业单位机构编制维持不变，19 个单位行政职能划归市水务局、执法职能划归行政执法机构，3 个单位更名。

行政职能、执法职能上收的 19 个单位分别是引滦工程管理处、引滦工程隧洞管理处、引滦工程黎河管理处、引滦工程于桥水库管理处、节约用水事务管理中心、水文水资源勘测管理中心、水务工程建设质量与安全监督中心站、永定河管理处、海河管理处、大清河管理处、北大港水库管理处、北三河管理处、海堤管理处、供水管理处、排水管理处、原天津市水务局农田水利处、原天津市防汛抗旱管理处、水务基建管理处、水务建设工程招标投标管理站。

3 个更名单位分别是：天津市水务局农田水利处更名为天津市水土保持工作站（天津市灌溉排水中心）；天津市水务局（天津市引滦工程管理局）机关服务中心更名为天津市水务局机关服务中心；天津市水文水资源勘测管理中心（天津市地下水资源管理办公室）更名为天津市水文水资源勘测管理中心（天津市地下水资源管理事务中心）。

【队伍现状】 2018 年，天津市水务局共有在职职工 3753 人（含驻局纪检组人员），其中局机关 125 人，事业单位 3621 人，企业单位 7 人，较上年减少 108 人。详见下图和下页表。

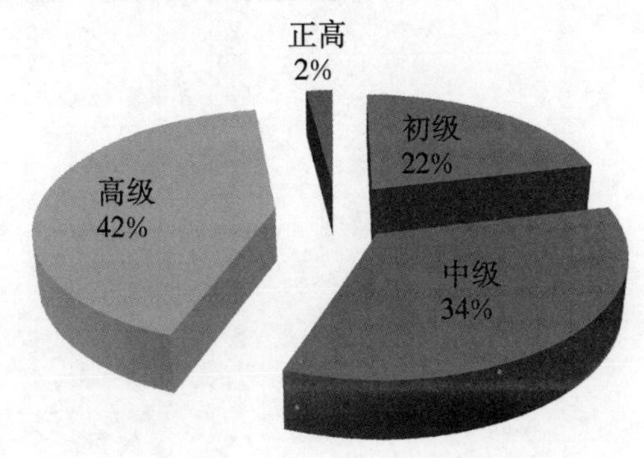

全部在职职工中具备专业技术资格人员情况分类

天津市水务局2018年人员情况一览表

	单位名称	全部在职职工（含内退）总人数		全部职工中具备专业技术资格人员情况分类					全部职工中具备干部职务人员情况分类					全部工人情况分类					全部职工中具备学位学历人员情况分类						全部职工年龄情况分类				子女顶替内退人数	改革内退人数	离休总人数	退休总人数	2019年度内预计退休人数
			其中：女性	合计	正高	副高	中级	初级	合计	正处长	副处长	正科长	副科长	合计	高级技师	高级工	中级工	初级工	合计	博士	硕士	本科	大专	中专	35岁以下	36至45岁	46至54岁	55岁以上					
1	天津市水务局	125	49	64	6	19	19	20	42	23	19								125	5	37	81	2		26	40	33	26			8	142	4
	合计	125	49	64	6	19	19	20	42	23	19								125	5	37	81	2		26	40	33	26			8	142	4
1	天津市引滦工程隧洞管理处	55	18	39		11	18	10	18		3	10	5	4		4			53		1	34	16	2	19	8	19	9	2			15	2
2	天津市引滦工程黎河管理处	65	17	60		20	30	10	19	1	3	9	6	3		3			65		8	56	1		21	18	15	11	4			25	
3	天津市引滦工程管理处	63	26	54		23	24	7	18	1	3	10	4	5		4	1		61		4	42	14	1	9	18	26	10			2	34	3
4	天津市引滦工程于桥水库管理处	222	78	156	1	57	72	26	51	1	5	20	25	33		30	3		209		3	158	26	22	71	59	52	40	1	3	1	115	5
5	天津市水务局信息管理中心	40	19	32	1	22	7	2	8	1	2	4	1	3		3			39		15	21	1	2	8	14	11	7				31	2
6	天津市水利工程运行调度中心	29	13	21		15	4	2	12	1	3	4	4	2		2			29	1	5	18	4	1	5	9	8	7				32	1
7	天津市水务局机关服务中心	36	11	11		5	3	3	13	1		7	5	8		5	2	1	31		2	22	4	3	10	5	16	5		1		31	1
8	天津市水利科学研究院	106	43	92	13	56	15	8	23	1	3	11	8	7		7			106	7	43	40	7	9	20	43	28	15			4	79	2
9	天津市节约用水事务管理中心	45	22	42	1	18	12	11	11	1	2	6	2	1			1		45		5	36	4		17	18	5	5				41	1
10	天津市水文水资源勘测管理中心	203	94	161	2	83	50	26	37	1	4	15	17	17		14	1	2	199		19	148	24	8	38	73	62	30			1	137	
11	天津市水务基建管理处	36	16	31	1	17	10	3	14	1	3	7	3	2		2			36		8	24	2	2	12	12	7	5			2	42	2
12	天津市水务建设工程招投标管理站	3	1	3		2	1		3	0	1	1	1	0					3			3			1	1	1					3	
13	天津市水务工程建设质量与安全监督中心站	19	6	18		11	2	5	5	1	1	1	2	0					19		6	12	1		9	6	2	2				2	

续表

	单位名称	全部在职职工（含内退）总人数		全部职工中具备专业技术资格人员情况分类					全部职工中具备干部职务人员情况分类					全部工人情况分类					全部职工中具备学位学历人员情况分类						全部职工年龄情况分类				子女顶替内退人数	改革内退人数	离休总人数	退休总人数	2019年度内预计退休人数
			其中：女性	合计	正高	副高	中级	初级	合计	正处长	副处长	正科长	副科长	合计	高级技师	高级工	中级工	初级工	合计	博士	硕士	本科	大专	中专	35岁以下	36至45岁	46至54岁	55岁以上					
14	天津市永定河管理处（物资处）	186	77	159		52	55	52	41	2	5	18	16	17	1	13	2	1	176		19	149	6	2	75	58	27	26			2	157	2
15	天津市海河管理处（二道闸管理所）	140	62	125		42	55	28	37	1	4	15	17	4		2	2		140		15	119	4	2	61	53	20	6				44	
16	天津市大清河管理处	60	18	45	1	15	14	15	17	1	3	6	7	5	1	3	1		60		3	47	7	3	16	24	14	6		1		29	
17	天津市北大港水库管理处	87	38	60		13	20	27	15	1	1	12	1	16		12	3	1	87		2	72	2	11	22	49	10	6		1	2	116	3
18	天津市北三河管理处	78	25	63	2	22	26	13	21	1	2	12	6	3		3			78		5	69	3	1	31	32	10	5				12	
19	天津市海堤管理处	18	8	18		13	2	3	8	1	2	4	1	0					18		4	14			3	8	6	1					
20	天津市水务局农田水利处	29	12	25	2	17	5	1	12	1	3	4	4	1				1	29	1	9	18	1		8	11	5	5				16	1
21	天津市供水管理处	25	12	20		6	9	5	9	1	2	4	2	0					25		5	19	1		10	8	3	4				8	1
22	天津市排水管理处	1601	526	860	8	324	307	221	131	1	6	44	80	561		460	60	41	1251	1	68	914	130	138	421	568	339	273			3	2639	67
23	天津市河长制事务中心	31	12	29	1	4	12	12	2		2			0					31		6	25			21	9		1					
24	中共天津市水务局委员会党校	6	5	2		1	1		1	1				0					6			6			5			1				1	
25	天津市水务局宣传中心	9	4	2				2	5		1	1	3	0					9			9			6	3							
26	天津市水务局财务核算中心	3	2	2		1	1		0					0					3			3			2		1						
26个公益一类事业单位合计		3195	1165	2130	33	850	755	492	531	22	64	225	220	692	2	567	76	47	2808	10	255	2078	258	207	921	1107	687	480	7	6	17	3609	93
27	天津市水利经济管理办公室	1		1				1	1				1	0					1			1				1							
28	天津市水务局人才交流服务中心	5	3	4			3	1	2			1	1	0					5		1	4			5								

续表

	单位名称	全部在职职工（含内退）总人数		全部职工中具备专业技术资格人员情况分类					全部职工中具备干部职务人员情况分类					全部工人情况分类					全部职工中具备学位学历人员情况分类						全部职工年龄情况分类				子女顶替内退人数	改革内退人数	离休总人数	退休总人数	2019年度内预计退休人数
			其中：女性	合计	正高	副高	中级	初级	合计	正处长	副处长	正科长	副科长	合计	高级技师	高级工	中级工	初级工	合计	博士	硕士	本科	大专	中专	35岁以下	36至45岁	46至54岁	55岁以上					
29	天津市水利工程建设交易管理中心	13	6	11		6	4	1	6	1	1	3	1						13		1	12			4	7	2						
30	天津市水务工程建设管理中心	77	37	72		26	26	20	27	1	4	11	11	2				2	77		14	61	2		49	23	4	1				1	1
31	天津市南水北调工程征地拆迁管理中心	5	1	5		2	2	1	2		1		1						5		2	3			2	3							
32	天津市水务建设工程造价管理站																																
	6个公益二类事业单位合计	101	47	93	0	34	35	24	38	2	6	15	15	2	0	0	0	2	101	0	18	81	2	0	60	34	6	1	0	0	0	1	1
33	天津市引滦入港工程管理处	40	15	29		16	7	6	17	1	2	8	6	6		4	2		38		2	28	6	2		14	19	7				35	2
34	天津市水利勘测设计院	262	106	245	14	141	56	34	37	1	4	19	13	7		5	1	1	257	2	48	196	9	2	96	98	45	23		2	2	136	8
	2个生产经营类事业单位合计	302	121	274	14	157	63	40	54	2	6	27	19	13	0	9	3	1	295	2	50	224	15	4	96	112	64	30	0	2	2	171	10
35	天津市水政监察总队	23	9	19		3	10	6	7		2	4	1						23		7	16			12	8	1	2				1	
	1个其他类事业单位合计	23	9	19		3	10	6	7		2	4	1						23		7	16			12	8	1	2				1	
36	天津市于桥水力发电有限责任公司	7	4	7			7												7			7			5	2							
	1个企业单位合计	7	4	7			7												7			7			5	2							
	35个事业单位合计	3621	1342	2516	47	1044	863	562	630	26	78	271	255	707	2	576	79	50	3227	12	330	2399	275	211	1089	1265	758	513	7	8	19	3782	104
	全部37个单位合计	3753	1395	2587	53	1063	889	582	672	49	97	271	255	707	2	576	79	50	3359	17	367	2487	277	211	1120	1303	791	539	7	8	27	3924	108

注 1. 天津市水务局机关服务中心仍有1名副调研员。
2. 天津市水文水资源勘测管理中心与天津市大清河管理处各有1名主任科员。

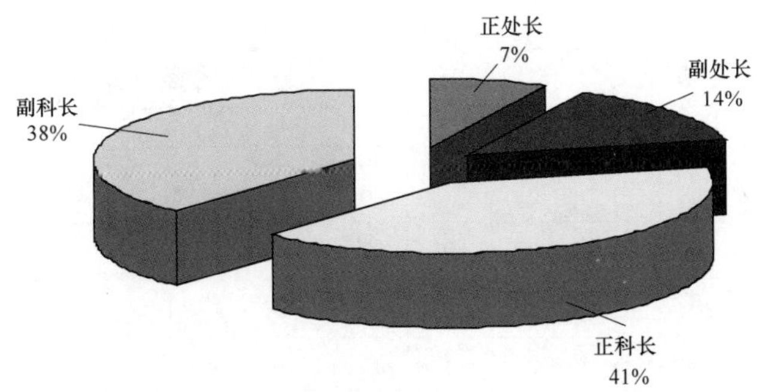

全部在职职工中具备干部职务人员情况分类

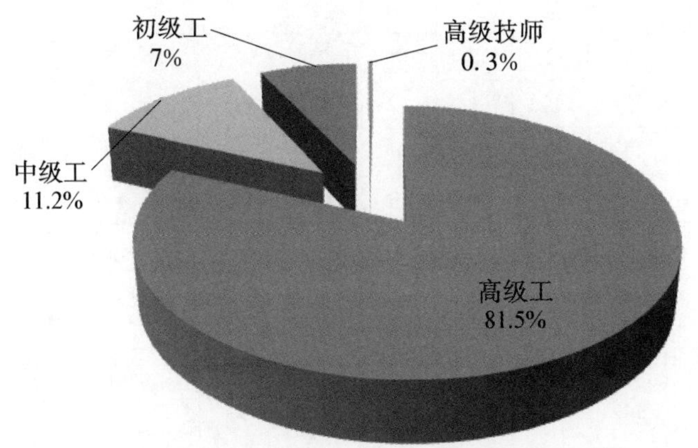

全部在职职工中工人情况分类

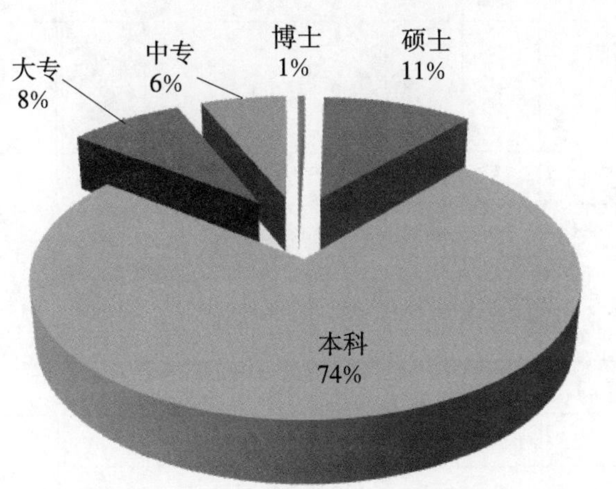

全部职工中具备学位学历人员情况分类

（人事处）

人力资源管理

【职称评聘】 2018年，为深入贯彻落实《天津市关于深化职称制度改革实施意见》，按照市人力社保局6月20日《关于印发天津市用人单位聘任初级职称办法（试行）的通知》要求，8月3日市水务局印发了《关于初级职称岗位聘用有关问题的通知》。根据市人力社保局7月2日《关于开展2018年度专业技术职称评审工作的通知》和市水务局8月7日《关于开展2018年水利专业技术职称申报工作的通知》文件精神，天津市工程技术水利专业高级评审委员会于2018年11月27—29日召开评委会，本次申报高级评审125人，经评委会评审通过104人，其中局属单位19人。天津市工程技术水利专业中级评委会于2018年11月27—29日召开评委会，本次申报中级评审147人，经评委会评审通过129人，其中局属单位20人。

按照2010年9月10日印发的《天津市水务局事业单位岗位设置管理实施方案》，截至2018年年底，局属事业单位共聘用了正高级专业技术人员33人，其中三级2人、四级31人；副高级专业技术人员788人，其中五级119人、六级221人、七级448人；中级专业技术人员926人，其中八级207人、九级256人、十级463人；初级专业技术人员645人，其中十一级290人、十二级347人，十三级8人。具体情况见下表。

按照市水务局2013年5月18日《关于印发局属事业单位政工人员职称聘用实施职数管理意见的通知》，截至2018年年底，局属事业单位共聘用了政工人员220人，其中高级政工师（副高级）55人；政工师（中级）143人，助理政工师22人。

2018年局属事业单位专业技术岗位聘任情况一栏表

单位名称	正高级			高级			中级			初级		
	二级	三级	四级	五级	六级	七级	八级	九级	十级	十一级	十二级	十三级
合计		**2**	**31**	**119**	**221**	**448**	**207**	**256**	**463**	**290**	**347**	**8**
天津市引滦工程隧洞管理处				2	4	5	6	7	3	7	5	

续表

单位名称	正高级			高级			中级			初级		
	二级	三级	四级	五级	六级	七级	八级	九级	十级	十一级	十二级	十三级
天津市引滦工程黎河管理处				3	4	4	6	12	6	10	10	
天津市引滦工程管理处				4	4	4	7	9	7	11	4	
天津市引滦工程于桥水库管理处			1	7	20	19	20	25	25	27	11	1
天津市引滦入港工程管理处				4	7	5	2	4		4		
天津市水务局信息管理中心			1	1	5	7	5	4	5	2		
天津市水利工程运行调度中心				3	2	8		1	3	2		
天津市水利勘测设计院		1	6	15	33	33	28	40	29	39	20	1
天津市水政监察总队					1	2	2	2	2	2	3	
天津市水务工程建设管理中心				6	8	12	1	12	13	5	15	
天津市水务局机关服务中心					1	3	2	1		3	1	
天津市水利科学研究院			6	6	12	15	8	13	13	11	5	
天津市河长制事务中心			1		1	3		1	7	6	9	
天津市节约用水事务管理中心			1	2	3	3	6	6	5	6	7	
天津市水文水资源勘测管理中心			2	9	18	20	22	29	23	26	8	
天津市水务基建管理处（天津市水务建设工程造价管理站）			1	3	4	5	4	5	4	3	1	
天津市水务工程建设质量与安全监督中心站				2	2	2	2	2	2	2	1	
天津市水务工程建设交易管理中心（天津市水务建设工程招标投标管理站）				1	2	1	2	3	1	1	1	
天津市永定河管理处（物资处）				10	13	15	15	26	18	28	20	3
天津市海河管理处				6	8	10	15	20	16	22	21	
天津市大清河管理处（北大港处）			1	7	9	10	16	4	8	28	13	
天津市北三河管理处			2	1	6	5	4	9	5	10	10	
天津市海堤管理处				1	1	4	2	3	1	1	1	
天津市水务局农田水利处			2	1	2	6	2	4	4	2		
天津市供水管理处				1	1	4	1	2	3	2	2	
天津市排水管理处		1	7	23	49	243	28	10	257	28	174	3
中共天津市水务局委员会党校				1						2		
天津市水利经济管理办公室												
天津市水务局财务核算中心					1		1				1	
天津市水务局宣传中心											2	
天津市水务局人才交流服务中心								1	2		1	
天津市南水北调工程征地拆迁管理中心								1	1		1	

【人员调配】 2018年，22家独立法人局属事业单位通过笔试、面试、公示、备案等环节，公开招聘工作人员117人，其中专科学历1人，本科学历97人，硕士研究生19人。局系统内部调动35人，调出8人，接收军转干部4人、复员军人5人。

【公务员管理】 2018年，为加强机关建设，规范工作人员管理，出台了《天津市水务局机关借调工作人员管理办法（试行）》和《天津市水务局机关工作人员考勤制度》。

【工资福利】 根据2018年国务院办公厅《转发人力资源社会保障部财政部关于调整机关事业单位工作人员基本工资标准和增加机关事业单位离休人员离休费三个实施方案的通知》和《关于调整天津市机关事业单位工作人员基本工资标准和增加天津市机关事业单位离休人员离休费三个实施方案的通知》，调整了市水务局机关和局属事业单位工作人员的基本工资标准和离休人员离休费标准，从2018年7月开始执行。

【人事档案管理】 完成了全局2867名在职职工的干部学历学位材料真实性比对排查专项工作。对局属28家单位的人事档案库房按照“六防”的要求进行了检查。完成了223名全局处级干部及机关公务员的干部人事档案数字化工作，按照市委组织部关于人事档案相对集中管理的工作要求，基本完成了档案库房改造、设施设备购置等工作。组织局属各单位对全局55名享受延迟退休政策的处级女干部和高级职称女性专业技术人员的人事档案进行核查。

（人事处）

人　物

【新任局领导】

张志颇　男，汉族，1965年2月生，河北昌黎人，1984年1月加入中国共产党，1985年7月参加工作，研究生学历。1981年9月至1985年7月在武汉水利电力学院农田水利工程系农田水利工程专业学习；2008年5月，取得在职天津大学建筑工程学院水利水电工程专业研究生学历，工学硕士学位。1985年7月至1995年9月任天津市水利局农田水利处干部、助理工程师、工程师；1995年9月至1996年9月任天津市水利局（市引滦工程管理局）农水处副处级调研员；1996年9月至1997年9月任天津市水利局（市引滦工程管理局）办公室主任；1997年9月至1998年3月任天津市水利局（市引滦工程管理局）办公室主任、政研室主任；1998年3月至1999年8月任天津市水利局（市引滦工程管理局）办公室主任兼农水处处长、党支部书记；1999年8月至2004年7月任天津市水利局（市引滦工程管理局）办公室主任；2004年7月至2009年5月任天津市水利局（市引滦工程管理局）党委委员、副局长；2009年5月至2018年9月任天津市水务局（市引滦工程管理局）党委委员、副局长；2018年9月至2018年11月任天津市水务局党委书记，局长人选；2018年11月任天津市水务局党委书记、局长。

杨玉刚　男，汉族，1964年9月生，天津市人，1999年5月加入中国共产党，1985年8月参加工作，大学学历，工学学士学位，高级工程师（正高）。1981年9月至1985年8月在天津大学水利工程系水利建筑工程专业学习；1985年8月至1992年12月任天津市水利勘测设计院水工设计所助理工程师、工程师；1992年12月至1999年6月任天津市水利勘测设计院水工设计所工程师、高级工程师、副所长（其间，1997年2月至1999年6月在新疆喀什地区水利局援疆，任副总工程师）；1999年6月至2002年3月任天津市水利勘测设计院副院长；2002年3月至2002年10月任天津市水利勘测设计院院长；2002年10月至2003年4月任天津市水利勘测设计院党委书记、院长；2003年4月至2008年5月任天津市水利局（市引滦工程管理局）规划设计管理处处长；2008年5月至2010年4月任天津市水利局（市引滦工程管理局）规划设计管理处处长兼副总工程师；2010 年 4 月至 2011 年 8 月任天津市水务局（市引滦工程管理局）总工程师（正处级）；2011 年 8 月至 2013 年 2 月任天津市水务局（市引滦工程管理局）总工程师，2012 年 12 月 27 日，评定为高级工程师（正高）；2013 年 2 月至 2018 年 1 月任天津市水务局党委委员、天津市水务局（市引滦工程管理局）总工程师；2018 年 1 月至 2018 年 11 月任天津市水务局党委委员，天津市水务局（市引滦工程管理局）副局长、总工程师；2018 年 11 月至今任天津市水务局党委委员、副局长、总工程师。

张文波　男，汉族，1963 年 3 月生，山东荣城人，1984 年 11 月加入中国共产党，1988 年 6 月参加工作，研究生学历，硕士学位，高级工程师。1981 年 9 月至 1985 年 9 月在武汉测绘学院工程测量系工程测量专业学习；1985 年 9 月至 1988 年 6 月在武汉测绘科技大学工程测量系工程测量专业硕士研究生学习；1988 年 6 月至 1996 年 12 月任交通部第一航务工程勘察设计院助理工程师、工程师、主任工程师；1996 年 12 月至 1998 年 11 月任天津市塘沽区城乡建设委员会副主任；1998 年 11 月至 2001 年 2 月任天津市政府办公厅副处级秘书；2001 年 2 月至 2003 年 2 月任天津市政府办公厅七处处长；2003 年 2 月至 2006 年 10 月任天津市政府办公厅三处处长；2006 年 10 月至 2009 年 5 月任天津市水利局（市引滦工程管理局）副巡视员；2009 年 5 月至 2012 年 9 月任天津市水务局（市引滦工程管理局）副巡视员；2012 年 9 至 2013 年 12 月任天津市南水北调工程建设委员会办公室专职副主任；2013 年 12 月至 2018 年 11 月任天津市水务局党委委员、天津市南水北调工程建设委员会办公室专职副主任；2018 年 11 月至今任天津市水务局党委委员、副局长。

（组织处）

【专家学者】 2018 年，全局在职人员共有 61 名高级工程师（正高），2018 年晋升高级工程师（正高）5 人：李继明、赵考生、于洪利、王雨、曹巍。

李继明　男，汉族，1971 年 11 月出生，天津市蓟州区人，中共党员。1997 年 7 月毕业于华北水利水电学院水利水电工程建筑专业，辅修技术经济专业，同年就职于天津市引滦工程管理处，2010 年 10 月任副处长，2006 年 11 月被评为工程技术水利专业高级工程师，2018 年 12 月被评为工程技术水利专业高级工程师（正高）。

2006 年以来，先后获得局级优秀共产党员、包村工作先进个人等荣誉称号，2014—2017 年连续 4 年局处级干部年度考核中被确定为优秀等次。

2009 年，作为局挂职锻炼人员和项目负责人之一，参加了南水北调工程干线项目建设，主持参与了施工技术与安全管理工作。2010 年，作为综合部的专职部长，参加了引滦水源保护工程项目建设。

主持了引滦沿线国家级水管单位达标复验工作，工程管理考核实现了与国家级管理标准的全面对接；主持参加了 50 余项引滦大修项目建设及运行管理工作、引滦沿线大修项目设计规划报告审查、引滦供水、引滦引江联合调度及藻类暴发应急演练、应急处置、水污染防治、工程巡查、安全管理等综合性的管理工作；主持完成了对蓟州区 11 个镇域范围内坑塘、沟渠、河道环境的应急排查任务；作为主管部门负责人，督促检查于桥水库污染底泥清淤工程实施；参加了《于桥水库封闭管理方案》和《前置库运行管理方案》等的编写与审查工作。

作为执行副主编，主持编写并出版了引水工程管理系列丛书中的四部，即《标准管理》《制度管理》《岗位管理》《绩效管理》，为水利同行提供可供借鉴的参考；作为主要编写人，主持了水利行业《水利风景区评价标准》部分章节的编写工作，参加了《天津市大中型水库库区和移民安置区基础设施建设和经济发展规划（2011—2015 年）》的编写工作；组织编写并审定多项关于饮用水源保护、大中型工程项目建设与管理、技术管理等方面的报告、预案、办法及规程等。

作为主要参加人员，参加了水利部“948”项目“半旱地农业水土资源高效利用综合管理系统引进”的研发工作，该项目2014年通过水利部验收。

作为项目负责人，主持了“引滦水量水质多级耦合优化调控关键技术研究”课题的研发工作，该成果2015年获天津市水务局科技进步一等奖，2016年获天津市科技进步三等奖。

作为主要技术负责人之一，参加了“灌溉水资源高效利用关键技术与在线实时综合管理系统研究及应用”的课题研究，该成果2014年获河南省教育厅优秀科技成果一等奖。参加了“水源地突发污染事件风险场演化与预警应急技术研究”的课题，该成果2014年获天津市水务局科技进步一等奖。

作为发明人之一，参加了“一种水利自动调节游览码头”水务专业技术领域国家发明专利的研发，该专利属于实用新型专利，现已在引滦得到了实际应用。

赵考生　男，汉族，1963年5月出生，河北邢台任县人，中共党员。1983年7月毕业于河北农业大学农田水利专业，本科学历；1983年8月至1994年12月就职于河北省水利水电勘测设计研究院规划室干部，1994年12月至1996年4月任主任工程师，1996年4月至1997年9月任副主任；1997年9月调天津市水利局规划处任主任科员；1999年8月至2004年8月任天津市水利局农田水利处副处长，高级工程师，从事农田水利工程规划设计和建设管理工作；2004年8月至2016年6月任天津市南水北调工程建设管理办公室总工程师（正处级），高级工程师，其中2010年8月至2016年6月兼任市水务局副总工程师，2014年至2016年任《天津水务志》《天津水务年鉴》编纂委员会副主任。2016年7月至2018年年底任天津市水文水资源勘测管理中心书记、主任，高级工程师。2001年11月被评为工程技术水利专业高级工程师，2018年12月被评为工程技术水利专业高级工程师（正高）。

主持完成天津市里自沽灌区规划设计和建设；完成多项农业节水灌溉示范工程的可研、设计与建设；主持完成天津市农田除涝工程规划的编制工作；负责天津市南水北调工程的科研、规划、勘测设计、施工建设的经济技术工作，作为主要参与者、主要编写者和技术审查者，共完成各项技术报告50余项；作为专家组组长主持评审了《大港区水务志》《北辰区水务志》；主持审查了天津市水务系统大中型水利项目20余项，科研成果在相关领域得到应用。

作为主要编写者和技术审查者，制定了天津干线箱涵工程质量评定标准，由国调办颁发，已在天津干线质量评定验收中应用；制定了天津市配套工程优质PCCP评定标准，由天津市调水办颁发，已在天津市南水北调配套工程PCCP生产施工质量评定验收中应用；制定了天津市南水北调工程施工等4个标准，作为天津市地方标准颁布；在中央电视台新闻联播中介绍南水北调工程精细化管棚支护与顶管施工技术，扩大了天津市南水北调工程的影响；在天津电视台走进直播间，系统介绍南水北调工程对天津发展的重大意义，在多家报纸上系统介绍南水北调工程。撰写了《天津市城市供水规划报告》《大掺量磨细矿渣技术在南水北调天津干线工程中的应用研发》《大双掺混凝土耐久性研究》《网格新安江模型在于桥水库洪水预报中的应用》《北塘水库库水咸化预测分析》等。

参加完成水利部南科院科研项目“严酷条件下水工混凝土性能调控关键技术及工程应用”，2017年该项目获水利部大禹一等奖；参与完成“天津市南水北调中线滨海新区供水工程PCCP防腐技术研究”科研项目，2011年该项目获天津市科技成果三等奖、天津市水务局科技进步奖一等奖。

于洪利　男，汉族，1963年10月出生，中共党员。1982年7月毕业于天津市工程机械工业学校机械制造专业，中专学历；1996 年 7 月毕业于天津市河东职工大学机械自动化专业，大专学历；2009 年 1 月毕业于湖北大学计算机科学与技术专业，本科学历。1982—2006 年在天津市引滦工程宜兴埠管理处工作，先后任技术员、助理工程师、工程师、高级工程师；2006 年至今在天津市海河管理处任高级工程师。2004 年 11 月被评为工程技术水利专业高级工程师，2018 年 12 月被评为工程技术水利专业高级工程师（正高）。

主要负责海河处工程项目 200 余项，完成了工程总投资近亿元，按期完工，工程项目起到了防洪、输水、排涝、水生态环境治理作用，达到了水清、岸绿、景美的效果，提升海河的景观，创建世界一流河道，打造天津母亲河形象起到保障作用。在此期间获得新技术专利 3 项，具体包括：2017 年 10 月 20 日，作为第二完成人取得开敞式混流泵的实用新型专利，专利证书号第 6546452 号；2017 年 9 月 5 日，作为第一完成人获得潜水轴流泵密封防堵结构的实用新型专利，专利证书号第 6440426 号；2017 年 9 月 1 日作为第一完成人获得潜水轴流泵防倒转装置的实用新型专利，专利证书号第 6437149 号。获得电动盘车装置、潜水轴流泵防倒转装置、潜水轴流泵密封防堵结构、开敞式混流泵、柔软陶瓷新技术、金属粉末喷涂新技术、电磁涡流新技术等 6 项科研成果。2003 年 9 月 28 日，作为第一完成人完成的电动盘车装置研制获得天津市水利局科学进步奖三等奖；2007 年 7 月 9 日，作为第八完成人完成的智能化安防管理系统开发与应用被评为天津市水利局科学技术进步奖二等奖。先后在《中国设备工程》《水利水电杂志》《第四届天津青年科技论坛集萃》《海河水利杂志》等刊物上发表了 8 篇论文：《利用表面工程技术提高水利工程设备使用寿命》（2005 年 10 月 20 日）、《天津海河 2013 年蓝藻爆发过程及相关因素分析》（2017 年 7 月 20 日）、《关于未来海河管理模式的思考》（2007 年 9 月 15 日）、《用柔软陶瓷复合材料修复水泵气蚀》（2003 年 8 月 1 日）、《柔软陶瓷材料在修复水泵机组气蚀中的应用》（2004 年 5 月 1 日）、《电动车盘装置的研制》（2004 年 5 月 1 日）、《引水工程管理标准》（2003 年 11 月 1 日）、《引水工程管理考核办法及评分标准》（2005 年 3 月 1 日），其中《利用表面工程技术提高水利工程设备使用寿命》《天津海河 2013 年蓝藻爆发过程及相关因素分析》《关于未来海河管理模式的思考》3 篇获得优秀论文；编写了《海河口泵站管理手册》《引水工程管理标准（泵站、水闸部分）》《引水工程管理考核办法及评分标准（泵站、水闸部分）》《海河处泵站技术规范实施细则》《耳闸技术规范实施细则》《耳闸管理所工程管理标准》《海河日常巡查制度》《闸门维修养护制度》《耳闸水闸操作规程》《耳闸管理所防汛预案》10 项。

在南水北调工程建设中，编写了南水北调中线市内配套工程曹庄子泵站、西河泵站质量检查标准和要求，高质量高标准的完了两座河泵站试运行前的质量检查和市内配套工程试通水验收工作，确保天津市第二条供水生命线按时供水。

编写了《海河口泵站工程可行性研究报告》《海河口泵站工程施工组织设计》《外环河综合治理工程初步设计报告》，并主持完成了新建耳闸、新建新开河橡胶坝及海河口泵站首末机组验收和首次试运行，编写了海河口十大标准化体系：管理组织、管理制度、管理资料、管理流程、管理条件、管理标识、管理行为、管理要求、管理信息、管理安全，也可称为“10S 管理体系”。

在海河口泵站建设中，采用了新技术成果电动盘车装置，避免了因水泵主轴水平弯曲造成机组损坏，达到了《泵站技术规范》要求，节约了每年泵站机组维修费用 200 余万元，并在引滦工程三大泵站和全国其他泵站推广应用；在外环河综合治理工程中，采用“一种潜水轴流泵防倒转装置”“一种潜水轴流泵密封防堵结构”“一种开敞式混流泵”三项新技术专利成果，每年节省泵站机组维修资金 40 余万元；在大张庄泵站水泵机组大修过程中，研究的柔软陶瓷新技术、金属粉末喷涂新技术、电磁涡流新技术得到应用，每台机组年节约维修资金50余万元。同时将“智能化安防管理系统开发与应用”技术成果，运用在引滦工程宜兴埠管理处，对引滦明渠渠道、水质、管理区、办公区进行监控，保护引用水源。新技术在全国水利单位得到推广应用，确保了天津市第一条供水生命线，安全输水；在新开河堤防调整改造工程中，针对志成道立交桥修建时考虑新开河堤防防汛高程问题不足，采用橡胶发泡新技术，将堤顶与志诚路立交桥混凝土桥梁底面之间间隙进行技术处理，达到了防汛要求，避免桥梁重建，为国家节约资金上亿元。

王雨　男，汉族，1967年4月出生，天津市人，中共党员。1987年9月毕业于天津职业大学环境工程专业，大专学历；2005年9月毕业于中国广播电视大学建筑工程管理专业，本科学历。1987年至今在天津市排水管理处工作，历任副所长、科长、副处长。2005年12月被评为工程技术给排水专业高级工程师，2018年12月被评为工程技术给排水专业高级工程师（正高）。

主要完成每年排管设施维修、养护、运行、设施设备改造等大中型项目投资工作；中心城区四条河道黑臭水体治理工作；《天津市津河等河道管理办法》修订、报审工作；地方标准《城市再生水供水服务管理规范》《城镇排水管理服务规范》《天津市城市排水设施养护、维修技术规程》的编制、修订工作；《北方城市污水收集管网系统运行绩效评价指标体系应用研究与示范》子课题任务。

主持完成天津市地方标准《重污染河道综合整治与水质持续保持技术指南》（DB12/T 735—2017），已颁布实施并获2018年度天津市水务局科技进步一等奖；《市政排水管网运行动态模型研究》，获2018年度天津市水务局科技进步三等奖。

撰写了《排水设施中有毒有害、易燃易爆气体产生及预防》《天津市城市污泥处理处置情况分析》《“海绵城市”在市政道路排水设计中的应用》《市政工程道路排水管道施工技术重点研究》。

曹巍　女，汉族，1970年10月出生，天津市人，中共党员。1993年7月天津城建学院给排水专业毕业，本科学历；2002年12月同济大学研究生进修结业。1993年7月至2000年3月先后任天津市排水管理处第二排水所工程技术人员、工程师，主要从事市政排水施工管理工作，1997年任排水二所副所长分管生产、施工、安全质量管理工作。1996年3月任国家级三级项目经理，1998年任国家级二级项目经理。2000年3月至2003年11月天津市排水工程公司任综合办公室主任、工程部、劳动人事部部长兼机关书记。2003年11月至2014年6月任天津市排水公司工程部部长，2014年7月至今任天津市排水管理处建管中心副主任兼支部组织委员、天津市排水公司副经理分管项目建设工作。2003年11月被评为工程技术给排水专业高级工程师，2018年12月被评为工程技术给排水专业高级工程师（正高）。

自2003年晋升高级工程师以来一直从事工程管理工作，至今累计完成各类工程项目60余项，投资约60亿元。作为项目负责人，主持侯台地区配套基础设施一期工程中的河道工程、管道工程、巡视路绿化工程及日朗路雨污合建泵站工程，浯水道泵站出水管连接工程和2018年民心工程项目先锋河调蓄池项目建设管理工作。作为代建单位代表，先后参加海河两岸综合开发改造泵站及防洪闸工程及天津市首次建设的集城市排水、景观绿化、环境保护等多功能为一体的全地下式雨水泵站大沽路、七马路、会师地道、柳家胡同、建国道等泵站工程；民心工程烟台道改造工程（道路、给水、排水）；奥运项目小树林雨污水泵站工程；中山门积水点管道改造工程及中山门虎丘路雨水泵站改造工程；纪庄子（津沽）污水处理厂、再生水厂迁建工程厂外管网项目等项目技术、施工管理工作，取得运行实效。

作为主要技术负责人，解决关键性的复杂性技术难题，先后完成科技成果“流塑状淤泥质软土地基沉井（排水）下沉施工技术的研究”，科技成果“建筑高层铝合金模板施工工艺的研究”项目的研究开发工作，取得重要研究成果和明显的经济效益、社会效益，得到有关部门认可和业内专家认可。2007 年参与编制《2008 年天津市市政设施维修养护定额》工作，对大量的数据进行收集、分析、筛选比较，为现行 2008 年定额编制工作做出贡献，首次将小修养护定额编入天津市定额。《非开挖技术在管线工程中的应用》第一作者获 2005 年天津市建设系统第五届优秀科技论文一等奖。2011 年《浅谈排水工程施工的安全管理》获中国科学发展与人文社会科学优秀创新成果评选中获一等奖。2017 年 3 月《一种市政排水井盖》申请专利，11 月授权。作为主编之一的《公路桥梁与维修养护》一书于 2017 年 12 月出版。

撰写了《非开挖技术在管线工程中的应用》《浅谈排水施工应急预案的编制》《浅谈排水工程施工的安全管理》《工程项目中投资成本的有效控制研究》《工程项目中存在的风险及对策》《浅谈合同管理》《浅谈市政排水管道防渗漏施工技术》《城市建设污水管道顶管施工技术探析》等论文。

（人事处）

【先进集体、先进个人】

1. 先进集体

市水务局被天津市消防安全委员会评为 2017 年度消防工作先进单位。

市水务局在宪法知识网络答题活动中获优秀组织单位称号。

市水务局永定河管理处永定新河防潮闸管理所党支部被市委市级机关工委评为“先进基层党组织”。

天津市防汛抗旱指挥部、天津节水科技馆被天津市科技周活动组织委员会评为天津市第 32 届科技周活动优秀组织单位。

局机关工会职工书屋被全国总工会评选为全国职工书屋。

2. 先进个人

排管处邓象进被市文明办评为天津敬业奉献好人。

排管处第二排水管理所罗江路站沈洪娜被市文明办评评为天津敬业奉献好人。

水科院常素云被市文明办评为天津敬业奉献好人。

大清河处南运河管理所李洪才被市文明办评为天津敬业奉献好人。

设计院王江涛被市文明办评为天津敬业奉献好人。

水文水资源中心高桂贤被市文明办评为天津敬业奉献好人。

排管处第四排水管理所检修组邓象进被市委市级机关工委评为优秀共产党员。

排管处张乐被天津市社会治安综合治理委员会评为天津市社会治安综合治理先进个人。

物资处李磊、黄一凡和节水科技馆张博被天津市科技周活动组织委员会评为天津市第 32 届科技周活动优秀组织者。

市水务局高孟川被市政府办公厅评为天津市 2015—2017 年度计划生育工作“先进工作者”。

（党建办　编办室）

教育培训

【概述】 2018 年，为全面贯彻落实局党委扩大会议精神，建设高素质的天津水务人才队伍，按照天津市人力资源和社会保障局对三类岗位人员培训内容及学时要求，分单位、分专业、分岗位组织开展了形式多样的培训班。组织开展了天津市水务行业职业技能竞赛。

【继续教育】 完成 2017 年度全局专业技术人员继续教育证书验证工作。对 2018 年专业技术人员和技术工人继续教育工作进行了部署。按期保质保量完成了水务职工继续教育网络平台公需课程更新工作；针对水利专业技术人员新开设了《水力学》《水资源管理》《水利法规》《水利工程学》《水文学原理》等课程，共计 182 课时。截至 2018 年年底，天津市水务系统共 3877 人参加继续教育网络公需课程学习，其中局机关公务员 53 人，事业单位工勤人员 66 人，事业单位专业技术人员 3758 人。

2018年，全局职工各类培训共计19785人次，其中参加局属单位举办的培训班18485人次、参加局机关各处室举办的培训班1300人次。

3月，按照市扫黑办有关要求，组织召开了2018年扫黑除恶专项斗争专题培训班。局属各单位、机关有关处室、市调水办建管处、水务治安分局、水务集团及滨海水业有关部门分管负责人共70余人参加培训。培训围绕黑恶势力的甄别和排摸方法、天津黑恶势力特点、涉水案件取证技巧、涉黑案件管理四部分内容，通过具体案例对我市黑恶势力认定及排查等内容进行重点分析，帮助参会人员熟悉恶势力与黑社会性质犯罪特点，明确涉黑犯罪案件相关证据收集和排查方法，为参会人员进一步做好扫黑除恶专项斗争工作起到了良好的指导作用。

9月，组织开展了人事干部培训班。局属各单位近80名人事干部参加。培训围绕干部监督管理、工资福利政策、事业单位公开招聘程序及人事业务工作风险点等问题对局属事业单位人事干部进行集中培训，进一步提高了人事干部队伍的责任意识和纪律意识。

10月，组织了水务工程建设项目稽查培训。全市水务建设工程16家项目法人单位有关负责同志约60人参加培训。培训邀请水利部稽查专家授课，围绕建设管理、工程质量与安全等方面内容进行深入细致的专项培训。

11月，组织开展了水务局信息宣传与政务公开培训。机关各处室、局属各单位、市南水北调办综合处、各区水务局负责信息宣传和政务公开的工作人员约60人参加培训。培训围绕信息编发、政务新媒体运维、政务公开、新闻摄影和文稿写作等内容对参会人员进行了专项培训。组织开展了水务局2018年新生入职培训班。全局共118名新入职职工参加培训。培训围绕与新入职职工密切相关的公文格式与写作、保密常识、安全教育、依法行政、水资源现状、水利工程概况、信息编发等方面内容进行详细讲解，详细介绍了水务工作历史背景以及近年水务工作发展情况，帮助新入职职工尽快熟知工作要求、找准自身定位、查找自身差距，引导学员树立踏实做事、勇于承担的工作作风。

12月，组织了水务局2018年档案管理与涉密文件管理培训班。全局专、兼职档案管理员和涉密文件管理人员约100人参加培训。培训围绕涉密文件管理、水利工程档案管理与验收要求、机关文件材料归档范围和保管期限等方面内容进行详细讲解。组织了水务局2018年水务审批服务培训会议。市政务服务办，局机关有关处室、局属有关单位，各区审批局、水务局及滨海新区功能区、区重点镇有关部门负责人共计110余人参加。培训阐释了“一制三化”审批制度改革的背景及内涵，重点讲解了“一制三化”审批制度改革的十五个方面任务进展情况、今后改革思路。通过领导专家授课、行政许可事项案例分析、现场分组讨论答疑等培训内容，帮助参会人员进一步统一思想、提高认识，为深化“一制三化”审批制度改革优化营商环境的有关精神，加大服务型机关建设力度，推动水务工作健康发展起到促进作用。

（人事处）

【技能比武】 2018年3月，市水务局印发《2018年天津市河道工程管理培训指导意见》，按照该意见内容，全年组织开展水务大讲堂集中授课共6次，培训1500余人次。6月，组织开展堤防水闸工程观测技能比武，各区水务局、各河系（海堤）处70余人参加。9月，按照水利部人事司、中国就业培训指导中心、中国农林水利气象工会全国委员会于7月9日下发的《关于举办“2018年中国技能大赛—第六届全国水利行业职业技能竞赛”的通知》要求以及市水务局《2018年天津市河道工程管理培训指导意见》，举办市水务局水工闸门运行工技能竞赛，永定河处高超获一等奖，北三河处冯东利获二等奖，永定河处杨彬获三等奖。永定河处高超代表天津市水务局参加了2018年全国水工闸门运行工职业技能竞赛决赛，取得全国决赛第22名、北方片区唯一表彰的好成绩。

（工管处　人事处）

综 合 管 理

行 政 管 理

【概述】 2018 年，行政管理工作紧紧围绕市委、市政府决策部署和全局中心工作，突出主责主业，抓实督查绩效，抓细会议文件，抓强以文辅政，抓好政民沟通，不断提升办文、办事、办会能力和服务领导、服务机关、服务基层水平，为水务事业发展提供了坚实保障。

【公文管理】 全年共计收文 6483 件，制发公文 3345 件，向各单位发送文件 2300 件，为领导及时送呈待办，包括待阅公文、各种材料和信息等约 17300 件。全年用印 4200 件，加盖公章 4 万余份。按规定时限落实批示要求，对市领导来的批示件做到件件有回音，从不误时，不压件，向市委、市政府报送文件 806 份，其中上报上级单位（津水报）132 件，专报市领导材料 120 件。

【档案管理】 2018 年共接收整理文书档案 5011 件，全年网上查阅电子文件与档案共 4420 人次，7516 件，纸制档案查阅 124 人次，2332 卷（件）。完成环保督察、专项巡视材料调阅与整编立卷工作。加强工程档案信息化工作，工程档案管理系统上线运行，并与局办公综合系统、文书档案管理系统搭建起了更加完善全面的档案管理平台。推进机关数字档案室建设工作，按照市档案局相关要求，并为争取成为全国数字档案室试点单位做足准备。全局档案评估复验工作圆满完成，天津市水利科学研究院顺利由二级单位升为一级单位。加快档案基础设施建设工作，新增一处档案库房，并已完成建设并投入使用。

【督促检查】 2018 年，不断加强统筹协调，定时定量定性、扎实有序高效开展督查工作。共分解国务院《政府工作报告》、国务院大督查、市政府重点工作、市政府常务会议、各区政府需市里协调解决的问题、市政府党组征求意见建议及任务分工共 6 大块、39 项。明确分管领导、责任部门、责任人，制订时间表与路线图，利用信息化管理手段进行在线监控和内部考核，提升督促检查效能。有明确量化指标任务的，均按时圆满完成；需要长期坚持持续推动的，均取得了阶段性进展。加大局党委会议、局长办公会议和局领导交办事项督查督办力度，全力督促推动各部门、各单位落实局党委各项工作部署，累计督办局主要领导批示、讲话和对接各区工作中需督办事项 426 项，涉及机关处室、局属单位 38 家，涵盖防汛抗旱、城乡供水、水环境保护、水资源管理、工程建设管理、安全生产、组织人事、巡察整改、信息化建设、党的建设等多个方面。实现局领导批示事项督办全覆盖，建立台账、突出及时、体现落实，确保督办事项全，进程跟踪紧，要求落实实。

【建议提案办理】 2018 年，市水务局办理建议提案 89 件，其中全国人大会办件 1 件（曹小红委员

《关于京津冀协同发展下加强引滦水源保护购置的提案》)，市人大建议51件，市政协提案37件；市水务局主办39件，会办50件；韩涛代表《关于进一步加强我市农村改水工作以防止饮水型氟中毒的建议》（人大0140号）和民革市委会《关于我市中心城区黑臭水体治理的建议》（政协0216号），列入局重点督办件。建设内容主要集中在水环境治理保护、水资源配置管理、城市供水安全及自来水、排水管网改造等方面。局长办公会对建议提案办理工作进行专题研究部署，明确每件建议提案的分管局领导、办理处室负责人及具体承办人员。在建议提案办理工作中，局领导召开座谈会，走访代表委员，主动听取、回应代表委员意见建议，督促落实，确保落实到位；各承办单位认真落实“走访落实情况报告”制度，积极主动与代表委员沟通联络，研究办理意见；局办公室将办理工作列入局绩效考核范围，定期督办和通报。建议提案均按质、按量、按时答复，与代表委员沟通率100%，面商率84%，采纳率87%，代表委员满意率100%。

【信访工作】 2018年，市水务局接待处理来信来访144项、204件次，同比减少10.56%、10.53%。缠访闹访共8项，同比减少52.94%。缠访数量大幅度减少，闹访行为得到有效遏制。市水务局高度重视信访工作，认真落实信访工作责任制，多次召开局党委会议，听取信访工作汇报，研究部署信访维稳工作，局领导对矛盾化解和信访维稳工作进行批示指示20余次。各单位签订《信访工作责任书》，层层传导落实信访工作责任，及时攻坚化解矛盾。全年来信来访已办结110项，正在办理中5项、不予受理29项，办结率95.6%，及时答复率100%。同时，按照“三到位、一处理”工作原则，市水务局依法依规化解红桥区“渔民村”搬迁拆除天阳塑胶制品厂拆迁问题等12件重点难点信访事项，通过依法分类处理、行政调解等途径化解殷宗来人事纠纷、王振龙摔伤赔偿经济纠纷等10件信访事项。全年未发生大规模群访、进京非正常上访及极端上访事件，特别是全国“两会”和天津夏季达沃斯论坛期间，实现了“北京不能去，天津不能聚”的政治目标。

（局办公室）

【水务信息】 2018年，编发《水务情况通报》124期、《水务信息》921期，向水利部、住房城乡建设部报送政务信息42篇，向市委、市政府报送政务信息163篇，其中反映防汛抗旱50余篇、城市供排水10余篇、水环境改善20余篇、水务工程建设20余篇，贯彻落实中央、中纪委、市委、市纪委、市级机关工委全面从严治党决策部署类信息10余篇；被市委办公厅采用63篇、市政府办公厅采用51篇，在全市47个委局和有关单位中排名第12位。《天津实施六项工程积极推动水务发展》《天津全力保障安全度汛》《天津全力推动水生态环境持续改善》等8篇重点信息被市政府办公厅《津政信息》采用，突出了水务工作亮点，展现了良好水务形象；《于桥水库污染底泥工程进展顺利》《我市引滦向北大港水库调水全面启动》等信息获得局主要负责人批示，有效推动了相关工作进展，充分发挥了信息工作服务大局、服务重点工作、服务领导决策的参谋助手作用。

【新闻宣传和舆论监督】 完成宣传选题计划。围绕年初确定6方面、43个选题计划，全年组织宣传报道40多次，累计在18家重要媒体刊登（播发）相关报道531篇，各类新闻网站转载300余次。针对全面深化河长制湖长制、中心城区河道生态修复、于桥水库综合治理、民心工程、应对台风“安比”强降雨及南水北调通水四周年等重点选题，及时组织新闻媒体深入一线开展集中采访，大力宣传基层工作典型和先进经验。积极协调局领导参与专题节目，协调局主要负责人参加2期天津电视台“百姓问政”专题节目，协调分管局领导参加2期天津电台“公仆走进直播间”和天津政务网视频访谈防汛专题录制。

加强网络信息安全管理。严格落实网络意识

形态工作责任制，深入梳理、分析全年不同阶段网络安全形势和存在问题，先后两次提请局党委会专题研究网络意识形态工作，组织召开局网络安全和信息化领导小组会议，专题研究部署网络安全维护、舆情监控、新闻宣传等网信相关工作。结合办公室工作职责，切实加大局官网的应急值守力度，明确值班、带班人员的责任，规范值班工作流程，在重要时间节点采取领导带班、专人负责的7×24小时值守机制，确保发现问题第一时间采取措施，全年未发生网络安全事件。

强化舆情监控和负面舆论引导。2018年初以来通过多种渠道监控到涉水负面舆情20起，主要涉及水压不足、污水跑冒、河面垃圾、河道治理等问题，均向相关业务部门下达了舆论监督事项处理单，以书面方式回复媒体9件，口头回复11件，针对静海区河道洒药、引滦水二甲异莰醇超标等舆情进行持续监测，全年未发生重大网络舆情事件。

加强政务新媒体运行。市水务局官网完成改版，门户界面全面更新，后台维护系统实现升级，官网与浏览器兼容程度、维护便捷程度与安全性均得到较大程度提高，全年发布信息近1709条，政府网站监测通报局网站得分始终保持在95分以上，网站运行良好未出现网络安全事故，年度点击量已突破36万，累计点击量突破147万。局政务微信公众号“津水微言”正式上线运行，拓展局重要信息微信发布渠道，累计对外推送信息33条，用户总量721人。局政务微博“天津水务”运行正常，全年累计发布信息700余条，新浪微博粉丝63304人，微博平台全年未出现舆情事故。

（宣传中心）

【政务信息公开】 2018年，市水务局不断强化政务公开工作，完善各项制度，做到依法公开、主动公开、按时公开，认真接受社会各界监督，增强工作透明度，着力提升工作水平，有效地提高市水务局政务公开工作的质量和管理水平。2018年及时调整了天津市水务局政务公开（政府信息公开）领导小组成员；修订了天津市水务局政府信息公开工作办法和政府信息公开指南；主动公开政府信息455件，报送主动公开纸质版文件1365份；受理政府信息依申请公开20件，均按15个工作日期限依法依规处理，未出现行政复议、行政诉讼和举报投诉情况；市水务局网站全年累计发布信息761条；公开建议提案办理结果8件；组织召开了水务系统信息宣传与政务公开培训班；将政务公开工作纳入到本部门绩效考核重要指标，所占分值权重为4%。

【应急管理】 2018年，贯彻落实2018年市应急管理工作要点，开展应急预案修订工作，开展2018年度突发事件应对工作总结评估工作，组织编制并印发《天津市公共供水行业反恐怖工作指导意见（试行）》，完成市委视频指挥系统双屏会议终端、市应急办远程值班调度系统、市政务外网报送防汛信息接入工作，组织物资处、水文水资源中心、排管处开展市应急物资储备物流信息平台2018年水务数据信息维护工作。

组织局属各单位、局机关及市调水办有关处室、水务治安分局、水务集团及滨海水业开展“水务反恐集中演练”，在此基础上，隧洞处、于桥处、永定河处和排管处围绕8个市级水务反恐重点目标，分别开展水务反恐重点目标反恐演练。组织开展了“中俄青少年冰球友谊赛”“2018天津市第十四届运动会”“2018天津国际少儿艺术节”“2018天津夏季达沃斯论坛”水务应急保障工作，并完成一次排水抢险任务。

组织开展2018年5·12防灾减灾宣传周、2018年度全民国家安全教育日宣传活动，组织开展《中华人民共和国反恐怖主义法》《天津市实施突发事件应对法办法》、扫黑除恶专项斗争宣教工作，组织开展了2018年水务综治、扫黑除恶、国家安全、反恐应急处置4个专题培训。

【扫黑除恶】 市水务局贯彻落实市委、市政府工作部署，2018年2月2日，组织召开了扫黑除恶专项斗争动员部署会，启动为期三年的扫黑除恶专项斗争工作；3月，举办一期水务系统基层干部扫黑除恶专项斗争培训班；4月成立局扫黑除恶专项斗争领导小组，召开扫黑除恶专项斗争工作推动会；5月发布《市水务局开展扫黑除恶专项斗争通告》；从5月开始，建立扫黑除恶专项斗争排查工作月报制度，对大清河处、永定河处和建管中心三个单位进行了督导检查；9月，市水务局与水务治安分局建立扫黑除恶办公室合署办公机制。

全年局党委先后3次、局扫黑除恶领导小组先后9次召开会议，学习传达贯彻落实习近平总书记对扫黑除恶专项斗争重要指示精神和中央、市委关于开展扫黑除恶专项斗争的决策部署，在全局系统开展扫黑除恶专项斗争宣传工作的同时，重点围绕水务行业有关强揽工程、恶意竞标、征迁问题和非法经营等方面涉黑涉恶情况进行排查摸底、整理线索，加大基层所站巡查力度和巡查频次，同时加大河道水库非法取土、私搭乱建、破坏水利设施、非法阻挠水务施工建设等方面“乱点”的治理力度。局属各单位共排查问题线索5条，查否2条，上报市扫黑办转递管辖属地分局3条。

11月26日至12月31日，市扫黑除恶专项斗争第七督导组围绕政治站位、依法严惩、综合治理、深挖彻查、组织建设、组织领导6个方面，对市水务局扫黑除恶专项斗争工作进行了督导，督导方法包括听取工作汇报、召开动员会、查阅资料台账、开展谈话、下沉督导、重点案件督查、基层暗访。

【绩效考评】 2018年，调整局绩效管理考评领导小组。明确11个部门为领导小组成员单位，细化职责分工，适应市级绩效考评新要求和市级绩效考评指标调整新变化。完成28个局属单位和23个机关处室1512项绩效考评指标任务，实现了全局范围内绩效考评全覆盖。在实施绩效管理过程中，不断加强过程在线监控和台账式管理，实时掌握一手进展情况，及时帮解各单位在绩效管理中遇到的难题，督促检查任务指标按计划节点完成。年终，经局党委研究决定，授予基建处、引滦工管处、防汛抗旱处、设计院、河长制事务中心、永定河处、北三河处、于桥处、海堤处9个单位“市水务局2018年度绩效管理考评先进局属单位”荣誉称号，授予局办公室、财务处、工管处、安监处、党建办、老干部处、巡察办7个处室“市水务局2018年度绩效管理考评先进机关处室”荣誉称号，予以通报表彰。

2018年3月9日，市委组织部第六考核组组长带领考核组一行莅临市水务局，对市水务局领导班子和领导干部进行2017年度工作考核。局党委书记孙宝华代表局领导班子作述职述廉报告。

按照《2017年度全市绩效管理工作实施方案》，2018年3月7日，市绩效考评第二组组长带领考评组一行莅临市水务局，对市水务局2017年度市级绩效管理工作进行年终实地考核。之后，对考评结果进行了汇总和审核校对，经全市绩效管理工作领导小组会议审议，并报请市委、市政府审定，5月14日，对2017年度绩效考评结果进行通报，市水务局以97.1分的成绩在全市55个市级政府部门中名列第9位，比2016年度上升5位，被评定为优秀等次。

（局办公室）

【年度考核】 2018年，按照市委组织部、市人力社保局《公务员考核规定（试行）》和市委组织部、市人社局《关于做好2018年事业单位工作人员年度考核备案和处分等情况统计工作的通知》等文件精神，对机关公务员、调水办公务员和事业单位工作人员进行了年度工作考核。机关公务员和调水办公务员参加考核110人，优秀等次20人，占参加考核公务员总数18.2%；各事业单位参加考核3619人，优秀等次549人，占参加考核人数的15.2%。

（人事处）

安全监督

【概述】 2018 年，市水务局全面贯彻党的十九大精神，以习近平新时代中国特色社会主义思想特别是习近平总书记关于安全生产的重要论述为指引，牢固树立安全发展理念，弘扬生命至上、安全第一的思想，坚守发展决不能以牺牲人的生命为代价的红线意识，创新监管机制，压实安全责任，落实监管措施，全面推进水务安全建设，安全生产形势持续稳定向好，全年无生产安全责任事故发生。

【安全标准化建设】 推行安全生产标准化建设。重新修订了《天津市水利二、三级安全生产标准化评审实施细则》，下发了《关于开展 2018 年水利安全生产标准化建设工作的通知》。组织水利安全生产标准化建设宣贯培训，聘请安全标准化专家对水利工程管理单位、从事水利水电工程施工的企业和水利工程项目法人安全生产标准化等级的评审工作进行解读。召开专题会议，研究部署年度达标创建工作任务。2018 年，确定各区水务局、局属各水管单位共 33 家水利工程运行站点单位达到安全生产标准化二级。

【安全生产网格化管理】 建立安全生产网格化管理制度，实现管辖范围内安全检查常态化、制度化、标准化。建立由一级网格、二级网格、三级网格和网格员组成的安全生产管理网格体系，按照职责分工实行分级监管，细化监督检查标准，规范信息上报机制，做到横向到边、纵向到底，无盲区、全覆盖，形成安全监管的整体合力。检查内容涵盖水务行业安全生产所有内容，包括工程运行类（泵站、水库、水闸、堤防、排水管道、排水河道、管理设施等）、在建工程类（基建工程、专项和日常维护工程、其他水务工程）、消防安全类（消防、用电、燃气、危险化学品等）、其他类（水文水环境监测、勘察设计、交通安全等）。按照《市水务局安全生产网格化管理实施方案》，实行报告制度，局属各单位每周向局安委会办公室报送安全生产网格化管理工作周报表，同时抄报各业务主管部门；一级网格和二级网格单位每月向分管局领导和安委会办公室报送安全生产网格化管理工作月报表和情况说明；安委会办公室向局党政主要领导和分管安全生产的局领导每周报送统计信息，每月报送一次综合情况。2018 年共报送周报 49 期，共发现隐患 1545 个，整改 1545 个，整改率 100%。

组织研发安全生产网格化管理软件，将安全检查、图像传输、数据统计、隐患清单、教育培训、管理考核融为一体，将安全生产监督管理工作一网打尽，用信息化提升网格化管理水平。安全生产网格化管理信息系统基本架构需求已经完成。

【安全生产监督管理】 认真落实责任制。为确保安全生产工作目标和各项工作任务能够顺利完成，依据市水务局与市政府签订的安全生产责任书内容，结合局属单位工作实际，修订完善了局属单位 2018 年安全生产责任书相关内容，明确年度安全生产目标任务，并组织局属单位的一把手进行签订，同时督促局属单位将工作目标进行层层分解和落实，全共签订安全生产工作目标责任书 5239 份。其中局与局属单位签订 26 份，局属单位与基层单位（科室）签订 333 份，基层单位与班组签订 491 份，班组与职工签订 4389 份。形成了安全生产齐抓共管、分级负责的工作格局。

严格落实考核制度。为客观、公正地评价局属各单位安全生产责任制落实情况，按照《天津市水务局安全生产考核细则》，组织成立了安全生产考核小组，对局属单位安全生产工作进行了年终考核。在各单位自查的基础上，考核小组通过自查、现场检查、查看资料、综合评比相结合的方式进行综合考评。考核结果全部为合格。通过考核，进一步提高了各单位干部职工对安全生产工作重要性的认识，达到了以考核促安全的目的。

加强事故应急管理。广泛采用安全便捷的事故应急处置方法，提高事故应急处置的实战能力。督促局属单位开展应急管理。督促局属单位明确应急指挥机构、建立应急救援队伍、强化安全事故预警和应急救援机制，完善安全生产应急预案体系，保持与局预案的衔接。指导局属单位开展了灭火逃生等安全生产应急演练。大力推行安全应急处置卡，将成熟规范的方法张贴到设施设备的显眼位置上，让复杂的程序变成简单的操作，使职工易学、易懂、易操作，极大提高职工的应急处置能力。

推进城市水务安全建设。落实《城市水务安全建设实施方案》，细化了《供水安全建设工作方案》《城镇排水安全建设工作方案》《防汛安全建设工作方案》《水环境安全建设工作方案》《工程建设安全建设工作方案》《河库运行安全建设工作方案》《出租房屋（场地）安全建设工作方案》7个专项安全建设工作方案，将目标任务、措施和责任分工进行细化分解。在开展专项检查、推动责任落实、加强专项监管、行业监管，工作推动方面到位。按照市安委会要求，每月报送安全天津建设相关工作进展情况。

【安全隐患排查治理】 加大隐患排查治理力度。按照上级部署和要求，全年针对不同时段、重点部位环节，在全市水务系统组织开展了安全生产隐患大排查大整治、危险化学品安全综合治理、汛期安全生产大检查、建筑施工安全专项治理、水利行业电气火灾综合治理、新一轮安全生产隐患大排查、事故隐患排查治理集中行动7次目标明确、内容具体的安全生产大检查和隐患排查治理活动。每次检查均制订实施方案，明确检查重点，组织全局全面自查，采取专项检查、重点抽查、日常巡查、突击检查等多种形式开展监督检查，持续开展水利安全生产专项整治，及时排查整改事故隐患。对查出的隐患和问题，认真建立隐患台账，及时下达整改指令，跟踪督办整改效果，确保每项隐患整改到位，有效防范了安全事故的发生。据统计，2018年全局共出动检查人员14310人次，累计检查工程和单位1163个。

【安全生产教育培训】 2018年，制定了全年安全生产教育培训方案，并纳入全局培训工作计划。全年组织了形式多样的安全教育培训，培训内容涉及《中华人民共和国安全生产法》《天津市安全生产条例》《安全生产领域改革发展意见》宣讲、水利工程建设“三类人员”安全生产管理、安全常识、消防知识、防范知识、应急救援、逃生自救技能等。按照市安委会统一部署，开展了“安全生产月”宣传活动，开展了安全生产征文、摄影、宣传咨询、网络知识竞赛、演讲、答题等活动。

【内部安全保卫】 2018年，联合机关服务中心组织了3次定期内保检查，在重要节假日“春节”“五一”“十一”期间对局机关和局属各单位进行了安全保卫检查，重点放在检查门卫是否持证上岗，检查消防设施是否安全，检查重点部位是否有安全隐患等，发现的问题及时督促整改，并督促各单位健全各项安全管理规章制度，全年共检查局属单位48次，提出整改意见13条，有效杜绝了全局内部保卫的安全漏洞。

（安监处）

治安管理

【概述】 2018年，水务治安分局全面贯彻落实党的十九大会议精神，深入贯彻习近平总书记系列重要讲话精神，认真贯彻中央政法工作会议、全国公安厅（局）长会议精神，认真落实习近平总书记对政法工作指示以及对公安工作“对党忠诚、服务人民、执法公正、纪律严明”的总要求，全力维护社会稳定，着重提高执法能力建设，整体加强民警队伍建设。把天津市水务公安保卫工作做到严之又严、细之又细、实之又实，充分发挥服务职能。

【维护社会稳定】 2018年，水务治安分局积极做好全国“两会”、上合峰会、中非合作论坛、达沃斯论坛及春节、元旦、国庆假期等重要安保任务，制定了安保方案和应急预案，强化情报信息预警、重点人稳控。积极指导、协调市水务系统各单位做好重点人群体稳控。配合市水务局相关部门做好重点人员稳控工作，实现了水务系统在重大时间节点零进京的工作任务。在重大安保任务、敏感节点、重要节假日启动最高等级勤务模式，认真落实公安部、市公安局各项安保部署，严密各项工作措施。2018年各项安保任务期间，水务系统内治安秩序始终稳定良好，未发生重大刑事治安案件和火灾事故，确保了天津市供水大局安全稳定。

2018年，水务治安分局深入开展“扫黑除恶”专项行动。按照中央、天津市委、天津市公安局党委关于开展为期三年“扫黑除恶”专项斗争工作部署，水务治安分局围绕打击涉及水利工程恶意竞标、非法垄断等涉黑涉恶违法犯罪活动，在水务系统范围内开展对黑恶势力全方位、无盲点的清扫打击行动。水务治安分局成立了“扫黑除恶”专项斗争领导小组和办公室，并于2018年9月与市水务局扫黑领导小组办公室合署办公，制定了《水务系统“扫黑除恶”办公室工作制度》，细化工作职责划分。积极开展了组织指导、宣传发动、群众举报、线索核查、案件督办、督导考核、战果统计工作。制定并下发了《天津市水务局扫黑除恶办公室督导检查机制》和《天津市水务局纵深推进扫黑除恶专项斗争工作方案》。

水务治安分局加大对重点地区全面排查摸底，深入调查摸排水利工程建设中土地征用、工程建设等环节可能出现的涉黑涉恶犯罪活动线索，对近年来重点案件、警情可能出现的涉黑涉恶线索进行全面梳理。2018年，水务治安分局共排查上报3起涉黑涉恶线索。对市水务局服务中心上报的线索，组织专班进行了为期4个月的调查，将调查情况反馈市水务局，并及时上报市扫黑办；及时介入市水务局基建处上报的“王庆坨水库施工现场被阻挠”的线索调查，与属地分局和当地党委政府共同协作，保证了天津市重点水利工程的顺利开展，受到了市水务局主要领导和施工单位的肯定。水务治安分局全面开展了宣传工作，组织治安管理支队、各派出所在辖区张贴标语、悬挂宣传横幅、设立宣传专栏、发放宣传单等多种形式，提高群众对扫黑除恶专项斗争的认知；利用网络、手机短信扩大扫黑除恶专项斗争的社会影响；面对面与水务系统各单位座谈，听取对扫黑除恶专项斗争工作的意见建议；召开水务系统干部职工大会进行宣传。2018年，水务治安分局各单位召开扫黑除恶专项斗争干部职工大会11次，印发并悬挂宣传布标24幅，印发《致水务系统干部、职工一封信》《扫黑除恶知识宣传单》各5000份，制作扫黑除恶宣传牌2块。

2018年，水务治安分局加强辖区治安管控工作。开展了“三位一体”联合执法、重点要害部位治安巡控、风险研判预警、出租房屋管理等重点工作。开展了对水文水资源化验室、水科院化验室、入港处滨水检测、水质检测中心于桥分中心储存、使用易制爆危险化学品的培训。开展了治爆缉枪专项行动和严厉打击整治破坏野生动物资源违法犯罪活动。针对于桥水库存在机动游船污染水资源问题情况，出动警力120人次，会同市水务局、蓟州区政府和公安蓟州分局，开展了为期两个月的水上治安秩序清理等专项行动。

2018年，水务治安分局在重点部位治安、火患隐患排查方面落实整改安全隐患30处，消防隐患10处。逐个部位完善治安、火灾隐患治理方案和处置预案，确保隐患治理到位、遇突发情况处置到位，确保水务系统内零发案、零事故。水务治安分局重新梳理了辖区出租房屋数量，对辖区出租房屋以及租户逐一登记备案，落实了出租房屋治安、消防安全的检查制度，加大对出租户、流动人口治理，开展出租房屋排查36次，排查流动人口800余人次，有效净化了水务系统辖区治安秩序。

2018年，水务治安分局继续强化汛期安全防范工作，制定下发了防汛抗旱工作方案，采取多种措施，确保安全度汛。建立了汛情信息共享机制，加强与防汛抗旱指挥部成员单位沟通联系。协调各单位制定相应工作机制，确保及时掌握辖区汛期和易积水点积水情况；结合日常治安管理、反恐督导检查等工作，重点加强对泄洪河道、重要防汛单位、部位的巡视；督促指导水务局各单位加大水库、闸站、防汛物资仓库等重点部位和区域的隐患排查，严格落实巡查值守制度，堵塞安全漏洞；派警进驻市防汛抗旱办公室和市排水管理处调度中心市区分中心（天津市防汛抗旱指挥部市区分部），直接掌握汛期全市的汛情等情况，完成2018年天津市防汛安全保卫工作。

【执法能力建设】 2018年，水务治安分局大力开展民警能力训练，强化民警业务实战技能培训，以贴近实战、务求实效为原则，随人、随事、随时完善教育训练。建立完善了“专项教育培训考核”的训练模式，通过专题学习、实地考核、人人过关等形式开展教育训练，提升队伍整体素质。强化业务能力培训，各警种坚持指导民警加强实战技能重点培训，以缺什么、补什么的原则，分批次组织民警开展培训。水务治安分局组织全警开展综合业务数据库的使用培训，不断提高民警网上查询比对能力，有效提高情报信息采集率、业务信息录入率和准确率。开展了全警执法大比武活动，择优推荐参加市公安局比武活动。

2018年，水务治安分局着重完善反恐防范能力建设，充分发挥分局作为市水务局反恐工作领导小组办公室职能，推动落实《中华人民共和国反恐怖主义法》《反恐怖主义工作责任制》等法律规定落实，持续抓好反恐隐患排查能力提升，不断完善全市水务系统反恐体系建设。通过改革实现分局具体负责单位及内部反恐重点目标的反恐防恐工作和水务系统内其他属地管辖单位及反恐重点目标的反恐防恐工作的科学结合，切实提升反恐工作行业指导和监管的能力水平。2018年，由水务治安分局牵头，联合市水务局供水处、安监处和水务集团，共同起草了《天津市公共供水行业反恐怖工作指导意见》，经多次征求意见，于11月23日在市水务局召开专家评审会进行评审，并于12月13日正式在水务系统内下发并实施，经市反恐办审批同意后下发全市。全面提升了水务治安分局处置能力，促进了市水务局反恐工作规范化。

【民警队伍建设】 2018年，按照建设学习型公安队伍的要求，探索和创新加强民警理论学习的新形式、新方法，推动全警认真学习贯彻党的十九大和十九届二中、三中全会精神，深入学习习近平总书记系列重要讲话精神和习近平中国特色社会主义政法思想，强化党章党规和党的路线方针政策学习，把全警思想行动统一到中央、市委和公安部各项部署要求上来。

2018年，水务治安分局深入开展了“不作为不担当”专项治理，肃清黄兴国、武长顺恶劣影响“回头看”工作，集中整治形式主义官僚主义，落实习近平总书记批示“回头看”，市委巡视整改“回头看”等工作，组织开展“两学一做”常态化主题系列教育活动，引导广大民警自觉从讲政治、讲大局的高度观察处理问题，从思想上真正明确“为谁执法、为谁服务”，增强依法执法、公正执法、和谐执法的自觉性。

2018年，水务治安分局大力推进基层党组织建设，成立从严治党和基层党建巡查小组，组织对各单位党建工作开展多轮次巡查，查找工作短板并及时督促整改，确保从严治党切实向基层党支部延伸；建立健全党的基层组织，落实“三会一课”、民主生活会、组织生活会、领导干部双重组织生活等制度，积极探索提高党内组织生活吸引力的新途径新方法，全面提升基层党组织的凝聚力和战斗力。深化“五好党支部”创建活动，组织开展了基层党组织功能弱化问题专项整治，持续开展“维护核心、铸就忠诚、担当作为、抓实支部”主题教育实践活动，强化党员队伍的党性观念和党员意识，切实发挥党组织战斗堡垒和党员先锋模范作用。

2018年，水务治安分局加强党风廉政建设，加强主体责任和监督责任。加大党风廉政建设工作力度，严格落实党委主体责任和纪律监督责任；组织各单位主要负责人签订党风廉政建设责任书，确保一级带一级，一级抓一级，层层落实；坚持不懈抓好纪律和警示教育，注重谈心和引导，使民警保持清醒的头脑，筑牢拒腐防变的思想防线；坚决贯彻从严治警方针，努力营造风清气正的良好局面。

（水务治安分局）

修志工作

【概述】 2018年，完成《天津水务志（1991—2010年）》三审稿。完成《北辰区水务志》《武清区水务志》一校工作。组织召开《宝坻区水务志》《静海县水务志》评审会。《天津水务年鉴2018》与中国水利水电出版社签订出版印刷合同，经三审三稿，编辑出版80.9万字的《天津水务年鉴2018》。

【续志工作】 按照市水务局局内控制度的要求，起草《天津水务志（1991—2010年）》出版印刷评标文件、邀标函，组织召开招标评标会。经评审，中国水利水电出版社为中标单位。7月底，与中国水利水电出版社签订《天津水务志（1991—2010年）》出版印刷合同。上半年，编办室结合《天津水务志（1991—2010年）》复审意见和建议，对志稿进行系统修改，完成总纂，报天津市地方志办公室终审后，经局领导审核同意，送出版社。10月下旬，出版社完成三审，将三审稿发给编办室，编办室对三审稿进行校核修改完善工作。

各区续志编写情况。《宝坻区水务志（1991—2010年）》和《静海县水务志（1991—2010年）》分别于2018年1月和10月组织召开评审会，经过专家组评议，两区县水务志均通过评审。截至年底，宝坻区水务局和静海区水务局分别对志稿进行修改完善。《北辰区水务志》《武清区水务志》一校稿返回出版社，年底完成二校工作。塘沽、汉沽已完成初稿，质量不高，需完善、补充、修改。

按天津市减灾委办公室“关于征求《天津市灾害志》修改意见的函”的要求，对约68万字的志稿进行审读，提出修改建议，并及时予以回复。按照《农业志》评审会上所提意见，完成志稿中天津农村水利部分的修改任务。

【年鉴编纂】 编办室于2017年年底，征求各编纂单位意见，对《天津水务年鉴2018》栏目大纲进行归纳整理，下发《关于做好2018年天津水务年鉴编纂工作的通知》。2018年2月底，各编纂单位陆续上报年鉴稿件，编办室针对上报稿件进行组稿。

2月底，编办室起草《天津水务年鉴2018》出版印刷评标文件、邀标函。3月底，进行组织召开《天津水务年鉴2018》出版印刷招标评标会。经评审，中国水利水电出版社为中标单位。4月中旬与出版社协商签订《天津水务年鉴2018》出版印刷合同。此次招标评标确定出版单位为市水务局实行内控制度后的首例。

4月底，将年鉴初稿稿件报送中国水利水电出版社出版。经三审三校，于11月完成校对工作，进入印刷阶段。12月完成80.9万字的《天津水务年鉴2018》出版工作。

2018年，按照要求，完成1.6万字的《中共天津工作》、1.8万字的《中国水利年鉴》、1.3万字的《中国南水北调工程建设年鉴》，0.7万字的《中国建设年鉴》、1.2万字的《天津年鉴》、2.6万字的《海河年鉴》中市水务局所承编的天津水务条目编纂工作，并按时上报各单位。

（艾虹汕）

后勤管理

【概述】 2018年，机关服务中心紧密围绕局党委年初确定的工作思路和目标，积极发挥后勤保障作用，不断提高工作效率，全面提升机关后勤管理水平，确保了局机关各项工作的顺利开展。

【节能减排】 2018年，按市机关事务管理局的通知要求，在全体职工的共同努力下，认真贯彻落实国家节能减排政策，市水务局积极响应机关事务管理局的统一部署和要求，为树立生态文明发展理念，做好节能宣传工作，开展了以“节能降耗保卫蓝天”为主题的宣传周活动，大力宣传低碳出行、废旧物品分类，节水节电节气和无纸化办公，引滦工管处被评为国家级节能减排先进单位。

【办公用房管理】 2018年，按照市机关事务管理局《党政机关办公用房建设标准》文件标准，全局进行了3次办公用房复查，认真核实机关及局属单位办公用房信息，办公用房复查无超标现象，信息全面准确。局属各单位安排专人负责，按照标准对办公用房进行长效整改，对办公用房用途更改及时上报，对各单位办公用房信息调整及时更改、及时更改存档相关工作。

【消防安全管理】 全年对全局安检干部进行3次培训，对局属单位、机关各处室签订安全责任68份；全年开展7次专项治理活动，组织安全隐患整改大检查121次，出动358人次，提出479条安全隐患整改意见；完成国务院10部委来津消防考核工作，在市政府2017年消防安全工作的验收中，市水务局被市考核组评定等级为优秀。

【交通安全】 2018年，加强局机关机动车辆和驾驶员管理规章制度落实，定期对车辆进行了自检、互检、联合检查活动，认真开展事故隐患排查治理。落实每月一次交通安全学习教育和驾驶人员考核台账，签订年度交通安全保证书，截至2018年年底，共安全行车3万多千米，未发生车辆重大责任交通事故。按时完成机关、中心车辆和驾驶员年度审验工作。做好车辆检查，对局机关和中心车辆进行灯光、油路、电路、转向、刹车、卫生、随车工具等逐车检查，更换14辆车灭火器和4辆车停车牌，限期整改4辆车卫生不合格问题。完成车辆保险政府采购工作，加油站实行定点加油。

【公车治理】 2018年，开展公务用车专项检查。针对市委巡视组提出的局属单位下属企业67部未参加车改的车辆全部进行车改；纠正违规租车现象、私车公养、超标号及重复加油等问题，制定我局《天津市水务局事业单位公务用车管理办法》，修改完善机关车辆加油管理办法、交通费票据报销办法、车辆维修保养管理办法。汛期制定了防汛应急车辆调度预案，严格按照公车使用管理制度进行调度。三是在重要节日期间，联合驻局纪检组对局属各单位的公务用车封存停驶情况进行专项检查。

【公务用车管理】 2018年，严格按照市公务用车办公室《关于做好事业单位车改取消车辆处置及情况报备工作的通知》，完成全局事业单位2017年车改取消车辆统计上报工作（拍卖56辆处置收入256.4761万元，报废13辆处置收入1.3377万元，合计处置69辆处置收入255.8138万元）。重大节假日前均下发局属单位《关于加强节日期间公务用车管理的通知》，加强车改后车辆专项使用和节日封存车辆，配合驻局纪检组对部分事业单位进行了节日封存车辆检查。对局属单位进行3次集中检查，检查严格执行车辆回单位或指定地点停放制度，节假日期间除工作需要外车辆封存停驶的制度落实、严格执行派车审批手续，检查业务车辆405台次。完成丰田巡洋舰报废处置上报工作及中型客车购置政采工作。

【局办公楼设施改造】 2018年，对局机关院区破损路面进行了改造，对附属楼外檐维修；会议楼楼外墙粉刷；铝塑板维修；主楼楼梯栏杆维修；多功能门窗户更换；对机关大楼屋顶防水进行维修；对消防、空调、电梯、防雷系统及变压器设备设施维护维修检测和保养；对局机关排污管道疏通进行养护；对局机关院区围墙顶部防盗网更换，院区路灯更换、车位划线等零星项目进行维修改造。

【三产遗留问题清理】 2018 年，针对局三产遗留问题，积极与法律顾问联系，及时掌握最新情况，为下一步清理做准备。针对天水大厦问题，督促法院按照法律程序抓紧办理，切实维护市水务局的合法权益。加强安全检查，定期对天水大厦进行安全检查，出具安全风险评估报告，下达安全隐患整改通知书。针对恒成公司股份清退工作，全年共与对方沟通协商 4 次，正在就法律手段解决进行风险评估，尽快诉讼法院解决。

（机关服务中心）

【国家级节约型公共机构创建】 2014 年，市水务局机关被评为第一批国家级节约型公共机构示范单位。2015 年，按照市机关事务管理局创建市级节约型公共机构示范单位要求，市水务局认真遴选，推荐局属公共机构天津市引滦工程管理处申报市级节约型公共机构示范单位。为确保创建工作顺利完成，市水务局多次到引滦工管处进行检查指导，协助其完善相关节能制度，做好节约能源资源宣传等工作。2016 年，引滦工管处通过验收，被评为市级节约型公共机构示范单位。

2018 年 5 月，根据国家机关事务管理局、发展改革委、财政部《关于 2017—2018 年节约型公共机构示范单位创建和能效领跑者遴选有关工作的通知》文件精神，市机关事务管理局会同市工业和信息化委、市财政局，组织专家对市级节约型公共机构示范单位的创建材料进行评审，最终确定天津市水务局所属单位天津市引滦工程管理处在内的全市 63 家公共机构为第三批国家级节约型公共机构创建单位，其中包括引滦工管处。

引滦工管处被确定为天津市第三批国家级节约型公共机构示范创建单位后，市水务局积极与市机关事务管理局沟通，多次实地对创建工作进行指导协调。引滦工管处通过健全完善工作机制，强化节能日常管理，加强节能技术改造，狠抓节能宣传培训，全面落实节能工作要求。成立处级创建领导及工作小组，制定创建工作实施方案，深挖内部潜力，落实改造资金，完善节能管理长效工作机制。

市水务局联系市机关事务管理局明确存在问题，对市级节约型公共机构示范单位评审时提出的改进意见进行任务清单确认，引滦工管处对档案资料进行查漏补缺，对硬件设施设备进行提升改造，同时按照任务清单，明确责任人、责任单位和完成时限。组织内业工作组对创建档案资料进行优化完善，组织外业工作组实施节能空调、节能灯、太阳能热水器更新，电表、水表安装、垃圾桶购置等节能改造工作。按照市机关事务管理局时限要求，完成创建自查报告和自评打分表的网上上报，并对市机关事务管理局审核后的创建自查报告进行二次完善，全力做好验收各项准备。

11 月 7—9 日，引滦工管处接受国家考核组现场严格评审，以高分通过天津市第三批国家级节约型公共机构示范单位创建验收，顺利完成创建工作任务。2019 年 2 月 20 日，市机关事务管理局、市发展改革委、市财政局联合印发《关于公布天津市第三批国家级节约型公共机构示范单位名单的通知》。

（机关服务中心　引滦工管处）

党 建 工 团

干 部 工 作

【**概述**】 2018年干部工作紧紧围绕局党委的重点工作任务，深入贯彻落实新时代组织工作路线，做好处级领导班子和处级干部调整工作，推进从严管理监督干部日常化常态化，开展大规模干部教育培训工作，牵头抓好人才队伍建设，进一步提升统战工作水平，秉持坚持原则、认真负责的工作理念，不断提高组织工作科学化水平，为加快推进水务事业改革发展提供坚实的组织保障。

【**市水务局负责人**】

天津市水务局党委成员

书　记：孙宝华（9月25日免，津党任〔2018〕282号）

张志颇（9月25日任，津党任〔2018〕282号）

委　员：李文运　杨玉刚　张文波　赵　红

天津市纪委监委驻市水务局纪检监察组

组　长：赵　红

天津市水务局行政领导成员

局　长：张志颇（11月20日任，津人发〔2018〕46号）

副局长：张志颇（10月26日免，津政人〔2018〕23号）

李文运（挂职）

杨玉刚（1月12日任，津政人〔2018〕3号）

闫学军

张文波（11月9日任，津政人〔2018〕24号）

总工程师：杨玉刚

一级巡视员：李文运（8月16日任，津党任〔2018〕219号）

二级巡视员：刘长平　唐先奇　梁宝双　杨建图

天津市南水北调工程建设委员会办公室

专职副主任：张文波（11月9日免，津政人〔2018〕24号）

【**局机关处室及局属单位负责人变化情况**】

2018年1月15日，津水党任〔2018〕1号文件：

徐宝山任天津市水务局（天津市引滦工程管理局）审计处处长，任职时间从2016年12月23日计算。

靳文泽任天津市南水北调工程建设委员会办公室总工程师，任职时间从2016年12月23日计算。

2018年1月8日，津水党任〔2018〕2号文件：

李悦任天津市河长制事务中心主任（兼）。

刘学功任天津市河长制事务中心副主任，免去其天津市北大港水库管理处副处长职务。

2018年2月23日，津水党任〔2018〕5号文件：

天津市北三河管理处闫凤新退休。

中共天津市水务局委员会党校副校长刘玉霞退休。

2018年4月16日，津水党任〔2018〕6号文件：

天津市水利科学研究院李向东退休。

天津市水文水资源勘测管理中心（天津市地下水资源管理办公室）张伟退休。

2018年5月7日，津水党任〔2018〕8号文件：

王永强任天津市水务局（天津市引滦工程管理局）办公室（党委办公室）主任（试用期一年）。

蔡淑芬任天津市水务局（天津市引滦工程管理局）人事劳动处处长，免去其天津市水务局（天津市引滦工程管理局）财务处处长职务。

赵金会任天津市水务局（天津市引滦工程管理局）财务处处长（试用期一年）。

屈永强任天津市水利勘测设计院党委书记、院长（试用期一年）。

高孟川任天津市水务局物资处处长，免去其天津市水务局机关服务中心党总支书记、党总支委员、主任职务。

免去张贤瑞天津市水务局（天津市引滦工程管理局）办公室（党委办公室）主任职务。

免去赵天佑天津市水务局（天津市引滦工程管理局）人事劳动处处长职务。

2018年5月7日，津水党任〔2018〕11号文件：

周潮洪任天津市水务局（天津市引滦工程管理局）科技信息管理处处长（试用期一年），免去其天津市北大港水库管理处处长职务。

李刚任天津市北大港水库管理处处长，免去其天津市水利工程建设质量与安全监督中心站党支部书记、党支部委员、站长职务。

2018年5月24日，津水党任〔2018〕12号文件：

杨国彬任天津市供水管理处党支部委员、党支部书记、处长，任职时间从2017年5月8日计算。

肖琳娜任天津市水务局（天津市引滦工程管理局）办公室（党委办公室）副主任，任职时间从2017年5月8日计算。

苑可菲任天津市水务局（天津市引滦工程管理局）水政处（法制室、执法监督处）副处长，任职时间从2017年5月8日计算。

侯佳任天津市水务局（天津市引滦工程管理局）财务处副处长，任职时间从2017年5月8日计算。

穆浩学任天津市水务局（天津市引滦工程管理局）党委巡察办副主任，任职时间从2017年5月8日计算。

刘海辰任天津市水务局（天津市引滦工程管理局）党委巡察组副组长，任职时间从2017年5月8日计算。

许光禄任天津市南水北调工程建设委员会办公室计划财务处副处长，任职时间从2017年5月8日计算。

刘战友任天津市防汛抗旱管理处副处长，任职时间从2017年5月8日计算。

刘静任天津市水务基建管理处副处长，任职时间从2017年5月8日计算。

傅建文任天津市水文水资源勘测管理中心（天津市地下水资源管理办公室）副主任，任职时间从2017年5月8日计算。

秦继辉任天津市引滦工程于桥水库管理处副处长，任职时间从2017年5月8日计算。

刘宏领任天津市海河管理处副处长，任职时间从2017年5月8日计算。

郭江任天津市水务工程建设管理中心（天津市水务职工培训中心）副主任，任职时间从2017年5月8日计算。

2018年5月28日，津水党任〔2018〕13号文件：

全继群不再担任天津市引滦工程隧洞管理处党总支书记、党总支委员、处长职务，退休。

2018年6月8日，津水党任〔2018〕14号文件：

免去钟水清、周潮洪、张贤瑞、刘学功天津市水务局（天津市引滦工程管理局）副总工程师职务。

2018年6月22日，津水党任〔2018〕15号文件：

免去邢华天津市水务局（天津市引滦工程管理局）党群工作处处长职务。

2018年7月6日，津水党任〔2018〕16号文件：

刘爽任天津市排水管理处党委书记。

王令凡任天津市排水管理处党委副书记，免去其天津市排水管理处副处长职务。

尹英宏任中共天津市水务局委员会党校校长。

免去张志颇中共天津市水务局委员会党校校长职务。

免去赵天佑中共天津市水务局委员会党校常务副校长职务。

李刚任天津市大清河管理处（北大港水库管理处）党委委员、党委副书记。

杨树生任天津市大清河管理处副处长，免去其天津市水务局农田水利处（天津市水土保持生态环境监测总站）副处长（副站长）职务。

李振任天津市北大港水库管理处副处长，免去其天津市水利科学研究院副院长职务。

李国良任天津市水务局农田水利处（天津市水土保持生态环境监测总站）副处长（副站长），免去其天津市大清河管理处副处长职务。

滕健任天津市水务基建管理处副处长，免去其天津市海河管理处副处长职务。

付国群任天津市引滦工程黎河管理处副处长，免去其天津市北三河管理处副处长职务。

贾立忠任天津市引滦工程于桥水库管理处副处长，免去其天津市引滦工程黎河管理处副处长职务。

张会金任天津市海河管理处副处长，免去其天津市水务基建管理处副处长职务。

2018年7月30日，津水党任〔2018〕17号文件：

穆浩学任天津市水务局（天津市引滦工程管理局）党委巡察工作办公室主任（试用期一年）。

黄立强任天津市水务局机关服务中心党总支书记、主任（试用期一年）。

吴亚斌任天津市水务工程建设质量与安全监督中心站党支部书记、天津市水务工程建设质量与安全监督中心站（天津市南水北调工程质量与安全监督站）站长（试用期一年）。

齐勇任天津市河长制事务中心副主任（试用期一年）。

刘威任天津市水政监察总队党支部委员、书记。

免去李振天津市北大港水库管理处副处长职务。

2018年7月30日，津水党任〔2018〕18号文件：

建立中共天津市河长制事务中心支部委员会，隶属于中共天津市水务局委员会。

李悦任中共天津市河长制事务中心支部委员会书记。

2018年8月22日，津水党任〔2018〕19号文件：

刘学红任天津市水务局（天津市引滦工程管理局）政策研究室副主任、三级调研员。

2018年8月22日，津水党任〔2018〕20号文件：

梁晶任天津市排水管理处副处长，免去其天津市排水管理处总经济师职务；

陈军任天津市供水管理处副处长（试用期一年）。

2018年12月8日，津水党任〔2018〕24号文件：

免去李敏天津市水务工程建设交易管理中心副主任职务。

【干部队伍建设】 2018年，局党委共调整处级干部45人次，提拔8人，其中提拔正处长6人、副处长2人；免职11人次；退休5人；交流轮岗21人次，其中局属单位交流14人次，局机关、局属单位内部轮岗6人次，局属单位调任至局机关1人次。15名处级干部试用期满正式任职。4月，接收甘肃干部娘代才让到市水务局挂职锻炼，任工程管理处（水库移民管理处）副处长，挂职6个月（2018年4—9月）。

公务员职级晋升工作。2018年，市水务局处级及以下有75人次晋升职级，其中14人次晋升一级调研员，12人次晋升三级调研员，4人次晋升四级调研员，13人次晋升一级主任科员，7人次晋升二级主任科员，19人次晋升三级主任科员，6人次晋升四级主任科员。由于试用期满、接收军转干部等情形，确定1人次为二级调研员，2人次为三级主任科员，2人次为四级主任科员，2人次为一级科员。接收三级调研员1人。

2018年12月市水务局公务员各职级人数表

职级	人数	职级	人数
一级巡视员	1	一级主任科员	9
二级巡视员	5	二级主任科员	12
一级调研员	12	三级主任科员	12
二级调研员	10	四级主任科员	10
三级调研员	13	一级科员	3
四级调研员	7	合计	94

干部考核。2017年，局机关处级公务员62人（含市调水办8人），参加年度考核62人，考核优秀等次9人，其他参加考核人员均为称职等次。局属29个事业单位，共有处级干部112人，参加年度考核111人，考核优秀等次18人，其他参加考核人员均为合格等次。

【干部交流】 2018年，局党委交流轮岗21人次，其中局属单位交流14人次，局机关、局属单位内部轮岗6人次，局属单位调任至局机关1人次。

李悦任天津市河长制事务中心主任（兼）。

刘学功任天津市河长制事务中心副主任，免去其天津市北大港水库管理处副处长职务。

蔡淑芬任天津市水务局（天津市引滦工程管理局）人事劳动处处长，免去其天津市水务局（天津市引滦工程管理局）财务处处长职务。

高孟川任天津市水务局物资处处长，免去其天津市水务局机关服务中心党总支书记、党总支委员、主任职务。

周潮洪任天津市水务局（天津市引滦工程管理局）科技信息管理处处长（试用期一年），免去其天津市北大港水库管理处处长职务。

李刚任天津市北大港水库管理处处长，免去其天津市水利工程建设质量与安全监督中心站党支部书记、党支部委员、站长职务。

刘爽任天津市排水管理处党委书记。

王令凡任天津市排水管理处党委副书记，免去其天津市排水管理处副处长职务。

尹英宏任中共天津市水务局委员会党校校长。

李刚任天津市大清河管理处（北大港水库管理处）党委委员、党委副书记。

杨树生任天津市大清河管理处副处长，免去其天津市水务局农田水利处（天津市水土保持生态环境监测总站）副处长（副站长）职务。

李振任天津市北大港水库管理处副处长，免去其天津市水利科学研究院副院长职务。

李国良任天津市水务局农田水利处（天津市水土保持生态环境监测总站）副处长（副站长），免去其天津市大清河管理处副处长职务。

滕健任天津市水务基建管理处副处长，免去其天津市海河管理处副处长职务。

付国群任天津市引滦工程黎河管理处副处长，免去其天津市北三河管理处副处长职务。

贾立忠任天津市引滦工程于桥水库管理处副处长，免去其天津市引滦工程黎河管理处副处长职务。

张会金任天津市海河管理处副处长，免去其天津市水务基建管理处副处长职务。

刘威任天津市水政监察总队党支部委员、

书记。

李悦任中共天津市河长制事务中心支部委员会书记。

刘学红任天津市水务局（天津市引滦工程管理局）政策研究室副主任、三级调研员。

梁晶任天津市排水管理处副处长，免去其天津市排水管理处总经济师职务。

（组织处）

【党员队伍管理】 2018年，局党的建设工作督导组督导推动局属各单位党组织、机关党委严格按照局学习教育实施方案开展工作和督促局属各单位、机关党委完成“两学一做”常态化制度化自查工作，推动全局学习教育扎实深入开展。5月在局内网设立“应知应会”栏目，开展“每日一题、每周一测、每月一考”。全年组织局机关全体党员闭卷参加“每月一考”8次，其中9月19日市水务局以新修订的《中国共产党纪律处分条例》为主题，在全局142个在职党支部开展专题“每月一考”活动，全局共计1800余名党员参加。督促全体党员学在日常、考在经常，将学习落实到所有支部、所有党员，切实解决“上热中温下冷”和“最后一公里”问题。根据市委市级机关工委批复，完成发展党员30名。完成183名党员组织关系个别转移工作。春节前夕，组织完成2018年度困难党员、老党员和老干部重点关怀帮扶对象申报及春节慰问，慰问困难党员87人，老党员、老干部13人，共计10万元。各单位根据困难职工情况，从补缴党费中匹配7.54万元，自行安排慰问，发放慰问品30件。

（党建办）

【扶贫助困】 2018年，依据市委、市政府办公厅印发《关于深入开展不作为不但当问题专项治理三年行动方案（2018—2020年）》，2018年11月，局党委成立扶贫助困工作领导小组，加强对扶贫助困工作的组织领导，制定工作规则，明确责任分工。制定《市水务局党委关于开展结对帮扶困难村工作三年行动计划》，落实成员单位和帮扶单位责任，推动困难村解决水利基础设施建设和结对帮扶困难村和困难群体各项指标高质量完成。

1. 落实成员单位责任

2018年印发《市水务局关于抓紧做好困难村农村水利工程建设的通知》等相关文件，督促有关各区加快困难村农田水利项目建设进度，加强项目前期工作，并明确困难村农田水利项目市级按100%进行补助。

农田水利工程建设任务。推动实施节水灌溉、维修养护、中小河流重点县项目、农村国有扬水站更新改造、小型农田水利、灌溉计量设施改造、水土保持生态治理、京津风沙源二期治理等9类22项农田水利工程建设，涉及困难村投资2.1亿元，完成投资1.72亿元，涵盖蓟州、宝坻、武清、宁河、静海五个区的困难村共175个，各区均按计划完成了年度建设任务。完成新增和改善节水灌溉面积2133.333公顷，安装灌溉计量设施860台（套），衬砌防渗渠道2.3千米，修建涵闸泵点6座，铺设电缆6千米，治理水土流失面积7平方千米，建设水源和节水灌溉工程29处，完成治理中小河流重点县5个项目区和2座国有扬水站更新改造工程。

农村饮水提质增效工程。2018年10月7日，《天津市人民政府关于天津市农村饮水提质增效工程实施方案的批复》在市政府第24次常务会通过，标志着天津市新一轮农村饮水提质增效工程进入实施阶段。开展蓟州、宝坻、武清区3座农村饮水提质增效工程水厂建设，涉及130个困难村，计划投资2.81亿元，完成投资0.86亿元。宝坻东山水厂已完工，武清京津科技谷水厂完成年度建设任务，蓟州东后子峪水厂正在开展前期工作。此外，宝坻区投资49127万元，完成239个村村内供水管网改造工程，解决22.98万农村居民饮水提质增效问题，涉及101个困难村10万人；静海区投资29414万元，完成71个村供水管线改造及新建供水加压泵站等工程，解决8.2万农村居民饮水提质增效问题，涉及11个困难村1.4万人。

困难村坑塘治理。实现全市坑塘沟渠全面“挂长”，全市1000个困难村中960个村有坑塘沟渠，共有6120个坑塘、2924条沟渠，全部纳入河长制管理。开展3次河长制大督查，将农村坑塘水渠全部纳入各区、各街镇河长制监督考核，对发现的问题以一区一单的形式反馈给各区政府。将农村水环境治理列入对各涉农区督查的重点内容，联合市农委对10个涉农区进行实地检查，对履职不到位、整改不彻底的区级河长进行了通报、约谈，推动农村水环境治理工作。

坚持防蓄结合、积极调水、实施水环境治理，全力配合美丽乡村建设，提供坚实水务保障和支撑。推动污水处理设施建设，全市建制镇污水处理设施基本实现全覆盖。全年生态补水9.55亿立方米，雨洪资源利用15.4亿立方米，农村水环境面貌显著改善。

2. 落实帮扶单位责任

结合结对帮扶困难村的实际情况和急需解决的问题，市水务局研究制定了《天津市水务局结对帮扶东棘坨镇艾林村高景村三年规划》，确定“四帮四助”工程（四帮四助：帮党建、帮政策、帮产业、帮致富，助医、助学、助残、助困）。局领导多次到东棘坨镇指导工作，完成29项产业帮扶和水利建设项目前期调研工作，投资200万元，为两个村各建成一个300平方米的党群活动基地，配备了办公设备设施、购置了图书，并在健身广场安装了健身器材。驻村帮扶组协助镇党委做好村级组织换届工作，2018年两村都被评为“五好党支部”。组织高景村、艾林村两村一届两委班子去蓟州区渔阳镇桃花寺村、宝坻区尔王庄镇冯家庄村参观学习。深入村庄田间地头，全面摸排基础设施建设情况，科学制定两村基础设施帮扶规划。积极协调开展村内沟渠坑塘治理，改善村庄环境面貌。加大产业帮扶力度，配合东棘坨镇做好困难村产业项目统筹，壮大集体经济。艾林村在3个温室大棚种植了葡萄，在大棚周边种植果树1900株，增加了经济效益。推动调整种植结构，完成两个村共190公顷旱田改水田的土地改造工作。2018年两村人均可支配收入达到2万元，村集体经营性收入达到10万元以上。逐户走访村民，全面梳理帮扶村情况，针对两个村42户困难户建档立户。在中秋节及春节期间，对困难户进行慰问，支出慰问金5万元。

（防御处　组织处）

【干部教育】 积极发挥“网上党校”作用，为引滦工管处等单位增设了“天津市党员干部现代远程教育终端”，为基层党员集中学习提供了便利。组织召开深化“维护核心、铸就忠诚、担当作为、抓实支部”主题教育实践活动推动会，回顾总结主题教育实践活动开展情况，表彰优秀个人和先进集体，对持续深化主题教育实践活动进行再动员、再部署、再落实。排管处邓象进获市委市级机关工委优秀共产党员称号、市水务局永定新河防潮闸管理所党支部获市委市级机关工委先进基层党组织称号和市级机关“基层党建工作示范点”称号，市水务局于桥水库暗渠所联合支部党员活动室获市级机关“党员教育活动示范阵地”。

2018年，市水务局共选派31人次参加市委组织部和其他培训机构脱产培训（见下页表）。完成干部专题研修工作，共选调36人次，累计参加9个专题培训班。积极开展干部教育培训工作，组织处级干部培训班3期，共计168人参加了为期5天的脱产培训。举办1期发展对象培训班，共计38人参加培训；举办1期新党员培训班，共计66人参加培训；举办1期党务干部培训班，共计75人参加培训；举办1期优秀年轻干部培训班，共计71人参加培训；举办1期党外干部培训班，共计35人参加培训。

（党建办　组织处）

【人才管理】 2018年，局人才工作全面落实《市水务局关于加强人才工作的若干意见》，切实推进人才强局战略实施。分管局领导先后深入基建处、排管处等单位就加强人才队伍建设进行专题调研，局组织处撰写的《打破层级限制大力发现储备和

2018 年天津市水务局选派干部培训情况

干部职务	培 训 课 程	学制	人次	调训部门
局级	第 106 期局级干部进修班	2 个月	1	市委组织部
局级	“一把手”政治能力提升专题班第 1 期	5 天	1	市委组织部
局级	第 107 期局级干部进修班 A：习近平新时代中国特色社会主义思想专题	1 个月	1	市委组织部
局级	加强党的长期执政能力建设专题培训班第 2 期（宣传工作专题）	5 天	1	市委组织部
局级	市管干部党性教育专题班第 3 期	5 天	1	市委组织部
局级	新时代全面增强执政本领，加快“五个现代化天津”建设专题第 2 期（创新驱动发展专题）	5 天	1	市委组织部
局级	加强党的长期执政能力建设专题班第 5 期（党风廉政专题）	5 天	1	市委组织部
局级	提升防灾救灾能力专题研讨班	5 天	1	市委组织部
局级	新时代全面增强执政本领，加快“五个现代化天津”建设专题第 3 期（京津冀协同发展专题）	5 天	1	市委组织部
局级	习近平新时代中国特色社会主义思想理论（第 2 期大讲堂）	半天	1	市委组织部
局级	2018 年城市建设发展专题研讨班	3 天	1	市委组织部
局级	学习贯彻习近平新时代中国特色社会主义经济思想，坚定不移推动高质量发展（第 3 期大讲堂）	半天	1	市委组织部
局级	市管干部党性教育专题班第 5 期	5 天	1	市委组织部
局级	水土保持生态文明建设培训班	2 天	1	水利部
局级	第 4 期新时代全面增强执政本领，加快“五个现代化天津”建设专题班（网络舆论与意识形态专题）	5 天	1	市委组织部
局级	第 6 期加强党的长期执政能力建设专题班（加强机关党的建设专题）	5 天	1	市委组织部
局级	学习贯彻习近平新时代中国特色社会主义经济思想，建设质量中国（第四期大讲堂）	半天	1	市委组织部
局级	深化改革与服务型政府建设专题（第 109 期局级干部进修班 B）	4 周	1	市委组织部
局级	深入推进供给侧结构性改革专题（第 6 期新时代全面增强执政本领，加快“五个现代化天津”建设专题班）	5 天	1	市委组织部
局级	生态文明建设专题（第 5 期习近平新时代中国特色社会主义思想和党的十九大精神专题班）	5 天	1	市委组织部
处级	全市干教系统学习贯彻习近平新时代中国特色社会主义思想和党的十九大精神培训班	1 天	1	市委组织部
处级	第 1 期年轻干部进修班（规划建设专题）	1 个半月	1	市委组织部
处级	第 1 期组工业务培训班	5 天	1	市委组织部
处级	全市干部学习大讲堂第 2 期讲座	半天	1	市委组织部
处级	第 41 期处级公务员任职培训班乙班	6 周	1	市委组织部
处级	第 41 期处级公务员任职培训班甲班	6 周	1	市委组织部
处级	第 55 期青年干部培训班	4 个月	1	市委组织部
处级	第 3 期公务员专题研讨班（依法治市专题）	5 天	1	市公务员局
处级	第 42 期处级公务员任职培训班甲班	6 周	2	市公务员局
处级	第 75 期处级干部进修班——深化依法治国实践专题	4 周	1	市委组织部

（党建办　组织处）

培养基层科级年轻干部》调研成果在市委组织部开展的2018年度组织工作调研成果评选中获二等奖。周潮洪等撰写的《关于完善天津市水环境治理机制的对策建议》和李悦等撰写的《关于进一步深化“河长制”调研报告》分别获得天津市第十四届优秀调研成果二等奖、三等奖。多次召开人才队伍建设政策研究座谈会和人才工作领导小组例会，出台了《市水务局131科技人才工程实施意见》，进一步推进局131科技人才工程（即10名学科带头人，30名中青年优秀科技人才，100名青年科技骨干）建设。

（组织处）

【公务员职级晋升】

2018年1月8日，津水党任〔2018〕3号文件：

张贤瑞、张绍庆、金锐、石敬皓、蔡淑芬、刘玉宝、邢华、于健丽、杜铁锁晋升为一级调研员职级。

2018年1月8日，津水党任〔2018〕4号文件：

常守权、张月、吴颖、肖广慧、鲁刚、张平、刘丽敬、周维薇、肖艳晋升为一级主任科员职级。

王杨、王晓亮、蔡怡、程德强、刘蕊、王帅、苏庆永、李焕青、梁凤健、周震、韦劲松、王墨飞、高旭明、叶建辉、客立业、高啸宇、宋涛晋升为三级主任科员职级。

陈环文、李成、尹平、张祺帆晋升为四级主任科员职级。

2018年5月7日，津水党任〔2018〕9号文件：

钟水清、隋涛、顾世刚、赵天佑、高洪芬晋升为一级调研员职级。

徐相、贺金玲、王铭霞、李煦、张艳、康燕玲、杨军、辛长爽、高博为、王丽梅、王柔、许光禄晋升为三级调研员职级。

鲁刚、常守权、肖广慧、周维薇晋升为四级调研员职级。

2018年5月7日，津水党任〔2018〕10号文件：

刘海峰、吕彦东晋升为一级主任科员职级。

王杨、王晓亮、蔡怡、苏庆永、程德强、宋涛晋升为二级主任科员职级。

2018年8月15日，津党组〔2018〕168号文件：

张贤瑞晋升为天津市水务局（天津市引滦工程管理局）二级巡视员职级。

2018年8月16日，津党任〔2018〕219号文件：

李文运晋升为一级巡视员职级。

2018年11月21日，津水党任〔2018〕21号文件：

魏传才、栾富刚、程谟思、王元植录用公务员一年试用期已满，考核合格，经研究，确定魏传才、栾富刚为三级主任科员职级，程谟思为四级主任科员职级，王元植为一级科员职级。

2018年11月21日，津水党任〔2018〕22号文件：

局机关2018年接收副营职军转干部公彦为公务员，按照有关规定，公彦确定为巡查办四级主任科员职级。

2018年11月17日，津水党任〔2018〕23号文件：

王涛、贡欣晋升为一级主任科员职级。

刘蕊晋升为二级主任科员职级。

任晓琳、李晓琳晋升为三级主任科员职级。

李健、刘颖晋升为四级主任科员职级。

2018年12月10日，津水党任〔2018〕25号文件：

局机关2018年接收正连职军转干部杨扬为公务员，按照有关规定，杨扬确定局办公室为一级科员职级。

2018年12月8日，津水党任〔2018〕26号文件：

局机关2018年接收正团职军转干部张书伟为公务员，按照有关规定，张书伟确定为行政许可处二级调研员职级。

（组织处）

组 织 工 作

【概述】 2018年，深入学习贯彻习近平新时代中国特色社会主义思想和党的十九大精神，认真贯彻落实习近平总书记治水兴水重要讲话精神和新时期治水方针，按照市委和局党委决策部署，突出全面从严治党主线，紧紧围绕服务水务中心工作、推动水务事业改革发展，大力加强基层党的建设和精神文明建设，严肃党内政治生活，充分发挥群团组织作用，促进全局党建工作全面上水平。

【两代表一委员】 2018年，市水务局周潮洪为第十三届全国人大代表，天津市妇女第十四次代表大会代表、天津市妇联第十四届执行委员会委员，杨军、常素云经提名、协商、审议通过为政协天津市第十四届政协委员（1月当选），常素云为中共天津市第九次代表大会代表。

【基层党组织建设】 2018年使用天津市委组织部研发的《天津市党内统计信息系统》，对信息进行实时维护，6月进行全局党内半年统计、12月完成全年统计，完成全局党组织结构图绘制和更新工作。全部完成2018年全局基层党组织换届选举工作，及时更新换届台账。市水务局一共按期换届55个基层党组织，做到到届应换尽换。年初开展2017年度组织生活会，全局157个党支部全部按要求完成组织生活会，其中141个在职党支部、离退休党支部中有3个党支部集中开展了组织生活会，其他13个党支部采取其他形式灵活开展组织生活会，民主评议党员1956名，其中评议出优秀党员623名，合格党员1332名，基本合格党员1名，不合格党员零人，严格控制优秀党员比例不超过三分之一。

【基层党建巡查】 局党委印发《关于开展2018年上半年“双责双查双促”检查活动的通知》和《关于开展2018年下半年“双责双查双促”检查和局绩效年终考评实地核验的通知》，局领导带队对局属各单位党组织和局机关党委进行了党建和重点工作专项检查。党的建设工作督导组，根据各专项工作要求，开展日常督导和重点工作提示。

【机关党建】 建立天津市水务局财务处党支部、审计处党支部和市调水办党总支，隶属天津市水务局机关党委，同时撤销财务审计党支部和市调水办党支部；及时调整办公室、财务处、人事处3个党支部书记职务。局领导班子成员严格落实双重组织生活制度，以普通党员身份参加支部“三会一课”和组织生活会。根据《中国共产党章程》《中国共产党基层组织选举工作暂行条例》有关规定，召开机关党员大会，选举产生新一届中共天津市水务局机关委员会和机关纪律检查委员会，并在新一届机关党委、机关纪委第一次全体会议上，选举产生机关党委书记、专职副书记、副书记和机关纪委书记、副书记，按时完成换届选举工作。新一届中共天津市水务局机关委员会由张志颇、于健丽、杨健、刘威、穆浩学、王永强、王立义7人组成，张志颇任书记，于健丽任专职副书记、杨健任副书记。新一届中共天津市水务局机关纪律检查委员会由杨健、肖琳娜、刘海辰、王帅、侯佳5人组成，杨健任书记，肖琳娜任副书记。印发《关于进一步抓实天津市水务局机关党支部建设的实施意见》《关于加强天津市水务局机关党的政治建设努力争当“三个表率”建设“模范机关”的实施方案》，组织开展“大兴学习之风、深入调研之风、亲民之风、尚能之风”活动，全面落实机关党的建设各项工作。以局党委“双责双查双促”活动为抓手，对机关各党支部落实“三会一课”、领导干部双重组织生活等制度情况进行检查推动。2018年，局机关4名优秀共产党员、1名优秀党务工作者和2个先进党支部在纪念建党 97 周年之际受到局党委表彰。

【"两学一做"】 2018 年 6 月 20 日印发《关于进一步深化"维护核心、铸就忠诚、担当作为、抓实支部"主题教育实践活动 扎实推进"两学一做"学习教育常态化制度化的实施方案》。6 月 29 日，在全局召开深化"维护核心、铸就忠诚、担当作为、抓实支部"主题教育实践活动推动会，回顾总结主题教育实践活动开展情况，表彰优秀共产党员、优秀党务干部和先进党支部，对持续深化主题教育实践活动进行再动员、再部署、再落实。12 月 5 日分管局领导召集相关部门，对照市委深化"维护核心、铸就忠诚、担当作为、抓实支部"主题教育实践活动推动会要求，各牵头部门汇报进展情况，逐条梳理检查，找差距、知不足、抓整改。12 月 8 日局党委会议再次专题传达推动会精神。12 月 15 日前，全局各级党组织已完成一轮总结推动工作，为做好下一阶段主题教育实践活动打下了坚实基础。

在局内网设立"应知应会"栏目，建立"每日一题、每周一测、每月一考"学习机制，深入学习贯彻习近平新时代中国特色社会主义思想和党的十九大精神。自主开发完成了"全面从严治党纪实系统"，以信息化手段辅助全面从严治党各项工作流程化、规范化，确保每一项主体责任落实到位。在局内网设置"以案为鉴"和"曝光台"栏目，建立"每日一案、每周一报、每月一感"工作机制，以支部为单位，每日镜鉴一个案例，每周学习一个典型案例通报，每月撰写一篇学习感想，营造了想作为、敢作为、善作为的强大气场。通过"选树典型"栏目，常态化发现、培养和选树在全面从严治党和完成水务业务工作中涌现的先进典型，在全局上下营造了崇尚先进、比学先进的浓厚氛围。

（党建办）

【"双万双服"工作】 2018 年 2 月 23 日，市委、市政府召开天津市市级机关干部大会暨"双万双服促发展"活动动员会，在全市深入开展"双万双服促发展"（万名干部、万家企业，服务企业、服务项目，促进发展）活动。会后，按照会议精神和《中共天津市委办公厅、天津市人民政府办公厅关于印发〈天津市 2018 年"双万双服促发展"活动工作方案〉的通知》的要求，4 月 18 日，市水务局党委、市水务局印发《天津市水务局 2018 年"双万双服促发展"活动工作方案》，组建市级工作十一组，对口负责静海区"双万双服促发展"活动的综合协调与推动服务，组长为局副巡视员唐先奇，8 名成员分别来自市南水北调办综合处、农水处、大清河处（北大港处）、海堤处、于桥处、水文水资源中心（后调整为于桥处）、永定河处，联络员来自供水处〔后调整为大清河处（北大港处）〕；组建市水务局服务组，负责协调解决、处理各市级工作组、各区活动领导小组办公室提交给市水务局的企业和项目问题，组长为局副巡视员唐先奇，成员分别为规划处、计划处、水资源处、工管处、水保处、排监处、许可处、财务处、防汛处、农水处、供水处主要负责人，联络员来自水文水资源中心（后调整为于桥处），局其他有关部门、有关单位视实际需要参加服务工作；设立局"双万双服促发展"活动办公室，为市级工作十一组和局服务组的日常办事机构，工作人员分别来自市南水北调办综合处、供水处〔后调整为大清河处（北大港处）〕、于桥处、水文水资源中心（后调整为于桥处），实行集中办公。

协调推动服务静海活动。市级工作十一组会同区活动领导小组办公室深入 21 个乡（镇、园区）的 53 家企业上门服务，宣讲《中共天津市委 市人民政府关于营造企业家创业发展良好环境的规定》，了解和掌握静海区活动动态；明确专人负责政企互通服务信息化平台工作组账号的登录运行，协调市有关部门和驻津单位解决静海区活动领导小组办公室提交的问题，协调静海区解决其他市级工作组转交的需由静海区负责解决的企业和项目问题。市级工作十一组共受理问题 32 条，按时办理率100%。

扎实开展水务服务。由专人负责政企互通服务信息化平台服务组账号的登录运行，对企业或项目问题在规定时限内接办、转办和回复。线下，有关部门积极与企业或项目建设单位对接，现场摸清实情，提出切实可行的解决方案，并在解决问题后回访。主动深入企业和项目建设单位上门服务，将线下受理的问题纳入服务体系，抓紧解决、尽快回复、一一回访。局服务组共答复问题30条，涉及排水、供水、行洪区项目建设咨询等方面，按时办理率100%。

竭诚服务包联企业。按照市政府关于三级领导包联企业的工作部署，由局服务组组长、二级巡视员唐先奇带队，完成了对市水务局领导包联企业宝泉水利建筑工程有限公司、中铁油料集团有限公司、中交天航滨海环保浚航工程有限公司的三轮上门服务。共收到企业提出的问题7条，其中市水务局解决4条，协调市科技局、市商务局、滨海新区人力社保局衔接解决3条。

归集整理政策措施。建立涉企水务政策措施定期归集更新工作机制，按月归集整理涉企水务政策措施，按月更新“天津政策一点通”网络平台上的“政策包”，全年补充更新政策信息3条、撤出逾期失效信息4条，为企业和群众提供信息服务。

坚持创新。市级工作十一组针对静海区滨港电镀产业基地危化品仓库建成2年后无法投入使用这一难题，先摸清底数，再组织召开会商会议，协调静海区和市公安局、市安全监管局、市发展改革委、市建委共同研究，拿出解决问题的措施，并形成集中式存储、小批量独立存放的危化品仓库管理模式制度创新案例在全市推广。

（双万双服办公室）

【党组织生活】 2018年，市水务局结合开展“维护核心、铸就忠诚、担当作为、抓实支部”主题教育实践活动，扎实推进“两学一做”学习教育常态化制度化，全局范围内使用先锋网（天津市党的组织建设信息系统），对“三会一课”、集中学习、组织生活会、主题党日活动进行网上填写，对基层党的组织生活提出了进一步规范要求，并加大日常检查抽查力度。并按照上级文件要求，先后以“廉政教育月”“学习郑德荣等先进事迹”“如何争当‘三个表率’‘建设模范机关’”为主题召开3次组织生活会，运用批评和自我批评的思想武器，深入查找和解决突出问题，进一步增强基层党支部自我净化、自我完善、自我革新、自我提高能力，强化广大党员党的观念、提高党性修养，发挥基层党支部战斗堡垒作用，确保“一名党员就是一面旗帜”在水务系统生动实践。

【双责双查双促】 整合局内各项党建和业务检查，每半年由局领导班子成员带队直插基层一线开展“双责双查双促”，综合检查“两个责任”落实情况，与局属处级单位领导班子成员开展履职谈话和廉政谈话，督促落实抓实党建工作和完成水务中心任务“双重责任”，倒逼党政同责、“一岗双责”全面落实，把党的政治建设落实到水务工作各方面、全过程。2018年已完成中期和年底两次“双责双查双促”，针对查出问题进行了反馈，各单位部门制定整改台账，积极落实整改。

（党建办）

思想政治工作

【概述】 2018年，以推进“两学一做”学习教育常态化制度化为主线，深入学习宣传贯彻习近平新时代中国特色社会主义思想和党的十九大精神为重点，狠抓党风廉政建设，认真开展政工专业职称评审推荐工作，积极参与各种评优活动，认真落实全域创建文明城市各项工作，积极开展文明单位创建活动，思想政治工作取得良好效果。

【政工队伍建设】 2018年5月15日，制定并下发了《市水务局2018年政工专业职称评审工作的安排意见》。加强全局政工人员队伍建设，组织召开政工职评工作培训会，加强继续教育学习培训、政策理论培训和政工业务培训。开展了高级政工职称的评审和推荐工作，评审14人，推荐8人，通过7人；开展了中级政工职称的评审和认定工作，成立了中级政工职称评审委员会，评审13人，通过10人；开展了初级政工职称的认定工作，6人通过认定。组织了政工师进行“以考参评”和网络继续教育学习，组织了政工论文的征集。市政工职评办到市水务局调研政工职评和思想政治工作并召开座谈会，对市水务局政工职评和思想政治工作的经验做法给予充分肯定。在天津市2018年“思想政治工作课题研究”及“思想政治工作务实创新上水平”征文活动中，4篇作品获一等奖、6篇作品获二等奖、6篇作品获三等奖、8篇作品获纪念奖。

【精神文明创建】 2018年，市水务局印发《天津市全域创建文明城市市水务局2018年工作方案》《市水务局关于在全域创建文明城市中创建天津市文明单位的实施方案》，成立全域创建文明城市工作领导小组，由局党委书记、局长任组长。机关各处室和有关局属单位实行“一把手”负责制，把创建文明单位与日常工作结合起来，把创建文明单位与全域文明创建结合起来，切实把水务精神文明建设与水务中心工作一起谋划、一起部署、一起推进，积极抓好水务重点工作，围绕中心，服务社会，为全市经济社会发展做出水务贡献。创新宣传手段。在局机关大院布设宣传展示社会主义核心价值观12个主题词以及党建宣传走廊。开设道德讲堂和公务员培训班，邀请市文明办、市委党校教授等对培育和践行社会主义核心价值观、公务员职业道德建设做专题辅导，在全局形成浓厚氛围。组织观看爱国爱军教育电影《建军大业》《厉害了，我的国》、电视纪录片《辉煌中国》等，增强干部职工的民族自豪感和凝聚力，树立正确价值观、坚定理想信念。以局机关文明单位创建为抓手，自主编写印发《市水务局机关创建文明单位应知应会》手册和《水务干部职工文明手册》，将培育和践行社会主义核心价值观融入工作的各方面，推动全局精神文明建设工作有效开展落实，局机关文明单位创建申报成功。2019年4月，市水务局机关被天津市精神文明委员会评为天津市文明单位。

在七一前夕，召开深化“维护核心、铸就忠诚、担当作为、抓实支部”主题教育实践活动推动会，对市水务局在“维护核心、铸就忠诚、担当作为、抓实支部”实践活动中涌现出的40名优秀共产党员、10名优秀党务工作者、15个先进党支部予以表彰。排水管理处第四所检修组组长邓象进和永定新河防潮闸管理所党支部分别在市级机关“维护核心、铸就忠诚、担当作为、抓实支部”主题教育实践活动中被评为优秀共产党员和先进基层党组织。6名先进人物被市文明办授予“天津好人”荣誉称号，2个家庭被授予市级“最美家庭”称号，6个家庭被授予局级“五好文明家庭”称号，在全局上下营造了崇尚先进、比学先进的浓厚氛围。

（党建办）

保密工作

【概述】 2018年，市水务局深入学习贯彻习近平新时代中国特色社会主义思想和党的十九大精神，认真落实中央保密委、市委保密委的决策部署，强化对保密工作组织领导和工作落实，召开全局保密工作会议进行部署安排，制订了保密工作要点、印发了《关于开展2018年保密法治宣传教育活动的通知》等文件，制定了《天津市水务局涉密人员管理暂行办法》等制度，组织开展了定密专项检查、“七五”保密法治宣传教育中期检查、网站微博微信信息保密检查等工作，对35个单位2017年度事业单位法人年度报告书进行保密审查。

【组织推动】 2018年，市水务局把保密工作列入局党委议事日程和中心组学习内容。3月26日、

11月8日局党委理论学习中心组学习了中央保密委员会全体会议和全国保密工作会议精神、全国保密工作高级研修班研修内容。5月31日，局党委会上传达市委主要领导对保密工作的批示精神，听取了局保密工作情况的汇报，并就做好保密工作提出要求。3月30日、10月25日局保密委召开会议，传达学习中央保密委、市委保密委文件精神，研究做好2018年保密工作和审议保密相关制度。印发了《市水务局2018年保密工作要点》《关于开展2018年保密法治宣传教育活动的通知》等文件，制定了《市水务局涉密人员管理暂行办法》等制度，转发了市委保密委、市国家保密局关于保密检查、使用软件安全保密问题和《关于学习贯彻〈对外交往与合作提供涉密资料保密管理规定〉的通知》等。召开全局保密工作会议，传达学习中央保密委、市委保密委有关文件精神，对做好定密等工作进行安排部署。扎实开展。组织开展定密专项检查、"七五"保密法治宣传教育中期检查等工作，并将开展情况上报。针对市国家保密局现场督查反馈的问题和工作建议，积极进行整改，召开局机关保密工作会议部署整改工作，并将整改情况上报。

【宣传教育】 组织全局组工干部观看《保密常识必知必会微课堂9讲》等保密教育光盘，分片组织观看《红线不能触碰，底线不能逾越：保密法第四十八条背后的案例故事（上篇）》等保密警示教育片，为机关处室配发《公务员保密知识读本》一书，开展了天津市保密法律知识竞赛答题活动和军事设施安全保密法治常识答题活动。加强对新录用人员的保密教育，在2018年举办的新录用人员和局档案管理与涉密文件管理培训班上，组织与会人员观看《保密常识必知必会微课堂9讲》、通报窃密泄密案例，学习《党政公文处理条例》和中央文件管理相关文件，对在实际工作如何做好保密工作和加强涉密文件管理提出要求。会同科信处对2批9人进行了出国（境）前的安全保密教育。同时发挥网络优势，在局办公网开设了保密法治宣传教育"每周一题、每月一测、每季一考"专栏。做好机构改革中的保密工作，对划转人员进行了保密教育，签订保密承诺书，并履行涉密载体清退手续。

【督促检查】 局保密办、科信处、信息中心组织人员对局机关计算机进行了检查。对局属单位保密工作开展落实情况进行书面督查。

（局办公室）

党风廉政建设

【概述】 2018年，市水务局机关党委、机关纪委持之以恒落实中央八项规定精神，坚持把纪律挺在前面，扎实开展监督执纪问责，持之以恒正风肃纪，推进机关全面从严治党向纵深发展，不断净化政治生态，为机关各项工作顺利推进提供坚强的政治和纪律保证。

【警示教育】 召开全面从严治党大会，局领导与机关各处室、调水办各处签订责任书24份，落实全面从严治党责任制。在全局开展"以案为警为鉴、忠诚干净担当"廉政警示教育宣传月活动，开展多种形式的党风廉政建设和反腐败宣传教育活动，组织机关党员干部共135人观看了系列警示教育专题片《为了政治生态的海晏河清》；查摆问题专题组织生活会、身边案教育身边人、警示教育月组织党员干部收看《高强悲歌》《偏离坐标的人生》等，利用"每月一考"组织机关全体党员进行党的应知应会和廉政知识测试，加强了党风廉政建设宣传引导和廉政文化建设。在局内网设立"曝光台"和"以案为鉴"专栏，让全局党员干部做到通篇阅读、党员全覆盖，截至2018年年底，刊登每日一案355篇，每周一报50篇，每月一感300余篇，阅读点击量38万次。

【机关纪委】 继续加强对党的路线方针政策和市委重大决策部署执行情况的监督检查，严明政治纪律和政治规矩。按照市委和局党委部署要求，继续深入推进“两学一做”学习教育常态化制度化，在机关持续加强党章、准则和条例的学习宣传。

召开机关党员大会，换届选举产生新一届中共天津市水务局机关纪律检查委员会，完成换届选举工作。2018年9月17日，召开机关纪委第一次全体会议，选举产生机关纪委书记杨健、副书记肖琳娜。建立机关全体科级及以下干部廉政档案，进一步加强了对科级及以下干部的管理和监督。开展廉政风险点排查工作，机关各处室针对不同等级风险点研究制定并有效落实防控举措，最大限度地降低腐败风险，减少腐败行为的发生，为推动水务事业发展提供坚强的政治保证。端午期间机关纪委对局机关纠正“四风”情况深入开展自查，确保了局机关风清气正、清正廉洁。

【主体责任】 深入学习贯彻中央和市委关于落实全面从严治党主体责任的部署要求，切实提高思想认识，从局领导班子和班子成员自身做起，制定主体责任清单、任务清单，实行日志管理，不断加压升温，压实管党治党责任。班子主要负责人坚决履行“第一责任人”职责，广泛开展履职谈话和廉政谈话，带头讲党课，严格落实双重组织生活，深入基层调研和明察暗访，靠前指挥、全面掌控、统筹推进全面从严治党和水务工作。班子成员坚持分管领域全面从严治党和水务工作同部署同谋划同落实，每季度检查党风廉政建设情况，每半年综合检查党建工作和水务重点任务落实情况，定期向主要负责人汇报落实主体责任情况，形成“共抓共建共管”主体责任的合力。

【述责述廉】 2019年1月17日、18日，召开市水务局2018年度基层党建述职和述责述廉会议，7名局领导班子成员、29名基层党组织书记现场报告一年来落实全面从严治党主体责任情况、自身存在问题及下一步工作打算，接受党员干部提问质询和民主测评。党员群众代表围绕加强部门廉政风险防控、运用监督执纪“四种形态”、贯彻落实扶贫助困领域决策部署、回应群众关心的水污染治理等内容向述责述廉对象踊跃提问。驻局纪检监察组组长刘海芙结合局领导班子成员述责述廉情况，对下步工作提出明确要求。局属单位党组织主要负责人，局机关各处室、调水办各处室主要负责人和部分“两代表一委员”、基层党员干部群众代表参加。

【作风建设】 对局机关办公用房进行了检查，提出整改意见，推进了市水务局办公用房使用管理工作，确保办公用房使用不超标。对局机关各部门出勤情况进行了10余次抽查，规范职工工作行为，确保各项工作高效运行，切实加强机关作风建设。组织机关各支部书记和党员干部代表共45人到武警支队参观学习，借鉴部队先进经验成果，把武警支队顽强的战斗精神、扎实的工作作风带回水务系统，转化成工作动力。

【廉政宣传教育】 对隐形变异“四风”保持高压态势，在元旦、春节、清明、端午等重要时间节点，重申纪律要求、开展警示教育、加大查处力度等措施，狠抓节日期间“四风”问题整治，持续正风肃纪，打好节日“预防针”。利用局党建工作电子屏、机关大楼二楼宣传长廊、各处室支部阵地，全方位展示党风廉政建设内容，举办两期廉政相声演出下基层活动，引导党员干部廉洁为本，担当为要，履职为重。

【纪检信访案件】 着力抓早抓小，实现防微杜渐。按照“四种形态”要求，严格处置问题线索，把组织开展廉政谈话函询作为常态化工作手段，按照廉政谈话提醒工作制度，敢于善于开展谈话提醒，对群众有举报有议论、工作生活中有苗头性、倾向性问题的党员干部，做到提前介入、防微杜渐。

【纪检队伍建设】 打铁必须自身硬，机关纪委干部时刻用党章规范自身的一言一行，确保在执行市委、局党委各项决策部署上令行禁止，自觉按照党的组织原则和党内政治生活准则办事。加强同纪检部门的沟通协作，积极组织机关纪委委员参与监督检查工作，根据法定职责敢于和善于行使监督执纪问责职能，强化机关纪检工作合力。参加市级机关纪律检查工作推动会暨业务骨干培训班。召开3次机关纪委会议，分别学习《邓修明同志在派驻纪检监察机构和企事业单位纪检监察工作座谈会上的讲话》和《中国共产党纪律处分条例》等文件。同时严格落实市级机关纪工委有关加强纪律审查工作、转变案件审理理念的工作要求和有关纪律规定，提高纪律审查规范性，用铁的纪律打造过硬纪检监察干部队伍，锤炼"严、细、深、实"的工作作风，促进监督责任落实。

（党建办）

【巡察工作】 2018年，市水务局党委全面贯彻落实《中共天津市委关于进一步加强和改进巡察工作的意见》的各项要求，坚持"发现问题、形成震慑，推进改革、促进发展"不动摇，深化政治巡察，扎实推进巡察监督全覆盖，坚定不移把全面从严治党引向深入。

1. 政治巡察

全面落实市委及市委巡视机构部署要求。认真贯彻落实《中共天津市委关于进一步加强和改进巡察工作的意见》等文件要求，紧密结合市水务局巡察工作实际，研究贯彻落实的具体措施，改进巡察工作，提高巡察工作权威性。

采取"回头看""机动式"等多种组织形式，稳步推进政治巡察。在巡察过程中坚持政治建设，聚焦"六个围绕一加强"，坚持在强化党的领导、加强党的建设和全面从严治党三大问题上下工夫，坚持透过业务中的问题查找政治上的偏差，组织完成了对永定河处党委、设计院党委、水科院党委3家局属单位党组织的巡察"回头看"，对水政监察总队党支部等12家局属单位党组织的"机动式"巡察（其中有5家局属单位党组织纳入"不作为不担当"专项巡察）。

实施上下联动，优质高效完成不作为不担当问题"同步巡"专项巡察。2018年8月，市委部署不作为不担当专项巡视巡察上下联动工作，在局党委的领导下，巡察办认真贯彻"同步巡"工作要求，超前谋划，统筹组织，开展了对节水中心党总支、海河处党总支、排管处党委、水文水资源中心党委、于桥处党委5家党组织的"不作为不担当"专项巡察。在市委巡视十七组的指导下，巡察组在规定时间内圆满完成"同步巡"工作任务，与巡视组同向发力、同频共振，自上而下全方位扫描和推动解决水务系统不作为不担当问题，共同破解"上热中温下冷"的症结，对5个局属单位党组织的专项巡察中共发现具体问题91条，提出意见建议33条，被巡察单位巡察期间立行立改61条。

2. 成果运用

2018年，巡察组共发现具体问题180余个，向驻局纪检监察组移交问题线索15件，向局职能部门移交问题和问题线索21件。全年15家被巡察单位党组织针对巡察反馈问题制定整改措施590余条。巡察震慑效应不断扩大，监督作用得到切实发挥，推动全面从严治党从宽松软走向严紧硬。

巡察反馈严格落实"两反馈，三通报"制度，建立督导台账式管理，及时跟踪了解办理措施、进度、效果，督促按照办理时限提出处理意见、反馈办理结果等。1月、5月和9月3次向局属单位下发巡察整改工作督导检查的通知，分别组建督导组，以"点穴式"方式对26家局属单位整改落实情况进行督导检查，对部分整改不到位的单位坚决要求重新整改，并报书面说明。

根据《中共天津市委关于进一步加强和改进巡察工作的意见》要求，规范做好巡察整改情况公开工作，研究制定了《天津市水务局党委巡察整改情况公开办法》。在局内、外网公开通报了巡察反馈意见和整改情况，接受全局党员干部和职工群众的监督，压实被巡察单位党组织巡察整改的主体责任，使其从严整改、规范整改。

3. 制度建设

认真学习《十一届天津市委巡视工作规划（2017—2021 年）》，贯彻落实“扎实推进巡察全覆盖”的明确要求，切实把巡察作为局党委全面从严治党的重要抓手。在全面摸底、深入调研的基础上，制定了《天津市水务局党委巡察工作规划（2017—2021 年）》，明确了巡察全覆盖的时间表、路线图，把高质量完成巡察全覆盖作为落实管党治党政治责任的“硬指标”。

坚持向市委巡视工作对标、借鉴，出台了《局党委巡察工作领导小组工作规则》等五项制度。建立了巡察工作流程图和梳理了巡察廉政风险点，规范了巡察工作模板、档案模板和问题线索移交模板，整理巡察档案 42 盒，编制完成了《巡察工作指导手册》，实现巡察工作有章可循，有规可依。

4. 职能作用

4 月中旬，在十一届市委第二轮巡视公开反馈后，巡察办立即对 22 家被巡视单位反馈问题进行分析总结上报局党委。5 月下旬，市委办公厅通报第一轮巡视整改未到位的情况，巡察办对照市水务局巡察发现的问题举一反三，提出 5 条具体措施报局党委。7 月在局加强警示教育净化政治生态大会上，通报了局属处级单位党组织巡察全覆盖情况，分析共性问题，研究整改措施，部署深化整改工作，落实局党委全面从严治党主体责任。通过联席会议形成监督合力，提高监督实效。充分利用巡察工作联席会议机制作用，加强对巡察发现问题的分析研判，全年共召开 2 次联席会，通报了第六轮、第七轮巡察反馈情况，向组织处、党建办、财务处等部门提供了相对应的巡察发现问题，各部门按照职责加大整改督办力度，合力攻坚“销账”。

（巡察办）

工 会 工 作

【概述】 2018 年，局工会在局党委和上级工会的正确领导下，全面完成全年目标任务，在工会组织建设、职工维权、职工素质工程建设、职工文化体育活动、帮扶救困等工作上实现了新的突破。

【组织建设】 2018 年，局工会系统直属单位工会 26 个，局机关工会 1 个；工会会员 3786 名，女性 1354 名；专兼职工会干部 164 人，其中女性 82 人；女工组织 17 个；工会主席和副主席持证上岗率 100%。

政治理论学习。深入学习贯彻习近平新时代中国特色社会主义思想和党的十九大精神，组织全局各工会小组集中学习习近平总书记同全总新一届领导班子成员集体谈话并发表重要讲话精神，贯彻中央、市委和局党委党的群团工作会议精神，组织广大会员、广大工会干部把讲政治讲忠诚作为第一位要求，自觉增强“四个意识”，特别是“核心意识、看齐意识”；始终把保持和增强先进性作为工作着力点，紧密联系职工群众，将职工的利益作为出发点和落脚点。

基层工会建设。继续开展好“基层工会活力建设年”建设，局属各单位工会广泛组织开展形式多样、职工喜闻乐见的各种活动，在活动中充分发挥组织、引导、服务和维护职工合法权益的积极作用，切实提高基层工会的吸引力、凝聚力和影响力。

工会制度建设。严格贯彻落实《天津市水务局内部控制管理制度》，并要求基层单位工会建立完善自身内部控制管理制度。完善以“一清双亮六有五健全五上墙”为主要内容的基层工会组织规范化制度建设，各单位工会都完成了“五上墙”和工会干部“亮身份”工作。根据市总工会年初落实工会工作改革的要求，推进制度改革，组织完成编写《工会小组学习制度》《天津市水务局工会基层经费管理使用办法》《天津市水务局职代会考评制度》《天津市水务局职工合理化建议活动和奖励办法》《天津市水务局职工书屋规范化建设标准》《天津市水务局职工之家建设规划分年实施计划》《天津市水务局职工文体骨干培训、辅导员制度相关政策》《天津市水务局职工重病住院关爱资金和职工集体福利支出工作办法》7 项制度。

工会“建家”工作。继续加大基层工会建设、建家力度，健全工作机制，创新活动载体，加强阵地建设，开展了职工之家、职工小家建设工作调研，局工会对局属各单位的“建家”工作都给予了一定的支持，为各单位职工书屋、职工之家配备了一批图书、运动器材。

工会财务经审工作。规范工会财务管理，严格按照《天津市基层工会经费收支管理办法》和《天津市工会系统经费管理使用负面清单（暂行）》收好、管好、用好工会经费。做好“税务代收”工作。搞好本级工会财务自查工作，配合市总工会搞好工会财务检查工作。加强内审队伍建设，提高工会财务工作人员的业务水平。

【职工维权】 民主管理工作。局属各单位均如期召开年度职工代表大会，如期开会率 100%。

劳动保护监督工作。积极参与安全生产相关检查、推动和落实等活动，组织工会干部安全培训。指导搞好本单位的安全生产和劳动保护监督、检查工作，履行好工会安全生产和劳动保护监督职责，开展“安康杯”竞赛安全文化宣传活动。

女职工维权工作。强化各级工会女工组织工作，完善女工工作制度，强化局工会女工委员会工作，组织女职工开展形式多样的活动，如女职工座谈会、保健讲座、庆祝“三八”妇女节、女职工征文活动等等，为局属单位女职工配备女职工图书，均收到较好效果。

处务公开工作。各级工会组织严格落实好处务公开的监督工作，加强制度建设，提升公开的效果，对该公开的事项及其公开形式、公开范围、公开内容都进行了有力监督，保证职工群众的知情权。

工会信访、劳动调解工作。完善工会信访接待工作机制和劳动争议调解工作机制，推进局属各单位劳动争议调解组织和机构建立工作，全局共建立劳动争议调解组织 24 个。

【素质工程】 评先创优工作。推荐参评全市工人先锋号 1 个并通过。推荐参评全国级职工书屋 1 个并通过。推荐参评天津市最美家庭 3 户，获得 2 户天津市文明新风“最美家庭”荣誉称号。

劳动竞赛活动。局属各单位工会积极开展以“比技术创新、比科学管理、比又好又快、比安全生产、比团队和谐，创精品工程”等为主题的劳动竞赛活动；积极开展岗位练兵和技术比武活动；选派队伍参加“京津冀劳动和技能竞赛水生态环境监测技能竞赛”。

开展职工技改技革、发明创造合理化建议活动，发现和培养创新发明人才，鼓励来自基层一线职工的技术革新、发明创造和先进操作法。对市水务局技改技革、发明创造成果进行了总结、评比、推广和推荐。

职工思想教育工作。开展了《认真学习贯彻习近平总书记在纪念马克思诞辰 200 周年大会上的重要讲话精神》活动，开展了工会十七大网上答题活动，开展了认真贯彻习近平总书记重要指示深入开展向“中国民航英雄机组”“中国民航英雄机长”学习活动。

职工书屋创建。开展了“职工书屋”创建工作调研，加大对基层书屋建设的投入和支持力度，对已建成的“职工书屋”配备了一定数量的图书。推荐 1 个全局中的市级“职工书屋”（局机关工会职工书屋）参加全国“职工书屋”创争工作的评比活动并通过。

【文化体育】 基础性建设。建立和完善基层职工文化、文艺、体育活动室和职工健身房。对获得市级模范职工之家以及偏远基层一线单位配备了文化体育设备、器材。

基层文体活动。局属各级工会因地制宜地开

展群众参与广、效果明显、易于组织实施的小型文化体育活动或兴趣小组活动，有的还聘请专门教练教授太极拳、瑜伽、舞蹈等。

文体骨干队伍建设。举办了改革开放四十周年歌咏朗诵比赛；培训职工文化活动骨干，组织全局篮球爱好者、羽毛球爱好者日常训练；委托水利书画院开展职工培训和书画摄影展活动，举办改革开放四十周年摄影比赛。

全局性文体活动。2018 年，开展了一系列全局性的文化体育活动。春节期间，各级工会均组织了不同类型的联欢活动，局机关也举办迎新春联欢会，局领导到场参加。根据局工会年初计划，成功举办了“勘测设计杯”首届职工羽毛球比赛，第三十三届职工游泳比赛，“水务建管杯”乒乓球比赛。局工会组队参加了全国水利系统职工“龙江杯”乒乓球比赛和“华水杯”扑克牌比赛。五一劳动节期间，组织参加了市总工会举办的市五一嘉年华活动，在长跑比赛中，多名运动员获奖并取得了团体第五的好成绩。7 月，市水务局精心挑选 50 余名运动员组成代表队参加天津市第十四届运动会，分别参加了象棋、羽毛球、田径、篮球等项目。局领导带领市水务局运动员代表队方阵出席天津市第十四届开幕式，并带队走过主席台，响亮喊出“强身健体，振兴水务”的口号，向观众展示了习近平总书记提出的“节水优先、空间均衡、系统治理、两手发力”十六字治水方针，充分展示出天津水务的面貌风采。赛场上，市水务局运动健儿顽强拼搏，于桥处张进、局人才中心叶华荣、北大港处于玲、建管中心田力四人获得女子成年组 4×100 米接力第三名，于桥处张进获女子成年组 100 米第四名，建交中心李敏获得女子成年组 400 米第五名，农水处吴贺楠获男子成年组铅球第六名，控沉办刘杰获男子成年组 1500 米第八名。

【帮扶解困】 局特困职工帮扶中心工作。局工会加强帮扶中心各项机制建设和管理工作，多方位筹集帮扶资金，有效的对局特困职工实现动态化、网络化管理，及时更新和维护困难职工基本信息，并将帮扶款及时发放到位。2018 年为全局在库困难职工及时发放了困难职工季度帮扶救助款，共计帮扶职工 20 人次。7 月完成工会会员服务卡保费缴纳工作。

完善“送温暖”工作机制，加大资金投入力度。春节期间，开展了入户慰问工作，共帮扶特困职工 83 人，局特困职工帮扶救助中心共募集和发放慰问金 12.5 万元，局属各单位及工会也匹配了一定资金进行深入帮扶，整体投入较往年有较大幅度提升。

开展了“金秋助学”活动，为 7 名困难职工子女完成学业提供资金 2.78 万元。为没有办理工会会员卡的职工进行补办，做好大病申请相关工作。共为 2 家单位的 5 名职工申请了职工保险合作社的保障金。

暑、汛期，各级工会做好防暑降温的劳动保护和慰问基层职工活动。7 月上旬至 8 月中旬期间，对局属各中层单位基层“一线”职工进行慰问，发放慰问金和慰问品共计 10.19 万元。

做好退管会日常工作，指导各级工会做好全局退休人员管理。为退休的市级劳模张荣栋申请了离退休劳动模范荣誉津贴。

【工会改革】 2018 年开展工会基层工作调研，全面推进工会制度改革，强化党的领导，坚定政治方向，发挥好党联系职工群众的桥梁纽带作用；密切联系职工，深入职工群众开展工会工作，切实解决脱离职工群众的突出问题，切实提高工会工作的效能。组织编写《工会小组学习制度》《天津市水务局职代会考评制度》等 7 项制度。

（党建办）

共青团工作

【概述】 2018 年，共青团工作按照局党委的部署要求，紧密围绕水务中心工作，以落实全面从严治团要求为主线，牢牢把握“政治性、先进性、群众性”要求，积极构建“凝聚人心、服务大局、当好桥梁、从严管理”工作格局，团结带领水务青年为加快水务改革发展贡献青春力量。截至年底，市水务局有 35 岁以下青年 905 人，团员 291 人。

【思想教育】 2018 年 4—5 月，举办了“不忘初心　牢记使命　唯真求实　服务青年”主题大调研活动，“打捞”青年真实需求和心声，有针对性地开展团的工作，使共青团成为青年想得起、信得过、靠得住的坚强组织。

4—6 月，举办了争创“五佳”，争做践行、弘扬“五种精神”的表率主题实践活动，引导广大水务青年立足本岗，积极投身水务改革发展实践，发挥生力军和突击队作用。

5 月，举办了学习贯彻习近平总书记重要讲话活动，进一步强化学思践悟，引导广大水务青年树牢“四个意识”，做到“两个维护”，以实际工作成效体现对党忠诚。

6 月，举办了“不忘初心勇担当”歌咏大会，在全局上下营造敢担当、会担当、勇担当的浓厚氛围。

7—10 月，举办了深入学习贯彻习近平总书记“7. 2”重要讲话精神和共青团中央的十八大精神活动，切实把广大水务青年的思想和行动统一到习近平总书记要求和中央决策部署上来。

12 月，举办了学习贯彻习近平总书记 2017 年和 2018 年两次对南开大学 8 名入伍大学生重要指示精神活动，引导全局青年牢记习近平总书记教诲，系好人生第一粒扣子，坚决听党话、跟党走。

【组织建设】 2018 年 1 月 3 日，局团委下发《关于共青团天津市引滦工程于桥水库管理处总支部委员会换届选举结果的批复》同意新一届共青团天津市引滦工程于桥水库管理处总支部委员会人员组成及分工。书记：张进，副书记：孔庆杰，组织委员：郭钊，宣传委员：陈天然，文体委员：张航。

2018 年 1 月 5 日，局团委下发《关于共青团天津市引滦工程隧洞管理处支部委员会换届选举结果的批复》同意新一届共青团天津市引滦工程隧洞管理处支部委员会人员组成及分工。书记：王峥，组织委员：赵拓伟，宣传委员：王雪纯。

2018 年 4 月 19 日，局团委下发《关于共青团天津市水利科学研究院支部委员会换届选举结果的批复》同意新一届共青团天津市水利科学研究院支部委员会人员组成及分工。书记：万瑶，组织委员：康婧，宣传委员：李胜楠。

2018 年 12 月 11 日，局团委下发《关于共青团天津市北三河管理处支部委员会换届选举结果的批复》同意新一届共青团天津市北三河管理处支部委员会人员组成及分工。书记：郝雅恭，组织委员：郑茹惠，宣传委员：赵晨阳。

2018 年 12 月 11 日，局团委下发《关于共青团天津市河长制事务中心支部书记选举结果的批复》同意汪颖为河长制事务中心团支部书记。

【青年文体活动】 3 月，举办了“学雷锋”主题实践和志愿服务活动，共组织 20 场次，参与青年近 300 人次。

五四前后，举办了五四青年节系列主题活动，共举办参观红色教育基地等各类文体活动 85 场次，参与团员青年 796 人次。

3—11 月，开展了“保护母亲河 争当‘河小青’”主题实践活动。3 月 22 日，在海河三岔河口联合海委团委、海河下游局团委举行了主题实践活动启动仪式；结合世界水日和中国水周组织开展了系列节水护水宣传活动，组织开展了系列节水护水志愿服务活动，局系统青年和部分高校的在校大学生共计 500 余人次参与。

11 月，举办了单身青年联谊活动，局系统单身青年 76 人参加。

12 月，开展了迎新春水务青年写作竞赛，局系统青年 70 人参与。

【先进典型培训宣传】 2018 年，在局内网特别设立“选树典型”栏目，各单位党组织建立健全常态化工作机制，常态化发现、培养和选树在全面从严治党和完成水务业务工作中涌现的先进典型，得到了局系统各级团组织的积极响应，激发了青年学先进、争先进的热情。4 月，排管处排水七所团支部被团市委授予“2017 年度天津市五四红旗团支部”荣誉称号，供水处张权被团市委授予“2017 年度天津市优秀团干部”荣誉称号。5 月，局机关团支部、排管处排水七所便民服务队、排管处排水四所青年服务保障队、水文中心水环境监测中心、于桥处水管理科、永定河处永定新河防潮闸管理所、建管中心征迁科 7 个集体被市水务局团委授予“水务青年文明号”荣誉称号。李焕青、史嘉暘、王宇、杨瀚辰、李云仙、唐萌、韩钏、李浩宁、程强、耿为、董瑞颖、王志强、张亦飞、王峥、邵春苹、仇鑫磊、马嘉、安静利、刘伟超、吴优 20 名职工被市水务局团委评为“水务‘五佳’青年”。

（党建办）

老干部工作

【概述】 天津市水务局 2018 年全局共有离退休人员 3943 人，其中离休干部 27 人，退休人员 3916 人（退休干部 1238 人，退休工人 2678 人）；退休人员年龄结构：60 岁以下 547 人，61~70 岁 2366 人，71~80 岁 741 人，81 岁以上 262 人。党员 932 人。共有 15 个单位建有单独的离退休干部党支部，其中离休支部 1 个，退休支部 11 个，离退休联合党支部 5 个；有 9 个单位离退休党员 30 人纳入在职党支部；有 254 名退休党员将党组织关系转入所在社区。全局 10 个单位有离休干部 27 人，81~90 岁的 19 人，91 岁以上 8 人；女职工 4 人；局级 4 人，处级 17 人，科级及以下 6 人。全局离退休局级干部 17 人。

2018 年是全面贯彻党的十九大精神的开局之年，是改革开放 40 周年，是决胜全面建成小康社会的关键一年。全局离退人员工作坚持以习近平新时代中国特色社会主义思想和党的十九大精神为指导，紧紧围绕局党委确定的六项工程、实现水务“六能”的目标要求，加强离退休老同志政治建设、思想建设和党组织建设，用心用情做好服务工作，积极引导老同志为党和人民事业增添正能量，为新时代水务工作凝心聚力、贡献才智。

【加强思想政治建设】 深化“维护核心 铸就忠诚 担当作为 抓实支部”主题教育实践活动，推进“两学一做”学习教育常态化制度化，引领离退休党员把践行“四个意识”内化于心，外化于行，坚决维护习近平总书记党中央的核心、全党的核心地位，坚决维护以习近平同志为核心的党中央权威和集中统一领导，争做政治合格、执行纪律合格、品德合格、发挥作用合格的楷模，离岗不离党、退休不褪色。在局党委开展的“维护核心、铸就忠诚、担当作为、抓实支部”主题教育实践活动—优秀共产党员、优秀党务工作者和先进党支部评选工作中，局机关退休干部第一党支部被评选为局级先进党支部。

教育引导离退休干部党员牢固树立纪律和规矩意识，始终严守政治纪律和政治规矩，在大是大非面前旗帜鲜明、立场坚定。严格用党章党规党纪规范言行，严格遵守《中国共产党纪律处分条例》，践行“三严三实”要求，增强党内政治生活的政治性、时代性、原则性、战斗性，营造风清气正的良好政治生态。

以提升组织力为重点，加强离退休干部党组织建设，印发了《关于进一步加强和改进离退休干部党组织建设工作的实施方案》，树立“党的一切到支部”的观念，按照市委老干部局要求，在保持离退休干部党员服务管理和现有组织关系不变的基础上，引导离退休党员就近学习、发挥作用，开展了在社区探索建立离退休党支部的相关工作。以深化“五好”党支部创建工作为载体，认真落实“三会一课”、组织生活、主题党日、按期换届、教育管理等制度，引导离退休干部党员始终牢记党员身份，自觉做到党的意识不弱化、党内标准不降低、党内生活不脱离。完成党组织书记工作补贴落实情况的自查工作。

【正能量活动】 开展“增添正能量·共筑中国梦”活动，按照市委老干部局部署，在全局离退休老同志中开展了纪念改革开放40周年主题征文活动，收到6篇征文，原防汛抗旱处隆永法撰写的《回望参加引滦工程建设》被市委老干部局、市委党史研究室评为“纪念改革开放40周年主题征文活动”优秀奖；组织参加“讴歌改革路 奋进新时代”纪念改革开放40周年主题优秀摄影作品展，局机关退休干部张建华的摄影作品《变眼》获得优秀作品奖；组织老同志参与“乐龄天津”微信平台党的十九大精神知识竞答活动，367名老同志参加竞答，2名老同志获得市优秀奖；开展“不忘革命初心 永葆政治本色”主题党日活动，组织部分离退休党员参观李大钊纪念馆，缅怀革命先辈，不忘革命初心；组织召开“我看改革开放新成就”纪念改革开放40周年离退休干部座谈会，大家忆往昔、话发展、谈变化、献良策。

围绕“增添正能量·共筑中国梦”主题，组织引导离退休干部党员深入开展“三谈三比”活动，谈时代要求、比政治本色，谈发展变化、比阳光心态，谈美好前景、比奉献精神。坚持自觉自愿、量力而行的原则，尊重老同志意愿，充分发挥政治优势，讲好中国故事、弘扬中国精神，做全面从严治党的坚定支持者和模范践行者；发挥经验优势，组织他们在改善水环境、优化配置水资源、确保水安全方面积极建言，为实施六项工程、实现水务“六能”的发展目标发挥余热；引导老同志在宣传教育、志愿服务、业务传承、关心下一代、社区治理等方面争当模范。

【落实政治生活待遇】 强化理论武装，组织引导离退休干部党员深入学习习近平新时代中国特色社会主义思想。采取集中研读、座谈讨论、专题辅导的方式，组织引导离退休干部党员深入学习习近平新时代中国特色社会主义思想，坚持读原著、学原文、悟原理，做到全面学、深入学、反复学、跟进学，全年支部集中学习7次；鼓励老同志采取收听收看、学习报刊文件等方式进行自学。对一些高龄老党员、老干部和长期患病的老同志，上门送学18次。局机关退休第一党支部书记陆铁宝同志被市委老干部局聘为市委老干部党的十九大精神宣讲团成员，为离退休党员讲党课，谈学习体会，讲党课2次、主题党日活动2次。依托手机短信、微信等新媒体，深入解读、持续宣传党的十九大精神，共发放学习书籍560册，学习参考220册，学习辅导材料、学习光盘18套；全局建立了24个离退休老同志微信群，月均浏览683人次，月均发布学习信息72条。

强化待遇落实，做好精准服务工作。认真落实离退休老同志阅读文件、参加重要会议和重大活动、参观学习、通报情况等制度，上半年集中通报5次。坚持离休干部“三个机制”，确保离休费和由单位支付的各项费用按时足额发放，离休干部医药费“双月清”，避免离休干部个人垫付大额医药费，与局财务处完成离休干部医药费管理情况自查工作，2018年全局离休干部医药费共计363.81万元。坚持为老同志办实事、做好事、解难事。加大对特殊困难老干部的帮扶力度，全年走访慰问485人；生日祝寿12人；为28名困难党员、群众发放慰问金4.9万元。春节期间局领导班子成员深入到每一位局级老领导、病故老领导遗孀家中进行走访慰问，共走访慰问28人。组织局属各单位老干部工作人员学习市委老干部局等7部门下发的《关于进一步规范组织离退休干部开展活动的通知》，严格抓好落实。

【老干部活动中心】 努力提升老干部活动中心服务管理水平，管好用好老干部活动中心，满足老同志学习活动需求，为老同志“教、学、乐、为”提供支持和保障。开展“增添正能量·共筑中国梦”系列活动，组织开展文艺演出，讴歌伟大的党；组织合唱团参加局“不忘初心勇担当”歌咏大会，唱响时代主旋律；组织离退休老同志参观局重点水利建设工程，感受改革开放40年取得的巨大成就和现代水务新成就；组织机关离退休老同志前往蓟州区帮扶村参观学习，感受水务帮扶工作的成就，让老同志在愉快的学习活动中凝聚释放正能量。

（老干部处）

统战工作

【概述】 2018年，局统战工作紧紧围绕水务中心工作，以健全完善统战基础性、战略性工作为重点，积极搭建建言献策平台，为加快水务改革发展营造了良好氛围。

【民主党派】

1. 民主党派基本情况

截至2018年年底，市水务局共有民革水务局支部、民盟水务局支部、九三学社水务局支社三个民主党派基层组织，共有73名民主党派成员，其中民革10人，民盟14人，民建6人，民进1人，农工民主党9人，致公党14人，九三学社18人，台盟1人；正高级职称5人，高级职称45人；民革中央常委、民革天津市委会副主委1人，民盟市委委员、民盟市委监督委员会委员、民盟市委社会与法治委员会副主任委员1人。

2. 组织建设

指导有关单位做好民主党派人才推荐工作，完善基础数据库工作。2018年4月，协助市委统战部做好局党外处级干部基本信息核对工作，建立局党外干部名册。8月按照市委要求，推荐周潮洪、曹素华、刘瑞芳、康燕玲、陈瑞娟、马银辉为市水务局党外代表人士。11月选派市水务局杨军参加2018年天津市第二期党外干部培训班。

2018年11月，局党委举办局党外人士培训班，全局共有35名民主党派人士、无党派人士参加培训。

9月27日，市水务局组织召开人大代表、政协委员座谈会。全国人大代表、民革天津市委副主委周潮洪，市人大代表张伟、徐丛春，红桥区政协副主席张志忠，市政协委员张潞、贾国臣、杨军，民革党市委会有关负责人参加会议。市人大常委会代表联络室副主任聂伦、市政府办公厅副主任庞镭、市政协提案委专职副主任薛雄略，市水务局党委委员、市调水办专职副主任张文波，局领导梁宝双及局有关部门负责人参加了会议。

（组织处）

【侨务、民族工作】 截至2018年年底，市水务局共有归侨、侨眷18人，其中归侨5人、侨眷13人。共有少数民族职工168人，其中满族89人、回族64人、蒙古族12人、侗族1人、白族1人、彝族1人。

（人事处）

各 区 水 务

滨海新区水务局

【概述】 2018年，滨海新区水务局以习近平总书记对天津工作提出的“三个着力”重要要求为元为纲，按照市委、市政府总体部署，在区委、区政府的坚强领导下，在市水务局的正确指导下，深入贯彻落实习近平总书记治水兴水重要讲话精神和新时期治水方针，正风肃纪抓队伍强素质，攻坚拔寨补短板提效能。深入推进水污染防治，完成大港城排明渠黑臭水体治理，重点治理下坞泵站干渠黑臭水体，启动大田区域水污染治理项目，全面打响渤海治理攻坚战，全面推进南北水系连通建设，全区水环境质量明显改善。统筹水资源利用与保护，全年压采地下水730.295万立方米，累计封停水产养殖业机井240眼，完成4座再生水厂的建设，新增生产规模19.5万吨每日，水资源管理不断优化。完成太平镇、小王庄镇9个村供水管网改造，惠及4665户居民，同时实施农村饮水提质增效工程、村镇供水规划主干管网工程，困难村帮扶工作持续推进。建立区、街镇（功能区）、村三级河长制组织体系，开展系列专项行动，正式运行属地责任制度，全区纳入河湖名录河湖共1813处，全面“挂长”成效凸显。开展水务工程项目12项，概算总投资16303.61万元，工程建设进展顺利，建管效能持续提升。完成北大港水库库区和移民安置区2017年度基础设施工程，水库移民后期扶持稳步推进。完成《滨海新区关于〈水资源统筹利用与保护规划〉的实施计划》编制工作，提高水资源保障能力。坚持依法行政，认真抓好水政执法工作，加大执法人员培训力度，开展出售地热水等系列专项执法检查，最严格水资源管理制度持续深化。

【水资源开发利用】 2018年，滨海新区地表水总供水量3.3460亿立方米；地下水供水量0.3452亿立方米；非常规水源供水量2.1957亿立方米，其中深度处理再生水供水量0.2052立方米，粗制再生水供水量1.4245亿立方米，雨洪水利用量0.1692亿立方米，淡化海水供水量0.3968亿立方米。

2018年，滨海新区地下水压采以城区未完成项目和各涉农街镇农业生产、农村生活用水为重点。全年完成地下水压采730.295万立方米，是计划压采地下水量（327.78万立方米）的222.8%。其中8家企事业单位用水户实施水源转换，压采地下水量约190.065万立方米，是计划量（155.065万立方米）的122.57%，封停机井59眼，全部由企业出资；12个村通过延伸市政自来水管网、实施饮水提质增效工程，压采农村生活用地下水量64.23万立方米，压采农村生产用地下水量476万立方米，是计划量（172.715万立方米）的312.79%。

2018年初，对渤天化工有限责任公司申请地下水开采指标、绕城高速收费站及服务区申请取水许可、大王村更新农业机井的要求一一回复，要求积极利用其他水源，妥善解决好水源问题。同时下发了《区水务局关于推动双水源区域地下水用户尽快接通自来水的通知》《关于加强对农业井非法取水行为管理的函》《区水务局关于做好2018 年地下水压采工作的函》，要求各相关单位压采地下水。

根据市水务局会议和区清新空气行动分指挥部的要求，依据《滨海新区清理整治违法违规生产经营及排污行为暨“小散乱污”企业专项治理工作实施方案》中明确区水务局的任务“依法加强对整治名单中的企业用水的监督和执法检查，对违规违法行为依法查处”，按照部门责任分工，制定了开展“小散乱污”企业取用水摸排和断水工作方案。针对市水务局提供的“散乱污”企业数量多、位置分散的情况，按照供水性质进行分类，对名单中的企业边鉴别，便整改，对违法违规取用水的进行断水，汇总报区审批局建议取缔。建立局、处、各中心到“散乱污”企业的双向工作流程，做到任务第一时间落实，信息第一时间反馈，从接收、传达任务单，到分解、派遣，到现场断水、核实，再到信息汇总、反馈，未出现拖延迟滞现象。共通过恢复生产审核件 388 件。

【水资源节约与保护】

1. 节水管理

将市节水办下达给滨海新区的 2018 年度用水节水指标分解至各区域，由区域节水管理部门负责落实，实现计划用水工作的分级管理；建立大沽化工股份有限公司、天津碱厂等 49 个工业用水大户和公共服务用水单位的重点监控名录，强化用水监控管理。配合市节水办实施重点监控用水户远传水表安装工作，涉及年用水量在 30 万吨以上的 18 个重点监控用水户，63 具远传水表；推动水平衡测试管理，2018 年安排水平衡测试 23 家。

组织开展节水载体创建工作。2018 年联合各街道办事处已完成 18 个节水型居民小区的创建工作，节水型小区覆盖率为 35.3%；联合区机关事务管理局对 6 个区级机关单位集中办公区开展区级公共机构节水型单位的创建工作，9 月底完成现场审查，节水型公共机构覆盖率为 62%。完成 9 家节水型企业（单位）的申报工作，10 月完成现场审查，节水型企业（单位）覆盖率为 53%。

按照市节水办、市发改委、市工信委、市农委联合下发《关于深化天津市节水型区县建设的通知》要求编制完成《滨海新区节水型社会达标建设实施方案》，并组织实施。

按照国家住房和城乡建设部、天津市节约用水办公室的通知要求，滨海新区节水办组织制定了 2018 年“城市节水宣传周”宣传活动方案，由区节水办组织，塘沽、汉沽、大港水资源中心（节水中心）及各区域节水管理部门配合开展了节水宣传进校园、进社区、进企业、进闹市及节水知识问答和学生社会实践活动（参观新区水厂和北塘水库）等系列宣传活动。

2. 控沉管理

《滨海新区地面沉降治理工作实施方案（2018—2020 年）》于 2018 年 2 月通过区政府审批。针对天津市第十七届人民政府第三十六次常务会议对地面沉降防治工作的部署，制定了《滨海新区关于治理地面沉降中心工作实施方案》，2019 年 2 月 3 日通过滨海新区人民政府审批，正在积极落实推进地面沉降治理，完成各项分工目标。

建立区内控沉工作考核机制，制定了区级绩效考核街镇控沉指标，共计 0.5 分。将非法取水处理（0.2）、超计划取水（0.2）、控沉监测装置人为破坏（0.1）纳入绩效考核评分标准，并规定区域内最大沉降量超过年地面沉降量指标（75 毫米）的扣除全部绩效考核分数。

开展 InSAR 地面沉降监测。2018 年度 InSAR 地面沉降监测共投资 148 万，采用时序 InSAR 分析方法快速提取滨海新区范围内 720000 个 InSAR 地面沉降监测点的形变信息，基于精细的地理国情监测成果、高分辨率遥感影像数据和 SAR 幅度数据对 InSAR 监测点进行属性分类处理，剔除建筑物 InSAR 监测点等非地面沉降监测点后，得到真正意义上的地面沉降 InSAR 监测信息。

投资 83.5 万元，建立两个 CORS 监测站作为高程基准点，优化新区高程测量精确度，提升滨海新区地面沉降监测可靠性。

投资 14.6 万元，对建设完成的 50 个一孔多标地面沉降分层标进行监测。一孔多标在一监测孔内将测量标头利用专用设备逐一打入预定的地层中，然后利用专门的数据采集仪监测不同时间段各标头的位移变化，从而获得不同段土层固结沉降量，优化了传统一孔一标占地面积大，造价费用高及维护困难的问题。

投资 63.5 万元，完善滨海新区地下水位监测网，补充自动监测井 32 眼。

投资 14.9 万元，对建设完成的区内 40 个水准点，为达到数据准确与一致性，经与市控沉办沟通并纳入市水务局水准统测网。

2018 年度经过建设，形成包括水准点、一孔多标、角反射器、CORS 站在内的点、线、面相结合的监测体系。实现了区域地面沉降联防联治，特别为轨道交通、城市内涝、市政管线沉降的早预警、早治理提供了可靠的数据分析和预测。

重点围绕杨家泊地区地面沉降中心区开展地下水资源评价工作。针对杨家泊镇、中塘镇、汉沽街、寨上街沉降中心点要求镇里有 1 名副职专人负责此项工作。对自来水管网铺设到的地区压采全部地下水，对散乱污偷接地下水的予以查处。近期按照区委区政府要求对工厂化养殖企业严禁使用地下水，对用地下水养殖的专业户发起动员，正在实施压采。

【水生态环境建设】 按照市河长办《关于开展全市入河排污口专项排查整治行动的通知》要求，滨海新区迅速行动，排查出有排污现象口门 182 处，由区建交局、各街镇、功能区按照权限分别制定整改方案。区河长办组织区建交局、区环境局、区农委及有关各街镇、功能区对全部入河排污口基本情况及整治方案逐一审查，排除了其中定性不准、丧失功能口门共 66 处，确定全区入河排污口 116 处。截至 2018 年年底，116 处入河排污口中有 5 处完成审批，38 处正补办审批，其他 73 处全部制定整改方案。全部入河排污口门已建立台账管理。入河排污口巡查监管纳入河长巡河工作。

滨海新区水环境综合污染指数整体呈下降趋势，1—8 月综合污染指数 2.90，同比变化率为 -39%。共排查涉水企业 689 家，其中直排企业 20 家；完成 8 个地表水自动监测站建设工作；排查 189 个排海口，封堵 10 个，开展 8 个入海排污口的整改工作。

在办理时限内调查处理完成便民服务专线转来涉及河道管理信访件 57 件；按时完成河长办整改通知 1 件；按时完成新区环保督查整改派遣单 3 件。

督促河道管理单位做好滨海新区市管、区管河道的日常巡查、换水等工作；定期检查河道所、排灌站（处）巡查记录和换水记录等档案资料。2018 年各河道管理单位巡查共出动 7860 人次，出动 2366 车次，查处各类水事违法及水污染案件 57 起。

【水务规划】 加强河湖水域岸线管理保护，实现人水和谐，按市水务局要求，积极开展区管河湖蓝线划定工作，成立了专项领导小组，定期召开河湖蓝线划定工作推动会共同研讨，交流实际困难，商定解决方案。编写《滨海新区河湖蓝线划定规划》于 2018 年 12 月 28 日完成修改后初稿。

加强河道水系循环连通工作，编写《天津市滨海新区水系连通规划》，合理调度各水库、泵站，及时开启、关闭相关涵闸，保证河道水循环调水工作顺利开展，努力改善河道水质达标。滨海新区水循环工作分塘沽、大港区域两部分进行，换水频率及换水量根据水质、水位实际情况安排。其中大港区域 2018 年参与循环的河道有 6 条，开泵 1250 台时，生态补水 1200 万立方米；塘沽区域 2018 年参与循环的河道有 12 条，开泵 2362 台时，循环水量 2142 万立方米，水库放水进行生态补水 2991 万立方米。2018 年 4 月 25 日，滨海新区政府下发《关于滨海新区水系连通专项规划的批复》。

滨海新区落实《天津市再生水利用规划》，组织编制完成《滨海新区再生水利用实施方案(2018—2020)》。2018年12月11日，以滨海新区政府名义印发《滨海新区再生水利用实施方案(2018—2020)》，按照《实施方案》组织实施再生水厂及再生水管网建设。

【防汛防潮抗旱】

1. 汛期雨情、水情、潮情、旱情

2018年，汛期滨海新区整体气候形势偏差，暴雨、洪水、风暴潮多发、并发，全年共成功处置雷电、暴雨预警达20余次，台风蓝色预警1次，海上大风预警1次，风暴潮预警6次，启动防汛Ⅲ级应急响应1次，防汛Ⅳ级应急响应4次，防潮Ⅲ级应急响应2次，防潮Ⅳ级应急响应4次。

雨情。6月降雨58.5毫米，7月降雨152.9毫米；8月降雨142.8毫米，9月塘沽降雨15.4毫米。汛期（6月1日—9月15日）全天降雨天数25天，最大单日单站降雨量为汉沽付庄站8月11日的114.4毫米，与常年汛期平均值基本持平。

水情。滨海新区未发生长时间大面积沥涝积水和海水上溯险情及财产损失情况，农村没有发生饮水困难和明显旱情。

潮情。由于上游及周边地区降水远高于常年汛期平均值，使滨海新区过境洪水远高于常年，多条一级行洪河道超汛限运用。截至9月17日，共发生3次超警戒潮位，最高潮位为8月17日，潮高5.28米（临港潮位站）。

旱情。农村没有发生饮水困难和明显旱情。

2. 防汛责任体系

滨海新区区委、区政府高度重视防汛工作，区委书记张玉卓亲自主持召开防汛抗旱工作会议，安排部署防汛抗旱工作，多次到河道、水库防汛一线现场检查、指导水旱灾害防御工作。区长杨茂荣多次带队检查推动防汛准备工作，研究部署防汛、防潮、排水工程建设。全区各级防汛抗旱指挥机构健全汛前完成调整到位，7条一级行洪河道、海堤、蓄滞洪区和水库均落实了区级防汛责任人，落实了三级责任体制，建立了工作责任制，层层签订了防汛工作责任书，明确了河道、海堤、水库、涵闸、口门、泵站等防汛重点环节的行政、技术、管理、岗位责任人，实现了防汛防潮职责任务无死角、全覆盖，各项防汛抗旱工作顺利开展。

滨海新区防汛抗旱指挥部组成人员：

总指挥：杨茂荣　区长
副指挥：孙　涛　副区长
　　　　刘险峰　区军事部部长
　　　　蒋凤刚　区政府秘书长、办公室主任
　　　　戴　雷　区建设交通局（区水务局）局长
　　　　宋广长　区军事部副部长
成　员：郑伟铭　开发区管委会主任
　　　　王国良　天津港保税区管委会主任
　　　　王　盛　滨海高新区管委会主任
　　　　沈　蕾　东疆保税港区管委会主任
　　　　单泽峰　中新天津生态城管委会主任
　　　　马春和　滨海—中关村科技园管委会副主任
　　　　孙家旺　区人民政府办公室副主任
　　　　张凌霄　区发展和改革委主任
　　　　张桂华　区科技和工业创新委主任
　　　　纪泽民　区商务委主任
　　　　刘明成　区教委主任
　　　　聂满水　区公安局副局长
　　　　任中胜　区民政局局长
　　　　梁宣健　区财政局局长
　　　　师武军　区规划国土局局长
　　　　孙建山　区建设交通局（区水务局）副局长
　　　　张秀启　区环境局局长
　　　　曹义华　区农委主任
　　　　李长春　区卫计委主任
　　　　单玉厚　区安全监管局局长
　　　　宋俊生　区文体局局长

毛幼平　区国资委主任
王　宇　区气象局局长
李庆国　塘沽街道办事处主任
郭　铭　新村街道办事处主任
祝照新　新港街道办事处主任
卢　盈　大沽街道办事处主任
王寿仓　杭州道街道办事处主任
王桂元　新北街道办事处主任
肖　辉　新河街道办事处主任
乔柏林　北塘街道办事处主任
李　峥　胡家园街道办事处主任
张世生　汉沽街道办事处工委书记
潘久生　茶淀街道办事处主任
王连平　寨上街道办事处主任
丁金海　大港街道办事处主任
张　华　海滨街道办事处主任
窦克栋　古林街道办事处主任
李　静　新城镇人民政府镇长
张金友　杨家泊镇人民政府镇长
耿庆辉　中塘镇人民政府镇长
刘志利　小王庄镇人民政府镇长
孙玉坤　太平镇人民政府镇长
梁永岑　天津港（集团）有限公司总裁
郑玉昕　滨海建投集团总经理
张维忠　天津长芦海晶集团董事长
曹新建　中国海洋石油渤海石油管理局局长
胡　翔　天津新港船舶重工有限责任公司董事长
周敬东　天津电力公司滨海供电分公司总经理
邓映峰　中国移动天津滨海分公司总经理
毛致周　中国联通天津滨海分公司总经理
赵贤正　中石油大港油田分公司总经理
李永林　中石化天津分公司总经理
周赢冠　中石化第四建设公司总经理
杨俊强　神华国能天津大港发电厂有限公司总经理
朱逢民　天津市国投津能发电有限公司总经理
李祯祥　天津长芦汉沽盐场有限责任公司董事长
蒋宇银　天津市农工商津港公司总经理
赵振旗　天津市港南强制隔离戒毒所所长

指挥部下设办公室，负责各项日常工作，办公室设在区建设交通局（区水务局），办公室主任由区建设交通局（区水务局）局长戴雷兼任，常务副主任由区建设交通局（区水务局）副局长孙建山担任，副主任由区政府办公室、区财政局、区建设交通局（区水务局）有关部门负责人担任。

3. 防汛预案

结合防控风险点、薄弱环节等变化情况，进一步修订完善防汛、防潮、抗旱等21项应急及保障预案，细化完善了黄港一库、黄港二库、北塘水库、营城水库4座中型水库和于庄子水库、钱圈水库、沙井子水库3座小型水库的调度、防抢、安全度汛方案，完成3处行蓄滞洪区运用群众转移预案修订完善工作，对行蓄滞洪区内居民财产登记核查。

4. 落实防汛物资抢险队伍

组织落实了9000名区级民兵的防汛抢险队伍和115名水利技术骨干的抢险队，细化军地联动工作机制，会同区军事部对滨海新区防汛重点工程设施进行了现场勘查。组织公安部门开展水库安全度汛应急演练，模拟降雨过程中黄港第二水库应急处置场景，全面检验了相关水库预案实效性和应急抢险能力，提高了在突发灾害面前的指挥调度、抢险技术及应急处置能力。完善落实人员转移预案，锻炼抢险应急队伍。定点集中储备了价值2003万元的区级防汛抢险物资和598万元的抗旱物资。

2018 年滨海新区防汛物资库存情况表

序号	货物名称	单位	现库存数量	备注
1	移动泵站	台	1	
2	物资垫料	块	1000	
3	植桩机	台	6	
4	五金工具套装	套	28	
5	切割锯	台	10	
6	汽油发电机	台	8	
7	柴油发电机	台	4	80 千瓦
	柴油发电机	台	2	24 千瓦
	柴油发电机	台	3	500 千瓦
8	电缆	盘	23	4×10×100 米
	电缆	盘	30	4×16×100 米
	电缆	盘	47	3×2.5×100 米
9	覆膜土工布	平方米	125300	
10	照明车	台	8	
11	全方位遥控工作灯	台	16	
12	手提式防爆探照灯	把	69	
13	强光工作灯	把	39	
14	救生圈	个	85	
15	编织袋	条	482900	
16	抢险救生舟	艘	4	
17	线轴	个	40	
	线轴	个	50	
18	潜水泵	台	23	4 寸
19	潜污泵	台	80	4 寸
20	便携式水泵	台	9	
21	拖挂式水泵	台	10	
22	配电箱	个	20	
	配电箱	个	49	
23	钢管	吨	87.076	
24	铁锹	把	7055	
25	救生衣	件	19880	
26	帐篷	顶	200	
27	扣件	个	13500	
28	铅丝	吨	5	
29	桩木	立方米	360	
30	电缆压接工具	套	50	
	线卡子	个	10000	10~16 平方毫米
31	雨衣	套	700	
32	雨伞	把	606	
33	雨靴	双	455	
34	彩条布	平方米	96200	
35	排体	块	7	
36	大锤	把	1000	
37	油桶	个	50	30 升
	油桶	个	48	20 升
38	手动搬运车	台	6	
39	叉车	台	2	
40	橡皮舟	艘	32	
41	移动凸轮水泵	台	4	
42	移动排水泵组	台	30	
43	头灯	个	100	
44	汽油链锯	只	20	
45	物资绑扎张紧器	条	200	
46	铁丝网	平方米	30000	444 卷
47	3 寸水泵进水管	米	100	
48	3 寸水泵出水管	米	1500	
49	4 寸水泵出水管	米	5000	
50	5 寸水泵出水管	米	750	
51	6 寸水泵出水管	米	2500	
52	6 寸水泵进水管	米	100	
53	8 寸水泵出水管	米	800	
54	6 寸接头	套	20	

5. 防汛检查

对滨海新区 595 千米一、二级河道，245 千米防潮海堤及堤上 800 余座涵闸，232 座主要排水泵站及配套管网、渠道进行全面排查，积极组织河道管理、街镇等部门清理网箱网具、苇障等阻水障碍，针对排查出的堤防高水位渗水、穿堤涵闸破损、排水管网受阻等77项问题隐患，积极落实整改及防抢措施。

开展防潮检查对16个防潮责任段进行实地检查，针对检查中存在的问题，采取了缩减口门宽度、修建驼峰等工程措施，重点解决了北塘渔业码头等8处沿海口门封堵措施不到位等严重隐患。同时细化完善了滨海新区52处低洼易积水点危房群众转移及安置方案，落实了安全责任制和易进水楼洞口封堵、危房居民转移及安置、积水地道管控封闭等安全措施。

6. 城乡排沥

不断加强防汛工程的建设管理，相继推动实施完成板桥河护坡、付庄排干除险加固及大东泵站、港船泵站提升改造等一批防汛工程的基础上，认真推动开展排水泵站及配套管线设施的维修保养，完成市政及国营排水泵站维修近100余座，清淤疏通老城区排水管网500余千米、收水井4.5万座。在完成市政管网清淤的情况下，2018年滨海新区排水部门与街镇、居委会进行工作联动，着重对小区排水管网出口与市政管网接口进了重点清掏疏通，加大集市、饭店、早点摊等区域收水井的清掏频次保证排水出水通畅。随着这些防汛工程的投入运行，滨海新区防灾减灾能力得到了进一步提升。

为最大程度缓解老城区低洼区域雨后积水现象，保证居民安全，区防办会同塘沽排灌管理处、汉沽排灌管理站、大港排灌管理站积极与积水所在街镇进行对接，完善了《易积水区域安全处置程序》，制定了《易积水居民区危房群众转移安置实施方案》，落实了低洼积水区域安全防御责任制和易进水楼洞口封堵、危房居民转移、积水地道管控封闭等安全措施。为加强街镇应急排水能力，区防办与街镇建立了应急排水联动机制，为低洼积水片所在街镇提前配备了25台大功率移动式柴油排水机泵，为充分发挥这些排水机泵功效，区防办会同街镇结合每个积水片的实际情况，逐一制定了排水方案，提前设定排水位置，规划排水走向，落实排水抢险队员，一旦预警，移动排水机泵、抢险队伍立即到位，第一时间进行积水强排，确保在现有排水工程设施条件下，最大限度地缩短积水时间。同时为加强基层单位防汛抢险保障能力，区防办还为每个功能区、街镇提前配备编织袋、铁锹、铅丝等用于执行提前封堵易积水小区楼门，封堵河道、海堤口门，搭建防水子堤等防汛抢险任务的物资。

7. 协调水库蓄水

滨海新区是典型的资源型缺水地区，水资源十分短缺，2018年坚持防汛抗旱两手抓，排蓄结合，在保障防汛的同时，积极发挥河道水库坑塘洼淀的排蓄作用，科学调度，以蓄代排，有效利用雨洪资源，积极实施生态补水，改善河道水库湿地水质。

2018年为北大港湿地及周边地区生态补水共计9300万立方米。黄港水库一库、二库蓄水3923.748万立方米，为区域内河道提供生态补水3100万立方米。

8. 防汛排沥

2018年，全市平均降雨较往年偏多而且集中，7月24日台风“安比”来袭，滨海新区出现强降雨过程，降雨时短且集中，全区平均降雨量67.8毫米。最大降雨量110毫米。面对险情，全区各级防汛单位领导靠前指挥，昼夜坚守奋战，提前采取“一低两腾空”措施，降低河道水位，腾空排水管网，为降雨预留调蓄空间。但是全区仍有多处居民区、路段积水严重，特别是新港路宝龙城段道路积水深度达0.6米，道路交通被迫禁行。险情出现后，区防汛办领导立即赶赴现场，协调制订积水强排方案，紧急增派塘沽排管处和塘沽物资站30名抢险队员，配备1部大型排水泵车、2部排水机泵支援排水抢险，抢险队连续强排18小时将积水排除，恢复交通，确保了群众生命财产安全。在连续多日降雨后，汉沽区域土壤水分饱和，蓄水能力下降，下游受海潮影响排水不利，蓟运河水位超过警戒水位，部分河堤出现渗漏现象。在市防汛办的指导下，区防汛督查组连夜赶往出险地段与市抢险专家组一起，了解险情，分析原因，制订防抢方案，采取降低河水位，沿河责任单位巡堤员上堤 24 小时不间断巡查，组织抢险队伍人员物资集结备汛等多种措施，积极应对洪峰的来袭，经市、区、街三级防汛部门的全力努力，洪峰安全入海。

【农田水利】 2018 年，按照《滨海新区小型水利工程管理体制改革实施方案》，对全区区级以下管理的小型水利工程共 2141 件，主要包括：小型水库：3 座，小型水闸：527 座，小型农田水利工程：1488 座，农村饮水工程：123 处，已全部明晰工程产权，落实管护主体和责任。完成发放、登记“两证一书”2141 件，主要包括上述区级管理的小型水利工程设施，完成总任务的 100%。涉及有效灌溉面积 19573.333 公顷。

【水土保持】 2017 年钱圈水库水土保持治理工程计划投资 99.84 万元，已完成全部建设及树木栽植绿化任务，并于 2018 年 7 月 20 日通过市水务局农水处竣工验收。滨海新区 2018 年小苏庄村水土保持生态治理工程计划投资 349.15 万元，2018 年 11 月 15 日开工，于 2018 年 12 月 30 日完成工程建设，治理面积 34.5 公顷；根据《中华人民共和国水土保持法》《天津市实施〈中华人民共和国水土保持法〉办法》的有关规定，按照水利部的决策部署和市政府的考核要求，结合滨海新区生态环境保护工作实际，为进一步规范全区水土保持工作监管，提高水土保持工作水平，落实水土保持工作责任，起草《关于滨海新区生产建设项目开展水土保持工作的通知》并征求各有关部门意见，于 9 月 13 日以区政府名义印发；根据《中华人民共和国水土保持法》《天津市实施〈中华人民共和国水土保持法〉办法》及《天津市水土保持目标责任考核办法（试行）》《天津市水土保持目标责任考核指标与评分标准》对滨海新区范围内的捷地减河风力发电工程、小王庄风力发电工程等工程进行了现场检查，并对部分存在的问题提出了整改意见，推动了新区水土保持水平的逐步提升；在滨海新区 2018 年纪念“世界水日”“中国水周”中，编制了水土保持相关的宣传活动方案，制作了相关宣传口号的横幅。开展了以“法律六进”为主题的宣传教育活动，活动地点包括闹市、企业、社区、校园、乡村、商店 6 种人口密集场所，结合各河道进行宣传工作，使水土保持的理念深入人心。

【工程建设】

1. 付庄排干 0+895～1+295 段堤防除险加固工程

批复概算总投资 472.9 万元，由区财政出资。该项目位于汉沽付庄排干 0+895～1+295 段左岸，长度为 400 米。主要建设内容为对付庄排干 0+895～1+295 段 400 米河道左岸边坡进行除险加固，边坡采用 100 厘米长×100 厘米宽×23 厘米厚雷诺护垫护砌，坡脚采用铅丝石笼护砌，边坡比 1：2.5。项目于 2018 年 5 月 11 日开工，6 月 18 日完工，10 月 20 日完成单位（合同完工）工程验收。

2. 太平镇西部扬水站更新改造工程

批复概算总投资 645.59 万元，由区财政出资。该项目位于太平镇西部，北大港水库南堤外，青静黄排水渠右岸，泵站改造后设计排涝流量 10 立方米每秒，主要建设内容包括维修加固建筑物、新建拦污设施，更新改造机电设备。泵站改造后扬水站装机 5 台，总装机容量 800 千瓦。项目于 2018 年 4 月 21 日开工，10 月 31 日完工。

3. 古林街长青河水系疏浚联通治理工程

批复概算总投资 507 万元，由区财政出资。该项目位于古林街南环路以南、津岐公路以西，起于大港医院南侧、止于长青河与荒地排河交口，长约 6808 米。为对长青河水系统进行疏浚联通治理改造工程。主要建设内容包括河道清淤 650 米，埋管 504 米，土方 3.99 万立方米，浆砌石 0.29 万立方米，新建检查井5座等。项目于2018年5月26日开工，12月30日完工。

4. 黑猪河（京山铁路—津塘公路段）两岸综合整治工程

批复概算总投资584.21万元，由区财政出资。该项目位于京山铁路和津塘公路段之间，北至京山铁路、南至津塘公路、东邻滨海新区远洋城、西邻新塘组团三号还迁区，对该段长约800米黑猪河两岸进行综合整治，整治面积约10847平方米，主要建设内容包括绿化工程、铺装工程、排盐工程、灌溉工程，栽植乔木231株、灌木371株、绿篱85株、地被0.27万平方米，种植草坪0.38万平方米等配套工程。项目于2018年10月20日开工，12月31日完成主体施工。

5. 塘沽水循环水闸维修工程

批复概算总投资138.91万元，由区财政出资。该项目位于塘沽两丈河西节制闸（胡家园街八堡村）、两丈河东节制闸（胡家园街头道沟村）、田庄子泵站（胡家园街田庄子村），主要建设内容为更换两丈河西节制闸2米×3米闸门及手电两用螺杆启闭机3扇（套），拆除重建闸侧交通桥及更换9米×5米交通桥面板，修复闸东侧损毁严重的浆砌石挡墙。更换两丈河东节制闸2.5米×3.5米闸门及手电两用螺杆启闭机3扇（套）。更换田庄子泵站出水池排水节制闸、倒虹吸管节制闸2米×2米闸门及手电两用螺杆启闭机1扇（套），拆除重建排架柱等。项目于2018年4月3日开工，5月26日完工，2019年1月11日完成单位工程验收。

6. 大港地区水系连通工程

批复概算总投资1276.96万元，由区财政出资。该项目位于大港城排明渠和长青河，主要建设内容包括：拆除重建城排明渠5个穿路箱涵和长青河三号路箱涵，新箱涵均为钢筋混凝土结构，共2孔，单孔净宽3.2米，净高3米；在长青河迎宾大街箱涵处新建2孔、流量10立方米每秒节制闸1座，与迎宾大街现状箱涵相接；对城排明渠3.1千米河道进行全线清淤。项目于2018年4月10日开工，11月2日完工。

7. 板桥河护坡工程

批复概算总投资442.16万元，由区财政出资。该项目位于大港板桥河，起于工农村泵站（BQH5+718）、止于油建桥以北（BQH6+918），长1.2千米。建设内容为：对板桥河BQH5+718～BQH6+918段河道右岸进行混凝土板护砌，包括护砌工程、支护工程。项目于2017年11月8日开工，2018年1月9日完工，7月4日完工单位（合同完工）工程验收。

8. 塘沽横沟节制闸新建工程

批复概算总投资423.46万元，由区财政出资。该项目位于塘沽横沟与中心桥北干渠交口上游约50米、对应横沟桩号3+250处，设计流量60立方米每秒，孔口尺寸为4.0米×3.0米，主要建设内容包括土建工程，金属结构设备安装、机电设备安装及施工临时工程等。项目于2017年11月1日开工，2018年4月26日完工，12月29日完工竣工验收。

9. 大港油田生活区老旧管网改造工程

批复概算总投资为6083.55万元，其中区财政出资5058万元，其余由中国石油天然气集团公司出资。该项目位于大港油田生活区，涉及红旗路污水干线（东围堤道—开发道）、光明大道污水北干线（创业路—供应处污水泵站）、5号泵站污水外输管道（5号泵站—港东污水处理厂）及工程技术学院污水泵站出水管道等污水管线；区域内9座污水收集站及12座污水泵站。主要建设内容包括排水工程、电气工程、土建工程、道路工程及弱电工程等。2017年11月1日开工建设，2018年10月31日完工。其中：

（1）排水工程。

红旗路污水干线更换D600～D900玻璃钢管1.97千米，拆除重建圆形混凝土污水检查井55座，更换D400～D900钢筋混凝土港承口管0.48千米；光明大道污水干线拆除重建圆形混凝土污水检查井77座，疏通维护DN300～DN1000重力流钢筋混凝土管道6.15千米，更换DN315 PE100输水管道1.71千米。各污水泵站及污水收集站更换输水管道 DN90～DN315 PE100 输水管道 11.3 千米、DN300～DN400 钢筋混凝土承插管 9.07 千米、DN250～DN400 双壁波纹管 3.32 千米，更换潜水排污泵 36 台、离子除臭装置 5 套，拆除重建钢筋混凝土隔油池 3 座、钢筋混凝土化粪池 1 座、圆形混凝土检查井 220 座等。

（2）电气工程。

更换配电箱 18 套，改造进、出线 11 套，更换电缆 3.32 千米，更换泛光灯 12 套等。

（3）土建工程。

改造潜水排污泵钢筋混凝土梁、板 84 立方米；改造栏污井 119 立方米、集水池 530 立方米、阀门井 49 立方米，更换大门 11 座及维修铁艺围墙等。

（4）道路工程。

维修混凝土道路 0.05 万平方米、碎石道路 0.11 万平方米等。

（5）弱电工程。

安装 6 米监控杆 21 根、室外高清红外球型一体化网络摄像机 21 台，埋地敷设电源线 0.63 千米；安装工业以太网交换机 21 台、室外防水通信设备箱 21 只；安装调试红外报警主机 19 台、红外发射接收及被动式探测器 209 只、沿墙敷设控制电缆 5.7 千米；安装调试硫化氢气体报警主机 2 套、硫化氢气体探测器 8 只、模块箱专用模块 2 只，埋地敷设控制电缆 0.46 千米等。

10. 水务设施中、小修工程

该项目批复总投资 1994.81 万元，涉及塘沽排灌处、大港排灌站、汉沽排灌站、塘沽河道所、胡家园街、新城镇、北塘街、小王庄镇、中塘镇、古林街、太平镇、茶淀街、杨家泊镇等共 14 个项目，截至 2018 年年底，完成 9 个项目建设，完成投资 1643 万元。

11. 滨海新区北大港水库库区和移民安置区 2017 年度基础设施工程

工程计划总投资 1576.06 万元。本次工程共涉及古林街、太平镇、小王庄镇和中塘镇等 4 个镇街 14 个村，主要工程内容：道路硬化 13 处，总长 15035 米；涵管工程 22 座（其中拆除重建 19 座，维修 3 座）；泵站 1 座。工程于 2017 年 6 月 15 日开工建设，截至 2018 年年底已完成全部建设任务。

12. 滨海新区北大港水库库区和移民安置区 2017 年二期及 2018 年度基础设施项目

工程计划总投资 2158 万元。本次工程内容包括滨海新区大港古林街上古林村、太平镇大苏庄村、小王庄镇东抛村和中塘镇北台村等 5 个街镇 15 个行政村硬化道路 29 处，总长 20325 米；拆建管涵工程 34 座；拆建涵闸 7 座；新建涵桥 2 座；环境整治 2 处。工程于 2018 年 3 月 28 日开工建设，截至 2018 年年底已完成全部建设任务并已通过 7 个分部工程验收。

【供水工程建设与管理】

1. 供水工程建设

2018 年，共完成老旧小区供水管网改造 12396 户，其中核心区老旧小区供水管网改造完成 6521 户，大港区域老旧小区供水管网改造完成 1730 户，二次供水设施改造 8 处，受益居民 4145 户。

实施农村饮水提质增效工程。2018 年共完成太平镇及小王庄镇（五星村、远景二村、东抛庄、南抛庄、北抛庄、陈寨庄、南和顺、北和顺和徐庄子 9 个村）供水管网改造工程，惠及农村居民 4665 户。随着区政府实施地下水压采工程和农村饮水提质增效工程，市政供水管网逐步延伸至农村，使受益区达到了 43 个村、34 个农村居住区，近 15 万人。

实施村镇供水规划主干管网工程。全面压采地下水，提高村镇供水品质。委托天津安达供水公司和龙达供水公司作为建设主体，完成了从大港安达水厂至小王庄镇供水干管工程（该工程途径八米河、马厂减河、独流减河、钱顺公路、前进路等）完成全长 23 千米的 DN600 供水干线。建设完成了从龙达水厂至茶淀镇（途径津汉公路、穿越蓟运河等重要设施），管线总长度约 14 千米的 DN600 供水干线，工程于 12 月底全部通水。

2. 农业水价综合改革

组织相关部门及试点街镇到改革先行区调研

学习农业用水计量做法，深入到试点村现场调研农业用水计量现状和计量方式，据此研究确定滨海新区试点村农业用水计量方式。先期对三个试点村和其他重点村农业用水机井安装计量设施200台（套）。制定分户计量设施安装方案。孟圈村建设包括内容包括1处灌溉泵房改造、灌溉区域管道铺设、计量设施安装施工、信息软件平台建设共计四项内容。崔庄村建设内容包括：灌溉区域管道铺设、计量设施安装施工、信息软件平台建设共计3项内容。通过两个试点区域的建设，基本实现了农业水价改革相关文件要求，实现了灌溉用水计量到地块，计量到户的要求，同时，通过现场输水管道铺设，极大方便了农户灌溉作业工作流程，降低了灌溉作业过程的跑冒滴漏，通过在支管上安装计量水表，实现了各地块及农户用水的精确计量。

建立试点村农业用水水权制度。结合各试点村种植作物的特点，借鉴先进地区经验做法，采用第三方评估方式确定葡萄、冬枣的用水限额。2018年8月，领导小组对水权报告进行了验收，最终确定冬枣水权限额140立方米每亩，葡萄水权限额329立方米每亩。根据用水限额标准，实际用水灌溉面积，确定村一级水权。印发水权证至试点村一级。

明确工程管护责任。2018年全面推进滨海新区小型水利工程管理体制改革工作，因地制宜，积极推进，成立了滨海新区小型水利工程管理体制改革工作领导小组，编制完成滨海新区小型水利工程管理体制改革实施方案，并以区政府名义下发各相关部门、街镇，遵照执行。

按照滨海新区小型水利工程管理体制改革实施方案，对全区区级以下管理的小型水利工程已全部明晰工程产权，落实管护主体和责任。

建立健全镇村级用水合作组织。全区基层水利服务体系建设已完成，在改革实验区域镇村级用水合作组织中街镇级12个、村级144个，覆盖率达到100%。

3. 供水行业管理

供水行业广大干部职工面对新形势、新挑战，团结拼搏，攻坚克难，克服原水输送能力低、水厂生产能力差的限制，全力解决管网末梢低压片区居民用水困难，全年城市供水出厂水水质检测合格率100%，高层住宅二次供水水质检测合格率100%，农村供水水质检测合格率为91.79%，实施老旧小区供水管网改造工程和农村饮水体质增效工程，城镇供水管网基本漏损率11%。保证了城乡安全供水。

企业“三供一业”移交工作。自2018年4月开始，滨海新区水务局督促有关供水单位与在滨海新区的中央直属企业、市管国有企业主动联系，按照区“三供一业”移交工作方案要求，首先摸清底数，并针对供水企业与在区央企、市企在移交工作中出现的问题，做好协调、沟通工作，双方初步达成框架协议、最终达成移交协议。截至2018年底，汉沽片区没有企业与供水单位有移交诉求，移交工作集中在塘沽片区、大港片区，涉及滨海水务公司、中法供水公司。塘沽片区中法供水公司有央企6家、市企2家；大港片区滨海水务公司有央企4家、市企1家，合计央企10家、市企3家，居民户数94816户、企业135户、商业485户，已全部签定正式协议。分别是：中国海洋石油渤海公司，改造户数居民10495户、企业80户、商业144户；中国石油集团工程技术研究院，改造户数居民452户；中交一公局第六工程有限公司，改造户数居民70户；中交一航局第四工程有限公司，改造户数居民1200户；中国船舶重工集团公司七O七研究所，改造户数居民145户；天津长芦海晶集团有限公司，改造户数居民3683户；天津港集团公司，改造户数居民1640户；中国铁路北京局集团有限公司塘沽站，改造户数居民30户；中国石油大港油田公司，改造户数居民71068户，企业55户、商业124户；中国建筑第六工程局第一建筑工程公司，改造户数居民1756户，商业97户；神华国能天津大港发电厂有限公司，改造户数居民1463户，商业52户；中国石化第四建设有限公司，改造户数居民1452户，商业68户；天津农工商津港公司，改造户数居民1362户。

启动供水网格化管理为群众提供精细化服务。开始供水网格化管理，用户只要发个微信，就有“水管家”上门进行供水服务。如塘沽中法供水公司供水网格化管理，划分了6个四级网格，派出22名网格员“水管家”进驻核心区467个小区，使供水服务实现“横到边、纵到底”的全面覆盖，为客户提供贴心服务。

全年累计处理供水信访件共735件；其中塘沽区域165件，汉沽区域167件，大港区域403件。塘沽区域供水信访数量明显降低，这是历年没有过的，信访件仅占大港生活区信访数量的40%，核心区老旧小区供水管网改造已见到明显成效。

开展城乡供水社会评价。共发放调查问卷850份，收回736份，反映非常集中的是（90%以上）：供水水质问题、供水稳定是最重要的，且供水收费非常合理。反映供水较满意的问题（60%以上）有24小时连续供水、抢修率及恢复供水时间、对收费账单满意、对供水客服热线满意、营业厅态度等；反映供水基本满意的问题水质情况、水压稳定性、收费便利性、交费方式、供水企业形象等，反映供水需解决的问题计划停水预通知问题、水质问题等，通过数据分析问题，基本反映供水现状，指出供水企业继续努力方向。

【排水工程建设与管理】

1. 污水处理行业管理

推进全区污水处理厂提标改造工作。完成了全区27座污水处理厂提标改造工程或提标措施工程建设，2018年1月已按天津市新地标运行。推进新建扩建污水处理厂项目建设。完成新建大港瑞德赛恩污水处理厂，新增处理1万吨每日；完成扩建西部新城中水站，新增处理规模1.3万吨每日，滨海新区新增污水处理能力2.3万吨每日。加强污水处理行业管理。建立滨海新区污水处理厂管理台账，细化管理，明确责任；严格执行《天津市污水处理厂管理办法》和市水务局要求，认真填报市水务局及住建部管理信息系统，派专人负责各项信息上报工作，严格监督检查各污水处理厂的上报工作。

提高服务意识，为污水处理企业排忧解难。为保障污水处理厂正常运行，在严格管理的同时，积极为企业做好服务。协调解决污水处理厂提标改造建设的相关手续办理；协调解决污水处理厂进水水量和水质；协调财政及时拨付污水和污泥处理费；及时批复相关污水处理厂停运维修；与区环境局配合努力解决污水处理厂运行中的各项难题，确保污水处理厂正常运行。

2. 污泥处理行业管理

切实加大污泥处理处置行业管理力度，实现污泥无害化处理。2018年，滨海新区建成污泥厂处理能力为500吨每日，每日污泥产生量320吨左右，具备全区城镇污水处理厂产生污泥全部无害化处理。严格执行“五联单”制度，实现污泥处置全过程的无缝监管。

3. 再生水管理

至2018年年底，全区建成并运行的再生水厂为9座，处理规模为19.78万吨每日，年供水量约为2077万吨。

2018年完成新、扩建再生水厂3座，青沅临港再生水厂（二期），规模为5万吨每日；青沅大沽河再生水厂，规模为10万吨每日；新河中翔再生水厂，规模为5万吨每日，已经完成土建施工和设备安装，即将调试。3座再生水厂的建设可新增生产规模20万吨每日。

4. 市政排水管理

与区审批局配合稳步推进排水许可证制度，大力开展排水设施的维修保养，确保设施正常运行，特别是加大汛前泵站设施的运行检查、排水管网的清掏和维护以及安全生产。制定汛期低洼片和积水道路、涵洞的应急排水联动机制。投资7370万元，完成大东泵站、港船泵站、医院泵站和崔庄泵站提升改造工程；投资460万元，实施塘沽顺化道、光明里、胜阳里等积水片区临时排水改造工程，确保城市安全度汛。解决群众关于市政排水信访上百件。2018 年投资 1000 万元，疏通管道近 40 万米；维修清掏检查、收水井 9 万座次；更换缺损井盖 400 余个；改造排水管网（含明渠）300 多米。加强泵站管理，确保运行安全。年初制定检修计划，积极推进对所有市政泵站的设备、电路及其他设施进行全面细致的检修，维修变电箱、高压电器设备、控制器、开关柜等，确保了所有设备正常运转，为汛期的防汛工作开展打好了坚实基础；排水设施完好率 95% 以上。

5. 推进合流制雨污分流改造和污水处理厂收水管网建设

2018 年共计 27 项排水工程，总投资 20 亿元。

其中民心工程 5 项：宁车沽路积水路段改造工程，投资 326 万元，工程在宁车沽桥至新北路，沿宁车沽路铺设 360 米雨水管道，管径 D500～D800 毫米，工程于 2018 年 8 月开工，10 月完工；河南路新建雨水管网，投资 7800 万元，管网直径 DN800～DN1200 毫米，长度 4800 米，工程于 2018 年 11 月开工，12 月完工；胡家园泵站改造工程，投资 580 万元，泵站设计流量 2 立方米每秒，工程于 2018 年 9 月开工，12 月完工；茶淀街老旧平房区雨污水改造工程，投资 3700 万元，管网改造长度 14.6085 千米，道路恢复 212942 平方米，工程于 2018 年 8 月，11 月完工；外滩区域排水管网改造工程，投资 7765 万元，工程内容为改造雨水管道直径 DN2200 毫米，长度 2030 米，污水管道直径 DN2200，长度 1380 米，由于整体拆迁未到位影响工程进度，转为 2019 年重点前期项目。

新开工项目 9 项，实际开工的项目 3 项：①南排河污水处理厂进水主管网，投资 20000 万元，新建 D800～D2000 毫米污水管道 8600 米，2018 年 4 月开工；②五大街泵站第二出水管线，投资 6700 万元，开发区第五大街泵站现状出口暗涵至海港公园西侧现状排水暗涵全长 515 米，新建 1 孔 3.2 米×2 米钢筋混凝土泵站出口排水涵连接压力方涵 45 米，2 孔 4.5 米×3 米钢筋混凝土压力排水方涵 470 米及钢筋混凝土连接中等及附属设施，2018 年 4 月开工；③福州道泵站改造工程，投资 4500 万元，新建污水泵站 1 座，扩建雨水泵站，设计流量 10 立方米每秒，2018 年 9 月开工。其余 6 项正在办理工程手续：①港船泵站污水掉头工程，投资 10440 万元（DN1000 毫米，长度 4500 米）；②汉沽营城泵站扩建工程，投资 4300 万元；③杭州道片区雨污排水管网改造，投资 24040 万元(DN600～DN1800 毫米，长度 16500 米)；④河北路地道泵站出水管道更换维修工程，投资 1500 万元（管径 D1500 毫米，长度 980 米）；⑤东江路排水方涵及管道清淤，投资 4000 万元（清淤长度 2 米×3 米单孔 1.8 千米，清淤长度 2 米×2 米双孔 3.6 千米）；⑥新北提升泵站改造工程，12500 万元（拆除原有临时泵站 1 座，在原址新建一座泵站，设计流量 21 立方米每秒）。

结转项目 13 项：其中 8 项完工，包括：①大港城区雨污分流改造工程（一期），投资 2590 万元，一期工程改造福华里片区的雨污水系统，涉及新建雨水提升设施 1 座，铺设雨污水管线长约 3200 米，工程于 2017 年 6 月开工，2018 年 10 月完工；②污水处理厂提标改造工程，投资 5760 万元，包括太平镇 2 座，中塘 1 座，海滨 1 座，西部新城中水站，工程于 2017 年 9 月开工，2018 年 3 月完工；③汉沽医院泵站扩建工程，投资 3266 万元，对泵站进行扩建，由 5.33 立方米每秒扩建为 11.8 立方米每秒，工程于 2017 年 7 月开工，2018 年 6 月完工；④汉沽崔庄泵站扩建工程，投资 2354 万元，对泵站进行扩建，由 4.0 立方米每秒扩建为 6.0 立方米每秒，工程于 2017 年 7 月开工，2018 年 6 月完工；⑤西部新城中水站，投资 5270 万元，扩建后规模 1.3 万吨每日，工程于 2018 年 3 月开工，8 月完工；⑥港船泵站改造工程，投资 600 万元，工程为更换 4 台泵，1 台变压器、闸门、格栅机、高低压配电柜，电力增容，工程于 2017 年 12 月开工，2018 年 6 月完工；⑦大东泵站改造工程，投资 1150 万元，更换 4 台泵，2 台变压器，工程于 2017 年 12 月开工，2018 年 6 月完工；⑧官港泵站至港塘路污水管线改造工程，投资 252 万元，铺设污水管线 0.78 千米，工程于 2017 年 9 月开工，2018年6月完工。其余5项未完工，包括：①东海路排水管网，投资30000万元，工程沿新港四号路及海滨大道布线，起于北海路地道泵站，止于东海路东侧现状明渠，全长约5千米，包括排水管网及雨水泵站等，工程于2016年3月开工；②胡家园街污染点源治理工程，投资5786万元，对胡家园街水体污染点源进行治理，工程于2018年3月开工；③新城地区排水主干管网工程，投资6722万元，工程包括建设新城地区排水主干管网，新建大沽排水河新城村龙达园排水口1个，工程于2016年3月开工；④东江路排水方涵清淤，投资1000万元，工程于2017年9月开工；⑤塘沽铁东地区排水管道工程，投资32000万元，新建排水泵站1座，能力19.2立方米每秒，新建雨污管网15470米，工程于2017年12月开工。

【水政监察执法】 2018年3月13日，举办“滨海新区供水行政执法人员、供水稽查人员培训”塘沽、汉沽、大港三个中心的供水行政执法人员、滨海新区供水企业供水稽查人员80余人参加。

2018年10月18日，组织开展“天津市滨海新区水政监察人员培训”，局机关及所属事业单位的水政监察执法人员110余人参加。

与国土局联合开展了出售地热水的专项执法检查，给各功能区、各镇街政府、区国资委、各有关单位联合下发了“关于严厉打击出售地热水行为的通知”，抽查地热井产权单位18家，责令限期整改9家。

2018年5月10日9时，区水务局水资源处李处带队，联合市地资办、区规国局汉沽分局、汉沽街、茶淀街对大田村、芦前村、下坞村、新立村（门付鑫）、大马杓沽村（永丰农庄）、西孟村（天津迪拜工业品有限公司）6家单位的违法出售地热水行为开展联合执法。汉沽节水中心工作人员、汉沽街农业服务中心、汉沽街综合执法积极配合，各有关部门共出动20余人，雇佣保安人员6名、保安车辆1辆、拆除设备施工人员10名，租赁施工车辆2辆。对于此次执法行动，各部门高度重视，严格执法，对芦前村、新立村（门付鑫）、下坞村施行强制拆除卖水设备，大田村、大马杓沽村（永丰农庄）、西孟村（天津迪拜工业品有限公司）自行拆除卖水设备、经过1天的努力，完成6眼热水井违法出售地热水设备的拆除工作，并责令当事人停止出售地热水违法行为。

【河（湖）长制】

1. 组织体系建立

滨海新区河长共303人，其中区级总河长1人、区级河长3人；镇（街、功能区）级总河长25人、镇（街、功能区）级河长84人；村级河长190人。已建立区、镇（街、功能区）、村三级河长制组织体系。滨海新区纳入河长制管理水体1773处（市管河道9条、区管河道43条、沟渠691条，坑塘1030个）。全区已经设置河长制公示牌1646块。

滨海新区湖长共72人，其中区级总湖长1人、区级湖长2人；镇街（功能区）级总湖长19人、镇（街、功能区）级湖长19人，副湖长11人；村级湖长20人。已建立区、街镇（功能区）、村三级湖长制组织体系。滨海新区纳入湖长制管理水体40处（湿地1处、水库6座，湖泊33个），全区已经设置河长制公示牌74块。

区河长制办公室设在区建设交通局，抽调12名专职工作人员，2018年落实工作经费20万元。2018年5月3日向区政府上报了《关于设立滨海新区河长制事务中心的请示》，区政府主要领导已批示同意并印转区编办，目前正在积极落实。

2. 责任落实

2018年12月31日，《天津市滨海新区全面落实湖长制实施方案》正式印发，出台了河湖保洁、河长巡河、督导检查、一河（湖）一策、一河一档、全面挂长、入河排污口调查等规范性文件27件，开展全区河长制督导检查1次，开展河长制专项问题督导检查13次。

3. 河（湖）长履职

截至2018年年底，滨海新区区级河（湖）长巡河共计57人次，街镇级河（湖）长巡河共计1462人次，基本覆盖了全区的河湖、沟渠。2018年滨海新区区级河（湖）长共召开会议15人次，涉及黑臭水体整治、问题河长约谈、研究深化河（湖）长制工作等多项内容。

4. 逐级考核、督查、问责

滨海新区河长办每月对各街镇的水质、卫生情况进行检查评分并排名通报，共印发考核通报12份，问题通报1份。河长办巡查人员对全区河湖、沟渠、坑塘进行日常巡查和暗查暗访，共印发整改通知单197份，挂牌督办单4份。对问题严重的和屡次不改的河长，由区长进行约谈，2018年共约谈河（湖）长16次。

5. 各项专项行动落实

按照市河长办统一安排部署，滨海新区开展各项专项行动，2018年主要有水环境大排查大治理大提升专项行动（简称“三大行动”）、河湖坑塘清河专项行动、全面“挂长”专项行动、河湖“清四乱”专项行动。

“三大行动”落实情况。编制“三大行动”实施方案，并经区人民政府批准实施，印发了滨海新区《关于开展河湖水环境大排查行动的通知》。成立了“三大行动”领导小组，组建了200余人的排查队伍。按时报送信息，共报送“三大行动”工作信息45期。按方案开展“三大行动”并取得成效，滨海新区共排查出问题827项，整改完成346项，其余481项比较困难的问题已经建立问题清单，落实了责任部门、制定了整改措施、完成时间。通过常态化排查，对问题随发现、随治理，持续改善水环境面貌。全面落实河长巡河责任，各级河长主动巡河、带问题巡河，对担任河长的河段状况有了进一步的了解和认，结合问题组织开展有效治理。

河湖坑塘清河专项行动落实情况。编制印发了《滨海新区河湖坑塘清河专项行动实施方案》，组织开展河湖坑塘清河专项行动。成立了督查暗访组，对各街镇、功能区河湖坑塘清河专项行动落实情况暗访督查。专项行动取得成效，开展行动以来，共排查发现问题点位95处，其中水面漂浮物问题72处，垃圾堆放问题21处，其他问题2处。已经解决95处。期间共下发整改通知单14张，已全部整改完成。

全面“挂长”专项行动落实情况。制定并印发《滨海新区落实河湖全面“挂长”专项行动工作方案》，组织开展全面“挂长”专项行动工作。开展排查工作，滨海新区共排查水体1813处（一级河道7条，二级河道22条、沟渠714条，水库6座、湿地1处、胡泊33个，坑塘1030个），已全面挂长，全部纳入河长制湖长制管理。落实责任、签订责任书，各级河长逐级签订全面落实河（湖）长制责任书，明确各级河长河湖管护标准和工作要求，将全面“挂长”行动全覆盖排查和自查问题整改落实情况纳入责任书内容，按照责任书规定的要求和标准，抓好河长履职，确保河（湖）长制全面落地生根，滨海新区与市河长办签订责任书1份，滨海新区与街镇、功能区签订责任书23份。

河湖“清四乱”专项行动落实情况。按照《天津市水务局开展河湖“清四乱”专项整治行动方案》要求，结合实际情况，制定了《滨海新区开展河湖“清四乱”专项整治行动方案》。按方案要求开展排查整治工作，自2018年8月起，在全区范围内对乱占、乱采、乱堆、乱建等河湖管理保护突出问题开展专项清理整治，滨海新区辖区排查二级河道涉及“乱建、乱占、乱堆”的河道共计15条，问题共计120处。建立问题清单台账、开展集中治理，通过区级河长会议推动“清四乱”问题整改，全部问题已落实责任部门、制定整改措施及完成整改时间。

6. 解决重点、难点问题

建立联合执法机制，互相通报、先行劝阻制度，加大涉水执法力度，促进河湖岸线管理规范化。推动黑臭水体治理，印发了《关于开展城市建成区黑臭水体再排查工作的通知》，要求各街镇、功能区进行全面排查，建立工作台账，消除建成区黑臭水体。建立相邻区生态补水及水系循环调度联动协调机制。建立区级联席会议制度，对权属不清的河湖明确管理主体。

【队伍建设】

1. 局领导班子成员

党委书记、委员：李浩（4月免）
戴雷（4月任）

党委委员、副局长：周云明（1月免）
李中成　刘培基　孙建山
王海燕

党委委员、纪检组组长：卢文青（免）
李朋娟（任）

总工程师：刘墨林（4月任）

2. 人员编制

2018年年底，滨海新区建设和交通局及第一、第二、第三分局行政编制数285名，实有204人，其中局机关115人。局机关中有博士学位1人，研究生学历31人，大学本科学历76人。事业编制数2353名，实有1480人。

2018年局机关有1人退休，第一分局有1人退休，第二分局有0人退休，第三分局有2人退休。

（赵　燚）

东丽区水务局

【概述】 2018年，严格按照市、区关于打好水污染防治攻坚战的各项决策部署，深入推进水环境综合整治，持续提升二级河道水质，综合整治街村沟渠（坑塘），研究制定《东丽区黑臭水体问题整改方案》，组织开展专项整治行动，全区水生态环境持续改观。全面落实河（湖）长制，完成全面“挂长”工作，严格落实巡查、考核、明察、暗访、问责等工作机制，深入落实河长制年度主要任务，编制完成区管二级河道“一河一档、一河一策”，推进河湖蓝线划定，全面落实各类督查检查反馈问题和群众举报问题整改，河长制逐步从全面建立到全面见效。开展汛前准备，积极应对汛期降雨，全区沥水及时排出，未造成淹泡损失，同时完成农村基层防汛预报预警体系建设，协调各街道做好抗旱调水、春灌工作，完成防汛抗旱任务。统筹推进排水设施建设，完成新立泵站改建工程和东河泵站更新改造（一期）工程泵房的主体建设。落实最严格水资源管理制度，严格水资源开发利用，积极推动节水型社会建设，不断提高水资源管理和保护能力。坚持依法行政，认真抓好水政执法工作，加大执法巡查力度，加强执法队伍建设，深入开展水法律法规宣传普及，有效维护了正常的水事秩序和良好的水环境。加强精神文明及干部队伍建设，全面提升水务队伍的素质与能力，确保各项工作任务圆满完成。

【水资源开发利用】 2018年，东丽区地下水用水总量456.25万立方米，比上年减少370.48万立方米。区水务局落实最严格水资源管理制度，严格控制水资源开发利用红线。配合区地税局做好水资源税的征缴，征收率为100%。加强机井管理，封存机井8眼、回填机井17眼，防止停用机井损坏造成地下水污染。做好用水计量工作，切实抓好地下水监测工作，加强地下水用水户管理，取用地下水的企事业单位装表率100%，定期巡查计量设施并做好维护工作，确保其正常运转。严格执行取水许可制度，完成市属用水户取水许可证换发23家，完成取水许可变更30家、注销19家。加强控沉管理，编制印发《天津市东丽区地面沉降治理工作实施方案（2018—2020年）》，制定《东丽区控制地面沉降工作绩效考核办法》，做好监测井的管理保护、基坑备案管理、控沉水准点的行政检查、沉降极值点管理等日常工作，组织开展习近平总书记对地面沉降批示精神回头看自查自纠工作。加大水行政执法力度，依照法律法规，严格查处私打井、无证取水、基坑开挖违规排水等水事违法案件，2018年累计查处私自打井案件4起，并已全部责令回填完毕。

【水资源节约与保护】 2018年，区水务局坚持“保护优先、全面节约”的原则，积极推动节水型社会建设，提高水资源保护能力。严格控制用水效率红线，按照市节水办下达的年度用水节水计划，完成用水指标核定工作，核定用水户 309 家，分配指标 738.98 万立方米，全年未发生超计划用水现象。加强对全区用水户的巡查力度，严格按照用水指标监督用水户用水情况，督促用水单位计划用水、节约用水。完成 3 个节水型单位（天津三五汽车部件有限公司、天津市国顺肉类食品有限公司、天津市华明中学）、1 个节水型居民生活小区（万科民和巷花园）、2 个二级小区（明珠花园小区、新中园小区）的创建工作，于 10 月 30 日通过节水型企业（单位）、小区专家评审组的验收。完成 3 家企业的水平衡测试，完成 10 个建设项目用水报告书的评审，配合市节水办完成 31 家企业用水定额调查，联合区审批局对区内建筑施工临时用水企业办理用水计划指标。积极组织宣传活动，利用“世界水日”“中国水周”“城市节水宣传周”等契机，深入中国汽车技术研究中心、天津市国顺肉联食品有限公司、东丽区和顺幼儿园、明珠花园社区、新中园社区、丰和社区、东丽区广场、各基层河道管理所等，通过宣讲节水法律法规、节水常识以及发放宣传材料、悬挂宣传横幅、展示宣传展牌等方式，提高群众的节水意识，全年共计发放宣传材料 2000 余份。积极筹划节水宣传阵地建设，编制完成《东丽区节水主题公园实施方案》，完成公园选址。落实天津市节水型区（县）建设要求，编制完成《东丽区节水型社会达标建设实施方案》。做好工业园区、“散乱污”企业排水许可管理，配合区审批局严格依法开展排水许可审查，办理发放排水许可证 81 份，同时按照以半年为周期开展水质监测的要求，对 81 家企业完成第一轮水质监测。

【水生态环境建设】 2018 年，区水务局紧密结合创文创卫工作，切实发挥牵头抓总作用，突出问题导向，坚持“管治并重、标本兼治、重在治本”的原则，纵深推进水环境治理，全区水环境面貌持续向好。

持续提升二级河道水体水质。在 2017 年消除黑臭水体的基础上，继续通过浮萍打捞、曝气充氧、生态浮床和生物制剂投放等多种手段，对西河、东河、西减河、月西河等二级河道进行生物修复，增加水体扰动，加强生物菌群驯化，持续改善水体水质。

综合整治街村沟渠（坑塘）。制定印发《东丽区街村沟渠（坑塘）综合整治行动方案》，组织各街道（功能区）通过垃圾清整、口门封堵、底泥清淤、生物治理等多种手段，对街村沟渠（坑塘）进行综合整治。全区共清淤渠道 60 余条，合计 65 千米，清理淤泥垃圾近 1.4 万吨，封堵排污口门 217 个，街村沟渠（坑塘）整体面貌明显改善，为下一步消除全区沟渠黑臭问题奠定基础。

结合全区水环境现状存在的突出问题，广泛征求各相关部门及街道（功能区）意见建议的基础上，制定出台《东丽区黑臭水体问题整改方案》。该方案从组织实施水系连通、狠抓控污截污、从根本上解决垃圾问题、实施清淤疏浚和生态治理工程、全面加强河长制管理五个方面制定具体工作举措，明确时间节点和责任分工。8 月中旬，组织相关专家，以长治久清为目标，对方案进行评估论证。经专家论证，该实施方案对黑臭水体工作排查彻底、对黑臭水体的级别和长度识别准确，提出的治理措施具有针对性与可操作性。

【水务规划】 2018 年，为更好地实现二级河道水系连通循环，提高水体循环流动能力，进一步改善水体水质，完善全区河网布局，在编制完成《东丽区水系连通规划》的基础上，编制完成《东丽区水系循环连通方案》，切实提高水系连通方案的实效性和可操作性。2018 年 3 月 30 日，经区政府批复，原则同意《东丽区水系连通规划》内容。

结合全市再生水利用规划，立足东丽区再生水利用现状和未来经济社会发展对水资源的需求，编制完成《东丽区再生水利用规划》，计划到 2020 年全区再生水用量达 0.34 亿立方米每年，再生水利用率达 40%。2018 年 11 月 16 日，经区政府批复同意《东丽区再生水利用规划》内容。

配合区农经委做好东丽区绿色森林屏障规划。

【防汛抗旱】

1. 雨情

2018 年，东丽区有效降水天数为 45 天，全年平均降水量 464.1 毫米，为多年平均降水量的 85%。汛期 6—9 月，平均降雨量 397.9 毫米，比上年同期降雨量偏多 11.8%，为多年平均降雨量的 91.2%。6 月平均降雨量为 55 毫米，7 月平均降雨量为 162 毫米，8 月平均降雨量为 171.3 毫米，9 月平均降雨量为 9.6 毫米。

2018 年汛期，全区先后启动 4 次防洪Ⅳ级预警响应、1 次防洪Ⅲ级预警响应，最强降雨出现在 7 月 23 日 20 时至 24 日 13 时，受台风“安比”影响，全区平均降雨量 128.1 毫米，最大降雨量出现在金钟街，降雨量达 194 毫米。

2. 防汛

(1) 组织结构。

加强组织推动，落实防汛责任制。建立健全区、街、村三级防汛组织管理机构，全面落实以行政首长负责制为核心的各项防汛责任制，组建了以区长为指挥，以常务副区长、主管防汛抗旱与农业的副区长、区人武部部长为副指挥，有关单位、相关河系处及驻区重点企业等 53 个单位为成员的防汛抗旱指挥部，明确了责任人以及各成员单位的职责任务。区防汛抗旱指挥部于 6 月 15 日组织召开了防汛动员会议，全面部署全区防汛工作。

区防汛抗旱指挥部成员如下：

指　挥：孔德昌（区长）

副指挥：陈友东（常务副区长）

　　　　李光华（副区长）

　　　　尹学斌（区武装部部长）

指挥部下设办公室，办公室设在区水务局，办公室主任由区水务局局长张玮兼任。

(2) 防汛预案。

修订完善预案，提高应急处置能力。针对近年来强降雨应对过程中暴露出的预案问题，在及时了解掌握国家和天津市防御洪水方案及洪水调度方案、防洪抗旱条例、抗旱预案的基础上，按照市防办要求，结合东丽区实际，完善《东丽区防汛预案》，明确区级防汛组织指挥体系及部门工作职责，建立预警响应机制；细化优化了《东丽区行洪河道抢险与农村除涝分预案》《东丽区城区排水分预案》《东丽区防汛物资保障分预案》《东丽区电力保障分预案》《天津市东丽区新地河水库调度规程》《天津市东丽区新地河水库大坝安全管理应急预案》《天津市东丽区新地河水库防汛强险应急预案》《天津市东丽区新地河水库预测预报预警方案》《东丽区城镇易积水居民区危房群众安置实施方案》《市政所防汛应急抢险工作预案》10 个专项预案，制定了排水、抢险、物资、供电、水库调度、军地联合、群众转移安置等技术和保障方案，做到“一险工一预案”“一片区一预案”，提高预案的科学性和可操作性。各街道及有关单位在区防汛预案框架下，修订完善本部门的防汛预案，在全区形成统一指挥、统一领导、上下联动、协调有序的防汛应急预案体系，确保防汛抢险高效有序进行。

(3) 防汛物资。

区水务局、区供销社、区建委、区农经委、区运管局等单位落实了编织袋 15.5 万条、木桩 115 立方米、铅丝 3175 千克、救生衣 1886 件、排水泵 56 台（套）、移动排水泵 5 台（套）、发电机 6 台（套）、抢险车辆 45 辆等 20 多种区级防汛抢险物资、排水机具、抢险设备，并进行了维修维护，确保物资调得出、用得上。区供销社、区水务局联系了 6 家企业做好编织袋、锹镐、铅丝、木桩、砂石料代储工作，落实了企业地点，联系人、联系方式等，做到及时供应储备物资和联络补充物资。按照市委、区委的部署，及时增加沙子 90 吨、碎石 90 吨储备，确保物资供应及时、充足。

(4) 抢险队伍。

全区组建了有 2500 名民兵、200 名现役军人的防汛抢险队伍，负责全区防汛抢险。区水务局成立了30人的防汛抢险队，负责抢险技术指导。为提高抢险队伍实战能力，全区多次举办不同层面的防汛培训演练。5月30日，组织开展了东丽区2018年防汛抢险演练。参与演练的人员由区民兵应急连和区水务局防汛抢险技术指导队组成，同时邀请驻区部队官兵作专业指导，区防指副指挥、副区长李光华、区武装部政委任锡辉以及区政府办、区应急办和各街道的有关领导观摩演练。演练通过集中讲解、指导演示、分组操作的形式，共设置搭设土袋子堤、搭建反滤围井、搭设板坝式子堤、移动泵车排水、水上打捞5个演练科目。6月28日，举办了由区防汛抗旱指挥部各成员单位主管领、武装部部长、水利站站长及水务系统技术骨干等80余人参加的防汛抢险培训班。汛期，东丽湖、金钟街、无瑕街、新立街与华新街分别单独开展防汛演练活动，共计320余人参加。

（5）防汛检查。

区委书记夏新、区长孔德昌、副区长李光华等领导多次分别带队对街、村、城区、园区、新市镇、驻区企业、大项目、危险品仓库等重点区域、重点设施进行防汛安全检查，指导防汛工作开展；区防办分项检查，就责任制落实、队伍物资、河道堤防、排水设施等进行检查，实行检查人员签字制度，梳理存在问题，落实解决措施；开展水利行业安全生产大检查，区水务局对泵站、涵闸、河道及各街、村水利设施进行拉网式安全大检查，排除安全隐患。各街道、管委会、园区及有关单位进行了全面自查，落实了各项防汛措施。汛前检查为全区安全度汛奠定坚实基础。

4月19日，市水务局副巡视员杨建图带队检查海河系防汛工作，对海河左岸大郑段险工险段进行检查，并听取了东丽区防汛工作汇报。6月8—11日，水利部建设管理与质量安全中心督察组对东丽区新地河水库进行督察，区水务局及新地河水库负责人汇报水库安全运行管理工作。7月16日，市防指检查组检查东丽区防汛工作，东丽区水务局局长汇报了防汛责任制落实、防汛预案修订、防汛设施管理、防汛物资准备以及防汛抢险队伍组建、培训、演练等情况。

（6）防汛管理。

完善了《东丽区水务局防汛工作规程》，明确了防汛工作职责、抢险工作制度、人员上岗响应机制、防汛物资管理与调拨制度，加强了防汛工作规范化建设，提高了防汛工作效率。根据区防指成员单位人员调整，完善了东丽区防汛通讯网络，保证了通讯畅通。组织人员对防汛指挥中心水雨情系统、视频监视系统等各系统进行检修维护，共完成检修调试3个视频会议系统、37路视频监视系统、12座雨量站、13座水位站、10座泵站运行监控站，确保指挥中心正常运行。配合海河处完成了海河左堤3千米堤顶路硬化工程建设，消除防洪安全隐患，提高了查险抢险车辆通行能力。做好防汛排水设施维修维护，区水务局对9座国有骨干排水泵站进行了检修维护，完成了机泵检修、闸门启闭机除锈防腐、电气设备预防性实验、泵站试运行和闸门试启闭等，确保各泵站随时开车排水；区建委对城区排水泵站、管道、雨水井进行检修养护，保证排水设施功能正常；各街道结合环境大整治，组织力量清淤疏浚街村沟渠151千米，在改善水环境的同时，极大地提高了排水能力；各园区对排水泵站、管道及雨水井、检查井进行了全面维修、疏通和清掏，确保排水畅通。

科学合理调度，积极应对强降雨。2018年汛期，根据气象部门预报，按照预案要求，东丽区先后启动4次防洪Ⅳ级预警响应、1次防洪Ⅲ级预警响应，最强降雨出现在7月23日20时至24日13时，最大降雨量在金钟街194毫米。区领导高度重视强降雨防范应对工作，并多次作出重要批示，区防办坚持第一时间向成员单位下发市、区领导有关指示和要求，各单位及时启动应急预案，人员上岗到位，按照职责分工全力做好各项防范工作；各有关单位坚持24小时值班和领导带班制度；区防办加强与市防办、气象部门的联系，全面掌握和报告水雨情，做好河道、泵站、涵闸的指挥调度，及时了解有关部门和各街道防汛应对情况，加强对下穿通道、易积水片区等点位的巡视巡查，保持与有关部门的沟通协调，全面做好应急排水、隔离封闭、警力值守等应对措施。全区9座国有泵站累计排除沥水785万立方米，全区沥水及时排出，未造成淹泡损失。

3. 抗旱

加强组织领导，严格落实防汛抗旱行政首长负责制，完善《东丽区抗旱预案》；加强农田灌排设施维修维护，去冬今春共检修泵站3座、维修农用桥闸涵1座，总投资41.13万元；积极组织协调农业街道做好抗旱调水、春灌工作，共完成冬春灌3333.33公顷，为春耕生产创造了良好的墒情条件；适时做好调蓄，充分利用雨洪水资源，全区共蓄水1963万立方米，为今冬明春的农业生产提供了水源保障。

4. 农村基层防汛预报预警体系建设

按照国家防总和市防办有关要求，组织编制《东丽区农村基层防汛预报预警体系建设实施方案》，投资602.54万元，新建7处水位监测站、22处道路下穿通道积水监测点、13处易积水区域视频监视点和市、区、街三级视频会商系统以及防汛预报预警平台，实现市、区、街信息共享，增强了防汛应急指挥能力，提高了东丽区防汛工作现代化水平。

【农业供水与节水】 近年来东丽区大量引进并推广防渗渠道、低压管道、微喷灌等节水灌溉技术，截至2016年年底，全区高效农业节水灌溉面积为1280公顷。根据调查摸底情况，并结合全区农田开发利用实际，经研究并上报市水务局同意后，2017—2020年，东丽区不再开展新增高效节水灌溉项目建设。全区全年农业用水量共964.45万立方米。

【村镇供水】 随着东丽区城市化进程的加快推进，村庄全面启动拆迁，村民大多已经搬迁，少数滞留户多以桶装纯净水或自来水为饮用水，地下水主要用于生活杂用。区水务局督促抓好机井运行管理，不断加大日常巡查力度，强化机井的日常维修养护及安全监管，确保农村供水安全。全年农村生活地下水用水量为149.25万立方米。

【农田水利】 完成2018年区补小水项目补助资金拨付、验收及资料整理工作，共向街道拨付区级小型农田水利建设维修补助资金9.5万元，鼓励和支持各街道积极改善小型农田水利设施条件，提升设施功能，促进三农事业发展。

【水土保持】 加强组织领导，成立区水土保持工作办公室，制定完善《东丽区水土保持会议制度》《东丽区水土保持目标责任考核办法（试行）》等配套制度。加大舆论宣传，通过开展“科技周宣传进企业”“科技周宣传进社区”“科技周宣传进学校”等活动，进一步增强社会各界对水土保持法律法规的认知度和守法自觉性。严格监督检查，建立审批监管互动信息交流制度、重要会议协商制度、审批与监管联合审查等相关制度，构建起审批权、监管权既相互分离又相互协调的运行机制；做好已审批水土保持方案的生产建设项目监督检查工作，对水土保持工作的组织领导、日常工作管理、防治责任分解落实情况以及水土保持设施施工、监理、监测工作落实情况、水土保持设施补偿费缴纳情况等进行督促检查；通过现场检查、召开专题会议、生产建设单位提交书面报告等方式，促使建设单位进一步明确落实好水土保持方案的重要性、做好水土保持防治措施的责任和义务以及水土保持方案落实和竣工验收的程序、方法和要求。强化内部管理，按照《天津市实施〈中华人民共和国水土保持法〉办法》要求，编制《水土保持廉政风险防控制度》，以“基础扎实、管理规范、科技引领、生态良好、百姓受益”为工作目标，坚持问题导向和依法行政，奋力开创东丽区水土保持工作新局面。

【工程建设】 为完善东丽区河道水系布局，连通东西向河道，在完成二线河、津滨东、中河联通段的基础上，继续组织实施东河—东减河连通工程，为东丽区水系循环奠定基础。该工程投资4061.18万元，计划开挖河道3.8千米，截至2018年年底，已完成河道开挖3千米，剩余0.4千米内穿越宁静高速节点工程高速桥下施工手续已办理完毕，桥下打桩工作正在进行。同时启动西减河南段循环提升泵点工程前期工作。

津滨河东段（东减河张贵庄污水处理厂出水口段）河道清淤整治工程。因张贵庄污水处理厂出水中悬浮物过多，导致东减河、津滨河严重淤积，且影响了河道水质。经与市城投集团公司、东丽区审批局等部门沟通协调对接，对津北公路长板桥至津滨河节制闸下游护砌进行清淤。2018年8月17日，东丽区行政审批局以《关于东丽区津滨河东段清淤整治工程项目建议书的批复》文批复该工程项目建议书；8月31日，东丽区行政审批局以《关于东丽区津滨河东段清淤整治工程实施方案的批复》文批复该工程实施方案；9月6日，东丽区行政审批局以《关于下达东丽区津滨河东段清淤整治工程固定资产投资计划的通知》文件批复投资计划2850.98万元。截至2018年年底，完成项目建议书、实施方案、投资计划、环境影响评价、水土保持方案等前期手续批复工作，工程资金2850.98万元落实到位。该工程2019年1月4日进场施工。

2018年，区水务局加强水利工程建设管理工作，对区管工程严格落实四制，按照建设程序要求，完成工程建设各个阶段工作；强化质量与安全监督，建立健全质量管理体系和安全生产管理体系，全力做好监督、稽查、管控等工作，确保工程无质量和安全事故发生；强化扬尘治理，与各工程签订《水务工程扬尘污染治理目标责任书》，对各项目制定《扬尘污染治理实施方案》《扬尘污染管理制度》《重污染天气应急预案》，成立检查小组，设专职控尘员，加强日常巡查，并按照“六个百分之百”要求落实控尘措施，确保施工符合环保要求。在天津市2017—2018年度水务工程质量考核中，东丽区取得第一名的好成绩。

【排水工程建设与管理】 新立泵站改建工程。该工程主要对新立泵站进行改造扩建，设计排水流量为22.4立方米每秒，其中新立排涝泵站设计排水流量为10立方米每秒，新立雨水泵站设计排水流量为12.4立方米每秒。2016年9月29日，市发展改革委以《关于核定东丽区新立泵站扩建工程初步设计概算的复函》文件批复该工程初设概算批复投资6460万元；10月31日，市水务局、市财政局以《关于下达北郑庄等五座国有扬水站更新改造工程资金明细计划的通知》文件，资金下达2660万元。新立排涝泵站工程主要建设内容为进水闸、进水池、泵房、出水压力箱、出水闸等，新立雨水泵站主要建设内容为水闸、进水池、泵房、出水压力箱、出水闸等，其中出水压力箱、出水闸等为两泵站共用部分。为加快完成新立泵站改建工程建设任务，区水务局加强与各有关部门的沟通协调，加大对各参建单位的督导推动力度，积极克服环保停工、拆迁缓慢、冬季施工等不利因素影响，定期对在建项目进行现场检查，发现质量安全隐患及时通知项目法人单位，督促落实整改，确保了工程施工进度、质量和安全。该工程于2017年9月开工建设，截至2018年年底，完成全部建设任务。

东河泵站更新改造（一期）工程。该工程是在东河泵站原址上进行拆除重建，设计排水流量为15立方米每秒。2017年12月1日，市发展改革委以《关于核定天津市东丽区东河泵站更新改造（一期）工程初步设计概算的函》文件批复该工程初设概算批复投资4785万元；2018年6月4日，市水务局、市财政局以《关于下发东丽区东河泵站国有扬水站更新改造工程2018年资金明细计划的通知》文件，下达资金2350万元。工程主要建设内容为新建进水池、泵房、出水池、排涝出水闸、灌溉进水闸、灌溉出水闸及连接箱涵，安装立式轴流泵，潜水排污泵等工程，新安装主变压器、高低压开关柜等设施。该工程于2018年5月2日开工建设，截至2018年年底，完成泵房主体建设任务。

注重排水泵站规范化管理。区水务局不断完善泵站运行管理机制，泵站各项规章制度上墙，与安全生产工作相结合，加强对泵站运行情况、值班情况等的日常检查，切实做好泵站防火、防盗工作，严格执行高低压设备管理的相关规定，及时做好各类设备维修维护工作，确保各泵站安全运行，保障汛期排水安全。2018 年，组织西河泵站参加水利运行单位安全生产标准化建设二级创建工作，并顺利通过专家组验收，为全区泵站安全运行管理树立典范。

【科技教育】 2018 年，区水务局开展科技兴水及培训教育工作。明确科技及信息化责任部门和人员，加强信息化系统维护，确保系统安全运行。开展科技周宣传活动，围绕“科技创新 强国富民”的主题，结合自身职能，重点就河长制、水土保持、控沉等知识向企业、学校、社区群众开展科学传播，为广泛动员公众积极参与水环境治理与水资源保护营造了氛围，为进一步巩固东丽区全国科普示范区创建成果贡献了力量。组织事业单位职工参加天津市专业技术人员和管理人员继续教育网络培训，组织公务员参加网上学法用法考试，面向水行政执法人员组织举办法律知识培训班，面向各科室、基层单位信息员组织举办宣传信息工作业务培训，着力提升干部职工的业务水平和综合素养，为更好地开展工作奠定基础。组织干部职工到区安全生产教育基地参观学习，举办消防安全、交通安全培训和消防应急演练等，坚持不懈开展安全警示教育，不断提升干部职工的安全意识和防范能力。组织全系统干部职工撰写学术论文参加天津市水利学会 2018 年交流年会评选活动，沈松奎撰写的《水利工程安全管理控制要点》获优秀论文奖。

【水政监察】 2018 年，区水务局坚持把水政执法作为保障水务管理秩序、守卫水生态文明建设的重要手段，不断提高水行政执法效能。强化执法监督，加大执法巡查频次，严格执行河道日常巡查记录制度，现场处理水事违法行为 17 起，同时做到边执法边普法，有力维护了正常的水事秩序和良好的水环境。开展水法律法规宣传普及，以“世界水日”“中国水周”“城市节水宣传周”“科技周”“党支部与社区结对共建”等专项主题活动为契机，深入企事业单位、学校、社区、东丽广场等，通过散发宣传品、悬挂宣传横幅、张贴宣传挂图、展示宣传展牌、举办公益课等方式，对节水、河长制、防汛、水土保持、控制地面沉降等方面的水法律法规和相关知识进行广泛宣传，累计发放各类宣传材料 2700 余份，现场接待咨询群众 700 余人次，为促进依法用水、依法治水、依法护水营造了良好的社会环境和法治氛围。加强法制培训，组织举办法律知识培训班，全系统执法人员 70 余人参加，法律专家深入宣讲宪法，普法讲师团讲师详细解读行政诉讼法，市水政监察总队负责人以案释法，着力提升水政执法人员的法律素养和执法水平；同时，组织全体公务员参与网上学法用法活动，组织广大干部职工参与水利部举办的“2018 年度水法知识大赛”，做好水政监察证件审验注册有关工作，着力提升水务系统干部职工学法用法水平和依法行政能力。

【工程管理】

1. 河道堤防闸涵管理

东丽区界内有市属一级行洪河道 4 条段，分别为海河长 30.2 千米、新开河长 7.5 千米，金钟河长 21.6 千米、永定新河长 2.2 千米，总长 61.5 千米。二级市管排水河道 5 条段，分别为北塘排水河长 30.9 千米、外环河长 18.7 千米、月牙河长 3.9 千米、小王庄河长 5.0 千米、张贵庄河长 4.6 千米，总长 63.2 千米。区管二级河道 8 条段，分别为：东减河长 36.0 千米、西减河长 17.5 千米、新地河长 13.6 千米、月西河长 5.4 千米、东河长 6.7 千米、西河长 6.8 千米、津滨河长 2.1 千米、二线河长 1.5 千米，总长 89.6 千米。125 条主要街村干支渠。全区有水闸 323 座。

2018 年，东丽区结合全面落实河长制工作，加强对河道、堤防、闸涵的巡视检查、维修养护和监管考核。区市河管理所、东减河管理所、西减河管理所安排专门人员坚持每天不间断反复巡查，严格执行河道日常巡查记录制度，对发现的环境卫生、口门排污、堤防损坏、私搭乱建等各类问题及时处理，有效维护了正常的水事秩序和良好的水环境。区河长办每月对全区纳管河道沟渠进行严格考核、量化打分，并依据考核成绩对各街道（功能区）进行排名，形成河道水生态环境考核月报，上报区总河长、河长及区委督查室，河渠考核成绩同时纳入全区城市管理考核体系。

2018年，东丽区国有泵站维修维护工程项目总投资276.77万元，资金来源为区级补助资金272.77万元，海河处匹配资金4万元。其中区东减河管理所维修维护资金197.36万元，区西减河管理所维修维护资金68.51万元，区市河管理所维修维护资金10.63万元，主要用于泵站变压器、高压柜校验，机电设备更新、维修与更换，泵站主体及附属设施维修维护，泵站内部日常管理与更新等。

2. 水库管理

新地河水库管理所积极落实各项安全工作制度，严格推进管理考核机制。全面落实水利设施操作运行管理规定、设施养护标准和岗位责任制等方面要求，完成编制《水库日常管理规范》《水库调度规程》《水库大坝防汛抢险预案》《水库大坝安全管理应急预案》《水库预测预报预警预案》，同时完成水库大坝安全鉴定工作。2018年完成丽湖泵站除险加固工程，投资179.58万元更换闸门及启闭机4台（套），更换供电电缆50米，解决了配电室漏水等问题，同时完成库区内3座涵闸及启闭机的检修，更换进水闸启闭机4台（套），及时排查堤防安全隐患。认真贯彻落实“河湖长制”工作，先后开展大排查大治理大提升行动、全面挂长行动、河湖坑塘专项行动、河渠卫生大清整专项行动、河湖“清四乱”专项行动、口门排查封堵行动，强化水环境质量目标管理。按照“控源头、清河道、重监管”的要求，做好日常巡查，落实河道清障、岸坡绿化和河面保洁等日常管护工作。为落实生态文明建设，改善水库内水体质量，本年度举行27次增殖放流活动，有效补充了库区的滤食性鱼类，对于改善水环境、防止水体富营养化以及形成完整的水生生态链将起到重要作用。

结合东丽湖区域防汛工作实际，为确保区域安全度汛，水库按照时间节点完成了相关机电设备的检修，按照上级部门调度指令，汛期开启各泵站，共计600余台时，蓄排水540万立方米，实现了安全度汛的目的，为区域内人民生命财产安全提供了保障。加强对水库各项水利设施和违规行为的日常巡视，全年进行库区巡查千余次，巡查中发现偷倒垃圾102次并进行了及时处置；劝阻违规钓鱼人员5100余次；河湖清理网具200余个；发现问题并下达督办单200余份，问题已基本得到解决。同时，对游人夏季游泳、冬季上冰等危险行为进行劝阻，避免了安全事故的发生。

【河（湖）长制】 2018年，东丽区在全面建立区、街镇、村三级河长制组织体系的基础上，认真落实市委市政府全面“挂长”要求，严格按照有关方案制度，全力抓好河（湖）长制管理工作。5月8日编制出台《东丽区落实河湖全面“挂长”专项行动工作方案》，组织各街道对辖区内的河道、湖泊、沟渠、坑塘等水域再次进行了深入摸排，并将新发现的水体纳入全区河（湖）长制管理范围。截至2018年年底，全区纳入河（湖）长制管理的一级河道4条、市管二级河道5条、区管二级河道8条、主要街村干支渠125条、区管水库1座、区管湖泊1处，街道（功能区）管湖泊11处、坑塘562处。按照属地管理原则，逐一明确责任人，完成所有水域全面“挂长”工作。

湖长制工作有序推进。组织编制完成《东丽区全面落实湖长制实施方案》及13项配套制度，并按照市河长办审核意见进行了修订，经区委、区政府审定，12月25日正式印发。

区管二级河道“一河一档、一河一策”编制完成。组织编制区管二级河道“一河一档”，并按要求录入全国河湖动态监控台账信息系统。在此基础上，完成8条区管二级河道“一河一策”编制，并于11月30日正式印发。

河（湖）长制督导考核工作有序开展。按照《东丽区河长制考核办法》规定，每月对市区管一、二级河道及沟渠进行监测，将环境卫生、水质、社会监督等指标统筹纳入考核体系，严格打分排名，考核结果向区委、区政府汇报并反馈各街道（功能区）。此外，定期组织河（湖）长制成员单位，对12个街道（功能区）全面建立河（湖）长制工作进行督查考核，并将考核成绩作为年底河（湖）长制考核的重要依据。

明察暗访不断加强。2018年，区河长办深入各街道检查水环境治理工作300余次，发现问题点位100余处，下发整改通知64份，督促相关街道及时整改。

河（湖）长制年度主要任务深入落实。4月初编制印发了《东丽区2018年全面推行河（湖）长制主要任务实施计划表》，逐一明确了牵头单位及责任单位，并要求相关单位每月上报工作进度。截止2018年年底，43个项目中有14个已按要求完成了年度任务目标，其余29个长期推进项目正在按照节点安排持续实施。

问责机制严格执行。严格按照《东丽区河（湖）长制工作责任追究暂行办法》的规定，对于履职不力的街级河长和相关单位负责人及工作人员进行约谈问责，全年共问责28人次。通过问责，督促相关街道及单位明确存在问题、认清形势任务、落实工作责任、加大工作力度、提高工作标准，推动辖区河（湖）长制工作和黑臭水体治理工作落细落实。

河（湖）长巡河（湖）扎实开展。组织制定《东丽区河（湖）长巡河（湖）年度计划》，督促街级河（湖）长加大河湖巡查力度和频次，规范填写河（湖）长巡河记录簿，推动河（湖）长巡河（湖）制度有效落实。

全力帮扶困难村落实河长制管理。编制完成《东丽区困难村街村沟渠（坑塘）综合整治专项行动实施方案》，同时会同相关街道对窑上村、务本二村、新中村等10个困难村进行实地走访，主动与相关负责人沟通对接，在水环境治理方面给予资金、技术支持。

配合做好黑臭水体整治及河（湖）长制督查工作。配合生态环境部、住房城乡建设部完成对东丽区东河、西河、西减河、东减河、月西河、新地河6条区管二级河道及周边沟渠黑臭水体治理工作的现场检查、群众满意度调查和档案资料审查工作。此外，做好市河长办每季度河（湖）长制督导检查准备工作，并针对督导检查中出现的问题，及时落实整改工作。

开展河湖水环境大排查大治理大提升行动。自2017年11月以来，按照市河长办要求，积极开展河湖水环境大排查大治理大提升行动，共排查河道沟渠142条（包括17条一、二级河道，125条街村沟渠）、湖库13个、坑塘562个，排查发现河湖管理范围内污染问题278处，包括立行立改问题259处，污染源溯源排查19处。

组织开展河湖坑塘清河行动。为加强河湖水环境管护工作，2018年7月，在全区范围内组织开展了为期1个月的河湖坑塘清河专项行动，各街道（功能区）在此次行动中出动人员3000余人次，各类机械、车辆270余辆、打捞船10艘，发现问题63处，全部立行立改，清理垃圾及水面漂浮物近1300吨。

组织实施河渠卫生大清整专项行动。为巩固河道水环境治理成果，不断提高河长制管理水平，8月下旬，组织制定了《东丽区河渠卫生大清整专项行动方案》并推动实施，本次专项行动共出动人员1500余人次、工程机械及车辆466台次、船只25艘，清理河渠垃圾约140吨，清除河道网障30余片、地笼89个、河道内木桩63个，清理插网捕鱼点位5处，清理废弃船1艘，拆除私搭钓鱼平台21处。

全面落实河湖“清四乱”专项行动。8月下

旬，全市启动了河湖“清四乱”专项行动。区水务局制定下发了《东丽区水务局开展河湖“清四乱”专项整治行动方案》及《河湖“清四乱”整治范围线》，并组织各街道展开全面排查。10月26日，东丽区接到市河长办反馈一批次“四乱”问题53个，截至2018年年底，督促属地街道全部完成整改。

开展全域清洁化工程河渠清洁工作。11月下旬，以东丽区全域清洁化工程为依托，迅速启动了河渠清洁工作，区河长办相继出台了《全域清洁化工程河渠清洁工作实施方案》《全域清洁化工程河渠清洁工作考核办法》以及《全域清洁化工程河渠清洁工作评分标准》，将一、二级河道及街村沟渠清洁工作开展情况纳入河长制考核，督促各相关单位履职尽责。截至2018年年底，共巡查河渠184条次，发现水环境问题72处，属地街道已完成问题整改。

全面落实上级部门反馈问题及群众反映问题整改工作。2018年，区河长办接到上级部门督导检查反馈问题和群众举报问题共190项。其中，上级部门反馈问题164项，包括市级河（湖）长制月度考核问题8项、市河长办暗查暗访发现问题26项（涉及点位38处）、全市河长制督导检查发现问题13项、水利部暗查暗访发现问题2项、群众举报问题26项，已全部完成整改。对于生态环境部建成区黑臭水体整治专项督察反馈的56项问题，督促相关街道及单位及时进行整改。截至2018年底，东减河河道翻泥问题和金钟新市镇主干管建设问题相关部门正在积极协调推动落实，其余问题整改工作已全部完成。

推进河湖蓝线划定工作。按照市相关部门要求，积极安排部署区管河道蓝线划定工作，在充分考虑局属相关科室意见的基础上，结合规划国土部门建议及要求，完成区管二级河道测绘及地勘服务招投标程序，同步完成区管河道蓝线方案初稿编制工作，待市相关部门蓝线规划定稿后，正式出台区级蓝线规划。

【水务改革】

1. 小型水利工程管理体制改革

2018年，依据《东丽区小型水利工程管理体制改革实施方案》，将区管8条二级河道、区管11座泵站、街管7座泵站、东丽开发区管2座泵站共计39处小型水利工程纳入改革范围，并向明晰产权的工程所有者颁发水利工程所有权证、使用权证并签订管护责任书共计39套。证书由区人民政府按照上级部门的要求统一监制，载明工程功能、管理与保护范围、产权所有者及其权利与义务。2018年，发证工作全部完成。

2. 农业水价综合改革

2018年，按照《天津市2017年农业水价综合改革实施计划》要求，成立东丽区农业水价综合改革工作领导小组，区发展改革委、区农经委、区财政局、区水务局联合印发了《东丽区农业水价综合改革实施方案》，建立了《东丽区农业水价综合改革部门联席会议制度》，明确了各相关单位的职责与分工。联席会议制定了2018年度全区农业水价综合改革工作实施计划与2018年度中期实施计划，研究制定了《东丽区农业水价改革及奖补办法（试行）》《东丽区农业水价成本监审办法》《东丽区农业用水价格核定管理试行办法》《东丽区农业水价综合改革工作绩效评价办法（试行）》等相关制度，探索建立农业用水超限额累进加价制度以及农业水权改革制度，保障了农业水价改革工作稳步推进。经联席会议研究决定，将东丽区华明街永和村、胡张庄村作为东丽区首批农业水价综合改革试点村，2018年新增华泰农业园和无瑕生态园两个试点单位，新增农田58.8公顷。区水务局作为成员单位之一，负责做好4个改革试点单位水计量设施的维修维护工作，确保计量设施的正常运行。

【精神文明建设】 加强干部职工思想道德建设，培育践行社会主义核心价值观，弘扬社会主旋律。积极推进社会主义核心价值观学习教育实践具体化、系统化，将社会主义核心价值观学习内容列入中心组和全体党员学习计划，加强对党员干部的理想信念教育、国情教育和形势政策教育，大力弘扬民族精神和时代精神，不断提升党员思想道德水平，让社会主义核心价值观深入人心；采取集中宣讲、“理论超市”“道德讲堂”、座谈交流等方式，大力开展社会主义核心价值观基层宣讲；结合改革开放40周年等重大时间节点，在全系统组织开展党史、军史和党领导人民的奋斗史、创业史、改革开放史宣传教育，组织观看影片《厉害了，我的国》、参观航母爱国主义教育基地等活动，积极引导党员干部群众坚定理想信念、构筑精神支柱，巩固广大人民团结奋斗的共同思想基础。深入挖掘和阐发中华优秀传统文化，使中华优秀传统文化成为涵养社会主义核心价值观的重要源泉。充分利用“东丽水务”微信公众号等平台，积极开展“我们的节日”主题活动，培育爱国情怀、敬业精神、诚信意识、友善品格；广泛开展孝敬教育，弘扬中华孝道，加强以孝道为基础的家风家教建设，培育人们的孝心、爱心，形成孝顺父母、尊重师长、爱老助老的社会风尚；利用“端午节”“中秋节”等组织系列活动，激发人们的家国情怀。开展道德讲堂活动，积极宣传“时代楷模”等先进典型事迹，开展“四德”教育和诚信教育，观看影片《特别追踪》，不断提高干部职工的道德品行修养；组织开展“诚信公民”“优秀志愿者”和“东丽好人”评选表彰活动，号召广大干部职工向先进典型学习，真诚做人、守信做事，做正能量的传递者、社会主义核心价值观的实践者。开展“讲文明、树新风”文明礼仪、文明服务、文明旅游、文明交通、文明祭扫等主题活动，在机关及各基层单位显著位置设立了公益广告宣传板和宣传栏，引导职工自觉养成文明健康的生活方式和良好的行为习惯。开展社会宣传和志愿服务活动，通过设立宣传栏、电子显示屏、宣传海报等方式，做好学习宣传贯彻习近平新时代中国特色社会主义思想和党的十九大精神社会宣传工作；深入开展学雷锋志愿服务活动，在天津志愿服务网上建立了学雷锋志愿者服务队，全系统志愿者注册率达到100%，结合工作实际，组织开展义务劳动、义务植树、清理河道垃圾、志愿宣传等学雷锋志愿服务活动12次。切实抓好创建全国文明城区、创建全国卫生城区工作，加强水环境治理、水资源管护，着力构建与全国文明城区、全国卫生城区相适应的水务保障体系。

【队伍建设】

1. 局领导班子成员

党委书记：张庆国

党委副书记：张　玮（2016年12月任）

党委委员：康振红　赵凤宽　第朝阳　朱长会

局　　长：张　玮

副 局 长：康振红　赵凤宽　第朝阳　魏　鹏

2. 机构设置

局设11个科室和6个基层单位。

机关科室：党委办公室、行政办公室、人事科、财务审计科、工程建设管理科（加挂东丽区水利工程建设质量与安全监督站牌子）、水务科、水管科（加挂水土保持科牌子）、防汛抗旱科、排水管理科、水政监察科、节约用水科。

基层单位：天津市东丽区东减河管理所、天津市东丽区西减河管理所、天津市东丽区市河管理所、天津市东丽区地下水资源管理中心（加挂东丽区控制地面沉降管理中心牌子）、天津市东丽区水利工程建设管理中心、天津市东丽区水务建设开发中心。

3. 人员结构

2018年，东丽区水务局在职人员163人，其中局机关29人（公务员28人，工人1人），基层单位134人。全局人员按学历分：本科及以上学历138人，大专学历10人，中专学历7人，高中及以下学历8人。按职称分：工程系列44人，其中副高级工程师4人、工程师20人、助理工程师20人；会计系列5人，其中会计师2人、助理会计师

3人；统计系列3人，其中统计师2人、助理统计师1人；政工师5人；馆员1人。按年龄结构划分：35岁以下50人，36～45岁71人，46～54岁24人，55岁及以上18人。全系统离退休职工166人。

4. 先进集体及先进个人

东丽区水务局被东丽区委、区政府评为东丽区2017年落实社会治安综合治理目标责任书优秀达标单位。

东丽区西减河管理所被中共东丽区委宣传部、共青团东丽区委员会评为东丽区优秀青年突击队。

李会生被天津市文明办评为“天津好人”。

张娟被团区委评为2017年度优秀团干部。

李解被团区委评为2017年度优秀团员。

（张凤鑫）

西青区水务局

【概述】 2018年，在西青区委、区政府的领导下，以十九大精神为引领，深入贯彻中央新时期治水方针和“五位一体”总体布局思想，紧密围绕西青区委、区政府总体工作思路，坚持以促进水利改革发展为总目标，以“水安全、水保障、水生态、水利用”为中心，着力构建“保安全、惠民生、强管理、促发展”的水务工作体系，为西青的经济社会发展提供了坚实的水务支撑。全年投资13646.8156万元，全面推进水利工程建设，促进水利基础设施不断完善；实现三级河长巡河5万余次，稳步推动“河长制”落实；主汛期期间，有效应对“7·24”强降雨，将全区损失降到最小。

【水资源开发利用】 2018年，西青区以最严格水资源管理制度要求为指导，以建立良好的水资源管理秩序，保障水资源的可持续利用为目标，推进全区依法治水、依法管水、依法用水工作。2018年，全区用水总量控制在1.86亿立方米以内。

1. 地下水管理

对全区79家地下水用水户进行年度用水考核，计划用水量113.67万立方米，考核率达100%，计量设施完好率达到98%以上；对超计划用水单位实行累进加价制度，全面完成年度用水指标压采计划，深层地下水开采量减少210.1825万立方米。3月，西青区在天津市2017年度实行最严格水资源管理制度考核中取得优秀等级。4月，由市水文中心、水资源处、规划处和控沉办组成的考核组对西青区2017年压采工作进行了考核，通过现场检查和听取工作汇报，对西青区2017年压采工作给予充分肯定。2017年西青区地下水压采目标为62.93万立方米，实际压采水量123万立方米，超额完成目标任务。

2018年，根据市国土房管局和市水务局1月3日印发的《关于严厉打击出售地热水行为的通知》的要求，1月15日，区水务局下发了《关于开展严厉打击出售地热水行为专项行动的通知》，并在全区扎实开展专项整治行动，切实维护了西青区水资源保护和地热开发秩序。不断加大巡查力度，严厉打击非法打井行为，对天津市立和工贸有限公司非法凿井群众举报案件进行妥善处置，5月6日，对2眼非法开凿机井进行回填。

2. 取水许可

根据市水务局有关要求，不断强化取水许可管理，规范西青区取水许可申请、延展及变更等程序，配合区行政审批局做好29户原市属地下水用水户的取水许可证换证工作，将全区行政区域内的原市管地下水户正式纳入区级管理。

3. 控沉管理

顺利通过2017年度控沉绩效管理年终考评，完成市级考核指标。建立控沉防治工作联防联控机制，成立了区级控沉防治工作领导小组和办公室，10月，召开了西青控制地面沉降防治工作会议，明确了2018年控制地面沉降防治工作目标任务和各单位各部门职责分工。制定了《西青区2018年地面沉降防治工作实施方案》，并按照市控沉办的部署要求，制定西青控沉防治工作整改方案。

根据相关法律规定和市水务局要求，制作了《深基坑疏干排水相关事项告知单》，对24个项目进行逐一通知。积极推动全市建设项目疏干排水控制管理工作，明确进行基坑降水的建设单位都需办理取水许可证并根据实际用水量缴纳水资源税。明确行政主管部门，水量核定、计量设施核验和超过5米深基坑控沉备案管理。配合西青区行政审批局组织的西青区首个建设项目（津版传媒数字一期二期和津版传媒总部一期）基坑疏干抽排地下水水资源论证报告评审会议与顺和园福利性住宅项目（1114工程）基坑疏干抽排地下水水资源论证报告评审会议。

4. 地下水动态观测

完成西青区地下水自动监测项目公开招标和合同签订工作。自动监测项目网络搭建和软件安装。及时掌握全区深层地下水位的实时动态，定期对区内30眼观测机井水位进行日常观测，在1月底将2017年度的监测动态数据编制成地下水动态年鉴册，作为地下水动态数据的参考依据。

5. 调蓄水源

2018年春季，西青区防办按照市防办统一要求，开展了春季引滦生态调水工作，为确保春季调水工作顺利实施，保证调水质量，区防办组织杨柳青镇、辛口镇紧急实施了卫河、南运河、丰产河3处坝埝机械扒除工作，拆除土方4000立方米；组织岸坡清理、打捞垃圾、漂浮物1800立方米；共计置换优质水源1500万立方米。同时，在市防办的统一领导下开展了常规年度水循环工作，西青区防办结合子牙河、外环河、城市再生水等可用水源情况，以东、西两个片区为单位，积极筹措可用水源，科学组织开展了西大洼河系、津港运河水系水循环调度，共计调水1720万立方米。

汛后，西青区充分利用雨后径流和优质城乡沥水，做好区域内河道、水库、坑塘的蓄水保水工作，共计储备地表水资源7715万立方米。其中鸭淀水库蓄水1885万立方米，一级河道蓄水4970万立方米，二级河道蓄水735万立方米，深渠及坑塘蓄水125万立方米，为2019年春季农业生产备足水源。

【水资源节约与保护】 按照建设绿色城市、海绵城市、智慧城市的工作要求，不断加强节约用水管理工作。3月底前完成了723户自来水用户2018年度用水计划指标核定工作；协助审批局完成了23家企业、单位的计划用水指标增加及临时用水指标的审批工作。12月底前完成16件累进加价收费，总共收取38299.2元，收取率达90%以上。按照《关于下发西青区2018年水平衡测试计划的通知》，共完成月用水量1000吨以上规模企业的水平衡测试5家。3月22日，组织召开了“西青区节水工作会议”，对2017年市级节水型企业、单位、社区进行授牌表彰。10月，组织召开了2018年度节水型企业（单位）、社区评审验收工作会议，完成了14个企业（单位）、17个社区的节水型系列创建验收工作。截至12月月底，西青节水型企业（单位）覆盖率达到52%以上，节水型社区覆盖率达到50%以上。

投资27万余元，实施杨柳青二中绿化灌溉设施节水新技术改造工程，10月完工并完成验收工作。

开展二次供水设施规范管理及清洗消毒情况检查核实工作，全年完成240家次二次供水设施清洗消毒证明的审批。提高二次供水设施运营单位管理水平，对不符合行业管理规范的单位要求其限期进行整改，包括完善相关管理制度、应急预案，及时进行二次供水设施的清洗消毒，保障设施环境安全卫生。

【水生态环境建设】

1. 水污染防治工作

按照《天津市2018年水污染防治实施计划》，西青区牵头负责任务共35项，截至12月月底，完成35项，完成率100%（表1）。同时，制定了《西青区2018年贯彻落实河长制水环境问题治理工作方案》，截至12月月底，已经完成104项。强化二级以上河道治理与修复，10个水功能区达标率为50%，居全市首位（表2）。

表 1　天津市 2018 年水污染防治实施计划重点任务进度统计

<table>
<tr><th>序号</th><th colspan="2">任务类别</th><th colspan="2">2018 年工作内容（工程项目）</th><th>责任部门</th><th>完成前期/月</th><th>开工/开展工作/月</th><th>竣工时间/月</th><th>项目数量</th><th>已开工/开展工作</th><th>进度描述</th></tr>
<tr><td>1</td><td rowspan="2">狠抓工业污染防治</td><td rowspan="2">推进自动监测设施建设（67 家）</td><td>天津市赛达恒洁环保科技有限公司</td><td rowspan="2">总磷、总氮自动监测设施安装并实现联网（西青区 2 家）</td><td rowspan="2">市环保局</td><td>1</td><td>1</td><td>6</td><td>1</td><td>0</td><td>已完成</td></tr>
<tr><td>2</td><td>天津创业环保集团股份有限公司咸阳路污水处理厂</td><td>1</td><td>1</td><td>6</td><td>1</td><td>0</td><td>已完成</td></tr>
<tr><td>3</td><td>强化城镇生活污染治理</td><td>完成环外 6 片，56.56 千米雨污分流改造工程</td><td>西青区姚村</td><td>小区雨污分流改造项目，计划新建排水管道 458 米</td><td>市水务局</td><td>5</td><td>6</td><td>6</td><td>1</td><td>0</td><td>已完成</td></tr>
<tr><td>4</td><td rowspan="10">推进农业农村污染防治</td><td rowspan="2">建设 500 家规模化畜禽养殖场粪污治理工程（实际 557 家）</td><td>天津市满盈生态农业科技发展有限公司</td><td rowspan="2">粪污治理工程（西青区 2 家）</td><td rowspan="10">市农委</td><td rowspan="2">3</td><td rowspan="2">4</td><td rowspan="2">10</td><td>1</td><td>0</td><td>已完成</td></tr>
<tr><td>5</td><td>天津市农人畜禽生态养殖场</td><td>1</td><td>0</td><td>已完成</td></tr>
<tr><td>6</td><td rowspan="8">改造独流减河两岸池塘 1077.867 公顷（实际完成 1132.367 公顷）</td><td>王稳庄镇天津恒兴富民水产养殖专业合作社</td><td>池塘改造 93.6 公顷</td><td>1</td><td>2</td><td>5</td><td>1</td><td>0</td><td>已完成</td></tr>
<tr><td>7</td><td>王稳庄镇天津市荣发水产养殖专业合作社</td><td>池塘改造 135.667 公顷</td><td>1</td><td>2</td><td>5</td><td>1</td><td>0</td><td>已完成</td></tr>
<tr><td>8</td><td>大寺镇大寺村</td><td>池塘改造 72.667 公顷</td><td>1</td><td>2</td><td>5</td><td>1</td><td>0</td><td>已完成</td></tr>
<tr><td>9</td><td>大寺镇天津市泉江水产养殖专业合作社</td><td>池塘改造 40 公顷</td><td>1</td><td>2</td><td>5</td><td>1</td><td>0</td><td>已完成</td></tr>
<tr><td>10</td><td>大寺镇倪黄庄村</td><td>池塘改造 18.667 公顷</td><td>1</td><td>2</td><td>5</td><td>1</td><td>0</td><td>已完成</td></tr>
<tr><td>11</td><td>大寺镇周庄子村</td><td>池塘改造 13.333 公顷</td><td>1</td><td>2</td><td>5</td><td>1</td><td>0</td><td>已完成</td></tr>
<tr><td>12</td><td>大寺镇天津市庆福水产养殖专业合作社</td><td>47.467 公顷</td><td>1</td><td>2</td><td>5</td><td>1</td><td>0</td><td>已完成</td></tr>
<tr><td>13</td><td>大寺镇天津市凯润淡水养殖有限公司</td><td>池塘改造 80 公顷</td><td>1</td><td>2</td><td>12</td><td>1</td><td>0</td><td>已完成</td></tr>
</table>

续表

序号	任务类别		2018年工作内容（工程项目）		责任部门	完成前期/月	开工/开展工作/月	竣工时间/月	项目数量	已开工/开展工作	进度描述
14	推进农业农村污染防治	改造独流减河两岸池塘1077.867公顷（实际完成1132.367公顷）	大寺镇门道口村	10.667公顷	市农委	1	2	12	1	0	已完成
15			杨柳青镇德仁水产养殖有限公司	池塘改造11.333公顷		1	2	12	1	0	已完成
16			精武镇天津环城洪泰农业科技发展有限公司	池塘改造41.333公顷		1	2	12	1	0	已完成
17			西青区水产养殖试验示范基地	21.7公顷		1	2	12	1	0	已完成
18		推广生态健康养殖806.6公顷（实际完成1306.767公顷）	王稳庄镇大候庄村	32.933公顷		4	4	11	1	0	已完成
19			王稳庄镇中盛路北	54.2公顷		4	5	11	1	0	已完成
20			王稳庄镇小泊村	85.867公顷		4	4	11	1	0	已完成
21			王稳庄镇西兰坨村	6公顷		4	5	11	1	0	已完成
22			王稳庄镇东兰坨村	10.867公顷		4	5	11	1	0	已完成
23			精武镇大南河村	51.8公顷		4	5	11	1	0	已完成
24			精武镇陈台子排河	80公顷		4	5	11	1	0	已完成
25			精武镇孙庄子村	34.67公顷		4	5	11	1	0	已完成
26			精武镇宽河减河	2.8公顷		4	5	11	1	0	已完成
27			精武镇闫庄子村	80公顷		4	5	11	1	0	已完成
28			大寺镇青凝侯村	287.467公顷		4	5	11	1	0	已完成
29			辛口镇水高庄村	2.667公顷		4	5	11	1	0	已完成
30			辛口镇冯高庄村	80公顷		4	5	11	1	0	已完成
31			辛口镇小沙窝村	0.467公顷		4	5	11	1	0	已完成
32			辛口镇郭庄子村	2.667公顷		4	5	11	1	0	已完成
33			辛口镇当城村	27.7公顷		4	5	11	1	0	已完成
34		控制水产养殖污染	王稳庄镇杨科庄村	减少养殖规模38.267公顷		3	4	4	1	0	已完成

续表

序号	任务类别		2018 年工作内容（工程项目）		责任部门	完成前期/月	开工/开展工作/月	竣工时间/月	项目数量	已开工/开展工作	进度描述
35	堆进农业污染防治	完成 324 个村生活污水处理设施建设（西青区调增 7 个村）	杨柳青镇前桑园村	接入污水市政管网处理工程	市农业农村委	9	10	12	1	0	已完成
36			杨柳青镇白滩寺村	管网 + 污水处理站工程		9	10	12	1	0	已完成
37			杨柳青镇隐贤村	管网 + 污水处理站工程		9	10	12	1	0	已完成
38			辛口镇当城村	接入污水市政管网处理工程		9	10	12	1	0	已完成
39			辛口镇水高庄村	接入污水市政管网处理工程		9	10	12	1	0	已完成
40			王稳庄镇小孙庄村	接入污水市政管网处理工程		9	10	12	1	0	已完成
41			王稳庄镇东兰坨村	接入污水市政管网处理工程		9	10	12	1	0	已完成
42	保护水和湿地生态系统	加强河湖水生态保护	2018 年全市实施西青区河道及水库、湿地周边造林 16 公顷		市林业局	1	3	12	1	0	已完成

表 2　　西青区 2018 年贯彻落实河长制整改河湖水环境问题任务

<table>
<tr><th rowspan="2">序号</th><th colspan="2">问题清单</th><th colspan="4">措施清单</th></tr>
<tr><th>问题类型</th><th>位置说明</th><th>治理任务</th><th>完成时限</th><th>责任单位</th><th>牵头部门</th></tr>
<tr><td>1</td><td>工业企业污染</td><td>巨丰（天津）轮胎有限公司</td><td>建立污水处理净化设备</td><td>2018 年 12 月</td><td>张家窝镇</td><td>区环保局</td></tr>
<tr><td>2</td><td>工业企业污染</td><td>天津市飞亚达橡胶制品有限公司</td><td>建立污水处理净化设备</td><td>2018 年 12 月</td><td>张家窝镇</td><td>区环保局</td></tr>
<tr><td>3</td><td>管网问题</td><td>吉庆道</td><td>雨污混流改造 2 处</td><td>2018 年 11 月</td><td>张家窝镇</td><td>区建委</td></tr>
<tr><td>4</td><td>管网问题</td><td>知景道</td><td>雨污混流改造 4 处</td><td>2018 年 11 月</td><td>张家窝镇</td><td>区建委</td></tr>
<tr><td>5</td><td>管网问题</td><td>康定路</td><td>雨污混流改造 1 处</td><td>2018 年 11 月</td><td>张家窝镇</td><td>区建委</td></tr>
<tr><td>6</td><td>管网问题</td><td>辛老路</td><td>雨污混流改造 1 处</td><td>2018 年 11 月</td><td>张家窝镇</td><td>区建委</td></tr>
<tr><td>7</td><td>管网问题</td><td>灵泉南里东侧小路</td><td>雨污混流改造 1 处</td><td>2018 年 11 月</td><td>张家窝镇</td><td>区建委</td></tr>
<tr><td>8</td><td>管网问题</td><td>张家窝镇</td><td>雨污管网混串接排查整改及疏浚</td><td>2018 年 12 月</td><td>张家窝镇</td><td>区建委</td></tr>
<tr><td>9</td><td>河道底泥污染</td><td>东西排总河</td><td>河道清淤治理工程</td><td>2018 年 12 月</td><td>区水务局</td><td>区水务局</td></tr>
<tr><td>10</td><td>河道底泥污染</td><td>丰产河故道</td><td>河道提升改造工程</td><td>2018 年 9 月至 2019 年 12 月</td><td>张家窝镇</td><td>区水务局</td></tr>
<tr><td>11</td><td rowspan="7">雨污合流</td><td>慧轩家园</td><td rowspan="7">雨水管线总长约 4 千米，雨水管径为 DN600、DN800、DN1000；污水管线总长约 1 千米，污水管径为 DN300</td><td>2018 年 6 月</td><td rowspan="7">西营门街</td><td rowspan="7">区建委</td></tr>
<tr><td>12</td><td>兆发家园</td><td>2018 年 6 月</td></tr>
<tr><td>13</td><td>嘉汇园</td><td>2018 年 6 月</td></tr>
<tr><td>14</td><td>赵苑西里</td><td>2018 年 6 月</td></tr>
<tr><td>15</td><td>南岸家园</td><td>2018 年 6 月</td></tr>
<tr><td>16</td><td>绿茵小区</td><td>2018 年 6 月</td></tr>
<tr><td>17</td><td>怡和新村</td><td>2018 年 6 月</td></tr>
<tr><td>18</td><td>管网问题</td><td>西营门街</td><td>雨污管网混串接排查整改及疏浚</td><td>2018 年 12 月</td><td>西营门街</td><td>区建委</td></tr>
<tr><td>19</td><td>管网问题</td><td>王顶堤商贸城</td><td>接入市政污水管网</td><td>2018 年 6 月</td><td>西营门街</td><td>区建委</td></tr>
<tr><td>20</td><td>水质问题</td><td>南运河西营门段</td><td>水质提升改造</td><td>2018 年 6 月</td><td>西营门街</td><td>西营门街</td></tr>
<tr><td>21</td><td>工业企业污染</td><td>天塑科技集团有限公司包装材料分公司</td><td>购置污水净化设施</td><td>2018 年 12 月</td><td>李七庄街</td><td>区环保局</td></tr>
<tr><td>22</td><td>工业企业污染</td><td>道桥处拌和场</td><td>购置污水净化设施</td><td>2018 年 12 月</td><td>李七庄街</td><td>区环保局</td></tr>
<tr><td>23</td><td>管网盲区</td><td>蔡台工业园片区</td><td>铺设管网</td><td>2018 年 12 月</td><td>李七庄街</td><td>区建委</td></tr>
<tr><td>24</td><td>雨污合流</td><td>辛院老村</td><td>铺设雨水管网或做集水池</td><td>2018 年 12 月</td><td>李七庄街</td><td>区建委</td></tr>
<tr><td>25</td><td>管网问题</td><td>李七庄街</td><td>雨污管网混串接排查整改及疏浚</td><td>2018 年 12 月</td><td>李七庄街</td><td>区建委</td></tr>
<tr><td>26</td><td>管网混接</td><td>理工大学</td><td>泵站改造</td><td>2018 年 12 月</td><td>市管网公司、李七庄街</td><td>区建委</td></tr>
<tr><td>27</td><td>河道底泥污染</td><td>南丰产河</td><td>河道清淤治理工程</td><td>2018 年 12 月</td><td>区水务局</td><td>区水务局</td></tr>
<tr><td>28</td><td>工业企业污染</td><td>天津市石天药业有限责任公司</td><td>工业企业治理</td><td>2018 年 12 月</td><td>王稳庄</td><td>区环保局</td></tr>
</table>

续表

序号	问题清单		措施清单			
	问题类型	位置说明	治理任务	完成时限	责任单位	牵头部门
29	管网盲区	二候庄	二候庄村农业设施、示范镇配套设施污水收集入津淄公路管网	2018 年 12 月	王稳庄	区建委
30	雨污合流	东兰坨村	新建污水管网	2018 年 12 月	王稳庄	区建委
31	雨污合流	大候庄村	新建污水管网	2018 年 12 月	王稳庄	区建委
32	雨污合流	小孙庄村	新建污水管网	2018 年 12 月	王稳庄	区建委
33	污水管网损坏	津淄公路东兰坨小学路至杨科庄万马变电站	污水管道更换	2018 年 12 月	王稳庄	区建委
34	管网问题	王稳庄镇	雨污管网混串接排查整改及疏浚	2018 年 12 月	王稳庄	区建委
35	雨污合流	建新村	农村污水设施建设	2018 年 12 月	王稳庄	区农委
36	畜禽养殖	畜禽养殖户 34 家	粪污治理	2018 年 12 月	王稳庄	区农委
37	水产养殖	水产养殖户 37 家	水产养殖治理（2018 年完成试点工作）	2018 年 12 月	王稳庄	区农委
38	水质问题	中兴河	河道水质及环境治理提升改造	2018 年 12 月	王稳庄	区水务局
39	工业企业污染	艺婷包装制品	关停或搬迁	2018 年 12 月	大寺	区环保局
40	工业企业污染	可心电子有限公司	关停或搬迁	2018 年 12 月	大寺	区环保局
41	管网混接	王村利达钢管	管道切改	2018 年 12 月	大寺	区建委
42	管网问题	大寺镇	雨污管网混串接排查整改及疏浚	2018 年 12 月	大寺	区建委
43	畜禽养殖	畜禽养殖户 30 家	粪污治理	2018 年 12 月	大寺	区农委
44	河道底泥污染	南引河	河道清淤治理工程	2018 年 12 月	区水务局	区水务局
45	河道底泥污染	卫津河	河道清淤治理工程	2018 年 12 月	区水务局	区水务局
46	口门排污	飞鸽厂排水口	口门治理工程	2018 年 12 月	大寺	区水务局
47	口门排污	门道口排水口	口门治理工程	2018 年 12 月	大寺	区水务局
48	口门排污	张道口排水口	口门治理工程	2018 年 12 月	大寺	区水务局
49	口门排污	友谊南路排水口	口门治理工程	2018 年 12 月	大寺	区水务局
50	口门排污	大寺镇排水口 1	口门治理工程	2018 年 12 月	大寺	区水务局
51	口门排污	西青技术开发区排水口	口门治理工程	2018 年 12 月	大寺	区水务局
52	口门排污	津港公路排水口 1	口门治理工程	2018 年 12 月	大寺	区水务局
53	口门排污	津港公路排水口 2	口门治理工程	2018 年 12 月	大寺	区水务局
54	口门排污	解放南路立交桥排水口	口门治理工程	2018 年 12 月	大寺	区水务局
55	口门排污	龙居小区口	口门治理工程	2018 年 12 月	大寺	区水务局
56	口门排污	大任庄口	口门治理工程	2018 年 12 月	大寺	区水务局

续表

序号	问题清单		措施清单			
	问题类型	位置说明	治理任务	完成时限	责任单位	牵头部门
57	口门排污	金角排口	口门治理工程	2018 年 12 月	大寺	区水务局
58	口门排污	李庄子口	口门治理工程	2018 年 12 月	大寺	区水务局
59	口门排污	青泊洼口	口门治理工程	2018 年 12 月	大寺	区水务局
60	口门排污	石材城口	口门治理工程	2018 年 12 月	大寺	区水务局
61	管网盲区	小卞庄工业园	完善工业区内污水管网设施	2018 年 12 月	精武	区建委
62	管网盲区	闫庄子工业园	完善工业区内污水管网设施	2018 年 12 月	精武	区建委
63	管网盲区	孙庄子工业园	完善工业区内污水管网设施	2018 年 12 月	精武	区建委
64	管网盲区	牛坨子工业园	完善工业区内污水管网设施	2018 年 12 月	精武	区建委
65	管网盲区	小南河工业园	完善工业区内污水管网设施	2018 年 12 月	精武	区建委
66	管网合流	永红工业区	对工业园区合流制管网进行分流改造及对管网混接状况进行改造	2018 年 12 月	精武	区建委
67	雨污合流	姚村小区	对姚村小区内雨污水管网进行分流改造	2018 年 12 月	精武	区建委
68	雨污合流	精武镇老工业区	现状为合流管网，对其进行分流改造	2018 年 12 月	精武	区建委
69	管网问题	精武镇	雨污管网混串接排查整改及疏浚	2018 年 12 月	精武	区建委
70	河道底泥污染	程村排水河	河道综合治理	2018 年 12 月	精武	区水务局
71	河道底泥污染	丰产河精武镇段	河道综合治理	2018 年 3 月至 2019 年 6 月	精武	区水务局
72	畜禽养殖	畜禽养殖户 6 家	畜禽养殖治理	2018 年 12 月	精武	区农委
73	管网混接	师范大学	泵站改造	2018 年 12 月	市管网公司、精武镇	区建委
74	管网盲区	铁路东排干	区域截污，企业搬迁	2018 年 12 月	辛口	区环保局
75	管网盲区	水高庄村	农村生活污水处理	2018 年 12 月	辛口	区农委
76	管网盲区	当成村（村委会、鑫城里小区）	农村生活污水处理	2018 年 12 月	辛口	区农委
77	畜禽养殖	畜禽养殖 33 家	全部清理取缔	2018 年 12 月	辛口	区农委
78	水产养殖	水产养殖户 17 家	水产养殖治理	2018 年 12 月	辛口	区农委
79	水质问题	改道河南当城村、大沙沃村片区	水系连通、泵站重建综合提升水质及河道环境	2018 年 4 月至 2019 年 6 月	辛口	区水务局
80	河道底泥污染	阜春河	河道综合治理	2018 年 12 月	中北	区水务局
81	河道底泥污染	三、四排干	河道综合治理	2018 年 12 月	中北	区水务局
82	管网问题	中北镇镇域主、次道路	雨污管网混串接排查整改及疏浚	2018 年 12 月	中北	区建委

续表

序号	问题清单		措施清单			
	问题类型	位置说明	治理任务	完成时限	责任单位	牵头部门
83	管网问题	中北工业园、汽车园	雨污管网混串接排查整改及疏浚	2018 年 12 月	中北	区建委
84	畜禽养殖	畜禽养殖户 3 家	取缔拆除	2018 年 12 月	中北	区农委
85	管网问题	开源路污水泵站	泵站建设工程	2018 年 12 月	中北	区建委
86	管网问题	紫光路污水泵站	泵站建设工程	2018 年 12 月	中北	区建委
87	工业企业污染	天津宾士食品有限公司	建立污水处理净化设备	2018 年 12 月	杨柳青	区环保局
88	工业企业污染	爱你士化妆用具（天津）有限公司	冷水处理	2018 年 12 月	杨柳青	区环保局
89	工业企业污染	天津市西青区江海肉类食品厂	建立污水处理净化设备	2018 年 12 月	杨柳青	区环保局
90	管网盲区	白滩寺村	新建污水处理设施	2018 年 12 月	杨柳青	区农委
91	管网盲区	四街（水厂周边）	关停周边污染企业	2018 年 12 月	杨柳青	区环保局
92	管网盲区	一街（电厂东）	关停周边污染企业	2018 年 12 月	杨柳青	区环保局
93	雨污合流	前桑园村	管网建设	2018 年 12 月	杨柳青	区建委
94	管网问题	杨柳青镇	雨污管网混串接排查整改及疏浚	2018 年 12 月	杨柳青、区市政管理所	区建委
95	河道底泥污染	南运河杨柳青段	河道清淤治理工程	2018 年 12 月	区水务局	区水务局
96	畜禽养殖	畜禽养殖 12 家	粪污治理	2018 年 12 月	杨柳青	区农委
97	管网问题	国际工业城泵站排水口上游	管网疏通，排查混（串）接区域并整改	2018 年 12 月	开发区	区建委
98		开发区四期 A 区泵站排水口上游				
99		开发区三期泵站排水口上游				
100		开发区四期 B 区泵站排水口上游				
101		开发区十一之路泵站排水口上游				
102		开发区产业园泵站排水口上游				

【水务规划】 制定《西青区贯彻落实河长制水环境问题治理工作方案》，计划 2018—2020 年用 3 年时间，按照 50%、40%、10% 的比例完成 389 个水污染治理任务，治理后，西青整体水环境将得到极大改善。

编制《西青区水系连通规划》。2017 年 12 月 29 日，《市水务局关于印发中央环境督查反馈意见第 46 项整改内容全面完成整改工作方案的通知》要求，各区组织制定水系连通规划，西青区水务局委托黄河勘测规划设计有限公司承担《西青区水系连通规划》（简称《规划》）编制任务。《规划》结合西青区水系连通现状，充分考虑水资源空间分配不均的特点，科学提出了总体布局，即陈台子排水河以东和以西 2 个水系连通片区，通过实施水循环调控工程、泵站工程和区域水系改造工程建设，形成系统完善的水系连通体系，实现“水清、水满、水流动、水利用”的总体治理目标。2018 年 3 月，《规划》上报区政府审议。4 月 4 日，区政府对《规划》进行了批复。

编制《再生水利用规划》。依据《水污染防治行动计划》（“水十条”）、《关于推进海绵城市建设的指导意见》《城市黑臭水体整治工作指南》

《国务院关于深入推进新型城镇化建设的若干意见》《天津市住宅及公建再生水供水系统建设管理规定》等文件的要求，西青区委托天津市城市规划设计研究院承担《西青区再生水利用实施方案》编制任务。《方案》结合西青区再生水利用方向，规划优先安排供给用水稳定、经济效益显著的工业大用户，其次供给市政环境（园林绿化与道路浇洒）、大型景观和居民杂用；低品质再生水主要用于补充河道生态用水，多余水量通过独流减河调往静海用于河道生态补水与农业灌溉。近期建设水源干管实现大寺新家园、张家窝镇、中北镇、精武镇大学城以及环内王兰庄等地区通水。远期完善各街镇再生水配套管网，满足各街镇、各类型用户用水需求，全面提升西青区再生水利用水平。规划目标为到 2020 年，全区再生水利用量 3077.48 万立方米，再生水利用率达到 40%；到 2030 年，全区再生水利用量 6139.49 万立方米，再生水利用率达到 62%。2018 年 12 月，区政府对《西青区再生水利用实施方案》进行批复。

制定《西青区河道蓝线划定方案》，截至 12 月底，已完成图上作业，并开展了试点工作。

【防汛抗旱】

1. 雨情

2018 年，西青区全年降水量 626.5 毫米，降雨天数为 60 天，比上年同比增加 22%，为多年平均的 124%。汛期（6 月 1 日至 9 月 15 日），全区平均降雨量 422.5 毫米，具有降雨频繁，雨量不均的特点，较上年同期偏多 77.5 毫米，其中 6 月降雨量为 67.3 毫米，7 月降雨量为 262.5 毫米，8 月降雨量 185.5 毫米，9 月降雨量为 18 毫米。汛期，当年日最大降雨量发生在 7 月 23 日 22 时至 24 日 12 时，西营门街降雨量为 195.2 毫米。汛期共排除沥水 7521 万立方米。

7 月 24 日，受台风“安比”北上影响，全区突降短时强降雨，至 12 时，全区平均降雨量达 145 毫米，其中西营门街 189.5 毫米，李七庄街 180.3 毫米，张家窝镇 174.3 毫米。李七庄街杨楼片区、精武镇永红工业区、104 国道隐贤村地道等多个低洼片区出现不同程度积水。

2. 防汛

（1）组织机构。

2018 年，西青区牢固树立“无雨当有雨防，小雨当大雨防”的意识，在思想和行动上做到早部署、早准备、早落实。西青区政府成立以区长为核心的区级防汛抗旱指挥部。各街道办事处及镇政府相应设街镇级防汛抗旱指挥部，其他有关单位根据需要设立防汛抗旱组织机构，负责本行政区域或本部门的防汛抗旱工作。防汛抗旱指挥部办公室设在区水务局，是西青区防汛指挥部的常设机构，由区水务局局长高广忠任办公室主任。调整落实 53 个防汛成员单位，区、镇、村相关单位层层签订防汛责任书，促进了以行政首长负责的快速反应机制不断完善。

2018 年西青区防汛抗旱指挥部机构成员：

指　　挥：白凤祥　区长

常务副指挥：方　伟　主管农业副区长

副 指 挥：于福良　区武装部部长

张晓辉　区政府办公室主任

时迎春　区农经委主任

高广忠　区水务局局长

为更好地执行市、区两级防指部署决定，应对防汛应急处置工作，汛前，成立了气象组、水情组、调度组、抢险抢修组、转移安置组、通讯组、物资组、财务组、保卫组、交通运输组、生活保障组、信息宣传组，在区防办的统一领导下，开展各项防洪减灾工作。

（2）防汛预案。

汛前，区防办组织修订了《西青区 2018 年防洪抢险分预案》《西青区 2018 年农村除涝分预案》《西青区 2018 年重要二级河道调度分预案》《西青区 2018 年建委建成区防汛排沥分预案》《西青区 2018 年东淀蓄滞洪区群众转移安置分预案》《西青区 2018 年东淀蓄滞洪区分洪口门分预案》《西青区 2018 年东淀蓄滞洪区阻水堤埝紧急拔除分预案》《西青区 2018 年接受安置静海区转移群众分预案》《西青区2018年防汛抢险物资保障分预案》《西青区2018年鸭淀水库调度运用及防抢分预案》《西青区2018年防汛通讯保障分预案》《西青区2018年防汛公路抢险分预案》《西青区2018年城镇易积水居民区危房群众安置实施分预案》《西青区2018年防汛交通保障分预案》14项分预案。各街镇、村结合各自防汛工作实际和承担的防汛任务，修订部门预案158项。同时，区防办结合承担的抗旱工作任务，修订完善了《西青区2018年抗旱工作预案》，为应对抗旱工作做好准备。

（3）防汛物资储备。

投资339万元，修缮区防汛物资仓库，采购无人机等防汛物资，代储3000立方米砂石料。各街镇、开发区，分别储备防汛物资30余种（表3）。

（4）防汛队伍建设（演练）。

区武装部、区水务局组织了500名民兵、300名预备役官兵、400名武警战士、240名军队官兵、38名水利专业技术人员5支区级防汛抢险队伍，共计1478人（表4）。街镇、开发区各自组建了由综合执法队员、群众等组成的防汛抢险队伍，共计5000余人。主汛前，区防办、区武装部积极开展军地联合查勘，与市武警总队、警备区、驻区部队，在重要行洪河道、堤防、蓄滞洪区关键点位进行现场勘查，细化落实应急抢险行动方案，确保关键时刻拉得出、冲得上、打得赢。区防办组织区防汛专业技术抢险队员、街镇及开发区水利部门负责人及专业技术人员，共计80余人，开展了防汛抢险技术的理论学习和防汛抢险技术培训、演练，并接受了区人大常委会工作视察，提高了全区防汛抢险专业技术人员的理论水平和实战能力。同时，各街镇、开发区及有关单位结合自身防汛工作特点，也开展了不同形式和内容的防汛业务培训和抢险演练，增强了西青区各级防汛抢险队伍的实战能力。

表3　　西青区防汛物资储备

物资品名	单位	规　　格	储备数量
桩木	立方米	长3米、4米，半径0.06米	243
编织袋	万条	0.5米×0.8米	40.5
铅丝	吨	8号	4.4
片石	吨		5710
砂石料	吨		3000
铁锨	万把		0.043
临时泵（车）	台	临时水泵	6
		直径300毫米水泵	2
移动泵（车）	台	移动泵车	3
		柴油机移动泵车	3
		自发电水泵3寸	2
		自发电水泵4寸	13
		自发电防汛泵4寸	1
自吸式应急泵	台	6寸	4
自发电防汛泵	台	4寸	1
新型防汛围井			10

续表

物资品名	单位	规　格	储备数量
新型防汛排体		三种规格 10：4×6/6×8/8×10	30
干粉灭火器	个	推车式，35 千克	4
应急工具箱	个	应急照明工具箱	1
土工布	平方米	6 米×100 米，6 米×35 米	4010
救生衣	件		450
救生圈	只		100
橡皮船	条		2
冲锋舟	艘		4
钢管	吨	1.5 寸	1.731
管件	个	直角管卡 400 个，万向管卡 50 个，直通管卡 50 个	500
照明设备	台（套）	自动升降工作灯	4
头灯	个		200
防水手提灯	个		10
油锯	个		5
手钳	个		50
扳手	个	12 寸	50
防洪沙袋	个	尺寸：40 厘米×70 厘米	1000
铅丝网片	片		100
打桩机	台	多功能	2
无人机	架		1

表 4　　西青区防汛抢险队伍基本情况统计

队伍名称	队伍性质	人数/人	装备情况	职责范围	人员构成
防汛抢险队伍	民兵	500	5 部运输车	承担全区范围防汛抢险任务	民兵
防汛抢险突击队	预备役	300	9 部运输车	承担全区范围防汛抢险任务	预备役官兵
防汛抢险机动队	武警特战 2 支队	400			武警战士
防汛抢险队	电子对抗 5 旅	240			武警战士
防汛专业技术抢险队	专业队	38	挖掘机 1 部、推土机 1 部、运输车 2 辆	防汛抢险技术指导	水务职工

（5）防汛检查。

西青区坚持汛期不过、检查维修不止的工作理念，6 月 29 日，区人大常委会对防汛工作开展情况及抢险技术演练情况进行视察。7 月 11 日，区委书记李清对全区防汛工作情况进行视察，对东淀阻水坝埝水高庄一号口门、第六埠分洪口门、区防汛物资仓库等点位进行了现场检查。针对各成员单位防汛值班情况，7 月 7 日，区防办与区委督查办联合开展了电话查岗工作，通过检查各单位严格执行24小时值班和领导带班制度，人员上岗值守情况良好。8月8—9日，区水务局局长高广忠带领区防办人员针对全区易积水片区情况，赴大寺镇、杨柳青镇、精武镇等地进行基层调研，并针对各积水片区提出了整改措施建议。开展东淀蓄滞洪区基本情况核查，落实施工队伍、机械设备及96部保障车辆，确保蓄滞洪区及时运用。强化隐患排查。明确水库安全管理三级责任人；对重要区属水利工程设施、点位和3条防洪堤防进行了隐患排查，清理阻水坝埝6处，拦河网具、地笼800余个。

（6）蓄滞洪区、水库管理。

西青区防办针对东淀蓄滞洪区的启用，召开了东淀蓄滞洪区管理工作的会议，组织辛口镇、杨柳青镇认真开展蓄滞洪区基本情况核查，督促落实了巡查责任单位与人员，细化落实了蓄滞洪区运用人员转移方案。指导辛口镇、杨柳青镇制定了转移安置工作方案，修订完善了相关预案，向淀内居民发放明白卡并设立告知牌，落实了96部车辆保障群众安全转移，落实了施工队伍、机械设备，随时做好阻水坝埝、分洪口门扒除准备，确保蓄滞洪区及时运用。

按照水利部要求，进一步明确了鸭淀水库区级责任人、主管部门责任人、管理单位责任人的水库大坝安全管理三级责任人，修订完成了水库大坝安全管理应急预案、防汛抢险应急预案、安全运行调度规程和预测预报预警方案“四个预案”，为做好防汛工作奠定了坚实的责任基础和制度保障。

（7）防汛信息化建设。

为解决已建视频监控系统设备老化，视频传输技术落后，图像不清晰、信号不稳定等问题，在全区形成覆盖区域内一、二级河道的视频监控系统。西青区投资1383万元，实施智慧水务建设，主要建设内容包括94处自动水位监测、18座泵站和73处水利设施运行视频监测、11套视频会议系统及数据库、管理平台建设。6月底，完成了方案设计和项目招投标等前期工作，7月开工建设，至12月底全部完工。

（8）防御强降雨。

7月23日夜间至24日上午，受第十号台风“安比”影响，西青区普降大到暴雨，全区平均降水量为137.4毫米。西青防指主要成员单位领导及相关工作人员始终工作在抢险第一线，水务局全员上岗，不断加大河道、道路、地道、涵洞、小区等的排水力度。截至25日上午9时，全区二级河道总共开泵59台，开泵1284台时，向独流减河排水1930万立方米，全区16条二级河道水位正常，各街镇、开发区积水点位全部恢复正常，最大限度降低了淹泡损失，完成了防大汛、除大涝、抢大险的工作目标。

3. 抗旱

西青区水务局高度重视抗旱工作，密切关注旱情、水请、墒情变化，科学调度水源，统筹安排，有效保障生产、生活、生态各类用水。2018年，西青区降雨较为频繁，未发生旱情。

【农业供水与节水】 西青区总灌溉面积10870.4公顷，有效灌溉面积7082.667公顷，其中林地及果园灌溉3787.733公顷。根据2018年西青区农业用水台账统计，全区农业用水5214.474万立方米，包括地表水4247.868万立方米，地下水966.606万立方米。

【村镇供水】 2018年，西青区农村地下水总开采量为220.34万立方米，其中生活用水29万立方米，公共用水64.11万立方米、环境用水127.23万立方米。

【农田水利】 2018年，西青区大力推进高标准农田建设，夯实现代农业建设基础。按照《2018年小型水利工程实施方案》，投资2347.1666万元，新建排涝泵站2座，新建闸涵37座，同时安排杨柳青镇5个片区清淤工程，清淤沟渠101条。截至12月底，完成农田水利工程的项目审查、投资计划下达及街镇小型农田水利工程施工招标等前期工作，完成工程形象进度的45%，部分小农水工程已发挥效益。投资366.2908万元，实施宽河泵站绿化提升改造工程，泵站出入口道路两侧、主入口节点、临水景观、办公楼侧游园、站内道路两侧绿化及场区域地面硬化，绿化面积为14400平方米。投资769.9277万元，维修改造国有泵站6座（琉城西泵站、新东场泵站、一扬泵站、小孙庄泵站、二期泵站、跑水洼泵站），闸涵1座（大沽排水河与东西排总河联通闸）。投资328万元，完成2017年二期及2018年北大港水库库区及移民安置区项目的施工任务，选址拆除重建8个大棚，工程已投入使用。

依据西青区委制定的帮扶实施方案，投资998万元，积极推进辛口镇第六埠村千亩稻田节水帮扶项目施工任务，为第六埠困难村千亩稻田正常蓄水打下基础，确保困难村的集体经济效益。

【水土保持】 按照《中华人民共和国水土保持法》的有关规定和市水务局对工程项目水土保持方案的规定，配合西青区审批局完成工程项目水土保持方案的审批88个，规范了西青工程项目水土保持方案审批流程，真正做到了水土保持方案从立项抓起的工作创新。

【工程建设】

1. 建设项目

2018年，西青区水务局完成投资13646.8156万元，实施卫津河、南引河、南丰产河、东西排总河、南运河杨柳青镇项目一区、南运河杨柳青镇项目二区河道治理和新东场泵站重建工程。

卫津河清淤改造工程（蓟汕高速收费站至津港公路），工程批复总投资为703.6520万元，其中中央补助资金230万元，区自筹473.6520万元。工程建设内容为对卫津河（蓟汕高速收费站至津港公路）河道进行底泥清除、边坡修整等，治理长度为1.815千米。工程于2018年5月5日开工，6月8日完工。

南引河清淤改造工程（总排河至李港铁路），工程批复总投资为705.7579万元，其中中央补助资金360万元，区自筹345.7579万元。工程主要建设内容为对南引河（总排河至李港铁路）段及南引河支渠段河道进行清淤、边坡修整等治理，治理长度为南引河2.075千米，支渠0.319千米。工程于2018年5月10日开工，6月15日完工。

南丰产河清淤改造工程，工程批复总投资为601.3045万元，全部为区自筹。工程建设内容分为两个部分：①丰产河支渠段，起点为丰产河支渠与外环线相交处闸，终点为南丰产河，治理长度1.268千米，主要对河道进行清淤、边坡浆砌石勾缝剔除及修复、曝气浮床设计处理；②南丰产河段，治理长度2.52千米，起点为外环线14号桥，终点为王兰庄闸，主要对河道进行曝气浮床设计处理。工程于2018年5月3日开工，6月7日完工。

西青区东西排总河清淤改造工程（高泰路至海泰节制闸），工程批复总投资为666.8912万元，全部为区自筹。主要建设内容分为两个部分：①河道清淤，起点为高泰路，终点为海泰节制闸，全长1.326千米；②曝气浮床设计，起点为镇南泵站，终点为海泰节制闸，全长3.52千米。工程于2018年5月3日开工，10月5日完工。

天津市西青区中小河流治理重点县综合整治试点西青区南运河杨柳青镇项目一区，批复工程总投资4434.78万元，其中工程投资3165.36万元，由中央及市级财政补助资金和区自筹解决，征地拆迁补偿费1269.42万元，由区自筹解决。工程主要任务是对南运河（南运河与郑庄子排干交汇处至南运河桥上游弯道处）长1.7千米进行治理，主要工程内容为对河道进行清淤疏浚及堤防填筑、岸坡生态防护、河道沿岸现有桥梁防护、娄家院闸拆除重建。2018年投资4164.31万元，于2018年9月13日开工，截至12月底，完成娄家院闸拆除重建、河道清淤、部分岸坡护砌施工任务。

天津市西青区中小河流治理重点县综合整治试点西青区南运河杨柳青镇项目二区，批复工程总投资 5067.03 万元，其中工程投资 3184.22 万元，由中央及市级财政补助资金和区自筹解决，征地拆迁补偿费 1882.81 万元，由区自筹解决。工程主要任务是对南运河（南运河桥上游弯道处至宝安江南城南运河橡胶坝）长 1.5 千米进行治理，主要工程内容为对河道进行清淤疏浚及堤防填筑、岸坡生态防护、河道沿岸现有桥梁防护、拆建穿堤涵闸 1 座。2018 年投资 4804.90 万元，于 2018 年 9 月 13 日开工，截至 12 月月底，完成河道清淤、部分岸坡护砌施工任务。

西青区新东场泵站重建工程，工程批复总投资 7465.11 万元，其中中央预算内投资 3800 万元，区自筹 3665.11 万元。泵站原址拆除重建，主要建设内容包括进出水池、泵站主体、出水渠、引水渠等工程，建设规模为排水流量 20 立方米每秒，引水流量 10 立方米每秒，设置 6 台 1200ZLB125 型立式轴流泵。2018 年投资 2000 万元，于 2018 年 9 月 14 日开工，截至 12 月月底，完成全部基础灌注桩、主泵房水泵层、引水进水闸的施工任务，计划 2019 年 12 月完工。

2. 项目建设管理

强化项目前期工作。为确保西青区水利工程项目高效、顺利实施，通过公开招投标方式选择技术实力雄厚的设计单位，协调沟通当地政府，认真考察，实地踏勘，严格按相关规范和文件规定编制各阶段方案；同时加强与区财政、审批局等部门的协调沟通，按要求上报各类前期手续，并及时掌握项目申报进度、审查结果，认真整改工作中存在的问题和不足，形成前期工作合力，确保前期工作顺利推进。

强化工程质量管理。注重完善管理机制，强化落实主体责任，与各参建单位签订《质量终身责任承诺书》，对施工过程进行全方面动态管理。要求设计单位建立设计服务体系，负责工程技术交底，并派驻工地代表在施工过程中根据实际情况随时进行技术指导；要求监理单位质量控制体系，成立项目监理部，对工程施工进行动态监理，严格控制工程质量、进度等，对重要工序、重要部位实行旁站监理，对于不合格的工序责令其进行整改，合格后方可进行下一工序的施工，严把质量关；要求施工单位建立施工质量管理体系，现场成立项目经理部，按照技术交底、施工图纸组织施工，对施工放线、基础处理等重要部位施工严格把关。

强化工程安全生产管理。按照“安全第一，预防为主，综合治理”的指导思想，不断完善安全生产管理制度，与各参建单位签订《建设工程四方主体单位安全生产责任书》；针对工程特点开展安全岗前培训，重点进行施工机械、安全用电等方面的讲解，提高预防安全事故的意识与能力，有效防范各类事故的发生；对工程现场进行消防演练，要求各施工现场制订应急预案，责任分区分部位落实到人，增强作业人员突发险情情况下的应急反应及处理能力，有效控制险情中人身及财产损失。定期召开安全生产工作例会，要求施工单位做好安全隐患排查；同时对工程安全定期检查与不定期抽查，对检查发现的问题要求施工单位及时整改，做到对安全生产隐患整改闭合管理。

坚持监管到位，确保资金使用安全。为强化财务管理，西青区水利工程建设管理中心不断完善内部管理制度，做到资金收支专款专用，独立核算；加强合同管理，严格投资控制，按照建设进度逐级审批、拨付工程款；不断强化建设资金监管，确保资金使用安全。

【供水、排水工程建设与管理】 2018 年，全面完成 2016 年西青区地下水水源转换工程技术档案的整理工作；对 2017 年水源转换工程涉及的 43 眼企事业单位机井进行封填。此外，将杨柳青镇、精武镇、大寺镇、西营门街、李七庄街的 41 眼列入水源转换工程实施计划，截至 6 月月底，已完成入户管网的勘察设计、实施方案编制及机井封填项目的招标和合同签订工作。

2018年，西青区水务局认真制定污水处理费征收计划，全年共计征收污水处理费580.7956万元。

【科技教育】 3月，以“世界水日”“中国水周”专题活动为契机，深入杨柳青逸夫小学、杨柳青华能发电厂、柳苑里社区、假日润园社区等开展一系列节水宣传活动，并向活动参与人群讲解节水知识、节水小窍门、发放宣传材料等，使人们提高了节水意识，调动了全民的积极性。组织全局干部职工参观节水科技馆，普及基础知识，提升业务能力。开发“西青节水”公众号作为西青区节水宣传工作的有力平台，及时发布最新工作动态和宣传活动安排。

5月，“全国城市节水宣传周”期间围绕“实施国家节水行动，让节水成为习惯”宣传主题，联合市节水中心在西青区节水主题公园举办了隆重的启动仪式。同时深入到学校、社区、企业开展了宣讲节水倡议书、发放宣传材料等形式多样的宣传活动，并利用报纸、电视台等媒体扩大宣传影响力。

积极做好节水日常宣传，有针对性的宣传节水相关内容，切实营造起全社会科学用水、节约用水、文明用水的良好氛围。向各街镇、单位、学校、社区、重点商贸区发放宣传材料20000余份，手提袋、垃圾袋等宣传品26000余份。

为抓好水政监察队伍的建设，增强水政工作的实效，坚持通过学习教育统一执法人员思想，提高“依法治水”工作水平。基层和机关坚持每周利用半天的时间组织干部职工进行思想教育和法制学习，通过各类规章制度的学习促进执法能力的提高。全年组织执法人员60余人参加了水行政执法培训班。组织街镇综合执法人员进行了专项业务培训，对各项配套水政监察规范化制度进行学习，重点学习掌握在实际工作中如何运用水法律法规，共同研究实际工作中遇到疑难的解决方法等。保证了执法人员能够在执法过程中根据自己的职责、按照法定的程序、遵守法律的规定，贯彻落实好行政执法责任制。为大力推进“河长制”工作的落实，进一步加强河道水生态环境管理的督导和协调工作，推动河道水环境管理纳入到全区中心工作来抓。敦促各街镇提高河道管理工作的认识，加快提升河道水环境管理水平。组织一线水政监察人员、保洁人员和社会监督员召开专题会议并进行培训，全面提高河道的一线监管水平。

深入贯彻落实“七五”普法，全年组织水行政执法持证人员和街镇综合执法人员开展集中培训2次。结合水污染防治和水环境保护工作，重点对各街镇河道水环境综合管理召开了专题会议并进行培训。落实执法证件审验工作，至年末，共有水行政执法人员75人，其中部证持证人员44人，市证持证人员40人。

【水政监察】 2018年，西青区牢固树立“依法治水”理念，不断完善水政机构建设，在原有水政工作领导小组的基础上，结合“七五”普法、“法治西青”建设的工作要求，进一步充实完善组织领导机构。按照《取水许可和水资源征收管理条例》的规定，严把审批关，严格控制地下水的开采，严厉查处私自取用水行为，有效地维护了地下水资源的管理秩序；组织河道管理一所、河道管理二所巡查员，重点对城市建设规划、村庄、道路等经常施工、容易发生侵害河道行为的地段进行检查，确保对违反水行政管理规定的行为及时发现、及时制止、及时查处。全年协助区行政审批局完成审批14件，防洪评价2个。结合落实“河长制”工作，不断加大河道环境的治理力度，按照“属地管理”的原则，督促街镇及时对辖区内河道沿线的违法违章行为进行整改，保证了河道环境整洁、优美。截至12月月底，处理市区两级各类水环境监督问题36起，全年无重大水事违法案件。

【工程管理】

1. 河道管理

加强河道管理，全面改善西青区水环境质量，及时发现和查处涉河违法行为，促进长效机制，确保履行职责到位。适用于管理范围内全部一、二级河道的巡视巡查管理任务。全年河道巡查员巡河 5938 次，录入巡河记录 1700 次，处理水事案件 1 次。

河道日常巡查检查。做好执法巡查工作，严格巡查记录，发现河道范围内垃圾、漂浮物、弃土弃渣、各类堆积物和危险废物等问题要及时向单位主要领导及区水务局水政科汇报。

河道违法案件调查。执法人员及时发现、制止和上报法律、法规、规章规定禁止的、未经同意擅自进行的、可能引发水体污染及占河侵河的违法行为。严格执法巡查记录和调查记录，及时向单位主管领导和区水务局水政科报告。需要立案查处的，在 2 日内将案件资料整理齐全，上报区水务局水政科。

涉河项目的监督检查。依据区水务局下发的涉河工程许可文件，对关键性控制指标进行监督检查；对未批先建等违法建设的施工现场及时制止并上报主管领导。

考核办法。履行职责能力直接与年终考评相结合，并与评选先进和优秀挂钩。对日常巡查到位，发现问题及时，解决问题有力，成绩突出的个人在全所进行表扬。经考核办通报河道环境问题、对水事违法行为未能及时发现、及时制止、及时查处的，在全所进行批评，取消年底评选先进和优秀的资格。

2. 泵站运行管理

建立健全水管单位安全生产责任制和安全生产规章制度，逐人、逐岗全员签订安全生产责任书，做到安全投入、安全管理、基础管理、应急救援“四到位”，把属事责任落实到每个岗位，做到安全生产人人有责，人人尽责，有效问责。泵站订立值班制度、交接班制度，泵站运行制度、泵站作业安全管理制度、泵站日常工作流程、操作票、工作票制度、河道水质监控工作方案，规范值班、交接班工作流程和运行、维护安全操作规程。明确班组长职责，全面负责泵站工作；明确带班长职责，主要负责值班期间泵站工作；明确安全员职责，负责抓好泵站各项安全工作；明确仓库管理员职责，负责泵站仓库物品管理，做到责任明确到岗、明确到人。

加强泵站设备的维护保养工作，随时保持设备处于良好的状态，清扫辖区环境卫生和公共区域卫生，保持各个环节整洁有序。泵站运行记录中每半小时记录设备运行情况，同时记录进、出水池水质变化情况。泵站无运行任务时，分上午和下午两次巡查并记录进、出水池情况。每日及时上报泵站水位和开车运行台时，每月及时上报上月运行旬报。按时巡视，认真监视各个设备、仪表、仪器、各种保护及油位、水位、声音等各种指示信号，准确地填写各种运行记录，注重日常巡查工作，做到按时巡查按时上报，及时发现并消除隐患。在汛前地毯式大排查的基础上，重点对泵站机电设备、危险化学品领域、河口闸启闭设备及以及穿堤涵洞的巡视，保证安全度汛。

采取定期和日常相结合的方式进行安全生产大检查和隐患排查治理，坚持基层班组每天自查，机电组对下属泵站每半月进行安全检查，所安全生产领导小组每月排查，结合节假日及特殊时期对泵站进行专项安全检查。做好宣传教育培训工作，逐步健全标准化管理，做好安全生产标准化创建工作，改善安全生产现状，提高工作效能，提高安全生产水平。本着“安全第一，预防为主”的方针，坚持开展电工培训班，着力提升职工业务素养、强化安全操作规程。对各泵站消防设备进行定期检查、更换，组织开展安全生产知识培训、电工培训、新职工入职安全培训等，严格保证各岗位特种设备操作人员 100% 持证上岗，开展消防演习和防汛演习，全面提升职工安全意识，严格落实安全责任制。

【河（湖）长制】 2018 年全面铺开河长制工作，区、街镇、村三级河长严格落实各项工作责任，实现了由“见河长”到“见行动”“见成效”的转变。截至 12 月月底，区级河长共巡河 85 人次，街镇级河长巡河 3002 人次，村级河长巡河近 5 万人次，发现和解决水环境问题513个。严格落实13项工作制度，组织召开会议14次，执行实巡查制度过程中，对街镇下达书面整改通知98份。探索出台《西青区贯彻落实河长制工程和管理项目资金使用办法》，得到市河长办充分肯定。截至12月月底，已运用该制度审查通过24项河长制工程和管理项目。严格落实街镇河道出入境断面水质监测月考核制度，促进了街镇抓落实的力度。积极开展教育培训，分三期培训村级两委班子成员840人，促进村级河长履职自觉性和管水治水能力提升。同时，大力度推进专项行动落实。截至12月月底，通过牵头开展河湖水环境问题大排查大整治大提升、黑臭水体专项整治、河湖坑塘全面挂长、河湖坑塘清河行动、河湖“清四乱”专项整治、农村水环境清洁化治理等专项行动。将全区所有水体全部纳入管理，有效解决河道坑塘沟渠脏乱差等问题，使水环境问题得到遏制。

（1）印发湖长制实施方案。

2018年5月，为贯彻落实2018年1月《中共中央办公厅 国务院办公厅印发〈关于在湖泊实施湖长制的指导意见〉的通知》及天津市有关文件精神，进一步加强湖泊管理保护工作，结合西青区实际，启动了文件的编制工作，会同有关部门起草了《西青区全面落实湖长制实施方案》，初稿形成后，先后两次征求各职能部门、各街镇等31个单位的意见建议，共收到修改意见4条，采纳了4条，并根据反馈意见进行了修改。6月，报送市河长办进行专家评审，根据专家组审查意见认真修改完善，于9月27日正式印发《西青区全面落实湖长制实施方案》。12月21印发西青区湖长制会议制度等10项工作制度，有效规范和推进湖长制工作落实，保障湖泊保护管理和生态文明建设。

西青区共有湖泊2座，分别为水西公园湖（42.7万平方米）和梅江公园湖（80万平方米）；中型水库1座（鸭淀水库），面积1100万平方米。截至2018年年底，区级湖长巡查5人次，街镇级湖长巡查26人次。

（2）河湖水环境大排查大整治大提升专项行动。

此次专项行动自2018年11月开始共出动人员2348人次，累计排查出108个水环境问题，至2018年年底已整改完成106个，余下2个纳入“清四乱”专项行动解决。

（3）黑臭水体整治专项行动。

西青区列入住建部监管平台的东场引河4.39千米、南丰产河2.37千米、程村排水河5.65千米等3条黑臭水体的截污控源治理工程全部于2017年6月底前完成，主要污染源得到控制和消除，经第三方社会效果评估，监测指标合格、群众满意度较高。在生态环境部2018年6月初的专项督查和10月下旬的专项巡查中，治理效果得到专家组的认可，认定3条河道水体均已基本消除黑臭。在此期间，区水务局在全区范围内开展了黑臭水体大排查大治理行动，确保了在督查期间无新增黑臭水体，受到市河长办的充分肯定。

（4）全面挂长专项行动。

为贯彻落实市委书记李鸿忠“所有水体都要挂长”的重要批示精神，2018年6月，西青区全面开展调查摸底工作，坚持边调查边“挂长”的工作思路，确保了区域内所有水体有人管、管到位。通过排查，全区新纳管水体440处，其中沟渠83处、坑塘311处、景观水体44处、景观湖2处。

（5）建立“一河（湖）一档”。

2018年，按照市河长办8月29日印发的《关于开展区管河湖、坑塘“一河（湖）一档”建立工作的通知》要求，区河长办开展区管河湖“一河（湖）一档”建立工作，对区级领导担任河长的22条河道，担任湖长的2个湖泊和1个水库的基础信息进行收集、整理，汇总。同时，对本区10个街镇下达了《关于开展镇管河湖、坑塘“一河（湖）一档”建立工作的通知》，要求各街镇开展镇管河湖、坑塘“一河（湖）一档”的建立工作。按照市河长办要求，将河湖信息数据填入《一河（湖）一档模板》，由市河长办统一录入水利部“一河（湖）一档”系统。区河长办通过参加市河长办、水科院组织的培训，完善了西青区河湖动态数据填报工作。“一河（湖）一档”的建立为西青区实现河湖数字化、动态化、现代化管理提供重要的数据支撑。

（6）编制“一河（湖）一策”方案。

2018年，按照市河长办4月4日印发的《关于组织编制“一河（湖）一策”方案的通知》要求，区水务局委托黄河勘测规划设计有限公司负责编制《西青区“一河（湖）一策”方案》，涉及中亭河、外环河、纪庄子河、大沽排水河、陈台子排水河、津港运河、卫津河南丰产河、西大洼排水河、新赤龙河、总排河、中引河、南引河、洪泥河、东西排总河、程村排水河、丰产河、东场引河、改道河、自来水河、卫河、南运河等22条河道；鸭淀水库、水西公园、梅江公园胡3个区管湖泊。于2018年12月19日正式印发实施。

（7）河湖坑塘清河专项行动。

2018年7月，针对西青区部分农村坑塘沟渠水环境质量较差的实际，组织开展了为期一个月的“清河专项行动”，建立问题台账并立知立改。共排查发现并解决问题点位106处，其中水面漂浮物48处，垃圾56处，其他问题2处。

（8）河湖“清四乱”专项整治行动。

2018年8月，按照水利部及市河长办部署要求，开展为期一年的河湖“清四乱”专项整治行动，同时将“三大行动”向纵深推动。两批次共195处问题，截至2019年3月，已完成142处，2018年治理完成率位于天津市第二，有效打击了危害河湖生态健康的违法行为。

（9）农村水环境清洁化治理行动。

为打好农村人居环境整治三年行动第一仗，按照《西青区实施农村全域清洁化工程行动方案》，从2018年8月起，区河长办牵头组织各街镇开展农村水环境清洁化治理行动，给农村水环境“梳梳头”“洗洗脸”，切实改善农村水环境质量和面貌，并将每日治理成果形成工作简报。

【水务改革】 2018年，按照西青区农业水价综合改革的实施计划，投资567.3万元，完成了第一批（大寺、精武、李七庄、王稳庄、辛口、杨柳青和张家窝）7个街镇的实施方案审查、投资计划下达及施工工作。开展2018年第二批水价改革项目实施方案的设计工作，为完成2018年农业水价综合改革确定的2163.333公顷的目标打下基础。

2018年，依据2017年《西青区小型水利工程管理体制改革实施方案》，将区属二级河道16条、重点闸涵39座、区管泵站19座；街镇干渠33条、支渠97条、干、支渠节制闸62座、干渠扬水点25座、支渠扬水点41座、机井12眼、末级渠系低压管道节水工程50公顷，已全部登记造册，并向明晰产权的工程所有者颁发水利工程所有权证、使用权证并签订管理责任书共计346套。证书由区政府按照上级部门的要求统一监制，载明工程功能、管理与保护范围、产权所有者及其权利与义务。2018年，发证工作全部完成。

【水务经济】 2018年，鸭淀水库管理处全年渔业及租赁收入383.3万元。其中延续大水面传统养殖模式，对外承包租赁费，收入300万元；为陈塘庄热电厂提供备用水源，收取备水费72万元；其他租赁收入11.3万元，保证了鸭淀水库经济正常运行，为水库稳定发展打下了良好的基础。

【精神文明建设】 紧扣党的十九大精神研究部署年度党建工作，强化团委、工会、妇联建设，积极推动党建主题活动与群团活动融合，陆续开展了节水宣传、河道保水护水、文体活动、主题演讲等活动，有效激发了党员职工参与党建、群建的热情。

坚持把党的政治建设摆在首位、落到基层，把讲政治贯穿党建全过程，调整、提拔了8名优秀干部担任基层支部书记和党务副职，充分发挥领飞“头雁”效应，推动党务、业务全面进步；加大宣传力度，与西青电视台合作拍摄三期《水利风采》，大力宣传水环境治理、党建成果，推动党的建设与水务事业联动发展、相互促进。坚持把抓实学习教育活动作为有力抓手，深化“维护核心、铸就忠诚、担当作为、抓实支部”主题教育实践活动，推动解决党员干部在理想信念、担当作为、作风能力等方面的问题。以“五好党支部”标准推动组织建设规范化标准化，以开展不作为不担当专题组织生活会增强党建责任意识和制度落实力度，以区级部门党建检查为契机检验工作落实情况，“三会一课”等制度得到有效落实，党组织组织力进一步提升。积极开展党员承诺践诺、“双联系双报到”、红色网格员创文宣传、“万名党员当先锋·建设美丽新西青”等活动，支持党员积极参加志愿活动，多下基层、多接地气、多联系群众，有效发挥党员先锋模范作用，2018 年报到党员到社区服务近 400 人次。各支部通过与驻地社区构建共建共享模式，取得了双向促进、共同提高的良好效果。

狠抓学习教育。党委理论学习中心组旗舰作用有效发挥，政治学习的敏感性、主动性和自觉性显著提高，“固定学习日”制度、新媒体平台等多种方式叠加增强了学习效果。加强党员教育管理。组织举办了年度党员教育培训班，在职党员及入党积极分子共 150 名全部参加培训，切实提高了政治理论水平和实践初心、使命的责任意识；着眼于永葆党的先进性和纯洁性，发现和鼓励优秀青年干部积极向党组织靠拢，发展党员 2 名，确定积极分子 1 名。

强化源头治理，党风廉政建设有效推进。坚决贯彻全面从严治党总要求，把管党治党政治责任作为最根本的政治担当，着力强化主体责任和班子成员“一岗双责”落实。按照主要领导负总责，分管领导抓各线的原则，明确党建责任清单和任务清单，把年度党风廉政建设责任、重点工程、民心工程分解到每一位班子成员，层层传导责任，形成具体明确、环环相扣的责任链条，并对主体责任落实情况全程纪实监督。完善与派驻纪检组工作机制。加强工作联系与配合，坚持问题导向，在真抓常抓、抓紧抓实上下工夫，党内监督作用进一步发挥，“两个责任”有效落实，2018 年以来，运用“第一种形态”处理 9 人，使“咬耳扯袖、红脸出汗”成为常态。强化内部监督。加强廉政风险自查，全体干部职工结合岗位职责开展廉政自查，形成了横向到边、纵向到底的监督网络。深入学习宣传贯彻《中国共产党纪律处分条例》，进一步增强党员的纪律意识和规矩意识，不断规范和约束党员的行为，推动全面从严治党向纵深发展。

强化人才建设，干部队伍结构不断优化。坚决落实以事业取人的政治责任，坚持好干部标准，努力建设一支懂规矩、守纪律、能干事、干成事的党员干部队伍，一批政治素质高、业务能力强的干部脱颖而出，2018 年，提拔科级干部 13 人、轮岗交流干部 9 人，开展职级晋升工作 5 批次 13 人，干部队伍结构不断优化。坚持严管与厚爱结合，激励与约束并重，认真开展任前廉政谈话，做到既防微杜渐，又鼓励激发干事创业的动力。

【队伍建设】

1. 局领导班子成员

党委书记：高广忠（1 月任，12 月免）
　　　　　刘凤景（12 月任）

党委副书记：王绪忠（2017 年 6 月免纪检书记职务）

党委委员：赵洪平（6 月任） 张连启

局　长：高广忠（12 月免） 刘凤景（12 月任）

副局长：王绪忠（12 月任） 赵洪平（6 月任）
　　　　张连启（兼鸭淀水库管理处主任）

调研员：任小宝（12 月调出）
　　　　张福彬（二级调研员）

副调研员：李玉敬（9 月调出）
　　　　　吴志焱（四级调研员）

2. 机构设置

2018 年，西青区水务局机关内设 10 个职能科室：党委办公室、行政办公室、人事保卫科、财务审计科、农田水利科、工程规划管理科（天津市西青区水务工程建设质量与安全监督办公室)、水政监察科、地下水资源管理科、节约用水管理科、水环境保护科。

局属基层单位9个：河道管理一所、河道管理二所、津西水利排灌所、卫南水利排灌所、水利机井管理所、水利物资管理站、鸭淀水库管理处、水利建设管理中心及排水收费管理所。

3. 人员结构

2018年，在册干部职工279人，含公务员28人，其中公务员处级（区管）7人，四级调研员1人，科级11人，职级公务员7人，工勤1人，见习期1人。事业编251人，事业编管理岗52人（含7~8级科级干部20人），专技岗58人，工人134人，见习期干部5人，见习期工人2人。

2018年，全局在职干部按聘任职称分类：副高级职称3人，中级职称18人，初级职称37人。在职干部按学历分类：研究生学历18人，本科学历149人，大专学历47人，中专学历23人，高中及以下学历42人。在职干部按年龄分类：35岁以下107人，36~45岁52人，46~54岁84人，55岁以上36人。

4. 先进集体

共青团天津市西青区水务局总支部委员会被共青团天津市委员会评为天津市五四红旗团支部。

（宋福瑜）

津南区水务局

【概述】 2018年，津南区水务局深入学习贯彻习近平新时代中国特色社会主义思想和党的十九大精神，按照区委、区政府部署要求，紧紧围绕推动津南绿色高质量发展目标，以加强水环境管理水平、加大水利工程建设力度、巩固节水型区县成果、提高防汛抗旱减灾能力，全面推进依法行政工作为主攻方向，圆满完成全年各项目标任务。

2018年，完成津南区邓岑子节制闸工程、盘沽涵洞工程和2017年5条河道绿化工程，实施津南区巨葛庄泵站上下游水土保持工程和农业水价综合改革，安装供水计量设施22套，对10个村14座泵站进行维修改造。完成2018年企事业单位水源转换25家，压采地下水量33.38万立方米，新装远程计量水表44块，创建节水型单位6家，节水型小区4个。实现“河长制”管理全覆盖，督促落实属地责任，全面治理黑臭水体，巩固工程治理成果，全区水环境明显改善。

【水资源开发利用】

1. 地下水开采量

2018年，地下水开采量为725.23万立方米，其中工业57.92万立方米，农业115.02万立方米，城乡生活415.9万立方米，生态及林牧渔副136.39万立方米。

2. 地下水资源管理

严格地下水取水许可审批。实行最严格水资源管理制度，强化水资源论证管理，严格地下水限采禁采管理。2018年无新打机井。加强地下水取水许可管理。规范取水许可证的管理，严禁新增取水许可水量，配合审批局补办取水许可6件，办理取水许可变更3件，办理取水许可延展15件。

按照《天津市地下水水源转换实施方案》的要求，区政府与市政府签订了津南区地下水压采工作目标责任书，2018年转换企事业单位25家，压采地下水量33.38万立方米，超额完成了2018年水源转换10万立方米的任务。完善机井远程计量监控系统改造，新装远程计量水表44块，不断扩大远程计量覆盖面。严格地下水资源税登记工作，每季度按时登记各单位地下水开采量。加强地下水动态监测工作，完成2017年地下水动态监测年鉴整编工作。

【水资源节约与保护】

1. 节水工作

津南区节水主题公园“善水园”建设工作基本完成。节水宣传周期间开展“五进”活动（进机关、进单位、进企业、进学校、进社区），发放节水宣传物品，取得了良好效果。除完成“世界水日”“中国水周”“节水宣传周”等常规宣传外，区水务局还参加了天津科技周、全国节能宣传周活动。宣传活动期间共派出工作人员 63 人次，出动宣传车辆 13 辆次，悬挂宣传挂图 483 幅，宣传横幅 16 幅；累计发放环保布袋 3700 个、节水宣传手册 1900 本、《天津市节约用水条例》900 本、《天津市河道管理条例》400 本、《中华人民共和国水法》500 本、《天津市控沉条例》200 本、《河长制宣传读本》900 份、环保文具笔袋 300 个、环保水杯 70 个，累计接受宣传群众达到 2000 余人次。

规范计划用水管理与考核。配合区审批局做好计划用水考核工作，加强用水户超计划用水累进加价水费的征收力度，新纳管企业、单位 249 家，扩大计划用水考核覆盖率，加强节水管理。完成 11 家企业、单位的水平衡测试工作。

开展节水系列载体创建。积极组织开展节水型企单位、小区创建工作，完成天津市三环电阻有限公司、津南区咸水沽镇合安园小区等 10 家企事业单位、小区的创建工作（表 1）。对小站第三小学、小站第六小学、八里台第二小学、高庄子小学、津南区培智学校等 5 所中小学实行精确量化节水技术改造工程，该工程已验收并投入使用，年节水量达 25%。

表 1 2018 年津南区创建节水型企事业单位、小区名单

序号	单位名称	年用水量/吨
1	天津市三环电阻有限公司	4800
2	天津市津南区咸水沽第四中学	4700
3	天津市津南区第二幼儿园	2100
4	天津市津南区华夏未来米兰阳光幼儿园	4000
5	津南区咸水沽第五中学	9500
6	北闸口镇卫生院	2500
7	津南区咸水沽镇合安园	3418
8	津南区咸水沽镇合畅园	1634
9	福林公寓小区	674
10	稻香园小区	793

2. 控沉管理

开展控沉点巡查工作。日常巡护组对辖区内的控沉点进行动态巡查，形成了控沉点动态巡查网络，有效地提高了控沉点的防损率。印发《天津市津南区地面沉降治理工作实施方案（2018—2020 年）》并积极开展工作。完善区级地面沉降治理管理体系，津南区成立地面沉降治理工作领导小组，由主管副区长任组长，区政府办公室副主任和区水务局局长任副组长，各镇街、各职能委办局、海河教育园区管委会等部门为成员。

强化地下水资源管理，对全区所有机井进行了全面调查，范围包括农村生活、农业灌溉、工业生产生活、绿化及备用机井，完成调查工作，下一步对津南区机井档案进行全面梳理并对原有台账进行更新。加强地面沉降监测，由于近几年整合力度大，原有水位常观井仅剩 8 眼，计划新增自动水位监测井 23 眼，已进入选址阶段，预计 2019 年内完成。强化深基坑排水管理工作，津南区建立津南区基坑计量管理系统，对天津茂川房地产开发公司等项目深基坑排水进行计量管理。

【水生态环境建设】 2018 年，津南区将黑臭水体排查作为水务工作的重中之重。在生态环境部、住房城乡建设部 2018 年城市黑臭水体整治环境保护专项行动中，制定了《津南区关于迎接中央 2018 年城市黑臭水体整治环境保护专项行动的实施方案》，区河长办组织各街镇、园区，对建成区范围内 10 条河道、12 条护校河、21 个景观湖（坑塘）进行周检查，同时进行水质检测工作；对 2018 年住建部网站、中央“黑臭水体”专项督查期间热线电话、人民网、8890 热线、市河长办交办群众举报的 24 个问题点位进行每周巡查。确保全区建成区范围内无黑臭水体事件发生，完成 2018 年建成区黑臭水体整治各项迎检工作。

加强污水处理行业管理力度。津南区共有区管污水处理厂 4 家，分别为津南环科污水处理厂

（处理规模3万吨每日）、双林污水处理厂（处理规模4万吨每日）、双桥污水处理厂（处理规模1.5万吨每日）、咸水沽污水处理厂（处理规模3万吨每日）。区水务局积极配合区建委开展污水处理行业管理工作，对辖区内污水处理厂实施监督管理，指导各污水处理企业做好年度运营管理自查，每月按时上报辖区内污水处理厂运营状况及运行数据；对各污水处理厂处理规模、出水标准、出水量及出水方向重新进行了摸底调查，为再生水利用规划打下基础。

【水务规划】

1. 天津市津南区水系连通规划

按照市水务局编制各区水系连通规划的工作部署，区水务局委托天津市水利勘测设计院编制了《天津市津南区水系连通规划》。2017年12月底报市水务局技术审查；2018年3月底完成规划，4月3日批复实施。

2. 津南区再生水利用规划

2018年，根据市水务局6月1日印发的《关于加快编制本区再生水利用实施方案的函》的要求，区水务局委托天津市水利勘测设计院编制了《津南区再生水利用规划》，征求了津南区相关委办局、各街镇、开发区管委会、海河教育园管委会等单位的意见。区政府组织召开了三次专题会议，对规划进行完善，于9月30日批复实施。

3. 津南区关于全面推行湖长制的实施方案

按照《市河长办关于对区级、镇（街）级湖长制实施方案及区级湖长制相关制度进行评审的通知》要求，区委、区政府名义制定印发了《津南区关于全面推行湖长制的实施方案》并于2018年8月30日印发实施，《津南区湖长制各项制度》于9月30日批复实施。

4. 津南区入河排污口专项排查整治行动工作方案

按照《天津市入河排污口专项排查整治行动工作方案》文件要求，区河长办制定印发了2018年《津南区入河排污口专项排查整治行动工作方案》，明确各级河长监管治理责任，按照查清现状、分类整治、优化布局、健全长效机制的整体要求，全面摸排津南区入河排污口现状情况，查找入河排污口设置布局、监督管理、制度建设等方面存在的问题并提出分类整改措施，制定整改方案并纳入“一河一策”实施方案，进一步提升监管能力，实现保护水资源、防治水污染、改善水环境的目的。

5. 津南区水务局开展河湖“清四乱”专项整治行动方案

为推动河长制湖长制工作取得实效，进一步加强河湖管理保护，维护河湖健康生命，依据《天津市水务局开展河湖“清四乱”专项整治行动方案》，结合全区实际情况，2018年8月16日区水务局印发了《津南区水务局开展河湖“清四乱”专项整治行动方案》，对区内存在的乱占、乱采、乱堆、乱建等河湖管理保护突出问题进行整治。通过专项整治逐步恢复河湖行洪蓄洪排涝能力，维护河湖健康生命。

6. 天津市津南区地面沉降治理工作实施方案（2018—2020年）

为提高津南区地面沉降防治管理水平，有效控制地面沉降恶化趋势，按照市控沉办要求，区政府批复，区水务区于2018年3月30日印发了《天津市津南区地面沉降治理工作实施方案（2018—2020年）》，指导津南区地面沉降治理工作的开展和有关治理工程的实施。

7. 津南区节水型社会达标建设实施方案

按照市节水办、市发展改革委、市工信委、市农委联合下发的《关于深化天津市节水型区县建设的通知》要求，区政府批复，区水务局于2018年12月26日印发《津南区节水型社会达标建设实施方案》，通过方案的实施，推进水资源全面节约和循环利用，进一步增强全区人民节水意识，完善科学用水和节约用水管理体系，提高节约用水工作总体水平，为津南区经济社会发展提供水安全保障。

【防汛抗旱】

1. 雨情

2018 年，全年累计降水量 438.6 毫米（常年 352 毫米），比常年偏多 24%。其中，1—5 月降水量 67.3 毫米，比上年同期多 19.6 毫米；汛期内（6—8 月）降水过程共计 29 次，6 月降水量 41.3 毫米，比上年同期少 15.5 毫米，7 月降水量 151.5 毫米，比上年同期多 72.7 毫米，8 月降水量达 241.1 毫米，比上年同期偏多 88.5 毫米；9—12 月降水量 37.2 毫米，比上年同期少 54.7 毫米。

7 月 23 日夜间至 24 日，受台风“安比”北上低压影响，津南区普降暴雨，局地大暴雨，全区平均降雨量 91.7 毫米，最大降雨量 142.8 毫米，出现在双港镇。8 月 13—15 日，津南区普降大到暴雨，局地大暴雨。全区平均降雨量 78.8 毫米，最大降雨量 110.0 毫米，出现在葛沽镇。

2. 防汛

落实防汛责任制，细化分解责任。6 月 7 日，区政府召开 2018 年防汛抗旱工作会议，深入落实以防汛抗旱行政首长责任制为核心的区、镇、村三级防汛责任制，及时调整各级防汛抗旱指挥机构，签订了责任书，细化分解责任，抓好层层落实，做到任务到人、责任到位。

区防汛抗旱指挥部成员：

指　挥：贺亦农（区长）

副指挥：陈世忠（副区长）

蒋晓林（武装部部长）

孙晓光（区建委）

刘凤春（区农经委）

刘太民（区水务局）

指挥部下设办公室，办公室设在区水务局，办公室主任由区水务局局长刘太民兼任。

防汛预案。按照市防办要求，区水务局对《津南区防汛预案》《海河右堤防汛抢险分预案》《津南区大沽排水河防汛抢险分预案》等预案进行了重新编制和修订。对在建的水利工程制定了度汛预案，指导各镇、村编制修订简捷、明确、实用的防汛预案，制定各镇、村级的预警、转移、安置等安全措施，使区、镇、村三级防汛预案体系进一步完善。

防汛队伍和物资。完善了天津市机动抢险队第十一分队的 35 人编制，重新调整了津南区防汛抢险应急专家组成员，组建完成 200 人的民兵抢险队伍和一支 400 人应急抢险突击营。指导区供销社、区运管局、区民政局等相关单位备足各类防汛物资，落实大型移动式发电机 3 台、移动泵站 1 座、移动泵车 6 台、冲锋舟 7 艘、编织袋和麻袋 14.6 万条、潜水泵 39 台、铁锨 1500 把、抢险帐篷 8 顶等物资。加强物资储备管理，做到“六落实”，修订完善防汛物资储备及调运预案，落实责任、严密巡查，精心维护，防止防汛物资资产损失。

防汛演练。为应对防汛突发事件，提高防汛抢险的反应能力，检验防汛抢险队伍应急处置能力。按照“安全第一，常备不懈，以防为主，全力抢险”的防汛方针，于 2018 年 7 月 10 日、7 月 15 日组织了两次防汛应急演练。现场模拟演练天津地区遭遇强降雨，月牙河水位暴涨，幸福横河大芦庄闸闸门出现故障，危及附近村庄安全；双月泵站机泵发生故障，泵站不能开启，咸水沽镇区沥水无法排泄。经过 2 个小时的紧急处置，现场技术人员检查后，确认闸门修复完毕，泵站临时排水安装完成，泵车正常排水。演练指挥宣布预警信号解除，防汛演练结束。通过两次防汛应急演练，进一步提高了防汛应急处置能力，积累了处理突发事件的经验，增强了防汛保障能力。

防汛检查。汛前，区防办组织区防指成员单位对各镇、街开展防汛检查工作，要求各相关单位全面排查薄弱环节，及时消除隐患。按照汛期不过、检查不止的要求，对辖区内河道堤防、泵站、闸涵等水利设施进行常态化检查，确保全区安全度汛。3 月 30 日，区水务局局长刘太民、副局长孙文祥带队检查津南区排涝设施安全运行管理情况。4 月 20 日，市水务局副巡视员杨建图带领市防办、海河处、排管处、物资处等单位负责人检查津南区海河段安全度汛准备工作。5 月 27 日，区长贺亦农对津南区防汛准备工作进行检查。6 月 24 日，津南区召开 2018 年防汛抗旱工作推动会，区委书记刘惠、区长贺亦农对津南区防汛准备工作进行再检查再部署。7 月 9 日，天津市防指第三检查组对津南区防汛准备工作进行检查，区委常委、常务副区长于瑞均及区水务局、区民政局、区建委、区农经委、区防办相关负责人陪同检查。

6 月 24 日，津南区 2018 年防汛抗旱工作推动会（田永　摄）

河道清障。汛前，执法人员对区内二级河道的违法违章情况进行查处和清理，累计出动执法人员 84 余人次，巡查车辆 3 台，清运车辆 1 台，民工 35 余人次，清除插网 15 件，地笼 159 余件，整治重点河道 3 条，清理河道总长度约 35 千米。

防汛设施维护。汛前对河道堤防、排水闸门及泵站、排水沟口等提前进行了检查维护，对防汛视频监控系统的进行了升级维护，确保汛期能及时、准确的观测水位变化，确保汛期安全运行。

汛期值班。防汛安排值班人员平日不少于 5 人，公休日不少于 7 人，每天都有处级领导带班。

农村基层防汛预报预警体系建设。投资 455.15 万元。主要建设内容为：监测预警平台 1 套，区防汛指挥部与镇街防汛部门的视频会商系统 8 套，自动水位监测站点 13 处等工程。

全力应对“7·24”强降雨。受台风“安比”影响，7 月 23—24 日，津南区平均降雨量 98.3 毫米，最大降雨出现在双港镇，雨量 142 毫米。由于降雨雨量大，全区共出现 54 处临时积水点位，积水深度 5~40 厘米不等。区防办及时启动防洪Ⅳ级预警响应。各单位加强值班值守，做好应急准备，落实各项应对措施，加强巡查和隐患排除。截至 25 日，河道排水泵站开启 4 座，累计排水 610 万立方米；市政排水泵站开启 15 座，累计排水 193.5 万立方米。由于区内河道均处于低水位运行，因此各积水点位清除较快，农田未出现淹泡。此次强降雨对全区居民生活及工农业生产未造成严重影响。

3. 抗旱

编制完成《津南区 2018 年春季农村抗旱形势分析》，每周按时完成抗旱水源储备、春播种植进度、抗旱综合信息的统计上报工作。编制《2018 年津南区水循环调度方案》，保障了津南区良好的水生态环境。协调市防办及海河处加强河道水系循环的同时，增加区二级河道引调水量，保证了春播春种和鱼池蓄水等农业生产的正常进行。全年引调海河水 19 次，取水 244 万立方米，区内二级河道水循环调水 1000 余万立方米。

【农业供水与节水】 2018 年，津南区实际耕地灌溉面积 5.43 千公顷，节水灌溉面积 3.55 千公顷，农业灌溉用水 685.6 万立方米，其中地表水 570.58 万立方米，地下水 115.02 万立方米。

【水土保持】 区水务局会同区行政审批局印发了《关于办理生产建设项目水土保持方案许可的告知书》，对生产建设单位进行宣传告知，按照工作计划和水土保持“三同时”制度要求，区水务局加强与区审批部门的沟通协调，加大审批力度，同时区水务局做好生产建设项目事中事后监督检查工作，落实主体责任，确保水土保持方案情况的跟踪检查全覆盖。2018 年，津南区完成后三合 110 千伏输变电工程、东官房 110 千伏输变电工程等 10 个生产建设项目水土保持方案的审批及监督检查。

2018 年，区水务局实施了津南区巨葛庄泵站上下游水土保持工程，对津南区大沽排水河上游河道两侧进行整地绿化措施，同时对巨葛庄泵站下游段（总长度约 2.5 千米）现状树木根据成活情况进行补植，总治理面积为 2.55 公顷，共计栽植刺槐 2569 株。

【工程建设】 津南区邓岑子节制闸工程，区级统筹投资 215.73 万元，完成投资 215.73 万元。工程设计流量 14 立方米每秒，由进口段、涵闸主体、出口段护砌段 3 部分组成，工程于 2018 年 7 月开工，9 月完工。

津南区盘沽涵洞工程，区级统筹投资 334.27 万元，完成投资 334.27 万元。工程设计流量 14 立方米每秒，涵洞总长度为 84 米，由上游护砌段、箱涵段及下游护砌段 3 部分组成，工程于 2018 年 7 月开工，11 月完工。

津南区 2017 年河道绿化工程，区级统筹投资 1386.03 万元，完成投资 1386.03 万元。工程建设内容为十八米河、咸排河，小黑河、大沽排水河和先锋河 5 条河道共计长 20.24 千米的堤顶局部绿化，总绿化面积 9.16 万平方米，工程于 2018 年 1 月开工，5 月完工。

【科技教育】 2018 年，区水务局严格贯彻执行《干部教育培训工作条例》，针对不同专业、不同人员制定教育培训计划，组织分类学习、培训。采取上级调训、轮岗培训、集中培训、短期培训和自学等形式，把教育培训工作落实到科室、基层和个人。

2018 年，组织区水务局干部职工参加天津市专业技术人员和管理人员继续教育网络培训，参加继续教育网上学习的专业技术人员 63 人，参训率达 100%。组织 6 名处级领导干部、21 名公务员参加网上学法用法考试；全年参加科级干部培训班 3 人；参加新录用工作人员培训班 4 人；参加三支一扶人员培训 2 人；参加市人力社保局组织的公务员培训大讲堂 3 人；参加知识更新培训的工勤技能人员 65 人；参加继续教育的政工人员 12 人，参训率达 100%。提高了干部职工的业务水平和综合素养，为更好地开展工作奠定基础。

【水政监察】 2018 年通过开展“送法进机关”“执法培训班培训考试”“重点河道专项检查”“水法治宣传咨询站” “送法进军营、进企业、进社区、进学校”等活动，共派出工作人员 63 人次，出动宣传车辆 13 辆次，悬挂宣传挂图 483 幅，宣传横幅 16 幅；累计发放环保布袋 3700 个、节水宣传手册 1900 本、《天津市节约用水条例》900 本、《天津市河道管理条例》400 本、《中华人民共和国水法》500 本、《天津市控沉条例》200 本、《河长制宣传读本》900 份、环保文具笔袋 300 个、环保水杯 70 个，累计接受宣传群众达到 1000 余人次。

区水务局全年共移交涉水行政执法案件 3 起，已整改 2 起。联合执法 5 起，其中对八里台镇潘家洼、海河科技园两起违法凿井取水行为都已封填处理完毕；配合北闸口镇综合执法大队对河道内设置的网障进行集中清理；配合市水务局清理海河沿岸船只和网障；处理非法出售地热水行为，配合区国土分局及双桥河镇，三部门联合依法责令停止出售地热水行为，将售水设备进行拆除封闭，并对其进行法律宣传教育。通过“三步式”执法，区水务局依法办结行政处罚案件（简易程序）1 件，无行政复议案件和行政诉讼案件发生。完成津南区年度依法行政考核、“七五”普法中期推动考核、依法治区考核、市水务局水政监察年度考核。

全年按时完成“天津市行政执法监督平台”“水利部水行政执法平台”“国务院行政复议、行政诉讼平台”的录入工作，共上传执法检查记录 80 次，完成率 125%；水利部部证注册 15 人，注销 4 人；完成各项培训 5 次，参加培训共计 200 人次。

【工程管理】

1. 水利工程日常运行管理

落实泵站运行管理各项制度，加强对泵站日常巡查管理，定期进行安全生产、泵站运行、维修养护运行调水等记录按时填写、统一着装、站容站貌等方面的日间和夜间巡视检查，发现问题及时解决。结合泵站运行实际情况，对重点泵站运管人员进行调整。采取不定期对泵站运管人员进行实际操作的日常考核方式，随时检查，随时现场考核，进一步提高大家的操作技能水平。认真贯彻“建、防、避、抢”的防汛工作四字方针，进一步落实防汛责任制，坚持24小时防汛值班制度。

2. 水利工程和设备的检修及维护

根据泵站水泵设备使用情况制定维修保养计划，定期对13座国有泵站逐一进行排查、维修和维护。全年完成水泵大修26台、水泵小修30台、清污机维修保养9组、维修水闸10面、维修启闭机4套、天车维修保养14台、变压器检修保养4台、柴油发电机保养9组、软启动维修6组，配电检修保养等，并对泵站内损坏的照明灯具进行更换，对13座泵站进行了常规电气试验、防雷检测试验，为双月、北中塘、小站、花园、柴庄子泵站维修更换了采暖电锅炉、维修消防池给水系统以及对泵站电气设备进行除尘清扫。

完成了34座闸涵的汛前检修，于2018年5月前完成闸涵涂料粉刷，完成栏杆除锈刷漆320平方米，机架桥排架柱粉刷2200平方米，更换配电线缆120米，更换闸箱3套，电机6台。

3. 安全生产管理

2018年初，制订全年安全工作计划，并按照上级部门不同时期的实际情况，制定安全检查实施方案。全年陆续制定了《区水务局持续深化隐患大排查大整治方案》《津南区水务局关于全面开展事故隐患排查治理集中行动的实施方案》《水利工程施工安全专项治理工作方案》《津南区水务局2018年安全生产月活动方案》等文件。

结合区水务局安全工作特点，重点围绕建设施工、水务工程运行、办公用房、消防及交通安全情况进行排查。检查中，对监管的水利在建工程予以重点督查。按照上级部门的计划和要求，区水务局领导带队深入基层一线，全年累计开展各类安全检查43次，其中泵站27次、水闸3次、防汛6次、在建工地5次、机关2次。

【河长制】

1. 全面推行“河长制”

根据市河长办《关于贯彻落实鸿忠书记全面“挂长”批示精神的通知》，要求所有小面积水域都要挂长的要求，津南区制定了专项行动实施方案，开展了全区域、全方位再排查工作，共排查出未挂长水体38个，津南区挂长水体共1161个。为加大河长制工作力度，2018年8月，区级河长进行了变更调整，区委、区政府领导全员挂长，14位区领导肩负起区级河长职责，全面落实河长制“党政同责”。区、镇、村三级河长共262名，新增更新河长公示牌240块。

2. 水环境保护攻坚战

津南区于2018年5月中旬打响以马厂减河、洪泥河为重点的河道水环境攻坚战，针对河道岸线大量历史遗留违章建筑进行集中整治，使马厂减河、洪泥河违建问题短期内得到有效处置，共拆除违章建筑80余处，清整面积32000余平方米，改善了河道水环境面貌。

3. 入河排污口工作

按照《天津市入河排污口专项排查整治行动工作方案》文件要求，针对52个口门，津南区制定了2018年《津南区入河排污口专项排查整治行动工作方案》，明确了工作目标，确定了时间表、路线图、责任人及保障措施。建立工作管理台账，列明排污口现状、设置布局、规模、设置时间等基本信息。入河排污口门制定了“一口一策”专项整治方案并纳入“一河一策”实施方案中。

4. 河湖“清四乱”专项行动

2018年8月16日印发了《津南区水务局开展河湖“清四乱”专项整治行动方案》，对区内存在的乱占、乱采、乱堆、乱建问题进行整治。共治理问题81处，清整违章建筑3.8万平方米，清理渣土、垃圾等乱堆物6.3万立方米。

5. “三大行动”专项行动

2018年，津南区全面开展“三大行动”专项行动，对辖区内所属河道、沟渠、坑塘进行全面排查。区、镇级实施方案在“三大行动”开展前期已全部编制完成，全面发挥区、街镇、村三级河长职责作用，并将完成情况纳入河长制考核，实施清单化管理，严格落实“销号”制度。“三大行动”全年共排查河道384条，湖库1个，坑塘738个，累计排查问题243个，其中：水面堤岸垃圾98处、违规种植养殖33处、违法建筑77处、入河排污口30处、其他涉河问题5处。

6. 清河行动

2018年，津南区于7月开展为期一个月的“清河行动”，区河长制办公室成立督查暗访组，自7月6日起，对河湖坑塘清河专项行动落实情况全面暗访督查，并于7月9日以区河长办名义印发《津南区河湖坑塘专项行动方案》。村、镇（街）、区级河长自下而上开展全面排查，密切联动，发现专项行动清理整治和规范管理问题事项，分级建立排查整治清单台账，实时上报更新，所有问题立知立改。共排查问题38处，全部整改完成。

7. 津南区河湖管护体制机制创新试点工作

根据市水务局2015年9月《转发水利部关于天津市津南区河湖管护体制机制创新试点县（市、区）实施方案审查意见的函》，区政府和区水务局积极开展河道管护体制机制创新工作。2016年1月，建立水政执法监督平台，出台《津南区水行政执法巡查制度》《津南区水行政执法过错责任追究办法》及《津南区水政监察人员岗位责任制考核办法》；将“天津市行政执法监督平台”作为全区依法行政的主要监督平台，担负全区行政案件处理、人员管理、机构管理等相关工作，为建立网络依法行政管理打下基础。3月，通过津南区各镇河道责任范围确认，完成全区二级河道岸线登记。同时安装管理桩215处，完成河道安装点位复核、津南水务地理信息采集和智能巡查系统地图标示登记造册等工作。8月，通过“一个公章管审批”工作模式，健全监管组织体系，加强涉河建设项目全过程监管。12月，在二级河道重点部位安装布设200余处高清视频监控摄像头，完成4G无线监控系统及河道巡查巡视平台，实现了区域内河流网格化管理。2016年底，编制完成《津南区河道水生态环境管理长效保洁管理办法》《津南区河道堤防工程管理工作标准》等4项日常管护工作细则，完善细化日常巡查工作，基本建立了完善的河湖管护制度。

2017年6月，津南区委区政府印发实施《津南区关于全面推行河长制的实施方案》，严格落实河长制各项工作，将双港、辛庄、咸水沽、八里台、小站、北闸口、双桥河、葛沽8个镇、1个街（双林街道办事处）、1个海河教育园区（按建制镇管理），共10个镇级单位纳入津南区河长制管理范围。纳入河长制管理考核的河道25条，实现河道全覆盖。10月，完成区级河道、水利工程确权划界工作，再次对河道堤防管理和保护范围进行了确定。与区国土资源分局共同完成了17条河道195.72千米的河道确权任务，河道管理部门埋设界桩750处，并发放了河道确权红线图。至年底，小黑河、咸排河、十八米河、先锋河、大沽排水河河岸绿化20.24千米，绿化面积9.16万平方米。河道绿化为乔木、灌木相结合，乔木种植国槐，灌木种植紫穗槐，种植树木国槐5331株，矮接金枝槐891株，紫穗槐25649平方米。通过河道两岸堤顶绿化带的建设，有效降低了水土流失，改善了生态环境。

2018年4月25日，市水务局召开津南区河湖管护体制机制创新试点验收会。验收委员会现场查看了津南区大沽排水河北闸口镇绿化段、月牙河咸水沽镇段、卫津河海河教育园区段河道管护情况，听取了相关情况汇报，查阅相关佐证资料，一致认为津南区全面完成了试点工作任务，同意通过验收。

8. 督导检查

根据《津南区河长制督查督办制度》，制定了《2018 年度河长制工作督导检查方案》，区河长办每季度组织 5 个主要成员单位对所属街镇开展督导检查工作。督导检查结果呈报各位区级河长，并下发整改。

9. 监督考核

“河长制”长效管理机制已建立。制定了《津南区考核办法实施细则（试行）》，每月对 10 个镇级单位进行考核并逐月排名通报，将“河长制”考核结果与各街镇年终考核挂钩。

2018 年区河长办根据对河道环境的日常监督检查与暗查暗访，分别针对各类问题对各责任单位下发了交办单 90 份，督办单 6 份，涉及河道水质污染、垃圾堆放、种养殖及违章建筑等问题。

【湖长制】

1. “湖长制”基本情况

为贯彻落实中共中央办公厅、国务院办公厅 2017 年 12 月 26 日印发的《关于在湖泊实施湖长制的指导意见》精神，按照《天津市关于全面推行湖长制的实施意见》文件要求，2018 年 8 月 31 日，区委、区政府联合印发了《津南区关于全面推行湖长制的实施方案》。津南区境内有湖泊一座（天嘉湖津南水库），总面积 4.6 平方千米。同时，天嘉湖所在镇结合具体实际制定了镇级湖长制实施方案。进一步加强湖泊管理保护，立足区情水情，以保护利用水资源、防治水污染、改善水环境、修复水生态为主要任务，全面实施湖长制，构建管理、治理、保护“三位一体”，责任明确、协调有序、监督严格、保护有力的湖泊管理机制，为维护湖泊健康生命提供制度保障。

2. 湖长组织体系建设情况

津南区已建立区、街镇、村三级湖长体系，共设置 6 名湖长，其中：区级湖长 3 名，镇级湖长 2 名，村级湖长 1 名。设立湖长公示牌 1 块，公示牌已标明河长职责、河湖概况、管理目标、监督电话等内容。津南区河长制工作领导小组负责全面实施湖长制工作，各级河长制办公室统一负责湖长制组织实施具体工作，湖长制工作纳入河长制组织体系，区河长制办公室承担湖长制具体工作。

3. 湖长制工作机制建设情况

2018 年 9 月 28 日经区政府同意，区河长办印发了津南区湖长制相关制度：包括《津南区湖长制信息共享制度》《津南区河长制新闻宣传制度》《津南区河长制社会监督制度》《津南区河长制工作联络员制度》《津南区河长制督察督办制度》《津南区河长制验收制度》《津南区河长巡河制度》《津南区河长制信息报送制度》《津南区河长制奖励办法》《津南区河长制工作责任追究暂行办法》10 项制度；《津南区全面推行湖长制的实施方案》明确了各河长制成员单位职责及分工，2018 年 12 月，区河长办组织编制了《天津市津南区河湖长制部门联动制度》，建立部门分工协作机制，明确区级主要河湖落实管护责任单位。

【水务改革】 农业水价综合改革。2018 年，根据市水务局 11 月 5 日印发的《关于〈天津市水务局关于建立健全农业水权制度的指导意见（试行）〉征求意见的通知》和市发展改革委、市财政局、市水务局及市农委 8 月 21 日联合下发的《关于持续推进我市农业水价综合改革工作的通知》文件精神，制定了《津南区农业水价综合改革水权分配方案》，该分配方案主要对津南区已完成改革的北闸口镇和双桥河镇进行了水权分配。分配方案主要由水权的基本概念、水权分配的意义、水资源初始配置的依据、水资源配置原则及农业灌溉水权配置方案的执行等五部分组成。水权分配实现了用水总量控制和水资源可持续利用，实现了有限水资源向高效率利用流转。根据农业水价综合改革有关政策规定，结合津南区农业用水的实际情况，按照项目区的节水效率 8% 推算，津南区亩均灌溉限额为 276 立方米，即项目区亩水权额度为 276 立方米，通过项目区亩水权额度及项目区的耕地面积确定了项目区的水权。

同时根据《天津市津南区农业水价综合改革试点项目实施方案》的相关内容，制定了《天津市农业水权制度》，农业水权制度体系由农业水资源所有权制度、农业水资源使用权制度、农业水权流转制度三部分内容组成，通过明晰水权，建立对水资源所有、使用、收益和处置的权利，形成一种与市场经济体制相适应的水资源权属管理制度。全年津南区农业水价综合改革项目共计安装供水计量设施22套，其中泵站供水计量设施19套，机井供水计量设施3套。实施了北闸口镇泵站维修改造工程，主要对北闸口镇义和庄村、光明村、吕坨子村、前进村、西右营村、北义村、大芦庄村、三道沟村、月桥村、正营村等10个村14座泵站进行维修改造。

2018年，结合津南区《小型水利工程管理体制改革》工作，按照“谁投资、谁所有、谁受益、谁负担”的原则，落实小型水利工程产权，同时对所有小型水利工程明确管护主体，完成“两证一书”的发放工作，共计发放160套。

【党建和精神文明建设】 不断推进精神文明建设。学习宣传贯彻十九大精神。举办了以“不忘初心、牢记使命”为主题的迎新春文体活动，开展了进科室、进基层宣讲十九大精神，知识答卷等活动，经营好职工活动室，注意搞好职工文体、技能竞赛活动，积极参加津南区举办的广播体操、“三八健康杯”、全民健身长跑、庆祝改革开放40周年歌咏朗诵等活动，并在广播体操比赛中获得二等奖；在区妇联举办“三八健康杯”体育活动通讯赛中获得3人手扑球第二名，5人踢毽第二名，团体总分第四名的好成绩。全力开展“双创”工作，全年开展创卫、创城义务劳动5次，共计595人次。

认真落实党建责任制。年初，局党委召开专题会议，研究和部署了2018年全局党建工作，确定了2018年党建工作要点，各科室、各基层单位分别与党委签订了党建工作目标责任书；严格落实“三会一课”制度，坚持书记轮训和党务干部培训制度，共组织了2次基层党支部书记轮训；召开党务干部例会6次；发展党员2名，按期转正3名；年初组织党组织和党员到所在社区报到；及时收缴党费，合理使用补交党费，3月，通过了市委组织部关于补交党费的专项审计；加快推进党建信息化建设，局党委向区委组织部报送党建信息25篇，并准确规范完整做好党内统计和党员的信息采集工作，大部分党员都已超额完成党建云每年260分的要求；认真做好离退休老干部工作，春节期间走访离退休老干部8人次，发放慰问金15000元，认真落实离退休老干部两项工作制度；积极发挥党员先锋模范作用，本年度区水务局徐德光、郑永茜分别获得区级优秀共产党员、优秀党务工作者称号。

强化党风廉政建设工作。4月印发了《津南区水务局2018年党风廉政建设和反腐败工作要点》。截止到10月底，共召开党委会专题研究党风廉政建设工作二次，组织党员进行预腐防腐廉政教育5次，通过观看警示教育主题展、教育片、讨论、廉政党课等方式进一步强化党员干部廉洁自律意识，增强拒腐防变能力。

做好“两学一做”常态化制度化工作。深化“维护核心、铸就忠诚、担当作为、抓实支部”主题教育实践活动。按照“不忘初心、牢记使命”主题教育要求，推进“两学一做”学习教育常态化、制度化，并制定了《津南区水务局2018年党员教育培训工作计划》。开展中心组学习。坚持每月至少一次的中心组学习制度，中心组成员就十九届三中全会公报、学习全国“两会”和市、区领导干部会议精神、“抢抓重大历史发展机遇，走出津南绿色高质量发展之路”等14个专题进行了集中学习。开展主题党日活动。开展了观看纪录片、参观红色教育基地、卫生清整等形式多样的主题党日活动。认真落实民主生活会、组织生活和党员评议工作。

掀起“抢抓重大历史发展机遇，走出津南绿色高质量发展之路”大讨论热潮。按照区委统一部署，为使全局党员干部深入了解市委、市政府关于在中心城区与滨海新区双城中间实施规划管控、构筑绿色生态屏障的重要举措，局党委制定了《水务局关于开展“抢抓重大历史发展机遇，走出津南绿色高质量发展之路”大讨论活动的实施方案》，成立了领导小组。9月21日召开了水务局大讨论活动动员会，制定了大讨论活动详细安排。共完成2轮集中学习、3次研讨、2轮宣讲。

压实全面从严治党主体责任。根据领导班子成员分工，认真制定了《水务局领导班子落实全面从严治党主体责任任务清单》《水务局领导班子落实全面从严治党主体责任责任清单》《水务局班子成员落实全面从严治党主体责任任务清单》《水务局班子成员落实全面从严治党主体责任责任清单》。党委书记在履行好第一责任人责任、落实好自己的主体责任的同时，将任务层层分解，让班子成员及中层干部牢牢树立起责任意识。为更好地落实从严治党的部署要求，局党委与各科室、基层单位签订了《全面从严治党责任书》。落实好全面从严治党主体责任监管平台工作。根据区纪委的要求，5月初完成了领导班子成员全面从严治党主体责任监管平台系统的安装、调试工作，并按照任务清单及时填报上传相关资料。

认真落实不担当不作为专项治理工作。5月4日下午，召开不作为不担当专项治理三年行动动员会，宣读了《津南区水务局关于深入开展不作为不担当问题专项治理三年行动方案》，并成立了专项治理领导小组。各科室、各单位结合工作职能认真开展自查自纠工作，并列出治理重点、问题表现、治理措施、完成时间等具体内容。局党委全面客观分析了水务系统各项工作，排查出两个廉政风险点，建立了风险排查台账，明确了风险隐患部门，制定了防控措施。针对市委巡视七组，提出的反馈意见，局党委制定了详细的整改方案，及时完成专项整改报告，对全局不作为不担当专项治理三年行动方案进行重新修订，各部门、各单位重新查摆问题，明确责任人、整改时限。自开展不作为不担当问题专题专项治理三年行动以来，共向不作为不担当专项治理小组报送专项信息16篇。积极树立宣传先进典型，树立了徐德光、郑永茜积极作为的先进典型，并制作影像记录，在全局开展学习典型行动。

【队伍建设】

1. 局领导班子成员

党委书记：刘太民

党委委员：赵明显（12月调出）　朱庆兰
孙文祥　孟庆安（12月调入）
翟永文（区纪委、监委派驻区水务局纪检监察组组长）
宁树明

局　　长：刘太民

副 局 长：赵明显（调研员，12月调出）
孙文祥　孟庆安（12月调入）
宁树明（兼任津南水库管理处主任）

调 研 员：朱庆兰

副调研员：张文起（7月退休）

2. 机构设置

2018年，津南区水务局设10个内设机构和1个群众团体：行政办公室、党委办公室（纪委）、人事保卫科、财务审计科、水政监察科（法制室）、农田水利科（地下水资源管理办公室）、节约用水办公室（控制地面沉降办公室）、防汛抗旱办公室、工程规划管理科（水务工程建设质量与安全监督办公室）、排水管理科和工会。

津南区水务局下设9个基层单位：津南区津南水库管理处、津南区水务局机关后勤服务中心、津南区排灌管理站、津南区河道管理所、津南区水务技术推广中心、津南区水利工程建设管理中心、津南区钻井施工服务站、津南区水利工程建设服务站、津南区二道闸水利码头管理所。

3. 人员结构

2018年，经区编委批准，核定区水务局公务员编制26人，机关工勤编制5人，其中局长1人，副局长3人，正副科长11人（含工会副主席1名）；核定所属事业单位编制共202人，设正副科长20人。截至2018年12月31日，全局有公务员24人，其中局长1人，副局长3人，调研员1人，正副科长9人；机关工勤4人；所属事业单位干部职工151人，正副科长19人。

学历情况：研究生5人、大学本科111人、大学专科14人、中专8人、高中及以下41人。

年龄情况：35岁及以下71人、36~40岁18人、41~45岁29人，46~50岁29人、51~54岁9人、55~59岁23人。

职称情况：聘任工程系列高级工程师14人、工程师26人、助理工程师17人；政工系列政工师8人，助理政工师4人；会计系列会计师1人，助理会计师7人。

2018年办理退休手续9人，办理调动手续6人，招录事业单位干部4人，招募“三支一扶”计划2人，政策性安置“三支一扶”服务期满人员4人。

4. 先进集体和先进个人

津南区双月泵站被市水务局评为2017年度天津市水务安全生产先进闸站。

徐德光被津南区精神文明建设委员会办公室评为2015—2017年度精神文明创建活动先进个人。

徐德光被津南区总工会评为2015—2016年度津南区优秀工会积极分子。

郑永茜被天津市津南区总工会评为2015—2016年度津南区优秀工会工作者。

徐德光被中共天津市津南区委员会评为津南区优秀共产党员。

郑永茜被中共天津市津南区委员会评为津南区优秀党务工作者。

（张　欣）

北辰区水务局

【概述】 2018年，北辰区水务局在区委、区政府的正确领导和市水务局指导下，贯彻落实习近平总书记生态文明思想，坚持“绿水青山就是金山银山”的发展理念，紧紧围绕深化水务改革、水生态环境整治、水利工程项目建设等重点工作任务，坚持城乡水利协调发展，水安全、水资源、水环境综合治理，统筹推进水利工程建设、水务管理工作。加快污染源治理，雨污分流管网改造，推进污水处理厂、网建设，落实“河（湖）长制”管理，水生态环境明显改善。实施镇村泵站、农用桥闸涵维修改造，河道干支渠整治，农田节水工程，排水灌溉能力明显增强。推动工业企业、新居住区水源转换，加强水资源有偿使用管理，组织节水进企业、进社区、进镇村等宣传，节水型社会建设稳步推进。注重水务队伍建设，强化责任落实，促进水务事业发展。

截至2018年年底，区界内一级河道7条，分别为北运河、永定河、永定新河、新引河、子牙河、北京排污河、新开河—金钟河，河道总长度105.8千米；二级河道9条，分别为永青渠、丰产河、郎园引河、机场排水河、永金引河、中泓故道、淀南引河、卫河、外环河，河道总长度129.463千米。耕地面积16395公顷，耕地灌溉面积11110公顷，常住人口80余万人。水利工程有：小（1）型水库2座；区境内共有市、区管理国有雨水泵站45座，排水流量436.96立方米每秒，其中环内市排管处排水七所管理泵站11座，排水流量141.54立方米每秒，环外市水务局管理泵站5座，排水流量42.7立方米每秒，区排灌所管理泵站18座，排水流量175.52立方米每秒，区排水所管理泵站5座，排水流量8.9立方米每秒，园区等单位管理泵站6座，排水流量68.3立方米每秒。水闸200座，其中中型1座，小（1）型11座，小（2）型188座。机电井451眼，其中居民生活井185眼，农业井143眼，工业企业井123眼。建成有效灌溉面积11110公顷，节水灌溉面积达到6881.67公顷，其中衬砌防渗渠道控制面积3373公顷，低压管道控制面积3380公顷，滴微灌控制面积128.67公顷。

【水资源开发利用】 2018年，全区供水总量6683.13万立方米，其中地下水1068.13万立方米，地表水5615万立方米；其中农业用水2177万立方米，工业生产用水181.13万立方米，乡村生活用水210万立方米，生态用水4115万立方米。

全区开发利用水资源10460.6191万立方米，其中引蓄北京排水河、永定河、北运河等入境地表水量1142.12万立方米，用于生态补水和农业灌溉；取用地下水1068.13万立方米，用于农村居民生活、企业生产和农业灌溉用水；利用区管大双（1571.6898万吨）、双青（1221.4647万吨）、科技园区（1473.4799万吨）和西堤头（206.8162万吨）4座污水处理厂处理后粗制再生水4473.4506万吨，市水务局管理的北仓污水处理厂处理后粗制再生水3776.9185万吨，用于农业灌溉和生态循环用水。

水源转换。2018年度地下水水源转换工程共安排32家企事业单位，其中3家年初通过非工程措施予以解决，另外29家企事业单位以两家供水企业作为项目法人实施工程建设，其中天津宜达水务有限公司服务范围内25家企事业单位，天津津滨威立雅水业有限公司服务范围内共计4家企事业单位。根据区行政审批局对2018年天津市北辰区地下水水源转换工程项目建议书的批复，工程估算总投资为2142.62万元，其中天津宜达水务有限公司服务范围项目估算总投资1790.03万元，天津津滨威立雅水业有限公司服务范围项目估算总投资352.59万元。2018年年底全部完成，压采水量20万立方米。

大双再生水厂建设，依托大双污水处理厂处理后的水体进行再处理，设计规模日处理2万吨，为北辰区科技园区北区提供水源，建设单位为凯发新泉（天津）污水处理有限公司。投资约1800万元。2018年11月18日开工，2019年6月底前完成整体工程并具备通水条件。

【水资源节约与保护】

1. 节水宣传

结合“中国水周”“世界水日”、全国节水宣传周、节能宣传日等专题宣传活动，围绕节水宣传主题，在集贤公园、双街新家园广场、金门里小区等组织节水宣传活动3次，悬挂节水宣传布标，发放节水宣传手提袋300个、宣传画200余册、纸质宣传材料2000余张，宣传节水知识。利用局机关及基层单位LED电子屏滚动播放节约用水宣传视频，在走廊普法宣传栏张贴节水知识宣传画等。

2. 节水型社会创建

节水型企业（社区）创建。组织北仓镇政府、青光镇政府、双街镇政府、小淀镇政府、双口镇政府、普东街道办事处、佳荣街道办事处、北辰科技园区总公司8个单位，普康里、国宜里、瑞盈园、紫瑞园、瞰景园、佳安里、拜泉里、北医道顺和北里、辰庆家园、朝阳里10个居民社区参加节水型社区申报验收。通过检查申报材料和现场查看用水器具、节水设备使用情况，提出改进建议，以上单位、社区通过市级专家组评审验收。

完成2017年已获得节水型企业（单位）称号的40家企业用水量核查，企业名称、地址核对等复查工作，全部通过复查标准。

3. 水资源管理

用水指标管理。2018年全区用水计划指标1465万吨，其中自来水990万吨，地下水475万吨。全年共下达用水指标1002.02万吨，其中自来水690.68万吨，地下水311.34万吨。新建项目下达用水计划指标66.9万吨，对申请用水指标单位实施节水“三同时”管理。自来水用水单位192家，地下水用水单位67家填报申请表，区审批局均已审批下达指标。

水平衡测试。为使用水户用水定额更趋科学合理，年内完成小淀、青光、双街、双口4个镇政府，普东街、佳荣里2个街道办事处以及朝阳楼房管站、路港仓储发展有限公司、天塑科技集团有限公司第二塑料制品厂，优博络客新型建材（天津）有限公司、天津光明梦得乳品有限公司5个单位完成水平衡测试。

用水监管。被市列为重点监控的用水单位、企业31家，用水情况、器具使用情况实行月核查汇总上报市节约用水事务管理中心。按季度对所有用水户用水量、节水器具的使用等情况核查、统计和汇总上报。

报废井回填。2018 年内，完成了两批废井回填，第一批回填机井 35 眼，第二批回填机井 25 眼。

4. 控沉管理

落实主体责任。制定《天津市北辰区地面沉降治理工作实施方案（2018—2020 年）》，区委、区政府成立由区委书记和区长任组长、分管副区长任副组长，27 个成员单位的北辰区控制地面沉降工作领导小组，明确各成员单位职责和任务分工，拟定《北辰区控制地面沉降考核办法》。

落实回头看工作。制定《北辰区控制地面沉降工作回头看工作实施方案》，细化分工，压实责任，明确时间表和路线图，建立工作清单制、例会通报制和考核打分制，将考核打分结果纳入区级绩效考核体系。

落实 2018 年地面沉降治理工作任务，实行基坑疏干排水取水许可及深基坑备案制，与区审批局建立建设项目备案信息互通渠道，并在区水务局建立“北辰区基坑计量管理系统”基坑排水量和回水量在线监控，实施基坑疏干排水审管联动。年内，对 19 个基坑降水项目实施监管。

责任追究。对控沉工作任务未达标属地政府和企业，分管副区长约谈沉降严重区双口镇、青光镇有关领导，区水务局分管领导约谈沉降中心区和重大工程沿线 5 家企业负责人。

5. 引滦水源保护

引滦水源保护为中央环保督察第 57 项整改任务，列入北辰区重点工作任务、民心工程。沿线涉及 4 个镇，涉及 127 名户主、589 名租户、8414 人。6 月底完成引滦暗渠红线范围内 17 个鱼池填埋和沿线土地权属核查。制定出台《北辰区牵头负责中央环境保护督察反馈意见第 57 项整改内容专项整改方案》《北辰区引滦水源保护综合治理工作方案》《北辰区引滦水源占压建筑物拆除工作方案》《北辰区引滦水源黄线区保护工作方案》4 个方案。成立北辰区引滦水源占压建筑物拆除工作指挥部，由副区长任总指挥。建立日调度、周例会工作机制。7 月 11—31 日，完成全线长度 18.7 千米，面积 17 万余平方米占压建筑物的拆除任务。12 月 26 日，市、区相关单位对引滦水源红线保护区完成占压建筑物拆除通过验收，交由水务集团管理。

【水生态环境建设】

1. 环保督察整改工程

（1）中央环保督察反馈意见第 47 项整改内容。

中央第一环境保护督察组督查期间，发现天津市“水环境治理统筹不够”的问题，其中涉及“我区约有污水管网空白区 27 平方千米，29 个村庄和村级工业聚集区，此部分污水直接排入周边水体，对其生态环境造成冲击”（中央督察原文）。据此，北辰区按照市委市政府统一部署、积极调研、缜密论证，经排查有 37 个村庄和 12 个镇村工业集聚区存在管网空白问题。

12 个镇村工业集聚区整改落实情况。2017—2018 年整改任务总投资 3.24 亿元，设计污水管网 65.74 千米，建设污水提升泵站 7 个。截至 2018 年年底统计，完成铺设管网 65.74 千米，建成污水提升泵站 7 个，完成总体工程量的 100%。工程涵盖大张庄镇万发工业区、大杨庄工业区、喜凤花园津围公路东侧工业区，青光镇刘家码头工业区、红光农场，双口镇杨河工业区、河头工业区等 7 个工业集聚区，结合城镇化建设铺设管道并入管网，污水进入污水处理厂，分为 5 个项目实施：①大张庄万发工业区和大杨庄工业区雨污分流改造，铺设直径 300~800 毫米管道 35.747 千米，新建污水提升泵站两座（每座排水流量 0.1 立方米每秒），2017 年 10 月 24 日开工，2018 年年底完成施工；②喜凤花园津围公路东侧工业区雨污分流改造，结合喜凤花园整体雨污分流改造实施，2017 年 12 月 2 日开工，2018 年 6 月完成施工；③刘家码头污水管道工程，铺设直径 400 毫米管道 5.4 千米，

2017年11月开工，2018年6月完工施工；④红光农场工农五路雨污分流工程，铺设管道3.725千米。2017年10月施工，2018年6月完成施工；⑤杨河工业区、河头工业区雨污分流改造工程，铺设管道11.7千米，2018年4月5日开工，2018年年底完成施工。其余大张庄镇南麻疸工业区、北麻疸工业区、张献庄工业区、朱唐庄工业区、万发东北侧大张庄工业区5个工业集聚区随着城镇化进程完成治理。

37个村污水收集治理工程落实情况。37个村结合农村新市镇拆迁建设，其中15个村随着拆迁进程逐步解决。22个规划保留村通过工程实施，计划至2020年全部完成。截至2018年年底，已完成17个规划保留村污水治理。其中7个村通过实施雨污分流工程铺设管网65.74千米，建成污水提升泵站7个，利用雨污分流改造工程的管网与村庄原有管网对接，收集污水进入污水处理厂进行集中处理（7个村庄，即青光镇刘家码头村，双口镇双河村、杨河村、上河头村、中河头村、下河头村、岔房子村）。

对10个具备管网建设和收水条件的村庄，建设或利用原有的管网收集污水进入集中污水处理设施进行集中处理，铺设污水管道28.373千米，建设9座污水处理站。截至2018年年底，完成全部建设任务，完成总投资9678万元。10个村包括双口镇后堡村、前堡村、郝堡村、徐堡村、赵圈村、前丁庄村、后丁庄村、平安庄村、西堤头镇东赵庄村、姚庄子村。建成的10个村的生活污水处理设施覆盖率达到100%，污水收集处理率达到60%以上。

（2）环保部督查整改项目。

青光镇飞翔路（原青光东路）污水管道工程。建DN300～DN500污水管道直线长度为2662米，概算投资1596.80万元。2018年11月28日，12月完成主体工程施工。

2. 环内污水管网空白区治理

经过对北仓镇、普东街区域排水管网前期排查，中心城区污水空白区有3片，面积1.18平方千米，即普济河道以北0.27平方千米，望江路一带0.61平方千米，延吉道一带0.3平方千米，污水未纳入市政管网，直接排入附近沟渠，造成环境污染。

2018年6月，按照区领导批示要求，制定3个区域整改方案分别治理：①延吉道（朝阳路以东）一带，工程包括铺设直径300毫米钢筋混凝土管约130米，直径500毫米水泥管约50米，直径0.3米水泥管约1810米，恢复PPR32下水管约600米，共计约2590米；②普济河东道以北（普东街平房区域）由普东街组织拆迁；③望江路一带：在迎宾道边沟南侧铺设截污管道接入新建污水池（6米×6米×3米），污水定期外运。工程包括铺设直径0.3米钢筋混凝土管282米，直径1米圆形砖砌检查井12座，恢复现状检查井1座，新建污水收集池（9.6米×3.1米×1.5米、6.9米×4.6米×3.0米）2座。2018年4月工作启动，12月完成，预算总投资500万元。

3. 新建新区污水处理厂配套管网工程

新区污水处理厂一期工程，设计日污水处理能力近期12万吨，远期日处理24万吨，计划2019年启动建设，2021年建成通水。配套管网工程建设内容为设计铺设直径为800～2000毫米管道15.4千米，其中进水管道长度约13.3千米，出水管道长度约2.1千米，沿途建设4座提升泵站。立项总投资46290.6万元。工程于2018年4月20日开工，截至2018年年底，管道工程完成5千米，科技园区、陆路港2座提升泵站正在施工，完成投资1.4亿元。计划2019年年底全部完工。

4. 污染源治理

企业红线内雨污水管道切改。企业内部完成雨污水管道分流建设后接入主管道，实现雨水、污水分流。从2018年4月27日开始推动，由企业自行投资。截至2018年年底，第一阶段7个镇及开发区762家企业完成697家，其中双街镇完成83家，小淀镇完成112家，西堤头镇完成109家，开发区完成128家，宜兴埠镇完成120家，天穆镇完成49家，大张庄镇完成47家，北仓镇完成49

家，完成率91%。第二阶段两个镇157家企业完成36家，其中大张庄镇完成20家企业、青光镇完成16家，完成率19%。第三阶段3个镇268家企业，北仓镇完成9家企业切改，双口镇、小淀镇已提供一图一表等基础数据，属于外管网未连接，未启动企业雨污分流工作；双口镇12月26日启动企业雨污分流工作，已提供一图一表基础资料，暂未进行核查企业。

城市面源污染治理。2018年完成全区合流制片区和管网混接错接点排查，完成整治合流制6个片区排查雨污水管道混接点101处，启动雨污水管道混接点切改，部分建成区域内可将雨水管道中积存的雨（雪）残留水及初期雨水排入污水管网，提高排水效率。

企业取水、排水整改验收。配合区环境保护整改办公室及环保局等7个委局完成共14期涉及天穆镇、北仓镇、双街镇、双口镇、青光镇、宜兴埠镇、大张庄镇、西堤头镇和果园新村街共计八镇一街，原地提升改造类“散乱污”企业现场核查验收共185家，符合取水、排水要求163家通过整改验收，未通过验收22家。

5. 污水处理

增加污水处理能力。为解决污水处理能力不足，减少污水外溢及跑冒问题，在丰产河西堤头镇、外环河宜兴埠镇等域内租赁山东水发环境科技有限公司移动污水处理设备15处，日处理污水11.2万吨。

污水处理厂运行监管。2018年年底全区有5座污水处理厂，设计规模日处理量24万吨，实际日处理量22万吨，全年污水处理量约8239.8万吨，城镇污水集中处理率达到93.01%，平均运行负荷率达到85%以上，出水水质主要指标达标率90%以上。全年产生并处理污泥约3.9万吨，污泥无害化处理率达到100%。

6. 黑臭水体治理

落实全国生态环境保护大会精神，明显降低主要污染物排放总量，牵头制定《天津市北辰区打好城市黑臭水体治理攻坚战三年作战计划（2018—2020年）》，确定8大项重点任务，32项具体工作，且落实到各镇街和多个部门，形成联合施治合力。2018年已投入1000余万元，实施丰产河（高峰路—京津公路段）、满发加油站沟渠、大张庄镇小南河、刘快庄新河等生态环境部督察期间群众反映和遥感疑似等处黑臭水体集中治理，主要以投放药剂、水体交换等方式整治，取得明显效果；同时，针对宜兴埠六街园田沟等易反复、易污染点位，采取控源截污、沟渠清淤、生态修复、水系连通等多种措施治理。

【水务规划】

1. 天津市北辰区水系连通规划

2017年8月15日，天津市推进环境保护突出问题整改落实办公室印发《天津市贯彻落实中央第一环境保护督察组反馈意见整改任务清单及责任分工》第46项整改内容中“河流生态流量严重不足，水系循环联通不畅”的责任分工要求，解决北辰区河道渠系连通不畅等问题，委托天津市水利勘测设计院进行北辰区水系连通工程方案的编制工作。2017年12月，天津市水利勘测设计院完成制定《天津市北辰区水系连通规划（送审稿）》。内容包括基本情况，水系连通现状、存在问题及必要性，规划总体思路，生态水源保障方案，河道水系连通规划，投资估算及实施计划安排，保障措施8个部分。通过补充修改，2018年3月初上报区政府审核，3月31日区政府常务会议审议通过。

2. 天津市北辰区再生水利用规划

2018年，编制完成《北辰区再生水利用规划（2018—2030年）》报审稿，主要内容包括规划背景，总体规划和天津市再生水利用规划简介，供、排水工程现状及规划简介，自然条件，规划总体构思，再生水工程现状及存在问题，再生水需水量预测，再生水利用总体规划，再生水利用分期建设规划，再生水管网系统信息化建设，投资估算和结论与建议共12个部分。2019年初上报区政府审核，4月22日经区政府第45次常务会议审议通过。

【防汛抗旱】

1. 雨情

2018年，北辰区全年平均降水量489.4毫米，全年降水总量602.1毫米，比上一年偏少10.5%，比多年平均（1981—2010年）偏多20.8%，属于丰水年（偏丰年）。

汛期（6—9月）平均降水量370.8毫米，降水量521.2毫米，比上年偏少0.4%，比多年平均偏多40.6%。其中6月降雨量44.8毫米，7月降雨量34.0毫米，8月降雨量153.8毫米，9月降雨量18.6毫米。

汛期共出现6次较强降水过程，分别为6月7—10日、7月7—8日、7月16—18日、7月23—24日、8月6—8日、8月13—14日，其中7月17日和7月23—24日降雨量大，尤其是7月23—24日受“安比”台风影响，北辰区普降大暴雨，强降雨主要集中在23日2时至24日12时，平均降雨量175.1毫米，最大降雨量为科技园东区197.8毫米，最大小时降雨量为双口47.7毫米。

2. 汛前准备

立足于防大汛、抢大险，分别于2018年3月30日、5月31日、6月30日三次召开防汛抗旱工作会议，动员各区各镇街、各单位做好防汛各项准备工作。区政府区长与各镇街、有关单位一把手签订防汛责任书，落实全区防指各成员单位部门责任制，防汛责任纵向到底、横向到边，各负其责，形成防汛合力。

3. 防汛组织

2018年4月18日，北辰区防汛指挥部办公室上报市防汛指挥部办公室《关于调整北辰区2018年防汛抗旱指挥部领导成员的报告》，调整区防汛指挥部领导成员。

调整后，区级防汛指挥部成员：

指　　挥：吕　毅　区长

常务指挥：刘金刚　副区长

副 指 挥：胡学春　副区长

祖文奎　区武装部部长

孟祥和　海河处处长

王志高　永定河处处长

郭献军　区政府办公室主任

霍俊伟　区水务局党委书记

郑永建　区水务局局长

成员单位有各镇街和区有关委局、市级排水有关单位组成，成员由各镇街和有关单位一把手组成。指挥部下设办公室，主任由区水务局局长郑永建兼任，办公地点设在区水务局。

4. 防汛预案和应急措施

完善14项防汛抗旱预案及专项预案，完成三角淀、永定河泛区、淀北分洪区居民财产登记核查。核查城区重点积水片，提前落实城区积水防御措施，对建材里小区等21个易积水点位制定“一片一策”工作方案。根据城中村拆迁，旧房改造，道路新建改建等实际情况，梳理易积水片区成因，联通临时管网，疏通排水管道，架设临时泵等应急措施，确保雨水排放出路。采取泵站保持低水位运行，腾空管道、腾空河道“一低两腾空”措施，提高工程排水运用能力。

严格落实汛期值班和领导在岗带班制度，加强强降雨防汛会商和应急职守工作，密切关注雨情、水情信息上报和下发，与市防汛办及区防汛指挥部成员单位建立信息共享机制，强化多部门协调联动机制，发现雨情水情多部门联合行动，提高处置效率。服从市防汛指挥部办公室统一指挥，加强雨洪水调度、排蓄水工作。

5. 物资准备

汛前，检查物资储备仓库3处，要求储备单位做好物资保管工作，明确工作职责，落实责任人员，落实物资、机械数量，以及单位、责任人联系电话。制定抢险调运方案。汛前共投资500余万元，购入12台8寸移动泵车，履带式植桩车2台，装配式折叠型围井围板20组，防泄漏性高效膨胀堵漏袋1000条，防汛一体式头盔灯100顶，帐篷50顶，分体式雨衣200套，雨伞100把，铁锤50个，救生衣100件，救生圈100个，铁丝2吨，应急手电筒20个，雨鞋100双，黄胶鞋100双。

6. 防汛队伍

北辰区武装部组建3万民兵防汛抢险队伍，区防汛抗旱办公室组建150人防汛抢险应急救援队。为强化防汛应急预案保障措施的落实，区水务局于2018年8月1日14时在永金水库大堤组织针对永金水库溢坝险情与溢洪道闸门破损险情应急处置防汛演练。成立以郑永建为指挥长的应急抢险队伍，演练从14时开始至16时30分结束，分为闸门隐患应急演练和大坝溃坝应急演练两部分。应急演练由北辰区水务局排调科与基层单位部分人员，共计27人参加。由区防汛办协调移动泵车2台，防汛沙袋200个，木桩20根，铁锹30把以及其他防汛物资若干。通过演练，提高指挥机构和抢险人员协同作战能力，强化应急救援协调联动机制和联合处置机制，检验防洪防汛应急体制运行的畅通性，检验应急预案的合理性、可操作性，指挥决策的准确性、规范性，对意外事件的快速反应能力，灵活性和科学性。

7. 防汛检查

区、镇（街）、开发区及防汛成员单位各级责任人深入一线，检查督促落实责任、工程、队伍、物资等备汛措施。市防汛指挥部、市水务局党委书记孙宝华，局领导张文波、梁宝双，市警备区政委李军、副司令员吴国志，市民政局副局长宋称意，区委书记冯卫华，区长王宝雨，区人大副主任裘地，副区长刘金刚、郭健斌等市、区有关领导分别到排水泵站、河道和易积水片区检查，到永定新河左堤（桩号7+100）分洪口门勘察。

8. 防汛排水

受“安比”台风天气影响，7月23日2时降雨，北辰区防汛抗旱指挥部办公室第一时间启动《北辰区防汛点位“一片一策”工作方案》，建材里小区、普同里小区、引河里小区、朝阳楼、欢颜东里、金门里、丹凤里小区、国宜北里小区、宜兴埠地区、老板娘水产门口、铁东路、顺义道、龙岩道、北仓道地道、天平桥地道、天士力药厂等40台（套）临时排水设施到位排水。23日17时30分、22时30分连续两次召开防汛会商会议，传达市、区领导指示精神，通报全区汛情雨情，安排部署防汛工作。要求区防指各成员单位加强应急值守，做好强降雨各项防御措施。23日20时，降雨强度逐渐增大，全区发生大面积积水，中心城区21处低洼易积水片区出现淹泡，积水深度10~80厘米（最深处为朝阳楼小区），环外镇村、农田积水5~50毫米（最深处为大张庄村、机场排水河沿岸农田），防汛排水面临巨大压力。区防汛指挥部办公室全员上岗到位，领导到一线组织排水，全区各镇街、各部门干部职工坚守岗位，密切关注雨情、水情，全面落实中心城区排水和过境洪水防御措施。24日8时30分将四级预警升级为三级预警，区防汛办公室立即派出6各工作推动组，督促各镇街、各部门抓紧落实抢险人员、设备、物资，加快主干道路、里巷小区排水。区防汛指挥部落实应急值守责任制，水务、交管、交通等部门协调联动，第一时间采取断交、疏导措施，19处积水严重点位实施交通管制，确保人员车辆安全。24日10时，区长王宝雨带队冒雨到各积水片区一线指挥，各镇（街）、开发区对低洼片居民小区，建设临时围挡、布设沙袋，对两户危漏房屋居民组织安全转移。武警北辰消防支队派出2辆消防车，20余名官兵支援大张庄村强排积水。24日15时，区长王宝玉主持召开紧急会议，要求各成员单位落实排沥措施，全力排水。到24日晚8时，顺义道、高新大道、朝阳楼、老板娘和双街、宜兴埠6个片区有积水，其他积水区域全部排尽，道路恢复正常通行。至25日晚城区积水全部排除。

汛期，市排水七所所辖四十七中、闫街、南仓、南仓西、龙门道、淮河道、淮东路、北仓北（雨水排水泵站和地道排水泵站）和天平桥（雨水排水泵站和地道排水泵站）、天士力、老板娘（临时泵站）11座泵站排水1620万立方米；环外，区排灌所所辖淀南、温家房子、永青渠、大兴、宜兴埠、三号桥、韩盛庄、三角地、芦新河、大张庄、河岔、二闫庄、双街、郎园14座泵站排水

9249.97 万立方米。

9. 抗旱调水

全面落实各级抗旱领导责任制和工作职责，各镇组建抗旱队伍，区防汛抗旱指挥部办公室做好抗旱情况统计分析，上报抗旱情况统计表，指导全区抗旱工作。2018 年未出现较大旱情，年内组织大张庄、西堤头、双口、双街、青光、小淀等镇利用郎园引河、丰产河、永青渠等二级河道引调水，满足春耕春种、冬灌用水需求。汛后，运用河道、水库、坑塘适时蓄水 2100 余万立方米。

【农业供水与节水】 2018 年初，地表水实有水量 2856 万立方米，其中水库蓄水 406 万立方米，河道、坑塘等蓄水 2450 万立方米。春秋季从北运河、永定新河、华北河调水 4890 万立方米，用于双口、双街、大张庄、小淀、西堤头镇农业用水及区二级河道生态补水。

2018 年，农业灌溉用水量 2377 万立方米，其中开采地下水 677 万立方米用于双街、青水源、艾成等设施农业灌溉，生态用水 4115 万立方米（地表水）。

【村镇供水】 2018 年，全区散乱污企业治理、水源转换和部分机井报废回填，导致机井总数发生变化。由于农村居民与生产用井有交叉使用情况，根据现状用途重新归类界定。2018 年年底，全区共有机井 451 眼，其中居民用水井 185 眼，农业井 143 眼，工业企业井 123 眼。北辰区外环线外未拆迁 51 个村，人口 14.2 万人。居民饮用水源为地下水（经除氟设备处理后桶装水），未经处理地下水仅供生活杂用。全区全年地下水总开采量 1068.13 万立方米，其中居民生活用水量 210 万立方米，农业用水量 677 万立方米，工业企业用水量 181.13 万立方米。

农村饮水提质增效。根据市政府 2018 年 10 月 7 日下发的《关于天津市农村饮水提质增效工程实施方案的批复》的要求，按照区委、区政府实现全区自来水管网全覆盖的指示精神，区水务局委托天津市华森给排水研究设计院有限公司编制完成《北辰区 2018—2020 年农村饮水提质增效和企事业单位水源转换工程方案》，方案明确 2020 年年底前完成全区 35 个村（双口镇 21 个村、西堤头镇 10 个村、大张庄镇 4 个村）饮水提质增效和 2583 户企事业单位水源转换任务，其中有 8 个村（大张庄镇 4 个村和双口镇 4 个村）拟通过拆迁解决，其他 27 个村通过水源转换落实。通过方案实施，城市管网延伸的村镇供水水质全部达到国家《生活饮用水卫生标准》（GB 5749—2006），形成较为完善的村镇供水管理体系，运行体系和安全监测体系，实现农村供水城市化和城乡供水一体化的目标。

【农田水利】

1. 镇村泵站改造

实施青光、下殷庄、庞嘴、双街 4 座村级泵站改造，其中青光村七顷二泵站安装两台 ϕ350 水泵，设计流量 0.6 立方米每秒；下殷庄村东大渠泵站安装两台 ϕ500 水泵，设计流量 1 立方米每秒；庞嘴村泵站安装两台 ϕ350 水泵，设计流量 0.6 立方米每秒；西堤头镇刘快庄村南泵站安装两台 ϕ600 水泵，设计流量 1.6 立方米每秒。以上工程 2018 年 11 月开工建设，12 月 30 日完成主体工程，总投资 685 万元。

2. 农用桥闸涵

新建双口镇安光村涵闸，过道涵长 8 米，直径 1.5 米，闸 1.5 米×1.5 米；大张庄镇李辛庄村闸桥，桥长 20 米，宽 6 米，闸 1.2 米×1.2 米。以上两项工程投资 78 万元，2018 年 11 月初施工，年底前完成建设。

3. 干支渠

完成双街镇汉沟村四支渠长 2.4 千米、西赵庄村一号渠长 0.8 千米清淤，两条渠上口宽 11 米，底宽 3 米，深 2.5~3 米，2018 年 5 月开工，6 月完工。大张庄村大咸水深渠长 0.8 千米，上口宽 11 米，底宽 3 米，深 2.5~3 米，2018 年 12 月 26

日开工，31 日完成。

4. 节水工程

完成农业水价综合改革两试点村 38.67 公顷节水配套工程，预算投资 268.597 万元；①双街村 8.67 公顷滴灌工程，主要建设内容包括安装水源过滤器 1 台套，铺设 PE 管道 7500 米，建设泵站 1 座，泄水井 4 座；②张五庄村 30 公顷节水工程，主要建设内容包括建设泵站 1 座，更新水泵 2 台，建设 PE 管道 4300 米，更新防渗渠道 200 米，更新管道连接井 1 座，更新混凝土管道 1000 米。以上工程 2018 年 10 月 15 日开工，12 月 15 日完成施工。

【水土保持】 按《中华人民共和国水土保持法》规定，所有生产建设项目都要做水土保持，区审批局负责批复水土保持方案，区水务局作为水行政主管部门负责水土保持事中事后监管。根据《天津市人民政府办公厅关于印发天津市水土保持目标责任考核办法（试行）的通知》文件要求，1—9 月共参加水土保持方案评审会 4 次，确认区审批局批准的生产建设项目水土保持方案许可 9 件，参加水土保持验收 1 次。按考核要求及区长批示，制订水土保持目标责任考核办法和相关制度文件。

【工程建设】

1. 大双污水处理厂扩建

扩建工程规模为 4 万吨每日，出水执行天津市《城镇污水处理厂污染物排放标准》（DB 12/599—2015）A 级排放标准，用地面积为 4.143 公顷。项目采取 BOT 模式建设，建设运营单位为凯发新泉（天津）污水处理有限公司。2018 年 11 月 18 日开工，至 12 月底完成桩基施工。

2. 双青污水处理厂进厂路工程

位于双口镇中河头村卫河东岸，铺设长 1050 米，宽 5 米沥青路面。预算投资 151.88 万元，2018 年 6 月开工，7 月底完成施工。

3. 污水处理厂提标

区管大双、双青、西堤头、开发区共 4 座污水处理厂全部完成提标改造（市管北仓污水处理厂 2019 年 6 月前完成提标改造），出水执行天津市《城镇污水处理厂污染物排放标准》（DB 12/599—2015）A 类标准。双青污水处理厂提标工程，投资 4400 万元，于 2017 年底完成。大双污水处理厂提标工程，投资 6800 万元，2018 年年底完成。西堤头污水处理厂提标工程，投资 1600 万元，于 2017 年年底完成。科技园区污水处理厂提标工程，投资 5000 万元，于 2017 年年底完成。

4. 永金水库进水闸重建和东堤复堤加固

永金水库进水闸拆除重建工程。位于永金水库南堤、东堤交汇处，进水闸为单孔涵闸，设计流量 10 立方米每秒，工程分为进水闸段和出口段，其中进水闸段拆除原穿堤箱涵 1 节，重建涵闸与穿堤箱涵连接，出口段采用混凝土 U 形槽结构。2018 年 3 月开工，年底完成主体工程，预算投资 163.07 万元。

永金水库东堤复堤加固工程。水利部督查项目，全长 260 米，土方量 1 万立方米，预算投资 188.81 万元，2018 年 3 月开工，12 月完成施工。

5. 二级河道治理

丰产河治理：①永金引河至陆路港段 1.368 千米治理，河道清淤上口宽 32～36 米，底宽 18～22 米，设计流量 20 立方米每秒，排涝标准 10 年一遇，清淤土方 5.06 万立方米。两岸堤防混凝土联锁板护砌 21601.49 平方米，自嵌式挡墙，堤顶路硬化等，预算投资 777.2945 万元。2018 年 4 月 28 日施工，6 月 15 日竣工。②丰产河小淀地铁站段河道清淤长 380 米，上口宽 43 米，底宽 18 米，设计流量 20 立方米每秒，排涝标准 10 年一遇，清挖淤泥土方量 2216 立方米；铺设混凝土路面 9262.28 平方米。2018 年 4 月 28 日施工，10 月 15 日竣工。投资 202.47 万元，直接投资 158.08 万元。

二级河道涵闸重建工程：①永青渠节制闸拆除重建（永清渠与青光支渠交口处），共计 1 孔，闸门采用 2 米×2 米铸铁闸门，配置 10t 手动螺杆启闭机；②丰产河拦河闸拆除重建（西堤头津榆公路北侧，杨北公路西侧）。采用 3 孔涵闸，闸门采用 3 米×3 米铸铁闸门，配置 15 吨手电两用螺杆启闭机。以上两项工程预算总投资 271.3719 万元，2018 年 3 月 1 日开工，4 月 30 日竣工。

6. 配合市级部门工作

永定河综合治理与生态修复工程。2018 年 6 月初完成立项、编制可研报告和专家评审等前期工作。根据《永定河综合治理与生态修复 2018 年工作要点》文件精神，由天津市永定河流域投资有限公司负责实施，区水务局与天津市永定河流域投资有限公司完成对接。继续配合天津市永定河流域投资有限公司后续工作。

永定河泛区二期工程。前期，配合市水务局建管中心调查摸底，完成双街、北仓镇两镇征地拆迁实物量调查及果树鉴定等，与市建管中心签订工程拆迁合同，征地拆迁资金 5704.75 万元。经与双街、北仓两镇配合协调，签订征地拆迁协议。继续配合市建管中心征地朝前后续工作。

7. 工程建设管理

加强政府投资水务建设项目监督管理，有效控制投资成本，确保项目建设程序依法合规，提高资金使用效益。依据有关法律法规，结合区水务局实际，制定《北辰区水务局关于政府投资水务工程建设项目管理规定》并印发执行。投资额超过 100 万元（含）的公益性水务工程建设项目，按照“建管分离”的原则，建设服务中心作为常设项目法人负责水利工程建设。

认真执行《天津市水利工程建设管理办法》，严格执行“四制”要求，落实建设项目前期各项许可审批手续，各项工程建设建立档案，工程资料齐全。建成完工通过投入使用验收后，建设服务中心将工程移交运行管理单位管理，并与运行管理单位签订工程启用协议。投资额不足 100 万元公益性水务工程建设项目，按照“建管合一”的要求，组建事业性质的项目法人负责工程建设和运行管理。

【供水工程建设与管理】 2018 年农村安全饮水设备（除氟）采购及设备厂房维修工程，涉及 9 个村，分别为西堤头镇西堤头、姚庄、季庄 3 个村，青光镇铁锅店、刘码头 2 个村，小淀镇中赵庄，双口镇下河头、东堤、双口三村 3 个村，预算投资 626.68719 万元。安装安全饮水设备（经除氟设备处理后桶装水），其中处理规模为 1 立方米每小时 1 台（套）、处理规模为 2 立方米每小时 1 台（套）、处理规模为 3 立方米每小时 6 台（套）、处理规模为 4 立方米每小时 1 台（套）、处理规模为 5 立方米每小时 1 台（套）、处理规模为 7 立方米每小时 1 台（套）；修缮安全饮水厂房 9 座。按照《北辰区村镇供水站管理规定》《设备操作规程》，加强规范化运行管理，促进村镇供水站形成良性运行机制。

瀛州里高层住宅二次供水设施改造纳入 2018 年中心城区老旧小区及远年住房改造项目，威立雅供水公司为项目法人，组织二次供水设施改造，2018 年 12 月底完成。

【排水工程建设与管理】

1. 环内排水工程建设

管道切改工程。外环线以内公建单位及雨污混接点位进行切改，完善排水管网，实现雨污水分流，将污水排入污水处理厂，减少对水环境的污染。切改点位包括市政道路雨污水管道混接点、小区内雨污水管道混接点、公建单位院内雨污水管道混接点 101 处。工程建设概算总投资 4284.51 万元。2018 年 12 月开工，计划 2019 年 5 月 31 日完工。

新建维修排水管道 1558.2 延米，维修更换各类检查井 1291 座，收水井 95 座，新建检查井 53 座，新建隔油池 2 座，项目投资 336.1621 万元。

排查整改排水泵站隐患 14 处，例行试验同生、老渔翁泵站变压器 2 套，变压器供电补偿系统维修改造 2 套，项目投资 6.49 万元。

2. 管道设施养护管理

按照便于管理原则分区划片，依托排水泵站，建立办公地点。环内排水设施管理。环内分成三大片区，东部片区的管理机构设置在宜鹏里，中部片区的管理机构设置在大通绿岛，西部片区的管理机构设置在刘园新苑。三个片区聘请巡查管理人员 12 人，加强排水设施巡查管理，及时解决因排水设施缺失、损坏和堵塞造成雨污水跑冒问题。环外污水管线管理。对每个检查井编号，检查井埋设明示标牌，制定管线疏通掏挖养护日常计划，按周进行具体实施。管护人员每天巡查，对出现的突发问题及时记录上报，及时维修整改，发现检查井污水跑冒和被占压破坏时及时报告，并及时制止。

【科技教育】 2018 年，继续教育工作贯彻《干部教育培训工作条例》和《天津市专业技术人员和管理人员继续教育条例》，落实到科室、基层和个人，对不同专业、不同岗位人员制定继续教育计划，分类组织学习、培训，参加市、区及有关部门组织的集中培训、轮岗培训、短期培训，并利用网上学法，单位组织理论集中学习或个人自学等形式，提高党政干部、专业技术人员、管理人员和工勤技能人员素质，把接受继续教育与评优、聘任、晋升技术职务挂钩。

局机关公务员 32 名，工人 5 名。全年参加培训 77 人次，其中专题培训 46 人次，专业培训 31 人次。处级干部参加区组织部党政领导干部政治理论、网上学法等超过 120 学时；科级及以下工作人员参加政治理论、网上学法等 90 学时以上，参加网上党政干部网上学法考试成绩全部优良。基层单位 127 人，参加水利、机电、土木工程专业培训 215 人次，电工、设备操作等各类培训 162 人次。高级技术职称专业人员达到 120 学时以上，一般管理人员、工人 90 学时以上。

【水政监察】

1. 健全行政执法管理机制

2018 年，以行政执法三项制度试点工作为契机，根据《天津市北辰区人民政府办公室关于印发关于推行行政执法公示制度执法全过程记录制度重大执法决定法制审核制度试点工作的实施方案的通知》《市水务局关于印发〈天津市水务局执法记录仪使用和管理规定〉的通知》等相关文件要求，编制完成《北辰区水务局行政执法公示制度》《北辰区水务局执法全过程记录制度》《北辰区水务局重大执法决定法制审核制度》《北辰区水务局行政执法人员资格管理制度》和《北辰区水务局执法记录仪使用和管理规定》5 项行政执法规范性文件，建立健全行政执法管理机制。

2. 普法宣传培训

组织中国水周（世界水日）、城市节水日、社区普法宣传，参加区有关单位组织的宪法宣传日、四下乡、科技周等宣传活动。在泽天下社区组织开展“世界水日”“中国水周”法治宣传活动；在天穆镇华润万家广场开展水事法律法规宣传活动；在双街上河花园广场参加四下乡活动；在双青新家园荣雅园社区参加科技周宣传活动；在双街上河花园广场参加“世界环境日”宣传活动；在工人俱乐部广场参加全国节能宣传周和全国低碳日活动；在集贤公园参加“12·4 国家宪法日”集中宣传活动。活动中悬挂宣传水法及相关法律法规布标，摆放节水、保护水源、防汛等知识内容宣传展牌，发放水法规条例等宣传单 2 万余张、宣传画 1000 余册、毛巾、手提袋 4000 个。同时利用局机关及基层单位 LED 电子屏滚动播放节约用水微视频，在走廊普法宣传栏张贴宪法知识宣传画，展示宣传成果。

2018 年内，聘请法律顾问作为主讲人，针对执法工作中遇到的难题有针对性培训，参加水政监察总队举办普法骨干（暨普法联络员）、市水政监察总队组织的水行政执法骨干培训，参加区法制办举办的全区行政执法法制审核人员专题讲座和行政执法实务培训。通过培训，执法人员的法律素质和业务能力进一步提高。

3. 行政执法

引滦输水沿线拆违行动。按照中央和市委、市政府要求，组织引滦水源沿线拆违执法，会同宜兴埠镇、小淀镇、大张庄镇、西堤头镇和区公安分局、综合执法局等部门在拆除违建行动中，坚持每日沿线巡查，对拆除困难点位入户走访，7月11—31日，组织大型助拆行动3次，集中拆除行动7次，出动人员7600余人次，大型机械168余台次（不含用户自拆使用机械），按时间节点拆除沿线18.7千米违建房屋、厂房等。涉及房屋1681间，厂房194座，面积17万余平方米；房主127户，承租户589户、居住人员8400余人。此项工作得到市整改办肯定。

联合执法。针对8890举报信息、环保督察信访举报在河内非法捕捞事件，依据《市水务局关于印发开展打击毒鱼、炸鱼、电鱼专项执法行动工作方案的通知》精神，多次劝阻或驱离捕鱼、捞鱼虫人员。10月初，制定联合开展打击非法捕捞执法行动方案，发放宣传材料1500份，粘贴禁止在河道捕鱼、捞鱼虫行为通告50份，多次组织联合开展打击非法捕捞部署协调会，并于11月15日，会同市水政监察总队、市永定河管理处、区农委、区环保局、大张庄镇政府、西堤头镇政府联合开展打击非法捕捞执法行动，对永定新河、北京排水河沿线乱堆乱占滩地船只、非法捕捞违法渔具整治，对毒鱼、炸鱼、电鱼等违法行专项执法。在此次执法行动中，出动人员120余人，出动执法车15辆、执法船4艘，清理非法船只2艘，收缴非法渔具30余套。

2017年12月，完成西堤头工业区、东堤头村、西堤头村、刘快庄村铺设DN300~DN1000毫米的雨污水管网40余千米，建设污水提升泵站2座。主管网建成后，由各镇负责督促企业将企业红线内（院内管线）雨污水分流后接入管网，最终实现企业的雨污分流。由西堤头镇负责督促行政处罚。对西堤头镇工业区内未如期完成雨污水分流排放21家企业下发整改告知书，要求企业污水管道并入现有主干污水管网，企业已按告知书要求完成整改。立案查处双口生活垃圾填埋场未安装水质水量检测设施超量排放污水和国网天津市电力公司建设分公司未经批准擅自取水两起违法案件。制作调查笔录，下达整改决定书和行政处罚决定书，案件上传天津市行政执法监督平台。

【工程管理】

1. 河道堤防管理

实行巡查专人包段负责制并建立台账，加强河道堤防巡查巡视管理，制止并处理在堤防管理范围内取土，私自植树、河岸燎荒、倾倒垃圾，向河道内排放污水等违法行为。年内，在永定新河左堤大张庄闸—霍庄子大桥植树1.7万株；在永青渠、丰产河小淀地铁站段、陆路港段、淀南引河部分等3.5千米堤防绿化补种杨树2.97公顷，对七条二级河道两岸约70万平方米绿植进行管养，保护河道生态环境。

2. 水库管理

永金水库和大兴水库管理所由单位主要领导与管理人员签订岗位目标责任书，严格实行管理考核机制，按照操作运行管理规定、设施养护标准和岗位责任制度等方面加强工程管理，把设施养护、运行管理、值班保卫等作为考核内容，加强水库大堤巡视，注重泵站设备日常维护，确保泵站正常运行。

根据水利部《水库大坝安全管理条例》要求，2017年9月4日，永金水库管理所邀请水工结构、水文水资源、地质以及金属结构等方面专家针对永金水库大堤提出的整改建议。2018年实施永金水库进水闸拆除重建工程和永金水库东堤复堤加固工程。

3. 泵站管理

全区国有区管泵站23座，其中排灌所18座，排水所5座。坚持“安全生产、预防为主”工作理念，实行泵站运行管理人员每月一次集中例会制度，泵站运行管理情况、安全情况等信息月末上报到排灌所。平时，泵站操作人员做好泵站检修及管护，确保设施设备正常运行。排灌所设专职安检、电力技术人员对各泵站定期巡视，全年全覆盖式巡检60次，夜查7次，监督泵站管理制度落实情况、泵站设备运行情况，发现隐患及时处理。组织有限空间作业和预防硫化氢中毒专项培训3次，开展消防火灾事故、安全生产事故应急演练1人次。汛前、汛后对所有机电设备维修保养，确保汛期泵站正常运行。全年泵站排水量15629.21万立方米，农业灌溉与生态调水3500万立方米。

【河（湖）长制】

1. 落实河（湖）长制管理

编制完成《北辰区全面落实湖长制实施方案》及两项配套制度以及《天津市北辰区河长制考核办法实施细则》，待审核后印发实行。设立区级总河长1名，区级河长8名、街镇级总河长16名、街镇级河长51名、村级河长191名。区河长办制定各级河长巡河计划，督促各级河长巡河。全年累计区级河长巡河103人次，镇级河长巡河1664人次，村级河长巡河4885人次。

纳入河长制管理范围的水利工程有：区内行洪河道（一级河道）7条，总长度105.97千米；排沥河道（二级河道）有9条，总长度126.56千米；沟渠330条，全长388.577千米；坑塘232座，总面积11.127平方千米。区内小型水库两座，分别为永金水库和大兴水库。其中永金水库面积450万平方米，总库容804万立方米；大兴水库面积467万平方米，总库容882万立方米；区级开放式景观湖泊一处，为开发区的栖凤湖，总面积47万平方米，容量12万立方米。

2. 督察督办

区河长制办公室按照督查督办制度，主要涉及黑臭水体、垃圾清理、水质污染案件等内容，对相关成员单位、下级河长办工作督查督办，落实整改。全年共下达督办单97件，回复办结93件，办结率从上半年的67%到年底提高到96%；下达整改通知书27封，落实整改27件，整改率100%。

3. 编制“一河一策”方案

对各街镇、开发区辖区内河流、沟渠坑塘实地调查统计，摸清河道、沟渠和坑塘底数，建立名录台账，形成河道信息“一河一档”基础数据，制定一河一策方案。8月，一河一策方案参加市河长办组织的专家审核会，一河一策编制方案成为参考模板全市推广。

4. 开展三大行动

2017年11月3日，市河长办《关于印发〈河湖水环境大排查大治理大提升行动方案〉的通知》。11月21日，区政府印发《北辰区河湖水环境大排查大治理大提升行动实施细则》，并成立北辰区“三大行动”领导小组，由时任区长吕毅任组长，分管副区长刘金刚、胡学春任副组长，领导小组下设办公室，主任由区水务局局长郑永建兼任，职责是组织各委办局及属地政府对全区所有水系、河道、水库、景观湖和农村坑塘沟渠开展排查、治理和提升行动，实现到2020年年底前消除全区黑臭水体的目标。区河长办将“三大行动”列入河长制考核，每周统计治理进度，定期督查巡查，发现问题在考核中扣分并扣除部分以奖代补资金。

严格落实河长巡河责任，按照集中式、常态化要求，实行日常排查。年内，排查中发现问题165处，其中，以黑臭水体治理、全域清洁化、排污口治理、“清四乱”专项行动等治理内容解决问题136处，剩余未完成29点位，其中26处违建问题列入北辰区2019年“清四乱”专项行动中。对排查出的问题及时列入台账，按照污染防治攻坚战作战计划，编制“一河一策”方案及“一口一策”列入专项整治方案，明确责任人，要求按时整改到位。

5. “清四乱”专项行动

北辰区依据《水利部办公厅关于开展全国河湖“清四乱”专项行动的通知》及《天津市水务局开展河湖“清四乱”专项整治行动方案》要求，2018年9月3日，区水务局制定《开展河湖“清四乱”专项整治行动方案》，在全区范围内开展乱占、乱采、乱堆、乱建等河湖管理保护突出问题专项清理整治行动，实施河湖综合治理与生态修复，加强河湖管理保护。制定《关于开展北辰区河湖“清四乱”摸底调查的通知》，组织先关单位对所辖河道及两座水库的乱占、乱采、乱堆、乱建等突出问题排查，共排查出477处问题，建立CAD图及问题台账。区河长办牵头，区司法局、区规自局、公安北辰分局、区生态环境局、区城管委等部门联合印发拆除通告，下发到各镇张贴。将专项整治行动第一批次问题清单问题点位下发到各镇核查，由各镇明确任务，细化分工，对照问题清单建立台账进行销号，做到清一处、销一处。对各镇反映强烈部分一级河道点位清拆范围问题，区河长办与市水务局各河系管理处沟通，建立工作联络机制，明确市级部门联系人，由各镇安排人员现场放线、确认点位清拆。至2018年年底，河湖“清四乱”专项行动清除乱建、乱占、乱采、乱堆115处（其中一级河道40处）。

【水务改革】

1. 农业水价综合改革

配备农业用水计量设施123处（包括电磁流量计、职能按制柜、智能电表等），其中大张庄镇54处，西堤头镇69处，投资339万元。2018年10月25日开工，11月底完成。明确农业水权，实行总量控制、定额管理，用水指标细化分解到镇、村、农户用水主体。以全区用水总量控制指标为基础，核定农业用水定额。双街村、张五庄村两试点村水利工程配套项目，2018年10月20日开工，年底完成建设，主要内容为新建泵站2座，改造泵站2座，新增PE主管道7500米。完成编制双口镇前丁村66.67公顷水利配套工程实施方案，按照此方案配套标准（配套电力设施、水源工程、田间输水管道及计量设施，2400元每亩）推算3333.33公顷高标准农田水利设施配套投资1.2亿元。

2. 小型水利工程管理体制改革

镇村管工程摸底确权。2018年1月初至5月底，完成镇、村两级正常使用的小型水利工程调查摸底、产权审核确认。2018年镇村对所管小型水利工程管护共投入管护经费505.4555万元，其中镇级192.4625万元，村级312.933万元。

印发镇村管工程“两证一书”。9—11月完成发放4个镇81个村共计595套“两证一书”（小型水利工程所有权证、使用权证和小型水利工程管护责任书）。涉及泵站146座，闸89座，涵159座，桥65座，河渠132条，饮水安全工程78处，节水工程53处，灌溉机井164眼。

完善相关管护制度。出台并完善4个办法：北辰区小型水利工程管护办法、北辰区小型水利工程管护标准、北辰区小型水利工程考评标准、北辰区小型水利工程管护经费筹措办法。

3. 基层单位体制改革

按照区编办《关于调整区排灌所（区农村水利技术推广站）、区水库运行综合服务中心经费形式的通知》精神，将排灌所（农村水利技术推广站）、水库运行综合服务中心等2个事业单位原经费自理调整为财政补助。

【水务经济】 区水务局机关和8个基层单位全部为区财政全额拨款。局机关和基层单位严格执行财经法律、法规，执行“收支两条线”规定，不得截留、坐支、挪用财政专户资金，所有预算外资金全部上缴区财政。水利工程建设项目严格落实“四制”要求，按照建设流程组织各项工程建设。执行局机关内控制度，尤其在业务层面控制中，对预算管理、资产管理、政府采购、收支管理、建设项目管理、合同管理等活动中存在的风险进行管控。2018年初项目预算5.58亿元，2017年结转1.5亿元，共计7.08亿元。全年预算执行80%。到年底完成政府采购122项，其中局机关完成30项，基层单位完成92项。执行政府采购预算30519.97万元。

大兴水库水面养殖与承包户签订协议，2018年承租费38万元，收入纳入区财政。永金水库完成复堤和进水闸重建后未蓄水。

【精神文明建设】

1. 水务队伍建设

强化学习教育培训。按照“党委统领、支部

主抓、书记带头、全员推进”的工作思路，落实每周五集中学习制度，重点开展党的十九大精神和习近平新时代中国特色社会主义思想学习讨论，局党委书记讲党课2次，基层支部书记讲党课8次，经常性谈心谈话60人次，机关、基层单位集中学习29次，理论测试5次，党建专题培训2次，将新时代党的创新理论学习覆盖到每一名党员干部职工。结合“维护核心、铸就忠诚、担当作为、抓实支部”主题教育实践活动。组织学习郑德荣等同志先进事迹，学习张黎明时代楷模先进事迹等，教育党员干部群众立足岗位做贡献。

2. 帮扶和创建活动

依托“双万双服”服务平台，落实市委“双万双服”工作，解决企业所提涉及水务工作方面问题31件，答复率100%。落实区委“万名党员联万户”活动，建立“一户一卡”，开展中秋走访慰问和帮扶活动；制定“双创”（创建全国文明城区、创建国家卫生区）工作方案，落实工作任务、工作目标和责任科室（单位），将任务完成情况纳入年终考核内容。

3. 志愿服务活动

组建水务系统志愿服务支队8个，开展志愿服务活动22次，累计111人次，服务278小时。局机关支部与社区金门里居委会建立联建对子，开展党员干部包楼门等社区联建活动，组织金门里社区部分党员到卢沟桥及中国人民抗日战争纪念馆专题学习参观等活动。

【队伍建设】

1. 局领导班子成员

党委书记：霍俊伟（12月调出）
　　　　　郑永建（12月任）

党委副书记：郑永建（12月免）

党委委员：赵学利　仰　东（纪检）　高雅双
　　　　　肖　刚（1月任）

局　长：郑永建

副局长：高雅双　仰　东　肖　刚（2月任）
　　　　周仲秀（11月挂职）

调研员：赵学利（2017年7月任）

2. 水务机构

2018年年底，北辰区水务局机关设10个职能科室，即办公室、党务人事科、财务审计科、水政科、排水监督管理科、水资源管理科、排水调水管理科、工程规划建设管理科、安全监督管理科、节约用水管理科。8个基层单位：天津市北辰区河道一所、天津市北辰区河道二所、天津市北辰区排灌所、天津市北辰区排水所、天津市北辰区水利工程建设服务中心、天津市北辰区水库运行综合服务中心、天津市北辰区河长制事务中心、天津市北辰区水务综合执法大队。

3. 水务队伍

全局年末总人数164人。其中机关工作人员37人（机关公务员32人，工人5人），公务员中研究生5人，大学本科24人，大学专科学历3人；工人男5人，本科1人，中专1人；高中及以下3人。公务员35岁以下8人，36~40岁5人，41~45岁2人，46~50岁8人，51~55岁5人，56岁以上4人；工人51~55岁4人，58岁1人。

事业单位从业人员127人。学历情况：研究生11人，大学本科学历69人，大学专科学历25人，中专学历4人，高中学历12人，初中及以下学历6人。年龄情况：35岁及以下60人，36~40岁10人，41~45岁13人，46~50岁16人，51~54岁15人，56岁以上13人。专业技术人员（含政工职称57人）情况：水利专业高级职称4人，中级职称10人，初级职称9人；机电专业中级职称1人，初级职称4人；市政工程中级职称2人；土木工程技术初级职称2人；会计专业中级职称1人，初级1人；政工高级职称2人，中级职称11人，初级10人。

4. 先进集体和先进个人

（1）先进集体。

排灌所党支部被中共天津市北辰区委员会评为北辰区“维护核心，铸就忠诚，担当作为，抓实支部”主题教育实践活动先进基层支部。

天津市北辰区排灌所河岔泵站被市水务局评

为水利安全生产标准化达标单位（二级）。

天津市北辰区排灌所大张庄泵站被市水务局评为水利安全生产标准化达标单位（二级）。

（2）先进个人。

于立强被中共天津市北辰区委员会评为北辰区“维护核心，铸就忠诚，担当作为，抓实支部”主题教育实践活动优秀共产党员。

孙伟被北辰区精神文明建设委员会评为北辰区第十三届“感动北辰文明人”。

张全明被北辰区精神文明建设委员会评为北辰区第十三届“感动北辰文明人”。

米媛媛被北辰区妇女联合会授予北辰区“三八红旗手”荣誉称号。

（杨立赏）

武清区水务局

【概述】 2018年，武清区水务工作以加强水环境治理，推行“一河一（策）”施行，加强控沉区管理，落实防汛抗旱措施，加强水土保持治理，努力开源节流提升供用水安全保障能力，进一步提高工程管理水平。全年完成水务建设总投资3.61亿元，涉及农村水利基础设施建设，农村饮水城市化工程，供水管网工程，城镇排水管网改造及污水调度工程，河道治理及防汛（水毁）工程等。编制完成并经区政府审批通过实施了《武清区给水专项规划（2020—2030年）》《武清区水系连通规划》和《武清区再生水利用规划》。

【水资源开发利用】 全区全年水资源总量29990万立方米，其中地表水资源量21617万立方米、地下水资源量8185万立方米、其他水资源188万立方米。截至2018年年底，共有机井7082眼，其中工业井258眼、农用井6002眼、生活井813眼、其他用井9眼。年入境水量3.3亿立方米，比上年增加了1亿立方米。全年农田累计浇地63533.333公顷，其中麦田一水26733.333公顷、麦田二水4333.333公顷、冬灌白地6666.667公顷、小麦冻水75800公顷。上马台水库汛期蓄水约950万立方米，为翌年春灌做好储备。

2018年，武清主城区5座污水处理厂（第二、三、四、五、七污水处理厂）全年达标出水2549.23万立方米，出水达到天津市地方排放标准A，作为生态补水全部排入北运河、龙凤河故道、机排河、运东干渠。

【水资源节约与保护】

1. 节水管理

加大计划用水管理力度。制定《2018年度用水计划编制方案》，印发《关于加强武清区计划用水管理工作的通知》，全区计划用水考核783户，比上年增加141户，计划用水考核率100%；为发挥用水定额和价格杠杆的节水作用，编制《关于建立城镇非居民用水超定额累进加价制度实施方案》并实施；制订并实施《关于加强临时用水管理工作的通知》，进一步规范全区基建项目临时用水管理，要求在建项目设计阶段办理临时用水指标；严格执行用水报告书审查程序，全年组织审查用水报告书2份（工业项目及居民住宅各1份）；推动节水“三同时”（同时设计、同时施工、同时投入使用）管理工作，与区建委、区行政审批局联合印发《关于加强武清区建设项目节水“三同时”管理工作的通知》，开展贯彻落实工作；推动水平衡测试工作，提高水资源利用效率，全年对26家用水户开展水平测试工作；加强高耗水用户水量监控管理，全年已对16户按月进行用水量监控。

2018年，武清区持续推进节水型社会建设，区建设节水型社会领导小组成员增至18个职能部门，由常务副区长洪世聪任组长，副区长徐继珍任副组长。按照《关于深化天津市节水型区县建设的通知》和9月17日天津市节水型社会达标建设推动会精神，武清区全面启动节水型社会达标建设工作。编制《武清区节水型社会达标建设实施方案》，并通过市节水办组织的专家评审，由区政府办公室印发在全区执行。2018年武清区万元工业增加值用水量为6.9立方米；全年创建16家节水型企业，涉及化工、食品、纺织，包装、日用品、建筑等行业；创建11个市级节水型居民小区；继续开展公共机构节水型单位创建，向33家区级公共机构授予节水型单位称号；截至2018年年底，累计节水型企业（单位）98家，覆盖率72%；节水型居民34个，覆盖率57%。为了解节水器具使用情况，全年共抽查91家公共场所节水型器具29796（个/套），居民家庭节水器具6694（个/套），节水器具普及率达到100%。

全面加强节水宣传工作。通过“世界水日”“中国水周”及城市节水宣传周等，开展主题宣传活动9次，展出宣传展板26张，出动宣传车3辆，悬挂条幅18条，发放宣传单、纪念品千余份。招募志愿者深入社区及公众活动场所，开展“节约用水，你我同行”主题宣传活动，共千余人参加。充分利用网络、报纸、电视等媒介开展节水宣传，并通过《武清资讯》刊登节水宣传口号及节水知识5次，区电视台播放水利部宣传片和节水公益广告14次。

2. 控沉管理

成立区级和街镇地面沉降防治工作领导小组，编制实施《天津市武清区地面沉降治理工作（2018—2020年）实施方案》和《武清区地面沉降治理工作考核办法》，建立区级控沉工作监督考核机制和地面沉降联防联控机制，把地面沉降治理工作纳入全区绩效考核。

沉降中心区管理。按照市政府下达的《武清区地下水压采工作目标责任书》要求，完成沉降中心区王庆坨漏斗区的水位普查工作。结合区散乱污企业综合治理，2018年王庆坨镇关停企业79家，年压采水量减少20万立方米；汊沽港镇关停企业57家，年压采水量减少近20万立方米。全年王庆坨镇、汊沽港镇共4个街填封机井119眼，对两镇在用115眼机井安装计量设施，并为6眼专用观测井安装水位自动远传设施，实现动态监管。全年沉降中心区内没有新增机井。

落实压采措施。对全区机井建立“一井一策”的工作台账，按照“封填一眼、销号一眼”的原则，全年封填机井2696眼。开展建设项目基坑备案工作，实施取水许可管理，2018年直接否决了6个不符合控沉预审的取水项目，对18个在建基坑排水项目进行执法检查。为减少农田灌溉地下水开采量，全年累计向豆张庄镇、黄花店镇、石各庄镇、陈嘴镇、汊沽港、王庆坨镇调用引江水1683万立方米，其中向王庆坨、汊沽港地区调水92.1万立方米。上马台镇区8个村完成地下饮用水源转换成引滦水源，年减少压采水量100万立方米。全年企事业单位地下用水压采300万立方米，农村生活地下水压采1363.5万立方米。

【水生态环境建设】 河（湖）水环境治理。全年在全区开展河（湖）水环境治理工作中，通过“三大行动”，即（大检查、大治理、大提升），以及在清河（湖）行动、水体清洁、“清四乱”专项行动中，检查了全区全部河道985条段，坑塘5312个，湖库10个，对发现的水面及堤岸垃圾、违规耕种及养殖、违法违建、入河排污口等问题，明确治理时间表、路线图，有序开展治理，为打造武清区良好的河湖水环境奠定基础。至2018年年底完成治理任务70%。

涉河工程监管。2018年区水务局对3个涉河工程，即天津液化天然气项目输气干线工程、北京新机场项目供油工程，新建北京至天津滨海新区铁路工程在给予工程施工配合同时实行工程施工备案管理，每天对其施工加强监督检查，保证河道水环境无污染。

污水处理厂监管。全区共建污水处理厂34座，其中城区污水处理厂8座（第二、三、四、五、七污水处理厂、开发区污水处理厂、天和城污水处理厂和国中润源污水处理厂），建制镇污水处理厂22座，位于各镇的工业园区污水处理厂4座（崔黄口镇电子商务产业园、梅厂镇汽车产业园、汊沽港镇京津科技谷、大王古庄镇京滨工业园污水处理厂）。全区全部污水处理厂均达到天津市排放标准（城区有8座达到排放标准A，工业园区有

1 座达到排放标准 A、有 3 座达到到排放标准 B，建制镇有 18 座达到排放标准 B、有 4 座达到排放标准 C）。全区 34 座污水处理厂日设计污水处理能力总计 23.895 万吨，城区污水年处理量 4188 万吨，污水处理率为 93.9%，建制镇污水年处理量 922 万吨，污水处理率为 81.5%。全区污水处理厂出厂水质达标率为 87%，为保证污水处理厂出水水质达标排放，委托天津宇驰检测技术有限公司对全区全部污水处理厂进、出水水质定期检测，全区污水处理水质未达标排放的采取约谈方式督促其整改，达标后排放的出厂水作为河道生态补水。全年处置污泥量 4.2 万吨，污泥无害化处理率达 100%。

排污口门治理。2018 年为贯彻最严格水资源管理制度，强化流域入河排污总量控制和水功能区监督管理，向全区各街镇、园区印发《区水务局关于进一步加强入河排污口监督管理工作的通知》，要求贯彻执行。按市河长办要求，印发《关于开展全区入河排污口专项排查整治行动的通知》，全面开展全区入河排污口排查整治行动，对镇街、园区内一、二级河道、重要沟渠沿线直接或者通过沟、渠、管道等设施向河流排污的口门进行摸底排查，口门类型包括污水处理厂、农村污水处理设施等所有向河道排污的入河排污口，将排查情况会同区环保局、建委、农委复核后填写《入河排污口台账统计表》和《入河排污口设置单位基本情况调查表》，并报送市河长办。编制并实施《天津市武清区入河排污口整治工作实施方案》，制定“一口一策”入河排污口治理措施，并将其纳入“一河一策”方案中，2018 年底前完成第四污水处理厂、双树腾达地毯厂污水处理站、泗村店污水处理厂、汽车园、城关镇、河北屯镇、陈嘴镇、南蔡村镇的 13 个口门治理工作。编制《武清区关于进一步加强入河排污口监督管理工作的实施方案》，开展区级监督性巡查及入河排污口日常巡查工作，区级监督性巡查由区水务局负责，每月不低于 2 次；入河排污口日常巡查工作由各镇街、园区开展，每周不低于 2 次，按季度定期上报区水务局。建立入河排污口监督性监测工作制度，各镇街、园区组织实施监测及水量监测每年监测频率不低于 3 次，按季度定期上报区水务局。

在生态环境部、住房城乡建设部组织的城市黑臭水体整治专项督察中，陆军支渠（陆军部队—机场排河）3.5 千米，空军支渠（空军部队—机场排河）2.9 千米，完成渠道治理工程，经认定后在 2018 年黑臭水体名单中被消除。

【水务规划】　《武清区水系连通规划》于 2018 年 2 月 26 日经武清区政府常委会审议通过并公布实施。

编制《武清区再生水利用规划》，按照天津市关于武清区再生水利用规划要求，结合武清区再生水现状，规划分近期（2020 年）实施和远期（2030 年）实施目标。近期再生水工程重点建设项目依据近远期相结合原则分期建设，再生水管道按远期规模一次性建成。本次规划严格执行国家及地方的有关规范和标准，切合实际、有的放矢的利用再生水，科学合理的进行再生水利用工程。该规划于 2018 年 3 月 14 日经武清区政府常委会审议通过。

编制《武清区给水专项规划（2020—2030 年）》，规划内容包括：城区总体规划和各街镇、园区总体规划；供水规模；供水水源及水质；供水分区及水源厂配置方案；水源及环境保护工程规划，城区及镇给水规划；给水处理厂规划；给水管材及主要工程量规划以及规划的实施计划和实施措施。该专项规划的实施，使武清给水系统得以更加完善，可全面解决全区供水水源与给水设施配置不合理问题，大大提高全区给水的安全性，改善现有给水系统的质量，最终能够适应武清区未来的发展需要。该规划于 2018 年 8 月 3 日经武清区政府常委会审议通过。

【防汛抗旱】

1. 雨情、水情

全区全年降水 46 次，年平均降水量为 505.87 毫米，比上年增加 138.77 毫米，比多年平均

560.5 毫米少 54.68 毫米。汛期共发生 28 次降雨，平均降雨量 425.52 毫米，较上年同期偏多 15.91%，较常年同期偏少 5.27%；其中 6 月平均降雨量 24.4 毫米、7 月平均降雨量 265.2 毫米、8 月平均降雨量 136.7 毫米，9 月平均降雨量 15.7 毫米，占全年平均降水量 87%。全区全年降雨最大的镇街是大良镇，降雨量为 554.3 毫米；最小的是黄庄街，降雨量为 256.4 毫米。受台风“安比”影响，7 月 23—25 日全区平均降雨量 158.5 毫米，城区降雨 181.3 毫米，最大降雨在河北屯镇 240.8 毫米。

汛期发生洪峰过程超过 50 立方米每秒的 11 次（分别为 7 月 13 日、16 日、17 日、18 日、19 日、24 日、25 日、26 日，8 月 7 日、8 日、13 日），最大洪峰于 7 月 18 日 0 点出现在青龙湾减河土门楼闸，下泄流量 323 立方米每秒。汛期最长无有效降雨连续日为 7 月 25 日至 8 月 5 日共 11 天。

2. 防汛抗旱指挥部

指　　挥：戴东强（区委副书记、区长）
政　　委：闫　浩（区委组织部部长）
常务副指挥：张俊宝（副区长）
副 指 挥：徐继珍（副区长）
李长城（区武装部部长）
王立山（区政府办主任）
周海林（区公安局政委）
刘振明（区农委主任）
杨来增（区水务局局长）
周　军（北三河处处长）
王志高（永定河处处长）
副 政 委：李占财（区武装部政委）

成员由区武装部、区公安局、区交通局、区气象局和国家电网武清分公司等 22 个相关单位主要领导组成，指挥部下设 10 个分指挥部和 1 个分滞洪区群众转移抢救指挥部，区防汛办公室设在区水务局，主任由区水务局局长杨来增兼任。

3. 防汛

修订防汛预案。按照“行政首长负责制”修订《武清区防汛预案》，完善《蓄滞洪区群众转移安置预案》《抢险物资调运预案》《分洪口门爆破拆除预案》《河道防抢预案》《农村除涝预案》《城区排水预案》等分预案。落实低洼地带、易积水地区“一处一预案”排涝防范措施；组织 4 个蓄滞洪区 9 个街镇单位贯彻落实市防办蓄滞洪区工作专题会议精神，压实蓄滞洪区防汛准备工作，完成蓄滞洪区居民财产登记工作；对河道、闸涵、堤防、水工建筑物等防洪设施进行汛前大检查，并且在每次降雨后做堤防巡查，及时填垫雨淋沟、修缮水簸箕，清理倒树等。汛前完成城区排水管网清淤、拉锚 415 余千米，清理检查井、收水井 1.9 万余座，完成闸涵保养 33 座，检修城区泵站 18 座；对辖区 11 条行洪河道、21 条堤防及各类涵闸、泵站、橡胶坝、阻水坝埝开展隐患排查，做到即查即改。

防汛物资储备。区防办制定 2018 年防汛抢险物资购置计划，购置价值 100 万元的防汛物资。按照分级储备的原则，区防办、区武装部、区供销社及各镇街共计储备物料包括：铅丝 12 吨，编织袋 50 万条，片石 7070 立方米，救生衣 5800 件，木材 1.9 万根；抢险设备包括：挖掘机、装载机、发电机等设备 13 台，橡皮舟 5 艘，冲锋舟 2 艘。采取专业储备和社会储备相结合落实社会号料，与木材销售商、编织袋生产厂家签订临时调用协议，保证防汛时紧急调用。完成防汛物资运输路线踏勘，保证防汛抢险物资及时运到指定地点。

防汛抢险队伍。按照“专群结合、军地联防”的原则，武清区分 3 个层次组建防汛应急抢险队伍。第一，突出“专业抢险，常备不懈”的原则，组建区水务局河道所、排灌站和上马台水库管理处 3 支专业抢险队伍，共计 61 人，配备抢险装备，主要负责辖区河道堤防、闸涵、泵站、水库等地方的防汛抢险工作。第二，由区武装部及各镇街组织 3000 人的民兵抢险队，作为防汛抢险主力，要求做到属地第一时间巡查防守、第一时间防汛抢险。第三，组建驻区部队抢险后备力量，负责全区重大防汛抢险工作。加强防汛队伍培训、演练，区防办汛期前对全区镇街、开发区及产业园区防汛领导和技术骨干开展防汛抢险技术培训，特邀海委防汛专家授课，课后组织开展实地演练。

防汛抢险纪实。2018年7月23日8时至7月25日8时，因受到台风“安比”影响，武清区出现强降雨过程，城区及29个镇（街）均达到了大暴雨级别（武清区气象台发布），造成农田积水16673.333公顷，城区及开发区出现19处积水点，平均积水深度15~30厘米。此次降雨全区1.5万人参加防汛，共出动巡查及抢险车1200余辆，抢险设备1500余台套，城区、开发区、下朱庄街共31座泵站全力排水，与此同时21座乡村泵站也在积极排水除涝，此次降雨全区应汛泵站共计开车2544台时，排水2339.3万立方米。

水毁工程。台风“安比”带来强降雨致使辖区河道堤防出现三处损坏，区水务局立即开展水毁修复工程建设，总投资399.57万元。①龙凤河右堤45+000~46+000段水毁工程，对该段堤防进行加固，土料填筑11022立方米，堤肩采用二灰碎石进行硬化，二灰碎石垫层295平方米，新建水簸箕98个；②凤河西支左堤高村段水毁工程，对该段堤防进行加固，渣土回填23908立方米，土方回填5710立方米，新建水簸箕30个，迎水侧打闭水桩252根，防撞护栏1550米；③青龙湾堤防水毁工程，修复青龙湾减河堤身出现的雨淋沟，土方开挖265立方米，土方回填2500立方米，水簸箕维修110个。

4. 抗旱。

春季抗旱期间，积极争取上游水源，调蓄水3.334亿立方米，累计抗旱浇地82600公顷，其中春灌一水27266.667公顷，二水4000公顷，春灌白地13333.333公顷。采取节水抗旱技术，推行防渗明渠278千米，控制面积55200公顷，低压输水管道4372.38千米，建成灌区22处（按乡镇分），其中万亩以上灌区20处。同时推广大口径塑料管道、喷滴灌节水设施；利用水库、渠道调蓄水功能抗旱，上马台水库为周边农业灌溉提供800万立方米水源，浇地3333.333公顷，五支渠扬水站春季为石各庄开车送水548台时，送水量434万立方米。全区全年50万人参与抗旱，灌溉机井5996眼，开动泵点3000处，投入机动运水车辆6万辆，抗旱用电2089万度、用油800吨，折合资金全年抗旱投入1708.41万元。

【农业供水与节水】 2018年，武清区农田灌溉面积达到64100公顷，有效灌溉面积63873.333公顷。节水灌溉面积57160公顷，占有效灌溉面积的89.5%，其中防渗渠道278千米，控制面积55200公顷，低压管道4372.38千米，建成灌区22处（按乡镇分），其中万亩以上灌区20处。建成农用机电井6002眼，其中机电井配套6002眼。

武清区2018年灌溉计量设施改造工程。总投资584.09万元，其中市财政补贴554.89万元，区级自筹资金29.2万元。该项目涉及大良和白古屯两个镇29个村，共安装计量控制柜361套，控制面积1400公顷。工程于2018年9月4日开工，10月30日完工。工程实施后，实现了计量灌溉，为农业水价综合改革奠定了基础。

【村镇供水】 武清区饮用水源有地下水和地表水（引江水、引滦水）。城区河东运河水厂、河西泉兴水厂和河西水厂趸售下伍旗水源地地下水和逸仙园水厂、上马台水厂引江水（引滦水）为主城区供水。城区龙湾城片区由天津市自来水集团供应引江水（引滦水）。武清区开发区由卧龙潭净水中心供给引江水（引滦水）。上马台水厂为上马台镇及梅厂镇镇域范围内的汽车工业园区、企事业单位、还迁小区居民供应引江水（引滦水），其他建制镇、工业园区使用地下水源。加强水源水质监测，区水务局水质检测中心通过日检和抽检相结合的方式对源水水质开展检测，保障供水厂水源水质达标。

全区城乡集中式供水厂55座，其中城区供水厂4座，建制镇供水厂45座，建制镇工业园区供水厂6座。全年总供水量4824万吨，其中引江水（引滦水）2900万吨，地下水1924万吨。

为彻底解决武清城乡日益紧张的饮水问题，依据《武清区城乡总体规划》（2008—2020年）、各镇（园）区总体规划（2010—2020年）及《武清区农村饮水提质增效工程规划》（2014年），区政府决定实施农村饮水城市化工程，工程总投资14.22亿，分两年（2018—2019年）施工，工程竣工后，供水水源由地下水切改为地表水，供水覆盖武清区638个村，惠及人口60余万人。工程内容包括新建供水规模为5万吨每日的京津科技谷引江水厂1座、新建总供水规模为25万吨每日的城北引滦水厂1座，更新改造配水厂及各村至配水厂供水管线，更新改造村内供水管网等。2018年各项工程进展情况：①京津科技谷引江水厂工程已于11月22日完成施工招标工作，中标单位为天津振津工程集团有限公司，2018年底进场施工；②城北引滦水厂工程已于11月23日完成施工招标工作，中标单位为天津市水利工程有限公司，2018年底进场施工；③配水厂及供水管线更新改造工程已完成立项工作，正在进行规划手续办理及可行性研究报告编制。

【农田水利】 完成天津市水资源处以电折水系数测试2018年度工作，按要求选取15眼典型机井和6座泵点完成测试工作，为农业取用水等无法直接计量的，采取“按电计量，以电折水”方法进行核定水量打下了基础。完成武清区农业生产用水水资源税纳税人基础信息登记工作，共登记村集体587个，涉农企业24个，并完成了上报工作。完成天津市水务局下达的灌溉水利用系数测试工作，共测试了4镇8村24个典型区，为武清区掌握灌溉水平、灌区管理提供了技术支撑。完成编制武清区土污染防治灌溉水质管理实施方案，并通过了区政府批复。该方案计划灌溉水质监测范围，地表水设33个河段，33个断面监测点，每年监测2次；地下水设34眼井，34个监测点，每年监测1次。配合区发改委完成了全区水权证发放工作。

【水土保持】 建立区级水土保持领导组织体系。由主管区长任武清区水土保持工作联席会议小组组长，办公室设在区水务局，共有8个成员单位，明确各自职责任务。建立水土保持审批监管联动协调机制，由区水务局和区审批局制定了《武清区水土保持行政审批与监督管理协调联动工作制度》，明确责任分工，实现建设项目审批、监管工作信息双向告知及共享工作机制。全年参与完成5个市批水土保持方案项目评审，即北京排污河廊良公路至大南宫闸段治理工程、北水南调完善工程、京津唐高速公路大王古庄出入口工程、南蔡村及高场220千伏输变电工程、津保铁路220千伏牵引站电源线配套工程。组织完成区级10个建设项目水土保持方案评审，即天津市武清区学府华庭项目、天津市武清区学府华庭商业项目、武清区玉珑佳苑项目、紫荆谷广场项目、武清区地毯园110千伏输变电工程、武清区二支渠雨水泵站工程、同创大道（京津唐高速公路大王古出入口联络线）工程、六里庄110千伏送出工程、城北引滦水厂工程及君利供热站煤改燃工程。开展2次建设项目水土保持监督检查。深入津武（挂）2014-88号宗地房地产开发项目及紫荆谷广场项目施工场地检查水土流失防治措施落实及扰动占压地貌植被治理情况，对容量大、堆渣高的弃土场进行重点监查，并分别下发《天津市武清区生产建设项目监督检查情况表》，加强督导整改，有效遏制工程建设中引发或加剧的水土流失情况发生。编制并实施《武清区关于落实〈天津市水土保持目标责任考核办法〉的办法》，完成2018年度水土保持目标责任考核自评工作。开展水土保持宣传，为提高人民群众水土保持法制意识，树立可持续发展理念，在区水务局网站发布武清区开展水土保持相关工作的动态信息或新闻；在全国城市节约用水宣传周开展保护水资源、预防水土流失的宣传，有千余人参加；在社区及学校附近开展两次水土保持宣传教育活动，架设展板普及水土保持法律法规，发放宣传单千余张。

【工程建设】 水务工程建设包括防汛工程、供水厂建设、排水管网改造、污水调度工程、新建污水泵站、河道治理、再生水利用工程以及防汛预报预警体系工程，总投资约合 3.47 亿元。

防汛工程。2018 年防汛工程总投资 395.81 万元。①大专项工程投资 220 万元，完成永定河增产堤 13+000～15+000 段堤顶路面拆除重建工程；②国有区管泵站维修、更新、加固工程总投资 175.81 万元，完成扬水站土建工程：维修加固南口哨泵站出水池、厂房；对洪庄子、东汪庄、陈赵庄、南口哨、小谋屯、庞艾、拾梅扬水站的进出水池加装护栏防护网；为洪庄子、东汪庄、拾梅、小谋屯、庞艾扬水站管理房、厂房上顶做防水处理；完成小谋屯扬水站机电维修、更新及自排闸砌石墩墙；维修陈赵庄、拾梅、小谋屯扬水站变压器 6 台；更新王三庄扬水站水泵 1 台；为高坑、辛庄扬水站加装计量柜各 1 台；更新王三庄立式轴流泵 1 台及电容柜 4 面、更新北夹道泵站电容柜 1 面；更换茨州泵站电机 1 个；对高坑、辛庄泵站进行预防性试验；对高坑泵站泵门维修；给北夹道泵站 10 千瓦终端杆加装漏电开关及 10 千瓦计量 CT 更新。同时为以上各泵站配齐了“五防”设备和工具柜，并进行了电力试验检测。

京津科技谷引江水厂建设工程。该水厂位于武清区京津科技谷产业园北侧，工程净水厂建设规模 5 万立方米/日，主要负责向路南片区各镇输送引江水，2018 年完成工程项目年投资 5882.49 万元。

排水工程。①城区合流制管网改造工程，总投资 9500 万元。完成杨崔路、光明道、雍阳西道 3 条道路合流制管网切改及 16 个小区、39 个企事业单位合流制管网改造，工程于 2018 年 6 月进场施工，12 月底完成全部建设任务；②新建二支渠雨水泵站工程，总投资 8490 万元。设计流量为 20 立方米每秒，同步实施配套工程，建设桥、闸，开挖渠道、护砌 385 米，工程月 2018 年 11 月进场施工，2019 年汛前完工。

污水调度工程。工程总投资 554 万元。①翠亨路以西片区污水调度工程，包括改造强国道污水提升泵站，铺设拉管 DN500 污水管道 4000 米，将翠亨路以西、南东路以东片区污水引入第五污水处理厂，工程于 2018 年 8 月进场施工，11 月底完成全部建设任务；②静湖片区污水调度工程，由第三污水处理厂调至天和城污水厂处理，工程内容包括污水提升泵站 1 座、阀门井 1 个、铺设污水管道 870 米（包括 94 米定向拉管）及其附属工程。工程于 2018 年 5 月进场施工，10 月底完成全部建设任务。

再生水利用工程。城区第四污水处理厂再生水利用工程，总投资 228.82 万元，修建闸门，铺设 150 米管道，出厂达标水引入机场外壕、陆军、空军支渠作为生态补水，工程于 2018 年 5 月进场施工，6 月底完成全部建设任务。

建制镇污水处理站建设工程。工程总投资 600 万元，包括建设下伍旗镇污水处理站 1 座，处理规模为 400 吨每日，配建管网长 3805 米；建设白古屯镇污水处理站 1 座，处理规模为 100 吨每日，配建管网长 1680 米；建设河北屯镇污水处理站 4 座，处理规模为 570 吨每日，配建管网长 16349 米。工程于 2018 年 6 月进场施工，12 月底完成全部建设任务。

西苑河综合治理一期工程。工程总投资 6045.4578 万元，主要工程量包括河底处理 89385 平方米，混凝土 29728 立方米，土石方作业 172577 立方米，混凝土挡土墙 265 米，建设北运河进水闸 1 座，二支渠水闸 1 座，敷设顶管 1804.7 米，敷设直径 400 管道 520 米，检查井 14 个，景观绿化 3.5 万平方米，防撞护栏 1175 米，汉白玉栏杆 4758 米，垃圾箱 77 个，太阳能路灯 185 个。该工程于 2016 年 1 月 29 日开工，2018 年 12 月 31 竣工。

南夹道泵站更新改造工程。工程总投资 1880 万元，其中市财政专项资金 940 万元，区自筹 940 万元。南夹道泵站始建于 1981 年，因土建设施及机电设备存在不同程度的损毁而实施更新改造，工程主要包括：进水闸、出水闸、东排渠首闸拆除重建；泵室、进水池、出水池等除险加固；机电设备、电气设备更新等。该工程于 2018 年 10 月

28 日开工，2019 年汛期前投入使用。

建设防汛预报预警体系工程。工程总投资 1080.79 万元，主要是为建立并完善农村雨情、水情、汛情预报预警体系以及群策群防体系，提高防汛科技化用以保障人民群众生命财产安全。该工程于 2018 年 8 月开工，12 月底前完成主体工程建设。

【供水工程建设与管理】 截至 2018 年年底，武清城区供水管道总长度 1424.823 千米，比上年新增供水管道 3.5 千米。新铺设梅石路供水管道 3.1 千米，管径 300 毫米，投资 336 万元。改造下伍旗供水管线 0.4 千米，管径 1 米，投资 134 万元。

加强供水管理，保证供水安全。①按照《天津市城市供水用水条例》和《天津市村镇供水用水管理办法》，加强供水规范化管理考核工作；2018 年度村镇供水管理考核 26 个镇 2 个街道办事处，集中供水厂共 51 座。对城区河东自来水服务站、河西自来水服务站、逸仙园水厂、上马台水厂完成供水规范化管理考核工作；②水质管理，对城区及开发区供水厂进（出）厂水、下伍旗地下水源厂出厂水、上马台水厂出厂水及天津市自来水集团公司供武清管网末稍水、各建制镇供水厂出厂水及末梢水和全区高层二供水水质全部实现监测检查；全区各建制镇集中供水厂均配备化验设备，具有每天检测 3 项出厂水水质能力，区水务局实行月检、季检、年检方式进行水质监测；区水务局水质监测中心对全区供水厂出厂水及管网末梢水进行不定时抽检；委派天津市旺彬检测技术服务中心定期对全区供水厂出厂水、管网水、末梢水、龙头水、二次供水进行监督检测；实行水质公示制度，在武清区信息网定期对水质进行公示；针对供水问题的信访来电、来件，做到及时处理反馈，保障人民群众饮用水安全；③采取有效措施降低供水管网漏损率，2018 年城区供水管网漏损率 6.82%；④实行二次供水设施设备准入制度，加强二次供水备案管理，全年新建备案 7 处，严格执行二次供水水箱清洗消毒制度，全年发放 258 个二供水箱清洗消毒证；⑤供水安全生产，对下伍旗地下水水源厂、上马台水厂、逸仙园水厂、河东运河水厂、河西泉兴水厂和河西水厂重点制水部位开展定期安全检查，保证水厂安全生产；对城区各供水厂进（出）厂水水质采取日检、周检、季检、年检加强检测，对市政供水管网及管网末梢水及二次供水开展每周抽检；对建制镇供水厂、单村供水、居民区直饮水机按月抽检水质；对居民反应家中水龙头出水水质问题的做到随时检测；⑥编制《2018 年供水突发事件应急预案》，加强应急抢险队伍建设，并且每年开展专项演练，日常做好应急物资储备，能够做到随时进行应急抢险。

【排水工程建设与管理】 截至 2018 年年底，武清城区排水管网总长度 415 千米，其中雨水管道 237.598 千米，污水管道 146.759 千米，合流制管道 30.643 千米；收水井 7898 座；检查井 11162 座；泵站 18 座，其中雨水泵站 13 座，污水泵站 2 座，雨污合用泵站 3 座。

区重点排水工程。第四污水处理厂再生水利用工程、翠亨路以西片区污水调度工程先后投入使用，两项工程完成后调水量每日可达 8 千吨。完成杨崔路、光明道、雍阳西道 3 条道路新建雨污分流制管线共计 5564 米，完成 4 个小区、39 个企事业单位新建雨污分流制管线共计 37392 米。新建二支渠雨水泵站工程，设计流量为 20 立方米每秒，负责武清新城夹道洼排涝分区雨水收集，排涝面积 36.3 平方千米。

推动城镇排水户排水许可证办理工作，截至 2018 年年底已办理用户排水许可证 87 户，并纳入区水务局监管。加强在建工程施工单位排水手续审核，对城区 11 个项目施工工地进行了监管；加强排水及污水处理设施监管，制定城镇排水及污水处理设施季度考核方案，完成 483 处排水设施损坏、井盖丢失及排水管道淤堵处理。

完善《城区防汛预案》，为保障城区安全度汛，汛前对城区排水设施、污水处理厂、污泥处置厂安全生产检查，并及时消除隐患；为保障污泥处置安全，加强对彤泰城污泥处置厂、远新污泥处置厂运行、泥质、泥量等监督管理。全年完成污水处理厂及污泥处理厂考核工作。

【科技教育】 2018年，区水务局加强职工学习培训力度，增强全局安全生产意识，提高安全生产水平，区水务局采取专家授课、参观培训等多种形式，组织安全生产标准化培训1次、组织预防硫化氢中毒培训共2次、消防安全科普培训1次，参观学习海河口泵站1次。开展党务工作人员培训7次，共集中培训225人次。全年参加武清区科级干部培训班5人，参加新录用工作人员培训班16人，参加村官培训3人，参加“三支一扶”人员培训2人，参加水务系统普法骨干培训班2人，参加水务系统“七五”普法讲师团培训1人，参加区行政执法人员业务培训2人，参加区人力社保局等组织的培训5人。

【水政监察】 深入推进行政执法“三项制度”改革。加强行政执法公示制度，完善执法信息公示的具体事项和内容，增强执法信息公示的有效性和实用性；严格执行执法过程记录制度，推进执法全过程记录信息化建设；遵守重大执法决定法制审核制度，规范重大执法决定法制审核程序，充实重大执法决定法制审核力量。全年全局执法巡查检查共计890次，出动执法人员1958人次，检查企业105家，发出责令整改通知书103起，立案2起，出动大型机械、车辆配合北三河处制止水事违法行为10余起。

为减少河道水体污染，提升河道水质，区水务局结合全区河湖“清四乱”行动开展专项巡查督查，共出动专项巡查人员458人次。为加强水资源管理，出动79人次，对26家用水单位用水节水情况进行重点抽查，对16家企业基坑排水取水许可办理及违法打井情况开展专项联合检查，对2个工程项目水保工作进行抽查，通过宣传教育、督促整改，实现监督管理预期。

提高执法人员专业知识水平，完成机关32名行政执法人员年度培训考试换证工作。有27名执法人员参加了水利部2018年度水法知识大赛。7月11日，组织全局114名执法人员参加法律知识培训。

增强执法人员普法意识，编制《武清区水务局“谁执法谁普法”普法责任制实施方案》，制订武清区水务局行政执法以案释法制度，形成党委统一领导，部门分工负责、各司其职、齐抓共管的“大普法”工作格局。组织水务局青年志愿者深入居民社区向群众宣传水法，共发放水法、水政及涉水知识宣传页3200份，宣传册100份，宣传海报100份。

【工程管理】

1. 水库管理

上马台水库管理处为保证水库安全，制定各类安全生产制度，逐级签订《安全生产责任书》，落实安全生产责任人；同时制订各种应急预案并每年进行演练，提高水库预警及抢险能力；按照《上马台水库库区安全巡查制度》，成立四个安全巡查小组，对库区采取昼夜巡防检查，做到有隐患就记录就有整改落实；为保证汛期水库安全，5月提泄水闸放水约800万立方米，6月完成水库渗漏治理及附属工程，并对水库七台轴流泵机组完成叶片校正，其他各水工建筑物经检查均正常完好；汛期根据水库的调度要求时刻关注降雨天气预报，观察上游河道水位，及时向区防办反馈，随时听候区防办调令，根据雨情、水情适时开车蓄水，从7月26日至9月5日上，开车蓄水约950万立方米，开车1025台时；蓄水期间认真做好水质监测；在库房、泵站放置灭火器材，组织职工开展使用灭火器演练。在库区外坡围挡和堤顶环形公路按照一定的密度设置警示牌、安全警示须知，并有救生设备的车辆巡逻。水库全年未发生任何安全事故。

2. 排灌站管理

建立健全管理制度，与管辖22座国营扬水站签订了《安全生产责任书》《消防工作目标责任书》，以扬水站站长为第一责任人，制定了考核、评比和奖惩制度。加强泵站机电排灌设施运行管理，做好日常维修养护工作。汛前对各泵站进行全面检查，确保机组正常运转，土建设施牢固。2018 年完成 13 个国有泵站应急度汛工程并为各泵站配齐“安全防护用具”设备和工具柜，并进行了电力试验检测。为保证城区排沥，启动南夹道泵站更新改造项目。完成茨州泵站《安全鉴定报告》的编制工作。汛期严格执行 24 小时防汛值班制度，保证通讯及信息系统畅通，做好开车调度和行车记录收集汇总工作。

3. 河道、堤防及建筑管理

制订河道管理各项规章制度，并落实责任人，加强监督考核，全年共清理河道建筑垃圾 215 立方米，生活垃圾 3300 立方米，水面垃圾 5500 立方米，河道维修硬化铺装 1.6 万平方米，石坡护砌修复 3.878 万平方米。加强堤防巡查，尤其汛期，做到点位签到。为提高巡查工作质量，实行拍照上传管理措施，对在建工程、涉河工程采取时时监管，对发现的河岸垃圾及时执法处理。加强堤防树木管理，对一、二级河道树木按要求采伐，积极防治树木病虫害，保证树木护堤作用。

对阻碍河道通畅的违法行为及时进行执法处理。配合北三河处北三河所执法人员拆除了北运河右堤马头村违法建设，拆除北运河右堤小沙河段管理范围内违建铁塔 1 座，拆除北京排污河泗村店村段滩地内违建大棚 26.667 公顷，拆除北京排污河南蔡村镇、泗村店镇堤防及管理范围内违章立线杆 10 余根，配合永定河处对永定河右堤八里桥村段管理范围内违建进行制止和拆除等案件的查处。

4. 河流湿地管理和保护

按照《湿地保护管理规定》，区水务局对管辖的湿地保护小区：1 号三里浅湿地、2 号七百户湿地、3 号蒙辛庄湿地、中药园湿地和若干个节点加强湿地保护。建立健全管理制度，加强湿地区域水资源监测，时刻掌握其动态情况；组织巡查检查，对《湿地保护管理规定》中禁止的非法活动加强管控；加强湿地清洁及养管工作。

5. 建设管理

工程监督管理。局党委成立工程质量考核领导小组，落实主体责任。制订并组织实施《武清区水务建设质量工作奖惩办法》，推动水务建设质量工作奖励机制。为加强日常监管工作全面启用质量安全监督移动工作平台，实现了质量动态的监控和管理。重点督查行业标准落实情况，完成新版 ISO9001 新标准执行及取证、内审员培训。完成水利部检查质量考核资料。组织局属基层单位及业务科室负责人 40 余人参加水务建设质量管理工作培训。开展工程质量宣传工作，各工程项目部在施工现场张贴质量与安全宣传标语进行质量宣传活动。制定武清工程质量安全监督手续受理要件及承诺制要件清单，受监督工程全年无质量事故发生。做好涉水规划的编制及审批反馈工作，截至 2018 年年底，完成 50 多个项目的总规、控规或修详规的征求意见。

水利项目建设管理。严格执行项目“四制”原则，确保按照基建程序建设管理。严格执行财经纪律和资金拨付程序，落实廉政责任制，确保资金使用规范安全。建立健全技术交底、工程例会、质量抽检、现场巡查和整改验测等质量管理措施，并委托第三方检测机构全程跟踪质量检测，层层质量监督，严格质量管理，确保工程质量优良。清北泵站获得市水利工程管理协会颁发的 2017 年度天津市水利工程优质奖（九河杯）。严格执行招投标程序，公开透明落实招标工作。按照招标法和政府采购法要求，2018 年全部工程项目均在天津市公共资源交易平台或武清区政府采购中心进行公开招标。共完成设计招标 7 项，监理招标 6 项，施工招标 14 项，评估招标 5 项。制定验收节点，落实验收程序要求。工程竣工资料完整，落实验收程序，按节点竣工验收。全年完成市管项目竣工验收 7 项，区管项目竣工 12 项，法人单位验收 3 项。维护农民工劳动报酬权，保障农民工工资支付。制定《保障农民工工资支付工作方案》《预防和解决建设单位拖欠农民工工资及先行垫付办法》管理办法。积极开展自查，严格落实农民工工资支付实名制、农民工工资专用账户、农民工工资保障金等措施，同时加强宣传，畅通欠薪举报投诉渠道，在全区所有水务工程在建工地要建立维权信息公示牌，公布属地举报投诉信息，方便农民工就地就近维权。

项目安全生产管理。按照“党政同责，一岗双责，齐抓共管”和“管行业必须管安全，管业务必须管安全，管生产经营必须管安全”的总要求，严格要求工程管理人员遵守安全操作规程，采取工程建设及项目法人全过程监督、加强违法违规处理力度。加强质量、安全、控尘等专项工作的排查整治工作。落实日常专项检查和重要节点、节日检查，每月不少于2次专项检查，有效遏制各种质量、安全及控尘问题的出现。组织安全生产检查36次，发现各类问题17项，全部完成整改，实现安全生产零事故。在水利工程管理单位安全生产标准化建设工作中，2018年完成大三庄闸、狼尔窝闸水利部二级泵站安全生产标准化创建。

6. 安全生产管理

制定《武清区水务局2018年安全生产工作要点》，对安全生产重点工作细化分解；与机关科室、基层单位签订《安全生产责任书》《消防目标责任书》；各单位（科室）建立岗位责任清单，明确各级各岗人员安全职责；开展风险评估，摸清各单位危险源并提出风险分级管控对策，为实施分级管控奠定基础；建立领导带队检查制度，局领导每月检查至少1次，科室、基层单位主要负责人每月检查至少2次；重点检查安全生产责任落实，实现安全闭环式管理。全年共开展专项检查16次，共发现安全隐患89处，下达整改通知书30份并要求单位责任人亲自签收，要求限期整改，并做到摄录整改全过程，对整改单位及时复查，最终消除全部安全隐患。

开展安全生产教育培训，组织局属各单位（科室）安全生产负责人及安全员80余人参加学习培训；组织基层一线职工观看安全警示教育片，提高安全生产意识；在局机关利用液晶大屏幕普及《安全生产法》和《安全生产管理实施条例》；按照《武清区安全生产宣传教育“七进”活动实施方案》，在“安全生产月”开展安全生产宣传教育“七进（进企业、进校园、进机关、进社区、进农村、进家庭、进公共场所）”活动中，水务局在杨村镇瑞丰广场举办安全生产咨询活动，现场解答群众关心的防汛、硫化氢、供水、节水等问题20余件，发放宣传材料360份；依托国家水利安全监督网，让全体职工参加安全生产法律法规和应急管理知识学习和答题活动，做懂安全生产法律法规明白人，进一步提高安全应急处置能力。

【河（湖）长制】 编制《武清区全面落实（湖）长制实施方案》，在全区全部河道实施河（湖）长制，共明确河（湖）长负责人1280人。全年召开3次区级推动落实河长制工作会议。按照《河长制督查督办制度》，成立了区督导组，全年进行4次督导河长制落实工作。对35个街镇及园区河长制落实情况进行月度考核。

制定了《武清区河湖保洁方案》，成立了35支1533人的专业河湖保洁队伍，投入资金148.635万元，为保洁队伍配备5.2米船只33条、3.9米船只70条、国产汽油挂机33台、救生衣1450件、保洁坎肩夏季、冬季各1450件；对河湖保洁船驾驶员集中培训；为提高河湖水环境管理规范化、专业化提供了有力保障。

编制“一河（湖）一策方案”，通过天津市河长办组织的评审，经区级河长同意贯彻实施。一个河（湖）一个治理措施，内容包括河流、湖库概况，现存问题，保护目标、任务及措施，共编订78本，涉及二级河道、骨干联渠、35个镇园区、9个湖。为建立一河（湖）一档，完成河道基础数据调查，实现挂图作战。落实河（湖）长制以奖代补资金2967.1万元。全部实现河道、湖库、坑塘水质监测，完成水环境问题整改季度督导检查。

编制《武清区全面落实湖长制实施方案》，于2018年12月24日印发实施。全年完成了湖长制公示牌设置工作；加强各级河长巡河履职，区级河长巡河212人次、镇街园区级河长巡河5949人次，村级河长每天巡河，发现问题立行立改，即知即改。向全区发放河（湖）长工作手册1540本，宣传单页3000余份。

按区河长办部署开展河湖水环境专项整治行动，即“清河行动、水体清洁、清四乱”专项行动，在“清四乱”专项行动中，第一批查出水环境问题168个，通知各镇街园区要明确各级河长职责任务，按属地治理，以时间节点建立销号台账，将“清四乱”工作纳入河长制工作绩效考核评价体系，以考核促落实。至2018年底完成销号108个问题。

开展河湖水环境“三大行动”。为贯彻落实市河长办对河湖水环境大排查大治理大提升行动的安排部署，区河长办制定《武清区河湖水环境大排查大治理大提升行动实施方案》，2018年1月3日，经区政府第52次常务会议通过并印发实施。成立“三大”行动区级领导小组，在区水务局设立办公室，协调推动“三大”行动，为取得实效提供组织保障。针对“三大”行动重点难点工作，区级领导小组多次召开专题会议研究工作部署。在2017年12月7日召开武清区河湖水环境深化排查推动会暨镇街园区河长办主任工作会议，部署落实“三大”行动排查工作。区水务局组织70人的排查队伍，针对辖区水系、河道、水库、景观湖和坑塘沟渠的水质、口门污染、水面污染、环境垃圾污染、排水设施污染及违法违规行为排查，并建立排查台账。截至2018年3月底，武清区完成了全部河湖、坑塘水质检测工作，并编制完成“四单一表”。各街镇充分发挥“两员一长”作用，其辖区河道和坑塘，每天有巡查保洁，对固废垃圾、水面漂浮物第一时间清捞整治，口门排污第一时间封堵且追查污染源；对一时不能整改完成的，纳入台账实施跟踪检查落实。充分发挥执法巡查作用，积极推进河湖蓝线划定。对履职不力的镇街级总河长进行约谈9人次，促进各级河长落实水环境整改力度。全区全年完成8家企业废水总氮、总磷污染源自动监测设备安装和联网工作；实现龙河、龙北新河、凤河西支入境水量及水质实时监测。落实《武清区水系连通规划》，保障生态用水；完成中泓故道综合治理；推进龙北新河水质提升工程和龙湾城水系生态治理工程；落实大黄堡湿地自然保护区规划和专项工作方案，统筹实施生态补水和土地流转。制订河长巡河制度，促使各级河长主动、定期巡河、各司其职、各负其责；制定武清区河湖保洁实施方案，成立武清区河湖保洁队伍，保证河湖水环境治理落实。建立督导检查考核及暗查暗访机制，将发现问题纳入河长制月度考核，采取督办河长落实整改。通过实施“三大行动”，武清区地表水水环境质量持续改善，综合污染指数逐步下降，尤其在9月以后，全区8个市级考核断面已消除劣Ⅴ类水体；完成西苑河提升改造工程、陆空军支渠黑臭水体治理、城区雨污合流制改造、全区河湖水环境专项治理等工程；武清区36座污水处理厂全部完成提标改造，使出厂水水质标准达到天津市地方标准；按照武清区河湖保洁方案，加强水质监测、开展日常保洁、推进执法监管和考核监督。

【水务经济】 2018年，上马台水库捕捞养殖鱼类25万斤，收入52万元；水库西堤两侧土地改造约46.67公顷，均种植水稻，总产量80万斤，净收入约49万元。

【精神文明建设】 党建工作。深化“维护核心、铸就忠诚、担当作为、抓实支部”主题教育实践活动，与“两学一做”学习教育相结合，3次邀请区委党校老师为全局党员讲党课，组织局党委中心组集中学习19次，其中专题讨论4次，局党委班子成员到基层讲党课7人次，参加基层组织生活会7人次，党务工作人员集中培训225人；组织全局党员进行党的知识理论普考、知识竞赛5次，参加人数1200余人；专题培训8次，受训人员累计800余人；局党委书记与班子成员、基层党支部书记签署责任书19份，班子成员与分管部门的主要负责人签署责任书28份，逐级明确职责，层层抓好落实；为党员发放学习书籍1600余册，有《习近平谈治国理政（第二卷）》《习近平新时代中共特色社会主义思想三十讲》《中共共产党纪律处分条例》《中华人民共和国宪法》。职工精神文化生活。组织职工参观“改革开放40年”、“纪念刘少奇诞辰120周年”集报展、“家风传清风”书画展；组织退休干部职工开展“我们的节日-重阳”座谈会。组织开展羽毛球比赛；开展以“网络安全为人民，网络安全靠人民”为主题的《网络安全法》专题知识学习和竞赛答题；组织干部职工参加农村人居环境清整活动，3次深入河西务镇帮扶村开展大扫除活动；组织职工参加区文明共建活动，深入社区进行卫生清整、创城入户宣传等；组织全局职工参加区妇联组织的“义卖爱心存钱罐”活动，全局共购买爱心存钱罐243个；为甘肃静宁贫困儿童捐赠衣物、图书价值19800元，捐赠款4294元；为“困难家庭救助专项基金”募集善款9720元；走访慰问困难职工358人，发放慰问金20.6380万元。工会维权帮扶。组织全局200余名女职工学习《天津市妇女权益保障条例》《女职工劳动保护特别规定》和相关法律法规知识；组织全体职工参加十二届全国百家网站微信公众号法律竞赛活动，普及宪法知识，弘扬社会主义法治精神；深入贯彻党中央全面依法治国新理念新思想新战略，弘扬宪法精神，树立宪法权威，组织女职工开展妇女法律知识竞赛活动。

【队伍建设】

1. 局领导班子成员

党委书记：杨来增

党委委员：邵士成　黄士福　陈国忠　马宇平（科级）

局　　长：杨来增

副 局 长：邵士成　黄士福　陈国忠

调 研 员：李　军（12月军转干部）

副调研员：范继红　刘金香

副处级领导干部：陈美华（2月退休）

副处级干部：李云旺

2. 机构设置

2018年9月，按照区编办《关于天津市武清区水务局部分事业单位机构编制事项调整的通知》文件精神，武清区水务局上马台水库管理处、排灌管理站（区抗旱服务站）经费形式由经费自理调整为财政补助，事业编制核定分别定为47名、52名；调整后，其主管部门、领导职数、等级规格、主要职责等均不变。

3. 人员结构

2018年，全局在职干部职工477人，其中机关42人（公务员35人，工勤7人），基层事业单位435人。按照年龄划分：30岁（包括30岁）以下37人，31~40岁80人，41~50岁228人，51~60岁132人；按照文化程度划分：研究生18人，本科172人，大专117人，中专20人，高中及以下150人。截至2018年年底，全局具有专业技术职称人员193人，已聘172人。其中高级工程师24人，工程师46人，助理工程师58人；高级政工师1人，政工师20人，助理政工师3人；高级会计师1人，会计师5人，助理会计师8人；经济师5人，统计师1人。2017年12月31日聘任专业技术职务22人，其中高级工程师1人，工程师10人，会计师1人，助理工程师10人。

人员变动。机关调入公务员2人，军转干部2人（调研员1人、科员1人），2018年期满“三支一扶”政策性安置3人，随军家属调入1人；事业单位公开招聘9人，招募“三支一扶”人员2人；机关退休5人（副处级领导干部2人、主任科员1人、副主任科员1人、机关工勤1人），事业单位退休28人、随军家属调出1人；离退休（职）病故12人；现有离休干部1人，退休（职）干部职工558人。人员划转：武清区地下水资源服务中心副主任1人调入武清区水务物资供应服务站。

干部调整。科级任免8人，其中：机关5人，免马宇平水务物资供应服务站站长（兼）；董长平任武清区水务局主任科员；李果森任武清区水务局主任科员；尤士元同志任武清区水务局工程规划科副科长（试用期一年）；张爽任武清区水务局水资源管理科副科长（试用期一年）。事业单位3人，宋克亮任天津市武清区水务综合执法大队队长（试用期至2018年5月），免去其天津市武清区河道管理所所长（试用期）职务；郭学芝任武清区水务物资供应服务站站长（试用期一年），免去其武清区地下水资源管理站副站长职务；胡伟任武清区河道所副所长（试用期一年）。

人才工作。入选《武清区2017年度引进、培养、奖励人才名单》中正式引进第五层次人才4人，王娟、冯嵩（“三支一扶”，已辞职））、张佳慧、高明（“三支一扶”）；第六层次人才1人，窦雨晴。其中培养人才第四层次人才1人，李明刚；培养人才第五层次人才3人，刘春良、刘玉祥、石成。入选2018年《武清区第三批“鲲鹏工程”拔尖和骨干人才人选名单》中农业领域骨干人才5人，石建路、贾杰、贡洪波、张博、姚雪亮。入选《武清区2018年度引进、培养、奖励人才名单》中培养人才1名，薄国军。

4. 先进集体和先进个人

（1）先进集体。

区水务局团支部被团区委评为武清区五四红旗团支部；区河道所被市文明办评为2017年度天津市文明单位。

（2）先进个人。

李冲被市妇联、市委宣传部、市精神文明办、市总工会评为2018年天津市最美家庭。

李闫、武玥被团区委评为2017—2018年度武清区优秀青年志愿者。

窦雨晴被区团委评为武清区优秀共青团员。

周丽娜被区妇联评为2017年度区级“三八”红旗手。

王继富被区综治委评为2017年度社会治安综合治理先进个人。

李冲、李媛媛被区妇联、区文明办评为区级最美家庭。

（吴晓莉　杜双双）

宝坻区水务局

【概述】 2018年，宝坻区水务局在区委、区政府的领导下，深入贯彻落实党的十九大会议精神，紧紧围绕全区总体战略部署，不断完善水务基础设施建设和河长制管理工作，积极组织防汛抗旱，大力推进水污染防治和水资源管理方面的工作，以抓重点、破难点、创亮点的工作准则，各项工作均取得一定成效，为全区社会经济的稳定发展提供了良好的水务保障。

【水资源开发利用】

1. 地表水

宝坻区境内共有6条一级河道，2018年累计调蓄水5.76亿立方米。汛期（6月15日至9月15日）上游来水总量11.47亿立方米，其中潮白新河3.53亿立方米，泃河、蓟运河3.39亿立方米，引泃入潮0.74亿立方米，青龙湾减河1.34亿立方米，北京排污河2.47亿立方米。潮白新河南里自沽蓄水闸汛期下泄总量5.75亿立方米。截至2018年年底，全区蓄水总量1.60亿立方米。其中一级河道9100万立方米，二级河道700万立方米，干支渠3000万立方米，小水库、鱼池坑塘3200万立方米。

2. 地下水

2018年，宝坻区共有机电井4764眼，其中农田井3343眼，农村饮水井869眼，企事业单位用井552眼。2018年，全区地下水开采总量为6303.15万立方米，其中农田灌溉用水4551.11万立方米，农村生活用水981.08万立方米，企事业单位用水770.96万立方米。

【水资源节约与保护】

1. 地下水资源管理

2018年，宝坻区水务局严格按照行政许可要件及流程办理取水许可工作，严格执行控沉预审制度，执行水资源论证制度，配合区审批局对156家企业新办取水许可申请进行初审和取水井工程现场核验工作，配合区整改办完成散乱污企业治理工作。按时对企业取用水量进行核准，信息提供给税务部门作为企业缴纳地下水资源税的依据，使水资源税征收工作按照《天津市水资源税改革试点实施办法》的要求稳步实施。企业取水许可与计量情况截至2018年年底，企业取水许可总数479家，计量水表总数571个。2018年新增取水许可157家，计量水表增加157个。

完成企业用水、农村生活、农业灌溉地下水的开采量调查统计工作，记录开采数据，为地下水资源管理及控沉工作提供了有价值的基础数据。同时，处理违法开采地下水4起、违章凿井8起。均对违法开采地下水的机井进行回填处理，对违章凿井行为均制止施工并将现场恢复原貌。地下水压采水源转换。2018年完成90家企业的地下水压采水源转换工作，新建闸阀井71座，排气井23座，泄水井7座，水表井71座。

地下水水质监测。宝坻区分别在2018年5月和10月进行了两次水质监测，共对26个地下水监测井进行了水质监测，依据《地下水质量标准》（GB/T 14848—2017）评价，符合Ⅲ类水质的占27%，符合Ⅳ类水质的占31%，符合Ⅴ类水质的占42%。

2. 节水管理

（1）计划用水管理。

根据市水务局2018年下达的“三条红线”目标任务（计划用水考核率≥95%，新增计划用水考核户≥50户），截至2018年年底，对全区894个非居民用水户进行计划用水考核（其中自来水516户，地下水378户），比上年655户增加了239户。

（2）节水型企业（单位）、小区创建。

2018年，宝坻区水务局创建市级节水型企业13个，区级公共机构节水型单位51个，截至2018年年底，宝坻区节水型企业（单位）共计166家，覆盖率达到53.4%；创建节水型小区9个，截至2018年年底，全区共有节水型小区29个，39479户，覆盖率达到70.75%（根据天津市统计年鉴数据宝坻城区共有55800户）。2018年全区非居民用水户实际取水量为400.93万立方米，全区供水总量为750.84万立方米。

（3）特种行业用水检查。

宝坻区节水办于4月初组织泉州水务、地资办等部门组成综合检查组，对城区内73家洗车、洗浴、游泳场馆等特种行业的取用水情况开展了专项检查，发现问题及时指出，并做好政策宣讲和解释工作。通过摸底调查，掌握了洗车、洗浴、游泳场馆用水户分布及用水现状，用水计量及缴费情况，用水器具、用水设施运行维护及节水管理情况，《计划用水使用证》办理情况以及是否有条件使用再生水。

（4）用水定额调查。

依据市节水中心《关于认真填报用水定额调查数据的通知》的要求，宝坻区节水办组织工作人员认真调查，市节水中心给宝坻区下发调查单位共计13家，其中工业企业6家，畜禽养殖7家，宝坻区域内实际调查了8家单位，其中工业企业4家、畜禽养殖企业4家，另有倒闭（关停）的应调查单位5家，其中工业企业2家，分别是天津绣美服装服饰有限公司、天津徐氏饮料有限公司；畜禽养殖3家，分别是天津市双海肉牛养殖有限公司、天津市梦真肉牛养殖有限公司、北方哈喇养鸭场。

3. 控沉工作

按照《天津市宝坻区地面沉降治理工作实施方案（2018—2020年）》，完成地下水水位动态监测站建设，将原来的人工检测点全部提升为自动监测，使地下水水位监测数据的连续性、准确性得到大幅提高；对全区32个地面沉降水准点进行维护，为埋于地下的水准点修建了井池、井盖，对作为宝坻原点基岩标管理房进行修缮，最大限度的保护水准点；完成重点工程（京哈高速两侧）9个控沉水准点建设。

【水生态环境建设】 水污染防治专项工程，由区河长办牵头，多个部门共同实施，2018年共8项内容：

重点水污染源自动在线监测系统建设。工程建设内容包括：对5家重点排污单位安装总磷、总氮自动监测设施，于2018年1月开工，至6月全部完工。（区环保局建设内容）

排水管网建设工程，投资1.5亿元。工程建设内容包括：铺设雨污分流管道23361米。分别是：腾跃路改造（建设路至庆丰路）700米、宁海路新建（南三路至环城南路）2071米、吴苏路北延（北城东路至北环路）1904米、双站路新建（南环路至建设路）3282米、威远街新建（西环路至吴苏路）5325米、北城路西延（西城路至西环路段）2601米、西城路北延（北城路至北环路）2479米和开元路北延4999米等工程，于2018年4月开工，至12月全部完工。（区建委建设内容）

规模化养殖场治理工程，投资2929.94万元。工程建设内容包括：对100家规模化养殖场进行治理，主要建设内容是完成污水储存池、粪便堆放场、排污管道等设施建设。于2018年5月开工，至10月全部完工。（区畜牧水产发展服务中心建设内容）

村级污水处理设施建设工程，投资82891.1595万元。工程建设内容包括：完成139个村污水处理设施建设工程，主要建设内容是铺设污水管网，建污水处理设施。于2018年8月开工，至12月全部完工。此工程为2018年宝坻区重点工程之一。

建制村环境综合整治，投资17535.77万元。工程建设内容包括：完成30个村环境综合整治任务，共四项指标：①村庄生活污水实现统一收集处理；②生活垃圾工作由专职保洁队伍或保洁公司负责收集清运、统一处置；③畜禽粪便工作分别由畜禽养殖户及时清运、农田综合利用；④饮用水合格工作由街镇结合村、区卫计委就饮用水合格率取样检测并达标。于2018年1月开工，至12月全部完成。（区环保局建设内容）

地下水水源转换工程，投资968.13万元。工程建设内容包括：完成2018年度地下水压采水源转换工作，主要内容是对限采区内85家企业进行水源转换，压采水量31.56万立方米。2018年9月开工，至12月完工。

加油站地下油罐更新改造工程。工程建设内容包括：继续推进加油站地下油罐更新为双层罐或防渗池设置工作。截至2018年12月月底，全区88个加油站，373个储油罐改造任务中，已完成78个加油站，336个双层罐，双层罐比例达到90%。（区环保局建设内容）

地表水水质自动监测站建设工程，投资37.24万元。工程建设内容包括：新建尔王庄水库水质自动监测站，建设内容为站房主体、内外装修、辅助设施、采水系统等，于2018年4月开工，至6月完工。（区环保局建设内容）

【水利规划】

1. 天津市宝坻区水系连通规划（2018—2025年）

该规划提出了“四片七区”的水系连通和水循环总体格局，“四片”即潮北片、潮南片、青北片、青南片，“七区”即宝坻新城区、潮北区、黄庄洼区、潮南区、京津新城区、青北区、青南区。在充分截污治污的基础上，科学构建布局合理、功能完善、工程优化、保障有力的河渠水系连通体系，加快重点河渠治理，加强水循环效果，提升河道水质，改善区域水生态环境。该规划期限为2018—2025年。

2018年4月18日，区政府以《天津市宝坻区人民政府关于同意〈天津市宝坻区水系连通规划〉的批复》文件对《宝坻区水系连通规划》进行批复。

2. 宝坻区农田水利发展规划（2018—2030年）

该规划明确了宝坻区今后一个时期农田水利发展的总体目标、思路和任务。重点包括节水灌溉发展模式、农田排涝体系改造、产权制度改革等内容。

该规划期限为2018—2030年，其中近期规划水平年2020年，远期规划水平年2030年。该规划于2018年编制完成，并报送区政府审批。

3. 宝坻区再生水利用规划（2018—2030年）

该规划明确宝坻区再生水利用的总体目标、思路和任务。坚持优化布局、专业集聚，区域融合的发展思路，细分区域功能定位，集中连片开发，系统分类推进，构筑“一城四区”的产业发展空间。

该规划期限为2018—2030年，其中近期规划水平年2020年再生水利用率达30%以上，远期规划水平年再生水利用率达50%以上，并上报区政府。

2018年9月12日，宝坻区政府以《关于同意〈宝坻区再生水利用规划〉的批复》文对《宝坻区再生水利用规划》进行批复。

【防汛抗旱】

1. 雨情、汛情

2018年，汛期（6—8月）降水偏多，空间分布不均，全区平均降雨量574.4毫米，其中6月23.9毫米（上年37.1毫米）、7月402.4毫米（上年126.1毫米）、8月148.1毫米（上年163.8毫米）。较历年（1981—2010年）平均降水量395.1毫米多179.3毫米。最大强降雨过程出现在7月23—25日，全区平均降雨量达到190毫米，最大降雨量出现在口东街道224.1毫米。2018年汛期，宝坻区共启动防洪预警5次，其中Ⅳ级预警4次，Ⅲ级预警1次。

汛期有8次降水过程超过50毫米，达到暴雨量级，其中7月23—24日、7月24—25日、8月7—8日、8月13—15日降水过程均出现了100毫米以上强降水，7月23—24日最大降水量160.2毫米，出现在史各庄。累计农田积水面积约8704公顷，积水深度10~60厘米，由于及时开车排沥，未形成沥涝灾害。

受较强降雨影响，北运河、潮白河有多次洪水入境，相继有明显洪峰流量过程，潮白新河吴村闸7月17日提闸放水，最大下泄流量330立方米每秒；青龙湾土门楼闸7月18日下泄流量达到323立方米每秒；蓟运河九王庄闸7月25日下泄量91.4立方米每秒；宝坻区境内潮白新河里自沽蓄水闸7月25日提闸过水，最大下泄流量810立方米每秒。

2. 防汛

（1）区抗旱防汛指挥部。

政　委：殷向杰　区委书记

指　挥：毛劲松　区长

副指挥：陈秀华　副区长

黄　琦　副区长

陈忠杰　副区长、公安宝坻分局局长

王　辉　副区长

王志林　副区长

王智东　副区长

温华战　武装部部长

周　军　北三河管理处处长

闫秀余　水务局局长

成　员：何建华　政府办公室主任

陈会臣　区委宣传部常务副部长

庞永安　农委主任

陈百永　发展改革委主任

吕　俭　商务委主任

郑　平　工信委主任

芮淑霞　建委主任

董凤伦　人防办主任

李文山　财政局局长

李思义　公安宝坻分局副局长

康德鸿　交通局局长

杨占岭　新闻中心主任

刘德义　气象局副局长

王连仲　卫计委主任

齐　宇　环保局局长

李树民　供销社主任

牛志轩　市场中心经理

毕长林　民政局局长

袁宝军　种植业发展服务中心主任

张玉梅　农业机械发展服务中心主任

张景富　教育局局长

杨文胜　安监局局长

王松林　房管局局长

纪永红　京津新城建管委会书记

范春辉　供电公司经理

王　靖　中国联通经理

郭玉红　电信公司经理

刘士启　人保财险经理

闫海涛　应急办主任

田会东　农委副主任

褚学江　水务局副局长

郭宝立　水务局副局长

王金星　水务局副局长

指挥部下设一室十二组：办公室、气象组、水情组、调度组、抢险组、转移安置组、物资组、通讯组、保卫组、交通运输组、生活保障组、财务组、信息宣传组。办公室设在区水务局，主任由区水务局局长闫秀余担任。

（2）防汛排涝工程。

2018 年，蓟运河综合治理工程进展顺利，潮白新河胡各庄橡胶坝更新改造工程全面完成；大刘坡、黄白桥两座泵站更新改造项目主体工程已完工，并具备运用条件；完成 33 座排涝泵站预防性试验及土建、机电设备维修，对城区 1 万余座检查井和收水井进行清理；老庄子、东老口（1）两座泵站更新改造工程、宝坻新城建设路泵站及中小河流重点县工程已完工，提高了防洪排涝能力；开展对一、二级河道闸涵维修加固、农田水利设施维修改造工程。

（3）修订完善各项预案。

2018 年，完善细化《宝坻区大黄铺洼蓄滞洪区运用及群众转移安置预案》《宝坻区黄庄洼蓄滞洪区运用及群众转移安置预案》《宝坻区河系防汛抢险预案》《宝坻区除涝预案及蓄水调度方案》《静海分洪区转移人员接收安置方案》等各项防汛预案及应急预案、军地联合防汛预案，同时组织全区 24 个街镇编制完成了各街镇防汛预案，组织编制了两个新城（省级开发区）防汛排水预案，各街镇、各部门根据各自的职责和任务，保证了防汛各项工作有序开展。

（4）防汛检查。

宝坻区防指办于 6 月 19 日下发通知要求各镇街清除所属辖区内阻水垃圾、坝挡，确保河渠排沥通畅，同时组织人员对河道堤防进行了维护，补搭蓟运河土牛，疏通河渠，清除了阻水障碍，清捞排沥河渠、扬水站站前和主要闸涵的杂草。

（5）防汛抢险物资储备。

区级防汛抢险物资采取仓储和号料的办法，由区防指办牵头组织供销、粮食购销等部门储备区级防汛抢险物资，其中编织袋 6 万条、彩条布 5 万平方米、钢筋 30 吨、石硝 300 立方米、堵漏袋 940 个、应急灯 10 台、救生衣 310 件、铅丝 20 吨、排体 222 块、苫布 77 块、铁锨 160 把、木桩 1880 根，以及相应的运输工具等。同时，镇、村两级也分别由镇、村储备了一定数量的防汛抢险物资。

（6）防汛抢险队伍。

以民兵为主体的先期防汛抢险力量。区武装部负责组建 5.5 万人的民兵抢险队伍，担负抗洪抢险、抗灾救灾任务；区直单位抽调骨干人员组建抗洪抢险一、二梯队，作为防洪抢险机动力量。

以街镇抢险队、区防汛指挥部防洪抢险组为主体的突击抢险力量。沿一级河道各街镇分别组建 50 人的抢险队，负责所辖堤段突发险情的抢险工作；区抗旱防汛指挥部防洪抢险组负责组建 55 人的区级抢险专业队，担负区内防洪的机动抢险任务。

以武装部为主体的应急筑堤机动抢险力量。武装部成立应急筑堤领导小组，组长由区武装部部长担任，调用应急连 525 人为突击营，负责河道应急筑堤工作。

（7）农田除涝和城区排水。

宝坻区组织有关部门对排沥的泵站、闸涵和电力设施进行全面的检测维修，组织各街镇疏通农田渠道的阻水障碍，清捞渠道和扬水站站前杂草；组织有关部门对城区排沥工程和设施进行详细检查维修，采取疏通管道、渠道，低洼易涝地段架设临时泵点等措施保证城区排水及时通畅。并根据城区的实际制定汛期排沥应急预案。保证宝坻区汛期沥水及时得以排除。全年33座扬水站共开车53555小时，排水5.6亿立方米。

（8）蓄滞洪区防汛准备。

按照蓄滞洪区运用预案的要求，落实了指挥机构、抢险救生队伍、抢险物资；落实分洪扒口队伍和机械，落实了责任人，做好分洪扒口的各项准备工作；落实蓄滞洪区围堤无堤段应急抢险措施；落实蓄滞洪区群众转移和安置的通讯报警、转移接收安置、生活保障、治安保障、医疗救助、人员返迁与善后；进行蓄滞洪区居民财产登记等各项准备工作。

（9）科学调度。

宝坻区认真执行市防办的各项调度令，适时开启闸涵，塌落橡胶坝，潮白新河南里自沽蓄水闸严格按照市防指汛期运用控制计划运行，确保了宝坻区行洪河道的行洪安全；针对宝坻区雨汛情，及时安排、合理调度扬水站、城区排沥泵站，适时提开有关闸涵，抓住有利时机抢排沥水。汛期（6月15日至9月15日）扬水站累计排除农田沥水3.72亿立方米（开车37724台时，耗电273万千瓦时），为夺取全年农业丰收提供了可靠的保证。

（10）应急抢险。

7月25日上午9时52分，区水务局通唐路泵站职工反映通唐路泵站东侧南坡出现渗漏，且渗水量逐步扩大，导致通唐路涵洞积水深度持续增加。区水务局局长闫秀余第一时间赶到现场查看，原因为蓟潮引渠水位过高导致渠水漫溢，且渠道一侧坡脚同时出现管涌。针对险情，区防办立即安排区武装部、水务、公安、交通及钰华街道等相关部门组织300余人赶赴现场，区防汛抗旱指挥部总指挥毛劲松、副指挥王志林等领导亲临一线指导抢险工作。同时，区防办立即调运排体、编织袋、水泥、油锯等抢险物资设备到达现场。针对具体险情，现场组织抢搭堤埝，封堵漫水堤段，同时采取堤内侧排体防渗措施。抢险人员不顾饥饿和疲劳，连续奋战5个小时。截至15时险情基本排除。

3. 抗旱

宝坻区制定雨洪水利用方案，抓住有利时机按照以蓄为主、排蓄结合的原则，根据各地区不同情况（特别是黄庄洼水稻种植区），合理调控水位，尽量减少开车排沥，充分合理利用本地雨水资源，为宝坻区工农业生产提供可靠水源、净化水源环境，节约扬水站开车电费开支。同时，把握时机及时拦蓄上游洪水资源，为宝坻区工农业生产储备可靠水源。

【农业供水与节水】

1. 农业供水

2018年，宝坻区共有粮食作物耕种面积约90140公顷，其中谷物类耕种面积约为89894公顷，豆类119公顷，薯类127公顷。经济作物耕作面积11116公顷。

2. 农业节水工程

宝坻区2017年规模化节水灌溉新增项目，投资50.16万元，其中中央投资49.4万元。工程内容包括新建、拆建灌溉泵站1座，配套低压线1.12千米。工程于2018年6月初开工，6月底完工。

【村镇供水】 2018年，农村村内供水管网工程已进场214个村，已完工并打压验收121个村。累计完成PE管道直埋3129093米，拉管358845米，井室20293座，累计完成投资60233万元。

【农田水利】 2018年，农田水利基础设施建设主要包括：计量设施安装改造项目、小型农田水利建设项目、大口屯镇除涝泵站工程。

计量设施安装改造项目。2018年计量设施配套安装工程项目，包括安装计量控制柜101台，工程总投资138.33万元，全部为市级投资。工程于2018年6月15日开工，于11月30日已经完工。小型农田水利建设计量设施配套改造项目，包括拆除井房200座，铺架设电缆12174米，安装保护钢管1800米，更换井泵211台套。一类费投资268.91万元。项目于2018年3月3日开工，6月30日完工。

小型农田水利建设项目，包括新建泵点7座，新建防渗渠道3022米，新建井柱桥1座，管涵桥1座，涵闸1座，铺设微灌48.267公顷，新建管道穿渠建筑物2处。一类费投资371万元。于2018年3月3日开工，7月18日完工。八门城镇小型农田水利建设项目，包括铺设混凝土管道465米，修建节制闸4座。一类费投资70.37万元（2018年下达）。2017年11月28日开工，12月31日完工。

2017年大口屯镇除涝泵站工程。新建配置2台HT500-35型混流泵排涝泵站1座和新建分水闸1座。一类费用158.56万元，该工程于2018年3月1日开工，6月30日完工。2018年大口屯镇除涝泵站工程，在大口屯镇大新路镇区和津围路镇区修建排涝泵站2座，该工程于2018年11月25日办理开工手续，但由于天气原因，2019年3月正式进场施工，7月中旬完工。

【水土保持】 2018年，宝坻区继续实施京津风沙源治理二期工程和水土保持专项工程。实施2018风沙源治理二期工程，工程已全部完工，完成新建水源工程35处（折合）、扬水点7座；新建节水灌溉工程31处（即输水管道工程，折合）、铺设塑料管道31处，管道长度总长18020米，实际灌溉面积100.714公顷。完成投资359.7万元。2018年庞桥头村水土保持生态工程项目，村中沟道治理工程包括沟道整治2100米，混凝土衬砌5172平方米，六棱植草砖衬砌4153平方米，镀锌方管围栏1300米，修建便民桥7座，植树5320株。工程投资185.38万元。

尔王庄水库库区移民安置。2018年统计移民人口540人，比2017年533人核增7人。移民直补资金每人每季度150元，对直补资金严格执行专户管理，专账核算，封闭式管理模式，通过区财政指定银行将直补资金打入惠农“一卡通”存折，确保直补资金及时足额发放到位。2018年共发放移民直补资金32.4万元。

库区移民迁建扶持项目建设。2017年10月11日，市发展改革委以《关于批复宝坻区尔王庄水库库区及移民安置区2017年度二期及2018年度基础设施项目实施方案的函》对工程实施方案予以批复。11月6日，市水务局以《关于转发市发展改革委批复宝坻区尔王庄水库库区和移民安置区2017年度二期及2018年度基础设施工程实施方案的通知》文件予以转发。项目主要内容包括：于家埑村新建水泥混凝土主路1918米，铺设灌溉管道905米，架设低压电线220米：郑贵庄村新建水泥混凝土路1320米，铺设U形衬砌防渗渠道555米；黄花淀村铺设道路两侧面包砖8000平方米，树南道路硬化575米；尔王庄村安装变压器1台；西杜庄村新建水泥混凝土路830米，拆除重建涵桥1座；中心台村新建水泥混凝土路1355米；高度户村拆除重建涵闸1座；孙校庄村拆除重建涵桥2座，安装变压器2台；大白庄村新建水泥混凝土路260米；小白庄村安装电力路灯54盏，树内电力路灯维修130盏，新建厕所5座。2018年4月10日，市水务局、市财政局联合以《关于下达2017年二期及2018年度大中型水库库区和移民安置区基础设施项目2018年第一批投资计划的通知》下达了项目2018年第一批投资计划。8月27日，市水务局、市财政局联合以《关于下达2017年二期及2018年度大中型水库库区和移民安置区基础设施项目2018年第二批投资计划的通知》下达了项目2018年第二批投资计划的通知。两批共批复885万元。

2018年11月16日，市水务局以《关于宝坻区2017年度二期及2018年度尔王庄水库库区及移民安置区基础设施工程变更的批复》下达了项目设计变更的批复。同意核减小白庄村旱厕2座，变更到孙校庄村新建旱厕2座，核减投资7.584万元。

项目法人单位为宝坻区水利工程建设管理中心，监理单位为天津市润泰工程监理有限公司。

施工单位为天津振津工程集团有限公司。工程于2018年4月16日正式开工，至2018年底，移民基础设施建设工程已全部完工。

【工程建设】 2018年，宝坻区共安排重点工程12项：

1. 农村生活污水及旱厕改造项目

总投资82891.1595万元。截至2018年年底，农村生活污水处理和旱厕改造项目20个镇街139个村工程主管网和污水处理站全部完工。

2. 东山水厂扩建（农村饮水提质增效工程2017年结转工程）

农村饮水提质增效工程2018年主要内容为东山水厂扩建（2017年转结），由原设计供水规模2.5万立方米每日，增至5万立方米每日。该工程于2018年2月开工，截至2018年年底已基本完工，东山水厂扩建共计投资3610.7672万元（一类费用）。

3. 胡各庄橡胶坝主坝袋更新工程

投资556.7912万元。工程主要内容：更新主河槽坝袋和开关柜。工程于2018年5月21日开工，7月30日完工。

4. 宝坻新城第二水厂新建（一期）

计划总投资47643万元。工程建设内容：新建水厂1座，规模30万吨/日，一期工程10万吨每日。截至2018年年底，宝坻新城第二水厂新建（一期）完成初设审批，正在进行征迁工作和永久性生态保护区域生态环境影响论证报告报审。

5. 宝坻新城水系综合治理工程

计划总投资51793万元。工程建设内容：一、二期工程革命渠、百里河、西护城河、西护城河引渠、望月路渠及明德公园（革命渠公园）、了凡公园（桃花坞公园）、朝霞公园相关内容建设。截至2018年年底，宝坻新城水系综合治理一、二期分别完成合同工程的54.6%和17.5%。

6. 西环路水系连通综合治理工程

审核预算投资8613.26万元。该工程为2017年结转工程，水系连通及景观治理总长度4千米，东侧绿化带治理6.3千米。截至2018年年底，西环路水系连通综合治理已完成监理和施工招投标，项目部组建完成，正在协调相关部门和单位。

7. 口东镇、潮阳街道等村内供水管网改造工程（新一轮农村饮水提质增效工程）

工程审核预算为49127.24万元。该工程为2017年度结转工程，计划对口东镇、潮阳街道等19个街镇239个村（涉及帮扶村101个）的村内供水管网进行改造，工程采用PPP模式组织实施。截至2018年年底，村内供水管网改造2017年结转项目完成79%。

8. 大白、史各庄、周良等12个街镇村内供水管网改造工程（新一轮农村饮水提质增效工程）

计划总投资61808万元。工程建设内容：对大白、史各庄、周良等12个街镇258个村村内供水管网改造工程，截至2018年年底，完成施工图预算审核。

9. 潮白河、青龙湾减河生态廊道工程

该工程分3部分实施。宝坻区潮白新河综合治理二期工程，工程主要为左堤护坡加固及周边绿化工程，工程面积28.26公顷，项目投资10560万元，工期为2017年4月27日至2018年8月15日。宝坻区青龙湾减河综合治理二期工程，工程主要为右堤护坡加固，堤顶路修建及周边绿化，工程面积58.8公顷，项目投资10778.3万元，工期为2017年3月10日至2018年8月22日。潮白新河及青龙湾减河配套水利设施提升改造工程，主要内容为修建机房管理房、闸涵维修、打深水井等，项目投资2000万元，工期为2018年5月31日至12月31日。

10. 泵站更新改造

投资4380万元。该工程为2017年结转工程，主要内容是在原址拆建大刘坡、黄白桥两座泵站，更新机电设备。工程于2017年8月20日开工，2018年6月完工。

11. 河桥新建项目

审核预算投资2275.89万元。新建百里河桥、西护城河桥、西护城河引河桥各1座。工程于

2018 年 3 月 12 日开工，截至 2018 年年底已全部完工。

12. 城区供水管网改造工程

审核预算投资 5950.98 万元。工程建设内容：宝坻区 2018 年市政给水工程项目一、宝坻区 2018 年市政给水工程项目二。截至 2018 年年底，城区供水管网改造工程同道路改造工程同步实施，已完成 40%。

13. 其他工程

（1）应急度汛工程。

2018 年，工程审核预算投资 411.46 万元。主要建设内容：对国营扬水站、城区排水泵站及一、二河道等水利设施的土建、机电设施进行汛前维修。于 2018 年汛前完工。

（2）中小河流重点县综合整治引泃入潮史各庄镇项目区工程。

工程一类费用投资 2027.14 万元，其中中央投资 1000 万元，市级投资 1000 万元，区级自筹一类费用 27.14 万元。主要建设内容：引泃入潮左堤 4.688 千米，右堤 3.886 千米进行治理，对潮白新河左堤津冀交界至引泃入潮段 4.133 千米进行堤防加固及路面硬化，穿堤建筑物维修加固闸 2 座。该工程于 2018 年 9 月 1 日开工，12 月 15 日完工。

（3）新建输配水管线及镇级加压泵站工程（农村饮水提质增效 2017 年结转工程）。

新建输配水管线及镇级加压泵站工程：①新建王卜庄镇、新安镇、尔王庄镇、大唐庄镇、郝各庄镇、大口屯镇管线工程，管线总长 281.53 千米，于 2017 年 10 月开工，2017 年年底完成管网铺设，批复投资 17091.99 万元；②新建王卜庄加压泵站，供水规模分别为 781 立方米每小时，工程于 2017 年 10 月开工，2018 年年底完工，批复投资 435.67 万元；③新建大口屯加压泵站，供水规模分别为 385 立方米每小时，工程于 2017 年 10 月开工，2018 年年底完工，批复投资 442.41 万元；④采购并安装郝各庄镇加压设备，工程于 2017 年 10 月开工，2018 年年底完工，批复投资 50 万元。（以上皆为一类费）

【供水工程建设与管理】

1. 供水工程建设

给水配套设施建设。投资 6800 万元，工程内容是管网铺设、井砌筑、消火栓安装和阀门安装等。2018 年共完成小区配套 23 个，其中商品小区 5 个，还迁小区 18 个，截至 2018 年年底已全部完成，确保了还迁居民用水。

实施宝坻区 2017 年新建市政给水管网工程。审核预算为 13919.3 万元。该工程范围为景苑街、嘉禾街、朝霞路、西环路、潮阳大道等 19 个路段。主要内容为挖填土方、敷设管道、砌筑阀门井及智慧水务 GIS 信息化系统。工程于 2018 年 6 月 25 日开工，截至 2018 年年底，北环路、景苑街、渔阳路、潮阳大道、朝霞路、通唐路和新仓路完成施工，其余正在施工。

宝坻区 2018 年市政给水工程项目一（2018 年重点工程）。审核预算为 1538.43 万元。该工程共涉及到 11 条道路，主要内容为朝霞路（3 段）、威远街、迎熏街、安成街、云山街、次干路一、云水街、规划支路五、新得街给水管网铺设。工程于 2018 年 11 月 11 日开工，截至 2018 年年底，威远路施工 1%，朝霞路施工 90%，云山街施工 70%。

宝坻区 2018 年市政给水工程项目二（2018 年重点工程）。审核预算 4412.55 万元。主要建设内容：新建通唐路、新仓路等道路沿线 7 处给水管网铺设。工程于 2018 年 11 月 6 日开工。截至 2018 年底，通唐路、秦柳路、开元路北延完成施工，其余正在施工。

宝坻区 2018 年新建市政消火栓建设。工程内容为在南关大街、北城路、南环路、开元路、渠阳路新建消火栓 78 处。审核预算 155.13 万元。工程于 2018 年 9 月 10 日开工，截至 2018 年底已完成 65 台。

宝坻区 2017 年老旧小区楼房给水改造工程。审核预算 672.22 万元。主要建设内容：对建设小区内户、中保楼小区 144 户、物资楼小区 140 户、石桥信用社东小区 40 户、新苑小区 896 户进行给水改造、人防楼74户、望都楼10号楼40户、学街给水管网及39户给水改造、老城区81户给水改造。工程于2018年3月16日开工，截至2018年年底进度过半。

宝坻区2018年老旧小区老旧楼房给水改造工程。审核预算173.2196万。主要建设内容：供电局楼、建行楼、宝华楼、体育场楼、水利中保楼供水改造。工程于2018年10月25日开工，截至2018年年底，主体施工完成，准备入户打压。

2. 完善水价结构

根据市发展改革委、市财政局、市水务局于2017年12月28日联合印发的《关于完善水价结构有关事项的通知》，2018年8月，经区政府常务会审议通过，将原来的"行政事业用水""工业商业用水"和"经营服务业用水"统一规范为"非居民用水"，水价统一上调至7.90元每立方米。特种用水价格由9.10元每立方米上调至22.30元每立方米。

3. 供水保障工作

针对夏季蓝藻暴发问题，提前完成清水库、地下应急水源井管道的清洗清洁和机电设备保养工作，针对源水水质复杂多变的实际，制定了4套应急保障方案。6—10月和11—12月，明渠引滦水水质pH值频繁超过9（标准值6~9），泉州取水口水质2-甲基异莰醇达到114纳克每升，土臭素超标，引发异常臭味，泉州水务公司适时启动水厂地下水源井，多次联系协调刘举石化水厂，向城区应急调水，井水和暗渠水掺混使用，解决了水源供给问题。各部门工作人员坚守岗位，领导值班带班，24小时备勤。为实现城区安全优质供水，采取的措施如下：①两次阶段性取用引滦暗渠水；②6月启用刘举水厂应急引水工程，将刘举水源地的地下水引致泉州水厂，掺混地下水，落实水源供给，最大引水量3万立方米每日；③加强净化强度，增加活性炭、单过硫酸氢钾投加量，吸附异味，确保水质达标；④增加源水和出厂水、管网水水质检测频次；⑤针对水源切换、pH值变化造成的管网水浑水黄问题，冲洗供水管网；⑥提升改造供水设施。2018年初，对泉州水厂虹吸管（引滦明渠至水厂取水井的重要引水通道）改造，解决了水厂原虹吸管长期存在漏气，频繁掉压、无法取用源水的问题；⑦泉州水务净水厂清水库。对水厂水库进行了彻底冲洗清洁工作，消除安全供水隐患。

4. 城市供水管理

（1）水质监管工作。

城镇供水水质检测信息公示。按照相关文件要求，每季度第一个月25日前在宝坻区水务局微信公众号内公示上季度的水质检测信息，公示内容为：宝坻区辖区内城市供水单位出水厂9项指标和管网水7项指标水质情况。

村镇供水水质监测。2018年区水务局委托北京环建环境质量检测中心对辖区内村落进行饮用水水质监测，共计60个点位，其中联村2个，单村58个，合格率为93%。抽检报告下达后，将水质检测报告上报到市供水处并建立台账，存档。

（2）二次供水水质。

二次供水水质抽检。2018年市供水处委托区水务局组织抽检辖区5处二次供水居民小区，抽检结果全部合格并上报市供水处。

二次供水设施清洗消毒。2018年区节水办，对辖区内的二次供水设施进行全方位监管，对61个二次供水水箱进行了清洗消毒，同时办理了92个《天津市二次供水设施清洗消毒证明》。

（3）二次供水竣工验收备案。

二次供水竣工验收备案。截至2018年年底区节水办共开具10个《二次供水设施竣工验收备案证》。

【排水工程建设与管理】

1. 新建宝坻区建设路排水泵站工程

投资641.96万元。宝坻区建设路排水泵站建成后可以有效的加快遇强降雨后建设路、开元路、南三路、迎熏街和开泰路等路段及周边小区的积水迅速排出，为新城城区居民出行带来便利。工程于2018年11月1日开工，2019年5月31日完工。

2. 住宅小区排水设施建设

2018年共完成33个新建小区排水管网招标工作，总工程款3878.02万元。截至2018年年底，完成14个小区的建设工作并已移交；5个小区建设已完成正在办理移交；11个小区已经基本完工，正在进行收尾工作；3个小区因开发商不具备施工条件，已列入2019年实施。

3. 城区排水、排污设施维修维护工程

投资129.7万元，完成了城区排水管网日常维护维修工程、排水管网、泵站维修维护工程，有效地解决了城区管网的淤积、跑冒漏现象，为城区顺利排水提供了可靠保障。

4. 新城城区排水情况

2018年根据度汛工程安排，宝坻新城城区汛前疏通管道2231米，完成清掏检查井4732座，雨水井5856座。为应对2018年两次强降雨，区水务局排灌管理站，提前腾空雨水管道和城区二级河道水位；为保障泵站设备正常运行，排灌管理站成立2个抢修小组，汛期共安排维修抢险60余人次，对6座排水排污泵站和2个临时泵点电气故障进行了20多次抢修。

汛期中，城区内排水泵站共计开车1407.48台时，累计排水总量为2126.06万立方米。

截至2018年12月31日，宝坻新城城区雨水管道67.243千米，污水管道60.413千米，雨污合流管道74.417千米，6座排水（排污）泵站（点），总排水能力6.292立方米每秒。

【科技教育】

1. 科技

2018年，继续实施科技兴农战略，积极向全区农村推广和宣传先进的节水灌溉新技术、新工艺，组织实施高效节水灌溉项目，灌溉计量设施建设项目，使农村的灌溉管理水平和生产能力不断提高，取得了显著的经济效益和社会效益。

2. 教育

（1）培训考核。

完成了2017年度全局处级领导班子和干部考核工作、“一报告两评议”工作和2018年度公务员平时考核工作等；制定干部培训计划，做好干部培训活动记录、培训申报记录、干部学时登记工作，完成了“天津市干部在线学习”学员信息录入等工作；修改完善了《宝坻区水务局机关事业单位人员绩效考核办法及考勤制度》，完成了每月考勤和绩效考核工作；每月零上报单位人员吃空饷情况、4050人员出勤情况、量化考核工作等。

完善了局党委中心组学习制度，制订了《2018年水务局党委中心组学习计划》，开展19次中心组集中学习，领导干部及时撰写学习笔记，主要领导干部撰写调研报告两篇。

（2）安全培训。

加强了全局安全生产干部队伍建设。先后组织消防知识培训及应急演练、安全生产法规培训、预防硫化氢中毒培训及演练、冬季安全生产培训5次，累计参训人数达380余人，增强了干部职工安全生产意识，提高了应急处置能力，营造了安全发展的舆论氛围。

加大了安全生产宣传力度。以安全生产月为契机，6月25日、26日分别组织开展安全生产宣传咨询和安全生产月主题宣讲活动。由主管安全生产的副调研员刘福军带队，共发放宣传材料160份，宣传纪念品40余份，出动宣传车2台，受教育人数达120人次，推动了安全工作持续稳定发展。

【水政监察】 2018年，宝坻区水务局在不断加强自身队伍建设的同时，结合自身职能，依据相关法规，严格进行水政执法，大力做好普法宣传活动，使社会各阶层普及水法律法规知识。

1. 水政执法

开展河道环境综治整治行动。以潮白新河、青龙湾减河、引泃入潮河为重点，对河道及管理范围内的非法钓鱼平台、捕捞船只进行全面清理，并形成常态管理机制。此次行动由区水务局牵头组织，区环境保护局、区交通局、北三河处、区畜牧水产中心、区农机局配合开展水环境治理督查工作，共涉及沿河镇街14个。各镇街按照“河长制”属地管理原则，积极组织辖区内河道水环境治理工作。督查期间，进行全天候巡查巡逻，共出动执法人员572人次，各种车辆共计十余次，共清理违章建筑7处，捕捞渔船400只，钓鱼平台659个，捕捞网14614个。

开展“毒鱼、电鱼、炸鱼”专项执法工作。2018年，按照《天津市水务局关于开展“毒鱼、炸鱼、电鱼”专项执法工作的通知》要求，开展相关工作。沿一级行洪河道悬挂10条宣传标语，并结合堤防日常巡查，加大了对“毒鱼、炸鱼、电鱼”违法行为的巡查力度，安排专人每天进行一次巡视检查，活动期间共开展巡查12次，未发现“毒鱼、炸鱼、电鱼”违法行为。

2. 加强水政执法队伍建设

水政监察证件的注册考核工作。组织21人完成审验注册，27人注销。截至2018年年底，区水务局共持有水利部执法证人员21人，天津市行政执法证人员74人，均经过法律知识培训、考核合格后持证上岗，并按照权责清单界定的执法权限开展执法活动。

3. 搞好普法宣传

加强对干部职工的法律知识培训。认真组织宝坻区水务局科级以上领导干部网上学法用法考试工作，确定专人负责考务工作，及时督促单位领导干部网上学法考法，区水务局29名领导干部已全部参加了网上学法用法考试，并顺利通过考核。

强化全区水法制意识。在“世界水日”“中国水周”和“12·4国家宪法日”活动期间，积极响应区委、区政府和依法治区领导小组的部署，按照相关文件要求，开展了内容丰富、形式多样的普法宣传活动，向宝坻区水务局干部职工及社会大众宣传水法律法规。

全年共组织法制宣传2次，共搭建宣传咨询台2处，悬挂法制宣传标语4幅，设置宣传展牌14块，出动宣传车2台，发放宣传材料1850份，宣传纪念品、手提袋460份，现场解答群众咨询78件，受教育人数达218人次。

【工程管理】

1. 城区管网日常维护管理

安排专职人员进行日常巡查，主干道每天巡查、次干道两天一次、支路每周一次，特殊情况加大巡查力度；汛前对城区泵站管网设施进行了全面清查，对存在问题的管网进行了清掏和疏通；针对市民来电、信访件等涉及城区排水、排污管网维修维护的处理，设立24小时维修电话，并安排应急人员加强值班，对来电反映的问题及时进行安排处置。

2. 河道管理

宝坻区境内共有6条一级行洪河道（潮白河、青龙湾河、蓟运河、引泃入潮河、泃河、北京排污河）和1条二级河道（午河），堤防总长度256.487千米，涉及街镇21个。宝坻区水务局河道管理所成立河长制考核小组以来，每月对上述河道的考核打分工作，同时巡堤组每天进行巡视检查时，对河道堤防综合环境采集影像资料存档，每天巡视检查结束后，将巡视检查结果和影像资料上报管理组，由管理组专人负责，形成信息上报河长办，使河长办及时了解一级河道综合环境的现状。

树木病虫害防治。按照区绿委、区水务局党委的指示要求，加大美国白蛾防治工作。对所属一级河道采取定期与不定期喷洒药物等预防性措施，控制美国白蛾疫情发生，全年累计出动车辆76台次，人员246人次。

河道环境综合治理行动。2018年，区水务局开展了河道环境综合治理行动对潮白新河、青龙湾减河、引泃入潮河水域捕捞船只、钓鱼平台进行治理、规范，对无证捕捞船只、鱼虫捕捞船只、有污染的机动船只（包括汽柴油动力船只）、钓鱼平台进行全面清理。集中清理潮白新河、青龙湾减河、引泃入潮河河道内非法水产养殖及违规捕捞网具等。本次行动共涉及14个沿河街镇，分别为钰华街道、口东街道、黄庄镇、郝各庄镇、大白街道、周良街道、潮白街道、新开口街道、史各庄镇、牛家牌镇、宝平街道、大口屯镇、大唐庄镇、林亭口镇。区水务局牵头组织区环保局、区交通局、区畜牧水产发展服务中心、区农业机械发展服务中心及北三河处等相关部门开展治理水环境督查工作。督查期间，工作人员主动放弃工休全天在岗，共出动 572 人次，各街道按照"河长制"属地管理相关要求，积极开展辖区内河道环境治理工作。河道水面捕捞船只和钓鱼平台已清理完毕，共清除捕捞船只 400 只，钓鱼平台 79 只，清理捕捞网具 14614 个。

3. 扬水站泵站管理

（1）扬水站机电设备预防性试验。

投资 90 余万元，对宝坻区 33 座扬水站、8 座 35 千伏专用变电站进行了预防性试验，对检测出机电设备不合格项目全部进行了处理，确保 33 座扬水站及 8 座电气设备的安全可靠，保证汛期扬水站全部能够正常开车，为全区抗旱排涝提供了有效的保障。工程于 2018 年 5 月 10 日开工，6 月 30 日完工。

（2）泵站机电、土建和金结设备维修工作。

投资 300 余万元，对宝坻区 33 座扬水站、新城城区 6 座排水排污泵站（建设路泵站正在建设中，刘辛庄泵站废弃拆除）机电、土建和金结设备进行针对性维修维护工作，为汛期开车做好准备，确保汛期开全车排涝。工程于 2018 年 5 月 25 日开工，6 月 30 日完工。

（3）城区排水、排污设施维修维护工程。

完成了城区排水管网日常维护维修工程、排水管网、泵站维修维护工程，共计投资 129.7 万元，有效地解决了城区管网的淤积、跑冒漏现象，为城区顺利排水提供了可靠保障。

4. 安全生产工作

依据区安委会下发的《宝坻区 2018 年安全生产工作要点》，制定了《宝坻区水务局 2018 年安全生产工作要点》，对全年的安全生产工作进行了安排，并下发至各下属单位。

2018 年年初，依据区水务局和区政府签订的《安全生产目标责任书》，起草了《水务局安全生产目标责任书》，主管局长与党政一把手签订责任书，各局属单位、科室与主管局长签订责任书，层层落实主体责任，责任到每个人，构建了宝坻区水务局安全生产工作体系。

开展安全生产专项检查。集中开展《安全生产百日行动专项整治活动》《持续深化隐患大排查大整治活动》《区安委会关于开展建筑施工安全专项治理行动的通知》等 15 项活动，始终坚持领导带队，坚持排查、整改和复查验收三位一体，明确专人一盯到底，确保按时限进度、措施整改到位，做到了全覆盖监督。局安全生产小组共出动检查 109 组，检查人员 339 人次，检查局属各单位及其扬水站和各管理段、建筑工地 369 家次，发现一般隐患 263 处，下达整改通知书 83 份，均已整改完毕。

召开安全生产部署推动会。根据局党委安排，组织宝坻区水务局先后召开 3 次安全生产部署推动会议，副局长褚学江、副调研员戴洪分别对供排水管网工程和农村生活污水管网工程做出具体安排部署。局长闫秀余提出具体要求。会后闫秀余带领局安委会办公室成员对郝各庄镇西田各庄供水管网工程、李台村排污水管网工程以及宝坻区水务局东老口扬水站和东山水厂扩建工程进行了督查。

加强安全宣传教育工作。加强安全生产干部队伍建设。先后组织消防应急演练、安全生产法规培训、预防硫化氢中毒培训及演练、冬季安全生产培训 5 次，累计参训人数达 380 余人，增强了干部职工安全生产意识，提高了应急处置能力，营造了安全发展的舆论氛围。加大安全生产宣传力度。以安全生产月为契机，6 月 25 日、26 日分别组织开展安全生产宣传咨询和安全生产月主题宣讲活动。由主管安全生产的副调研员刘福军带队，共发放宣传材料 160 份，宣传纪念品 40 余份，出动宣传车 2 台，受教育人数达 120 人次，推动了安全工作持续稳定发展。

【河（湖）长制】

1. 机构设置

宝坻区按照《宝坻区全面推行河长制实施方案》安排，成立了区河长制领导小组。组长由区委书记担任，常务副组长由区长担任，副组长由分管市容、环保、农业、水务的副区长担任。区领导小组成员包括区委组织部、区委宣传部、区编委、区发展改革委、区工信委、区建委、区市容园林委、区农委、区公安局、区水务局、区环保局、区财政局、区国土资源局、区房管局、区畜牧水产业发展服务中心、区林业局、区规划局、区综合执法局、天宝工业园区、九园工业园区及各街镇主要负责人。

区、街镇分别设立总河长、河长，京津新城及2个工业园区设立河长，行政村设立村级河长。区级总河长由区委书记担任，8名区级河长由区长、副区长担任；27名（新增京津新城、九园园区、天宝园区）街镇级总河长由街镇党工委、党委书记担任（包括京津新城及两个园区），149名街镇级河长由街镇、京津新城及两个园区行政负责人担任；755名村级河长由行政村主要负责人担任。

2. 制度制定

2018年，区河长办编制了《宝坻区全面落实湖长制工作方案》和《湖长制会议制度》《信息共享制度》等8项制度，于9月7日经区委、区政府审查批准印发。指导协助大白街道和尔王庄镇政府，分别编制了《宝坻区大白街道全面落实湖长制实施方案》和《宝坻区尔王庄镇全面落实湖长制实施方案》。

根据《宝坻区全面推行河长制实施方案》和《宝坻区河长制考核办法（试行）》的有关要求，结合宝坻区实际，区河长办编制了《宝坻区河长制考核办法（试行）实施细则》，并于2018年6月开始实施。

编制完成了《宝坻区打好碧水保卫战三年作战计划》和《宝坻区打好黑臭水体治理攻坚战三年作战计划》。

区河长办牵头委托水科院编制了区管8条二级河道“一河一策”方案并印发。全面开展了“一河一档”台账的建立。

3. 河道管理

开展河湖水环境大排查大治理大提升“三大行动”。组织推动各街镇园区排查河湖1287条段，排查坑塘2602个；督促街镇整改问题165处。

推动全面“挂长”责任落实。推动各街镇及园区以查找河湖管护盲区和水环境突出问题为自查目标，对辖区所有水体开展全方位排查，全面治理，确保问题全部摸清、河湖全面“挂长”、河长全面履职。排查发现新增未“挂长”河湖2018处，其中沟渠290条，坑塘1728个；新安装河长公示牌4147块。全区安装河长公示牌达到6013块，河湖实现全面挂长。

签订责任书。区河长办与街镇级总河长签订责任书27份，推动各街镇级河长与村级河长已全部签订责任书，推动了街镇、村级河长履行职责。

组织推动开展建成区黑臭水体专项整治行动。区河长办制定了《宝坻区黑臭水体整改方案》，并购置2部便携式水质检测仪，对水体氧化还原电位、溶解氧、透明度等指标进行检测。截至2018年年底，共清理各类垃圾1500立方米，打捞水面漂浮物近200处，确保了宝坻区城市建成区无黑臭水体。

开展入河排污口调查。为加强入河排污口日常监管，河长办配合相关部门调查了入河排水口门206个，建立了排污口台长，并纳入到河长制考核项目。

开展清河行动。河长办结合环保、农委、畜牧水产服务中心等相关单位制定了《宝坻区“清河行动”实施方案》。河湖水环境共排查出存在问题的河道139条、存在问题的坑塘44座，已全部治理完成。

组织开展河湖“清四乱”专项整治行动。区河长办制定了《宝坻区水务局开展2018年河湖“清四乱”实施方案》。经全面排查，河湖“清四乱”专项整治行动一批次问题清单共计114个。

截至2018年12月24日“四乱”问题110个已整改完毕，完成率95%。

建立帮扶困难村坑塘沟渠台账。涉及帮扶困难村22个街镇230个村，共有坑塘1716个，沟渠727条。帮扶困难村沟渠、坑塘台账和河长名录实施动态更新。

开展河湖蓝线划定工作。区管二级河道在完成河道测量、规划管理范围和埋设界桩的基础上，河道蓝翔划定工作已经完成，待报区政府审定后，纳入区规划部门执行。

按照属地管理原则，各街镇、村按照人口数量比例都成立了环境卫生清洁小组，负责村和河道环境卫生日常管理。一、二级河道以社会服务的形势，成立了专业化的日常养护队伍，全面实施了一、二级河道重要节点、穿村段和清水干渠的精细化管理，截至2018年12月月底，一、二级河道和城区清水干渠已投入管护费431万元。

4. 督查指导

区领导小组下设河长制办公室，区河长办公地点设在区水务局。2018年按照市河长办工作和“三定”要求，宝坻区政府重新调整了区河长办工作机构，设置了综合事务组、考核组、巡视督察组，工作人员由原有的10人（含兼职）调整到现在的专职14人。

“清河行动”中，区河长办督查组开展了督查工作，累计发现问题点位42处，对涉及的镇街、园区通过现场督导或整改通知等形式进行了问题督办，核查整治效果。“建成区黑臭水体专项整治行动”中，督促各街镇对水面漂浮物和岸边垃圾等问题立知立改，确保建成区未发生黑臭水体污染。

推动全面“挂长”责任落实。推动各街镇及园区以查找河湖管护盲区和水环境突出问题为自查目标，对辖区所有水体开展全方位排查，全面治理，确保问题全部摸清、河湖全面“挂长”、河长全面履职。排查发现新增未“挂长”河湖2018处，其中沟渠290条，坑塘1728个；新安装河长公示牌4147块。全区安装河长公示牌达到6013块，河湖实现全面挂长。

5. 监督考核

根据《宝坻区全面推行河长制实施方案》和《宝坻区河长制考核办法（试行）》的有关要求，不断加强“河长制”管理，建立科学合理、统一规范、上下联动的考核机制，结合宝坻区实际，区河长办编制了《宝坻区河长制考核办法（试行）实施细则》，并于2018年6月开始实施。每月的考核情况由区河长办综合评定成绩并排名，呈报区级总河长，并通过政府网站平台通报给各成员单位。使被考核单位清楚河长制工作的完成情况和存在的问题，督促街镇、园区级河长认真履职。

6. 河湖管护体制机制创新试点工作

宝坻区作为全国首批河湖体制机制创新试点县（市），区领导高度重视，确定由区水务局负责此项工作，并委托天津市水利科学研究院编制了建设方案，经过水利部审核通过。

根据市水务局2015年9月《转发水利部关于天津市宝坻区河湖管护体制机制创新试点县（市）实施方案审查意见的函》，宝坻区政府第49次常务会审议通过《宝坻区河湖管护体制机制创新试点工作实施方案》，试点范围为宝坻区所管辖的8条区管河道。工程列入2017年区重点项目，完成时限2018年6月30日。

2017年8月，按照中共中央办公厅、国务院办公厅《关于全面推行河长制的意见》和《天津市关于全面推行河长制的实施意见》要求，区委区政府印发了《宝坻区全面推行河长制实施方案》，将全区24各街镇、3个园区所辖区域河湖全部纳入河长制管理，安装了河长公示牌，设置了区、街镇、村三级河长；区、街镇园区成立了河长制办公室，实现河长制管理全覆盖。依据区级方案，制定了《宝坻区河长制会议制度》《宝坻区河长巡河制度》等11项配套制度并印发执行。

2018年2月，编制完成了《河道水环境巡视检查和管理养护制度》《宝坻区河道管护体制机制责任制》《宝坻区河道管养分离责任制》《宝坻区河道养护物业管理办法》《宝坻区河道养护物业化管理合同示范文本》《宝坻区建设项目占用水域管理办法》《涉河建设项目审批监管制度》。

建立河道“管养分离”的管护模式，建立政府购买公共服务体制机制，同时制定《宝坻区河道工程管理工作标准》，建立资金保障机制。结合全面推行河长制管理，测算编制区一、二级河道、干支渠管护资金，自2018年6月起，以政府采购服务的方式，确定了管护责任人。

2018年5月，完成安装河道4G无线监控设施35个点位，并单独设置专用网线和服务器，二级河道和主要干渠重要节点实现实时监控；同时完成终端管理系统安装调试，巡河轨迹信息、上传的问题点位可随时掌控。

2018年6月，通过航测，完成全部二级河道及水利工程的测量，并形成图例；按照测量成果，划定二级河道和重点水利工程管理保护范围，埋设界桩1660棵。

【水务改革】 农业水价综合改革工作。2018年，区水务局配合区发展改革委完成水价改革方案的调整工作，完善供水计量设施建设，制定《宝坻区农业用水价格管理及补贴奖励等有关工作的通知（试行）》上报区政府。经区政府研究讨论后，于2018年12月24日，由区发改委、区财政局、区水务局、区农委联合下发《关于宝坻区农业水价管理及补贴奖励的通知》。

【水务经济】 2018年，宝坻区水务局在严格执行各项财经法规，做好日常会计核算和财务管理工作外，主要完成以下几个方面工作：

1. 预、决算方面工作

年初完成2017年度部门决算，并上报财政。8月，按照财政部门统一安排对2018年度宝坻区水务局部门决算信息进行了网上公开，接受社会监督。

8—12月，宝坻区水务局开展2019年度部门预算编制工作，并按照财政部门要求进行数次调整，截至2018年年底已通过“二上”阶段，预算结果待批复。

2. 水利、财政等部门安排布置的重点工作

完成了水利部布置的地方水利财务信息统计和财政专项资金执行情况统计上报工作；完成财政局布置的超过规定年限出租出借资产整改工作；完成财政局布置的事业单位资产数据统计上报工作；完成中央环保督察环保专项资金使用情况上报工作；完成发改委布置的涉企行政事业性收费清查工作；完成工信委布置的涉企保证金专项清理工作；跟踪上报国资委、财政局布置的“僵尸企业”清理情况。

3. 内部审计工作

按照区审计局4份《联网实时审计监督整改通知》（宝审联改通〔2018〕17、18、19、20号）文件要求，区水务局对机关及下属单位河道管理所、水利科技推广中心、排灌管理站三年以上往来款项进行清理整改。依照区审计局建议，聘请天津市正泰有限责任会计师事务所采取审查有关会计记录及相关资料、对债权进行函证、对债务追溯发生的时间和原因等方式，对三年以上往来款项逐笔核对审查，并出具了专项审计报告，经征求财政、审计部门意见，报区政府批准后，做出了相关调整，于2018年12月19日整改完成。

4. 工资、公积金等调整工作

6月，完成机关事业单位基本养老保险及年金清算工作，并补缴到位；8月，完成年度住房公积金、补充住房公积金调整工作，并全部补缴到位；年底前完成一次调资工作，调整增加了机关事业单位工作人员基本工资，并补发到位。

【精神文明建设】 抓实党委理论中心组学习。完善党委中心组学习制度，制定《2018年水务局党委中心组学习计划》，开展19次中心组集中学习，领导干部及时撰写学习笔记，主要领导干部撰写调研报告两篇。

加强党管意识形态工作。认真贯彻落实中央、市委关于加强党委意识形态工作有关精神，加强

督查检查，推动基层党组织意识形态工作责任制落到实处。局党委每半年至少2次专题研究意识形态工作，每半年向区委宣传部报送1次意识形态工作情况。

开展特色活动。组织开展“新时代、新作为”解放思想大讨论活动，查找影响水务发展的突出问题，加大整改力度，强化大局思维、创新思维、进取思维、高效思维；以“习近平新时代中国特色社会主义思想在津沽大地扎实实践”及“纪念改革开放40年”为题组织征文活动2次；组织开展“勇担大任 争做新人—我的幸福奋斗故事”主题宣传教育活动；组织理论下基层宣讲活动1次。

深入开展基层党员经常性学习教育。要求基层支部学习有制度、有计划、有措施，坚持按时组织集中学习，班子成员参加各自联系点的学习活动，确保每次学习活动有安排、有记录、有成效；做好《习近平谈治国理政》《习近平新时代中国特色社会主义思想三十讲》《2018年天津市党员学习读本》《2018年天津市党员学习作业本》的订阅，为党员干部提供理论读物。

加强网上宣传引导。组建水务局网信工作群，按上级要求及时转发、评论相关内容，报送工作动态340余条。

开展“我们的节日”主题活动。以春节、端午节、中秋节、重阳节等传统节日为契机，分别组织春节慰问活动、离退休老干部座谈会、慰问离退休老干部等活动，通过公众号及水务局工作群发布关注传统节日倡议书、文明祭扫倡议书、重阳节慰问信、中秋词赏析等，引导广大干部职工了解传承优秀传统文化；组织开展学雷锋志愿服务活动等。

【队伍建设】

1. 局领导班子成员

党委书记：崔连旺

党委副书记：闫秀余

党委委员：褚学江　郭宝立　王瑞文
王金星　胡　宇

局　　长：闫秀余

副 局 长：褚学江　郭宝立　王金星

工会主席：王瑞文

调 研 员：郝德坤　何学勇（2月退休）
李宗国（2月退休）

副调研员：胡　宇　戴　洪　刘福军
汪　波

局机关设8个科室：办公室、水政科、工程科、水资源科、财务科、审计科、政工科、水土保持科。

基层单位共13个：宝坻区防汛抗旱管理站、宝坻区水利科技推广中心、宝坻区河道管理所、宝坻区排水监测站、宝坻区排灌管理站、宝坻区水利工程建设管理中心、宝坻区钻井施工服务站、宝坻区水利机械修配中心、宝坻区农业供水站、宝坻区地下水资源管理中心、宝坻区自来水管理所、宝坻区水务物资供应站、宝坻区河道二所。

2. 人员结构

2018年，宝坻区水务系统在职干部职工573人，机关职工32人，基层单位职工541人。其中机关正处级干部3人，副处级干部9人，科级干部9人，科员6人，工人5人；基层单位正科级干部15人，副科级干部26人，科员125人，工人375人。全局共有党员365名，年内转入39人，转出27人。按学历分：研究生2人、本科171人、专科133人、中专25人、高中及以下242人；按职称分：高级工程师11人、工程师27人、政工师20人，会计师10人，统计师1人，助理工程师79人，助理政工师15人；按年龄分：35岁及以下87人、36~45岁161人、46~54岁193人、55岁及以上132人。离退休人员780人，其中离休人员6人，退休人员774人。

3. 人事管理

完成1名新录用公务员的考察、工资审核、1名公务员试用期满转正、1名调入人员工资核定、7名进藏兵工资核定、4名三支一扶人员入职、22名转业士兵工资核定、事业单位人员备案、5名人员处分审批、2018 年度公积金调整审批等工作。年内办理退休手续 51 人，办理丧葬补助 15 人，办理一次性抚恤金 12 人，办理建房补助 10 人。完成了机关、事业单位工作人员基本工资调整、13 个事业单位绩效工资审批及 2017 年度绩效奖核算工作。完成了 2017 年度工资、人员年度统计、2018 年度公务员信息采集、事业单位主要领导统计和报编办实有人员信息采集工作等。

完成 2018 年岗位聘用情况统计表，完成工人技术等级岗位培训考核 28 人考级、4 人换证工作；申报初级专业技术人员 1 人，聘用初级专业技术人员 4 人，申报政工中级职称 2 人、初级职称 1 人。

做好干部因私出国证件管理、申请审批等工作，全年共上报审批出国人员 3 名；做好干部学历排查工作，完成了 1 名国家不承认学历人员相关工作；做好干部人事档案零散材料的移交工作，完善档案管理工作；做好了权责清单的动态调整工作，统计上报了《宝坻区水务局承担行政职能事业单位情况表》。

4. 先进集体和先进个人

黄白桥泵站被市水务局评为市安全生产先进工地。

宝坻区小辛码扬水站被市水务局评为市安全生产先进闸站。

宝坻区里自沽蓄水闸被市水务局评为市安全生产先进闸站。

黄国清被宝坻区总工会授予宝坻区五一劳动奖章。

李克鹏被宝坻区总工会授予宝坻区五一劳动奖章。

郭艳玲被宝坻区妇联评为区“三八红旗手”。

刘立泉被市水务局评为市安全生产先进个人。

王士斌被市水务局评为市安全生产先进个人。

张向东被市水务局评为市安全生产先进个人。

于学旺被区政府信息科评为 2017 年度宝坻区信息工作先进个人。

（张　岩）

宁河区水务局

【概述】 2018 年以来，天津市宁河区水务局全面贯彻落实党的十九大精神，以习近平新时代中国特色社会主义思想为统领，坚持绿色发展理念，注重生态文明建设，以加快水利改革发展为总目标，以严格落实水务管理制度为工作重心，以强化作风建设为抓手，切实完善水务基础设施建设，加强管理体制机制创新，抓重点、破难点、创亮点，各项工作取得一定进展，为全区经济社会发展提供良好的水务保障。

推进工程建设。完成宁河区秸秆焚烧发电和生物质发电项目供水管线工程、宁河区建成区经济开发区给水管网设置消火栓项目、宁河区农村基层防汛预警体系建设（宁河智慧水务平台）、宁河区玖龙纸业污水综合利用系统工程。完成宁河区 2018 年高效节水灌溉项目、灌溉计量设施改造项目。持续推进蓟运河右堤应急除险加固工程、农村生活污水处理设施建设工程、潮白新河乐善橡胶坝更新改造工程、乐善泵站更新改造工程、天津市宁河区地下水压采水源转换工程、宁河区地表水厂及配套管网工程建设。芦台桥北污水处理及再生回用二期配套污水、再生水管网工程将随桥北路网建设同步实施。

全面推行河长制。健全区、镇、村三级河长体系。对宁河区水域全面“挂长”，实现全覆盖管理。编制印发 12 条区管河道、1 个水库的“一河（湖）一策”方案。加快推进河湖水环境排查；大力开展河道巡查，全面整治水环境。

扎实开展度汛准备，做到“组织、预案、队伍、物资、措施”五落实。科学调度水源，全年引调水源 3500 万立方米，为农业生产、七里海湿地保护提供有效水源保障。坚持实行最严格水资源管理制度，强化地下水资源管理，提高节水管理水平。全面提升城区供水服务质量，全年实现城区安全供水 1366 万立方米。强化排水设施建设与管理，加大城区排水能力。加强党建和精神文明建设，为圆满完成各项工作奠定坚实的基础。

【水资源开发利用】

1. 地表水

截至 2018 年 12 月 31 日，境内有地表蓄水 14000 万立方米，其中一级河道 9000 万立方米，二级河道 1600 万立方米，深渠 2500 万立方米，坑塘 900 万立方米，基本可以满足来年农业生产需求。

2. 地下水开采量

2018 年，地下水开发利用量 5379.7702 万立方米，其中城镇及农村人畜生活用水量 2252.631 万立方米，农业灌溉用水量 1763.3889 万立方米，城区工业用水量 1242.94 万立方米，农村工副业用水量 120.8103 万立方米。

【水资源节约与保护】

1. 地下水资源管理

加强地下水资源管理。全区共有机井 3423 眼，2018 年全年更新机井 11 眼，其中农村生活用井 9 眼，企事业生活用井 2 眼。报废机井 9 眼。

加强地下水动态观测，对全区 41 眼常规性地下水井进行地下水位监测，在枯、丰水位期对全区 112 眼水井进行了地下水位统测，为市水务局提供水位数据 224 个，采取水样 16 个，为地下水开采和管理提供了科学的依据。按照《天津市宁河区地面沉降治理工作实施方案（2018—2020 年）》中制定的工作任务，结合宁河区实际进行分解、细化，制定了 2018 年地面沉降治理工作计划；成立宁河区地面沉降防控工作领导小组；按照《实施方案》有关要求，区建委、区水务局就深基坑降水控沉管理工作建立宁河区基坑降水控沉管理联防联控机制；封停 220 眼违规取水机井；2018 年年底完好地面沉降水准点 108 处。

2. 节水管理

严格落实“三条红线”控制指标，加强计划用水、节约用水管理，对计划用水考核户按时下达用水指标，并按季度对其进行考核，对 22 家重点用水单位实施节水监控。节水宣传周期间，区水务局、区节约用水办公室以“实施国家节水行动，让节水成为习惯”为主题，深入开展节水宣传教育活动。大力开展节水型载体创建活动，区教育局、区农业技术推广中心、芦台医院、区工业经济委员会 4 家单位被天津市节约用水办公室、天津市工业和信息化局评为市级节水型单位，顺驰兴业社区居委会、震新路居委会、建国居委会 3 家居民小区被天津市节约用水办公室评为市级节水型小区。

【水生态环境建设】 2018 年，在全区范围内开展河湖黑臭水体排查整治工作，建立台账，做到立查立改，开展以全面推行河长制工作为“1”，组织、开展水系连通规划工程建设、建成区黑臭水体整治工作、河道沟渠养殖污染问题专项治理、洗浴场所污水直排问题排查整改、农村坑塘水系及农村黑臭水体治理、企业机井排查整治等专项行动为“N”，形成“1+N”模式，进行截污治污改造，确保 2020 年宁河区全面消除黑臭水体。

水环境治理工程进展顺利。芦台桥北污水处理及再生回用二期配套污水及中水管网工程，年底前中水管网已完成工程的 24%、污水管网已完成 21.5%，该工程将随桥北路网建设同步实施。玖龙纸业污水综合利用系统工程，主体工程于 2018 年 12 月初完工，设备安装调试中。

【水务规划】

1. 天津市宁河区水系连通规划

该规划立足宁河区河湖水系现在以及区域发展规划，以既有的水系连通体系为基础，全力打造“三区、两环、一心”水系新格局。“三区”即潮白新河以西片区、潮白新河与蓟运河之间片区、蓟运河以东片区；“两环”即潮白新河和蓟运河之间的循环，潮白新河、西关引河、蓟运河和曾口河之间的循环；“一心”即七里海湿地核心区。以水系连通为重点，科学构建布局合理、功能完善、工程优化、保障有力的河渠水系连通体系，加快重点河渠治理，通过建设连通控制建筑物等工程措施，以小区域循环促进大区域循环，提高水资源统筹调配能力，提升水循环效果，达到“除涝、调洪、防污染”的目的，明显改善区域水生态环境。到2025年，主要河湖水系基本连通，现代水网系统基本形成，水资源统一调控能力明显加强，河湖的生态功能逐步修复，生态环境用水基本得到保障，构筑与美丽天津相适应的水环境体系。2018年3月30日，区政府以《天津市宁河区人民政府关于宁河区水系连通规划的批复》文件对《宁河区水系连通规划》进行批复。

2. 宁河区乡村振兴战略（水务篇）

该规划依据宁河区乡村振兴行动计划，考虑经济社会发展需求和投资规模等因素，综合提出宁河区水务发展规划指标体系，主要包括河湖水系连通循环、农村水利基础设施、农业节水、农村供水、农村水环境、城镇污水处理与回用、改革与管理六大类19项指标，全力推进宁河水利“促活水、抓节水、保供水、清河水、用中水、管好水”六大任务建设。该规划于2018年编制完成。

3. 宁河区再生水利用规划

该规划明确宁河区再生水利用的总体目标、思路和任务。以“节水优先、空间均衡、系统治理、两手发力”治水思路和对天津工作“三个着力”重要要求，立足天津市水资源紧缺的实际及未来经济社会发展对水资源的需求，以实现污水资源化利用和水资源合理配置为目标，充分发挥再生水替代淡水资源，有效解决经济社会发展中面临的水问题，为水资源可持续利用提供保障。该规划期限为2018—2030年，其中近期规划水平年2020年再生水利用率达到55%，远期规划水平年2030年再生水利用率达到61%。

4. 宁河新城老城区排水泵站专项规划

该规划根据宁河区划定的排水分区，合理地确定雨、污水泵站的收税范围、设计标准、泵站规模、泵站选址、占地面积、规划布局、初期雨水处理等，缓解区域内水安全、水环境等问题，完善宁河新城老城区排水系统，解决现状设施老化严重及能力不足等问题。规划期限近期至2020年，远期至2030年。该规划于2018年编制完成。

【防汛抗旱】

1. 雨情

2018年汛期（6月15日至9月15日），区气象站观测雨量为373毫米，比常年同期（580.6毫米）少约3成。6月降雨量5.9毫米，7月降雨量164.7毫米，8月降雨量195.5毫米，9月降雨量6.9毫米。

汛期主要出现两次强降雨，均因应对及时，取得阶段性成效。7月23—24日连降强雨，两日平均降雨58.5毫米，最大降雨出现在造甲城镇94.4毫米，最小降雨出现在廉庄22.8毫米。受前期降雨较少影响，农田没有发生沥涝。芦台城区在2时左右陆续开启排水泵站，城区朝阳路口附近出现短时少量积水，到24日10时积水已全部排除。8月13日下午至14日白天，宁河区再次出现强降雨，局部大暴雨。全区平均降雨量达91.1毫米，最大降雨出现在丰台镇，降雨201.3毫米，最小降雨出现在东棘坨镇，降雨14.9毫米。全区大部分农田出现积水，区管、镇管及各村泵站全部开启，积水于17日全部排除。

2. 防汛

防汛专项检查。3月底，区防办组织河道管理所技术人员分别对行洪河道上的闸站、穿堤建筑物进行了逐一检查，对工程现状进行调查、登记、拍照，重点对一级河道的穿堤建筑物进行普查、分类，并针对检查出的问题制定落实了度汛措施。同时，加强对《中华人民共和国防洪法》《河道管理条例》的宣传力度，汛前，区防办协同水务局有关科室开展了防汛宣传活动，通过向过往群众发放市民防汛知识宣传画册、手电等，加大宣传防汛常识、提高全民的防洪意识。

防汛工作责任制。按照区、镇、村三级责任制明确防汛责任人，采取区级领导包河系，镇领导包河段，沿河村长包本村险段。病险闸涵、穿堤建筑物由使用、管理单位的主要负责人负责。

区抢险技术负责人分别由区武装部部长、区水务局局长担任。各镇的抢险技术负责人分别由镇武装部部长、水利站站长担任。另外，通过与清河农场、芦台农场、汉沽农场对接，将其纳入区防指成员单位，按区防指的统一部署、统一调度，建立防汛抢险队伍、物资储备及防汛信息共享机制。

2018 年宁河区防汛抗旱指挥部组成人员（没变动）

指　挥：夏　新　区长

副指挥：李旭东　区武装部部长

武文术　区水务局局长

周　军　北三河处处长

王志高　永定河处处长

蒋洪波　清河农场生产处处长

指挥部下设办公室，办公地点设在区水务局，办公室主任武文术（区水务局局长）兼任，办公室副主任由崔洪乐（区水务局防汛除涝科科长）担任。

编制防汛预案。紧密结合宁河区实际情况，修订完善 2018 年《宁河区防汛预案》《行洪河道防抢预案》《蓄滞洪区运用及群众转移预案》《农村排涝预案》以及城区排水、通讯等预案修订工作，强化应急处置能力。

抢险队伍。安排落实抢险人员 3.5 万人，其中突击抢险队员 2800 人，区武装部负责总兵力的调动部署和演练；各行洪河道险工险段上安排的抢险人员，由所在镇武装部负责落实到村队、具体到人；落实 520 人的水利应急抢险队，区水务局在河道所的基础上组建了 60 人的宁河区防汛机动抢险队，按照技术特长分为堤防闸涵抢险队和机械抢险队 2 个专业小队。

抢险物资储备。采取水利专储、商业代储，指定建筑料场物资备用与群众号料相结合的办法。2018 年 6 月 1 日，水利专储物资有木桩 400 根、6 米钢管 600 根、土工布 9600 平方米，水利专储编织袋 6 万条、片石 2430 立方米、救生衣 307 件、发电机 2 台、临时排水泵 20 台套。同时与贸易开发区木材市场、交通局砂石料厂、巨鹰编织厂号定了可随时调用的抢险物资。各镇根据险工险段所在位置，指定所在乡村就近储备一定的抢险物料，对易出险的建筑物提早进行封堵。

防洪工程。汛前完成北京排污河左堤（70+500~71+000）段维修加固工程，护砌加固北京排污河左堤 500 米；完成泵站运行检查维修工程，对 9 座已建工程项目泵站进行了维修，提高了应急处置能力。

3. 抗旱

合理调配境内水源，及时掌握农业旱情、墒情；时刻关注水情、雨情，引调水源 3500 万立方米。汛期做好雨洪水资源利用，汛末蓄水 1.4 亿立方米，为农业生产、七里海湿地用水提供有效保障。

【农业供水与节水】

1. 农业供水

2018 年农田实际耕地灌溉面积 38517 公顷，农业用水 11763.39 万立方米。

2. 农业节水

天津市宁河区 2018 年高效节水灌溉项目，完成投资 7016.94 万元。该项目分别位于丰台、东棘坨、廉庄、七里海、芦台 5 镇 33 个村，主要建设内容包括新建灌溉泵站 158 座，安装潜水泵 161 台，安装 IC 卡智能灌溉控制柜 161 台，铺设低压管道 480.153 千米，新增高效节水灌溉工程面积 3366.54 公顷。工程于 2018 年 7 月 5 日开工，12 月 31 日完工。

天津市宁河区 2018 年灌溉计量设施建设项目。项目区位于岳龙、丰台、板桥、潘庄 4 镇，完成投资 402.25 万元。主要建设内容为配套安装灌溉计量设施 258 台套。工程于 2018 年 7 月 5 日开工，12 月 31 日完工。

3. 农村饮水提质增效

《天津市农村饮水提质增效工程实施方案》经市政府第 24 次常务会通过，并于 2018 年 10 月 7 日批复。宁河区主要建设内容为实现 252 个村、28.7 万人饮水提质增效，新建加压泵站 12 座，铺设输水主管线137千米，建设镇到村配水管线共计314.4千米，改造252个村的村内管网。全部工程分2019年、2020年、2021年和2022年4年完成，其中水质不达标村饮水提质增效于2019年全部完成，帮扶困难村饮水提质增效分2019年、2020年全部完成。

【农田水利】 2017—2018年度冬春农田水利基本建设计划总投资17774.71万元，实际完成投资17834.95万元，出动机械16815台班，投工19.165万个，完成土石方7万立方米。新修泵站78座，新修桥闸涵97座、维护桥1座，疏浚河道22.95千米，清淤沟渠49.682千米。新增节水灌溉面积1994.34公顷。

【水土保持】 认真落实《中华人民共和国水土保持法》《天津市实施〈中华人民共和国水土保持法〉办法》及相关法律法规要求，积极开展宁河区生产建设项目事中、事后监管工作，对预防生产建设项目水土流失起到积极作用。

开展生产建设项目事中事后监管。2018年针对已开工建设的生产建设项目开展了水土保持方案实施情况检查，掌握了水土保持方案报告书（表）的办理、水土保持方案的落实、“三同时”制度的落实等基本情况。对已验收的生产建设项目也开展了水土保持的后期监管。

全年积极开展水土保持宣传工作2次，让广大人民群众了解水土流失的危害性、水土保持的重要性以及遵守水土保持法的必要性；组织水务系统召开2018年水土保持工作交流会，让水务工作人员认识到水土保持工作的重要性和法律支撑，号召水务系统所属部门，积极参与水土保持工作，做到水土保持人人参与、人人有责。

【工程建设】

1. 防洪工程

蓟运河芦台城区（曹庄大桥—小薄桥）段右堤应急除险加固工程，批复投资4893.88万元，建设规模为蓟运河右堤曹庄大桥—小薄桥加固堤防长度5.265千米，建筑物重建1座、拆除封堵8座。工程前期建设手续已完成，于2018年10月9日完成施工招标，2018年12月进场施工。

2. 农村基础设施建设工程

乐善泵站更新改造工程，概算投资2700万元，原址拆除重建，设计流量10立方米每秒。工程前期手续全部完成，于2018年11月开工，年底完成拆除和基础工程。

宁河区农村基层防汛预警体系建设（宁河智慧水务平台），投资807.6721万元，建设水务信息采集终端、处理系统、应用平台，政府采购合同已签订，9月20日已开工建设，2018年12月31日完成。

3. 水环境治理工程

芦台桥北污水处理及再生回用二期配套污水管网工程，概算投资8172万元，为宁河区桥北新区规划范围内23条道路进行污水管网铺设，共计39744米。工程于2017年4月1日开工，12月31日完成8.17千米管网铺设，占总工程投资的21.5%。

芦台桥北污水处理及再生回用二期配套中水管网工程，概算投资5097.42万元，为宁河区桥北新区规划范围内25条道路进行再生水管网铺设，共计47561米。工程于2017年4月1日开工，12月31日完成8.17千米管网铺设，占总工程投资的24%。

宁河区玖龙纸业污水综合利用系统工程，投资7993.05万元，建设规模为2.5万吨每日。工程于2018年5月27日开工，主体工程于12月初完工，投入运行。

2018年度农村生活污水处理设施建设工程，投资113558.62万元，涉及11个镇，共106个村。工程全部进场实施，开工率100%。2018年12月31日完成40个村主体建设任务，包括主管网铺设、污水处理厂站土建工程及入户污水收集，正在进行设备吊装。计划于2019年8月30日前完成设备调试，具备污水处理能力，项目出水达到

《天津市农村生活污水处理导则》，农村生活污水处理常用的污染物控制指标中《城镇污水处理厂污染物排放标准》(GB 18918—2002) 一级A标准。

潮白新河乐善橡胶坝更新改造工程，批复资金6715.94万元，原址拆除重建，坝袋由5.0米增加至6.5米。工程于2018年11月5日开工，于2019年5月底前完成主体建设，具备运行条件。

4. 水源及供排水工程

宁河区地表水厂及配套管网工程，投资3.34亿元，建设日供水10万吨水厂和城区配套供水管网。工程于2018年3月开工，12月15日完成主体工程，正在实施外管网工程。

宁河区秸秆焚烧发电和生物质发电项目供水管线工程，概算投资3047.86万元，建设日供水能力1500立方米、供水管线长15.14千米。工程于2018年4月开工建设，6月30日完工，达到了设计供水能力。

宁河区建成区、经济开发区给水管网设置消火栓项目，投资4951万元，新铺给水管道28364米，新装消火栓454座，工程于2018年8月20日开工建设，12月31日完工。

天津市宁河区地下水压采水源转换工程，投资8649.02万元，新建供水管道26.85千米，改造现有管网8.6千米。工程于2018年11月13日完成立项、可研、水保及初设批复。

【供水工程设施建设与管理】 城区主要供水生产设施主要包括正在运营的设计日供水能力分别是0.5万立方米、1万立方米、5.5万立方米、1.5万立方米的大型水厂宁河区第一水厂、第二水厂、第三水厂、第四水厂4座；设计日供水能力0.1万立方米的桥北泵站1座。4座水厂和1座泵站占地总面积为7.42公顷。供水总面积为18.21平方千米，供水总人口12.54万人，居民总户数54852户，市政供水管网总长度87.222千米，小区内供水管网总长度316.959千米。

加强城区供水管理，强化供水服务标准化建设，全面提高服务质量。全年完成大修深井23眼，小修各类电气设备92次；完成2眼旧井更新打井工程；新增外挂式深井流量计7台、轴流风10台、变频器2台、大功率空调6台；为爱地小区、大安小区安装室外箱式二次加压设备；购置发电机组一套，保障供水水压、水量和供水安全。安装电子远传水表6961块，完成日常维修及更换水表2337块；完成新铺设小区内管网4885米；砌筑截门井125座，水表井19座，安装消防栓20座；维修堵漏242处；维修截门17台；维修消防栓46台；补井盖80套；完成新接水工程14处。全年共接到热线电话7185次，受理相关业务57224次，与用户签订供水协议15367份，完成夜间售水服务2738次。全年完成安全供水1366万吨。出厂水质综合合格率、供水设备完好率、供水设施维修及时率及群众满意度均达98%以上。

【排水设施建设与管理】 城区排水泵站分别为芦台西泵站、芦台东泵站、东大营泵站、董庄泵站、赵庄泵站、金翠路雨水泵站，这些泵站覆盖了芦台老城区、区经济开发区、区贸易开发区和桥北新区所辖区域。城区6座排涝泵站总装机23台套，总装机容量5030千瓦，总排水量49立方米每秒，机组完好率100%，年均排水量4043万立方米。2018年汛期，金翠路雨水泵站正式投入运营，排涝设计流量为16.5立方米每秒，主要设备为6台潜水轴流泵，4台单泵流量为3立方米每秒，2台单泵流量为2.25立方米每秒，提升了城区排水系统科学化、自动化和先进性，该泵站在本年度强降雨排水过程中发挥了重要作用。

【科技教育】 2018年，配合市水利学会、水利工程协会做好日常管理工作，积极缴纳会费，主动接受协会指导，参加协会组织的各类研讨会及专业培训；完成公共服务类权责清单、天津市互联网+政务服务平台服务事项的编报工作。

李存友在市水务局举办的堤防水闸工程观测技能比武活动中，获市水务局颁发的成绩优异荣誉证书。

【水政监察】

1. 水政执法监察

加大执法巡查力度。联合属地政府和上级主管单位对全区境内一、二级河道管理范围河道障碍物摸底排查并进行普法宣传；配合北三河处、镇政府、公安、综合执法等单位拆除违建11处，处理废品回收站两处，并清理蓟运河、青龙湾故道、还乡新河、北京排污河多处拦河网具；对区内五条一级河道、十二条二级河道进行巡查，对违法多发水域进行重点巡查，出动车辆10次，人员40人次，船只6次。

2. 水法宣传

在“世界水日”“中国水周”期间，围绕“大力实施节水行动，共建节水型社会”主题，大力开展水法律法规宣传和水情宣传。发放《天津市实施〈中华人民共和国水土保持法〉办法》《天津市控制地面沉降管理办法》《天津市河道管理条例》《天津市村镇供水用水管理办法》等水法律法规宣传资料1000余份、发放宣传品800余个，现场解答群众咨询95余人次。利用宁河水务微信公众平台发布水法宣传口号和节水知识。在宣传周期间，利用电子显示屏、政务微信公众号等平台宣传水法及水资源保护知识、防汛知识、节水常识。

【工程管理】

1. 闸坝、堤防

宁河区境内行洪一级河道共5条：蓟运河、还乡新河、潮白新河、北京排污河、永定新河，河道总长152.04千米，堤防总长275.6千米。二级河道共12条：西关引河、卫星引河、曾口河、还乡河故道、小新河故道、小新河、埋珠圈、大杨河圈、津唐运河、青污渠、青排渠、青龙湾故道，河道总长162.57千米，堤防总长306.38千米。全区有区管闸坝20座，其中：闸涵17座，分别是丰北闸、西末闸、淮淀闸、乐善闸、田辛闸、造甲闸、西关闸、孟庄闸、船沽闸、张老闸、东白闸、俵口闸、大尹闸、东塘闸、杨建闸、津唐运河节制闸、青污渠西闸；橡胶坝3座，分别是潮白河橡胶坝、蓟运河橡胶坝、杨花橡胶坝。

加强河道闸坝、堤防日常管理，逐级落实岗位责任制，确保闸容堤貌整洁、设备安全运行。完成4项河道堤防维修养护工程，分别为京津高速桥下河道护岸加固工程、蓟运河堤防绿化工程、河道闸站（宁河段）重点维修养护工程、乐善闸宿办室改造工程。加大河道堤防管理力度，派3名人员每天对区境内一、二级河道进行巡视，利用电子仪器及时将巡查信息传送至各河系处，做到巡查全方位、无死角。加大对各河道堤防巡查力度，共查处违法违章案件82起。组织全体闸管人员及各岗位在职人员集中开展理论技能教育培训活动，在闸坝日常维修养护、机电设备保养检修、技术的创新与实践等方面进行了深入学习与交流。汛前完成20座闸坝的绝缘工具、机电设备等设施的检验维修、更新改造的准备工作，汛期实行领导带班和工作人员值班制度，各闸坝实行24小时全员上岗制度，并及时上报水位、雨量。高度重视堤防绿化，在蓟运河、西关引河、还乡新河、北京排污河堤段种植更新苗木约1.1万株。

2. 泵站

宁河区共有14座区管泵站，分别是董庄扬水站、赵庄扬水站、江洼口扬水站、潮东扬水站、孙庄扬水站、杨富扬水站、淮淀扬水站、七里海第一扬水站、七里海第二扬水站、造甲扬水站、金翠路雨水泵站、芦台西泵站、芦台东泵站、东大营泵站。安装各类水泵73台（套），总装机容量13695千瓦，设计排水能力159立方米每秒。其中8座泵站（江洼口、潮东、孙庄、杨富、淮淀、造甲、七里海第一扬水站、七里海第二扬水站）负责全区农田灌溉、排沥任务，保证春播春种和水稻生产，促进农业增产增收。泵站由专人看管，机电操作人员定期参加业务技能培训，具有操作资格才能上岗，定期对机泵进行维修及日常养护，保持室内通风、整洁，扬水站前池无杂物，保证机泵运转安全，并做好开车日志。

3. 水库

区水务局于2018年12月7日收到《市水务局关于七里海水库报废的批复》。批复中指出：鉴于七里海水库的特殊情况，且水利部大坝安全管理中心2015年组织水库注册时未注册，经请示水利部大坝安全管理中心，认为七里海水库属于事实降等。依照《水库降等与报废管理办法》《水库降等与报废标准》，市水务局组织专家进行了论证，经专家研讨认为，七里海水库已失去原有设计功能，同意七里海水库不再纳入水库进行管理。

【河（湖）长制】 2018年，根据全市的总体部署及市河长办的具体要求，区河长制管理紧密结合河道水环境特点，深化落实河长制管理工作，坚持按照“水清、岸绿、景美”的目标，落实区、镇、村三级河长组织体系，各级河长履职尽责，充分发挥统筹协调作用，解决河道水环境治理与管理方面存在的问题，基本实现了联防、联治、联管。按照属地负责的原则，各属地河长积极组织开展以河道水环境清整、日常保洁管护、水体水质保护、截污治污、堤岸绿化维护为重点的河道水环境管理工作。按照市河长办工作部署的水环境专项行动、4次督导检查和暗查暗访反馈问题，以及区委、区政府环境整治攻坚战部署，各级部门多渠道筹措资金，用于水环境治理保护，大力开展水环境整治，圆满完成2018年河长制全年工作任务。

宁河区内现有一级河道5条，二级河道12条，农村干支渠1714条，农村坑塘沟渠911条，2018年6月底前已全部纳入河长制管理；七里海湿地自然保护区，已纳入湖长制管理。全区14个镇、2个园区均由镇党委书记担任镇级总河长，镇长担任辖区内的二级河道河长，各分管副镇长担任干支渠河长，村级负责人担任村辖区内的干渠、支渠、坑塘的河长。

1. 河长履职情况

全年召开区级河长会议9次，签署了关于加强春季河道水环境综合整治工作部署和开展河道堤岸环境卫生大清整工作部署；5月区长张伟召开专题会议，安排部署2018年城市黑臭水体整治专项行动检查准备工作；以中央环保督查黑臭水体整治工作为契机大力推进宁河区黑臭水体整治；5月底前对9条纳入市级考核检查的河道开展了全区主要河道沿线环境治理情况的督查活动；7月开展了河湖坑塘清河专项行动。

按照市委书记李鸿忠在《市河长办关于落实市委市政府主要批示精神加强我市河长制湖长制工作的报告》上批示要求，落实市委书记李鸿忠全面“挂长”批示精神，宁河区内水域已实现全面“挂长”，实现全覆盖管理，安装河长公示牌2138块，更新河长公示牌600余块。

按照市河长办“一河（湖）一策”编制要求，宁河区委托第三方对12条区管河道、1个水库的“一河（湖）一策”进行编制，组织专家评审，已完成编制工作，2018年12月经区级河长同意印发。

2. 全面落实河（湖）长制

组织开展220处入河排污口排查治理工作，科学制定“一口一策”治理方案并推进实施。开展全区12条二级河道生态蓝线的划定工作。开展河湖“清四乱”专项整治行动，完成了全区二级河道管理范围内乱占、乱堆、乱建等河道管理保护突出问题专项排查，于2018年年底前，完成第一批清理问题任务56处，占清理任务总数的43.8%，剩余72处正在组织清理。2017年11月至2018年12月开展了大排查、大治理、大提升水环境“三大行动”专项行动，共排查点位2037个，累计排查问题1019处（水面堤岸垃圾问题809处、违规种植养殖201处、违法违建事项6处、入河排污口3处）。开展全区黑臭水体排查整治工作，建立问题清单，立查立改，结合农村污水处理设施建设、农村坑塘治理、规模化养殖场粪污治理进行治理。根据区委、区政府《关于全面加强生态环境保护坚决打好污染防治攻坚战的实施意见》，编制完成了《宁河区打好碧水保卫战三年作战计划

（2018—2020年）》实施方案，全力推进工作进度，对照既定的工作目标，在保证质量的基础上，加强督促检查，进一步加快工程进度，确保各项工作都能按时间节点要求高标准完成，发挥应有效益。

3. 监督检查和考核评估情况

按照《天津市宁河区关于全面推行河长制实施方案》要求，宁河区14个镇均建立了镇党委书记担任镇级总河长，镇长担任辖区内的二级河道河长，各分管副镇长担任干支渠河长，村级负责人担任村辖区内的干渠、支渠、坑塘的河长，建立了横向到边、纵向到底、协调联动、层层负责的管理体系，做到了河长制管理工作组织健全、责任到位、分工明确。落实镇级河长、村级河长、坑长责任职责，并进行信息公示，挂图作战，结合区域水系现状，按照“一镇一册”“一村一图”的要求制作了各镇河长制水系图册，实施挂图作战，精准的对各镇农村水系进行管理和督察。强化河长履职尽责，定期开展区、镇、村三级河长巡河，截至2018年年底，区级总河长巡河共计34次，区级河长累计巡河60人次，镇级河长累计巡河6204人次，村级河长累计巡河105037人次。按照立知立改、逐一销号的要求，区河长办共下发整改通知277份，属地政府已完成问题点位整改265处。建立、健全农村沟渠坑塘管理台账、河（湖）长名录，台账名录及时更新，日常检查纳入台账管理，对区14个镇、260个村坑塘沟渠实施全覆盖管理。区河长办第一时间反馈给属地政府，各镇均按照整改标准落实整改，区河长办对整改落实情况进行跟踪核查，确保整改到位。根据宁河区河长制考核办法，区河长办组织对镇级河长、区直部门的履职情况进行督导考核工作，每月对各镇、园区河长制管护工作开展情况进行考核通报、排名；按照考核的相关规定，区河长办对各镇、园区水环境管理情况进行监督考核，执行月报机制，依据市河道水环境监管平台发现的问题、群众监督举报、抽查检查发现问题，对各镇水环境情况、水质监测综合指数、河长巡河情况等进行综合评价，并印发考核月报12次。对落实“河长制”工作不力的镇及主要负责人进行了通报批评。

4. 河湖管理保护成效

按照市委、市政府决策部署和市委书记李鸿忠重要批示精神，宁河区主动落实河长制各项工作，全面提升水环境治理、管理、保护工作水平，努力构建“大水、大绿、大美”环境，全区水环境质量得到了较大改善。工作成效主要表现在三方面：①强化了组织领导，形成了高位推动机制，区委书记、区河长制工作领导小组组长、区总河长王洪海带头巡河，区、镇、村三级河长主动巡河，查问题定措施抓整改，持续加大了河道水环境治理力度，建立并形成了协调有序、监管严格、部门联动的管理保护机制；②强化考核问责，形成压力传导机制，各镇各部门自觉提高了政治站位，把河长制工作摆在突出位置，坚持问题导向，加大自查自纠力度，通过各种媒体做了广泛的宣传，在广大党员干部群众中自觉形成了“爱河、管河、护河、兴河”的强大氛围和工作合力，区级河长与职能部门切实落实了河长制责任，做到了真督、真查、真推动；③强化了督查督办，形成了闭环链条机制，区河长办联合区督查室建立了河长制工作明察暗访制度，有力推动了全区各级河长履职尽责。

【党建和精神文明建设】 推进学习型党组织建设。以学习习近平总书记系列重要讲话精神、党章党规、法律知识等为主要内容，加强党委中心组理论学习和党员学习教育工作。组织机关全体党员干部群众集中学习理论知识，集中观看宣传片，全系统党员完成学习笔记160余册，完成6名领导干部年度学法用法网络培训。

深入开展“维护核心、铸就忠诚、担当作为、抓实支部”主题教育实践活动，推进“两学一做”学习教育制度化常态化。认真组织开展十九大报告、《习近平新时代中国特色社会主义思想》《习近平谈治国理政》《中国共产党纪律处分条例》等多次笔试答题和交流研讨活动，促进党员干部思想素质提升。

加强基层组织建设和党员队伍建设。严格落实党建工作责任制，深入开展结对帮扶工作，积极开展“万名党员联万户”活动，组织183名党员深入90户家庭积极开展帮扶活动。先后举办组织开展基层党组织书记和党务干部专题培训三次，严格执行《发展党员工作细则》，认真做好党员发展工作，吸纳积极分子1名、确定发展对象1名。天津市芦台自动化电气开关厂党支部因政企脱钩党员分流，开关厂党支部于4月25日撤销；成立天津市康达环保水务有限公司党支部。

扎实抓好党风廉政建设和作风建设。根据区委《关于落实全面从严治党主体责任的实施意见(试行)》，结合水务实际，制定《水务局2018年全面从严治党工作要点》，构建“五级责任体系”，确保全面从严治党主体责任落地生根。各支部分别向局党委递交全面从严治党责任书，各镇水利管理站向局党委递交党风廉政建设责任书，机关各科室、基层单位分别向分管领导签订全面从严治党责任书，先后两次组织召开落实全面从严治党主体责任部署推动会议2次。深入开展不作为不担当问题专项治理三年行动工作，强化日常监督，紧盯重要时间节点开展警示教育，尤其加强对重要岗位、窗口单位的常规检查和明察暗访，组织明察暗访2次。重新修订《水务局“三重一大”工作制度》，严格执行《水务局党委工作规则》《水利工程建设管理办法》《水务局述责述廉制度》《天津市宁河区水务局内部控制制度》等，对所有工程签订“工程建设廉政承诺书”，打造阳光水务工程。充分运用监督执纪“四种形态”中第一种形态，全年开展廉政谈话累计162人次、履职谈话30人次，给予3名党员领导干部党纪处理。对发现的问题及时整改，并通过曝光角、电子大屏对发现的问题在全局通报曝光。

推进精神文明建设。开展学雷锋志愿服务系列活动，在服务窗口利用电子显示屏等开展学雷锋志愿服务公益广告宣传，积极开展交通安全宣传等志愿服务精神，利用辐射力和影响力，积极打造“上善若水，滋润万家”的水务服务品牌。组织青年团员到蓟运河董庄段开展植树造林志愿活动，栽种杨树300余株。组织开展道德模范评选、文明单位评选、先进集体、先进个人评选等活动，加大宣传推介力度，积极与区新闻中心联系，组织水务重点工作推动等宣传报道。利用局党务工作交流、水务政务微信公众号在系统内部及时宣传，弘扬正能量。同时发布正面微博、跟帖，做好网上舆论引导工作。成立宁河区水务局宣讲团，在全系统进行政治理论、形势政策、专业知识的学习培训。组织党员开展烈士陵园扫墓，弘扬爱国主义精神，加强党员干部爱国主义教育。

区水务局获共青团天津市宁河区委员会、天津市宁河区青年联合会颁发的宁河区共青团学习贯彻习近平新时代中国特色社会主义思想和党的十九大精神知识竞赛二等奖。

【队伍建设】

1. 局领导班子成员

党委书记：张洪旺

党委委员：武文术(11月免)　李贺喜(11月任)　李宗江（1月任）韩庆硕　李昌海　丁克溪（科级）　刘莉莉（科级）

局　　长：李贺喜(11月任)　武文术(11月免)

调 研 员：李宗江（1月任）

副 局 长：韩庆硕　王子宽（2019年1月任）

副调研员：李昌海

2. 机构设置

2018年，局机关设10个职能科室，即行政办公室、党委办公室、财务审计科、人事劳资科、工程规划科、水资源科（节约用水办公室）、防汛除涝科（防汛抗旱办公室）、农田水利科、水政监察科（水政监察大队）、水土保持科；下设9个直属单位，分别是天津市宁河区地下水资源管理所、天津市宁河区河道管理所、天津市宁河区排灌管理站、天津市宁河区供水站、天津市宁河区机井服务站、天津市宁河区水务后勤服务站、天津市宁河区水利管理站、天津市宁河区水利工程建设管理中心、天津市宁河区水务系统培训中心（新增）及14个镇水利管理站。

3. 人员结构

全系统共1435人，其中在职职工577人。局机关在职职工32人，其中行政编26人，工勤事业编6人；局直属基层事业在职职工490人；14个镇水利管理站在职职工55人。全系统共有12个基层党支部，共有党员250人。

全系统职工队伍中，硕士研究生1人，研究生4人，本科学历202人，大专学历113人，中专学历53人，高中及以下204人。各类专业技术人员204人，其中，高级工程师22人，中级职称64人（工程师51人，会计师5人，经济师1人，政工师7人），初级职称118人（助理工程师88人，助理政工师7人，助理会计师5人，技术员18人）。按年龄层次分：35岁以下38人，36~45岁297人，46~55岁170人，56岁以上52人。

全系统各种技术工人总数为294人，其中高级工187人，中级工98人，初级工9人。

4. 先进集体和先进个人

宁河区西魏闸被市水务局评为2017年度天津市水务安全生产先进闸站。

区淮淀泵站被市水务局评为2017年度天津市水务安全生产先进闸站。

区水务局在宁河区“文明交通 你我同行”志愿服务活动中，被区精神文明建设委员会办公室授予优秀组织单位。

赵锁获市水务局颁发的天津市水利安全生产先进个人。

王德永获市水务局颁发的天津市水利安全生产先进个人。

李俊强获市水务局颁发的天津市水利安全生产先进个人。

廉杰、张建飞被区委评为优秀党员。

王晖被宁河区委评为优秀党务工作者。

张涛获共青团天津市宁河区委员会颁发的优秀共青团员称号。

刘竞谣、周玉青被区委网信办评为优秀网评员。

（马　可）

静海区水务局

【概述】 2018年，静海区水务局在区委、区政府的坚强领导下，深入学习贯彻党的十九大精神和习近平新时代中国特色社会主义思想，全面落实新时期中央水利工作方针和兴水惠民决策部署，积极进取，扎实工作，圆满完成了全年各项工作任务，为静海区经济社会发展提供了坚实的水务支撑和保障。

【水资源开发利用】 牢固树立全局一盘棋思想，以实行最严格的水资源管理制度为抓手，以“小单位、大服务”的理念提高公共服务水平，进一步强化了“三条红线”管控。2018年，水资源使用总量为7351万立方米，其中地表水4890万立方米，地下水2461万立方米。水资源主要用途为工业生产用水361万立方米，城乡生活用水1100万立方米，农田灌溉用水5890万立方米。

2018年全区平均降水量413.3毫米，最大的492.5毫米（独流镇），最小的342.5毫米（团泊镇），超400毫米以上12个站、400毫米以下6个站，各站降水比较均匀，平均降水量比往年略偏少（表1）。

【水资源节约和保护】

1. 地下水压采

落实计划任务目标。按照《天津市地下水压采方案》工作要求，结合静海区地下水总体开发利用现状，对团泊镇、静海镇、大邱庄镇、子牙镇自来水管网覆盖区域开采地下水的企业进行水源转换，涉及水源转换的企业共计20户，回填机井24眼，压采深层地下水开采量85万立方米。

表 1　　2018 年静海区降雨量统计表　　单位：毫米

乡镇名称＼月份	1	2	3	4	5	6	7	8	9	10	11	12	年累计降雨量
静　海				26.5	21.5	65.0	148.0	166.5	9.0				436.5
子　牙				29.0	17.0	30.0	100.0	172.0	5.5				353.5
沿　庄				23.0	17.5	37.0	125.0	192.0	7.0				401.5
陈官屯				26.0	24.0	47.5	155.5	117.0	7.0				377.0
双　塘				26.5	25.0	61.0	129.5	149.0	8.0				399.0
台　头				25.0	25.0	40.0	160.5	153.0	9.0				412.5
王　口				27.5	28.5	56.0	139.0	150.0	7.5				408.5
梁　头				29.0	20.5	47.5	176.5	197.0	4.5				475.0
中　旺				34.0	21.5	99.5	145.0	169.0	5.0				474.0
蔡公庄				25.5	20.5	53.5	130.5	186.0	5.5				421.5
西翟庄				21.0	19.0	39.5	117.0	146.5	2.5				345.5
大丰堆				28.0	16.5	107.0	160.5	106.5	7.5				426.0
杨成庄				30.5	20.0	69.5	180.5	124.5	8.5				433.5
团　泊				27.0	19.5	38.5	127.5	122.5	7.5				342.5
独流镇				27.0	27.0	58.5	197.0	173.5	9.5				492.5
良王庄				25.0	20.0	62.0	193.0	160.5	9.5				470.0
唐官屯				30.0	27.5	31.0	186.5	138.5	3.5				417.0
水　库				31.5	17.0	65.0	126.0	106.0	7.0				352.5
合　计				492.0	387.5	1008.0	2697.5	2730.0	123.5				7438.5
平　均				27.3	21.5	56.0	149.9	151.7	6.9				413.3

结合深层地下水开采总量控制目标和市政府对区政府控制地面沉降绩效考核目标要求，加大压采工作推进力度，向各乡镇印发了《关于进一步落实地下水压采工作的通知》，自 2018 年开始实施农业压采，全区农业压采水量约 400 万立方米，地下水开采量进一步减少。

2. 地下水保护工作

为防止地下水污染、消除安全隐患，结合《市农委市水务局关于系统式地毯式开展农村坠井隐患排查整治工作的函》要求，以及《静海区打好碧水保卫战三年实施计划（2018—2020 年）》的工作任务要求，完成 37 眼报废农业井回填工作。

3. 节水型系列创建

全面开展县域节水型社会达标建设，是落实节水优先方针的重要举措，对提升全社会节水意识，增强县域经济社会可持续发展能力具有十分重要的意义。按照市节水办《关于深化天津市节水型区县建设的通知》和区领导批示要求，制定了《静海区节水型社会达标建设实施方案》，逐项对照达标建设指标梳理了各项基数，进行自评，明细量化了达标建设重点任务。2018 年申报节水型企业 14 个、节水型单位 11 个、节水型居民小区8个，全部通过了市专家组审查，节水型企业、单位、小区建成率分别达到94%、73%、39%（表2）。

表2 2018年创建节水型企业、节水型单位、节水型小区名单

序号	节水型企业	节水型单位	节水型小区
1	天津市天成德工贸有限公司	天津市静海区人力资源和社会保障局	海盛中心花园
2	天津君诚广汇制管有限责任公司	天津市静海区人民检察院	华林家园
3	天津华洋通钢管有限公司	天津市静海区人民法院	锦江欣苑
4	天津亚源泰钢管有限公司	天津市静海区市容和园林管理委员会	泰禾世家
5	天津峰利蒙特瑞实业有限公司	天津市静海区种植业发展服务中心	蕴海家园
6	天津市源泰德润钢管制造集团有限公司	天津市静海区畜牧水产发展服务中心	翠安园
7	天津市兆博实业有限公司	天津市静海区规划局	欣悦华庭
8	天津万里钢管有限公司	静海区民族宗教事业和文化广播局	裕华园
9	天津海钢板材有限公司	天津市静海区民政局	
10	天津市宝利金制管有限公司	天津市静海区体育局	
11	天津市全通钢管有限公司	天津市静海区新闻中心	
12	天津大强钢铁有限公司		
13	天津市静海县远海精细化工有限公司		
14	天津三元乳业有限公司		

4. 计划用水

严格执行计划用水管理，参照用水定额及用水单位的近三年实际用水情况确定并下达用水单位年用水计划。2018年共办理计划用指标504件，其中年取水量5000立方米以上的用水大户283个，按照达标建设要求全部纳入了计划用水管理，计划用水考核率100%。

【水生态环境建设】 加强对已运行污水处理厂、建制镇污水处理设施的监管，每月召开工作例会，建立运行台账及监测档案，提高污水处理厂管理水平，委托有资质的第三方定期对污水处理厂及建制镇污水处理设施出水进行检测。组织全区污水处理厂进行硫化氢中毒及消防应急演练。充分利用静海区污水处理厂在线监控平台，及时掌握污水处理厂运行情况及存在问题，对发现的问题及时通报并限期整改，使出水达标排放，加强对污水处理厂暗查暗访力度，有效地改善了静海区水环境质量。

积极为大邱庄污泥处置中心建设及相关手续的办理提供服务，截至2018年年底，该项目已投入运行。

为迎接生态环境部、住建部城市黑臭水体整治保护专项行动，会同静海镇政府及静泓投资发展集团有限公司，新建污水处理设施10处（总规模1800吨每日），铺设配套管网11处（合计6.9千米）。2018年5月28日至6月11日、10月29日至11月2日建成区黑臭水体整治工作通过了住建部、环保部督察组水质监测、明察暗访、答疑、公众评议、群众举报及回头看等考查，督查组通过调查问卷、入户走访等多种形式了解前进渠黑臭水体整治情况，群众满意度100%，受到了市河长办及督察组专家的好评。

积极推动双塘高档五金制品产业园污水处理厂建设，新增污水处理能力0.65万吨每日，该项目正在试运行阶段。

推动污水处理厂入河排污口设置审批工作。

完成13座污水处理厂及前进渠污水处理设施入河排污口审批工作，并制作标准化入河排污口标志牌。

推动落实中央环保督察反馈意见整改任务。2017年列入中央环保督察第52项整改内容的污水处理厂共计7座，其中闲置污水处理厂1座（团泊西区），负荷率低污水处理厂6座（天津滨港铸造、天津滨港电镀、开发区北区、天宇、大邱庄综合、团泊东区），截至2018年年底，完成整改污水处理厂共4座（1座闲置、3座低负荷率），各责任单位根据现状均已制定“一厂一策”专项整改方案。

在主要河道实施生态修复。为持续改善汇河道水质，全年在主要河道及汇入支流共安装曝气增氧设备100余台，生态浮岛5000余平方米，同时安排专业队伍对主要河道的蓝藻、浮萍及垃圾漂浮物实施打捞，主要河道水质得到明显改善。

【水务规划】 静海水务发展规划。原为《静海水务中远期规划及近期实施计划》，经过3年调研、搜集资料、编制、征求意见、修改，已基本定稿，2019年2月28日获区政府批复。

静海区水系联通规划。2018年3月，初稿上报市水务局并组织专家进行审查，4月20日经区政府批复，按要求于2018年4月23日报市水务局备案。

静海区防洪规划。该规划由区水务局配合区规划局组织编制。

大清河流域综合规划。区水务局积极协调市水务局和中水北方公司，力争将蓄滞洪区调整、安全建设、团泊洼行洪通道划定和子牙循环经济产业园的防洪方案等四方面工作纳入《大清河流域综合规划》。

静海区再生水利用规划。按照市河长办《关于印发〈2018年全面推行河长制主要任务实施计划表〉的通知》及市水务局《关于加快编制本区再生水利用实施方案的函》要求，区水务局委托天津市中水科技咨询有限责任公司编制《天津市静海区再生水利用规划（2016—2030年）》，于2018年12月18日经区长办公会审议通过，12月28日以区政府名义印发并报市水务局备案。

【防汛抗旱】

1. 防汛

（1）汛情。

汛期6—9月，平均降水量364.5毫米，比上年同期（316.8毫米）多15.1%，为多年平均降水量的91.1%。6月平均降水量56.0毫米，7月平均降水量149.9毫米，8月平均降水量151.7毫米，9月平均降水量6.9毫米。7—8月，全区连续遭遇“7·23”“8·7”两次强降雨。最大日降水量为7月23日良王庄乡，降水量达151.5毫米，城区有13处低洼片积水，经过4个小时不间断排水，城区积水全部排净。

（2）汛前准备。

调整组织、落实责任制。依据3月13日市防汛抗旱工作视频会议的部署，区防办及时调整了防汛抗旱组织机构人员，成立了以区长张庆恩为指挥的区防汛抗旱指挥部，同时下设11个区级防汛分部，落实了区级领导和工程技术人员包河系责任制，区领导包分洪洼淀责任制和分洪口门责任制。

区防汛抗旱指挥部成员：

指　　挥：张庆恩（区长）

副 指 挥：刘　峰（区常务副区长）

罗振胜（主管农业副区长）

于振江（副区长兼公安静海分局局长）

周宝玉（区武装部部长）

张树青（区政府办主任）

王桂桥（区农委主任）

冯永军（大清河处处长）

张德帅（区水务局局长）

成员单位：窦策伟（区气象局）

韩　滨（团泊水库管理处）

考晓鹏（预备役高炮四团三营等

成员单位）
王艳秋（区供销社）
郝砚洪（区民政局）
王台博（区房管局）
刘俊才（区新闻中心）
姚　新（区民宗文广电视局）
高　志（区发改委）
张路生（区供电公司）
韩炳谦（区建委）
杨金水（区交通局）
任永江（区环保局）
王长虹（区安监局）
孙艳来（区种植业中心）
徐连昭（区畜牧水产业中心）
王润喜（区林业中心）
王喜来（区农业机械中心）
闫　峰（子牙经开区）
陈少刚（区团泊新城委）
刘云绪（林海示范区）
伍海燕（区统计局）
孔凡明（区财政局）
南振峰（区卫计委）
张　力（区国土分局）
孙开祥（区人社局）
律　斌（联通静海分公司）
刘植礼（静海火车站）

下设防汛分部：

大清河分部（驻台头镇）。
主　任：孙艳来（区种植业发展服务中心）
副主任：季福强（区农业机械发展服务中心）

东淀分部（驻大清河河道所）。
主　任：王喜来（区农业机械发展服务中心）
副主任：刘振东（区工业经委）
吴玉坤（河道所）

子牙河分部（驻子牙河河道所）。
主　任：高　志（区发改委）
副主任：刘玉坤（区农委）
王　建（河道管理所）

马厂减河分部（驻马厂减河河道所）。
主　任：孙开祥（区人力资源和社会保障局）
副主任：张洪利（区种植业发展服务中心）
马建材（河道管理所）

独流减河分部（驻独流减河河道所）。
主　任：王润喜（区林业发展服务中心）
副主任：刘同贤（区畜牧水产业发展服务中心）
杨　强（河道管理所）

南运河西钓台分部（驻南运河西钓台河道所）。
主　任：张　力（区国土资源分局）
副主任：刘庆尧（区农委）
张朝松（河道管理所）

南运河北五里分部（驻南运河北五里河道所）。
主　任：王艳秋（区供销合作社联合社）
副主任：王贺起（区人力资源和社会保障局）
王文刚（河道管理所）

黑龙港河分部（驻梁头镇政府）。
主　任：仵海燕（区统计局）
副主任：王永良（区林业发展服务中心）

子牙新河、青静黄分部（驻中旺镇政府）。
主　任：郝砚洪（区民政局）
副主任：刘秀华（区审计局）

团泊水库分部（驻团泊水库管理处）。
主　任：韩　滨（团泊水库管理处）
副主任：王　松（团泊水库管理处）

城区分部（驻区建委）
主　任：韩炳谦（区建委）
副主任：郑汝华（公安静海分局）
汪少营（区交通局）
杨贵明（静海镇政府）
殷忠刚（区水务局）
单　辉（区供销合作社联合社）
张金伟（区发改委）

区政府领导高度重视防汛工作。6 月 15 日，区防指召开 2018 年防汛抗旱工作第一次（扩大）会议，全面安排部署防汛抗旱各项准备工作。6 月 22 日，区委再次召开防汛抗旱工作会议，传达市委、市政府防汛抗旱会议精神及市委书记李鸿忠、市长张国清重要意见，对全区防汛工作进行再动员再部署。区委书记蔺雪峰、区长张庆恩先后带领相关部门深入实地检查防汛工作，在台头镇召开现场会进一步推动防汛抗旱责任任务的落实。

开展防汛安全检查。自2月起，组织区水务局所属河道管理所、排灌管理站、排水管理所等单位分别对防洪工程、河道堤防、泵站闸涵、险工险段进行了全面技术检查和设备检修保养。积极开展城区排水泵站检修、清掏管井、管道疏通。清理整治排涝河道，积极巡查、同时督促乡镇排除阻水障碍。对全区扬水站逐一维护保养，做到设备运行正常。并针对分洪口门进行了重点检查，督促属地乡镇落实好分洪口门防汛措施。海委、市防办、市水务局及区委、区政府领导先后多次检查指导防汛准备工作。

完善防汛预案。按照市防办防汛预案大纲的总体要求，结合静海区实际情况，修订完善2018年《天津市静海区防汛预案》总预案及《关于蓄滞洪区分洪运用口门扒口预案的安排意见》等12个分预案。

落实防汛物资。物资储备采取专储与代储相结合的方式。专储工具类615件，救生类1000余件，自吸泵85台，保障类700余件，冲锋舟4艘、移动式水泵抢险车2部、抢险指挥车辆1部等。代储木桩1000根、编织袋5万条、钢管20吨、砂石料1000立方米、铅丝网片2000片。

组建防汛抢险队伍。与区武装部联系，组建3万人的民兵抢险队伍；成立了65人的天津市防汛抢险应急救援队第九分队；同时依托天津海吉星农产品物流有限公司，组建100人的防汛抢险应急预备队，多措并举，提高防汛抢险能力。

突出蓄滞洪区运用管理。全区除中旺镇外均属蓄滞洪区，共有4个洼淀，即东淀洼、文安洼、贾口洼、团泊洼，是国家防总确定的蓄滞洪区，面积达1345.58平方千米，占全区面积的91.2%。主要担负着保卫天津市区汛期安全的重任（全区共约59万人，蓄滞洪区启用需转移约30余万人）。2018年，区防办认真修订了蓄滞洪区群众转移方案，防洪口门扒口方案，认真开展核查了蓄滞洪区人口、居民财产登记工作，编写了防汛演练实施方案，并组织了室内推演演练。明确了行政、预警、转移、巡查防守责任人，确保责任明确，程序清晰，任务清楚。区防办主动与宝坻、武清、西青联系，协调蓄滞洪区群众转移接收安置工作，一旦启用蓄滞洪区确保群众转移落到实处。制作了蓄滞洪区群众转移安置公示牌163块，防洪口门公示牌5块。

加强信息采集共享。为贯彻落实党中央、国务院领导关于防灾减灾救灾工作重要指示和对洪涝灾害防治工作提出的要求，尽快实现规划目标，适应经济社会发展要求，按照《天津市静海区农村基层防汛预报预警体系建设实施方案》，投资739万元，实施静海区农村基层预报预警项目建设。项目于9月1日开工，截至12月底，已完成全部建设任务，待通过验收后即可投入使用，将极大增强静海区防洪排涝减灾能力。

2. 抗旱

根据市水务局统一安排，为改善天津市南部地区水生态环境和解决水资源缺乏的窘境，3月15日、4月10日两次启动引滦入静生态补水工程，以提升静海地区团泊水库湿地水生态环境，两次引调水共向静海区境内输水9384万立方米。有效地改善了团泊湿地的生态水环境。

为储备战略水源，改善南部地区水生态环境，按照市委市政府部署，10月11日正式启动引滦向北大港水库应急调水工作。调水线路流经静海区争光渠、黑龙港河、互助渠、运东排干（互助渠至港团河段）、港团河、青年渠，通过大团泊临时泵站进入北大港水库。为保障调水工作顺利实施，区水务局积极配合，从讲政治高度作为一项政治任务来抓。并加强对调水沿线的巡视、巡查工作防止偷水、排污现象发生。

【农业供水与节水】 2018年，静海区农田实际有效灌溉面积4.27万公顷，其中节水灌溉面积3.53万公顷，农田灌溉用水4990万立方米。静海区

2018年灌溉计量设施改造工程，在唐官屯镇、西翟庄镇、中旺镇、蔡公庄镇、陈官屯镇5个乡镇实施200眼深机井和26座扬水点计量设施安装工程，工程总投资340.49万元。该工程于2018年8月3日开工，11月底完工。

【村镇供水】 2018年城乡生活供水用水1100万立方米。按照区委、区政府统一安排部署，根据市水务局、市财政局《关于做好2018年度村镇供水工程维修养护项目相关工作的通知》有关要求，静海区继续实施2018年村镇供水工程维修养护项目，包括19座水厂的不同设备的更新改造，共更换3座水厂深井泵6台，19座水厂供水泵，水表97块，阀门97个等工程。解决222个村26.2万人的饮水安全问题。工程由静泓公司组织实施，项目总资金601.8078万元。资金根据《天津市村镇供水工程维修掩护项目建设及市财政补助资金暂行管理办法》，市级补助资金300万元，其余由静泓公司解决。

【农田水利】 静海区2018年小型农田水利工程维修养护项目。建设内容为对唐官屯镇、西翟庄镇、中旺镇、蔡公庄镇4个乡镇共216眼机井进行检修，工程总投资496.25万元。该工程于2018年8月3日开工，2018年11月底完工。静海区土壤污染防治——加强灌溉水水质管理工作。按照市水务局《关于印发天津市土壤污染防治加强灌溉水水质管理实施方案编制指南的通知》文件要求，结合静海区实际情况，编制完成《天津市静海区土壤污染防治——加强灌溉水水质管理实施方案》，于9月28日报市水务局备案。

【水土保持】 2018年，静海区水务局推进平原区水土保持监督执法工作，以重点项目为突破口，以落实“三同时”制度为重点，以遏制人为水土流失、改善生态环境为目标，以水土保持方案落实为重要抓手，加强对开发建设项目的监督检查、管理，督促开发建设单位和个人履行防治水土流失的责任和义务。做到执法检查经常化、制度化、规范化。针对涉及静海区“两城三区六园”新建开发建设项目，通过执法检查，及时查处了开发建设单位未编制水保方案行为33起，通过宣传教育均补报了水土保持编制方案，利用水土保持检查时机，深入各建设工地，采取监督检查、发放宣传手册、以案说法等方式，宣传水土保持法律法规，增强建设单位落实水土保持措施的自觉性。有效控制了人为水土流失的发生。

【工程建设】 十槐村泵站改扩建工程。批复投资2328万元（市级资金1164万元，区筹资金1164万元）。十槐村泵站位于中旺镇，青静黄排水河左堤和十槐村排干交汇处，原设计流量8立方米每秒，扩建后设计流量16立方米每秒。该工程在原址拆除扩建，主要由进水闸、进水池、泵房、出水池和出水闸等组成。该工程可有效地提高本区域排涝能力。该工程于2017年9月14日开工，截至2018年年底，已基本完工并通过机组启动验收，正在准备竣工验收各项工作。

静海区城区水系连通工程。本工程主要内容是对团结渠进行清淤，新建争光渠南闸，运东排干南、北橡胶坝，南环河东闸，新建北环河泵站，同时新建团结渠连通涵管。为了提升区内水系连通能力，改善水环境面貌，改善水利工程设施景观表现，改善区内投资环境，提高城市品位、改善周边生态环境，实施本工程十分必要。2018年7月25日项目建议书编制完成，因该工程未列入2018年政府投资计划，计划于2019年报批实施。

静海区中南部地区引调水工程。投资910.98万元。2018年3月，市水务局为解决天津中南部地区水资源缺乏和水生态环境问题，3月13日实施向静海引调滦河水。区水务局为保证圆满完成此次引滦入静生态补水工作，对输水河道沿线闸涵、堤防进行维修加固新建等工程，打通独流减河、子牙新河水系，全面提升河道换补水能力，实现全区水体流动、水系循环。包括争光渠南端节制闸、湾头闸、革新闸、烧窑盆闸、刘上道闸、蛮子营闸和互助渠与争光渠交口处节制闸维修改造工程；秃尾巴河砖厂取土处进行复堤工程；维修青静黄倒虹吸工程。并将上述工程列入应急工程，于2018年2月17日开工，4月30日全部完工。

【供水工程建设与管理】 为改善农村饮用水环境，提高农民生活质量，按照《天津市静海区人民政府关于同意天津市静海区城市自来水“村村通”工程规划方案的批复》（该规划后来纳入全市新一轮农村饮水提质增效工程规划）的有关要求，静海区将从2018年开始，组织实施城市自来水“村村通”工程。通过新建自来水泵站、水源转换、农村供水管网等工程，建设安全高效的供水系统。

2018年城市自来水村村通工程，投资2.98亿元，为高家楼、后明、大河滩、罗塘和大寨5座农村集中供水厂铺设水源干管36.2千米，供水范围涉及静海镇、大丰堆镇、梁头镇、独流镇、双塘镇和杨成庄乡6个乡镇；铺设39个村内主管线70.7千米及31个村内配水管线506.5千米。2019年1月13日在后明水厂举行水源切换仪式，5座农村集中供水厂水源从地下水转化为地表水，涉及的6个镇55个村，共6万人喝上了安全可口的长江水。在大邱庄镇崖庄子村、满井子村、官坑村、太平村等16个待搬迁村设置临时售水机，改善2.2万人饮用水水质。

【排水工程建设与管理】 2018年，静海区完成了城区范围内排水主管网的疏通、清掏任务，共计疏通DN200~DN2000的雨、污管道149.43千米；清掏各类检查井春季5679座、秋季5632座，收水井春季3474座、秋季3621座，为保障城区排水、融雪和安全度汛创造了有利条件。

汛前维修泵站各种排水设备61台套，安装南外环泵站不锈钢防护栏杆；新建东方雨水泵站钢筋混凝土电缆沟11米、泵池防护盖板41.27平方米，保证了汛期泵站的正常、安全运行；为配合生态调水，应急更换了东方雨水泵站的3个单向止水闸门及启闭机，并对出水口闸门段200米范围内的运东排干进行了清淤。另外对6台套大型应急排水设备进行了维修，为应急排水提供了保障。

【科技教育】 提升干部职工整体素质，以领导干部在线培训、公务员双基培训，专业技术人员专业培训和技术工人培训为重点，邀请专家老师对公务员、事业单位科级以上干部和部分专业技术人员进行集中培训，有针对性地进行岗位培训，进一步提高干部职工职业技能和能力。

【水政监察】

1. 案件查处

2018年，静海区水务局持续加大水政监察工作力度，有效遏制水是违法行为。全年共立案查处水事违法案件19起，其中水资源案件8起，未经批准擅自凿井案件6起，未依照规定编制水土保持方案3起，填堵河道案件1起。结案18起，其中进行行政处罚案件14起，共计处罚人民币2325972.6元。

2. 执法平台录入

按照执法平台信息要求，区水务局重新与市级职权进行比对，共梳理确认执法权限共186项，其中行政处罚事项128项，完成了与市级职权的统一工作。对全局所有执法人员信息和行政检查信息进行了录入，并将行政检查和处罚案件信息及时上传执法监督平台。截至12月月底，共进行水行政执法履职2025项次，完成了全年的执法检查工作。

3. 执法下沉

天津市自出台《天津市街道综合执法暂行办法》以来，静海区根据《静海区关于开展乡镇综合执法工作的指导意见》要求，涉及取用水资源、河道违章建房、河道倾倒垃圾等6项水务管理处罚权事项划转至乡镇综合执法大队按程序行使处罚权。2018年共向违章单位所在乡镇政府移送案件54件，其中河道管理范围内违章建设建筑物案件43件，未经批准擅自取水案件11件。

4. 法制宣传

2018年共投入宣传资金20余万元，通过一系列形式多样的宣传活动，提高了全社会的水患意识、水环境保护意识和水法制观念，为强化执法、落实水法律制度营造良好的氛围。通过一系列形式多样的宣传活动，提高了全社会的水患意识、水环境保护意识和水法制观念，为强化执法、落实水法律制度营造良好的氛围。

在3月22日第二十六届“世界水日”和第三十一届“中国水周”期间，区水务局在健身广场组织举办了大型宣传活动。活动现场宣传人员向现场群众发放宣传材料、纪念品并引导群众参观水土保持、河道管理、城市排水、水资源管理、节约用水等法律法规宣传展牌。此次活动区水务局共出动车辆6台，人员20人，设立展牌8块，设置宣传站台1处，悬挂宣传标语2条，电子屏宣传车1辆。现场共接受咨询涉水务问题群众50余人次，发放《中华人民共和国水法》《中华人民共和国防洪法》《中华人民共和国水土保持法》《天津市河道管理条例》《城区排水管理条例》等水法律法规宣传手册500余册，宣传彩页500余张，各类印有节约用水宣传口号的宣传品千余件。

按照区法建办要求，在4月15日国家安全日宣传活动期间，区水务局水政科同河道管理所、城区排水所在沿河及城区主要位置设置20余条宣传标语。

在“12·4宪法宣传日”，区水务局水政科组织执法人员参加区法建办组织的宪法宣传活动，共出动人员10人次，车辆4台次，设立宣传台、悬挂横幅、设置宣传站牌4块，现场发放材料300余份、宣传品1000余件，解答现场咨询10余件。

【工程管理】

1. 泵站管理

2018年初成立汛前检查小组，通过逐站检查、各站自查的方式对区水务局管辖24座扬水站进行了一次全面的检查，通过检查结果编制出2018年度扬水站维修计划和汛前检查报告。对部分重点站机电设备和土建设施等进行了汛前维修养护，尤其对团泊洼站、八堡站、钓台站进行了重点维修，确保引调滦河水工程按期完成。5月先后对5个重点站机电设备、变电站进行了运行调试，对重点设备性能有了一个基本了解，并于6月15日前对19座扬水站进行了运行调试，开车运行，确保汛期设备运行良好。

2. 河道干渠管理

完成大清河处河道维修加固工程管理工作。对马厂减河左堤15+800~19+800段堤顶进行硬化施工。长度4000米，完成堤顶找平34470平方米，二八灰土基层3885立方米，铺设砖墁路19080平方米，栽种路缘石8000米，堤肩人工回填夯实2053.8立方米，细沙填缝200立方米，限行设施2套，工程总投资243万元。对独流减河右堤10+600~11+500段沥青路面堤顶进行重建。长度900米，原路面结构拆除2214立方米，铺设细粒式沥青混凝土5400平方米、中粒式沥青混凝土5400平方米、水泥碎石稳定土5400平方米、10%石灰稳定土基层5400平方米，维修限行设施2套，工程总投资123万元。

加强河道执法巡查，全面加大河道巡查频率。全年共查处各种违章188起，其中一级河道109起，报大清河处109起；区管干渠79起，其中巡查发现违章案件46起，当场处理38起；发现河道范围内违章建设33起，均移交相关乡镇处理。对独流减河河道内渔网、拦河渔具进行清理。7月1日，区水务局同市局大清河管理处共同对独流减河右堤沿线捕鱼户下发公告，要求限期自行拆除清理河道内渔网、拦河渔具。7月18—19日，安排18名工作人员与大清河管理处联合对独流减河内的渔网、拦河渔具等进行清理。

3. 团泊水库管理

全面落实“安全第一，常备不懈，以防为主，全力抢险”的工作方针，建立健全各规章制度，修订完善《团泊水库预测预警方案》《团泊水库防汛抢险预案》《团泊水库大堤安全管理应急预案》《团泊水库调度规程》，编制《巡查人员应知应会》，明确行政责任人、技术责任人、巡查责任人，在水库大坝显要位置安装公示牌，做到分级负责，严密防范。细化责任内容，将防洪调度、抢险应急、人员转移等各项措施落到实处，不走形式、不走过场。水库管理处成立49人的防汛抢险队伍，组织相关人员进行防汛知识培训，提高应急处置能力。对已取得证书的11名快艇驾驶员安排进行针对性操作演练，并对5条快艇进行了维护保养。对移动电源车辆及发电机维修保养，保证启闭闸涵时迅速到位，确保水库安全。

定期做好库区闸涵位移、沉降、堤坝渗漏观测工作，完成水库大坝安全鉴定工作，水库大坝被确为Ⅱ类坝，在东堤路8千米处设立“基岩”标，为今后团泊新城建设、水库大坝及建筑物沉降观测提供可靠依据。

【河（湖）长制】

1. 开展“三大行动”专项行动

2018年，按照市河长办要求，静海区开展了河湖水环境大排查、大治理、大提升“三大行动”专项行动。共排查问题点位849个（河道问题点位518个，沟渠问题点位94个，坑塘问题点位237个）。

针对排查出的问题，按照立知立改要求，处置解决问题477个（其中涉及困难村问题点位治理完成142个），包括清理整治堤防破损或破坏5处、垃圾废料堆放125个、入河排污口28个、水产养殖174个、违法建筑、道路或设施25个、违法违规1个、污染性漂浮物14个、畜禽养殖坑塘3个、滩地种植2个，农村废污水排放18个、雨污合流或沟汊63个，其他19个。

未治理点位基本为河道周边村庄建筑、滩地种植、葬坟、蔬菜大棚等问题点位。根据市河长办安排，静海区河长办责成各属地乡镇对剩余未完成治理的点位制定治理方案，明确时间节点、责任人、路线图，确保按期完成整改。

2. 打响水环境综合整治战役

3月25日，区委书记蔺雪峰、区长张庆恩主持召开了静海区水环境综合整治战役动员部署会议，在全区开展为期60天的水环境综合治理行动，迅速掀起水环境治理高潮。4月下旬至5月上旬，区河长办会同相关部门、各街镇、园区累计排查发现问题点位783个，其中坑塘问题点位646个，河渠问题点位137个。区水务局成立8个小组，由副局长带队对各街镇、园区整改情况进行复查，对未按期完成整改的，直接督办乡镇主要领导，限期完成整改。针对市河长办、区级河长、区河长办暗访中发现的问题较重的49问题点位，区河长办专报区政府对上述点位涉及的7个乡镇进行问责。

3. 建立水环境巡查暗访联合队伍

6月2日，区委书记蔺雪峰召开全区水污染防治工作会议，决定建立静海区水环境联合巡查暗访队伍，负责全区水环境的巡查暗访工作。6月2日当晚，副区长罗振胜组织区河长办成员单位召开协调会议，抽调区河长办主要成员单位20人组建了乡镇、园区沟渠和坑塘水环境专职巡查队伍（其中区水务局6人、区市容委6人，区环保局5人，区蓄水中心3人），分五组对全区沟渠、坑塘水环境整改落实情况进行巡查、督查。6月4日起，5个巡查小组开始对全区沟渠、坑塘开展排查。同时，区水务局组织河道所、机井服务站30余人负责区内6条一级河道、38条区管干渠的日常巡查及暗访暗查。

全年累计排查315个次乡镇、1047个次村庄的365条次沟渠、3097个次坑塘。发现沟渠一般污染问题125个、较严重污染问题99个、坑塘一般污染问题424个、较严重污染问题237个、下整改通知210次、督办通知66次。其中整改完成点位366个、整改中209个、整改后反弹继续整改点位310个。

4. 开展“清四乱”专项行动

为加强河湖管理保护，维护河湖健康生命，推动河长制湖长制工作取得实效，依据《天津市水务局开展河湖“清四乱”专项整治行动方案》，自2018年8月1日起，静海区河长办在全区区管河道和水库管理范围内对乱占、乱采、乱堆、乱建等河湖管理保护突出问题开展专项清理整治行动，专项行动分摸底调查、集中整治、巩固提升三个阶段，按计划将于2019年6月30日完成。

11月18—19日，静海区河长办从各成员单位抽调人员组成5个督察组，分片对各乡镇园区河湖“清四乱”工作开展情况进行督察，重点对已完成整改点位进行抽查，督查结束后，每周形成督查专报，报区委、区政府并下发各乡镇园区，全力推进静海区“清四乱”工作扎实有效开展。

5. 河湖坑塘清河专项整治行动

按照市河长办统一安排，静海区自7月3日起开展为期一个月的河湖坑塘清河专项整治行动。7月12日，区河长办召开静海区第二次全面建立河长制集中督查和水环境治理工作现场推动会，推动以此次清河专项行动为契机，持续改善全区水环境质量。专项行动期间全区共排查出问题点位272处，全部完成整改。

6. 全面落实湖长制

2018年12月29日，区委办、区政府办印发《天津市静海区全面落实湖长制实施方案》，建立区、团泊鸟类自然保护区、团泊水库管理处三级湖长组织体系。区、团泊鸟类自然保护区设立总湖长、湖长，团泊水库管理处设置湖长。区河长制工作领导小组负责全面实施湖长制工作，区、团泊水库河长制办公室统一负责湖长制组织实施具体工作，湖长制工作纳入现河长制组织体系。区级总湖长由区委书记担任。区级湖长由区长担任。乡镇级总湖长由团泊新城委党工委书记担任。乡镇级湖长由团泊鸟类自然保护区主任担任。村级湖长由团泊水库管理处主要负责人担任。静海区湖长制管理湖泊为团泊水库。

【水务经济】 政府债务管理。按照区投融资工作领导小组“关于开展静海区规范政府举债融资行为自查自纠和整改落实工作的实施方案”要求，继续开展规范举债贷款行为的整改，及时上报债务信息，协调安排还贷资金。区水务局需要偿还水利建设贷款资金本息合计1.53亿元（本金1.16亿元，利息0.37亿元），经与区财政局协调，全年债务按时足额偿还，没有发生违约行为和债务风险。

按照区财政局的部署，按时申报2019年新增政府债券资金需求，经区财政局审定上报14项，共计7.6亿元。

政府采购工作。按照政府采购工作要求，对符合政府采购要求的办公设备购置、污泥处置项目、再生水利用规划项目等进行了政府采购，全年完成政府采购预算金额930万元，实际采购金额880万元，节约资金50万元，资金节约率5.38%。

行政事业性收费。按照区发展改革委、财政局的工作安排，完成2017年行政事业性收费工作报告；开展收费、基金专项检查和涉企经营服务性收费项目排查；完成水土保持补偿费收费公示告知书的申报和批复；清退收取的超计划用水水资源费8.3万元。

【水务改革】

1. 小型水利工程管理体制改革

根据《静海区小型水利工程管理体制改革实施方案》，纳入本次改革的水利工程主要包括区管二级河道38条（总长598.54千米）、闸涵153座、泵站23座、农村集中饮水工程30处；镇管支渠227条、闸涵198座、泵站34座；村级管泵站322座、单村供水50处、机井2138眼。按照“谁投资、谁所有、谁受益、谁负担”的原则，区管工程与乡镇村管工程均已全部确权。

2. 管理机构改革

团泊水库管理处主管部门的调整。根据《中共天津市委、天津市人民政府关于同意〈关于七里海湿地生态保护修复规划（2017—2025年）〉等四个规划的批复》和市编办《关于设立湿地自然保护区管理机构有关问题的通知》，2018年4月26日，区委、区政府印发《天津市团泊鸟类自然保护区管理委员会主要职责内设机构和人员编制规定》，设立天津市团泊鸟类自然保护区管理委员会，为区政府派出机构，天津市静海区团泊水库管理处主管部门由区水务局调整为天津市团泊鸟类自然保护区管理委员会，区水务局负责对团泊水库管理处进行业务监督和指导。

机构改革。2018 年 12 月 28 日，区委、区政府印发《天津市静海区机构改革实施方案》，区水务局的编制水功能区划、排污口设置管理、流域水环境保护职责划入新组建的区生态环境局，区水务局的农田水利建设项目的职责划入新组建的区农业农村委员会，区水务局的水旱灾害防治职责、区防汛抗旱指挥部的职责划入新组建的区应急管理局。

【精神文明建设】 2018 年，持续推进“两学一做”学习教育常态化制度化。制定了《水务局关于落实推进“两学一做”学习教育常态化制度化中进一步深化“维护核心、铸就忠诚、担当作为、抓实支部”主题教育实践活动的实施意见》。围绕学习贯彻党的十九大精神和习近平新时代中国特色社会主义思想，组织基层支部深入开展“两学一做”学习教育，认真学习了十九大报告、党章、十九届三中全会精神，《习近平谈治国理政》一、二卷，新华社长篇通讯《习近平——新时代的领路人》，《宪法》和宪法修正案，《习近平在正定》，习近平总书记在纪念马克思诞辰 200 周年大会上的重要讲话精神，新修订的纪律处分条例等书目，进一步增强党员“四个意识”坚定“四个自信”。继续开展静海榜样、身边好人等向先进典型学习的示范教育活动，大力加强行业职业道德建设。弘扬“献身、负责、求实”的行业精神，教育职工爱水爱岗、敬业奉献。积极开展形式多样，丰富多彩职工文化活动，以高昂的精神状态投身水利建设与发展，做到精神文明建设与业务工作相互促进，协调发展。天津市静海区水务局获得区妇联 2018 年度女性安康公益保险工作组织进步奖。

【队伍建设】

1. 领导班子成员

党 委 书 记：王　刚（12 月免）
　　　　　　张德帅（12 月任）

党委副书记：张德帅（12 月免）
　　　　　　孟令国（正处级，12 月调离）

党 委 委 员：刘敏贤（正处级） 殷忠刚
　　　　　　常子贺　单　旭（12 月调入）
　　　　　　韩　滨（4 月同水库划出）

局　　　长：张德帅

副　局　长：孟令国（12 月调离）
　　　　　　刘敏贤（正处级）　殷忠刚
　　　　　　常子贺　单　旭（12 月调入）

团泊水库管理处主任：韩　滨(4 月同水库划出)

团泊水库管理处副主任　黄世军、马俊鹏（人事关系在水库，实际工作在水务局）

副 调 研 员：王新乡　姜连祥　岳继东
　　　　　　孙　立（8 月任）

正处级干部：王　刚（12 月任）

2. 机构设置

2018 年，局机关设 8 个科室，即办公室、水政科（供水管理科）、农水科、规划设计科（水利工程建设质量与安全监督科）、财务科（审计科）、人事科、防汛科、水环境监管科。局属基层单位 10 个，即排灌管理站、河道管理所、水政监察大队、水利技术推广服务中心、机井服务站、水利工程建设质量与安全监督服务站、水利工程建设管理中心、农村自来水管理站、城区排水管理所、津海木制品总厂。

3. 人员情况

2018 年招录大学生 3 人，其中选调生 1 人。调入 1 人，调出 1 人，退休 12 人，辞职 2 人，在职死亡 1 人。团泊水库管理处整建制转出 82 人。

截至 2018 年年底，全局在职职工总数 281 人，干部 155 人，工人 126 人，其中局机关 35 人，基层单位 246 人。在册人员学历情况：研究生 6 人、大本 96 人、大专 99 人、中专及以下 80 人。在册人员专业技术职称情况：高级工程师 13 名，工程师 32

人（只统计在专技岗位上持有工程师资格证书的人员），政工师1人，经济师1人，助理工程师42人（只统计在专技岗位上持有助理工程师资格证书的人员），助理政工师3人。在册工人中高级工118人，中级工33人。2018年评任情况：评副高级工程师2人，工程师5人，助理工程师2人。

（1）局机关：正处级4人，副处级6人，正科级7人，副科级2人，科员10人，试用期2人，工人4人。

（2）排灌管理站：共计76人。其中干部36人，工人40人；副高级工程师1人，工程师5人。

（3）河道管理所：共计46人。其中干部21人，工人25人；副高级工程师4人，工程师6人。

（4）水政监察大队（地下水资源管理办公室）：共计21人。其中干部13人，工人8人；副高级工程师3人，工程师7人。

（5）水利技术推广服务中心：共计8人，其中干部5人，工人3人。工程师1人。

（6）机井服务站：共计23人。干部10人，工人13人；副高级工程师1人，工程师2人，政工师1人。

（7）水利工程建设质量与安全监督服务站：共计3人，干部3人；工程师2人。

（8）水利工程建设管理中心：共计22人。其中干部14人，工人8人；副高级工程师1人，工程师6人。

（9）农村自来水管理站：共计20人。其中干部5人，工人15人。工程师1人。

（10）城区排水管理所：共计22人。其中干部17人，工人5人；副高级工程师3人，工程师2人，经济师1人。

（11）津海木制品总厂：共计5人，全部为工人。

4. 退休人员

2018年静海区水务局办理退休人员共12人，见表3。

表3　　2018年静海区水务局办理退休人员

姓名	性别	民族	出生年月	参加工作时间	退休时间	工作单位
薛兴华	男	汉	1958年4月	1981年2月	2018年4月	机关
赵俊玉	男	汉	1958年2月	1977年3月	2018年2月	农村自来水管理站
张景顺	男	汉	1958年4月	1981年2月	2018年4月	水政监察大队
张永士	男	汉	1958年1月	1978年12月	2018年1月	河道管理所
于继英	男	汉	1958年5月	1975年10月	2018年5月	河道管理所
梁文生	男	汉	1958年11月	1976年12月	2018年11月	河道管理所
蔺福领	男	汉	1958年5月	1975年4月	2018年5月	排灌管理站
李忠霞	女	汉	1968年7月	1992年12月	2018年7月	排灌管理站
高加庆	男	汉	1958年9月	1977年6月	2018年9月	排灌管理站
张有杰	男	汉	1958年10月	1978年9月	2018年10月	排灌管理站
郑艳玲	女	汉	1968年12月	1984年12月	2018年12月	机井服务站
韩玉起	男	汉	1959年11月	1975年8月	2017年11月	津海木制品总厂（上年漏算）

5. 先进个人和先进集体

（1）先进集体。

独流减河橡胶坝工程、静海区后屯泵站改扩建工程被市水务局评为安全生产先进工地。

区水政监察大队收费窗口被区妇联评为2017年度巾帼文明岗。

区水务局被区委办、区政府办评为计划生育工作先进单位。

区水务局水环境监管科被团区委评为2017年度静海区“青年文明号”。

区水务局团委被团区委评为静海区五四红旗团委。

区水务局机关团支部被团区委评为五四红旗团支部。

区水务局城区排水管理所、排灌管理站被市水务局评为安全生产先进闸站。

（2）先进个人。

杨志霞家庭、李娟家庭被市妇联评为2017年最美家庭。

肖军、韩立强、张旭晨被市水务局评为安全生产先进个人。

曲静文被区妇联评为2017年三八红旗手。

苏殿舜被团区委评为2017年度静海区“青年岗位能手”。

尹桂强被团区委评为“静海区十大杰出青年”。

张旭晨被团区委评为静海区优秀团干部。

张延贺被团区委评为静海区优秀共青团员。

（赵应明）

蓟州区水务局

【概述】 2018年，蓟州区水务局在区委、区政府的正确领导下，高举中国特色社会主义伟大旗帜，以习近平新时代中国特色社会主义思想为指导，深入学习贯彻党的十九大精神和习近平生态文明思想，牢固树立和自觉践行新发展理念，进一步解放思想、奋发有为，以新气象新担当新作为推进蓟州区水务发展，各项工作均取得了良好成果。全年完成固定资产投资6.2185亿元，开工建设重点水利工程项目22个。扎实推进供水设施建设，铺设新建管道36111米，改造老旧管道20453米，积极优化供水服务，深化落实“一制三化”改革，全年累计完成城区供水任务872.8万吨。全面落实“河长制”“湖长制”，推进水生态环境建设，加大考核力度，督促落实属地责任，积极开展“三大行动”专项行动、河湖坑塘清河专项行动、“清四乱”专项整治行动，确保全区水生态环境持续向好。

【水资源开发利用】

1. 地表水

2018年汛期（6月15日至9月15日），蓟州区总体形势平稳，未出现大的汛情。地表水量487.5万立方米。

2. 地下水

2018年，全区有机井9812眼，其中农田井8442眼，企事业单位用井1370眼。2018年地下水开采总量为13254.1万立方米，其中农村生活用水2481万立方米、农田灌溉用水8903.1万立方米、工业用水268.2万立方米，城镇生活用水959.95万立方米，生态环境与其他用水641.85万立方米。

【水资源节约与保护】 2018年，蓟州区水务局全面加强水资源管理工作，落实最严格水资源管理制度，严格用水总量控制，全区2018年用水总量控制在1.82亿立方米以内。严格取水许可审批管理标准和水资源论证管理，建设项目水资源论证率达到100%。严格水资源有偿使用，严格执行《天津市水资源税改革试点实施办法》，按照规定的标准依法依量征收水资源税，征收率达100%，保证非农业用水计量率和经营性设施农业计量率均达100%。

以水政执法和节约用水工作为依托，建立常态化巡查机制，加强日常巡查，进一步规范地下水管理秩序，严厉打击私自凿井行为，共查处水事违法案件7件，集中执法7次，出动人员42人次。

以“世界水日”“中国水周”宣传活动为契机，加强水法律法规的宣传，3月22日，以《天津市节约用水条例》施行十五周年为契机，区水务局以组织开展大型节水宣传的形式启动天津市纪念第二十六届“世界水日”和第三十一届“中国水周”系列宣传纪念活动。5月14日及5月18日，区水务局分别在州河公园的“善水园”以及府君山广场组织开展了节水宣传周宣传活动。在宣传现场设立节水宣传咨询台，接待过往群众有关节水方面的咨询，工作人员面对面与群众交流，向过往群众发放节水宣传品，宣传节水有关政策法规，解答群众疑问。宣传现场共接待群众1000余人次，共向群众发放宣传单及宣传手册3000余份、节水提示牌1000余个、节水宣传手提袋2000余个。

以深化“法律六进”等形式，持续开展节水宣传教育活动。通过节水宣传走进企业、走进社区、走进学校、走进机关等方式，区水务局组织开展了广泛的节水宣传活动。向全区居民、干部群众、中小学生发放节水宣传品，并接受居民关于节水方面的咨询，向干部、群众宣传节水的法律法规以及节水生活小常识、小窍门，受到全区人民的广泛欢迎。利用区电视台、广播电台、《新蓟州报》、电子显示屏等多种载体，推广和介绍了加强节水护水与河湖管理公益广告，并向社会做了广泛宣传。通过局短信平台，向全体干部职工发送了“世界水日”“中国水周”和节水宣传周宣传活动主题及节水知识。

【水生态环境建设】 2018年，区水务局持续加大水环境综合整治及管理力度，深入推动“河长制”工作落到实处，加快推进于桥水库周边环境治理，完成二级保护区内27个村污水处理设施建设，累计铺设污水管网约24千米，建村内污水提升泵站6座，关闭拆除于桥水库二级保护区内规模化以下养殖专业户177户，累计治理于桥水库周边入库沟道38条，治理总长度90650米。完成关东河、淋河中小河流治理工程，治理河道总长度19.34千米，总投资约8897万元。

加大“河长制”考核工作。列入“河长制”管理的纳考河道沟渠共有72条（减少黎河、果河2条二级河道的考核。市河长办每月进行月度考核，区级暂停考核；减少1条干渠：南横渠，2018年取消考核，原因为南横渠只涉及杨津庄镇，不涉及跨镇属地，暂停考核），137条镇段，714.419千米。一级河道3条，二级河道14条，主要干渠25条，水库沟道30条，共涉及26个镇乡、2个管委会、1个街道办。截至12月底，区河长办发放考核月报12份，并针对环境卫生较差的镇（乡）下达整改通知30份，整改反馈已全部收回。

【水务规划】 天津市蓟州区水系连通规划，2018年3月28日，区政府以《天津市蓟州区人民政府关于同意〈天津市蓟州区水系连通规划〉的批复》文对《天津市蓟州区水系连通规划》进行了批复，区水务局按批复要求正在组织推动进行下一步设计勘察工作，准备编写项目建议书。

蓟州区再生水利用实施方案（2016—2030年）。2018年10月15日，区政府以《天津市蓟州区人民政府关于同意〈蓟州区再生水利用实施方案（2016—2030年）〉的批复》文对《蓟州区再生水利用实施方案（2016—2030年）》进行了批复，区水务局按批复要求正在正在推动进行下一步设计勘察工作，预计2019年启动建设蓟州区城区再生水厂。

2018年，蓟州区水务局完成项目立项8个项目的项目建议书（实施方案）的编制工作，分别为2018年农村污水治理工程、许家台镇污水处理站扩建工程、2018年中小河流关东河下营项目区、2018年中小河流关东河孙各庄项目一区、2018年中小河流关东河孙各庄项目二区、2018年中小河流淋河马伸桥项目区、天津市蓟县州河国家湿地公园、天津下营环秀湖国家湿地公园。

截至2018年12月31日，初步制定2019年向蓟州区发展改革委报送政府投资项目38个，充实项目库，为水务事业可持续发展奠定了坚实基础。

【防汛抗旱】

1. 雨情、水情、灾情

2018年，蓟州区累计平均降水量616.7毫米，比上年同期（452.3毫米）多164.4毫米，降水时空分布不均，以局部暴雨、普降中到大雨为主。汛期6月平均降雨量36毫米，7月平均降雨量391.2毫米，8月平均降雨量173.1毫米，9月平均降雨量16.4毫米。

2018年汛期自6月15日至9月15日，主要强降雨过程有5次，7月13日白天到夜间，全区平均降雨量为36毫米，最大值在下营镇九龙山，降雨量104毫米；7月17日白天到夜间，全区平均降雨量为47毫米，最大值出现在孙各庄乡，降雨量89毫米；7月23日夜间至25日白天，全区平均降雨量114毫米，最大值出现在尤古庄镇，降雨量175毫米；8月8日白天到夜间，全区平均降雨量为31毫米，最大值出现在侯家营镇，降雨量78毫米；8月11日夜间至12日白天，全区平均降雨量39.4毫米，最大值出现在桑梓镇，降雨量89.8毫米。全区各雨量站中，汛期最大累计降雨量出现在下营镇九山顶，为945.4毫米；汛期最小累计降雨量出现在杨津庄镇白庄子，为342毫米。

2018年7月17日下午，洼区排水站站前水位普遍开始上涨，嘴头、白塔子、永安庄和三岔口扬水站率先开车排水；7月25—27日，甘八里、三道港、高庄子和大仇扬水站相继开车排水；随着洼区水位的上涨，开车的排水站不断增加，8月11日，每天均有10座扬水站开车排水，至9月13日，南河扬水站仍在开车排水。汛期累计开车1509.4小时，排水5022万立方米。

主汛期山区9座中小型水库水位均控制在汛限水位以下，汛末开始蓄水，9月8日总蓄水量1317.6万立方米，其中杨庄水库蓄水1120万立方米，小型水库蓄水197.6万立方米，小型水库中的三八水库、新房子水库处于空库状态。

灾情。2018年汛期，蓟州区由于暴雨造成灾情，灾情涉及20个镇乡，其中包括东施古镇、上仓镇、礼明庄镇、下营镇、邦均镇、马伸桥镇、白涧镇、尤古庄镇、下仓镇、下窝头镇、官庄镇、桑梓镇、出头岭镇、西龙虎峪镇、罗庄子镇、穿芳峪镇、杨津庄镇、侯家营镇、许家台镇、孙各庄乡。由于暴雨累计造成经济损失6545.33万元，其中农作物累计受灾面积达6273.33公顷（其中粮食作物6153.33公顷，蔬菜作物120公顷）；农作物成灾面积2500公顷（其中粮食作物2460公顷，蔬菜作物40公顷）；农作物绝收面积700公顷（其中粮食作物680公顷，蔬菜作物20公顷）；种植业设施受损81公顷；设施渔业损失面积1.18万平方米；池塘水面受损面积35.97公顷；林业受损规模417.33公顷；农机具受损1台套；因灾减产粮食1.25万吨，渔业养殖损失152.2吨；农业经济直接损失达5085.33万元。水利设施损失包括损毁堤防3处（430米），损坏护岸42处和1处机电井，造成水利直接经济损失1460万元。

2. 防汛

（1）调整防汛指挥体系。

组织开展汛前检查，调整指挥体系，落实防汛责任。3月下旬，蓟州区启动了防汛检查工作，组织全区各镇乡、各有关单位，对境内的行洪排涝河道、堤防、蓄滞洪区、水库、塘坝、闸涵、泵站、管道、通讯设备和在建工程进行了全面检查，对检查出的安全隐患，制定了应对措施。5月上旬，蓟州区成立了由区长廉桂峰任指挥的区防汛抗旱指挥部。下设城区、青甸洼蓄滞洪区、于桥水库、农村除涝、山区景区等5个分指挥部，分指挥部指挥均由区级领导担任。对区级领导包河、包水库，各委局单位包河段、包堤段、包水库塘坝的责任人和责任段进行了调整完善，各镇乡分别成立了防汛指挥分部，严格落实了以行政首长负责制为核心的各项防汛责任制。

2018年蓟州区防汛抗旱指挥部机构成员：

指　挥：廉桂峰（区长）

副指挥：秦　川（常务副区长）

于　清（副区长）

孙连凯（副区长）

李　健（副区长）

刘海波（副区长）

滑永峰（区武装部部长）

杜学君（于桥水库管理处处长）

周　军（北三河处处长）

赵国喜（区水务局局长）

指挥部下设办公室，主任由蓟州区水务局局长赵国喜兼任，办公地点设在区水务局。

（2）防汛预案。

组织修订了《蓟州区防汛预案》《行洪河道防汛抢险预案》《蓟州区山洪灾害防御预案》《防洪除涝预案》《青甸洼蓄滞洪区运用预案》等各项预案，编制了城镇易积水地区危房群众安置实施方案，完成了青甸洼蓄滞洪区财产登记核查工作。组织各分指挥部办公室、各镇乡、各有关单位修订完善各自的防汛预案、工作方案；组织各景区管理单位和山区镇乡，针对景区、景点、农家院编制专项预案。努力把防汛预案体系做到纵向到底、横向到边，不断提高预案的实效性、可操作性。

（3）防汛物资储备。

各镇乡储备防汛抢险物资的最低标准为：沙子1000立方米，石子1000立方米，彩条布1000平方米，苫布200平方米；沿河、沿堤和有水库、塘坝的村，每村储备手电20只、木桩30根、铁锨50把、编织袋每人1条。

（4）防汛抢险队伍。

蓟州区防汛抢险队伍主要由民兵、驻蓟部队、机动抢险队、专业抢险队、抢险突击队5个部分组成。其中，区水务局组建108人的防汛抢险专业队和60人的机动抢险队；区市容园林委、林业局、交通局组建158人的防汛抢险突击队；镇乡防汛抢险队伍主要以3万名民兵为主体，区人武部负责协调驻蓟部队参加急、难、险、重抗洪抢险救灾任务；各镇乡沿河、沿堤和有水库、塘坝的村组建不少于50人的抢险队，同时组建机械抢险队，落实人员和机械设备，用于执行紧急清淤、清障、抢险任务。

（5）强降雨应对措施。

区防汛办及时转发市气象局“重要天气报告”和强降雨预警信息，区防指会商研判，及时启动防洪应急响应，各防汛分指挥部成员单位、各办事机构、各包保单位负责人上岗到位，做好防范准备工作，并做好随时集中办公和参加会商的准备，各镇乡街进一步落实责任，加强巡查防守，最大限度减少灾害损失，山区镇乡在收到预警响应指令后，及时转移危险区内的人员，景区、景点、农家院停止接待游客，汛期中有两次强降雨转移过程，镇乡街共转移危险区域群众474户1120人，采取应对措施得当，切实保障了人员生命安全。

（6）防汛工程建设。

2018年4月初，对蓟州区3条一级行洪河道、12条二级河道、18条干渠、118座水闸、13座扬水站、9座山区中小型水库等重点防洪除涝工程设施进行了全面检查，安排部署了各项防汛工作，对城区易积水点位进行了排查，对区管水闸进行了维修维护，对国有扬水站的机泵进行了检修和电气试验。

3. 抗旱

春季是阶段性干旱和农业用水高峰期，为确保农业用水需求，经蓟州区水务局沟通协调，市水务局批准了蓟州区从于桥水库向东西两洼及州河调水300万立方米的申请，完成调水任务。在调水期间，区水务局下属的闸站管理单位开展巡视巡查，确保了水源合理调度。

【农业供水与节水】 2018年，蓟州区农业灌溉面积50373公顷，农业灌溉用水量9390.6万立方米，其中地表水灌溉用水量487.5万立方米，地下水灌溉用水量8903.1万立方米。

【村镇供水】 2018年，蓟州区农村生活用水2481万立方米。蓟州区继续实施农村饮水提质增效工程，工程建设内容包括新建别山镇及北小胡片区的配水管网214.37千米，新建东后子峪水厂1座，铺设输水线路4676.2米，确保农村居民能喝上干净水、放心水。

【农田水利】 2018年，蓟州区农田水利工程包括3大项，为蓟州区2018年高效节水灌溉项目、蓟州区2018年灌溉计量设施改造工程、天津市蓟州区灌溉计量设施建设项目。工程建设内容写在【工程建设】中。

【水土保持】 2018年，蓟州区水务局顺利完成蓟县京津风沙源二期2018年度水利水保项目、天津市大转沟小流域综合治理工程、蓟州区生态清洁小流域建设技术示范项目：①蓟县京津风沙源二期2018年度水利水保项目，总投资656万元，完成水源工程47处，节水灌溉工程54处，小流域治理3平方千米；②天津市大转沟小流域综合治理工程，总投资181万元，综合治理水土流失面积4.13平方千米，布置围栏1871米，新建水窖5座，沟道田埂重建4处，修建谷坊坝6座；③蓟州区生态清洁小流域建设技术示范项目，完成投资20万元，边坡治理400平方米，浆砌石挡墙247.5立方米，栽植核桃90株，绿化美化600平方米。

【**工程建设**】 2018年，蓟州区安排重点水利建设工程22项，截至2018年12月31日，除跨年度项目外，已完工或基本完工9项，累计完成投资6.2185亿元。

1. 本年度完成的项目

于桥水库周边沟道水土保持治理措施工程。工程总投资5212.74万元，清理河道垃圾26.71万立方米，新建挡墙4550米，新建铁丝网护栏网34283米，新建截污坝26座，拦沙坝9座，新建湿地12.5万平方米，沟道坡面绿化3.6万平方米。2018年4月20日开工，9月10日完工。

蓟州老城区增补市政消火栓项目。工程总投资944.71万元，在蓟州老城区29条市政道路上安装390座消火栓。2018年3月15日开工，7月31日完工。

蓟州区2018年高效节水灌溉项目，完成投资2581.31万元，更新机井123眼，维修机井17眼，维修大口井1眼，安装潜水泵141台；铺设UPVC管道155.14千米，铺设滴灌管226千米，铺设钢管道11.277千米；安装变压器6台，架设高压线0.3千米，低压线17.44千米；安装IC卡农田智能灌溉控制柜157台；新建蓄水池3座；建公示牌1座。2018年3月10日开工，8月29日完工。

天津市蓟州区2018年灌溉计量设施改造工程。工程总投资1516.76万元，在蓟州区桑梓镇、东二营、东施古镇和尤古庄镇125个行政村的1200眼农用机井安装农田职能灌溉控制柜。2018年5月5日开工，11月30日完工。

天津市蓟州区2018年度节水灌溉项目。工程总投资1470.61万元，在蓟州区上仓镇、别山镇、桑梓镇、马伸桥镇、西龙虎峪镇、邦均镇和许家台镇7个镇24个地块中进行低压管灌、微灌和喷灌3种节水灌溉管网布设，改善节水灌溉面积290.7347公顷。2018年6月6日开工，2018年11月30日完工。

天津市蓟州区灌溉计量设施建设项目。工程总投资511万元，在蓟州区下仓镇和马伸桥镇的522眼机井（下仓镇429眼机井，马伸桥镇93眼机井）安装灌溉取水计量设施。2018年10月25日开工，12月31日完工。

天津市蓟州区2018年度京津风沙源治理二期工程。工程总投资656.25万元，完成水源工程47处，新打钢筋混凝土中浅井10眼、新建钢筋混凝土水窖32座；完成节水灌溉工程54处，敷设塑料管道10010米、浇灌面积60公顷，敷设铁管道6426米、浇灌面积54公顷，新建防渗渠道4200米、浇灌面积42公顷；小流域治理3平方千米，包括梯田整修9023米，拆除重建沟坝地挡墙5座，修建谷坊坝6座。2018年8月1日开工，10月31日完工。

天津市大转沟小流域综合治理工程。工程总投资181.94万元，设封山育林宣传牌3座，栽植侧柏3488株，布置围栏1871米，新建水窖5座，水重修地田埂4处，修建谷坊6座。2018年9月1日开工，11月30日完工。

2018年蓟州区老旧小区给水管网改造工程。工程总投资387.89万元，项目主要涉及中昌南区、中昌西区、渔阳南路税务局家属楼、吉华里8号和9号楼、物资局气象台路平房小区的给水管网改造，共铺设管网12877米，更换无线物联网水表1669套，新建消火栓5座，阀门井104个。2018年11月20日开工，12月31日完工。

2. 结转项目

蓟县梁庄子扬水站更新改造工程。工程总投资1040万元，拆除重建泵房、主副厂房及管理用房，拆除出水池，清整上游河道，新建进水闸、前池、出水压力水箱、出水箱涵及出水闸等，更新全部机电设备及金属结构。2016 年 9 月 30 日开工。截至 2018 年 12 月 31 日，年度完成投资 364 万元，主体建筑已完成，正在进行水泵机电设备安装，完成工程量 95%。

蓟县庞家场扬水站更新改造工程。工程总投资 2818 万元，拆除重建进水闸、前池、泵房，改建出水池，维修加固出水闸和自排闸。更换立式轴流泵 4 台，安装回转式清污机 3 台，更换闸门 6 扇，安装继电保护系统、计算机监控系统和视频监控系统各 1 套等。2016 年 11 月 21 日开工。截至 2018 年 12 月 31 日，年度完成投资 1268.1 万元，主体建筑已完成，正在进行水泵机电设备安装，完成工程量 95%。

蓟县大仇庄泵站更新改造工程。工程总投资 3040 万元，拆除重建泵房、进水池、出水池，原进水闸改建为交通桥，新建进水闸，维修加固出水闸。更换立式轴流泵 5 台，安装回转式清污机 3 台，更换铸铁闸门 3 扇，更换主变压器和站用变压器 1 台，安装继电保护系统、计算机监控系统和视频监控系统等。2016 年 9 月 15 日开工。截至 2018 年 12 月 31 日，年度完成投资 188 万元，主体建筑已完工，厂区道路硬化完成，机电设备安装完成，正在进行设备调试，完成工程量 95%。

南河泵站迁建工程。工程总投资 1900 万元，拆除重建泵房、主副厂房及管理用房，拆除出水池，清整上游河道，新建进水闸、前池、出水压力水箱、出水箱涵及出水闸等，更新全部机电设备及金属结构等。2017 年 4 月 1 日开工。截至 2018 年 12 月 31 日，年度完成投资 1055 万元，主体工程已完成，厂区道路及绿化尚未完成，完成工程量 95%。

漳泗河泵站迁建工程。工程总投资 2000 万元，新建进口护砌、进口翼墙、站前闸、前池、主泵房、出水池、排水箱涵、出口防洪闸段及出口翼墙等水工建筑物，安装水力机械、电气设备、金属结构等。2017 年 3 月 20 日开工。截至 2018 年 12 月 31 日，年度完成投资 900 万元，主体工程已完成，厂区道路及绿化尚未完成，完成工程量 95%。

蓟县城区污水综合整治工程。工程总投资 75354 万元，主要建设内容包括沿宾昌河、沙河和南环路现有截污干管位置铺设截污主干管约 11.37 千米；在老城区内 22 条雨污合流主支道路铺设污水管道约 14.44 千米；在 29 个城中村内铺设雨、污水管道约 164 千米；在城内 81 家企事业单位内铺设雨、污水管道约 117 千米；在 5 个合流制小区内铺设雨水管道约 5.7 千米；改造污水管网 7.6 千米。2016 年 12 月 15 日开工。截至 2018 年 12 月 31 日，年度完成投资 3768.8 万元，完成 4 个小区合流制改造，58 家企业管道铺设，宾昌河、沙河管道铺设，3 个城中村管道铺设，完成工程量 24%。

蓟州区 2017 年农村饮水提质增效工程。配水管网部分工程总投资 19290 万元，设计新建别山镇及北小胡片区的配水管网 214.37 千米。2017 年 9 月 20 日开工，截至 2018 年 12 月 31 日，年度完成投资 8725.5 万元，除铁路穿越三处尚未施工，其余管网铺设工程已全部完工，累计完成工程量 95%。水源及输水线路部分工程，包括新建东后子峪水厂 1 座、铺设输水线路 4676.2 米。截至 2018 年 12 月 31 日，已完成水厂选址意见书、可行性研究报告、水资源论证报告的批复，地灾报告、环境影响评价、林业可行性报告、水土保持方案等手续正在并行办理中。

蓟县北部山区农村生活污水治理项目。工程总投资 57068 万元，计划涉及 6 个镇，107 个村，新建处理规模 10~350 立方米每日的污水处理站 133 座，铺设污水收集管道 983 千米，检查井 3 万座，化粪池 2.4 万座，污水提升泵站 16 座。2017 年 10 月 20 日开工。截至 2018 年 12 月 31 日，年度完成投资 19974 万元，已完成 6 个镇 95 个村的污水处理设施的主体工程建设，6 个镇 88 个村的一体化污水处理站的设备安装，完成工程量 95%。

蓟县于桥水库北岸马伸桥镇至城区污水主管道工程。工程总投资 6454.5 万元，新建污水主管道 25 千米，新建一体化污水提升泵房 7 座，2017 年 5 月 5 日开工。截至 2018 年 12 月 31 日，年度完成投资6260.9万元，已完成污水管道24千米，污水提升泵站7座，完成工程量95%。

中小河流治理重点县综合整治和水系连通试点天津市蓟州区关东河孙各庄镇项目一区。工程总投资2245万元，主要建设内容包括对关东河孙各庄镇石头营村至朱耳峪段4.02千米的河道进行清淤、复堤加固，拆除重建破损农用桥1座。2018年6月1日开工，截至2018年12月31日，年度完成投资1927.3万元，完成河道清淤21.8万立方米，护砌2.85万立方米，完成工程量85.8%。预计2019年5月31日完工。

中小河流治理重点县综合整治和水系连通试点天津市蓟州区关东河孙各庄项目二区。工程总投资2323万元，主要建设内容包括对关东河孙各庄镇朱耳峪至马家庄村段5.42千米河道进行清淤、复堤加固，拆除重建破损浸水桥1座，浸水路改建为浸水桥1座。2018年6月15日开工，截至2018年12月31日，年度完成投资1951.8万元，完成河道清淤26.5万立方米，护砌2.5万立方米，混凝土360.2立方米，完成工程量84.02%。预计2019年5月31日完工。

中小河流重点县综合整治和水系连通试点天津市蓟州区关东河下营镇项目区。总投资2015万元，主要建设内容包括对关东河下营镇段3.98千米河道进行清淤、复堤加固，拆除重建破损浸水桥1座，浸水路改建为浸水桥5座。2018年6月15日开工，截至2018年12月31日，年度完成投资1520.2万元，完成河道清淤16.3万立方米，护砌1.9万立方米，完成工程量75.4%。预计2019年5月31日完工。

中小河流重点县综合整治和水系连通试点天津市蓟州区淋河马伸桥镇项目区。工程总投资1047万元，主要建设内容包括对淋河马家庄村至于桥水库段约5.92千米河道进行清淤，复堤加固，浸水路改建为浸水桥1座。2018年6月20日开工，截至2018年12月31日，年度完成投资818.6万元，完成河道清淤30.7万立方米，完成工程量78.1%。预计2019年5月31日完工。

【供水工程建设与管理】 2018年，蓟州区水务局完成城区供水任务872.8万吨，维修管网600余次，维修IC卡3643次，更换水表3202个，维修及时率100%。坚持每日检测出厂水和管网水水质，保证出厂水水质和管网水水质综合合格率均达100%。完成中昌西区1~16号楼及门市、中昌南区1~4号楼及门市、渔阳南路税务家属楼、吉华里8号9号、物资局家属院5个老旧小区给水管网改造工程，共铺设供水管道12877米，更换水表1800块。完成花园新村14号楼、文昌街家属楼、中昌北路家属楼、电厂家属区9号楼的“三供一业”供水分离移交改造工程，共安装水表510块。同时，结合新建小区建设步伐，不断拓展供水范围，新建供水管道36111米，安装水表3743块。

为确保蓟州区人民群众饮水安全，加强供水工程建设与管理，2018年，区水务局建立健全各项管理制度，定期召开安全生产工作会，全年共组织安全生产会议32次，学习培训6次；多举措加强水厂设施建设，对泵房等重要生产部位实施严密监控和防范，实行24小时值班制度，严格控制外来人员进入水厂；建立城区供水管网在线监测系统，降低供水管网漏损率，提高供水服务管理水平，提高供水故障反应速度。

【排水工程建设与管理】 2018年，蓟州区水务局不断加大市政设施巡查、养管力度，全年共清掏排水管道8.8千米，清掏雨水检查井6786座、雨水篦子5799座，维修检查井195座、收水井245座，更换破损井盖345套、收水井篦656套，清掏处理杂物垃圾2817吨，保证城区井盖、井蓖破损或丢失更换率达100%，排水管道畅通率达98%以上。完善城区主干道路排水管网，加快雨污分流管网建设，紧跟新城建设步伐延伸排水管网，全年铺设污水管道25.2千米、雨水管道178米，新建检查井362座、收水井16座。

全年，区水务局不断加大市政设施巡查、养管力度，确保市政设施良好运行。巡查监管力度不断增强，每天组织20人次对城区等65条道路的各类井进行巡查；严格落实国务院《城镇排水和污水处理条例》、住房和城乡建设部《城镇污水排入排水管网许可管理办法》，推进排水许可证办理工作，提高蓟州区排水许可工作水平。

【科技教育】 2018 年，蓟州区水务局围绕水务中心工作，完成建筑安管人员新取证 12 人、延期 10 人、注册单位变更 6 人、继续教育 88 人，水利安管人员新取证 5 人，水利五大员延期 24 人，全国造价工程师延期 4 人，项目部七大员新取证 10 人、继续教育 38 人，特种工新取证 8 人、延期 14 人、继续教育 15 人，安全工程师新注册 1 人，一级建造师单位变更 2 人，二级建造师单位变更 3 人，二级建造师新注册 1 人，市政造价员新注册 2 人，乡企职称人员继续教育 18 人，工程师评定 9 人。

【水政监察】 2018 年，蓟州区水务局加强队伍规范化建设，规范执法行为，依据《水政监察工作章程》制定《水政大队目标管理责任书》，任务层层分解，责任落实到人，全年出动 570 人次，查处水事违法案件 5 件。加大水事规费征收力度，完善取水监管台账，安装取水计量装置，严格执行收支两条线，所收款额及时上缴同级财政，规范收费票据，截至 2018 年 12 月 31 日，共征收水资源费 3383.273 万元，污水处理费 439.57 万元。

【工程管理】 2018 年，蓟州区水务局进一步强化安全生产红线意识，深化安全生产大排查大整治工作，夯实安全生产基础工作。逐级落实安全生产责任制，签订安全生产责任书，各单位坚持每月进行安全生产自查。严格按照《蓟州区水务局安全生产目标管理考核奖惩办法》《蓟县水务局安全生产目标管理考核标准细则》定期开展安全生产考核工作，全年共检查企业 123 家次，出动检查组 114 次，出动检查人员 532 人次，排查隐患 52 项，整改率 100%。

1. 水库管理

杨庄水库 2018 年全年下泄量为 12058.07 万立方米，其中溢洪道下泄量为 10687.15 万立方米，输水洞下泄量为 1370.92 万立方米。为有效控制水库垂钓、非法捕鱼、倾倒垃圾等现象的反弹，杨庄水库管理处认真谋划开展全方位执法工作，自 4 月中旬开始，管理处水政执法人员取消节假日，加大执法巡查力度。以水法及相应法律、法规为依据，向库区百姓发放通知、宣传单等，搞好宣传教育。到水库水面和管理范围内进行巡查执法，同时做到不定时的对长达 12 千米的输水沿线进行巡逻检查，对在巡查中发现有损害水利设施和私搭乱建的行为及时制止和处理，为水库的安全管理打下了良好的基础。

2. 泵站管理

蓟州区共有 12 座扬水站，安装各种水泵 88 台（套），总装机容量 17460 千瓦，设计排水能力为 216.4 立方米每秒。汛前对各扬水站的机电设备、水泵等进行预防性试验维修，对重点几座扬水站存在的问题进一步细致整改，排查检修，配合电力部门对扬水站的电气、电容进行改造。认真做好隐患排查工作，特别对设备老化的泵站进行全面排查，对排查的结果登记造册。对于存在隐患的设备，及时进行了维修更换，为排涝做好各项准备。认真对照县防汛指挥部的汛前检查通报以及在自我检查中发现的问题，认真进行总结、梳理，提出整改目标，落实整改措施，确保消除安全隐患。

汛期严格执行 24 小时领导带班值班制度，认真做好防汛值班记录，保持通讯畅通，接到汛情通知时及时传达，做好防灾避险等各项准备。排水站监测员对隐患点进行日常巡查和雨天 24 小时监测，密切掌握隐患点情况变化，关注天气形势，跟踪灾害性天气，及时查询与收集实时汛情与灾情信息，争取第一时间掌握汛情，做到上传下达，发生险情能及时通知群众做到避险、转移。

3. 河道管理

春季在州河、泃河、蓟运河、兰泉河 4 条河道堤防新植优质速生杨4千余株，改善了河道环境，新栽植林木全部落实了管护承包责任制，成活率95%以上。加强对重点堤段的巡视频次，配合北三河处拆除违章建筑6起，非法开采砂石、取土2起。加强河道非法采砂排查，确保河势稳定和防洪安全，发现问题及时处理，拆除蓟运河违建浮桥4座，清除阻水建筑物10余处。全力做好河道、坑塘、沟渠的垃圾检查和督促清理工作，要求各乡镇对存在垃圾的重点堤段加强看护、清理，堤埝、河道、村庄环境得到进一步改善。

4. 安全生产管理

认真组织安全生产隐患大排查大整治活动、建筑施工领域专项检查、安全生产月活动、工矿企业暑期安全生产专项整治工作、集中开展暑期建筑施工安全专项整治工作、今冬明春火灾防控工作以及开展事故隐患排查治理集中行动，分别对全局在建工程安全、危化品安全、用电安全、汛期安全、硫化氢事故预防、消防安全等情况做了全方位的大排查大整治，进一步完善了检查记录，建立了隐患排查台账，及时完成隐患、事故的月报、周报工作，督促整改到位。继续执行《蓟州区水务局安全生产目标管理考核奖惩办法》，根据《蓟县水务局安全生产目标管理考核标准细则》，对各被考核单位的制度责任落实情况，相关文件、会议的贯彻情况，预案方案的实施情况，自查、排查执行情况，教育培训、劳动保护、信息报送、消防管理等各项工作的落实情况进行逐一打分评定。通过考核不仅健全了各单位安全生产档案资料，同时强化了安全生产主体责任的落实。

【河（湖）长制】 自“河长制”工作开展以来，区河长办切实履行“河长制”工作职责，并结合蓟州区实际，积极推进河道水环境管理工作，“河长制”工作稳步推进。

1. 全面“挂长”专项行动开展情况

2018年6月7日，为深入贯彻落实党中央、国务院和市委、市政府对于生态文明建设的重要要求，区级总河长、区委书记于立军对全面推行“河长制”“湖长制”工作进行动员部署。

各镇乡、街道、管委会积极落实河湖全面“挂长”专项行动，落实专项行动排查责任人，安排工作人员开展全方位排查，查缺补漏。同时，对全区原有河湖名录重新进行调整、更新，截至2018年年底，蓟州区纳入河长制湖长制管理的一二级河道16条，沟渠406条，水库10座，坑塘3479个，塘坝90个。已建立河湖长1109人，其中区级3人，镇乡（街道、管委会）281人，村级825人。

2. “三大行动”专项行动

自2017年11月起，按照市河长办工作部署，继续开展蓟州区河湖水环境大排查、大治理、大提升“三大行动”专项行动，把问题点位整治工作作为一项重大政治任务，以更大气力、更高标准、更严要求，全面落实问题整改。此项专项行动于2018年12月底结束。

专项行动开展期间，共排查河道427条段、水库10个、塘坝90个、坑塘3479个。排查发现河湖管理范围内污染问题1098处，包括入河排污口17个，河湖水产养殖污染65处，垃圾及水面漂浮物619处，违法违建267处，河滩地种植37处，湖泊围垦23处，雨污合流或沟岔15处，堤防破损或破坏46处，其他类问题9处。

针对排查出的问题，按照立知立改要求，处置解决区管河湖管理范围内污染问题共653个，包括清理整治水面堤岸垃圾问题615处，清理水产养殖24处，清理入河排污口14处。

累计对64条河道82个断面进行了水质检测，发现劣V类水体9处。对5个湖库进行了水质检测，未发现黑臭水体、劣V类水体。对411个坑塘进行了水质监测，发现黑臭水体48处。

3. 开展河湖坑塘清河专项行动

2018年7月初，蓟州区开展为期1个月的清河专项行动，7月14日，副区长刘海波召开了“关于组织实施河道坑塘清河专项行动”会，会中刘海波按照《蓟州区河湖坑塘清河专项行动方案》

进行了详细的布置，要求各镇乡（街道）政府必须将此行动落实到实处，要真的发现问题，整改问题。对于问题要仔细分析形成原因，既要治标，又要治本。会后，区河长办及各镇乡（街道）政府、管委会积极开展工作，主要领导亲自带队开展检查，再结合日常巡河的基础上，各镇乡（街道）政府、管委会加大对垃圾问题的自查自改，发现问题立即进行整改，力争当日垃圾当日清理、河道周边每日巡视。区河长办成立了暗访督察组，每日对重点河道周边进行暗访检查，发现问题第一时间通知属地政府进行整改。自行动开始之日起至7月底，全区共排查河道496条段、湖库67个、坑塘3479个，发现问题146处，已全部整改完毕。

4. 开展“清四乱”专项整治行动

按照《水利部办公厅关于开展全国河湖“清四乱”专项行动的通知》及《天津市水务局开展河湖“清四乱”专项整治行动方案》要求，自2018年8月至2019年7月，开展为期1年的河湖“清四乱”专项行动。区委书记于立军对河湖“清四乱”专项行动多次批示，并召开了河湖“清四乱”专项行动会议，对此项工作进行了安排部署。截至2018年年底，该专项行动已全面进入集中整治阶段，区河长办每周将“清四乱”情况进行通报。

按照《天津市水务局关于印发我市河湖“清四乱”专项行动问题认定及清理整治标准的通知》要求，各相关镇乡、街道、园区管委会对“清四乱”一批次问题564处进行核查。截至12月底，“清四乱”一批次问题共治理完成387处，包括已完成整治问题130处及已明确治理措施问题257处。

5. 督察督办整改信访举报问题落实情况

按照市河长办下发的督查督办整改通知及《蓟州区河长制督查制度》的要求，区河长办对镇乡、街道、管委会的纳管河湖进行检查、抽查，对发现问题的镇乡下达整改通知，要求对一般问题立知立改，对较严重问题制定治理方案或计划限期整改。截至12月月底，共下达整改通知30份，收到整改反馈30份。

6. 河长履职情况

各级河长认真履行河湖管护第一责任人职责，对所辖河湖开展调研、巡河。区级总河长于立军书记先后深入到于桥水库及周边沟道、洵河、州河及下营塘坝等点位，实地检查污水治理工程、水库周边养殖户及农村污水处理设施建设等治理情况，对河道水面及堤岸环境卫生进行巡视检查。区级河长廉桂峰区长先后深入到于桥水库22米线周边、于桥水库前置库、时临河和漳河等相关点位进行巡视检查。区级河长刘海波副区长深入州河、引辽入州、三八尾闾、么河、水库沟道等河道进行巡视检查。自2018年1月起，区级河长累计巡河（湖）75人次，镇级河长累计巡河16393人次，村级河长累计巡河230038人次。

区级巡河发现问题，区河长办立即通知属地镇乡和相关考核组，要求镇乡能立即整改的即知即改，对难点问题采取措施或专项行动解决。区河长办考核组实时跟踪督导，确保整改到位。

7. 湖长制相关工作落实情况

区水务局组织编制《天津市蓟州区全面落实湖长制实施方案》，通过了区政府常务会和区委常委会审议，于12月28日以区委、区政府名义印发。蓟州区湖长制名录也随之出台并印发。

8. “一河（湖）一策”编制情况

按照《天津市河长办关于进一步加快我市全面推行河长制工作的函》要求，区河长办委托天津泰来勘测设计有限公司编制蓟州区10条二级河道（黎河和果河由市河长办编制）、4条其他河道（关东河、宾昌河、三八水库尾闾河、鑫海沙）及2座区管水库（杨庄水库和三八水库）的“一河（湖）一策”，并征求各相关委办局、各镇乡（街）、管委会意见，进行修改完善，于2018年年底编制完成。

【水务改革】 2018年，蓟州区水务局认真落实“一制三化”改革，不断提高办事效率，深化落实“一个窗口”，积极配合区行政审批部门开展各项业务，切实提高供水服务效率和水平。加强窗口服务作风建设，规范文明用语，推行微笑服务，高效办事，为企业提供贴心、暖心、放心的优质服务。改进供水供给服务，根据供水工作实际情况，不断优化供水业务办理流程和工作效率，对企业供水小型新装项目，受理环节、办理时长、申请材料件数等指标均不高于《天津市蓟州区承诺制标准化智能化便利化审批制度改革实施细则》要求。

2018年，区水务局积极推进农业水价改革，完善灌溉计量设施，建立“多用水多花钱，少用水少花钱，不用水得补贴”的农业水价机制。

小型水利工程管理体制改革。蓟州区2018年继续发放小型水利工程“两证一书”，截至2018年12月31日全年共发放1214套证书。

【水务经济】 2018年，区水务局多举措推动经济发展，全年共完成固定资产投资6.2185亿元。区水务局津津食品有限公司深挖自身潜力，妥善经营管理，保持健康稳定发展，全年完成工业产值2963万元，实现利润149万元，保障了水务经济强劲发展的良好势头。

【精神文明建设】 2018年，区水务局深入学习党的十九大精神和习近平新时代中国特色社会主义思想，及时召开党建工作专题会议，传达了《关于充分调动干部积极性激励担当作为敢“闯”敢“突”的实施意见（试行）》和《区水务局关于深入开展不作为不担当问题专项治理三年行动方案（2018—2020年）》等一系列文件精神。严格落实民主生活会制度，认真开好领导班子民主生活会，局班子成员自觉维护班子团结，勇于开展批评与自我批评。进一步落实“三重一大”制度，涉及全局的重大问题研究、重点工作部署、资金安排使用和人事任免等事项一律按程序逐级审核。不断加强思想建设，严格执行“三会一课”制度和“党员政治学习日”制度，采取集中学习、个人学习、网络课程学习和经验交流等多种形式，努力提高班子的政治敏锐性和鉴别力，提高统揽全局、驾驭复杂局面的能力。深入开展廉政警示教育活动，组织副科以上领导干部召开警示教育大会，集中观看了警示教育专题片《为了政治生态的海晏河清》，并聘请教授对新版《中国共产党纪律处分条例》和落实全面从严治党新要求进行解读。扎实开展党建活动，组织副科以上领导干部组织参观了蓟州区警示教育展览和“利剑高悬 警钟长鸣”警示教育展，组织全体党员干部前往河北省乐亭县李大钊纪念馆和李大钊故居进行参观学习。

【队伍建设】

1. 局领导班子成员

2018年，蓟州区水务局有副处级以上领导干部10人。

党 委 书 记：赵国喜（12月任）
　　赵国友（2月调入，12月调出）
　　尹学军（2月调出）
党委副书记：梁惠博（12月调入）
　　赵国喜（2月调入，12月免）
　　孟庆海（2月调出）
党 委 委 员：郭　勇（12月调出）
　　叶占军（8月调入）　王会清
　　檀雪英（8月调出）　王永亮
　　刘树青（2017年3月任）
局　　　长：赵国喜（2月调入）
　　孟庆海（2月调出）
副　局　长：郭　勇（12月调出）
　　叶占军（8月调入）
　　张素玲（1月任）
总 工 程 师：王会清
杨庄水库管理处主任：王永亮
杨庄水库管理处书记：王海峰（4月任）
纪检组长：檀雪英（8月调走）
派驻纪检组组长：刘树青（2017年3月任）
工会主席：李长松
调 研 员：姜艳国（正处级）

2. 机构设置与人员结构

蓟州区水务局机关设8科室（办公室、人事科、党建办、财务科、工程管理科、农田水利科、水政科、排水监督管理科），下属副处级单位1个，科级单位37个（下表）。

蓟州区水务局下属单位

序号	单位名称
	副处级单位
1	天津市蓟州区杨庄水库管理处
	科级单位
1	天津市蓟州区防汛抗旱指挥中心
2	天津市蓟州区地下水资源管理中心
3	天津市蓟州区水务财务决算中心
4	天津市蓟州区水土保持工作站
5	天津市蓟州区河道管理二所
6	天津市蓟州区水利技术推广中心
7	天津市蓟州区青甸洼蓄滞洪区管理所
8	天津市蓟州区节约用水事务管理中心
9	天津市蓟州区水利工程项目服务中心
10	天津市蓟州区灌溉试验站
11	天津市蓟州区城区河道管理所
12	天津市蓟州区河道管理所
13	天津市蓟州区水务工程计划室
14	天津市蓟州区上仓供水站
15	天津市蓟州区水务工程第一服务站
16	天津市蓟州区邦均供水站
17	天津市蓟州区盘山供水站
18	天津市蓟州区水务工程第二服务站
19	天津市蓟州区水利机电服务中心
20	天津市蓟州区机井服务队
21	天津市蓟州区水务机械服务站
22	天津市蓟州区许家台供水站
23	天津市蓟州区水利工程建设管理中心
24	天津市蓟州区抗旱服务中心

续表

序号	单位名称
25	天津市蓟州区水政监察大队
26	天津市蓟州区城区排污管理所
27	天津市蓟州区水务工程规划室
28	天津市蓟州区乡镇水利站管理中心
29	天津市蓟州区排灌处
30	天津市蓟州区东洼闸站管理所
31	天津市蓟州区自来水管理所
32	天津市蓟州区水务城区管理所
33	天津市蓟州区西洼闸站管理所
34	天津市蓟州区水利水保试验示范基地
35	天津市蓟州区水利通讯站
36	天津市蓟州区市政排水管理所
37	天津市蓟州区国家湿地公园管理中心

2018年年底，全局共有在职干部职工664人。其中机关公务员37人，事业单位管理人员186人，专技人员278人（其中在管理岗的有72人），工勤编制163人。按照职称划分：具有高级职称人员49人，其中高级政工师5人，高级工程师36人，高级会计师3人，高级经济师5人。中级职称人员145人，其中政工师37人，工程师78人，会计师4人，经济师25人，审计师1人。初级职称165人，其中助理政工师39人，助理工程师62人，助理会计师6人，助理经济师15人，员级职称43人。按学历划分：研究生学历3人，本科217人，专科258人，中专79人，高中及以下学历107个。按年龄分：35岁以下84人，36~40岁201人，41~45岁148人，46~50岁91人，51~54岁66人，55~59岁74人。

3. 先进集体和先进个人

李淑敏获得市妇联颁发的2018年度天津市最美家庭。

（李明家）

大　事　记

2018年天津水务大事记

1月

1月9日　市水务局召开会议，传达市整改办关于深入推进中央环保督察整改落实工作会议精神，对市水务局牵头整改的8项任务进行再部署。

1月12日　市水务局召开领导班子2017年度民主生活会征求意见座谈会，与会代表围绕2017年度民主生活会主题，重点对照市纪委机关、市委组织部《通知》要求查摆的6个方面问题对市水务局党委和班子成员的工作提出意见和建议。局党委书记孙宝华主持并讲话，总结工作成就，查摆问题不足，并对广泛征求意见提出明确要求。局领导班子成员，局级老领导从建华，驻局纪检组、局机关有关处室、局属有关单位，市水务集团有关部门、宝坻区水务局，市水务局的全国人大代表、市党代会代表参加。

1月12日　水利部2016—2017年度省级水行政主管部门水利建设质量工作考核情况反馈，天津市以90.32分的成绩排名全国32个考核地区第7位，考核评定为A级。1月17日，水利部办公厅印发《关于2017年12月底中央水利投资计划执行年度综合考核结果的通报》，天津市以98.65分的成绩位居全国35个考核地区第一名。

1月15日　召开局党委理论学习中心组专题学习研讨会，学习习近平新时代中国特色社会主义思想，坚定维护以习近平同志为核心的党中央权威和集中统一领导，为开好局领导班子民主生活会筑牢思想基础。

同日　天津市水务工程电子招标投标交易平台顺利通过国家电子招标投标系统检测认证，获得“二星”级认证证书，成为天津市首家通过国家级检测认证的交易平台，同时成为全国水利系统第一家通过检测认证的水利专业交易平台。

1月22日　局党委书记孙宝华主持召开局党委会，传达学习市委常委扩大会议、天津市组织部长会议精神，学习中国共产党天津市委员会工作规则、中国共产党天津市委员会常务委员会议事决策规则，听取2017年度民主生活会筹备情况和巡察工作汇报，研究2018年水务建设项目投资计划和有关案件，并对相关工作提出明确要求。

1月23日　市水务局召开2018年第一次水务建设例会，听取2017年重点水务工程建设完成情况汇报，部署2018年水务建设目标任务。局总工杨玉刚主持会议，对有关工作提出明确要求。机关有关处室、局属有关单位、水务集团相关负责人参加。

同日　市调水办专职副主任张文波召开局属单位企业清理工作会议，与水务集团对接企业划转相关事宜，纳入清理范围37家企业中，3家已注销，20家停业进入清算评估阶段，12家正在与意向单位进行划转对接，2 家正在进行合同和债权债务清理。

1 月 25 日 国调办环境保护司司长苏克敬率队来津，调研南水北调工程水质保障和节水治污工作，实地考察了天津干线出口闸及水质化验中心、曹庄泵站和西河泵站供水水质及调节池淤泥等情况，并与市水务局、市调水办、中线建管局天津分局、水务集团等单位进行了座谈和交流，深入了解天津市南水北调工程供水水质保障、落实“三先三后”原则、地下水压采、节水以及截污治污、调节池淤泥处理等情况。市水务局党委书记孙宝华，市南办专职副主任张文波、水务集团副总经理贾霞珍陪同调研并座谈。

2 月

2 月 2 日 市水务局召开局党委扩大会议，全面贯彻落实党的十九大精神和习近平新时代中国特色社会主义思想，深入落实中央经济工作会议、农村工作会议，市第十一次党代会，市委第一次、二次、三次全会和市“两会”以及全国水利工作会议部署。

同日 市水务局召开扫黑除恶专项斗争工作动员会，传达全国会议精神和天津市电视电话会议精神，通报天津市工作进展情况，部署水务系统扫黑除恶专项斗争工作。局领导刘长平出席并讲话。

2 月 8 日 市水务局党委召开 2017 年度民主生活会，以认真学习领会习近平新时代中国特色社会主义思想，坚定维护以习近平同志为核心的党中央权威和集中统一领导，全面贯彻落实党的十九大各项决策部署为主题，联系水务工作实际，进行自我检查、党性分析，开展批评和自我批评。局党委书记孙宝华主持会议，对下步工作提出明确要求。市直机关工委督导组莅临督导，对会议情况进行点评。

2 月 12 日 市水务局成功举办 2018 年迎新春联欢会。局领导班子全体成员，局机关、市调水办、驻局大楼及附近单位干部职工共度联欢。局党委书记孙宝华代表局党委致新春祝辞。

2 月 13 日 副市长李树起到排管处浯水道污水泵站进行节前慰问，听取浯水道污水泵站设施运行、人员配置及服务范围等情况介绍，详细询问了泵站春节值班安排、坚守一线干部职工春节保障情况，局领导梁宝双参加慰问。

2 月 23 日 市南水北调办专职副主任张文波带队赴王庆坨水库工程项目部，与武清区副区长徐继珍共同研究王庆坨水库工程有关征迁问题。市南水北调办建管处、武清区水务局、王庆坨镇政府负责人，水投集团及建设管理、设计、监理单位负责人和有关人员参加。

2 月 24 日 局党委书记孙宝华主持召开局党委会，传达贯彻中央和天津市农村工作会议、全国和全市统战部长会议、全国宣传部长和全市宣传思想文化工作会议暨精神文明建设工作会议、全市市级机关干部大会暨“双万双服促发展”活动动员会等会议精神，通报市财政局关于 2018 年部门预算的批复，研究部署建议提案办理等工作，并对下一步工作提出明确要求。

3 月

3 月 8 日 市水务局召开绩效管理考评年终汇报会，听取各部门、各单位 2017 年度绩效管理指标完成情况汇报。局党委书记孙宝华出席并讲话，肯定工作成绩，对有关工作提出明确要求。局党委委员、副局长张志颇主持，局领导班子全体成员出席，局属各单位、机关各处室、市南水北调办各处主要负责人和驻局纪检监察组有关负责人参加。

3 月 9 日 市水务局召开 2018 年全市水务系统全面从严治党工作会议，部署推进市水务系统全面从严治党各项工作。局党委书记孙宝华出席并讲话，局党委委员、副局长张志颇主持，局党委委员、驻局纪检监察组组长赵红传达十九届中央纪委二次全会、市纪委十一届三次全会精神并讲话。

3 月 13 日 局党委书记孙宝华到静海区，就开展“双万双服促发展”活动及水务有关工作进行对接。在团泊新城规划展馆听取健康产业园规划和有关水系规划汇报，察看团泊水库管理及生态补水情况、独流减河治理及绿化情况，静海区委副书记、区长张庆恩出席并讲话。

3月14日 市水务局召开扫黑除恶专项斗争领导小组第一次工作会议，学习传达市纪委召开的在扫黑除恶专项斗争中强化监督执纪问责部署动员会精神，局领导刘长平出席并讲话，安排部署全局开展水务扫黑除恶专项斗争工作任务。

3月15日、16日 局党委巡察一组、二组、三组分别进驻永定河处、水科院和设计院，开展巡察“回头看”。

3月16日 市政府批准同意市水务局上报的《天津市水资源统筹利用与保护规划》。

3月20日 天津节水科技馆与天津市河西区纯真小学联合开展“创建生态文明，共享绿色未来”主题升旗活动，纪念第26届“世界水日”和第31届“中国水周”。天津节水科技馆全体职工和纯真小学500余名师生参加。

同日 市“双万双服促发展”十一工作组和市水务局服务组召开联席会议，传达学习天津市市级机关干部大会暨“双万双服促发展”活动动员会、市“双万双服促发展”活动领导小组会议、活动部署会议、局党委2月24日会议精神。

3月21日 市水务局举办纪念“世界水日”“中国水周”主题节水讲座，副局长闫学军主持并讲话，中国水利水电科学研究院水资源所所长、水利部水资源与水生态工程技术中心主任王建华教授主讲。22日，市水务局在河西区雷锋公园举办“大力实施节水行动，共建节水型社会”节水宣传活动启动仪式，纪念第二十六届“世界水日”和第三十一届“中国水周”。

同日 “保护母亲河 争当‘河小青’”活动启动仪式在海河三岔河口举行。市水务局副局长张志颇、海委副主任田友、团市委副书记傅晟出席启动仪式。

3月27日 召开2018年天津市南水北调工程建设工作会议，总结2017年南水北调工作，部署2018年主要工作任务。市南水北调办专职副主任张文波出席会议并讲话，水务集团副总经理孙津出席会议并讲话。

3月27—28日 水利部水文司副司长林祚顶带领水利部督导组一行5人，对天津市全面落实河长制湖长制工作开展2018年第一次督导检查。市政府副秘书长李森阳出席反馈会并讲话，市水务局党委书记、市河长办主任孙宝华主持会议并汇报工作情况。

3月30日 局党委委员、副局长张志颇主持召开局机关全体党员大会，对“大兴学习之风、深入调研之风、亲民之风、尚能之风”活动进行动员部署。

3月31日 按照市总工会要求，市水务局局属各单位均召开2017年度职工代表大会。

4月

4月1日 《天津市地方志工作办法》（简称《办法》）颁布实施。《办法》作为全市首部地方志工作规章，是深入贯彻落实习近平总书记“要高度重视修史修志”指示的必然要求，是国务院《地方志工作条例》的天津实施方略，是指导全市地方志工作的纲领性文件，为推进全市依法治法工作提供了有力支撑，对保障和促进天津地方志事业健康持续发展具有重大意义。《办法》明确了地方志工作的地位、作用、组织和保障，明确了地方志工作机构的职能和任务，对地方志工作者素质和地方志书编纂要求都做出了具体规定，具有很强的针对性、指导性和可操作性。《办法》实施以来，在市委、市政府领导下，市水务局组织局机关、局属各单位、各区水务局的修志人员深入学习贯彻《办法》，加强依法治志，扎实推进全局修志工作。

4月16—20日 市河长办对全市各区全面建立河长制工作开展2018年第一次督查，检查各区全面建立河长制，区、街镇、村三级河长履职以及河湖水环境大排查大治理大提升行动进展。

4月16—30日 市水务局和蓟州区政府联合开展于桥水库机动船只清理集中执法行动。累计出动执法人员1059人次，执法快艇125船次，执地车辆105车次，清埋蓟州区东大村、穿芳峪、青池村、富辛庄、九孔桥、峰山西、马伸桥等地机动船只46条，柴油机47台，圆满完成集中清理任务。

4月18日 市水务局召开不作为不担当问题专项治理三年行动部署推动会，认真贯彻落实全市深入开展不作为不担当问题专项治理三年行动部署会精神，部署水务系统不作为不担当问题专项治理三年行动任务。局党委孙宝华出席并讲话，局党委委员、副局长张志颇主持会议。

4月19日 局党委书记孙宝华到宁河区东棘坨镇，围绕习近平总书记在打好精准脱贫攻坚战座谈会上的重要讲话精神进行宣讲，并调研结对帮扶工作。宁河区委副书记、区长夏新一同调研。

4月20日 局党委书记孙宝华主持研究落实河长制湖长制等工作，听取以奖代补资金使用管理、河长制湖长制工作落实、生态调水补水和污水处理厂运行考核情况汇报，对有关工作提出明确要求。局领导闫学军、梁宝双出席，局机关有关处室、局属有关单位主要负责人参加。

4月24日 市推进环境保护突出问题整改落实办公室整改督办一组副组长、市环保局副巡视员付永荣带队，到市水务局督办检查中央环保督察反馈意见整改任务落实情况，听取工作汇报、查阅佐证材料并对下步工作提出明确要求。副局长闫学军主持会议。

4月26日 下午，局机关党委组织机关党员干部到市海事局船舶交通管理中心参观，学习借鉴兄弟单位开展党建工作的好经验好做法。

4月27日 天津市成功举办第二届京津冀排水和污水处理运营管理技术和经验交流会，深入贯彻国家京津冀协同发展战略，认真落实《城市黑臭水体整治工作指南》具体要求，增进相关技术交流，加强京津冀沟通合作机制。此次会议由局排管处、北京排水协会、河北省城镇供排水协会联合主办，排管处具体承办。局领导梁宝双、中国城镇供水排水协会排水专业委员会主任杨向平、原住房和城乡建设部城建司副司长章林伟出席并讲话，京津冀相关排水部门负责人参加。

5月

5月2日 市河长办召开专题会议，传达贯彻落实市委书记李鸿忠全面“挂长”批示精神，通报近期河长制湖长制监督检查发现的问题，部署全面“挂长”专项排查行动。市河长办主任、局党委书记孙宝华出席并讲话，市河长办常务副主任、副局长闫学军传达市领导批示精神，部署下阶段重点任务。

5月2—4日 按照水利部相关要求，督查组对全市4处排污口门进行暗访，其中华静污水处理厂排污口和大沽化工厂排污口水质不符合管理要求。本次督查是对不符合管理要求的排污口及农业灌区取水许可办理情况进行明察，并明确表示水利部将深入推进水资源管理与保护工作中的明察暗访常态化机制。

5月3日 局党委书记孙宝华主持召开党委会，学习传达中央和天津市关于脱贫攻坚有关会议精神和国务院廉政工作会议精神，研究全面落实湖长制、有关信息化建设项目、全面从严治党、信访举报和线索处理等工作，对有关工作提出明确要求。

5月4日 组织全局党员干部职工认真收看学习习近平总书记在纪念马克思诞辰200周年大会上的讲话。局领导班子、机关全体党员干部职工集中收看纪念马克思诞辰200周年大会实况。局属各单位党组织同步组织集中收看。

5月5日 市政府印发《天津市人民政府关于武清区王庆坨水库饮用水水源保护区划定方案的批复》，同意划定王庆坨水库饮用水水源保护区，明确保护区级别划分、划定范围、边界控制点坐标和饮用水水源保护工作职责。王庆坨水库饮用水源保护区针对引水箱涵和王庆坨水库分别划定了一级保护区和二级保护区。批复明确，武清区政府对王庆坨水库饮用水水源保护与管理和安全负主体责任。同时，市环保局、水务局和有关部门要在本部门职责范围内对武清区王庆坨水库水源保护区建设管理工作加强指导、监督和检查，确保饮用水水源保护各项措施落实到位。

5月8—9日 国家防总秘书长、水利部副部长、应急管理部副部长（兼）叶建春率国家防总海河流域防汛抗旱检查组来天津市检查工作。副市长李树起，市水务局、市防办和滨海新区政府、区水务局负责人分别参加了检查和座谈活动。

5月9日 水利部水资源管理中心和海委水政水资源处、海河流域水资源保护局、海河流域水环境监测中心相关人员组成督查组，对天津市水资源管理与保护工作开展督查，实地察看静海区华静污水处理厂排污口、滨海新区大沽化工厂排污口管理情况及宁河区清河农场灌区取水许可办理情况，听取相关工作汇报，并抽取水样进行检测。副局长闫学军，局水保处、水资源处、水文中心负责人参加。

5月14日 市委办公厅对2017年度绩效考评结果进行通报，市水务局以97.1分的成绩在全市55个市级政府部门中名列第9位，比2016年度上升5位，被评定为优秀等次。

5月15日 由市节水办、西青区政府主办，市节水中心、西青区水务局承办的天津市第27届“全国城市节水宣传周”启动仪式在西青区善水园举行。局节水中心、各区节水办、西青区各相关部门负责人，水务系统干部职工及节水护水志愿者等300余人参加活动。

5月15—16日 水利部副部长魏山忠带领水利部实行最严格水资源管理制度考核工作组来津，检查考核水资源管理工作。副市长李树起全程陪同检查并讲话，市政府副秘书长李森阳陪同检查并汇报天津市2017年度实行最严格水资源管理制度情况，局党委书记孙宝华陪同检查并作补充汇报。

5月17日、18日 市政府督查室会同市水务局、市环保局，由市督查室副主任李丙和、市水务局副局长闫学军、市环保局总工孙韧分别带队组成督查组，对全市建成区25条黑臭水体以及群众举报和卫星遥感疑似黑臭水体的河道进行检查，并对相关佐证材料和“河长制”落实情况进行督查。

5月18日 市水务局举行新任职处级干部和新晋升四级调研员宪法宣誓仪式。局党委委员、副局长张志颇监誓并讲话，7名新任职干部面向国旗作出郑重承诺，宣誓对宪法忠诚，对职业敬畏。

5月23—24日 水利部海委督导组一行5人，对天津市全面推行河长制湖长制工作开展2018年第一次督导检查，实地察看津南区、南开区河湖管护情况，听取相关工作汇报，调阅有关文件资料，并召开会议反馈督导意见。督导组长、海委副主任翟学军讲话，局领导唐先奇汇报天津市工作开展情况。

5月24日至6月8日 市水务局以“新时代、新担当、新作为”为主题，分三期举办了2018年处级领导干部培训班。全局共168名处级干部参加。

5月28日至6月11日 生态环境部、住建部联合组成2018年城市黑臭水体整治环境保护专项行动督查组，对天津市开展专项督查。28日在津召开动员部署会。截至2017年年底，天津市上报已完成整治的黑臭水体25个，全部纳入此次专项督查范围。督查结果显示，天津市黑臭水体总数26个，已消除或基本消除黑臭的水体25个，新发现黑臭水体1个，黑臭水体整治任务完成比例为96.2%。

5月29日 局安委会办公室召开2018年安全生产月和“安全生产专题行”活动动员部署会，传达水利部和市安委会通知精神，部署市水务局安全生产月和“安全生产专题行”活动以及近期安全生产、消防和内保工作，并对有关工作提出明确要求。局属各单位安监部门负责人参加。

5月30日至6月13日 水利部建设管理与安全中心专家组一行6人到天津市督查水库工程运行管理工作，实地察看天津市北大港水库、新地河水库、黄港一库运行管理情况。局领导梁宝双出席督查意见反馈会，对下步工作提出明确要求。

6月

6月2日 副市长、市防指副指挥李树起赴南开区、和平区、津南区、滨海新区、东丽区检查防汛排水工作，实地察看了咸阳路泵站、地铁六号线长虹公园站、中国大戏院易积水点、吉盛路排水管道工程、永定新河防潮闸、蓟运河临时泵站、蓟运河闸和金钟河泵站等防汛排水重点部位和在建工程。市政府副秘书长李森阳一同检查，市建委、市水务局、市轨道集团、市城投集团、海河公司和滨海新区、和平区、南开区、东丽区、津南区政府分管负责人分别参加检查。

6月8日 局党委巡察组进驻排管处等12家单位开展2018年第二轮“机动式”巡察。局党委委员、副局长、局党委巡察工作领导小组副组长张志颇作动员讲话。

6月10日 为做好2018年海河流域防汛抗洪工作，提升洪水调度和抗洪抢险能力，海河防总、河北省、北京市、天津市防办相互配合、密切合作，完成大清河洪水调度和抗洪抢险演练。水利部副部长、应急管理部副部长叶建春在国家防总指挥中心指挥调度。天津市防办在市水务局设立演练分中心，市防办常务副主任、市水务局局领导梁宝双在天津分中心主持天津市的演练。本次演练以“63·8洪水”“96·8洪水”为基础，模拟了大清河系发生超100年一遇洪水情况下的防洪调度和抢险救灾各项工作。天津市演练了洪水测预报，大清河下游独流减河、海河干流洪水调度、巡堤查险和企业自保措施，东淀蓄滞洪区运用、区内群众转移各项准备工作。通过演练有效检验了市防指决策协调能力和《天津市防汛预案》《大清河洪水调度方案》《天津市蓄滞洪区运用预案》的可操作性。

6月11—12日 水利部海委引滦工程局副局长韩清波带领水利部高效节水灌溉工程第二批督导检查组，对天津市2018年高效节水灌溉工程建设开展督导检查，实地察看宁河区东棘坨镇2017年高效节水灌溉项目和蓟州区2018年高效节水灌溉杨津庄镇牡丹园喷灌、低压管道节水项目建设进展，召开座谈会听取有关工作汇报，对天津市高效节水灌溉工作给予充分肯定。

6月12日 市长、市防指总指挥张国清带队检查天津市防汛工作，实地察看了海河二道闸、海河口泵站和海河防潮闸设施运行情况，了解全市水利工程布局，听取防汛防潮准备情况。市政府秘书长孟庆松，市政府研究室、市应急办、市水务局、海河下游局、滨海新区、津南区负责人参加检查。

6月20日 天津市召开防汛抗旱工作会议，分析天津市当前防汛抗旱面临的形势，全面部署防汛抗旱各项工作任务，动员各方面的力量，确保全市安全度汛。市委书记李鸿忠，市委副书记、市长张国清出席并讲话，副市长李树起主持。会上，市水务局、市气象局、滨海新区、南开区、蓟州区负责人分别作了汇报发言。下午，副市长、市防指副指挥李树起第一时间组织召开会议，深入学习市防汛抗旱工作会议精神，特别是市委书记李鸿忠、市长张国清的具体要求，研究部署下一阶段防汛工作。市政府副秘书长李森阳和天津警备区、海委、海河下游局、市水务局等单位负责人参加会议。

6月21日 市水务局开展堤防水闸工程观测技能比武，在全市水务系统掀起了夯实职业基础、提高职业技能、争做专业人才的热潮，达到了“以赛促练，提升技能”的目的。各区水务局、各河系（海堤）处70余人参加。

6月28日 市河长办召开建成区黑臭水体整治暨落实全面“挂长”工作调度会，通报国家建成区黑臭水体专项督察情况，传达市领导有关指示精神，听取各区建成区黑臭水体专项督察现场反馈问题及群众举报整改、建成区黑臭水体再排查、落实全面挂长等工作进展情况汇报。市河长办常务副主任、市水务局副局长闫学军主持会议。

6月28—29日 市水务局举办“勘测设计

杯”首届职工羽毛球比赛，深入贯彻落实《全民健身条例》《全民健身实施计划》和“全运惠民工程”，推动全市水务系统体育健身活动深入开展，引领广大干部职工科学健身。全局共24支代表队、90余名运动员参加。

6月29日 市水务局召开深化“维护核心、铸就忠诚、担当作为、抓实支部”主题教育实践活动推动会，表彰优秀个人和先进集体。局党委书记孙宝华出席并讲话，局党委委员、副局长张志颇主持会议。会上表彰了全局40名优秀共产党员，10名优秀党务工作者，15个优秀党支部。

6月30日 天津市2018年20项民心工程重要项目——于桥水库污染底泥清淤工程圆满完成，通过实施清淤治理，累计清除水库底泥458万立方米，有效削减水库氮磷含量，为今后深入推动于桥水库综合治理，提升天津市供水保障能力发挥重要作用。

7月

7月2日 天津市在全市范围内开展为期一个月的河湖坑塘清河专项行动，重点解决河湖、坑塘垃圾问题，彻底消除垃圾围河、垃圾围坑、垃圾围坝（闸）现象，进一步巩固河湖水环境大排查大治理大提升“三大行动”成果，督促各级河长履职尽责，推动实现全市域河湖管护全面覆盖、全面落实、全面管理。

7月6日 局党委书记孙宝华主持召开党委会，传达学习中共中央、国务院关于全面加强生态环境保护坚决打好污染防治攻坚战的意见、关于打赢脱贫攻坚战三年行动的指导意见和天津市领导干部警示教育大会、全市国有企业抓党建促改革发展工作推动会、全国深化“放管服”改革转变政府职能电视电话会议、国务院安委会贯彻落实《地方党政领导干部安全生产责任制规定》电视电话会议等会议文件精神，研究部署局属单位出租房屋场地清退、企业清理规范和全局信访举报等工作，并对有关工作提出明确要求。

7月8日 天津市第十四届运动会开幕式在天津体育馆隆重举行。局党委委员、副局长张志颇，局党委委员、市调水办专职副主任张文波带领市水务局运动员代表队方阵走过主席台，向观众展示习近平总书记提出的“节水优先、空间均衡、系统治理、两手发力”16字治水方针。

7月9—10日 天津警备区政委李军、副司令员吴国志、副政委王天立率警备区机关各办局、武警天津市总队、驻津主要任务部队，相关军事部、人武部等单位主要负责人实地勘察了耳闸、永定新河左堤7+100分洪口门、屈家店枢纽、蓟运河闸、中新生态城海堤、海河口泵站、独流减河防潮闸、北大港水库防汛地形，听取了天津市防汛工作情况汇报，现场对驻津部队承担的防汛抢险任务进行部署，明确了抢险兵力、职责分工和防汛抢险作战要求。市防指副指挥、市水务局党委书记孙宝华，市防办常务副主任、市水务局领导梁宝双，水利部海委、海河下游管理局、市防办、市水务局相关河系、海堤管理单位负责人和滨海新区、河北区、北辰区政府及水务局负责人参加勘察活动。

7月11日 局党委书记孙宝华主持召开中央环保督察反馈问题整改落实和蓝藻防控工作会议，听取中央环保督察反馈问题整改落实情况和蓝藻防控工作汇报，要求准确把握存在问题和薄弱环节，全力以赴做好迎检准备和水环境治理工作。局领导杨玉刚、闫学军、梁宝双出席。

同日 国家防办五处处长许静一行3人来天津市督导检查农村基层防汛预报预警体系项目建设进展情况。工作组听取了市防办、各区防办项目进展情况的汇报，并就关心的问题进行了询问。天津市农村基层防汛预报预警体系项目领导小组成员，各有关区分管局领导、防办项目负责人及主要技术人员参加了会议。

7月13日 市水务局召开全局加强警示教育净化政治生态大会，集中观看警示教育专题片——《为了政治生态的海晏河清》，局党委书记孙宝华出席并讲话，对加强警示教育净化政治生态工作作出部署、提出明确要求。

7月19日 局党委书记孙宝华主持召开2018年水务建设中期推动会，听取上半年水务建设总体进展情况，分析研究存在问题，并对有关工作提出明确要求。局领导杨玉刚、张文波、唐先奇、梁宝双出席会议，局有关处室、局属有关单位和有关区水务局、水务集团负责人参加。

7月19—20日 局党委书记孙宝华主持召开局党委会，传达学习贯彻习近平在十九届中央政治局第六次集体学习时的讲话、中共中央办公厅文件《关于当前意识形态领域情况的通报》、天津市东西部扶贫协作和对口支援工作推动会精神，研究市水务局困难村帮扶、市委巡视整改、全面从严治党等工作，并对有关工作提出明确要求。

7月21日 副市长李树起在市防办主持召开防汛工作紧急会议，学习贯彻习近平总书记、李克强总理重要指示批示精神，传达市委书记李鸿忠、市长张国清的具体工作要求，对全市防汛工作进行再部署、再推动、再落实。会后，李树起检查了重点防汛工程建设情况和应急度汛措施落实情况。市政府副秘书长李森阳，市水务局主要负责人、分管负责人，市防指三个分部以及有关单位负责人参加会议。

7月23日 副市长李树起在市防办主持召开防汛应急工作会议，贯彻落实市委、市政府部署和市委书记李鸿忠、市长张国清指示要求，进一步推动做好强降雨应对准备工作。市政府副秘书长李森阳，市水务局、市气象局、市建委、市市容园林委、市交通运输委、市公安交管局、市电力公司负责人，各区政府分管负责人以及防办主要负责人参加会议。国家防总检查工作组同时参加会议。

7月24日 市委副书记、市长张国清到市防指检查全市防汛抢险救灾工作，听取本次强降雨情况和应对处置工作，通过视频系统察看主城区积水强排、山区滑坡泥石流隐患点位监控、海河河道水位等情况。副市长李树起，市政府秘书长孟庆松，市政府副秘书长、研究室主任张宗旺一同检查，局党委书记孙宝华，局领导杨玉刚、梁宝双参加。

7月30日 局党委书记孙宝华主持召开党委会，传达学习习近平总书记等中央领导同志在全国组织工作会议上的讲话精神及有关通知要求，传达市委书记李鸿忠、市长张国清应对“7·24”强降雨讲话要求、全国安全生产电视电话会议天津分会场会议和市委常委扩大会议精神，研究不作为不担当问题专项治理、投资预算执行、纪检监察工作检查以及有关问题线索、案件处置工作，并对有关工作提出明确要求。

8月

8月 自8月起，市水务局在全市范围内开展为期一年的河湖“清四乱”专项整治行动，全面排查整治全市域河湖、水库、海堤管理范围内乱占、乱采、乱堆、乱建等突出问题，不断加强河湖管理保护，推动河湖水环境面貌持续改善。此次专项行动自2018年8月开始，2019年7月结束，分为摸底调查、集中整治、巩固提升三个阶段。

8月9日 局党委书记孙宝华主持召开党委会，学习传达派驻纪检监察机构和企事业单位纪检监察工作座谈会、市委书记李鸿忠在市委常委会研究意识形态工作时的讲话、2018年上半年天津市查处违反中央八项规定精神问题数据分析情况通报等会议文件精神，研究党务公开、环保督察、信访维稳、不作为不担当专项巡察等工作，并对有关工作提出明确要求。

同日 天津市出台《天津市地面沉降防治工作方案（2018—2020年）》。

8月13日 市第十四环境保护督察组到市水务局开展环保督察，召开见面沟通会、督察动员会和情况汇报会，督察组组长么俊东、副组长李季红讲话，局党委书记孙宝华作表态发言并汇报水生态环境治理保护工作。会后开展个别谈话。

8月14日 天津市召开水功能区水质达标工作汇报会，听取水功能区水环境质量考核和最严格水资源管理制度考核情况，研究河道水系连通实施方案和北京排水河治理工程方案，并对下一步工作提出明确要求。副市长李树起出席并讲话，市政府副秘书长李森阳主持，局党委书记孙宝华作汇报发言，局领导杨玉刚、闫学军出席。

8月16日 市河长办主任、市水务局党委书记孙宝华带队巡河，乘船实地检查海河耳闸至二道闸段33千米河道水环境，要求市河长办、市水务局相关部门切实发挥职能作用，坚持更高工作标准，采取更加有力有效举措，进一步提高海河水环境质量。市河长办、市水务局有关部门和单位负责人参加。

8月22日 局党委书记孙宝华主持召开党委会，传达市纪委党风政风监督工作会议精神、十一届市委第四轮巡视工作动员部署会议精神，研究巡视巡察、人事档案管理、干部挂职锻炼、干部学历学位比对排查、入港处贷款等问题，并对有关工作提出明确要求。

8月27日 十一届市委第四轮巡视第十七巡视组到市水务局开展不作为不担当专项巡视工作并召开动员会，巡视组组长靳昕讲话，局党委书记孙宝华作表态发言并动员部署同步巡察工作。十一届市委第四轮巡视第十七巡视组全体成员、局领导班子全体成员、“同步巡”巡察组成员出席会议，机关各处室、市调水办处级领导干部，局属各单位党政主要负责人，两代表一委员参加。

9月

9月1—5日 受台风“温比亚”影响，山东寿光等地遭受严重洪涝灾害。9月1日，接到天津市公安局消防局关于选派专家支援寿光农村除涝工作的通知后，秉承“一方有难、八方支援”的精神，市水务局应邀紧急派出杨树生等2名农村除涝专家赴山东寿光，积极支援防汛排涝工作。根据总体安排部署，天津市承担寿光市洛城镇杨家尧河等8个村蔬菜大棚地区除涝任务，受淹严重地区面积770公顷，受淹蔬菜大棚4674个，其中杨家尧河村最为严重，积水深度平均达4米。至9月5日，2名专家在寿光市洛城镇农田淹泡严重地区一线，现场指导农田除涝工作，与天津消防官兵一起，在艰苦的条件下，昼夜指导开展农村蔬菜大棚积水抢排作业，圆满完成天津市承担的除涝任务。应急抢险救灾前线指挥部高度肯定2名专家做出的卓有成效的贡献。

9月15日 海委河湖执法督查组对天津市2018年河湖执法工作开展情况进行督查，重点抽查独流减河及北大港水库相关执法工作情况。市水务局河湖执法督查工作组全程陪同。

9月17日 局机关党委召开党员大会，换届选举产生新一届中共天津市水务局机关委员会和机关纪律检查委员会，圆满完成了换届选举工作。局党委委员、副局长、机关党委书记张志颇，机关纪委书记邢华分别代表机关党委、机关纪委向大会作了工作报告。

9月18日 副市长李树起赴北大港水库，实地察看团泊临时泵站建设、马圈进水闸、水库蓄水区域，听取应急调水工程情况汇报，检查推动北大港水库调水蓄水工作。市政府副秘书长李森阳，市水务局分管负责人陪同检查。

9月25日 中共天津市委以《关于张志颇、孙宝华同志任免职的通知》任命张志颇同志为天津市水务局党委书记；免去孙宝华同志天津市水务局党委书记职务。

9月25—26日 北京市防汛办一行5人对天津市防汛工作进行实地考察调研，实地察看了筐儿港枢纽、狼儿窝分洪闸、大黄堡蓄滞洪区、潮白新河里自沽闸、永定新河左堤7+100分洪口门、海河口泵站、永定新河防潮闸、中新生态城段海堤等重点防洪防潮工程，深入了解海河流域下游及天津市防汛工作情况，并交流了上下游防汛工作经验。市防办、市水务局相关河系部门和滨海新区、北辰区、武清区、宝坻区防办负责人参加调研活动。

9月27—29日 全国节水办主任许文海率其部门相关负责人来津调研天津市节水工作。水利部海委副主任田友、市水务局副局长闫学军及海委水政水资源处、市水务局相关部门负责人陪同。

10月

10月7日 市政府批复《天津市农村饮水提质增效工程实施方案》《天津市再生水利用规划》。

10月9日 局党委书记张志颇主持召开专题会议，研究天津市双城间生态屏障区规划建设、海洋督察反馈意见等涉水工作，听取各部门工作汇报，强调指出，要全力抓好双城间生态屏障区规划建设涉水工作，认真落实国家海洋督察反馈意见整改涉水任务，切实抓好全国人大常委会海洋环境保护法执法检查反馈意见整改涉水工作，持续用力解决好中心城区易积水片淹泡问题。局机关有关处室、局属有关单位主要负责人参加。

10月11日 8时，随于桥水库开闸放水，天津市引滦向北大港水库调水工作全面启动，引滦水将沿着“引滦明渠—新引河—北运河—子牙河—黑龙港河—港团河—青年渠—北大港水库”的路线，途径200余千米，自南向北调入北大港水库，计划为水库调水3亿~5亿立方米，整个调水过程将持续到明年5月，届时将进一步提升天津市水资源保障能力，有效改善天津市南部地区水环境质量。

10月12日 局党委书记张志颇主持召开局党委会，传达学习贯彻习近平总书记在全国宣传思想工作会议、中央全面依法治国委员会第一次会议、中央政治局第八次集体学习时的重要讲话精神，市委常委会扩大会议，村级组织换届选举工作总结会，市政府第24次、第26次、第27次常务会议精神，传达学习新修订的《中国共产党纪律处分条例》、今年以来全市纪检监察工作情况通报、市纪委关于开展深入整治“四风”问题抓严抓实抓长作风建设专项行动工作方案、市管党政主要领导干部报告个人重要事项规定等会议文件精神，研究不作为不担当专项巡视立行立改问题整改、总支支部单位发展党员等工作，并对有关工作提出明确要求。

10月14日 局党委书记张志颇研究黑臭水体整治专项督察“回头看”准备情况、污水处理厂提标改造和扩建增容、污染防治八个攻坚战等涉水工作，听取工作情况汇报，强调要全力以赴做好黑臭水体整治专项督察“回头看”准备工作，加快推动中心城区5座污水处理厂提标改造和扩建增容，认真落实打好污染防治攻坚战有关工作。局机关有关处室、局属有关单位主要负责人参加。

10月15日 水利部考核组莅临东丽区东河泵站更新改造（一期）工程，实地开展2017—2018年度水利建设质量工作项目考核，局领导刘长平参加，局基建处、东丽区水务局主要负责人陪同。

10月23日 局党委书记张志颇实地检查对接东丽、河东区建成区黑臭水体整治工作，现场检查东丽区派出所门前沟、四号桥河、新诺丽公司旁沟渠、西杨场进村主干路沟渠及河东区护仓河等水体水质状况，听取黑臭水体整治工作汇报，强调各区要提高政治站位，高度重视黑臭水体整治，采取有力措施解决存在问题，有效提升水生态环境质量。河东区区长田金萍，东丽区副区长李琦，河东、东丽区水务局主要负责人，相关街道负责人参加。

10月25日 为深入贯彻落实习近平总书记“把党的领导贯彻到全面依法治国全过程和各方面”重要指示精神，市水务局党委理论学习中心组开展法治专题学习进法庭活动，到市一中院旁听庭审案件，并听取人民法官以案释法。局党委书记张志颇作了总结讲话。局领导班子成员，局机关各处室、市调水办各处，驻局纪检监察组主要负责人参加了学习。

10月26日 市政府以《天津市人民政府关于王增光等任免职务的通知》免去张志颇天津市引滦工程管理局副局长职务。

10月29日至11月1日 水利部水文司专家组对天津市2018年水文测验质量管理工作进行检查评定，深入了解天津市水文资料整编工作部署和开展情况。专家组抽取了大港和塘沽水文分中心、4处国家基本水文站、4处雨量站和2处中小河流水文测站进行检查。专家组对天津市水文测验质量管理工作给予充分肯定，同时指出检查中发现的问题，建议进一步加强测站管理、规范贯标培训等工作。

10 月 30 日 由市地震局、市应急办、市发展改革委、市民政局和市安全生产监督管理局联合组成的应急工作检查组到市水务局检查地震应急工作，实地察看杨柳青仓库各库房及防汛物资储备情况，听取了市水务局地震应急管理工作汇报，详细了解应急管理组织建设、应急预案、队伍建设、物资储备、重点保障等工作，对仓库组织领导协调机制及管理办法责任落实等工作给予充分肯定。局领导梁宝双一同检查。

同日 全市安全生产工作视频会议召开后，市水务局迅速召开全局安全生产工作会议，传达贯彻落实市领导批示精神和全市安全生产工作会议精神，并对水务系统近期安全生产工作进行部署。11 月 2 日凌晨，市委安全生产紧急会议结束后，局党委书记张志颇立即召集有关部门研究部署在建水务工程安全生产隐患排查工作，并于当天由局领导班子成员带队 8 个检查组，立即奔赴工程现场开展专项检查。专项检查从 2 日持续到 5 日，检查内容重点包括场区内交通运输安全管理、消防安全管理、在建工程安全生产作业管理和安全生产管理措施落实等 4 个方面，共涉及在建水务工程 19 项，发现问题 34 个，全部立行立改。

同日 市水务局水务志编委会在静海区水务局召开《静海县水务志（1991—2010 年）》评审会，听取编纂工作情况汇报，对志稿进行现场评审。局党委委员、市南水北调办专职副主任张文波出席评审会，滨海新区建交局副局长孙建山、静海区水务局副局长孟令国参加。经评审质询，专家组一致认为，《静海县水务志（1991—2010 年）》志稿体例科学、结构严谨、层次清晰、观点正确、主线突出，符合《地方志书质量规定》，同意通过评审。

10 月 31 日 局党委书记张志颇主持召开党委会，贯彻落实市委巡视八组对市水务局党委开展扶贫助困专项巡视工作动员会议要求，研究专项巡视局党委汇报材料起草工作，并对有关工作提出明确要求。

同日 十一届市委第五轮专项巡视组到市水务局开展扶贫助困专项巡视并召开动员会，市委巡视八组组长项文卫讲话，局党委书记张志颇作表态发言。市委巡视八组副组长殷玉谈、刘训及全体成员，市水务局领导班子全体成员和二级巡视员，驻局纪检监察组全体成员，局机关有关处室全体干部，局属有关单位领导班子全体成员参加。

11 月

11 月 1—2 日 水利部国家地下水监测工程项目建设办公室对国家地下水监测工程（水利部分）天津市单项工程完工情况进行检查验收。通过听取项目建设管理报告，严格审查档案整理成果，观看信息系统展示及质询讨论，验收组一致同意国家地下水监测工程（水利部分）天津市单项工程通过完工验收。

11 月 6 日 市水务局组织召开污染防治攻坚战指挥部第一次会议，传达市污染防治攻坚战指挥部第一次会议精神，部署局攻坚战工作安排。局党委书记张志颇出席会议并讲话，局党委委员、副局长、总工程师杨玉刚传达市领导关于城市黑臭水体治理要求，副局长闫学军做工作部署。

同日 局党委书记张志颇主持召开专题会议，研究经营类事业单位改革工作，听取有关部门工作汇报，强调有关部门要深入贯彻落实国家和天津市关于推进国有企事业单位深化改革工作精神，积极推进转企改制工作。局党委委员、副局长、总工程师杨玉刚，局党委委员、市调水办专职副主任张文波出席。

11 月 8 日 局党委理论学习中心组召开学习研讨会，集中学习习近平总书记对全国党委秘书长会议、学习先进典型以及脱贫攻坚工作的重要指示精神，传达贯彻关于深化中央纪委国家监委派驻机构改革的意见、《〈中共中央关于加强党内法规制度建设的意见〉贯彻落实情况的督查报告》《防范和惩治统计造假、弄虚作假督察工作规定》

和统计法律法规确定的领导干部“六个不得”等文件精神，解读《中国共产党纪律处分条例》《中国共产党党务公开条例》两个条例内容，并对有关内容进行交流研讨。

11月9日 局党委书记张志颇主持召开党委会和局长办公会，传达学习天津市扫黑除恶专项斗争推动会、天津市机构改革动员部署会议、市纪委监委扫黑除恶监督执纪问责工作会议、市纪委监委关于深化中央纪委国家监委派驻机构改革电视电话会议、天津市落实中央巡视“回头看”反馈意见整改落实情况监督检查工作动员部署会议、市委集中整治形式主义官僚主义部署推动会议等会议和有关文件精神，通报关于深入开展整治“四风”问题专项行动阶段性工作情况，并对有关工作提出明确要求。

11月10日 局党委书记张志颇研究市水务局机构改革有关工作，听取工作情况汇报，强调各有关部门和单位要严格贯彻执行中央和市委、市政府的方针政策，不折不扣落实好机构改革各项工作任务，确保局机构改革工作顺利实施。局领导张文波出席，市水务局机构改革领导小组成员参加。

11月14日 市水务局召开扫黑除恶专项斗争推进会，传达市扫黑除恶专项斗争推进会议精神和《天津市扫黑除恶专项斗争督导工作方案》《关于纵深推进扫黑除恶专项斗争的实施意见》《市纪委监委对深入推进扫黑除恶监督协纪问责工作作业的部署》等文件精神，总结局扫黑除恶专项斗争工作情况，部署下阶段工作。局党委书记张志颇出席会议并讲话，局领导刘长平做工作部署。局扫黑除恶领导小组全体成员单位、机关有关处室、局属有关单位、水务治安分局主要负责人参加。

同日 局党委召开不作为不担当专项巡察反馈会，巡察一组、二组、三组分别向节水中心党总支、于桥处党委、排管处党委、水文中心党委和海河处党总支反馈巡察情况。为深入贯彻落实《中共天津市委关于进一步加强和改进巡察工作的意见》，局党委委员、局党委巡察工作领导小组成员杨玉刚、赵红分别出席排管处党委、水文中心党委巡察反馈会并讲话，领导小组其他成员出席其他3个单位党组织巡察反馈会。

同日 水利部政策法规司副司长、普法办公室主任王治带领水利部“七五”普法工作检查组一行3人，抽查天津市水务系统“七五”普法工作开展情况。局党委书记张志颇会见检查组一行，副局长闫学军出席汇报会，并陪同检查天津市水务普法宣传阵地建设。

11月17日 局党委书记张志颇主持召开党委会，传达学习贯彻习近平总书记在十九届中央政治局第九次集体学习时的讲话精神、中央关于秦岭北麓西安境内违建问题的通报、国务院扶贫办等部门关于开展扶贫扶志行动的意见，天津市党政代表团赴河北省学习考察、市委书记李鸿忠深入七里海湿地调研、全市机构改革动员部署会、全市集中整治形式主义官僚主义部署推动会、市委市政府在河东河北红桥三区现场办公会、2019年春节前保障农民工工资支付工作视频会和有关文件精神，研究2018年1—10月预算执行情况，审议中央巡视组巡视整改“回头看”市水务局整改自查自纠报告、局机关和市南水北调办一级主任科员以下人员职级晋升意见和新录用公务员拟任职意见，并对有关工作提出明确要求。

11月19—23日 水利部水库移民司组成专家组到天津市开展2017年度中央水库移民扶持基金绩效评价现场复核工作，现场察看滨海新区、蓟州区移民库区及安置区2017年度二期及2018年项目施工情况，查阅项目施工档案、监理档案资料，并对市级和两区绩效评价资料进行现场复核。工管处、水科院、滨海新区水务局、蓟州区库区办主要负责人参加。

11月20日 天津市人大以《天津市人民代表大会常务委员会关于决定戴永康等任免职务的通知》任命张志颇为天津市水务局局长。

11月21日 局党委书记、局长张志颇到宁河区东棘坨镇高景、艾林两村调研对口帮扶工作，实地考察两村灌排泵站、防渗沟渠、设施农业及村级活动场所等帮扶项目，听取区水务局、东棘坨镇、村委班子及驻村帮扶工作组主要负责人汇报帮扶工作进展，并与对口帮扶工作相关部门主要负责人进行座谈。宁河区委副书记、区长张伟，区委常委、组织部长李培德参加座谈，局组织处、农水处有关负责人参加。

11 月 20—22 日 市水务局举办 2018 年党外干部培训班，深入学习习近平总书记治国理政思想、新时代统一战线重要思想，努力做政治上的“明白人”，为做好水务工作做出应有的贡献。全局 35 名正科级及以上党外干部参加。

11 月 21 日晚 局党委书记张志颇主持召开局党委会，传达学习市委巡视十七组专项巡视局党委反馈意见，研究整改落实措施，并对有关工作提出明确要求。

11 月 24 日 局党委书记、局长张志颇主持召开党委会和局长办公会，传达学习贯彻习近平总书记在同全国总工会新一届领导班子成员集体谈话和同全国妇联新一届领导班子成员集体谈话时的重要讲话精神，传达学习贯彻市委办公厅《关于对贯彻落实习近平总书记重要指示批示精神情况开展“回头看”的工作方案》的通知、《天津市纪委监委派驻改革方案》、中央纪委领导同志有关指示、全市扫黑除恶专项斗争推动会议、市党政代表团赴北京市学习考察等会议文件活动精神，审议市委不作为不担当专项巡视反馈意见局党委整改落实工作方案、局党委集中整治形式主义官僚主义工作方案、局党委新一轮扶贫助困工作方案、饮水型氟超标地方病防治工作方案、市水务局职工重病住院关爱资金和职工集体福利支出工作办法、《天津市河长制湖长制市级社会义务监督员聘任与管理办法》《天津市河长制湖长制工作约谈制度》以及机构改革相关文件，并对有关工作提出明确要求。

11 月 27 日 水利部监督司副司长曹纪文一行 4 人到天津市调研水利监督工作，先后赴天津市大沽化工厂、东方红化工厂调研企事业单位水源转换项目，赴永定新河治理二期工程现场考察治理情况，并在市水务局召开座谈会。局领导刘长平，海委水利委员会安全监督处，市水务局相关处室负责人参加。

11 月 29 日 市扫黑除恶专项斗争第七督导组到市水务局开展专项督导工作并召开动员会和工作汇报会。督导组组长乔金生讲话，局党委书记、局长张志颇作表态发言，局领导刘长平作扫黑除恶专项斗争工作汇报。

11 月 30 日 天津市南水北调工程委员会办公室印章收回，不再对外行使职责。

12 月

12 月 4 日 局党委书记、局长张志颇主持召开专题会议，研究城市供水有关工作，听取有关部门工作汇报，并对下一步工作提出明确要求。局党委委员、副局长、总工程师杨玉刚，局领导杨建图，水务集团党委副书记、总经理韩培俊，副总经理孙津出席会议。局机关有关处室、局属有关单位主要负责人，水务集团、华森设计院负责人参加。

12 月 5 日 局党委书记、局长张志颇主持召开专题会议，研究 2019 年工程项目计划安排，听取有关部门工作汇报，并对下一步工作提出明确要求。局党委委员、副局长、总工程师杨玉刚出席会议，规划处、计划处主要负责人参加。

12 月 6 日 市水务局党委理论中心组开展意识形态专题学习扩大会，邀请市委党校哲学教研部副主任范玉秋副教授作《构建强大凝聚力和引导力的社会主流意识形态》专题讲座，进一步认真贯彻落实中央和市委关于加强意识形态工作决策部署，大力推动思想政治和精神文明建设。

12 月 7 日 8 时，举行天津市水务局揭牌仪式，摘掉天津市引滦工程管理局、天津市防汛抗旱指挥部、天津市节约用水办公室牌子，同时收回天津市引滦工程管理局印章。

同日 市水务局党委召开集中整治形式主义官僚主义部署动员会，全面贯彻习近平总书记关于坚决整治形式主义官僚主义的重要指示精神，认真落实市委办公厅印发的《集中整治形式主义官僚主义工作方案》要求，部署推动全局集中整治工作。局党委书记、局长张志颇出席并讲话。

同日 下午，市水务局召开市委不作为不担当问题专项巡视反馈意见整改部署会，深入学习贯彻习近平总书记关于加强作风建设、坚决整治形式主义官僚主义的重要指示精神，以坚决的态度、务实的作风，全力以赴抓整改，确保市委巡视反馈意见整改落实到位，推进水务各项工作上水平。局党委书记、局长张志颇出席会议并讲话，局领导班子全体成员出席，驻局纪检监察组全体成员，局机关、市南水北调办全体处级干部，局属各单位主要和分管负责人参加。

同日 局党委书记、局长张志颇主持召开专题会议，研究市领导调研控沉有关工作，听取准备情况汇报，并对下一步工作提出明确要求。副局长闫学军出席，水资源处、控沉办、水文中心主要负责人及有关人员参加。

12 月 10 日 副局长闫学军主持召开于桥水库一级保护区违章建筑物清理协调会，推动解决市科技局、市税务局历史遗留的违建问题，并对下一步工作提出明确要求。市纪委驻市税务局纪检监察组组长杨建华，市税务局财务处、市科技局体改处、翠屏湖科学园，市水务局水资源处、引滦工管处、于桥处有关负责人参加。

12 月 12 日 市政府新闻办举行南水北调中线通水四周年新闻发布会，通报引江通水四年来取得的综合效益和对天津市经济社会发展做出的重要贡献，介绍天津市南水北调市内配套工程建设进展以及下一阶段建设任务。市政府新闻办联络处负责人主持，局党委委员、副局长张文波出席并向媒体介绍情况，有关部门和单位负责人参加。

12 月 15 日 局党委书记、局长张志颇主持召开局长办公会，审议城市排水管网建设及改造、城镇污水处理提质增效等工作方案，研究引滦输水明渠（北辰段、武清段）饮用水水源保护区划分方案，并对有关工作提出明确要求。

12 月 18 日 市水务局、市生态环境局组织召开全市打好城市黑臭水体攻坚战部署调度会议，听取各区相关工作进展情况汇报，全面部署调度天津市打好城市黑臭水体攻坚战工作。副局长闫学军出席并讲话，市水务局、市生态环境局、市住房城乡建设委、市城市管理委、市农业农村委及各区政府分管负责人参加。

12 月 21 日 局党委书记、局长张志颇主持召开专题会议，研究推动“一制三化”审批制度改革工作，传达市有关会议精神，听取有关部门工作汇报，并对下一步工作提出明确要求。局党委委员、副局长张文波出席，局机关有关处室、局属有关单位主要负责人参加。

12 月 25 日 天津市出台《天津市关于全面落实湖长制的实施意见》。

同日 局党委书记、局长、局党委巡察工作领导小组组长张志颇主持召开巡察工作领导小组会议，学习贯彻习近平总书记对巡视工作的“五个持续”重要指示精神、《中共天津市委贯彻〈中国共产党巡视工作条例〉的实施办法》等文件精神，听取巡察组“机动式”巡察情况汇报、巡察办开展巡察自查和 2019 年巡察工作计划汇报，并对下一步工作提出明确要求。局巡察工作领导小组成员和巡察办、巡察组有关人员参加。

12 月 26 日 市第 17 检查考核组到市水务局召开 2018 年度全面从严治党主体责任检查考核反馈会，检查组组长、副市长金湘军向局领导班子反馈检查考核情况并提出整改要求，局党委书记、局长张志颇作表态发言。市第 17 检查考核组成员，局领导班子全体成员参加。

12 月 27 日 局党委书记、局长张志颇主持召开党委会和局长办公会，传达学习贯彻习近平总书记在中共中央政治局第十一次集体学习时的重要讲话精神和中央经济工作会议、市委常委会扩大会议、市政府党组扩大会议等会议文件精神，研究党委巡察、建议提案办理、不作为不担当专项巡视整改落实专题民主生活会等工作，并对有关工作提出明确要求。

同日 市水务局、市生态环境局联合召开2018年度全市城镇污水处理工作会议。局领导梁宝双主持会议并讲话，市水务局、生态环境局相关处室主要负责人，各区分管负责人及水务局、生态局负责人参加。

12月28日 市水务局组织开展2018年水务工程管理知识“大讲堂”活动，围绕“水生态、水文化建设与管理”“河湖水域岸线管控”开展培训。“水生态、水文化建设与管理”由大清河分管负责人讲授，以九宣闸、洋闸、大运河等富有历史文化背景的水利工程为切入点畅谈天津市水生态水文化现状与未来。“河湖水域岸线管控”由工管处主要负责人授课，结合新形势下水务管理新思路，从管好“水盆”的角度梳理岸线管控的生态红线、河湖蓝线、管理范围线和土地确权线，有理、有据、有法多角度做好河湖岸线管控工作。

12月30日 市水务局党委召开领导干部干预金融活动专项治理工作动员部署会，局党委书记、局长张志颇出席并讲话，局党委委员、副局长张文波主持会议。

同日 市水务局召开市委不作为不担当专项巡视反馈意见整改落实推动会，听取有关部门整改进展情况汇报，并对下一步工作提出明确要求。局党委书记、局长张志颇出席并讲话。

（局办公室 编办室）

水 务 统 计

2018 年水务综合指标（按区分）

2018 年水务建设投资计划执行情况简表

单位：万元

项目类型	投资计划													完成投资
	投资合计	资金来源												
		中央			地方									
										水投集团				
		中央小计	中央预算内投资	中央财政专项资金	地方小计	市财政专项	市财政预算内	地方政府债券	局自筹	重点水务项目	南水北调项目	区自筹	其他	
总计	502291	59280	4600	54680	443010	194206	2619	84155	4911	12743	71916	41725	30737	
其中：结转投资	119809	6310		6310	113499	28026			2019	12743	60240	10471		
新安排投资	382482	52970	4600	48370	329512	166180	2619	84155	2892		11676	31254	30737	
一、建设项目投资	473884	59280	4600	54680	414604	165799	2619	84155	4911	12743	71916	41725	30737	446543
1. 防洪项目	33990	11777	4000	7777	22213	2850		14395				3296	1672	32698
2. 供水项目	158582	9305		9305	149277	26508		40110	2725		71916	337	7681	152063
3. 农村水利项目	66976	11110	600	10510	55866	26351						29501	14	60810
4. 水环境治理项目	92931	10060		10060	82871	36489	2619	9650		12743			21370	74810
5. 水利工程维修养护项目	11826				11826	11110			716					11826
6. 水资源日常管理与保护项目	27215	1000		1000	26215	16925			700			8591		27195
7. 科研及信息化项目	5836	218		218	5618	4918			700					5436
8. 排水日常管理项目	23722	636		636	23086	23016			70					23722
9. 其他项目	52807	15174		15174	37633	17633		20000						57984
二、还息还贷资金	28407				28407	28407								

全市人口数、户数、乡镇数

地区	常住人口/万人	户籍人口/万人			总户数/万户	乡镇数/个
			城镇	村		
天津市	1559.60	1081.63	760.33	321.30	396.57	127
市内六区	492.93	405.85	405.85		155.73	
滨海新区	298.34	138.26	121.17	17.09	51.72	5
东丽区	76.33	40.47	28.05	12.42	15.90	
西青区	86.34	43.86	37.32	6.54	15.99	7
津南区	89.60	49.01	40.16	8.85	17.65	8
北辰区	86.54	42.94	15.49	27.45	17.04	9
武清区	119.15	99.48	38.53	60.95	32.73	24
宝坻区	92.06	73.25	23.04	50.21	23.97	16
宁河区	49.11	40.51	14.66	25.85	14.80	14
静海区	79.01	60.79	9.72	51.07	22.80	18
蓟州区	90.19	87.21	26.34	60.87	28.24	26

农村产值、耕地及农作物播种情况

地区	农林牧渔业总产值/亿元	年末实有常用耕地面积/万亩	农作物播种面积/万亩					
				粮食作物播种面积	棉花播种面积	油料播种面积	蔬菜播种面积	其他
天津市	390.50	530.82	643.95	525.30	25.65	3.15	74.55	15.30

农作物产量

单位：万吨

地区	粮食产量	棉花产量	油料产量	蔬菜产量
天津市	209.69	1.83	0.72	253.98

水库、水电站

地区	已建成水库		大型水库		中型水库		小型水库		水电站	
	座数/座	总库容/万立方米	座数/座	总库容/万立方米	座数/座	总库容/万立方米	座数/座	总库容/万立方米	座数/座	装机容量/千瓦
天津市	27	262235	3	223900	10	32854	14	5481	1	5800
滨海新区	8	67353	1	50000	4	15716	3	1637		
东丽区	1	1799			1	1799				
西青区	1	3360			1	3360				
津南区	1	2019			1	2019				
北辰区	2	1686					2	1686		
武清区	2	3467			1	2730	1	737		
宝坻区	1	4530			1	4530				
宁河区										
静海区	1	18000	1	18000						
蓟州区	10	160021	1	155900	1	2700	8	1421	1	5800

水闸、泵站

地区	水闸/座	大型	中型	小型	泵站/处	大型	中型	小型
天津市	3307	13	54	3240	3750	10	242	3498
市内六区	34		1	33	143		34	109
滨海新区	531	6	11	514	289	3	29	257
东丽区	325		1	324	120	2	24	94
西青区	91	3	1	87	159		18	141
津南区	313	1		312	100		16	84
北辰区	235	1	6	228	188	2	20	166
武清区	299		7	292	501		21	480
宝坻区	369	2	5	362	1072	3	31	1038
宁河区	677		3	674	810		16	794
静海区	289		9	280	228		20	208
蓟州区	144		10	134	140		13	127

注 1. 大型水闸为过闸流量≥1000 立方米每秒的水闸，中型水闸为 100 立方米每秒≤过闸流量<1000 立方米每秒的水闸，小型水闸为 1 立方米每秒≤过闸流量<100 立方米每秒的水闸。

2. 大型泵站为装机流量≥50 立方米每秒或装机功率≥1 万千瓦的泵站，中型泵站为 10 立方米每秒≤装机流量<50 立方米每秒或 0.1 万千瓦≤装机功率<1 万千瓦的泵站，小型泵站为装机流量<10 立方米每秒或装机功率<0.1 万千瓦的泵站。

主要河道堤防

单位：千米

地　区	堤防总长度	一级	二级	三级	四级	达标堤防长度	一级	二级	三级	四级
天津市	2163.966	388.651	865.346	159.050	750.919	998.594	245.734	520.960	38.000	193.900
市内六区	59.946		59.946			59.946		59.946		
滨海新区	431.721	172.412	194.059		65.250	202.724	56.365	81.109		65.250
东丽区	74.063	2.200	71.863			74.063	2.200	71.863		
西青区	74.829	57.356	17.473			74.829	57.356	17.473		
津南区	31.697		31.697			31.697		31.697		
北辰区	143.252	72.913	62.739	7.600		139.252	72.913	58.739	7.600	
武清区	319.504	45.870	137.584	136.050		135.137	19. 000	85.737	30.400	
宝坻区	246.987		150.19	5.400	91.397	80.683		70.200		10.483
宁河区	278.659	37.900	55.459	10. 000	175.300	88.711	37.900	2.746		48.065
静海区	285.859		84.336		201.523	41.450		41.450		
蓟州区	217.449				217.449	70.102				70.102

注　主要河道堤防为全部一级河道堤防及黎河、淋河、沙河、新引河4条有防洪任务的二级河道堤防。

灌溉面积

单位：万亩

地区	灌溉面积	耕地灌溉面积	林地灌溉面积	园地灌溉面积	实际耕地灌溉面积	节水灌溉面积	喷灌面积	微灌面积	低压管道输水灌溉面积	防渗渠道面积
天津市	494.48	456.99	27.32	10.17	412.59	368.60	6.74	4.44	267.36	90. 06
滨海新区	30.17	29.36	0.54	0.27	11.43	12.02	0.02	0.56	9.48	1. 96
东丽区	21.69	11.69	9.44	0.57	11.69	1.92	0.06	0.20	0.53	1. 14
西青区	16.31	10.62	5.69		10.62	4.53	0.08	0.54	2.30	1. 62
津南区	13.16	12.86	0.30		8.15	5.33	0.30	0.39	0.32	4. 32
北辰区	19.14	16.67	2.48		16.67	10.56		0.21	5.30	5. 05
武清区	96.15	90.30	2.85	3.00	89.96	85.74	3.17	0.26	82.32	
宝坻区	98.45	98.30	0.12	0.03	93.90	94.19		1.31	36.48	56. 40
宁河区	57.78	57.78			51.89	38.75	0.66		29.00	9. 09
静海区	66.09	66.09			55.44	52.92	2.18	0.38	46.04	4. 34
蓟州区	75.56	63.35	5.91	6.30	62.87	62.66	0.29	0.62	55.62	6. 14

万亩以上灌区

地区	万亩以上灌区				三十至五十万亩灌区			
	处数/处	总灌溉面积/万亩	耕地有效灌溉面积/万亩	园林草等有效灌溉面积/万亩	处数/处	总灌溉面积/万亩	耕地有效灌溉面积/万亩	园林草等有效灌溉面积/万亩
天津市	80	287.80	281.39	6.41	1	41.80	41.78	0.02
滨海新区	12	20.67	20.34	0.33				
东丽区								
西青区								
津南区								
北辰区								
武清区	20	79.67	73.69	5.98				
宝坻区	6	78.19	78.17	0.02	1	41.80	41.78	0.02
宁河县	20	38.50	38.50					
静海县	18	65.68	65.68					
蓟州区	4	5.09	5.01	0.08				

水土保持

单位：平方千米

地区	水土流失综合治理面积	小流域综合治理面积	新增水土流失综合治理面积	按措施划分					新增小流域综合治理面积	封禁治理保有面积
				基本农田	水土保持林	经济林	封禁治理	其他		
天津市	1000.07	503.60	7.61				3.50	4.11	7.10	71.90
滨海新区	91.30		0.31					0.31		
东丽区	14.39									
西青区	2. 00									
津南区	4.17									
北辰区	9.84									
武清区	30.67									
宝坻区	25.30		0.20					0.20		
宁河区	13.70									
静海区	59.30									
蓟州区	749.40	503.60	7.10				3.50	3.60	7.10	171.90

农村集中式供水工程、机电井

地区	农村集中式供水工程/处				机电井/眼		
		千吨万人以上	千人以上	其他		浅层地下水机电井	深层承压水机电井
天津市	1820	117	303	1400	34480	21077	13403
市内六区					126		126
滨海新区	156	26	56	74	2052		2052
东丽区					323		323
西青区	9	9			2000	1402	598
津南区	31		29	2	696		696
北辰区	89	7	47	35	412		412
武清区	187	31	66	90	7117	5258	1859
宝坻区	659		31	628	4819	3416	1403
宁河区	263	3	54	206	3437		3437
静海区	34	34			3658	1173	2485
蓟州区	392	7	20	365	9840	9828	12

注 1. 农村集中式供水工程按照规模划分，千吨万人以上为日供水规模≥1000 立方米或设计供水人口≥10000 人的农村供水工程，千人以上为设计供水人口≥1000 人，且不属于千吨万人以上的农村供水工程，其他为设计供水人口≤1000 人且≥20 人的农村供水工程。

2. 机电井为井口井壁管内径≥200 毫米的灌溉机电井和日取水量≥20 立方米的供水机电井。

降水量、供水量

地区	降水量/毫米	供水量/亿立方米	地表水源供水量			地下水源供水量				其他水源供水量			
			合计	外调水	当地地表水及入境水	合计	浅层水	深层水	地热水	合计	再生水回用	污水处理回用	海水淡化
天津市	581.8	28.4235	19.4633	12.1399	7.3234	4.4065	2.6853	1.4972	0.2240	4.5537	3.5824	0.5572	0.4141
市内六区	546.0	5.9696	5.8025	5.8025		0.0560		0.0020	0.0540	0.1111		0.1111	
滨海新区	506.0	5.6793	3.2336	3.2114	0.0222	0.4380	0.1660	0.2099	0.0621	2.0077	1.4713	0.1973	0.3391
东丽区	536.8	1.3162	0.9500	0.7769	0.1731	0.0775		0.0456	0.0319	0.2887	0.1600	0.1287	
西青区	528.0	1.5455	1.0207	0.4726	0.5481	0.1414	0.0760	0.0609	0.0045	0.3834	0.3000	0.0834	
津南区	499.5	1.1639	0.6939	0.4720	0.2219	0.0763		0.0725	0.0038	0.3937	0.3574	0.0363	
北辰区	509.3	1.0519	0.6456	0.4506	0.1950	0.1107		0.1084	0.0023	0.2956	0.2956		
武清区	577.4	3.4935	2.2006	0.2896	1.9110	0.8841	0.5477	0.3002	0.0362	0.4088	0.4088		
宝坻区	609.7	3.6289	2.8316	0.1173	2.7143	0.5942	0.5098	0.0770	0.0074	0.2031	0.2031		
宁河区	559.4	1.8297	1.0787	0.0787	1.0000	0.4917	0.1104	0.3784	0.0029	0.2593	0.1843		0.0750
静海区	490.8	1.0707	0.7517	0.2627	0.4890	0.2650	0.0038	0.2423	0.0189	0.0540	0.0536	0.0004	
蓟州区	849.8	1.6743	0.2544	0.2056	0.0488	1.2716	1.2716			0.1483	0.1483		

水资源量、用水量

单位：亿立方米

地区	水资源总量	地表水资源量	地下水资源量	地表水与地下水资源重复量	用水量	农田灌溉用水量	林牧渔畜用水量	工业用水量	城镇公共用水量	居民生活用水量	生态环境用水量
天津市	17.58	11.76	7.33	1.51	28.4235	8.6612	1.3399	5.4423	2.7021	4.7130	5.5650
市内六区	0.37	0.37			5.9696			0.8751	1.3787	1.7823	1.9335
滨海新区	1.33	1.33			5.6793	0.1209	0.0108	2.5362	0.6555	0.8354	1.5205
东丽区	0.28	0.28			1.3162	0.1992	0.0029	0.4383	0.1894	0.3264	0.1600
西青区	0.57	0.36	0.26	0.05	1.5455	0.2714	0.3941	0.2968	0.1158	0.1579	0.3095
津南区	0.23	0.23			1.1639	0.2110	0.0359	0.1636	0.0667	0.3246	0.3621
北辰区	0.51	0.34	0.18	0.01	1.0519	0.2147	0.0633	0.2168	0.0910	0.1705	0.2956
武清区	2.69	1.32	1.63	0.26	3.4935	2.1702	0.2703	0.1822	0.1030	0.3749	0.3929
宝坻区	3.11	1.33	2.17	0.39	3.6289	2.8694	0.3208	0.0354	0.0484	0.1518	0.2031
宁河区	1.40	1.16	0.27	0.03	1.8297	1.1763	0.0310	0.2577	0.0076	0.1728	0.1843
静海区	1.20	1.00	0.21	0.01	1.0707	0.4890	0.1265	0.2030	0.0285	0.1697	0.0540
蓟州区	5.89	4.04	2.61	0.76	1.6743	0.9391	0.0843	0.2372	0.0175	0.2467	0.1495

城市供水行业基本情况

指标名称	计量单位	指标值	指标名称	计量单位	指标值
供水管道长度	千米	20169.68	水厂个数	个	37.00
供水管道长度按管径分:			其中:地下水	个	15.00
1.Φ<DN75mm	千米	5318.68	取水量		
2.DN75mm≤Φ<DN300mm	千米	8921.67	地表水	万立方米	84494.96
3.DN300mm≤Φ<DN600mm	千米	4374.24	地下水	万立方米	3700.95
4.DN600mm≤Φ<DN1000mm	千米	1040.81	海水淡化	万立方米	3967.96
5.Φ≥DN1000mm 以上	千米	514.28	生产		
供水管道长度按建设年限分:			综合生产能力	万立方米/日	429.80
1.1949 年以前	千米	3.00	供水总量	万立方米	91510.71
2.1949—1978 年	千米	709.72	用表户数	万户	482.00
3.1978—2000 年	千米	5169.67	居民家庭	万户	467.00
4.2000 年以后	千米	14287.53	用水人口	万人	1296.81
供水管道长度按材质分:			行业服务		
1.球墨铸铁管	千米	6373.73	管网漏水抢修及时率	%	99.86
2.灰口铸铁管	千米	2068.29	入户维修及时率	%	99.27
3.钢管	千米	542.06	社会评价		
4.镀锌管	千米	262.48	人均日综合用水量	升	212.24
5.塑料管	千米	9428.90	人均日综合生活用水量	升	120.56
6.其他材质	千米	1465.83	人均日生活用水量	升	84.59

城市（县城）排水基本情况

指标名称	计量单位	指标值	指标名称	计量单位	指标值
排水管道长度	千米	21369	座数	座	40.0
排水管道长度按用途分:			处理能力	万立方米每日	283.2
1.污水管道	千米	10118	处理量	万立方米	96757.0
2.雨水管道	千米	9726	干污泥无害化处置能力	吨/日	60.0
3.雨污合流管道	千米	1525	干污泥产生量	吨	124452.0
已办理排水许可证的单位个数	个	883	干污泥无害化处置量	吨	124451.0
污水排放总量	万立方米	104090	其他污水处理装置情况		
污水处理总量	万立方米		处理能力	万立方米每日	2.8
污水处理厂情况			处理量	万立方米	871.0

附　　录

规范性文件

市水务局　市地方税务局　市财政局关于印发《天津市水资源税征收水量核定工作办法》的通知（津水规范〔2018〕1号　2018年3月9日）

市水务局关于印发《天津国投津能发电有限公司海水淡化水进入城市供水管网管理规定》的通知（津水规范〔2018〕2号　2018年4月11日）

市水务局关于印发《天津市供水行业执行天津市城镇供水服务标准评价办法》的通知（津水规范〔2018〕3号　2018年4月13日）

市水务局关于印发《天津市水利工程建设项目法人管理规定》的通知（津水规范〔2018〕4号　2018年5月18日）

市水务局关于印发《天津市水利工程质量终身责任制实施办法》的通知（津水规范〔2018〕5号　2018年8月1日）

市水务局关于印发《天津市水利工程质量管理规定》的通知（津水规范〔2018〕6号　2018年8月1日）

批　　示

市领导在“关于全市农村水环境排查问题整改相关工作完成情况报告”上的批示（市政府　2018年1月5日）

树起同志在市水务局《市节水办关于节水型区县复查的报告》上的批示（市政府　2018年1月6日）

市领导在市财政局《关于中心城区老旧小区及远年住房二次供水设施改造资金问题的请示》上的批示（市政府　2018年1月8日）

市领导在《市水务局关于东场引河泵站工程有关情况的报告》上的批示（市政府　2018年1月9日）

市领导在《市水务局关于2017年我市南水北调工作情况的报告》上的批示（市政府　2018年1月9日）

市领导在“水利部办公厅关于通报2014-2016年实行最严格水资源管理制度考核连续三年水质不达标的全国重要江河湖泊水功能区名录的函”（办资源函〔2018〕39号）上的批示（水利部办公厅　2018年1月11日）

市领导在《市水务局关于报审北大港水库功能提升工程规划的报告》上的批示（市政府　2018年1月15日）

市领导在《市水务局关于玖龙纸业使用淡化海水情况的报告》上的批示（市政府　2018年1月17日）

树起同志在《市水务局关于天津市湿地自然保护区生态水源保障规划方案的报告》上的批示（市政府　2018年1月19日）

市领导在市发展改革委 市统计局《关于加大

力度推动我市绿色发展的报告》上的批示（市政府 2018年1月25日）

树起同志在农业部等9部委《关于全面开展农村集体资产清产核资工作通知》上的批示（市政府 2018年1月26日）

市领导在《市水务局关于贯彻落实2018年南水北调工作会议情况的报告》上的批示（市政府 2018年1月26日）

市领导在《市水务局关于2017年中央水利投资计划执行年度综合考核情况的报告》上的批示（市政府 2018年1月30日）

树起同志在市水务局《关于2016—2017年度省级水行政主管部门水利建设质量工作考核情况的报告》上的批示（市政府 2018年1月30日）

市领导在市水务局《关于报送2018大型水库大坝安全责任人名单的请示》上的批示（市政府 2018年1月30日）

市领导在《市水务局关于水利部等十部委联合召开贯彻落实〈关于在湖泊实施湖长制的指导意见〉视频会议情况的报告》上的批示（市政府 2018年2月5日）

树起同志在《水利部贯彻落实〈关于在湖泊实施湖长制的指导意见〉的通知》上的批示（市政府 2018年2月6日）

树起同志在《市水务局关于报审天津市水资源统筹利用与保护规划的报告》上的批示（市政府 2018年2月7日）

市领导在《市水务局关于报审2018年天津市防汛抗旱行政责任人名单的请示》上的批示（市政府 2018年2月12日）

市领导在住建部等2部委《关于加强和规范城市生态建设工作的通知》上的批示（市政府 2018年2月26日）

庆松同志在中国铁塔股份有限公司天津市分公司《关于天津铁塔股份有限公司亟待解决事项的情况汇报》上的批示（市政府 2018年3月6日）

市领导在水利部办公厅《关于印发2018年水库移民稽查和水库移民安置专项督查工作计划的函》上的批示（市政府 2018年3月9日）

市领导在环境保护部 水利部《关于印发〈全国集中式饮用水水源地环境保护专项行动方案〉的通知》（环环监〔2018〕25）上的批示（市政府 2018年3月9日）

市领导在环保部 国家发展改革委《关于北京等15省份生态保护红线划定方案的复函》上的批示（市政府 2018年3月10日）

市领导在《市水务局关于成立天津市控制地面沉降工作领导小组的请示》上的批示（市政府 2018年3月20日）

树起同志在市水务局《请协调落实北疆电厂淡化海水补贴政策 解决海水淡化利用率低问题》上的批示（市政府 2018年3月20日）

市领导在市水务局《关于上报天津市2018年防汛抗旱工作安排意见的请示》上的批示（市政府 2018年3月27日）

市领导在市水务局《关于增补蓟州区农村饮水提质增效工程资金有关意见的请示》上的批示（市政府 2018年3月27日）

市领导在市河长办《天津市河长制考核办法（试行）》上的批示（市政府 2018年3月30日）

市领导在市水务局《关于调整天津市防汛抗旱指挥部及各部分成员的请示》上的批示（市政府 2018年4月6日）

市领导在“关于全国大江大河 大型及防洪重点水库 主要蓄滞洪区 重点防洪城市 南水北调东线及中线工程沿线防汛行政责任人和抗旱行政责任人名单的通报”上的批示（市政府 2018年4月13日）

市领导在《市规划局市环保局关于在永久性保护生态区域范围内实施引滦水源保护于桥水库综合治理工程有关意见的请示》（规总字〔2018〕76）上的批示（市政府 2018年4月16日）

树起同志在《市水务局关于天津市农村饮水提质增效工程实施方案的报告》上的批示（市政府 2018年4月24日）

市领导在市河长办《关于落实市委市政府主要领导批示精神加强我市河长制湖长制工作的报告》上的批示（市政府　2018 年 4 月 28 日）

树起同志在《市水务局关于修订〈天津市城镇污水处理厂管理办法〉的报告》上的批示（市政府　2018 年 5 月 4 日）

市领导在《市水务局关于报送海河防总成员名单的请示》上的批示（市政府　2018 年 5 月 7 日）

市领导在“关于贯彻落实鸿忠书记批示精神确保我市河湖全面‘挂长’工作的报告”上的批示（市政府　2018 年 5 月 10 日）

市领导在《市水务局关于公布城市建成区黑臭水体监督举报电话和城市水环境公众参与微信公众号的请示》上的批示（市政府　2018 年 5 月 21 日）

树起同志在市水务局《关于海河口泵站对文物影响整改工作进展情况的报告》上的批示（市政府　2018 年 5 月 23 日）

树起同志在《信息专报（40）》（突出问题导向全力补齐短板 市水务局坚持四防并举确保防汛四个提高）上的批示（市政府　2018 年 5 月 23 日）

树起同志在市河长办《天津市河长制湖长制暗查暗访工作制度（报审稿）》上的批示（市政府　2018 年 5 月 23 日）

市领导在《天津市文物局关于大沽口炮台建设控制地带内海河口泵站建设问题相关情况的报告》上的批示（市政府　2018 年 5 月 28 日）

市领导在“市规划局市环保局关于在永久性保护生态区域范围内实施南水北调中线配套工程有关意见的请示”上的批示（市政府　2018 年 5 月 31 日）

市领导在“市水务局关于报送天津市全面落实湖长制实施方案（报审稿）”上的批示（市政府　2018 年 6 月 9 日）

市领导在市规划局“关于审查《天津市城市供水规划（2011—2020 年）》修编立项有关事项的请示”上的批示（市政府　2018 年 6 月 19 日）

树起同志在市水务局《关于报审天津市水土保持目标责任考核办法（试行）的请示》上的批示（市政府　2018 年 6 月 22 日）

国清同志在市水务局《关于大运河水环境保障有关情况的报告》上的批示（市政府　2018 年 7 月 5 日）

湘军同志在市水务局《关于提请市控制地面沉降工作领导小组印发天津市地面沉降防治工作方案（2018—2020 年）的请示》上的批示（市政府　2018 年 7 月 18 日）

市领导在《市水务局关于台风安比强降雨应对情况的报告》上的批示（市政府　2018 年 8 月 1 日）

市领导在《市河长制办公室关于调整市、区级总河长及河长名单的请示》上的批示（市政府　2018 年 8 月 8 日）

树起同志在《市水务局关于中心城区 1.97 平方公里污水管网空白区整改落实工作的报告》上的批示（市政府　2018 年 8 月 17 日）

市领导在《市建委市水务局市财政局市发展改革委关于解放南路地区海绵城市 PPP 项目开展后续工作的请示》（津建计〔2018〕354 号）上的批示（市政府　2018 年 8 月 27 日）

市领导在生态环境部办公厅《关于印发 2018 年环保约束性指标计划的通知》上的批示（市政府　2018 年 8 月 29 日）

市领导在生态环境部、京津冀三省市政府办公厅《关于促进京津冀地区经济社会与生态环境保护协调发展的指导意见》（环办环评〔2018〕24）上的批示（市政府　2018 年 9 月 17 日）

树起同志在《市水务局关于提升市区应急排水能力购置大型排水设备有关情况的报告》上的批示（市政府　2018 年 9 月 30 日）

市领导在《市水务局关于对接中国节能环保集团在我市水系循环连通建设方面开展合作有关情况的报告》上的批示（市政府　2018 年 10 月 10 日）

市领导在《市水务局关于北京排水河治理工程有关情况的报告》上的批示（市政府　2018 年 10 月 11 日）

鸿忠、国清、树起同志在《蓟州区桑梓镇发生一男童坠井事故》上的批示（市政府　2018 年 10 月 14 日）

市领导在滨海新区政府《关于南水北调市内配套工程新增建设资金负担问题的请示》上的批示（市政府　2018 年 10 月 17 日）

市领导在《住房城乡建设部 生态环境部关于印发城市黑臭水体治理攻坚战实施方案的通知》（建城〔2018〕104 号）上的批示（市政府　2018 年 10 月 18 日）

文魁同志在首创经中投资有限公司《关于京津合作示范区供水工程建设及运营有关情况的报告》上的批示（市政府　2018 年 10 月 19 日）

市领导在《水利部印发关于推动河长制从“有名”到“有实”的实施意见的通知》上的批示（市政府　2018 年 10 月 24 日）

树起同志在《市河长办关于印发天津市河长制湖长制有奖举报管理办法的请示》上的批示（市政府　2018 年 10 月 25 日）

市领导在《市水务局关于将水功能区监督管理和水质达标工作纳入环境保护督察的请示》上的批示（市政府　2018 年 10 月 25 日）

市领导在《关于市水务集团超期水表更换工作的情况报告》上的批示（市政府　2018 年 10 月 25 日）

市领导在《市水务局关于公布群众举报电话和“城市水环境公众参与”微信公众号的请示》上的批示（市政府　2018 年 10 月 25 日）

树起同志在《市水务局关于解决贯庄垃圾焚烧综合处理项目用水情况的报告》上的批示（市政府　2018 年 10 月 25 日）

树起同志在市水务局《关于津滨水厂水质异常情况的说明》上的批示（市政府　2018 年 10 月 31 日）

树起同志在《关于研究落实高标准农田建设有关问题的报告》上的批示（市政府　2018 年 11 月 8 日）

市领导在《市水务局关于协调京津合作示范区用水问题工作进展情况的报告》上的批示（市政府　2018 年 11 月 9 日）

市领导在《关于进一步开展饮用水水源地环境保护工作的通知》上的批示（市政府　2018 年 11 月 16 日）

树起同志在《市环保局关于将水功能区监督管理和水质达标工作纳入环境保护督察情况的报告》上的批示（市政府　2018 年 11 月 26 日）

树起同志在《市水务局关于天津市一级河道水生生物保护实施意见编制进展情况的报告》上的批示（市政府　2018 年 11 月 29 日）

市领导在《市水务局关于京津合作示范区津汉公路输水管线切改问题的报告》上的批示（市政府　2018 年 11 月 30 日）

市领导在《天津市河长制湖长制市级社会义务监督员聘任与管理办法（征求意见稿）》上的批示（市政府　2018 年 12 月 4 日）

树起、森阳同志在《关于在津同公路武清段选址建设治超检测站情况的报告》上的批示（市政府　2018 年 12 月 5 日）

国清、文魁、树起、来英、景悦、森阳、徐军同志在《关于水务集团超期居民自来水表更换工作情况的报告》上的批示（市政府　2018 年 12 月 11 日）

树起同志在《市水务局关于北京排水河清淤蓄水工程工作进展情况的报告》上的批示（市政府　2018 年 12 月 13 日）

树起、森阳同志在《关于报审天津市行洪河道水生生物保护实施意见的请示》上的批示（市政府　2018 年 12 月 14 日）

国清、文魁同志在《市发展改革委关于协调解决北疆电厂有关情况的专报》上的批示（市政府　2018 年 12 月 17 日）

树起同志在《市水务局关于海河口泵站工程涉及文物保护区范围内未批先建问题处置情况的

报告》上的批示（市政府　2018年12月20日）

国清、小红、庆松、杜翔、王璟、炳刚同志在《关于印发地方病防治专项三年攻坚行动方案（2018—2020年）的通知》上的批示（市政府　2018年12月20日）

文魁、树起、湘军、来英、徐军、炳刚同志在《关于印发渤海综合治理攻坚战行动计划的通知》上的批示（市政府　2018年12月24日）

树起同志在《舆情摘报第131期（一些地方因违反海洋环境保护法被点名批评涉及天津多处问题）》上的批示（市政府　2018年12月25日）

鸿忠、国清、和俊、文魁、树起、湘军同志在《市河长制办公室关于公布市、区级总湖长名单及市、区、镇（街）级湖泊、湖长名录的请示》上的批示（市政府　2018年12月28日）

树起、森阳、炳刚同志在《水利部办公厅关于实施乡村振兴战略加强农村河湖管理的通知》（办河湖〔2018〕27号）上的批示（市政府　2018年12月30日）

小红、树起、王璟、森阳同志在《关于天津市饮水型氟超标地方病防治工作方案的请示》上的批示（市政府　2018年12月30日）

树起、森阳、炳刚同志在《水利部关于加快推进河湖管理范围划定工作的通知》（水河湖〔2018〕314号）上的批示（市政府　2018年12月30日）

批　复

市发展改革委关于批复天津市永定河泛区工程与安全建设一期工程设计变更的函（市发展改革委　津发改农经〔2018〕16号　2018年1月8日）

市发展改革委关于批复引滦水源保护于桥水库综合治理污染底泥清除工程项目建议书的函（市发展改革委　津发改农经〔2018〕29号　2018年1月10日）

市发展改革委关于批复天津市北水南调完善工程（中线）项目建议书的函（市发展改革委　津发改农经〔2018〕30号　2018年1月10日）

市发展改革委关于批复引滦水源保护于桥水库综合治理环库截污沟工程项目建议书的函（市发展改革委　津发改农经〔2018〕31号　2018年1月8日）

关于2017年水利发展资金绩效目标的批复（财政部办公厅　水利部办公厅　财办农〔2017〕156号　2018年1月15日）

市发展改革委关于批复天津市静海区大庄子泵站重建工程实施方案的函（市发展改革委　津发改农经〔2018〕78号　2018年1月30日）

关于为天津市水务局所属事业单位核拨2017年度军队转业干部事业编制的批复（市编办　津编办发〔2018〕61号　2018年2月13日）

市发展改革委关于批复引滦水源保护于桥水库综合治理污染底泥清除工程可行性研究报告的函（市发展改革委　津发改农经〔2018〕114号　2018年2月13日）

天津市财政局关于批复2018年部门预算的通知（市财政局津财预指〔2018〕100号　2018年2月14日）

市发展改革委关于天津市蓟州区2018年度京津风沙源治理二期工程建设项目工程方案的批复（市发展改革委　津发改农经〔2018〕129号　2018年2月25日）

市发展改革委关于天津市武清区2018年度京津风沙源治理二期工程建设项目工程方案的批复（市发展改革委　津发改农经〔2018〕130号　2018年2月25日）

市发展改革委关于天津市宝坻区2018年度京津风沙源治理二期工程建设项目工程方案的批复（市发展改革委　津发改农经〔2018〕131号　2018年2月25日）

市发展改革委关于批复中心城区二级河道水循环能力提升工程项目建议书的函（市发展改革委　津发改农经〔2018〕148号　2018年3月5日）

市发展改革委关于批复中心城区易积水地区改造工程纪念馆地区等六处排水设施改造工程项目建议书的函（市发展改革委　津发改农经〔2018〕149号　2018年3月5日）

市发展改革委关于批复中心城区一级河道雨水泵站新增排水出路工程阎街等4座泵站排水出路改造工程项目建议书的函（市发展改革委　津发改农经〔2018〕150号　2018年3月5日）

天津市财政局关于同意天津市水利工程管理协会开展资产清查工作立项的批复（市财政局　津财会〔2018〕27号　2018年3月12日）

市发展改革委关于批复引滦水源保护于桥水库综合治理污染底泥清除工程初步设计报告的通知（市发展改革委　津发改农经〔2018〕190号　2018年3月23日）

市发展改革委关于批复天津市静海区五堡泵站改扩建工程可行性研究报告的通知（市发展改革委　津发改农经〔2018〕203号　2018年3月27日）

市发展改革委关于批复引滦水源保护于桥水库综合治理环库截污沟一期工程可行性研究报告的函（市发展改革委　津发改函〔2018〕29号　2018年4月8日）

市发展改革委关于批复州河蓟州区南辛庄至九王庄治理工程实施方案的通知（市发展改革委　津发改农经〔2018〕254号　2018年4月16日）

市发展改革委关于批复州河蓟州区于少屯至南辛庄段治理工程实施方案的通知（市发展改革委　津发改农经〔2018〕255号　2018年4月16日）

市发展改革委关于批复北京排污河武清区廊良公路至大南宫闸治理工程实施方案的通知（市发展改革委　津发改农经〔2018〕266号　2018年4月18日）

天津市财政局关于市水务局报废车辆的批复（市财政局　津财会〔2018〕46号　2018年4月18日）

天津市发展改革委关于批复中心城区易积水地区改造工程纪念馆地区等六处排水设施改造工程实施方案的通知（市发展改革委　津发改农经〔2018〕301号　2018年4月28日）

市发展改革委关于批复天津市北水南调完善工程（中线）可行性研究报告（渠道部分）的通知（市发展改革委　津发改农经〔2018〕302号　2018年4月28日）

市发展改革委关于批复中心城区一级河道雨水泵站新增排水出路工程阎街等4座泵站排水出路改造工程实施方案的通知（市发展改革委　津发改农经〔2018〕308号　2018年4月28日）

市发展改革委关于批复中心城区二级河道水循环能力提升工程实施方案的通知（市发展改革委　津发改农经〔2018〕309号　2018年4月28日）

天津市人民政府关于武清区王庆坨水库饮用水水源保护区划定方案的批复（市政府　津政函〔2018〕51号　2018年5月5日）

天津市财政局关于同意天津市水务局所属天津市大清河管理处资产划转的批复（市财政局　津财会〔2018〕45号　2018年5月16日）

市发展改革委关于批复引滦隧洞重点病害治理工程2018年度（桩号4+800~5+400段）实施方案的函（市发展改革委　津发改农经〔2018〕350号　2018年5月21日）

市发展改革委关于批复天津市一级河道防汛路提升一期工程可行性研究报告（海河干流部分）的函（市发展改革委　津发改农经〔2018〕383号　2018年6月5日）

市发展改革委关于批复天津市武清区永定河综合治理与生态修复工程（水务部分）项目建议书的函（市发展改革委　津发改农经〔2018〕385号　2018年6月5日）

天津市财政局关于天津市水务局所属事业单位固定资产处置的批复（市财政局　津财会〔2018〕68号　2018年6月8日）

市发展改革委关于市公安局等3家市级党政机关办公用房维修改造项目实施方案的批复（市发

展改革委 津发改投资〔2018〕396 号 2018 年 6 月 14 日）

市发展改革委关于批复天津市北水南调完善工程（中线）可行性研究报告（管道及泵站部分）的通知（市发展改革委 津发改农经〔2018〕443 号 2018 年 7 月 3 日）

市南水北调办关于天津市南水北调中线市内配套工程武清供水工程管线工程（A32+880~武清规划水厂段）初步设计报告的批复（市南水北调工程建设委津调水规〔2018〕14 号 2018 年 7 月 6 日）

市发展改革委关于批复潮白新河宝宁交界~乐善橡胶坝段治理工程可行性研究报告的通知（市发展改革委 津发改农经〔2018〕456 号 2018 年 7 月 10 日）

市发展改革委关于同意调整武清区 2017 年农村饮水提质增效工程—王庆坨引江水厂建设工程项目建设工程项目建议书有关内容的批复（市发展改革委 津发改农经〔2018〕503 号 2018 年 7 月 27 日）

市发展改革委关于批复天津市北水南调完善工程（中线）初步设计报告（渠道部分）的通知（市发展改革委 津发改农经〔2018〕508 号 2018 年 7 月 30 日）

市发展改革委关于批复引滦水源保护于桥水库综合治理环库截污沟一期工程初步设计报告的通知（市发展改革委 津发改农经〔2018〕509 号 2018 年 7 月 30 日）

市发展改革委关于批复引滦向北大港水库应急调水工程实施方案的通知（市发展改革委 津发改农经〔2018〕510 号 2018 年 7 月 31 日）

天津市财政局关于同意市水务局所属天津市引滦工程隧洞管理处无偿划转资产的批复（市财政局津财会〔2018〕115 号 2018 年 8 月 3 日）

市发展改革委关于批复静海区纪庄子泵站更新改造工程实施方案的函（市发展改革委 津发改农经〔2018〕548 号 2018 年 8 月 6 日）

市发展改革委关于批复引滦宜兴埠水源泵站 DN2000 出水管线切改工程项目建议书的函（市发展改革委 津发改农经〔2018〕546 号 2018 年 8 月 6 日）

市发展改革委关于批复青排渠北丰产河连通工程可行性研究报告的函（市发展改革委 津发改农经〔2018〕558 号 2018 年 8 月 18 日）

市发展改革委关于批复咸阳路雨水泵站改扩建及新增出水管道工程项目建议书的函（市发展改革委 津发改农经〔2018〕584 号 2018 年 8 月 31 日）

市发展改革委关于批复洵河左堤蓟州区桑梓村至打渔庄村段治理工程项目建议书的函（市发展改革委 津发改农经〔2018〕592 号 2018 年 8 月 31 日）

市发展改革委关于批复洵河右堤宝坻区三岔口闸至九王庄大桥段治理工程项目建议书的函（市发展改革委 津发改农经〔2018〕590 号 2018 年 9 月 1 日）

市发展改革委关于批复陈塘泵站工程项目建议书的函（市发展改革委 津发改农经〔2018〕591 号 2018 年 9 月 1 日）

市发展改革委关于批复还乡新河宁河区板桥段治理工程项目建议书的函（市发展改革委 津发改农经〔2018〕593 号 2018 年 9 月 1 日）

市发展改革委关于批复北京排污河里老闸至廊良公路段治理工程项目建议书的函（市发展改革委 津发改农经〔2018〕594 号 2018 年 9 月 1 日）

市发展改革委关于批复宁河区乐善泵站更新改造工程实施方案的函（市发展改革委 津发改农经〔2018〕589 号 2018 年 9 月 3 日）

市发展改革委关于批复还乡新河宁河区板桥段治理工程实施方案的函（市发展改革委 津发改农经〔2018〕625 号 2018 年 9 月 13 日）

市发展改革委关于批复洵河右堤宝坻区三岔口闸至九王庄大桥段治理工程实施方案的函（市发展改革委 津发改农经〔2018〕626 号 2018 年 9 月 13 日）

市发展改革委关于批复引滦水源保护于桥水

库综合治理黎河污染底泥清除工程项目建议书的函（市发展改革委　津发改农经〔2018〕627 号　2018 年 9 月 13 日）

市发展改革委关于批复天津市南水北调中线市内配套工程管理信息系统可行性研究报告的函（市发展改革委　津发改农经〔2018〕628 号　2018 年 9 月 13 日）

市发展改革委关于批复天津市北水南调完善工程（中线）初步设计报告（管道及泵站部分）的函（市发展改革委　津发改农经〔2018〕631 号　2018 年 9 月 14 日）

市发展改革委关于批复引滦宜兴埠水源泵站 DN200 出水管线切改工程实施方案的函（市发展改革委　津发改农经〔2018〕644 号　2018 年 9 月 21 日）

市发展改革委关于批复外环河水位提升工程项目建议书的函（市发展改革委　津发改农经〔2018〕650 号　2018 年 9 月 21 日）

市发展改革委关于批复北运河橡胶坝加高改造工程项目建议书的函（市发展改革委　津发改农经〔2018〕651 号　2018 年 9 月 21 日）

市发展改革委关于批复武清区 2017 年农村饮水提质增效工程—京津科技谷引江水厂建设工程初步设计报告的函（市发展改革委　津发改农经〔2018〕653 号　2018 年 9 月 21 日）

天津市人民政府关于天津市再生水利用规划的批复（市政府　津政函〔2018〕114 号 2018 年 10 月 7 日）

天津市人民政府关于天津市农村饮水提质增效工程实施方案的批复（市政府　津政函〔2018〕115 号 2018 年 10 月 7 日）

市发展改革委关于批复于桥水库综合治理专项工程规划的函（市发展改革委　津发改农经〔2018〕689 号　2018 年 10 月 8 日）

市发展改革委关于批复四化河泵站改扩建工程项目建议书的函（市发展改革委　津发改农经〔2018〕707 号　2018 年 10 月 9 日）

市发展改革委关于批复东丽区务本河泵站扩建（一期）工程项目建议书的函（市发展改革委　津发改农经〔2018〕706 号　2018 年 10 月 10 日）

市发展改革委关于批复卫津河泵站工程项目建议书的函（市发展改革委　津发改农经〔2018〕708 号　2018 年 10 月 10 日）

市发展改革委关于批复泃河左堤蓟州区桑梓村至打渔庄村段治理工程实施方案的函（市发展改革委　津发改农经〔2018〕725 号　2018 年 10 月 12 日）

市发展改革委关于批复天津市津南区盘沽泵站工程可行性研究报告的函（市发展改革委　津发改农经〔2018〕730 号　2018 年 10 月 12 日）

市发展改革委关于批复天津市津南区南辛房泵站工程可行性研究报告的函（市发展改革委　津发改农经〔2018〕731 号　2018 年 10 月 12 日）

天津市财政局关于市水务局资产无偿调拨的批复（市财政局　津财会〔2018〕189 号　2018 年 10 月 15 日）

市发展改革委关于批复天津市宝坻区老庄子泵站更新改造工程实施方案的函（市发展改革委　津发改农经〔2018〕762 号　2018 年 10 月 26 日）

市发展改革委关于批复天津市宝坻区东老口（一）泵站更新改造工程实施方案的函（市发展改革委　津发改农经〔2018〕763 号　2018 年 10 月 31 日）

市发展改革委关于市人力社保局等 4 家市级党政机关办公用房维修改造项目实施方案的批复（市发展改革委　津发改农经〔2018〕772 号　2018 年 11 月 2 日）

市财政局关于市水务局所属天津市引滦工程通讯站报废变电室的批复（市财政局津财会〔2018〕215 号　2018 年 11 月 12 日）

市财政局关于市水务局所属天津市水利工程管理协会资产清查结果的批复（市财政局　津财会〔2018〕216 号　2018 年 11 月 12 日）

市发展改革委关于批复巨葛庄泵站更新改造工程项目建议书的函（市发展改革委　津发改农经〔2018〕827 号　2018 年 11 月 26 日）

市发展改革委关于批复北京排水河清淤蓄水工程项目建议书的函（市发展改革委　津发改农经〔2018〕844 号　2018 年 11 月 29 日）

市发展改革委关于批复宝坻区尔王庄水库库区及移民安置区 2019 年度基础设施项目实施方案的函（市发展改革委　津发改农经〔2018〕866 号　2018 年 12 月 5 日）

市发展改革委关于批复滨海新区北大港水库库区及移民安置区 2019 年度基础设施项目实施方案的函（市发展改革委　津发改农经〔2018〕867 号　2018 年 12 月 6 日）

天津市财政局关于宝坻区西河口泵站更新改造工程竣工财务决算的批复（市财政局　津财农〔2018〕189 号　2018 年 12 月 13 日）

市发展改革委关于批复蓟运河宝坻九王庄大桥~后鲁沽段治理工程项目建议书的函（市发展改革委　津发改农经〔2018〕901 号　2018 年 12 月 18 日）

天津市财政局关于宝坻区西老口泵站更新改造工程竣工财务决算的批复（市财政局　津财农〔2018〕192 号　2018 年 12 月 24 日）

天津市财政局关于宝坻区鲍丘河治理工程（西河务段）竣工财务决算的批复（市财政局　津财农〔2018〕192 号　2018 年 12 月 25 日）

天津市财政局关于天津市水务局所属天津市节约用水事务管理中心资产核实事项的批复（市财政局　津财会〔2018〕296 号　2018 年 12 月 26 日）

天津市财政局关于宝坻区箭杆河扬水站更新改造工程竣工财务决算的批复（市财政局　津财农〔2018〕199 号　2018 年 12 月 28 日）

天津市财政局关于宝坻区田场和窝头河泵站更新改造工程竣工财务决算的批复（市财政局　津财农〔2018〕200 号　2018 年 12 月 29 日）

天津市财政局关于宝坻区小套扬水站更新改造工程竣工财务决算的批复（市财政局　津财农〔2018〕201 号　2018 年 12 月 29 日）

通　知

水利部办公厅关于印发《河长制湖长制管理信息系统建设指导意见》《河长制湖长制管理信息系统建设技术指南》的通知（水利部办公厅　办建管〔2018〕10 号　2018 年 1 月 12 日）

天津市人民政府关于杨玉刚、张巍等任免职务的通知（市政府　津政人〔2018〕3 号　2018 年 1 月 13 日）

天津市人民政府办公厅关于印发天津市水环境区域补偿办法的通知（市政府办公厅　津政办发〔2018〕3 号　2018 年 1 月 20 日）

水利部　国家发展改革委关于印发《对真抓实干成效明显地方加大水利建设激励支持力度的具体激励措施及实施办法》的通知（水利部等二部委　水规计〔2018〕48 号　2018 年 1 月 30 日）

中共天津市委办公厅　天津市人民政府办公厅印发《关于建立资源环境承载能力监测预警长效机制的实施意见》的通知（市委办公厅　津党办发〔2018〕10 号　2018 年 2 月 11 日）

住房城乡建设部　国家发展改革委关于印发《国家节水型城市申报与考核办法》和《国家节水型城市考核标准》的通知（住房城乡建设部等二部委　建城〔2018〕25 号　2018 年 2 月 13 日）

天津市财政局关于批复 2018 年部门预算的通知（市财政局　津财预指〔2018〕100 号　2018 年 2 月 14 日）

市发展改革委关于下达 2018 年固定资产投资计划的通知（市发展改革委　2018 年 2 月 24 日）

市节水办　市发展改革委关于印发《天津市关于落实〈全民节水行动计划〉的实施意见》的通知（市节水办　市发展改革委　津节水办〔2018〕7 号　2018 年 3 月 20 日）

天津市财政局关于调整和完善市级水务基本建设项目工程结算和竣工财务决算管理工作的通知（市财政局　津财农〔2018〕47 号　2018 年 3 月 22 日）

关于赵红等同志任免职的通知（市纪委　津纪任〔2018〕22 号　2018 年 3 月 27 日）

关于调整天津市水务局财务核算中心等 9 个事业单位经费形式的通知（市机构编制委员办　津编办发〔2018〕116 号　2018 年 3 月 28 日）

市财政局关于拨付市水务局城市管理“以奖代补”专项资金的通知（市财政局　津财基指〔2018〕4 号　2018 年 3 月 30 日）

关于印发《大清河流域综合规划工作大纲》的通知（水利部海委会　2018 年 4 月 4 日）

市发展改革委关于下达天津市静海区大庄子泵站重建工程 2018 年固定资产投资计划的通知（市发展改革委　津发改投资〔2018〕236 号　2018 年 4 月 10 日）

市农委　市财政局关于下达天津市 2018 年现代农业产业技术体系创新团队建设第一批资金计划的通知（市农委　市财政局　津农委计财〔2018〕20 号　2018 年 4 月 10 日）

天津市人民政府办公厅关于印发天津市集中式饮用水水源地环境保护专项行动方案的通知（市政府办公厅　2018 年 4 月 10 日）

市发展改革委关于下达天津市武清区南夹道泵站更新改造工程 2018 年固定资产投资计划的通知（市发展改革委　津发改投资〔2018〕237 号　2018 年 4 月 10 日）

天津市财政局关于拨付 2017 年度中心城区污水处理服务费的通知（市财政局　津财农指〔2018〕11 号　2018 年 4 月 11 日）

水利部办公厅关于印发《“一河（湖）一档”建立指南（试行）》的通知（水利部　办建管函〔2018〕360 号　2018 年 4 月 13 日）

天津市财政局关于水资源费和排污费费改税缴库衔接有关问题的通知（市财政局　津财综〔2018〕33 号　2018 年 4 月 16 日）

市发展改革委关于下达中心城区水环境提升近期工程新建津河八里台节制闸等节点工程 2018 年固定资产投资计划的通知（市发展改革委　津发改投资〔2018〕280 号　2018 年 4 月 23 日）

市发展改革委关于下达中心城区水环境提升近期工程三元村泵站改扩建工程 2018 年固定资产投资计划的通知（市发展改革委　津发改投资〔2018〕281 号　2018 年 4 月 23 日）

市发展改革委关于下达中心城区水环境提升近期工程雨水管道残留水及初期雨水治理一期工程 2018 年固定资产投资计划的通知（市发展改革委　津发改投资〔2018〕282 号　2018 年 4 月 23 日）

市发展改革委关于下达中心城区水环境提升近期工程复兴河口泵站工程 2018 年固定资产投资计划的通知（市发展改革委　津发改投资〔2018〕283 号　2018 年 4 月 23 日）

市发展改革委关于下达大中型水库库区和移民安置区 2017 年二期及 2018 年度基础设施项目 2018 年第一批固定资产投资计划的通知（市发展改革委　津发改投资〔2018〕305 号　2018 年 4 月 27 日）

天津市财政局关于拨付市水务局已故人员一次性抚恤金的通知（市财政局　津财农指〔2018〕12 号　2018 年 4 月 28 日）

天津市财政局关于拨付市水务局 2018 年重大水利工程中央基建投资—永定河泛区工程与安全建设项目资金的通知（市财政局　津财农指〔2018〕13 号　2018 年 5 月 11 日）

水利部关于修订印发水利建设质量工作考核办法的通知（水利部　水建管〔2018〕102 号　2018 年 5 月 24 日）

关于李文运同志任职的通知（市委　津党任〔2018〕108 号 2018 年 5 月 25 日）

关于成立天津市污染防治攻坚战指挥部的通知（市委　津党〔2018〕91 号　2018 年 6 月 2 日）

市发展改革委关于下达引滦水源保护于桥水库综合治理污染底泥清除工程 2018 年第一批固定资产投资计划的通知（市发展改革委　津发改投资〔2018〕317 号　2018 年 6 月 3 日）

天津市财政局关于拨付市水务局市级基建投资资金的通知（市财政局　津财基指〔2018〕31

号　2018年6月13日）

财政部关于下达2018年水利发展资金预算的通知（财政部　财农〔2018〕33号　2018年6月14日）

天津市财政局关于拨付天津市水务局2018年中央财政农业生产救灾及特大防汛抗旱补助资金的通知（市财政局　津财农指〔2018〕16号　2018年6月20日）

财政部关于下达2018年大中型水库移民后期扶持资金预算的通知（财政部　财农〔2018〕60号　2018年7月3日）

财政部关于下达2018年大中型水库移民后期扶持基金预算的通知（财政部　财农〔2018〕61号　2018年7月3日）

市发展改革委关于下达中心城区易积水地区改造工程纪念馆地区等六处排水设施改造工程2018年固定资产投资计划的通知（市发展改革委　津发改投资〔2018〕459号　2018年7月6日）

市发展改革委关于下达天津市东丽区东河泵站更新改造（一期）工程2018年固定资产投资计划的通知（市发展改革委　津发改投资〔2018〕458号　2018年7月6日）

市发展改革委关于下达中心城区一级河道雨水泵站新增排水出路工程阎街等4座泵站排水出路改造工程2018年固定资产投资计划的通知（市发展改革委　津发改投资〔2018〕462号　2018年7月6日）

市发展改革委关于下达中心城区二级河道水循环能力提升工程2018年固定资产投资计划的通知（市发展改革委　津发改投资〔2018〕461号　2018年7月6日）

市发展改革委关于下达引滦隧洞重点病害治理工程2018年度（桩号4+800~5+400段）2018年固定资产投资计划的通知（市发展改革委　津发改投资〔2018〕460号　2018年7月6日）

水利部办公厅关于印发生产建设项目水土保持设施自主验收规程（试行）的通知（水利部办水保〔2018〕133号　2018年7月10日）

天津市财政局关于拨付市水务局2018年中央财政水利发展资金的通知（市财政局　津财农指〔2018〕17号　2018年7月13日）

天津市财政局关于拨付红桥区子牙河北堤岸防洪改造项目补助资金的通知（市财政局　津财农指〔2018〕19号　2018年7月20日）

天津市财政局关于下达2018年中央财政大中型水库移民后期扶持资金预算和市财政地方水库移民扶持资金预算的通知（市财政局津财农指〔2018〕22号　2018年7月27日）

天津市人民政府关于印发天津市打好污染防治攻坚战八个作战计划的通知（市政府　津政发〔2018〕18号　2018年7月29日）

天津市人民政府办公厅关于印发天津市水土保持目标责任考核办法（试行）的通知（市政府　津政办函〔2018〕53号　2018年7月30日）

天津市财政局关于拨付市水务局2018年南水北调中线市内配套工程建设资金的通知（市财政局　津财农指〔2018〕23号　2018年7月31日）

市发展改革委关于下达中心城区水环境提升近期工程月牙河口泵站改扩建工程2018年固定资产投资计划的通知（市发展改革委　津发改投资〔2018〕537号　2018年8月9日）

天津市财政局关于拨付市水务局2018年重点水务工程项目建设资金的通知（市财政局　津财农指〔2018〕29号　2018年8月10日）

天津市财政局关于细化市水务局2018年水务建设专项预算的通知（市财政局　津财农〔2018〕125号　2018年8月10日）

水利部办公厅关于印发区域水土流失动态监测技术规定（试行）的通知（水利部办公厅　办水保〔2018〕189号　2018年8月13日）

中共天津市委办公厅　天津市人民政府办公厅关于印发《天津市党政机关公务用车管理办法》的通知（市委办公厅　津党办发〔2018〕30号　2018年9月8日）

天津市财政局关于拨付市水务局2018年重点水务工程项目建设资金的通知（市财政局　津财

农指〔2018〕37 号　2018 年 9 月 12 日）

天津市财政局关于拨付市水务局已故人员一次性抚恤金的通知（市财政局　津财农指〔2018〕40 号　2018 年 9 月 17 日）

天津市财政局关于细化市水务局 2018 年水务建设专项预算的通知（市财政局　津财农〔2018〕149 号　2018 年 9 月 20 日）

关于张志颇、孙宝华同志任免职的通知（市委　津党任〔2018〕282 号　2018 年 9 月 25 日）

天津市财政局关于拨付市水务局污水处理费代征手续费的通知（市财政局　津财农指〔2018〕42 号　2018 年 9 月 25 日）

天津市财政局关于拨付市水务局污水处理服务费的通知（市财政局　津财农指〔2018〕43 号　2018 年 9 月 25 日）

天津市财政局关于拨付市水务局中心城区市管排水设施水毁应急抢险修复项目资金的通知（市财政局　津财农指〔2018〕50 号　2018 年 10 月 9 日）

水利部印发关于推动河长制从“有名”到“有实”的实施意见的通知（水利部　水河湖〔2018〕243 号　2018 年 10 月 9 日）

天津市发展改革委关于下达天津市在河北省境内实施引滦水源保护工程 2014 年项目专项资金计划的通知（市发展改革委　津发改区域〔2018〕710 号　2018 年 10 月 11 日）

市发展改革委关于下达大中型水库库区和移民安置区 2017 年二期及 2018 年度基础设施项目 2018 年第二批固定资产投资计划的通知（市发展改革委　津发改投资〔2018〕739 号　2018 年 10 月 18 日）

天津市财政局关于拨付中央财政 2018 年农业生产救灾及特大防汛抗旱补助资金的通知（市财政局　津财农指〔2018〕56 号　2018 年 10 月 30 日）

财政部关于提前下达 2019 年大中型水库移民后期扶持基金预算的通知（财政部　财农〔2018〕119 号　2018 年 11 月 5 日）

财政部关于提前下达 2019 年大中型水库移民后期扶持资金预算的通知（财政部　财农〔2018〕120 号　2018 年 11 月 5 日）

财政部关于提前下达 2019 年水利发展资金预算的通知（财政局　财农〔2018〕122 号　2018 年 11 月 5 日）

关于刘长平等同志任免职的通知（市委组织部　津党组〔2018〕270 号　2018 年 11 月 7 日）

关于李文运同志任免职的通知（市委　津党任〔2018〕351 号　2018 年 11 月 8 日）

天津市人民政府关于张文波等任免职务的通知（市政府　津政人〔2018〕24 号　2018 年 11 月 10 日）

市市容园林委关于下达市水务局 2018 年城市管理“以奖代补”市财政资金计划的通知（市市容园林委　津容计〔2018〕309 号　2018 年 11 月 15 日）

关于重新颁布《天津市住房公积金提取管理办法》的通知（市住房公积金管理委　津公积金委〔2018〕6 号　2018 年 11 月 17 日）

关于重新颁布《天津市个人住房公积金贷款管理办法》的通知（市住房公积金管理委　津公积金委〔2018〕7 号　2018 年 11 月 17 日）

天津市财政局关于调整市水务局 2018 年项目支出预算的通知（市财政局　津财农指〔2018〕57 号　2018 年 11 月 20 日）

市财政局关于拨付市水务局城市管理“以奖代补”专项资金的通知（市财政局　津财基指〔2018〕106 号　2018 年 11 月 22 日）

天津市财政局关于拨付市水务局已故人员一次性抚恤金的通知（市财政局　津财农指〔2018〕58 号　2018 年 11 月 22 日）

水利部下达南水北调工程 2018 年第四批投资计划的通知（水利部　水规计〔2018〕298 号　2018 年 11 月 26 日）

中共天津市委办公厅　天津市人民政府办公厅关于印发《天津市生态环境损害赔偿制度改革实施方案》的通知（市委办公厅　津党办发

〔2018〕38 号　2018 年 11 月 30 日）

天津市财政局关于提前下达 2019 年中央财政水利发展资金预算的通知（市财政局　津财农指〔2018〕62 号　2018 年 11 月 30 日）

天津市财政局关于提前下达 2019 年中央财政大中型水库移民后期扶持项目资金预算的通知（市财政局　津财农指〔2018〕63 号　2018 年 11 月 30 日）

天津市财政局关于提前下达中央财政大中型水库移民后期扶持基金预算的通知（市财政局　津财农指〔2018〕67 号　2018 年 12 月 7 日）

天津市财政局天津市水务局关于印发《天津市于桥水库库区生态补偿资金管理暂行办法》的通知（市财政局、水务局津财规〔2018〕28 号　2018 年 12 月 24 日）

天津市人民政府办公厅关于印发天津市机关事业单位职业年金基金管理实施办法（试行）的通知（市政府办公厅　津政办发〔2018〕64 号　2018 年 12 月 28 日）

中共天津市委办公厅　天津市人民政府办公厅关于印发《天津市水务局职能配置、内设机构和人员编制规定》的通知（市委办公厅　津党厅〔2018〕156 号　2018 年 12 月 31 日）

（局办公室）

索　　引

说明：

1. 本索引采用主题分析索引方法，主题词词首按汉语拼音音序排列。
2. 主题词后的数字表示该题材所在的页码，a、b 分别表示在左栏、右栏。
3. 本年鉴的《综述》《重要文献》《地方性法规》《政府规章》《各区水务》《大事记》《水务统计》和《附录》等栏目、分栏目未作索引。

S

T